全国勘察设计注册工程师执业资格考试用书

注册电气工程师（供配电）执业资格考试

基础考试历年真题详解

（第二版 · 下册）

Zhuce Dianqi Gongchengshi (Gongpeidian) Zhiye Zige Kaoshi
Jichu Kaoshi Linian Zhenti Xiangjie

注册工程师考试复习用书编委会 | 编
谢　庆　曹纬浚　刘云鹏 | 主编

人民交通出版社
China Communications Press

内 容 提 要

本书分上、下两册，上册为公共基础2005～2013年考试真题，下册为专业基础（供配电专业）2005～2013年考试真题，各9套，共18套，每套真题后均附有参考答案和解析。

本书为人民交通出版社"十二五"规划精品教材配套教材，可供参加注册电气工程师（供配电）执业资格考试基础考试的考生复习使用，也可供参加注册电气工程师（发输变电）执业资格考试基础考试的考生模拟练习使用，还可作为高等院校学生相关课程的配套辅导书。

图书在版编目(CIP)数据

注册电气工程师(供配电)执业资格考试基础考试历年真题详解 / 谢庆，曹纬浚，刘云鹏主编. —2版. —北京：人民交通出版社，2014.1

ISBN 978-7-114-11143-3

Ⅰ. ①注… Ⅱ. ①谢… ②曹… ③刘… Ⅲ. ①供电系统—工程师—资格考试—题解②配电系统—工程师—资格考试—题解 Ⅳ. ①TM72-44

中国版本图书馆CIP数据核字(2014)第009981号

书 名： 注册电气工程师（供配电）执业资格考试基础考试历年真题详解（第二版）
著 作 者： 谢 庆 曹纬浚 刘云鹏
责任编辑： 刘彩云 吴燕伶
出版发行： 人民交通出版社
地 址： (100011)北京市朝阳区安定门外外馆斜街3号
网 址： http://www.ccpress.com.cn
销售电话： (010)59757973
总 经 销： 人民交通出版社发行部
经 销： 各地新华书店
印 刷： 北京盈盛恒通印刷有限公司
开 本： 787×1092 1/16
印 张： 34
字 数： 770千
版 次： 2014年1月 第2版
印 次： 2014年3月 第2次印刷 累计第4次印刷
书 号： ISBN 978-7-114-11143-3
定 价： 118.00元（含上、下两册）

目录(下册)

目录（下册）

2005 年度全国注册电气工程师(供配电)执业资格考试专业基础考试

试　题

以下为单选题(共 60 题,每题 2 分。每题的备选项中,只有 1 个符合题意)

1. 如图所示电路中 $u=-10\text{V}$,则 6V 电压源发出的功率为下列何值(　　)。

A. 9.6W　　B. −9.6W　　C. 2.4W　　D. −2.4W

2. 如图所示电路 A 点的电压 u_A 为下列何值(　　)。

A. 5V　　B. 5.21V　　C. −5V　　D. 38.3V

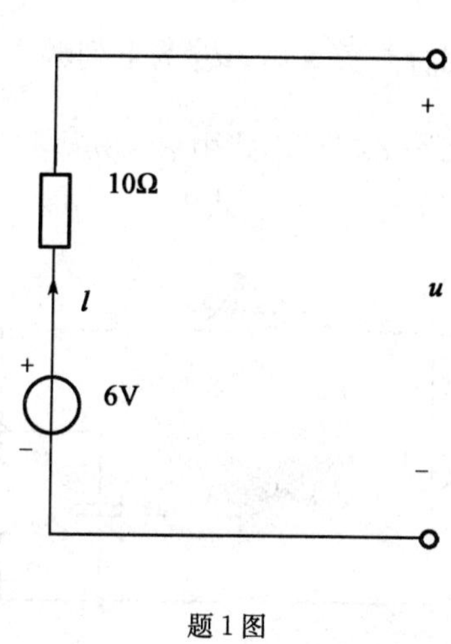

题 1 图

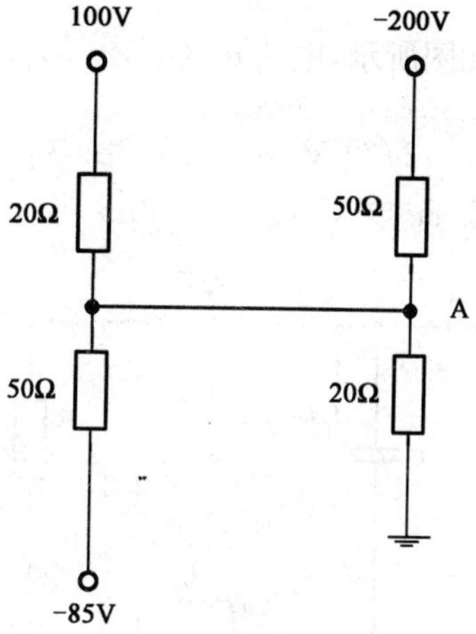

题 2 图

3. 正弦电流流过电容元件时,下列哪项关系是正确的(　　)。

A. $I_m = j\omega C U_m$　　B. $u_c = X_x i_c$　　C. $\dot{I} = j\dot{U}/X_c$　　D. $\dot{I} = C\dfrac{d\dot{U}}{dt}$

4. 如图所示,一个由 $R=3\text{k}\Omega$、$L=4\text{H}$ 和 $C=1\mu F$ 三个元件相串联的电路。若电路振荡,则振荡角频率为下列哪项(　　)。

A. 375rad/s　　B. 500rad/s　　C. 331rad/s　　D. 不振荡

5. 无限长无损耗传输线上任意处的电压在相位上超前电流的角度为下列哪项(　　)。

A. 90°　　B. −90°　　C. 0°　　D. 某一固定角度

6. 如图所示空心变压器 AB 间的输入阻抗为下列何值(　　)。

A. $j15\Omega$　　B. $j5\Omega$　　C. $j1.25\Omega$　　D. $j11.25\Omega$

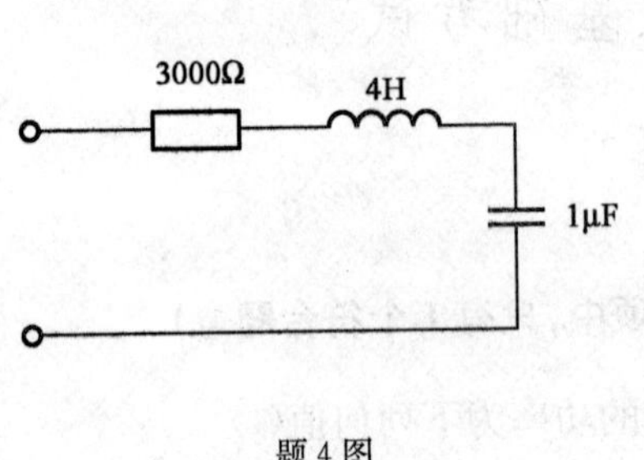

题 4 图

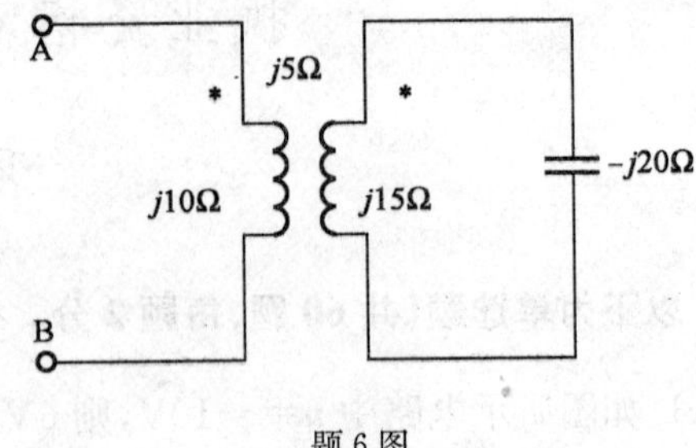

题 6 图

7. 如图所示电路中 $U=220\text{V}$，$f=50\text{Hz}$，S 断开及闭合时电流 I 的有效值均为 0.5A，则感抗 X_L 为下列何值(　　)。

A. 440Ω　　B. 220Ω　　C. 380Ω　　D. 不能确定

8. 如图所示，电路 $u_{C1}(0_-)=u_{C2}(0_-)=0$，$t=0$ 时闭合开关 S 后，u_{C1} 为下列哪项(　　)。

A. $12e^{-t/\tau}$ V，式中 $\tau=3\mu s$　　B. $12-8e^{-t/\tau}$ V，式中 $\tau=3\mu s$

C. $8e^{-t/\tau}$ V，式中 $\tau=3\mu s$　　D. $8(1-e^{-t/\tau})$ V，式中 $\tau=1\mu s$

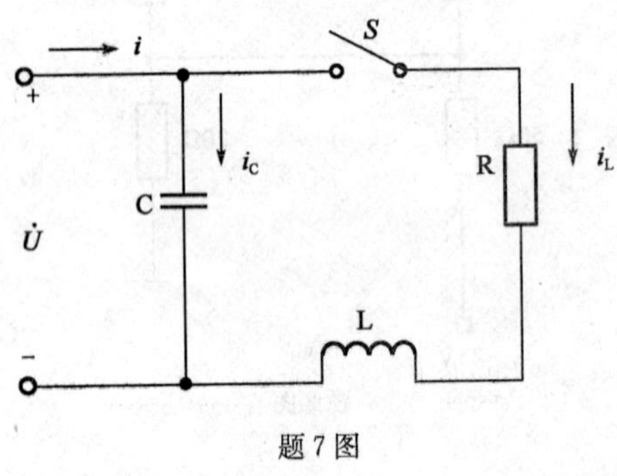

题 7 图

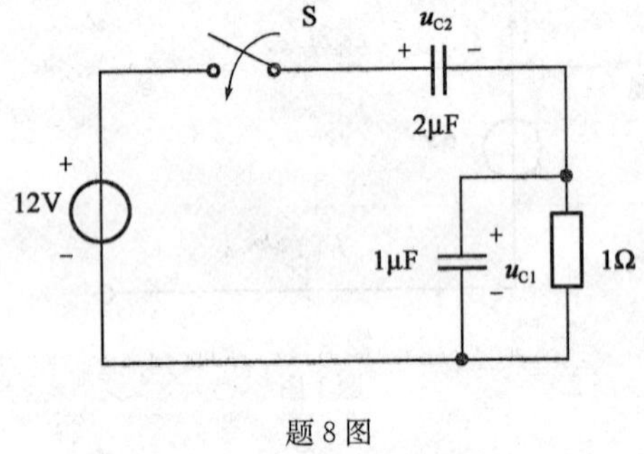

题 8 图

9. 如图所示电路原已稳定，$t=0$ 时断开开关 S，则 $u_{C1}(0_+)$ 为下列何值(　　)。

A. 78V　　B. 117V　　C. 135V　　D. 39V

10. 如图所示电路中电压 u 含有基波和三次谐波，基波角频率为 10^4 rad/s。若要求 u_1 中不含基波分量而将 u 中的三次谐波分量全部取出，则 C_1 应为下列何值(　　)。

A. $2.5\mu F$　　B. $1.25\mu F$　　C. $5\mu F$　　D. $10\mu F$

11. 三相对称三线制电路线电压为 380V，功率表接线如图所示，且各负载 $Z=R=22\Omega$。此时功率表读数为下列何值(　　)。

A. 3800W　　B. 2200W　　C. 0　　D. 6600W

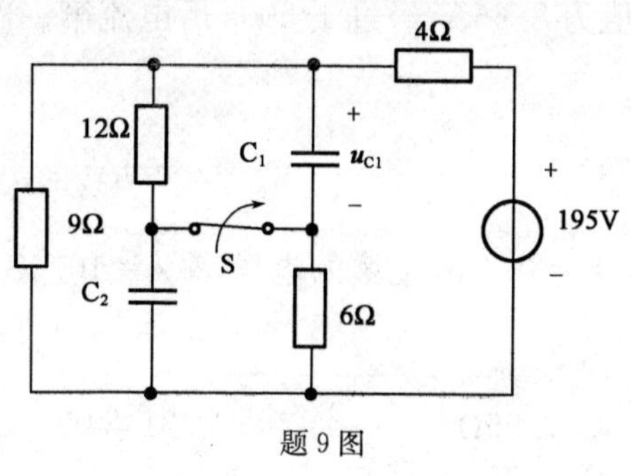

题 9 图

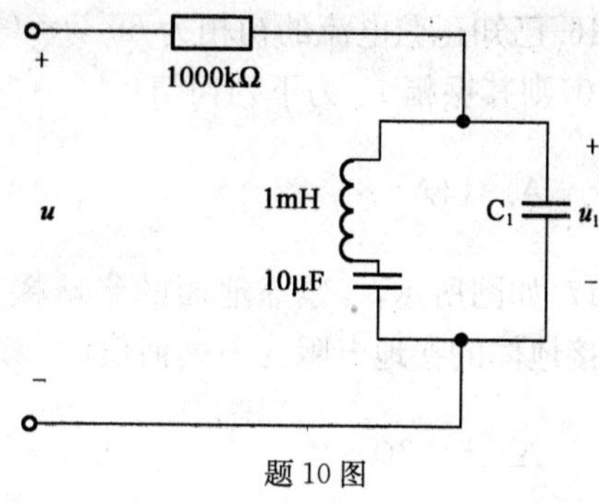

题 10 图

12. 已知如图所示正弦电流电路发生谐振时，电流表 A_1、A_2 的读数分别为 4A 和 3A，则电流表 A_3 的读数为下列何值(　　)。

A. 1A　　B. 7A　　C. 5A　　D. 不能确定

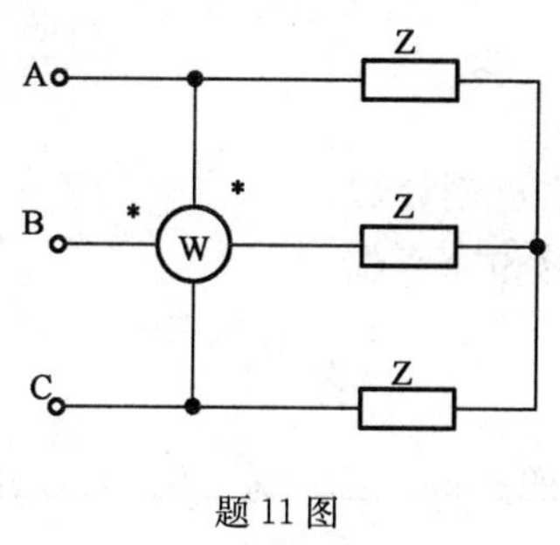

题 11 图

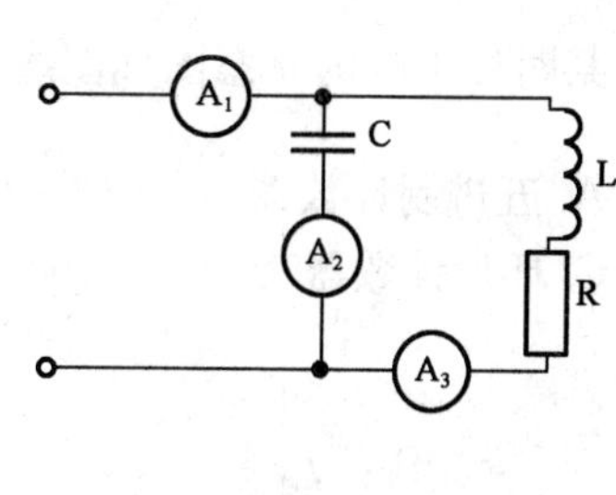

题 12 图

13. 在 RLC 串联电路中，$X_L=20\Omega$；若总电压维持不变而将 L 短路，总电流的有效值与原来相同；则 X_C 应为下列何值(　　)。

A. 40Ω　　B. 30Ω　　C. 10Ω　　D. 5Ω

14. 如图所示，电路的戴维南等效电路参数 U_S 和 R_S 为下列何值(　　)。

A. 9V，2Ω　　B. 3V，4Ω　　C. 3V，6Ω　　D. 9V，6Ω

15. 如图所示电路中 ab 间的等效电阻与电阻 R_L 相等，则 R_L 为下列何值(　　)。

A. 10Ω　　B. 15Ω　　C. 20Ω　　D. $5\sqrt{10}\Omega$

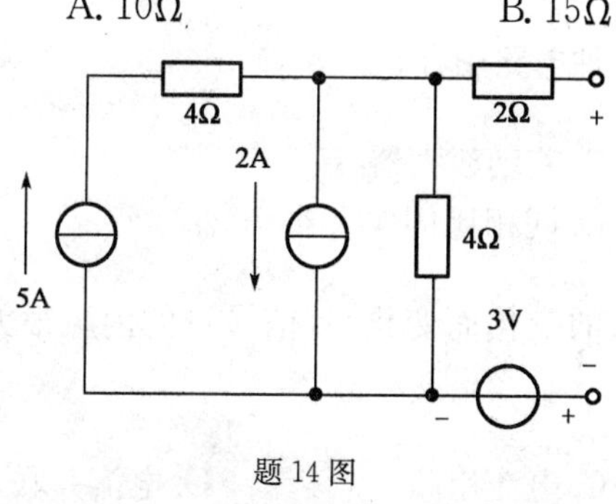

题 14 图

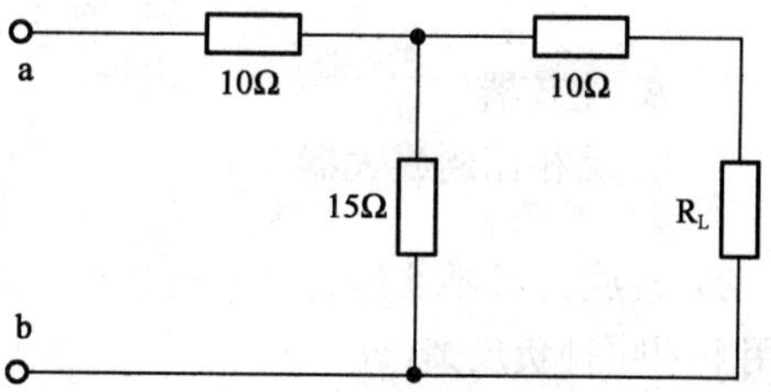

a　10Ω　10Ω
15Ω　R_L
b

题 15 图

16. 已知正弦电流的初相为 60°，$t=0$ 时的瞬时值为 8.66A，经过 1/300s 后电流第一次下降为 0，则其振幅 I_m 为下列何值（　　）。

A. 314A　　B. 50A　　C. 10A　　D. 100A

17. 如图所示，一紧靠地面的半球接地体，其半径为 0.5m，土壤的电导率 $\gamma=10^{-2}$ S/m。此时接地体的接地电阻为下列何值（　　）。

A. 15.92Ω　　B. 63.68Ω　　C. 7.96Ω　　D. 31.84Ω

18. 两半径为 a 和 $b(a<b)$ 的同心导体球面间电位差为 V_0。问：若 b 固定，要使半径为 a 的球面上场强最小，a 与 b 的比值应为下列何值（　　）。

A. $\frac{1}{3}$　　B. $\frac{1}{e}$　　C. $\frac{1}{2}$　　D. $\frac{1}{4}$

19. 某时序电路的状态图如图所示，则其为下列哪种电路（　　）。

A. 五进制计数器　　B. 六进制计数器

C. 环形计数器　　D. 移位寄存器

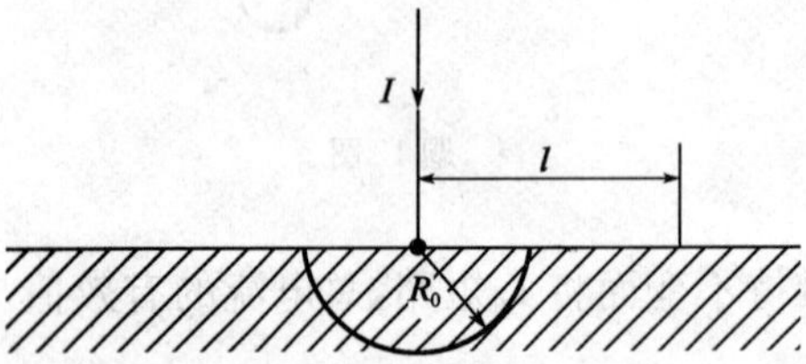

题 17 图

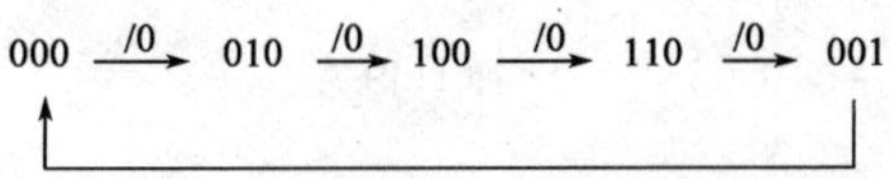

题 19 图

20. 为了稳定输出电压，提高输入电阻，放大电路应该引入下列哪种负反馈（　　）。

A. 电压串联　　B. 电压并联　　C. 电流串联　　D. 电流并联

21. 同一差动放大电路中，采用下列哪种方式可使共模抑制比 K_{CMR} 最大（　　）。

A. 单端输入　　B. 双端输入　　C. 单端输出　　D. 双端输出

22. 基本运算放大器中的“虚地”概念只在下列哪种电路中存在（　　）。

A. 比较器　　B. 差动放大器

C. 反相比例放大器　　D. 同相比例放大器

23. 某放大器要求其输出电流几乎不随负载电阻的变化而变化，且信号源的内阻很大，应选用下列哪种负反馈（　　）。

A. 电压串联　　B. 电压并联　　C. 电流串联　　D. 电流并联

24. 与逐次渐近 A/D 比较，双积分 A/D 有下列哪种特点（　　）。

A. 转换速度快，抗干扰能力强　　B. 转换速度慢，抗干扰能力强

C. 转换速度高，抗干扰能力差　　D. 转换速度低，抗干扰能力差

25. 数字系统中，有三种最基本的逻辑关系，这些逻辑关系的常用表达方式为下列哪种（　　）。

A. 真值表　　B. 逻辑式　　C. 符号图　　D. A、B 和 C

26. 在如图所示电路中，已知 $u_i=1V$，硅稳压管 D_Z 的稳定电压为 6V，正向导通压降为 0.6V，运放为理想运放，则输出电压 u_o 为下列何值（　　）。

A. 6V　　B. −6V　　C. −0.6V　　D. 0.6V

27. 一基本共射放大电路如图所示，已知 $V_{CC}=12V$，$R_B=1.2M\Omega$，$R_C=2.7k\Omega$，晶体管的 $\beta=100$，且已测得 $r_{be}=2.7k\Omega$。若输入正弦电压有效值为 27mV，则用示波器观察到的输出电压波形是下列哪种（　　）。

A. 正弦波　　B. 顶部削平的失真了的正弦波

C. 底部削平的失真了的正弦波　　D. 底部和顶部都削平的梯形波

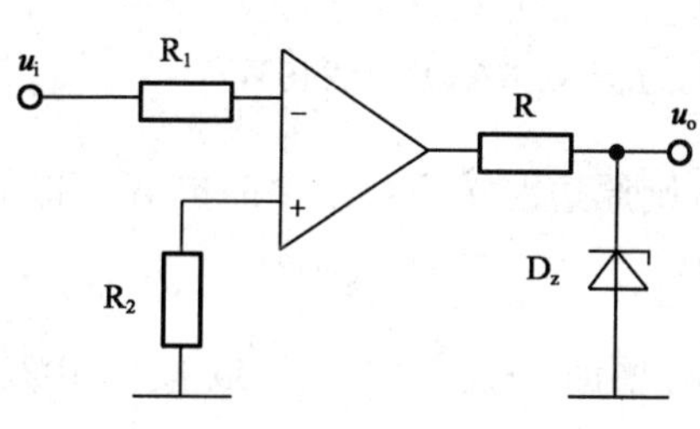

题 26 图

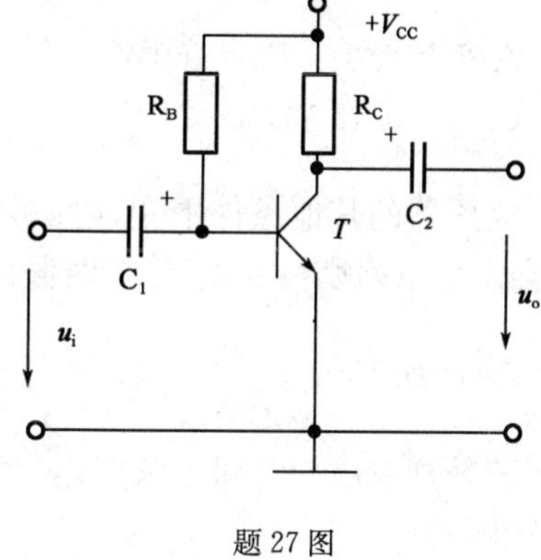

题 27 图

28. 将十进制数 24 转换为二进制数，结果为下列何值（　　）。

A. 10100　　B. 10010　　C. 11000　　D. 100100

29. 一个具有 13 位地址输入和 8 位 I/O 端的存储器，其存储容量为下列何值（　　）。

A. 8K×8　　B. 13×8K　　C. 13K×8　　D. 64000 位

30. 逻辑电路如图所示，其逻辑功能的正确描述为下列哪项（　　）。

A. 裁判功能，且 A 为主裁

B. 三变量表决功能

C. 当 A=1 时，B 或 C 为 1，输出为 1

D. C 为 1 时，A 或 B 为 1，输出为 1

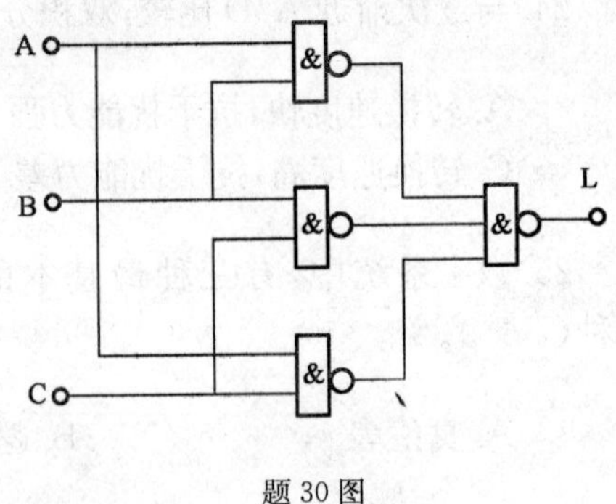

题 30 图

31. 已知并励直流发电机的数据为：$U_N=230V$，$I_{aN}=15.7A$，$n_N=2000r/min$，$R_a=1\Omega$（包括电刷接触电阻），$R_f=610\Omega$，已知电刷在几何中性线上，不考虑电枢反应的影响，今将其改为电动机运行，并联于 220V 电网，当电枢电流与发电机在额定状态下的电枢电流相同时，电动机的转速为下列何值（　　）。

A. 2000r/min　　B. 1831r/min　　C. 1739r/min　　D. 1643r/min

32. 同步发电机单机运行供给纯电容性负载，当电枢电流达额定时，电枢反应的作用使其端电压比空载时（　　）。

A. 不变　　B. 降低　　C. 增高　　D. 不能确定

33. 一台变压器的高压绕组由两个完全相同可以串联也可以并联的绕组组成。当它们同绕向串联并施以 2200V，50Hz 的电压时，空载电流为 0.3A，空载损耗为 160W，如果它们改为并联施以 1100V，50Hz 电压时，此时的空载电流和空载损耗为下列哪组数值（电阻损耗忽略不计）（　　）。

A. $I_0=0.3A, P_0=160W$　　B. $I_0=0.6A, P_0=160W$

C. $I_0=0.15A, P_0=240W$　　D. $I_0=0.6A, P_0=240W$

34. 变压器的其他条件不变，电源频率增加 10%，则原边漏抗 X_1，副边漏抗 X_2 和励磁电抗 X_m 会发生下列哪种变化（分析时假设磁路不饱和）（　　）。

A. 增加 10%　　B. 不变　　C. 增加 21%　　D. 减少 10%

35. 若外加电压随时间正弦变化，当磁路饱和时，单相变压器的励磁磁势随时间变化的波形是下列哪种（　　）。

A. 尖顶波　　B. 平顶波　　C. 正弦波　　D. 矩形波

36. 三相同步发电机在与电网并联时，必须满足一些条件，在下列条件中，必须先绝对满足的条件是下列哪项（　　）。

A. 电压相等　　B. 频率相等　　C. 相序相同　　D. 相位相同

37. 一台三相绕线式异步电动机若定子绕组为四级，转子绕组为六级。定子绕组接到频率为 50Hz 的三相额定电压时，此时转子的转速应为下列哪项（　　）。

A. 接近于 1500r/min　　B. 接近于 1000r/min

C. 转速为零　　D. 接近于 2500r/min

38. 一台积复励直流发电机与直流电网连接向电网供电。欲将它改为积复励直流电动机运行，若保持电机原转向不变(设电网电压极性不变)，需要采取下列哪项措施(　　)。

A. 反接并励绕组　　B. 反接串励绕组
C. 反接电枢绕组　　D. 所有绕组接法不变

39. 如图所示，此台三相变压器的联结组应属下列哪项(　　)。

A. D，y11　　B. D，y5　　C. D，y1　　D. D，y7

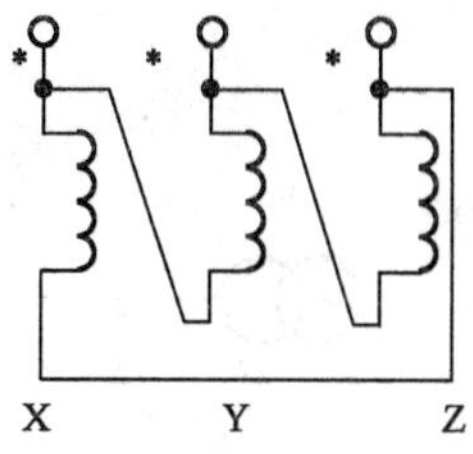

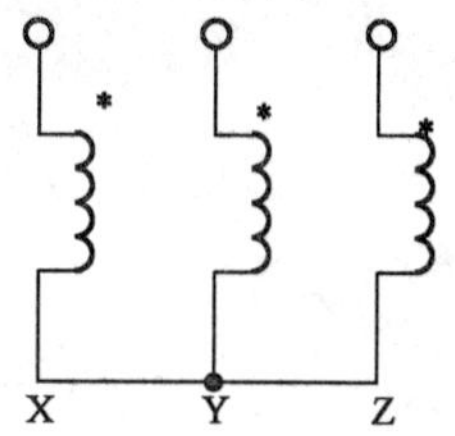

题 39 图

40. 目前我国电能的主要输送方式是下列哪种(　　)。

A. 直流　　B. 单相交流　　C. 三相交流　　D. 多相交流

41. 在电力系统分析和计算中，功率和阻抗一般分别是指下列哪组(　　)。

A. 一相功率，一相阻抗　　B. 三相功率，一相阻抗
C. 三相功率，三相阻抗　　D. 三相功率，一相等值阻抗

42. 变压器的 S_{TN}(kVA)、U_{TN}(kV)及试验数据 $U_K\%$已知，求变压器 X_T 的公式为下列哪项(　　)。

A. $X_T=\frac{U_k\%}{100}\cdot\frac{U_{TN}^2}{S_{TN}^2}\times10^{-3}\Omega$　　B. $X_T=\frac{U_k\%}{100}\cdot\frac{U_{TN}^2}{S_{TN}}\times10^{3}\Omega$

C. $X_T=\frac{U_k\%}{100}\cdot\frac{S_{TN}^2}{U_{TN}^2}\times10^{-3}\Omega$　　D. $X_T=\frac{U_k\%}{100}\cdot\frac{S_{TN}}{U_{TN}^2}\times10^{3}\Omega$

43. 电力系统接线及各级电网的额定电压如图所示，发电机 G 和变压器 T_1、T_2、T_3的额定电压分别为下列哪组(　　)。

A. G：10.5kV　T_1：10.5/121kV　T_2：110/38.5kV　T_3：35/6.3kV
B. G：10kV　T_1：10/121kV　T_2：121/35kV　T_3：35/6kV
C. G：11kV　T_1：11/110kV　T_2：110/38.5kV　T_3：35/6.6kV
D. G：10.5kV　T_1：10.5/110kV　T_2：121/35kV　T_3：35/6kV

44. 某网络中的参数如图所示：

用近似计算法计算得到的各元件标幺值为下列哪组(取 $S_B=100\text{MVA}$)(　　)。

A. $x''_{d*}=0.048, x_{T_1*}=0.333, x_{l*}=0.302, x_{T_2*}=0.333, x_{R*}=0.698$

B. $x''_{d*}=0.5, x_{T_1*}=0.333, x_{l*}=0.302, x_{T_2*}=0.333, x_{R*}=0.698$

C. $x''_{d*}=0.15, x_{T_1*}=3.33, x_{l*}=0.302, x_{T_2*}=3.33, x_{R*}=0.769$

D. $x''_{d*}=0.5, x_{T_1*}=0.33, x_{l*}=0.364, x_{T_2*}=0.33, x_{R*}=0.769$

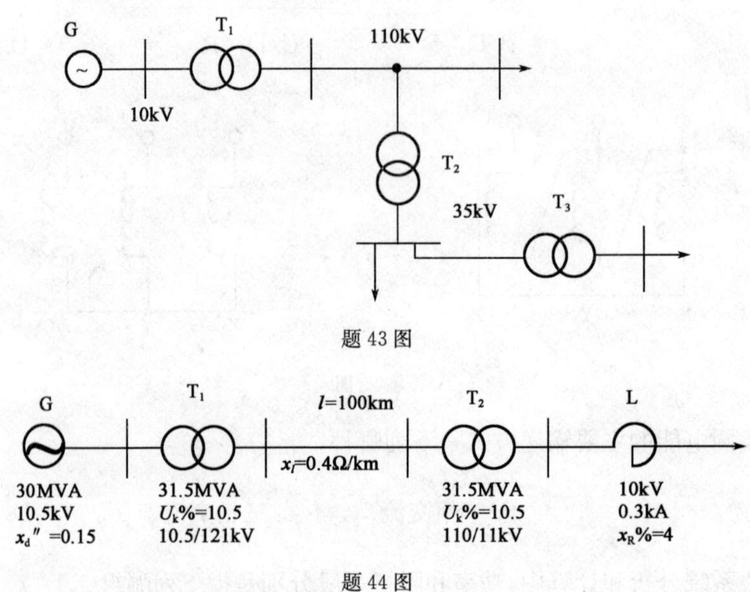

题 43 图

题 44 图

45. 输电线路的等值电路如图所示,已知末端功率及电压,$\dot{S}_2=11.77+j5.45\text{MVA}$,$\dot{U}_2=110\angle 0\text{kV}$,图中所示的始端功率 $\dot{S}_1$ 和始端电压 $\dot{U}_1$ 为下列哪组数值(　　)。

A. $112.24\angle 0.58°, 11.95+j5.45\text{MVA}$　　B. $112.14\angle 0.62°, 11.95+j4.30\text{MVA}$

C. $112.14\angle 0.62°, 11.95+j5.45\text{MVA}$　　D. $112.24\angle 0.58°, 11.77+j4.30\text{MVA}$

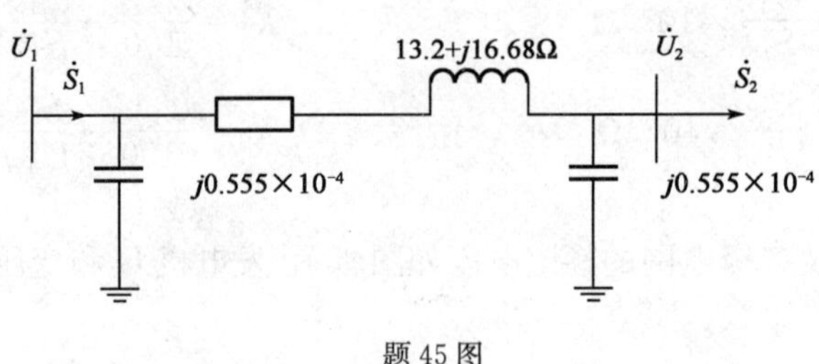

题 45 图

46. 在如图所示系统中,已知 220kV 线路的参数为 $R=16.9\Omega$,$X=83.1\Omega$,$B=5.79\times 10^{-4}\text{S}$,当线路(220kV)两端开关都断开时,两端母线电压分别为 242kV 和 220kV,开关 A 合上时,开关 B 断口两端的电压差为下列何值(　　)。

A. 22kV　　B. 34.20kV　　C. 27.3kV　　D. 5.40kV

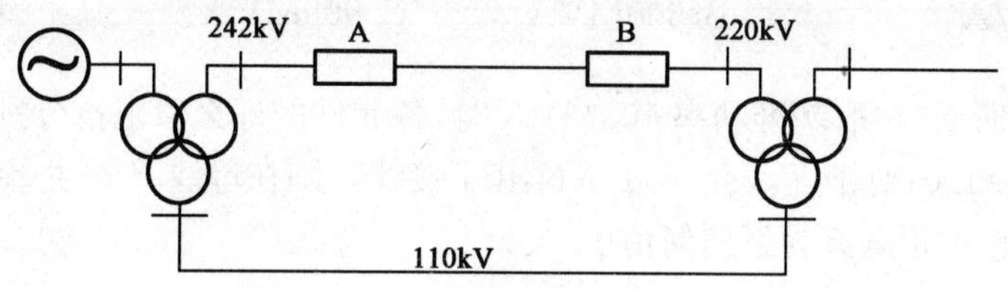

题 46 图

47. 如图所示输电系统，在满足送端电压固定为 112kV，变压器低压侧母线要求逆调压的条件时，应安装的静电电容器的容量为下列哪项数值（忽略功率损耗及电压降横分量）(   )。

A. 10.928MVar　　B. 1.323MVar　　C. 1.0928MVar　　D. 13.23MVar

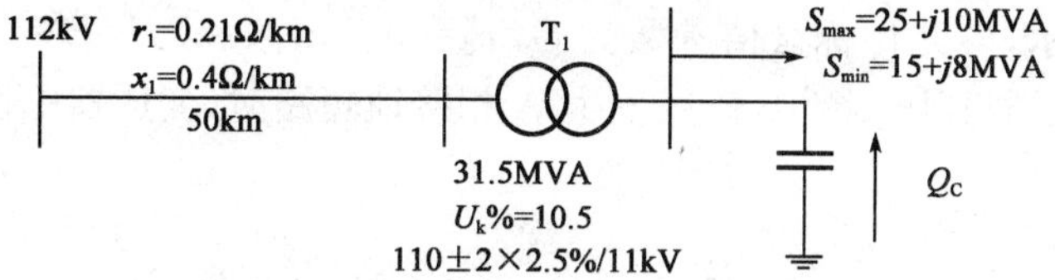

题 47 图

48. 网络结线和元件参数如图所示，当 f 处发生三相短路时，其短路电流是下列何值(   )。

A. 32.9925kV　　B. 34.6400kV　　C. 57.1425kV　　D. 60.0000kV

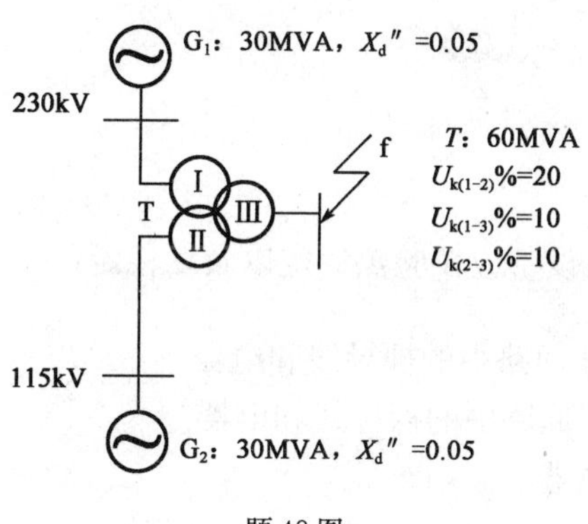

题 48 图

49. 系统如图所示。

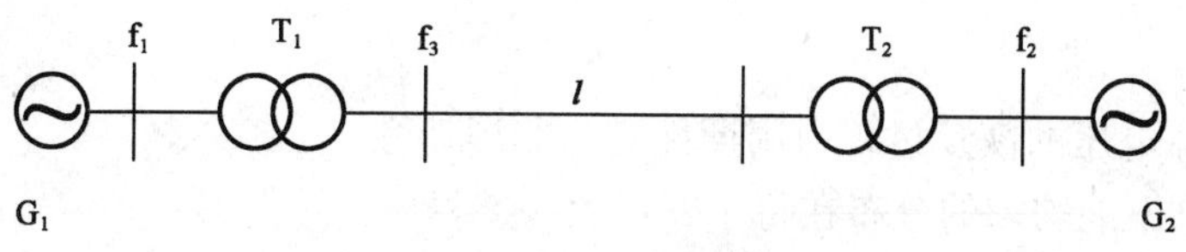

题 49 图

已知：T_1，T_2：100MVA，U_k%=10。l：S_B=100MVA 时的标幺值电抗为 0.03。当 f_1 点三相短路时，短路容量为 1000MVA，当 f_2 点三相短路时，短路容量为 833MVA，则当 f_3 点三相短路时的短路容量为下列何值(   )。

A. 222MVA　　B. 500MVA　　C. 909MVA　　D. 1000MVA

50. 系统如图所示，在取基准功率100MVA时，各元件的标幺值电抗分别是：对于G，$x''_{d}=x_{(2)}=0.1$，$E''_{|0|}=1.0$；对于T，$x_{T}=0.1$，YN,d11接线。则在母线B发生BC两相短路时，变压器三角形接线侧A相电流为下列何值（　　）。

A. 0kA　　B. 1.25kA　　C. $\sqrt{3}\times1.25$kA　　D. 2.5kA

51. 中性点绝缘的35kV系统发生单相接地短路时，其故障处的非故障相电压是（　　）。

A. 35kV　　B. 38.5kV　　C. 110kV　　D. 115kV

52. 系统如图所示，各元件标幺值参数为G，$x''_{d}=0.1$，$x_{(2)}=0.1$，$E''=1.0$；T，$x_{T}=0.2$，$x_{p}=0.2/3$。当在变压器高压侧的B母线发生A相接地短路时，变压器中性线中的电流为下列何值（　　）。

A. 1　　B. $\sqrt{3}$　　C. 2　　D. 3

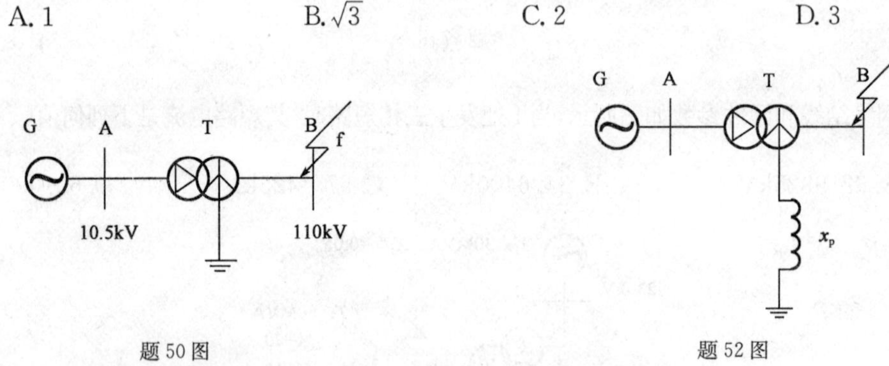

题50图　　题52图

53. 判断下列哪种情况或设备应校验热稳定以及动稳定（　　）。

A. 装设在电流互感器回路中的裸导线和电器
B. 装设在电压互感器回路中的裸导线和电器
C. 用熔断器保护的电器
D. 电缆

54. 高压断路器一般采用多断口结构，通常在每个断口并联电容C。并联电容的作用是下列哪项（　　）。

A. 使弧隙电压的恢复过程由周期性变为非周期性
B. 使得电压能均匀的分布在每个断口上
C. 可以增大介质强度的恢复速度
D. 可以限制系统中的操作过电压

55. 下列叙述哪项是正确的（　　）。

A. 发电厂和变电站接地网的接地电阻主要根据工作接地的要求决定

B. 保护接地就是根据电力系统的正常运行方式的需要而将网络的某一点接地

C. 中性点不接地系统发生单相接地故障时，非故障相电压不变，所以可以继续运行2小时左右

D. 在工作接地和保护接地中，接地体材料一般采用铜或铝

56. 断路器开断空载变压器发生过电压的主要原因是下列哪项（　　）。

A. 断路器的开断能力不够

B. 断路器对小电感电流的截流

C. 断路器弧隙恢复电压高于介质强度

D. 三相断路器动作不同期

57. 中性点不接地系统中，三相电压互感器作绝缘监视用的附加副绕组的额定电压应选择下列哪项（　　）。

A. $\frac{100}{\sqrt{3}}$V　　B. 100V　　C. $\frac{100}{3}$V　　D. $100\sqrt{3}$V

58. 电流互感器的误差（电流误差 f_i 和相位差 δ_i）与二次负荷阻抗（z_{2f}）的关系式下列哪组（　　）。

A. $f_i \propto z_{2f}^2, \delta_i \propto z_{2f}^2$　　B. $f_i \propto \frac{1}{z_{2f}^2}, \delta_i \propto \frac{1}{z_{2f}^2}$

C. $f_i \propto z_{2f}, \delta_i \propto z_{2f}$　　D. $f_i \propto \frac{1}{z_{2f}}, \delta_i \propto \frac{1}{z_{2f}}$

59. 下列哪项叙述是正确的（　　）。

A. 为了限制短路电流，通常在架空线上装设电抗器

B. 母线电抗器一般装设在主变压器回路和发电机回路中

C. 采用分裂低压绕组变压器主要是为了组成扩大单元接线

D. 分裂电抗器两个分支负荷变化过大将造成电压波动，甚至可能出现过电压

60. 断路器开断交流电路的短路故障时，弧隙电压恢复过程与电路参数等有关，为了把具有周期性振荡特性的恢复过程转变为非周期性的恢复过程，可在断路器触头两端并联一只电阻 r，其值一般取下列哪项（C、L 为电路中的电容值、电感值）（　　）。

A. $r \leqslant \frac{1}{2}\sqrt{\frac{C}{L}}$　　B. $r \geqslant \frac{1}{2}\sqrt{\frac{C}{L}}$　　C. $r \leqslant \frac{1}{2}\sqrt{\frac{L}{C}}$　　D. $r \geqslant \frac{1}{2}\sqrt{\frac{L}{C}}$

2005 年度全国注册电气工程师(供配电)执业资格考试专业基础考试

试题解析及参考答案

1.解 设电流 I 方向向上,根据 KVL,$U_R=16V$,故 $I_R=U_R/10=1.6A$,$P=UI=6\times1.6=9.6W$。

答案:A

2.解 设 A 点电压为 u_A,则 $(100-u_A)/20+(-200-u_A)/50=(u_A+85)/50+u_A/20$,故 $u_A=-5V$。

答案:C

3.解 选项 A 的正确形式应为 $I_m=\omega CU_m$,选项 B 中 u_c 与 i_c 是瞬时值量,选项 D 的正确形式应力 $i=C\frac{du}{dt}$。选项 C 是由 $\dot{U}_C=-j\frac{1}{\omega C}\dot{I}_C$,推出 $\dot{I}=\frac{j\dot{U}_C}{X_C}$。

答案:C

4.解 由谐振条件知,$w=\frac{1}{\sqrt{LC}}=\frac{1}{\sqrt{4\times1\times10^6}}=\frac{1}{2\times10^{-3}}=500rad/s$。

答案:B

5.解 无损耗线波阻抗为一实数,电压、电流同相位,故相位差为 0。

答案:C

6.解 去耦等效电路如图所示,$Z=j(5+\sqrt{3^2+4^2})=j15\Omega$。

答案:A

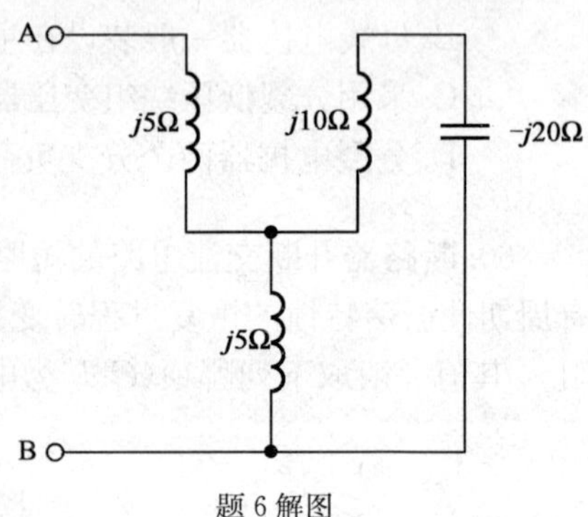

题 6 解图

7.解 当 S 断开时,220V/0.5A=440Ω。

当 S 闭合时,如图所示,$Z=-j440\Omega//(R+jX_L)$

$=\frac{440(X_L-jR)}{R+j(X_L-440)}$,$|Z|=440\sqrt{\frac{X_L^2+R^2}{R^2+(X_L-440)^2}}=$ 440Ω,化简得 $X_L=220\Omega$。

答案:B

8.解 (1)求 $u_{C1}(0_+)$,由换路定则,$u_{C1}(0_+)=u_{C1}(0_-)=0V$

(2)求 $u_{C1}(\infty)$,$t=\infty$ 时电路如图所示,$u_{C1}(\infty)=8V$

则 $u_{C1}(t)=u_{C1}(\infty)+[u_{C1}(0_+)-u_{C1}(\infty)]e^{-t/\tau}=8(1-e^{-t/\tau})\ V$

答案:D

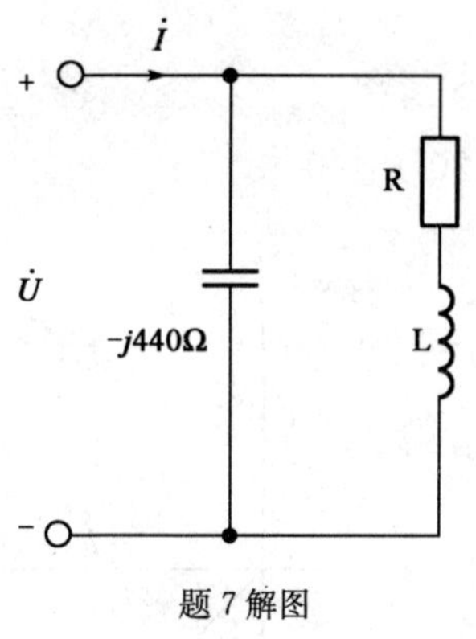

题 7 解图

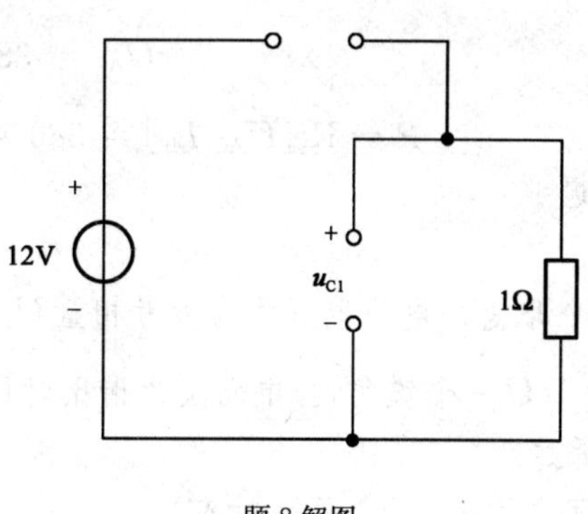

题 8 解图

9. **解** 求 $u_{C1}(0_-)$，$t=0_-$ 时的电路如图所示。

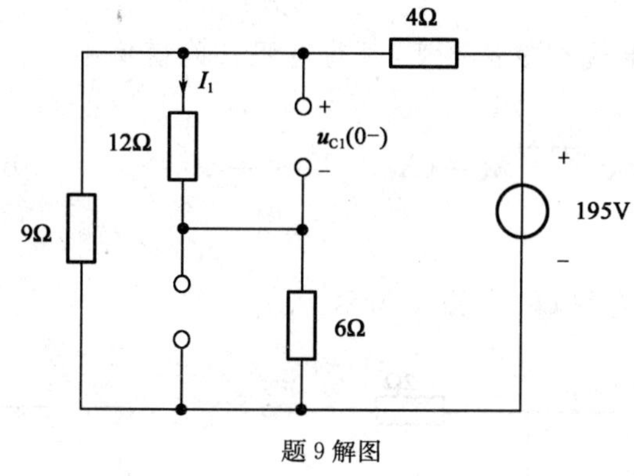

题 9 解图

$$I=\frac{195}{4+\dfrac{9\times18}{9+18}}=\frac{195}{4+6}=\frac{195}{10}=19.5\text{A}$$

$I_1=\dfrac{1}{3}\times19.5=6.5\text{A}$，所以 $u_{C1}(0_-)=12\times6.5=78\text{V}$

由换路定则，$u_{C1}(0_+)=u_{C1}(0_-)=78\text{V}$

答案:A

10. **解** 基波单独作用时，$Z=j\left(\omega L-\dfrac{1}{\omega C}\right)=j\left(10^4\times10^{-3}-\dfrac{1}{10^4\times10\times10^{-6}}\right)=0$，此时1mH 电感和 10μF 电容发生串联谐振，相当于“短路”。

三次谐波单独作用时，令 $Z_{并}=j\left(3\omega L-\dfrac{1}{3\omega C}\right)//\left(-j\dfrac{1}{3\omega C_1}\right)=j\dfrac{80}{3}//\left(-j\dfrac{1}{3\times10^4C_1}\right)=0$，此时并联支路发生谐振，相当于“断路”，得 $C_1=1.25\ \mu\text{F}$。

答案:B

11. **解** 取 $\dot{U}_A$ 作为参考相量 $\dot{U}_A=U_A\angle0°$

由线电压为 380V，得 $U_A=220\text{V}$，所以 $\dot{U}_A=220\angle0°$，$\dot{U}_B=220\angle-120°$，$\dot{U}_C=220\angle120°$。

$$\dot{I}_B = \frac{\dot{U}_B}{Z} = 10\angle -120^\circ$$

$$\dot{U}_{AC} = 380\angle -30^\circ$$

$$P = \mathrm{Re}[\dot{U}_{AC}\ \overset{*}{I}_B] = 380 \times 10\cos(-30^\circ + 120^\circ) = 0$$

答案:C

12.**解**　取总的电源电压作为参考相量$\dot{U}\angle 0^\circ$,则$\dot{I}_2$超前于$\dot{U}_1$ 90°,$\dot{I}_3$落后于$\dot{U}$一个锐角,当电路发生谐振时$\dot{U}$与$\dot{I}$同相位,画相量图如图所示。

$I_3 = \sqrt{I_1^2 + I_2^2} = \sqrt{3^2 + 4^2} = 5\text{A}$

答案:C

题12解图

13.**解**　由题目中总电流有效值不变,可得总阻抗的模值不变,得:

$$\sqrt{R^2 + (X_L - X_C)^2} = \sqrt{R^2 + X_C^2} \Rightarrow (X_L - X_C)^2 = X_C^2 \Rightarrow X_C = 10\Omega$$

答案:C

14.**解**　(1)先求等效电源U_S,如图a)所示。

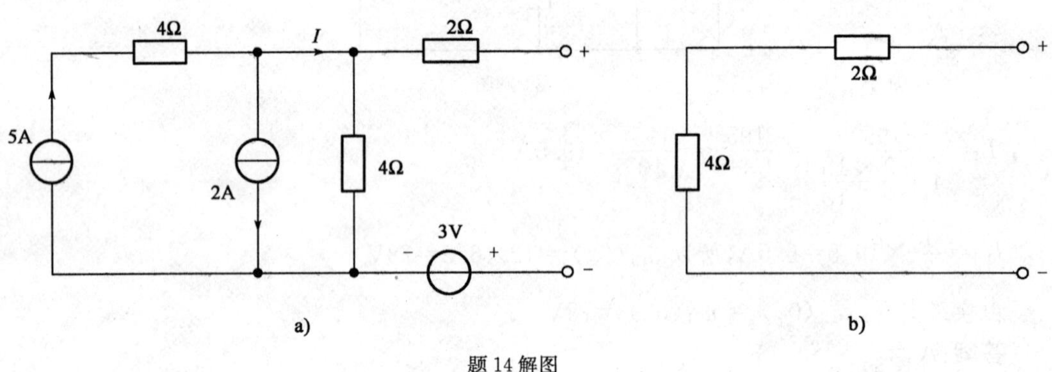

题14解图

由图得:$I = 5 - 2 = 3\text{A}$,$U_S = I \times 4 - 3 = 12 - 3 = 9\text{V}$

(2)再求等效电阻R_S,将电流源开路,电压源短路的等效电路图如图b)所示。

从图中可看出:$R_S = 6\Omega$

答案:D

15.**解**　ab间的等效电阻为$10 + 15//(10 + R_L)$,由$10 + 15//(10 + R_L) = R_L$,得$R_L = 20\Omega$。

答案:C

16.**解**　设正弦电流为$i = I_m\sin(\omega t + 60^\circ)$。当$t = 0$时,$i = I_m\sin 60^\circ = 0.866I_m = 8.66\text{A}$,则$I_m = 10\text{A}$。

答案:C

17. **解**　如图所示，由镜像法可知：$J=\dfrac{I}{S}=\dfrac{I}{2\pi r^2}$，$E=\dfrac{J}{\gamma}=\dfrac{I}{2\pi r^2\cdot\gamma}$

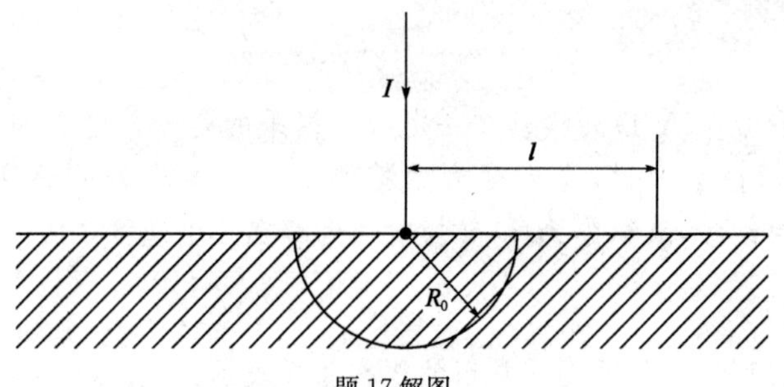

题 17 解图

半球到无穷远处的电压：

$$U=\int_{R_0}^{\infty}E\mathrm{d}r=\int_{R_0}^{\infty}\frac{I}{2\pi r^2\cdot\gamma}\mathrm{d}r=\frac{I}{2\pi\gamma R_0}$$

接地体的电阻：

$$R=\frac{U}{I}=\frac{1}{2\pi\gamma R_0}=\frac{1}{2\times3.14\times10^{-2}\times0.5}=31.84\Omega$$

答案：D

18. **解**　$U_0=\dfrac{\tau}{2\pi\varepsilon_0}\ln(\dfrac{b}{a})$，则 $\dfrac{\tau}{2\pi\varepsilon_0}=\dfrac{U_0}{\ln\left(\dfrac{b}{a}\right)}$。$E(r=a)=\dfrac{\tau}{2\pi\varepsilon_0 a}=\dfrac{U_0}{a\ln\left(\dfrac{b}{a}\right)}$。

令 $f(a)=a\ln\left(\dfrac{b}{a}\right)$，$b$ 固定，对 a 求导数，$\dfrac{\mathrm{d}f(a)}{a}=\ln\left(\dfrac{b}{a}\right)-1=0$，则 $\dfrac{a}{b}=\dfrac{1}{e}$。

答案：B

19. **解**　五种不重复状态完成一次循环，为五进制计数器。而环形计数器的状态为 000、001、010、011、100、101、110。移位寄存器有移位功能，也就是每来一个脉冲，状态向右或向左移一位，题目中从 000 到 010 的状态可排除是移位计数器。

答案：A

20. **解**　负反馈对放大电路性能的影响为电压负反馈稳定输出电压，输出电阻减小；电流负反馈稳定输出电流，输出电阻增加。串联负反馈提高输入电阻，并联负反馈减小输入电阻。

答案：A

21. **解**　共模抑制比 $K_{\mathrm{CMR}}=\dfrac{A_{\mathrm{vd}}}{A_{\mathrm{vc}}}$，当双端输出时 $A_{\mathrm{vc}}=0$，K_{CMR} 为无穷大。

答案：D

22. **解**　运算放大器在深度负反馈情况下存在“虚短”的概念，也就是两输入端电压相等。如其中一输入端接地，则另一输入端称为“虚地”。所有选项中只有在反相比例放大电路中存在虚地。

答案：C

23. **解**　输出电流几乎不随负载电阻的变化而变化，即输出电流稳定，应选电流负反馈。

并联负反馈中的反馈网络输出端与放大电路的输入端并联，这样信号源内阻 R_S 越大，输出电流就越大，有用信号就越多。

答案:D

24.**解** 由于双积分型 A/D 转换器在一定时间内采的是输入电压的平均值，因此具有很强的抗干扰能力，从理论上来说，有无穷大的抑制能力。逐次渐近 A/D 转换时间在 10～50μs，也有的达到几百纳秒，双积分 A/D 转换时间大都在几十毫秒之间。

答案:B

25.**解** 真值表、逻辑式、符号图是常用的逻辑关系表示方式。

答案:D

26.**解** 本题的模型实际上是一个简单的单门限电压比较器，其具有这样的特性：当输入电压大于零时，运算放大器输出为负的饱和电压，即－11V；当输入电压小于零时，运算放大器输出为正的饱和电压，即＋11V。本题中输出端的电压应该为负电压，因此稳压管 D_Z 处于正向导通状态，输出电压为－0.6V。

答案:C

27.**解** 该电路为共射极放大电路，输出与输入波形反相。根据题目中的参数静态工作点 $I_B=\dfrac{V_{CC}-U_{BE}}{R_B}=\dfrac{12-0.7}{1.2\times10^6}\approx10^{-5}\text{A}=10\times10^{-3}\text{mA}$ 很小，进入管子的截止区，且输入信号有效值 27mV，这个信号很小，不会进入饱和区，只会出现截止失真，即顶部削平的正弦波。

答案:B

28.**解** 十进制数转换为二进制数时，采用除基取余法(即短除法)。

24÷2＝12…………余 0

12÷2＝6…………余 0

6÷2＝3…………余 0

3÷2＝1…………余 1

1÷2＝0…………余 1

将这五个数从下到上排列是 11000。

答案:C

29.**解** 13 位地址存储器能够存储的容量是 $2^{13}=8192=8\times1024=8\text{K}$，每个 I/O 端口采集的数据为 8bit，故总容量为 8K×8。

答案:A

30.**解** $L=\overline{AB\cdot BC\cdot AC}=AB+BC+AC$，列真值表。

A	B	C	L
0	0	0	0
0	0	1	0
0	1	0	0

0	1	1	1
1	0	0	0
1	0	1	1
1	1	0	1
1	1	1	1

功能：当2人及以上投赞成票时输出为1，为三变量的多数表决器。

答案：B

31. **解**　发电机的电动势方程：$E_G = U_N + I_{aN}R_A = 230 + 15.7\times1 = 245.7\text{V}$

由 $E_G = C_e\varphi n_N$，推出：$C_e\varphi = \dfrac{245.7}{2000}$

电动机的电动势方程为(电枢电流不变)：$E_M = U_N - I_aR_a = 220 - 15.7\times1 = 204.3\text{V}$

而 $E_M = C_e\varphi n'$，则 $n' = \dfrac{E_M}{C_e\varphi} = 1663\text{r/min}$

答案：D

32. **解**　图为 $\varphi = -90°$时(即纯电容性负载)的电枢反应相量图。

电枢电流 $\dot{I}$ 相量处在 d 轴上，所以电枢磁动势 $\dot{F}_a$ 也处在 d 轴上，但方向与励磁磁动势方向相同，则合成磁动势为 $\dot{F}_\delta = \dot{F}_f + \dot{F}_a$，可见合成磁动势 $\dot{F}_\delta$ 增大，从而使端电压增大。

答案：C

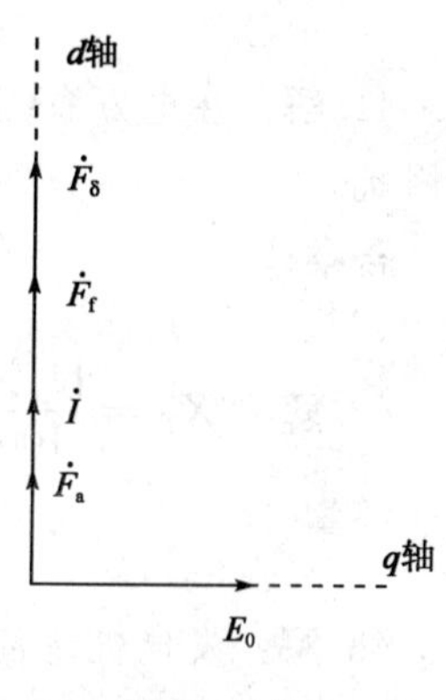

题32解图

33. **解**　串联时施加2200V电压，并联时施加1100V电压，由于串联时电导和电纳为原值的1/2，并联时为原来值的2倍，又因为空载电流与电纳和电压的乘积成正比，所以空载电流不变；空载损耗与电压的平方和电导的乘积成正比，所以空载损耗也不变。

答案：A

34. **解**　电源频率 ω 增加10%，由 $X = \omega L$ 可得，X 增加10%。

答案：A

35. **解**　当外加电压为正弦波时，主磁通也为正弦波，当磁路饱和时，空载电流为尖顶波，而且饱和度越高，电流波形越尖，励磁磁势等于空载电流乘以匝数，所以励磁磁势为尖顶波。

答案：A

36. **解**　三相同步发电机与电网并联时，若电压相序不同，则在发电机和电网之间存在巨大的电位差而产生无法消除的环流。

答案：C

37. **解**　同步速为 $n = \dfrac{60f}{P} = \dfrac{60\times50}{2} = 1500\text{r/min}$，异步电机中转子转速与同步速只是相差一个转差率 s，所以转子转速接近于1500r/min。

转子额定转速：$n=\dfrac{60f}{p(\text{定子绕组极对数})}=\dfrac{3000}{2}=1500\text{r/min}$。

答案:A

38.**解** 对于积复励发电机,在原电机转向和磁场极性不变下改作电动机运行时,只需将串励绕组的两端对调一下连接,其他接线端无需变动。反之,电动机改作发电机运行,同理也只需对调串励绕组两线端。

答案:B

39.**解** 画出变压器的连接组,如图所示,可见 $\dot{E}_{AB}$ 超前 $\dot{E}_{ab}30°$,如果将 $\dot{E}_{AB}$ 放在 12 上,则 $\dot{E}_{ab}$ 在 11 上,可见变压器为 Y/△-11 反过来为△/Y-1。

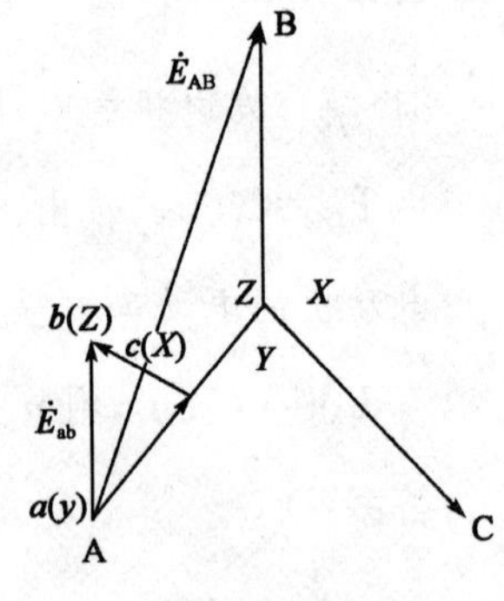

题 39 解图

答案:C

40.**解** 我国电能的主要输电方式是三相交流输电。

答案:C

41.**解** 在电力系统分析中,功率是指三相功率之和,因为三相阻抗相等,所以阻抗是指一相阻抗。

答案:B

42.**解** $X_T=\dfrac{U_k\%}{100}\cdot\dfrac{U_{TN}^2}{S_{TN}}\times10^3\Omega$

答案:B

43.**解** 发电机通常运行在比网络额定电压高 5%的状态下,所以发电机的额定电压为 10.5kV,变压器 T_1 的一次侧也为 10.5kV,二次侧相当于供电设备,考虑到变压器内部的电压损耗降落 5%,输电线路电压降落 5%,所以二次侧为 110×(1+10%)=121kV;变压器 T_2 的一次侧相当于用电设备其额定电压就等于网络的额定电压,为 110kV,二次侧同变压器 T_1 也要抬高 10%,为 35×(1+10%)=38.5kV,变压器 T_3 一次侧为 35kV,二次侧电压低,一般不再长距离送电,直接接负载,只考虑变压器内部电压降落 5%,所以 T_3 的二次侧只需抬高 5%,即为 6×(1+5%)=6.3kV。

答案:A

44.**解** 采用近似法计算各元件标幺值,取 $S_B=100\text{MVA}$,$U_B=U_{av}$

$$x''_{d*}=x''_d\cdot\frac{S_B}{S_{GN}}=0.15\times\frac{100}{30}=0.5$$

$$x_{l*}=x_l\cdot\frac{S_B}{U_B^2}=100\times0.4\times\frac{100}{115^2}=0.302$$

$$x_{T_1*}=\frac{U_k\%}{100}\cdot\frac{S_B}{S_{T_1N}}=\frac{10.5}{100}\times\frac{100}{31.5}=0.333$$

$$x_{T_2*} = \frac{U_k\%}{100} \cdot \frac{S_B}{S_{T_2N}} = \frac{10.5}{100} \times \frac{100}{31.5} = 0.333$$

$$x_{R*} = \frac{x_R\%}{100} \cdot \frac{S_B}{\sqrt{3}I_N} \cdot \frac{S_B}{U_B^2} = \frac{4}{100} \times \frac{10}{\sqrt{3} \times 0.3} \times \frac{100}{10.5^2} = 0.7$$

答案:B

45.**解** 如图所示。

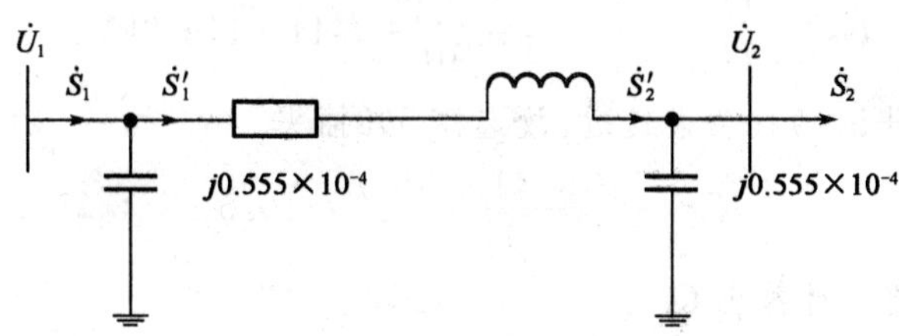

题 45 解图

$$\dot{S}'_2 = \dot{S}_2 - j0.555 \times 10^{-4} \times 110^2 = 11.77 + j5.45 - j0.6716 = 11.77 + j4.7784\text{MVA}$$

$$\dot{S}'_1 = 11.77 + j4.7784 + \frac{11.77^2 + 4.778^2}{110^2} \times (13.2 + j16.68)$$

$$= 11.77 + j4.7784 + 0.0133 \times (13.2 + j16.68) = 11.95 + j4.998\text{MVA}$$

$$\dot{U}_1 = 110 + \frac{11.77 \times 13.2 + 4.778 \times 16.68}{110} = 112.14\text{kV}$$

$$\dot{S}_1 = \dot{S}'_1 - j0.555 \times 10^{-4} \times 112^2 = 11.95 + j(4.998 - 0.6962) = 11.95 + j4.3$$

答案:B

46.**解** 开关 A 合上时线路空载,末端电压会升高,其等值电路如图所示。

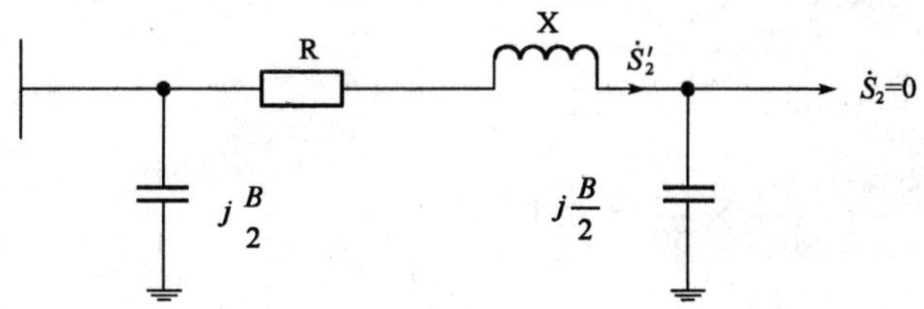

题 46 解图

$$\Delta U = \frac{P'_2R + Q'_2X}{U_N} = \frac{-14 \times 83.1}{220} = -5.3\text{kV}$$

$$\delta U = \frac{P'_2X - Q'_2R}{U_N} = \frac{14 \times 16.9}{220} = 1.08\text{kV}$$

$$U_2 = \sqrt{(U_1 - \Delta U)^2 - (\delta U)^2} = \sqrt{(242 + 5.3)^2 - 1.08^2} = 247.3\text{kV}$$

B 断口两端的电压差为 247.3−220=27.3kV。

答案:C

47.**解** (1)各元件参数

$$R_L + jX_L = 50 \times 0.21 + j50 \times 0.4 = 10.5 + j20\Omega$$

$$X_T=\frac{U_k\%}{100}\cdot\frac{U_N^2}{S_N}=\frac{10.5}{100}\times\frac{110^2}{31.5}=40.33\Omega$$

总的等值阻抗 $Z_\Sigma=R_\Sigma+jX_\Sigma=10.5+j60.33\Omega$

(2)按最小负荷时选择变压器分接头

$$U_{1min}=112-\frac{15\times0.5+8\times60.33}{112}=106.28\text{kV}$$

因为变压器低压侧母线要求逆调压,在最小负荷时 U_{2min} 应保持 $1.0U_N=1.0\times10=10\text{kV}$

$$U_T=\frac{U_{1min}}{U_{2min}}\cdot U_N=\frac{106.28}{10}\times11=116.9\text{kV}$$

此电压与 110×(1+5%)抽头最接近,故选择 5%抽头。

变比
$$K=\frac{110\times(1+5\%)}{11}=10.5$$

(3)按最大负荷的要求计算出 Q_C

$$Q_C=\frac{U_{2cmax}}{X_\Sigma}\left(U_{2cmax}-\frac{U_{1max}}{K}\right)K^2$$

式中:U_{1max}——设置补偿设备前归算至高压侧的变电所低压母线电压,$U_{1max}=112-\dfrac{25\times10.5+10\times60.33}{112}=104.27\text{kV}$;

U_{2cmax}——补偿后低压侧要保持的电压,因为低压侧要求逆调节,在最大负荷时应保持 $1.05U_N=1.05\times10=10.5\text{kV}$。

则 $Q_C=\dfrac{10.5}{60.33}\times(10.5-\dfrac{104.27}{10.5})\times10.5^2=10.928\text{Mvar}$

答案:A

48.**解**　选取 $S_B=60\text{MVA}, U_B=U_{av}$

$$x''_{d1*}=x''_{d1}\cdot\frac{S_B}{S_{GN1}}=0.05\times\frac{60}{30}=0.1$$

$$x''_{d2*}=x''_{d2}\cdot\frac{S_B}{S_{GN2}}=0.05\times\frac{60}{30}=0.1$$

$$x_{TI*}=\frac{U_{k1}\%}{100}\cdot\frac{S_B}{S_{TN}}=\frac{10}{100}\times\frac{60}{60}=0.1$$

$$x_{TII*}=\frac{U_{k2}\%}{100}\cdot\frac{S_B}{S_{TN}}=\frac{10}{100}\times\frac{60}{60}=0.1$$

$$x_{TIII*}=\frac{U_{k3}\%}{100}\cdot\frac{S_B}{S_{TN}}=0$$

作出等值电路图如图所示。

$$x_\Sigma=(x_{d1*}+x_{TI*})\,//\,(x_{d2*}+x_{TII*})=0.1$$

$$I_f=I_{f*}\cdot I_B=\frac{1}{x_{\Sigma*}}\cdot\frac{S_B}{\sqrt{3}U_B}=\frac{1}{0.1}\times\frac{60}{\sqrt{3}\times10.5}=32.9925\text{kA}$$

答案:A

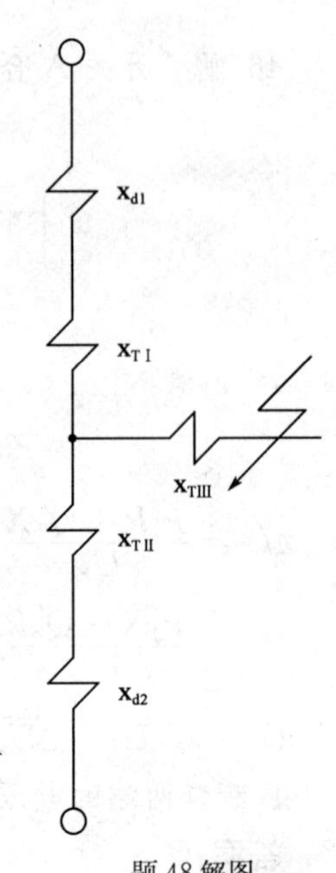

题 48 解图

49.**解**　设短路容量标幺值为 S_{d*},由 $S_{d*}=\dfrac{\sqrt{3}U_{av}I_f}{\sqrt{3}U_{av}I_B}=I_{f*}=\dfrac{1}{x_*}$

可得当 f_1 点短路时，忽略后边支路，$x''_{d1*}=\dfrac{1}{S_{d1*}}=\dfrac{1}{\dfrac{S_{d1}}{S_B}}=\dfrac{1}{\dfrac{1000}{100}}=0.1$

同理：f_2 点短路时，忽略前面支路，$x''_{d2*}=\dfrac{1}{S_{d2*}}=\dfrac{1}{\dfrac{833}{100}}=0.12$

$x_{T1*}=\dfrac{U_k\%}{100}\cdot\dfrac{S_B}{S_{TN}}=\dfrac{10}{100}\times\dfrac{100}{100}=0.1$

$x_{l*}=0.03, x_{T2*}=\dfrac{U_k\%}{100}\cdot\dfrac{S_B}{S_{TN}}=\dfrac{10}{100}\times\dfrac{100}{100}=0.1$

当 f_3 点短路时等值电路如图所示。

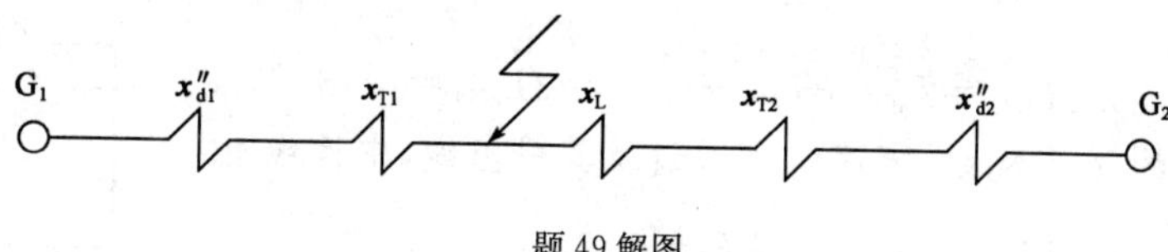

题 49 解图

$x_{\Sigma_*}=(x''_{d1*}+x_{T1*})\,//\,(x_{l*}+x_{T2*}+x''_{d2*})=(0.1+0.1)\,//\,(0.03+0.1+0.12)=0.11$

$S_{d3}=\dfrac{1}{x_{\Sigma_*}}\cdot S_B=\dfrac{1}{0.11}\times100=909\text{ MVA}$

答案:C

50.**解**　正序总阻抗 $x_{\Sigma(1)}=x''_d+x_T=0.1+0.1=0.2$

负序总阻抗 $x_{\Sigma(2)}=x_{(2)}+x_T=0.1+0.1=0.2$

两相短路的复合序网图如图所示。

Y 侧各序电流为：

$\dot{I}_{fY(1)}=\dfrac{E''_{|0|}}{j(x_{\Sigma(1)}+x_{\Sigma(2)})}=\dfrac{1}{j(0.2+0.2)}$

$=-j2.5$

$\dot{I}_{fY(2)}=-\dot{I}_{f(1)}=j2.5$

△侧各序电流：

$\dot{I}_{f\triangle(1)}=\dot{I}_{fY(1)}e^{j30^\circ}=-j2.5\times\left(\dfrac{\sqrt{3}}{2}+j\dfrac{1}{2}\right)$

$=\dfrac{2.5}{2}-j\dfrac{2.5\times\sqrt{3}}{2}=1.25-j2.165$

$\dot{I}_{f\triangle(2)}=\dot{I}_{fY(2)}e^{-j30^\circ}=j2.5\times\left(\dfrac{\sqrt{3}}{2}-j\dfrac{1}{2}\right)$

$=1.25+j2.165$

$\dot{I}_{fa}=\dot{I}_{f\triangle(1)}+\dot{I}_{f\triangle(2)}=2.5$

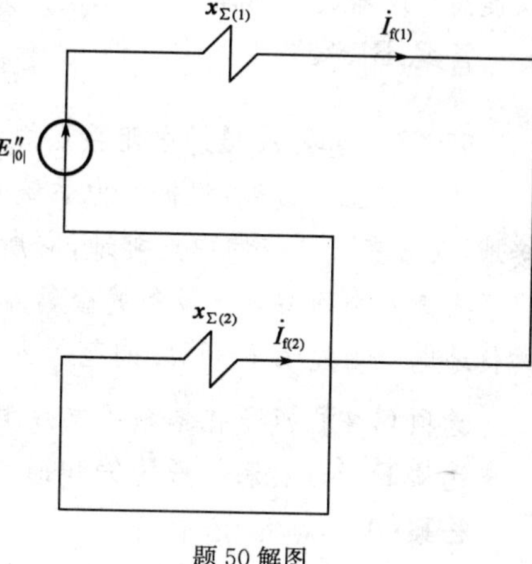

题 50 解图

答案:D

51.**解**　当中性点绝缘系统发生单相接地短路时，三相对称关系并不破坏，仅中性点及各相对地电压发生变化，中性点的电压上升到相电压，非故障相对地电压升高到 $\sqrt{3}$ 倍相电压，即线电压。

答案:A

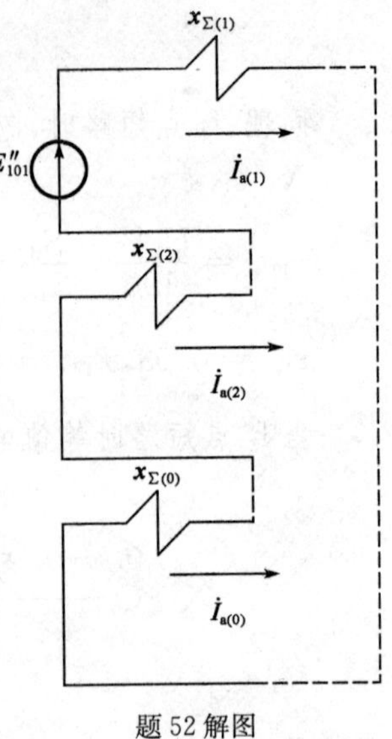

题 52 解图

52. **解** 先计算各序电抗:

$x_{\Sigma(1)}=x''_d+x_T=0.1+0.2=0.3$

$x_{\Sigma(2)}=x_{(2)}+x_T=0.1+0.2=0.3$

$x_{\Sigma(0)}=x_T+3x_p=0.2+0.2=0.4$

形成复合序网图如图所示。

$$\dot I_{a(1)}=\dot I_{a(2)}=\dot I_{a(0)}=\frac{E''}{x_{\Sigma(1)}+x_{\Sigma(2)}+x_{\Sigma(0)}}=\frac{1\angle 0^\circ}{j(0.3+0.3+0.4)}$$
$$=-j1$$

短路点的电流为:$\dot I_{f(1)}=\dot I_{a(1)}+\dot I_{a(2)}+\dot I_{a(0)}=3\dot I_{a(1)}=-j3$

有中线引出的Y形绕组,零序电流通过及其引出线,中性线上有3倍零序电流流过,即 $\dot I_0=3\dot I_{a(1)}\Rightarrow \dot I_0=3$。

答案:D

53. **解** 装设在电压互感器回路中的设备不用校验动稳定及热稳定,因为系统发生短路时,短路电流并不通过这些设备,只有串联设备才需要校验动稳定及热稳定性。熔断器不需要校验热稳定性,电缆不需要校验动稳定性。

答案:A

54. **解** 在各断口上并联一个比散杂电容大得多的电容器,使各断口上的电压分配均匀,以提高断路器的开断能力,所以断口并联电容器叫均匀电容器。

答案:B

55. **解** 选项A接地电阻按照规程规定,对其大小也是有要求的。

选项B工作接地:根据电力系统正常运行的需要而设置的接地,例如三相系统的中性点接地,双极直流系统的中点接地,它所要求的接地电阻值在0.5～10Ω的范围内。保护接地:为了人身安全而将电气设备的金属外壳等加以接地,它是在故障条件下才发挥作用的,所要求的接地电阻值处于1～10Ω的范围内。

选项C中性点不接地系统发生单相接地故障时,非故障相电压增大为$\sqrt{3}$倍的相电压。

选项D接地材料一般为铜和钢。

答案:A

56. **解** 断路器为感性负载,由于有电感的存在,电流不会在瞬间变为0,有个短暂的时间过程,因为时间很短,就会在线圈中感应一个很高的电压。

答案:B

57. **解** 中性点接地系统中,每相为100V,合成正常0V,单相对地短路100V。中性点不接地系统中,二次侧57.7V,剩余绕组单相33.333V。

答案:C

58. **解** 电流互感器的误差：

$$f_{\mathrm{i}}=\frac{(Z_2+Z_{2\mathrm{L}})L_{\mathrm{av}}}{222N_2^2\delta\mu}\sin(\psi+\alpha)\times100\%$$

$$\delta_{\mathrm{i}}=\frac{(Z_2+Z_{2\mathrm{L}})L_{\mathrm{av}}}{222N_2^2\delta\mu}\sin(\psi+\alpha)3440'$$

$Z_{2\mathrm{L}}$为二次负荷阻抗，可见电流互感器的误差与$Z_{2\mathrm{L}}$成正比例。

答案:C

59. **解** 选项A架空线一般自身阻抗较大，不需要安装电抗器，电缆线路经常为了限制短路电流，而加装电抗器。选项B母线电抗器一般加装在母线分段处，为的是限制短路电流。选项C采用分裂低压绕组变压器主要是为了限制短路电流。

答案:D

60. **解** 当触头间并联电阻$r<r_{\mathrm{cr}}$，电压恢复过程为非周期性；当并联电阻$r>r_{\mathrm{cr}}$时，电压恢复过程为周期性；当并联电阻$r<r_{\mathrm{cr}}$时，将把具有周期性振荡特性的恢复电压过程转变为非周期性恢复过程，从而大大降低恢复电压的幅值和恢复速度，相应的可增加断路器的开断能力。

答案:C

2006年度全国注册电气工程师(供配电)执业资格考试专业基础考试

试 题

以下为单选题(共60题,每题2分。每题的备选项中,只有1个符合题意)

1. 如图所示电路,I=(　　)。

A. 1A　　B. 2A　　C. −2A　　D. 3A

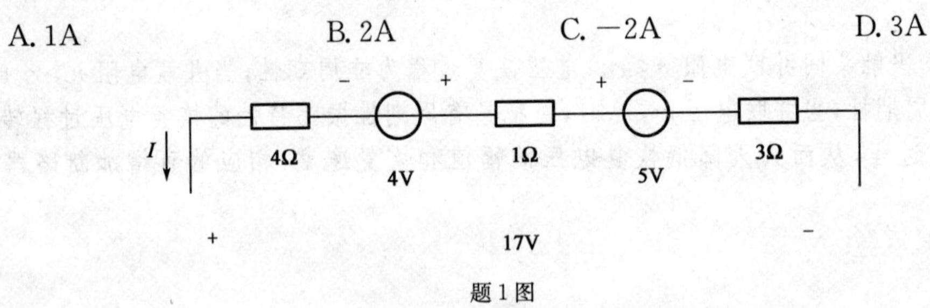

题1图

2. 列写节点方程,如图所示电路BC间互导为(　　)。

A. 2S　　B. −14S　　C. 3S　　D. −3S

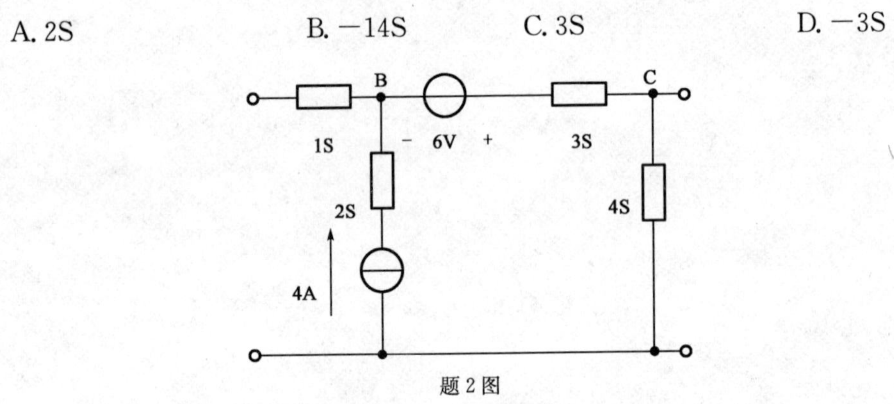

题2图

3. 若电路中L=1H,C=100pF时,恰好有$X_L=X_C$。则此时频率f为下列哪项数值(　　)。

A. 17kHz　　B. 15.92kHz　　C. 20kHz　　D. 21kHz

4. 若电路中$L=4$H,$C=25$pF时,恰好有$X_L=X_C$,则此时频率f为下列哪项数值(　　)。

A. 15.92kHz　　B. 16kHz　　C. 24kHz　　D. 36kHz

5. 在R=4kΩ,L=4H,C=1μF三个组件串联电路中,电路的暂态属于下列哪种类型(　　)。

A. 振荡　　B. 非振荡　　C. 临界振荡　　D. 不能确定

6. 电阻为 300Ω 的信号源通过特性阻抗为 300Ω 传输线向 75Ω 的电阻性负载供电，为达到匹配目的，在传输线与负载间插入一段长度为 $\lambda/4$ 的无损耗传输线，该线的特性阻抗应为(　　)。

A. 187.5Ω　　B. 150Ω　　C. 600Ω　　D. 75Ω

7. 如图所示，$L_1=L_2=10\text{H}$，$C=1000\mu\text{F}$，当 M 从 0 变到 6H 时，谐振角频率的变化范围是(　　)。

A. $10\sim\frac{10}{\sqrt{14}}\text{rad/s}$　　B. $0\sim\infty\text{rad/s}$　　C. $10\sim12.5\text{rad/s}$　　D. 不能确定

8. 如图所示电路中当 $u=36+100\sin(\omega t)\text{V}$ 时，电流 $i=4+4\sin(\omega t)\text{A}$，其中 $\omega=400\text{rad/s}$，则 R 为(　　)。

A. 4Ω　　B. 9Ω　　C. 20Ω　　D. 250Ω

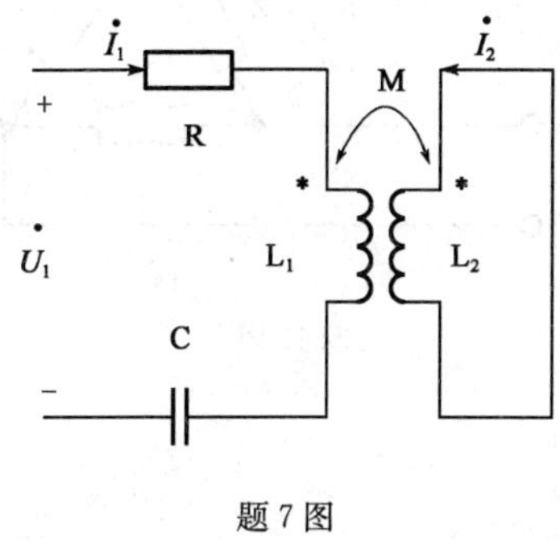

题 7 图

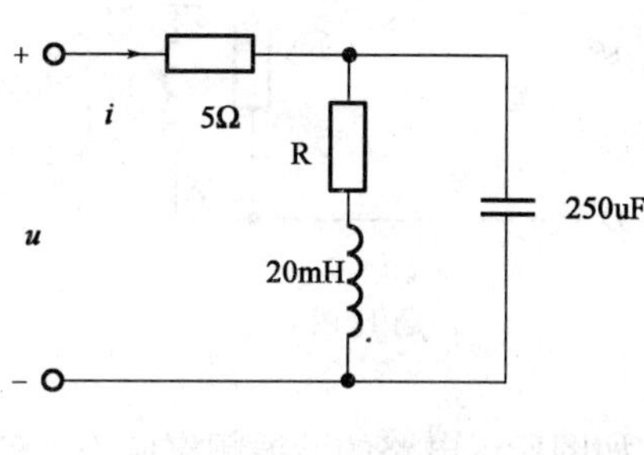

题 8 图

9. 如图所示电路中 $u_{C1}(0_-)=10\text{V}$，$u_{C2}(0_-)=0$，当 $t=0$ 时闭合开关 S 后，u_{C1} 应为($\tau=2\mu\text{s}$)(　　)。

A. $6.67(1-e^{-t/\tau})\text{V}$　　B. $10e^{-t/\tau}\text{V}$

C. $10(1-e^{-t/\tau})\text{V}$　　D. $(6.67+3.33e^{-t/\tau})\text{V}$

10. 如图所示电路中 $i_L(0_-)=0$，在 $t=0$ 时闭合开关 S 后，$t=0_+$ 时 $\frac{di_L}{dt}$ 应为下列(　　)。

A. 0　　B. U_s/R　　C. U_s/L　　D. U_s

11. 如图所示电路中行电压 $u=60\left[1+\sqrt{2}\cos(\omega t)+\sqrt{2}\cos(2\omega t)\right]\text{V}$，$\omega L_1=100\Omega$，$\omega L_2=100\Omega$，$\frac{1}{\omega C_1}=400\Omega$，$\frac{1}{\omega C_2}=100\Omega$，则有效值 I_1 应为下列哪项数值(　　)。

A. 1.204A　　B. 0.45A　　C. 1.3A　　D. 1.9A

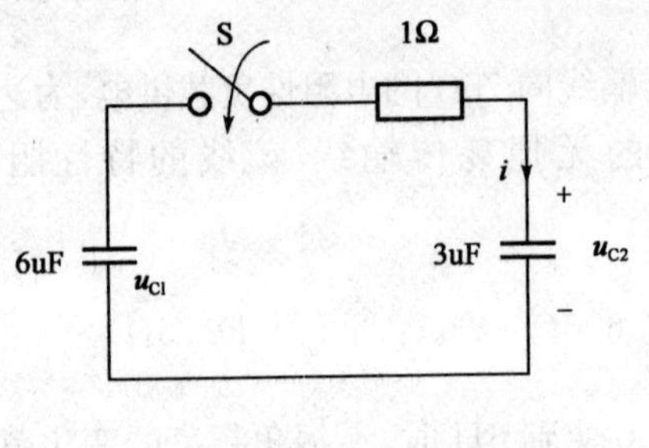

题 9 图

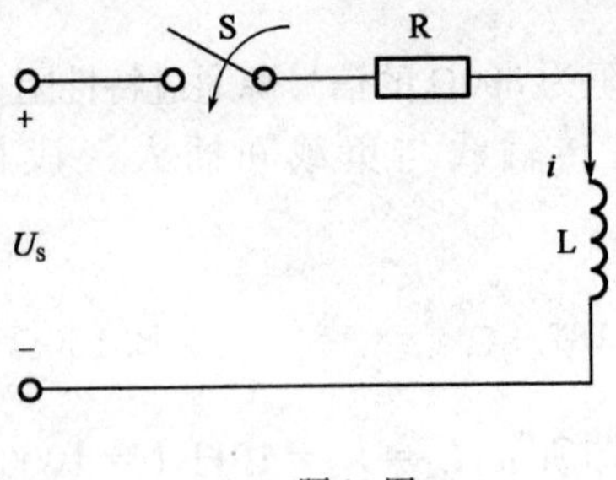

题 10 图

12. 如图所示对称三相电路，线电压 380V，每相阻抗 $Z=(18+j24)\Omega$，则图中功率表读数为(　　)。

A. 5134W　　B. 997W　　C. 1772W　　D. 7667W

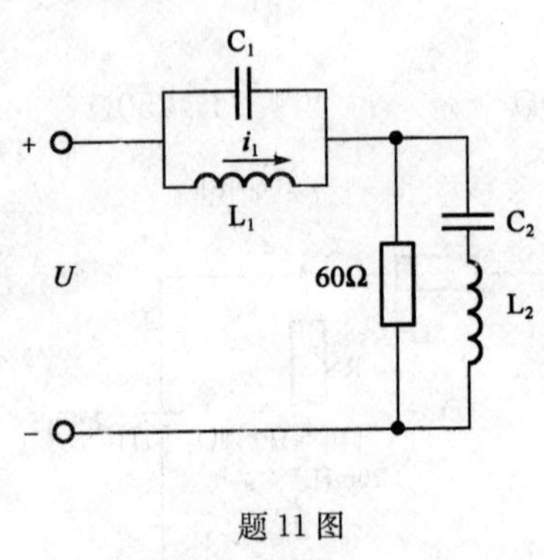

题 11 图

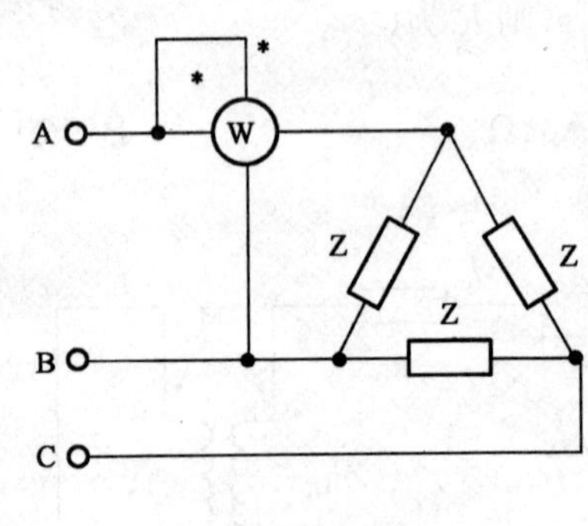

题 12 图

13. 如图所示电路的谐振频率应为下列哪项(　　)。

A. $1/\sqrt{LC}$　　B. $0.5/\sqrt{LC}$　　C. $2/\sqrt{LC}$　　D. $4/\sqrt{LC}$

14. 如图所示，在 R、L、C 串联电路中，若总电压 U，电容电压 U_C 及 RL 两端的电压 U_{RL} 均为 100V，且 $R=10\Omega$，则电流 I 应为下列哪项数值(　　)。

A. 10A　　B. 8.66A　　C. 5A　　D. 5.77A

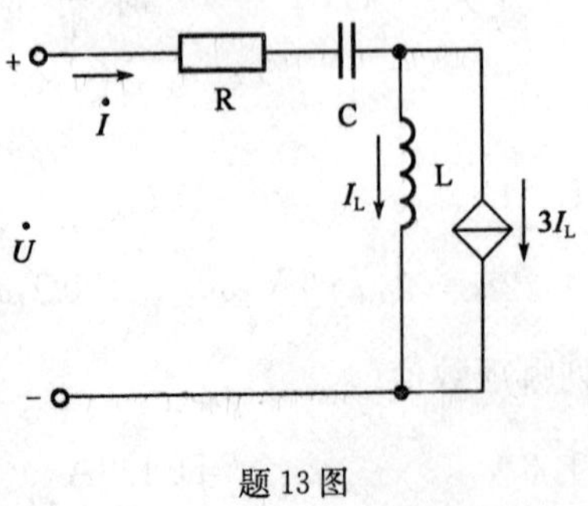

题 13 图

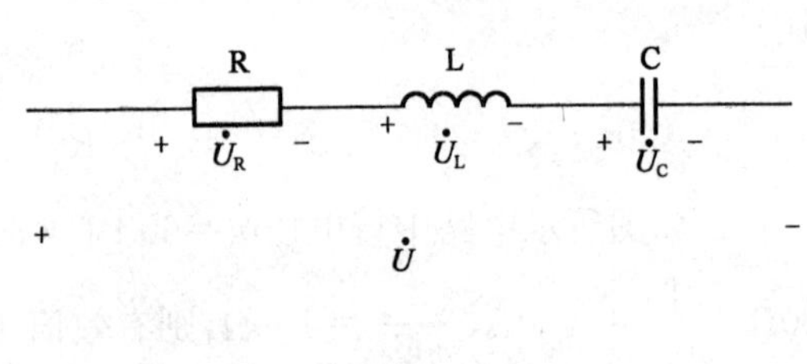

题 14 图

15. 如图所示电路的戴维南等效电路参数 U_S 和 R_S 应为下列哪项数值(　　)。

A. 3V,1.2Ω　　B. 3V,1Ω　　C. 4V,14Ω　　D. 3.6,1.2Ω

16. 如图所示电路的等效电阻 R_{ab} 应为下列哪项数值(　　)。

A. 5Ω　　B. 5.33Ω　　C. 5.87Ω　　D. 3.2Ω

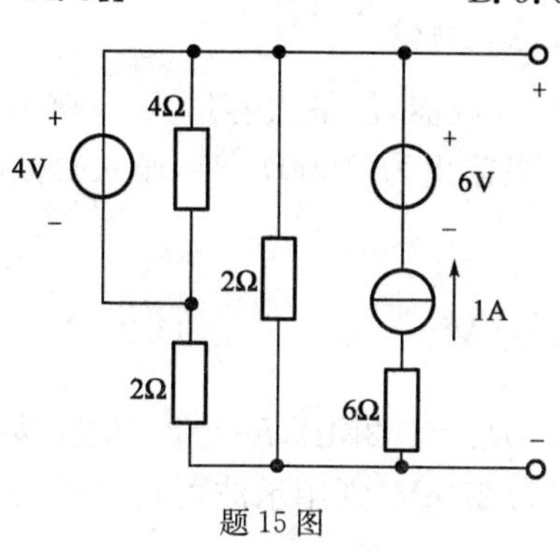

题 15 图

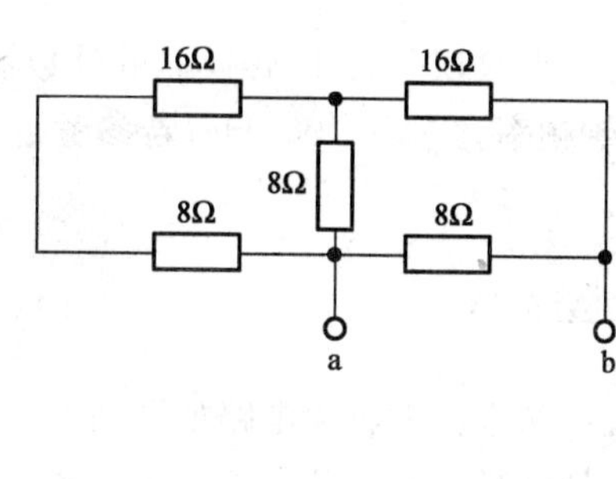

题 16 图

17. 已知正弦电流的初相为 60°,在 $t=0$ 时瞬时值为 8.66A,经过($\frac{1}{300}$)s 后第一次下降为 0,其频率应该为下列哪项数值(　　)。

A. 50kHz　　B. 100kHz　　C. 314kHz　　D. 628kHz

18. 如图所示电路中,电阻 R_L 应为下列哪项数值(　　)。

A. 18Ω　　B. 13.5Ω
C. 9Ω　　D. 6Ω

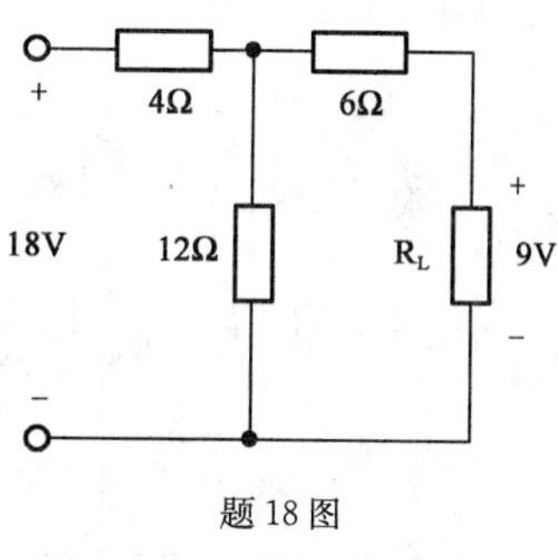

题 18 图

19. 一半径为 0.5m 的导体球作接地极,深埋于地下,土壤的导电率 $\gamma=10^{-2}$ s/m,则此接地体的接地电阻应为下列哪项数值(　　)。

A. 31.84Ω　　B. 7.96Ω　　C. 63.68Ω　　D. 15.92Ω

20. 集成运算放大器输入级采用差动放大电路的主要目的应为(　　)。

A. 稳定放大倍数　　B. 克服温漂
C. 提高输入阻抗　　D. 扩展频带

21. 文氏桥振荡电路的固有频率为(　　)。

A. $\frac{1}{2\pi RC}$　　B. $\frac{1}{2\pi\sqrt{RC}}$　　C. $\frac{1}{2\pi\sqrt{6}RC}$　　D. $\frac{RC}{2\pi}$

22. 下列哪个元件能提高计时精度（　　）。

A. 施密特　　B. 双稳态　　C. 单稳态　　D. 多谐振荡器

23. 关于 JK 触发器的特性方程为（　　）。

A. $Q_{n+1}=JQ_n$

B. $Q_{n+1}=J+KQ_n$

C. $Q_{n+1}=J\bar{Q}_n+\bar{K}Q_n$

D. $Q_{n+1}=Q_n$

24. 一个双积分 A/D 转换器的计数器为四位十进制计数器，设最大容量为$(3000)_{10}$，计数器的时钟频率为 $f_{cp}=400$kHz，若参考电压 $U_{REF}=15$V，当输出为$(1000)_{10}$时，输入模拟电压是（　　）。

A. 5V　　B. 10V　　C. 7.5V　　D. 2.5V

25. 一基本共射放大电路如图所示，已知 $V_{CC}=12$V，$R_B=1.2$MΩ，$R_C=2.7$kΩ，晶体管的 $\beta=100$，且已测得 $r_{be}=2.7$kΩ。若输入正弦电压有效值为 27mV，则用示波器观察到的输出电压波形是下列哪种（　　）。

A. 正弦波

B. 顶部削平的失真了的正弦波

C. 底部削平的失真了的正弦波

D. 底部和顶部都削平的梯形波

26. 如图所示电路输出电压是 5V，接上 2kΩ 的电阻后输出电压降到 4V，则内阻是（　　）。

A. 0.5kΩ　　B. 2kΩ　　C. 10kΩ　　D. 8kΩ

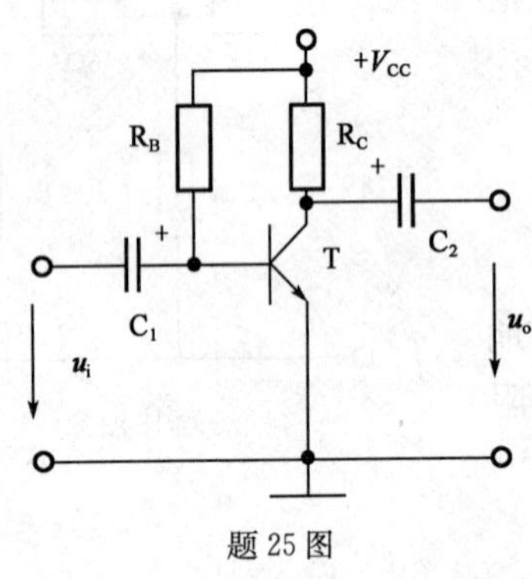

题 25 图

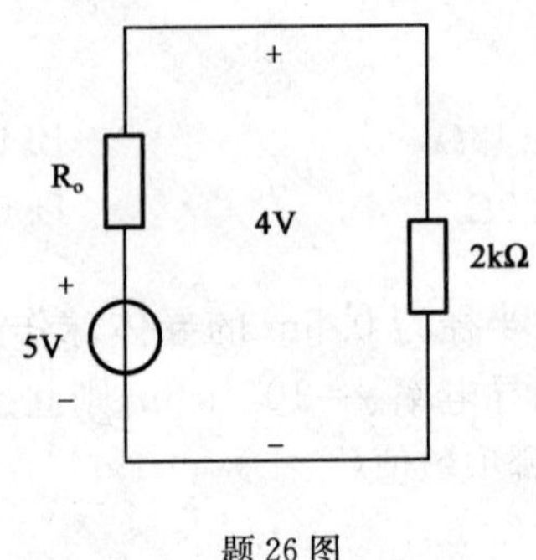

题 26 图

27. 一片四位 ADC 电路，最小分辨电压是 1.2mV，若输入电压为 4.387V，则显示的数字量为（　　）。

A. E47H　　B. E48H　　C. E49H　　D. E50H

28. 用 50 个与非门组成的环形多谐振荡器如图所示，设每个门的平均传输时间 $t_{pd}=20$ns，试求振荡周期 T 为多少（　　）。

A. 20ms　　B. 2ms　　C. 4.0ms　　D. 4ms

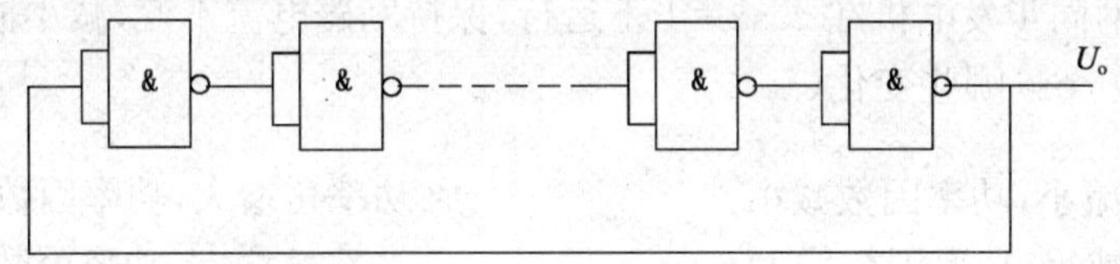

题 28 图

29. 如图所示电路中，A 为理想运算放大器，三端集成稳压器的 2、3 端之间的电压用 U_{REF} 表示，则电路的输出电压可表示为(　　)。

A. $U_o=(U_i+U_{REF})\dfrac{R_2}{R_1}$　　B. $U_o=U_i\dfrac{R_2}{R_1}$

C. $U_o=U_{REF}\left(1+\dfrac{R_2}{R_1}\right)$　　D. $U_o=U_{REF}\left(1+\dfrac{R_1}{R_2}\right)$

30. 如图所示电路中，设 D_{Z1} 的稳定电压为 7V，D_{Z2} 的稳定电压为 13V。则电压 U_{AB} 等于(　　)。

A. 0.7V　　B. 7V　　C. 13V　　D. 20V

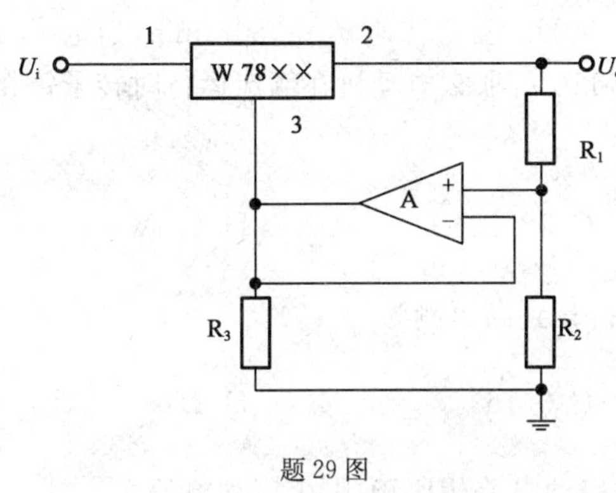

题 29 图

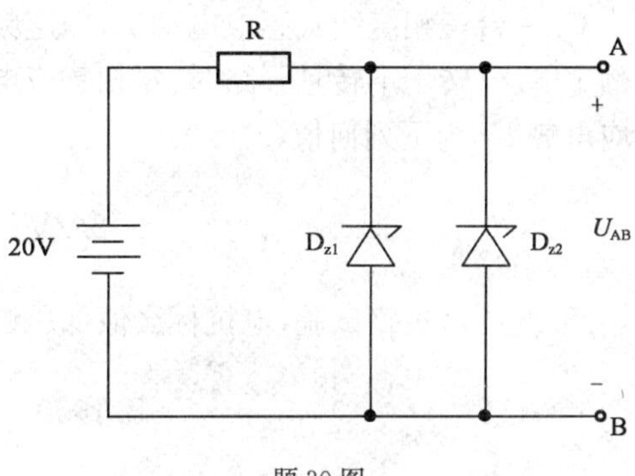

题 30 图

31. 一台并励直流电动机，$U_N=110V$，$n_N=1500r/min$，$I_N=28A$，$R_a=0.15\Omega$(含电刷的接触压降)，$R_f=110\Omega$。当电动机在额定状态下运行，突然在电枢回路串入一 0.5Ω 的电阻，若负载转矩不变，则电动机稳定后的转速为(　　)。

A. 1220r/min　　B. 1255r/min　　C. 1309r/min　　D. 1500r/min

32. 一台变压器的高压绕组由两个完全相同可以串联也可以并联的绕组组成。当它们同绕向串联并施以 2200V，50Hz 的电压时，空载电流为 0.3A，空载损耗为 160W，如果它们改为并联施以 1100V，50Hz 电压时，此时的空载电流和空载损耗为下列哪组数值(电阻损耗忽略不计)(　　)。

A. $I_0=0.3A$，$P_0=160W$　　B. $I_0=0.6A$，$P_0=160W$

C. $I_0=0.15A$，$P_0=240W$　　D. $I_0=0.6A$，$P_0=240W$

33. 无穷大电网同步发电机在 $\cos\varphi=1$ 下运行，保持励磁电流不变，减小输出有功，将引起功率角 θ、功率因数 $\cos\theta$ 哪些变化(　　)。

A. 功率角减小，功率因数减小　　B. 功率角增大，功率因数减小
C. 功率角减小，功率因数增大　　D. 功率角增大，功率因数增大

34. 同步电动机处于过励磁状态，它从电网吸收(　　)。

A. 感性功率　　B. 容性功率　　C. 纯有功功率　　D. 纯电阻电流

35. 三绕组变压器数学模型中的电抗反应变压器绕组的(　　)。

A. 铜耗　　B. 铁耗　　C. 等值漏磁通　　D. 漏磁通

36. 一台三相绕线式异步电动机若定子绕组为四级，转子绕组为六级。当定子绕组接到频率为 50Hz 的三相额定电压时，此时转子的转速应为下列哪项(　　)。

A. 接近于 1500r/min　　B. 接近于 1000r/min
C. 转速为零　　D. 接近于 2500r/min

37. 一台三相绕线式感应电动机，额定频率 $f_N=50\text{Hz}$，额定转速 $n_N=980\text{r/min}$，当定子接到额定电压、转子不转且开路时，每相感应电动势为 110V，那么电动机在额定运行时转子每相感应电势 E_2 为下列何值(　　)。

A. 0　　B. 2.2V　　C. 38.13V　　D. 110V

38. 变压器短路试验，电抗标幺值低压侧为 16，折算到高压侧为(　　)。

A. 16　　B. 1600　　C. 0.16　　D. 1.6

39. 直流电动机启动电流，半载启动电流与空载启动电流相比较，哪个启动电流大(　　)。

A. 空＞半　　B. 空＝半　　C. 空＜半　　D. 不确定

40. 110kV 中性点常采用的运行方式为(　　)。

A. 中性点直接接地　　B. 中性点不接地
C. 中性点经阻抗接地　　D. 中性点绝缘

41. 衡量电能质量的指标是(　　)。

A. 电压、频率　　B. 电压、频率、网损率
C. 电压、波形、频率　　D. 电压、频率、不平衡度

42. 一额定电压为 10kV 的静电电容器，其容抗值为 10.5Ω，接在 6kV 母线上，电容器在额定电压下供给母线的无功功率为(　　)。

A. 0.719Mvar　　B. 0.324Mvar　　C. 7.19Mvar　　D. 3.42Mvar

43. 计算功率损耗的公式为(　　)。

A. $\Delta \dot{S}=\dfrac{P^2+Q^2}{U}(B+jX)$　　B. $\Delta \dot{S}=\dfrac{P^2+Q^2}{U}(R+jX)$

C. $\Delta \dot{S}=\dfrac{P^2+Q^2}{U^2}(R+jX)$　　D. $\Delta \dot{S}=\dfrac{P^2+Q^2}{U^2}(B+jX)$

44. 对高压线末端电压升高的现象，常用的办法是在末端加(　　)。

A. 并联电抗器　　B. 串联电抗器　　C. 并联电容器　　D. 串联电容器

45. 已知某变压器变比为 110(1±2×2.5%)/11kV，容量为 20MVA，低压母线最大负荷为 18MVA，$\cos\varphi=0.6$，最小负荷为 7MVA，$\cos\varphi=0.7$，归算到高压侧的变压器参数为 $5+j60\Omega$，变电所高压母线在任何情况下均维持电压为 107kV，为了使低压侧母线保持顺调压，该变压器的分接头为(　　)。

A. 主接头档，$U_t=110$kV　　B. 110(1−5%)档，$U_t=104.5$kV

C. 110(1+2.5%)档，$U_t=112.75$kV　　D. 110(1−2.5%)档，$U_t=107.25$kV

46. 变压器等值电路及参数如图所示，已知末端电压 $\dot{U}_2=112\angle 0°$kV，末端负荷功率 $\tilde{S}_2=(50+j20)$MVA，变压器始端电压 $\dot{U}_1$ 为(　　)。

A. 116.3∠4.32°kV

B. 122.24∠4.5°kV

C. 114.14∠4.62°kV

D. 116.3∠1.32°kV

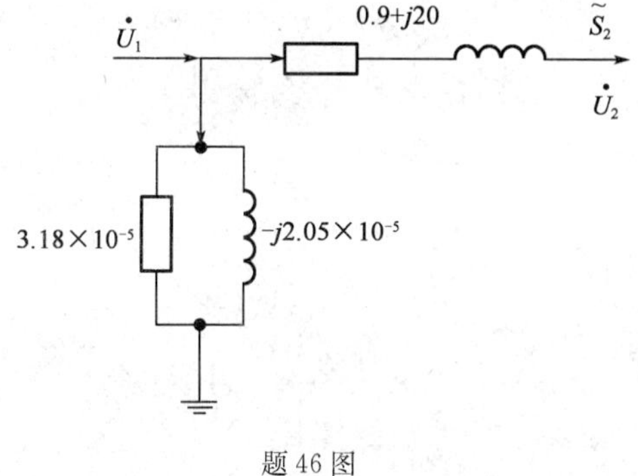

题 46 图

47. 短路电流冲击值在什么情况下最大(　　)。

A. 短路前负载，电压初相相位为 0　　B. 短路前负载，电压初相相位为 90°

C. 短路前空载，电压初相相位为 0　　D. 短路前空载，电压初相相位为 90°

48. 在电力系统分析和计算中，功率和阻抗一般分别是指下列哪组(　　)。

A. 一相功率，一相阻抗　　B. 三相功率，一相阻抗

C. 三相功率，三相阻抗　　D. 三相功率，一相等值阻抗

49. 系统如图所示。

已知：T_1，T_2：100MVA，$U_k\%=10$。l：$S_B=100$MVA 时的标幺值电抗为 0.03。当 f_1 点三相短路时，短路容量为 1000MVA，当 f_2 点三相短路时，短路容量为 833MVA，则当 f_3 点三相短路时的短路容量为下列何值(　　)。

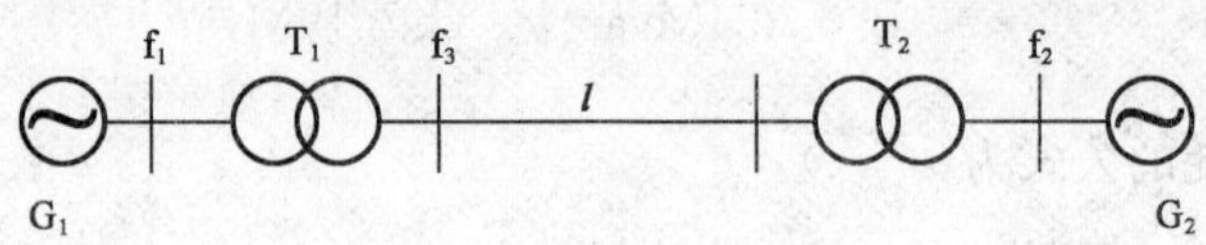

题 49 图

A. 222MVA　　B. 500MVA　　C. 909MVA　　D. 1000MVA

50. 系统如图所示，各元件标幺值参数为 G：$x''_d=0.1$，$x_{(2)}=0.1$，$E''=1.0$；T：$x_T=0.2$，$x_p=0.2/3$. 当在变压器高压侧的 B 母线发生 A 相接地短路时，变压器中性线的电流为下列何值(　　)。

A. 1　　B. $\sqrt{3}$　　C. 2　　D. 3

51. 如图所示，Y 侧 BC 两相短路时，短路电流为 $\dot{I}_f$，则△侧三相电路上电流为(　　)。

A. $\dot{I}_a=-\frac{1}{\sqrt{3}}\dot{I}_f$，$\dot{I}_b=-\frac{1}{\sqrt{3}}\dot{I}_f$，$\dot{I}_c=\frac{1}{\sqrt{3}}\dot{I}_f$

B. $\dot{I}_a=-\frac{1}{\sqrt{3}}\dot{I}_f$，$\dot{I}_b=\frac{2}{\sqrt{3}}\dot{I}_f$，$\dot{I}_c=-\frac{1}{\sqrt{3}}\dot{I}_f$

C. $\dot{I}_a=\frac{2}{\sqrt{3}}\dot{I}_f$，$\dot{I}_b=-\frac{1}{\sqrt{3}}\dot{I}_f$，$\dot{I}_c=\frac{1}{\sqrt{3}}\dot{I}_f$

D. $\dot{I}_a=\frac{1}{\sqrt{3}}\dot{I}_f$，$\dot{I}_b=\frac{1}{\sqrt{3}}\dot{I}_f$，$\dot{I}_c=-\frac{2}{\sqrt{3}}\dot{I}_f$

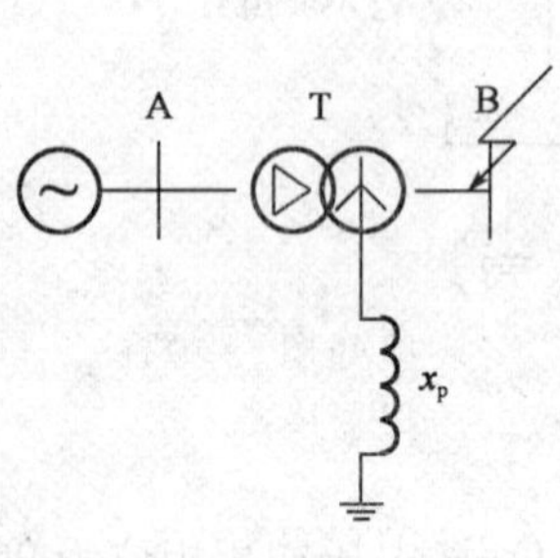

题 50 图

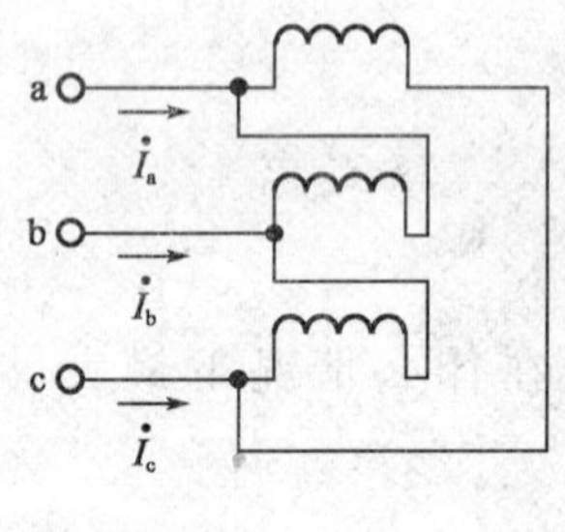

题 51 图

52. 如图所示，G_1，G_2：30MVA，$x''_d=x_{(2)}=0.1$，$E''=1.1$，T_1，T_2：30MVA，$U_k\%=10$，10.5/121kV，当 f 处发生 A 相接地短路，其短路电流值为(　　)。

A. 1.658kA　　B. 0.5523kA

C. 0.6628kA　　D. 1.1479kA

53. 电流互感器二次绕组在运行时(　　)。

A. 允许短路不允许开路

B. 允许开路不允许短路

C. 不允许开路不允许短路

D. 允许开路也允许短路

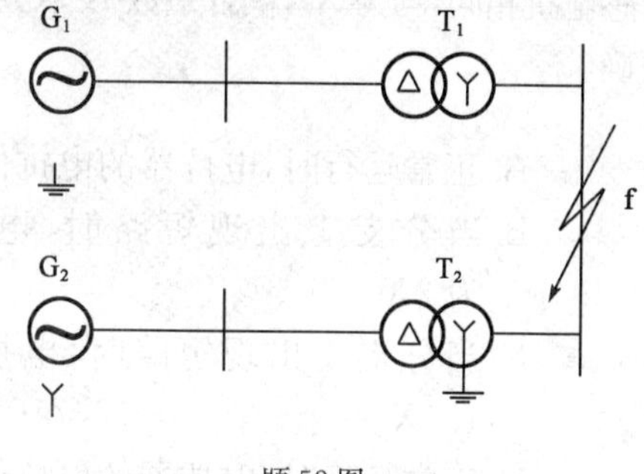

题 52 图

54. 充填石英砂有限流作用的高压熔断器，只能用在(　　)。

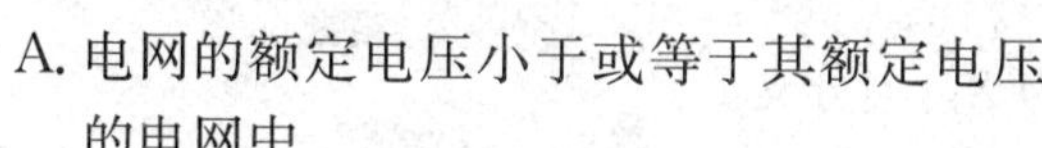

A. 电网的额定电压小于或等于其额定电压的电网中

B. 电网的额定电压大于或等于其额定电压的电网中

C. 电网的额定电压等于其额定电压的电网中

D. 其所在电路的最大长期工作电流大于其额定电流

55. 下列说法正确的是(　　)。

A. 电网中性点接地方式对架空线过电压没有影响

B. 内部过电压就是操作过电压

C. 雷电过电压可分为感应雷击过电压和直接雷击过电压

D. 间歇电弧接地过电压是谐振过电压中的一种

56. 选择 10kV 馈线上的电流互感器时，电流互感器的接线方式为不完全星形接线，若电流互感器与测量仪表相距 40m，则其连接线长度 L_{js} 应为(　　)。

A. 40m　　B. 69.3m　　C. 80m　　D. 23.1m

57. 内桥形式主接线适用于(　　)。

A. 出线多，变压器操作少　　B. 出线多，变压器操作多

C. 出线少，变压器操作多　　D. 出线少，变压器操作少

58. 主接线中，旁路母线的作用是(　　)。

A. 作备用母线

B. 不停电检修出线断路器

C. 不停电检修母线隔离开关

D. 母线或母线隔离开关故障时，可以减少停电范围

59. 为了保证断路器在关合短路电流时的安全性，其关合电流满足下列哪种条件(　　)。

A. 不应小于短路冲击电流　　B. 不应大于短路冲击电流

C. 只需大于长期工作电流　　D. 只需大于通过断路器的短路稳态电流

60. 如图所示，分裂电抗器中间抽头 3 接电源，两个分支 1 和 2 接相等的两组负荷，两个分支的

自感电抗相同，均为 X_k，耦合系数 K 取 0.5，下列表达哪项正确（　　）。

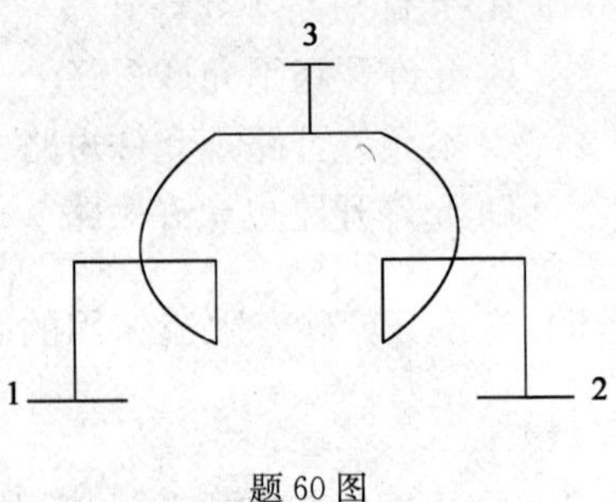

题 60 图

A. 正常运行时，电抗器的电抗值为 $0.25X_k$

B. 当分支 1 出现短路时，电抗器的电抗值为 $2X_k$

C. 当分支 1 出现短路时，电抗器的电抗值为 $1.5X_k$

D. 正常运行时，电抗器的电抗值为 X_k；当分支 1 出现短路时，电抗器的电抗值为 $3X_k$

2006年度全国注册电气工程师(供配电)执业资格考试专业基础考试

试题解析及参考答案

1.**解**　由KVL定律得:$(4+1+3)I+4-5=-17, 8I=-16$,可以求出$I=-2\text{A}$。

答案:C

2.**解**　列出节点电压方程:

$$\begin{cases}(1+2+3)U_{n1}-3U_{n2}=4-3\times6\\-3U_{n1}+(3+4)U_{n2}=3\times6\end{cases}$$

显然,BC间的互导为-3S。

答案:D

3.**解**　因为$X_L=X_C$,所以$\omega L=\dfrac{1}{\omega C}$,可得$\omega=\dfrac{1}{\sqrt{LC}}=\dfrac{1}{\sqrt{1\times100\times10^{-12}}}=10^5\text{rad/s}$

又因为$\omega=2\pi f$,所以$f=\dfrac{\omega}{2\pi}=\dfrac{10^5}{2\times3.14}=15.92\text{kHz}$

答案:B

4.**解**　因为$X_L=X_C$,所以$\omega L=\dfrac{1}{\omega C}$,可得$\omega=\dfrac{1}{\sqrt{LC}}=\dfrac{1}{\sqrt{1\times100\times10^{-12}}}=10^5\text{rad/s}$

又因为$\omega=2\pi f$,所以$f=\dfrac{\omega}{2\pi}=\dfrac{10^5}{2\times3.14}=15.92\text{kHz}$

答案:A

5.**解**　已知:当$R>2\sqrt{\dfrac{L}{C}}$时,过阻尼,为非振荡过程;当$R<2\sqrt{\dfrac{L}{C}}$时,欠阻尼,为振荡过程;当$R=2\sqrt{\dfrac{L}{C}}$时,临界阻尼,为临界过程。

本题,$2\sqrt{\dfrac{L}{C}}=2\sqrt{\dfrac{4}{1\times10^{-6}}}=4\times10^3=R$,所以此电路的瞬时属于临界过程。

答案:C

6.**解**　为达到匹配,该传输线特性阻抗$Z_c=\sqrt{Z_{c1}Z_2}=\sqrt{300\times75}=150\Omega$。

答案:B

7.**解**　如图所示。

$\dot{U}_1=R\dot{I}_1+j\omega L_1\dot{I}_1+j\omega M\dot{I}_2-j\dfrac{1}{\omega C}\dot{I}_1$

$\dot{U}_2 = j\omega L_2 \dot{I}_2 + j\omega M \dot{I}_1 = 0$

所以，$L_1 \dot{I}_1 = -M\dot{I}_1, \dot{I}_2 = -\frac{M}{L_2}\dot{I}_1 = -\frac{M}{L_1}\dot{I}_1$

发生谐振时，$\dot{U}_1$ 只有实部，虚部为零。

$\omega L_1 \dot{I}_1 + \omega M \dot{I}_2 = \frac{1}{\omega C}\dot{I}_1$

$\omega L_1 \dot{I}_1 + \omega M\left(-\frac{M}{L_1}\right)\dot{I}_1 = \frac{1}{\omega C}\dot{I}_1$

$\omega L_1 \dot{I}_1 - \omega \frac{M^2}{L_1}\dot{I}_1 = \frac{1}{\omega C}\dot{I}_1$

$\omega L_1 - \omega \frac{M^2}{L_1} = \frac{1}{\omega C}$

$\omega L_1^2 - \omega M^2 = \frac{L_1}{\omega C}$

$\omega \times 100 - \omega M^2 = \frac{1}{\omega} \times \frac{10}{1000 \times 10^{-6}}$

当 $M=0$ 时，$\omega=10$；当 $M=6$ 时，$\omega=12.5$。

所以，谐振角频率变化范围为 10～12.5rad/s。

答案:C

8.**解**　当电压直流分量单独作用时，电路如图所示。

$$R = \frac{u}{i} - 5 = 4\Omega$$

答案:A

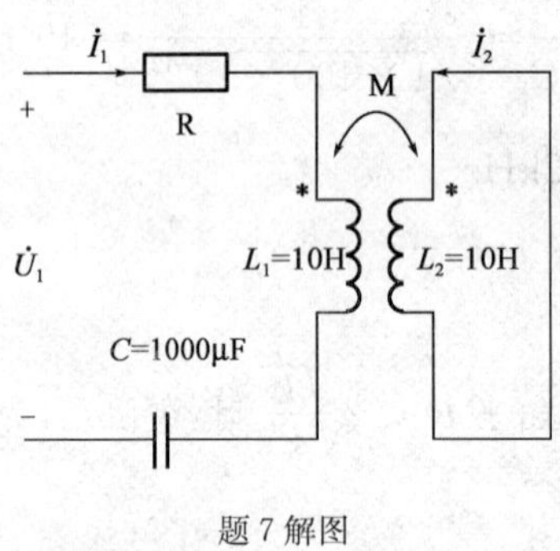

题7解图

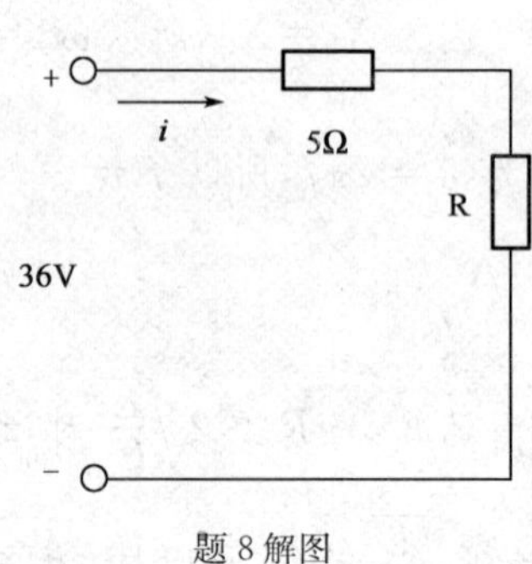

题8解图

9.**解**　(1)根据换路定律，S闭合瞬间，电容上的初始电压为：

$$u_{C1}(0_+) = u_{C1}(0_-) = 10V; u_{C2}(0_+) = u_{C2}(0_-) = 0V$$

(2)换路后 C_1 经 R 向 C_2 充电，C_1 放电，C_1 储存的电荷在两个电容上重新分配，但总量不变，即：$C_1 u_{C1}(\infty) + C_2 u_{C2}(\infty) = C_1 u_{C1}(0_+) + C_2 u_{C2}(0_+)$

达到稳态时有：$u_{C1}(\infty) = u_{C2}(\infty)$

可解出：$u_{C1}(\infty) = u_{C2}(\infty) = \frac{C_1 u_{C1}(0_+) + C_2 u_{C2}(0_+)}{C_1 + C_2} = \frac{6 \times 10 + 3 \times 0}{6+3} = 6.67V$

(3)时间常数：$\tau = R \times \frac{C_1 C_2}{C_1 + C_2} = 5 \times \left(\frac{6 \times 3}{6+3}\right) = 10\mu s$

(4)由三要素法：$u_{C1}(t) = u_{C1}(\infty) + [u_{C1}(0_+) - u_{C1}(\infty)]e^{-\frac{t}{\tau}} = 6.67 + 3.33e^{-\frac{t}{\tau}}V$

答案:D

10.**解** 开关闭合瞬间,电感磁链和电流不能跃变。

$i_L(0_+)=0, i=i_L=0, Ri=0, u_L=u_S=L\frac{di_L}{dt}, \frac{di_L}{dt}=\frac{U_S}{L}$

答案:C

11.**解** (1)直流分量单独作用时,电路如图 a)所示。

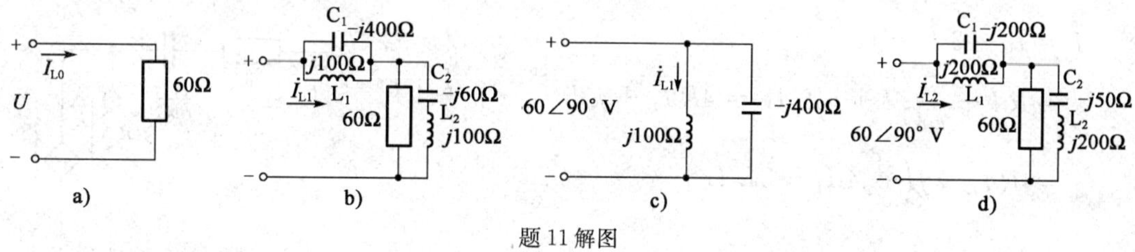

题 11 解图

$I_{L0}=\frac{u_0}{R}=\frac{60}{60}=1A$

(2)基波分量 $u_1=60\sqrt{2}\cos(\omega t)$ V 单独作用时,电路如图 b)所示。

因为 $X_{C2}+X_{L2}=0$, 所以 C_2、L_2 发生串联谐振,相当于短路,如图 c)所示。

$\dot{I}_{L1}=\frac{60\angle 90°}{j100}=0.6\angle 0°A, \dot{I}_{L1}=0.6\sqrt{2}\sin\omega t A$

(3)二次谐波 $u_2=60\sqrt{2}\cos(2\omega t)$ V 单独作用时,电路如图 d)所示。

因为 $X_{C1}+X_{L1}=0$, 所以 C_1 与 L_1 发生并联谐振,相当于开路,R、L_2、C_2 无电流流过,二次谐波电压全部加在 C_1 和 L_1 上。

$\dot{I}_{L2}=\frac{60\angle 90°}{j200}=0.3\angle 0°A, \dot{I}_{L2}=0.3\sqrt{2}\sin 2\omega t A$

则 $I_L=\sqrt{I_{L0}^2+I_{L1}^2+I_{L2}^2}=\sqrt{1^2+0.6^2+0.3^2}=1.204A$

答案:A

12.**解** 把三角形连接转换成星形连接,如图 a)所示。

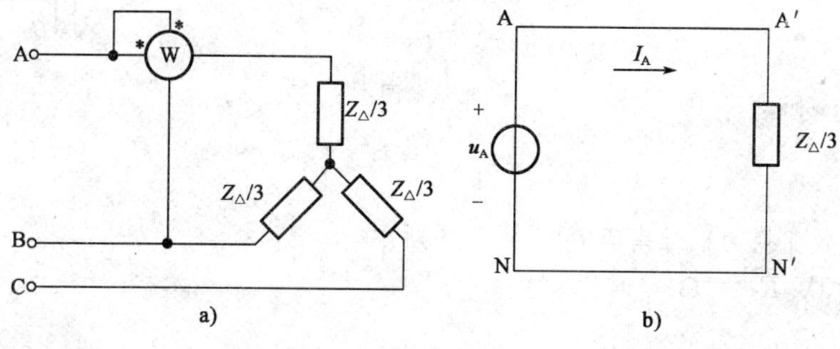

题 12 解图

A 相等值电路如图 b)所示。

以 $\dot{U}_A=\frac{380}{\sqrt{3}}\angle 0°=220\angle 0°V$ 为参考相量:

$\dot{U}_{AB} = 380\angle 30°V$

$\dot{I}_A = \dfrac{\dot{U}_A}{Z_{\triangle}/3} = \dfrac{220\angle 0°}{6 + j8} = 22\angle -53.1°A$

$P = U_{AB}I_A\cos\theta = 380 \times 22 \times \cos(30° + 53.1°) = 999W$

答案:B

13.**解** 如图所示。

$\dot{I} = \dot{I}_L + 3\dot{I}_L = 4\dot{I}_L$

$$\dot{U} = R\dot{I} + \frac{1}{j\omega C}\dot{I} + j\omega L\dot{I}_L = 4R\dot{I}_L + j\omega L\dot{I}_L - j\frac{1}{\omega C}4\dot{I}_L$$

$$= 4R\dot{I}_L - j\left(\frac{1}{\omega C}4\dot{I}_L - \omega L\dot{I}_L\right)$$

$$Z = \frac{\dot{U}}{\dot{I}} = R - j\left(\frac{1}{\omega C} - \frac{\omega L}{4}\right)$$

题13解图

当发生谐振时:$\dfrac{1}{\omega C} = \dfrac{\omega L}{4}$,$\omega^2 = \dfrac{4}{LC}$,$\omega = \dfrac{2}{\sqrt{LC}}$

答案:C

14.**解** 如图a)所示。

画相量图,如图b)所示。可知$\dot{U}_{RL}$、$\dot{U}_C$、$\dot{U}$组成等边三角形。所以,$U_R = 100\cos30° = 50\sqrt{3}V$,又$R = 10\Omega$,则$I = \dfrac{U_R}{R} = \dfrac{50\sqrt{3}}{10} = 5\sqrt{3} = 8.66A$。

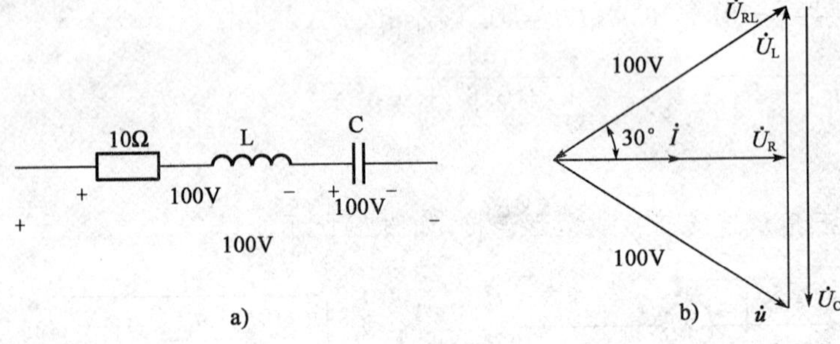

题14解图

答案:B

15.**解** 等效变换为戴维南等效电路,如图所示。

所以,$U_S = 3V$,$R_S = 1\Omega$

答案:B

16.**解** 如图所示。

所以,$R_{ab} = \dfrac{22 \times 8}{22 + 8} \approx 5.87\Omega$

答案:C

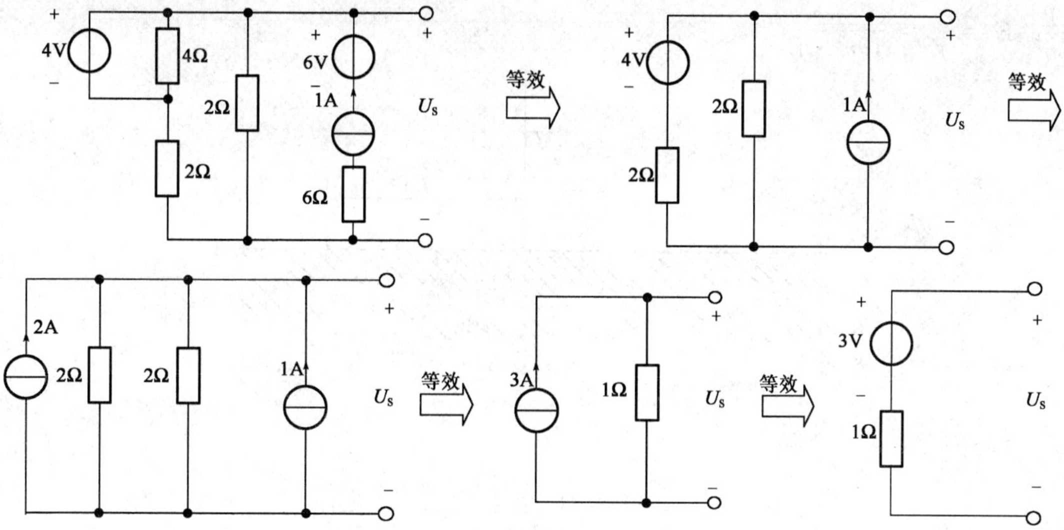

题 15 解图

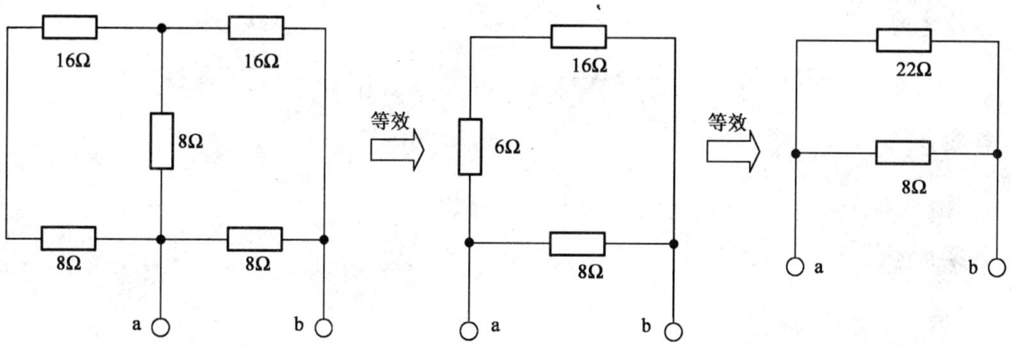

题 16 解图

17. **解**　由初相为 60°，经过$\frac{1}{300}$ms 后电流第一次下降为 0，可知 $t=0$ 到$\frac{1}{300}$ms 经过了$\frac{1}{3}$个周期，则有：$\frac{1}{3}T=\frac{1}{300}\times10^{-3}$，$T=10^{-5}s$，$f=\frac{1}{T}=100\text{kHz}$。

答案：B

18. **解**　如图所示。

KVL：$18=4\times I_1+12\times I_2\Rightarrow18=4I_1+6I_3+9$

KCL：$I_1=I_2+I_3$

解得：$\begin{cases}I_1=1.5\text{A}\\I_2=1\text{A}\\I_3=0.5\text{A}\end{cases}$

则 $R_L=\frac{9}{I_3}=\frac{9}{0.5}=18\Omega$

答案：A

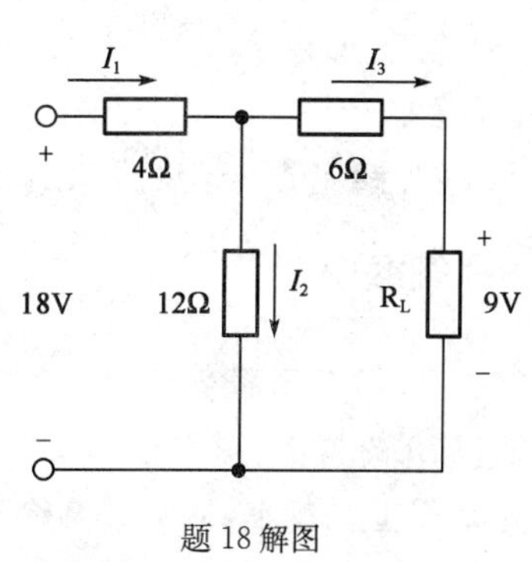

题 18 解图

19. **解**　如图所示，由镜像法可知，该导体球电流 I 流出的电流是对称的，且 $J=\frac{I}{S}=$

$\frac{I}{4\pi r^2}, E=\frac{J}{\gamma}=\frac{I}{4\pi r^2 \cdot \gamma}$

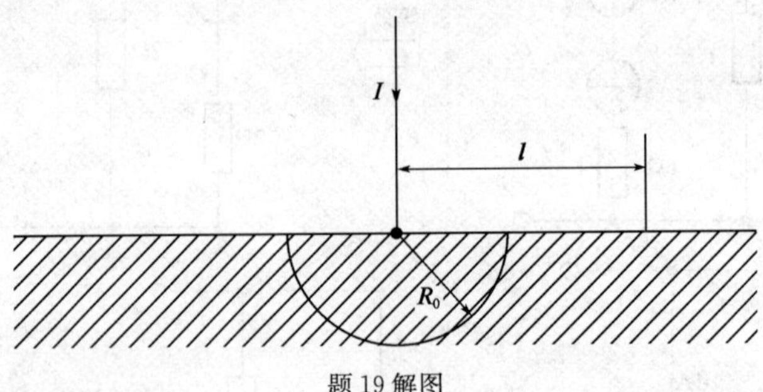

题19解图

导体球到无穷远处的电压：

$$U=\int_{R_0}^{\infty} E\mathrm{d}r=\int_{R_0}^{\infty}\frac{I}{4\pi r^2 \cdot \gamma}\mathrm{d}r=\frac{I}{4\pi r\gamma}$$

接地体的电阻：

$$R=\frac{U}{I}=\frac{I}{4\pi r\gamma}=\frac{1}{4\times 3.14\times 0.5\times 10^{-2}}=15.92\Omega$$

答案:D

20.**解** 差动放大电路的主要目的是克服温漂。

答案:B

21.**解** 应熟记公式。

答案:A

22.**解** 振荡器是数字钟的核心。振荡器的稳定度和振荡频率的精度决定了数字钟的计时精度。振荡器的频率越高，计时精度越高。

答案:C

23.**解** 应熟记公式。

答案:C

24.**解** $U_{\mathrm{i}}=\frac{1000}{3000}\times 15=5\mathrm{V}$。

答案:A

25.**解** 三极管要正常工作应该满足的条件是 $U_C>U_B>U_E$。如果出现 $U_{BE}<0$ 或者 $U_{CE}<0$ 的情况，则三极管不能正常工作，即出现了截止。所以只要判断输入波形的正负峰值处是否出现截止，即可判断输出波形是否完整。

(1)当输入为正向峰值，即输入为 $27\sqrt{2}$mV 的情况下：

$$I_B=\frac{V_{CC}-U_{BE}}{R_B}=\frac{12-0.7}{1.2\times 10^6}\approx 10^{-5}\mathrm{A}=10\times 10^{-3}\mathrm{mA}$$

$$i_b = \frac{U_{+imax}}{r_{be}} = \frac{27\sqrt{2}}{2.7 \times 10^3} = 10\sqrt{2} \times 10^{-3}\text{mA}$$

$$i_B = I_B + i_b = 10 \times 10^{-3} + 10\sqrt{2} \times 10^{-3} \approx 24 \times 10^{-3}\text{mA}$$

则 $i_C = \beta \times i_B = 2.4\text{mA}$，所以 $U_{CE} = V_{CC} - i_C \times R_C = 12 - 2.4\text{mA} \times 2.7\text{k}\Omega = 5.52\text{V}$

说明三极管正常工作，没有发生截止，输入为正向最大，则输出可以同时达到负向峰值，即说明输出波形没有发生底部被削平的情况。

(2)当输入为负向峰值，即输入为 $-27\sqrt{2}$mV 的情况下：

$$U_B = \frac{V_{CC}}{R_B + r_{be}} \times r_{be} = \frac{12}{1.2 \times 10^6 + 2.7 \times 10^3} \times 2.7 \times 10^3 \approx 2.7 \times 10^{-2}\text{V}$$

故 $U_{be} = U_B + U_{-imax} = 27\text{mV} - 27\sqrt{2}\text{mV} < 0$

显然，说明输入为负向幅值的时候，三极管截止无法正常工作，所以输出无法达到正向最大值，即相当于顶部被削平，发生了失真。

答案:B

26. **解** $\frac{4}{2 \times 10^3} = \frac{5-4}{R_0}, R_0 = 0.5\text{k}\Omega$ 。

答案:A

27. **解** $\frac{4.387\text{V}}{1.2\text{mV}} = 3655.8 \approx 3656$，将 3656 转化为 16 进制数为 E48H。

答案:B

28. **解** 每级门的传输时间为 t_{pd}，50 个门的传输时间为 nt_{pd}，振荡周期为 $T = 2nt_{pd} = 2 \times 50 \times 20 \times 10^{-6} = 2\text{ms}$。

答案:B

29. **解** 设流过电阻 R_1 的电流为 i_1，流过电阻 R_2 的电流为 i_2，流进运放 A 的同相输入端的电流为 i_i，由于 A 是理想运算放大器，则由虚断的特点可得：

$$i_i = 0,\ i_1 = i_2$$

$$\frac{U_o}{R_1 + R_2} = \frac{U_{REF}}{R_1},\ U_o = U_{REF}\left(1 + \frac{R_2}{R_1}\right)$$

答案:C

30. **解** 由于稳压管 D_{Z1} 的稳定电压小于 D_{Z2} 的稳定电压，因此 D_{Z1} 先反向击穿，D_{Z2} 截止，因此 $U_{AB} = 7\text{V}$ 。

答案:B

31. **解** 并励直流电动机电势方程为：

$$U_N = E_a + I_a R_a \quad ①$$

$$I_a = I_N - I_f \quad ②$$

$$I_f = \frac{U_N}{R_f} = \frac{110}{110} = 1\text{A}$$

则 $$I_a = 28 - 1 = 27\text{A}, E_a = C_e\varphi n_N \quad ③$$

将式②、式③代入式①得：$U_N = C_e\varphi n_N + (I_N - I_f)R_a$

则 $C_e\varphi = \dfrac{U_N - (I_N - I_f)R_a}{n_N} = \dfrac{110 - 27 \times 0.15}{1500} = 0.071$

当串入 0.5Ω 电阻后，若负载转矩不变，则 I_N 不变。

设电动机稳定后的转速 n'，则 $U_N = C_e\varphi n' + I_a(R_a + 0.5)$

$$n' = \frac{U_N - I_a(R_a + 0.5)}{C_e\varphi} = \frac{110 - 27 \times (0.15 + 0.5)}{0.071} = 1309\text{r/min}$$

答案:C

32. **解**　串联时施加 2200V 电压，并联时施加 1100V 电压，由于串联时电导和电纳为原值的 1/2，并联时为原来值的 2 倍，又因为空载电流与电纳和电压的乘积成正比，所以空载电流不变；空载损耗与电压的平方和电导的乘积成正比，所以空载损耗也不变。

答案:A

33. **解**　同步发电机的功角特性：$P = \dfrac{mE_0U}{x_S}\sin\theta$，励磁电流不变，则空载电势 E_0 不变，输出功率 P 减小，则 $\sin\theta$ 减小，功率角将减小。由 $\dot{E}_0 = \dot{U} + j\dot{I}x_S$ 相量图可知，I 只有顺时针转动，才能保持 E_0 不变。电压 U 不变(并网运行)，功率角减小，φ 增大，则功率因数增加。

答案:C

34. **解**　同步电动机的 V 形曲线如图所示。从图中可以看出三相同步电动机运行在过励磁状态时，功率因数处于超前状态，电动机从电网吸收容性无功功率，电流也为容性。

答案:B

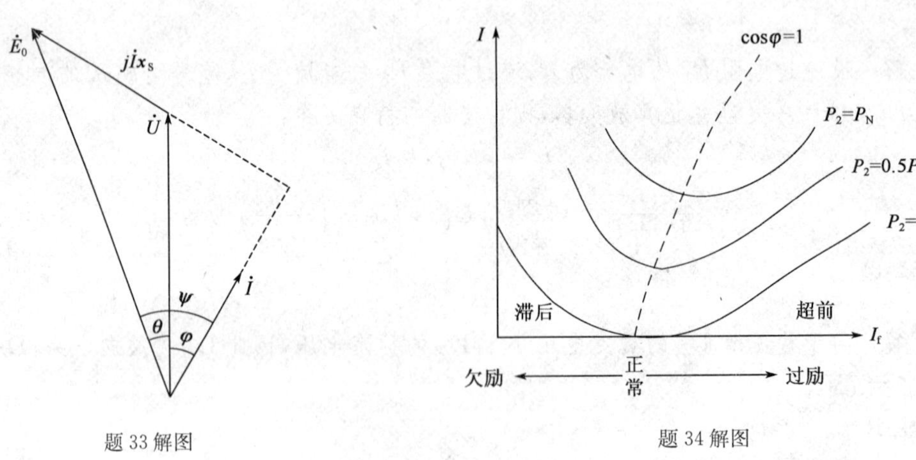

题 33 解图　　　　题 34 解图

35. **解**　漏磁电动势用漏抗压降表示，漏磁通对电路的影响可以用电路的参数(电抗)来表示。

答案:C

36. **解**　同步速为 $n = \dfrac{60f}{P} = \dfrac{60 \times 50}{2} = 1500\text{r/min}$。异步电机中转子转速与同步速只是

相差一个转差率 s，所以转子转速接近于1500r/min。

转子额定转速 $n = \frac{60f}{p(\text{定子绕组极对数})} = \frac{3000}{2} = 1500\text{r/min}$。

答案：A

37. **解** 电动机的同步速：$n_1 = 1000\text{r/min}$

额定转差率：$S_N = \frac{n_1 - n_N}{n_1} = 0.02$

旋转时：$E_{2S} = SE_2 = 2.2\text{V}$

答案：B

38. **解** 标幺值无论在高压侧还是低压侧，都是不变的。

答案：A

39. **解** 直流电动机启动电流与负载无关，只与启动时间有关系。

答案：B

40. **解** 110kV 中性点，接地方式是直接接地。

答案：A

41. **解** 衡量电能质量的指标为电压、波形、频率。

答案：C

42. **解** 静电电容器只能向系统供给感性无功功率，而不能吸收无功功率，它所供给的感性无功功率和所在节点的电压 U 的平方成正比，$Q_C = \frac{U^2}{X_C} = \frac{6^2}{10.5} = 3.429\text{Mvar}$。

答案：D

43. **解** 应熟记公式。

答案：C

44. **解** 并联电抗器可以吸收轻载或空载线路过剩的感性无功功率，对于高压远距离输电线路，可以提高输送能力，降低过电压的作用。

答案：A

45. **解** $\widetilde{S}_{max} = 18 \times 0.6 + j18 \times 0.8 = 10.8 + j14.4\text{MVA}$

$\widetilde{S}_{min} = 7 \times 0.7 + j7 \times 0.71 = 4.9 + j5\text{MVA}$

$$\Delta U_{max} = \frac{P_{max}R + Q_{max}X}{U_{max}} = \frac{10.8 \times 5 + 14.4 \times 60}{107} = 8.58\text{kV}$$

$$\Delta U_{min} = \frac{P_{min}R + Q_{min}X}{U_{min}} = \frac{4.9 \times 5 + 5 \times 60}{107} = 3.03\text{kV}$$

$$U_{t1max} = \frac{U_{max} - \Delta U_{max}}{U_{2max}} \cdot U_{2N} = \frac{107 - 8.58}{1.025 \times 10} \times 11 = 105.62\text{kV}$$

$$U_{t1max} = \frac{U_{min} - \Delta U_{min}}{U_{2min}} \cdot U_{2N} = \frac{107 - 3.03}{1.075 \times 10} \times 11 = 106.39\text{kV}$$

$$U_t=\frac{1}{2}(U_{\mathrm{t1max}}+U_{\mathrm{t1max}})=\frac{1}{2}(105.62+106.39)=106\mathrm{kV}$$

应选择 110(1−2.5%)档,$U_t=107.25\mathrm{kV}$。

答案:D

46.**解** 阻抗支路电压降落的纵分量 $\Delta U=\frac{P_2R+Q_2X}{U_2}=\frac{50\times0.9+20\times20}{112}=3.97\mathrm{kV}$

电压降落的横分量 $\delta=\frac{P_2X-Q_2R}{U_2}=\frac{50\times20-20\times0.9}{112}=8.77\mathrm{kV}$

$$\dot{U}_1=\dot{U}_2+\Delta U+j\delta U=115.97+j8.77\mathrm{kV}=116.3\angle4.32^\circ\mathrm{kV}$$

答案:A

47.**解** 如图所示。

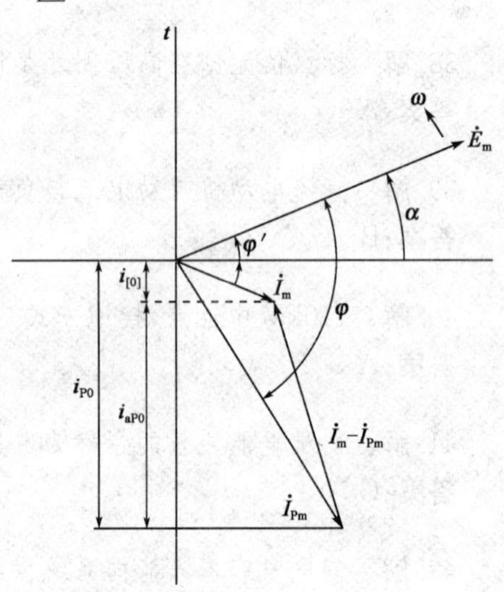

题 47 解图

在时间轴上的投影代表各量的瞬时值,非周期电流有最大初值的条件应为:

(1)相量差 $\dot{I}_{m|0|}-\dot{I}_m$ 有最大可能值;

(2)相量差 $\dot{I}_{m|0|}-\dot{I}_m$ 在 $t=0$ 时与时间轴平行。

一般电力系统中,短路回路的感抗比电阻大得多,即 $\omega L>R$,故可近似认为 $\varphi\approx90^\circ$。因此,非周期电流有最大值的条件为:短路前电路空载($\dot{I}_{m0}=0$),并且短路发生时,电源电势过零($\alpha=0$)。

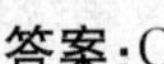
答案:C

48.**解** 在电力系统分析中功率是指三相功率之和,因为三相阻抗相等,所以阻抗是指一相阻抗。

答案:B

49.**解** 设短路容量标幺值为 S_{d*} 由 $S_{d*}=\frac{\sqrt{3}U_{av}I_f}{\sqrt{3}U_{av}I_B}=I_{f*}=\frac{1}{x_*}$,可得当 f_1 点短路时,忽略后边支路:

$$x''_{d1*}=\frac{1}{S_{d1*}}=\frac{1}{\frac{S_{d1}}{S_B}}=\frac{1}{\frac{1000}{100}}=0.1$$

同理:f_2 点短路时,忽略前面支路:

$$x''_{d2*}=\frac{1}{S_{d2*}}=\frac{1}{\frac{833}{100}}=0.12$$

$$x_{T1*}=\frac{U_k\%}{100}\cdot\frac{S_B}{S_{TN}}=\frac{10}{100}\times\frac{100}{100}=0.1$$

$$x_{l*}=0.03$$

$$x_{T2*}=\frac{U_k\%}{100}\cdot\frac{S_B}{S_{TN}}=\frac{10}{100}\times\frac{100}{100}=0.1$$

当 f_3 点短路时等值电路,如图所示。

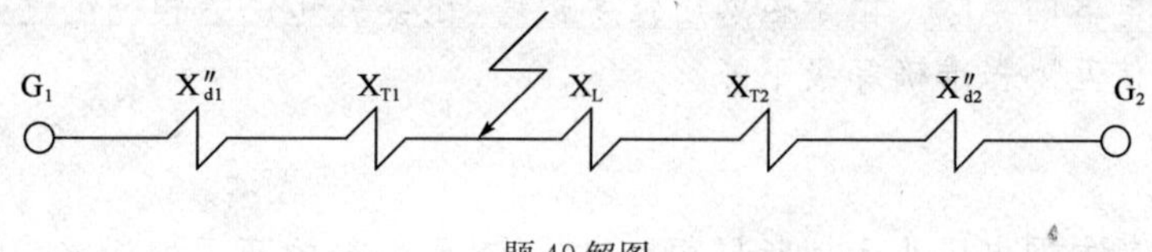

题49解图

$$x_{\Sigma *}=(x''_{d1*}+x_{T1*})\mathbin{/\!/}(x_{l*}+x_{T2*}+x''_{d2*})=(0.1+0.1)\mathbin{/\!/}(0.03+0.1+0.12)=0.11$$

$$S_{d3}=\frac{1}{x_{\Sigma *}}\cdot S_B=\frac{1}{0.11}\times 100=909\text{MVA}$$

答案:C

50.**解** 先计算各序电抗:

$x_{\Sigma(1)}=x''_d+x_T=0.1+0.2=0.3$

$x_{\Sigma(2)}=x_{(2)}+x_T=0.1+0.2=0.3$

$x_{\Sigma(0)}=x_T+3x_p=0.2+0.2=0.4$

形成复合序网图如图所示。

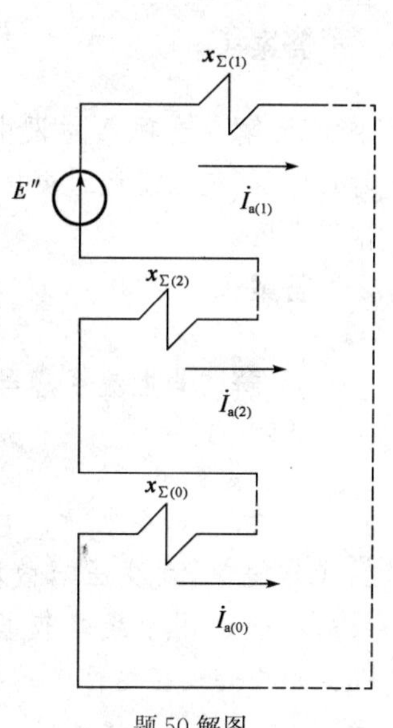

题50解图

$$\dot{I}_{a(1)}=\dot{I}_{a(2)}=\dot{I}_{a(0)}=\frac{E''}{x_{\Sigma(1)}+x_{\Sigma(2)}+x_{\Sigma(0)}}=\frac{1\angle 0°}{j(0.3+0.3+0.4)}$$

$$=-j1$$

短路点的电流为:$\dot{I}_{f(1)}=\dot{I}_{a(1)}+\dot{I}_{a(2)}+\dot{I}_{a(0)}=3\dot{I}_{a(1)}=-j3$

有中线引出的Y形绕组,零序电流通过及其引出线,中性线上有3倍零序电流流过,即$\dot{I}_0=3\dot{I}_{a(1)}\Rightarrow\dot{I}_0=3$。

答案:D

51.**解** 根据$\dot{I}_a+\dot{I}_b+\dot{I}_c=0$,只有选项B、选项D满足当Y侧发生两相短路时,△侧三相中都有电流流过,A、C相电流相等,方向相反,B相电流最大,大小是其他两相的2倍,方向相反。

答案:D

52.**解** 取$S_B=30\text{MVA}$,$U_B=115\text{kV}$,先求各序等值电抗标么值,$x_{\Sigma(1)*}=0.1$,$x_{\Sigma(2)*}=0.1$,$x_{\Sigma(0)*}=0.1$,形成复合序网图如题50解图所示。

$$I_{fa(1)*}=I_{fa(2)*}=I_{fa(0)*}=\frac{E''}{x_{\Sigma(1)}+x_{\Sigma(2)}+x_{\Sigma(0)}}=\frac{1.1}{0.1+0.1+0.1}=3.67$$

$$I_{fa}=3I_{fa(1)*}\times\frac{S_B}{\sqrt{3}U_B}=3\times 3.67\times\frac{30}{\sqrt{3}\times 115}=1.658\text{kA}$$

答案:A

53.**解** 电流互感器正常工作时近似于短路状态,若二次绕组开路,则$I_2=0$,励磁磁动势由为数甚小的I_0N_1骤增为I_1N_1,铁芯中的磁通波形呈现严重饱和的平顶波,因此二次绕组将在磁通过零时感应产生很高的尖顶波电动势,其值可达数千甚至上万伏,危及工作人员的安全和仪表、继电器的绝缘。由于磁感应强度骤增,还会引起铁芯和绕组过热。此外,在铁芯中会产生剩磁,使互感器准确等级下降。

答案:A

54. **解** 一般电网电压小于熔断器额定电压,对于一般的高压熔断器,其额定电压 U_N 必须大于或等于电网的额定电压 U_{SN} 。但是对于填充石英砂有限流作用的熔断器,则不宜在低于熔断器额定电压的电网中使用,这是因为限流式熔断器灭弧能力很强,熔体熔断时因截流而产生过电压。一般在 $U_N=U_{SN}$ 的电网中,过电压倍数为2～2.5倍,不会超过电网中电气设备的绝缘水平,但如在 $U_{SN}<U_N$ 的电网中,因熔体较长,过电压值可达3.5～4倍相电压,可能损害电网中的电气设备。

答案:C

55. **解** 选项A电网中性点接地方式对架空线过电压有影响。选项B内部过电压包括暂时过电压(包括工频过电压和谐振过电压)、操作过电压。选项D间歇电弧接地过电压不是谐振过电压。

答案:C

56. **解** 当电流互感器为不完全星形接线时,$L_{js}=\sqrt{3}L$,$L_{js}=\sqrt{3}L=\sqrt{3}\times 40=69.3\text{m}$。

答案:B

57. **解** 如图所示。内桥接线在线路故障或者投入、切除时,不影响其余回路工作,并且操作简单;而变压器故障或切除、投入时,要使相应线路短时停电且操作复杂。因而该线路一般适用于线路较长(相对来说线路的故障几率较大)和变压器不需要经常切换的情况。外桥接线在运行中的特点与内桥接线相反,适用于线路较短和变压器需要经常切换的情况。

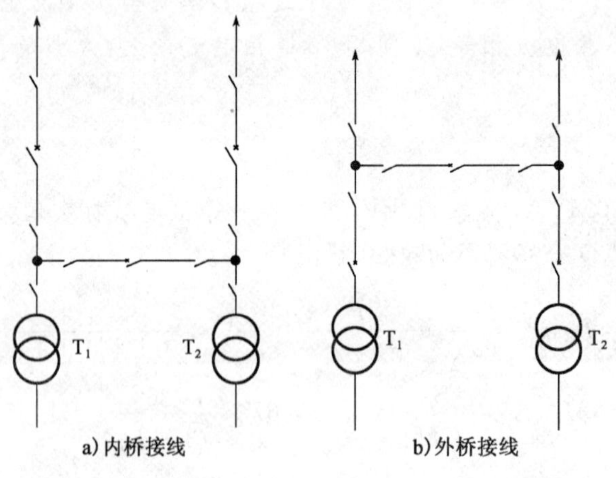

题57解图

答案:D

58. **解** 如果要求检修断路器时不中断该回路的供电,可以装设旁路母线和旁路断路器,这种接线广泛用于出线较多的110kV及以上的高压配电装置中。

答案:B

59.**解** 断路器的额定关合电流不应小于短路电流的最大冲击电流。

答案:A

60.**解** 选项B分支1出现短路时,电抗器的电抗值为 X_L,增至正常情况的4倍,选项C和选项D都不对。

答案:A

2007 年度全国注册电气工程师(供配电)执业资格考试专业基础考试

试　　题

以下为单选题(共 60 题,每题 2 分。每题的备选项中,只有 1 个符合题意)

1. 如图所示电路中,电流 I 为下列哪项数值(　　)。

A. -1A　　B. 2A　　C. -2A　　D. 3A

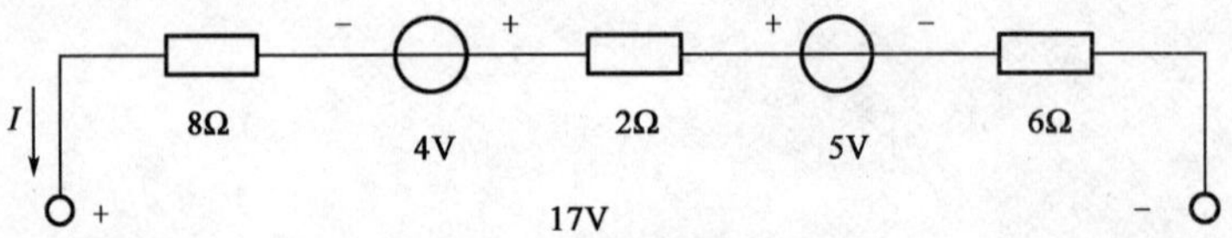

题 1 图

2. 若电路中 $L=4$H,$C=25$pF 时恰好有 $X_L=X_C$,此时频率 f 为下列哪项数值(　　)。

A. 15.92kHz　　B. 16kHz　　C. 24kHz　　D. 36kHz

3. 电阻为 300Ω 的信号源通过特性阻抗为 36Ω 的传输线向 25Ω 的电阻性负载馈电,为达到匹配的目的,在传输线与负载之间插入一段 $\lambda/4$ 的无损耗传输线,该线的特性阻抗应为(　　)。

A. 30Ω　　B. 150Ω　　C. 20Ω　　D. 70Ω

4. 如图所示电路中,$L_1=L_2=10$H,$C=1000\mu$F,M 从 0H 变到 8H 时,谐振角频率的变化范围是(　　)rad/s。

A. $10\sim\frac{10}{\sqrt{14}}$　　B. $0\sim\infty$　　C. $10\sim16.67$　　D. 不能确定

5. 如图所示电路中,$u_{C1}(0_-)=10$V,$u_{C2}(0_-)=0$,当 $t=0$ 闭合开关 S 后,u_{C1} 应为下列哪项数值(　　)。

A. $6.67(1-e^{-t/\tau})$V　　B. $10e^{-t/\tau}$V

C. $10(1-e^{-t/\tau})$V　　D. $6.67+3.33e^{-t/\tau}$V

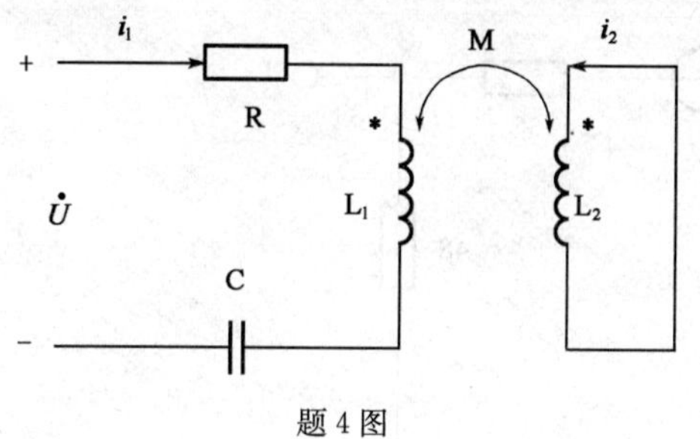

题 4 图

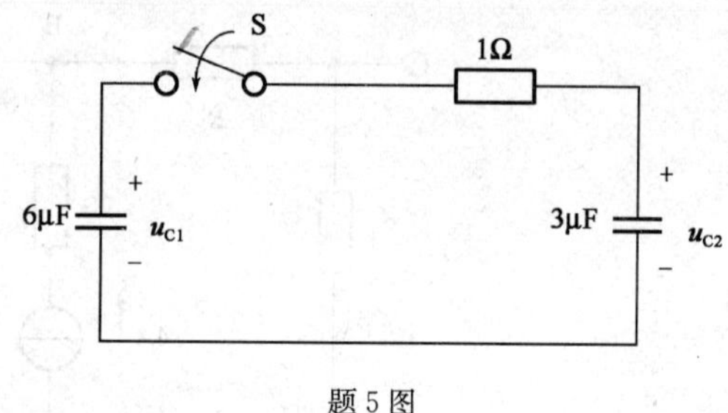

题 5 图

6. 如图所示电路输入电压 u 中含有三次和五次谐波分量，基波角频率为 1000rad/s。若要求电阻 R 上的电压中没有三次谐波分量，R 两端电压与 u 的五次谐波分量完全相同，则 L 的数值应为下列哪项（　　）。

A. 1/9H　　B. 1/900H　　C. 4×10^{-4}H　　D. 1×10^{-3}H

7. RLC 串联电路中，在电容 C 上再并联一个电阻 R_1，则电路的谐振频率将（　　）。

A. 升高　　B. 降低　　C. 不变　　D. 不确定

8. 如图所示电路中，电压 u 是（　　）。

A. 48V　　B. 24V　　C. 4.8V　　D. 8V

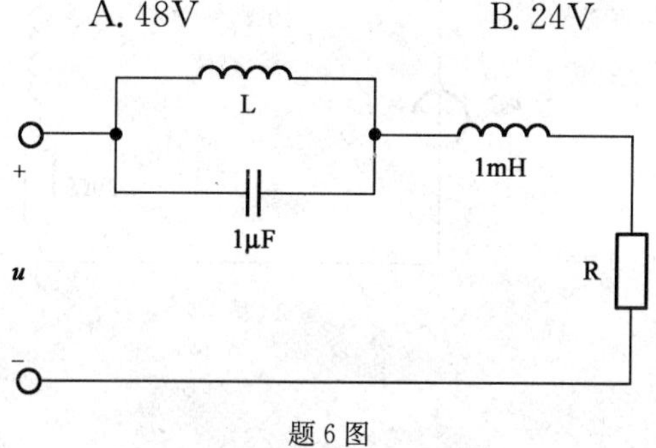

题 6 图

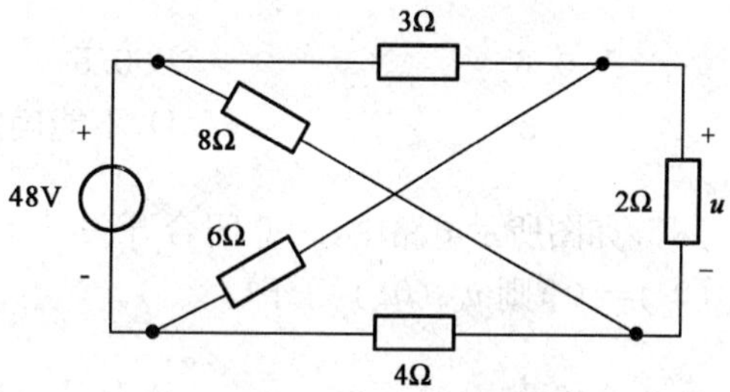

题 8 图

9. 已知正弦电流的初相角为 60°，在 $t=0$ 时的瞬时值为 17.32A，经过 1/150s 后电流第一次下降为 0，则其频率为（　　）。

A. 50Hz　　B. 100Hz　　C. 314Hz　　D. 628Hz

10. 在一个圆柱形电容器中，置有两层同轴的圆柱体，其内导体的半径为 2cm，外导体的内半径为 8cm，内外两绝缘层的厚度分别为 2cm 和 4cm，内外导体间的电压为 150V（以外导体为电位参考点）。设有一根薄的金属圆柱片放在两层绝缘体之间，为了使两层绝缘体内的最大场强相等，金属圆柱片的电位应为（　　）。

A. 100V　　B. 250V　　C. 667V　　D. 360V

11. 列写节点方程时，如图所示部分电路中 B 点的自导为（　　）。

A. 7S　　B. −14S　　C. 5S　　D. 4S

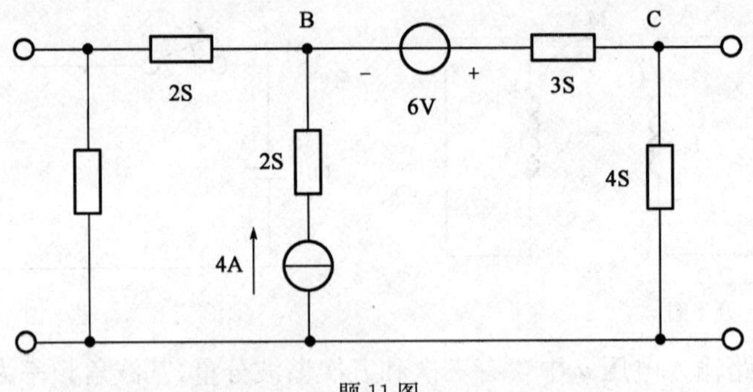

题 11 图

12. 在 $R=9\text{k}\Omega, L=9\text{H}, C=1\mu\text{F}$ 三个元件串联的电路中，电路的暂态属于下列哪种类型(　　)。

A. 振荡　　B. 非振荡　　C. 临界振荡　　D. 不能确定

13. 终端短路的无损耗传输线长度为波长的倍数为下列哪项数值时，其入端阻抗的绝对值不等于特性阻抗(　　)。

A. 1/8　　B. 3/8　　C. 1/2　　D. 5/8

14. 如图所示，$u_s=50\sqrt{2}\sin(\omega t)\text{V}$，在电阻 10Ω 上的有功功率为 10W，则总电路功率因数为(　　)。

A. 0.6　　B. 0.5
C. 0.3　　D. 不能确定

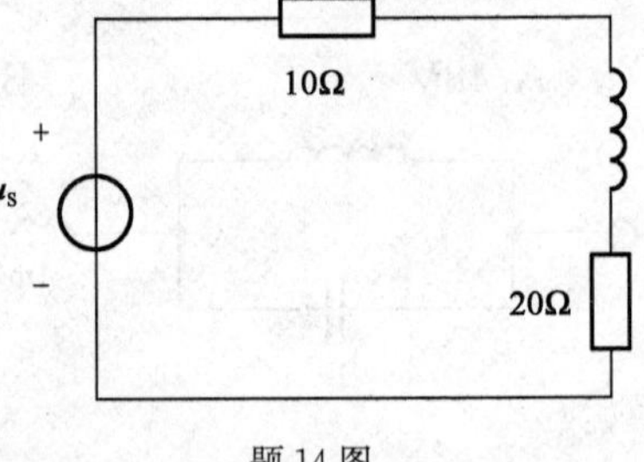

题 14 图

15. 如图所示电路中，$t=0$ 闭合开关 S，且 $u_{C1}(0_-)=u_{C2}(0_-)=0$，则 $u_{C1}(0_+)$ 等于(　　)。

A. 6V　　B. 18V
C. 4V　　D. 0

16. 如图所示，电路电压 $u=100[1+\sqrt{2}\cos(\omega t)+\sqrt{2}\cos(2\omega t)]\text{V}$，$\omega L_1=100\Omega$，$\omega L_2=100\Omega$，$1/(\omega C_1)=400\Omega$，$1/(\omega C_2)=100\Omega$，则有效值 I_1 为(　　)。

A. 1.5A　　B. 0.64A　　C. 2.5A　　D. 1.9A

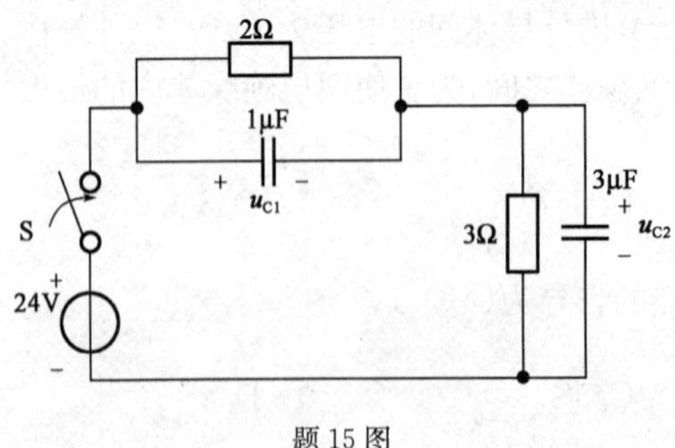

题 15 图

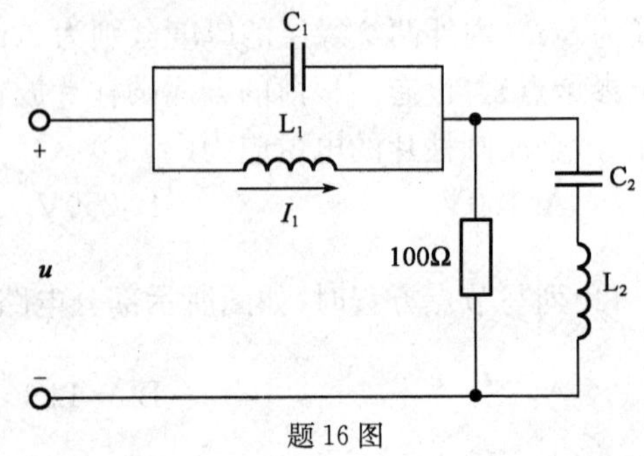

题 16 图

17. 如图所示对称三相电路中，线电压为 380V，线电流为 3A，功率因数为 0.8，则功率表读数为(　　)。

A. 208W　　B. 684W　　C. 173W　　D. 0

18. 如图所示电路的戴维南等效电路参数 u_S 和 R_S 为(　　)。

A. 8V　2Ω　　B. 3V　1Ω　　C. 4V　14Ω　　D. 3.6V　1.2Ω

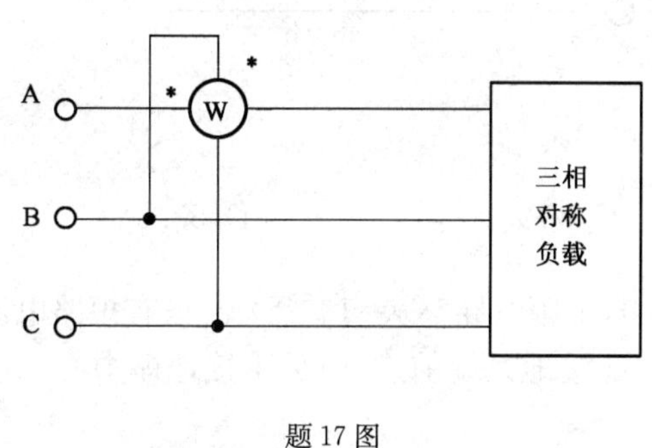

题 17 图

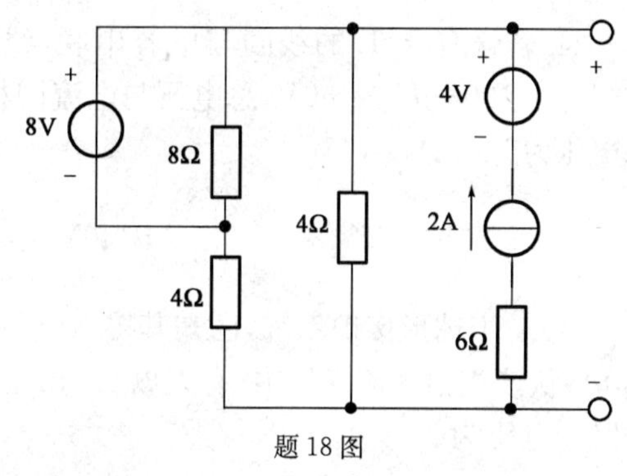

题 18 图

19. 一高压同轴圆柱电缆，内导体的半径为 a，外导体的内半径为 b，若 b 固定，要使内导体表面上场强最小，b 与 a 的比值应该是下列何值(　　)。

A. e　　B. 2　　C. 4　　D. 3

20. 正弦电流通过电感元件时，下列关系正确的是(　　)。

A. $u_L = \omega L i$　　B. $\dot{U}_L = jX_L \dot{I}$　　C. $\dot{U}_L = L\dfrac{d\dot{I}}{dt}$　　D. $\psi_i = \psi_u + \dfrac{\pi}{2}$

21. 在 $R=6\text{k}\Omega$，$L=8\text{H}$，$C=2\mu\text{F}$ 三个元件串联的电路中，电路的暂态属于(　　)类型。

A. 振荡　　B. 不能确定　　C. 临界振荡　　D. 非振荡

22. 如图所示，电路原已稳定，$t=0$ 时断开开关 S，则 $u_{C1}(0_+)$ 等于(　　)。

A. 5V　　B. 25V　　C. 10V　　D. 20V

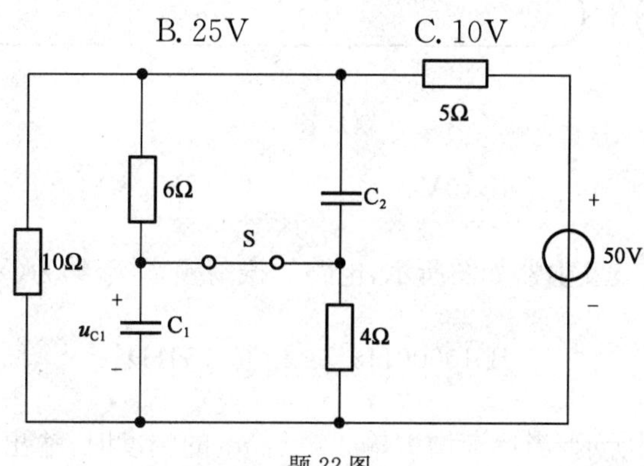

题 22 图

23. 如图所示，电路电压 u 含有基波和三次谐波，基波角频率为 10^4 rad/s。若要求 u_1 中不含基波分量而将 u 中的三次谐波分量全部取出，则 C 的值等于(　　)。

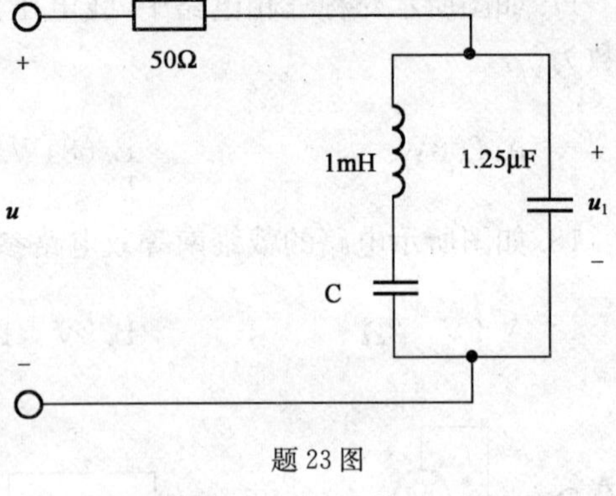

题 23 图

A. 10μF　　B. 30μF
C. 50μF　　D. 20μF

24. 若含有 R、L 的线圈与电容串联，线圈电压 $U_{RL}=100V$，$U_C=60V$，总电压与电流同相，则总电压为(　　)。

A. 20V　　B. 40V　　C. 80V　　D. 58.3V

25. 一半球形接地系统，已知其接地电阻为 100Ω，土壤电导率 $\gamma=10^{-2}$S/m，设有短路电流 500A，从该接地体流入地中，有人以 0.6m 的步距向此接地系统前进，前足距接地体中心 2m，则跨步电压为(　　)。

A. 512V　　B. 624V　　C. 728V　　D. 918V

26. 在某放大电路中，测得三极管各电极对地的电压分别为 6V/9.8V/10V，由此可判断该三极管为(　　)。

A. NPN 硅管　　B. NPN 锗管　　C. PNP 硅管　　D. PNP 锗管

27. 如图所示桥式整流电路电容滤波电路中，若二极管具有理想的特性，那么，当 $u_2=10\sqrt{2}\sin 314tV$，$R_L=10k\Omega$，$C=50\mu F$ 时，U_o 约为(　　)。

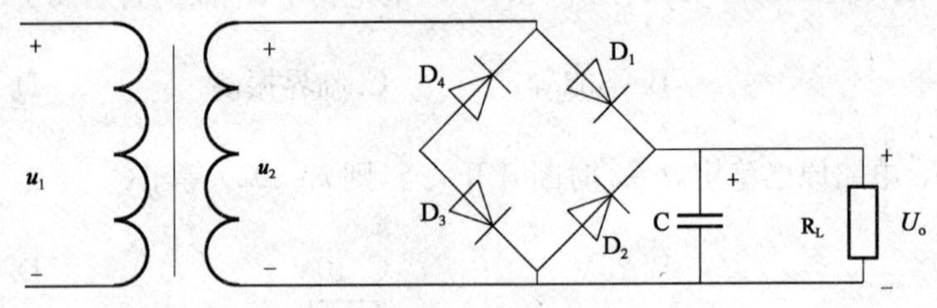

题 27 图

A. 9V　　B. 10V　　C. 12V　　D. 14.14V

28. 文氏电桥式正弦波发生器如图所示，电路的振荡频率 f_0 约为(　　)。

A. 1590Hz　　B. 10000Hz　　C. 159Hz　　D. 10^{-1}Hz

29. 一放大电路如图所示，当逐渐增大输入电压 u_1 的幅度时，输出电压 u_0 波形首先出现顶部被削尖的现象，为了消除这种失真应(　　)。

A. 减小 R_C　　　　　　　　　　　　B. 减小 R_B

C. 减小 V_{CC}　　　　　　　　　　　　D. 换用 β 小的管子

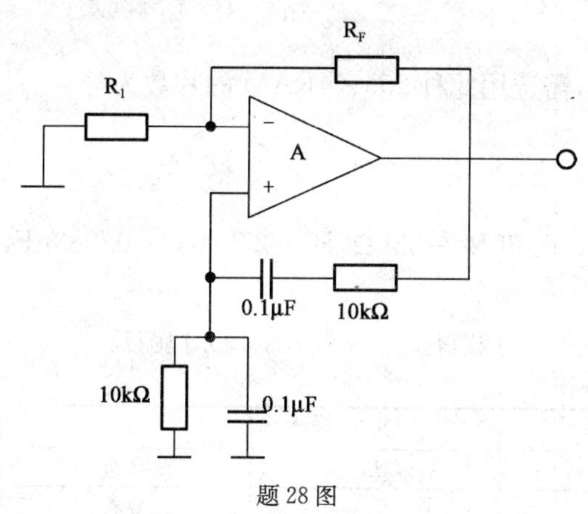

题 28 图

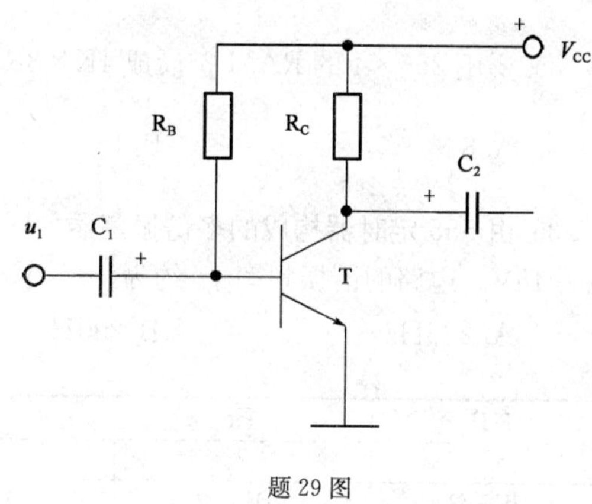

题 29 图

30. 如图所示的理想运放电路，已知 $R_1=1\text{k}\Omega$，$R_2=R_4=R_5=10\text{k}\Omega$，电源电压 15V，$u_1=1\text{V}$，$u_o$ 应为(　　)。

A. 20V　　　B. 15V　　　C. 10V　　　D. 5V

31. 某负反馈放大电路的组成框图如图所示，则电路的总闭环增益 $\dot{A}_f=\dot{X}_o/\dot{X}_i$ 等于(　　)。

A. $\dfrac{\dot{A}_1\dot{A}_2}{1+\dot{A}_1\dot{A}_2\dot{F}_1}$

B. 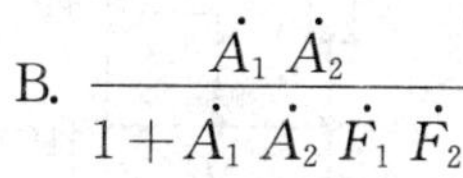 $\dfrac{\dot{A}_1\dot{A}_2}{1+\dot{A}_1\dot{A}_2\dot{F}_1\dot{F}_2}$

C. $\dfrac{\dot{A}_1\dot{A}_2}{1+\dot{A}_2\dot{F}_2+\dot{A}_1\dot{F}_1}$

D. $\dfrac{\dot{A}_1\dot{A}_2}{1+\dot{A}_2\dot{F}_2+\dot{A}_1\dot{A}_2\dot{F}_1}$

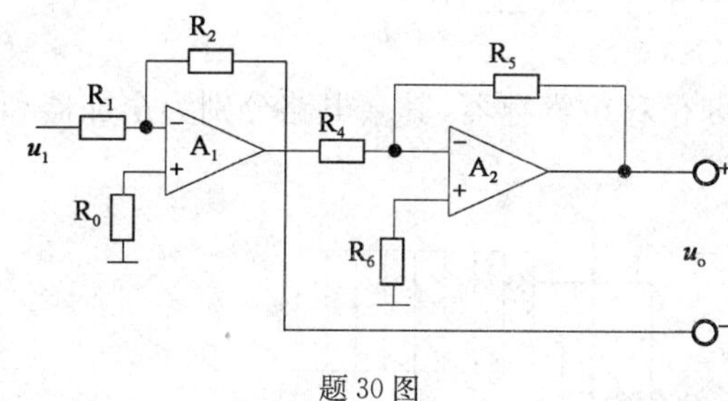

题 30 图

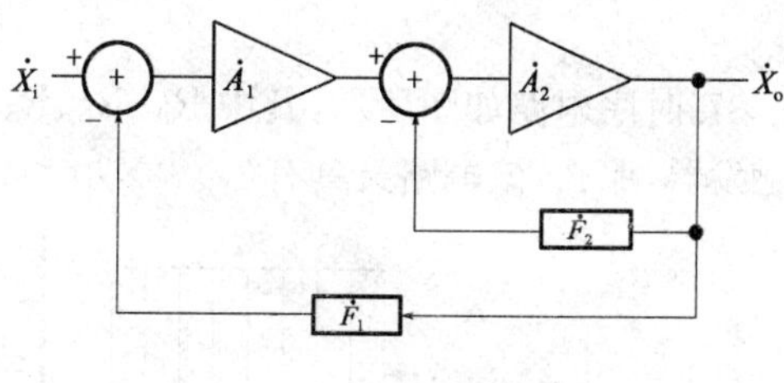

题 31 图

32. 用卡诺图简化具有无关项的逻辑函数时，若用圈“1”法，在包围圈内的 X 和包围圈外的 X 分别按(　　)处理。

A. 1，1　　　B. 1，0　　　C. 0，0　　　D. 无法确定

33. 若干个三态逻辑门的输出端连接在一起，能实现的逻辑功能是(　　)。

A. 线与　　　B. 无法确定　　　C. 数据驱动　　　D. 分时传送数据

34. n 位寄存器组成的环形移位寄存器可以构成(　　)位计数器。

A. n　　B. 2^n　　C. 4^n　　D. 无法确定

35. 要用 256×4 的 RAM 扩展成 4K×8RAM，需选用此种 256×4RAM 的片数为(　　)。

A. 8　　B. 16　　C. 32　　D. 64

36. 由 555 定时器构成的多谐振荡器如图所示，已知 $R_1=33\text{k}\Omega$，$R_2=27\text{k}\Omega$，$C=0.083\mu\text{F}$，$V_{CC}=15\text{V}$。电路的谐振频率 f_0 约为(　　)。

A. 286Hz　　B. 200Hz　　C. 127Hz　　D. 140Hz

TH	$\overline{TR}$	$\overline{R}_D$	OUT	DIS
×	×	L	L	导通
$>2V_{CC}/3$	$>V_{CC}/3$	H	L	导通
$<2V_{CC}/3$	$>V_{CC}/3$	H	不变	不变
×	$<V_{CC}/3$	H	H	截止

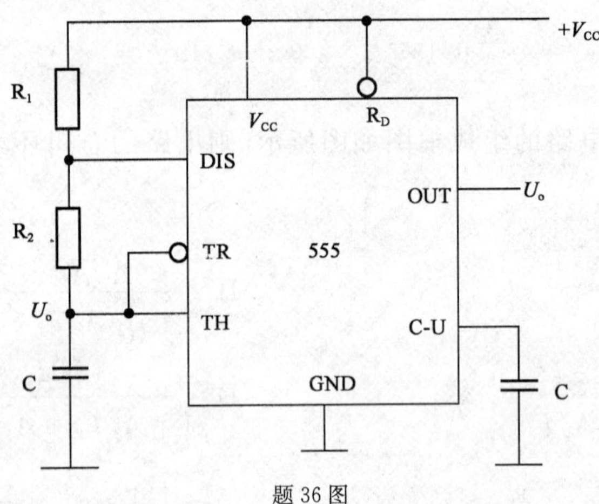

题 36 图

37. 时序电路如图所示，其中 R_A、R_B、R_S 均为 8 位移位寄存器，其余电路分别为全加器和 D 触发器，那么，该电路又具有(　　)功能。

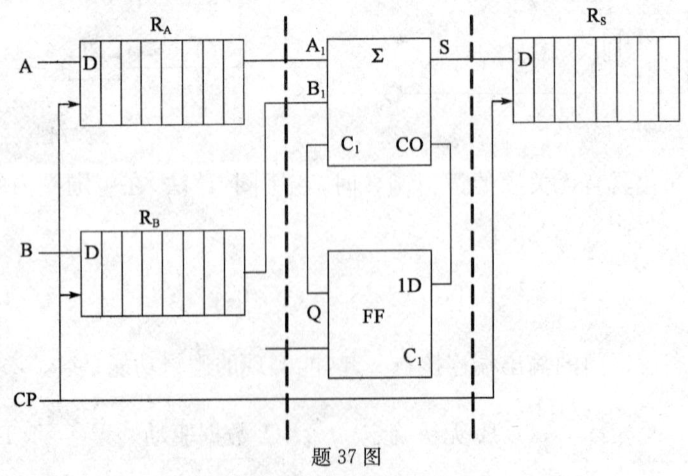

题 37 图

A. 实现两组 8 位二进制串行乘法功能
B. 实现两组 8 位二进制串行除法功能
C. 实现两组 8 位二进制串行加法功能
D. 实现两组 8 位二进制串行减法功能

38. 一台变压器，额定功率为 50Hz，如果将其接到 60Hz 的电源上，电压的大小仍与原值相等，那么此时变压器铁心中的磁通与原来相比将(　　)。

A. 为零　　B. 不变　　C. 减少　　D. 增加

39. 一台三相变压器，$S_N=31500\text{kVA}$，$U_{1N}/U_{2N}=110\text{kV}/0.5\text{kV}$，$f_N=50\text{Hz}$，Yd 接线，已知空载试验(低压侧)时 $U_0=10.5\text{kV}$，$I_0=46.76\text{A}$，$P_0=86\text{kW}$；短路试验(高压侧)时 $U_k=8.29\text{kV}$，$I_k=165.33\text{A}$，$P_k=198\text{kW}$。当变压器在 $\cos\varphi_2=0.8$(滞后)时的最大效率为(　　)。

A. 0.9932　　B. 0.9897　　C. 0.9722　　D. 0.8

40. 一台并联在电网上运行的同步发电机，若要在保持其输出的有功功率不变的前提下，增大其感性无功功率的输出，可以采用下列哪种办法(　　)。

A. 保持励磁电流不变，增大原动机输入，使功角增加
B. 保持励磁电流不变，减小原动机输入，使功角减小
C. 保持原动机输入不变，增大励磁电流
D. 保持原动机输入不变，减小励磁电流

41. 一台隐极同步发动机，分别在 U、I、$\cos\varphi_1$(滞后)和 U、I、$\cos\varphi_2$(滞后)两种情况下运行，其中 U、I 大小保持不变，而 $\cos\varphi_1>\cos\varphi_2$，那么两种情况所需的励磁电流相比为下列哪种情况(　　)。

A. $I_{f1}>I_{f2}$　　B. $I_{f1}=I_{f2}$　　C. $I_{f1}<I_{f2}$　　D. 无法相比

42. 一台三相绕线式感应电动机，额定频率 $f_N=50\text{Hz}$，额定转速 $n_N=980\text{r/min}$，当定子接到额定电压，转子不转且开路时的每相感应电动势为 110V，那么电动机在额定运行时转子每相感应电势 E_2 为(　　)V。

A. 0　　B. 2.2　　C. 38.13　　D. 110

43. 一并励直流电动机 $P_N=17\text{kW}$，$U_N=220\text{V}$，$n_N=3000\text{r/min}$，$I_{aN}=87.7\text{A}$，电枢回路总电阻为 0.114Ω，拖动额定的恒转矩负载运行时，电枢回路串入 0.15Ω 的电阻，忽略电枢反应的影响，稳定后的转数为(　　)r/min。

A. 1295　　B. 2812　　C. 3000　　D. 3947

44. 我国 35kV 及容性电流大的电力系统中性点常采用(　　)。

A. 直接接地　　B. 不接地
C. 经消弧线圈接地　　D. 经小电阻接地

45. 衡量电能质量的指标有(　　)。

A. 电压　　　　B. 频率
C. 波形　　　　D. 以上三种都有

46. 电力系统的部分接线如图所示，各级电网的额定电压示于图中，设变压器 T_1 工作于+2.5%的抽头，T_2 工作于主抽头，T_3 工作于−5%抽头，这些变压器的实际变比为(　　)。

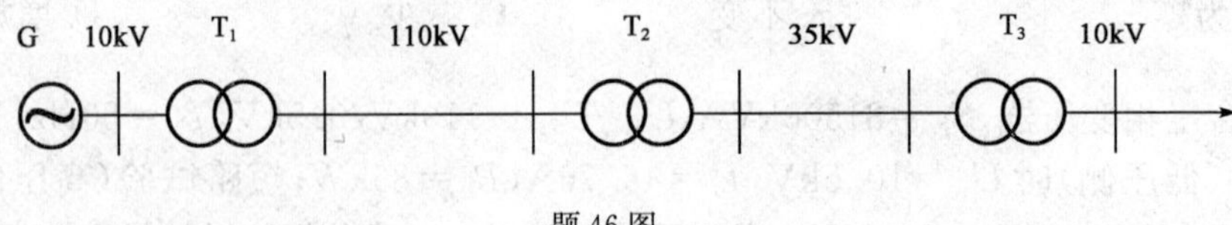

题 46 图

A. T_1：10.5/124.025kV　T_2：110/38.5kV　T_3：33.25/11kV
B. T_1：10.5/121kV　T_2：110/38.5kV　T_3：36.575/10kV
C. T_1：10.5/112.75kV　T_2：110/35kV　T_3：37.5/11kV
D. T_1：10.5/115.5kV　T_2：110/35kV　T_3：37.5/11kV

47. 某三相三绕组自耦变压器，S_{TN} 为 90MVA，额定电压为 220kV/121kV/38.5kV，容量比 100/100/50，实测的短路试验数据如下：$P'_{k(1-2)}=333$kW，$P'_{k(1-3)}=265$kW，$P'_{k(2-3)}=277$kW（1、2、3 分别代表高、中、低压绕组，"′"表示未归算到额定容量），三绕组变压器归算到低压侧等值电路中的 R_{T1}、R_{T2}、R_{T3} 分别为(　　)。

A. 1.990Ω，1.583Ω，1.655Ω　　　　B. 0.026Ω，0.035Ω，0.168Ω
C. 0.850Ω，1.140Ω，5.480Ω　　　　D. 0.213Ω，0.284Ω，1.370Ω

48. 某变电所有 2 台变压器并联运行，每台变压器的额定容量为 31.5MVA，短路损耗 $P_K=148$kW，短路电压百分比 $U_K\%=10.5$，空载损耗 $P_0=40$kW，空载电流 $I_0\%=0.8$。变压器运行在额定电压下，变比为 110/11kV，两台变压器流过的总功率为 $40+j30$MVA，则两台变压器的总功率损耗为(　　)。

A. $0.093+j2.336$MVA　　　　B. $0.372+j9.342$MVA
C. $0.186+j4.671$MVA　　　　D. $0.268+j4.167$MVA

49. 一条空载运行的 220kV 单回输电线，长 200km，导线型号为 LGJ－300，$r_1=0.18\Omega/\text{km}$，$x_1=0.426\Omega/\text{km}$，$b_1=2.66\times10^{-6}\text{S/km}$，线路受端电压为 205kV，则线路送端电压为(　　)。

A. 200.359kV　　B. 205kV　　C. 220kV　　D. 209.65kV

50. 一条 110kV 的供电线路，输送有功为 22MW，功率因数为 0.74。现装设串联电容器以使末端电压从 109kV 提高为 115kV，为达到此目的选用标准单相电容器，其中 $U_G=0.66$kV，$Q_{CN}=40$kVA，则需装电容器的总容量为(　　)。

A. 1.20Mvar　　B. 3.60Mvar　　C. 6.00Mvar　　D. 2.88Mvar

51. 当高压电网发生三相短路故障时，其短路电流非周期分量出现最大瞬时值的条件是(　　)。

A. 短路前负载，电压初相位为 0　　B. 短路前负载，电压初相位为 90°

C. 短路前空载，电压初相位为 0　　D. 短路前空载，电压初相位为 90°

52. 系统如图所示，原来出线 1 的断路器容量是按一台发电机考虑的，现在又装设一台同样的发电机，电抗器 X_R 应选择(　　)，使 f 点发生三相短路时，短路容量不变。

A. 0.10Ω　　B. 0.2205Ω　　C. 0.20Ω　　D. 0.441Ω

53. 系统如图所示，系统中各元件在同一基准功率下的标幺值电抗：G：$x''_d = x_{(2)} = 0.05$，$x_{(0)} = 0.1$（Y 接线，中性点接地），$E''_2 = 1.1$；T：$x_T = 0.05$，Y/△－11 接法，中性点接地电抗 $x_p = 0.05/3$；负荷的标幺值电抗：$x_D = 0.9$（Y 接线）。则当图示 f 点发生 A 相接地短路时，发电机母线处的 A 相电压是(　　)。

A. 0.937　　B. 0.94　　C. 1.0194　　D. 1.0231

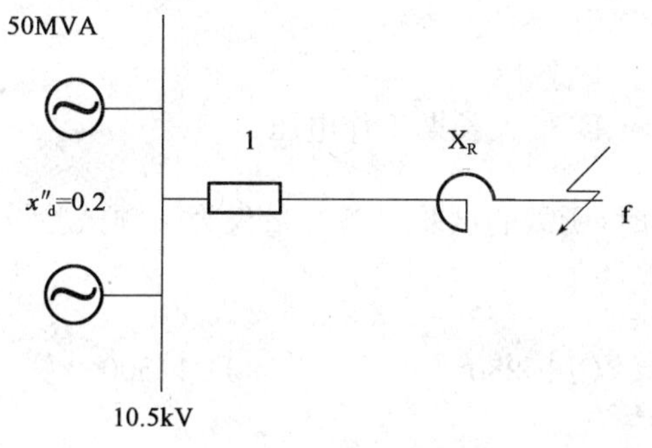

题 52 图

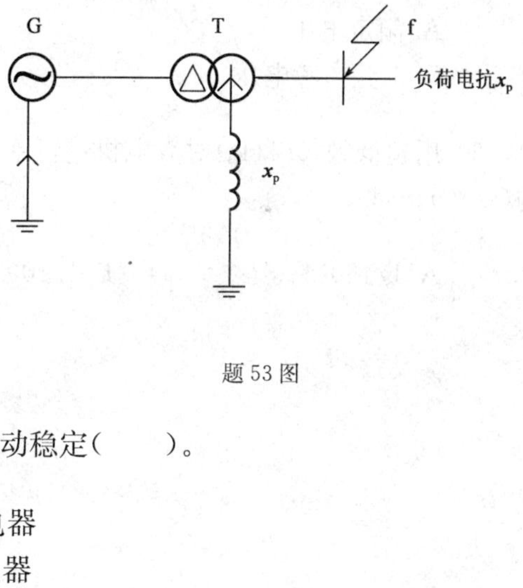

题 53 图

54. 判断下列哪种情况或设备应校验热稳定及动稳定(　　)。

A. 装设在电流互感器回路中的裸导体和电器

B. 装设在电压互感器回路中的裸导体和电器

C. 用熔断器保护的电器

D. 电缆

55. 充填石英砂有限流作用的高压熔断器，只能用在(　　)。

A. 电网的额定电压小于或等于其额定电压的电网中

B. 电网的额定电压大于或等于其额定电压的电网中

C. 电网的额定电压等于其额定电压的电网中

D. 其所在电路的最大长期工作电流大于其额定电流

56. 内桥形式的主接线适用于(　　)。

A. 出线线路较长,主变压器操作较少的电厂
B. 出线线路较长,主变压器操作较多的电厂
C. 出线线路较短,主变压器操作较多的电厂
D. 出线线路较短,主变压器操作较少的电厂

57. 在 3～20kV 电网中,为了测量相对地电压通常采用(　　)。

A. 三相五柱式电压互感器
B. 三相三柱式电压互感器
C. 两台单相电压互感器接成不完全星形接线
D. 三台单相电压互感器接成 Y/Y 接线

58. 绝缘与污秽闪络等事故主要发生在(　　)。

A. 下雷阵雨时　　B. 下冰雹时
C. 雾天　　D. 刮大风时

59. 决定电气设备绝缘水平的避雷器参数是(　　)。

A. 额定电压　　B. 残压
C. 工频参考电压　　D. 最大长期工作电压

60. 用超低频(0.1Hz)对大电机进行绝缘试验时,所需的试验设备容量仅为工频试验设备的(　　)。

A. 1/150　　B. 1/100　　C. 1/250　　D. 1/500

2007年度全国注册电气工程师(供配电)执业资格考试专业基础考试

试题解析及参考答案

1. 解 $17+8I+4+2I+6I=5, 16I=-16$,得 $I=-1\text{A}$。

答案:A

2. 解 由 $X_L=X_C$,即 $\omega L=\dfrac{1}{\omega C}$

$$\omega=\frac{1}{\sqrt{LC}}=\frac{1}{\sqrt{4\times 25\times 10^{-12}}}=10^5\,\text{rad/s}$$

$$f=\frac{\omega}{2\pi}=\frac{10^5}{2\times 3.14}=15.92\text{kHz}$$

答案:A

3. 解 $Z_C=\sqrt{Z_{C1}Z_2}=\sqrt{36\times 25}=30\Omega$

答案:A

4. 解 去耦等效电路如图所示。

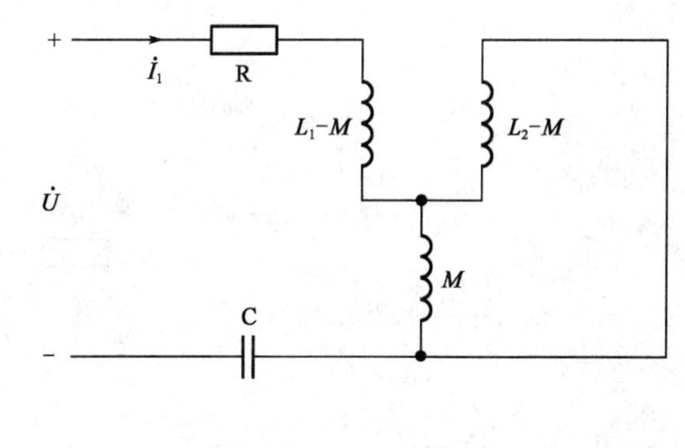

题4解图

则串联谐振:

$$\omega=\frac{1}{\sqrt{LC}}=\frac{1}{\sqrt{\left[L_1-M+\dfrac{M(L_2-M)}{L_2}\right]\cdot C}}=\frac{1}{\sqrt{\dfrac{L_2^2-M^2}{L_2}\cdot C}}=\frac{1}{\sqrt{\dfrac{10^2-M^2}{10}\times 10^{-3}C}}$$

$$=\frac{10^2}{\sqrt{10^2-M^2}}$$

当 $M=0$ 时，$\omega=10\text{rad/s}$;

当 $M=8\text{H}$ 时，$\omega=\dfrac{10^2}{6}=\dfrac{50}{3}\approx 16.67\ \text{rad/s}$。

答案:C

5. **解** (1)根据换路定律,S 闭合瞬间,电容上的初始电压为:

$$u_{C1}(0_+)=u_{C1}(0_-)=10\text{V};u_{C2}(0_+)=u_{C2}(0_-)=0\text{V}$$

(2)换路后 C_1 经 R 向 C_2 充电,C_1 放电,C_1 储存的电荷在两个电容上重新分配,但总量不变,即:$C_1u_{C1}(\infty)+C_2u_{C2}(\infty)=C_1u_{C1}(0_+)+C_2u_{C2}(0_+)$

达到稳态时有:$u_{C1}(\infty)=u_{C2}(\infty)$

可解出:$u_{C1}(\infty)=u_{C2}(\infty)=\dfrac{C_1u_{C1}(0_+)+C_2u_{C2}(0_+)}{C_1+C_2}=\dfrac{6\times 10+3\times 0}{6+3}=6.67\text{V}$

(3)时间常数:$\tau=R\times\dfrac{C_1C_2}{C_1+C_2}=5\times\left(\dfrac{6\times 3}{6+3}\right)=10\mu\text{s}$

(4)由三要素法:$u_{C1}(t)=u_{C1}(\infty)+[u_{C1}(0_+)-u_{C1}(\infty)]e^{-\frac{t}{\tau}}=6.67+3.33e^{-\frac{t}{\tau}}\text{V}$

答案:D

6. **解** 由于 R 上的电压没有三次谐波电压,则三次谐波情况下,L_1 与 $1\mu\text{F}$ 的并联支路发生串联谐振,相当于断路。所以有:

$$Z_{并(3次)}=(j3\omega L_1)//\left(-j\frac{1}{3\omega C}\right)=(j3000L_1)//(-j\frac{1000}{3})=0$$

解得 $L=\dfrac{1}{9}\text{H}$。

答案:A

7. **解** 如图所示。

没有并电阻 R_1 之前,谐振频率为:$\omega=\sqrt{\dfrac{1}{LC}}$

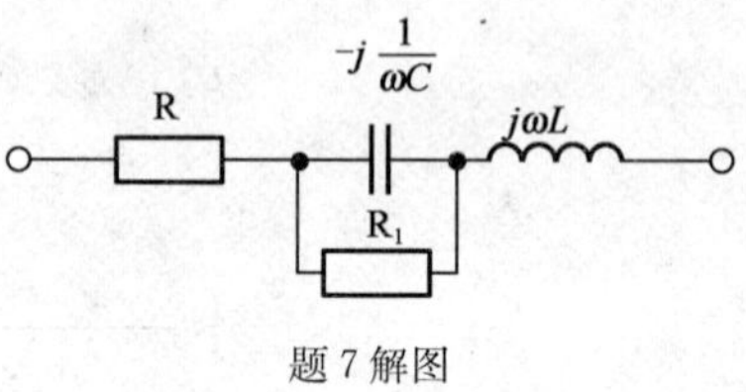

题 7 解图

并联 R_1 之后,$Z=R+j\omega L-\dfrac{jR_1\dfrac{1}{\omega C}}{R_1-j\dfrac{1}{\omega C}}$

$$=R+j\omega L-\frac{jR_1}{R_1\omega C-j}$$

$$=R+j\omega L-\frac{jR_1(R_1\omega C+j)}{(R_1\omega C)^2+1}$$

$$=R+\frac{j\omega L(R_1\omega C)^2+j\omega L-j(R_1^2\omega C)+R_1}{1+(R_1\omega C)^2}$$

则若发生谐振,则 $\omega L(R_1\omega C)^2+\omega L=R_1^2\omega C\Rightarrow\omega=\sqrt{\dfrac{R_1^2C-L}{LR_1^2C^2}}$

又因为$\dfrac{1}{LC}-\dfrac{CR_1^2-L}{LCR_1^2}=\dfrac{1}{C^2R_1^2}>0$,所以 ω 降低。

答案:B

8. **解**　(1)求开路电压，如图 a)所示。

$$u_1=\frac{6}{6+3}\times 48=32\text{V},u_2=\frac{4}{8+4}\times 48=16\text{V}$$

求得开路电压 $u_{oc}=u_1-u_2=16\text{V}$

(2)求等效电阻，如图 b)所示。

则等效电阻 $R_{eq}=3//6+8//4=\frac{14}{3}\Omega$

因此 $u=\frac{2}{2+\frac{14}{3}}\times 16=4.8\text{V}$

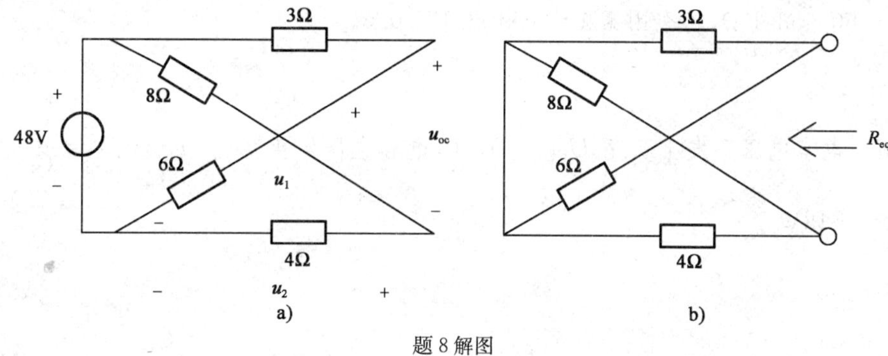

题 8 解图

答案：C

9. **解**　经过 120°后，电流第一次下降为 0，即$\frac{1}{3}T=\frac{1}{150}$s，则 $T=\frac{1}{50}$s，频率为 50Hz。

答案：A

10. **解**　设内层介质介电常数为 ε_1，外层介质介电常数为 ε_2，要使两层介质最大场强相等，内层介质最大场强出现在 2cm 处，外层介质最大场强出现在 4cm 处，则有 $\frac{\tau}{2\pi\varepsilon_1 2}=\frac{\tau}{2\pi\varepsilon_2(2+2)}$，由此可知：$\varepsilon_1=2\varepsilon_2$。

内外导体电位差：$U=\frac{\tau}{2\pi\varepsilon_1}\ln\frac{4}{2}+\frac{\tau}{2\pi\varepsilon_2}\ln\frac{8}{4}=150$

所以金属圆柱的电位：$U_1=\frac{\tau}{2\pi\varepsilon_2}\ln\frac{8}{4}=100\text{V}$

答案：A

11. **解**　与电流源 4A 串联的 2S 电导为虚元件，不计入内，所以自导为 2S+3S=5S。

答案：C

12. **解**　已知：当 $R>2\sqrt{\frac{L}{C}}$ 时，过阻尼，为非振荡过程；当 $R<2\sqrt{\frac{L}{C}}$ 时，欠阻尼，为振荡过程；当 $R=2\sqrt{\frac{L}{C}}$ 时，为临界过程。

本题，$2\sqrt{\frac{L}{C}}=2\sqrt{\frac{9}{10^{-6}}}=6\times 10^3<R$，此电路的瞬时属于非振荡过程。

答案:B

13. **解** 终端短路，从始端观察的输入阻抗 $Z_{in}=jZ_c\tan\beta l\left(\beta=\frac{2\pi}{\lambda},Z_c\text{为特性阻抗}\right)$，当 $|\tan\beta l|=1$ 时，输入端阻抗的绝对值等于特性阻抗，很明显选项 A、B、D 的正切值均为 1，只有选项 C 不为 1。

答案:C

14. **解** $P=10I^2=10\text{W}$，得 $I=1\text{A}$。又 $I=\frac{U_s}{\sqrt{R^2+(\omega L)^2}}=1\text{A}$，得 $\omega L=40\Omega$，$Z=R+j\omega L=50\angle 53.1^\circ\Omega$，功率因素 $\lambda=\cos 53.1^\circ=0.6$。

答案:A

15. **解** 电容电压不发生跃变，$U_{C1}(0_+)=0$；电容电压发生跃变，$u_{C1}(0_+)=\frac{C_2}{C_1+C_2}U=\frac{3}{1+3}\times 24=18\text{V}$。

答案:D

16. **解** (1)直流作用：求得 $I_{10}=\frac{U_0}{R}=1\text{A}$；

(2)基波作用：L_2、C_2 发生串联谐振，相当于短路，求得 $I_{1(1)}=1\text{A}$；

(3)二次谐波作用：L_1、C_1 发生并联谐振，相当于开路，求得 $I_{1(2)}=0.5\text{A}$。

有效值 $I_1=\sqrt{1+1+0.5^2}=1.5\text{A}$。

答案:A

17. **解** 设 $\dot{U}_A=220\angle 0^\circ\text{V}$，得 $\dot{U}_{AB}=380\angle 30^\circ\text{V}$，$\dot{U}_{BC}=380\angle -90^\circ\text{V}$，功率因数为 0.8，则 $\lambda=\cos\varphi=0.8$，功角 $\varphi=36.9^\circ$，$\dot{I}_A=\frac{\dot{U}_A}{Z}=3\angle -36.9^\circ$。

功率表示数是有效值，$P=\text{Re}[\dot{U}_{BC}\times\overset{*}{I}_A]=\text{Re}[380\angle -90^\circ\times 3\angle 36.9^\circ]=1140\times 0.6=684\text{W}$。

答案:B

18. **解** (1)求等效电阻：此时把电压源置零，电流源开路，得到等效电路图如图 a)所示。

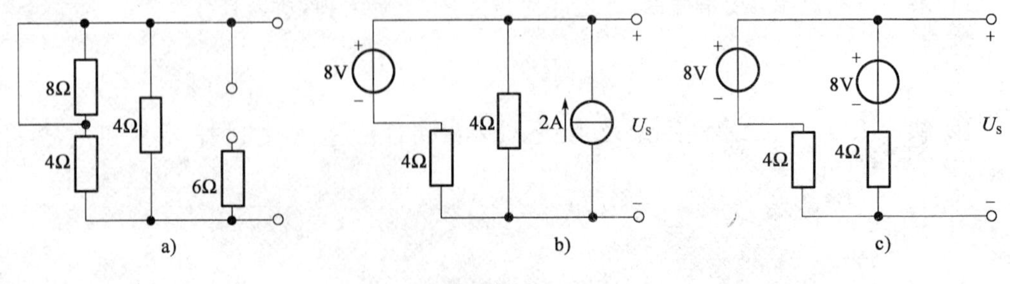

题 18 解图

从图中可以观察到：$R_S = 4//4 = 2\Omega$

(2)求开路电压：作出等效电路图如图 b)所示。

从图中易求：$U_S = 8V$

答案：A

19. **解** $U_0 = \frac{\tau}{2\pi\varepsilon_0}\ln\left(\frac{b}{a}\right)$，则 $\frac{\tau}{2\pi\varepsilon_0} = \frac{U_0}{\ln\left(\frac{b}{a}\right)}$。$E(r=a) = \frac{\tau}{2\pi\varepsilon_0 a} = \frac{U_0}{a\ln\left(\frac{b}{a}\right)}$。令 $f(a) = a\ln\left(\frac{b}{a}\right)$，$b$ 固定，对 a 求导数，$\frac{\mathrm{d}f(a)}{a} = \ln\left(\frac{b}{a}\right) - 1 = 0$，则 $\frac{b}{a} = e$。

答案：A

20. **解** 选项 A 应为 $u_L = L\frac{\mathrm{d}i}{\mathrm{d}t}$，选项 C 应为 $U_L = L\frac{\mathrm{d}I}{\mathrm{d}t}$，选项 D 应为 $\psi_u = \psi_i + \frac{\pi}{2}$。

答案：B

21. **解** 已知：当 $R > 2\sqrt{\frac{L}{C}}$ 时，过阻尼，为非振荡过程；当 $R < 2\sqrt{\frac{L}{C}}$ 时，欠阻尼，为振荡过程；当 $R = 2\sqrt{\frac{L}{C}}$ 时，为临界过程。

本题，$2\sqrt{\frac{L}{C}} = 2\sqrt{\frac{8}{2\times 10^{-6}}} = 4\times 10^3$，$R = 6\times 10^3 > 4\times 10^3$，属于非振荡过程。

答案：D

22. **解** 如图所示。

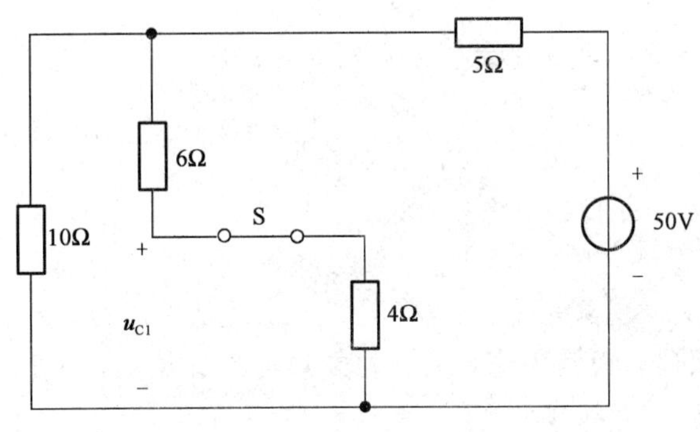

题 22 解图

u_{C1} 为 4Ω 电阻两端电压，$\left[50 - \frac{50}{5+10//(6+4)}\times 5\right]\times\frac{4}{10} = 10V$

依据换路定则，$u_{C1}(0_+) = u_{C1}(0_-) = 10V$。

答案：C

23. **解** 由题意知，基波时 1mH 的电感和电容 C 发生串联谐振。即 $\omega L = \frac{1}{\omega C}$，得 $C = \frac{1}{\omega^2 L} = 10\mu F$。

题 24 解图

答案：A

24. **解**　如图所示，易知C正确。

答案：C

25. **解**　如图所示。

由镜像法可知，$J=\frac{I}{S}=\frac{I}{2\pi r^2}$，由 $J=\frac{I}{2\pi r^2}$，得 $E=\frac{I}{2\pi\gamma r^2}$

题25解图

设跨步电压为 U，则：

$$U=\int_{l}^{l+b}E\mathrm{d}r=\int_{l}^{l+b}\frac{I}{2\pi\gamma r^2}\mathrm{d}r$$

$$=\frac{500}{2\times3.14\times10^{-2}}\times\left(\frac{1}{2}-\frac{1}{2.6}\right)=918.7\text{V}$$

答案：D

26. **解**　三极管放大状态时，基极电位为三个极电位中的中间数值，首先确定9.8V为基极B。与基极相差0.7V或0.2V的极为发射极，可以确定10V为发射极E，基极相差0.2V，所以是锗管，那么6V为集电极C。再根据各极电位确定电流方向为由发射极流向基极，可确定为PNP的管子。

答案：D

27. **解**　参考公式，$U_o=1.2U_2$，其中 U_2 为有效值，本题为10V，则输出电压为12V。

答案：C

28. **解**　文氏电桥式正弦波发生器的振荡频率为：

$$f_0=\frac{1}{2\pi RC}=\frac{1}{2\times3.14\times10^4\times10^{-7}}=159\text{Hz}$$

答案：C

29. **解**　顶部被削尖的现象是截止失真，是工作点过低造成的。消除截止失真的方法是减小 R_B，只有选项B可实现。而消除饱和失真的方法是减小 R_C，减小 β，增大 V_{CC}。

答案：B

30. **解**　输入电压上端对地电位为10V，下端对地电位为－10V，所以输出为10－(－10)＝20V。

答案：A

31. **解**　由运放 A_2：$\dot{X}_o=\dot{A}_2[\dot{A}_1(\dot{X}_i-\dot{F}_1\dot{X}_o)-\dot{F}_2\dot{X}_o)=\dot{A}_2[\dot{A}_1\dot{X}_i-(\dot{A}_1\dot{F}_1+\dot{F}_2)\dot{X}_o]$

化简可得：$\frac{\dot{X}_o}{\dot{X}_i}=\frac{\dot{A}_1\dot{A}_2}{1+(\dot{A}_1\dot{F}_1+\dot{F}_2)\dot{A}_2}$ $\frac{\dot{X}_o}{\dot{X}_i}=\frac{\dot{A}_1\dot{A}_2}{1+(\dot{A}_1\dot{F}_1+\dot{F}_2)\dot{A}_2}$

答案：D

32. **解** 包围圈内的无关项按“1”处理，包围圈外的无关项按“0”处理。

答案:B

33. **答案**:D

34. **解** 一个触发器可以存放一位二进制信息，当寄存 n 位二进制信息时，就需要有 n 个触发器组成，可构成 n 位计数器。

答案:A

35. **解** $1K=1024$，$\frac{4K\times 8}{256\times 4}=\frac{1024\times 8}{256\times 4}=32$。

答案:C

36. **解** $T=(R_1+2R_2)C\ln 2$，则振荡频率 $f_0=\frac{1}{T}=\frac{1}{(R_1+2R_2)C\ln 2}=197.5\text{Hz}$。

答案:B

37. **解** $C_1=Q$，$Q=D$，$Q^{n+1}=D=CO$，真值如表所示。

真 值 表 题 37 解表

A_1	B_1	$Q^{n+1}(C_1)$	CO	S
0	0		0	0
0	1	0	0	1
1	0	0	0	1
1	1	0	1	0
0	0	1	0	1

答案:C

38. **解** 变压器的电压 $U\approx E=4.44fN_1\varphi_m$，电压大小不变，则 E 不变，f 增大，则磁通 φ_m 减小。

答案:C

39. **解** 变压器效率 $\eta=\left(1-\frac{\beta^2 P_k+P_0}{\beta S_N\cos\varphi_2+\beta^2 P_k+P_0}\right)\times 100\%$，当 $\frac{d\eta}{d\beta}=0$，就可求得出现最高效率 η_{max} 时的负载系数 β_m。

经计算得出，$\beta_m^2 P_k=P_0$，则 $\beta_m=\sqrt{\frac{P_0}{P_k}}$，题中 $P_0=86\text{kW}$，$P_k=198\text{kW}$，代入公式得：$\beta_m=\sqrt{\frac{P_0}{P_k}}=0.659$，代入变压器效率公式：

$$\eta=\left(1-\frac{0.659^2\times 198+86}{0.659\times 31500\times 0.8+0.659^2\times 198+86}\right)\times 100\%=98.975\%$$

答案:B

40. **解** 同步发电机的功率调节曲线如图所示。若要保持其输出的有功功率保持不变，则原动机的有功功率不变，要增大其感性(滞后)无功功率的输出，可以实现的方法是增大励磁电流。

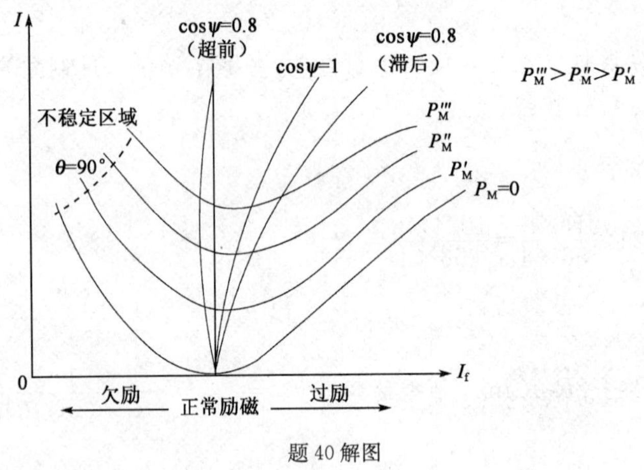

题 40 解图

答案:C

41. **解** 如图所示，可用隐极发电机的向量图说明。以 $\dot{U}$ 为参考相量，略去电枢电阻，因为 $\cos\varphi_1 > \cos\varphi_2$，则 $\varphi_1 < \varphi_2$，即第 2 种状态电流滞后的更多，由相量图可以得出 $E_{01} > E_{02}$，于是 $i_{f2} > i_{f1}$，这是由于在滞后的功率因数时，$\cos\varphi$ 越小，电枢反应去磁作用越强，为了获得一样的端电压，必须增大励磁，即 $I_{f1} < I_{f2}$。

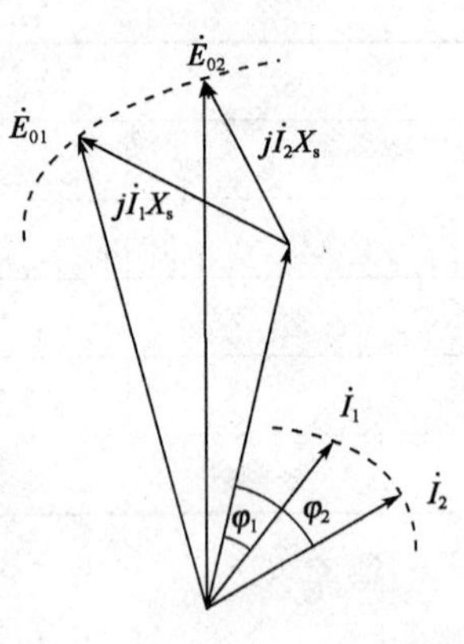

题 41 解图

答案:C

42. **解** $n_1 = 1000\text{r/min}$，$E_2 = 110\text{V}$，计算额定转差率 $S_N = \frac{n_1 - n_N}{n_1} = 0.02$，旋转时：$E_{2S} = S_N E_2 = 2.2\text{V}$。

答案:B

43. **解** 并励直流电动机的电动势平衡方程式为：$U = E_a + I_a R_a$，又 $E_a = C_e\varphi n$，所以 $300C_e\varphi + 87.7 \times 0.114 = 220$，解得 $C_e\varphi = 0.07$，当串入 0.15Ω 电阻后，$n = \frac{U - I_a R_a}{C_e\varphi} = 2812.1\text{r/min}$。

答案:B

44. **解** 我国 110kV 及以上电网一般采用大电流接地方式，即中性点有效接地方式(在实际运行中，为降低单相接地电流，可使部分变压器采用不接地方式)，包括中性点直接接地和中性点经低阻接地。6～35kV 配电网一般采用小电流接地方式，即中性点非有效接地方式，包括中性点不接地、高阻接地、经消弧线圈接地方式等。为了使电弧容易熄灭，在电容电流较大的 35kV 和 10kV 电网，采用中性点经消弧线圈接地。

答案:C

45. **解** 电能质量即电力系统中电能的质量。理想的电能应该是完美对称的正弦波。一些因素会使波形偏离对称正弦,由此便产生了电能质量问题。衡量电能质量的主要指标有电压、频率和波形。电能质量的具体指标有电压偏差、频率偏差、三相电压不平衡、电压波动和闪变、公用电网谐波和公用电网间谐波等。

答案:D

46. **解** 变压器一次侧额定电压应等于用电设备的额定电压,变压器二次侧额定电压应较线路额定电压高10%,对于两绕组变压器,主接头装在高压侧,分抽头的调节影响的是高压侧的电压,则:

T_1 实际变比为 10.5/[121×(1+2.5%)]kV;

T_2 实际变比为 110/38.5kV;

T_3 实际变比为 35×(1−5%)/11=33.25/11kV。

答案:A

47. **解** 对100/100/50类型变压器,厂家提供的短路损耗 $P_{k(1-3)}$、$P_{k(2-3)}$ 都是第三绕组中流过自身的额定电流,即1/2变压器额定电流时所测得的数据。因此,应首先将它们归算到对应于变压器的额定容量。

$P_{k(1-2)} = 333\text{kW}$

$P_{k(1-3)} = 4 \times 265 = 1060\text{kW}$

$P_{k(2-3)} = 4 \times 277 = 1108\text{kW}$

$$P_{k1} = \frac{1}{2}[P_{K(1-2)} + P_{K(1-3)} - P_{K(2-3)}] = 142.5\text{kW}$$

$$P_{k2} = \frac{1}{2}[P_{K(1-2)} + P_{K(2-3)} - P_{K(1-3)}] = 190.5\text{kW}$$

$$P_{k3} = \frac{1}{2}[P_{K(1-3)} + P_{K(2-3)} - P_{K(1-2)}] = 917.5\text{kW}$$

因此,R_{T1}、R_{T2}、R_{T3} 分别等于:

$$R_{T1} = \frac{P_{K1}U_{N2}^2}{1000S_N^2} = \frac{142.5 \times 38.5^2}{1000 \times 90^2} = 0.026\Omega$$

$$R_{T2} = \frac{P_{K2}U_{N2}^2}{1000S_N^2} = \frac{190.5 \times 38.5^2}{1000 \times 90^2} = 0.035\Omega$$

$$R_{T3} = \frac{P_{K3}U_{N2}^2}{1000S_N^2} = \frac{917.5 \times 38.5^2}{1000 \times 90^2} = 0.168\Omega$$

答案:B

48. **解** 两台变压器的损耗为:

$$\frac{1}{2}(\Delta P_{ZT} + j\Delta Q_{ZT}) + 2(\Delta P_{YT} + j\Delta Q_{YT}) = \frac{1}{2}\left(\frac{P_k S^2}{1000S_N^2} + j\frac{U_k\%S_N S^2}{100S_N^2}\right) + 2\left(\frac{P_0}{1000} + j\frac{U_k\%S_N S^2}{100S_N^2}\right)$$

$$= 0.268 + j4.167$$

其中,$P_k = 148\text{kW}, U_k\% = 10.5, P_0 = 40\text{kW}, I_0\% = 0.8, S_2 = P_2 + jQ_2 = 40 + j30\text{MWA}, S_N = 31.5\text{MWA}$。

答案:D

49. **解**　求得：$R=36\Omega$，$X=85.2\Omega$，$B=5.32\times10^{-6}$S

空载时，电压降落纵分量：$\Delta U=-\dfrac{U_2BX}{2}$

$$=-\frac{205\times5.32\times10^{-6}\times85.2}{2}=4.646\text{kV}$$

电压降落横分量：$\delta U=\dfrac{U_2BR}{2}=1.963\text{kV}$

则计算得到送端电压：$U_1=\sqrt{(U_2+\Delta U)^2+(\delta U)^2}$

$$=\sqrt{(205-4.646)^2+(1.963)^2}=200\text{kV}$$

答案：A

50. **解**　补偿前后线路末端的电压差为：$\Delta U=115-109=6\text{kV}$

补偿电容器的电抗为：$X_C=\dfrac{115}{20}\times6=34.5\Omega$

每个电容器的额定电流为：$I_{NC}=\dfrac{Q_{NC}}{U_{NC}}=\dfrac{40}{0.66}=60.61\text{A}$

每个电容器的电抗为：$X_{NC}=\dfrac{U_{NC}}{I_{NC}}=0.66\times\dfrac{1000}{60.61}=10.89\Omega$

线路通过的最大负荷电流为：$I_{Cmax}=\dfrac{\sqrt{22^2+20^2}}{\sqrt{3}\times115}\times1000=149.3\text{A}$

则电容器组需要并联的串数为：$m\geqslant\dfrac{I_{Cmax}}{I_{NC}}=\dfrac{149.3}{60.61}=2.46$

每串需要串联的电容器的个数为：$n\geqslant\dfrac{I_{Cmax}X_C}{U_{NC}}=\dfrac{149.3\times34.5}{0.66\times1000}=7.8$

取 $m=3$，$n=8$，则串联电容器由3串并联组成，每串有8个电容器，此时电容器组总的容量为：$Q_c=3mnQ_{Nc}=3\times3\times8\times40/1000=2.88\text{Mvar}$。

答案：D

51. **解**　如图所示，在时间轴上的投影代表各量的瞬时值。

非周期电流有最大初值的条件应为：

(1)相量差 $\dot{I}_{m|0|}-\dot{I}_m$ 有最大可能值；

(2)相量差 $\dot{I}_{m|0|}-\dot{I}_m$ 在 $t=0$ 时与时间轴平行。

一般电力系统中，短路回路的感抗比电阻大得多，即 $\omega L>R$，故可近似认为 $\varphi\approx90°$。因此，非周期电流有最大值的条件为：短路前电路空载（$\dot{I}_{m|0|}=0$），并且短路发生时，电源电势过0（$\alpha=0$）。

答案：C

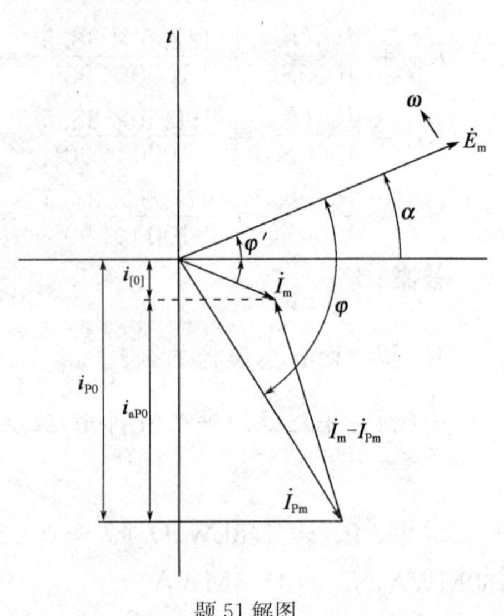

题51解图

52. **解**　一台发电机是 $X_d=0.2$，两台发电机时 $0.2//0.2=0.1$，再加上电抗器 X_R 的，一共等于0.2。

这样求出 $X_R=0.1$。然后求出电抗器 X_R 的基准值 $10.5^2/50=2.205\Omega$，$0.1\times2.205=0.2205\Omega$。

答案：B

53.**解** 先求各序总电抗：

$X_{\Sigma(1)}=X''_d+X_T=0.05+0.05=0.1$

$X_{\Sigma(2)}=X_{(2)}+X_T=0.05+0.05=0.1$

$X_{\Sigma(0)}=(X_T+3X_p)//X_{d(0)}=0.1//0.9=0.09$

形成复合序网图如图所示。

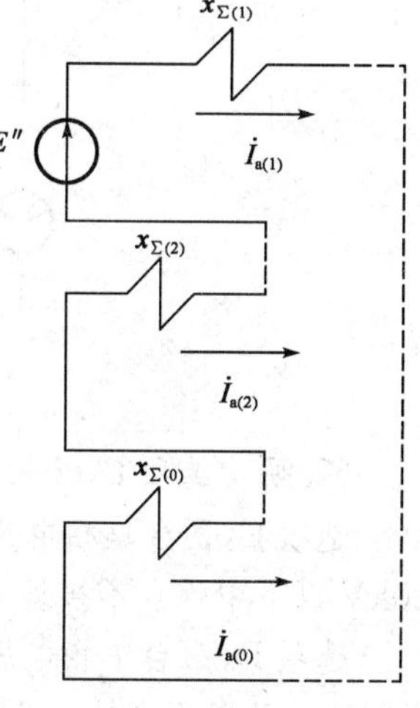

题53解图

$$\dot{I}_{a(1)}=\dot{I}_{a(2)}=\dot{I}_{a(0)}=\frac{E''}{X_{\sum(1)}+X_{\sum(2)}+X_{\sum(0)}}$$

$$=\frac{1.1}{0.1+0.1+0.09}=3.79$$

发电机A母线a相电压由A处正序电压和负序电压和零序电压组成，且要经过变压器的相位旋转。

$$\dot{U}_a=\dot{U}_{a(1)}e^{j30^\circ}+\dot{U}_{a(2)}e^{-j30^\circ}+\dot{U}_{a(0)}=\dot{U}_{a(1)}e^{j30^\circ}+\dot{U}_{a(2)}e^{-j30^\circ}$$

$$=(1.1-3.79\times0.05)e^{j30^\circ}+(3.79\times0.05)e^{-j30^\circ}$$

$$=0.91\times\left(\frac{\sqrt{3}}{2}+j\,\frac{1}{2}\right)+0.19\left(\frac{\sqrt{3}}{2}-j\,\frac{1}{2}\right)$$

$$=\frac{\sqrt{3}}{2}+0.36j=0.937\angle25.6^\circ$$

答案：A

54.**解** 装设在电压互感器回路中的设备不用校验动稳定及热稳定，因为系统发生短路时，短路电流并不通过这些设备，只有串联设备才需要校验动、热稳定性。熔断器不需要校验热稳定性。电缆不需要校验动稳定性。

答案：A

55.**解** 一般电网电压小于熔断器额定电压，对于一般的高压熔断器，其额定电压 U_N 必须大于或等于电网的额定电压 U_{SN}。但是对于填充石英砂有限流作用的熔断器，则不宜使用在低于熔断器额定电压的电网中，这是因为限流式熔断器灭弧能力很强，熔体熔断时因截流而产生过电压，一般在 $U_N=U_{SN}$ 的电网中，过电压倍数为2～2.5倍，不会超过电网中电气设备的绝缘水平，但如在 $U_{SN}<U_N$ 的电网中，因熔体较长，过电压值可达3.5～4倍相电压，可能损害电网中的电气设备。

答案：C

56.**解** 如图所示，内桥接线在线路故障或者投入、切除时，不影响其余回路工作，并且操作简单；而变压器故障或切除、投入时，要使相应线路短时停电且操作复杂。因而该线路一般适用于线路较长(相对来说线路的故障几率较大)和变压器不需要经常切换的情况。外桥接线在运行中的特点与内桥接线相反，适用于线路较短和变压器需要经常切换的情况。

答案：A

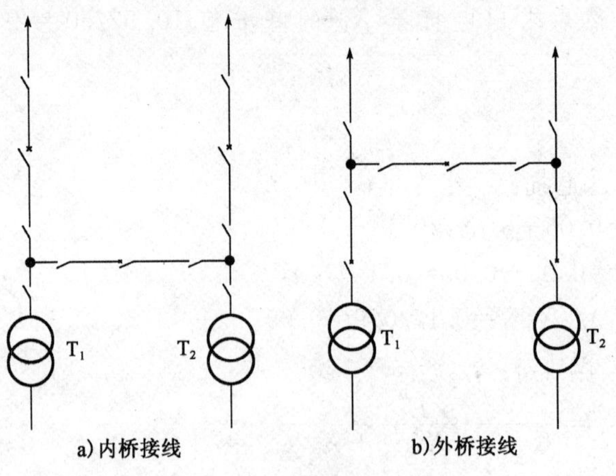

题56解图

57.**解** 选项B,三相三柱式电压互感器只能测量线电压。

选项C,两台单相电压互感器跨接在U_{AB}及U_{BC}线电压之间,接成不完全三角形,用于20kV以下中性点不接地电网,用来测量相间电压。

选项D,三台单相电压互感器用于110kV及以上中性点接地系统时,测量相对地电压,用于35kV及以下中性点不接地系统时只能测量相间电压,不能测量相对地电压。

答案:A

58.**解** 污闪最严重的大气条件为雾天,其次毛毛雨、露、雪等。

答案:C

59.**解** 安装避雷器是保护变电所电气设备的主要措施。一般只在母线上安装避雷器,因此避雷器与被保护电器之间不可避免的会有一定的距离。这种情况下,被保护设备所承受的雷电过电压会高于避雷器的残压,所以决定电气设备绝缘水平的避雷器参数是残压。

答案:B

60.**解** 目前所做的耐压试验使用的是超低交流电压0.1Hz,所需的试验设备容量仅为工频试验设备的1/500。

答案:D

2008 年度全国注册电气工程师(供配电)执业资格考试专业基础考试

试　　题

以下为单选题(共 60 题,每题 2 分。每题的备选项中,只有 1 个符合题意)

1. 如图所示电路中电流 I 为(　　)。

A. 2A　　B. −2A　　C. 3A　　D. −3A

2. 列写节点方程时,如图所示电路中 B 点的自导为(　　)。

A. 9S　　B. 10S　　C. 13S　　D. 8S

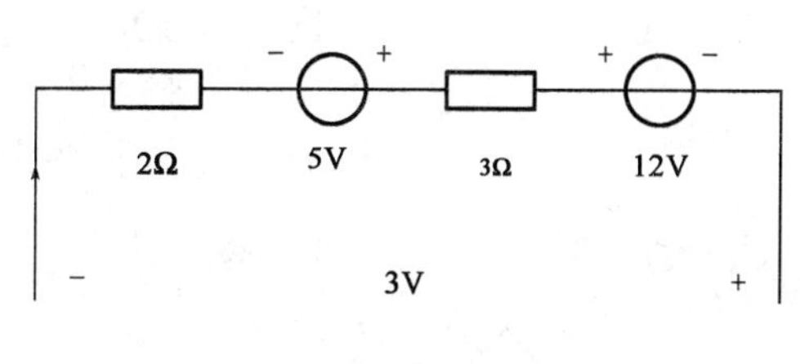

题 1 图

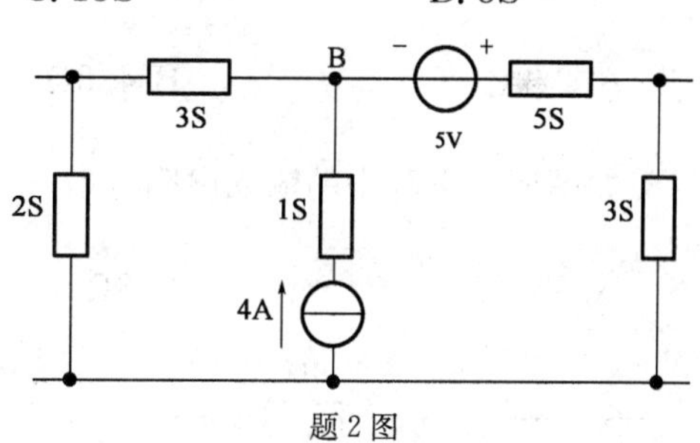

题 2 图

3. 列写节点方程时,如题 2 图所示电路中 B 点的注入电流为(　　)。

A. 21A　　B. −21A　　C. 3A　　D. −3A

4. 如图所示电路中 ab 端口的等效电路为(　　)。

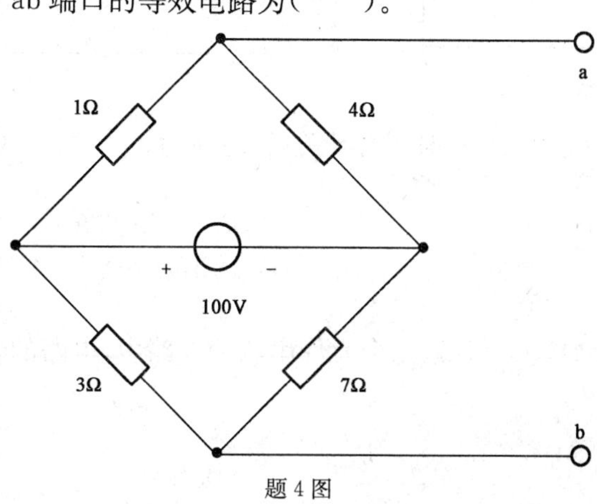

题 4 图

A. 10V 与 2.93Ω 串联　　B. −10V 与 2.93Ω 串联

C. 10V 与 2.9Ω 串联　　D. −10V 与 2.9Ω 串联

5. 如图所示电路中的输入电阻为(　　)。

A. 8Ω　　B. 2Ω　　C. 4Ω　　D. 6Ω

6. 如图所示电路中的输入电阻为(　　)。

A. 3Ω　　B. 6Ω　　C. 4Ω　　D. 1.5Ω

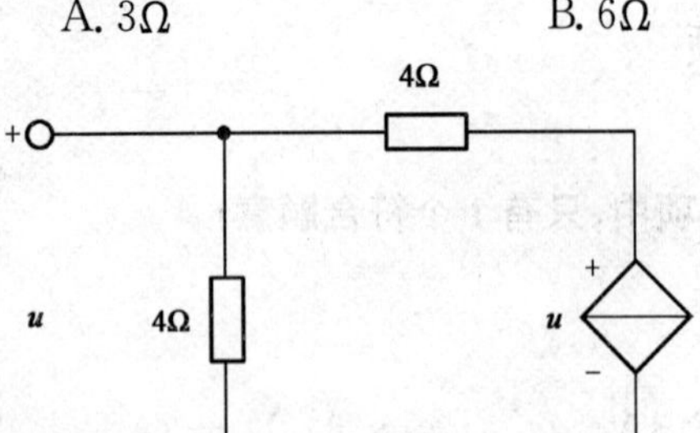

题5图

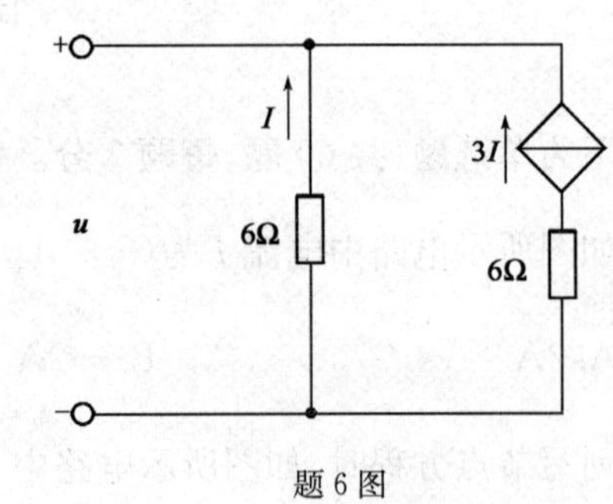

题6图

7. 如图所示电路中的输入电阻为(　　)。

A. 2/3Ω　　B. 4/3Ω　　C. 8/3Ω　　D. −4/3Ω

8. 如图所示电路中的输入电阻为(　　)。

A. −32Ω　　B. 3Ω　　C. 10Ω　　D. 4Ω

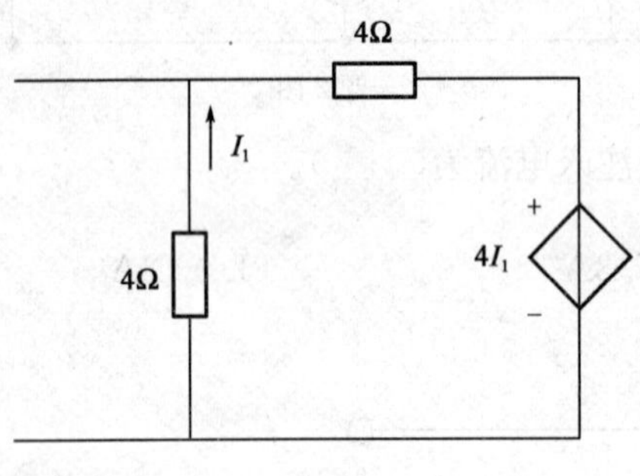

题7图

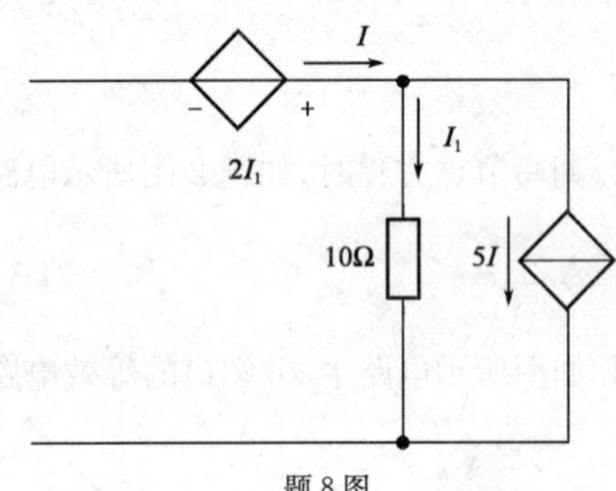

题8图

9. 如图所示电路中，$i_L(0_-)=0$ 时闭合开关后，i_L 应为(　　)。(式中，$\tau=10^{-6}$s)

A. $10^{-2}(1-e^{-t/\tau})$A　　B. $10^{-2}e^{-t/\tau}$A

C. $10(1-e^{-t/\tau})$A　　D. $10e^{-t/\tau}$A

10. 在 $R=6\text{k}\Omega$，$L=4\text{H}$，$C=1\mu\text{F}$ 三个元件串联的电路中，电路的暂态属于下边哪种类型(　　)。

A. 非振荡　　B. 振荡

C. 临界振荡　　D. 不能确定

11. 在如图所示电路中，$u_s=100\sin(\omega t)$V，在电阻4Ω上的有功功率为100W，则电路中的总功率因素为(　　)。

A. 0.6　　B. 0.5　　C. 0.8　　D. 0.9

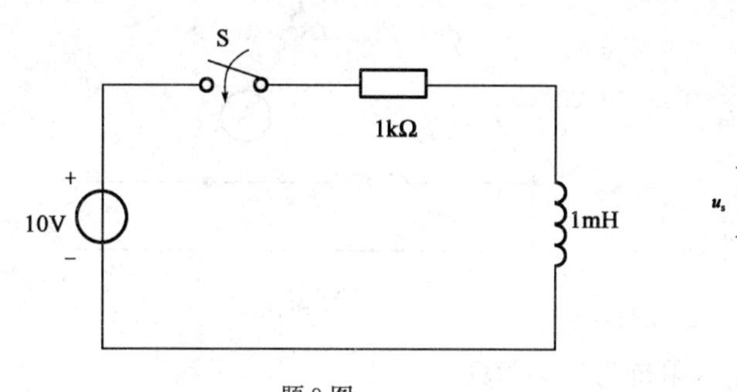

题 9 图

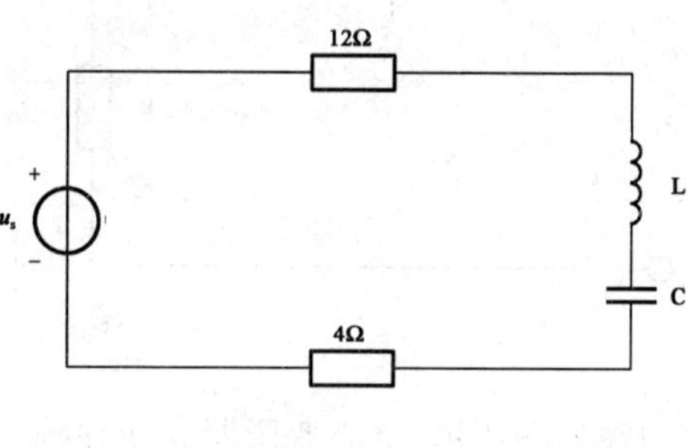

题 11 图

12. 如图所示电路中，$L_1=0.1\mathrm{H}$，$L_2=0.2\mathrm{H}$，$M=0.1\mathrm{H}$，若电源频率是 50Hz，则电路等值阻抗是(　　)。

A. $j31.4$　　B. $j6.28$　　C. $-j31.4$　　D. $-j6.28$

13. 如图所示电路中发生谐振的条件是(　　)。

A. $R>\sqrt{L/C}$　　B. $R>2\sqrt{L/C}$　　C. $R<\sqrt{L/C}$　　D. $R<2\sqrt{L/C}$

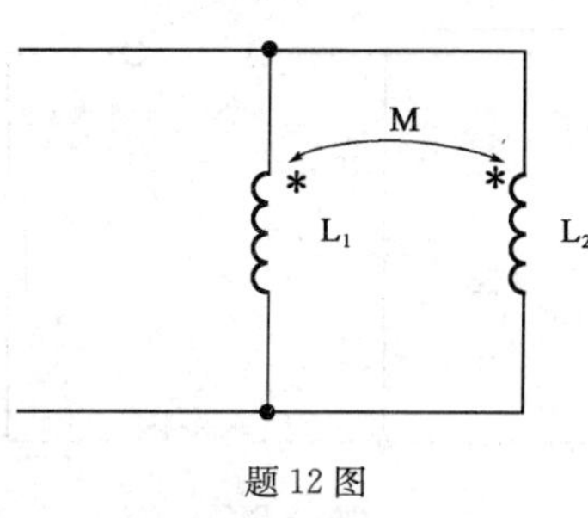

题 12 图

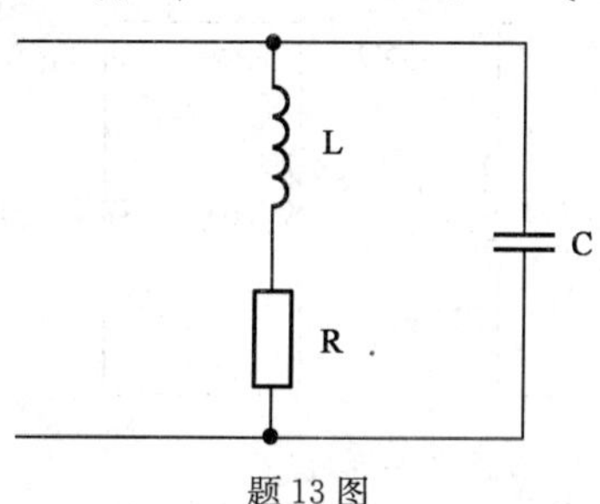

题 13 图

14. 某一端口网络的端电压 $u=311\sin(314t)\mathrm{V}$，流入的电流为 $i=0.8\sin(314t-85°)+0.25\sin(942t-105°)\mathrm{A}$。该网络吸收的平均功率为(　　)W。

A. 20.9　　B. 10.84　　C. 40.18　　D. 21.68

15. 如图所示电路中，$u_1=U_{1m}\sin(\omega t)+U_{3m}\sin(3\omega t)\mathrm{V}$，如 $L=0.12\mathrm{H}$，$\omega=314\mathrm{rad/s}$，使输出电压 $u_2=U_{1m}\sin(\omega t)\mathrm{V}$，则 C_1 和 C_2 的值分别为(　　)。

A. 7.3μF　75μF　　B. 9.3μF　65μF

C. 9.3μF　75μF　　D. 75μF　9.3μF

16. 三相发电机的三个绕组的相电动势为对称三相非正弦波，其中一相为 $e=300\sin(\omega t)+130\sin(3\omega t-\pi/6)+100\sin(5\omega t+\pi/4)+60\sin(7\omega t+\pi/3)+40\sin(9\omega t+\pi/8)\mathrm{V}$。如图所示，如果将三相绕组接成三角形，则安培表 A 的读数为(　　)。(设每相绕组对基波的阻抗为 $Z=3+j1\Omega$)

A. 20.9A　　B. 26.9A　　C. 73.5A　　D. 25.9A

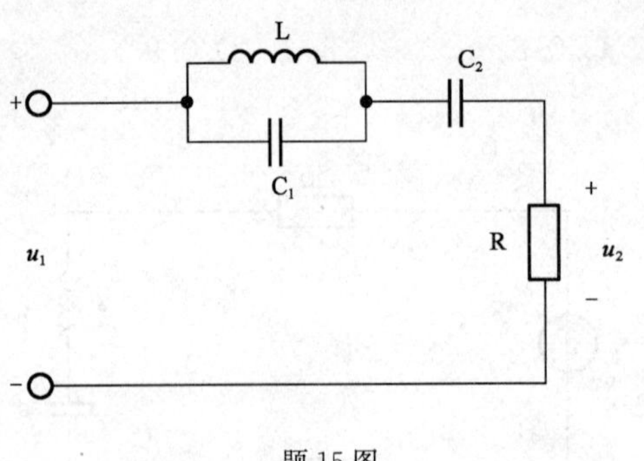

题 15 图

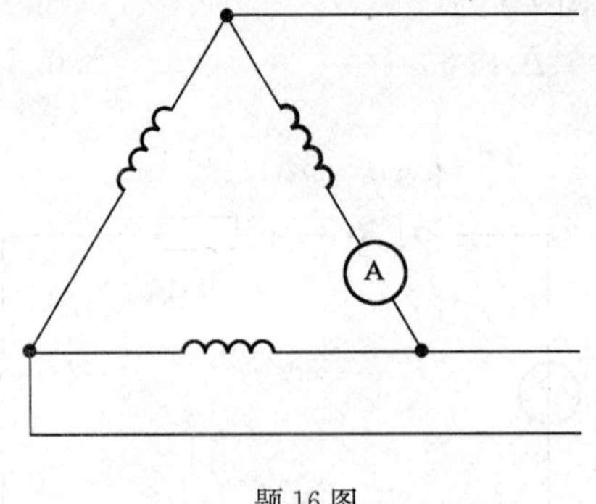

题 16 图

17. 如图所示，空心变压器 ab 间的输入阻抗为（　　）Ω。

A. $-j22.5$　　B. $j22.5$　　C. $j25$　　D. $-j25$

18. 如图所示电路中，$U=220\text{V}$，$f=50\text{Hz}$，S 断开及闭合时电流 I 的有效值均为 0.5A，则感抗 X_L 为（　　）。

A. 220Ω　　B. 440Ω　　C. 380Ω　　D. 不能确定

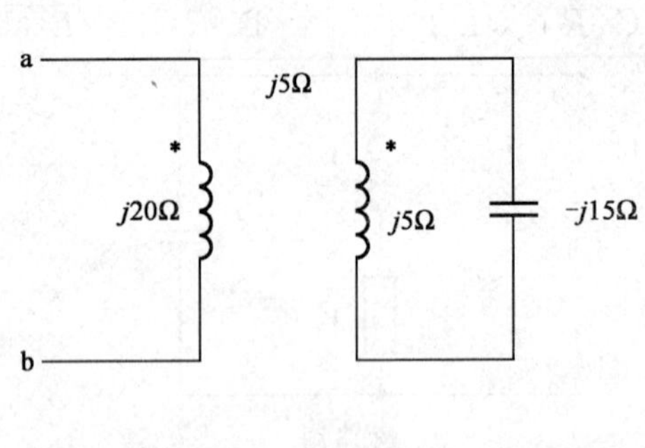

题 17 图

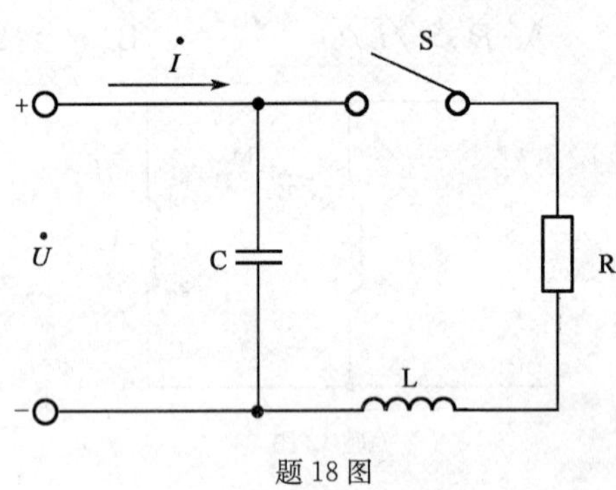

题 18 图

19. 三相对称三线制电路线电压为 380V，功率表接成如图所示，且各负载 $Z=22\Omega$，此时功率表的读数为（　　）。

A. 6600W　　B. 3800W　　C. 2200W　　D. 0W

20. 已知图中正弦电流电路发生谐振时，电流表 A1、A2 的读数分别是 4A 和 3A，则电流表 A3 的读数是（　　）。

A. 1A　　B. 5A
C. 7A　　D. 不能确定

21. 在 RLC 串联电路中，$X_C=10\Omega$；若总电压保持不变而将 C 短路，总电流的有效值与原来相同，则 X_L 为（　　）。

A. 20Ω　　B. 10Ω　　C. 5Ω　　D. 2.5Ω

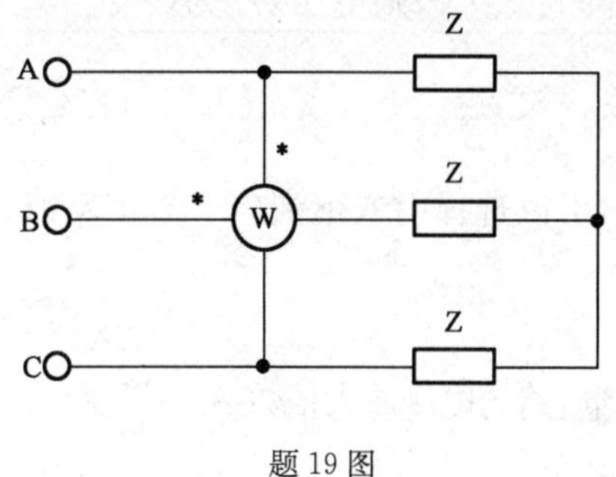

题 19 图

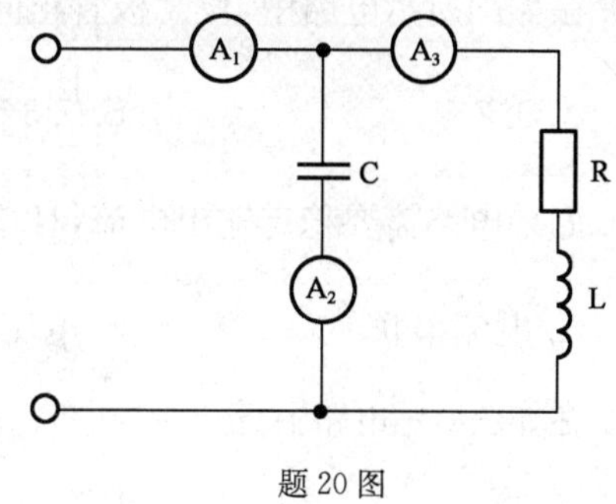

题 20 图

22. 已知正弦电流的初相角为 60°，在 $t=0$ 的瞬时值为 8.66A，经过(1/300)s 后电流第一次下降为 0，则其振幅 I_m 为(　　)。

A. 10A　　B. 100A　　C. 50A　　D. 314A

23. 两个半径为 a 和 $b(a<b)$ 的同心导体球壳间电压为 V_0 。若 b 固定，要使半球为 a 的球面上场强最小，则 a 和 b 的比值为(　　)。

A. $\frac{1}{e}$　　B. $\frac{1}{2}$　　C. $\frac{1}{4}$　　D. $\frac{1}{8}$

24. 一半径为 R 的半球形金属球，置于真空中的一无限大接地导电平板上方，在球外有一点电荷 q，位置如图所示。在用镜像法计算点电荷 q 受力时，需放置镜像电荷的数目为(　　)。

A. 4 个　　B. 3 个　　C. 2 个　　D. 无限多

25. 如图所示，一紧靠地面的半球接地体，其半径为 0.5m，土壤的电导率 $\gamma=10^{-2}$S/m。此时接地体的接地电阻为(　　)。

A. 15.92Ω　　B. 63.68Ω　　C. 7.96Ω　　D. 31.84Ω

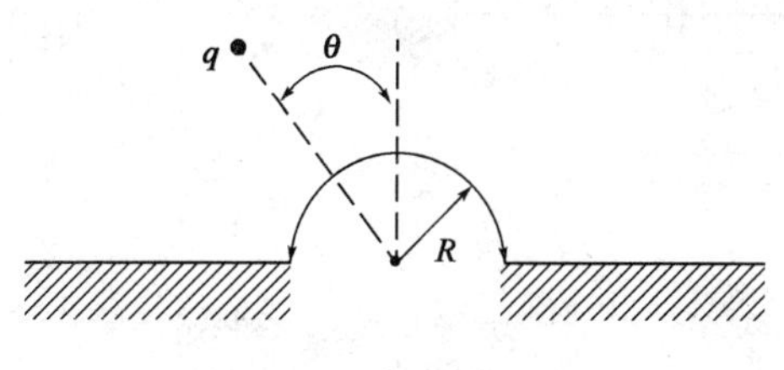

题 24 图

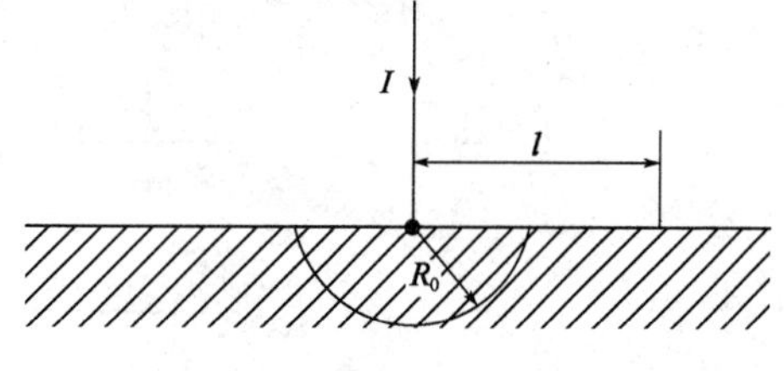

题 25 图

26. 终端短路的无损传输的长度为波长的(　　)时，其入端阻抗的绝对值不等于特性阻抗。

A. 1/2　　B. 1/8　　C. 3/8　　D. 5/8

27. 在温度 20℃时某晶体管的 $I_{CBO}=2\mu A$，那么温度是 60℃时 I_{CBO} 约为(　　)。

A. 4μA　　B. 8μA　　C. 16μA　　D. 32μA

28. 在如图所示电路中，设二极管正向导通时的压降为 0.7V，则电压 U_a 为(　　)V。

A. 0.7　　B. 0.3　　C. −5.7　　D. −11.4

29. 如果电路需要稳定输出电流，且增大输入电阻，可以选择引入下列(　　)负反馈。

A. 电流串联　　B. 电压串联　　C. 电压并联　　D. 电流串联

30. 在如图所示电路中，若运放 A_1、A_2 的性能理想，则电路的电压放大倍数 $A_u=\frac{u_o}{u_i}$ 为(　　)。

A. 33　　B. 22　　C. 21　　D. 11

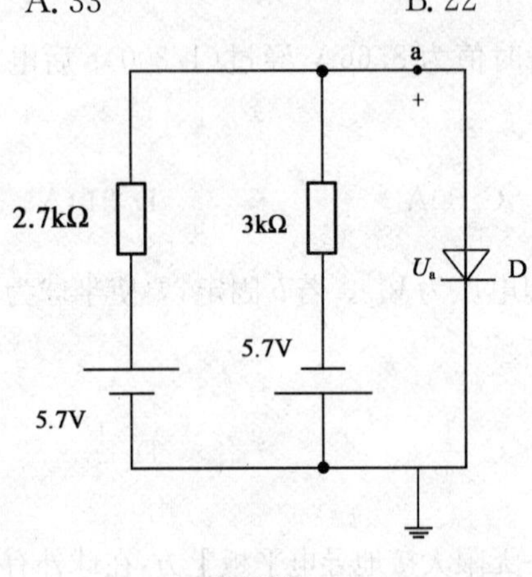

题 28 图

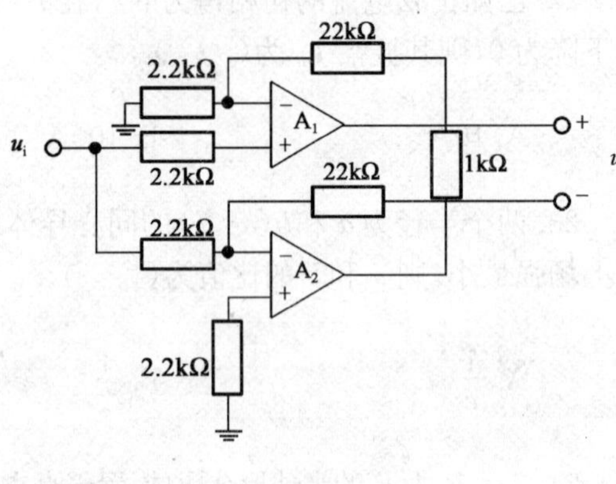

题 30 图

31. 如图所示电路中，具有电压放大作用的电路是(　　)(图中各电容对交流可视为短路)。

A. 图 a)　　B. 图 b)　　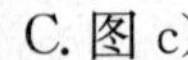C. 图 c)　　D. 图 d)

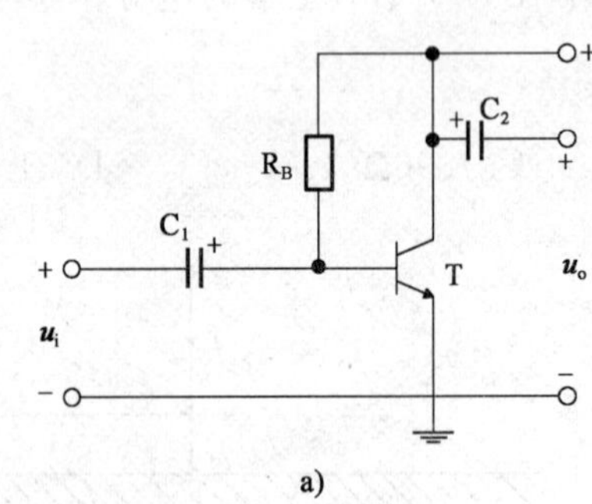

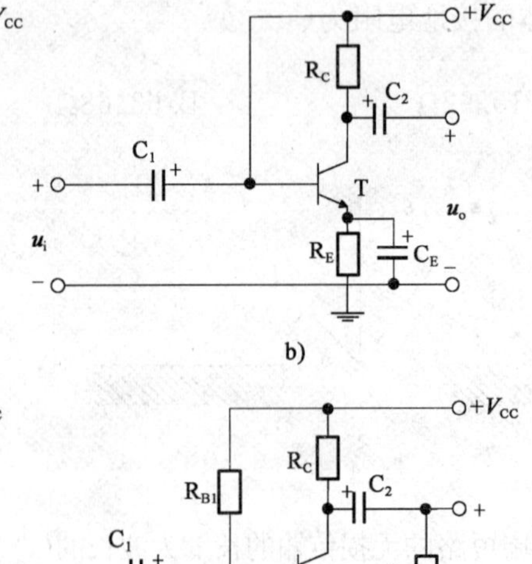

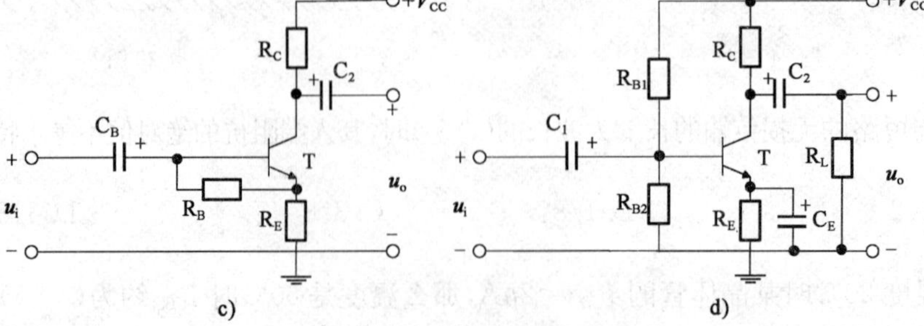

题 31 图

32. 某放大电路如图所示，设各集成运算放大器都具有理想特性，该电路的中频电压放大倍数 $A_{um}=\dfrac{\dot{U}_o}{\dot{U}_i}$ 为(　　)。

A. 30　　　　B. -30　　　　C. -3　　　　D. 10

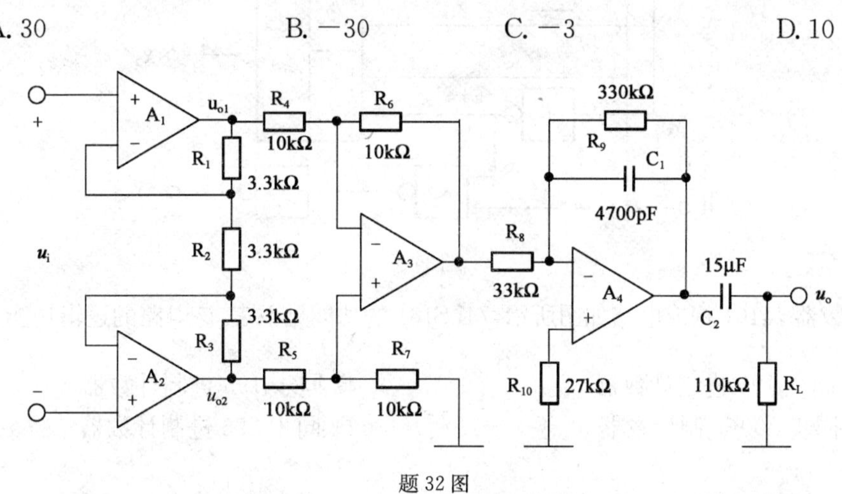

题 32 图

33. 已知逻辑函数 $L=\overline{A}B\overline{D}+\overline{B}\overline{C}D+\overline{A}\overline{B}D$ 的简化表达式为 $L=B\oplus D$，该函数至少有(　　)无关项。

A. 1 个　　　　B. 2 个　　　　C. 3 个　　　　D. 4 个

34. 一组合电路，AB 是输入端，L 是输出端，输入输出波形如图所示，则 L 的逻辑表达式是(　　)。

A. $L=\overline{A+B}$　　　　B. $L=\overline{AB}$　　　　C. $\overline{A\oplus B}$　　　　D. $A\oplus B$

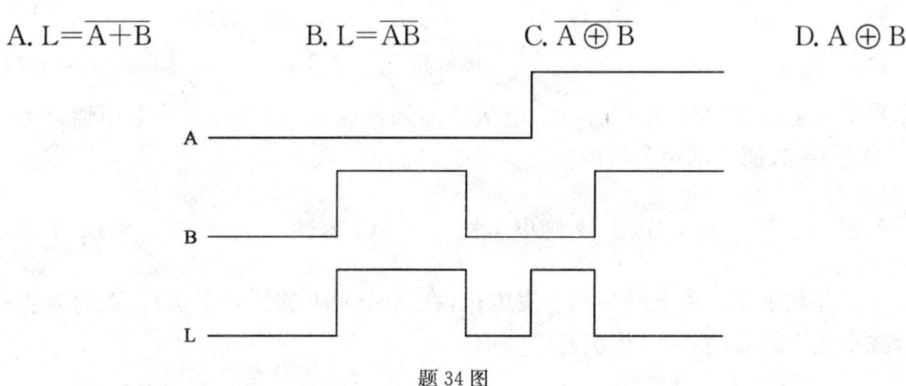

题 34 图

35. 一片 12 位 ADC 的最小分辨率为 1.2mV，采用四舍五入的量化方法，若输入电压为 4.387V，则输出数字量为(　　)。

A. E47H　　　　B. E48H　　　　C. E49H　　　　D. E50H

36. 电路如图所示，该电路能实现下列(　　)功能。

A. 减法器　　　　B. 加法器　　　　C. 比较器　　　　D. 译码器

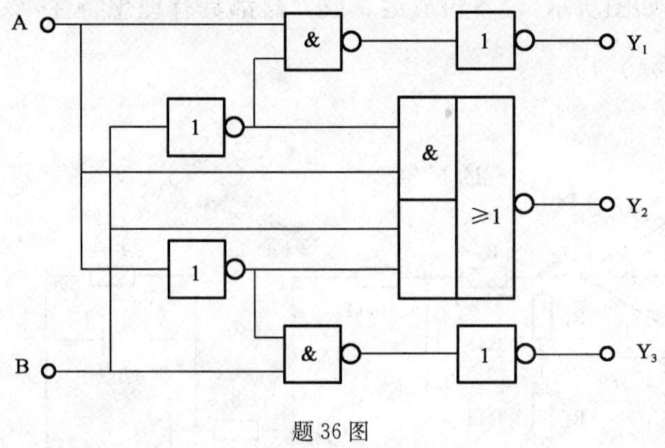

题 36 图

37. 计数器 74161 构成电路如图所示，74LS161 的功能见下表，该电路的逻辑功能是(　　)。

A. 同步 196 进制计数器　　B. 同步 195 进制计数器

C. 同步 200 进制计数器　　D. 同步 256 进制计数器

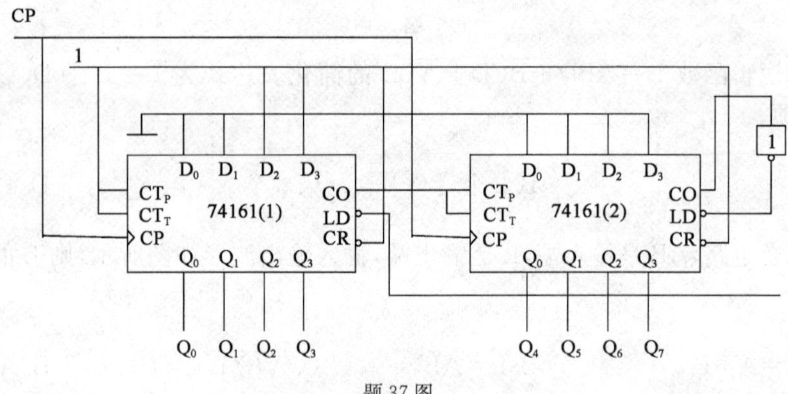

题 37 图

38. 变压器运行时，当副边(二次侧)电流增加到额定值，若此时副边电压恰好等于其开路电压，即 $\Delta U\%=0$，那么副边阻抗的性质为(　　)。

A. 感性　　B. 纯电阻性　　C. 容性　　D. 任意

39. 一台并联于无穷大电网的同步发电机，在 $\cos\varphi=1$ 的情况下运行，此时若保持励磁电流不变，减小输出的有功功率，将引起(　　)。

A. 功角减少，功率因数下降　　B. 功角增大，功率因数下降

C. 功角减少，功率因数增加　　D. 功角增大，功率因数增加

40. 某水轮发电机的转速为 150r/min，已知电网频率为 $f=50$Hz，则其主磁极数应为(　　)。

A. 10　　B. 20　　C. 30　　D. 40

41. 一台绕线式感应电动机拖动额定的恒转矩负载运行时，当转子回路串入电阻，电动机的转速将会改变，此时与未串电阻时相比，会出现下列(　　)情况。

A. 转子回路的电流和功率因素均不变

B. 转子电流变化而功率因素不变

C. 转子电流不变而功率因素变化

D. 转子回路的电流和功率因素均变化

42. 已知一双层交流绕组的极距 $\tau=15$ 槽，今欲利用短距消除 5 次谐波电势，其线圈节距 y 应设计为(　　)。

A. $y=12$　　B. $y=11$　　C. $y=10$　　D. $y<10$ 的某个值

43. 一台正向旋转的直流并励发电机接在直流电网上运行，若撤掉原动机，则发电机将(　　)。

A. 停转　　B. 作为电动机反向运行

C. 作为电动机正向运行　　D. 不能继续运行

44. 对电力系统的基本要求是(　　)。

A. 在优质前提下，保证安全，力求经济

B. 在经济前提下，保证安全，力求经济

C. 在安全前提下，保证质量，力求经济

D. 在降低网损前提下，保证一类用户供电

45. 在架空线路中，一般用电阻反应输电线路的热效应，用电容反应输电线路的(　　)。

A. 电场效应　　B. 磁场效应　　C. 电晕现象　　D. 电离现象

46. 在中性点绝缘系统发生单相短路时，非故障相电压(　　)。

A. 保持不变　　B. 升高$\sqrt{2}$倍　　C. 升高$\sqrt{3}$倍　　D. 为零

47. 一额定电压为 10kV 的静电电容器，其容抗值为 10.5Ω，接在 6kV 母线上，电容器在额定电压下供给母线的无功功率为(　　)。

A. 0.719MVar　　B. 0.324MVar　　C. 7.19MVar　　D. 3.42MVar

48. 已知变压器额定容量、额定电压及变压器实验数据，当变压器在额定电压下通过功率为 S 时，变压器的有功功率损耗的计算公式为(　　)(下式中，S 为三相功率，U 为线电压)。

A. $\Delta P=\dfrac{P_{\mathrm{k}}}{1000}$　　B. $\Delta P=\dfrac{P_{\mathrm{k}}}{1000}\times\left(\dfrac{S}{S_{\mathrm{TN}}}\right)^2$

C. $\Delta P=3\times\dfrac{P_{\mathrm{k}}}{1000}\times\left(\dfrac{S}{S_{\mathrm{TN}}}\right)^2$　　D. $\Delta P=\dfrac{P_{\mathrm{k}}}{1000}\times\dfrac{U_{\mathrm{TN}}^2}{S_{\mathrm{TN}}^2}$

49. 变压器等值电路及参数如图所示，已知末端电压 $\dot{U}_2=112\angle0°\mathrm{kV}$，末端负荷功率 $\tilde{S}_2=$

$50+j20$MVA，变压器始端电压 $\dot{U}_1$ 为(　　)。

A. $116.3\angle 4.32°$kV　　B. $122.24\angle 4.5°$kV

C. $114.14\angle 4.62°$kV　　D. $116.3\angle 1.32°$kV

50. 某 110kV 的输电线路的等值电路如图所示，已知 $\dot{U}_2=112\angle 0°$kV，$\tilde{S}_2=100+j20$MVA，则线路的串联支路的功率损耗为(　　)。

A. $3.415+j4.739$MVA　　B. $6.235+j8.723$MVA

C. $5.461+j8.739$MVA　　D. $3.293+j8.234$MVA

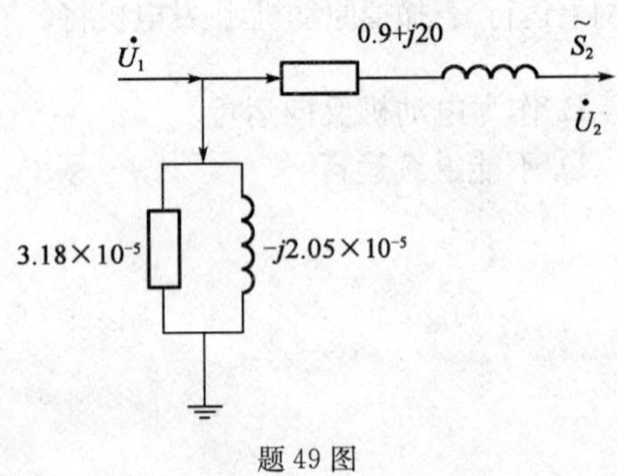

题 49 图

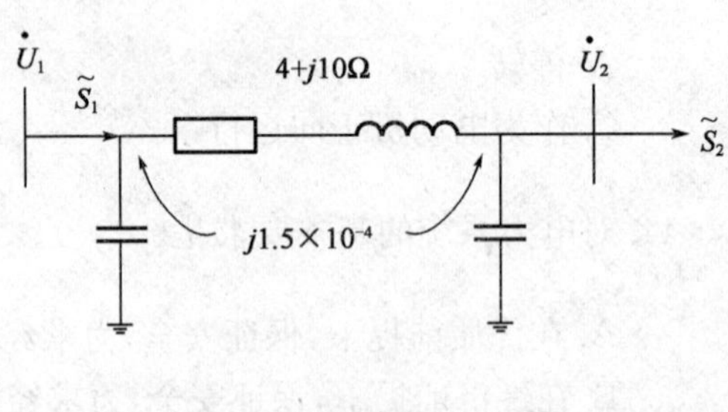

题 50 图

51. 某变电所有一台变比为 110±2×2.5%/6.3kV，容量为 31.5MVA 的降压变压器，归算到高压侧的变压器阻抗为 $Z_T=2.95+j48.8\Omega$，变压器低压侧最大负荷为 $24+j18$MVA，最小负荷为 $12+j9$MVA，变电所高压侧电压在最大负荷时保持 110kV，最小负荷时保持 113kV，变电所低压母线要求恒电压，保持 6.3kV，满足该调压要求的变压器分接头电压为(　　)。

A. 110kV　　B. 104.5kV　　C. 114.8kV　　D. 121kV

52. 如图所示系统在基准功率 100MVA 时，元件各序的标幺值电抗标在图中，f 点发生单相接地短路时短路点的短路电流时为(　　)。

A. 1.466kA　　B. 0.885kA　　C. 1.25kA　　D. 0.907kA

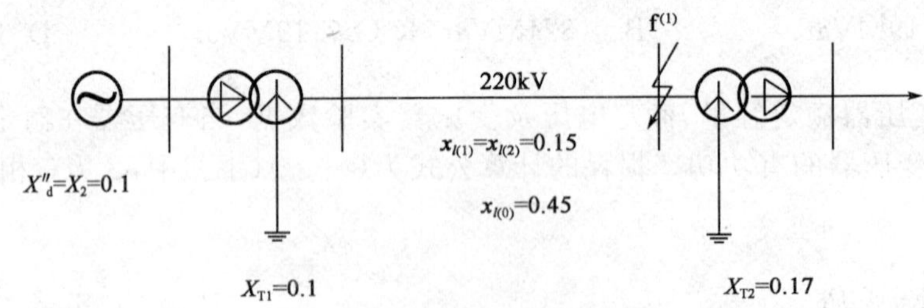

题 52 图

53. 图中系统 f 点发生三相短路瞬间时次暂态电流有效值为(　　)。(取 $S_B=100$MVA，G_1 的容量为 15MVA，$X''_d=0.125$)

A. 20.2kA　　B. 27.74kA　　C. 54.83kA　　D. 39.39kA

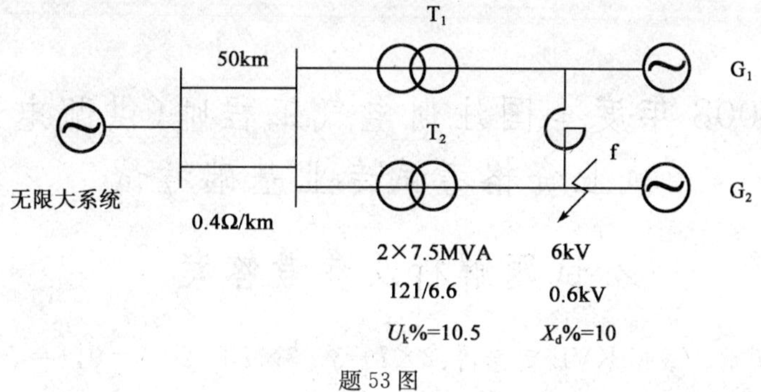

题 53 图

54. 电磁波传播过程中的波反射是因为(　　)。

A. 波阻抗的变化　　B. 波速的变化
C. 传播距离　　D. 传播媒质的变化

55. 避雷器额定电压是根据下列(　　)电压值决定的。

A. 预期的操作过电压幅值　　B. 系统标称电压
C. 预期的雷击过电压　　D. 预期的工频过电压

56. 一幅值为 U_0 的无限长直角行波沿波阻抗为 Z 的输电线路传播至开路的末端时，末端节点上电压值是(　　)。

A. $\frac{1}{2}U_0$　　B. U_0　　C. 0　　D. $2U_0$

57. 电流互感器的额定容量是(　　)。

A. 正常发热允许的容量　　B. 短路发热允许的容量
C. 额定二次负荷下的容量　　D. 由额定二次电流确定的容量

58. 普通电抗器在运行时，其电压损失不应大于额定电压的(　　)。

A. 5％　　B. 10％　　C. 15％　　D. 25％

59. 外桥形式的主接线适用于(　　)。

A. 出线线路较长，主变压器操作较少的电厂
B. 出线线路较长，主变压器操作较多的电厂
C. 出线线路较短，主变压器操作较多的电厂
D. 出线线路较短，主变压器操作较少的电厂

60. 为使熔断器的弧隙电压恢复电压过程为非周期性的，可在熔断器触头两端(　　)。

A. 并联电阻　　B. 并联电容　　C. 并联电感　　D. 并联辅助触头

2008 年度全国注册电气工程师(供配电)执业资格考试专业基础考试

试题解析及参考答案

1. **解**　如图所示。根据 KVL 定律得:$2\times I-5+3\times I+12+3=0$,$I=-2\text{A}$。

答案:B

2. **解**　如图所示。对于节点电压方程,方程两边是电流,故与电流源串联元件为多余元件,B 处的自电导 $G=3+5=8\text{S}$。

答案:D

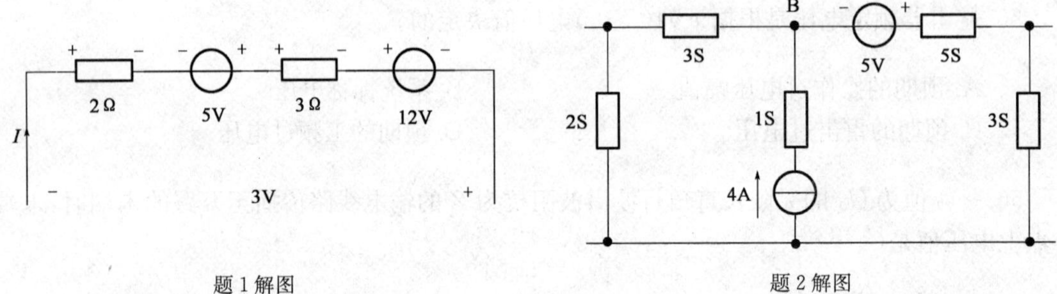

题 1 解图　　题 2 解图

3. **解**　如图所示。B 处注入电流为 $I=4-5\times5=-21\text{A}$,节点电压方程等式右边注入电流为正,可以是单纯的电流源,也可以是等效电流源。

答案:B

4. **解**　如图所示。

(1)求等效电阻。把电压源置零,$R_{ab}=1//4+3//7=2.9\Omega$。

(2)求开路电压。$U_{ab}=-\dfrac{1}{1+4}\times100+\dfrac{3}{3+7}\times100=10\text{V}$。

答案:C

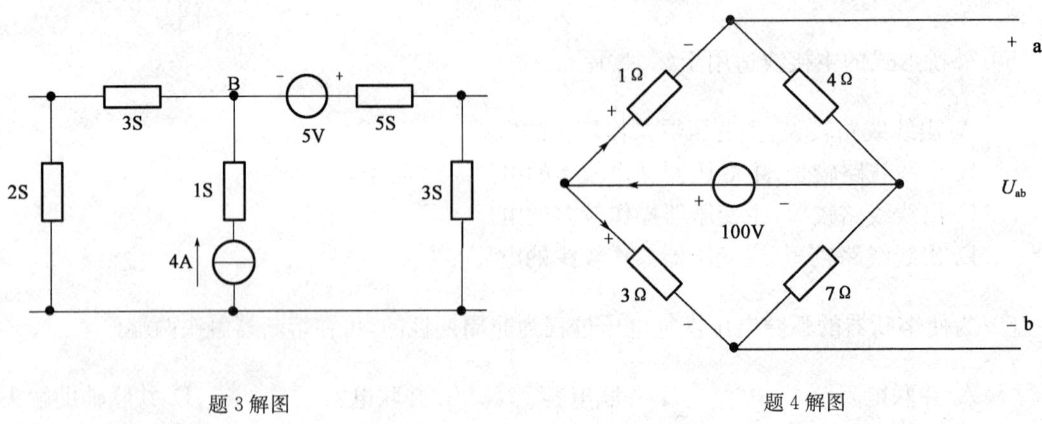

题 3 解图　　题 4 解图

5. **解**　由题可知，开路电压与受控电压源电压相同且为 u，故可知与受控电压源串联的 4Ω 电阻没有电流通过，故输入电阻为 4Ω。

答案：C

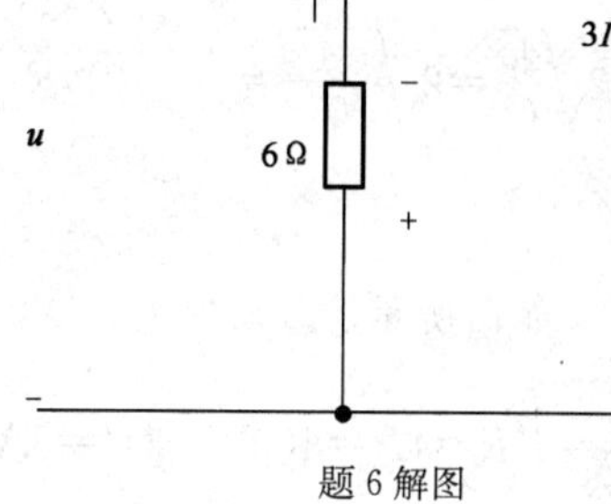

题 6 解图

6. **解**　如图所示。

KCL：$-I_0=I+3I$

VAR：$U=-6I$

故 $R_{in}=\dfrac{U}{I_0}=\dfrac{-6I}{-(I+3I)}=\dfrac{6}{4}=1.5\Omega$

答案：D

7. **解**　如图所示。

KVL：$U=-4I_1$，$U=U'+4I_1=U'-U$，故 $U'=2U=-8I_1$

VAR：$U'=4I'$，$I'=-2I_1$

KCL：$I+I_1=I'$，$I=-3I_1$，故 $R_{eq}=\dfrac{U}{I}=\dfrac{-4I_1}{-3I_1}=\dfrac{4}{3}\Omega$

答案：B

8. **解**　如图所示。

KVL：$U+2I_1=10I_1$，$U=8I_1$

KCL：$I=I_1+5I$，$I=-\dfrac{1}{4}I_1$

故 $R_{eq}=\dfrac{U}{I}=\dfrac{8I_1}{-\dfrac{1}{4}I_1}=-32\Omega$

答案：A

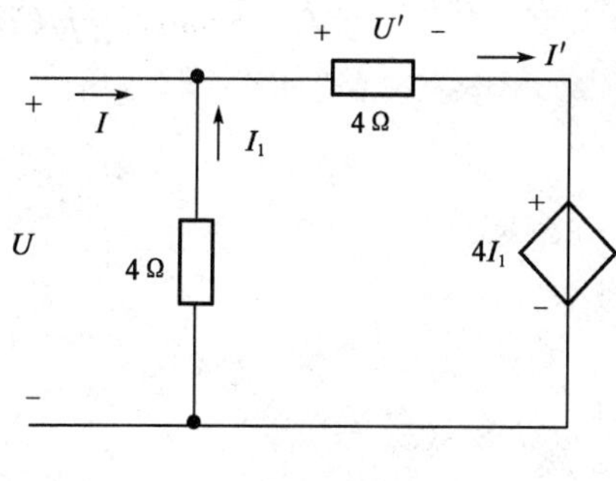

题 7 解图

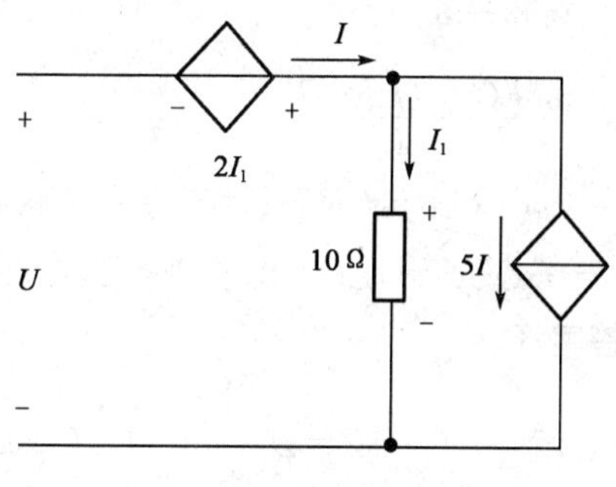

题 8 解图

9. **解**　由换路定则，$i_L(0_+)=i_L(0_-)=0$

$t=\infty$ 时，等效电路图如图所示，所以，$i(\infty)=\dfrac{10}{1000}=10^{-2}$A

故 $i_L=i(\infty)+[i(0_+)-i(\infty)]e^{-t/\tau}=10^{-2}-10^{-2}e^{-10^{-6}t}$A

答案：A

10.**解**　对于二阶动态电路，已知：当 $R>2\sqrt{\frac{L}{C}}$ 时，过阻尼，为非振荡过程；当 $R<2\sqrt{\frac{L}{C}}$ 时，欠阻尼，为振荡过程；当 $R=2\sqrt{\frac{L}{C}}$ 时，为临界过程。

本题，$2\sqrt{\frac{L}{C}}=2\sqrt{\frac{4}{10^{-6}}}=4\times10^{3}$，$R=6\text{k}\Omega>4\times10^{-3}=2\sqrt{\frac{L}{C}}$，故为非振荡过阻尼。

答案：A

11.**解**　如图所示。

由 $P_{4\Omega}=I^2R=4I^2=100\text{W}$，得 $I=5\text{A}$。而 $\dot{U}_{\text{S}}=100\angle0^{\circ}\text{V}$，$\dot{I}=\frac{\dot{U}_{\text{S}}}{Z}$，则 $I=\frac{U_{\text{S}}}{|Z|}=\frac{100}{\sqrt{16^2+X^2}}=5\text{A}$，得 $X=12\Omega$。故 $Z=R+jX=16+j12\Omega=20\angle36.9^{\circ}\Omega$，$\lambda=\cos\varphi=\cos36.9^{\circ}=0.8$。

答案：C

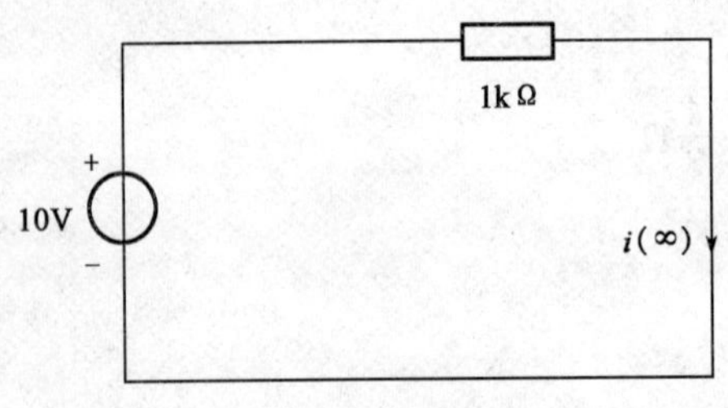

题 9 解图

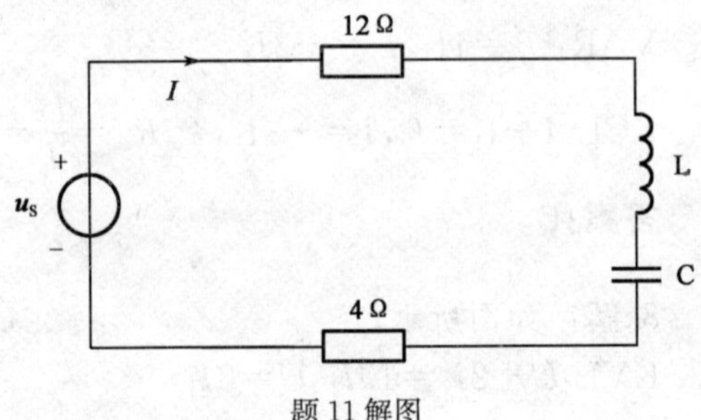

题 11 解图

12.**解**　去耦等效电路如图所示。

等效阻抗：$Z=j\omega M+j\omega(L_1-M)//j\omega(L_2-M)=j31.4+0//j31.4=j31.4\Omega$。

答案：A

题 12 解图

13.**解**　发生并联谐振：$Z=(R+j\omega L)//\frac{1}{j\omega C}=\frac{R+j\omega L}{-\omega^2LC+j\omega CR+1}$，得 $Y=\frac{-\omega^2LC+j\omega CR+1}{R+j\omega L}$。

令 $-\omega^2LC+j\omega CR+1=0$，存在实根 ω。

$\Delta=-C^2R^2+4LC>0$，得 $R<2\sqrt{L/C}$。

答案：C

14.**解**

$$\begin{aligned}P&=U_0I_0+\frac{1}{2}U_1I_1\cos(\varphi_{u_1}-\varphi_{i_1})+\frac{1}{2}U_2I_2\cos(\varphi_{u_2}-\varphi_{i_2})\\&=0\times0+\frac{1}{2}\times311\times0.8\times\cos(0+85^{\circ})+\frac{1}{2}\times0\times0.25\\&=10.842\text{W}\end{aligned}$$

答案：B

15.**解**　由题意知：

(1)当输出不含三次谐波分量时，L、C_1 发生并联谐振，相当于"断路"，R 上无三次谐波电压，则有 $3\omega L=\frac{1}{3\omega C_1}$，得 $C_1=\frac{1}{9\omega^2 L}=\frac{1}{9\times 314^2\times 0.12}=9.3\mu F$。

(2)当输出电压含全部基波分量时(即基波时，L、C_1、C_2相当于“短路”，基波电压全部加在R上)，$Z=j\omega L//\frac{1}{j\omega C_1}+\frac{1}{j\omega C_2}=(j314\times 0.12)//\frac{1}{j314\times 9.3\times 10^{-6}}+\frac{1}{j314C_2}=j42.3+\frac{1}{j314C_2}=0$，得 $C_2=75\mu F$。

答案:C

16.**解** 先求各次谐波下的阻抗：

(1)基波：$Z_1=3+j1\Omega,|Z_1|=\sqrt{10}$；

(2)三次谐波：$Z_3=3+j3\Omega,|Z_3|=\sqrt{18}$；

(3)五次谐波：$Z_5=3+j5\Omega,|Z_5|=\sqrt{34}$；

(4)七次谐波：$Z_7=3+j7\Omega,|Z_7|=\sqrt{58}$；

(5)九次谐波：$Z_9=3+j9\Omega,|Z_9|=\sqrt{90}$。

再求各次谐波下的电流：

(1)基波：$I_{A1}=\frac{300/\sqrt{2}}{\sqrt{10}}$；

(2)三次谐波：$I_{A3}=\frac{160/\sqrt{2}}{\sqrt{18}}$；

(3)五次谐波：$I_{A5}=\frac{100/\sqrt{2}}{\sqrt{34}}$；

(4)七次谐波：$I_{A7}=\frac{60/\sqrt{2}}{\sqrt{58}}$；

(5)九次谐波：$I_{A9}=\frac{40/\sqrt{2}}{\sqrt{80}}$。

则 $I_A=\sqrt{I_{A1}^2+I_{A3}^2+I_{A5}^2+I_{A7}^2+I_{A9}^2}=73.48A$

答案:C

17.**解** 如图所示。网孔法(回路分析法)：

左边回路：$\dot{U}_1=j20\dot{I}_1+j5\dot{I}_2$

右边回路：$0=-j15\dot{I}_2+j5\dot{I}_2+j5\dot{I}_1=j5\dot{I}_1-j10\dot{I}_2$

化简得 $\dot{U}_1=j22.5\dot{I}_1$，故 $Z_{ab}=j22.5\Omega$。

答案:B

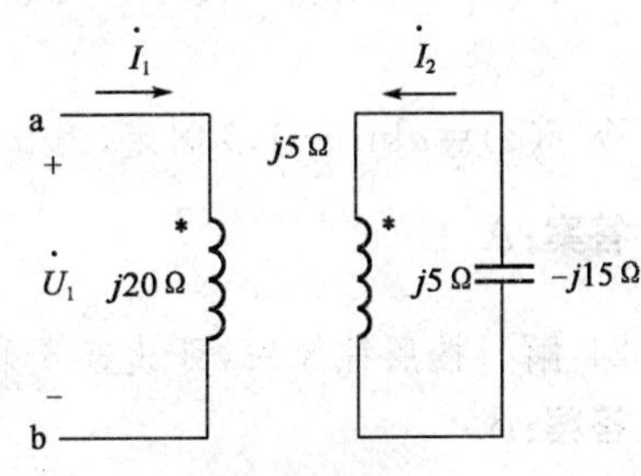

题17解图

18.**解**

(1)S断开时：$\frac{1}{\omega C}=\frac{U}{I}=\frac{220}{0.5}=440$。

(2)S闭合时：$Z=-j440//(R+jX_L)=\frac{440(X_L-jR)}{R+j(X_L-440)}$。

Z 的模值：$|Z|=440\sqrt{\dfrac{X_L^2+R^2}{R^2+(X_L-440)^2}}=\dfrac{U}{I}=440\Omega$，则 $\dfrac{X_L^2+R^2}{R^2+(X_L-440)^2}=1$，求得 $X_L=220\Omega$。

答案:A

19.**解**　功率表读数 $P=\mathrm{Re}[\dot{U}_{AC}\times\overset{*}{I}_B]$

设 $\begin{cases}\dot{U}_A=220\angle 0°\mathrm{V}\\ \dot{U}_B=220\angle -120°\mathrm{V}\\ \dot{U}_C=220\angle 120°\mathrm{V}\end{cases}$，$\begin{cases}\dot{U}_{AB}=380\angle 30°\mathrm{V}\\ \dot{U}_{BC}=380\angle -90°\mathrm{V}\\ \dot{U}_{CA}=380\angle 150°\mathrm{V}\end{cases}$

$\dot{U}_{AC}=380\angle -30°\mathrm{V}$

$\dot{I}_B=\dfrac{\dot{U}_B}{Z}=\dfrac{220\angle -120°}{22}=10\angle -120°\mathrm{A}$

$P=\mathrm{Re}[\dot{U}_{AC}\times\overset{*}{I}_B]=\mathrm{Re}[380\angle -30°\times 10\angle 120°]=\mathrm{Re}[3800\angle 90°]=0$

答案:D

20.**解**　画出相量图如图所示。

答案:B

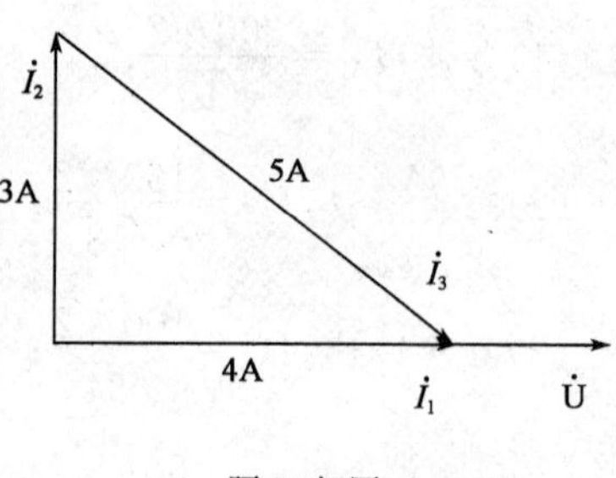

题 20 解图

21.**解**　$Z=R+j(X_L-X_C)=R+j(X_L-10)$，C 短路后，$Z=R+jX_L$。由总电压和电流的有效值不变，所以阻抗模值不变。由 $\sqrt{R^2+(X_L-10)^2}=\sqrt{R^2+X_L^2}$，求出 $X_L=5\Omega$。

答案:C

22.**解**　$i=I_m\sin(\omega t+\varphi)=I_m\sin(\omega t+60°)$，则 $I_m\sin 60°=8.66\mathrm{A}$，求出 $I_m=10\mathrm{A}$。

答案:A

23.**解**　$U_0=\dfrac{\tau}{2\pi\varepsilon_0}\ln\left(\dfrac{b}{a}\right)$，则 $\dfrac{\tau}{2\pi\varepsilon_0}=\dfrac{U_0}{\ln\dfrac{b}{a}}$，$E(r=a)=\dfrac{\tau}{2\pi\varepsilon_0 a}=\dfrac{U_0}{a\ln\dfrac{b}{a}}$

令 $f(a)=a\ln\left(\dfrac{b}{a}\right)$，$b$ 固定，对 a 求导数，$\dfrac{\mathrm{d}f(a)}{\mathrm{d}a}=\ln\left(\dfrac{b}{a}\right)-1=0$，则 $\dfrac{a}{b}=\dfrac{1}{e}$。

答案:A

24.**解**　按照镜像法，可放置 3 个镜像电荷，球内两个，下半平面 q 的镜像位置一个。

答案:B

25.**解**　由镜像法可知：电流密度 $J=\dfrac{I}{S}=\dfrac{I}{2\pi r^2}$

电场强度：$E=\dfrac{J}{\gamma}=\dfrac{I}{2\pi r^2\cdot\gamma}$

半球到无穷远处的电压：$U=\int_{R_0}^{\infty}E\mathrm{d}r=\int_{R_0}^{\infty}\frac{I}{2\pi r^2\cdot\gamma}\mathrm{d}r=\frac{I}{2\pi\gamma R_0}$

接地体的电阻：$R=\frac{U}{I}=\frac{1}{2\pi\gamma R_0}=\frac{1}{2\times3.14\times10^{-2}\times0.5}=31.84\Omega$

答案：D

26. **解** 终端短路，从始端观察的输入阻抗 $Z_{in}=jZ_c\tan\beta l$（$\beta=\frac{2\pi}{\lambda}$，$Z_c$ 为特性阻抗）。当 $|\tan\beta l|=1$ 时，输入端阻抗的绝对值等于特性阻抗，很明显选项 B、C、D 的正切值均为 1，只有选项 A 不为 1。

答案：A

27. **解** 温度每升高 10℃，I_{CBO} 增加约 1 倍。从 20℃ 到 60℃ 经过了 4 个 10℃，即升高了 $2^4=16$ 倍。

答案：D

28. **解** 如图所示，先将 a 点断开，求出此时 a 点电位。若 a 点电位大于 0.7V，则 D 导通，$U_a=0.7$，否则 D 截止。

因为 $I=\frac{U}{R}=\frac{5.7+5.7}{2.7+3}=2\text{A}$，所以 $U_a=I\times3-5.7=2\times3-5.7=0.3\text{V}$

答案：B

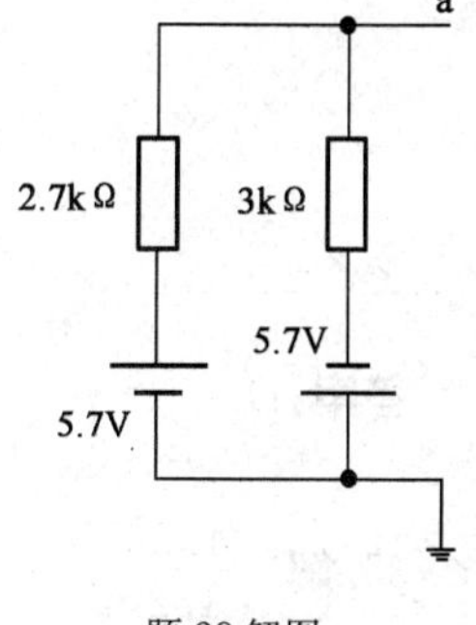

题 28 解图

29. **解** 电流负反馈能够稳定输出电流，提高输出电阻，串联负反馈能够提高输入电阻，减少从信号源吸取的电流。信号源内阻越小，反馈作用越明显。

答案：A

30. **解** 对于运放 A_1：$u_{A1-}=\frac{2.2}{2.2+22}u_{0+}=\frac{1}{11}u_{0+}$，$u_{A1+}=u_i$，由理想运放“虚短”性质，$u_{A1+}=u_{A1-}$，可得 $u_{0+}=11u_i$。

对于运放 A_2：由理想运放“虚地”性质，$u_{A2+}=u_{A2-}=0$，因此 $\frac{u_i}{2.2}=\frac{-u_{0-}}{2.2}$，可得 $u_{0-}=-10u_i$。

则 $u_0=u_{0+}-u_{0-}=21u_i$。

答案：C

31. **解** 三极管处于放大状态的前提条件是有合适的静态工作点。选项 A 中缺少集电极电阻，选项 B 中缺少偏置电阻，选项 C 只能放大正半周。

答案：D

32. **解** 应熟记。

答案：A

33. **解** 将 $L=\overline{A}B\overline{D}+\overline{B}\overline{C}D+\overline{A}\overline{B}D$ 用卡诺图图 a)表示，将 $L=B\oplus D$ 用卡诺图图 b)表示，简化为 $L=B\oplus D$ 之后多出 3 个无关项。

答案:C

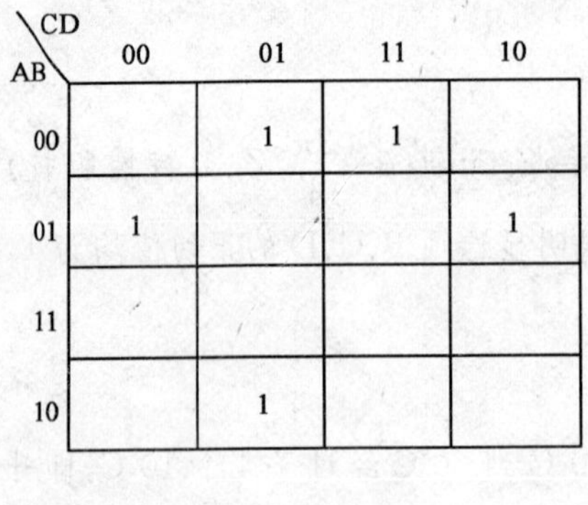

a)

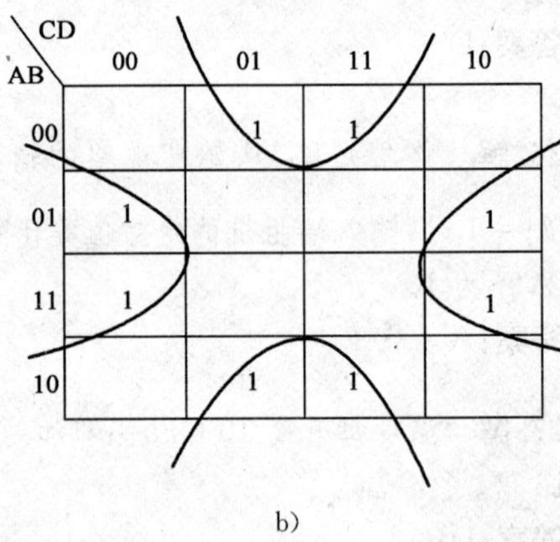

b)

题 33 解图

34. **解**

A	B	L
0	0	0
0	1	1
1	0	1
1	1	0

答案:D

35. **解** $\frac{4.387\text{V}}{1.2\text{mV}}=3655.8\approx3656$，将 3656 转化为 16 进制数为 E48H。

答案:B

36. **解** $Y_1=A\overline{B}$，$Y_2=\overline{A\overline{B}+\overline{A}B}$，$Y_3=\overline{A}B$，列真值表。

A	B	Y_1	Y_2	Y_3
0	0	0	1	0
0	1	0	0	1
1	0	1	0	0
1	1	0	1	0

则 A、B 相等时 Y_2 输出为 1，$A>B$ 时 Y_1 输出为 1，$A<B$ 时 Y_3 输出为 1，是比较器。

答案:C

37. **解** 第一个构成 1100～1111，6 进制计数器。第二个构成 0000～1111，16 进制计数器。$6\times16=256$ 计数器。

答案:D

38. **解** 电压调整率 ΔU 与变压器的参数和负载性质有关：

$$\Delta U\% = \beta\left(\frac{I_{1N}R_{k75^\circ C}\cos\varphi_2 + I_{1N}X_k\sin\varphi_2}{U_{1N}}\right)\times 100\%$$

式中，$\beta=\frac{I_{1N}}{I_1}=\frac{I_{2N}}{I_2}$（忽略 I_m），称为负载系数（或负荷系数），$\cos\varphi_2$ 称为负载功率因数。从式中可以看出电压调整率随着负载电流的增加而正比增加，此外还与短路阻抗和负载的功率因数有关。在实际电压中，X_k 比 R_k 大很多倍，若负载为容性，$\sin\varphi_2$ 为负值，当 $|X_k\times\sin\varphi_2| = R_{k75}$℃$\times\cos\varphi_2$ 时，电压调整率将为 0。

答案:C

39.**解**　如图所示，同步发电机的功角特性：$P=\frac{mE_0U}{X_s}\sin\theta$，励磁电流不变，则空载电势 E 不变，输出功率 P 减小，则 $\sin\theta$ 减小，功率角将减小。由 $\dot{E}_0=\dot{U}+j\dot{I}X_s$ 相量图可知，I 只有顺时针转动，才能保持 E 不变。电压 U 不变（并网运行），功率角减小，φ 增大，则功率因数减小。

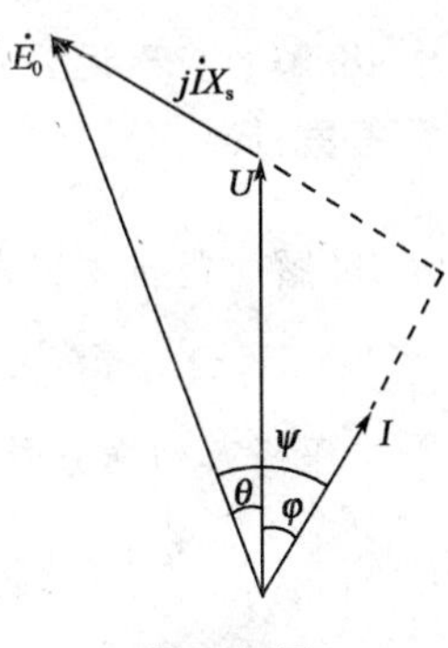

题 39 解图

答案:A

40.**解**　发电机的同步速 $n=\frac{60f}{P}$，磁极对数 $P=\frac{60f}{n}=\frac{60\times50}{150}\times15=20$，则主磁极数为 40。

答案:D

41.**解**　在负载转矩不变的情况下，当转子串入电阻后，根据转矩平衡关系，电磁转矩也不变，电磁功率 $P_M=T\Omega$ 也不变，$T=C_T\varphi_m I_2'\cos\varphi_2$，当电源电压不变时，$\varphi_m$ 不变，在转子串入电阻后，仍保持转子电流不变，功率因数也不变。

答案:A

42.**解**　设要消除的谐波次数为 n，则节距 $y=\frac{n-1}{n}\tau=\frac{5-1}{5}\times15=12$。

答案:A

43.**解**　发电机由原动机带动，当原动机的出力减小时，减小到一定程度时，发电机将空载运行；若再减小原动机，当发电机的电势 E 减小到一定程度时，发电机将作为电动机运行。

答案:C

44.**解**　电力系统最基本的前提是安全稳定运行，在此基础上才能谈保证供电质量，保证了供电质量的基础上，才能谈经济。无论何时，电力系统的安全是第一位的。

答案:C

45.**解**　在交流电压作用下，输电线路周围存在交变的电场，电场中任意一点电位与导线上电荷成正比例，电荷与电压的比值称为线路电容。

答案:A

46.**解**　当中性点绝缘系统发生单相接地短路时，中性点的电压上升到相电压，非故障相对地电压升高到线电压，即$\sqrt{3}$倍相电压。

答案:C

47.**解** 静电电容器所提供的无功功率和所在节点的电压U的平方成正比，则：

$$Q_C=\frac{U^2}{X_C}=\frac{6^2}{10.5}=3.42\text{Mvar}$$

答案:D

48.**解** 应熟记公式。

答案:B

49.**解** 阻抗支路电压降落的纵分量：

$$\Delta U=\frac{P_2R+Q_2X}{U_2}=\frac{50\times0.9+20\times20}{112}=3.97\text{kV}$$

电压降落的横分量：

$$\delta U=\frac{P_2X-Q_2R}{U_2}=\frac{50\times20-20\times0.9}{112}=8.77\text{kV}$$

$$\dot{U}_1=U_2+\Delta U+j\delta U=115.97+j8.77\text{kV}=116.3\angle4.32°\text{kV}$$

答案:A

50.**解** 末端励磁支路的损耗：$\Delta\widetilde{S}_{y2}=(Y\dot{U}_2)^*\cdot\dot{U}_2=-j1.5\times10^{-4}\times112^2=-j1.88\text{MVA}$

阻抗支路末端功率：$\widetilde{S}_2'=\widetilde{S}_2+\Delta\widetilde{S}_{y2}=100+j18.12\text{MVA}$

串联阻抗支路的功率损耗：$\Delta\widetilde{S}_2=\dfrac{P_2'^2+Q_2'^2}{\dot{U}_2}(R+jX)$

$$=\frac{100^2+18.12^2}{112^2}\times(4+j10)=3.293+j8.234\text{MVA}$$

答案:D

51.**解** 先计算最大负荷和最小负荷时变压器的电压损耗。

最大负荷时：$\Delta U_{\text{Tmax}}=\dfrac{PR+QX}{U}=\dfrac{24\times2.95+18\times48.8}{110}=8.63\text{kV}$

最小负荷时：$\Delta U_{\text{Tmin}}=\dfrac{PX+QR}{U}=\dfrac{12\times2.95+9\times48.8}{113}=4.2\text{kV}$

则 $U_{\text{1Tmax}}=\dfrac{U_{\text{1max}}-\Delta U_{\text{Tmax}}}{U_{\text{2max}}}U_{\text{2N}}=\dfrac{110-8.63}{6.3}\times6.3=101.37\text{kV}$

$U_{\text{1Tmin}}=\dfrac{U_{\text{1min}}-\Delta U_{\text{Tmin}}}{U_{\text{2min}}}U_{\text{2N}}=\dfrac{113-4.2}{6.3}\times6.3=108.8\text{kV}$

取算术平均值：$U_{\text{1T,av}}=\dfrac{U_{\text{1Tmax}}-\Delta U_{\text{1Tmin}}}{2}=\dfrac{101.37+108.8}{2}=105.1\text{kV}$

选最近的分接头$U_{\text{1T}}=104.5\text{kV}$。

逆调压：高峰负荷时中枢点电压升至$1.05U_N$，低谷负荷时为U_N；

顺调压：高峰负荷时中枢点电压为$1.025U_N$，低谷负荷时为$1.075U_N$。

常调压：任何负荷下中枢点电压为基本不变的数值($1.025U_N\sim1.05U_N$)。

答案:B

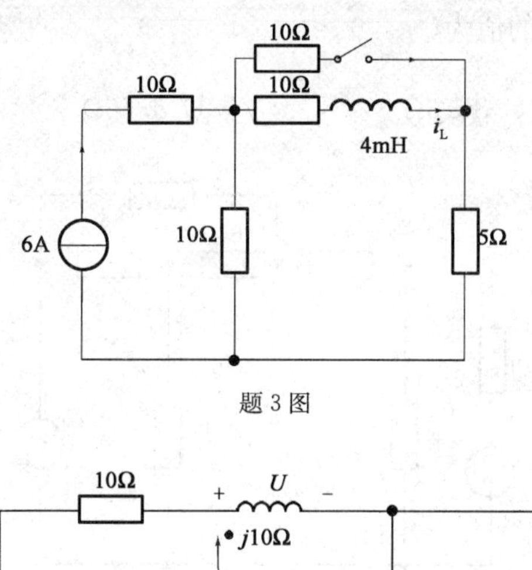

题 3 图

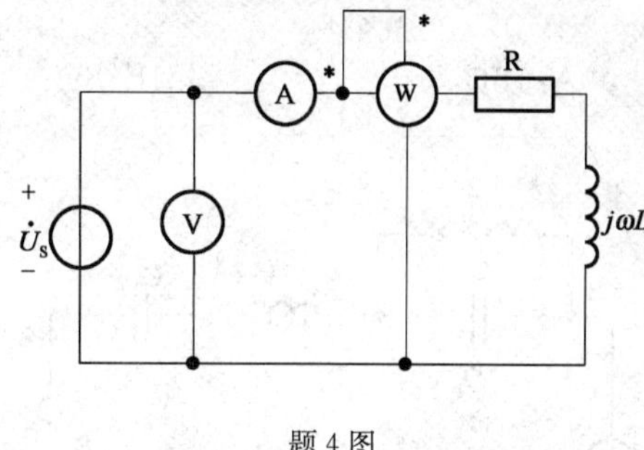

题 4 图

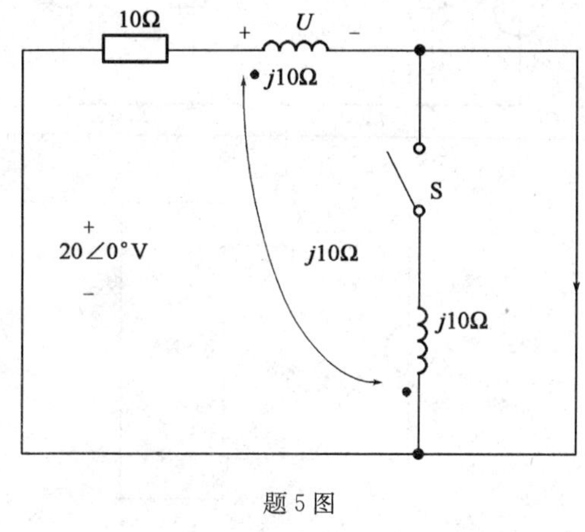

题 5 图

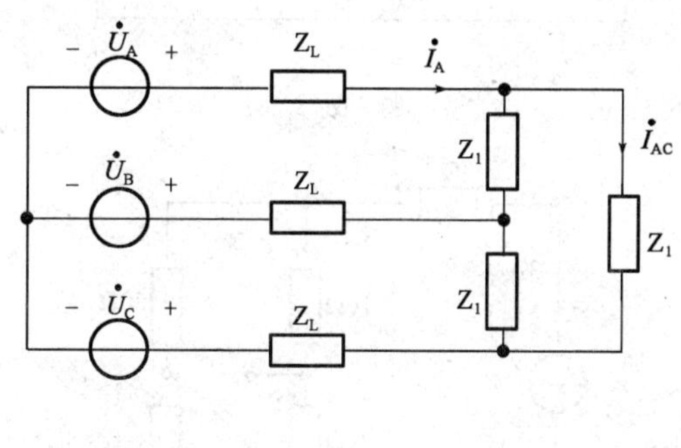

题 6 图

7. 图示电路中，若 $u_S(t)=10+15\sqrt{2}\cos(1000t+45°)+20\sqrt{2}\cos(2000t-20°)$V，$u(t)=15\sqrt{2}\cos(1000t+45°)$V，$R=10\Omega$，$L_1=1$mH，$L_2=\frac{2}{3}$mH，则 C_1 的值为（　　）。

A. 75μF　　B. 200μF　　C. 250μF　　D. 150μF

8. 图示电路中，若 $u=0.5$V，$i=1$A，则 R 的值为（　　）。

A. $-\frac{1}{3}\Omega$　　B. $\frac{1}{3}\Omega$　　C. $\frac{1}{2}\Omega$　　D. $-\frac{1}{2}\Omega$

9. 图示电路中的电压 u 为（　　）。

A. 49V　　B. −49V　　C. 29V　　D. −29V

10. 图示正弦稳态电路角频率为 1000rad/s，N 为线性阻抗网络，其功率因素为 0.707（感性），吸收的有功功率为 500W，若要使 N 吸收的有功功率达到最大，则需在其两端并联的电容 C 的值应为（　　）。

A. 50μF　　B. 75μF　　C. 100μF　　D. 125μF

11. 在图示正弦交流电路中，若电源电压有效值 $U=100$V，角频率为 ω，电流有效值 $I=$

$I_1 = I_2$，电源提供的有功功率 $P=866\text{W}$，则电阻 R 的值为（　　）。

A. 16Ω　　　B. 8Ω　　　C. 86.6Ω　　　D. 8.66Ω

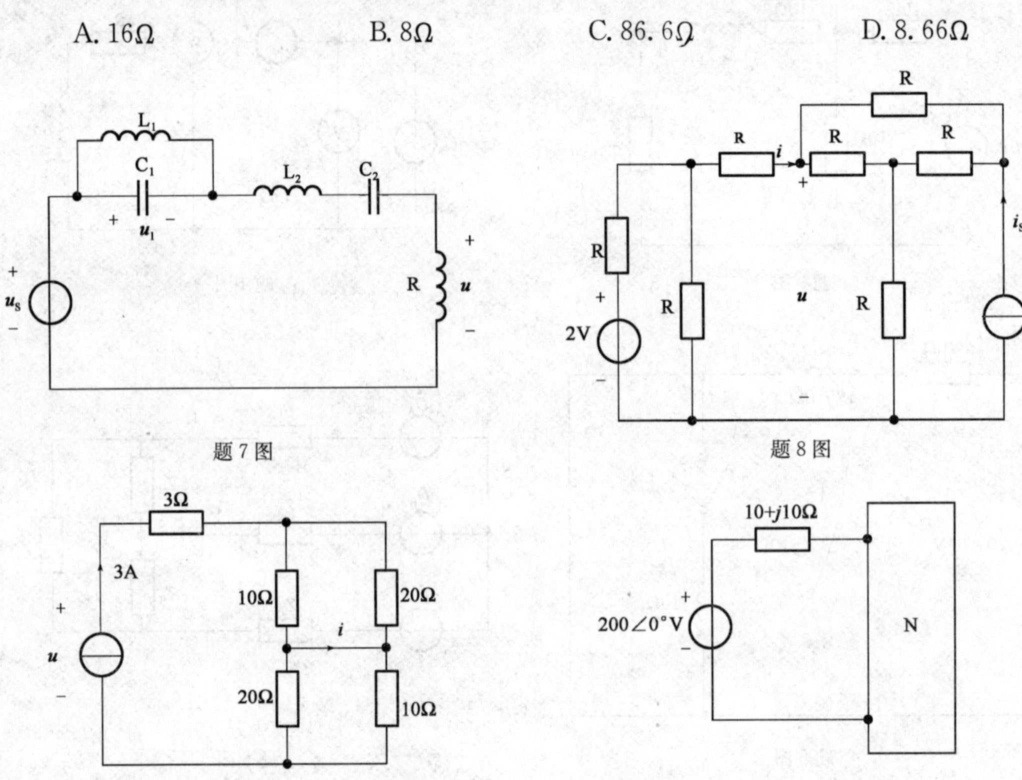

题7图　　　题8图

题9图　　　题10图

12. 在图示正弦交流电路中，若 $\dot{U}_S=20\angle 0^\circ\text{V}$，$\omega=1000\text{rad/s}$，$R=10\Omega$，$L=1\text{mH}$，当 L 和 C 发生并联谐振时，C 的值为（　　）。

A. 3000μF　　　B. 2000μF　　　C. 1500μF　　　D. 1000μF

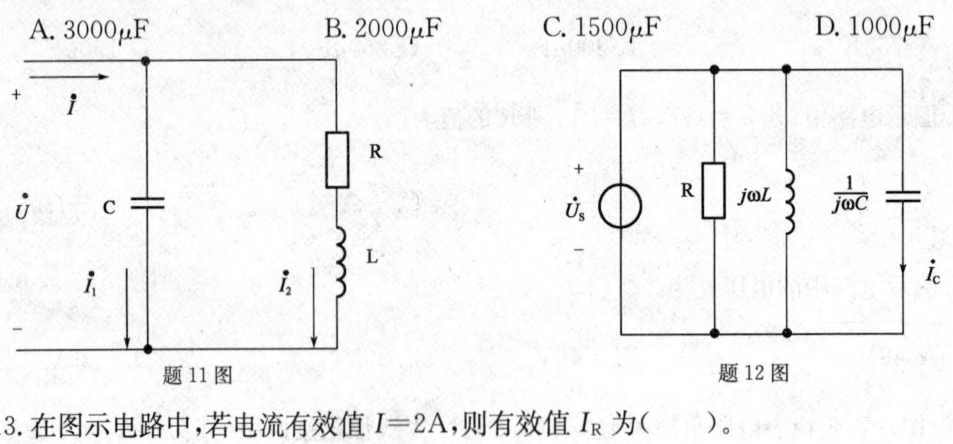

题11图　　　题12图

13. 在图示电路中，若电流有效值 $I=2\text{A}$，则有效值 I_R 为（　　）。

A. $\sqrt{3}$A　　　B. $\sqrt{5}$A　　　C. $\sqrt{7}$A　　　D. $\sqrt{2}$A

14. 图示电路中，端口 1-1′的开路电压为（　　）。

A. $-5\sqrt{2}\angle 45^\circ\text{V}$　　　B. $5\sqrt{2}\angle 45^\circ\text{V}$　　　C. $-5\sqrt{2}\angle -45^\circ\text{V}$　　　D. $5\sqrt{2}\angle -45^\circ\text{V}$

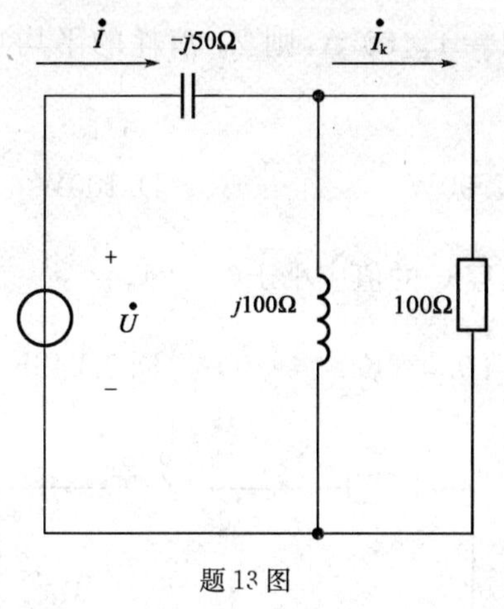

题 13 图

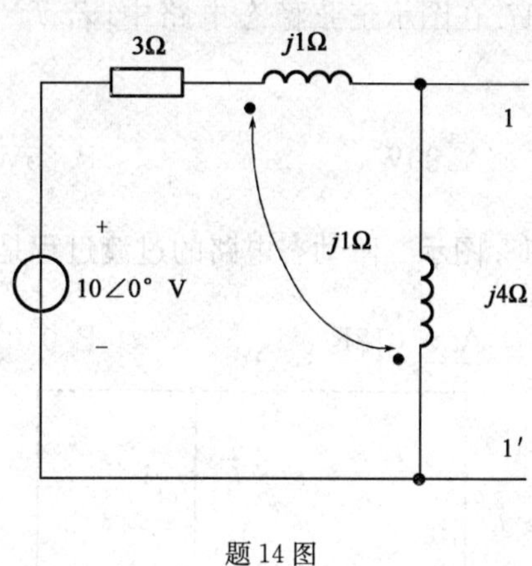

题 14 图

15. 图示电路中，电路源已达稳态，设 $t=0$ 时开关 S 打开，则开关 S 断开后的电容电压 $u(t)$ 为（　　）。

A. $3+3e^{-\frac{t}{3}}$ V　　B. $3-3e^{-\frac{t}{3}}$ V　　C. $-3e^{-\frac{t}{3}}$ V　　D. $3e^{-\frac{t}{3}}$ V

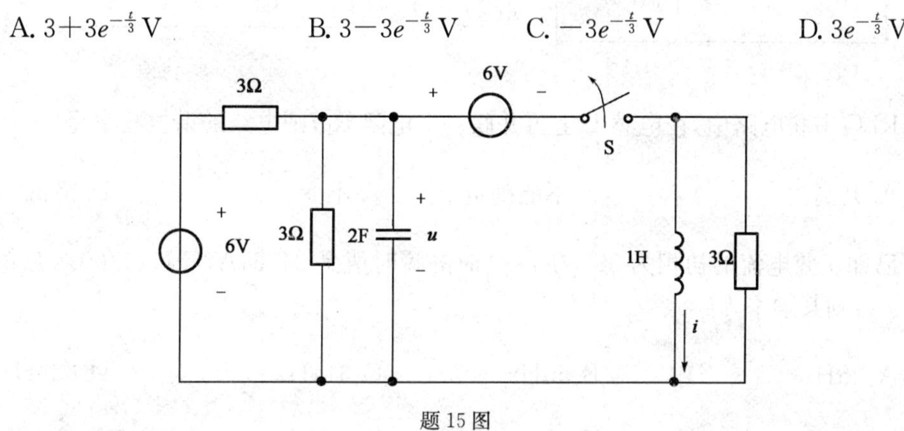

题 15 图

16. 调整电源频率，当图示电路电流 i 的有效值达到最大值时，电容电压有效值为 160V，电源电压有效值为 10V，则线圈两端的电压 U_{RL} 为（　　）。

A. 160V　　B. $10\sqrt{257}$V　　C. $10\sqrt{259}$V　　D. $10\sqrt{255}$V

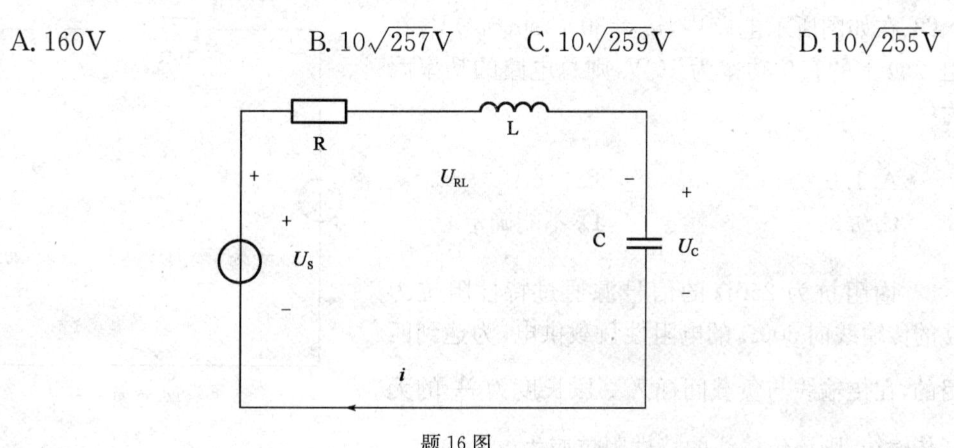

题 16 图

17. 在图示正弦稳态电路中，若 $\dot{I}_S=10\angle 0°A$，$\dot{I}=4\angle 60°A$，则 Z_L 消耗的平均功率 P 为(　　)。

A. 80W　　B. 85W　　C. 90W　　D. 100W

18. 图示二阶动态电路的过渡过程是欠阻尼，则电容 C 的值应小于(　　)。

A. 0.012F　　B. 0.024F　　C. 0.036F　　D. 0.048F

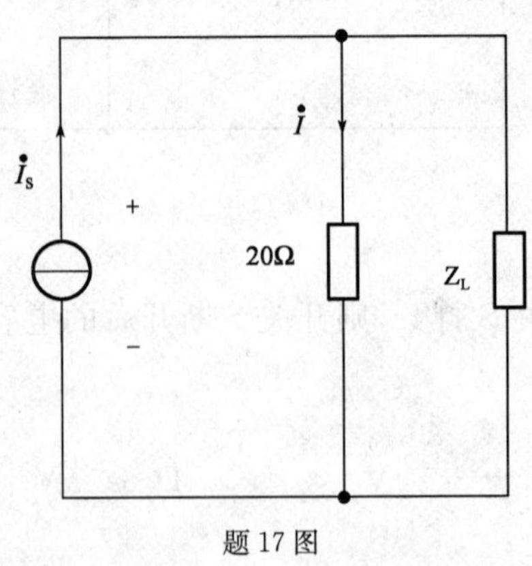

题 17 图

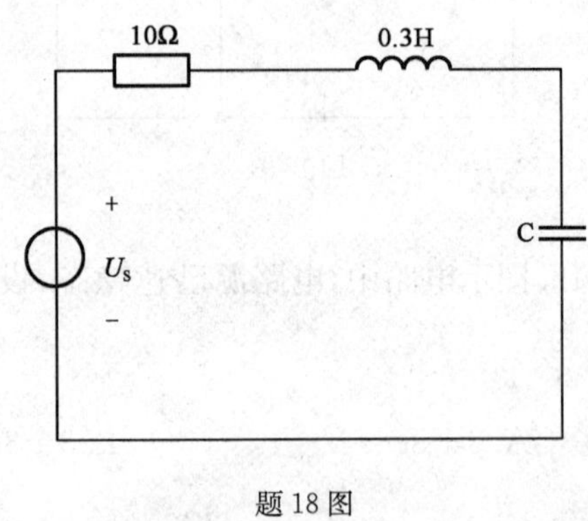

题 18 图

19. RLC 串联电路中，在电感 L 上再并联一个电阻 R_1，则电路的谐振频率将(　　)。

A. 升高　　B. 不能确定　　C. 不变　　D. 降低

20. 已知正弦电流的初相为 30°，在 $t=0$ 时的瞬时值是 34.64A，经过(1/60)s 后电流第一次下降为 0，则其频率为(　　)。

A. 25Hz　　B. 50Hz　　C. 314Hz　　D. 628Hz

21. 在 $R=9k\Omega$，$L=36H$，$C=1\mu F$ 三个元件串联的电路中，电路的暂态属于(　　)。

A. 非振荡　　B. 振荡　　C. 临界振荡　　D. 不能确定

22. 在如图所示电路中，$u_S=30\sqrt{2}\sin(\omega t)V$，在电阻 10Ω 上的有功功率为 10W，则总电路的功率因数为(　　)。

A. 1.0　　B. 0.6
C. 0.3　　D. 不能确定

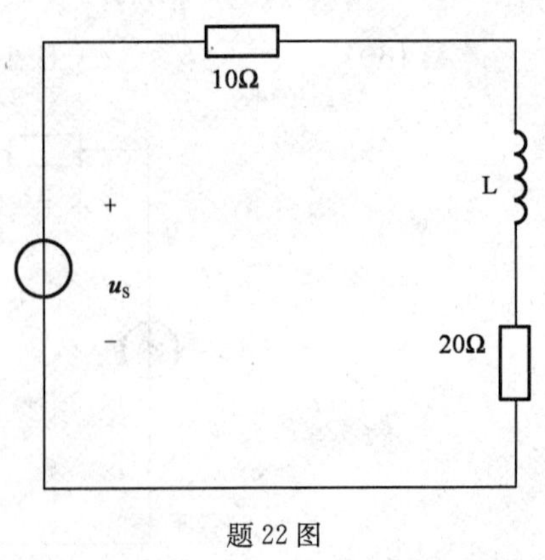

题 22 图

23. 内阻抗为 250Ω 的信号源通过特性阻抗为 75Ω 的传输线向 300Ω 的电阻性负载供电，为达到匹配目的，在传输线与负载间插入一段长度为 $\frac{\lambda}{4}$ 的无损耗传输线，则该传输线的特性阻抗应为(　　)。

A. 150Ω　　B. 375Ω　　C. 250Ω　　D. 187.5Ω

24. 在一个圆柱形电容器中，置有两层同轴的绝缘体，其内导体的半径为 3cm，外导体的内半径为 12cm，内、外两绝缘层的厚度分别为 3cm 和 6cm，内、外导体间的电压为 270V（以外导体为电位参考点）。设有一很薄的金属圆柱片放在两层绝缘体之间，为了使两绝缘体内的最大场强相等，金属圆柱片的电位为（　　）。

A. 60V　　B. 90V　　C. 150V　　D. 180V

25. 一高压同轴圆柱电缆，内导体的半径为 a，外导体的内半径为 b，若 b 固定，要使内导体表面上场强最小，a 与 b 的比值应该是（　　）。

A. $\frac{1}{e}$　　B. $\frac{1}{2}$　　C. $\frac{1}{4}$　　D. $\frac{1}{8}$

26. 一半球形接地系统如图所示，已知其接地电阻为 300Ω，土壤的电导率 $\gamma=10^{-2}$S/m，设有短路电流 100A 从该接地体流入地中，有人正以0.6m的步距向此接地体系统前进，前足距接地体中心 4m，则跨步电压近似为（　　）。

A. 104V　　B. 26V　　C. 78V　　D. 52V

27. 三极管三个电极的静态电流分别为 0.06mA、3.66mA、3.6mA，则该管的 β 为（　　）。

A. 60　　B. 61　　C. 100　　D. 50

28. 由两只晶体管组成的复合管电路如图所示，已知 T_1、T_2 管的电流放大系数分别为 β_1、β_2，那么复合管子的电流放大系数 β 约为（　　）。

A. β_1　　B. β_2　　C. $\beta_1+\beta_2$　　D. $\beta_1\beta_2$

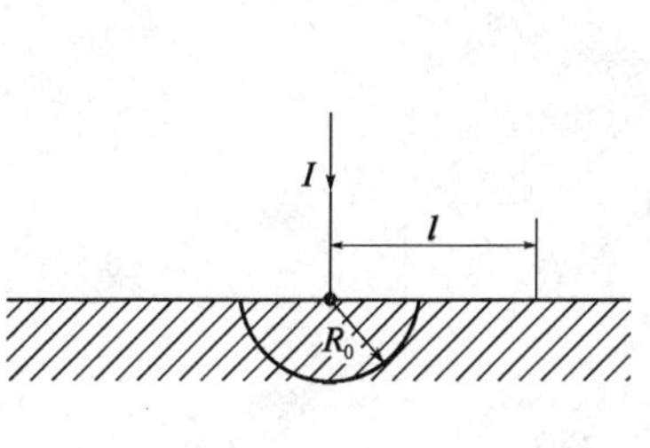

题 26 图

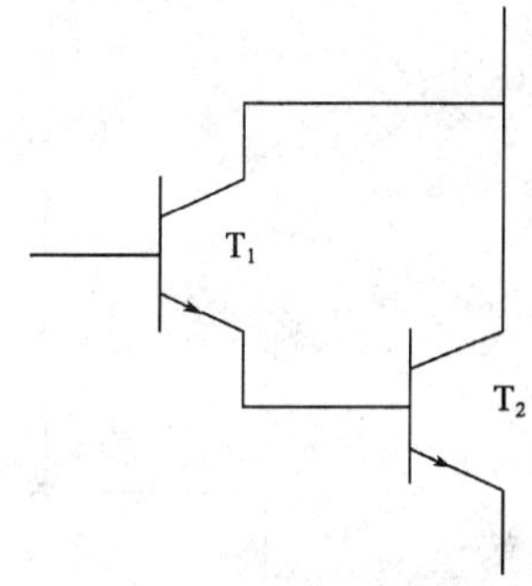

题 28 图

29. 某滤波器的传递函数为 $A(s)=\frac{1}{1+sRC}\left(1+\frac{R_2}{R_1}\right)$，该滤波器的通带增益和截止角频率分别为（　　）。

A. $1+\frac{R_2}{R_1}, RC$　　B. $1+\frac{R_2}{R_1}, \frac{1}{RC}$　　C. $\frac{R_2}{R_1}, \frac{1}{RC}$　　D. $\frac{R_2}{R_1}, RC$

30. 在图示电路中，为使输出电压稳定，应该引入(　　)反馈。

A. 电压并联负反馈　　B. 电流并联负反馈

C. 电压串联负反馈　　D. 电流串联负反馈

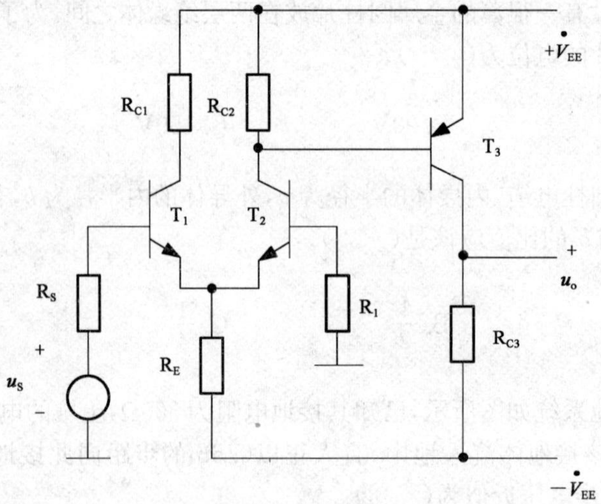

题 30 图

31. 如图所示，如果题目中 R 的抽头在中间，则输出波形正确的是(　　)。

A. 图 A　　B. 图 B　　C. 图 C　　D. 图 D

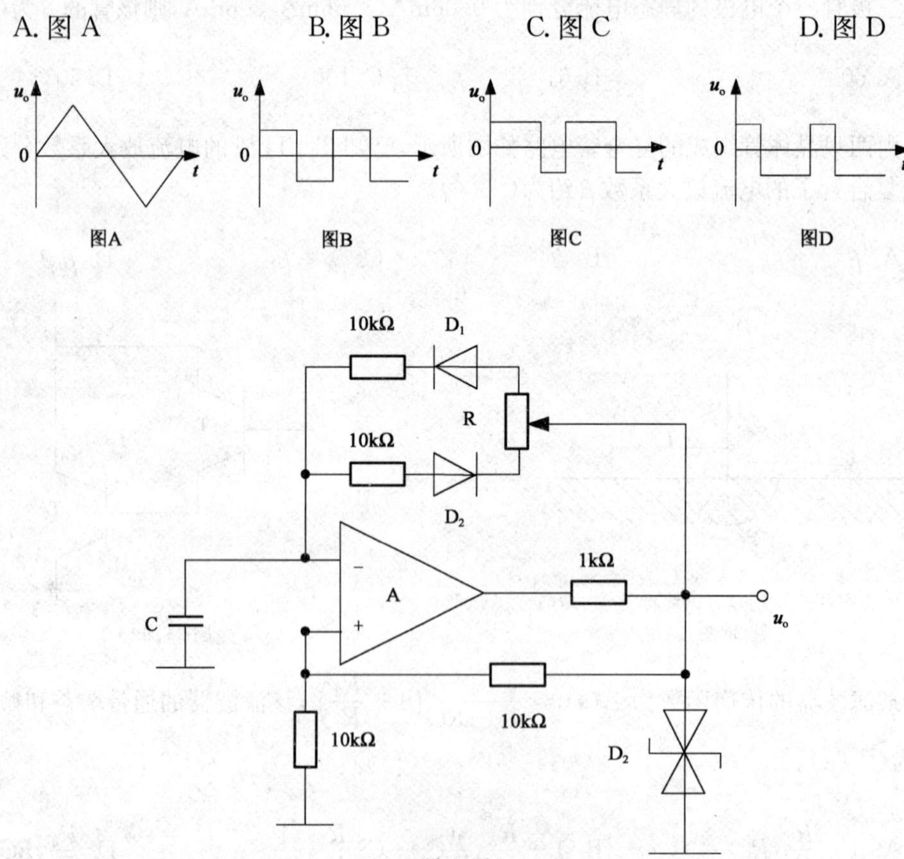

题 31 图

32. 理想运放如图所示，若 $R_1=5\text{k}\Omega$，$R_2=20\text{k}\Omega$，$R_3=10\text{k}\Omega$，$R_4=50\text{k}\Omega$，$u_{i1}-u_{i2}=0.2\text{V}$，则输出电压 u_o 为(　　)。

A. −4V　　B. 4V　　C. −40V　　D. 40V

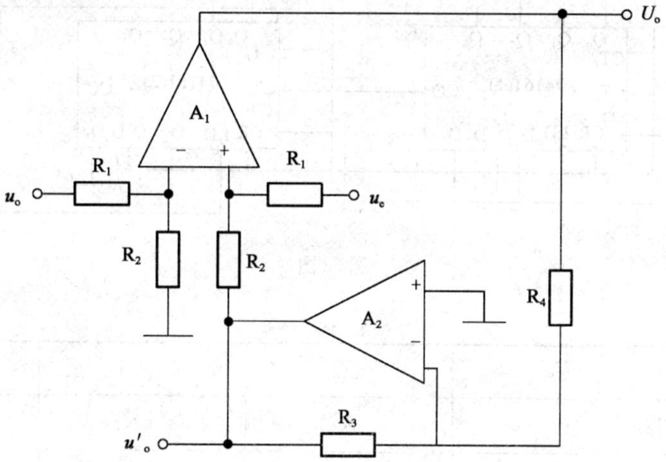

题 32 图

33. $(1000)_{8421BCD}+(0110)_{8421BCD}$应为(　　)。

A. $(14)_O$　　B. $(14)_H$

C. $(10100)_{8421BCD}$　　D. $(1110)_{8421BCD}$

34. 一个具有 13 位地址输入和 8 位 I/O 端的存储器，其存储容量为(　　)。

A. 13×8K　　B. 8K×8　　C. 13K×8　　D. 16K×8

35. 一片 12 位 ADC 的最小分辨率电压为 1.2mV，采用四舍五入的量化法，若输入电压为 4.387，则输出的数字量为(　　)。

A. E48H　　B. E47H　　C. E49H　　D. E46H

36. 函数 $L=A(B\odot C)+A(B+C)+A\overline{B}\overline{C}+\overline{A}\overline{B}C$ 的最简与或式为(　　)。

A. $A+B\overline{C}$　　B. $A\overline{B}C$

C. $A+BC$　　D. $A+\overline{B}C$

37. 图示电路实现的逻辑功能是(　　)。

A. 两变量与非　　B. 两变量或非

C. 两变量与　　D. 两变量异或

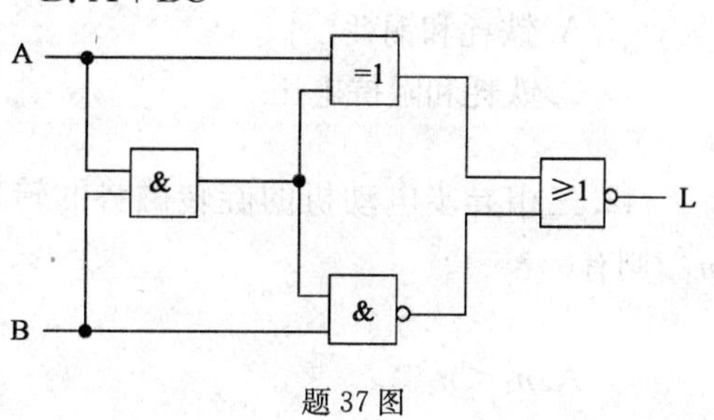

题 37 图

38. 4 位同步二进制加计数器 74161 构成的电路如图所示，74161 的功能表见表，该电路可完成的功能是(　　)。

A. 40 分频　　B. 60 分频　　C. 80 分频　　D. 100 分频

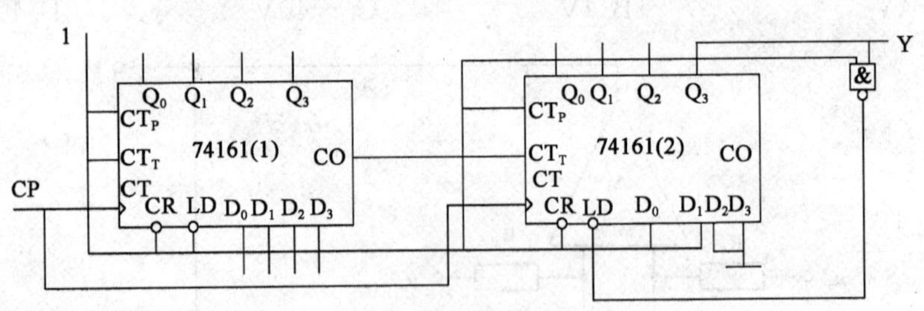

题 38 图

题 38 表

CP	$\overline{CR}$	$\overline{LD}$	CT_PCT_T	工作状态
↑	0	×	××	清零
↑	1	0	××	预置数
×	1	1	0×	保持
×	1	1	×0	保持
↑	1	1	11	计数

39. 一台并励直流电动机，$P_N = 7.2kW$，$U_N = 110V$，$n_N = 900r/min$，$\eta_N = 85\%$，$R_a = 0.08\Omega$(含电刷接触压降)，$I_f = 2A$，当电动机在额定状态下运行，若负载转矩不变，在电枢回路中串入一电阻，使电动机转速下降到 450r/min，那么此电阻的阻值为(　　)。

A. 0.6933Ω　　B. 0.8267Ω　　C. 0.834Ω　　D. 0.912Ω

40. 变压器负序阻抗与正序阻抗相比，则有(　　)。

A. 比正序阻抗大　　B. 与正序阻抗相等

C. 比正序阻抗小　　D. 由变压器连接方式决定

41. 变压器短路试验的目的主要是测量(　　)。

A. 铁耗和铜耗　　B. 铜耗和阻抗电压

C. 铁耗和阻抗电压　　D. 铜耗和励磁电流

42. 三相异步电动机的旋转磁势的转速为 n_1，转子电流产生的磁势相对定子的转速为 n_2，则有(　　)。

A. $n_1 < n_2$　　B. $n_1 = n_2$

C. $n_1 > n_2$　　D. n_1 和 n_2 的关系无法确定

43. 一台绕线式异步电动机运行时，如果在转子回路串入电阻使 R_S 增大一倍，则该电动机的最大转矩将（　　）。

A. 增大 1.21 倍　　B. 增大 1 倍　　C. 不变　　D. 减小 1 倍

44. 一台隐极同步发电机并网运行时，如果不调节原动机，仅减少励磁电流 I_f，将引起（　　）。

A. 功角 δ 减小，电磁功率最大值 P_{Mmax} 减小
B. 功角 δ 减小，电磁功率最大值 P_{Mmax} 增大
C. 功角 δ 增大，电磁功率最大值 P_{Mmax} 减小
D. 功角 δ 增大，电磁功率最大值 P_{Mmax} 增大

45. 衡量电能质量的标准是（　　）。

A. 电压、频率　　B. 电压、频率、网损率
C. 电压、波形、频率　　D. 电压、频率、不平衡度

46. 变压器一次侧接 110kV 线路，二次侧接 10kV 线路，该变压器分接头工作在＋2.5％，则实际变比为（　　）。

A. 110/10kV　　B. 112.75/11kV
C. 112.75/10.5kV　　D. 121/11kV

47. 元件两端电压的相角差主要取决于通过元件的（　　）。

A. 电压降落　　B. 有功功率
C. 无功功率　　D. 电压降落的纵分量

48. 两台相同变压器在额定功率 S_{TN} 额定电压下并联运行，其总有功损耗为（　　）。

A. $2\times\left(\frac{P_0}{1000}+\frac{P_K}{1000}\right)S_{TN}$　　B. $\left(\frac{P_0}{1000}+\frac{P_K}{1000}\right)\frac{S_{TN}}{2}$

C. $\left(2\times\frac{P_0}{1000}+\frac{1}{2}\frac{P_K}{1000}\right)S_{TN}$　　D. $\left(\frac{1}{2}\times\frac{P_0}{1000}+2\frac{P_K}{1000}\right)S_{TN}$

49. 电力系统的有功功率电源是（　　）。

A. 发电机　　B. 变压器　　C. 调相机　　D. 电容器

50. 输电线路等值电路及参数如图所示，已知末端电压 $\dot{U}_2=110\angle 0^\circ$kV，末端负荷 $\widetilde{S}_2=15+j13$MVA，始端功率 $\widetilde{S}_1$ 为（　　）。

A. 14.645＋j0.162MVA　　B. 18.845＋j10.162MVA
C. 15.645＋j11.162MVA　　D. 20.165＋j7.216MVA

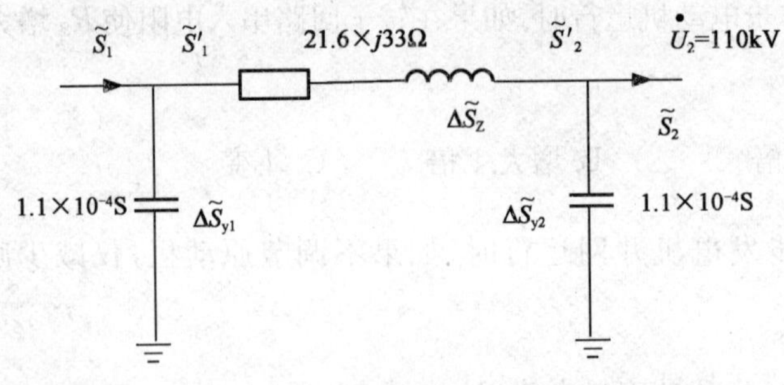

题 50 图

51. 输电系统如图所示，假设首端电压为 118kV，末端电压固定在 11kV，变压器容量为 11.5MVA，额定电压为 110±2×2.5%/11kV，忽略电压降的横分量及功率损耗，最大负荷时电压降是 4.01kV，最小负荷时电压降是 3.48kV，则低压侧母线要求恒调压时末端需并联的电容器容量为（　　）。

A. 15.21Mvar　　B. 19.19Mvar　　C. 1.521Mvar　　D. 5.802Mvar

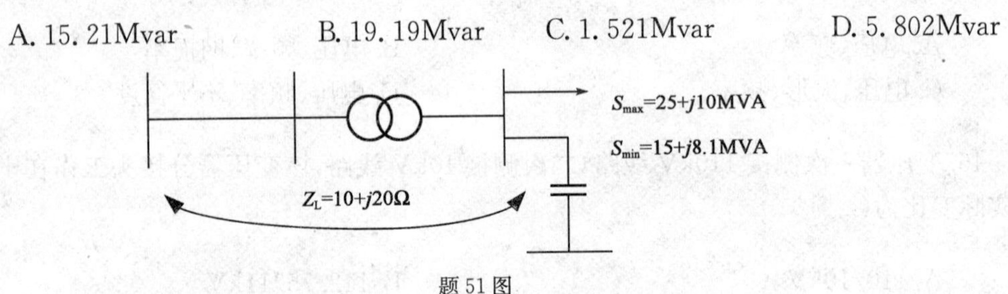

题 51 图

52. 图示电路 f 处发生三相短路，各线路电抗均为 0.4Ω/km，长度标在图中，取 S_B = 250MVA，f 处短路电流周期分量起始值及冲击电流分别为（　　）。

A. 2.49kA，6.64kA　　B. 2.132kA，3.838kA

C. 4.636kA，6.815kA　　D. 4.636kA，7.786kA

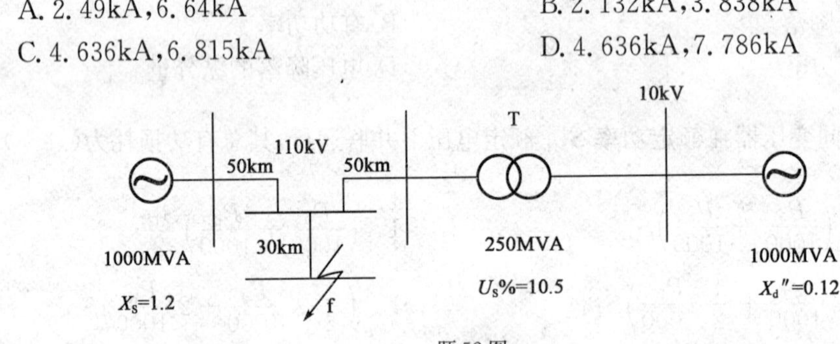

题 52 图

53. 发电机和变压器归算至 S_B =100MVA 的电抗标幺值标在图中，试计算图示网络中 f 点发生 BC 两相短路时，短路点的短路电流及发电机母线 B 相电压分别为（　　）。（变压器连接组 YN，d11）

A. 0.945kA　10.5kV　　B. 0.526kA　6.06kV

C. 0.945kA　5.25kV　　D. 1.637kA　10.5kV

54. 高压断路器一般采用多断口结构，通常在每个断口并联电容 C，并联电容的作用是（　　）。

A. 使弧隙电压的恢复过程由周期性变为非周期性

B. 使得电压能均匀地分布在每个断口上

C. 可以增大介质强度的恢复速度

D. 可以限制系统中的操作过电压

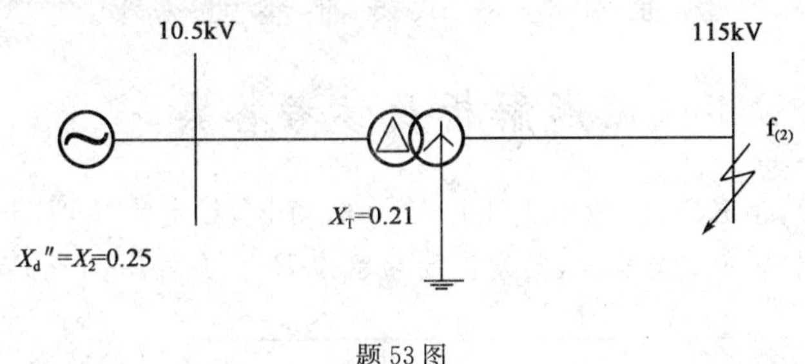

题 53 图

55. 电压互感器副边开口三角形的作用是(　　)。

A. 测量三次谐波　　B. 测量零序电压　C. 测量线电压　　D. 测量相电压

56. 下列叙述正确的是(　　)。

A. 验算热稳定的短路计算时间为继电保护动作时间与断路器开断时间之和

B. 验算热稳定的短路计算时间为继电保护动作时间与断路器固有的分闸时间之和

C. 电气的开断计算时间应为后备保护动作时间与断路器固有的分闸时间之和

D. 电气的开断计算时间应为主保护动作时间与断路器全开断时间之和

57. 发电厂用电系统接线通常采用(　　)。

A. 双母线接线形式　　B. 单母线带旁路接线形式

C. 一个半断路器接线　　D. 单母线分段接线形式

58. 35kV 及以下不接地配电系统可以带单相接地故障运行的原因是(　　)。

A. 设备绝缘水平低　　B. 过电压幅值低

C. 短路电流小　　D. 设备造价低

59. 威胁变压器绕组匝间绝缘的主要因素是(　　)。

A. 长期工作电压　　B. 暂态过电压幅值

C. 工频过电压　　D. 过电压陡度

60. 反映输电线路的磁场效应的参数为(　　)。

A. 电抗　　B. 电阻　　C. 电容　　D. 电导

2009年度全国注册电气工程师(供配电)执业资格考试专业基础考试

试题解析及参考答案

1. **解**　如图所示，由KCL定律得$I_1+I_2+1=0$，由KVL定律得$2I_1+2=I_2+6$，联立可得$I_1=1A$，$I_2=-2A$，由参考方向易知，其发出的功率为$P=UI_1=6\times1=6W$。

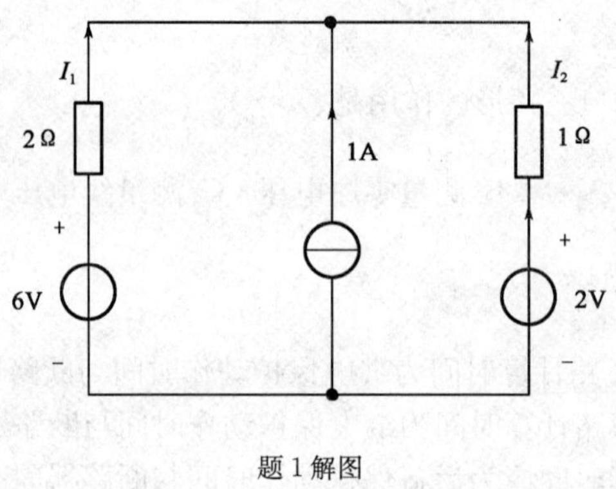

题1解图

答案:C

2. **解**　如图a)所示，$\dot{U}_S=20\angle0°V$，电流表示数为40A。图b)为电路向量图，$I_1=\sqrt{40^2-28.28^2}=28.28A$。

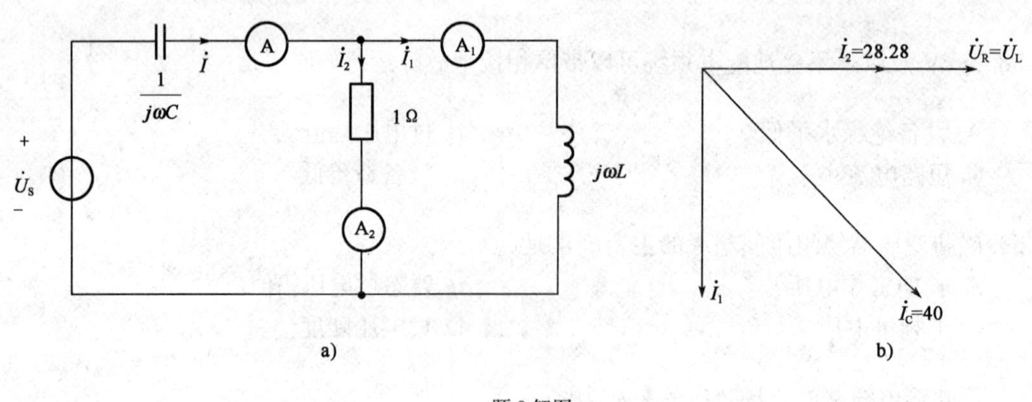

题2解图

答案:B

3. **解**　$t=0_-$时，电路如图a)所示，可得$i_L(0)=6\times\frac{10}{15+10}=2.4A$，由换路定则，$i_L(0_+)=i_L(0_-)=2.4A$。

$t=\infty$时，电路如图 b)所示，$i_L(\infty)\times2=6\times\frac{1}{2}$，$i_L(\infty)=1.5\text{A}$。

求 τ，等效电路如图 c)所示，由图可求得，$R_{eq}=10+\frac{15\times10}{15+10}=16\Omega$，$\tau=\frac{L}{R_{eq}}=\frac{4\times10^{-3}}{16}=\frac{1}{4\times10^{3}}\text{s}$。

$i_L(t)=i_L(\infty)+[i_L(0_+)-i_L(\infty)]e^{-\frac{t}{\tau}}=1.5+0.9e^{-4000t}\text{A}$

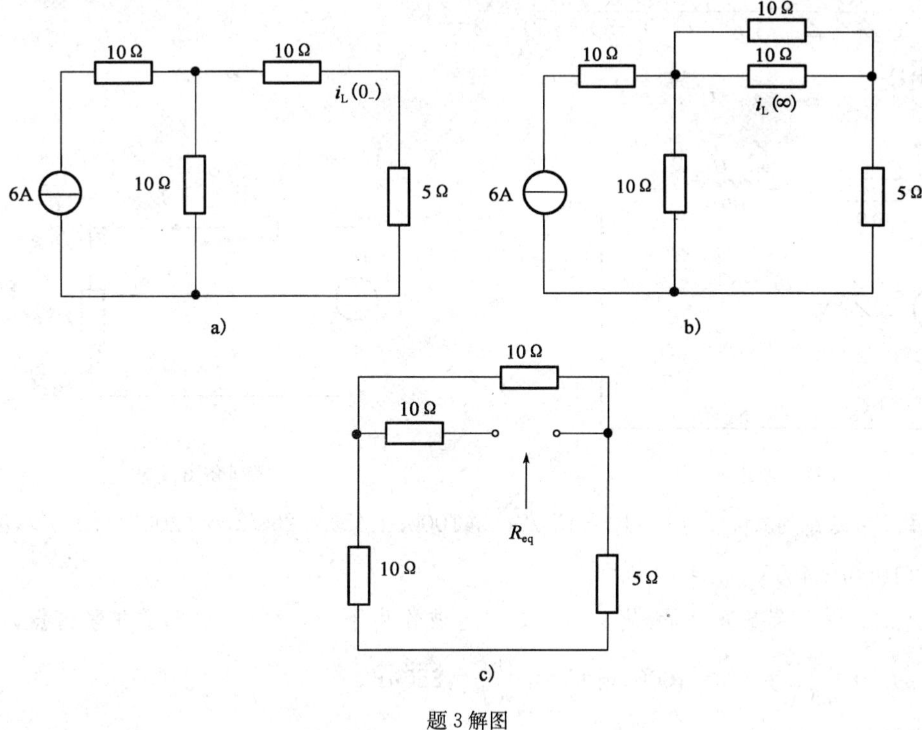

题 3 解图

答案：D

4. **解**　如图所示，$P=P_1+P_2=I^2R+\dot{U}_L\dot{I}\cos\theta=I\times R+0=30$，则 $R=30\Omega$。

答案：C

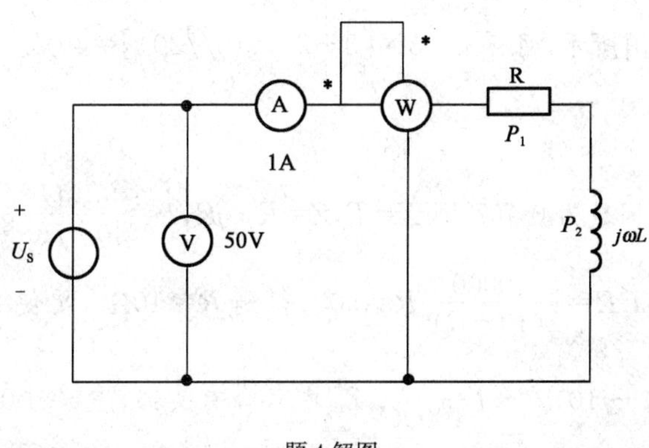

题 4 解图

5. **解**　由图可知，开关 S 断开后，电路如图所示，则可得 $\dot{U}=\frac{j10}{10+j10}\times 20\angle 0^\circ=10\sqrt{2}\angle 45^\circ\text{V}$。

答案:A

6. **解**　如图所示，若 $\dot{U}=200\angle 0^\circ$，在对称三相电路中，由图知，A 相单相等值电路为：$Z_1'=\frac{Z_1}{3}$，则 $\dot{I}_A=\frac{\dot{U}_A}{Z_L+Z_1'}=\frac{200\angle 0^\circ}{150-j150+50-j50}=\frac{\sqrt{2}}{2}\angle 45^\circ$。

答案:C

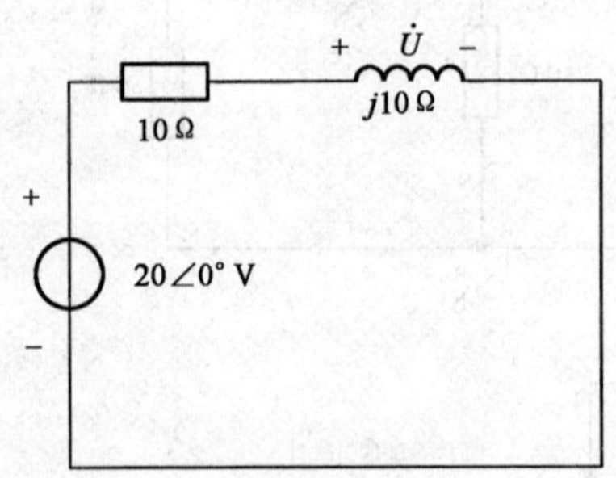

题 5 解图

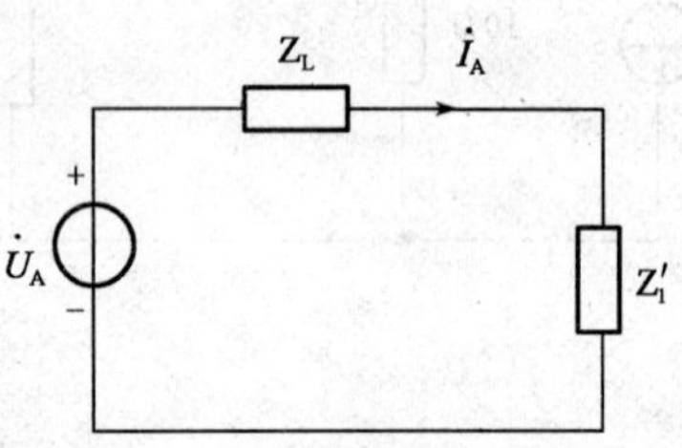

题 6 解图

7. **解**　由题意可知，$u_S(t)=10+15\sqrt{2}\cos(1000t+45)+20\sqrt{2}\cos(2000t-20)\text{V}$，$\omega(t)=15\sqrt{2}\cos(1000t+45)\text{V}$。

由于 $\omega(t)$ 中只有基波分量，故易知在二次谐波作用下，L_1 和 C_1 发生了并联谐振，相当于断路故 $j\omega L_1+\frac{1}{j\omega C_1}=0$，$\omega=1000$，则 $C_1=\frac{1}{4\omega^2 L}=250\mu\text{F}$。

答案:C

8. **解**　把电路化简，可得等效电路图 a)、b)，最终可化简为图 c)。

由 KVL 定律得：$\frac{R}{2}+R+0.5=1$，所以 $R=\frac{1}{3}\Omega$。

答案:B

9. **解**　等效电路如图所示，可得 $u=3\times[3+2\times(10//20)]=49\text{V}$。

答案:A

10. **解**　由于其功率因数为 0.707，则 $X=R$，$Z=R+jR$，$\dot{I}=\frac{\dot{U}}{10+j10+Z}=\frac{200}{10+R+j(10+R)}$，则 $I=\frac{200}{\sqrt{2(10+R)^2}}$，$P=I^2R=\frac{40000}{2(10+R)^2}R=500$，得到 $R=10\Omega$。要使 N 两端并联电容 C 后有功功率最大，$Z_{eq}=(10+j10)//-j\frac{1}{1000C}$，$Z_{eq}$ 中只含有实部，虚部为 0，故 $C=100\mu\text{F}$。

答案:C

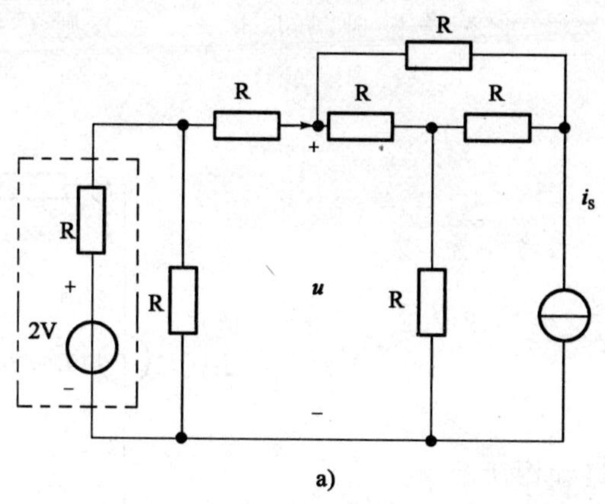

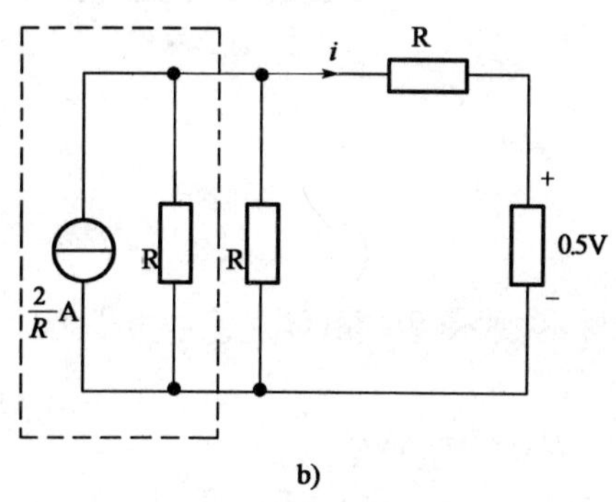

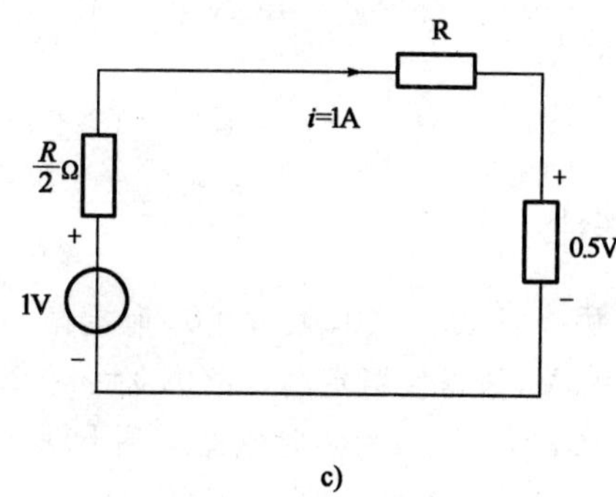

题 8 解图

11. **解** 相量图如图所示,由 $\dot{I}_2$ 滞后 $\dot{U}$ 30°知,$\tan30°=\frac{\omega L}{R}$,则 $\omega L=\frac{\sqrt{3}}{3}R$,以 $\dot{U}=100\angle0°\text{V}$ 为参考相量,可知 $\dot{U}_R=\frac{R}{R+j\omega L}\dot{U}=\frac{1}{1+j\frac{\sqrt{3}}{3}}\dot{U}=50\sqrt{3}\angle-30°\text{V}$,$I_2=\frac{P}{U_R}=\frac{500\sqrt{3}}{50\sqrt{3}}=10\text{A}$,则得 $P=I_2^2R=100R=866$,得到 $R=8.66\Omega$。

答案:D

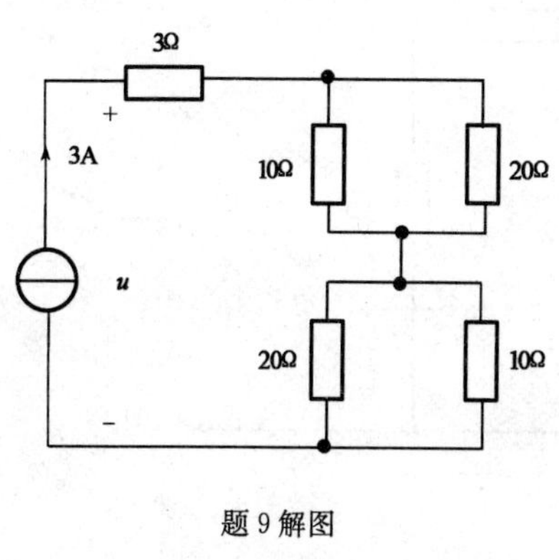

题 9 解图

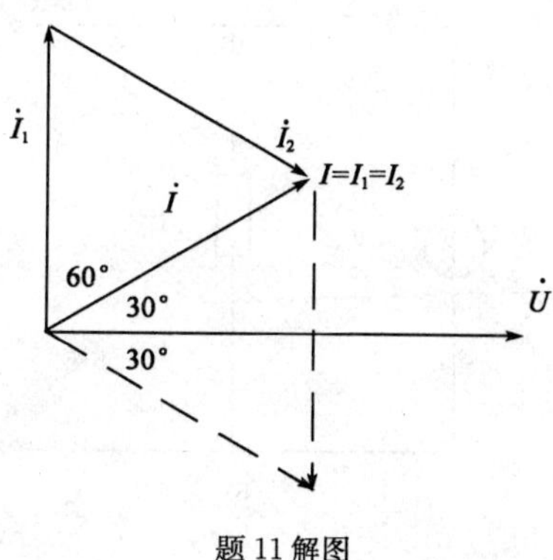

题 11 解图

12. **解**　当 L 和 C 发生并联谐振时，$j\omega L+\frac{1}{j\omega C}=0$，则 $C=\frac{1}{\omega^2 L}=\frac{1}{1000^2\times 10^{-3}}=1000\ \mu\text{F}$。

答案:D

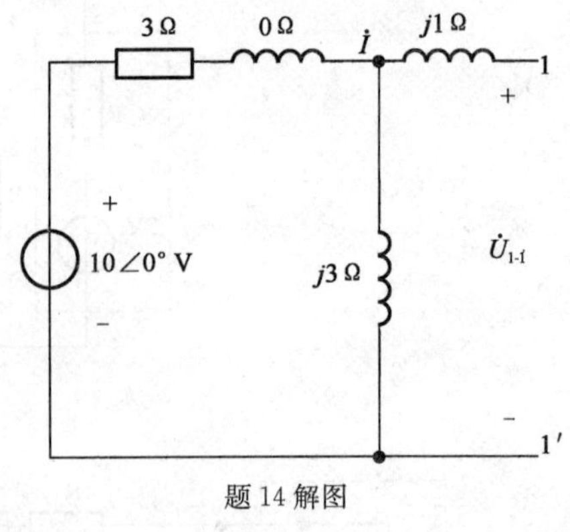

题 14 解图

13. **解**　以 $\dot{I}=2\angle 0°$ 为参考相量

$\dot{I}_R=\frac{j100}{100+j100}\dot{I}=\frac{\sqrt{2}}{2}\angle 45°\times 2=\sqrt{2}\angle 45°\text{A}$

答案:D

14. **解**　去耦等效电路如图所示，则：

$\dot{I}=\frac{10\angle 0°}{3+j3}=\frac{5}{3}\sqrt{2}\angle -45°\text{A}$

$\dot{U}_{1\text{-}1'}=j3\times\dot{I}=\left(\frac{5}{3}\sqrt{2}\angle -45°\right)\times(3\angle 90°)=5\sqrt{2}\angle 45°\text{V}$

答案:B

15. **解**　(1)求 $u_C(0_-)$。$t=0_-$ 时电路如图 a)所示，可得 $6+i_L(0_-)\times 3=6$，$i_L(0_-)=0\text{A}$，$u_C(0_-)=6\text{V}$，根据换路定则，$u_C(0_+)=u_C(0_-)=6\text{V}$。

(2)求 $u_C(\infty)$。$t=\infty$ 时电路如图 b)所示，易知 $u_C(\infty)=3\text{V}$。

(3)求τ。由等效电路图c)可得，$R_{eq}=1.5\Omega$，$\tau=CR=2\times R_{eq}=3\text{s}$，则 $u_C(t)=u_C(\infty)+$

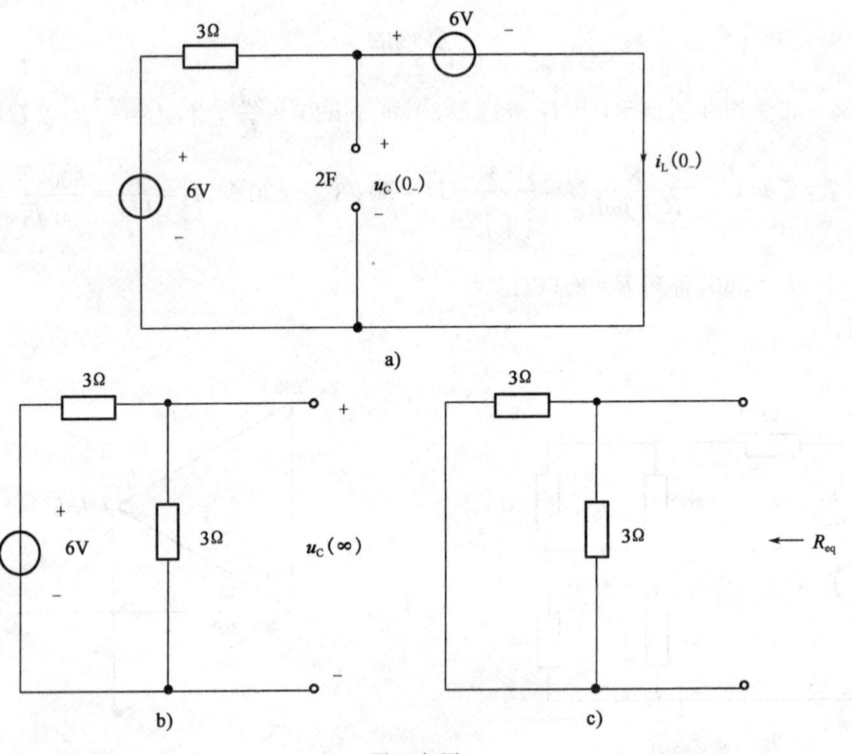

题 15 解图

$[u_C(0_+)-u_C(\infty)]e^{-\frac{t}{\tau}}=3+3e^{-\frac{t}{3}}\text{V}$。

答案:A

16.**解**　当电路电流 i 的有效值达到最大值时,L 和 C 发生串联谐振,相当于短路,则 $\omega L=\frac{1}{\omega C}$,$\dot{U}_L=\dot{U}_C$,$\dot{I}=\frac{\dot{U}_S}{R+j\left(\omega L-\frac{1}{\omega C}\right)}$,$I=\frac{U_S}{\sqrt{R^2+\left(\omega L-\frac{1}{\omega C}\right)^2}}$,则 $I_{max}=\frac{U_S}{R}$,$U_L=U_C=160\text{V}$,$U_R=U=10\text{V}$,故 $U_{RL}=\sqrt{U_R^2+U_C^2}=\sqrt{10^2+160^2}=10\sqrt{257}\text{V}$。

答案:B

17.**解**　如图,$\dot{I}_{Z_L}=\dot{I}_S-\dot{I}=10\angle 0°-4\angle 60°=8.72\angle -23.4°\text{A}$,$\dot{U}_{Z_L}=\dot{I}\times 20=4\angle 60°\times 20=80\angle 60°\text{V}$,则 $P=U_{Z_L}I_{Z_L}\cos(\varphi_{U_{Z_L}}-\varphi_{I_{Z_L}})=80\times 8.72\times\cos(60°+23.4°)=80.18\text{W}$。

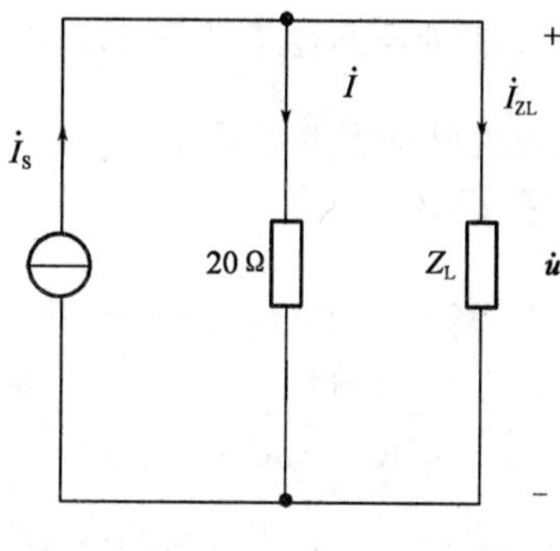

题 17 解图

答案:A

18.**解**　二阶动态电路的过渡过程是欠阻尼,则有 $R<2\sqrt{\frac{L}{C}}$,$C<\frac{4L}{R^2}=\frac{4\times 0.3}{100}=0.012\text{F}$。

答案:A

19.**解**　如图所示的 RLC 串联电路,L 并联一个电阻 R_1 后:

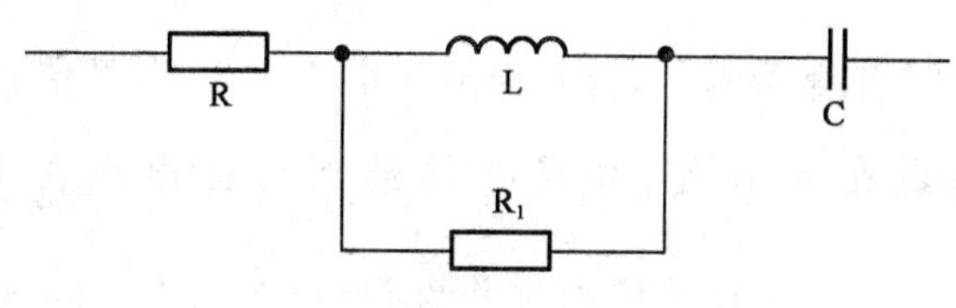

题 19 解图

$$Z=R+j\omega L/\!/R_1-j\frac{1}{\omega C}=R+\frac{j\omega LR_1}{R_1+j\omega L}-j\frac{1}{\omega C}$$

$$=R+\frac{\omega^2L^2R_1}{R_1^2+(\omega L)^2}+j\left[\frac{\omega LR_1^2}{R_1^2+(\omega L)^2}-\frac{1}{\omega C}\right]$$

当发生谐振时,$\frac{\omega LR_1^2}{R_1^2+(\omega L)^2}-\frac{1}{\omega C}=0$,解得 $\omega=\frac{1}{\sqrt{LC-\frac{L^2}{R_1^2}}}\geqslant\sqrt{\frac{1}{LC}}$,则在电感上并联一个电阻 R_1 之后,电路的谐振频率升高。

答案:A

20.**解**　$i(t)=A\sin(\omega t+\varphi)$,$\varphi=30°$。$t=0$ 时,$A\sin 30°=34.64\text{A}$,$t=\frac{1}{60}\text{s}$ 时,$A\sin\left(\frac{1}{60}\omega+30°\right)=0$,则 $\frac{1}{60}\omega=150°=\frac{5\pi}{6}=2\pi f\times\frac{1}{60}$,$f=25\text{Hz}$。

答案:A

21. **解**　二阶电路的特征根由于电路中 RLC 的参数不同可能有两个不等的负实根，一对实部为负的共轭复根，一对相等的负实根。

$R>2\sqrt{\frac{L}{C}}$——非振荡放电过程；

$R<2\sqrt{\frac{L}{C}}$——振荡放电过程；

$R=2\sqrt{\frac{L}{C}}$——临界情况。

本题，$R=9\text{k}\Omega$，$L=36\text{H}$，$C=1\mu\text{F}$，$2\sqrt{\frac{L}{C}}=2\sqrt{\frac{36}{1\times10^{-6}}}=12\times10^{3}=12\text{k}\Omega$，所以 $R<2\sqrt{\frac{L}{C}}$，则其为欠阻尼振荡过程。

答案:B

22. **解**　电路如图所示，$P_{10\Omega}=I^2R=10I^2=10\text{W}$，$I=1\text{A}$，$I=\frac{U_S}{\sqrt{R^2+(\omega L)^2}}=\frac{30}{\sqrt{30^2+(\omega L)^2}}=1\text{A}$，则 $\omega L=0$，$\dot{I}=\frac{30\angle0^\circ}{30}=1\angle0^\circ$，则 $\cos\theta=\cos(\varphi_u-\varphi_i)=\cos0^\circ=1$。

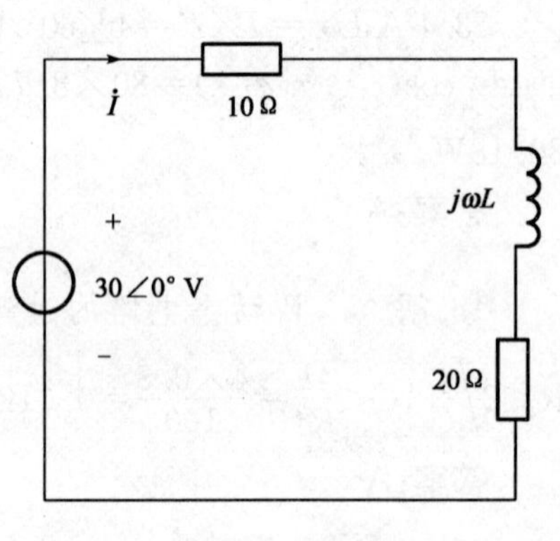

题 22 解图

答案:A

23. **解**　易知 $Z_C=\sqrt{75\times300}=150\Omega$。

答案:A

24. **解**　设内层介质介电常数为 ε_1，外层介质介电常数为 ε_2，要使两层介质最大场强相等，内层介质最大场强出现在 3cm 处，外层介质最大场强出现在 6cm 处，则有 $\frac{\tau}{2\pi\varepsilon_1 3}=\frac{\tau}{2\pi\varepsilon_2(3+3)}$，由此可知，$\varepsilon_1=2\varepsilon_2$ 内外导体电位差为 $U=\frac{\tau}{2\pi\varepsilon_1}\ln\left(\frac{6}{3}\right)+\frac{\tau}{2\pi\varepsilon_2}\ln\left(\frac{12}{6}\right)=270$，所以金属圆柱的电位为 $U_1=\frac{\tau}{2\pi\varepsilon_2}\ln\left(\frac{12}{6}\right)=180\text{V}$。

答案:D

25. **解**　$U_0=\frac{\tau}{2\pi\varepsilon_0}\ln\left(\frac{b}{a}\right)$，则 $\frac{\tau}{2\pi\varepsilon_0}=\frac{U_0}{\ln\left(\frac{b}{a}\right)}$。$E(r=a)=\frac{\tau}{2\pi\varepsilon_0 a}=\frac{U_0}{a\ln\left(\frac{b}{a}\right)}$。令 $f(a)=a\ln\left(\frac{b}{a}\right)$，$b$ 固定，对 a 求导数，$\frac{\text{d}f(a)}{\text{d}a}=\ln\left(\frac{b}{a}\right)-1=0$，则 $\frac{a}{b}=\frac{1}{e}$。

答案:A

26. **解**　由镜像法可知，$J=\frac{I}{S}=\frac{I}{2\pi r^2}$，$J=\frac{I}{2\pi r^2}$，可得 $E=\frac{I}{2\pi\gamma r^2}$，设跨步电压为 U，$U=\int_l^{l+b}E\text{d}r=\int_l^{l+b}\frac{I}{2\pi\gamma r^2}\text{d}r=\frac{I}{2\pi\gamma r^2}\left(\frac{1}{l}-\frac{1}{l+b}\right)=\frac{100}{2\times3.14\times10^{-2}}\times\left(\frac{1}{4}-\frac{1}{4.6}\right)=51.9\text{V}$。

答案:D

27. **解** $I_E=I_B+I_C$,其中 $I_C=\beta I_B$,得 $I_E=(1+\beta)I_B$,得 $\beta=60$。

答案:A

28. **解** $I_{C2}=\beta_2 I_{B2}=\beta_2 I_{E1}=\beta_2(1+\beta_1)I_{B1}\approx\beta_1\beta_2 I_{B1}$。复合管的 β 值是构成它的两个管子的 β 的乘积。

答案:D

29. **解** 令 $s=j\omega$,得 $A(j\omega)=\dfrac{1}{1+j\omega RC}\left(1+\dfrac{R_2}{R_1}\right)$,此为低通滤波器,通带增益为 $1+\dfrac{R_2}{R_1}$,截止角频率为 $\dfrac{1}{RC}$。

答案:B

30. **解** 为了稳定输出电压,必定引入电压负反馈,根据瞬时极性,输入与输出反相,为构成负反馈,输入信号与反馈信号都加在同一端,所以为电压并联负反馈。

答案:A

31. **解** 该电路为占空比可调矩形波产生电路。充电和放电时间取决于 R 上抽头的位置,充电时间与 R 上半部分大小有关,放电时间与 R 下半部分大小有关。抽头在中央,则产生方波。

答案:B

32. **解** 由虚短,$u_{A2+}=u_{A2-}=0$,由虚断,得 $u'_o=-R_3\times\dfrac{u_o}{R_4}=-0.2u_o$,$u_{A1-}=\dfrac{R_2}{R_1+R_2}u_{i1}=0.8u_{i1}$,$u_{A1+}=u_{i2}+\dfrac{R_1}{R_1+R_2}(u'_o-u_{i2})=u_{i2}+0.2(-0.2u_o-u_{i2})=0.8u_{i2}-0.04u_o$,由虚短,$u_{A1-}=u_{A1+}$,$0.8u_{i1}=0.8u_{i2}-0.04u_o$,得 $u_o=-4\text{V}$。

答案:A

33. **解** $(1000)_{8421BCD}+(0110)_{8421BCD}=14_{(10)}$。

答案:C

34. **解** 13 位地址存储器能够存储的容量是 $2^{13}=8192=8\times1024=8\text{K}$,每个 I/O 端口采集的数据为 8bit,故总容量为 8K×8。

答案:B

35. **解** $\dfrac{4.378\text{V}}{1.2\text{mV}}=3655.8\approx3656$,将 3656 转化为 16 进制数为 E48H。

答案:A

36. **解** $L=A(BC+\overline{B}\overline{C})+A(B+C)+A\overline{B}\overline{C}+\overline{A}\overline{B}C=A(BC+\overline{B}\overline{C}+B+C+\overline{B}\overline{C})+\overline{A}\overline{B}C$
$=A+\overline{A}\overline{B}C=A+\overline{B}C$

答案:D

37.**解**　$L=\overline{A\oplus(AB)+\overline{B(\overline{AB})}}=\overline{A\,\overline{AB}+\overline{A}AB+\overline{\overline{AB}}}=\overline{A\,\overline{B}+\overline{A}+\overline{B}}=\overline{\overline{A}+\overline{B}}=AB$。

答案:C

38.**解**　根据功能表可知,74161 十进制同步计数器(同步清零)。

由电路图可知:第一片 74161(1)其进位输出 C 输出高电平 1 时,对$\overline{CR}$进行清零,所以 74161(1)有 0000～1001 共 10 个状态,为十进制计数器。

当 $Q_3=1$ 时,第二片 74161(2)对$\overline{LD}$进行置数时置入 0011,所以 74161(2)计数有 0011～1000 共 8 个状态,为八进制计数器。

两级串联构成 80 进制计数器,因此进位输出 Y 的频率为 CP 频率的 1180。实现了 80 分频功能。

答案:C

39.**解**　电动机电压方程 $E_a=C_e\varphi n=U_N-I_aR_a$

$I_N=I_a+I_f$

$I_N=\frac{P_N}{\eta\cdot U_N}=\frac{7.2\times10^3}{0.85\times110}=77A, I_a=I_N-I_f=77-2=75A$

$E_a=U_N-I_aR_a=110-75\times0.08=104V$

则由 $E_a=C_e\varphi n$,知 $C_e\varphi=\frac{E_a}{n}=\frac{104}{900}=0.116$

串电阻后,设串入电阻为 R_j,则 $E_a=U_N-I_a(R_a+R_j)$。

若负载转矩不变,则 I_a 不变,$E_a=110-75\times(0.08+R_j)=C_e\varphi n'$,$R_j=0.6933\Omega$。

答案:A

40.**解**　电抗代表磁通对电路的影响所转化的电路参数。由于变压器为静止元件,无论施加正向的磁场还是反向的磁场,对变压器没有影响,所以正序电抗等于负序电抗。变压器的零序电抗由变压器接线方式决定。

答案:B

41.**解**　从变压器空载试验可求出变压器的空载损耗 P_0(即铁耗),从短路试验可测得变压器的短路阻抗和阻抗电压。

答案:B

42.**解**　旋转磁势的转速为同步速 $n_1=\frac{60f}{P}$,转子电流产生的磁势的转速为 n_1s,相对于定子的转速为 $n_1-n_1s=(1-s)n_1$。

答案:C

43.**解**　最大电磁转矩 $T_{max}=\frac{m_1U_1^2}{2n_1(x_1+x_2')}$,与转子电阻无关。

答案:C

44. **解** 励磁电流减小，则空载电势 E_0 减小，由 $P_{\mathrm{Mmax}}=\frac{mE_0U}{x_c}$ 可得 P_{Mmax} 减小。原动机输出功率为 P_M，$P_M=\frac{mE_0U}{x_c}\sin\delta$，由 P_M 不变，E_0 减小，可得 $\sin\delta$ 增大，所以 δ 增大。

答案:C

45. **解** 电能质量即电力系统中电能的质量。理想的电能应该是完美对称的正弦波。一些因素会使波形偏离对称正弦，由此便产生了电能质量问题。衡量电能质量的主要指标有电压、频率和波形。电能质量的具体指标有电压偏差、频率偏差、三相电压不平衡、电压波动和闪变、公用电网谐波和公用电网间谐波等。

答案:C

46. **解** 变压器一次侧额定电压应等于用电设备的额定电压，变压器二次侧额定电压应较线路额定电压高 10%，对于两绕组变压器，主接头装在高压侧，分抽头的调节影响的是高压侧的电压，则二次侧电压：$10\times(1+10\%)=11\mathrm{kV}$，一次侧电压：$110\times(1+2.5\%)=112.75\mathrm{kV}$。

答案:B

47. **解** 电压的相位主要取决于电压降落横分量 $\delta U=\frac{PX+QR}{U}$；电压幅值主要取决于电压降落的纵分量 $\Delta U=\frac{PR+QX}{U}$；由于在高压电力网络中存在 $X\gg R$，可以忽略，所以 ΔU 主要受线路中流过的无功功率的影响，δU 主要受线路中流过的有功功率的影响。

答案:B

48. **解** P_0 表示空载损耗，空载损耗反映的是变压器励磁支路的损耗，当变压器并列运行时，励磁支路损耗应是直接相加。P_k 表示变压短路损耗，反映的是变压器绕组中的损耗，当变压器并列运行时，绕组等值电阻是并联的关系，所以短路损耗减少 $\frac{1}{2}$。

答案:C

49. **解** 发电机是最主要的有功功率电源，调相机和电容器是无功功率电源。

答案:A

50. **解** 末端励磁支路功率损耗：$\Delta\widetilde{S}_{y2}=(Y\dot{U}_2)^*\dot{U}_2=-j1.1\times10^{-4}\times110^2=-j1.33\mathrm{MVA}$

阻抗支路末端功率：$\widetilde{S}_2'=\widetilde{S}_2+\Delta\widetilde{S}_{y2}=15+j11.67\mathrm{MVA}$

阻抗支路消耗的功率：$\Delta\widetilde{S}_2=\frac{P_2'^2+Q_2'^2}{U^2}(R+jX)=\frac{15^2+11.67^2}{110^2}\times(21.6+j33)=0.645+j0.985\mathrm{MVA}$

线路阻抗支路电压损失纵分量：$\Delta U=\frac{PR+QX}{U}=\frac{15\times21.6+11.67\times33}{110}=6.446\mathrm{kV}$

横分量：$\delta U=\frac{PX-QR}{U}=\frac{15\times33-11.67\times21.6}{110}=2.208\mathrm{kV}$

则 $U_1=U_2+\Delta U+j\delta U=116.446+j2.208\mathrm{kV}=116.467\angle1.086°\mathrm{kV}$

首端励磁支路功率损耗：$\Delta\widetilde{S}_{y1}=(Y\dot{U}_1)^*\dot{U}_1=-j1.1\times10^{-4}\times116.467^2=-j1.49\text{MVA}$

得：$\widetilde{S}_1=\widetilde{S}'_2+\Delta\widetilde{S}_2+\Delta\widetilde{S}_{y1}=15.645+j11.165\text{MVA}$

答案：C

51. **解**　(1)按最小负荷没有装设无功补偿设备的情况下确定变压器的变比

总阻抗为 $Z_\Sigma=10+j20$，电压损耗 $\Delta U_{\min}=3.48\text{kV}$，$U_{1T}=\dfrac{U_1-\Delta U_T}{U_2}U_{2N}=\dfrac{118-3.48}{11}\times11=114.52\text{kV}$

选择最接近的分接头+5%变比 K 为 $115/11=10.45$。

(2)按照最大负荷计算容量补偿

$$Q_C=\frac{U_{2C\max}}{X}\left(U_{2C\max}-\frac{U'_{2C\max}}{K}\right)K^2=\frac{11}{20}\times\left(11-\frac{118-4.01}{10.45}\right)\times10.45^2=5.802\text{MVar}$$

式中，$U_{2C\max}$为最大负荷时低压侧要保持的电压；$U'_{2\max}$为最大负荷时高压侧的实际电压；K为变压器变比。

答案：D

52. **解**　取 $S_B=250\text{MVA}$，$U_B=U_{av}$，先计算各元件的参数，等值电路如图所示。

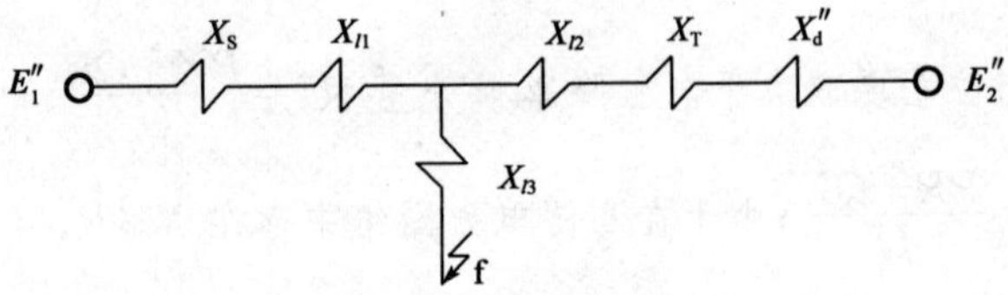

E''_1　X_S　X_{l1}　X_{l2}　X_T　X''_d　E''_2　X_{l3}　f

题52解图

$$X_{S*}=X_S\times\frac{S_B}{S_{N1}}=1.2\times\frac{250}{1000}=0.3$$

$$X_{l1*}=X_{l1}\times\frac{S_B}{U_B^2}=50\times0.4\times\frac{250}{115^2}=0.378$$

$$X_{l2*}=X_{l2}\times\frac{S_B}{U_B^2}=50\times0.4\times\frac{250}{115^2}=0.378$$

$$x_{l3}^*=x_{l3}\times\frac{S_B}{U_B^2}=30\times0.4\times\frac{250}{115^2}=0.227$$

$$X_{T*}=\frac{U_S\%}{100}\times\frac{S_B}{S_{TN}}=\frac{10.5}{100}\times\frac{250}{250}=0.105$$

$$X''_{d*}=X''_d\times\frac{S_B}{S_{N2}}=0.12\times\frac{250}{1000}=0.03$$

$$\begin{aligned}X_{\Sigma*}&=(X_{S*}+X_{l1*})\,/\!/\,(X_{l2*}+X_{T*}+X''_{d*})+X_{l3*}\\&=(0.3+0.378)\,/\!/\,(0.378+0.105+0.03)+0.227\\&=0.52\end{aligned}$$

短路电流周期分量起始值：$I=I_*\cdot\dfrac{S_B}{\sqrt{3}U_B}=\dfrac{1}{X_{\Sigma*}}\cdot\dfrac{S_B}{\sqrt{3}U_B}=\dfrac{1}{0.52}\times\dfrac{250}{\sqrt{3}\times115}=2.42\text{kA}$

冲击电流为 $i_n=2.55I=2.55\times2.42=6.17\text{kA}$

只有选项A最接近。

答案：A

53. **解**　$Z_{(1)}=Z_{(2)}=0.25+0.21=0.46$，$\dot{I}_{a(1)}=-\dot{I}_{a(2)}=\dfrac{E}{Z_{(1)}+Z_{(2)}}=\dfrac{1}{0.46+0.46}=1.087$，$\dot{I}_b=-j\sqrt{3}\dot{I}_{a(1)}=-j1.883$，$I_B=\dfrac{S_B}{\sqrt{3}U_B}=\dfrac{100}{\sqrt{3}\times 115}=0.502\text{kA}$，短路电流 $I_b=1.883\times 0.502=0.945\text{kA}$。

$\dot{U}_{a(1)}=\dot{U}_{a(2)}=-jZ_{(2)}\dot{I}_{a(2)}=-j0.5$，得 $\dot{U}_b=-U_{a1}=j0.5$，则变压器低压侧 b 相电压为 5.25kV。

答案:C

54. **解**　在各断口上并联一个比散杂电容大得多的电容器，使各断口上的电压分配均匀，以提高断路器的开断能力，所以断口并联电容器叫均匀电容器。

答案:B

55. **解**　二次线圈接成开口三角形，供电给绝缘监察电压继电器。当三相系统正常工作时，三相电压平衡，开口三角形两端电压为零。当某一相接地时，开口三角形两端出现零序电压，使绝缘监察电压继电器动作，发出信号。

答案:B

56. **解**　验算导体和110kV以下电缆短路热稳定时，所用的计算时间，一般采用主保护的动作时间加相应的断路器全分闸时间。

答案:A

57. **解**　对高压厂用母线以单母线按炉分段为原则，低压厂用母线的Ⅰ类电动机也按炉分段。

答案:D

58. **解**　中性点不接地系统单相接地时电流不大，暂时不会危害系统安全，所以此时中发出报警而不跳闸，但运行时间不能过长，在此期间内应查找故障点，尽快排除故障。

答案:C

59. **解**　应熟记概念。

答案:A

60. **解**　当三相交流电流通过输电线路时，在导体周围要产生交变的磁场，交变的磁场匝链导线将在导线中产生感应电动势。以 a 相为例，交链它的磁链有自身电流产生的磁链和 bc 相电流产生的交链到 a 相的互磁链。a 相总磁链与电流之比即为 a 相等值电感，乘以角频率 ω 后即为 a 相的等值电抗。

答案:A

2010年度全国注册电气工程师(供配电)执业资格考试专业基础考试

试　题

以下为单选题(共60题,每题2分。每题的备选项中,只有1个符合题意)

1. 如图所示电路中,1A电流源发出的功率为(　　)。

A. 6W　　B. −2W　　C. 2W　　D. −6W

2. 如图所示,电路中电流 i 的大小为(　　)。

A. −1A　　B. 1A　　C. 2A　　D. −2A

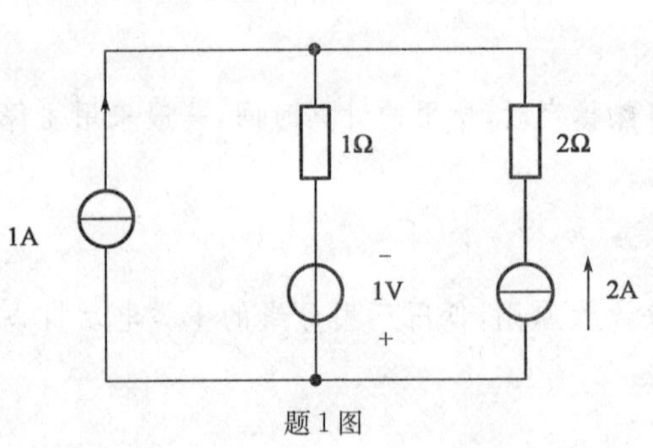

题1图

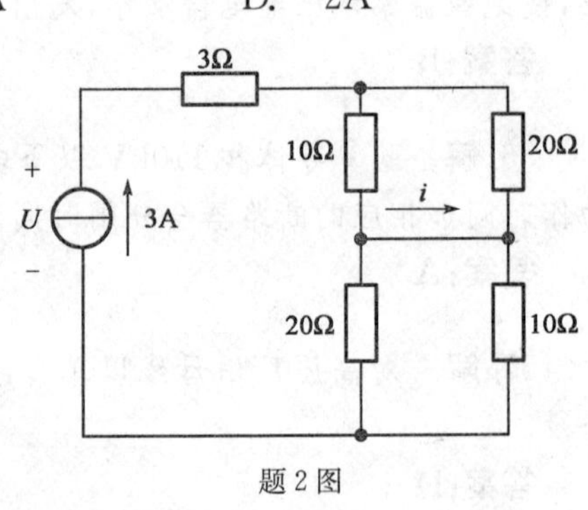

题2图

3. 如图所示,直流电路中 I_a 的大小为(　　)。

A. 1A　　B. 2A　　C. 3A　　D. 4A

4. 如图所示正弦电路中,$\dot{U}_S = 20\angle 0^\circ$V,电流表A读数为40A,电流表$A_2$的读数为28.28A,则 ωL 应为(　　)。

A. 2Ω　　B. 5Ω　　C. 1Ω　　D. 1.5Ω

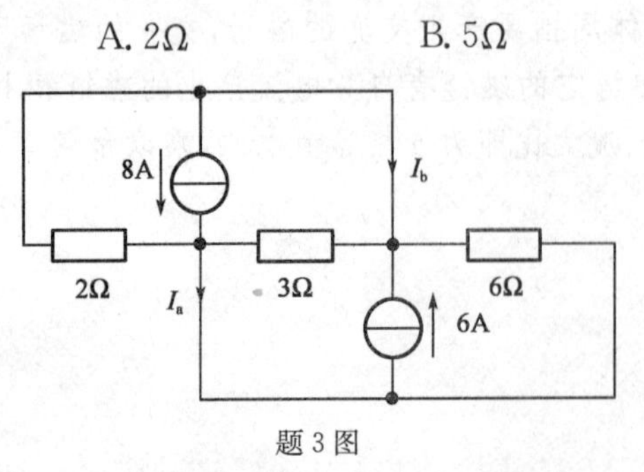

题3图

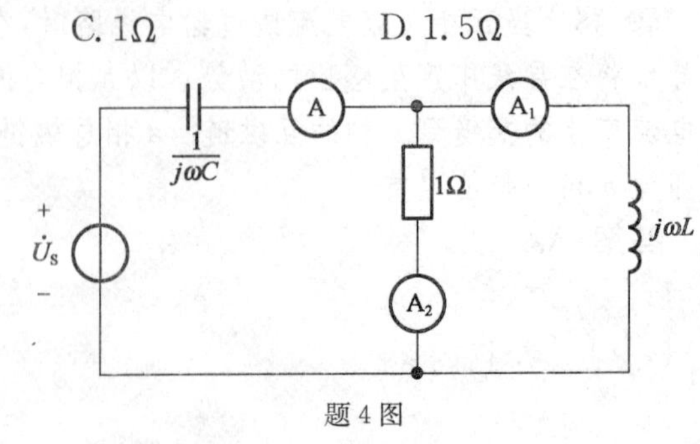

题4图

5. 如图所示正弦稳态电路中，若电压表的读数为 50V，电流表的读数为 1A，功率表的读数为 30W，则 ωL 为(　　)。

A. 45Ω　　B. 25Ω　　C. 35Ω　　D. 40Ω

6. 如图所示电路为含耦合电感的正弦稳态电路，开关 S 断开时，$\dot{I}$ 为(　　)。

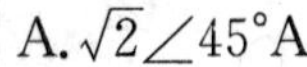
A. $\sqrt{2}\angle 45°$A　　B. $\sqrt{2}\angle -45°$A　　C. $\sqrt{2}\angle 30°$A　　D. $-\sqrt{2}\angle 30°$A

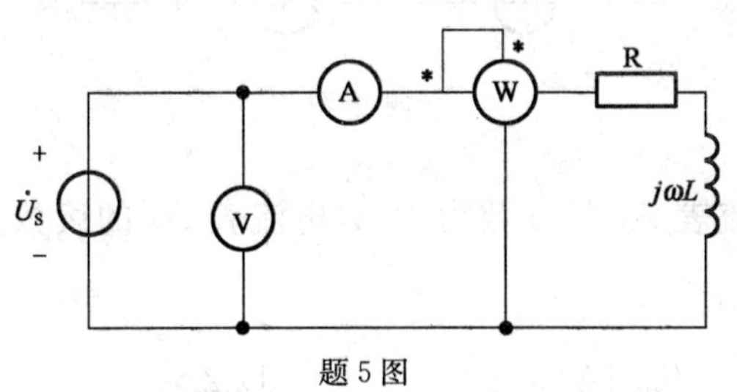

题 5 图

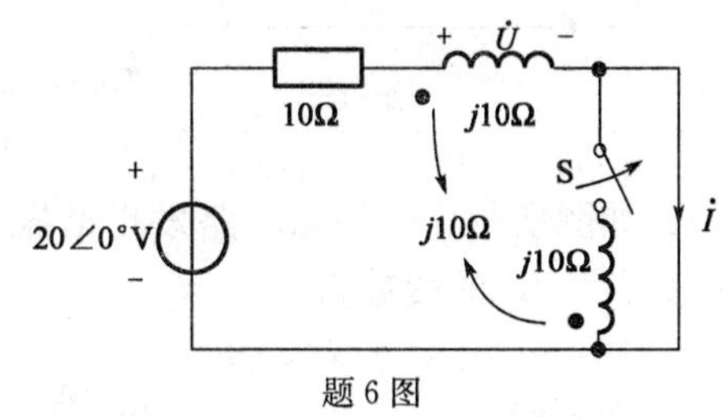

题 6 图

7. 如图所示电路为对称三相电路，相电压为 200V，$Z_1=Z_2=150-j150\Omega$。$\dot{I}_{AC}$ 为(　　)。

A. $\sqrt{2}\angle 45°$A　　B. $\sqrt{2}\angle -45°$A　　C. $\frac{\sqrt{6}}{6}\angle -15°$A　　D. $\frac{\sqrt{6}}{6}\angle 15°$A

8. 如图所示电路中，若 $u_s(t)=10+15\sqrt{2}\cos(1000t+45°)+20\sqrt{2}\cos(2000t-20°)$V，$u(t)=15\sqrt{2}\cos(1000t+45°)$V，$R=10\Omega$，$L_1=1$mH，$L_2=2/3$mH，则 C_2 的值为(　　)。

A. 150μF　　B. 200μF　　C. 250μF　　D. 500μF

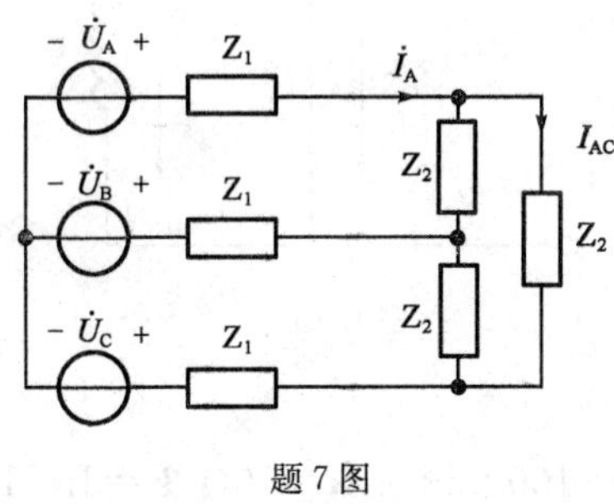

题 7 图

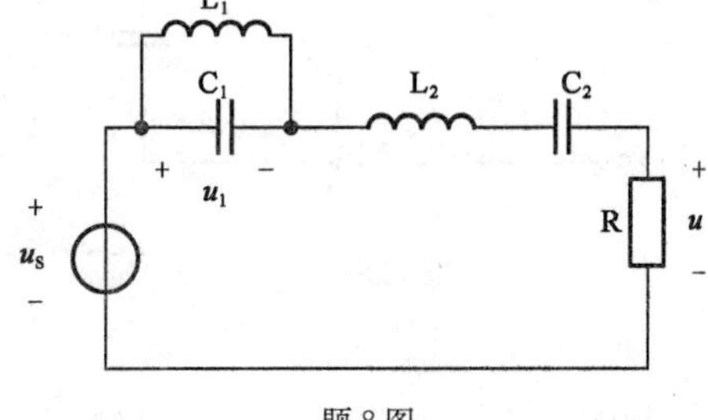

题 8 图

9. 如图所示电路中，若 $u=0.5$V，$i=1$A，则 i_S 为(　　)。

A. −0.25A　　B. 0.125A　　C. −0.125A　　D. 0.25A

10. 如图所示，电路在开关 S 闭合时为对称三相电路，且三个电流表读数均为 30A，$Z=10-j10\Omega$。开关 S 闭合时，三个负载 Z 的总无功功率为(　　)。

A. −9kvar　　B. 9kvar　　C. −150kvar　　D. 150kvar

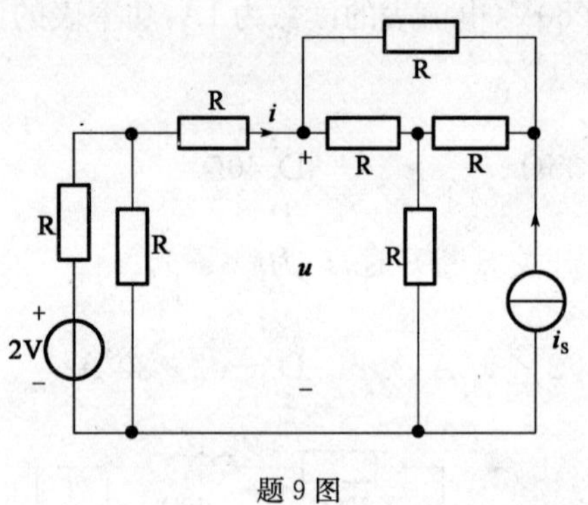

题 9 图

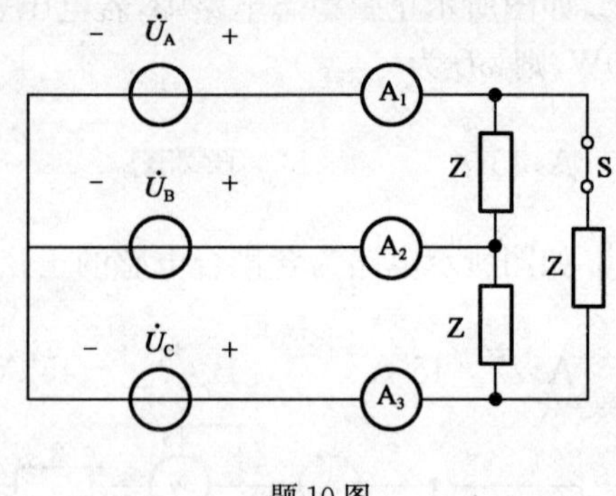

题 10 图

11. 如图所示正弦稳态电路发生谐振时，电流表 A_1 的读数为 12A，电流表 A_2 的读数为 20A，安培表 A_3 的读数为(　　)。

A. 16A　　B. 8A　　C. 4A　　D. 2A

12. 如图所示正弦交流电路中，已知电源电压有效值 $U=100$V，角频率为 ω，电流有效值 $I=I_1=I_2$，电源提供的有功功率 $P=866$W。则 ωL 为(　　)。

A. 15Ω　　B. 10Ω　　C. 5Ω　　D. 1Ω

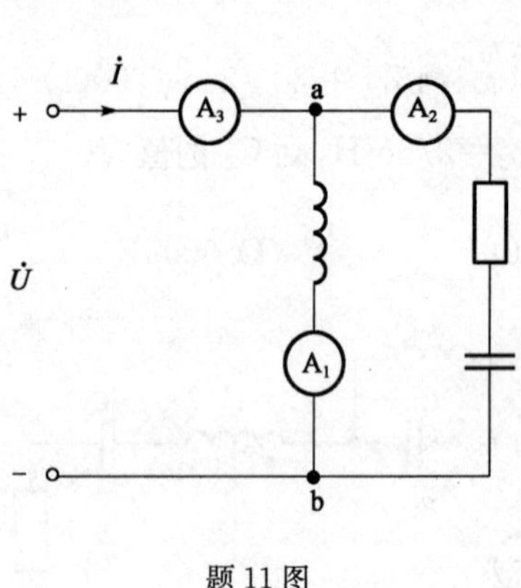

题 11 图

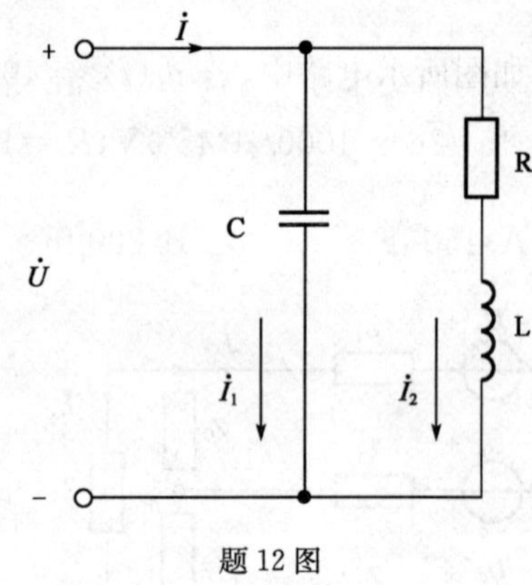

题 12 图

13. 如图所示正弦稳态电路中，已知 $\dot{U}_S=20\angle 0°$V，$\omega=1000$rad/s，$R=10\Omega$，$L=1$mH。当 L 和 C 发生并联谐振时，$\dot{I}_C$ 为(　　)。

A. $20\angle -90°$A　　B. $20\angle 90°$A　　C. 2A　　D. 20A

14. 如图所示对称三相电路中，相电压是 200V，$Z=100\sqrt{3}+j100\Omega$，功率表 W_1 的读数为(　　)。

A. $100\angle\sqrt{3}$ W　　B. $200\angle\sqrt{3}$ W　　C. $300\angle\sqrt{3}$ W　　D. $400\angle\sqrt{3}$ W

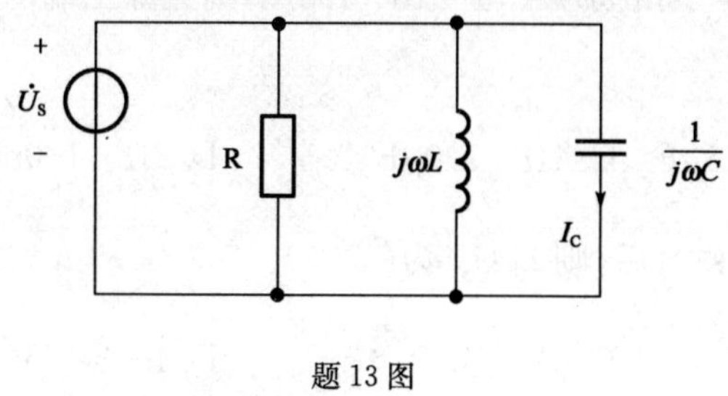

题 13 图

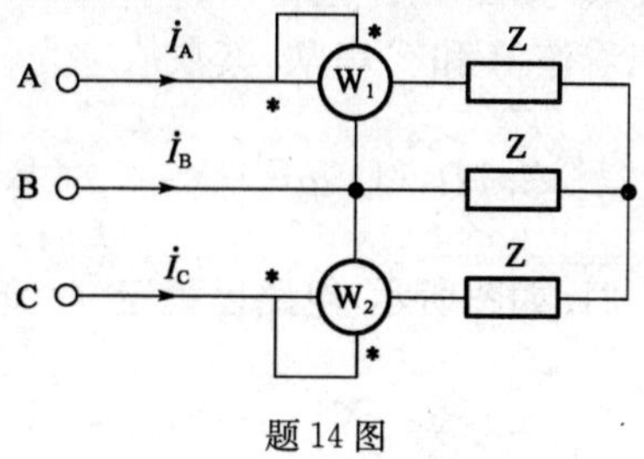

题 14 图

15. 如图所示电路中，电路原已达稳态，设 $t=0$ 时开关 S 断开，则开关 S 断开后的电感电流 $i(t)$ 为(　　)。

A. $-2e^{-3t}$A　　B. $2e^{-3t}$A　　C. $-3e^{-t/3}$A　　D. $3e^{-t/3}$A

16. 如图所示，已知三相对称电路的线电压为 380V，三相负载消耗的总的有功功率为 10kW，负载的功率因数为 $\cos\varphi=0.6$，则负载 Z 的值为(　　)。

A. $4.123\pm j6.931\Omega$　　B. $5.198\pm j3.548\Omega$

C. $5.198\pm j4.246\Omega$　　D. $5.198\pm j6.931\Omega$

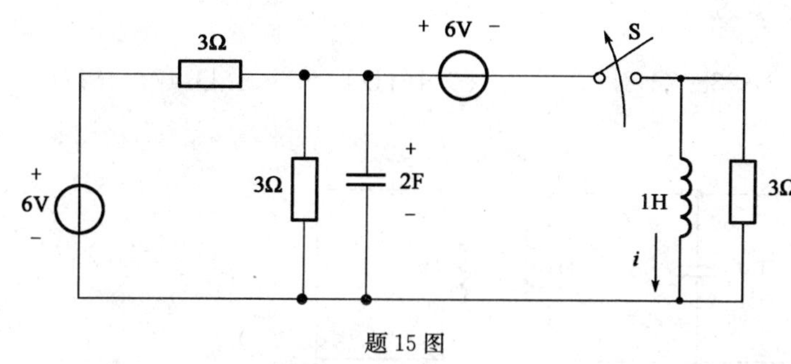

题 15 图

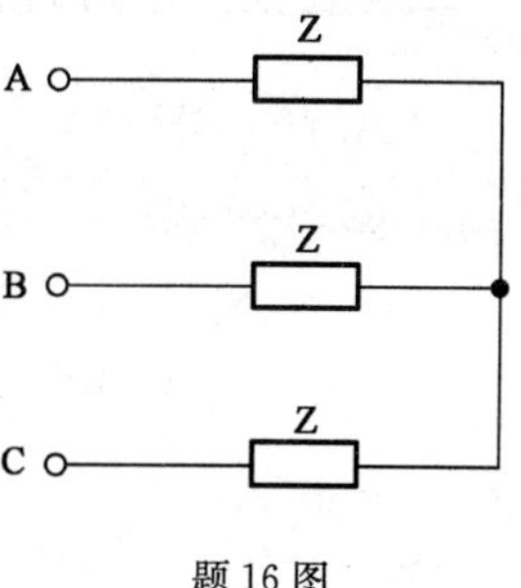

题 16 图

17. 在 $R=7\text{k}\Omega$、$L=4.23\text{H}$、$C=0.47\mu\text{F}$ 三个元件串联的电路中，电路的暂态属于下列(　　)类型。

A. 非振荡　　B. 临界振荡　　C. 振荡　　D. 不能确定

18. 在 RLC 串联电路中，若总电压 U、电感电压 U_L 及 RC 两端的电压 U_{RC} 均为 400V，且 $R=50\Omega$，则电流 I 为(　　)。

A. 8A　　B. 8.660A　　C. 1.732A　　D. 6.928A

19. 已知正弦电流的初相位 90°，在 $t=0$ 时的瞬时值为 17.32A，经过(1/50)s 后电流第一次下降为 0，则其角频率为(　　)。

A. 78.54rad/s　　B. 50rad/s　　C. 39.27rad/s　　D. 100rad/s

20. 如图所示电路中 $u=10\sin(\omega t)\text{V}$，$i=2\sin(\omega t)\text{A}$，$\omega=1000\text{rad/s}$，则无源二端网络 N 可以看作 R 和 C 串联，其数值应为(　　)。

A. 1Ω　$1.0\mu\text{F}$　　B. 1Ω　$0.125\mu\text{F}$　　C. 4Ω　$1.0\mu\text{F}$　　D. 2Ω　1.0mF

21. 如图所示，电路已稳定，$t=0$ 时闭合开关 S 后，则 $u_L(t)$ 为(　　)。

A. $-3e^{-t}\text{V}$　　B. $3e^{-t}\text{V}$　　C. 0V　　D. $1+3e^{-t}\text{V}$

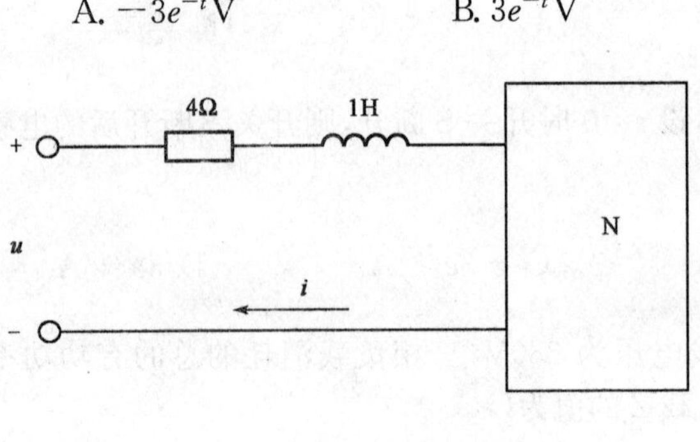

题 20 图

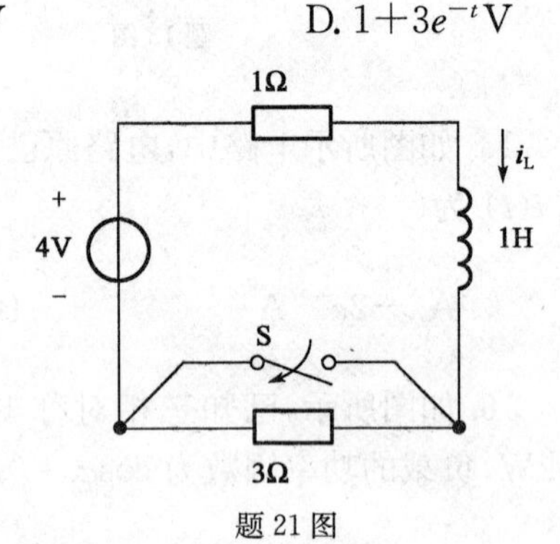

题 21 图

22. 如图所示电路的谐振频率 f 为(　　)。

A. 79.58Hz　　B. 238.74Hz　　C. 159.16Hz　　D. 477.48Hz

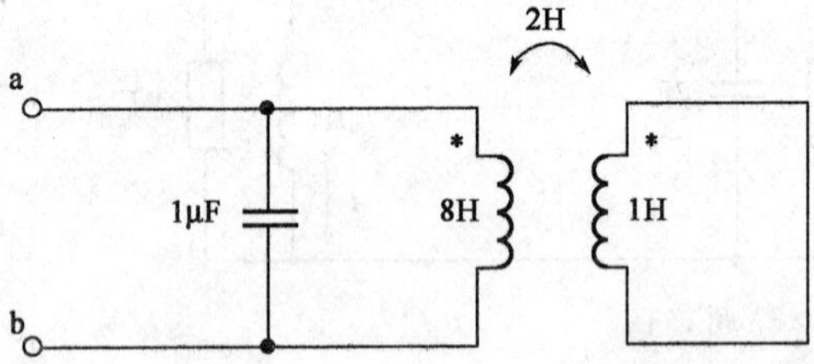

题 22 图

23. 一半径 1m 的半球形导体球当作接地电极埋于地下，其平面部分与地面相重合，土壤的电导率 $\gamma=10^{-2}\text{S/m}$，则此接地体的接地电阻为(　　)。

A. 15.92Ω　　B. 7.96Ω　　C. 63.68Ω　　D. 31.84Ω

24. 球形电容器的内半径 $R_1=5\text{cm}$，外半径 $R_2=10\text{cm}$。若介质的电导率 $\gamma=10^{-10}\text{S/m}$，则球形电容器的漏电导为(　　)。

A. $0.2\times10^{-9}\text{S}$　　B. $0.15\times10^{-9}\text{S}$　　C. $0.126\times10^{-9}\text{S}$　　D. $0.10\times10^{-9}\text{S}$

25. 终端开路的无损耗传输线的长度为波长的(　　)时，其输入阻抗的绝对值不等于特性阻抗。

A. 11/8　　B. 5/8　　C. 7/8　　D. 4/8

26. 一高压同轴圆柱电缆，内导体的半径为 a，外导体的内半径为 b，若 b 固定，要使内导体表面上场强最小，a 与 b 的比值应该是（　　）。

A. $\frac{1}{e}$　　B. $\frac{1}{2}$　　C. $\frac{1}{4}$　　D. $\frac{1}{8}$

27. 如图所示电路中，二极管性能理想，则电压 U_{AB} 为（　　）。

A. $-5V$　　B. $-15V$　　C. 10V　　D. 25V

28. 某晶体管的极限参数 $P_{CM}=150mW$，$I_{CM}=100mA$，$U_{(BP)CEO}=30V$。若它的工作电压分别为 $U_{CE}=10V$ 和 $U_{CE}=1V$ 时，则其最大允许工作电流分别为（　　）。

A. 15mA　100mA　　B. 10mA　100mA

C. 150mA　100mA　　D. 15mA　10mA

29. 如图所示电路中，A 为理想运算放大器，三端集成稳压器的 2、3 端之间的电压用 U_{REF} 表示，则电路的输出电压可表示为（　　）。

A. $U_o=(U_i+U_{REF})\frac{R_2}{R_1}$　　B. $U_o=U_i\frac{R_2}{R_1}$

C. $U_o=U_{REF}\left(1+\frac{R_2}{R_1}\right)$　　D. $U_o=U_{REF}\left(1+\frac{R_1}{R_2}\right)$

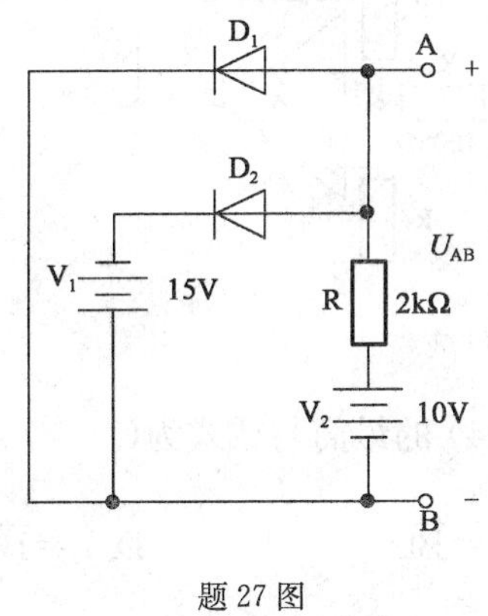

题 27 图

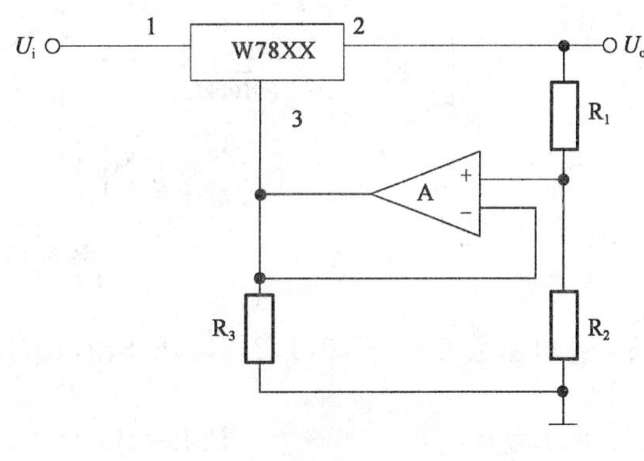

题 29 图

30. 某反馈电路的闭环增益 $A_f=20dB$、$\Delta A/A=10\%$、$\Delta A_f/A_f=0.1\%$，则 A 和 F 的值应为（　　）。

A. 100　0.009　　B. 10000　0.1　　C. 100　0.01　　D. 1000　0.009

31. 如图所示电路中，为使输出电压稳定，应该引入下列哪种反馈方式（　　）。

A. 电压并联负反馈　　B. 电流并联负反馈

C. 电压串联负反馈　　D. 电流串联负反馈

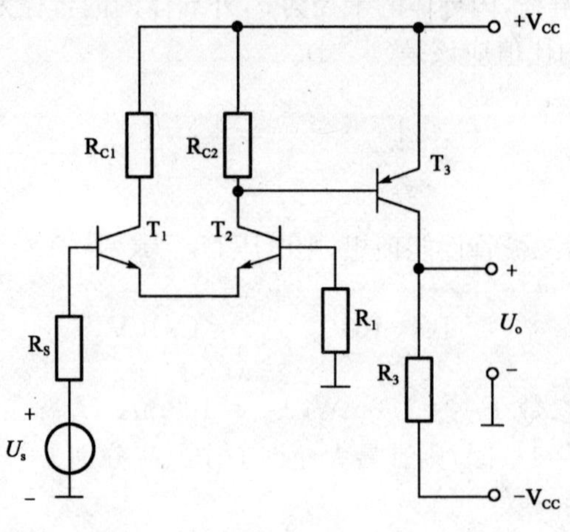

题 31 图

32. 如图所示所示，集成运放和模拟乘法器均为理想元件，模拟乘法器的乘积系数 $K>0$。u_o 应为(　　)。

A. $\sqrt{U_{i1}^2+U_{i2}^2}$　　B. $K\sqrt{U_{i1}^2+U_{i2}^2}$　　C. $\sqrt{K(U_{i1}^2+U_{i2}^2)}$　　D. $\sqrt{KU_{i1}U_{i2}}$

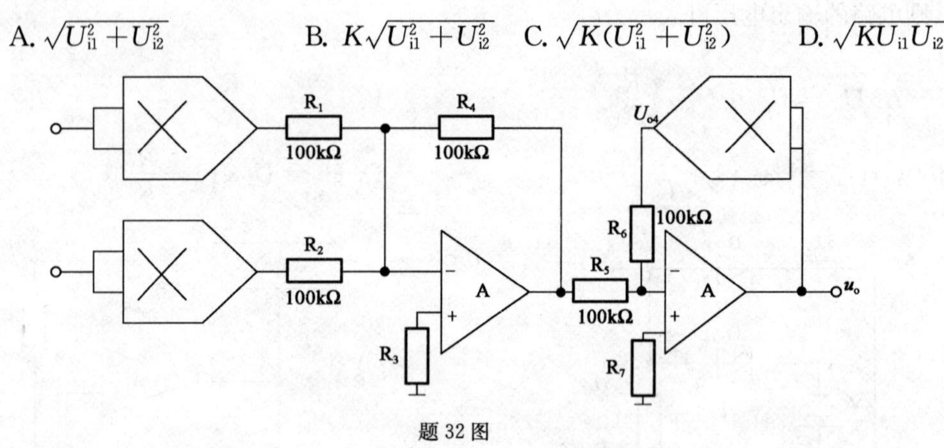

题 32 图

33. 逻辑函数 $L=\sum(0,1,2,3,4,6,8,9,10,11,12,14)$ 的最简与或式为(　　)。

A. $L=\overline{B}\cdot\overline{D}$　　B. $L=\overline{B}+\overline{D}$　　C. $L=\overline{BD}$　　D. $L=\overline{B+D}$

34. 要扩展 8K×8RAM，需用 512×4 的 RAM 的数量为(　　)。

A. 8 片　　B. 16 片　　C. 32 片　　D. 64 片

35. 若一个 8 位 ADC 的最小量化电压为 19.6mV，当输入电压为 4.0V 时，输出数字量为(　　)。

A. $(11001001)_B$　　B. $(11001000)_B$　　C. $(10011100)_B$　　D. $(11001100)_B$

36. 如图所示是用 555 定时器组成的开机延时电路，若给定 $C=25\mu F$，$R=91k\Omega$，$V_{CC}=12V$，常闭开关 S 断开以后经过延时间为(　　)时，V_0 才能跳变为高电平。

A. 1.59s　　B. 2.5s

C. 1.82s　　D. 2.27s

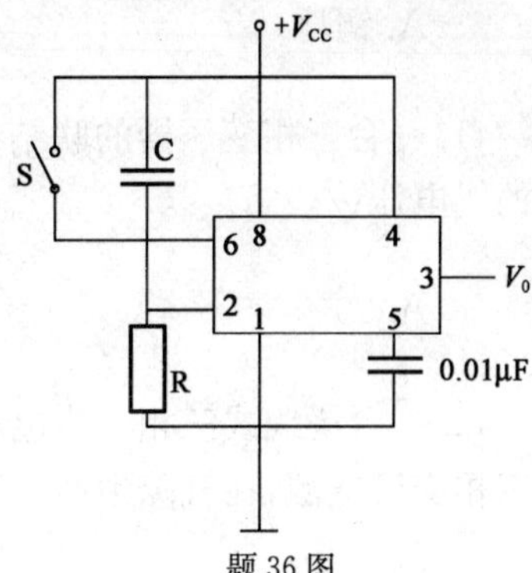

题 36 图

37. 4 位同步二进制加计数器 74161 构的电路如图所示(图中的第一片 161 的 D0～D3 和第二片 D1 接 0 电位),74161 的功能表见表。该电路完成下列哪种功能(　　)。

A. 256 分频　　B. 240 分频

C. 208 分频　　D. 200 分频

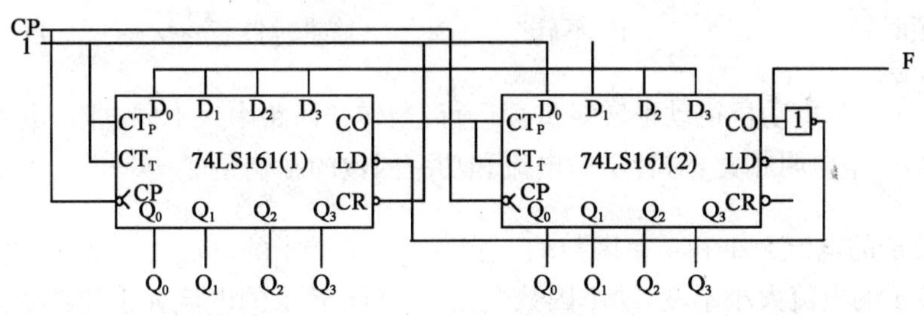

题 37 图

74161 功能表　　题 37 表

CP	$\overline{R}_D$	$\overline{LD}$	EP	ET	工 作 状 态
×	0	×	×	×	清零
↑	1	0	×	×	预置数
×	1	1	0	×	保持
×	1	1	×	0	保持
↑	1	1	1	1	计数

38. 如图所示电路能实现下列哪种逻辑功能(　　)。

A. 二变量异或　　B. 二变量与非　　C. 二变量或非　　D. 二变量与

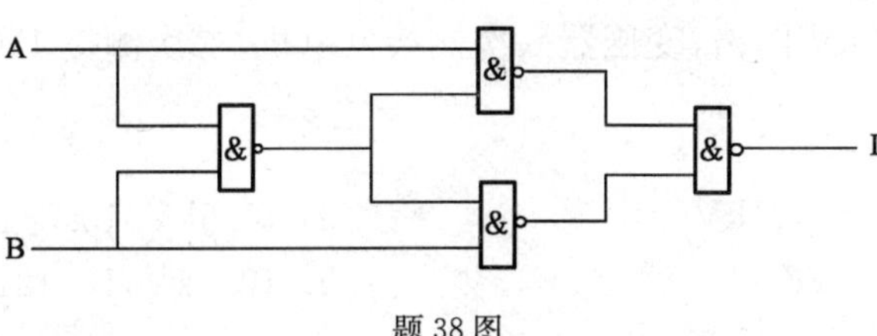

题 38 图

39. 一台并励直流电动机,$U_N=110V$,$n_N=1500r/min$,$I_N=28A$,$R_a=0.15\Omega$(含电刷的接触压降),$R_f=110\Omega$。当电动机在额定状态下运行,突然在电枢回路串入一 0.5Ω 的电阻,若负载转矩不变,则电动机稳定后的转速为(　　)。

A. 1220r/min　　B. 1255r/min　　C. 1309r/min　　D. 1500r/min

40. 三绕组变压器数学模型中的电抗反应变压器绕组的(　　)。

A. 铜耗　　B. 铁耗　　C. 等值漏磁通　　D. 漏磁通

41. 一台三相变压器的联结组为 Y,d5,其含义表示此时变压器原边的线电压滞后副边对应的线电压(　　)。

A. 30°　　B. 150°　　C. 210°　　D. 330°

42. 一台绕线式三相异步电动机,如果将其定子绕组短接,转子绕组接至频率为 $f_1=50\text{Hz}$ 的三相交流电源,在气隙中产生顺时针方向的旋转磁势,设转子的转速为 n,那么转子的转向是(　　)。

A. 顺时针　　B. 不转　　C. 逆时针　　D. 不能确定

43. 绕线式异步电动机拖动恒转矩负载运行,当转子回路串入不同电阻,电动机转速不同。而串入电阻与未串电阻相比,对转子的电流和功率因数的影响是(　　)。

A. 转子的电流大小和功率因数均不变　　B. 转子的电流大小变化,功率因数不变
C. 转子的电流大小不变,功率因数变化　　D. 转子的电流大小和功率因数均变化

44. 一台汽轮发电机并联于无穷大电网,额定负载时功角 $\delta=20°$,现因故障电压降为 60% U_N。则当保持输入的有功率功率不变继续运行时,且使功角 δ 保持在 25°,应加大励磁 E_0 使其上升约为原来的(　　)倍。

A. 1.25　　B. 1.35　　C. 1.67　　D. 2

45. 电力系统电压降和电压损耗的定义分别是(　　)。

A. $\dot{U}_1-\dot{U}_2, U_1-U_2$　　B. $U_1-U_2, |\dot{U}_1-\dot{U}_2|$

C. $U_1-U_2, |\dot{U}_1|-|\dot{U}_2|$　　D. $|\dot{U}_1|-|\dot{U}_2|, \dot{U}_1-\dot{U}_2$

46. 发电机接入 10kV 网络,变压器一次侧接发电机,二次侧接 110kV 线路,发电机和变压器额定电压分别是(　　)。

A. 10.5kV,10.5/121kV　　B. 10.5kV,10.5/110kV
C. 10kV,10/110kV　　D. 10.5kV,10/121kV

47. 高电压网线路中流过的无功功率主要影响线路两端的(　　)。

A. 电压相位　　B. 电压幅值
C. 有功损耗　　D. 电压降落的横分量

48. 降低网络损耗的主要措施之一是(　　)。

A. 增加线路中传输的无功功率　　B. 减少线路中传输的有功功率

C. 增加线路中传输的有功功率　　　　D. 减少线路中传输的无功功率

49. 电力系统的频率主要取决于(　　)。

A. 系统中的有功功率平衡　　　　B. 系统中的无功功率平衡

C. 发电机的调速器　　　　D. 系统中的无功补偿

50. 为抑制空载输电线路末端电压升高,常在线路末端(　　)。

A. 并联电容器　　B. 并联电抗器　　C. 串联电容器　　D. 串联电抗器

51. 如图所示,某变电所装有一变比为 110±5×2.5%/11,S_{TN}＝31.5MVA 的降压变压器,变电所高压母线电压、变压器归算到高压侧的阻抗及负载均标在图中,若欲保证变电所低压母线电压 U_{max}＝10kV,U_{min}＝10.5kV,在忽略变压器功率损耗和电压降横分量的情况下,变压器分接头为(　　)。

A. 110(1＋2.5%)kV　　　　B. 110(1－2.5%)kV

C. 110(1－5%)kV　　　　D. 110(1＋5%)kV

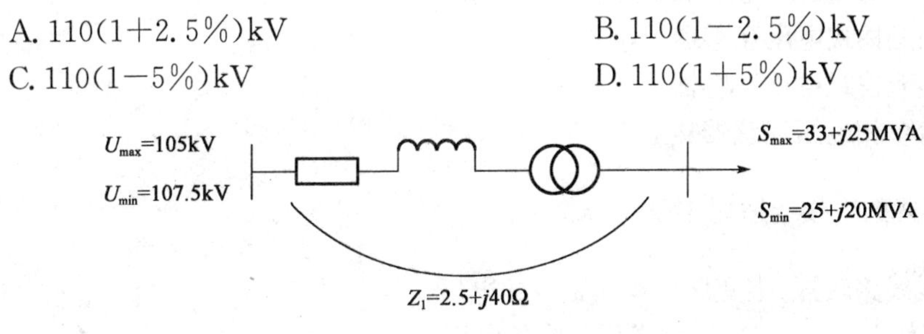

题 51 图

52. 如图所示为某系统等值电路,各元件参数标幺值标在图中,f 点发生三相短路时,短路点的总电路电流及各电源对短路点的短路阻抗分别为(　　)。

A. 1.136　0.25　0.033　　　　B. 2.976　9.72　1.930

C. 11.360　9.72　0.993　　　　D. 1.145　7.753　0.983

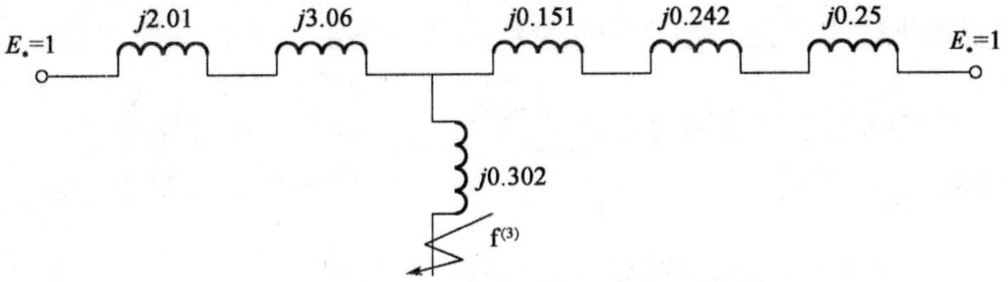

题 52 图

53. 系统接线如图所示,图中参数均为归算到同一基准,基准值之下(S_B＝50MVA)的标幺值。系统在 f 点发生 a 相接地,短路处短路电流及正序相电压有名值为(　　)。(变压器联结组 Y,d11)

A. 0.238kA　58.16kV　　　　B. 0.316kA　100.74kV

C. 0.412kA　58.16kV　　　　D. 0.238kA　86kV

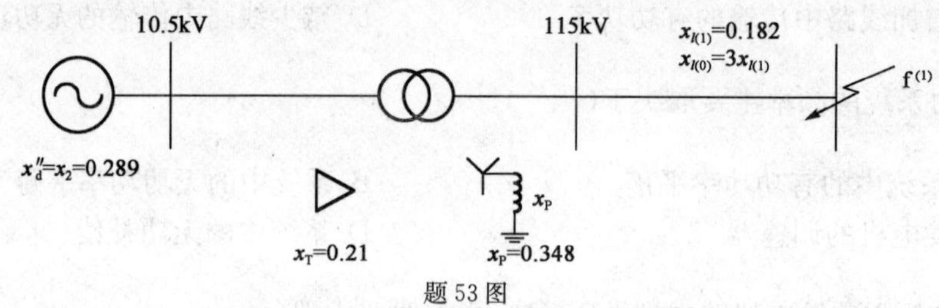

题 53 图

54. 电流互感器二次绕组在运行时(　　)。

A. 允许短路不允许开路　　B. 允许开路不允许短路
C. 不允许开路不允许短路　　D. 允许开路也允许短路

55. 在 3～20kV 电网中,为了测量相对地电压,通常采用(　　)。

A. 两台单相电压互感器接成不完全星形接线
B. 三相三柱式电压互感器
C. 三相五柱式电压互感器
D. 三台单相电压互感器接成 Y/△

56. 内桥形式的主接线适用于(　　)。

A. 出线线路较短,主变压器操作较少的电厂
B. 出线线路较长,主变压器操作较多的电厂
C. 出线线路较短,主变压器操作较多的电厂
D. 出线线路较长,主变压器操作较少的电厂

57. 为了使断路器各断口上的电压分布接近相等,常在断路器多断口上加装(　　)。

A. 并联电抗　　B. 并联电容　　C. 并联电阻　　D. 并联辅助断口

58. 35kV 及以下输电线路一般不采取全线路架设避雷线措施的原因是(　　)。

A. 感应雷过电压超过线路耐雷水平　　B. 线路杆塔档距小
C. 线路短　　D. 线路输送容量小

59. 下列(　　)方法可以提高线路绝缘子雷击闪络电压。

A. 改善绝缘子电位分布　　B. 提高绝缘子憎水性
C. 增加绝缘子爬距　　D. 增加绝缘子片数

60. 线路上装设并联电抗器的作用是(　　)。

A. 降低线路末端过电压　　B. 改善无功平衡
C. 提高稳定性　　D. 提高线路功率因数

2010年度全国注册电气工程师(供配电)执业资格考试专业基础考试

试题解析及参考答案

1.解 如图所示,设1A电流源两端电压为U,1Ω电阻支路上的电流为I_3,由基尔霍夫电流定律可得$I_3=3\text{A}$

由KCL定律得:$U+1-I_3\times1=0$,$U=3\times1-1=2\text{V}$,$P=UI=2\times1=2\text{W}$

答案:C

2.解 如图所示,设三个网孔电流分别为I_1、I_2、I_3,由KVL定律可得:

$$\begin{cases}3I_1+10I_1+20I_1-10I_2-20I_3=U\\10I_2+20I_2-10I_1=0\\20I_3+10I_3-20I_1=0\\I_1=3\text{A}\end{cases}$$

解得:$I_2=1\text{A}$,$I_3=2\text{A}$,$i=I_3-I_2=2-1=1\text{A}$

答案:B

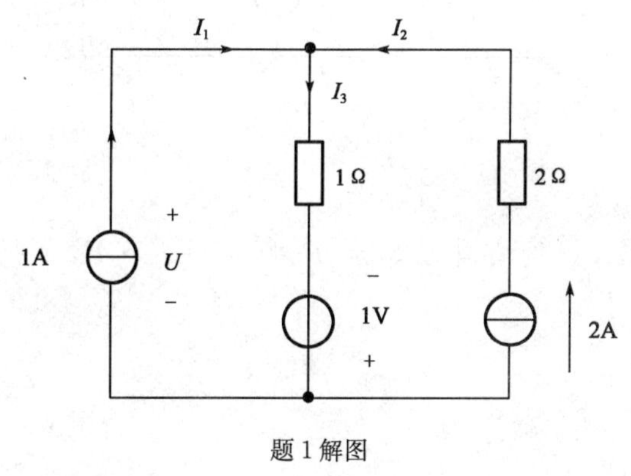

题1解图

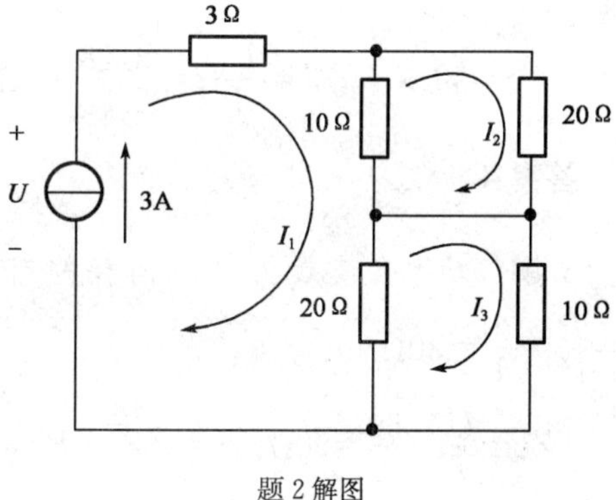

题2解图

3.解 (1)当8A单独作用时,如图a)所示。

$$I_a'=+\frac{8\times(2//3//6)}{6}=+\frac{4}{3}\text{A}$$

(2)当6A单独作用时,如图b)所示。

$$I_a''=I_1+I_2=\frac{2\times(2//3//6)}{2}+\frac{2\times(2//3//6)}{3}=1+\frac{2}{3}=\frac{5}{3}\text{A}$$

(3)$I_a=I_a'+I_a''=\frac{4}{3}+\frac{5}{3}=3\text{A}$

答案:C

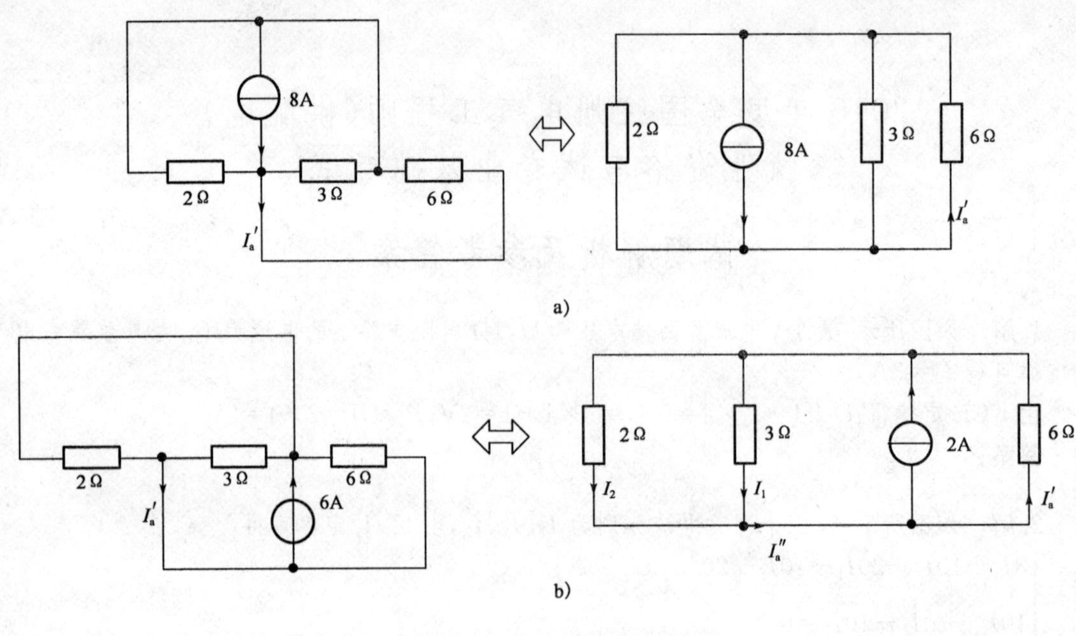

题 3 解图

4. **解**　如图所示，$I_1=\sqrt{I^2-I_2^2}=\sqrt{40^2-28.28^2}=28.28\text{A}$

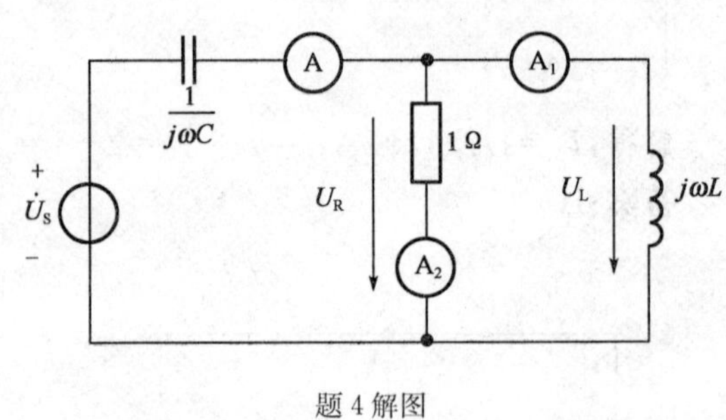

题 4 解图

设电阻两端的电压为 U_R，电感两端电压为 U_L 则：

$|U_R|=|U_L|=28.28\text{V}, U_L=X_L\cdot I_1$

$=\omega L\cdot I_1, \omega L=\dfrac{U_L}{I_1}=\dfrac{28.28}{28.28}=1\Omega$

答案：C

5. **解**　功率表读数为电阻消耗的有功功率，假设有功功率为 P，则 $P=I^2\cdot R$，可得 $R=\dfrac{P}{I^2}=\dfrac{30}{1}=30\Omega$

$|Z|=\dfrac{U}{I}=\dfrac{50}{1}=50\Omega, \omega L=\sqrt{Z^2-R^2}$

$=\sqrt{50^2-30^2}=40\Omega$

答案：D

6. **解**　当 S 断开时，等值电路如图所示，设电源电压为 $\dot{U}_S$，总电抗为 Z，$\dot{I}=\dfrac{\dot{U}_S}{Z}=\dfrac{20\angle 0°}{10+j10}=1-j1=\sqrt{2}\angle -45°$。

题 6 解图

答案：B

7. **解**　将△接线负载变换为Y接线，如图所示。

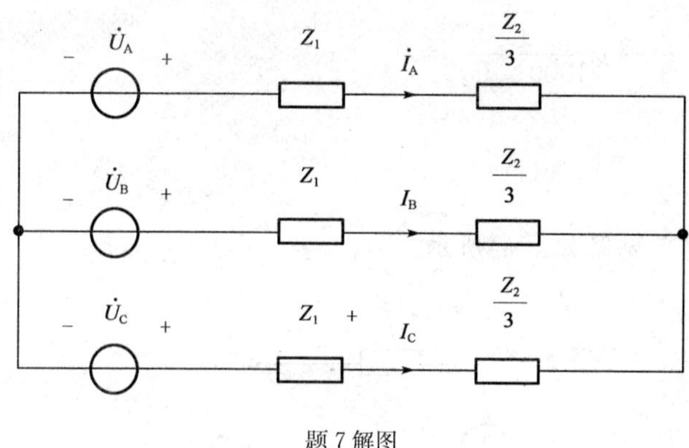

题7解图

以A相电源作为参考相量，设A相电源电压为$\dot{U}_A=200\angle 0°$，则线电流：

$$\dot{I}_A=\frac{\dot{U}_A}{Z_1+\frac{Z_2}{3}}=\frac{200\angle 0°}{150-j150+50-j150}=\frac{\sqrt{2}}{2}\angle 45°\text{A}$$

$$\dot{I}_B=\frac{\sqrt{2}}{2}\angle -75°\text{A}$$

$$\dot{I}_C=\frac{\sqrt{2}}{2}\angle 160°\text{A}$$

相电流：

$$\dot{I}_{AC}=\frac{\dot{I}_A}{\sqrt{3}}\angle -30°=\frac{\sqrt{2}}{2\times\sqrt{3}}\angle(45°-30°)=\frac{\sqrt{6}}{6}\angle 15°\text{A}$$

答案:D

8. **解**　电阻R上的电压u只含有基波分量，说明二次谐波电压作用时，L_1C_1发生并联谐振，L_1C_1并联环节相当于开路，此时，$2\omega L_1=\frac{1}{2\omega C_1}$

$$C_1=\frac{1}{4\omega^2 L_1}=\frac{1}{4\times 1000^2\times 1\times 10^{-3}}=250\mu\text{F}$$

电阻R上的电压u只含有基波分量，与电源基波分量同相位，说明基波作用时，整个回路呈现纯电阻性负载，即在基波作用下，L_1C_1并联环节与L_2C_2串联环节发生串联谐振，回路呈纯电阻性负载。

$$j\omega L_1=j1000\times 10^{-3}=j$$

$$\frac{1}{j\omega C_1}=\frac{1}{j1000\times 250\times 10^{-6}}=-j4$$

并联后，$Z_1=j\omega L_1//\frac{1}{j\omega C_1}=j\frac{4}{3}$

$j\omega L_2=j1000\times\frac{2}{3}\times 10^{-3}=j\frac{2}{3}$

总阻抗：$Z_{\Sigma}=Z_1+j\omega L_2+\dfrac{1}{j\omega C_2}=0$

代入知：$j\dfrac{4}{3}+j\dfrac{2}{3}-j\dfrac{1}{1000\times C_2}=0$

得到：$C_2=500\mu\text{F}$

答案：D

9.**解** (1)左端等效电路如图 a)所示。

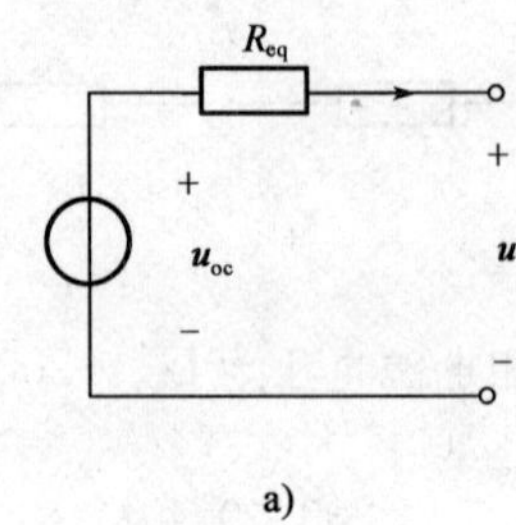

a)

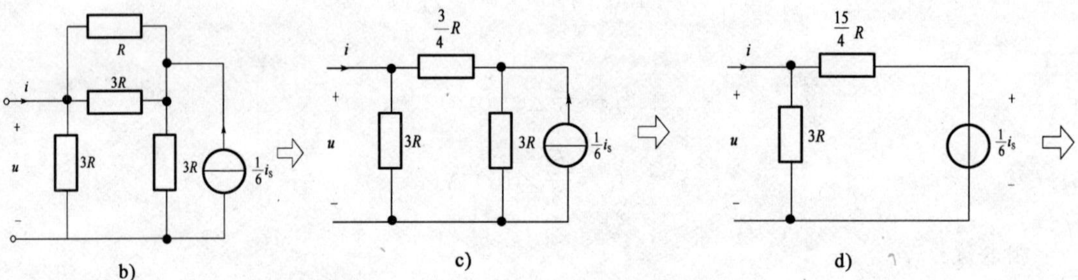

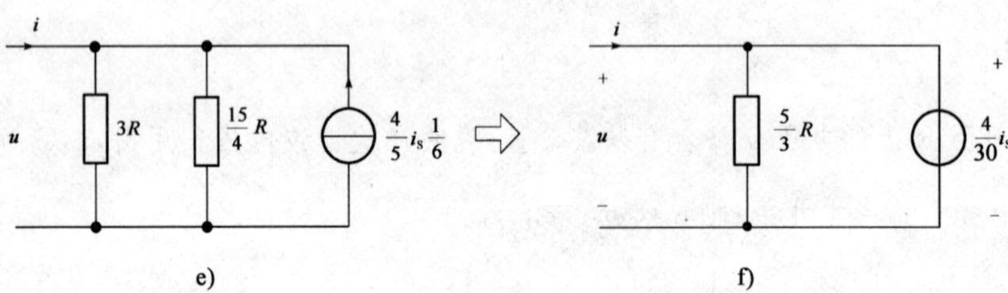

题 9 解图

$u_{oc}=1\text{V},R_{eq}=\dfrac{3}{2}R$

由 $u_{oc}=R_{eq}\cdot i+u$，且 $u=0.5,i=1$，得到 $1=\dfrac{3}{2}R\times1+0.5$，即 $R=\dfrac{1}{3}\Omega$。

(2)右端等效，如图 b)所示。

由 KVL 定律得：$u=\dfrac{5}{3}Ri+\dfrac{4}{3}\times\dfrac{1}{6}i_{\text{S}}$，$0.5=\dfrac{5}{3}\times\dfrac{1}{3}\times1+\dfrac{4}{3}\times\dfrac{1}{6}i_{\text{S}}$

解得 $\dfrac{1}{6}i_{\text{S}}=\dfrac{1}{24}\text{A}$，即 $i_{\text{S}}=\dfrac{1}{4}\text{A}$

答案：D

10. **解**　将△连接变换成 Y 连接，如图所示。

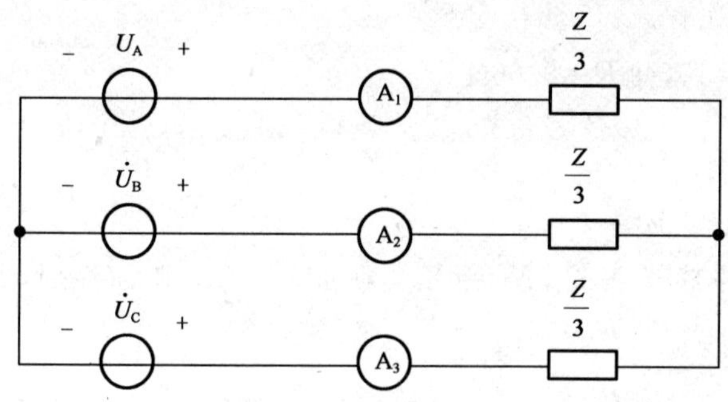

题 10 解图

以电流表 A_1 的读数 $\dot{I}_1$ 作为参考相量：$\dot{I}_1=I_1\angle 0°$

$\dot{U}_A=\dot{I}_1\cdot Z=30\angle 0°\times\frac{10-j10}{3}=100-j100=100\sqrt{2}\angle -45°$

$Q_A=U_AI_A\sin\varphi=30\times 100\sqrt{2}\sin(-45°)=-3\text{kvar}$

$Q_{总}=3Q_A=-3\times 3k=-9\text{kvar}$

答案：A

11. **解**　相量图如图所示，易得 A_3 的读数为$\sqrt{I_2^2-I_1^2}=\sqrt{20^2-12^2}=16$。

答案：A

12. **解**　由已知条件可画出相量图，如图所示。

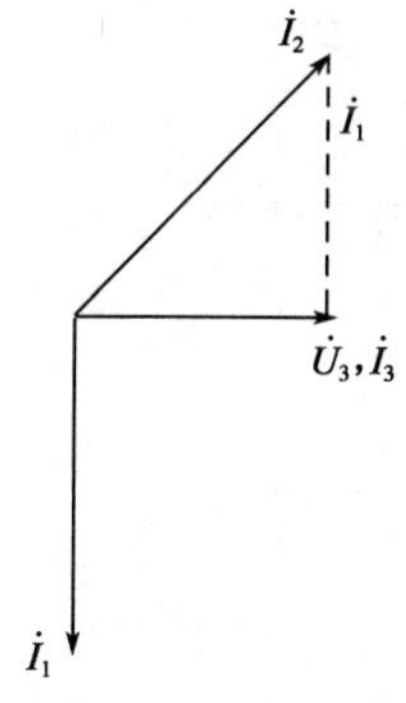

题 11 解图

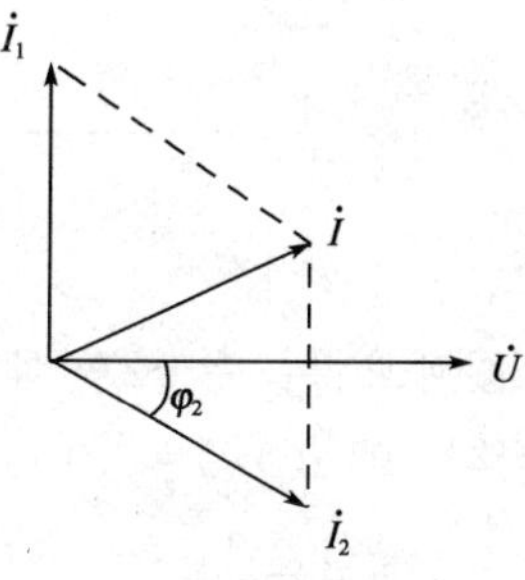

题 12 解图

由于 $I=I_1=I_2$，知 $\dot{I}_1$、$\dot{I}_2$、$\dot{I}$ 可构成等边三角形。

取 $\dot{U}$ 作为参考相量，$\dot{U}=U\angle 0°$，$\dot{I}_1=I_1\angle 90°$，$\dot{I}=I\angle 30°$，$\dot{I}_2=I_2\angle -30°$

由于 $P=UI\cos(-30°)$，而 $P=866\text{W}$，$U=100\text{V}$，得 $I=10\text{A}$，得 $\dot{I}_1=10\angle 90°$，$\dot{I}=10\angle 30°$，$\dot{I}_2=10\angle -30°$

$|Z|=\sqrt{R^2+(\omega L)^2}=\frac{U}{I}=\frac{100}{10}=10$

$\tan\varphi_2=\frac{\omega L}{R}=\tan30°=\frac{\sqrt{3}}{3}$，则 $\omega L=\frac{\sqrt{3}}{3}R$

由$\sqrt{R^2+(\frac{\sqrt{3}}{3}R)^2}=10$，知 $R=8.66\Omega$

则 $\omega L=5\Omega$

答案：C

13. **解**　当发生并联谐振时，$X_L=X_C$，即 $\omega L=\frac{1}{\omega C}$，则 $\omega C=1$，$\dot{I}_C=\frac{\dot{U}_S}{\frac{1}{j\omega C}}=\frac{20\angle0°}{-j1}=20\angle90°$。

答案：B

14. **解**　取 A 相电压为参考相量，$\dot{U}_A=U_A\angle0°=200\angle0°$，$\dot{U}_{AB}=200\sqrt{3}\angle30°$

$$\dot{I}_A=\frac{\dot{U}_A}{Z}=\frac{200\angle0°}{100\sqrt{3}+j100}=\frac{\sqrt{3}}{2}-j\frac{1}{2}=1\angle-30°$$

$$P_1=\mathrm{Re}[\dot{U}_{AB}\times\overset{*}{I}_A]=200\sqrt{3}\angle\cos60°=100\sqrt{3}\mathrm{W}$$

答案：B

15. **解**　开关 S 闭合时的稳态电路图如图所示。

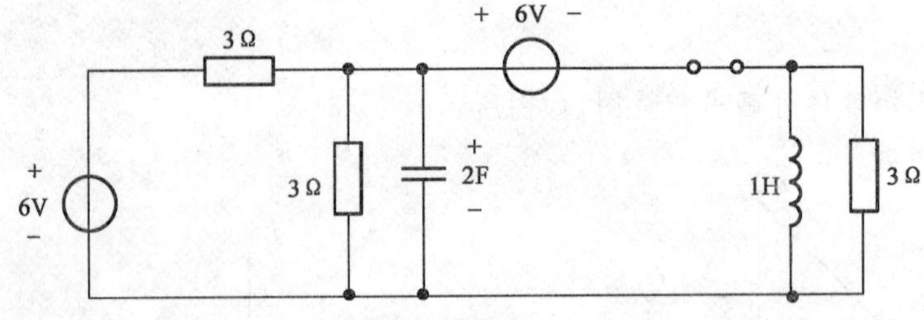

题 15 解图

由电路图可求得：$i=-2\mathrm{A}$，即 $i(0_-)=-2\mathrm{A}$

根据换路定则：$i(0_+)=i(0_-)=-2\mathrm{A}$

$i(\infty)=0$，$\tau=\frac{L}{R}=\frac{1}{3}\mathrm{s}$

由三要素法得：$i(t)=i(\infty)+[i(0+)-i(\infty)]e^{-\frac{t}{\tau}}=-2e^{-3t}\mathrm{A}$

答案：A

16. **解**　由题目中的线电压为 $U_l=380\mathrm{V}$，可得电路的相电压为 $U_\varphi=220\mathrm{V}$，三相负载消耗的总有功功率为 10kW，则单相负载消耗的有功功率 $P_\varphi=\frac{10}{3}\mathrm{kW}$，由于 $P_\varphi=U_\varphi I_\varphi\cos\varphi$，可得负载相电流 $I_\varphi=\frac{P_\varphi}{U_\varphi\cos\varphi}=\frac{\frac{10}{3}\times10^3}{220\times0.6}=25.25\mathrm{A}$。

又由 $P_\varphi = I_\varphi^2 \cdot R$，可得：$R = \dfrac{P_\varphi}{I_\varphi^2} = \dfrac{\frac{10}{3} \times 10^3}{25.25^2} = 5.198\Omega$

$X = R \cdot \tan\varphi = 5.198 \times \dfrac{4}{3} = 6.931\Omega$

所以，负载 $Z = 5.198 \pm j6.931$

答案：D

17. **解**　二阶电路的特征根由于电路中 R、L、C 的参数不同可能有两个不等的负实根，一对实部为负的共轭复根，一对相等的负实根。

当 $R > 2\sqrt{\dfrac{L}{C}}$ 时，为非振荡放电过程；当 $R < 2\sqrt{\dfrac{L}{C}}$ 时，为振荡放电过程；当 $R = 2\sqrt{\dfrac{L}{C}}$ 时，为临界情况。

将题目中的参数代入，得 $2\sqrt{\dfrac{L}{C}} = 6\text{K}$，$R > 2\sqrt{\dfrac{L}{C}}$，所以属于非振荡过程。

答案：A

18. **解**　由已知条件，取电流 $\dot{I}$ 为参考相量 $\dot{I} = I\angle 0°$，如图 a）所示，可画出相量图，如图 b）所示。

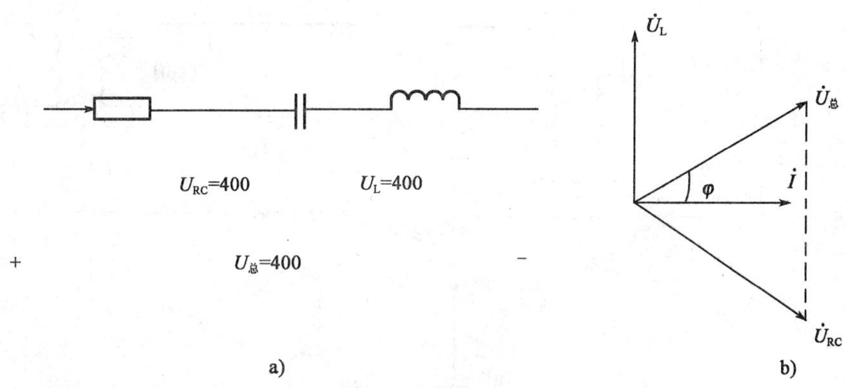

题 18 解图

由相量图可得，$\varphi = 30°$，$U_R = U_总 \cos\varphi = 400 \times \cos 30° = 346.4\text{V}$，$I = \dfrac{U_R}{R} = \dfrac{346.4}{50} = 6.928\text{A}$。

答案：D

19. **解**　设正弦电流的瞬时值表达式为 $i = I_m \sin(\omega t + \varphi)$。将初相位为 90°，$t = 0$ 时瞬时值为 17.32A，代入瞬时值表达式可得瞬时值 $i = I_m = 17.32\text{A}$，再经过 $\dfrac{T}{4}$ 第一次下降到 0，又由题目经过 $\dfrac{1}{50}$s 后电流第一次下降为 0，可得 $\dfrac{T}{4} = \dfrac{1}{50}$s，$T = 0.08$，则 $\omega = \dfrac{2\pi}{T} = 78.54\text{rad/s}$。

答案：A

20. **解**　总电阻为 $R_{总}$，$R_{总}=\frac{U}{I}=\frac{\frac{10}{\sqrt{2}}}{\frac{2}{\sqrt{2}}}=5\Omega$，则无源二端网络 N 中的 $R=R_{总}-4=1\Omega$。由于电压与电流同相位，所以 $X_L=X_C$，$\omega L=\frac{1}{\omega C}$，则 $C=1\mu F$。

答案:A

21. **解**　由换路定律得 $i_L(0_+)=i_L(0_-)=\frac{4}{1+3}=1A$，开关 S 闭合达稳态时，$i_L(\infty)=\frac{4}{1}=4A$。

由三要素法得：

$$i_L(t)=i(\infty)+[i(0_+)-i(\infty)]e^{-\frac{t}{\tau}}=4+(1-4)e^{-\frac{t}{\tau}}=4-3e^{-t} \quad \left(\tau=\frac{L}{R}=1\right)$$

$$U_L(t)=L\frac{di_L}{dt}=3e^{-t}$$

答案:B

22. **解**　原电路等效为图示电路。

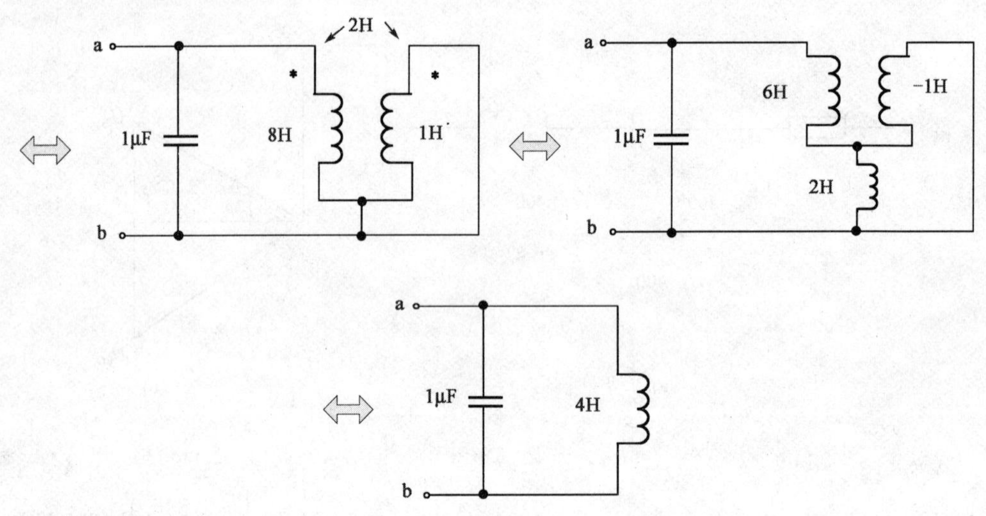

题 22 解图

因为发生谐振，所以 $\omega=\frac{1}{\sqrt{LC}}=\frac{1}{\sqrt{4\times1\times10^{-6}}}=500rad/s$，则 $f=\frac{\omega}{2\pi}=\frac{500}{2\times3.14}=80Hz$。

答案:A

23. **解**　如图所示，由镜像法可知，且 $J=\frac{I}{S}=\frac{I}{2\pi r^2}$，$E=\frac{J}{\gamma}=\frac{I}{2\pi r^2\cdot\gamma}$

半球到无穷远处的电压：　$U=\int_{R_0}^{\infty}Edr=\int_{R_0}^{\infty}\frac{I}{2\pi r^2\cdot\gamma}\cdot dr=\frac{I}{2\pi\gamma R_0}$

接地体的电阻：$$R=\frac{U}{I}=\frac{1}{2\pi\gamma R_0}=\frac{1}{2\times3.14\times10^{-2}\times1}=15.92\Omega$$

答案:A

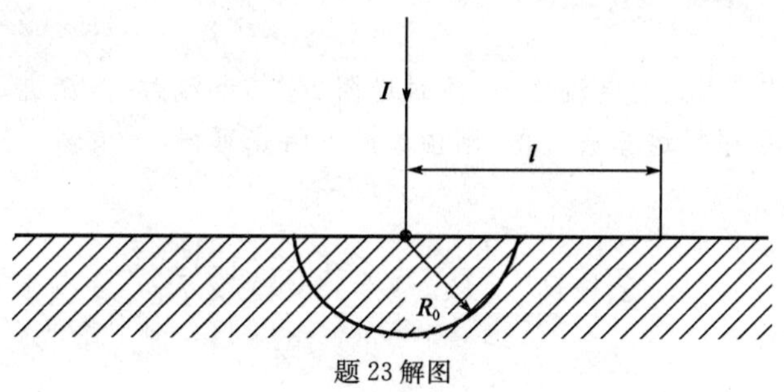

题23解图

24.**解**　设内导体流出的电流为I，由对称可得电容器内电流密度$J=\frac{I}{4\pi r^2}$，则电场强度$E_0=\frac{J}{\gamma}$。

电压：$U=\int_{R_1}^{R_2}E\mathrm{d}r=\int_{R_1}^{R_2}\frac{I}{4\pi r^2\cdot\gamma}\mathrm{d}r=I\left(\frac{1}{4\pi R_1\gamma}-\frac{1}{4\pi R_2\gamma}\right)$

电导：$G=\frac{I}{U}=\frac{1}{\frac{1}{4\pi R_1\gamma}-\frac{1}{4\pi R_2\gamma}}=0.126\times10^{-9}\mathrm{S}$

答案:C

25.**解**　终端处于开路状态，从始端观察的输入阻抗$Z_{in}=-jZ_C\mathrm{ctan}\beta l$（其中$\beta=\frac{2\pi}{\lambda}$，$Z_C$为特性阻抗）。当$\mathrm{ctan}\beta l=\pm1$时，输入阻抗的绝对值等于特性阻抗的绝对值。很明显选项A、B、C的余切值的绝对值都为1，只有选项D不为1。

答案:D

26.**解**　$U_0=\frac{\tau}{2\pi\varepsilon_0}\ln\left(\frac{b}{a}\right)$，则$\frac{\tau}{2\pi\varepsilon_0}=\frac{U_0}{\ln\left(\frac{b}{a}\right)}$，$E(r=a)=\frac{\tau}{2\pi\varepsilon_0 a}=\frac{U_0}{a\ln\left(\frac{b}{a}\right)}$，令$f(a)=a\ln\left(\frac{b}{a}\right)$，$b$固定，对$a$求导数，$\frac{\mathrm{d}f(a)}{\mathrm{d}a}=\ln\left(\frac{b}{a}\right)-1=0$，则$\frac{a}{b}=\frac{1}{e}$。

答案:A

27.**解**　如图所示。将D_1和D_2从"×"处断开，得$U_{ak1}=10\mathrm{V}$，$U_{ak2}=25\mathrm{V}$，则D_2优先导通，D_2导通后，$U_{ak1}=-15\mathrm{V}$，故D_1反偏截止，所以$U_{AB}=-15\mathrm{V}$。

答案:B

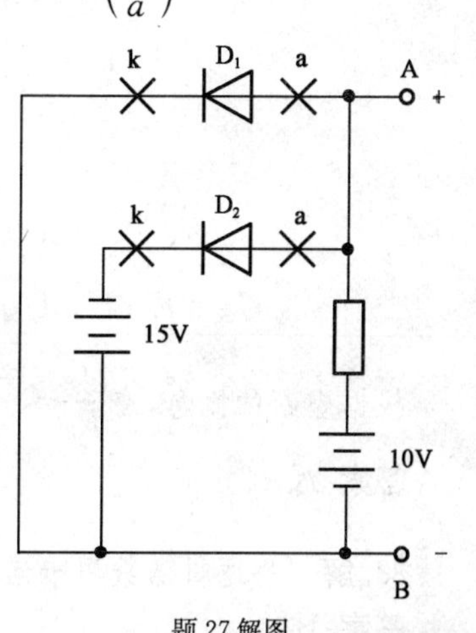

题27解图

28.**解**　晶体管允许的最大工作电流$I_{CM}=100\mathrm{mA}$。

当工作电压为10V时，$I_C=\frac{P_{CM}}{U_{CE}}=\frac{150\times10^{-3}}{10}=15\mathrm{mA}<$

I_{CM},这种情况在正常工作范围内;

当工作电压为1V时,$I_C=\dfrac{P_{CM}}{U_{CE}}=\dfrac{150\times10^{-3}}{1}=150\text{mA}>I_{CM}$,这种情况是不允许的。

答案:A

29.**解** 设流过电阻R_1的电流为i_1,流过电阻R_2的电流为i_2,流进运放A的同相输入端的电流为i_i,由于A是理想运算放大器,则由虚断的特点可得:

$$i_i=0,i_1=i_2$$

$$\frac{U_o}{R_1+R_2}=\frac{U_{REF}}{R_1},U_o=U_{REF}\left(1+\frac{R_2}{R_1}\right)$$

答案:C

30.**解** $\dfrac{dA_f}{A_f}=\dfrac{1}{1+AF}\dfrac{dA}{A}$,可得$1+AF=1000$。根据闭环增益$A_f=20\text{dB}$,可得$A_f=10$。$A=A_f(1+AF)=10000$,则$F$约为0.1。

答案:B

31.**解** 为稳定电压,采用电压负反馈。由瞬时极性法得到输入与输出极性相反,欲构成负反馈需与输入信号并联。反馈信号与输入信号都加在同一个输入端即以电流形式叠加,所以为并联负反馈。

答案:A

32.**解** 如图所示。

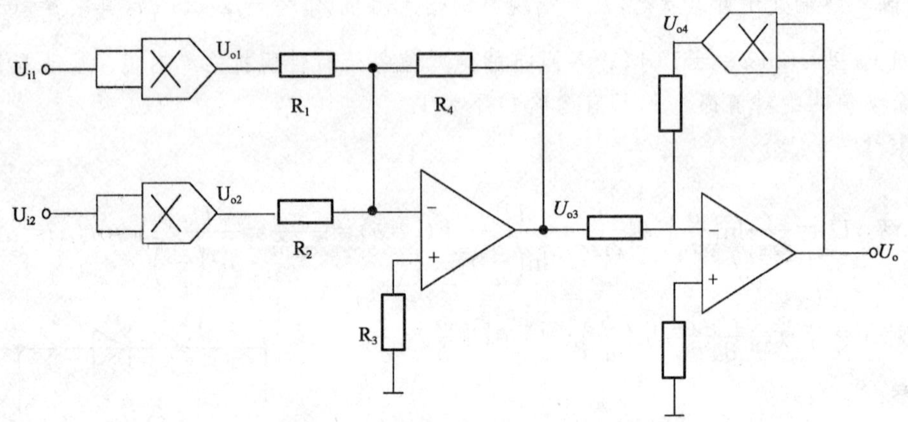

题32解图

$$U_{o1}=K\cdot U_{i1}^2,U_{o2}=K\cdot U_{i2}^2,U_{o3}=-K\cdot(U_{i1}^2+U_{i2}^2),U_{o4}=K\cdot U_o^2$$

根据虚断的概念,有$\dfrac{U_{o3}}{R_5}=\dfrac{-U_{o4}}{R_6}$,得$U_o=\sqrt{U_{i1}^2+U_{i2}^2}$。

答案:A

33.**解** 将逻辑函数用卡诺图表示如图所示,$L=\overline{B}+\overline{D}$。

答案:B

34. **解**　$8\times1024\times8=512\times4\times n$，$n=32$。

答案：C

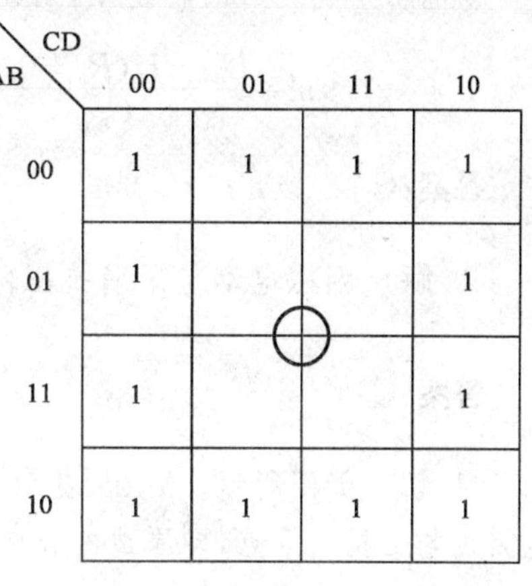

题33解图

35. **解**　$\dfrac{4.0}{19.6\times10^{-3}}=204$，将204转换为二进制数为$(11001100)_B$。

答案：D

36. **解**　V_0从零电平上升到$\dfrac{2}{3}V_{CC}$的时间，即为输出电压U_o的脉宽t_w，即：$t_w=1.1RC=1.1\times91\times10^3\times25\times10^{-6}=2.5s$

答案：B

37. **解**　根据功能表可知，4位二进制同步加法计数器74LS161具有同步清零功能。同步清零至当清零端接上清零信号后，计数时钟脉冲的上升或者下降结束后，计数器才会清零。

由电路图可以看出，第一片74LS161(1)接成十六进制计数器，第二片74LS161(2)对$\overline{LD}$进行置数时置入0011，所以第二片74LS161(2)计数有0011～1111，共13个状态，为十三进制计数器。两片串接组成208进制计数器。因此，进位输出F的频率为CP频率的11208，实现208分频。

答案：C

38. **解**

$$L_1=\overline{AB},L_2=\overline{A\cdot L_1},L_3=\overline{B\cdot L_1}$$

$$\begin{aligned}L&=\overline{\overline{L_2}\,\overline{L_3}}=\overline{L_2}+\overline{L_3}=A\cdot L_1+B\cdot L_1\\&=A\cdot\overline{AB}+B\cdot\overline{AB}\\&=A(\overline{A}+\overline{B})+B(\overline{A}+\overline{B})\\&=A\,\overline{B}+\overline{A}B\\&=A\oplus B\end{aligned}$$

答案：A

39. **解**　并励直流电动机电势方程为：

$$U_N=E_a+I_aR_a \quad ①$$

$$I_a=I_N-I_f \quad ②$$

$$I_f=\frac{U_N}{R_f}=\frac{110}{110}=1A$$

则

$$I_a=28-1=27A$$

$$E_a=C_e\varphi n_N \quad ③$$

将式②、式③代入式①，得：$U_N=C_e\varphi n_N+(I_N-I_f)R_a$

得：$C_e\varphi=\dfrac{U_N-(I_N-I_f)R_a}{n_N}=\dfrac{110-27\times0.15}{1500}=0.071$

当串入0.5Ω电阻后，若负载转矩不变，则I_N不变。

设电动机稳定后的转速 n'，则：$U_N = C_e\varphi n' + I_a(R_a + 0.5)$

$$n' = \frac{U_N - I_a(R_a + 0.5)}{C_e\varphi} = \frac{110 - 27\times(0.15 + 0.5)}{0.071} = 1309\text{r/min}$$

答案：C

40. **解** 漏磁电动势用漏抗压降表示，漏磁通对电路的影响可以用电路的参数（电抗）来表示。

答案：C

41. **解** 如图所示。Y，d5 表示的含义是当 Y 侧线电压指向 12 点时，△侧线电压指向 5 点，即原边的线电压滞后于副边 210°。

答案：C

题 41 解图

42. **解** 转子旋转磁场切割定子绕组导体，产生感应电动势，由于定子绕组是短路的，该感应电动势在定子绕组中产生电流，定子有功电流和气隙磁场相互作用，在定子上产生电磁转矩，而定子固定不动，该电磁转矩反作用于转子上，使转子反向旋转，即逆时针旋转。

答案：C

43. **解** 若异步电动机拖动恒转矩负载运行，则转子电流大小不变。由 $T = C_T\varphi_m I_2\cos\varphi_2$ 可知，当电源电压一定时，主磁通 φ_m 也一定，C_T 是固定不变的，因此功率因数也不变。

答案：A

44. **解** 同步发电机的功角特性为：

$$P_M = \frac{mUE_0}{X}\sin\theta$$

设故障前 $P_M = \frac{mUE_0}{X}\sin\delta_N$，故障后 $P'_M = \frac{m\cdot 0.6U_N E'_0}{X}\sin\delta'$

因故障前后有功功率不变 $P_M = P'_M$，即 $\frac{mU_N E_0}{X}\sin\delta_N = \frac{m\cdot 0.6U_N E'_0}{X}\sin\delta'$

可得 $E'_0 = 1.35E_0$

答案：B

45. **解** 电压降落是指电力网中，首端相电压与末端相电压之差，即 $\dot{U}_1 - \dot{U}_2$，是相量；电压损耗是指输电线路首端和末端电压的绝对值之差，即 $U_1 - U_2$ 是标量，只是数值。

答案：A

46. **解** 用电设备容许的电压偏移为±5%，沿线路的电压降落为 10%，这就要求线路始端电压为额定值的 105%，以使末端电压不低于额定值的 95%。发电机往往接在线路始端，因此，发电机的额定电压为线路额定电压的 105%。

所以本题中发电机接入 10kV 网络，则发电机的额定电压应为线路额定电压的 105%，即为 10.5kV。

变压器的一次侧接电源，相当于用电设备，二次侧向负荷供电，又相当于发电机。因此变压器一次侧额定电压应等于用电设备的额定电压，二次侧电压应较线路额定电压高5%，但又因变压器二次侧电压规定为空载时的电压，而额定负荷下变压器内部的电压降落约为5%，为使正常运行时变压器二次侧电压较线路额定电压高5%，变压器二次侧额定电压应较线路额定电压高10%，所以本题目中变压器一次侧额定电压为线路额定电压的5%，二次侧额定电压为线路额定电压的10%，即10.5/121kV。

答案：A

47.**解**　由电力线路的电压即损耗计算知识可知：电压的相位主要取决于电压降落横分量 $\delta U=\frac{PX+QR}{U}$；电压幅值主要取决于电压降落的纵分量 $\Delta U=\frac{PR+QX}{U}$；由于在高压电力网络中存在 $X\gg R$，R 可以忽略，所以 ΔU 主要受线路中流过的无功功率的影响，δU 主要受线路中流过的有功功率的影响。而线路的有功损耗为 $\Delta P=\frac{P^2+Q^2}{U^2}\cdot R$ 与流过的有功、无功功率，电压等级以及线路电阻有关。

答案：B

48.**解**　输电线路的网络损耗包括有功损耗和无功损耗，其中有功损耗 $\Delta P=\frac{P^2+Q^2}{U^2}R$，无功损耗 $\Delta Q=\frac{P^2+Q^2}{U^2}X$。输电线路的主要作用是传输有功，所以不能以减少有功传输来达到降损的目的。而减少输电线路上的无功传输可以达到降损的目的，因为无功可以就地补偿。

答案：D

49.**解**　电力系统的频率主要与有功有关，电压主要与无功有关，当电力系统中有功功率平衡出现波动时，就会出现频率偏差，这时候需要对频率进行调节，包括一次调频、二次调频和三次调频，发电机的调速器可属于一次调频。

答案：A

50.**解**　对于高压远距离轻载的输电线路，由于不可忽略对地电容的充电作用，经常会出现末端电压升高的现象，为了抑制这种现象需要在线路末端并联电抗器，可以吸收轻载或空载线路过剩的感性无功功率。对于高压远距离输电线路，可以起到提高输送能力，降低过电压的作用。

答案：B

51.**解**　最大负荷时电压损：$\Delta U_{max}=\frac{P_{max}R+Q_{max}X}{U_{max}}=\frac{33\times2.5+25\times40}{10.5}=10.31\text{kV}$

最大负荷时的抽头电压 $U_{1Tmax}=\frac{U_{1max}-\Delta U_{max}}{U_{2max}}U_{2N}=\frac{105-10.31}{10}\times11=104.16\text{kV}$

最小负荷时电压损耗：$\Delta U_{min}=\frac{P_{min}R+Q_{min}X}{U_{min}}=\frac{25\times2.5+40\times20}{107.5}=8.02\text{kV}$

最小负荷时的抽头电压为：$U_{1Tmin}=\frac{U_{1min}-\Delta U_{min}}{U_{2min}}\cdot U_{2N}=\frac{107.5-8.02}{10.5}\times11=104.22\text{kV}$

所以抽头电压为：$U_{1T,av}=\frac{1}{2}(U_{1Tmax}+U_{1Tmin})=\frac{1}{2}(104.16+104.22)=104.19\text{kV}$

选取一个最接近的抽头为 $110\times(1-5\%)\text{kV}$

校验：

最大负荷时低压侧实际电压：$(105-10.31)\times\frac{11}{110\times(1-5\%)}=9.96\text{kV}\approx10\text{kV}$

最小负荷时低压侧实际电压：$(107.5-8.02)\times\frac{11}{110\times(1-5\%)}=10.47\text{kV}\approx10.5\text{kV}$

满足要求。

答案：C

52.**解** 如图a)、b)所示，系统的总电抗为：

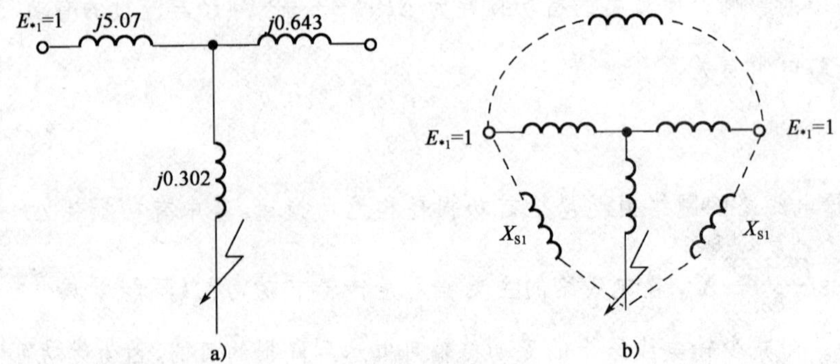

题52解图

$$X_{\Sigma*}=(j2.01+j3.06)//(j0.151+j0.242+j0.25)+j0.302$$
$$=j5.07//j0.643+j0.302=j0.873$$

$$I_*=\frac{1}{X_{\Sigma*}}=\frac{1}{0.873}=1.145$$

$$X_{S1}=j5.07+j0.302+\frac{j5.07\times j0.302}{j0.643}=j7.753$$

$$X_{S2}=j0.643+j0.302+\frac{j0.302\times j0.643}{j5.07}=j0.983$$

答案：D

53.**解** 如图所示，

$X_{\Sigma(1)}=X''_d+X_T+X_{L(1)}=0.289+0.21+0.182=0.681$

$X_{\Sigma(2)}=X_{\Sigma(1)}=0.681$

$X_{\Sigma(0)}=X_{L(0)}+X_T+3X_P=0.182\times3+0.21+0.348\times3=1.8$

复合序网：取 $U_B=U_{av}$，$E_*=1$

$$I_{1*}=\frac{E_*}{X_{\Sigma*}}=\frac{1}{0.681+0.681+1.8}=0.32$$

$$I_f=3I_{1*}\cdot\frac{S_B}{\sqrt{3}U_B}=3\times0.32\times\frac{50\times10^6}{\sqrt{3}\times115\times10^3}=0.24\text{kA}$$

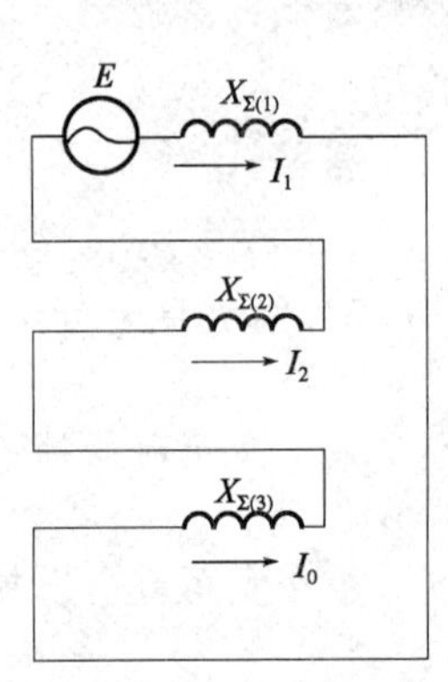

题53解图

$U_{f(1)*}=E_*-I_{1*}\cdot X_{\Sigma(1)}=1-0.34\times0.681=0.768$

$U_{f(1)}=U_{f(1)*}\cdot U_B=0.768\times115=88\text{kV}$

答案:D

54.**解** 正常运行时,二次电流产生的磁通势对一次电流产生的磁通势起去磁作用,励磁电流甚小,铁芯中的总磁通很小,二次绕组的感应电动势不超过几十伏。如果二次侧开路,二次电流的去磁作用消失,其一次电流完全变为励磁电流,引起铁芯内磁通剧增,铁芯处于高度饱和状态,加之二次绕组的匝数很多,根据电磁感应定律就会在二次绕组两端产生很高(甚至可达数千伏)的电压,不但可能损坏二次绕组的绝缘,而且将严重危及人身安全。再者,磁感应强度剧增将使铁芯损耗增大,严重发热,甚至烧坏绝缘,而且在铁芯中产生剩磁,也会使电流互感器的误差增大。因此,电流互感器二次侧开路是绝对不允许的。鉴于以上原因,电流互感器的二次回路中不能装设熔断器;二次回路一般不进行切换,若需要切换时,应有防止开路的可靠措施。

答案:A

55.**解** 电压互感器的接线方式很多,常见的有以下几种:

(1)用一台单相电压互感器来测量某一相对地电压或相间电压的接线方式。

(2)用两台单相互感器接成不完全星形,也称 V-V 接线,用来测量各相间电压,但不能测相对地电压,广泛应用在 20kV 以下中性点不接地或经消弧线圈接地的电网中。

(3)用三台单相三绕组电压互感器构成 YN,yn,d0 或 YN,y,d0 的接线形式,广泛应用于 3~220kV 系统中,其二次绕组用于测量相间电压和相对地电压,辅助二次绕组接成开口三角形,供接入交流电网绝缘监视仪表和继电器用。但是三台单相电压互感器用于 110kV 及以上中性点接地系统时,测量相对地电压,而用于 35kV 及以下中性点不接地系统时,只能测量相间电压,不能测量相对地电压。

(4)可用一台三相五柱式电压互感器代替上述(3)中三个单相三绕组电压互感器构成的接线,来测量相电压和线电压。

(5)三相三柱式电压互感器只能测量线电压,不能测量相电压。

答案:C

56.**解** 如图所示。

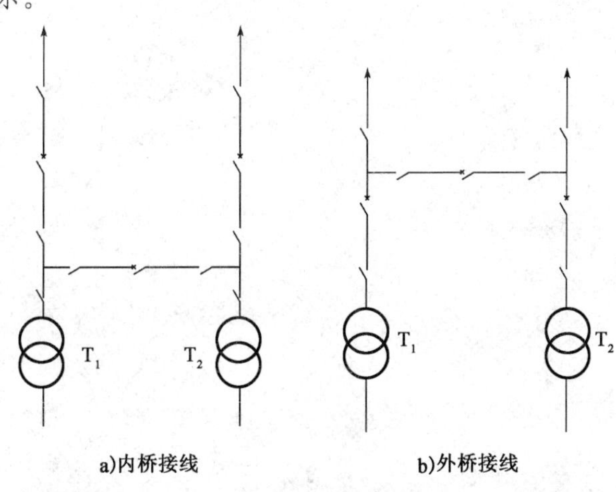

题 56 解图

当只有两台变压器和两条输电线路时，采用桥形接线，使用的断路器数目最少。当输电线路较长，故障概率较高，而且变压器又不需经常切换时，一般采用内桥接线；当线路较短时，且变压器运行方式需经常切换时，或系统有穿越功率流经本厂时，一般采用外桥接线。

答案：D

57. **解** 在各断口上并联一个比杂散电容大得多的电容器，使各断口上的电压均匀分配，以提高断路器的开断性能，所以常在断路器多断口上加装并联电容。

答案：B

58. **解** 35kV及以下电压等级的线路，只对进线段（靠近变压器1～2km线段）加装避雷线，目的是使雷击发生在进线段以外，可以通过线路冲击电晕引起行波的衰减和变形，降低进入变电所的雷电波的幅值和陡度。

答案：B

59. **解** 提高绝缘子憎水性能够避免绝缘表面形成连续的水膜，若形成水膜可使绝缘子雷击闪络电压降低。

答案：B

60. **解** 并联电抗器可以吸取轻载或空载线路过剩的感性无功功率，对于高压远距离输电线路，可以提高其输送能力，降低线路末端过电压。

答案：A

2011年度全国注册电气工程师(供配电)执业资格考试专业基础考试

试　　题

以下为单选题(共60题,每题2分。每题的备选项中,只有1个符合题意)

1. 如图所示电路中,已知$R_1=10\Omega$,$R_2=2\Omega$,$U_{S1}=10V$,$U_{S2}=6V$,则电阻R_2两端的电压U为(　　)。

A. 4V　　B. 2V　　C. −4V　　D. −2V

2. 如图所示电路中,测得$U_{S1}=10V$,电流$I=10A$,则流过电阻R的电流I_1为(　　)。

A. 3A　　B. −3A　　C. 6A　　D. −6A

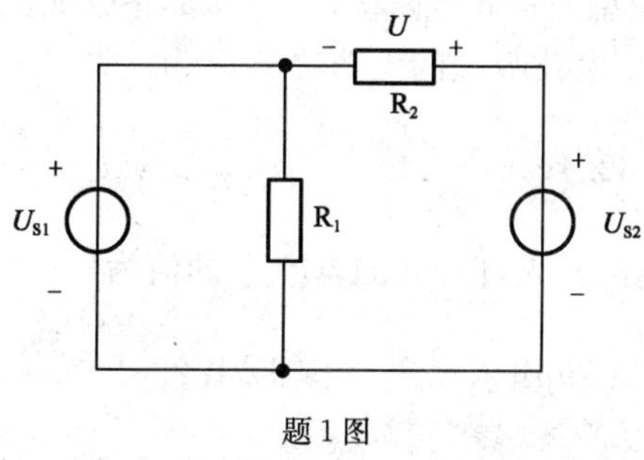

题1图

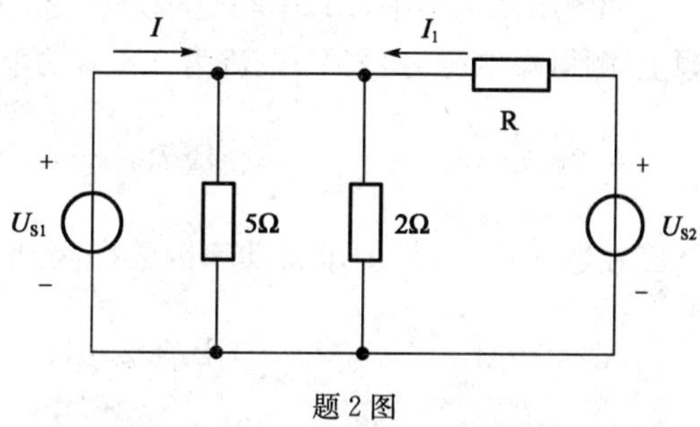

题2图

3. 如图所示电路中,已知$U_S=12V$,$R_1=15\Omega$,$R_2=30\Omega$,$R_3=20\Omega$,$R_4=8\Omega$,$R_5=12\Omega$,电流I为(　　)。

A. 2A　　B. 1.5A　　C. 1A　　D. 0.81A

4. 如图所示电路中,已知$U_S=12V$,$I_{S1}=2A$,$I_{S2}=8A$,$R_1=12\Omega$,$R_2=6\Omega$,$R_3=8\Omega$,$R_4=4\Omega$。取节点3为参考点,节点1的电压U_{n1}为(　　)。

A. 15V　　B. 21V　　C. 27V　　D. 33V

5. 如图所示电路中,电流I为(　　)。

A. −2A　　B. 2A　　C. −1A　　D. 1A

6. 如图所示电路中,电阻R的阻值可变,则R为下列哪项数值时可获得最大功率?(　　)

A. 12Ω　　B. 15Ω　　C. 10Ω　　D. 6Ω

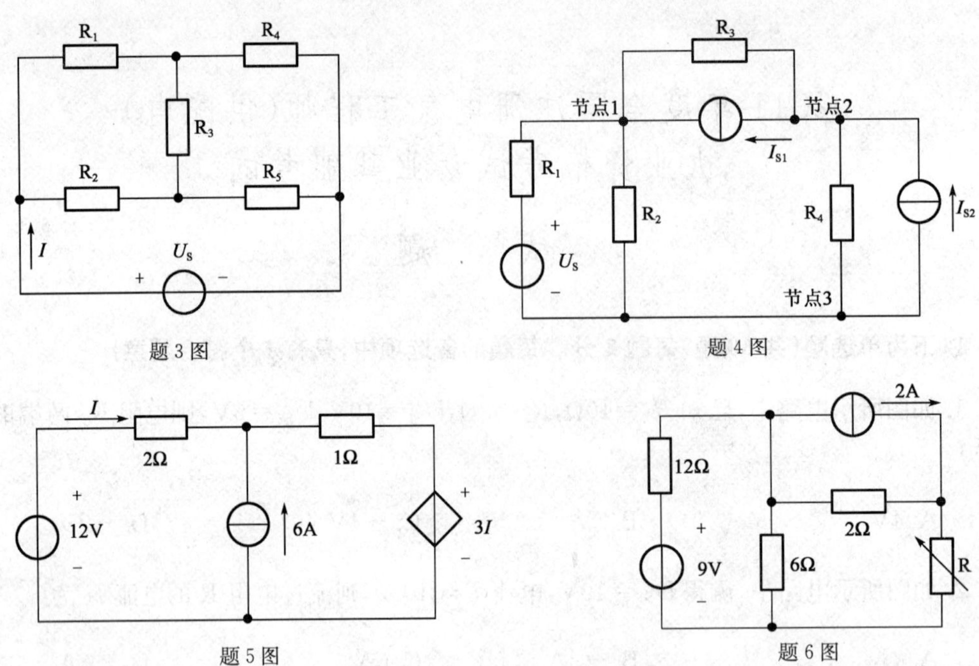

7. 如图所示电路中，RL 串联电路为日光灯的电路模型。将此电路接在 50Hz 的正弦交流电压源上，测得端电压为 220V，电流为 0.4A，功率为 40W。电路吸收的无功功率 Q 为（　）。

A. 76.5var　　B. 78.4var　　C. 82.4var　　D. 85.4var

8. 在题 7 中，如果要求将功率因数提高到 0.95，应给日光灯并联的电容 C 的值为（　　）。

A. 4.29μF　　B. 3.29μF　　C. 5.29μF　　D. 1.29μF

9. 如图所示正弦交流电路中，已知 $Z = 10 + j50\Omega$，$Z_1 = 400 + j1000\Omega$。当 β 为（　　）时，$\dot{I}_1$ 和 $\dot{U}_S$ 的相位差为 90°。

A. −41　　B. 41　　C. −51　　D. 51

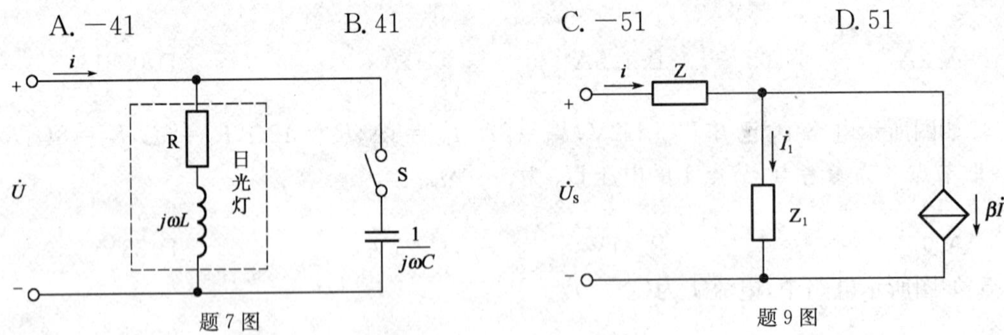

10. 如图所示正弦交流电路中，已知 $\dot{U}_S = 100\angle 0°V$，$R = 10\Omega$，$X_L = 20\Omega$，$X_C = 30\Omega$。当负载 Z_L 为（　　）时，它将获得最大功率。

A. $8 + j21\Omega$　　B. $8 - j21\Omega$　　C. $8 + j26\Omega$　　D. $8 - j26\Omega$

11. 在 RC 串联电路中，已知外加电压：$u(t)=20+90\sin(\omega t)+30\sin(3\omega t+50°)+10\sin(5\omega t+10°)\text{V}$，电路中电流：$i(t)=1.5+1.3\sin(\omega t+85.3°)+6\sin(3\omega t+45°)+2.5\sin(5\omega t-60.8°)\text{A}$，则电路的平均功率 P 为(　　)。

A. 124.12W　　B. 128.12W　　C. 145.28W　　D. 134.28W

12. 如图所示 RLC 串联电路中，已知 $R=10\Omega$，$L=0.05\text{H}$，$C=50\mu\text{F}$，电源电压：$u(t)=20+90\sin(\omega t)+30\sin(3\omega t+45°)\text{V}$，电源的基波角频率 $\omega=314\text{rad/s}$。电路中的电流 $i(t)$ 为(　　)。

A. $1.3\sqrt{2}\sin(\omega t+78.2°)-0.77\sqrt{2}\sin(3\omega t-23.9°)\text{A}$

B. $1.3\sqrt{2}\sin(\omega t+78.2°)+0.77\sqrt{2}\sin(3\omega t-23.9°)\text{A}$

C. $1.3\sqrt{2}\sin(\omega t-78.2°)-0.77\sqrt{2}\sin(3\omega t-23.9°)\text{A}$

D. $1.3\sqrt{2}\sin(\omega t+78.2°)+0.77\sqrt{2}\sin(3\omega t+23.9°)\text{A}$

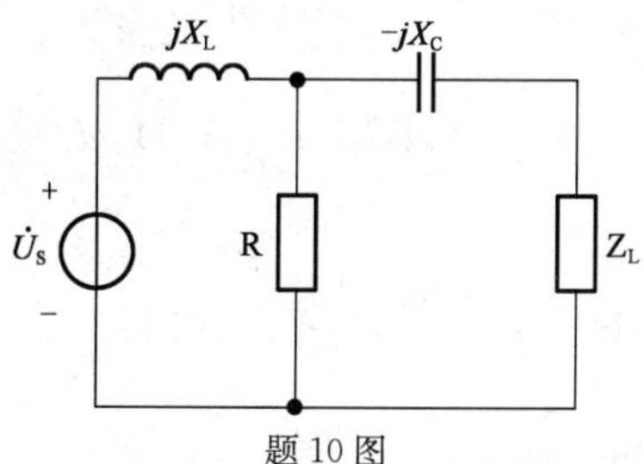

题 10 图

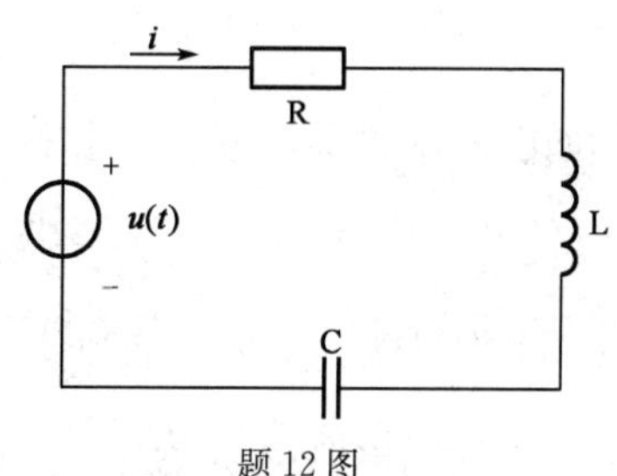

题 12 图

13. 如图所示电路中，已知 $U_S=6\text{V}$，$R_1=1\Omega$，$R_2=2\Omega$，$R_3=4\Omega$，开关闭合前电流处于稳态，$t=0$ 时开关 S 闭合。$t=0_+$ 时，$u_C(0_+)$ 为(　　)。

A. −6V　　B. 6V　　C. −4V　　D. 4V

14. 如图所示电路中，已知 $R_1=3\Omega$，$R_2=R_3=2\Omega$，$U_S=10\text{V}$，开关 S 闭合前电路处于稳态，$t=0$ 时开关闭合。$t=0_+$ 时，$i_{L1}(0_+)$ 为(　　)。

A. 2A　　B. −2A　　C. 2.5A　　D. −2.5 A.

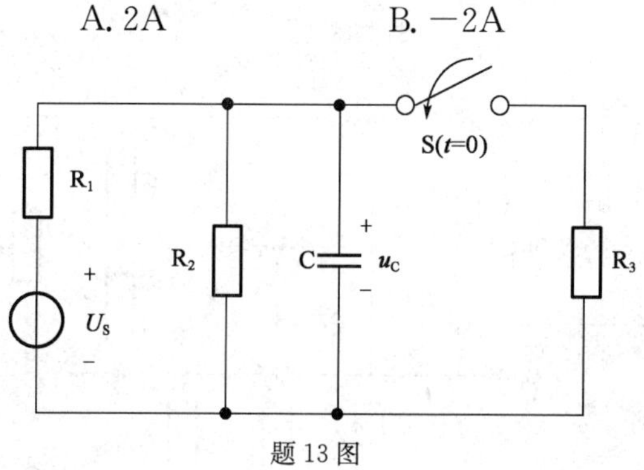

题 13 图

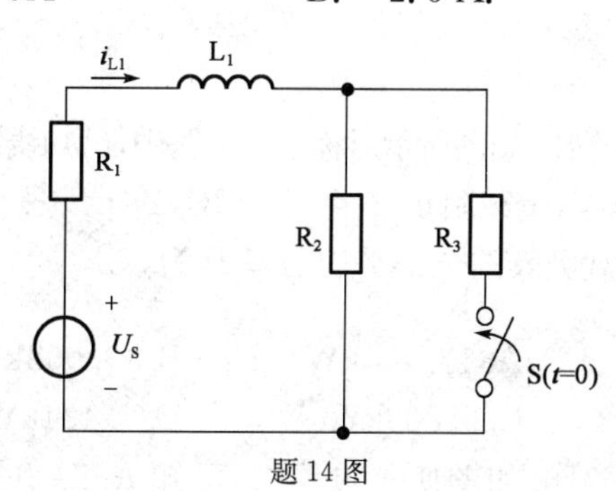

题 14 图

15. 如图所示电路中，开关 S 闭合前电路已经处于稳态，在 $t=0$ 时开关 S 闭合。开关 S 闭合后的 $u_C(t)$ 为(　　)。

A. $16-6e^{\frac{1}{2.4}\times10^{2}t}$V　　B. $16-6e^{-\frac{1}{2.4}\times10^{2}t}$V

C. $16+6e^{\frac{1}{2.4}\times10^{2}t}$V　　D. $16+6e^{-\frac{1}{2.4}\times10^{2}t}$V

16. 如图所示电路中，换路前已处于稳定状态，在 $t=0$ 时开关 S 打开后的电流 $i_L(t)$ 为(　　)。

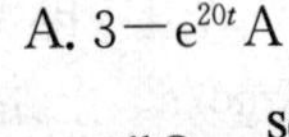

A. $3-e^{20t}$ A　　B. $3-e^{-20t}$ A　　C. $3+e^{-20t}$ A　　D. $3+e^{20t}$ A

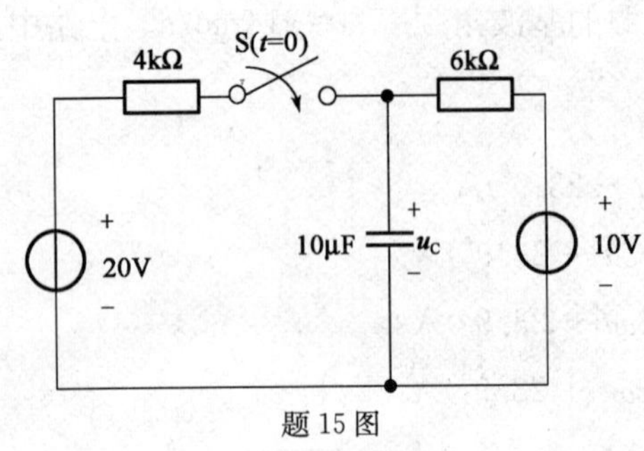

题 15 图

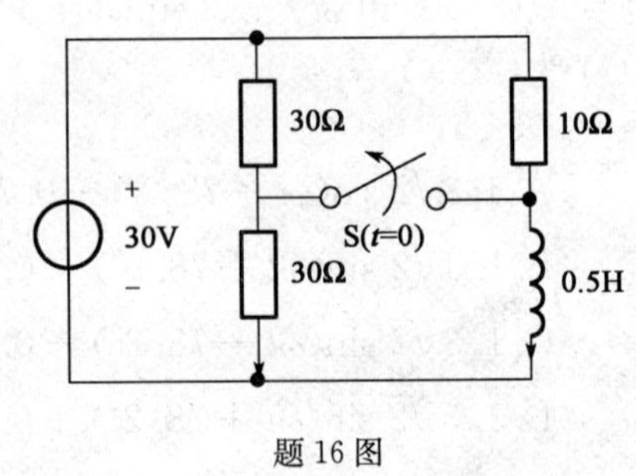

题 16 图

17. 如图所示含耦合电感电路中，已知 $L_1=0.1$H，$L_2=0.4$H，$M=0.12$H。ab 端的等效电感 L_{ab} 为(　　)。

A. 0.064H　　B. 0.062H　　C. 0.64H　　D. 0.62H

18. 如图所示电路中，n 为(　　)时，$R=4\Omega$ 电阻可以获得最大功率。

A. 2　　B. 7　　C. 3　　D. 5

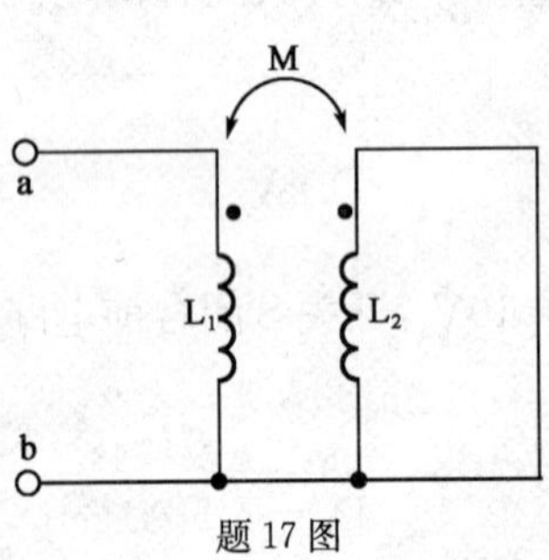

题 17 图

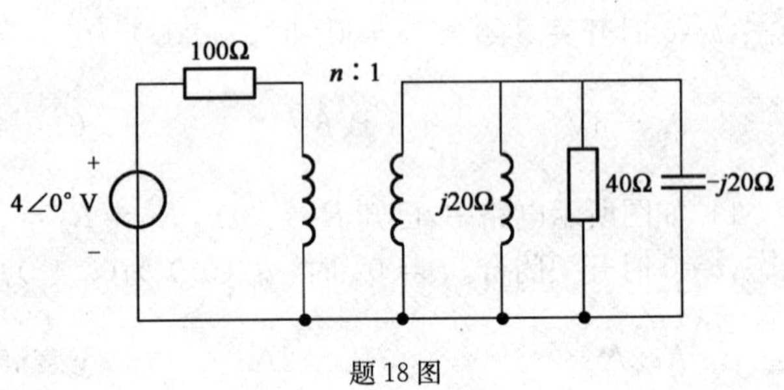

题 18 图

19. 如图所示对称三相电路中，已知线电压 $U_1=380$V，负载阻抗 $Z_1=-j12\Omega$，$Z_2=3+j4\Omega$，三相负载吸收的全部平均功率 P 为(　　)。

A. 17.424kW　　B. 13.068kW

C. 5.808kW　　D. 7.424kW

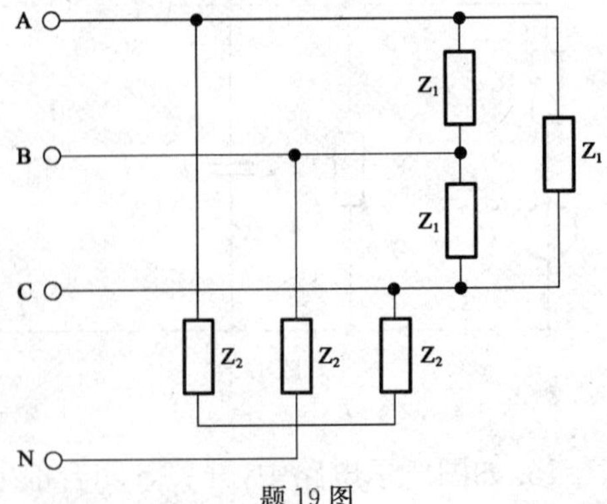

题 19 图

20. 如图所示电路中，已知 $L_1=0.12$H，$\omega=314$rad/s，$u_1(t)=U_{1m}\cos(\omega t)+U_{3m}\cos(3\omega t)$，$u_2(t)=U_{1m}\cos(\omega t)$。$C_1$ 和 C_2 的数值分别为(　　)。

A. 7.39μF 和 71.14μF　　B. 71.14μF 和 7.39μF

C. 9.39μF 和 75.14μF　　D. 75.14μF 和 9.39μF

21. 如图所示电路中，换路前已达稳态，在 $t=0$ 时开关 S 打开，欲使电路产生临界阻尼响应，R 应取(　　)。

A. 3.16Ω　　B. 6.33Ω　　C. 12.66Ω　　D. 20Ω

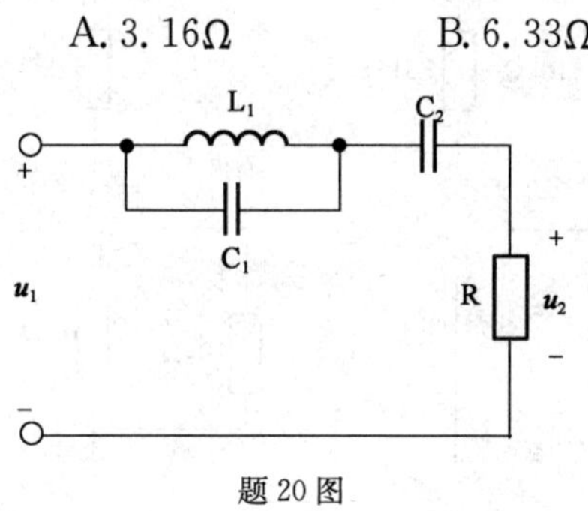

题 20 图

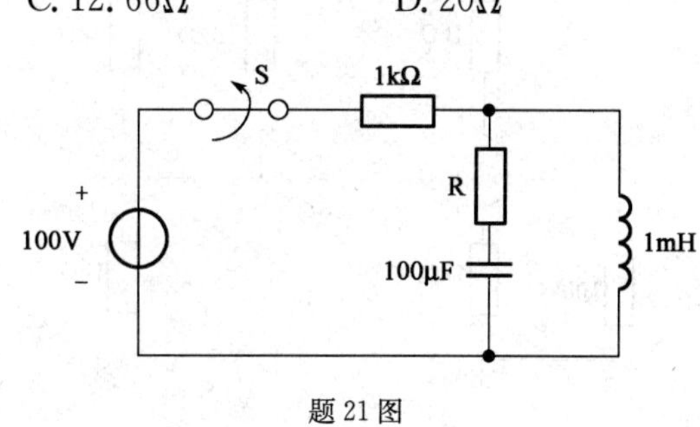

题 21 图

22. 设正弦量的复数形式为 $F=5+j5$，它的极坐标形式 F 为(　　)。

A. $\sqrt{50}\angle 45°$　　B. $\sqrt{50}\angle -45°$　　C. $10\angle 45°$　　D. $10\angle -45°$

23. 无限大真空中一半径为 a 的带电导体球，所带体电荷在球内均匀分布，体电荷总量为 q。在球外(即 $r>a$ 处)任一点 r 处的电场强度的大小 E 为(　　)V/m。

A. $\frac{q}{4\pi\varepsilon_0 a}$　　B. $\frac{q}{4\pi\varepsilon_0 a^2}$　　C. $\frac{q}{4\pi\varepsilon_0 r}$　　D. $\frac{q}{4\pi\varepsilon_0 r^2}$

24. 内半径为 a，外半径为 b 的单芯同轴电缆，载流为 I，在 $\rho<a$ 的区域中，磁场强度 H 为(　　)A/m。

A. $\frac{I}{2\pi\rho}$　　B. $\frac{\mu_0 I}{2\pi\rho}$　　C. 0　　D. $\frac{I(\rho^2-a^2)}{2\pi(b^2-a^2)\rho}$

25. 两半径为 a 和 $b(a<b)$ 的同心导体球面间电压为 U_0，若 b 固定，要使半径为 a 的球面上场强最小，应取比值 $\frac{a}{b}$ 为(　　)。

A. 1/2　　B. 1/4　　C. $1/e$　　D. $1/\pi$

26. 一特性阻抗为 $Z_{01}=50\Omega$ 的无损传输线经由另一长度 $l=0.25\lambda$(λ 为波长)，特性阻抗为 Z_{02} 的无损传输线达到与 $Z_L=100\Omega$ 的负载匹配，应取 Z_{02} 为(　　)。

A. 38.75Ω　　B. 80Ω　　C. 71Ω　　D. 66Ω

27. 负反馈所能抑制的干扰和噪声是(　　)。

A. 反馈环内的干扰和噪声　　B. 反馈环外的干扰和噪声

C. 输入信号所包含的干扰和噪声　　D. 输入信号所包含的干扰和噪声

28. 晶体管电路如图所示，已知各晶体管的 $\beta=50$，那么晶体管处于放大工作状态的电路是(　　)。

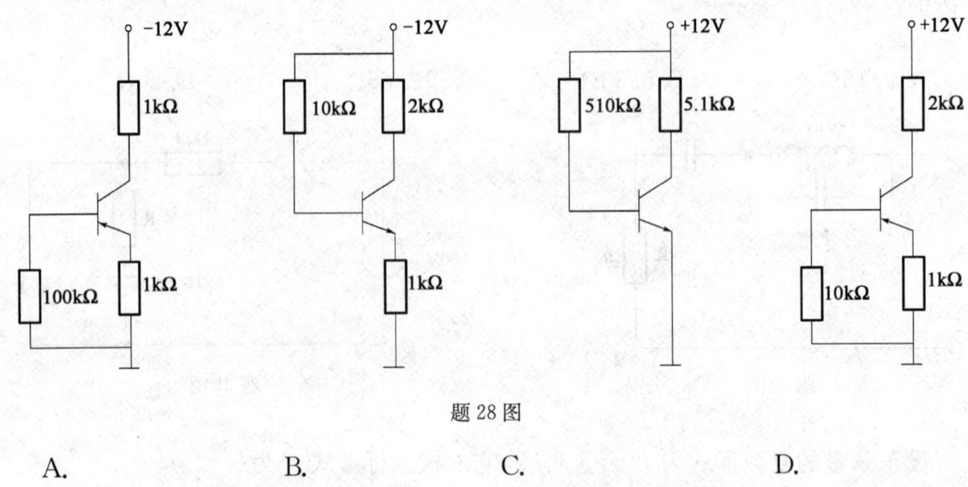

题 28 图

A.　　B.　　C.　　D.

29. 某双端输入、单端输出的差分放大电路的差模电压放大倍数为 200，当两个输入端并接 $u_1=1\text{V}$ 的输入电压时，输出电压 $\Delta u_o=100\text{mV}$。那么该电路的共模电压放大倍数和共模抑制比分别为(　　)。

A. −0.1　200　　B. −0.1　2000　　C. −0.1　−200　　D. 1　2000

30. 运放有同相、反相和差分三种输入方式，为了使集成运放既能放大差模信号，又能抑制共模信号，应采用(　　)方式。

A. 同相输入　　B. 反相输入　　C. 差分输入　　D. 任何一种输入方式

31. 电路如图所示，其中运算放大器 A 的性能理想，若 $u_i=\sqrt{2}\sin(\omega t)\text{V}$，那么电路的输出功率 P_o 为(　　)。

A. 6.25W　　B. 12.5W　　C. 20.25W　　D. 25W

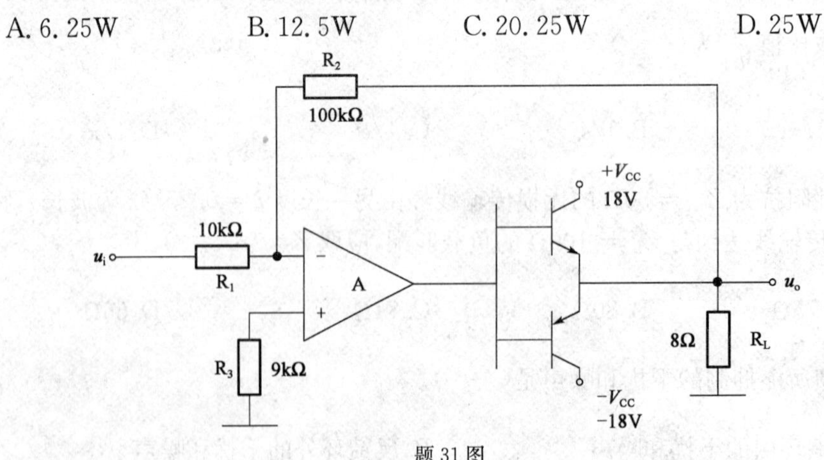

题 31 图

32. 电路如图所示，设运放均有理想的特性，则输出电压 u_o 为(　　)。

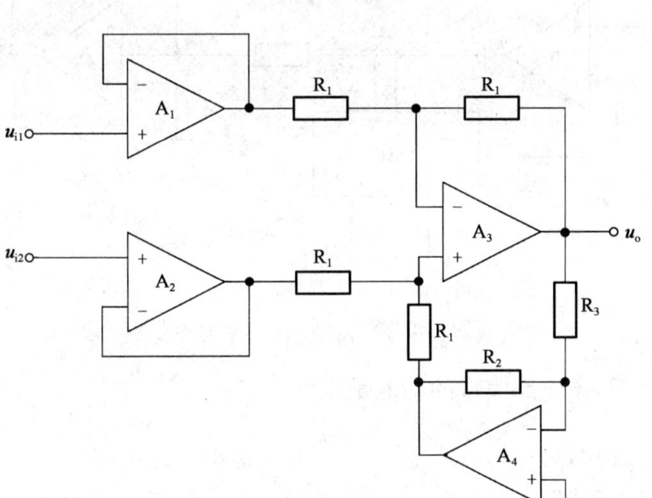

题 32 图

A. $\frac{R_3}{R_2+R_3}\frac{u_{i1}+u_{i2}}{2}$　　B. $\frac{R_3}{R_2+R_3}(u_{i1}+u_{i2})$

C. $\frac{R_3}{R_2+R_3}(u_{i1}-u_{i2})$　　D. $\frac{R_3}{R_2+R_3}(u_{i2}-u_{i1})$

33. 下列逻辑关系中，不正确的是(　　)。

A. $A\overline{B}+\overline{A}B=\overline{AB+\overline{A}\cdot\overline{B}}$　　B. $A(\overline{A}+B)=AB$

C. $\overline{AB}=\overline{A+B}$　　D. $\overline{A}+\overline{B}=\overline{AB}$

34. 要获得 32K×8 的 RAM，需用 4K×4 的 RAM 的片数为(　　)。

A. 8　　B. 16　　C. 32　　D. 64

35. 已知用卡诺图化简逻辑函数 $L=\overline{A}\,\overline{B}C+A\overline{B}\,\overline{C}$ 的结果是 $L=A\oplus C$，那么该逻辑函数的无关项至少有(　　)。

A. 2 个　　B. 3 个　　C. 4 个　　D. 5 个

36. 如图所示电路是用 D/A 转换器和运算放大器组成的可变增益放大器，DAC 的输出电压 $u=-D_nV_{REF}/255$，它的电压放大倍数 $A_v=\frac{u_o}{u_i}$ 可由输入数字量 D_n 来设定。当 D_n 取 $(01)_H$ 和 $(EF)_H$ 时，A_v 分别为(　　)。

A. 1 和 25.6　　B. 1 和 25.5　　C. 256 和 1　　D. 255 和 1

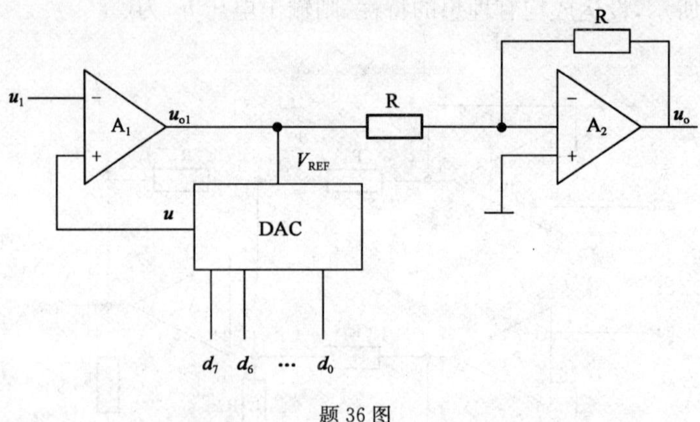

题 36 图

37. 电路如图所示，该电路完成的功能是（　　）。

A. 8 位并行加法器　　B. 8 位串行加法器

C. 4 位并行加法器　　D. 4 位串行加法器

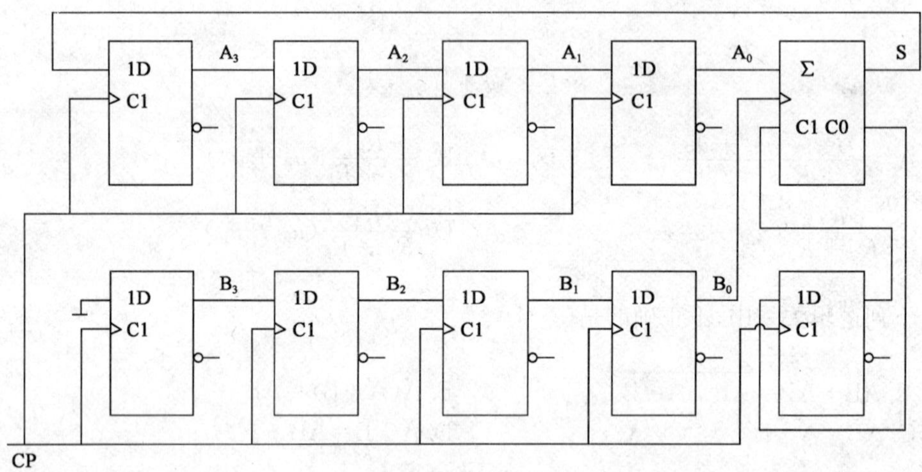

题 37 图

38. 74LS161 的功能见表，如图所示电路的分频比（即 Y 与 CP 的频率之比）为（　　）。

A. 1∶63　　B. 1∶60　　C. 1∶96　　D. 1∶256

74161 功能表　　题 38 表

CP	$\overline{R}_D$	$\overline{LD}$	EP	ET	工作状态
×	0	×	×	×	置零
↑	1	0	×	×	预置数
×	1	1	0	1	保持
×	1	1	×	0	保持(但 C=0)
↑	1	1	1	1	计数

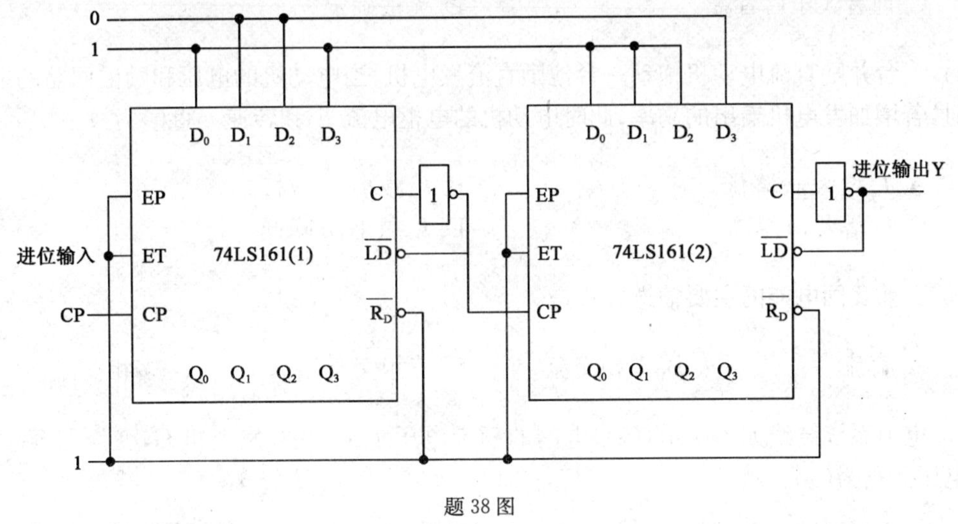

题 38 图

39. 三相感应电动机定子绕组，Y 接法，接在三相对称交流电源上，如果有一相断线，在气隙中产生的基波合成磁势为(　　)。

A. 不能产生磁势　　B. 圆形旋转磁势

C. 椭圆形旋转磁势　　D. 脉振磁势

40. 一台隐极同步发电机并网运行，额定容量为 7500kVA，$\cos\varphi_N = 0.8$(滞后)，$U_N = 3150V$，Y 连接，同步电抗 $X_S = 1.6\Omega$，不计定子电阻。该机的最大电磁功率约为(　　)。

A. 6000kW　　B. 8750kW　　C. 10702kW　　D. 12270kW

41. 一台并网运行的三相同步发电机，运行时输出 $\cos\varphi = 0.5$(滞后)的额定电流，现在要让它输出 $\cos\varphi = 0.8$(滞后)的额定电流，可采取的办法是(　　)。

A. 输入的有功功率不变，增大励磁电流

B. 增大输入的有功功率，减小励磁电流

C. 增大输入的有功功率，增大励磁电流

D. 减小输入的有功功率，增大励磁电流

42. 一台 $S_N = 5600kVA$，$U_{1N}/U_{2N} = 6000/330V$，Y/△连接的三相变压器，其空载损耗 $P_0 = 18kW$，短路损耗 $P_{kN} = 56kW$。当负载的功率因数 $\cos\varphi_2 = 0.8$(滞后)保持不变，变压器的效率达到最大时，变压器一次边输入电流为(　　)。

A. 305.53A　　B. 529.2A　　C. 538.86A　　D. 933.33A

43. 一台三相感应电动机在额定电压下空载启动与在额定电压下满载启动相比，两种情况下合闸瞬间的启动电流(　　)。

A. 前者小于后者　　B. 相等

C. 前者大于后者　　　　D. 无法确定

44. 一台并励直流电动机拖动一台他励直流发电机，当电动机的电压和励磁回路的电阻均不变时，若增加发电机输出的功率，此时电动机的电枢电流 I_a 和转速 n 将(　　)。

A. I_a 增大，n 降低　　　　B. I_a 减小，n 增高
C. I_a 增大，n 增高　　　　D. I_a 减小，n 降低

45. 目前我国电能的主要输送方式是(　　)。

A. 直流　　B. 单相交流　　C. 三相交流　　D. 多相交流

46. 电力系统结线如图所示，各级电网的额定电压示于图中，发电机 G，变压器 T_1、T_2 的额定电压分别为(　　)。

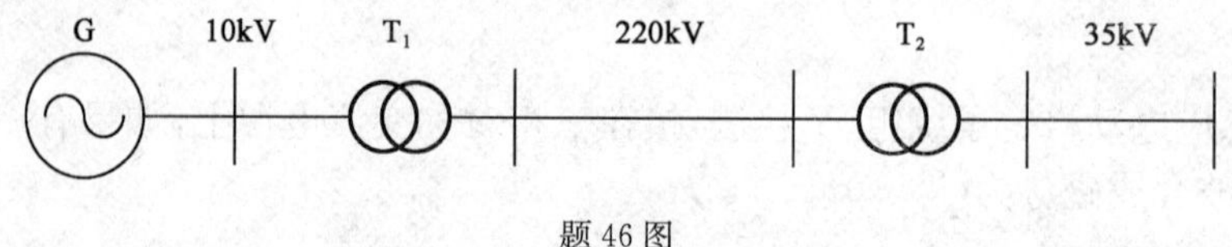

题 46 图

A. G：10.5kV　T_1：10.5/242kV　T_2：220/38.5kV
B. G：10kV　T_1：10/242kV　T_2：242/35kV
C. G：10.5kV　T_1：10.5/220kV　T_2：220/38.5kV
D. G：10.5kV　T_1：10.5/242kV　T_2：220/35kV

47. 在中性点绝缘的 35kV 系统发生单相接地短路时，其故障处的非故障相电压是(　　)。

A. 115kV　　B. 110kV　　C. 38.5kV　　D. 35kV

48. 电力系统电压降计算公式为(　　)。

A. $\dfrac{P_iX+Q_iR}{U_i}+j\dfrac{P_iR-Q_iX}{U_i}$　　B. $\dfrac{P_iX-Q_iR}{U_i}+j\dfrac{P_iR+Q_iX}{U_i}$

C. $\dfrac{Q_iR+P_iX}{U_i}+j\dfrac{P_iR-Q_iX}{U_i}$　　D. $\dfrac{P_iR+Q_iX}{U_i}+j\dfrac{P_iX-Q_iR}{U_i}$

49. 我国电力系统中性点直接接地方式一般用在(　　)及以上网络中。

A. 110kV　　B. 10kV　　C. 35kV　　D. 220kV

50. 一条 220kV 的单回路空载线路，长 200km，线路参数为 $r_1=0.18\Omega/\text{km}$，$x_1=0.415\Omega/\text{km}$，$b_1=2.86\times10^{-6}\text{S/km}$，线路受端电压为 242kV，线路送端电压为(　　)。

A. 236.27kV　　B. 242.2kV　　C. 220.35kV　　D. 230.6kV

51. 简单电力系统接线如图所示，母线 A 电压保持 116kV，变压器低压母线 C 要求恒调压，电压保持 10.5kV，满足以上要求时接在母线 C 上的电容容量 Q_C 及变压器 T 的变比分别为（　　）。

A. 8.76Mvar　115.5/10.5kV　　B. 8.44Mvar　112.75/11kV

C. 9.76Mvar　121/11kV　　D. 9.69Mvar　121/10.5kV

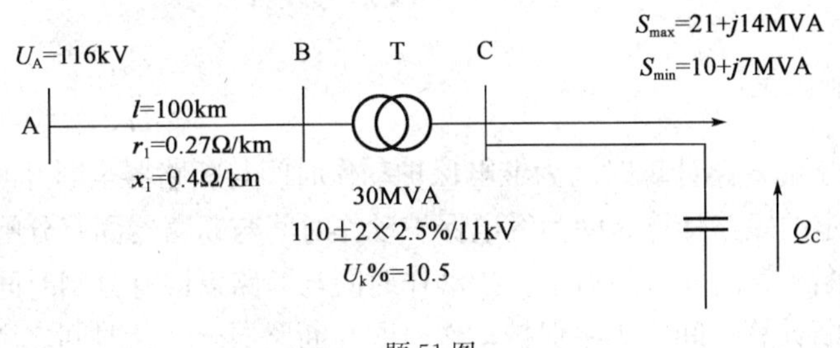

题 51 图

52. 下列网络接线如图所示，元件参数标幺值如图所示，f 点发生三相短路时各发电机对短路点的转移阻抗及短路电流标幺值分别为（　　）。

A. 0.4，0.4，5　　B. 0.45，0.45，4.44

C. 0.35，0.35，5.71　　D. 0.2，0.2，10

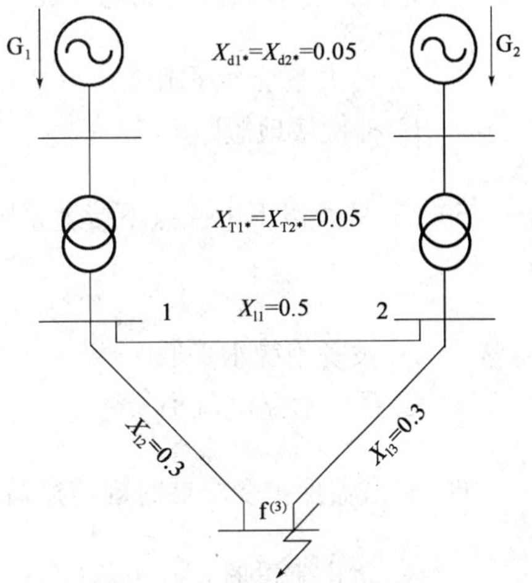

53. 系统接线如图所示，图中参数均为归算到统一基准值 S_B＝100MVA 的标幺值。变压器接线方式为 Y/△－11，系统在 f 点发生 BC 两相短路，发电机出口 M 点 A 相电流（kA）为（　　）。

A. 18.16kA　　B. 2.0kA

C. 12.21kA　　D. 9.48kA

题 52 图

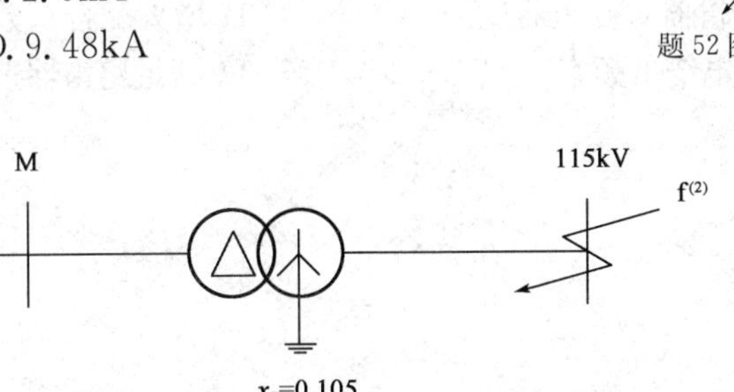

题 53 图

54. 对于电压互感器，以下叙述不正确的是（　　）。

A. 接地线必须装熔断器　　B. 接地线不准装熔断器

C. 二次绕组必须装熔断器　　D. 电压互感器不需要校验热稳定

55. 中性点接地系统中，三相电压互感器二次侧开口三角形绕组的额定电压应等于（　　）。

A. 100V　　B. $\frac{100}{\sqrt{3}}$V　　C. $\frac{100}{3}$V　　D. $3U_0$（U_0 为零序电压）

56. 下列哪种主接线在出线断路器检修时，会暂时中断该回路供电？（　　）

A. 三分之四　　B. 双母线分段带旁路
C. 二分之三　　D. 双母线分段

57. 下列叙述正确的是（　　）。

A. 验算热稳定的短路计算时间为继电保护动作时间与断路器全断开时间之和
B. 验算热稳定的短路计算时间为继电保护动作时间与断路器固有分闸时间之和
C. 电气的开断计算时间应为后备保护动作时间与断路器固有分闸时间之和
D. 电气的开断计算时间应为主保护动作时间与断路器全开断时间之和

58. 中性点非有效接地配电系统中性点加装消弧线圈是为了（　　）。

A. 增大系统零序阻抗　　B. 提高继电保护装的灵敏性
C. 补偿接地短路电流　　D. 增大电源的功率因数

59. 35kV 及以下中性点不接地系统架空输电线路不采用全线架设避雷线方式的原因之一是（　　）。

A. 设备绝缘水平低　　B. 雷电过电压幅值低
C. 系统短路电流小　　D. 设备造价低

60. 避雷器保护变压器时规定避雷器距变压器的最大电气距离，其原因是（　　）。

A. 防止避雷器对变压器反击　　B. 增大配合系数
C. 减小雷电绕击频率　　D. 满足避雷器残压与变压器的绝缘配合

2011 年度全国注册电气工程师(供配电)执业资格考试专业基础考试

试题解析及参考答案

1.**解** 如图所示,由 KVL 定律得:$U_{S1}+U=U_{S2}$,代入数据,$U=-4V$。

答案:C

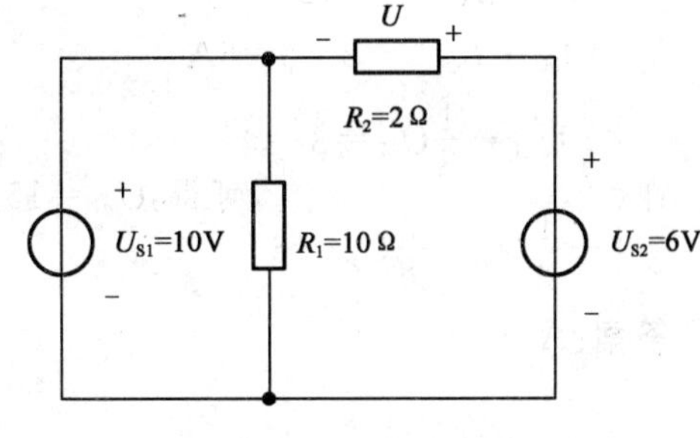

题 1 解图

2.**解** 如图所示,由上知 $I_2=\frac{10}{5}=2A$,$I_3=\frac{10}{2}=5A$,由 KCL 定律得:$10-I_2+I_1=I_3$,$I_1=-3A$。

答案:B

3.**解** 作 Y-△变换,如图所示。根据 Y-△变换,得:

$$R_{13}=R_1+R_3+\frac{R_1R_3}{R_4}=15+20+\frac{15\times20}{8}=72.5\Omega$$

$$R_{34}=R_3+R_4+\frac{R_3R_4}{R_1}=20+8+\frac{20\times8}{15}=38.7\Omega$$

$$R_{14}=R_1+R_4+\frac{R_1R_4}{R_3}=15+8+\frac{15\times8}{20}=29\Omega$$

电阻:$R_{14}//(R_2//R_{13}+R_5//R_{34})=29//(30//72.5+12//38.7)=29//(21.2+9.2)=14.8\Omega$

则电流 $I=\frac{U_S}{R}=\frac{12}{14.8}=0.81A$

答案:D

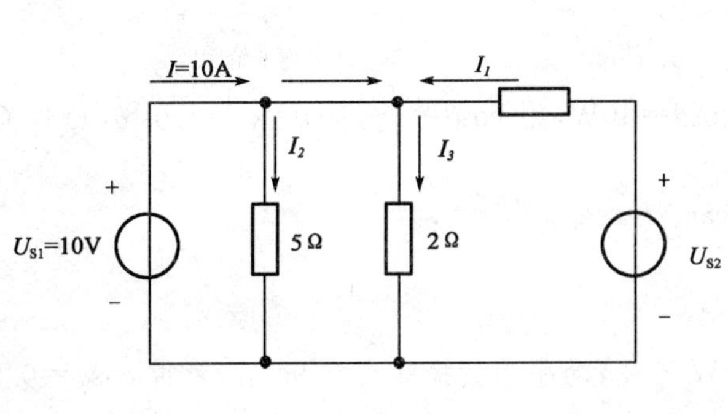

题 2 解图

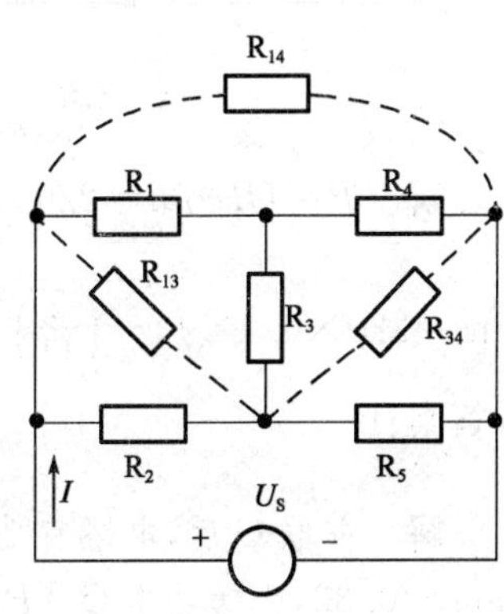

题 3 解图

4. **解** 根据节点电压法，知$\begin{cases}G_{11}U_{n1}+G_{12}U_{n2}=i_{S11}\\ G_{21}U_{n1}+G_{22}U_{n2}=i_{S22}\end{cases}$

其中，$G_{11}=G_1+G_2+G_3=\frac{1}{12}+\frac{1}{6}+\frac{1}{8}=\frac{3}{8}S$

$G_{12}=G_{21}=-G_3=-\frac{1}{8}S$

$G_{22}=G_3+G_4=\frac{1}{8}+\frac{1}{4}=\frac{3}{8}S$

$i_{S11}=I_{S1}+\frac{U_S}{R_1}=2+\frac{12}{12}=3A$

$i_{S22}=I_{S2}+I_{S2}=-2+8=6A$

即$\begin{cases}\frac{3}{8}U_{n1}-\frac{1}{8}U_{n2}=3\\ -\frac{1}{8}U_{n1}+\frac{3}{8}U_{n2}=6\end{cases}$，可得：$U_{n1}=15V$，$U_{n2}=21V$

答案：A

5. **解** 如图所示，设节点电压为U，由节点电压分析法得$(\frac{1}{2}+1)U=\frac{12}{2}+6+\frac{3I}{1}$，而$I=\frac{12-U}{2}$，可得$I=1A$。

答案：D

6. **解** 求出等效电阻R_{eq}，如图所示，当$R=R_{eq}$时，可获得最大功率。而$R_{eq}=2+12//6=6\Omega$。

答案：D

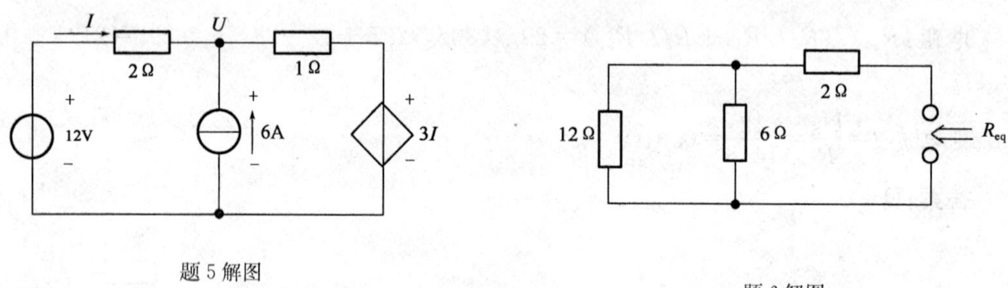

题5解图

题6解图

7. **解** $P=UI\cos\theta=220\times0.4\times\cos\theta=40W$，则$\cos\theta=\frac{5}{11}$，$\sin\theta=\sqrt{1-\cos^2\theta}$，所以$Q=UI\sin\theta=220\times0.4\times\sqrt{1-\left(\frac{5}{11}\right)^2}=78.4var$。

答案：B

8. **解** 并联C后，电路有功功率40W不变，功率因数提高到0.95后，可得$\cos\varphi=0.95$，则$\tan\varphi=0.33$，无功功率$Q=P\tan\varphi=40\times0.33=13.2var$。

由无功守恒，$Q=Q_L+Q_C=78.4+Q_C$，因此电容的无功功率$Q_C=-65.2var=-\omega CU^2=$

$-314.2\times220^2\times C$，求出电容值 $C=4.287\times10^{-6}$F。

答案：A

9.**解** 由 $\dot{U}_S=\dot{I}Z+\dot{I}_1Z_1=(\dot{I}_1+\beta\dot{I}_1)Z+\dot{I}_1Z_1=\dot{I}_1[(1+\beta)Z+Z_1]$，知 $\dfrac{\dot{U}_S}{\dot{I}_1}=(1+\beta)Z+Z_1=(1+\beta)(10+j5\Omega)+400+j1000\Omega$，若 $\dot{U}_S$ 与 $\dot{I}_1$ 相位差为 90°，则 $(1+\beta)Z+Z_1$ 实部为零，只有虚部，所以 $(1+\beta)10+400=0$，$\beta=-41$。

答案：A

10.**解** 如图所示，$\dot{U}_s=100\angle0°\text{V}$，$R=10\Omega$，$X_L=20\Omega$，$X_C=30\Omega$，则 $Z_{eq}=jX_L//R-jX_C=\dfrac{20j\times10}{10+20j}-j30=8-j26\Omega$

当 $Z_L=Z_{eq}^*=8+j26\Omega$ 时，可获得最大功率。

答案：C

11.**解** 相同频率（同次谐波）的电压和电流相乘才能产生功率，因此电路的平均功率为：

$$P=P_0+P_1+P_3+P_5$$
$$=20\times1.5+\frac{1}{2}\times90\times1.3\times\cos85.3°+\frac{1}{2}\times30\times6\times\cos5°+\frac{1}{2}\times10\times2.5\times\cos70.8°$$
$$=128.12\text{W}$$

答案：B

12.**解** 如图所示。

(1)直流电压单独作用，$U_0=20\text{V}$，$\dot{I}_0=0$

(2)基波单独作用，$U_1=\dfrac{90}{\sqrt{2}}\text{V}$，$\dot{I}_1=\dfrac{90}{\sqrt{2}}\angle0°/(10+Z_L+Z_C)$

(3)三次谐波单独作用，$U_3=\dfrac{30}{\sqrt{2}}\text{V}$，$\dot{I}_3=\dfrac{30}{\sqrt{2}}\angle45°/\left(10+3Z_L+\dfrac{Z_C}{3}\right)$

又 $\dot{I}=\dot{I}_0+\dot{I}_1+\dot{I}_3$，所以 $i(t)=1.3\sqrt{2}\sin(\omega t+78.2)+0.77\sqrt{2}\sin(3\omega t-23.9°)$A。

答案：B

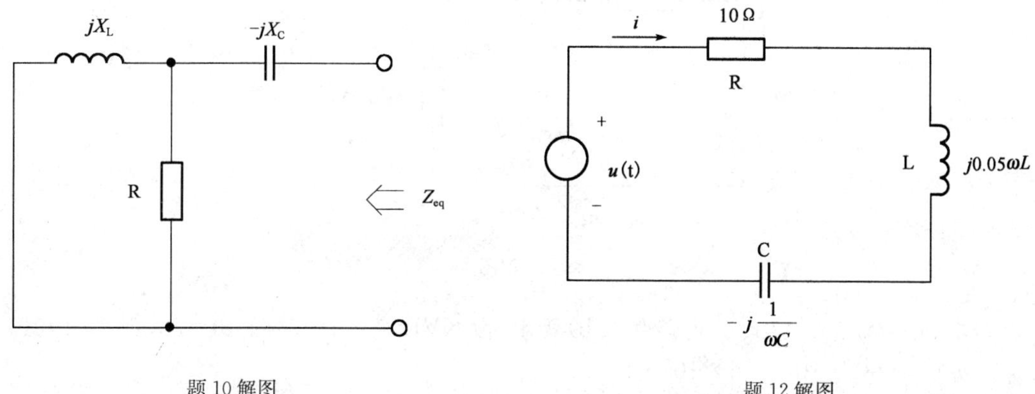

题 10 解图　　　　题 12 解图

13. 解　$t=0_-$时，等效电路如图所示，$u_C(0_-)=\frac{R_2}{R_1+R_2}U_S=\frac{2}{1+2}\times6=4V$，由换路定则，$u_C(0_+)=u_C(0_-)=4V$。

答案：D

14. 解　$t=0_-$时，等效电路如图所示，$i_{L1}(0_-)=\frac{U_S}{R_1+R_2}=\frac{10}{3+2}=2A$

由换路定律，则 $i_{L1}(0_+)=i_{L1}(0_-)=2A$

答案：A

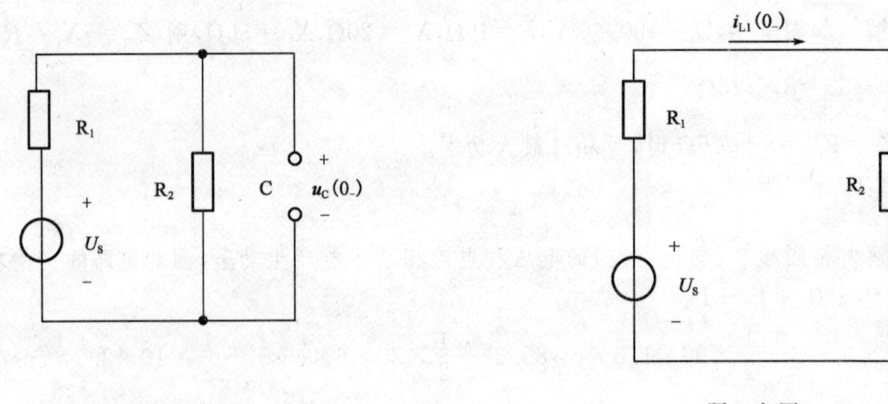

题13解图　　题14解图

15. 解　(1)求 $u_C(0_+)$。如图a)所示，$u_C(0_+)=u_C(0_-)=10V$。

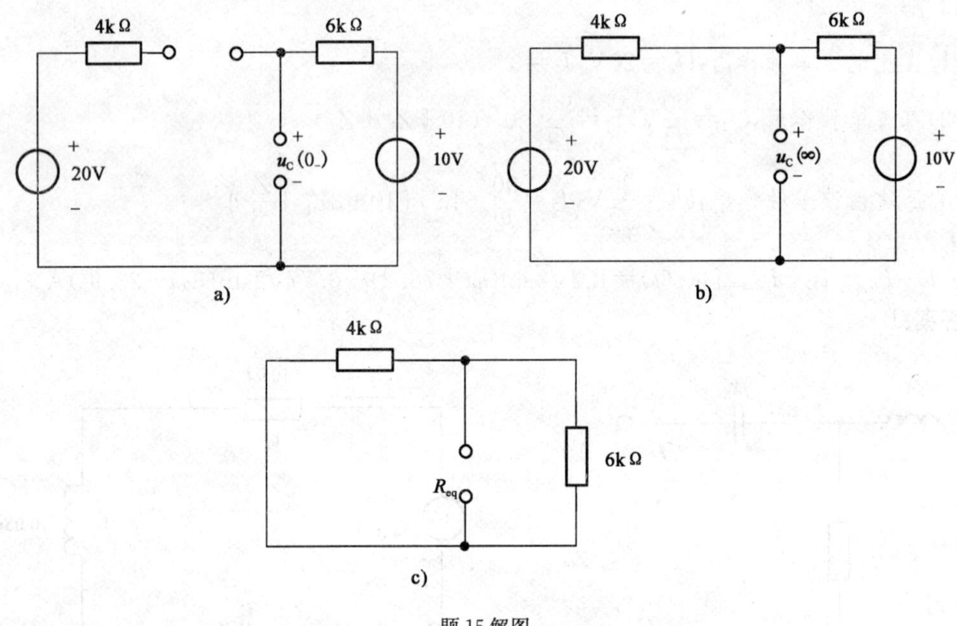

题15解图

(2)求 $u_C(\infty)$。$t=\infty$时的电路如图b)所示，由KVL得：$(4+6)i+10=20$，则 $i=1\times10^{-3}$ A，所以 $u_C(\infty)=1\times10^{-3}\times6\times10^3+10=16V$。

(3)求 τ。如图 c)所示，$R_{eq}=\frac{4\times6}{4+6}=2.4\text{k}\Omega$，所以 $\tau=CR_{eq}=10\times10^{-3}\times2.4=2.4\times10^{-2}\text{s}$，所以 $u_C(t)=u_C(\infty)+[u_C(0_+)-u_C(\infty)]e^{\frac{-t}{\tau}}=16-6e^{-\frac{1}{2.4}\times10^{2t}}\text{V}$。

答案:B

16.**解** (1)如图 a)所示，$i_{L1}(0_+)=i_{L1}(0_-)=\frac{30\text{V}}{30\Omega//10\Omega}=4\text{A}$。

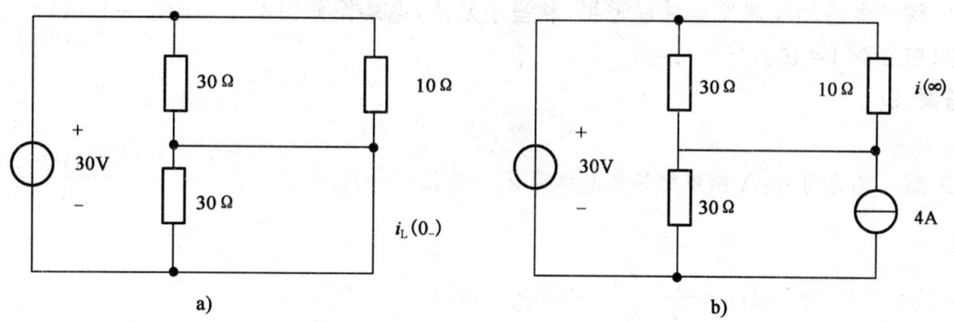

题 16 解图

(2)如图 b)所示，开关 S 打开后，电路达到新的稳态，电感视作短路，$i_L(\infty)=\frac{30\text{V}}{10\Omega}=3\text{A}$。

(3)$\tau=\frac{L}{R}=\frac{0.5}{10+30//30}=0.02\text{s}$，由三要素法，$i_L(t)=i_L(\infty)+[i_L(0_+)-i_L(\infty)]e^{\frac{-t}{\tau}}=3+e-20t\text{A}$。

答案:C

17.**解** 方法一：如图 a)所示。

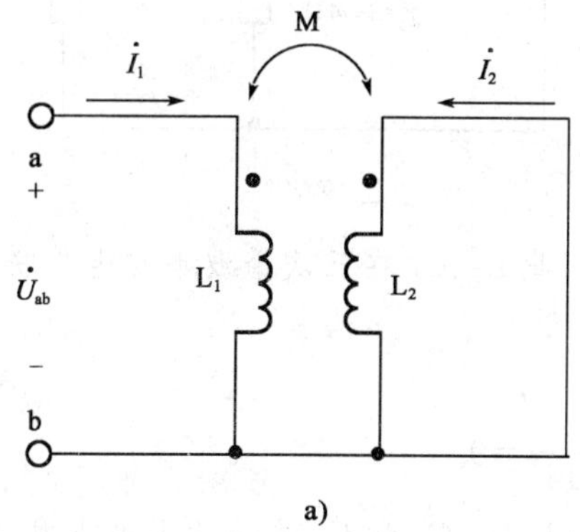

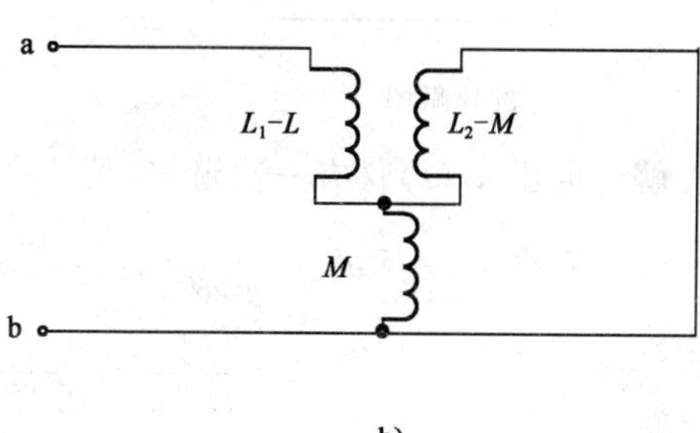

题 17 解图

$\dot{U}_{ab}=j\omega L_1\dot{I}_1+j\omega M\dot{I}_2=j\omega(0.1\dot{I}_1+0.12\dot{I}_2)$

$0=j\omega M\dot{I}_1+j\omega L_2\dot{I}_2=j\omega(0.12\dot{I}_1+0.4\dot{I}_2)$

则 $\dot{I}_2=-0.3\dot{I}_1$

$\dot{U}_{ab}=j\omega[0.1\dot{I}_1+0.12\times(-0.3\dot{I}_1)]=j\omega0.064\dot{I}_1$

所以 ab 端等效电感 $L_{ab}=0.064\text{H}$。

方法二：去耦等效电路图 b)所示。

$$L_{ab}=(L_1-M)+M//(L_2-M)=(0.1-0.12)+\frac{0.12\times(0.4-0.12)}{0.12+0.4-0.12}$$

$$=-0.02+\frac{0.12\times0.28}{0.4}=-0.02+0.084=0.064\text{H}$$

答案：A

18.**解**　电感和电容发生并联谐振，相当于断路，电路图如图所示，当 $R_{eq}=100\Omega$ 时获得最大功率，即 $n^2\times4=100$，所以 $n=5$。

答案：D

19.**解**　由图可知：A 相单相等值电路为 $Z_1'=\frac{1}{3}Z_1=-j4$，则 $Z=Z_1'//Z_2=\frac{(3+j4)(-j4)}{3}=\frac{16}{3}-j4\Omega$。

若 $\dot{U}_1=380\angle0°\text{V}$，$\dot{U}_A=\frac{380\angle0°}{\sqrt{3}\angle30°}=220\angle-30°\text{V}$

所以，三相负载吸收的全部平均功率为 $P=3\times220\times\frac{220}{6.67}\times\cos36.9°=17.424\text{kW}$

答案：A

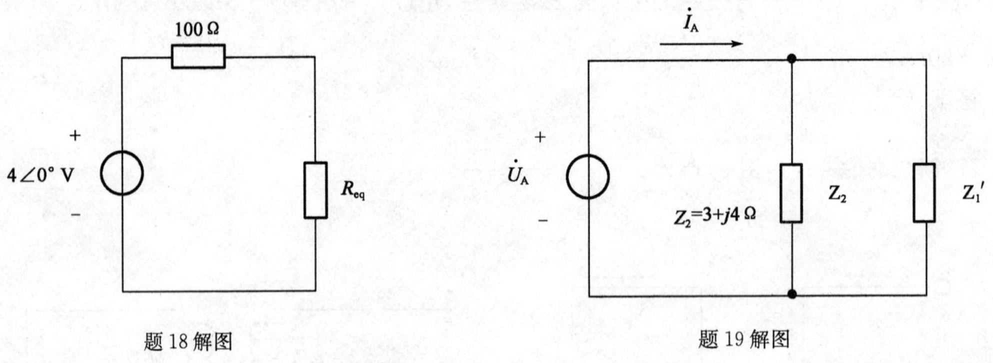

题 18 解图　　　　题 19 解图

20.**解**　电压 $u_2(t)$ 仅有一次谐波，无三次谐波，因此 L_1、C_1 在三次谐波下发生并联谐振，相当于断路，可得 $Z_3=j3\omega L_1//\frac{1}{j3\omega C_1}$，则：

$$C_1=\frac{1}{L_1 9\omega^2}=\frac{1}{0.12\times9\times314^2}=9.39\mu\text{F}$$

由于电压 $u_1(t)$ 和 $u_2(t)$ 的一次谐波分量相等，因此 L_1、C_1 和 C_2 在一次谐波下发生串联谐振，相当于短路，即：

$$Z_1=\left(j\omega L_1//\frac{1}{j\omega C_1}\right)+\frac{1}{j\omega C_2}=j37.68//(-j339.16)-j\frac{1}{314C_2}=0$$

解得：$C_2=75.14\mu\text{F}$

答案：C

21.**解**　欲使电路产生临界阻尼，由二阶动态电路的临界阻尼条件知 $R=2\sqrt{\frac{L}{C}}$，可得 $R=$

6.33Ω。

答案:B

22. **解**　$F=5+j5$,极坐标形式 $F=\sqrt{50}\angle 45°$。

答案:A

23. **解**　带电金属球在无限大均匀介质中产生的电场强度 $E=\frac{q}{4\pi\varepsilon_0^2}$V/m。

答案:D

24. **解**　根据安培环路定律,得$\oint_l B\cdot \mathrm{d}l=\mu_0\sum_{k=1}^{\infty}I_k$。由于在 $p<a$ 的区域中所包含的电流为0,因此磁场强度 H 也为0。

答案:C

25. **解**　根据$U_0=\frac{\tau}{2\pi\varepsilon_0}\ln(\frac{b}{a})$,推导得$\frac{\tau}{2\pi\varepsilon_0}=\frac{U_0}{\ln\frac{b}{a}}$,$E(r=a)=\frac{\tau}{2\pi\varepsilon_0 a}=\frac{U_0}{a\ln\left(\frac{b}{a}\right)}$。令 $f(a)=a\ln\left(\frac{b}{a}\right)$,对 a 求导,有$\frac{\mathrm{d}f(a)}{\mathrm{d}a}=\ln\left(\frac{b}{a}\right)-1=0$,则$\frac{a}{b}=\frac{1}{e}$。

答案:C

26. **解**　利用阻抗匹配公式可得:$Z_{02}=\sqrt{50\times 100}=71\Omega$。

答案:C

27. **解**　负反馈所能抑制的噪声和干扰属于环内抑制。

答案:A

28. **解**　晶体管放大工作状态参数识别。

答案:C

29. **解**　根据共模抑制比参数 $K_{\mathrm{CMR}}=\left|\frac{A_{\mathrm{ud}}}{A_{\mathrm{uc}}}\right|$,其中,$A_{\mathrm{ud}}$表示差模电压放大倍数,$A_{\mathrm{uc}}$表示共模电压放大倍数。当 $A_{\mathrm{ud}}=200$,$A_{\mathrm{uc}}=\frac{u_{\mathrm{o}}}{u_{\mathrm{i}}}=\frac{0.1}{1}=0.1$,则 $K_{\mathrm{CMR}}=2000$。

答案:B

30. **解**　差分输入具有抑制共模信号的功能。

答案:C

31. **解**　运算放大器A的性能理想,由"虚断"和"虚短"可知,$u_{\mathrm{o}}=-10u_{\mathrm{i}}=-10\sqrt{2}\sin(\omega t)$V,电路的输出功率 $P_0=\frac{U^2}{R}=\frac{10^2}{8}=12.5$W。

答案:B

32. **解** 运算放大器A的性能理想,由"虚断"和"虚短"可知,$u_{o1}=u_{i1}$,$u_{o2}=u_{i2}$,$u_{A_4(-)}=0$,$u_{o4}=-R_2\dfrac{u_o}{R_3}$,$\dfrac{u_{o2}-u_{A_{3(+)}}}{R_1}=\dfrac{u_{A_{3(+)}}-u_{o4}}{R_1}$,即 $u_{A_{3(+)}}=\dfrac{u_{o2}+u_{o4}}{2}=\dfrac{u_{i2}-\dfrac{R_2}{R_3}u_o}{2}$,同理,$u_{A_{3(-)}}=\dfrac{u_{o1}+u_o}{2}=\dfrac{u_{i1}+u_o}{2}$。

因为 $u_{A_{3(+)}}=u_{A_{3(-)}}$,则$\dfrac{u_{i2}-\dfrac{R_2}{R_3}u_o}{2}=\dfrac{u_{i1}+u_o}{2}$,得 $u_o=\dfrac{u_{i2}-u_{i1}}{1+\dfrac{R_2}{R_3}}$。

答案:D

33. **解** 选项C中,$\overline{AB}=\overline{A}+\overline{B}$。

答案:C

34. **解** 由$\dfrac{32K\times8}{4K\times4}=16$,则需用4K×4的RAM的片数为16。

答案:B

35. **解** 将$L=\overline{A}\,\overline{B}C+A\overline{B}\,\overline{C}$用卡诺图表示如图a)所示。将$L=A\oplus C$用卡诺图表示如图b)所示,可见无关项至少4项。

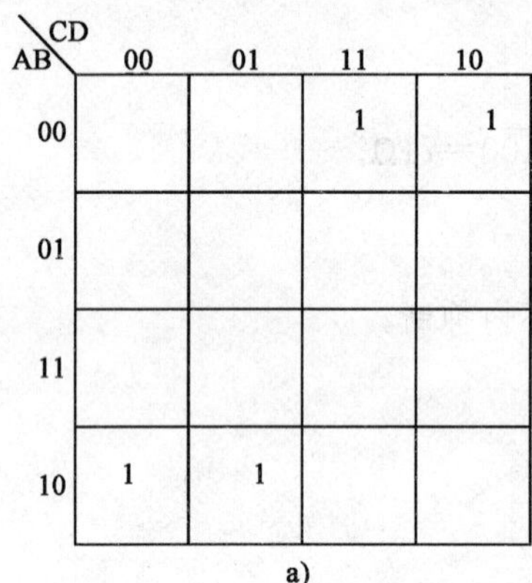

AB \ CD	00	01	11	10
00			1	1
01				
11				
10	1	1		

a)

AB \ CD	00	01	11	10
00			1	1
01			1	1
11	1	1		
10	1	1		

b)

题35解图

答案:C

36. **解** 排除法。因为$V_{REF}=-u_o=-A_v u_i$,先将A、B选项中的A_v为1,D_n为1,代入求得$V_{REF}=-u_i$,$u=\dfrac{u_i}{255}$,此时判断第一级比较级,无论输入多少都出现矛盾结论,故排除选项A、B。同理,可排除选项C。

答案:D

37. **解** 假设两个移位寄存器中的原始数据分别为$A_3A_2A_1A_0=1001$,$B_3B_2B_1B_0=0011$,经过4个时钟信号作用后,两个寄存器的数据分别为$A_3A_2A_1A_0=1100$,$B_3B_2B_1B_0=0000$,这表明此电路是一个四位串行加法计数器。

答案:D

38.**解** 根据电路图和功能表可知:当74LS161(1)的进位输出高电平1时,对$\overline{LD}$进行置数,置入1001,所以74LS161(1)计数有1001~1111共7个状态,为七进制计数器;当74LS161(2)对$\overline{LD}$进行置数时置入0111,所以74LS161(2)计数有0111~1111共9个状态,为九进制计数器,两级串联构成63进制计数器,因此进行输出Y的频率为CP频率的1163。

答案:A

39.**解** 一相断线,Y接法,在气隙中产生的基波合成磁势为脉振磁势。若是三角形接法,当绕组断线时在气隙中产生的基波合成磁势为椭圆形旋转磁势,当电源断线时产生的基波合成磁势为脉振磁势,故选D。

答案:D

40.**解** 同步发电机的额定功率 $P_N = S\times\cos\varphi_N = 7500\times0.8 = 6000\text{kW}$,$\frac{P_{\text{Mmax}}}{P_N}=\frac{1}{\sin\theta_N}$,一般 θ_N 约为 30°~40°。当 $\theta_N = 40°$ 时 $P_{\text{Mmax}} = 9334\text{kW}$,当 $\theta_N = 30°$ 时 $P_{\text{Mmax}} = 12000\text{kW}$,该电机的最大电磁功率在9334~12000kW之间。

答案:C

41.**解** 如图所示,从图中可以看出,将 $\cos\varphi = 0.5$ 变为 $\cos\varphi = 0.8$ 可减小励磁电流,励磁电流减小的同时,额定电流也减小了,为了使额定电流不变,可增大输入的有功功率。

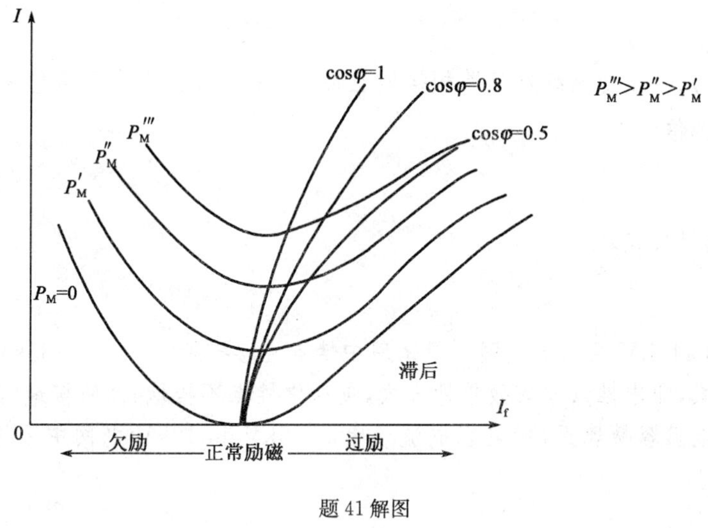

题41解图

答案:B

42.**解** 变压器的效率达到最大时,负载系数 $\beta_m=\sqrt{\frac{p_0}{p_{kN}}}=\sqrt{\frac{18}{56}}=0.567$。当负载系数为二次电流和二次额定电流的比值时,此时的效率达到最大,即 $\beta=\frac{I_2}{I_{2N}}=\frac{I_1}{I_{1N}}$,又 $I_{1N}=\frac{S_N}{\sqrt{3}U_{1N}}=\frac{5600}{\sqrt{3}\times6000}=0.539\text{kA}$,则变压器一次侧输入电流 $I_1=\beta_m I_{1N}=0.567\times0.539=0.3056\text{kA}=$

305.6A。

答案:A

43.**解** 对于交流异步电动机,启动电流与负载无关,启动时间与负载有关系。

答案:B

44.**解** 增加发电机输出的有功功率,电动机出力也增加,所以电流 I_a 增大。电动机的电压:$U=E_a+I_aR_a=C_e\varphi n+I_aR_a$,由于电动机的电压 U 保持不变,因此转速 n 下降。

答案:A

45.**解** 目前我国电能的主要输送方式是三相交流。

答案:C

46.**解** 用电设备容许的电压偏移为±5%,沿线路的电压降落为10%,这就要求线路始端电压为额定值的105%,以使末端电压不低于额定值的95%。发电机往往接在线路始端,因此,发电机的额定电压为线路额定电压的105%。

变压器的一次侧接电源,相当于用电设备,二次侧向负荷供电,又相当于发电机。因此变压器一次侧额定电压应等于用电设备的额定电压,二次侧电压应较线路额定电压高5%,但又因变压器二次侧电压规定为空载时的电压,而额定负荷下变压器内部的电压降落约为5%,为使正常运行时变压器二次侧电压较线路额定电压高5%,变压器二次侧额定电压应较线路额定电压高10%。

答案:A

47.**解** 中性点不接地系统发生单相接地短路时,中性点电位升至相电压,非故障相电压升高为相电压的$\sqrt{3}$倍。

答案:D

48.**解** 应熟记公式。

答案:D

49.**解** 我国110kV及以上电网一般采用中性点直接接地方式。6~35kV配电网一般采用小电流接地方式,即中性点非有效接地方式,包括中性点不接地、高阻接地、经消弧线圈接地方式等。为了使电弧容易熄灭,在电容电流较大的35kV和10kV电网中采用中性点经消弧线圈接地。

答案:A

50.**解** 可求电纳 $B_1=b_1l=2.86\times10^{-6}\times200=5.72\times10^{-4}\text{S}$

$R_1=r_1l=0.18\times200=36\Omega$,电抗值 $X_1=x_1l=0.415\times200=83\Omega$

导纳消耗的无功功率 $Q=\dfrac{B_1}{2}U_2^2=\dfrac{5.72\times10^{-4}}{2}\times242^2=16.75\text{Mvar}$

线路阻抗上的电压降落:

纵分量 $\Delta U=\dfrac{PR+QX}{U}=\dfrac{16.75\times83}{242}=5.74\text{kV}$

横分量 $\delta U=\frac{PX-QR}{U}=\frac{-16.75\times36}{242}=-2.5\text{kV}$

则 $U_1=U_2-\Delta U-j\delta U=236.26+j2.5\text{kV}$，电压 U_1 的幅值为 236.27kV。

答案:A

51.**解**　(1)按最小负荷没有装设无功补偿设备的情况下确定变压器的变比

线路阻抗 $Z_l=27+j40\Omega$，变压器的阻抗：$Z_T=j42.35\Omega$，总阻抗：$Z_\Sigma=27+j82.35$

电压损失 $\Delta U_{\min}=\frac{P_{\min}R+Q_{\min}X}{U_{\min}}=7.3\text{kV}$

$U_{1T}=\frac{U_1-\Delta U_T}{U_2}U_{2N}=\frac{116-7.3}{10.5}\times11=113.88\text{kV}$

选择最接近的分接头+2.5%变比 K 为 112.75/11kV。

(2)按照最大负荷计算容量补偿

$$Q_C=\frac{U_{2C\max}}{X}\left(U_{2C\max}-\frac{U'_{2C\max}}{K}\right)K^2=\frac{10.5}{82.35}\times\left(10.5-\frac{116-14.83}{10.25}\right)\times10.25^2=8.44\text{Mvar}$$

式中，$U_{2C\max}$ 为最大负荷时低压侧要保持的电压，$U'_{2\max}$ 为最大负荷时高压侧的实际电压，$U'_{2\max}=U_{2\max}-\Delta U_{\max}=116-\frac{21\times27+82.35\times14}{116}=116-14.83=101.17\text{kV}$；$K$ 为变压器变比。

答案:B

52.**解**　如图 a)所示，先求转移阻抗。

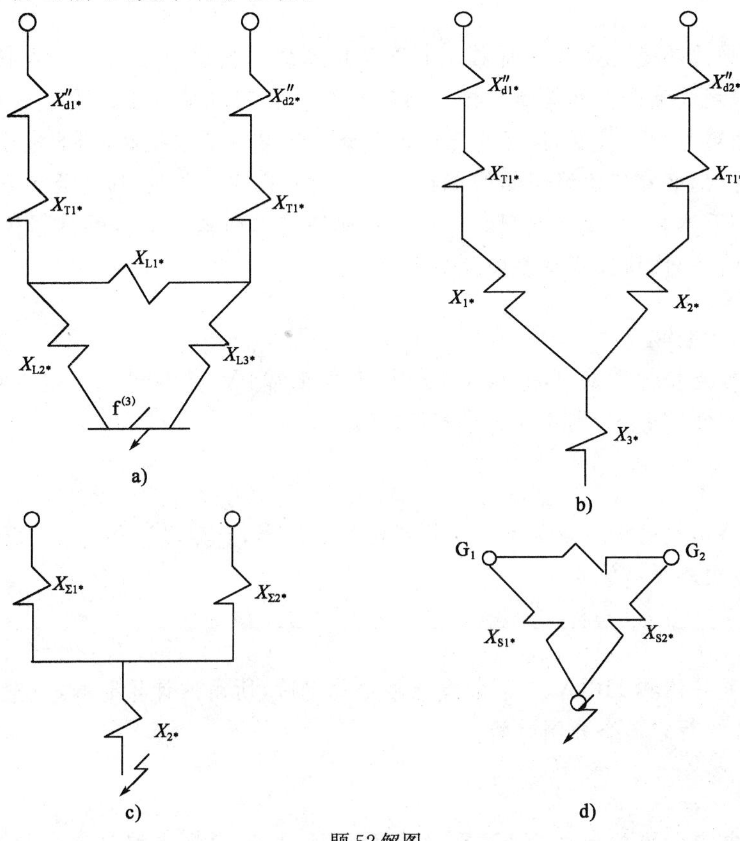

题 52 解图

作 Y-△变换，如图 b)、c)所示，得：

$$X_{\Sigma 1*}=0.05+0.05+\frac{0.3\times 0.3}{0.3+0.3+0.3}=0.2, X_{\Sigma 2*}=0.2$$

继续变换，如图 d)所示求转移阻抗。

$$X_{S1*}=0.2+0.1+\frac{0.2\times 0.1}{0.2}=0.4, X_{S2*}=0.4$$

所以各发电机对短路点的转移阻抗：$X_{S1*}=0.4, X_{S2*}=0.4$

再求短路电流标幺值：$X_{\Sigma *}=X_{S1*}//X_{S2*}=0.2, I_*=\frac{1}{X_{\Sigma *}}=\frac{1}{0.2}=5$

答案：A

53. **解** $Z_{(1)}=Z_{(2)}=0.12+0.105=0.225$

$\dot{I}_{a(1)}=-\dot{I}_{a(2)}=\frac{E}{Z_{(1)}+Z_{(2)}}=\frac{1}{0.225+0.225}=2.22$

发电机出口 M 点的 A 相电流要经过接线方式为 Y/△−11 的变压器，则：

$$\dot{I}_a=e^{j30^\circ}\dot{I}_{a(1)}+\dot{I}_{a(2)}e^{-j30^\circ}=2.22\left(\frac{\sqrt{3}}{2}+j\frac{1}{2}\right)-2.22\left(\frac{\sqrt{3}}{2}-j\frac{1}{2}\right)=2.22$$

$I_A=\frac{S_B}{\sqrt{3}U_A}=\frac{100}{\sqrt{3}\times 10.5}=5.5\text{kA}$，则短路电流 $I_a=2.22\times 5.5=12.21\text{kA}$。

答案：C

54. **解** 接地线不是必须装熔断器。电压互感器的二次绕组必须有一点接地。3～35kV 电压互感器一般经隔离开关和熔断器接入高压电网。在 110kV 以上的配电网装置中，由于高压熔断器制造困难且价格较高，同时高压配电装置的可靠性要求也高，因此电压互感器只经隔离开关与电网连接，装在二次绕组侧的熔断器起到过负荷保护作用，防止互感器二次回路发生短路故障时烧坏互感器，二次绕组侧的中线上一律不装熔断器。电压互感器因为并联在系统中，没有短路电流流过，所以不需要校验热稳定。

答案：A

55. **解** 中性点接地系统中，每相为 100V，合成正常 0V，单相对地短路 100V。中性点不接地系统中，二次侧 57.7V，剩余绕组单相 33.333V。

答案：A

56. **解** 旁路母线的作用就是不停电检修出线断路器，三分之四和二分之三接线也能达到不停电检修出线短路器的效果。

答案：D

57. **解** 验算导体和 110kV 以下电缆短路热稳定时，所用的计算时间，一般采用主保护的动作时间加相应的断路器全分闸时间。

答案：A

58. **解** 在电容电流较大的 35kV 和 10kV 电网，采用中性点经消弧线圈(感应线圈)接地，目的是使电弧容易熄灭。

答案:C

59.**解**　35kV及以下电压等级的线路，只对进线段（靠近变压器1～2km线段）加装避雷线，目的是使雷击发生在进线段以外，可以通过线路冲击电晕引起行波的衰减和变形，降低进入变电所的雷电波的幅值和陡度。

答案:A

60.**解**　只有避雷器与被保护变压器满足最大电气距离时，被保护变压器所承受的雷电过电压才会高于避雷器的残压，使变压器免受雷击。

答案:D

2012 年度全国注册电气工程师(供配电)执业资格考试专业基础考试

试　　题

以下为单选题(共 60 题,每题 2 分。每题的备选项中,只有 1 个符合题意)

1. 图中电路的输入电阻 R_{in} 为(　　)。

A. -11Ω　　B. 11Ω　　C. -12Ω　　D. 12Ω

2. 如图所示,电压 u 为(　　)。

A. 100V　　B. 75V　　C. 50V　　D. 25V

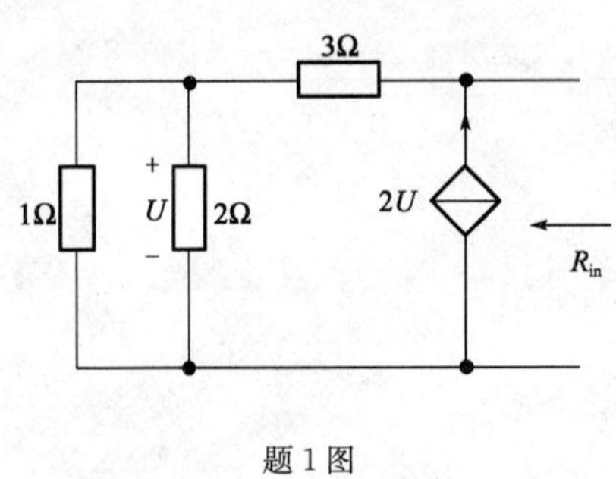

题 1 图

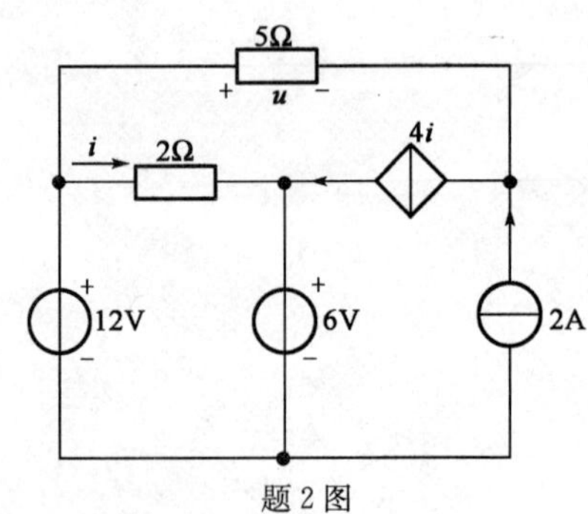

题 2 图

3. 如图所示,$\dot{U}_1$ 为(　　)。

A. $5.76\angle 51.36°V$　　B. $5.76\angle 38.65°V$　　C. $2.88\angle 51.36°V$　　D. $2.88\angle 38.65°V$

4. 如图所示,R_L 获得的最大功率为(　　)。

A. 8W　　B. 32W　　C. 16W　　D. 4W

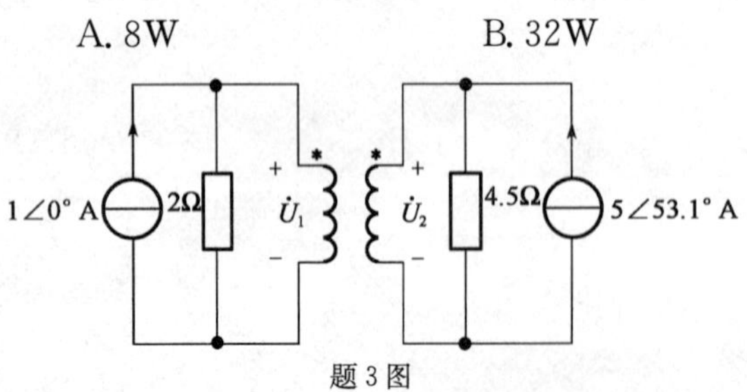

题 3 图

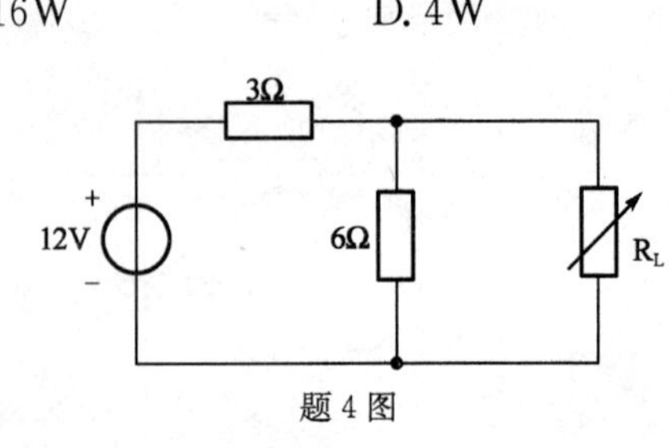

题 4 图

5. 如图所示,P 为无源线性电阻电路,当 $u_1=15V$ 和 $u_2=10V$ 时,$i_1=2A$;当 $u_1=20V$ 和 $u_2=15V$ 时,$i_1=2.5A$。当 $u_1=20V$,$i_1=5A$ 时,u_2 应该为(　　)。

A. 10V　　B. −10V　　C. 12V　　D. −12V

6. 如图所示，电阻 R 的值为（　　）。

A. 16Ω　　B. 8Ω　　C. 4Ω　　D. 2Ω

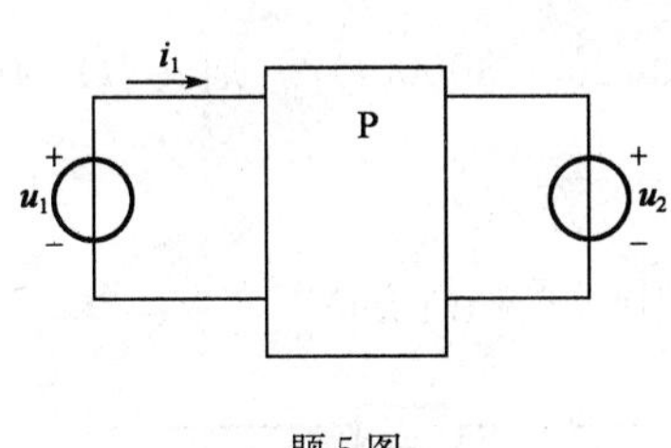

题 5 图

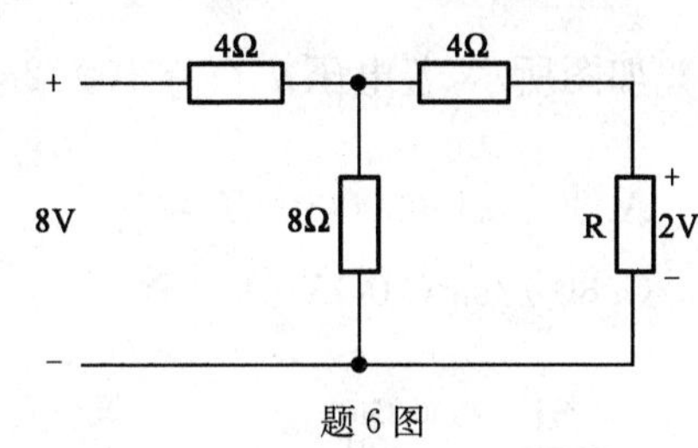

题 6 图

7. 已知正弦电流的初相是 90°，在 $t=0$ 时瞬时值为 17.32A，经过 0.5×10^{-3}s 后，电流第一次下降为 0，则其频率为（　　）。

A. 500Hz　　B. 1000MHz　　C. 50MHz　　D. 1000Hz

8. 正弦电流通过电容元件时，下列关系中正确的是（　　）。

A. $i_C = C\dfrac{dU_C}{dt}$　　B. $\dot{U}_C = jX_C\dot{I}_C$　　C. $\dot{U}_C = -jX_C\dot{I}_C$　　D. $u_C = \dfrac{1}{j\omega C}i$

9. 在 RLC 串联电路中，若总电压 U、电感电压 U_L 以及 RC 两端电压 U_{RC} 均为 150V，且 $R=25\Omega$，则该串联电路中电流 I 为（　　）。

A. 6A　　B. $3\sqrt{3}$A　　C. 3A　　D. 2A

10. 如图所示，电路的谐振角频率为（　　）。

A. $\dfrac{1}{2\sqrt{LC}}$　　B. $\dfrac{2}{\sqrt{LC}}$　　C. $\dfrac{1}{3\sqrt{LC}}$　　D. $\dfrac{3}{\sqrt{LC}}$

11. 如图所示，正弦电流电路中，$L_1=L_2=10$H，$C=1000\mu$F，$M=6$H，R=15Ω，电源的角频率 $\omega=10$rad/s，则 Z_{ab} 为（　　）。

A. $36-j15\Omega$　　B. $15-j36\Omega$　　C. $36+j15\Omega$　　D. $15+j36\Omega$

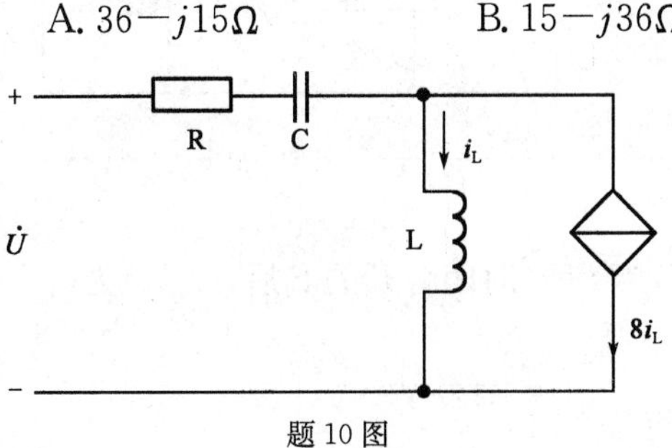

题 10 图

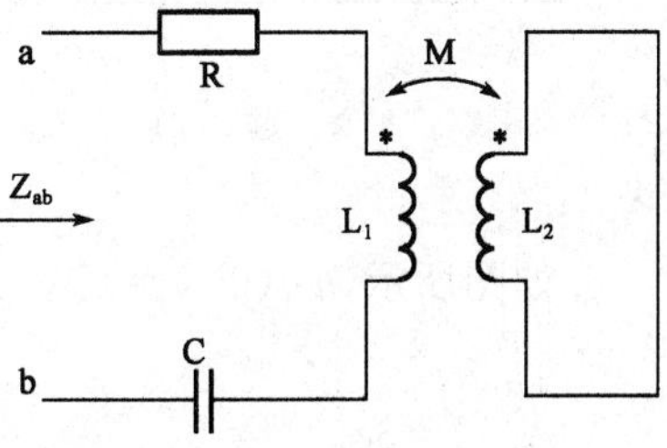

题 11 图

12. 如图所示，$u=24\sin\omega t\,\text{V}$，$i=4\sin\omega t\,\text{A}$，$\omega=2000\text{rad/s}$，则无源二端网络可以看作电阻 R 与电感 L 相串联，R 与 L 的大小分别为（　　）。

A. 1Ω 和 4H　　B. 2Ω 和 2H　　C. 4Ω 和 1H　　D. 4Ω 和 4H

13. 如图所示，若电压 $u(t)=100\sqrt{2}\sin(10000t)+30\sqrt{2}\sin(30000t)\,\text{V}$，则 $u_1(t)$ 为（　　）。

A. $30\sqrt{2}\sin(30000t)\,\text{V}$　　B. $100\sqrt{2}\sin(10000t)\,\text{V}$

C. $30\sqrt{2}\sin(30t)\,\text{V}$　　D. $100\sqrt{2}\sin(10t)\,\text{V}$

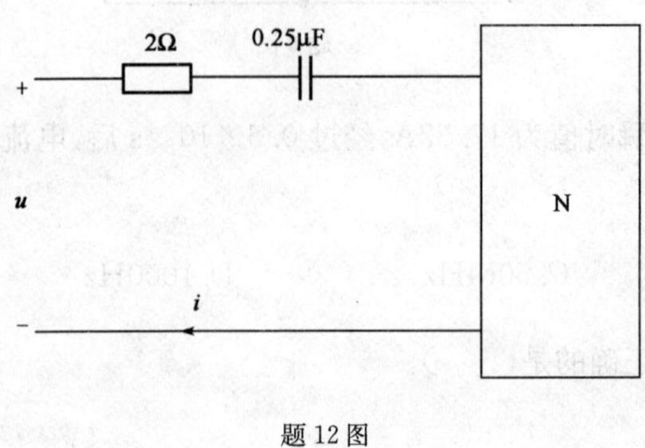

题 12 图

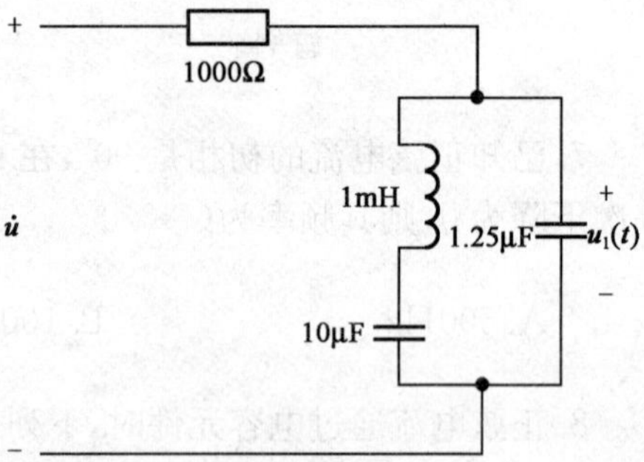

+
1000Ω
1mH
u
1.25μF
$u_1(t)$
10μF
−

题 13 图

14. 如图所示的时间常数为（　　）。

A. 25ms　　B. 2ms　　C. 1.5ms　　D. 1ms

15. 如图所示，电路原已稳定，$t=0$ 时断开开关 S，则 $U_{C1}(0_+)$ 为（　　）。

A. 10V　　B. 15V　　C. 20V　　D. 25V

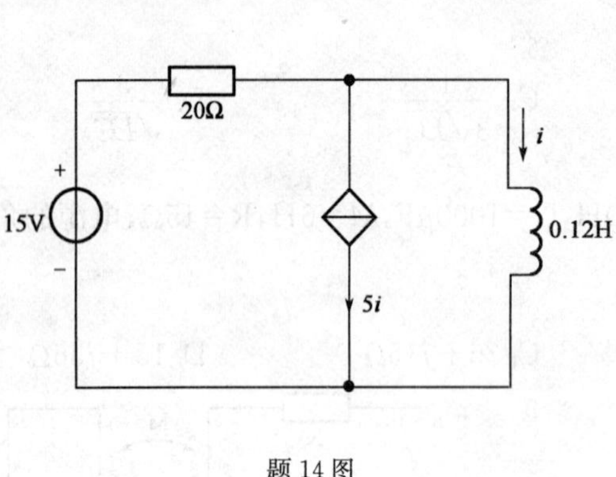

题 14 图

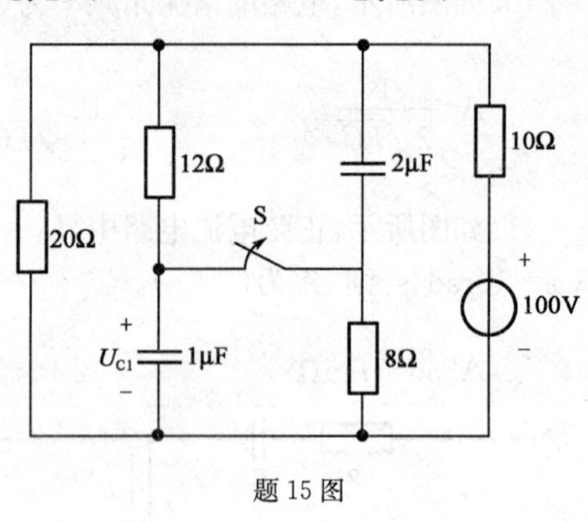

题 15 图

16. 如图所示，$u_{C1}(0_-)=15\text{V}$，$u_{C2}(0_-)=6\text{V}$，当 $t=0$ 时闭合开关 S 后，$u_{C1}(t)$ 为（　　）。

A. $12+3e^{-1250t}\,\text{V}$　　B. $3+12e^{-1250t}\,\text{V}$

C. $15+6e^{-1250t}\,\text{V}$　　D. $6+15e^{-1250t}\,\text{V}$

17. 如图所示，$i_L(0_-)=0$，在 $t=0$ 时闭合开关 S 后，电感电流 $i_L(t)$ 为(　　)。

A. 75A　　B. 75tA　　C. 3000tA　　D. 3000A

18. 如图所示，A 点的电压 U_A 为(　　)。

A. 0V　　B. $\frac{100}{3}$V　　C. 50V　　D. 75V

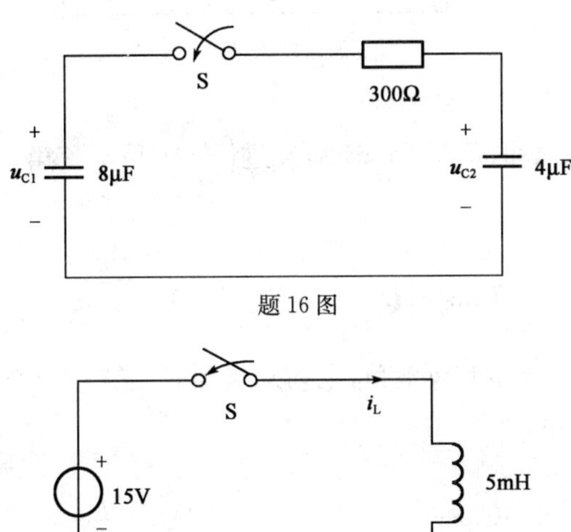

题 16 图

题 17 图

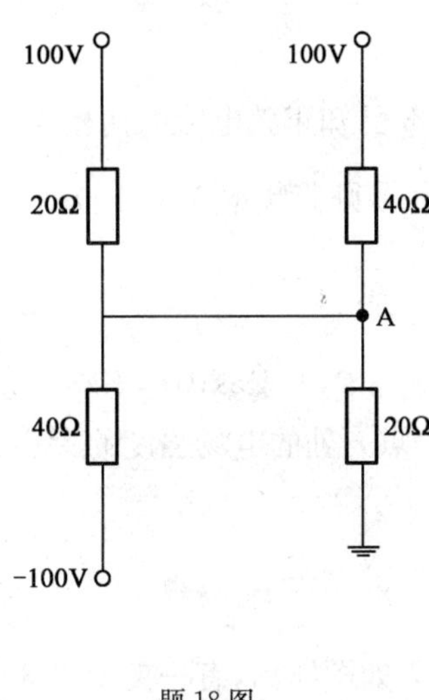

题 18 图

19. 有一个由 $R=3000\Omega$，$L=4\text{H}$ 和 $C=1\mu\text{F}$ 三个元件串联构成的振荡电路，其振荡角频率为(　　)。

A. 331rad/s　　B. 375rad/s　　C. 500rad/s　　D. 750rad/s

20. 三相对称三线制电路线电压为 380V，功率表接线如图所示，且各相负载 $Z=R=22\Omega$，此时功率表读数为(　　)。

A. 6600W　　B. 3800W
C. 2200W　　D. 0W

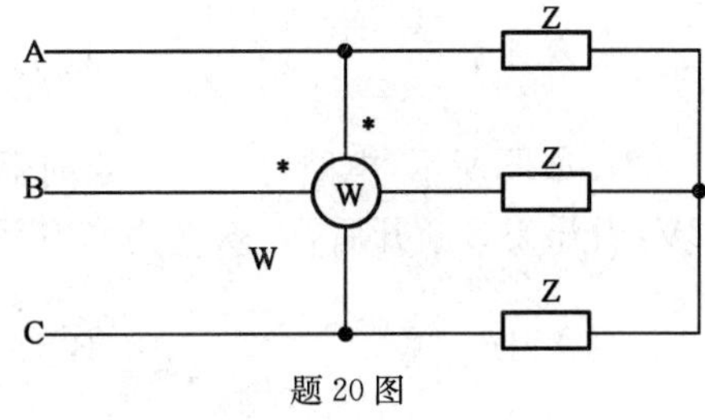

题 20 图

21. 图中正弦电流电路发生谐振时，电流表 A_2 和 A_3 的读数分别为 6A 和 10A，则电流表 A_1 的读数为(　　)。

A. 4A　　B. 8A　　C. $\sqrt{136}$A　　D. 16A

22. 已知图中二阶动态电路的过渡过程是欠阻尼，则电容 C 的值应小于(　　)。

A. 0.012F　　B. 0.024F　　C. 0.036F　　D. 0.048F

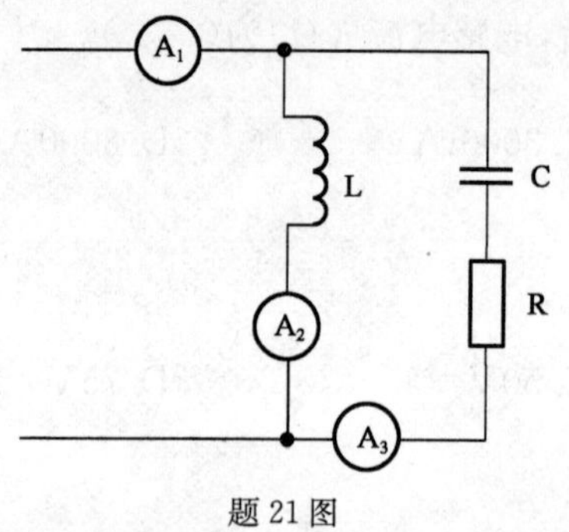

题 21 图

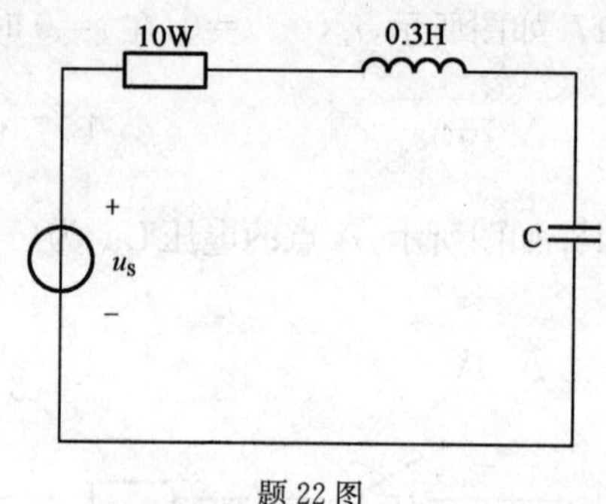

题 22 图

23. 已知正弦电流的初相为 30°，在 $t=0$ 时的瞬时值是 34.64A，经过$\left(\frac{1}{60}\right)$s 后电流第一次下降为 0，则其频率为(　　)。

A. 25Hz　　B. 50Hz　　C. 314Hz　　D. 628Hz

24. 无限大真空中一半径为 a 的球，内部均匀分布有体电荷，电荷总量为 q。在 $r>a$ 的球外任一点 r 处的电场强度的大小 E 为(　　)V/m。

A. $\frac{q}{4\pi\varepsilon_0 a}$　　B. $\frac{q}{4\pi\varepsilon_0 a^2}$　　C. $\frac{q}{4\pi\varepsilon_0 r}$　　D. $\frac{q}{4\pi\varepsilon_0 r^2}$

25. 如图所示，有一夹角为 30°的半无限大导电平板接地，其内有一点电荷 q。若用镜像法计算其间的电荷分布，需镜像电荷的个数为(　　)。

A. 12　　B. 11　　C. 6　　D. 3

26. 一高压同轴圆柱电缆，内导体的半径 a，外导体的内半径为 b，其值可以自由选定。若 a 固定，要使内导体表面上场强最小，a 与 b 的比值应是(　　)。

A. $1/e$　　B. 1/2　　C. 1/4　　D. 1/8

27. 如图所示，电路是用 555 定时器组成的开机延时电路，给定 $C=25\mu F$，$R=91k\Omega$，$V_{CC}=12V$，当开关 S 断开后，V_C跃变为高电平需经过(　　)。

A. 1s　　B. 1.5s　　C. 8s　　D. 2.5s

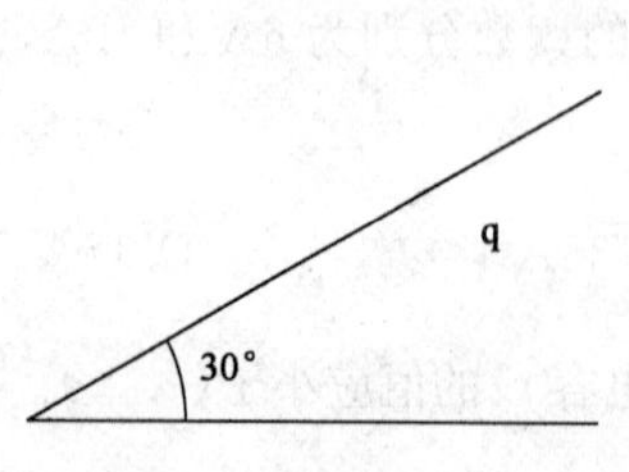

题 25 图

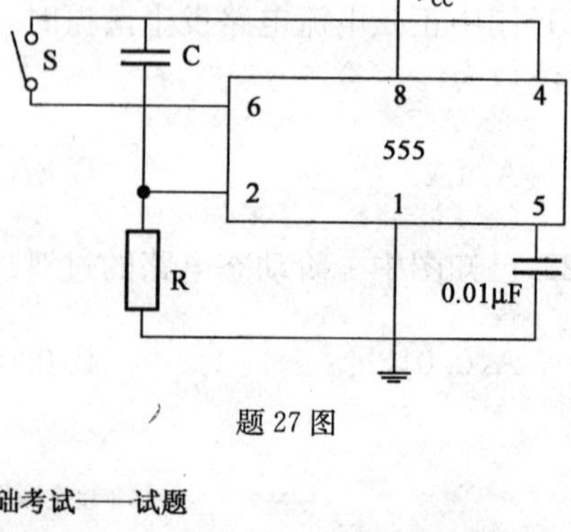

题 27 图

28. 要获得 32K×8 的 RAM，需用 4K×4 的 RAM 的片数为(　　)。

A. 8　　B. 16　　C. 32　　D. 64

29. 如图所示，设二极管为理想元件，当 $u_i = 150\text{V}$ 时，u_o 为(　　)。

A. 25V　　B. 75V　　C. 100V　　D. 150V

30. 由理想运放组成的放大电路如图所示，若 $R_1 = R_3 = 1\ \text{k}\Omega$，$R_2 = R_4 = 10\ \text{k}\Omega$，该电路的电压放大倍数 $A_{sf} = \dfrac{u_o}{u_{i1} - u_{i2}}$ 为(　　)。

A. −5　　B. −10　　C. 5　　D. 10

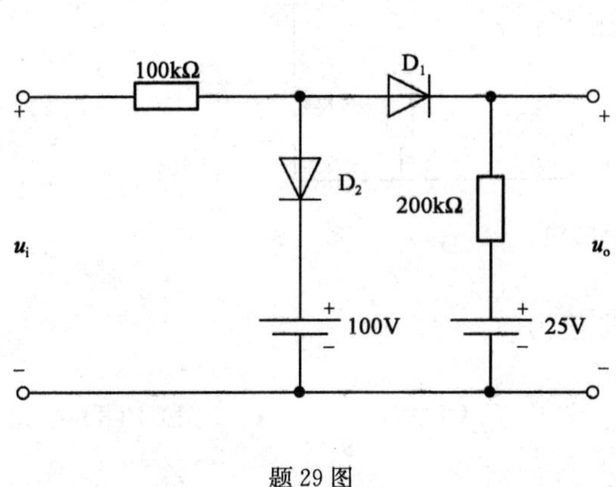

题 29 图

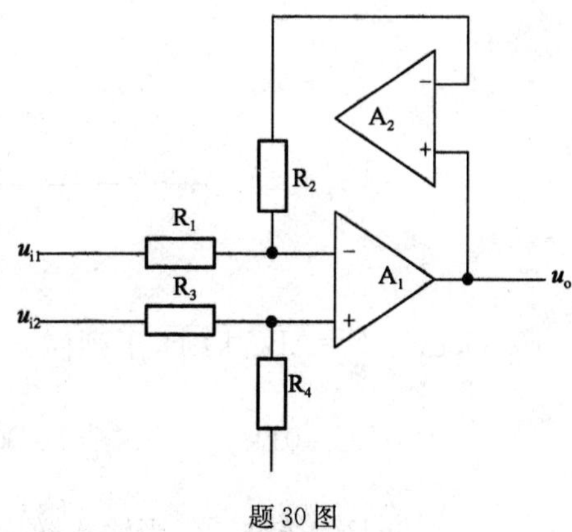

题 30 图

31. 如图所示，矩形波发生电路中，运算放大器的电源为+15V(单电源供电)，其最大输出电压 $U_{omax} = 12\text{V}$，最小的输出电压 $U_{omin} = 0\text{V}$，其他特性都是理想的，那么电容电压的变化范围为(　　)。

A. 1～5V　　B. 0～6V　　C. 3～12V　　D. 0～12V

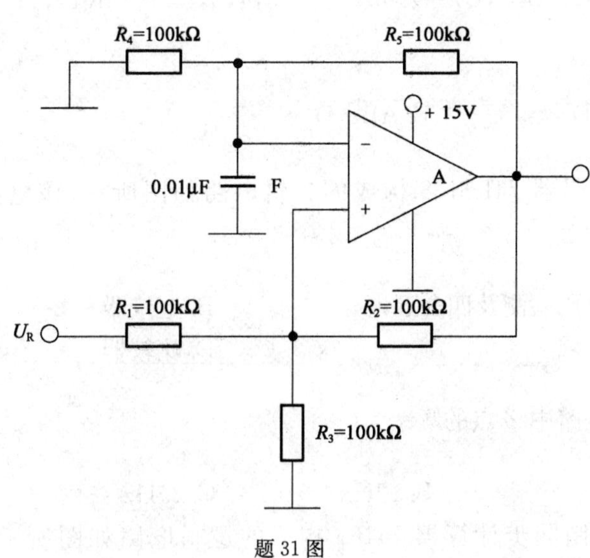

题 31 图

32. 某串联反馈型稳压电路如图所示，输入直流电压 $U_i=24V$，调整管 T_1 和误差放大管 T_2 的 U_{BE} 均等于 0.7V，稳压管的稳定电压 U_Z 等于 5.3V，输出电压 U_o 的变化范围为(　　)。

A. 0～24V　　　　B. 12～18V　　　　C. 6～18V　　　　D. 8～12V

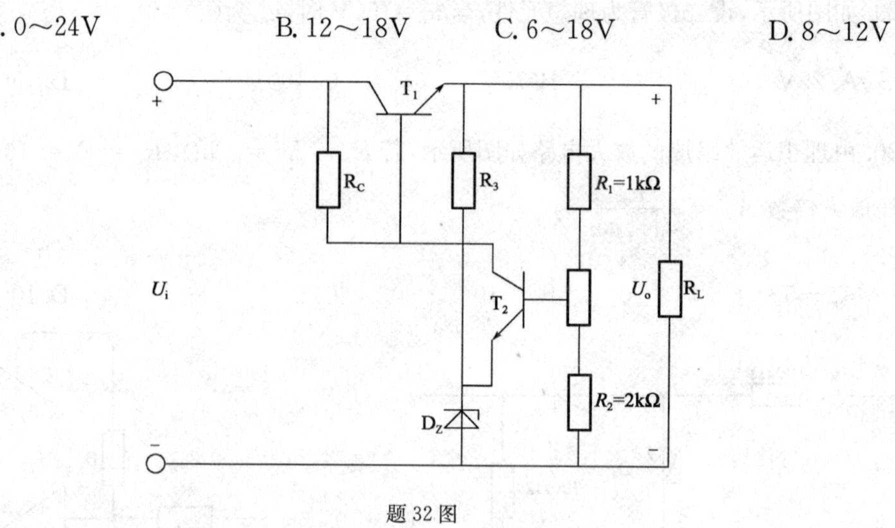

题 32 图

33. 已知 $F=\overline{ABC+CD}$，下列使 F=0 的取值为(　　)。

A. ABC=011　　　　B. BC=11　　　　C. CD=10　　　　D. BCD=111

34. 八位 D/A 转换器，当输入数字量 10000000 时，输出电压为 5V，若输入为 10001000，输出电压为(　　)。

A. 5.3125V　　　　B. 5.76V　　　　C. 6.25V　　　　D. 6.84V

35. 逻辑函数 $Y(A,B,C,D)=\sum m(0,1,2,3,4,6,8)+\sum d(10,11,12,13,14)$ 的最简与或表达式为(　　)。

A. $\overline{ABC}+\overline{A}D$　　　　B. $\overline{AB}+\overline{D}$　　　　C. $A\overline{B}+D$　　　　D. $A+D$

36. 由 3-8 线译码器 74LS138 构成的逻辑电路如图所示，该电路能实现的逻辑功能为(　　)。

A. 8421BCD 码检测及四舍五入　　　　B. 全减器
C. 全加器　　　　D. 比较器

37. 如图所示，电路中 Z 点的频率为(　　)。

A. 5Hz　　　　B. 10Hz　　　　C. 20Hz　　　　D. 25Hz

38. 由四位二进制同步计算器 74161 构成的逻辑电路如图所示，该电路的逻辑功能为(　　)。

A. 同步 256 进制计数器　　　　B. 同步 243 进制计数器

C. 同步 217 进制计数器　　　　D. 同步 196 进制计数器

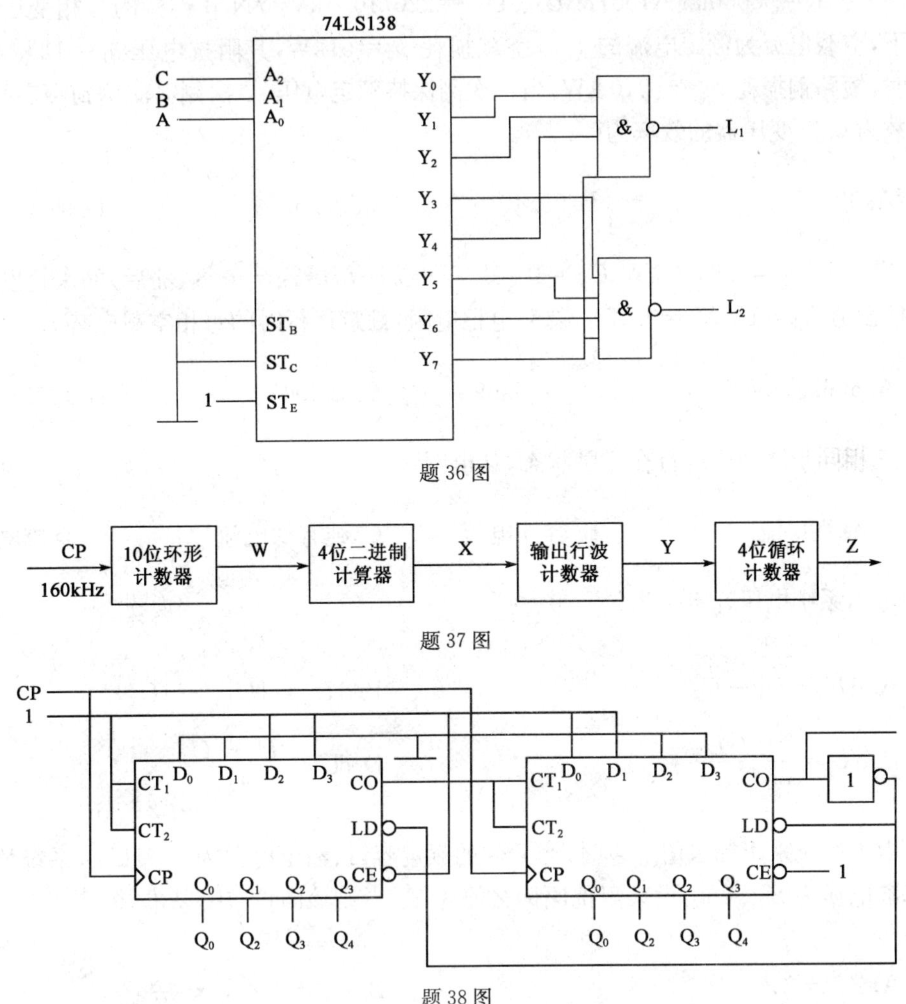

题 36 图

题 37 图

题 38 图

39. 一台他励直流电动机，稳定运行时电枢回路电阻压降为外加电压的 5%，此时若突降励磁回路电流减小，使每极磁通降低 20%，若负载转矩保持额定不变，那么改变瞬间电动机的电枢电流为原值的(　　)。

A. 4.8 倍　　B. 2 倍　　C. 1.2 倍　　D. 0.8 倍

40. 一台三相交流电机定子绕组，极数 2p=6，定子槽数 $z_1=54$ 槽，线圈节距 $y_1=9$ 槽，那么此绕组的基波绕组因数 k_{w1} 为(　　)。

A. 0.945　　B. 0.96　　C. 0.94　　D. 0.92

41. 一台三相鼠笼式感应电动机，额定电压为 380V，定子绕组△接法，直接起动电流为 I_{st}，若将电动机定子绕组改为 Y 接法，加三相电压为 220V 的对称电源直接起动，此时的起动电流为 I'_{st}，那么 I'_{st} 相比 I_{st} 相比，将(　　)。

A. 变小　　B. 不变　　C. 变大　　D. 无法判断

42. 一台 $S_N=63000\text{kVA}$，50Hz，$U_{1N}/U_{2N}=220/10.5\text{kV}$，YN/d 连接的三相变压器，在额定电压下，空载电流为额定电流的 1%，空载损耗 $p_0=61\text{kW}$，其阻抗电压 $u_k=12\%$。当有额定电流时，短路铜损耗 $p_{kcu}=210\ \text{kW}$，当一次侧保持额定电压，二次侧电流达到额定的 80%且功率因数为 0.8，变压器的效率为(　　)。

A. 99.47%　　B. 99.49%　　C. 99.52%　　D. 99.55%

43. 有一台 $P_N=72500\ \text{kW}$，$U_N=10.5\text{kV}$，Y 接法，$\cos\varphi_N=0.8$（滞后）的水轮发电机，同步电抗标幺值 $X'_d=1$，$X'_q=0.554$，忽略电枢电阻，额定运行时的每相空载电势 E_0 为(　　)。

A. 6062.18V　　B. 9176.69V　　C. 10500V　　D. 10735.1V

44. 三相同步电动机运行在过励状态，从电网吸收(　　)。

A. 感性电流　　B. 容性电流　　C. 纯有功电流　　D. 直流电流

45. 电力系统电压降定义为(　　)。

A. $\text{d}\dot{U}=\dot{U}_1-\dot{U}_2$　　B. $\text{d}\dot{U}=|\dot{U}_1|-|\dot{U}_2|$

C. $\text{d}\dot{U}=\dfrac{\dot{U}_1-\dot{U}_2}{U_N}$　　D. $\text{d}U=\dfrac{U_1-U_2}{U_N}$

46. 电力系统采用标幺值计算时，当元件的额定容量、额定电压为 S_N、U_N，系统统一基准容量、基准电压为 S_B、U_B，设某阻抗原标幺值为 Z_{*N}，则该阻抗统一基准 Z_* 为(　　)。

A. $Z_*=(Z_{*N}\times\dfrac{S_N}{U_B^2})\times\dfrac{U_N^2}{S_B}$　　B. $Z_*=(Z_{*N}\times\dfrac{U_N^2}{S_N})\times\dfrac{S_B}{U_B^2}$

C. $Z_*=(Z_{*N}\times\dfrac{U_N}{S_B^2})\times\dfrac{S_N^2}{U_B}$　　D. $Z_*=(Z_{*N}\times\dfrac{S_N^2}{U_N})\times\dfrac{U_B}{S_B^2}$

47. 我国 110kV 及以上系统中性点接地方式一般为(　　)

A. 中性点直接接地　　B. 中性点绝缘

C. 经小电阻接地　　D. 经消弧线圈接地

48. 在忽略输电线路电阻和电导的情况下，输电线路电阻为 X，输电线路电纳为 B，线路传输功率与两端电压的大小及其相位差 θ 之间的关系为(　　)。

A. $P=\dfrac{U_1U_2}{B}\sin\theta$　　B. $P=\dfrac{U_1U_2}{X}\cos\theta$

C. $P=\dfrac{U_1U_2}{X}\sin\theta$　　D. $P=\dfrac{U_1U_2}{B}\cos\theta$

49. 在高压网线路电力系统中，并联电抗器的作用为(　　)。

A. 提高线路输电功率极限　　B. 增加输电线路电抗

C. 抑制线路轻(空)载时末端电压升高　　D. 补偿线路无功、提高系统电压

50. 某 330kV 输电线路的等值电路如图所示，已知 $\dot{U}_1=363\angle 0°\text{kV}$，$\tilde{S}_2=150+j50\text{MVA}$，线路始端功率 $\tilde{S}_1$ 及末端电压 $\dot{U}_2$ 为(　　)。

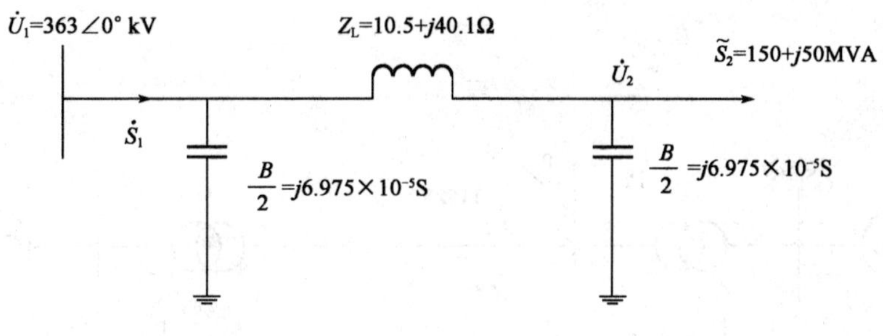

题 50 图

A. $146.7+j57.33\text{MVA}$，$330.88\angle 4.3°\text{kV}$

B. $146.7+j60.538\text{MVA}$，$353.25\angle 2.49°\text{kV}$

C. $152.34+j60.538\text{MVA}$，$330.88\angle 4.3°\text{kV}$

D. $152.34+j43.75\text{MVA}$，$354.1\angle 2.52°\text{kV}$

51. 一降压变电所，变压器归算到高压侧的参数如图所示，最大负荷时变压器高压母线电压维持在 118kV，最小负荷时变压器高压母线电压维持在 110kV，若不考虑功率损耗，变电所低压母线采用逆调压调压，变压器分接头电压为(　　)。

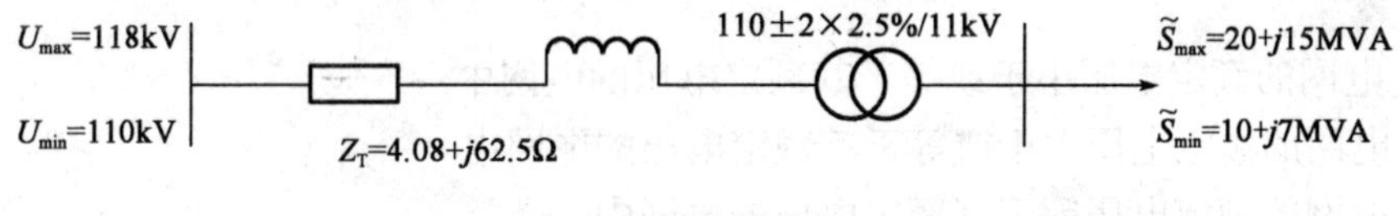

题 51 图

A. 109.75kV　　B. 115.5kV　　C. 107.25kV　　D. 112.75kV

52. 网络接线如图所示，容量为 1200MVA，取 $S_B=60\text{MVA}$，当图中 f 点发生三相短路时，短路点的短路电流(kA)及短路冲击电流(kA)分别为(　　)。

A. 6.127kA　14.754kA　　B. 6.127kA　15.57kA

C. 4.25kA　10.84kA　　D. 5.795kA　14.754kA

53. 系统接线如图所示，各元件参数为 G_1、G_2：30MVA，$x''_d=x_{(2)}=0.1$，T_1、T_2：30MVA，$U_S\%=10\%$，取 $S_B=30\text{MVA}$，线路标幺值为 $x_1=0.3$，$x_0=3x_1$，当系统在 f 点发生 A 相接地短路时，短路点短路电流(kA)为(　　)。

A. 2.21kA　　B. 1.22kA　　C. 8.16kA　　D. 9.48kA

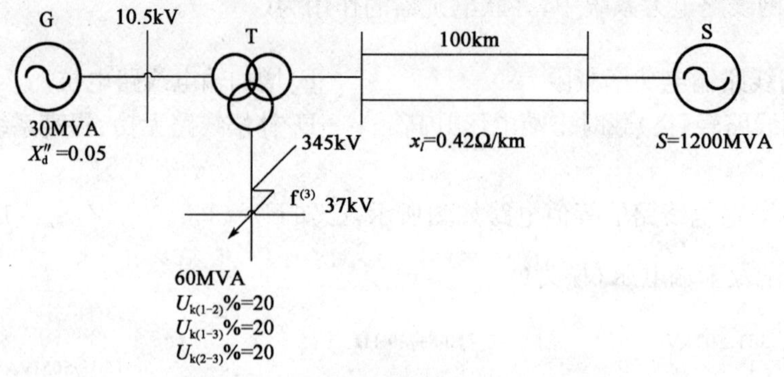

题 52 图

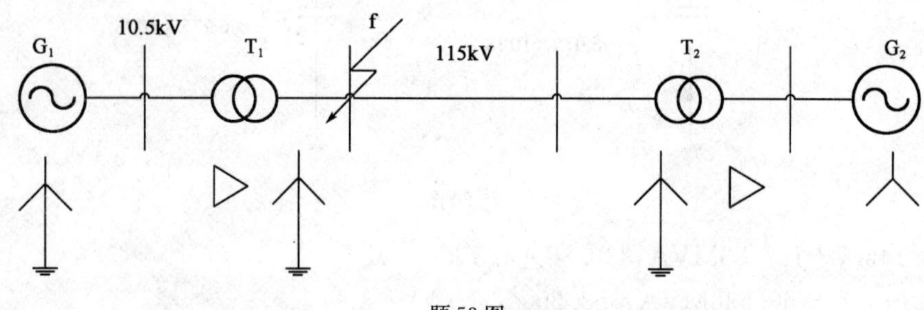

题 53 图

54. 下列接线中，当检修出线断路器时会暂时中断该回路供电的是（　　）。

A. 双母线分段　　　　B. 二分之三
C. 双母线分段带旁母　　　　D. 单母线带旁母

55. 充填石英砂有限流作用的高压熔断器使用的条件为（　　）。

A. 电网的额定电压小于或等于其额定电压的电网中
B. 电网的额定电压大于或等于其额定电压的电网中
C. 电网的额定电压等于其额定电压的电网中
D. 其所在电路的最大长期工作电流大于其额定电流

56. 高压断路器一般采用多断口结构，通常在每个断口并联电容，并联电容的作用是（　　）。

A. 使弧隙电压的恢复过程由周期性变为非周期性
B. 使得电压能均匀分布在每个断口上
C. 可以增大介质强度的恢复速度
D. 可以限制系统中的操作过电压

57. 下列叙述正确的为（　　）。

A. 为了限制短路电流，通常在架空线路上装设电抗器
B. 母线电抗器一般装设在发电机回路中

C. 采用分裂低压绕组变压器主要是为了组成扩大单元接线

D. 分裂电抗器两个分支负荷变化过大将造成电压波动，甚至可能出现过电压

58. 在交流超高压中性点有效接地系统中，部分变压器中性点采用不接地方式运行是为了(　　)。

A. 降低中性点绝缘水平　　B. 减小系统短路电流

C. 减少系统零序阻抗　　D. 降低系统过电压水平

59. 冲击电压波在 GIS 中传播出现折反射的原因是(　　)。

A. 机械振动　　B. GIS 波阻抗小　　C. GIS 内部节点　　D. 电磁振荡

60. 某 220kV 变电所一路出线，当有一电流幅值为 10kA，陡度为 300kV/μs 的雷电波侵入，母线上采用 10kA 雷电保护残压为 496kV 的金属氧化物，避雷器保护变压器，避雷器距变压器的距离为 75m，则变压器节点上可能出现的最大雷电过电压幅值为(　　)。

A. 666kV　　B. 650kV　　C. 496kV　　D. 646kV

2012 年度全国注册电气工程师(供配电)执业资格考试专业基础考试

试题解析及参考答案

1.解　各支路电流标于图中。

2Ω 电阻上的电流为：$I_2=\dfrac{U}{2}$

1Ω 电阻上的电流为：$I_1=\dfrac{U}{1}$

由 KCL 定律得，3Ω 电阻上的电流 $I_3=I_1+I_2=\dfrac{3}{2}U$

题 1 解图

$$U_{oc}=I_3\times3+I_2\times2=\frac{3}{2}U\times3+\frac{U}{2}\times2=\frac{11}{2}U$$

$$I_{in}=I_3-2U=\frac{3}{2}U-2U=-\frac{1}{2}U$$

$$R_{in}=\frac{U_{oc}}{I_{in}}=\frac{\frac{11}{2}U}{-\frac{1}{2}U}=-11\Omega$$

答案：A

2.解　采用叠加定理。

(1)当 12V 电压源单独作用时，电路等效为题 a)解图，设此时 5Ω 电阻上的电压为 u_1，则：

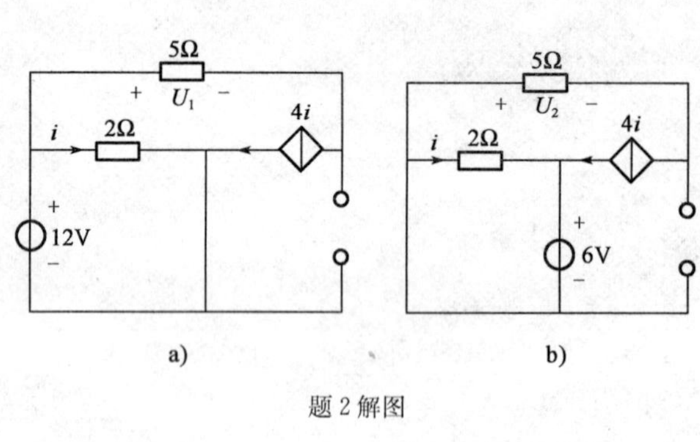

题 2 解图

$$i=\frac{12\text{V}}{2\Omega}=6\text{A}$$

$$u_1=4i\times5\Omega=120\text{V}$$

(2)当 6V 电压源单独作用时，电路等效为题 b)解图，设此时 5Ω 电阻上的电压为 u_2，则：

$$i=-\frac{6V}{2\Omega}=-3A$$

$$u_2=4i\times5\Omega=-60V$$

(3)当2A电流源单独作用时，设此时5Ω电阻上的电压为u_3，则：

$$i=0$$

$$u_3=-2\times5=-10V$$

$$u=u_1+u_2+u_3=120-60-10=50V$$

答案:C

3.**解**　将电路等效变换，变换成如图所示。

列方程得：

$$\begin{cases}2\angle0^\circ=2\dot{I}_1+\dot{U}_1\\ \dot{U}_2=4.5\dot{I}_2+22.5\angle53.1^\circ\\ \dfrac{\dot{U}_1}{\dot{U}_2}=\dfrac{2}{1}\\ \dfrac{\dot{I}_1}{\dot{I}_2}=\dfrac{1}{2}\end{cases}$$

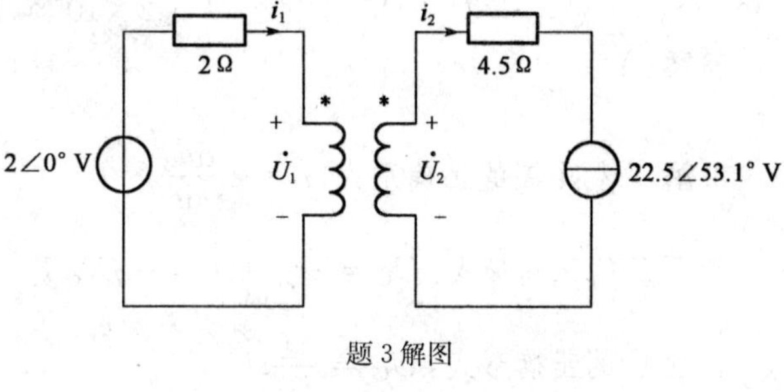

题3解图

$\dot{I}_1=-1.25-j1.8$

$\dot{U}_1=4.5+j3.6=5.76\angle38.65^\circ V$

答案:B

4.**解**　先求戴维南等效参数：$U_{oc}=\frac{6}{3+6}\times12=8V$，$R_{eq}=3//6=2\Omega$。

由最大功率传递定理，当$R_L=R_{eq}$时，获得最大功率$P_{max}=\frac{U_{oc}^2}{4R_{eq}}=\frac{8^2}{4\times2}=8W$。

答案:A

5.**解**　根据线性关系式有$i_1=k_1u_1+k_2u_2$，则：

$$\begin{cases}2=15k_1+10k_2\\ 2.5=20k_1+15k_2\end{cases}$$

解得$k_1=0.2$，$k_2=-0.1$，将其代入线性关系式，得$i=0.2u_1-0.1u_2$

当$u_1=20V$，$i_1=5A$时，代入知$5=0.2\times20-0.1u_2$，得$u_2=-10V$。

答案:B

6.**解**　设8Ω电阻两端电压为U，电阻R上流过的电流为i，如图所示，则：

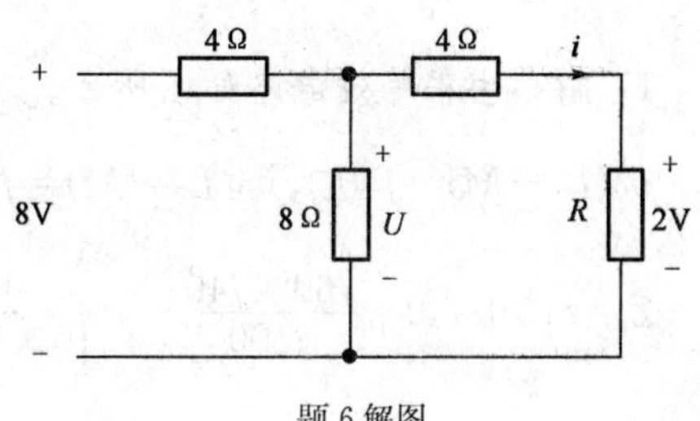

题6解图

$$i=\frac{2}{R}$$

$$U=i\times4+2=4\times\frac{2}{R}+2$$

$8-(4\times\frac{2}{R}+2)=4\times[\frac{2}{R}+\frac{1}{8}\times(4\times\frac{2}{R}+2)]$

$6-\frac{8}{R}=\frac{12}{R}+1$

$R=4\Omega$

答案:C

7.**解** 设电流 i 的瞬时值表达式为:$i=I_m\sin(\omega t+\varphi)$

由题意得 $\varphi=90°$,$I_m=17.32A$,则:$\frac{T}{4}=0.5\times10^{-3}s$,$T=2\times10^{-3}s$

$$f=\frac{1}{T}=\frac{1}{2\times10^{-3}}=500Hz$$

答案:A

8.**解** 选项A的正确形式:$i_C=C\frac{du_C}{dt}$

选项B的正确形式:$\dot{U}_C=-j\frac{1}{\omega C}\dot{I}=-jX_C\dot{I}_C$

选项D的正确形式:$\dot{U}_C=\frac{1}{j\omega C}\dot{I}$

答案:C

9.**解** RCL串联电路如图所示,总电压U、电感电压以及RC两端电压均为150V,即$U_{RC}=150V$,$U_L=150V$

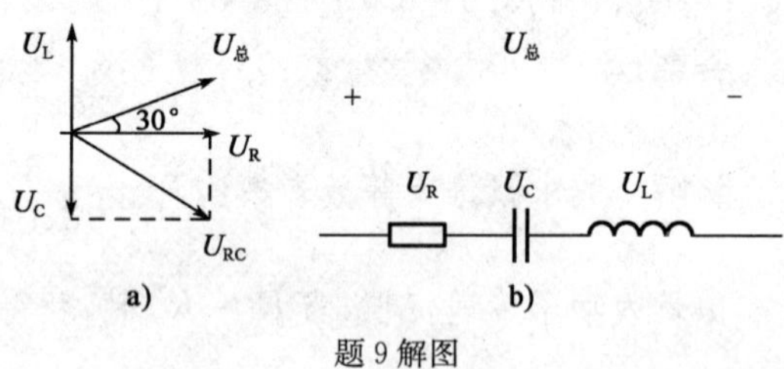

题9解图

$U_R=U_总\cos30°=150\times\frac{\sqrt{3}}{2}=75\sqrt{3}V$

$i=U_R/R=75\sqrt{3}/25=3\sqrt{3}A$

答案:B

10.**解** 流过RC元件的电流为:$i_L+8i_L=9i_L$

$U=(R+\frac{1}{j\omega C})\times9i_L+j\omega L\times i_L=9Ri_L-j\frac{9i_L}{\omega C}+j\omega Li_L=9Ri_L+ji_L(\omega L-\frac{9}{\omega C})$

当发生谐振时,$\omega L-\frac{9}{\omega C}=0$,得 $\omega=\frac{3}{\sqrt{LC}}$。

答案:D

11.**解** 去耦等效电路如图所示。

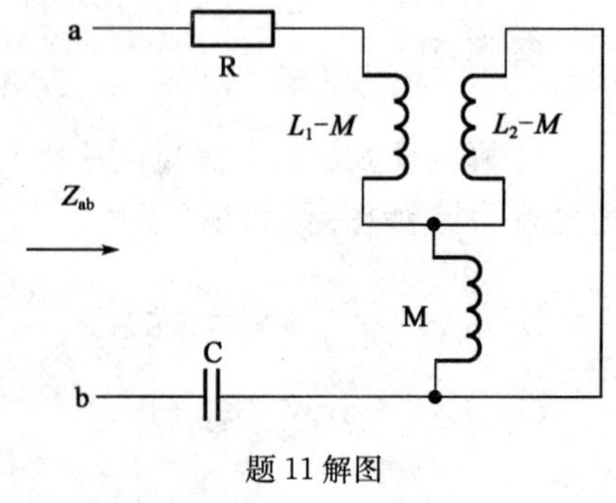

题11解图

$j\omega(L_1-M)=j40\Omega$,$j\omega(L_2-M)=j40\Omega$,$j\omega M=j60\Omega$

$Z_{ab}=15+j40+\frac{j60\times j40}{j100}-j\frac{1}{10\times10^{-3}}=15+j40+j24-j100=15-j36\Omega$

答案:B

12.**解** $\dot{U}=\frac{24}{\sqrt{2}}\angle 0°$， $\dot{I}=\frac{4}{\sqrt{2}}\angle 0°, R_{总}=\frac{\dot{U}}{\dot{I}}=\frac{24}{4}\angle 0°=6\angle 0°=6\Omega$

又 $R_{总}=2+R+j\omega L-j\frac{1}{\omega C}$，得 $R=4\Omega, \omega L=\frac{1}{\omega C}, L=1\text{H}$。

答案:C

13.**解** $u(t)=100\sqrt{2}\sin(10000t)+30\sqrt{2}(30000t)$

$u_1(t)=100\sqrt{2}\sin(10000t), u_3(t)=30\sqrt{2}(30000t)$

(1)基波电压单独作用，$\dot{U}_1=100\angle 0°$，等效电路如图 a)所示。

$X_L=j\omega L=j10, X_C=-j\frac{1}{\omega C}=-j10$

由电感和电容串联元件组成的支路发生串联谐振，相当于短路，$u_1(t)=0$。

(2)三次谐波电压单独作用，如图 b)所示。

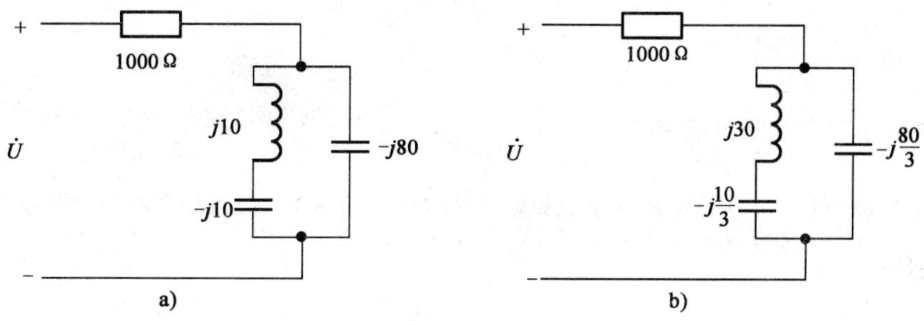

题 13 解图

电感和电容串联支路的等效阻抗为：$X_L+X_C=-j\frac{10}{3}+j30=j\frac{80}{3}$

电路发生并联谐振，相当于断路，$u_3(t)=30\sqrt{2}(30000t)$

所以，$u_1(t)=30\sqrt{2}(30000t)$

答案:A

14.**解** $U=20\times(5i+i)=120i, R_{eq}=\frac{U}{i}=\frac{120i}{i}=120\Omega, \tau=\frac{L}{R}=\frac{0.12}{120}=1\text{ms}$。

答案:D

15.**解** U_{C1}为 8Ω 电阻两端电压，i_1、i_2、i_3 分别标于图中。

$i_1=\frac{100}{10+20//(12+8)}=5\text{A}, i_2=i_3=2.5\text{A}$，

$U_{C1}=2.5\times 8=20\text{V}$。

答案:C

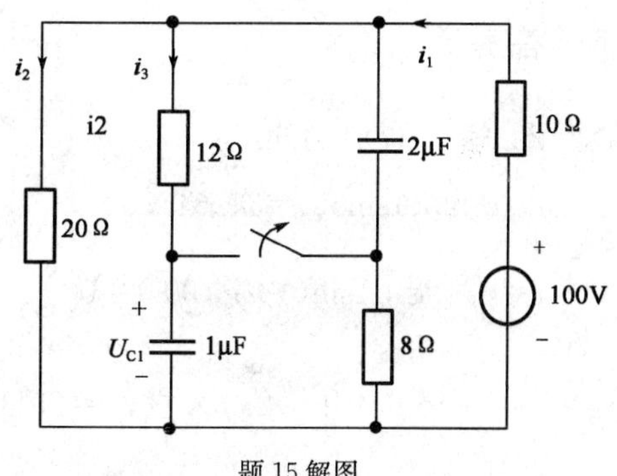

题 15 解图

16.**答案**:B

17. **解**　电感元件上的电压与电流的关系为：

$$L\frac{\mathrm{d}i_{\mathrm{L}}}{\mathrm{d}t}=U$$

则 $\frac{\mathrm{d}i_{\mathrm{L}}}{\mathrm{d}t}=\frac{U}{L}=\frac{15}{5\times10^{-3}}=3000$，得 $i_{\mathrm{L}}(t)=3000t\mathrm{A}$。

答案：C

18. **解**　A 点电压为 U_{A}，根据 KCL 定律得：

$$\frac{100-U_{\mathrm{A}}}{40}+\frac{100-U_{\mathrm{A}}}{20}+\frac{-100-U_{\mathrm{A}}}{40}=\frac{U_{\mathrm{A}}}{20}$$

解方程得 $U_{\mathrm{A}}=\frac{100}{3}\mathrm{V}$。

答案：B

19. **解**　发生振荡时，$\omega L=\frac{1}{\omega C}$，$\omega=\frac{1}{\sqrt{LC}}=\frac{1}{\sqrt{4\times1\times10^{-6}}}=500\mathrm{rad/s}$。

答案：C

20. **解**　取 A 相电压作为参考相量，$\dot{U}_{\mathrm{A}}=\frac{380}{\sqrt{3}}\angle0°=220\angle0°$，则 $\dot{U}_{\mathrm{AC}}=380\angle-30°$，$\dot{I}_{\mathrm{A}}=\frac{\dot{U}_{\mathrm{A}}}{Z}=\frac{220\angle0°}{22}=10$，$\dot{I}_{\mathrm{B}}=10\angle-120°$，$P=\mathrm{Re}(\dot{U}_{\mathrm{AC}}\times\overset{*}{I}_{\mathrm{B}})=380\times10\times\cos(-30°+120°)=0\mathrm{W}$。

答案：D

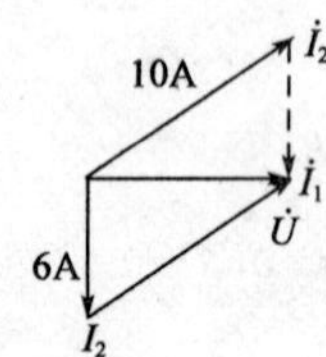

题 21 解图

21. **解**　如图所示，以电压向量为参考向量，因电路发生谐振，所以 $\dot{I}_1$ 和电压 $\dot{U}$ 同相位，电感电流 $\dot{I}_2$ 滞后于电压 $\dot{U}90°$，则 $A_1=\sqrt{A_3^2-A_2^2}=\sqrt{10^2-6^2}=8\mathrm{A}$。

答案：B

22. **解**　因为二阶动态电路的过渡过程是欠阻尼，所以有 $R<2\sqrt{\frac{L}{C}}$，$C<\frac{4L}{R^2}=\frac{4\times0.3}{100}=0.012\mathrm{F}$。

答案：A

23. **解**　$i(t)=A\sin(\omega t+\varphi)$，$\varphi=30°$

$t=0$ 时，$A\sin30°=34.64\mathrm{A}$

$t=\frac{1}{60}\mathrm{s}$ 时，$A\sin(\frac{1}{60}\omega+30°)=0$

$\frac{1}{60}\omega=150°=\frac{5\pi}{6}=2\pi f\times\frac{1}{60}$，$f=25\mathrm{Hz}$

答案：A

24.**解**　带电金属球在无限大均匀介质中产生的电厂强度$E=\frac{q}{4\pi\varepsilon_0 r^2}$V/m。

答案:D

25.**解**　无限大导电二面角的角度为φ时,用镜像方法分析电荷分布时,镜像电荷个数为$\frac{360°}{\varphi}-1$,此题目中$\varphi=30°$,代入公式得$\frac{360°}{30°}-1=11$。

答案:B

26.**解**　$U_0=\frac{\tau}{2\pi\varepsilon_0}\ln(\frac{b}{a})$,则$\frac{\tau}{2\pi\varepsilon_0}=\frac{U_0}{\ln\left(\frac{b}{a}\right)}$。$E(r=a)=\frac{\tau}{2\pi\varepsilon_0 a}=\frac{U_0}{a\ln\left(\frac{b}{a}\right)}$。

令$f(a)=a\ln\left(\frac{b}{a}\right)$,$b$固定,对$a$求导数,$\frac{\mathrm{d}f(a)}{a}=\ln\left(\frac{b}{a}\right)-1=0$,则$\frac{a}{b}=\frac{1}{e}$。

答案:A

27.**解**　$t_w=1.1RC=1.1\times91\times10^3\times25\times10^{-6}=2.5$s。

答案:D

28.**解**　$\frac{32\text{K}\times8}{4\text{K}\times4}=16$,则需用4K×4的RAM的片数为16。

答案:B

29.**解**　如图所示,设D_1、D_2的共阳极点为A点,假设没有D_2,D_1肯定能够导通,A点的电压为U_A,根据$\frac{U_i-U_A}{100}=\frac{U_A-25}{200}$得出$U_A=108.3\text{V}>100\text{V}$,则$D_2$导通,此时$U_A=100$V,$D_1$也导通,那么$D_1$、$D_2$都导通,所以$U_A=100$V。

答案:C

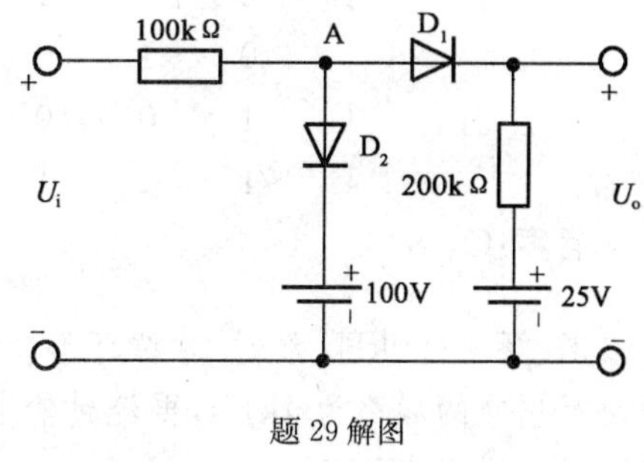

题29解图

30.**解**　$U_{A1+}=\frac{U_{i2}}{R_3+R_4}\times R_4=\frac{10}{11}U_{i2}$

由虚短得:$U_{A1+}=U_{A1-}$

由虚断得:$\frac{U_o-U_{A1-}}{R_2}+\frac{U_{i1}-U_{A1-}}{R_1}=0$

将$U_{A1}=\frac{10}{11}U_{i2}$代入上式得:$U_o=-10(U_{i1}-U_{i2})$

即:$\frac{U_o}{U_{i1}-U_{i2}}=-10$

答案:B

31.**解**　当$U_{omax}=12$V时,电容上的电压:$U_C=\frac{12}{R_4+R_5}\times R_4=\frac{12}{200}\times100=6$V

当$U_{omin}=0$V时,电容上的电压:$U_C=\frac{0}{R_4+R_5}\times R_4=0$V

答案:B

32. **解**　当 T_2 的滑线端 R_W 置于上端时，输出电压：

$$U_{omin}=\frac{U_Z+U_{BE}}{R_W+R_2}\times(R_W+R_2+R_1)=\frac{5.3+0.7}{1+2}\times(1+1+2)=8V$$

当 T_2 的滑线端 R_W 置于下端时，输出电压：

$$U_{omax}=\frac{U_Z+U_{BE}}{R_2}\times(R_W+R_2+R_1)=\frac{5.3+0.7}{2}\times(1+1+2)=12V$$

答案:D

33. **解**　$F=\overline{ABC}\cdot\overline{CD}$，当 BCD=111 时，F=0。

答案:D

34. **解**　输入的数字量转换为十进制数 $(10000000)_2=128$，$(10001000)_2=136$

输出电压为 $U_o=\frac{5}{128}\times136=5.3125V$。

答案:A

35. **解**　卡诺图如图所示，由卡诺图可得：$Y=\overline{A}\overline{B}+\overline{D}$。

答案:B

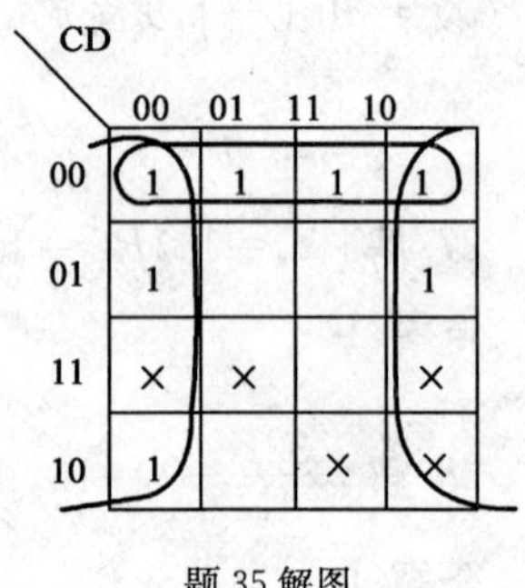

题 35 解图

36. **解**　列真值表。从真值表可以看出该电路能实现的逻辑功能为全加器。

C	B	A	L_1	L_2
0	0	0	0	0
0	0	1	1	0
0	1	0	1	0
0	1	1	0	1
1	0	0	1	0
1	0	1	0	1
1	1	0	0	1
1	1	1	1	1

答案:C

37. **解**　160kHz 经过 10 位环形计数器之后出来的频率为 16kHz，再经过 4 位二进制计数器之后出来的频率为 4kHz，再经过输出行波计数器之后出来的频率为 100Hz，最后经过 4 位循环计数器出来的频率为 25Hz。

答案:D

38. **解**　$CO=Q_0\cdot Q_1\cdot Q_2\cdot Q_3\cdot CE$

初始状态为 0000～0000，当右面的计数器 CO 输出为 1 时，也就是当所有输出为 1111～1111 时，整个计数器通过置数法置成 0000～0000。

答案:A

39. **解**　每极磁通降低 20%，则端电压几乎降低 20%，若负载转矩保持额定不变，电枢电流大概要变为原来的5倍左右，只有A接近。

答案:A

40.**解**　极距：$E=\frac{z}{2p}=\frac{54}{6}=9$，每相槽数：$q=\frac{z}{2pm}=\frac{54}{6\times3}=3$

电角度：$\alpha_1=\frac{p\times360^\circ}{z}=\frac{3\times360^\circ}{54}=20^\circ$，$K_{\omega1}=K_{q1}=\dfrac{\sin\frac{q\alpha_1}{2}}{q\sin\frac{\alpha_1}{2}}=\dfrac{\sin\frac{3\times20^\circ}{2}}{3\times\sin\frac{20^\circ}{2}}=0.96$

答案:B

41.**解**　所加电压降低，绕组阻抗值不变，所以启动电流变小。

答案:A

42.**解**　变压器的效率为：

$$\begin{aligned}\beta&=(1-\frac{P_0+\beta^2\rho_{kN}}{\beta S_N\cos\varphi_2+P_0+\beta^2\rho_{kN}})\times100\%\\&=[1-\frac{61+(80\%)^2\times210}{80\%\times63000\times0.8+61+(80\%)^2\times210}]\times100\%\\&=99.52\%\end{aligned}$$

答案:C

43.**解**　$U_N=10.5$kV为发电机额定运行时出口线电压，额定运行时的每相空载电势必低于线电压，所以排除选项C、D。发电机出口相电压$U_\varphi=\frac{U_N}{\sqrt{3}}=\frac{10.5}{\sqrt{3}}=6.062$kV，由$\dot{E}_0=\dot{U}_\varphi+j\dot{I}_dx_d+j\dot{I}_qx_q$得额定运行时每相空载电势要高于相电压，只有选项B符合要求。

答案:B

44.**解**　同步电动机的V形曲线如图所示。从图中可以看出三相同步电动机运行在过励磁状态时，功率因数处于超前状态，电动机从电网吸收容性无功功率，电流也为容性。

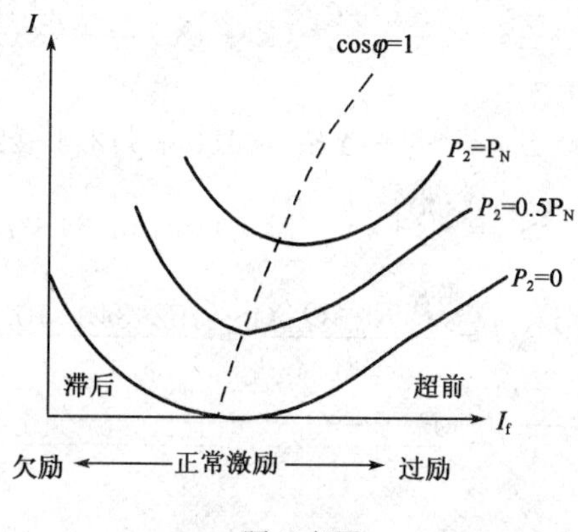

题44解图

答案:B

45.**解**　应熟记公式。

答案:A

46.**解**　应熟记公式。

答案:B

47.**解**　我国110kV及以上系统中性点接地方式一般为中性点直接接地。

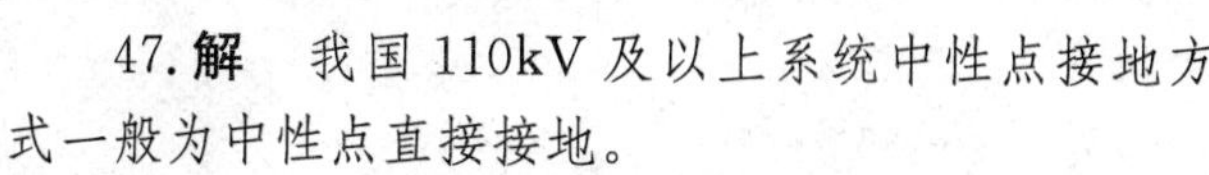

答案:A

48. **解**　由于高压输电线路的电阻远小于电抗，因而使得高压输电线路中有功功率的流向主要由两节点电压的相位决定，有功功率是从电压相位超前的一端流向滞后的一端；输电线路中无功功率的流向主要由两节点电压的幅值决定，由幅值高的一端流向低的一端。这可由下面的公式看出，即：

$$\dot{U}_1=\dot{U}_2+\frac{P_2R+Q_2X}{U_2}+j\frac{P_2X-Q_2R}{U_2}$$

当 $R\approx0$ 时，$\dot{U}_1=\dot{U}_2+\dfrac{Q_2X}{U_2}+j\dfrac{P_2X}{U_2}$

$$\dot{U}_1=U_1(\cos\theta+j\sin\theta)=U_1\cos\theta+jU_1\sin\theta=U_2+\frac{Q_2X}{U_2}+j\frac{P_2X}{U_2}$$

$$U_1\sin\theta=\frac{P_2X}{U_2}, P_2=\frac{U_1U_2}{X}\sin\theta$$

答案:C

49. **解**　并联电抗器可以吸取轻载或空载线路过剩的感性无功功率，对于高压远距离输电线路，可以提高其输送能力，降低线路末端过电压。

答案:C

50. **解**　如图所示，全网电压为额定电压 330kV，则：

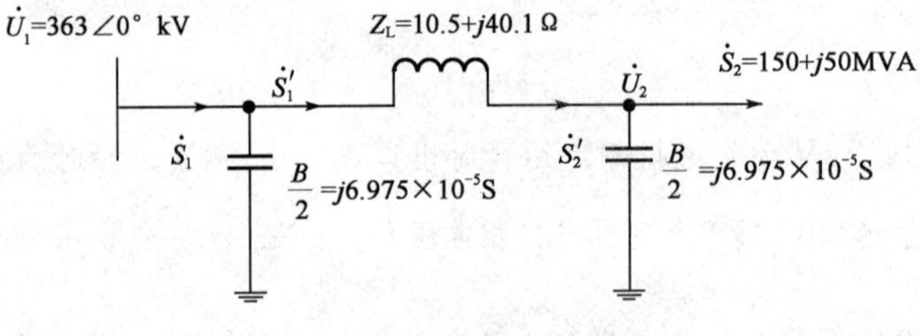

题 50 解图

$$\dot{S}'_2=\dot{S}_2+(-j\frac{B}{2}U_N^2)=150+j50-j6.975\times10^{-5}\times330^2=150+j42.4\text{MVA}$$

$$\Delta\dot{S}_z=\frac{P_2'^2+Q_2'^2}{U_N^2}(R+jX)=\frac{150^2+42.4^2}{330^2}\times(10.5+j40.1)=2.34+j8.95\text{MVA}$$

$$\dot{S}'_1=\dot{S}'_2+\Delta S_z=150+j42.4+2.34+j8.95=152.34+j51.35\text{MVA}$$

$$\dot{S}_1=\dot{S}'_1+(-j\frac{B}{2}U_N^2)=152.34+j51.35-j6.975\times10^{-5}\times330^2=152.34+j43.75\text{MVA}$$

$$\Delta U=\frac{P_1R+Q_1X}{U_1}=\frac{152.34\times10.5+43.75\times40.1}{363}=9.24\text{kV}$$

$$\delta U=\frac{P_1X-Q_1R}{U_1}=\frac{152.34\times40.1-43.75\times10.5}{363}=15.56\text{kV}$$

$$\dot{U}_2=\dot{U}_1-\Delta U-j\delta U=363-9.24-j15.56=363-j15.56=354.1\angle2.52^\circ\text{kV}$$

答案:D

51. **解**　最大负荷时的电压损耗：$\Delta U_{max}=\dfrac{20\times4.08+62.5\times15}{118}=8.64\text{kV}$

最小负荷时的电压损耗：$\Delta U_{\min}=\dfrac{10\times 4.08+62.5\times 7}{110}=4.41\text{kV}$

最大负荷下的抽头电压：$U_{1\text{Tmax}}=\dfrac{118-8.64}{1.05\times 10}\times 11=114.57\text{kV}$

最小负荷下的抽头电压：$U_{1\text{Tmin}}=\dfrac{110-4.41}{1.0\times 10}\times 11=116.15\text{kV}$

取平均值：$U_{\text{T}}=\dfrac{1}{2}(U_{1\text{Tmax}}+U_{1\text{Tmin}})=\dfrac{1}{2}(114.57+116.15)=115.4\text{kV}$

选择最接近的分接头 115.5kV。

答案：B

52. **解**　取 $S_{\text{B}}=60\text{MVA}, U_{\text{B}}=U_{\text{av}}$

$$X''_{\text{d}*}=X''_{\text{dN}*}\cdot\frac{S_{\text{B}}}{S_{\text{N}}}=0.05\times\frac{60}{30}=0.1$$

$$U_{\text{k1}}\%=\frac{1}{2}[U_{\text{k(1-2)}}\%+U_{\text{k(1-3)}}\%-U_{\text{k(2-3)}}\%]=\frac{1}{2}\times(20+20-20)=10$$

$$U_{\text{k2}}\%=\frac{1}{2}[U_{\text{k(1-2)}}\%+U_{\text{k(2-3)}}\%-U_{\text{k(1-3)}}\%]=\frac{1}{2}\times(20+20-20)=10$$

$$U_{\text{k3}}=\frac{1}{2}[U_{\text{k(1-3)}}\%+U_{\text{k(2-3)}}\%-U_{\text{k(1-2)}}\%]=\frac{1}{2}\times(20+20-20)=10$$

$$X_{\text{T1}*}=\frac{U_{\text{k1}}\%}{100}\cdot\frac{U_{\text{N}}^2}{S_{\text{N}}}\cdot\frac{S_{\text{B}}}{U_{\text{B}}^2}=\frac{10}{100}\times\frac{330^2}{60}\times\frac{60}{345^2}=0.09$$

$$X_{\text{T2}*}=\frac{U_{\text{k2}}\%}{100}\cdot\frac{U_{\text{N}}^2}{S_{\text{N}}}\cdot\frac{S_{\text{B}}}{U_{\text{B}}^2}=\frac{10}{100}\times\frac{330^2}{60}\times\frac{60}{345^2}=0.09$$

$$X_{\text{T3}*}=\frac{U_{\text{k3}}\%}{100}\cdot\frac{U_{\text{N}}^2}{S_{\text{N}}}\cdot\frac{S_{\text{B}}}{U_{\text{B}}^2}=\frac{10}{100}\times\frac{330^2}{60}\times\frac{60}{345^2}=0.09$$

$$X_{l*}=\frac{1}{2}X_l\cdot l\cdot\frac{S_{\text{B}}}{U_{\text{B}}^2}=\frac{1}{2}\times 0.42\times 100\times\frac{60}{345^2}=0.01$$

等值电路如图所示。

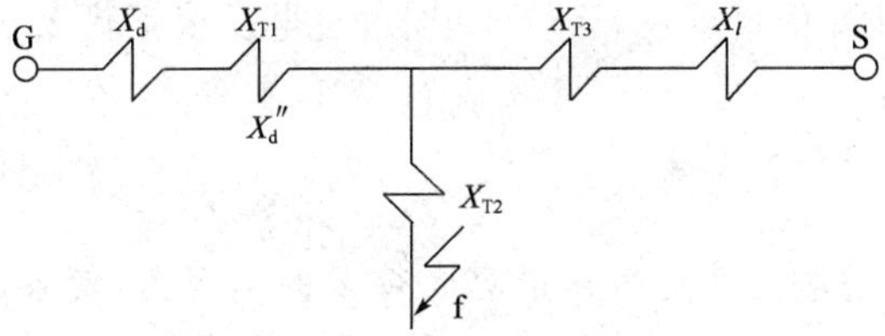

题 52 解图

$$\begin{aligned}X_{\Sigma*}&=(X''_{\text{d}*}+X_{\text{T1}*})\,//\,(X_{\text{T3}*}+X_{l*})+X_{\text{T2}*}\\&=(0.1+0.09)\,//\,(0.09+0.01)+0.09\\&=0.16\end{aligned}$$

短路电流周期分量：$I=I_*\cdot I_{\text{B}}=\dfrac{1}{X_{\Sigma*}}\cdot\dfrac{S_{\text{B}}}{\sqrt{3}U_{\text{B}}}=\dfrac{1}{0.16}\times\dfrac{60}{\sqrt{3}\times 37}=5.85\text{kA}$

冲击电流 $i_{\text{n}}=2.55I=2.55\times 5.85=14.92\text{kA}$

只有选项 D 最接近。

答案：D

53. **解**　如图所示，先求各序电抗：

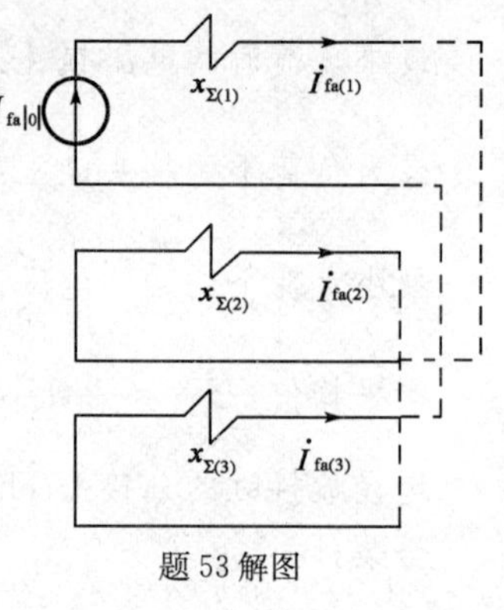

题 53 解图

$$x_{\sum(1)} = (x''_{d} + x_{T1}) // (x_l + x_{T2} + x''_{d})$$
$$= (0.1+0.1) // (0.3+0.1+0.1) = 0.14$$
$$x_{\sum(2)} = x_{\sum(1)} = 0.14$$
$$x_{\sum(0)} = x_{T1(0)} // [x_{10} + x_{T2(0)}]$$
$$= 0.1 // (0.9+0.1) = 0.09$$

形成复合序网：

$$\dot{I}_{fa(1)} = \dot{I}_{fa(2)} = \dot{I}_{fa(0)} = \frac{\dot{U}_{fa(0)}}{j[x_{\sum(1)} + x_{\sum(2)} + x_{\sum(0)}]} = \frac{1}{j(0.14+0.14+0.09)} = -j2.7$$

$$\dot{I}_{fa*} = 3\dot{I}_{fa(1)} = -j2.7 \times 3 = -j8.1$$

$$I_{fa} = I_{fa*} \times \frac{S_B}{\sqrt{3}U_{av}} = 8.1 \times \frac{30}{\sqrt{3} \times 115} = 1.22\text{kA}$$

答案:B

54. **解**　双母线分段接线，当一段工作母线发生故障后，在继电保护作用下，分段断路器先自动跳开，而后将故障段母线所连的电源回路的断路器跳开，该段母线所连的出线回路停电，随后，将故障段母线所连的电源回路和出线回路切换到备用母线，即可恢复供电，这样，就会出现部分短时停电。

答案:A

55. **解**　一般电网电压小于熔断器额定电压，对于一般的高压熔断器，其额定电压 U_N 必须大于或等于电网的额定电压 U_{SN}。但是对于填充石英砂有限流作用的熔断器，则不宜使用在低于熔断器额定电压的电网中，这是因为限流式熔断器灭弧能力很强，熔体熔断时因截流而产生过电压，一般在 $U_N=U_{SN}$ 的电网中，过电压倍数为 2～2.5 倍，不会超过电网中电气设备的绝缘水平，但如在 $U_{SN}<U_N$ 的电网中，因熔体较长，过电压值可达 3.5～4 倍相电压，可能损害电网中的电气设备。

答案:C

56. **解**　在各断口上并联一个比散杂电容大得多的电容器，使各断口上的电压分配均匀，以提高断路器的开断能力，所以断口并联电容器叫均匀电容器。

答案:B

57. **解**　架空线一般自身阻抗较大，不需要安装电抗器。母线电抗器一般加装在母线分段处。采用分裂低压绕组变压器主要是为了限制短路电流。选项 D 正确，为分裂电抗器的确定。

答案:D

58. **解**　在中性点接地的 110kV 和 220kV 系统中，为减小单相接地的短路电流，将一部分变压器的中性点改为不接地运行。

答案:B

59. **解**　雷电波在输电线路中是以“行波”的方式，以接近光速行进的。行波在阻抗变化处和线路终端出现折射和反射属于正常的物理现象(就像水波和声波一样)。

答案:B

60. **解**　代入公式：$U_T = U_R + \frac{2\alpha l}{v} = 496 + \frac{2 \times 300 \times 75}{300} = 646\text{kV}$

式中，U_T 为雷电过电压幅值；U_R 为避雷器的残压；α 为雷电波陡度；v 为雷电波速；l 为避雷器与变压器的电气距离。

答案:D

2013 年度全国注册电气工程师(供配电)执业资格考试专业基础考试

试　题

单项选择题(共 60 题,每题 2 分。每题的备选项中只有 1 个最符合题意)

1. 图示电路中 $u=-2\text{V}$,则 3V 电压源发出的功率应为下列哪项数值?(　　)

A. 10W　　B. 3W　　C. −3W　　D. −10W

2. 图示电路中 $U=10\text{V}$,电阻均为 100Ω,则电路中的电流 I 应为下列哪项数值?(　　)

A. $\frac{1}{14}$A　　B. $\frac{1}{7}$A　　C. 14A　　D. 7A

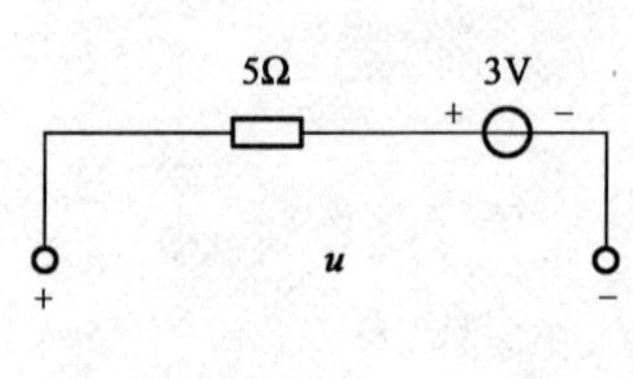

题 1 图

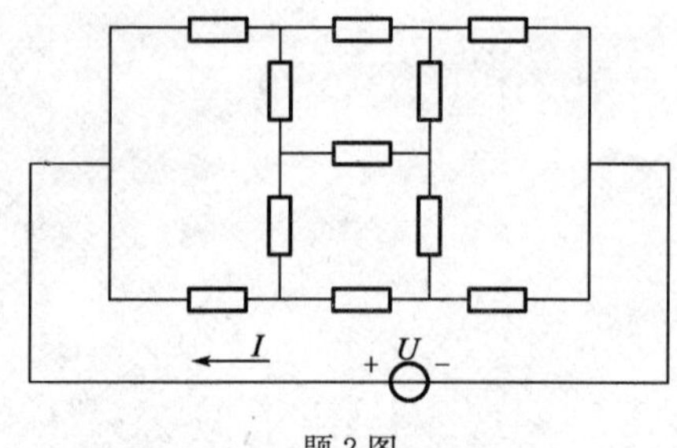

题 2 图

3. 若图示电路中的电压值为该点的结点电压,则电路中的电流 I 应为下列哪项数值?(　　)

A. −2A　　B. 2A　　C. 0.8750A　　D. 0.4375A

4. 若图示电路中 $i_S=1.2\text{A}$ 和 $g=0.1\text{s}$,则电路中的电压 u 应为下列哪项数值?(　　)

A. 3A　　B. 6A　　C. 9A　　D. 12A

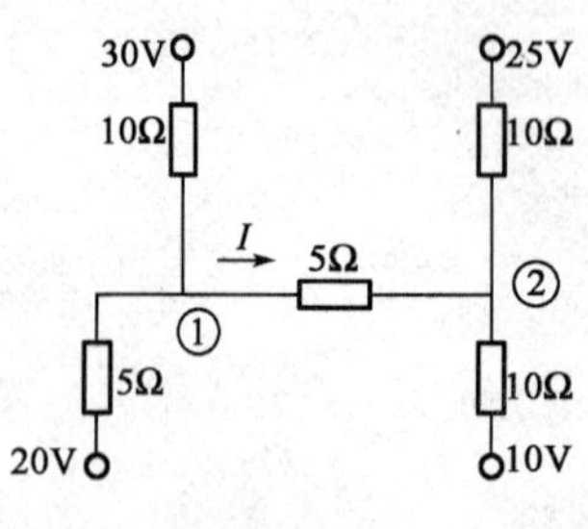

题 3 图

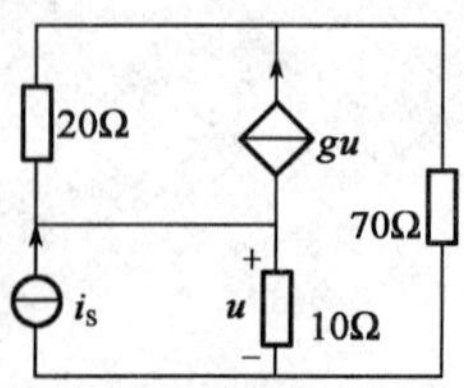

20Ω
gu
70Ω
i_s
u
10Ω

题 4 图

5. 在图示电路中，当 R 为下列哪项数值时，它能获得最大功率？（　　）

A. 7.5Ω　　B. 4.5Ω

C. 5.2Ω　　D. 5.5Ω

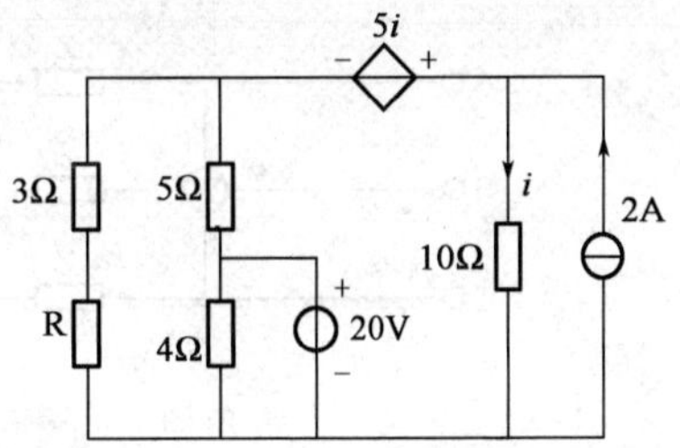

题 5 图

6. 正弦电流通过电容元件时，电流 $\dot{I}_C$ 应为下列哪项数值？（　　）

A. $j\omega CU_m$　　B. $j\omega C\dot{U}$　　C. $-j\omega CU_m$　　D. $-j\omega C\dot{U}$

7. 有一个由 $R=3\text{k}\Omega$，$L=4\text{H}$ 和 $C=1\mu\text{F}$ 三个元件相串联的电路。若电路振荡，则振荡频率应为下列哪项数值？（　　）

A. 331rad/s　　B. 500rad/s　　C. 375rad/s　　D. 750rad/s

8. 图示空心变压器 AB 间的输入阻抗 Z_m 应为下列哪项数值？（　　）

A. $j20\Omega$　　B. $-j20\Omega$　　C. $-j15\Omega$　　D. $j15\Omega$

9. 图示电路中电压 u 含有基波和三次谐波，基波角频率为 10^4rad/s。若要求 u_1 中不含基波分量而将 u 中的三次谐波分量全部取出，则电容 C_1 为应为下列哪项数值？（　　）

A. $2.5\mu\text{F}$　　B. $1.25\mu\text{F}$　　C. $5\mu\text{F}$　　D. $10\mu\text{F}$

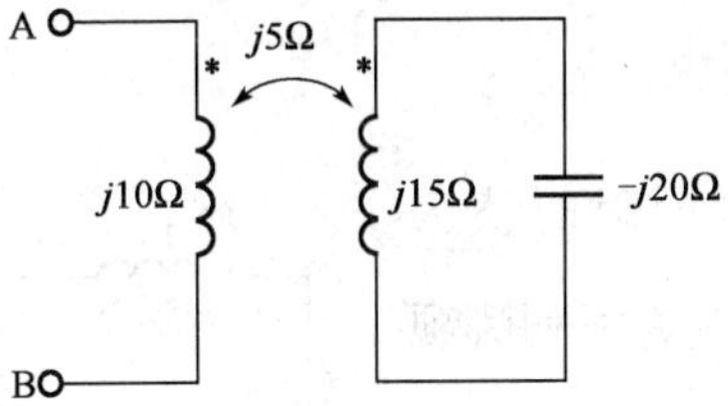

题 8 图

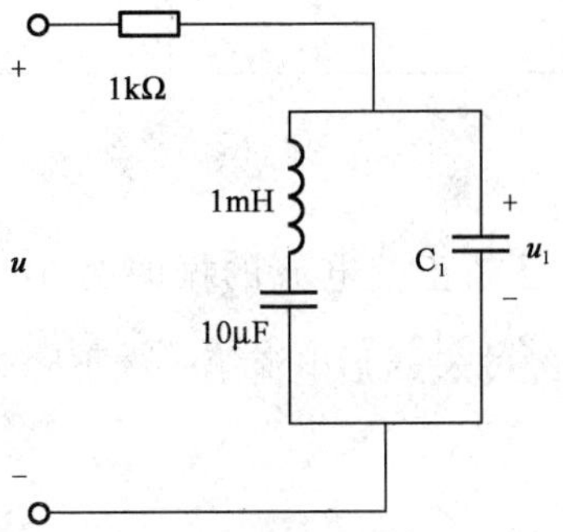

题 9 图

10. 图示三相对称三线制电路中线电压为 380V，且各负载 $Z=44\Omega$，则功率表的读数应为下列哪项数值？（　　）

A. 0W　　B. 2200W　　C. 6600W　　D. 4400W

11. 图示正弦电流电路发生谐振时，电流 $\dot{I}_1$ 和 $\dot{I}_2$ 的大小分别为 4A 和 3A，则电流 $\dot{I}_3$ 的大小应为下列哪项数值？（　　）

A. 7A　　B. 1A　　C. 5A　　D. 0A

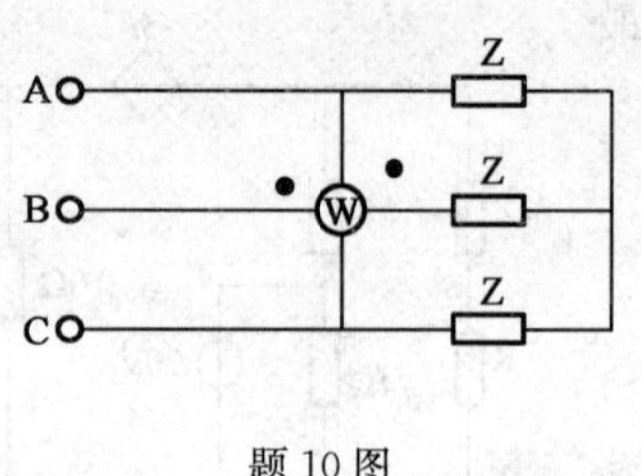

题 10 图

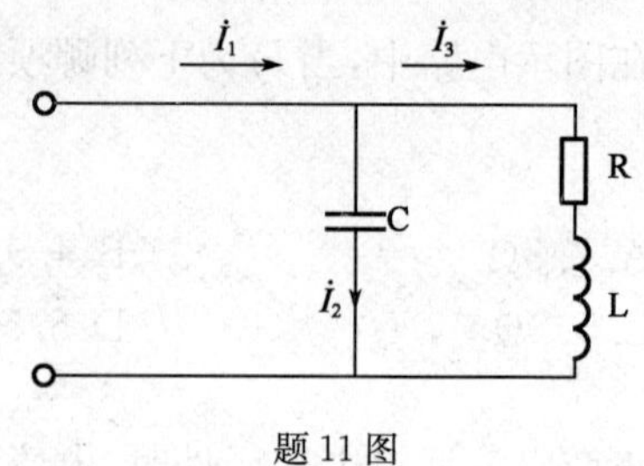

题 11 图

12. 在 R、L、C 串联电路中，$X_C = 10\Omega$。若总电压维持不变而将 L 短路，总电流的有效值与原来相同，则 X_L 应为下列哪项数值？（　　）

A. 30Ω　　B. 40Ω　　C. 5Ω　　D. 20Ω

13. 图示电路的戴维南等效电路参数 u_S 为应为下列哪项数值？（　　）

A. 35V　　B. 15V　　C. 3V　　D. 9V

14. 图示电路中 ab 间的等效电阻与电阻 R_L 相等，则 R_L 应为下列哪项数值？（　　）

A. 20Ω　　B. 15Ω　　C. $2\sqrt{10}\Omega$　　D. 10Ω

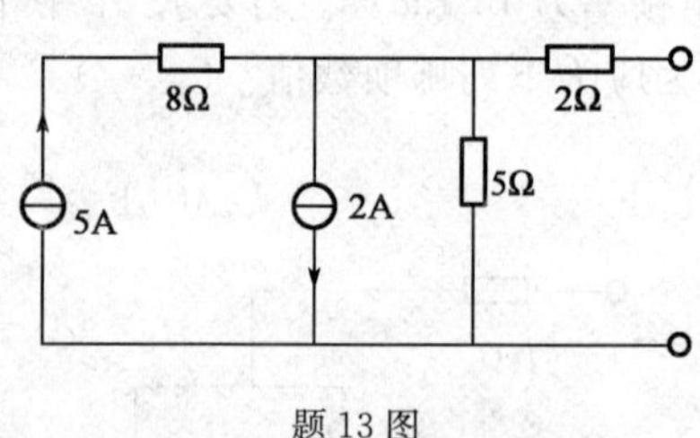

题 13 图

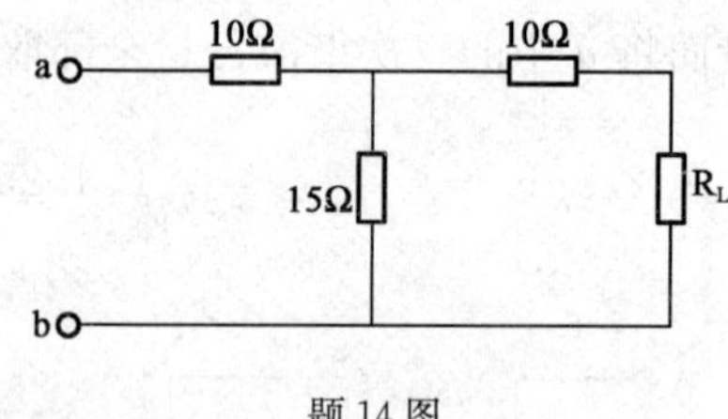

题 14 图

15. 已知正弦电流的振幅为 10A，在 $t = 0$ 时刻的瞬时值为 8.66A，经过 $\frac{1}{300}$s 后电流第一次下降为 0，则其初相角应为下列哪项数值？（　　）

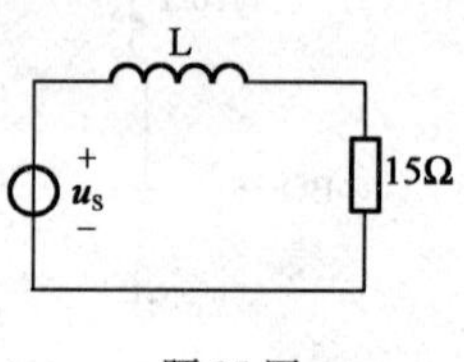

题 15 图

A. 70°　　B. 60°

C. 30°　　D. 90°

16. 在图示电路中，$u_S = 50\sin\omega t$ V，电阻 15Ω 上的功率为 30W，则电路的功率因数应为下列哪项数值？（　　）

A. 0.8　　B. 0.4　　C. 0.6　　D. 0.3

17. R、L、C 串联电路中，在电容 C 上再并联一个电阻 R_1，则电路的谐振角频率 ω 应为下列哪项数值？（　　）

A. $\sqrt{\frac{1}{LC}-\frac{1}{R_1^2C^2}}$ B. $\sqrt{\frac{1}{R_1^2C^2}-\frac{1}{LC}}$

C. $\sqrt{\frac{1}{LC}+\frac{1}{R_1^2C^2}}$ D. $\sqrt{\frac{R_1}{LC}}$

18. 图示电路中，$t=0$ 时闭合开关 S，且 $u_1(0_-)=u_2(0_-)=0$，则 $u_1(0_+)$ 应为下列哪项数值？（　　）

A. 6V　　B. 4V　　C. 0V　　D. 8V

19. 图示电路的时间常数 τ 应为下列哪项数值？（　　）

A. 16ms　　B. 4ms　　C. 2ms　　D. 8ms

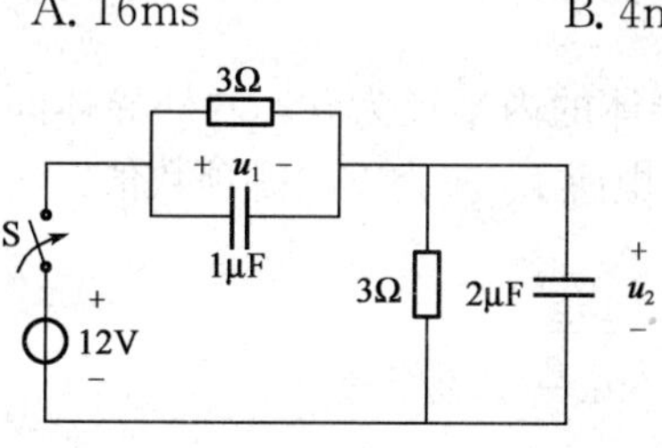

题 18 图

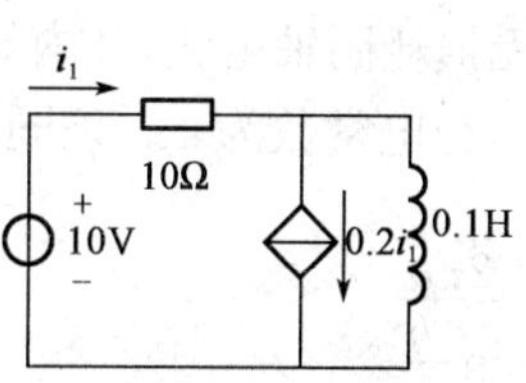

题 19 图

20. 图示电路原已稳定，$t=0$ 时闭合开关 S 后，电流 $i(t)$ 应为下列哪项数值？（　　）

A. $4-3e^{-10t}$A　　B. 0A　　C. $4+3e^{-t}$A　　D. $4-3e^{-t}$A

21. 图示电路中 $u_C(0_-)=0$，在 $t=0$ 时闭合开关 S 后，$t=0_+$ 时刻的 $i_C(0_+)$ 应为下列哪项数值？（　　）

A. 3A　　B. 6A　　C. 2A　　D. 18A

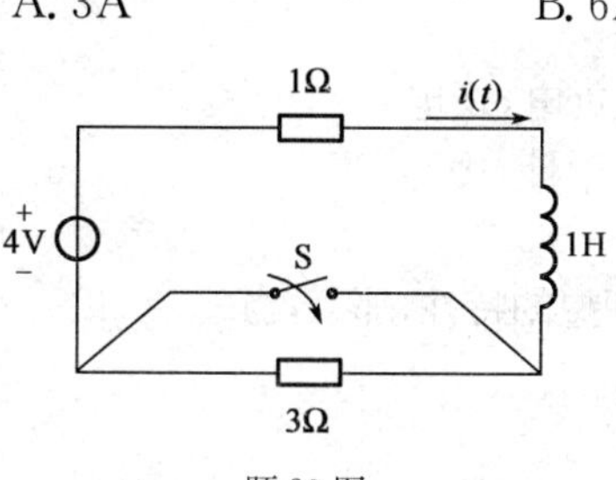

题 20 图

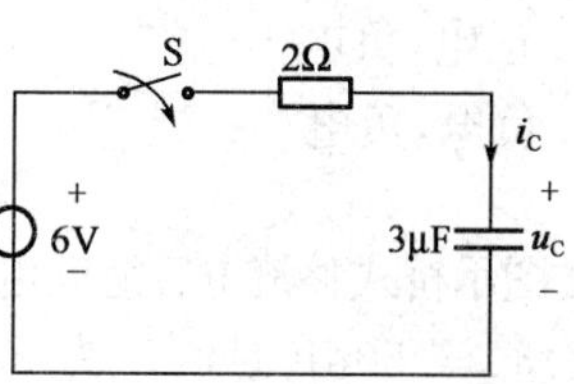

题 21 图

22. 图示电路中 $u=12\sin\omega t$V，$i=2\sin\omega t$A，$\omega=2000$rad/s，无源二端口网络 N 可以看作是电阻 R 与电容 C 相串联。则 R 与 C 应为下列哪组数值？（　　）

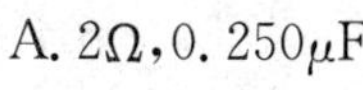

A. 2Ω，0.250μF　　B. 3Ω，0.125μF

C. 4Ω，0.250μF　　D. 4Ω，0.500μF

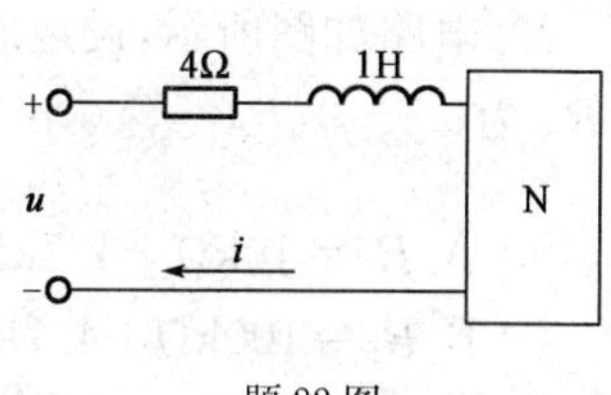

题 22 图

23. 在无限大真空中，有一半径为 a 的导体球，离球心 $d(d>a)$ 处有一点电荷 q。该导体球的电位 φ 应为下列哪项数值？（　　）

A. $\frac{q}{4\pi\varepsilon_0 d}$

B. $\frac{q}{4\pi\varepsilon_0 a}$

C. $\frac{q}{4\pi\varepsilon_0 d^2}$

D. $\frac{q}{4\pi\varepsilon_0 a^2}$

24. 在真空中，相距为 a 的两无限大均匀带电平板，面电荷密度分别为 $+\sigma$ 和 $-\sigma$。该两带电平板间的电位 U 应为下列哪项数值？（　　）

A. $\frac{\sigma a^2}{\varepsilon_0}$　　B. $\frac{\sigma a}{\varepsilon_0}$　　C. $\frac{\varepsilon_0 a}{\sigma}$　　D. $\frac{\sigma a}{\varepsilon_0^2}$

25. 一无损耗同轴电缆，其内导体的半径为 a，外导体的内半径为 b。内外导体间媒质的磁导率为 μ，介电常数为 ε。该同轴电缆单位长度的外电感 L_0 应为下列哪项数值？（　　）

A. $\frac{2\pi\mu}{\ln\frac{b}{a}}$

B. $\frac{2\pi\varepsilon}{\ln\frac{b}{a}}$

C. $\frac{2\pi}{\varepsilon}\ln\frac{b}{a}$

D. $\frac{\mu}{2\pi}\ln\frac{b}{a}$

26. 终端开路的无损耗传输线的长度为波长的多少倍时，其入端阻抗的绝对值不等于其特性阻抗？（　　）

A. $\frac{1}{8}$　　B. $\frac{1}{2}$　　C. $\frac{3}{8}$　　D. $\frac{7}{8}$

27. N 型半导体和 P 型半导体所呈现的电性分别为（　　）。

A. 正电，负电

B. 负电，正电

C. 负电，负电

D. 中性，中性

28. 在图示桥式整流电容滤波电路中，若二极管具有理想的特性，那么，当 $u_2=10\sqrt{2}\sin 314t\text{V}$，$R_L=10\text{k}\Omega$，$C=50\mu\text{F}$ 时，U_o 为下列哪项数值？（　　）

A. 9V　　B. 10V　　C. 12V　　D. 14.14V

29. 电路如图所示，设运放是理想器件，电阻 $R_1=10\text{k}\Omega$，为使该电路能产生正弦波，则要求 R_F 为（　　）。

A. $R_F=10\text{k}\Omega+4.7\text{k}\Omega$（可调）

B. $R_F=100\text{k}\Omega+4.7\text{k}\Omega$（可调）

C. $R_F=18\text{k}\Omega+4.7\text{k}\Omega$（可调）

D. $R_F=4.7\text{k}\Omega+4.7\text{k}\Omega$（可调）

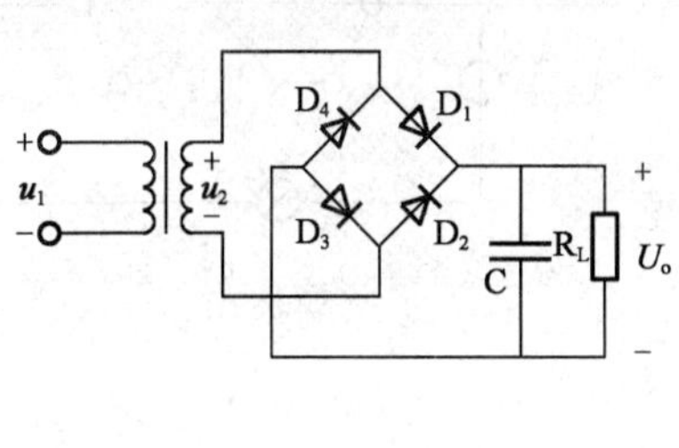

题 28 图

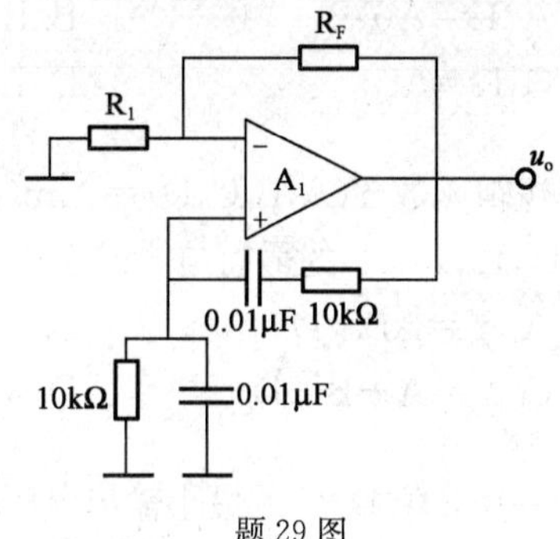

题 29 图

30. 某放大器要求其输出电流几乎不随负载电阻的变化而变化，且信号源的内阻很大，应选用的负反馈类型为(　　)。

A. 电压串联　　B. 电压并联　　C. 电流串联　　D. 电流并联

31. 一基本共射放大电路如图所示，已知 $V_{CC}=12V$，$R_B=1.2M\Omega$，$R_C=2.7k\Omega$，晶体管的 $\beta=100$，$r_{be}=2.7k\Omega$。若输入正弦电压有效值为 27mV，则用示波器观察到的输出电压波形为(　　)。

A. 正弦波
B. 顶部削平的失真了的正弦波
C. 底部削平的失真了的正弦波
D. 底部和顶部都削平的失真了的正弦波

32. 电路如图所示，图中 R_W 是调零电位器(计算时可设滑动端在 R_W 的中间)，且已知 T_1、T_2 均为硅管，$U_{BE1}=U_{BE2}=0.7V$，$\beta_1=\beta_2=60$。电路的差模电压放大倍数为(　　)。

A. −102　　B. −65.4　　C. −50.7　　D. −45.6

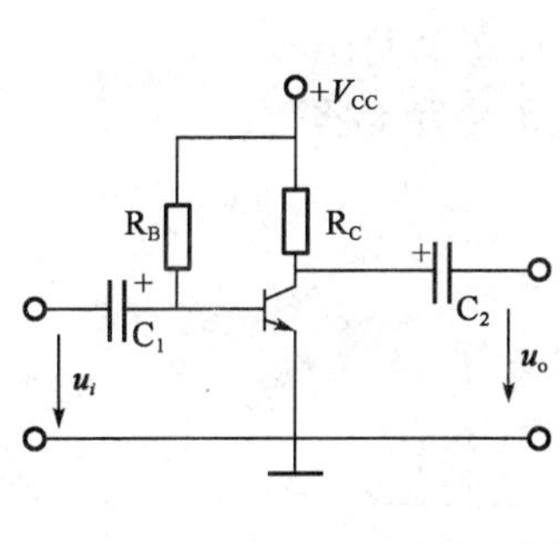

题 31 图

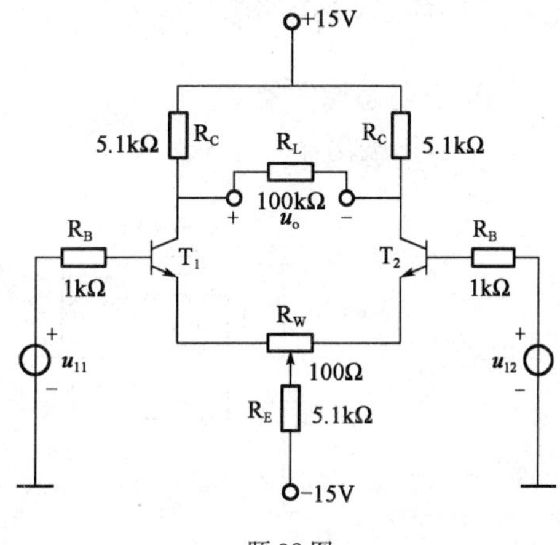

题 32 图

33. 电路如图所示，若用 A=1 和 B=1 代表开关在向上位置，A=0 和 B=0 代表开关在向下位置；以 L=1 代表灯亮，L=0 代表灯灭，则 L 与 A、B 的逻辑函数表达式为(　　)。

A. $L=A\odot B$　　B. $L=A\oplus B$

C. $L=AB$　　D. $L=A+B$

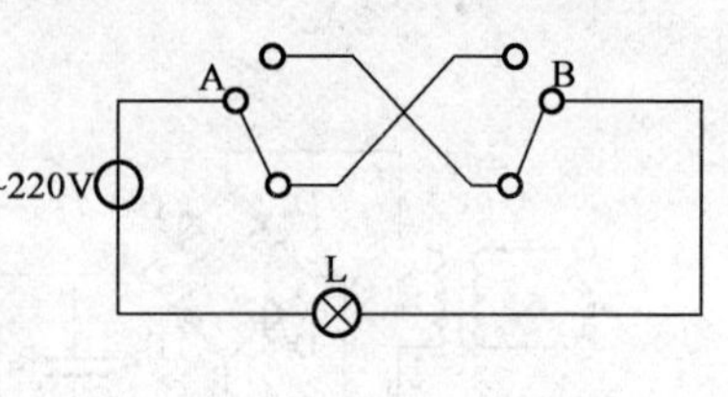

题 33 图

34. 逻辑函数 $Y(A,B,C,D)=\sum m(0,1,2,3,4,6,8)+\sum d(10,11,12,13,14)$的最简与一或表达式为(　　)。

A. $Y=\overline{A}\,\overline{B}+\overline{D}$　　B. $Y=\overline{A}\,\overline{B}\,\overline{D}$

C. $Y=\overline{A}+\overline{B}+\overline{D}$　　D. $Y=\overline{A}(\overline{B}+\overline{D})$

35. 一片 8 位 DAC 的最小输出电压增量为 0.02V，当输入为 11001011 时，输出电压为(　　)。

A. 2.62V　　B. 4.06V　　C. 4.82V　　D. 5.00V

36. 在图示电路中，当开关 A、B、C 分别闭合时，电路所实现的功能分别为(　　)。

A. 8、4、2 进制加法计数器　　B. 16、8、4 进制加法计数器

C. 4、2 进制加法计数器　　D. 16、8、2 进制加法计数器

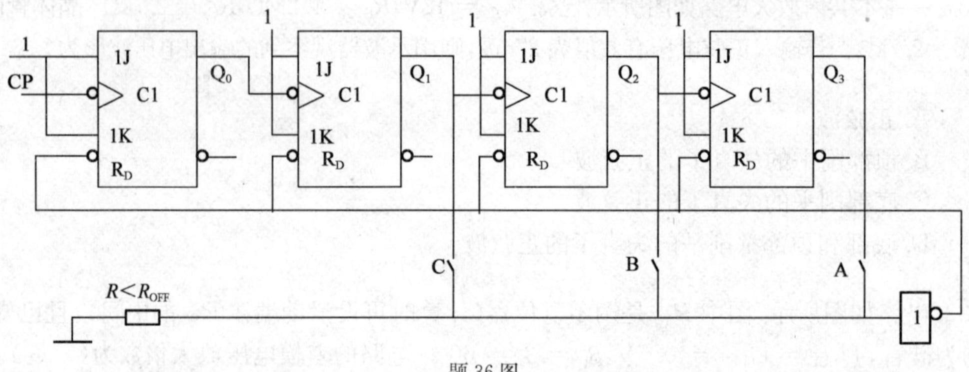

题 36 图

37. CMOS 集成施密特触发器组成的电路如图 a)所示，该施密特触发器的电压传输特性曲线如图 b)所示，该电路的功能为(　　)。

A. 双稳态触发器　　B. 单稳态触发器

C. 多谐振荡器　　D. 三角波发生器

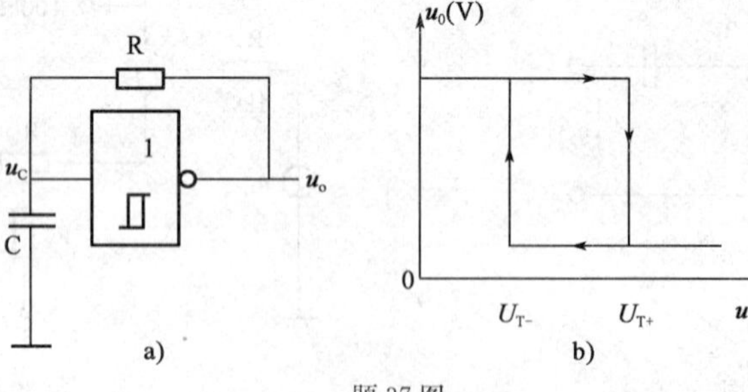

题 37 图

38. PLA 编程后的阵列图如图所示，该函数实现的逻辑功能为(　　)。

A. 多数表决器　　B. 乘法器

C. 减法器　　　　D. 加法器

39. 一台三相四极绕线式感应电动机，额定转速 $n_N=1440r/min$，接在频率为 50Hz 的电网上运行，当负载转矩不变，若在转子回路中每相串入一个与转子绕组每相电阻阻值相同的附加电阻，则稳定后的转速为(　　)。

A. 1500r/min　　B. 1440r/min
C. 1380r/min　　D. 1320r/min

40. 一台三相六极感应电动机接于工频电网运行，若转子绕组开路时，转子每相感应电势为 110V。当电机额定运行时，转速 $n_N=980r/min$，此时转子每相电势 E_{2s} 为(　　)。

A. 1.47V　　B. 2.2V
C. 38.13V　　D. 110V

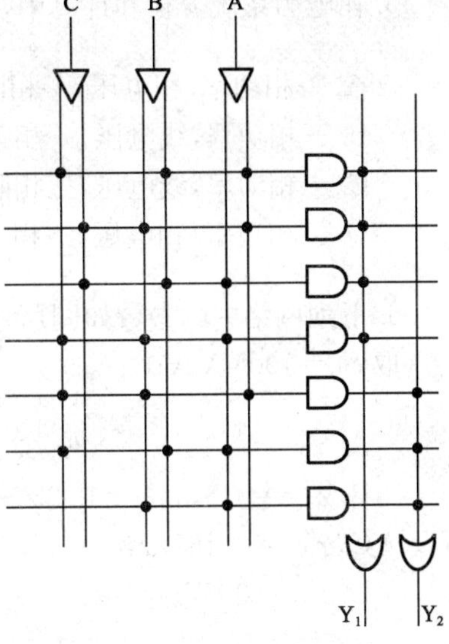

题 38 图

41. 变压器的额定容量 $S_N=320kVA$，额定运行时空载损耗 $p_0=21kW$，如果电源电压下降 10%，变压器的空载损耗将为(　　)。

A. 17.01kW　　B. 18.9kW　　C. 23.1kW　　D. 25.41kW

42. 现有 A、B 两台单相变压器，均为 $U_{1N}/U_{2N}=220/110V$，两变压器原、副边绕组匝数分别相等，假定磁路均不饱和，如果两台变压器原边分别接到 220V 电源电压，测得空载电流 $I_{0A}=2I_{0B}$。今将两台变压器的原边顺极性串联后接到 440V 的电源上，此时 B 变压器副边的空载电压为(　　)。

A. 73.3V　　B. 110V　　C. 146.7V　　D. 220V

43. 一台三相隐极式同步发电机，并联在大电网上运行，Y 接法，$U_N=380V$，$I_N=84A$，$\cos\phi_N=0.8$(滞后)，每相同步电抗 $X_s=1.5\Omega$。当发电机运行在额定状态，不计定子电阻，此时功角 δ 的值为(　　)。

A. 53.13°　　B. 49.345°　　C. 36.87°　　D. 18.83°

44. 一台并励直流电动机，$U_N=220V$，电枢回路电阻 $R_a=0.026\Omega$，电刷接触压降 2V，励磁回路电阻 $R_f=27.5\Omega$。该电动机装于起重机作动力，在重物恒速提升时测得电机端电压为 220V，电枢电流 350A，转速为 795r/min。在下放重物时(负载转矩不变，电磁转矩也不变)，测得端电压和励磁电流均不变，转速变为 100r/min。不计电枢反应，这时电枢回路应串入的电阻值为(　　)。

A. 0.724Ω　　B. 0.7044Ω　　C. 0.696Ω　　D. 0.67Ω

45. 在电力系统分析和计算中，功率、电压和阻抗一般分别是指(　　)。

A. 一相功率，相电压，一相阻抗
B. 三相功率，线电压，一相等值阻抗
C. 三相功率，线电压，三相阻抗
D. 三相功率，相电压，一相等值阻抗

46. 下列网络中的参数如图所示，用近似计算法计算得到的各元件标幺值为下列哪项数值？(取 $S_B=100MVA$)(　　)

A. $x''_{d*}=0.15, x_{T1*}=0.333, x_{l*}=0.0907, x_{T2*}=0.333, x_{R*}=0.698$
B. $x''_{d*}=0.5, x_{T1*}=0.35, x_{l*}=0.0992, x_{T2*}=0.33, x_{R*}=0.873$
C. $x''_{d*}=0.467, x_{T1*}=0.333, x_{l*}=0.151, x_{T2*}=0.35, x_{R*}=0.873$
D. $x''_{d*}=0.5, x_{T1*}=0.3, x_{l*}=0.364, x_{T2*}=0.3, x_{R*}=0.698$

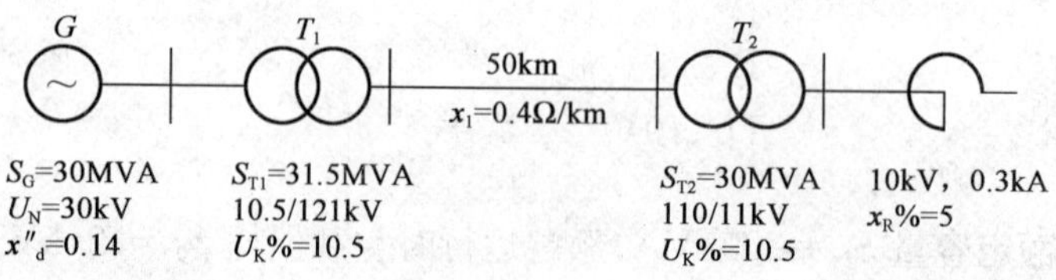

题 46 图

47. 对于高压输电线路在轻(空)载时产生的末端电压升高现象，常采用的解决方法是在线路末端加装(　　)。

A. 并联电抗器　　B. 串联电抗器
C. 并联电容器　　D. 串联电容器

48. 某高压电网线路两端电压分布如图所示，则有(　　)。

A. $P_{ij}>0, Q_{ij}>0$　　B. $P_{ij}<0, Q_{ij}<0$
C. $P_{ij}>0, Q_{ij}<0$　　D. $P_{ij}<0, Q_{ij}>0$

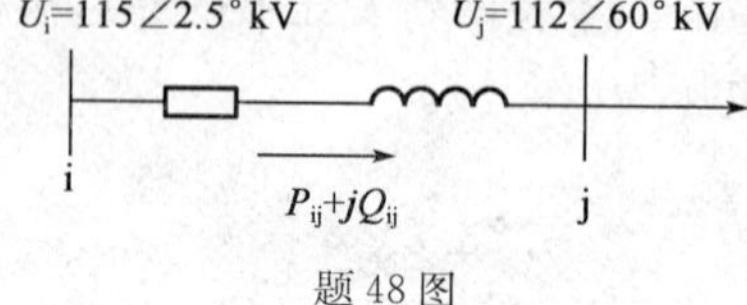

题 48 图

49. 在我国，35kV 及容性电流大的电力系统中性点常采用(　　)。

A. 直接接地　　B. 不接地
C. 经消弧线圈接地　　D. 经小电阻接地

50. 某 330kV 输电线路的等值电路如图所示，已知 $\dot{U}_2=330\angle 0°kV$，$\dot{S}_2=150-j50MVA$，线路始端功率 $\dot{S}_1$ 及始端电压 $\dot{U}_1$ 为(　　)。

A. $\dot{S}_1=154.582+j42.864MVA, \dot{U}_1=328.8\angle 3.49°kV$

B. $\dot{S}_1=154.582+j42.864MVA, \dot{U}_1=335.8\angle -3.49°kV$

C. $\dot{S}_1=154.582-j42.864MVA, \dot{U}_1=335.8\angle 3.49°kV$

D. $\dot{S}_1=154.582-j42.864MVA, \dot{U}_1=328.8\angle -3.49°kV$

51. 在一降压变电所中，装有两台电压为 $110 \pm 2 \times 2.5\%/11\text{kV}$ 的相同变压器并联运行，两台变压器归算到高压侧的并联等值阻抗 $Z_T = 2.04 + j31.76\Omega$，高压母线最大负荷时的运行电压 U 是 115kV，最小负荷时的运行电压 U 为 108kV，变压器低压母线负荷为 $\dot{S}_{max} = 20 + j15\text{MVA}$，$\dot{S}_{min} = 10 + j7\text{MVA}$。若要求低压母线逆调压，且最小负荷时切除一台变压器，则变压器分接头的电压应为（　　）。

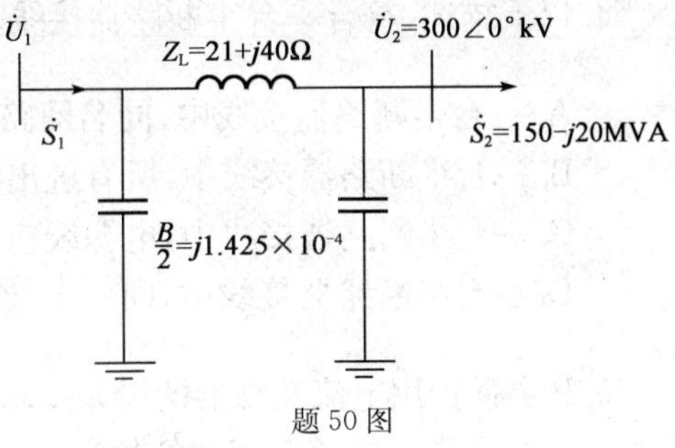

题 50 图

A. 110kV　　B. 115.5kV　　C. 114.8kV　　D. 121kV

52. 某发电厂有两组相同的发电机、变压器及电抗器，系统接线及元件参数如图示，当 115kV 母线发生三相短路时，短路点的短路电流有名值为（　　）。（S_B=60MVA）

A. 1.506kA　　B. 4.681kA　　C. 3.582kA　　D. 2.463kA

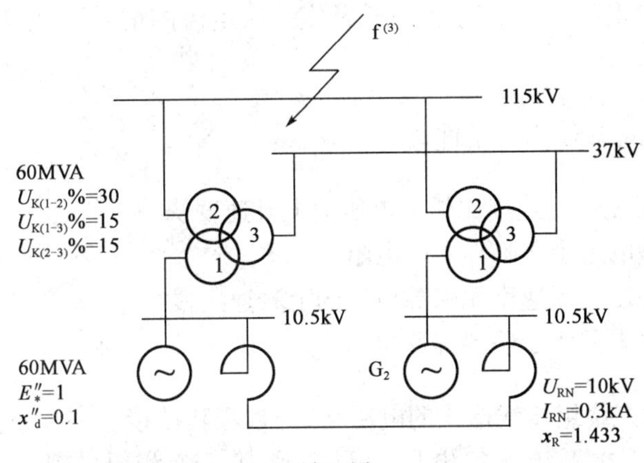

题 52 图

53. 系统如图所示，系统中各元件在统一基准功率下的标幺值电抗为 G_1：$x''_d = x_{(2)} = 0.1$，G_2：$x''_d = x_{(2)} = 0.2$，T_1：$Y_0/\Delta-11$，$x_{T1} = 0.1$，中性点接地电抗 $x_{p1} = 0.01$；T_2：$Y_0/Y_0/\Delta$，$x_1 = 0.1$，$x_2 = 0$，$x_3 = 0.2$，$x_{p2} = 0.01$，T_3：$Y/\Delta-11$，$x_{T3} = 0.1$，L_1：$x_l = 0.1$，$x_{l0} = 3x_l$，L_2：$x_l = 0.05$，$x_{l0} = 3x_l$，电动机 M：$x''_M = x_{M(2)} = 0.05$。当图示 f 点发生 A 相接地短路时，其零序网等值电抗及短路点电流标幺值分别为（　　）。

A. 0.196，11.1　　B. 0.697，3.7　　C. 0.147，8.65　　D. 0.969，3.5

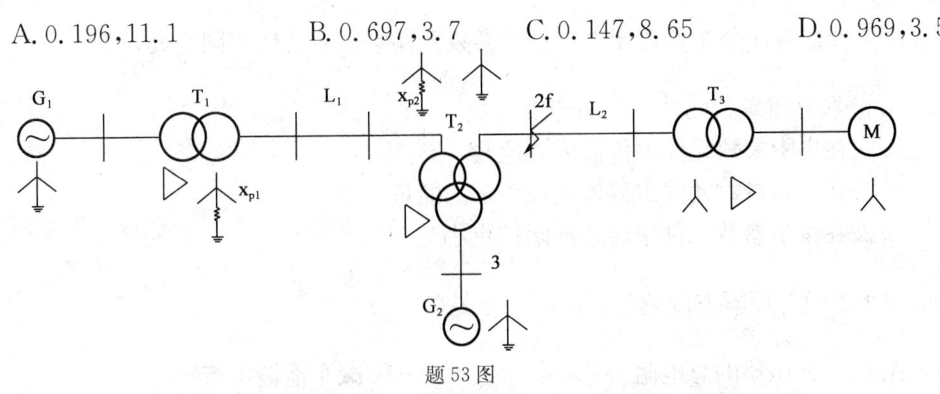

题 53 图

54. 以下描述，符合一台半断路器接线基本原则的是(　　)。

A. 一台半断路器接线中，同名回路必须接入不同侧的母线
B. 一台半断路器接线中，所有进出线回路都必须装设隔离开关
C. 一台半断路器接线中，电源线应与负荷线配对成串
D. 一台半断路器接线中，同一个“断路器串”上应同时配置电源或负荷

55. P类保护用电流互感器的误差要求中规定，在额定准确限制一次电流下的复合误差不超过规定限制，则某电流互感器的额定一次电流为1200A，准确级为5P40，以下描述正确的是(　　)。

A. 在额定准确限制一次电流为40kA的情况下，电流互感器的复合误差不超过5A
B. 在额定准确限制一次电流为40kA的情况下，电流互感器的复合误差不超过5%
C. 在额定准确限制一次电流为40倍额定一次电流的情况下，电流互感器的复合误差不超过5A
D. 在额定准确限制一次电流为40倍额定一次电流的情况下，电流互感器的复合误差不超过5%

56. 断路器中交流电弧熄灭的条件是(　　)。

A. 弧隙介质强度恢复速度比弧隙电压的上升速度快
B. 触头间并联电阻小于临界并联电阻
C. 弧隙介质强度恢复速度比弧隙电压的上升速度慢
D. 触头间并联电阻大于临界并联电阻

57. 对于采用单相三绕组接线形式的电压互感器，若其被接入中性点直接接地系统中，且原边接于相电压，设一次系统额定电压为U_N，则其三个绕组的额定电压应分别选定为(　　)。

A. $\frac{U_N}{\sqrt{3}}$V，100V，100V　　B. $\frac{U_N}{\sqrt{3}}$V，$\frac{100}{\sqrt{3}}$V，100V

C. U_NV，100V，100V　　D. $\frac{U_N}{\sqrt{3}}$V，$\frac{100}{\sqrt{3}}$V，$\frac{100}{\sqrt{3}}$V

58. 高频冲击波在分布参数元件与集中参数元件中传播特性不同之处在于(　　)。

A. 波在分布参数元件中传播速度更快
B. 波在集中参数元件中传播无波速
C. 波在分布参数元件中传播消耗更多的能量
D. 波在集中参数元件中传播波阻抗更小

59. 减小电阻分压器方波响应时间的措施是(　　)。

A. 增大分压器的总电阻　　B. 减小泄漏电流

C. 补偿杂散电容　　　　　　　　　　　　　D. 增大分压比

60. 如图所示电压幅值为 E 的直角电压波在两节点无限长线路上传播时，当 $Z_2 > Z_1, Z_3$ 时，在 B 点的折射电压波为(　　)。

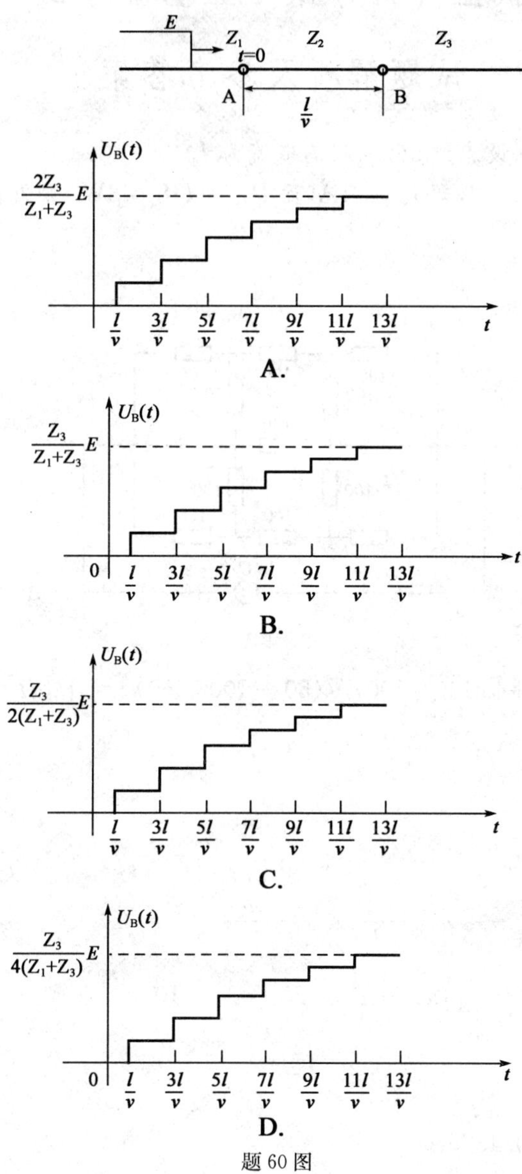

题 60 图

2013 年度全国注册电气工程师(供配电)执业资格考试专业基础考试

试题解析及参考答案

1.解 由 $u=-2V$,则设流过 5Ω 电阻的电流为 I。

由 KVL 可得 $5I+3=-2$,即 $I=-1A$,而 $P_{3V}=UI=3W$,则发出(提供)功率为 $-3W$。

答案:C

2.解 由对称电路可知:

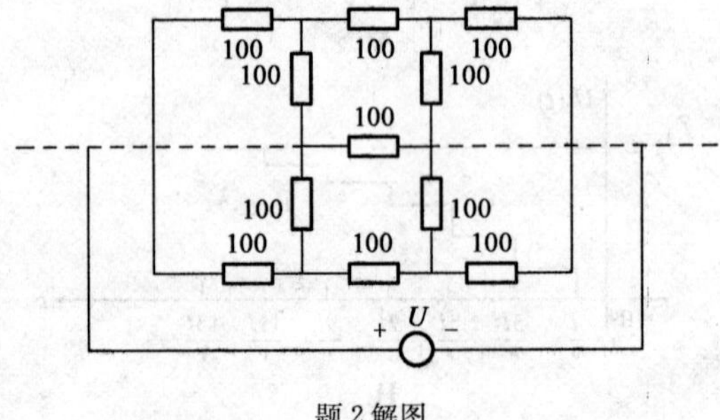

题 2 解图

$$R_{eq}=2(100//100)+[(100//100)//(50+100+50)]=140\Omega$$

$$I=\frac{U}{R_{eq}}=\frac{10}{140}=\frac{1}{14}A$$

答案:A

3.解 由节点电压法可知:

$$\begin{cases}\left(\frac{1}{5}+\frac{1}{5}+\frac{1}{10}\right)u_{N1}-\frac{1}{5}u_{N2}-\frac{1}{10}\times30-\frac{1}{5}\times20=0\\-\frac{1}{5}u_{N1}+\left(\frac{1}{5}+\frac{1}{10}+\frac{1}{10}\right)u_{N2}-\frac{1}{10}\times25-\frac{1}{10}\times10=0\end{cases}$$

$u_{N1}=21.875V$

$u_{N2}=19.6875V$

则 $I=\frac{u_{N1}-u_{N2}}{R_{12}}=0.4375A$

答案:D

4.解 由网孔电流可知:

$$\begin{cases}I_1=i_S=1.2A\\20I_2=-u_1\\-10I_1+80I_3=u_1\\u=10(I_1-I_3)\\I_3-I_2=0.1u\end{cases}\Rightarrow\begin{cases}I_3=0.3A\\I_2=-0.6A\end{cases}\Rightarrow u=9V$$

答案:C

5.解　戴维南等效电路如图所示。

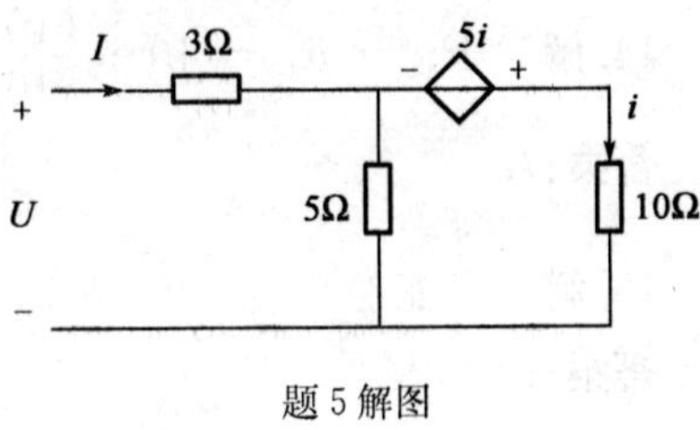

题5解图

R_{eq}=5.5Ω

$$\begin{cases}U=3I-5i+10i\\5(I-i)+5i=10i\end{cases}\Rightarrow\begin{cases}U=11i\\I=2i\end{cases}$$

则 $R_{eq}=\dfrac{U}{I}=5.5\Omega$

答案:D

6.解　$\dot{I}_C=\dfrac{\dot{U}}{\dfrac{1}{j\omega C}}=j\omega C\dot{U}$

答案:B

7.解　由串联谐振条件可得 $\omega=\dfrac{1}{\sqrt{LC}}$=500rad/s

答案:B

8.解　利用反映阻抗法,则有:

$Z_m=j10+Z_{ref}=j10+\dfrac{(\omega\mu)^2}{Z_{总}}=j10+\dfrac{5^2}{j15+(-j20)}=j15\Omega$

答案:D

9.解　基波时电感与电容串联谐振,三次谐波时并联谐振 $j30-j\dfrac{10}{3}-j\dfrac{1}{\omega C_1}=0$

因 $\omega=3\times10^4$ rad/s,则 $C_1=5\mu F$。

答案:C

10.解　令 $\dot{U}_A=220\angle0°$,则 $\dot{U}_{AB}=380\angle30°$,$\dot{U}_{CA}=380\angle150°$,$\dot{U}_{AC}=380\angle-30°$

相电流 $\dot{I}_A=5\angle0°$,$\dot{I}_B=5\angle-120°$,则 $P=U_{AC}I_B\cos90°=0$ W。

答案:A

11.解　取 $\dot{U}$ 为参考向量,由于发生并联谐振 $\dot{U}=U\angle0°$,则:

$\dot{I}_1=4\angle0°=4A$;$\dot{I}_2=I_2\angle90°=3\angle90°=j3A$

由 KCL 可得:$\dot{I}_1=\dot{I}_2+\dot{I}_3$,则 $\dot{I}_3=\dot{I}_1-\dot{I}_2=4-j3A$,则 $I_3=\sqrt{4^2+(-3)^2}=5A$

答案:C

12.解　令 $\dot{U}=U\angle0°$,则总电流有效值 $\dfrac{U}{\sqrt{R^2+(X_L-10)^2}}=\dfrac{U}{\sqrt{R^2+X_C^2}}$,得出 $X_L=20\Omega$。

答案:D

13.解　由题可知:$u_S=5\times(5-2)=15V$

答案:B

14.解　$R_{ab}=R_L=10+\frac{(10+R_L)\times 15}{10+R_L+15}R_L=20\Omega$

答案:A

15.解　设正弦电流 $i=10\sin(\omega t+\theta)$，即 $8.66=10\sin\theta$，可得 $\theta=60°$。

答案:B

16.解　由题可知，电路中电感不消耗有功功率，则电阻上消耗的有功功率即为电路中消耗的总有功功率。

已知 $P_S=30W, R=15\Omega, U_S=\frac{50}{\sqrt{2}}V$。则：

$$\begin{cases}P_S=I^2R\\P_S=U_SI\cos\varphi\end{cases}\Rightarrow\cos\varphi=0.6$$

答案:C

17.解　电路如图所示。

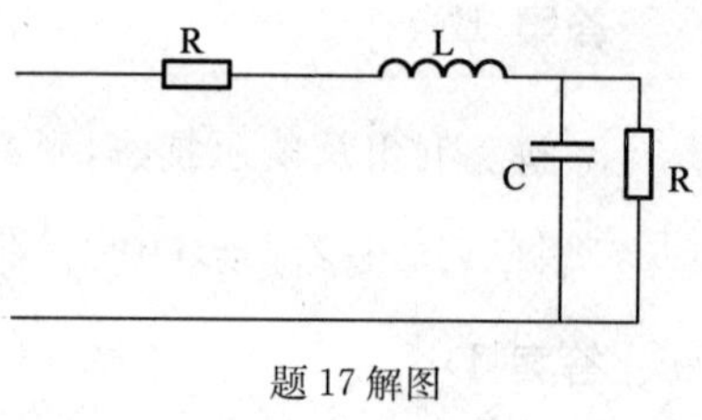

题17解图

$$Z=R+jwL+\frac{-j\frac{1}{\omega C}\times R_1}{R_1-j\frac{1}{\omega C}}$$

即 $\omega L=\frac{\frac{R_1^2}{\omega C}}{R_1^2+\frac{1}{\omega^2C^2}}\Rightarrow\omega=\sqrt{\frac{1}{LC}-\frac{1}{R_1^2C^2}}$

答案:A

18.解　$u_1(0_-)=u_1(0_+)=0$

当 $t=0_+$ 时，$u_1(0_+)+u_2(0_+)=u_S=12V$

则 $t=0_+$ 时电容发生跃变，由KCL和VAR得 $\frac{u_1}{R}+C_1\frac{du_1}{dt}=\frac{u_2}{R}+C_2\frac{du_2}{dt}$

$C_1[u_1(0_+)-u_1(0_-)]=C_2[u_2(0_+)-u_2(0_-)]$

$C_1u_1(0_+)=C_2u_2(0_+)$

即 $u_1(0_+)=\frac{C_2}{C_1+C_2}\cdot u_S=8V$

答案:D

19.解　将其等效为戴维南电路，则 $R_{eq}=12.5\Omega$，$\tau=\frac{L}{R}=8ms$

答案:D

20.解　$t=0_-$ 时，$i=1A$

$i_{(0-)}=i_{(0+)}=1A, \tau=\frac{1}{1}=1s$

当 $t=+\infty$ 时，$i=4\text{A}$，则 $i_{(t)}=4+(1-4)e^{-t}=4-3e^{-t}\text{A}$

答案:D

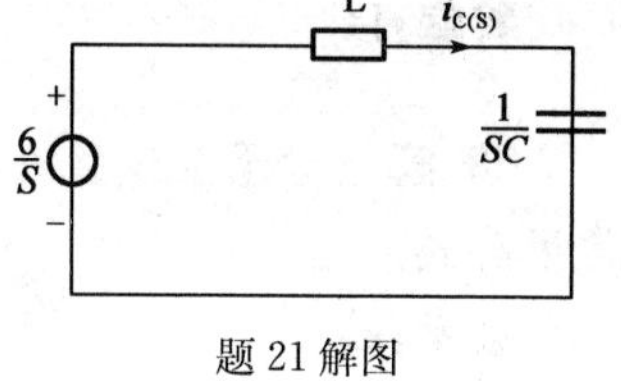

题 21 解图

21. **解** 运算电路如图所示。

$$Li_{C(S)}+\frac{10^6}{3S}i_{C(S)}=\frac{6}{S}\Rightarrow i_{C(S)}=\frac{18}{6S+10^6}i_{C(t)}=3e^{-\frac{10^6}{6}t}$$

即 $i_{C(0+)}=3\text{A}$

答案:A

22. **解** LC 串联谐振，则 $C=0.250\mu\text{F}$

$\dot{I}=\sqrt{2}\angle 0^\circ,\dot{U}=\frac{12}{\sqrt{2}}\angle 0^\circ$

$R_{总}=6=4+R\Rightarrow R=2\Omega$

答案:A

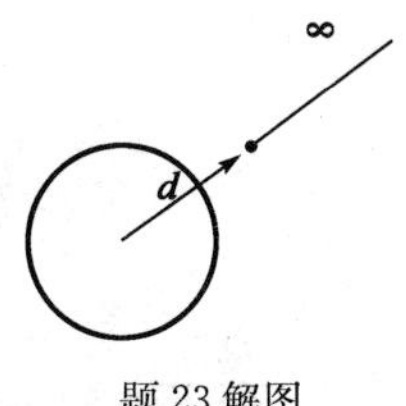

题 23 解图

23. **解** 导体电荷分布在表面，根据高斯定理可得电场强度分布为：

$$E=\begin{cases}\frac{q}{4\pi\varepsilon_0 r^2} & r>a\\ 0 & r<a\end{cases}$$

$d(d>a)$ 处电势为 $V=\int_d^\infty \vec{E}\cdot\mathrm{d}\vec{r}=\int_d^\infty\frac{q}{4\pi\varepsilon_0 r^2}\mathrm{d}r=\frac{q}{4\pi\varepsilon_0 d}$

答案:A

24. **解** 两带电平板间为匀强电场，场强大小为 $E=\frac{\sigma}{\varepsilon_0}$，电位差为 $U=Ea=\frac{\sigma a}{\varepsilon_0}$。

答案:B

25. **解** 设同轴电缆通以电流 I，由安培环路定理可得，内外导体间磁感应强度为 $B=\frac{\mu I}{2\pi r}$。

则 l 长度的同轴电缆磁通量为 $\Phi_m=\int B\mathrm{d}s=\int_a^b\frac{\mu I}{2\pi r}l\,\mathrm{d}r=\frac{\mu Il}{2\pi}\ln\frac{b}{a}$

相应自感系数为 $L=\frac{\Phi_m}{I}=\frac{\mu l}{2\pi}\ln\frac{b}{a}$，单位长度的自感为 $L_0=\frac{L}{l}=\frac{\mu}{2\pi}\ln\frac{b}{a}$

答案:D

26. **解** 终端开路，从始端观察的输入阻抗 $Z_{in}=-jZ_C\cot(\beta l)(\beta=\frac{2\pi}{\lambda}$，$Z_C$ 为特性阻抗)，当 $|\cot(\beta l)|=1$ 时，输入端阻抗的绝对值等于特性阻抗，很明显选项 A、C、D 的正切值均为 1，只有选项 B 不为 1。

答案:B

27. **解** 在 N 型半导体中多数载流子是自由电子，其浓度主要由掺入杂质的浓度决定，少数载流子是空穴，其浓度由本征激发决定，和环境温度有关。P型半导体反之，多数载流子是空穴，少数载流子为自由电子。但不论是N型半导体还是P型半导体，其整体对外仍保持电中性。

答案：D

28. **解** 对于全波整流，加上电容滤波后，输出电压为 $1.2U_2$，其中 U_2 为有效值。这是个常用公式。

答案：C

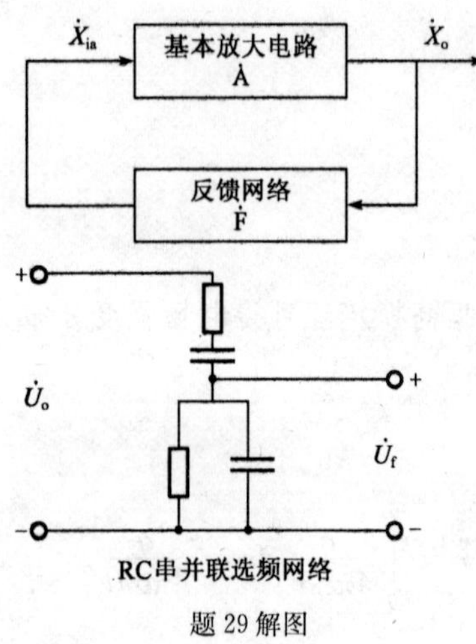

题 29 解图

29. **解** 电路如图所示。

正弦波信号产生电路实质上是一个没有输入信号的正反馈放大电路，电路在没有外加输入信号的情况下，依靠自激振荡输出正弦波信号。产生稳定振荡的平衡条件为 $\dot{A}\dot{F}=1$，起振条件为 $|\dot{A}\dot{F}|>1$。

$\omega_0=\dfrac{1}{RC}$，当 $\omega=\omega_0$ 时，$|\dot{F}|$ 取最大值。

$$Z_1=R+\frac{1}{j\omega C} \quad ①$$

$$Z_2=R_2//\frac{1}{j\omega C}=\frac{R\dfrac{1}{j\omega C}}{R+\dfrac{1}{j\omega C}}=\frac{R}{1+j\omega C} \quad ②$$

由式①、式②得：

$$\dot{F}=\frac{\dot{U}_F}{\dot{U}_o}=\frac{Z_2}{Z_1+Z_2}=\frac{1}{3+j(\omega RC-\dfrac{1}{\omega RC})}$$

令 $\omega_0=\dfrac{1}{RC}$，则：

$$\dot{F}=\frac{1}{3+j\left(\dfrac{\omega}{\omega_0}-\dfrac{\omega_0}{\omega}\right)}$$

$$|\dot{F}|=\frac{1}{\sqrt{3^2+\left(\dfrac{\omega}{\omega_0}-\dfrac{\omega_0}{\omega}\right)^2}}$$

则 $|\dot{F}|_{max}=\dfrac{1}{3}$

又因 $|\dot{A}\dot{F}|>1$，故 $A>3$，又因 $A=1+\dfrac{R_F}{R_1}$，则 $R_F>2R_1=20\text{k}\Omega$

答案：C

30. **解** 串联负反馈电路适用于输入信号为恒压源或近似恒压源，并联负反馈电路适用于输入信号为恒流源或近似恒流源。

信号源的内阻很大，为近似恒流源，应为并联。输出电流基本不变，应为电流反馈。

答案：D

31. **解** 该电路为共射极放大电路，输出与输入波形反相。根据题目中的参数静态工作点

$I_B=\frac{V_{CC}-U_{BE}}{R_B}=\frac{12-0.7}{1.2\times10^6}\approx10^{-5}\text{A}=10\times10^{-3}\text{mA}$，很小，进入管子的截止区，且输入信号有效值 27mV，这个信号很小，不会进入饱和区，只会出现截止失真，即顶部削平的正弦波。

答案：B

32. **解** 直流通路的画法：①电容视为开路；②电感视为短路；③交流电压信号源视为短路，交流电流信号源视为开路。

交流电路的画法：①电容视为短路；②电感视为开路；③直流电源视为短路。

由图 a)知：

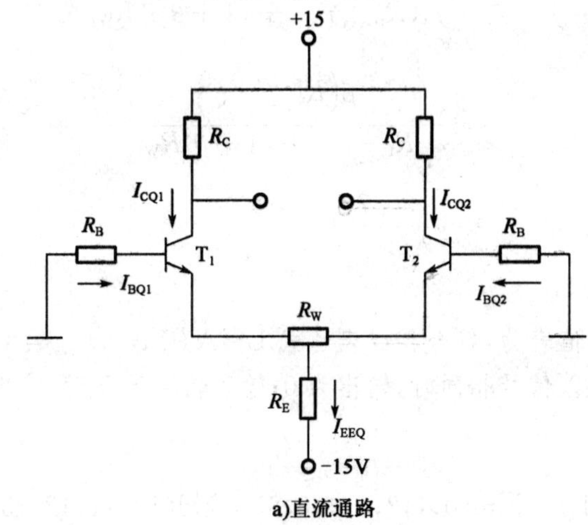

a)直流通路

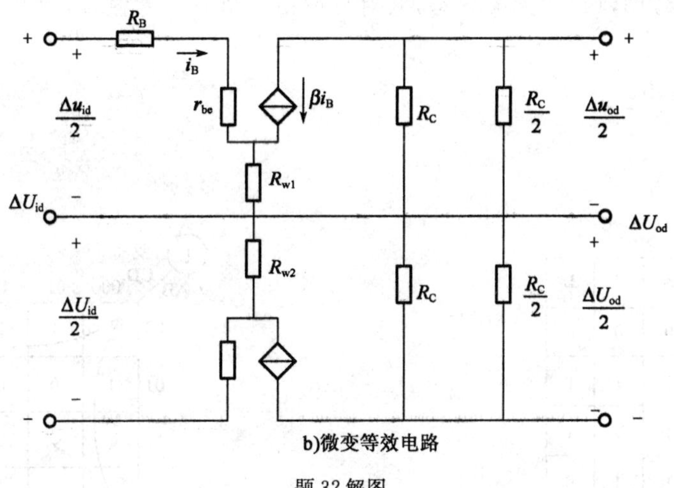

b)微变等效电路

题 32 解图

$$I_{EEQ}=I_{EQ1}+I_{EQ2}=2I_{EQ}$$

$$I_{BQ}=I_{EQ}/(1+\beta)$$

$$I_{BQ}R_B+U_{BEQ}+2I_{EQ}R_E+I_{EQ}R_{W1}=V_{EE}$$

$$I_{EQ1}=I_{EQ2}=I_{EQ}=\frac{V_{EE}-U_{BEQ}}{2R_E+R_{W1}+R_B/(1+\beta)}=1.39\text{mA}$$

$$r_{be}=200+(1+\beta)\frac{26}{I_{EQ}}=1.34\text{k}\Omega$$

由图 b)知

$$A_{ud}=\frac{\Delta U_{od}}{\Delta U_{id}}$$

$$=\frac{\frac{1}{2}\Delta u_{od}}{\frac{1}{2}\Delta u_{id}}$$

$$=\frac{-\beta i_B\left(R_o // \frac{R_C}{2}\right)}{i_B(R_B+r_{be})+(1+\beta)i_B R_{W1}}$$

$$=-\frac{\beta\left(R_C // \frac{R_L}{2}\right)}{R_B+r_{be}+(1+\beta)R_{W1}}$$

$$=-50.7$$

答案:C

33. **解** 由题可知真值表为:符合异或表达式 $L=A\oplus B$

异或逻辑关系为:输入信号相同时,输出为 0;输入信号不同时,输出为 1。

答案:B

34. **解** $Y(A,B,C,D)=\sum m(0,1,2,3,4,6,8)+\sum d(10,11,12,13,14)$

$\sum d(10,11,12,13,14)$为无关状态,它对应的函数值可任意假设,为 0 为 1 都可,通常以“x”表示。

卡诺图如图所示。

$Y=\overline{A}\overline{B}+\overline{D}$

答案:A

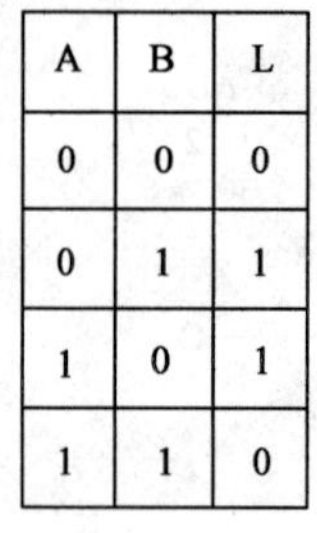

A	B	L
0	0	0
0	1	1
1	0	1
1	1	0

题 33 解图

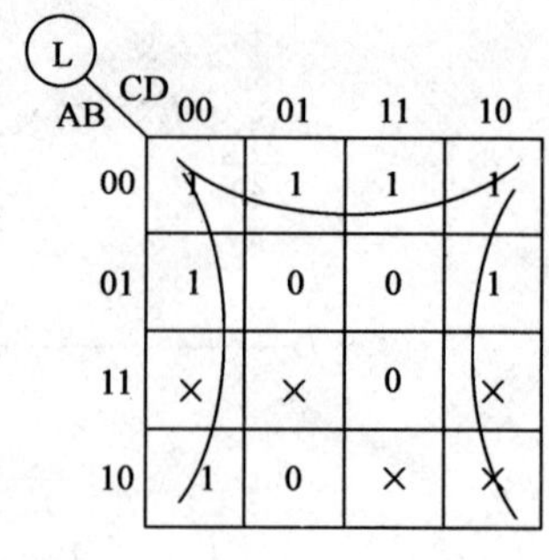

AB \ CD	00	01	11	10
00	1	1	1	1
01	1	0	0	1
11	×	×	0	×
10	1	0	×	×

题 34 解图

35. **解** 将 11001011 转换成十进制数为 203,则 $203\times0.02=4.06V$。

答案:B

36. **解** 如图所示,只要对应开关的 Q 输出高电平 1,清零端就立刻清零。

答案:A

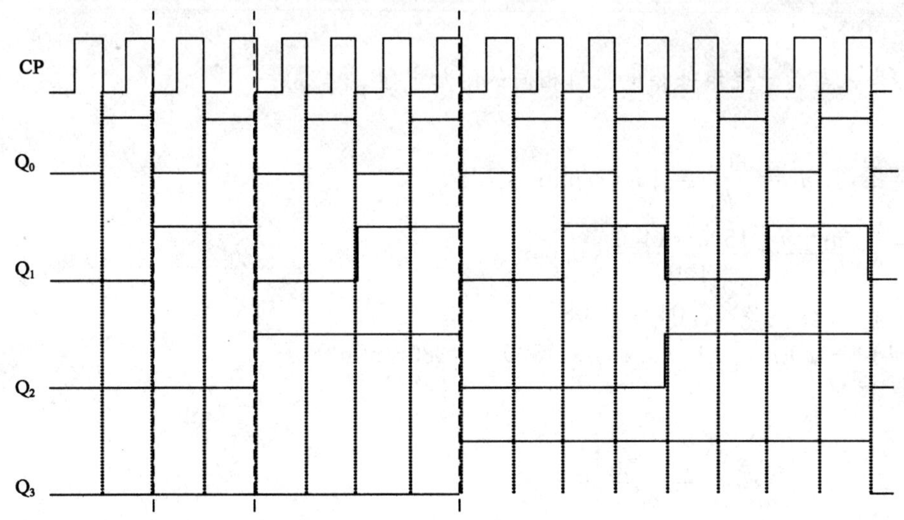

题 36 解图

37. **解**　图为题 37 图 a)对应的波形图，所以为多谐振荡器。

答案:C

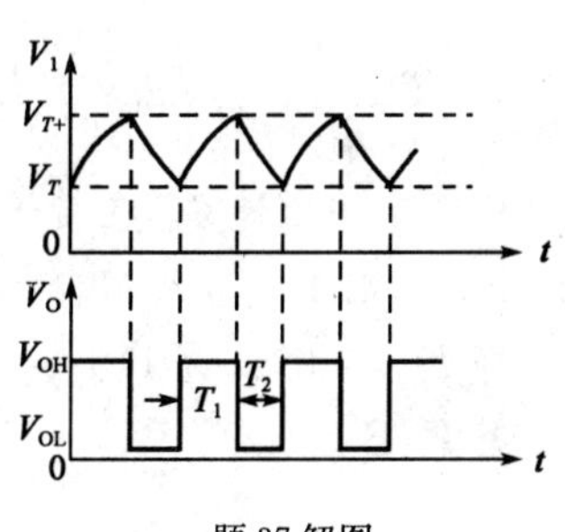

题 37 解图

38. **答案**:B

39. **解**　由异步电动机流程图可知：

$P_2 = P_\Omega - (P_m + P_{ad})$

$\dfrac{P_2}{\Omega} = \dfrac{P_\Omega}{\Omega} - \dfrac{P_m + P_{ad}}{\Omega}$，且 $\Omega = \dfrac{2\pi n}{60}$

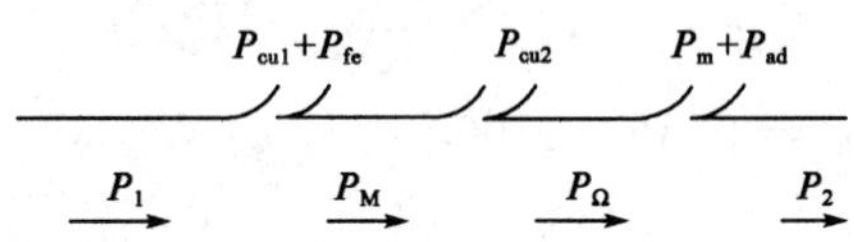

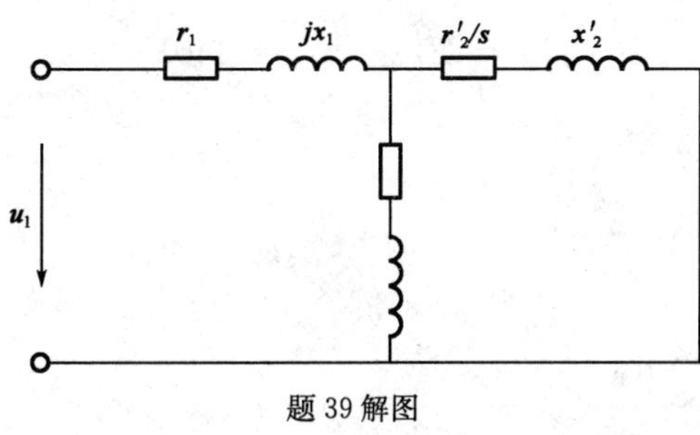

题 39 解图

$T_2 = T_M - T_0$

若负载转矩 T_2 不变，则 T_M 也不变。

又因 $T_M = \dfrac{m_1 p u_1^2 \dfrac{r_2'}{s}}{2\pi f_1\left[\left(r_1 + c\dfrac{r_2'}{s}\right)^2 + (x_1 + cx_2')^2\right]}$

故$\frac{r'_2}{s}$不变。

每相串入与转子绕组每相电阻值相同的附加电阻。

$r''_2 = 2r'_2$

$s'' = 2s$，且 $n_1 = \frac{60f}{p} = 1500\text{r/min}$

又因 $s = \frac{n_1 - n}{n_1} = \frac{1500-1440}{1500} = 0.04$

所以 $s'' = 2s = 2 \times 0.04 = 0.08$

$n'' = (1 - s'')n_1 = (1-0.08) \times 1500 = 1380\text{r/min}$

答案:C

40.**解** $p = \frac{60f}{n_N} = \frac{60 \times 50}{980} \approx 3$

$n_1 = \frac{60f}{p} = \frac{60 \times 50}{3} = 1000\text{r/min}$

$s = \frac{n_1 - n_N}{n_1} = \frac{1000-980}{1000} = 0.02$

气隙中主磁通 Φ_m 在转子绕组感应的电动势为（转子旋转时 $f_2 = sf_1$）：

$E_{2s} = 4.44 f_2 \omega_2 k_{w2} \Phi_m = s(4.44 f_1 \omega_2 k_{w2} \Phi_m) = sE_2$

即 $E_{2s} = 0.02 \times 110 = 2.2\text{V}$

答案:B

41.**解** 变压器额定电压下的空载损耗近似等于负载时的铁耗，即 $p_0 \approx p_{fe}$。

$p_0 = I_0^2 r_m = \left(\frac{U_0}{\sqrt{3}Z_0}\right)^2 \cdot r_m = \frac{u_0^2 r_m}{3Z_0^2}$

$U'_0 = 0.9u_0$，则 $p'_0 = 0.9^2 p_0 = 0.81 \times 21000 = 17010\text{W}$

答案:A

42.**解** 串联后示意如图所示。

设 $E_1 = E_{OA} = E_{OB} = 220\text{V}$，$E_2 = E'_{OA} + E'_{OB} = 440\text{V}$

串联前 $I_{OA} = \frac{E_{OA}}{X_{mA}}$，$I_{OB} = \frac{E_{OB}}{X_{mB}}$

又因 $I_{OA} = 2I_{OB}$，故 $X_{mA} = 2X_{mB}$

串联后 $X_{2m} = X_{mA} + X_{mB} = 3X_{mB}$

$I'_o = \frac{E_2}{X_{2m}} = \frac{2E_1}{3X_{mB}} = \frac{2}{3} I_{OB}$

$E'_{OB} = I'_o X_{mB} = \frac{2}{3} I_{oB} X_{mB} = \frac{2}{3} E_{OB}$

变压器B空载两次侧 $(U_1/U_2 = 2)$：

$U_B = \frac{1}{2} E'_{OB} = \frac{1}{3} E_{OB} = \frac{1}{3} \times 220 = 73.3\text{V}$

答案:A

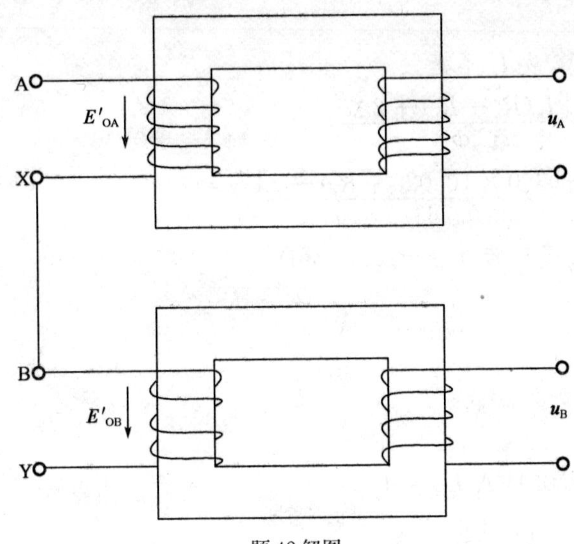

题 42 解图

43.**解** 由前面例题可知：$\dot{E}_0 = \dot{U} + \dot{I}(r_a + jX_s)$

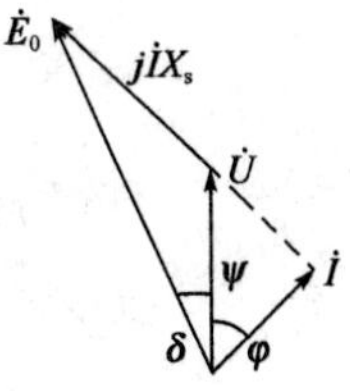

题 43 解图

r_a 定子电阻不计，故 $\dot{E}_0 = \dot{U} + j\dot{I}X_s$

隐极同步发电机的相量图如图所示。

$U_{N\phi} = \dfrac{U_N}{\sqrt{3}} = \dfrac{380}{\sqrt{3}} = 220\text{V}$

Y 接法 $\Rightarrow I_{N\varphi} = I_N = 84\text{A}$

$\varphi = \arccos 0.8 = 36.87°$

$\psi = \arctan \dfrac{I_{N\phi}X_s + U_{N\phi}\sin\varphi}{U_{N\phi}\cos\varphi}$

$= \arctan \dfrac{84 \times 1.5 + 220 \times 0.6}{220 \times 0.8}$

$= 55.7°$

$\delta = \psi - \varphi = 55.7° - 36.87° = 18.83°$

答案：D

44.**解** 由题可知 $R_a = 0.026\Omega$，$2\Delta u = 2\text{V}$，$R_f = 27.5\Omega$，则 $I_f = \dfrac{U}{R_f} = \dfrac{220}{27.5} = 8\text{A}$

上升过程：$I_a = 350\text{A}$

$E_a = U - I_aR$

$I_aR = I_aR_a + 2\Delta u$

$E_a = C_e\Phi n_1$

则 $C_e\Phi = \dfrac{E_a}{n_1} = \dfrac{U - (I_aR_a + 2\Delta u)}{n_1} = \dfrac{220 - (350 \times 0.026 + 2)}{795} = 0.263$

下降过程：设串入电阻 R_j

$E'_a = U - I_aR'$

$I_aR' = I_a(R_a + R_j) + 2\Delta u$

$E'_a = C_e\Phi n_2$

$T_M = C_e \Phi I_a$

又因 T_M 保持不变，故 I_a 不变

$$n_2 = \frac{E'_a}{C_e\Phi} = \frac{U - [I_a(R_a + R_j) + 2\Delta u]}{C_e\Phi}$$

即 $-100 = \dfrac{220 - [350 \times (0.026 + R_j) + 2]}{0.263}$

（电动机下降时，转子反转，$n = -100\text{r/min}$）

得出 $R_j = 0.672\Omega$

答案：D

45. **答案**：B

46. **解** 取 $S_B = 100\text{MVA}, U_B = U_{av}$

$$x''_{d*} = x''_d \cdot \frac{S_B}{S_G} = 0.14 \times \frac{100}{30} = 0.467$$

$$x_{T1*} = \frac{U_K\%}{100} \cdot \frac{S_B}{S_{T1}} = \frac{10.5}{100} \times \frac{100}{31.5} = 0.333$$

$$x_{l*} = x_1 l \cdot \frac{S_B}{U_B^2} = 0.4 \times 50 \times \frac{100}{115^2} = 0.151$$

$$x_{T2*} = \frac{U_K\%}{100} \cdot \frac{S_B}{S_{T2}} = \frac{10.5}{100} \times \frac{100}{30} = 0.35$$

$$x_{R*} = \frac{x_R\%}{100} \cdot \frac{U_N}{\sqrt{3}I_N} \cdot \frac{S_B}{U_B^2} = \frac{5}{100} \times \frac{10}{\sqrt{3} \times 0.3} \times \frac{100}{10.5^2} = 0.873$$

答案：C

47. **解** 并联电抗器的作用：

(1)削弱空载或轻载时长线路的电容效应所引起的工频电压升高。这种电压升高是由于空载或轻载时，线路的电容（对低电容和相间电容）电流在线路的电感上的压降所引起的。它将使线路电压高于电源电压。当愈严重，通常线路愈长，则电容效应愈大，工频电压升高也愈大。对超高压远距离输电线路而言，空载或轻载时线路电容的充电功率是很大的，通常充电功率随电压的平方面急剧增加，巨大的充电功率除引起上述工频电压升高现象之外，还将增大线路的功率和电能损耗以及引起自励磁、同期困难等问题。装设并联电抗器可以补偿这部分充电功率。

(2)改善沿线电压分布和轻载线路中的无功分布并降低线损。当线路上传输的功率不等于自然功率时，则沿线各点电压将偏离额定值，有时甚至偏离较大，如依靠并联电抗器的补偿，则可以仰低线路电压的升高。

(3)减少潜供电流，加速潜供电弧的熄灭，提高线路自动重合闸的成功率。所谓潜供电流，是指当发生单相瞬时接地故障时，在故障相两侧断开后，故障点处弧光中所存在的残余电流。并联电抗器的中性点经小抗接地的方法来补偿潜供电流，从而加快潜供电弧的熄灭。

(4)并联电抗器并联在主变的低压侧母线上，通过主变向系统输送感性无功，用以补偿输电线路的电容电流，防止轻负荷线端电压升高，维持输电系统的电压稳定。

串联电抗器的作用：

(1)在母线上串联电抗器可以限制短路电流,维持母线有较高的残压。

(2)在电容器组串联电抗器,可以限制高次谐波,降低电抗。串联电抗器是电力系统无功补偿装置的重要配套设备。电力电容器与干式铁芯电抗器串联后,能有效抑制电网中的高次谐波,限制合闸涌流及操作过电压,改善系统的电压波形,提高电网功率因数。

变电站的高压电抗器就是为了减少线路短路时的短路电流用的。

答案:A

48.**解** 由公式 $P_{ij}=\dfrac{U_iU_j}{X}\sin\delta_{ij}$,因 $\delta_{ij}=\delta_i-\delta_j=2.5°-60°=-57.5°$,故 $P_{ij}<0$

$Q_{ij}=\dfrac{U_iU_j-U_j^2}{X}$,因 $U_i>U_j$,故 $U_iU_j>U_j^2$,$Q_{ij}>0$。

答案:D

49.**答案**:C

50.**解** 如图所示。

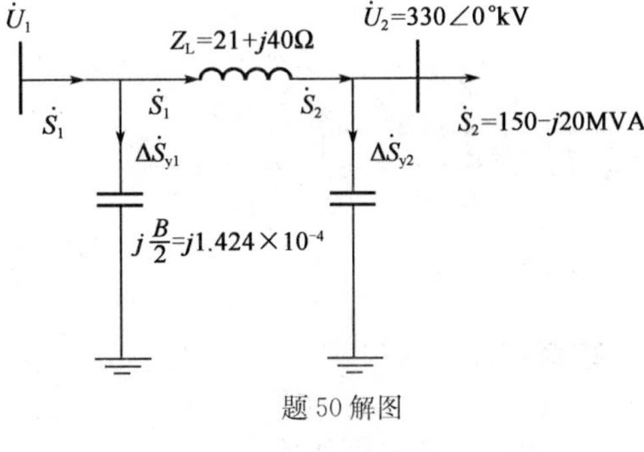

题 50 解图

$$\Delta\dot{S}_{y2}=-j\frac{B}{2}U_2^2=-j1.425\times10^{-4}\times330^2=-j15.518\text{MVA}$$

$$\dot{S}_2'=\dot{S}_2+\Delta\dot{S}_{y2}=150-j20-j15.518=150-j35.518\text{MVA}$$

$$\Delta\dot{S}_z=\frac{P_2'^2+Q_2'^2}{U_2^2}(R+jX)=\frac{150^2+35.52^2}{330^2}\times(21+j40)=4.582+j8.728\text{MVA}$$

$$\dot{S}_1'=\dot{S}_2'+\Delta\dot{S}_z=150-j35.518+4.582+j8.728=154.582-j26.79\text{MVA}$$

$$\Delta U=\frac{P_2'R+Q_2'X}{U_2}=\frac{154.582\times21-26.79\times40}{330}=6.586\text{kV}$$

$$\delta U=\frac{P_2'X-Q_2'R}{U_2}=\frac{154.582\times40+26.79\times21}{330}=20.442\text{kV}$$

$$\dot{U}_1=\dot{U}_2+\Delta U+j\delta U=330+6.586+j20.442=336.586+j20.442=335.8\angle3.49°\text{kV}$$

$$\Delta\dot{S}_{y1}=-j\frac{B}{2}U_1^2=-j1.425\times10^{-4}\times335.8^2=-j16.074\text{MVA}$$

$$\dot{S}_1=\dot{S}_1'+\Delta\dot{S}_{y1}=154.582-j26.79-j16.074=154.582-j42.864\text{MVA}$$

答案:C

51.**解** 先计算最大负荷和最小负荷时变压器上的电压损耗:

$$\Delta U_{max}=\frac{P_{max}R_T+Q_{max}X_T}{U_{max}}=\frac{20\times2.04+15\times31.76}{115}=4.5\text{kV}$$

$$\Delta U_{min}=\frac{P_{min}\cdot2R_T+Q_{min}\cdot2X_T}{U_{min}}=\frac{10\times2\times2.04+7\times2\times31.76}{108}=4.5\text{kV}$$

再计算最大负荷和最小负荷时变压器的抽头电压:

$$U_{1Tmax}=\frac{U_{1max}-\Delta U_{max}}{U_{2max}}\cdot U_{2N}=\frac{115-4.5}{1.05\times10}\times11=115.76\text{kV}$$

$$U_{1Tmin}=\frac{U_{1min}-\Delta U_{min}}{U_{2min}}\cdot U_{2N}=\frac{108-4.5}{10}\times 11=113.85\text{kV}$$

取算术平均值 $U_{1Tav}=\frac{1}{2}(U_{1Tmax}+U_{1Tmin})=\frac{1}{2}\times(115.76+113.85)=114.8\text{kV}$

选最近的分接头 $U_{1T}=115.5\text{kV}$

答案:B

52.**解** 等值电路如图所示。

$$x''_{d*}=x''_{d}\cdot\frac{S_B}{S_N}=0.1\times\frac{60}{60}=0.1$$

$$x_{T1*}=\frac{U_{k1}\%}{100}\cdot\frac{S_B}{S_{TN}}=\frac{15}{100}\times\frac{60}{60}=0.15$$

$$x_{T2*}=\frac{U_{k2}\%}{100}\cdot\frac{S_B}{S_{TN}}=\frac{15}{100}\times\frac{60}{60}=0.15$$

$$x_{\Sigma *}=\frac{1}{2}(x''_{d*}+x_{T1*}+x_{T2*})$$

$$=\frac{1}{2}\times(0.1+0.15+0.15)=0.2$$

$$I_*=\frac{E''_*}{x_{\Sigma *}}=\frac{1}{0.2}=5$$

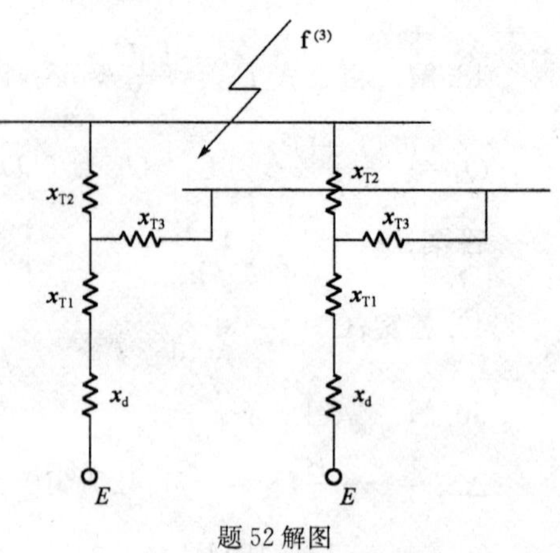

题 52 解图

则 $I=I_*\cdot I_B=I_*\cdot\frac{S_B}{\sqrt{3}U_B}=5\times\frac{60}{\sqrt{3}\times 115}=1.506\text{kV}$

答案:A

53.**解** 先画出零序等值网络如图 a)所示。

零序等值电抗:

$$x_{\Sigma 0}=x_2+x_3 \mathbin{//} (x_1+3x_{p2}+x_{l0}+3x_{p1}+x_{T1})$$

$$=0+0.2 \mathbin{//} (0.1+3\times 0.01+0.3+3\times 0.01+0.1)=0.147$$

正序等值网络如图 b)所示。

$$x_{\Sigma 1}=(x_l+x_{T3}+x''_M) \mathbin{//} [x_2+(x_3+x''_d) \mathbin{//} (x_1+x_l+x_{T1}+x''_d)]$$

$$=(0.05+0.1+0.05) \mathbin{//} [0+(0.2+0.2) \mathbin{//} (0.1+0.1+0.1+0.1)]$$

$$=0.1$$

负序等值网络如图 c)所示。

$$x_{\Sigma 2}=0.1$$

$$I_f=3\frac{U_{f0}}{x_{\Sigma 1}+x_{\Sigma 2}+x_{\Sigma 0}}=3\times\frac{1}{0.147+0.1+0.1}=8.65$$

答案:C

54.**解** 在一台半断路器接线中,通常遵循两项原则:

(1)电源线宜与负荷线配对成串,即要求采用在同一个“断路器串”上配置一条电源回路和一条出线回路,以避免在联络断路器发生故障时,使两条电源回路或两条负荷回路同时被切除。

(2)配电装置建设初期仅两串时，同名回路宜分别接入不同侧的母线，进出线应装设隔离开关。当一台半断路器接线达三串及以上时，同名回路可接于同一侧母线，进出线不宜装设隔离开关。

答案:D

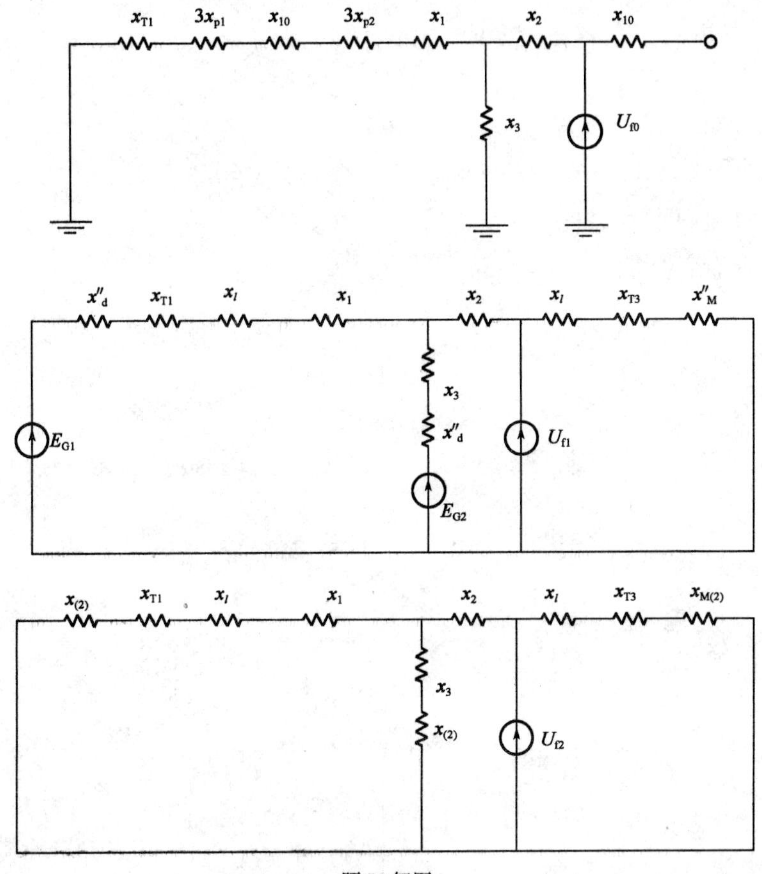

题53解图

55. **答案**:D

56. **答案**:A

57. **答案**:B

58. **解** 集中参数不考虑波过程。

答案:B

59. **解** $t=\frac{1}{6}R_{总}C$，其中 C 为对地杂散电容。补偿 C，则 t 减小。

答案:C

60. **解** Z_2 在稳定后不起作用，相当于 Z_1、Z_3 直接相连。

答案:A

2014 全国勘察设计注册工程师执业资格考试用书

注册电气工程师（供配电）执业资格考试
基础考试历年真题详解

（第二版 · 上册）

Zhuce Dianqi Gongchengshi (Gongpeidian) Zhiye Zige Kaoshi
Jichu Kaoshi Linian Zhenti Xiangjie

注册工程师考试复习用书编委会 | 编
谢　庆　曹纬浚　刘云鹏 | 主编

人民交通出版社
China Communications Press

内 容 提 要

本书分上、下两册，上册为公共基础 2005～2013 年考试真题，下册为专业基础(供配电专业)2005～2013 年考试真题，各 9 套，共 18 套，每套真题后均附有参考答案和解析。

本书为人民交通出版社"十二五"规划精品教材配套教材，可供参加注册电气工程师(供配电)执业资格考试基础考试的考生复习使用，也可供参加注册电气工程师(发输变电)执业资格考试基础考试的考生模拟练习使用，还可作为高等院校学生相关课程的配套辅导书。

图书在版编目(CIP)数据

注册电气工程师(供配电)执业资格考试基础考试历年真题详解 / 谢庆，曹纬浚，刘云鹏主编. — 2 版. — 北京：人民交通出版社，2014.1

ISBN 978-7-114-11143-3

Ⅰ. ①注… Ⅱ. ①谢… ②曹… ③刘… Ⅲ. ①供电系统—工程师—资格考试—题解②配电系统—工程师—资格考试—题解 Ⅳ. ①TM72-44

中国版本图书馆 CIP 数据核字(2014)第 009981 号

书　　名：注册电气工程师(供配电)执业资格考试基础考试历年真题详解(第二版)
著 作 者：谢　庆　曹纬浚　刘云鹏
责任编辑：刘彩云　吴燕伶
出版发行：人民交通出版社
地　　址：(100011)北京市朝阳区安定门外外馆斜街 3 号
网　　址：http://www.ccpress.com.cn
销售电话：(010)59757973
总 经 销：人民交通出版社发行部
经　　销：各地新华书店
印　　刷：北京盈盛恒通印刷有限公司
开　　本：787 × 1092　1/16
印　　张：34
字　　数：770 千
版　　次：2014 年 1 月　第 2 版
印　　次：2014 年 3 月　第 2 次印刷　累计第 4 次印刷
书　　号：ISBN 978-7-114-11143-3
定　　价：118.00 元(含上、下两册)

前　　言

注册电气工程师，是指取得《中华人民共和国注册电气工程师执业资格证书》和《中华人民共和国注册电气工程师执业资格注册证书》，从事电气专业工程设计及相关业务的专业技术人员。我国自 2003 年 5 月 1 日起，对从事电气专业工程设计活动的专业技术人员实行执业资格注册管理制度，适用于从事发电、输变电、供配电、建筑电气、电气传动、电力系统等工程设计及相关业务的专业技术人员。

注册电气工程师执业资格考试实行全国统一大纲、统一命题的考试制度，为帮助考生在较短时间内掌握注册电气工程师(供配电)执业资格基础考试大纲要求的考试内容，提高做题速度和熟练度，顺利通过基础考试，特邀请北京市注册工程师考试辅导班和华北电力大学(全国"211"工程院校、教育部直属重点高校)的专家、教授共同编写此书。

本书共分为上、下两册。上册为 2005～2013 年公共基础考试真题及其解析，共 9 套；下册为 2005～2013 年专业基础考试真题(供配电专业)及其解析，共 9 套。对每一道真题，书中不仅给出参考答案，还进行了十分详细的解析，便于考生了解往年考试的范围、难度、风格，通过解析过程熟悉考点，掌握解题思路、方法、步骤。

第二版较第一版的区别在于：①新增 2013 年真题及解析；②修正第一版的错误，完善解析过程。随后，我们还会根据最新一年的考题及读者们的反馈意见对本书内容进行修订。

本书由谢庆、曹纬浚、刘云鹏担任主编。其他参编人员还有吴昌泽、范元玮、程学平、谢亚勃、刘燕、侯云芬、李兆年、许怡生、许小重、李魁元、高亚静、谢丽美。编者多为从事电气工程专业教学科研多年的一线教师，有着丰富的教学经验，多人参编《电工技术基础》、《高电压技术》、《电力系统分析》及《电子学》等全国重点大学精品课程教材。

本书在编写过程中得到了华北电力大学电气电子学科领域众多老师、专家的指点以及研究生同学的帮助，不少题目解析思路均来源于此，还得到了人民交通出版社刘彩云编辑的大力支持与帮助，编者在此表示深深的感谢！

同时，还要特别感谢第一版的各位读者，是你们及时反馈复习疑问，才使此书的解析更加到位，答案更加准确。

但限于考试内容涉及面广，加之编者水平有限，书中仍不免存在疏漏和不足，在此敬请读者提出宝贵意见，我们将及时改进。

最后，祝愿各位考生取得好的成绩，顺利通过考试！

主　编

2014 年 1 月

目录(上册)

2005年度全国勘察设计注册工程师公共基础考试

试　　题

单项选择题(共120题,每题1分。每题的备选项中只有一个最符合题意)

1. 设$\vec{a}$、$\vec{b}$均为向量,下列等式中正确的是:

A. $(\vec{a}+\vec{b})\cdot(\vec{a}-\vec{b})=|\vec{a}|^2-|\vec{b}|^2$
B. $\vec{a}(\vec{a}\cdot\vec{b})=|\vec{a}|^2\vec{b}$
C. $(\vec{a}\cdot\vec{b})^2=|\vec{a}|^2|\vec{b}|^2$
D. $(\vec{a}+\vec{b})\times(\vec{a}-\vec{b})=\vec{a}\times\vec{a}-\vec{b}\times\vec{b}$

2. 过点$M(3,-2,1)$且与直线L:$\begin{cases}x-y-z+1=0\\2x+y-3z+4=0\end{cases}$平行的直线方程是:

A. $\frac{x-3}{1}=\frac{y+2}{-1}=\frac{z-1}{-1}$
B. $\frac{x-3}{2}=\frac{y+2}{1}=\frac{z-1}{-3}$
C. $\frac{x-3}{4}=\frac{y+2}{-1}=\frac{z-1}{3}$
D. $\frac{x-3}{4}=\frac{y+2}{1}=\frac{z-1}{3}$

3. 过z轴和点$M(1,2,-1)$的平面方程是:

A. $x+2y-z-6=0$
B. $2x-y=0$
C. $y+2z=0$
D. $x+z=0$

4. 将椭圆$\begin{cases}\frac{x^2}{9}+\frac{z^2}{4}=1\\y=0\end{cases}$,绕$x$轴旋转一周所生成的旋转曲面的方程是:

A. $\frac{x^2}{9}+\frac{y^2}{9}+\frac{z^2}{4}=1$
B. $\frac{x^2}{9}+\frac{z^2}{4}=1$
C. $\frac{x^2}{9}+\frac{y^2}{4}+\frac{z^2}{4}=1$
D. $\frac{x^2}{9}+\frac{y^2}{4}+\frac{z^2}{9}=1$

5. 下列极限计算中,错误的是:

A. $\lim\limits_{x\to\infty}\frac{2^n}{x}\cdot\sin\frac{x}{2^n}=1$
B. $\lim\limits_{x\to\infty}\frac{\sin x}{x}=1$
C. $\lim\limits_{x\to 0}(1-x)^{\frac{1}{x}}=e^{-1}$
D. $\lim\limits_{x\to\infty}\left(1+\frac{1}{x}\right)^{2x}=e^2$

6. 设函数$f(x)=\begin{cases}e^{-2x}+a & x\leqslant 0\\\lambda\ln(1+x)+1 & x>0\end{cases}$,要使$f(x)$在$x=0$处连续,则$a$的值是:

A. 0　　B. 1　　C. -1　　D. λ

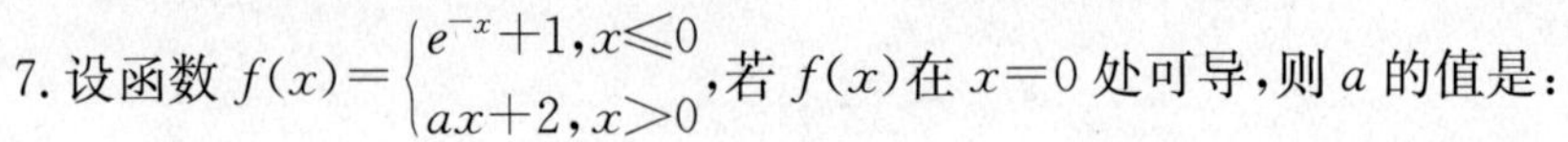

7. 设函数 $f(x)=\begin{cases}e^{-x}+1, x\leqslant 0\\ ax+2, x>0\end{cases}$,若 $f(x)$ 在 $x=0$ 处可导,则 a 的值是:

A. 1　　B. 2　　C. 0　　D. -1

8. 曲面 $z=x^2-y^2$ 在点$(\sqrt{2},-1,1)$处的法线方程是:

A. $\dfrac{x-\sqrt{2}}{2\sqrt{2}}=\dfrac{y+1}{-2}=\dfrac{z-1}{-1}$　　B. $\dfrac{x-\sqrt{2}}{2\sqrt{2}}=\dfrac{y+1}{-2}=\dfrac{z-1}{1}$

C. $\dfrac{x-\sqrt{2}}{2\sqrt{2}}=\dfrac{y+1}{2}=\dfrac{z-1}{-1}$　　D. $\dfrac{x-\sqrt{2}}{2\sqrt{2}}=\dfrac{y+1}{2}=\dfrac{z-1}{1}$

9. 下列结论中,错误的是:

A. $\int_{-a}^{a} f(x^2)\mathrm{d}x = 2\int_{0}^{a} f(x^2)\mathrm{d}x$　　B. $\int_{0}^{2\pi}\sin^{10}x\mathrm{d}x=\int_{0}^{2\pi}\cos^{10}x\mathrm{d}x$

C. $\int_{-\pi}^{\pi}\cos 5x\sin 7x\mathrm{d}x=0$　　D. $\int_{0}^{1}10^{x}\mathrm{d}x=9$

10. 设平面闭区域 D 由 $x=0, y=0, x+y=\dfrac{1}{2}, x+y=1$ 所围成, $I_1=\iint\limits_D[\ln(x+y)]^3\mathrm{d}x\mathrm{d}y, I_2=\iint\limits_D(x+y)^3\mathrm{d}x\mathrm{d}y, I_3=\iint\limits_D[\sin(x+y)]^3\mathrm{d}x\mathrm{d}y$,则 I_1, I_2, I_3 之间的关系应是:

A. $I_1<I_2<I_3$　　B. $I_1<I_3<I_2$

C. $I_3<I_2<I_1$　　D. $I_3<I_1<I_2$

11. 由曲面 $z=\sqrt{x^2+y^2}$ 及 $z=x^2+y^2$ 所围成的立体体积的三次积分为:

A. $\int_0^{2\pi}\mathrm{d}\theta\int_0^1 r\mathrm{d}r\int_{r^2}^{r}\mathrm{d}z$　　B. $\int_0^{2\pi}\mathrm{d}\theta\int_0^1 r\mathrm{d}r\int_{r^2}^{1}\mathrm{d}z$

C. $\int_0^{2\pi}\mathrm{d}\theta\int_0^{\frac{\pi}{4}}\sin\varphi\mathrm{d}\varphi\int_0^1 r^2\mathrm{d}r$　　D. $\int_0^{2\pi}\mathrm{d}\theta\int_{\frac{\pi}{4}}^{\frac{\pi}{2}}\sin\varphi\mathrm{d}\varphi\int_0^1 r^2\mathrm{d}r$

12. 曲线 $y=\dfrac{2}{3}x^{\frac{3}{2}}$ 上相应于 x 从 0 到 1 的一段弧的长度是:

A. $\dfrac{2}{3}(\sqrt[3]{4}-1)$　　B. $\dfrac{4}{3}\sqrt{2}$

C. $\dfrac{2}{3}(2\sqrt{2}-1)$　　D. $\dfrac{4}{15}$

13. 级数 $\sum\limits_{n=1}^{\infty}\dfrac{\sin\frac{n\pi}{2}}{\sqrt{n^3}}$ 的收敛性是:

A. 绝对收敛　　B. 发散　　C. 条件收敛　　D. 无法判定

14. 级数$\sum_{n=1}^{\infty}(-1)^{n-1}x^n$ 的和函数是：

A. $\frac{1}{1+x}(-1<x<1)$

B. $\frac{x}{1+x}(-1<x<1)$

C. $\frac{x}{1-x}(-1<x<1)$

D. $\frac{1}{1-x}(-1<x<1)$

15. 设 $f(x)=\begin{cases}x, 0\leqslant x\leqslant\frac{\pi}{2}\\ \pi, \frac{\pi}{2}<x<\pi\end{cases}$，$S(x)=\sum_{n=1}^{\infty}b_n\sin nx$，其中 $b_n=\frac{2}{\pi}\int_0^{\pi}f(x)\sin nx\mathrm{d}x$，则 $S\left(-\frac{\pi}{2}\right)$的值是：

A. $\frac{\pi}{2}$　　B. $\frac{3\pi}{4}$　　C. $-\frac{3\pi}{4}$　　D. 0

16. 级数$\sum_{n=1}^{\infty}u_n$ 收敛的充要条件是：

A. $\lim\limits_{n\to\infty}u_n=0$

B. $\lim\limits_{n\to\infty}\frac{u_{n+1}}{u_n}=r<1$

C. $u_n\leqslant\frac{1}{n^2}$

D. $\lim\limits_{n\to\infty}S_n$ 存在（其中 $S_n=u_1+u_2+\cdots+u_n$）

17. 正项级数$\sum_{n=1}^{\infty}a_n$，判定 $\lim\limits_{n\to\infty}\frac{a_{n+1}}{a_n}=q<1$ 是此正项级数收敛的什么条件？

A. 充分条件，但非必要条件

B. 必要条件，但非充分条件

C. 充分必要条件

D. 既非充分条件，又非必要条件

18. 重复进行一项试验，事件 A 表示“第一次失败且第二次成功”，则事件 $\overline{A}$ 表示：

A. 两次均失败

B. 第一次成功或第二次失败

C. 第一次成功且第二次失败

D. 两次均成功

19. 设$(X_1, X_2, \cdots, X_{10})$是抽自正态总体 $N(\mu, \sigma^2)$ 的一个容量为 10 的样本，其中 $-\infty<\mu<+\infty, \sigma^2>0$，记 $\overline{X}_9=\frac{1}{9}\sum_{i=1}^{9}X_i$，则 $\overline{X}_9-X_{10}$ 所服从的分布是：

A. $N\left(0, \frac{10}{9}\sigma^2\right)$

B. $N\left(0, \frac{8}{9}\sigma^2\right)$

C. $N(0, \sigma^2)$

D. $N\left(0, \frac{11}{9}\sigma^2\right)$

20. 设 $\varphi(x)$ 为连续型随机变量的概率密度，则下列结论中一定正确的是：

A. $0 \leqslant \varphi(x) \leqslant 1$　　B. $\varphi(x)$ 在定义域内单调不减

C. $\int_{-\infty}^{+\infty}\varphi(x)\mathrm{d}x = 1$　　D. $\lim\limits_{x\to+\infty}\varphi(x) = 1$

21. 设 $\boldsymbol{A}$ 和 $\boldsymbol{B}$ 都是 n 阶方阵，已知 $|\boldsymbol{A}|=2$，$|\boldsymbol{B}|=3$，则 $|\boldsymbol{B}\boldsymbol{A}^{-1}|$ 等于：

A. $\frac{2}{3}$　　B. $\frac{3}{2}$　　C. 6　　D. 5

22. 设 $\boldsymbol{A}=\begin{bmatrix} a_1b_1 & a_1b_2 & \cdots & a_1b_n \\ a_2b_1 & a_2b_2 & \cdots & a_2b_n \\ \vdots & \vdots & & \vdots \\ a_nb_1 & a_nb_2 & \cdots & a_nb_n \end{bmatrix}$，其中 $a_i\neq0$，$b_i\neq0(i=1,2,\cdots,n)$，则矩阵 $\boldsymbol{A}$ 的秩等于：

A. n　　B. 0　　C. 1　　D. 2

23. 设 $\boldsymbol{A}$ 为矩阵，$\boldsymbol{\alpha}_1=\begin{bmatrix}1\\0\\2\end{bmatrix}$，$\boldsymbol{\alpha}_2=\begin{bmatrix}0\\1\\-1\end{bmatrix}$ 都是线性方程组 $\boldsymbol{A}\boldsymbol{x}=0$ 的解，则矩阵 $\boldsymbol{A}$ 为：

A. $\begin{bmatrix}0 & 1 & -1\\4 & -2 & -2\\0 & 1 & 1\end{bmatrix}$　　B. $\begin{bmatrix}2 & 0 & -1\\0 & 1 & 1\end{bmatrix}$

C. $\begin{bmatrix}-1 & 0 & 2\\0 & 1 & -1\end{bmatrix}$　　D. $[-2,1,1]$

24. 设 $\varphi(x,y,z)=xy^2z$，$A=xz\vec{i}-xy^2\vec{j}+yz^2\vec{k}$，则 $\frac{\partial(\varphi A)}{\partial z}$ 在点 $(-1,-1,1)$ 处的值为：

A. $2\vec{i}-\vec{j}+3\vec{k}$　　B. $4\vec{i}-4\vec{j}-2\vec{k}$

C. $\vec{i}-\vec{j}+\vec{k}$　　D. $-\vec{i}+\vec{j}-\vec{k}$

25. 一定质量的理想气体，在温度不变的条件下，当压强降低时，分子的平均碰撞次数 $\overline{Z}$ 和平均自由程 $\overline{\lambda}$ 的变化情况是：

A. $\overline{Z}$ 和 $\overline{\lambda}$ 都增大　　B. $\overline{Z}$ 和 $\overline{\lambda}$ 都减小

C. $\overline{\lambda}$ 减小而 $\overline{Z}$ 增大　　D. $\overline{\lambda}$ 增大而 $\overline{Z}$ 减小

26. 1mol 刚性双原子分子理想气体，当温度为 T 时，其内能为：

A. $\frac{3}{2}RT$　　B. $\frac{3}{2}kT$

C. $\frac{5}{2}RT$　　D. $\frac{5}{2}kT$

27. 设高温热源的热力学温度是低温热源的热力学温度的 n 倍，则理想气体在一次卡诺循环中，传给低温热源的热量是从高温热源吸取的热量的：

A. n 倍　　B. $n-1$ 倍　　C. $\frac{1}{n}$倍　　D. $\frac{n+1}{n}$倍

28. 根据热力学第二定律判断下列说法正确的是：

A. 热量能从高温物体传到低温物体，但不能从低温物体传到高温物体
B. 功可以全部变为热，但热不能全部变为功
C. 气体能够自由膨胀，但不能自动收缩
D. 有规则运动的能量能够变为无规则运动的能量，但无规则运动的能量不能变为有规则运动的能量

29. 理想气体向真空做绝热膨胀，则：

A. 膨胀后，温度不变，压强减小　　B. 膨胀后，温度降低，压强减小
C. 膨胀后，温度升高，压强减小　　D. 膨胀后，温度不变，压强增大

30. 若一平面简谐波的波动方程为 $y=A\cos(Bt-Cx)$，式中 A、B、C 为正值恒量，则：

A. 波速为 C　　B. 周期为$\frac{1}{B}$
C. 波长为$\frac{2\pi}{C}$　　D. 圆频率为$\frac{2\pi}{B}$

31. 频率为 100Hz，传播速度为 300m/s 的平面简谐波，波线上两点振动的相位差为$\frac{\pi}{3}$，则此两点相距：

A. 2m　　B. 2.19m　　C. 0.5m　　D. 28.6m

32. 若用衍射光栅准确测定一单色可见光的波长，在下列各种光栅常数的光栅中选择哪一种最好？

A. 1.0×10^{-1}mm　　B. 5.0×10^{-1}mm
C. 1.0×10^{-2}mm　　D. 1.0×10^{-3}mm

33. 波长为 λ 的单色平行光垂直入射到一狭缝上，若第一级暗纹的位置对应的衍射角为 $\theta=\pm\frac{\pi}{6}$，则缝宽的大小为：

A. $\frac{\lambda}{2}$　　B. λ　　C. 2λ　　D. 3λ

34. 在双缝干涉实验中，两缝间距离为 d，双缝与屏幕之间的距离为 $D(D\gg d)$，波长为 λ

的平行单色光垂直照射到双缝上，屏幕上干涉条纹中相邻两暗纹之间的距离是：

A. $2\lambda D/d$　　B. $\lambda d/D$　　C. dD/λ　　D. $\lambda D/d$

35. 如果两个偏振片堆叠在一起，且偏振化方向之间夹角为 60°，假设两者对光无吸收，光强为 I_0 的自然光垂直入射到偏振片上，则出射光强为：

A. $\frac{I_0}{8}$　　B. $\frac{3}{8}I_0$

C. $\frac{I_0}{4}$　　D. $\frac{3}{4}I_0$

36. 有两种理想气体，第一种的压强记作 p_1，体积记作 V_1，温度记作 T_1，总质量记作 m_1，摩尔质量记作 M_1；第二种的压强记作 p_2，体积记作 V_2，温度记作 T_2，总质量记作 m_2，摩尔质量记作 M_2。当 $V_1=V_2, T_1=T_2, m_1=m_2$ 时，则 $\frac{M_1}{M_2}$ 为：

A. $\frac{M_1}{M_2}=\sqrt{\frac{p_1}{p_2}}$　　B. $\frac{M_1}{M_2}=\frac{p_1}{p_2}$

C. $\frac{M_1}{M_2}=\sqrt{\frac{p_2}{p_1}}$　　D. $\frac{M_1}{M_2}=\frac{p_2}{p_1}$

37. P_z 波函数角度分布的形状是：

A. 双球形　　B. 球形　　C. 四瓣梅花形　　D. 橄榄形

38. 24 号元素 Cr 的基态原子价电子构型正确的是：

A. $3d^6 4s^0$　　B. $3d^5 4s^1$　　C. $3d^4 4s^2$　　D. $3d^3 4s^2 4p^1$

39. 用杂化轨道理论推测下列分子的空间构型，其中为平面三角形的是：

A. NF_3　　B. BF_3　　C. AsH_3　　D. SbH_3

40. 下列氧化物中，既可与稀 H_2SO_4 溶液作用，又可与稀 NaOH 溶液作用的是：

A. Al_2O_3　　B. Cu_2O　　C. SiO_2　　D. CO

41. 在某温度时，已知 0.100mol/dm^3 氢氰酸(HCN)的电离度为 0.010%，该温度时 HCN 的标准电离常数 $K_a^{\ominus}$ 是：

A. 1.0×10^{-5}　　B. 1.0×10^{-4}　　C. 1.0×10^{-9}　　D. 1.0×10^{-6}

42. 在某温度时，下列溶液体系中属缓冲溶液的是：

A. 0.100mol/dm^3 的 NH_4Cl 溶液

B. 0.100mol/dm^3 的 NaAc 溶液

C. 0.400mol/dm^3 的 HCl 与 0.200mol/dm^3 的 $NH_3 \cdot H_2O$ 等体积混合后的溶液

D. 0.400mol/dm^3 的 $NH_3 \cdot H_2O$ 与 0.200mol/dm^3 的 HCl 等体积混合后的溶液

43. 一般来说，某反应在其他条件一定时，温度升高其反应速率会明显增加，主要原因是：

A. 分子碰撞机会增加　　B. 反应物压力增加

C. 活化分子百分率增加　　D. 反应的活化能降低

44. 在一定条件下，已建立化学平衡的某可逆反应，当改变反应条件使化学平衡向正反应方向移动时，下列有关叙述正确的是：

A. 生成物的体积分数一定增加　　B. 生成物的产量一定增加

C. 反应物浓度一定降低　　D. 使用了合适的催化剂

45. 对于化学反应 $3Cl_2 + 6NaOH = NaClO_3 + 5NaCl + 3H_2O$，下列叙述正确的是：

A. Cl_2 既是氧化剂，又是还原剂　　B. Cl_2 是氧化剂，不是还原剂

C. Cl_2 是还原剂，不是氧化剂　　D. Cl_2 既不是氧化剂，又不是还原剂

46. 已知 $\varphi^{\ominus}_{Cu^{2+}/Cu} = 0.342V$，$\varphi^{\ominus}_{I_2/I^-} = 0.536V$，$\varphi^{\ominus}_{Fe^{3+}/Fe^{2+}} = 0.771V$，$\varphi^{\ominus}_{Sn^{4+}/Sn^{2+}} = 0.151V$，试判断下列还原剂的还原性由强到弱的是：

A. Cu、I^-、Fe^{2+}、Sn^{2+}　　B. I^-、Fe^{2+}、Sn^{2+}、Cu

C. Sn^{2+}、Cu、I^-、Fe^{2+}　　D. Fe^{2+}、Sn^{2+}、I^-、Cu

47. 已知柠檬醛的结构式为 $(CH_3)_2C{=}CHCH_2CH_2\overset{\overset{\displaystyle CH_3}{|}}{C}{=}CHCHO$，下列说法不正确的是：

A. 它可使 $KMnO_4$ 溶液褪色　　B. 它可以发生银镜反应

C. 它可使溴水褪色　　D. 它的催化加氢产物为 $C_{10}H_{20}O$

48. 已知乙酸与乙酸乙酯的混合物中氢(H)的质量分数为 7%，其中碳(C)的质量分数是：

A. 42.0%　　B. 44.0%　　C. 48.6%　　D. 91.9%

49. 平面汇交力系($\vec{F}_1$、$\vec{F}_2$、$\vec{F}_3$、$\vec{F}_4$、$\vec{F}_5$)的力多边形如图所示，该力系的合力 $\vec{R}$ 等于：

A. $\overline{F}_3$　　B. $-\overline{F}_3$　　C. $\overline{F}_2$　　D. $\overline{F}_5$

50. 若将图示三铰钢架中 AC 杆上的力偶移至 BC 杆上，则 A、B、C 处的约束反力：

A. 都改变　　B. 都不改变

C. 仅 C 处改变　　D. 仅 C 处不变

51. 一空间平行力系如图所示，该力系的简化结果是：

A. 一合力　　B. 一合力偶

C. 一力螺旋　　D. 平衡

（注：此题考查内容 2009 年大纲已删除）

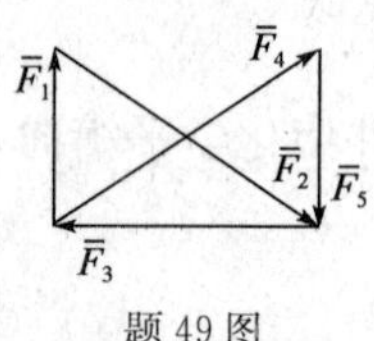

题 49 图

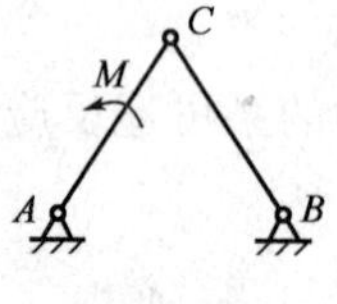

题 50 图

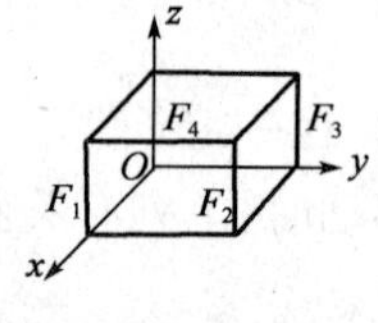

题 51 图

52. 重力 W 的物块置于倾角为 $\alpha=30^\circ$ 的斜面上，如图所示。若物块与斜面间的静摩擦系数 $f_s=0.6$，则该物块：

A. 向下滑动　　B. 处于临界下滑状态

C. 静止　　D. 加速下滑

53. 图示力 F，已知 $F=2\text{kN}$。力 F 对 x 轴之矩为：

A. $3\sqrt{2}\text{kN}\cdot\text{m}$　　B. $\sqrt{2}\text{kN}\cdot\text{m}$　　C. $8\text{kN}\cdot\text{m}$　　D. $4\sqrt{2}\text{kN}\cdot\text{m}$

（注：此题考查内容 2009 年大纲已删除）

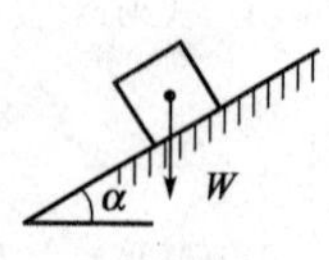

题 52 图

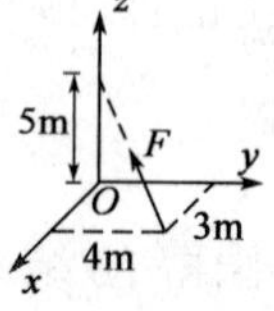

题 53 图

54. 已知点作直线运动，其运动方程为 $x=12-t^3$（x 以 cm 计，t 以 s 计）。则点在前 3s 内走过的路程为：

A. 27cm　　B. 15cm　　C. 12cm　　D. 30cm

55. 图示两个相啮合的齿轮，A、B 分别为齿轮 O_1、O_2 上的啮合点，则 A、B 两点的加速度关系为：

A. $a_{A\tau}=a_{B\tau}, a_{An}=a_{Bn}$　　B. $a_{A\tau}=a_{B\tau}, a_{An}\neq a_{Bn}$

C. $a_{A\tau}\neq a_{B\tau}, a_{An}=a_{Bn}$　　D. $a_{A\tau}\neq a_{B\tau}, a_{An}\neq a_{Bn}$

56. 四连杆机构运动到图示位置时，$AB//O_1O_2$，O_1A 杆的角速度为 ω_1，则 O_2B 杆的角速度 ω_2 为：

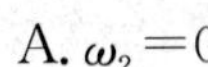

A. $\omega_2=0$　　B. $\omega_2<\omega_1$　　C. $\omega_2>\omega_1$　　D. $\omega_2=\omega_1$

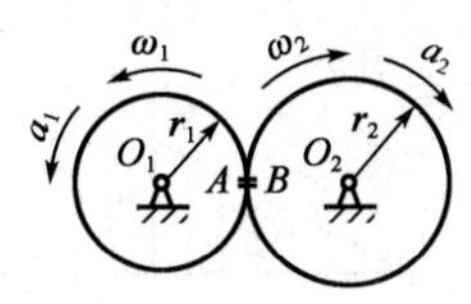

题 55 图

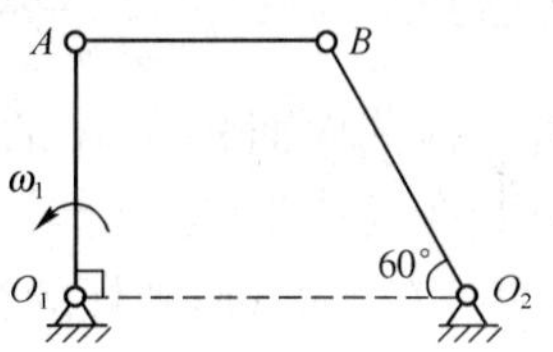

题 56 图

57. 自由质点受力作用而运动时，质点的运动方向是：

A. 作用力的方向　　B. 加速度的方向

C. 速度的方向　　D. 初速度的方向

58. 图示均质细直杆 AB 长为 l，质量为 m，图示瞬时点 A 处的速度为 v，则杆 AB 的动量大小为：

A. mv　　B. $2mv$　　C. $\sqrt{2}mv$　　D. $\dfrac{mv}{\sqrt{2}}$

59. 在题 58 图中，杆 AB 在该位置的动能为：

A. $\dfrac{1}{2}mv^2$　　B. $\dfrac{1}{3}mv^2$　　C. $\dfrac{2}{3}mv^2$　　D. $\dfrac{4}{3}mv^2$

60. 均质细直杆 OA 长为 l，质量为 m，A 端固结一质量为 m 的小球(不计尺寸)，如图所示。当 OA 杆以匀角速度 ω 绕 O 轴转动时，该系统对 O 轴的动量矩为：

A. $\dfrac{1}{3}ml^2\omega$　　B. $\dfrac{2}{3}ml^2\omega$　　C. $ml^2\omega$　　D. $\dfrac{4}{3}ml^2\omega$

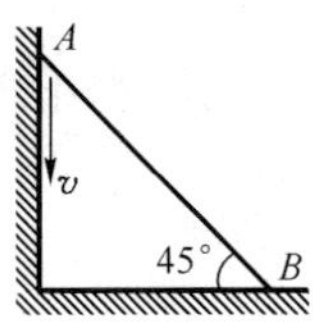

题 58 图

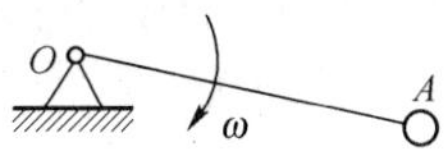

题 60 图

61. 在题 60 图中，将系统的惯性力系向 O 点简化，其主矢 $\boldsymbol{F}_{\mathrm{I}}$ 和主矩 $\boldsymbol{M}_{\mathrm{IO}}$ 的数值分别为：

A. $F_{\mathrm{I}}=\dfrac{1}{2}ml\omega^2, M_{\mathrm{IO}}=0$　　B. $F_{\mathrm{I}}=\dfrac{3}{2}ml\omega^2, M_{\mathrm{IO}}=0$

C. $F_{\mathrm{I}}=\dfrac{1}{2}ml\omega^2, M_{\mathrm{IO}}\neq0$　　D. $F_{\mathrm{I}}=\dfrac{3}{2}ml\omega^2, M_{\mathrm{IO}}\neq0$

62. 已知图示等直杆的轴力图(N 图)，则该杆相应的荷载图如哪个图所示？(图中集中荷载单位均为 kN，分布荷载单位均为 kN/m)

A. 图 a)　　　　　B. 图 b)

C. 图 c)　　　　　D. 图 d)

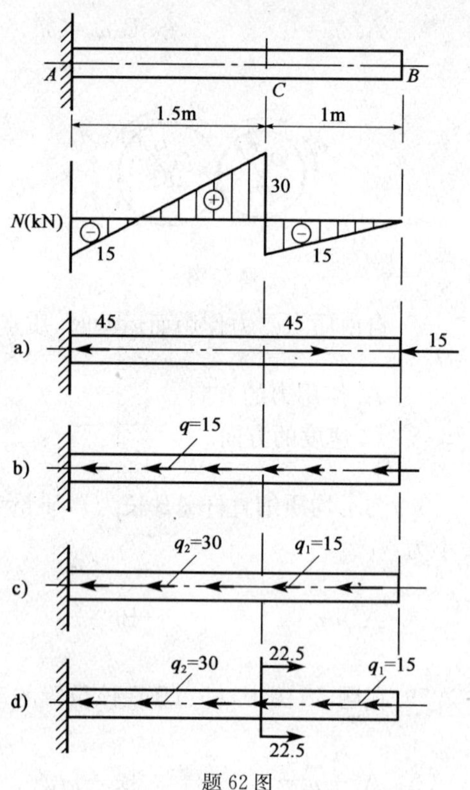

题 62 图

63. 有一横截面面积为 A 的圆截面杆件受轴向拉力作用，在其他条件不变时，若将其横截面改为面积仍为 A 的空心圆，则杆的：

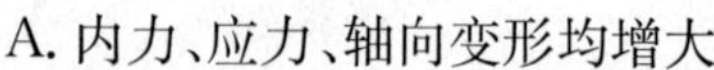
A. 内力、应力、轴向变形均增大

B. 内力、应力、轴向变形均减小

C. 内力、应力、轴向变形均不变

D. 内力、应力不变，轴向变形增大

64. 图示桁架，在结点 C 处沿水平方向受力 P 作用。各杆的抗拉刚度相等。若结点 C 的铅垂位移以 V_C 表示，BC 杆的轴力以 N_{BC} 表示，则：

A. $N_{BC}=0, V_C=0$

B. $N_{BC}=0, V_C\neq 0$

C. $N_{BC}\neq 0, V_C=0$

D. $N_{BC}\neq 0, V_C\neq 0$

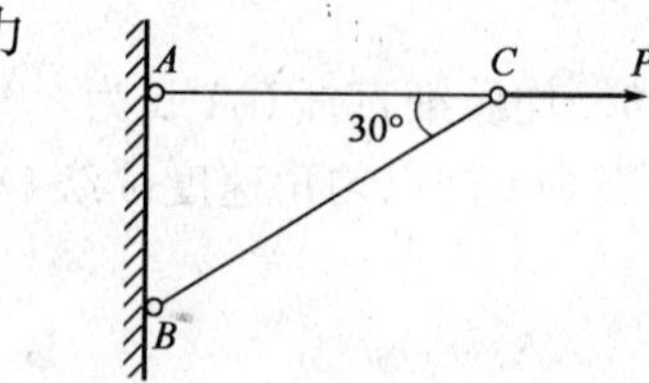

题 64 图

65. 要用冲床在厚度为 t 的钢板上冲出一个圆孔，则冲力大小：

A. 与圆孔直径的平方成正比

B. 与圆孔直径的平方根成正比

C. 与圆孔直径成正比

D. 与圆孔直径的三次方成正比

66. 受扭实心等直圆轴，当直径增大一倍时，其最大剪应力 τ_{2max} 和两端相对扭转角 φ_2 与原来的 τ_{1max} 和 φ_1 的比值为：

A. $\tau_{2max}:\tau_{1max}=1:2, \varphi_2:\varphi_1=1:4$

B. $\tau_{2max}:\tau_{1max}=1:4, \varphi_2:\varphi_1=1:8$

C. $\tau_{2max}:\tau_{1max}=1:8, \varphi_2:\varphi_1=1:16$

D. $\tau_{2max}:\tau_{1max}=1:4, \varphi_2:\varphi_1=1:16$

67. 空心圆轴和实心圆轴的外径相同时，截面的抗扭截面模量较大的是：

A. 空心轴　　　　B. 实心轴　　　　C. 一样大　　　　D. 不能确定

68. 梁的横截面形状如图所示，则截面对 Z 轴的抗弯截面模量 W_z 为：

A. $\frac{1}{12}(BH^3-bh^3)$　　　　B. $\frac{1}{6}(BH^2-bh^2)$

C. $\frac{1}{6H}(BH^3-bh^3)$　　D. $\frac{1}{6h}(BH^3-bh^3)$

69. 图示截面，其轴惯性矩的关系为：

A. $I_{Z_1}=I_{Z_2}$　　B. $I_{Z_1}>I_{Z_2}$　　C. $I_{Z_1}<I_{Z_2}$　　D. 不能确定

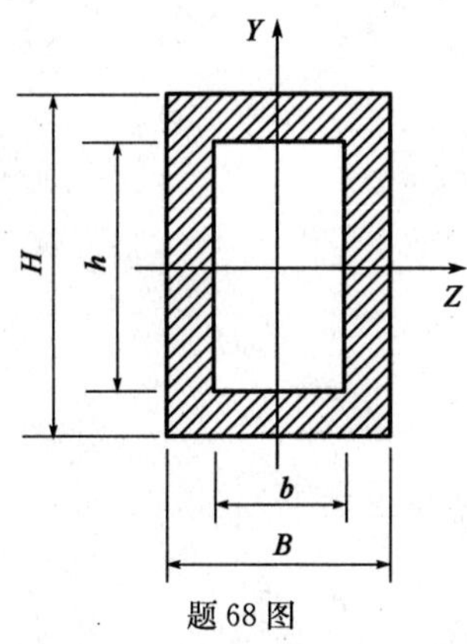

题 68 图

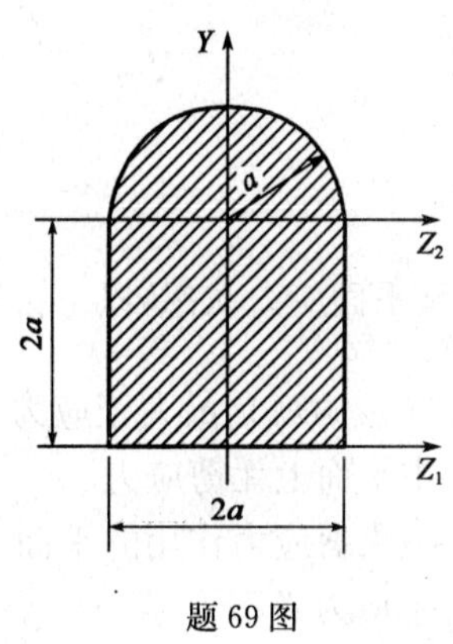

题 69 图

70. 图示梁，剪力等于零的截面位置 x 之值为：

A. $\frac{5a}{6}$　　B. $\frac{6a}{5}$

C. $\frac{6a}{7}$　　D. $\frac{7a}{6}$

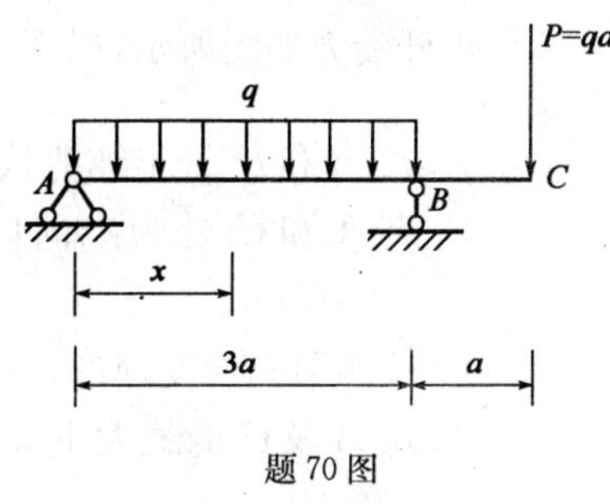

题 70 图

71. 就正应力强度而言，以下梁中，哪个图所示的加载方式最好？

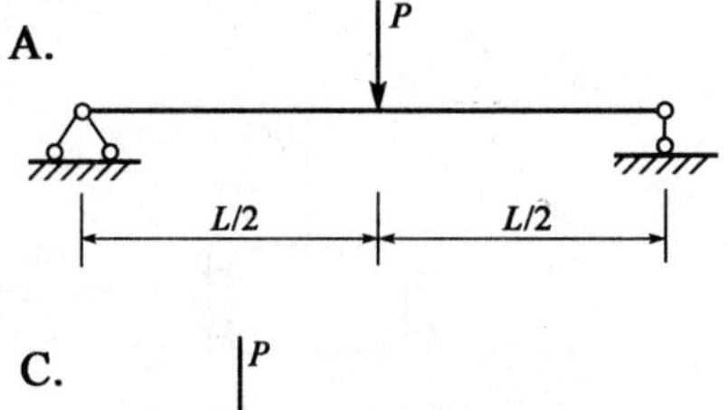

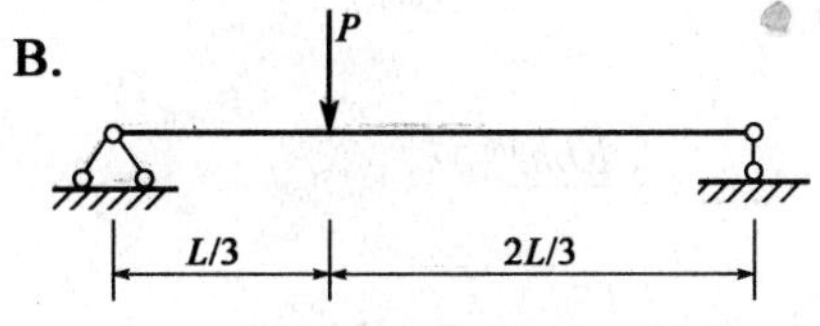

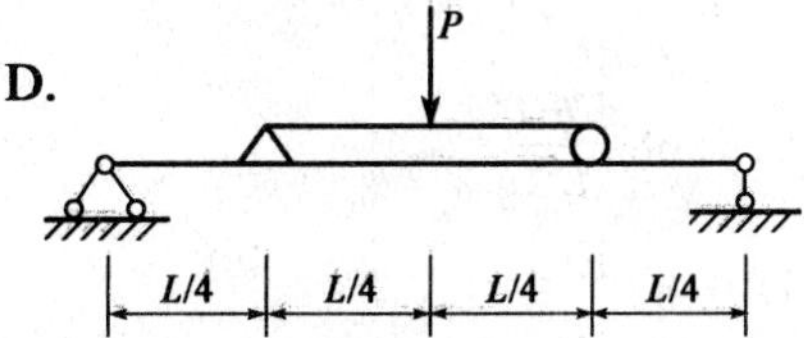

72. 在等直梁平面弯曲的挠曲线上，曲率最大值发生在下面哪项的截面上？

A. 挠度最大　　B. 转角最大　　D. 弯矩最大　　D. 剪力最大

73. 三种平面应力状态如图所示（图中用 n 和 s 分别表示正应力和剪应力），它们之间的关系是：

A. 全部等价　　B. a）与 b）等价　　C. a）与 c）等价　　D. 都不等价

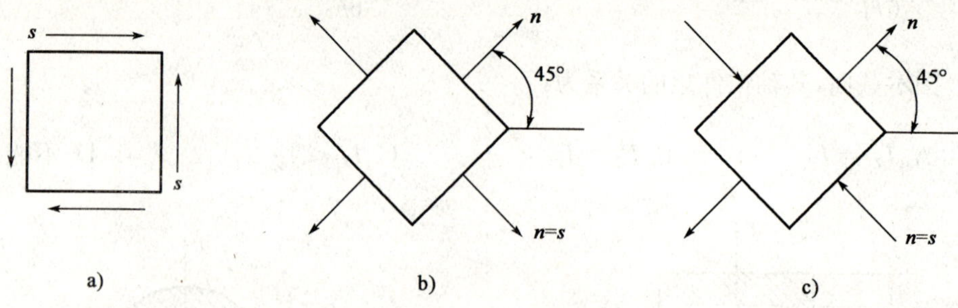

题 73 图

74. 对于平面应力状态，以下说法正确的是：

A. 主应力就是最大正应力
B. 主平面上无剪应力
C. 最大剪应力作用的平面上正应力必为零
D. 主应力必不为零

75. 折杆受力如图所示，以下结论中错误的为：

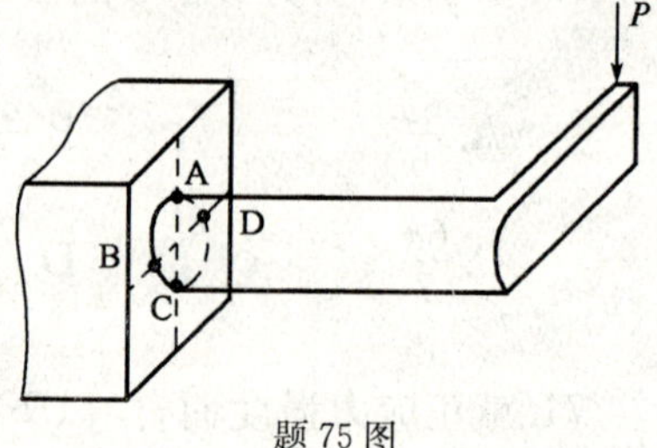

题 75 图

A. 点 B 和 D 处于纯剪状态
B. 点 A 和 C 处为二向应力状态，两点处 $\sigma_1>0$，$\sigma_2=0$，$\sigma_3<0$
C. 按照第三强度理论，点 A 及 C 比点 B 及 D 危险
D. 点 A 及 C 的最大主应力 σ_1 数值相同

76. 一端固定，一端为球形铰的大柔度压杆，横截面为矩形（如图所示），则该杆临界力 P_{cr} 为：

A. $1.68\dfrac{Ebh^3}{L^2}$

B. $3.29\dfrac{Ebh^3}{L^2}$

C. $1.68\dfrac{Eb^3h}{L^2}$

D. $0.82\dfrac{Eb^3h}{L^2}$

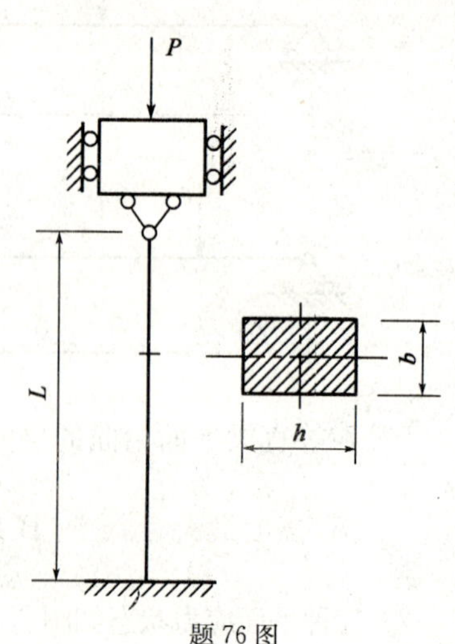

题 76 图

77. 已知空气的密度 ρ 为 1.205kg/m^3，动力黏度（动力黏滞系数）μ 为 $1.83\times10^{-5}\text{Pa}\cdot\text{s}$，那么它的运动黏度（运动黏滞系数）$\nu$ 为：

A. $2.2\times10^{-5}\text{s/m}^2$
B. $2.2\times10^{-5}\text{m}^2/\text{s}$

C. $15.2\times10^{-6}\,s/m^2$

D. $15.2\times10^{-6}\,m^2/s$

78. 金属压力表的读值是：

A. 相对压强　　B. 相对压强加当地大气压

C. 绝对压强　　D. 绝对压强加当地大气压

79. 已知油的密度 ρ 为 $850kg/m^3$，在露天油池油面下 5m 处相对压强为：

A. 4.25Pa　　B. 4.25kPa

C. 41.68Pa　　D. 41.68kPa

80. 输水管道的直径为 200mm，输水量为 1 177kN/h(重力流量)，其断面平均流速为：

A. 1.06m/s　　B. 2.06m/s　　C. 3.06m/s　　D. 4.06m/s

81. 如图所示，有一垂直放置的渐缩管，内径由 $d_1=300mm$ 渐缩至 $d_2=150mm$，水从下而上自粗管流入细管。测得水在粗管 1-1 断面和细管 2-2 断面处的相对压强分别为 98kPa 和 60kPa，两断面间垂直距离为 1.5m，若忽略摩擦阻力，则通过渐缩管的流量为：

A. $0.125m^3/s$　　B. $0.25m^3/s$　　C. $0.50m^3/s$　　D. $1.00m^3/s$

82. 如图所示，一压力水管渐变段，水平放置，已知 $d_1=1.5m$，$d_2=1m$，渐变段开始断面相对压强 $p_1=388kPa$，管中通过流量 $Q=2.2m^3/s$，忽略水头损失，渐变段支座所受的轴心力为：

A. 320kN　　B. 340kN　　C. 360kN　　D. 380kN

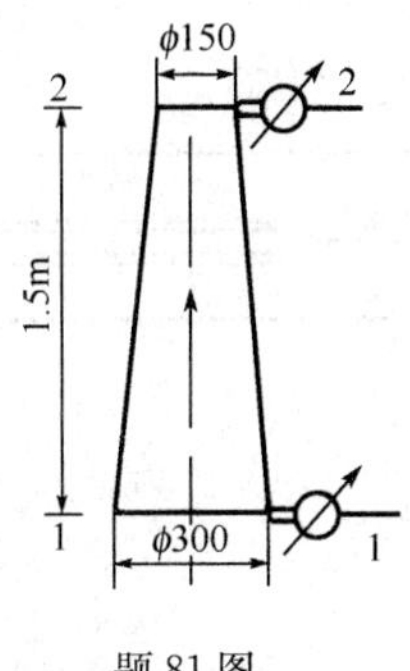

题 81 图

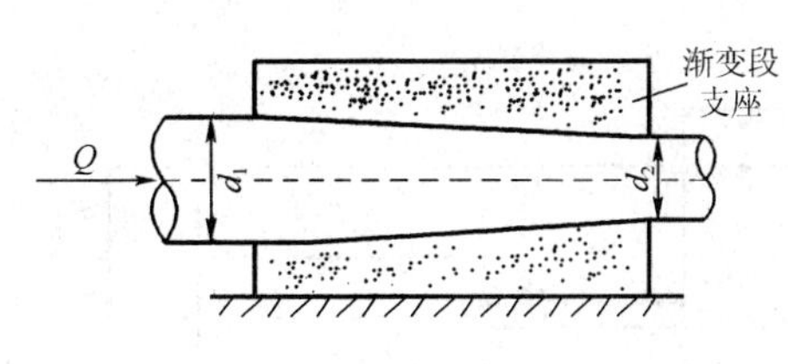

题 82 图

83. 圆管层流运动过流断面上速度分布为：(式中 r_0 为圆管半径)

A. $u=u_{max}\left[1-\left(\frac{r}{r_0}\right)^2\right]$　　B. $u=u_{max}\left[1-\left(\frac{r}{r_0}\right)\right]^n$

C. $u=v_0\left(5.75\lg\frac{yv_0}{v}+5.5\right)$　　D. $u=v_0\left(5.75\lg\frac{y}{k_s}+8.48\right)$

84. 一圆断面风道，直径为 250mm，输送 10℃ 的空气，其运动黏度为 $14.7\times10^{-6}m^2/s$，若

临界雷诺数为 2 300，则保持层流流态的最大流量为：

A. $12m^3/h$　　B. $18m^3/h$
C. $24m^3/h$　　D. $30m^3/h$

85. 圆管紊流粗糙区（阻力平方区）的沿程摩阻系数 λ 与：

A. 雷诺数 Re 有关
B. 相对粗糙度 $\frac{k_s}{d}$ 有关
C. 雷诺数 Re 和相对粗糙度 $\frac{k_s}{d}$ 有关
D. 雷诺数 Re 和管长 l 有关

86. A、B 两点之间并联了三根管道，则 AB 之间的水头损失 h_{fAB} 等于：

A. $h_{f1}+h_{f2}$　　B. $h_{f2}+h_{f3}$
C. $h_{f1}+h_{f2}+h_{f3}$　　D. $h_{f1}=h_{f2}=h_{f3}$

87. 如图所示，两水箱间用一简单管道相连接，在计算该管道的流量时，其作用水头 H_0 为：

A. h_1+h_2　　B. $h_1+\frac{p_1}{\gamma}$
C. $h_2+\frac{p_1}{\gamma}$　　D. $h_1+h_2+\frac{p_1}{\gamma}$

88. 如图所示，用一附有水压差计的毕托管测定某风道中空气流速。已知压差计的读数 $\Delta h=185mm$，水的密度 $\rho=1\ 000kg/m^3$，空气的密度 $\rho_a=1.20kg/m^3$，测得的气流速度 u 约为：

A. 50m/s　　B. 55m/s　　C. 60m/s　　D. 65m/s

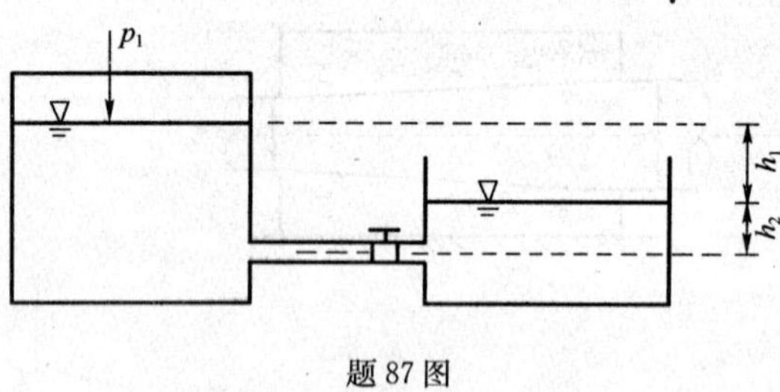

题 87 图

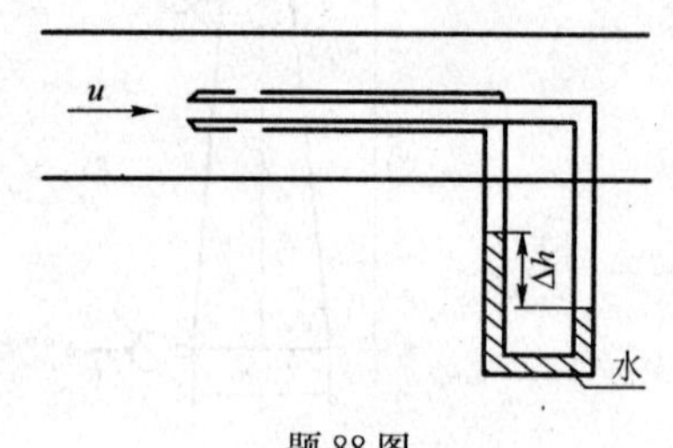

题 88 图

89. 计算机软件系统包括：

A. 系统软件和工具软件　　B. 系统软件和应用软件
C. 字处理和图形软件　　D. 多媒体和系统软件

90. 与十进制数 254 等值的二进制数是：

A. 11111110　　B. 11011111　　C. 11110111　　D. 11011101

91. 在 Windows 中，文件系统目录的组织形式属于：

A. 关系型结构　　B. 网络型结构
C. 树型结构　　D. 直线型结构

92. 在 Windows 中，有的对话框右上角有“?”按钮，它的功能是：

A. 关闭对话框　　B. 获取帮助信息
C. 便于用户输入问号(?)　　D. 将对话框最小化

93. 下述电子邮件地址正确的是：(其中□表示空格)

A. MALIN&NS. CNC. AC. CN　　B. MALIN@NS. CNC. AC. CN
C. LIN□MA&NS. CNC. AC. CN　　D. LIN□MANS. CNC. AC. CN

94. FORTRAN 程序中，可调数组可以出现在：

A. 主程序中　　B. 数据块子程序中
C. 任意子程序中　　D. 函数或子例行程序中

95. FORTRAN 赋值语句 M=5+3.0＊＊2/2 执行后，整型变量 M 的值是：

A. 9.5　　B. 10　　C. 9　　D. 8

96. 阅读以下 FORTRAN 程序

```
      READ(*,*)M,N
      K=MOD(M,N)
10    IF(K.GT.0)THEN
      M=N
      N=K
      K=MOD(M,N)
      GOTO  10
      ENDIF
      WRITE(*,*)N
      END
```

若运行以上程序时，由键盘输入 25.11，则程序输出为：

A. 3　　B. 2　　C. 1　　D. 0

97. 以下子例行程序用于实现向一维数组下标为 P 的数组元素处插入一个整数 X

```
      SUBROUTINE INSERT(B,N,P,X)
      INTEGER B(N),X,P
      DO 20 K=N-1,P,-1
      B(K+1)=______
```

```
20  CONTINUE
    B(P)=X
    END
```

为使程序完整，应在______处放入：

A. X　　B. K　　C. B(P)　　D. B(K)

98. 阅读下列 FORTRAN 程序

```
    INTEGER X(3,3),A
    DATA X/1,2,3,4,5,6,7,8,9/
    DO 10 I=1.3
    DO 10 J=1+1.3
    A=X(I,J)
    X(I,J)=X(J,I)
    X(J,I)=A
10  CONTINUE
    WRITE(*,20)((X(I,J),J=1,3)I=1,3)
20  PORMAT(IX,312)
    END
```

运行上述程序后，其输出是：

A.
```
1 4 7
2 5 8
3 6 9
```

B.
```
1 2 3
4 5 6
7 8 9
```

C.
```
9 6 1
8 5 2
7 4 3
```

D.
```
9 8 7
6 5 4
3 2 1
```

99. 以点电荷 q 所在点为球心，距点电荷 q 的距离为 r 处的电场强度 E 应为：

A. $\frac{q\varepsilon_0}{4\pi r^2}$　　B. $\frac{q}{4\pi r^2\varepsilon_0}$

C. $\frac{4\pi r^2\varepsilon}{q}$　　D. $\frac{4\pi q\varepsilon_0}{r^2}$

100. 如图所示电路，$U=12\text{V}$，$U_E=10\text{V}$，$R=0.4\text{k}\Omega$，则电流 I 等于：

A. 0.055A　　B. 0.03A

C. 0.025A　　D. 0.005A

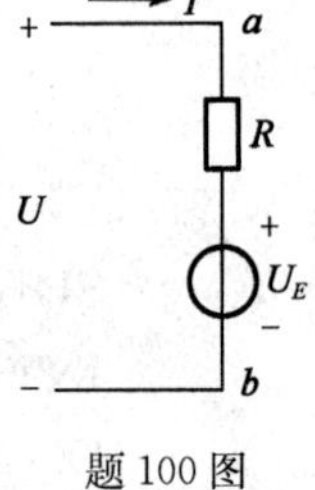

题 100 图

101. 叠加原理只适用于分析下列哪项的电压、电流问题？

A. 无源电路

B. 线性电路

C. 非线性电路

D. 不含电感、电容元件的电路

102. 图示电路，正弦电流 i_2 的有效值 $I_2=1\text{A}$，电流 i_3 的有效值 $I_3=2\text{A}$，因此电流 i_1 的有效值 I_1 等于：

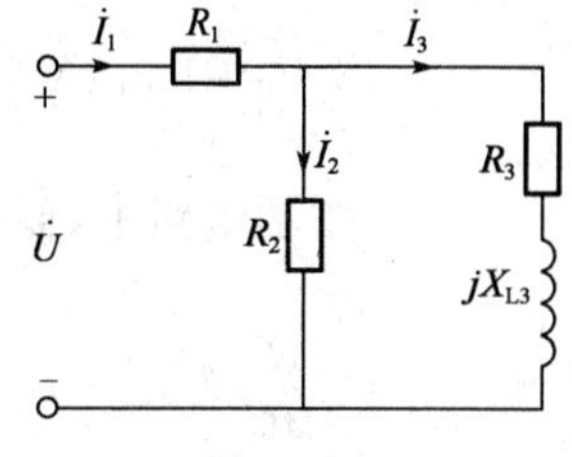

题 102 图

A. $\sqrt{1+2^2}\approx 2.24\text{A}$

B. $1+2=3\text{A}$

C. $2-1=1\text{A}$

D. 不能确定

103. 图示电路中，$u=141\sin(314t-30°)\text{V}$，$i=14.1\sin(314t-60°)\text{A}$，这个电路的有功功率 P 等于：

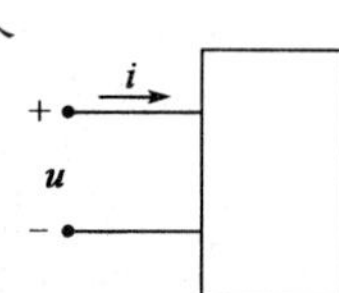

题 103 图

A. 500W　　B. 866W

C. 1 000W　　D. 1 988W

104. 图示电路中，换路前 $U_{C(0-)}=0.2U_i$，$U_{R(0-)}=0$，电路换路后 $U_{C(0+)}$ 和 $U_{R(0+)}$ 分别为：

A. $U_{C(0+)}=0.2U_i$，$U_{R(0+)}=0$

B. $U_{C(0+)}=0.2U_i$，$U_{R(0+)}=0.2U_i$

C. $U_{C(0-)}=0.2U_i$，$U_{R(0+)}=0.8U_i$

D. $U_{C(0+)}=0.2U_1$，$U_{R(0+)}=\text{U}_i$

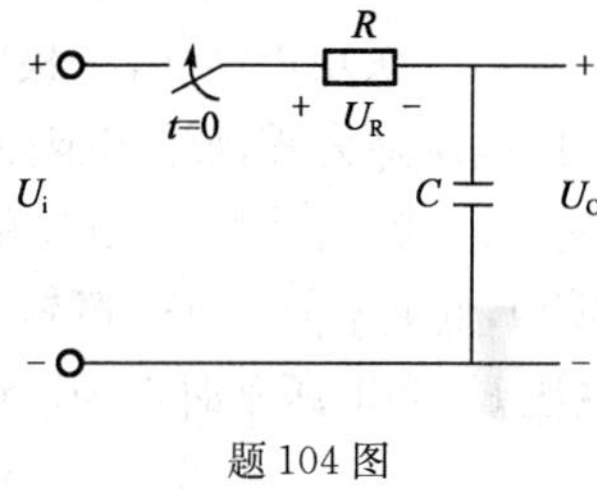

题 104 图

105. 图示变压器，一次额定电压 $U_{1N}=220\text{V}$，一次额定电流 $I_{1N}=11\text{A}$，二次额定电压 $U_{2N}=600\text{V}$。该变压器二次额定值 I_{2N} 约为：

A. 1A　　B. 4A　　C. 7A　　D. 11A

106. 三相交流异步电动机可带负载启动，也可空载启动，比较两种情况下，电动机的启动电流 I_{st} 的大小：

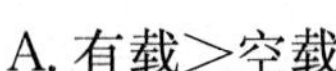

A. 有载>空载

B. 有载<空载

C. 两种情况下启动电流值相同

D. 不好确定

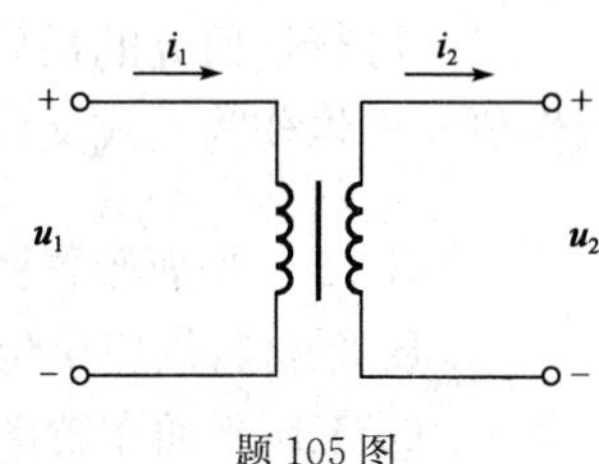

题 105 图

107. 半导体二极管的正向伏安(V-A)特性是一条：

A. 过坐标轴零点的直线

B. 过坐标轴零点，I 随 U 按指数规律变化的曲线

C. 正向电压超过某一数值后才有电流的直线

D. 正向电压超过某一数值后 I 随 U 按指数规律变化的曲线

108. 如图所示电路中，$R_1=50\text{k}\Omega$，$R_2=10\text{k}\Omega$，$R_E=1\text{k}\Omega$，$R_C=5\text{k}\Omega$，晶体管的 $\beta=60$，静态 $U_{BE}=0.7\text{V}$。静态基极电流 I_B 等于：

A. 0.015 2mA　　B. 0.021 3mA　　C. 0.028 6mA　　D. 0.032 8mA

109. 图示电路中，输出电压 U_0 与输入电压 U_{11}、U_{12} 的关系式为：

A. $\frac{R_F}{R_f}(U_{11}+U_{12})$　　B. $\left(1+\frac{R_F}{R_f}\right)(U_{11}+U_{12})$

C. $\frac{R_F}{2R_f}(U_{11}+U_{12})$　　D. $\frac{1}{2}\left(1+\frac{R_F}{R_f}\right)(U_{11}+U_{12})$

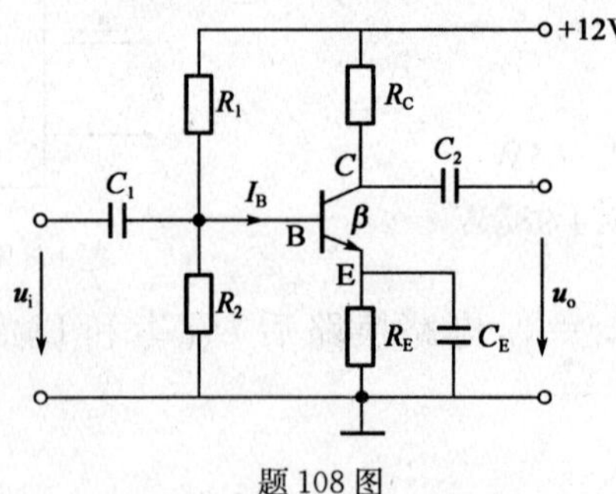

题 108 图

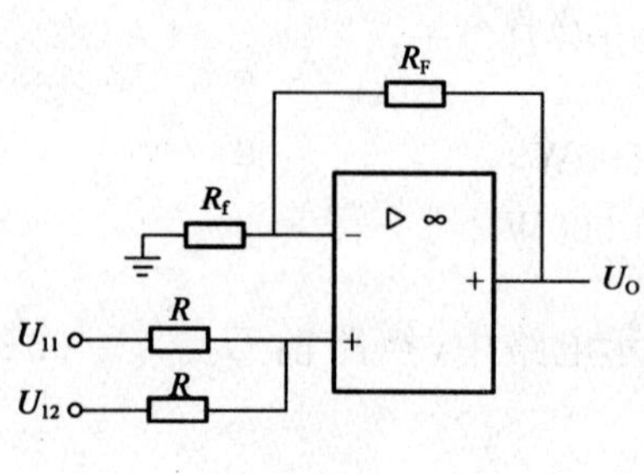

题 109 图

110. 图示电路中，二极管视为理想元件，即正向电压降为零，反向电阻为无穷大。三极管的 $\beta=100$。输入信号 U_A、U_B 的高电平是3.5V(逻辑 1)，低电平是 0.3V(逻辑 0)，若该电路的输出电压 U_0 为电压平时定为逻辑 1，图示电路应为：

A. 与门　　B. 与非门

C. 或门　　D. 或非门

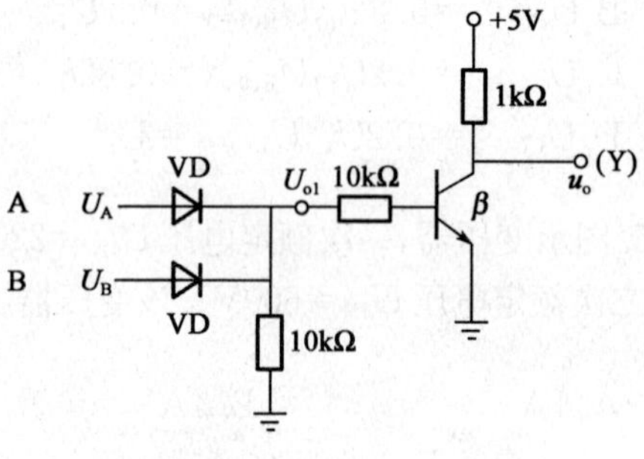

题 110 图

111. 可行性研究的最后成果是编制一份可行性研究报告作为正式文件，工业投资项目可行性研究报告应该附有：

A. 工厂平面布置图和原材料、能源供应协议书

B. 原材料供应单位的意向书和城市规划部门同意选址的证明文件

C. 工厂平面布置图和资金提供单位的意向书

D. 原材料、能源、资金供应单位的意向书，城市规划部门同意选址的证明文件和环境影响报告书

(注：此题考查内容 2009 年大纲已删除)

112. 固定成本是总成本费用的一部分，它是指其中的：

A. 不随产量变动而变动的费用

B. 不随生产规模变动而变动的费用

C. 不随人员变动而变动的费用

D. 在一定生产规模限度内不随产量变动而变动的费用

113. 某企业预计明年销售收入将达到 6 000 万元，总成本费用将为 5 600 万元，该企业明年应缴纳：

A. 销售税金　　B. 所得税

C. 固定资产投资方向调节税　　D. 所得税和销售税金

114. 价值工程的"价值(V)"对于产品来说，可以表示为 $V=F/C$，F 指产品的功能，而 C 则是指：

A. 产品的制造成本　　B. 产品的寿命周期成本

C. 产品的使用成本　　D. 产品的研发成本

115. 无形资产是企业资产的重要组成部分，它的特点是会遭受：

A. 有形磨损和无形磨损　　B. 有形磨损

C. 无形磨损　　D. 物理磨损

116. 在投资项目盈利能力分析中，若选取的基准年发生变动，则该项目的净现值(NPV)的内部收益率(IRR)的数值将是：

A. NPV 变，IRR 不变　　B. NPV 和 IRR 均变

C. NPV 不变，IRR 变　　D. NPV 和 IRR 均不变

117. 投资项目 W 的净现金流量如下表：

题 117 表

年　份	0	1	2	3	4	5	6
净现金流量(万元)	−3 000	900	1 000	1 100	1 100	1 100	1 100

则项目 W 的静态投资回收期为：

A. 3.65 年　　B. 3.87 年　　C. 3 年　　D. 3.55 年

118. 某投资项目，当基准折现率取 15%时，项目的净现值等于零，则该项目的内部收益率：

A. 等于 15%　　B. 大于 15%　　C. 等于 0　　D. 大于 0

119. 采用净现值(NPV)、内部收益率(IRR)和差额内部收益率(ΔIRR)进行互斥方案比选，它们的评价结论是：

A. NPV 和 ΔIRR 总是不一致的　　B. IRR 和 ΔIRR 总是一致的

C. NPV 和 ΔIRR 总是一致的　　D. NPV、IRR 和 ΔIRR 总是不一致的

120. 某投资项目全投资的净现金流量如下表：

题 120 表

年　份	0	1～10
净现金流量(万元)	－5 000	600

若该项目初始投资中借款比例为 50%，贷款年利率为 8%，初始投资中自有资金的筹资成本为 12%，则当计算该项目自有资金的净现值时，基准折现率至少应取：

A. 10%　　B. 12%　　C. 8%　　D. 20%

2005 年度全国勘察设计注册工程师公共基础考试

试题解析及参考答案

1. **解**　利用向量数量积的运算性质及两向量数量积的定义计算：

$$(\vec{a}+\vec{b})\cdot(\vec{a}-\vec{b})=\vec{a}\cdot\vec{a}+\vec{b}\cdot\vec{a}-\vec{a}\cdot\vec{b}-\vec{b}\cdot\vec{b}$$
$$=|\vec{a}|^2-|b|^2$$

答案：A

2. **解**　利用两向量的向量积求出直线 L 的方向向量。

$\vec{S}=\vec{n}_1\times\vec{n}_2=\begin{vmatrix}\vec{i} & \vec{j} & \vec{k}\\ 1 & -1 & -1\\ 2 & 1 & -3\end{vmatrix}=4\vec{i}+\vec{j}+3\vec{k}$。$M(3,-2,1)$，$\vec{S}=\{4,1,3\}$，再利用点向式写出直线 L 的方程为 $\frac{x-3}{4}=\frac{y+2}{1}=\frac{z-1}{3}$。

答案：D

3. **解**　z 轴的方向向量 $\vec{S}=\{0,0,1\}$，$\overrightarrow{OM}=\{1,2,-1\}$。平面法向量 $\vec{n}=\vec{S}\times\overrightarrow{OM}=-2\vec{i}+\vec{j}+0\vec{k}$。

平面方程 $-2(x-1)+1(y-2)=0$，化简得 $2x-y=0$。

答案：B

4. **解**　利用平面曲线方程和旋转曲面方程的关系直接写出。

如已知平面曲线 $\begin{cases}F(x,y)=0\\ z=0\end{cases}$，绕 x 轴旋转得到的旋转曲面方程为 $F(x,\pm\sqrt{y^2+z^2})=0$，绕 y 轴旋转，旋转曲面方程为 $F(\pm\sqrt{x^2+z^2},y)=0$。

答案：C

5. **解**　利用无穷小的性质，无穷小量与有界函数乘积为无穷小量。

$$\lim_{x\to\infty}\frac{\sin x}{x}=\lim_{x\to\infty}\frac{1}{x}\cdot\sin x=0$$

答案：B

6. **解**　分段函数在分界点连续，要满足 $\lim\limits_{x\to x_0^+}f(x)=\lim\limits_{x\to x_0^-}f(x)=f(x_0)$。

求出 $f(0)=1+a$，$\lim\limits_{x\to 0^-}f(x)=\lim\limits_{x\to 0^-}(a+e^{-2x})=a+1$，$\lim\limits_{x\to 0^+}f(x)=\lim\limits_{x\to 0^+}[\lambda\ln(1+x)+1]=1$，所以 $a=0$。

答案：A

7. **解**　已知 $f(x)$ 在 $x=0$ 处可导，要满足 $f'_+(0)=f'_-(0)$。

计算 $f(0)=2, f'_+(0)=\lim\limits_{x\to0^+}\dfrac{f(x)-f(0)}{x-0}=\lim\limits_{x\to0^+}\dfrac{ax+2-2}{x}=a$,

$$f'_-(0)=\lim_{x\to0^-}\frac{f(x)-f(0)}{x-0}=\lim_{x\to0^-}\frac{e^{-x}+1-2}{x}=\lim_{x\to0^-}\frac{e^{-x}-1}{x}=\lim_{x\to0^-}\frac{-x}{x}=-1,$$

得 $a=-1$。

答案:D

8.**解** 写成隐函数 $F(x,y,z)=0$,即 $z-x^2+y^2=0$。

切平面法线向量 $\vec{n}_{切平面}=\{F_x,F_y,F_z\}|_{M_0(\sqrt{2},-1,1)}=\{-2x,2y,1\}|_{M_0(\sqrt{2},-1,1)}=\{-2\sqrt{2},-2,1\}$,即 $\vec{n}_{切平面}=\{-2\sqrt{2},-2,1\}$。

取 $\vec{S}_{法线}=\{-2\sqrt{2},-2,1\}$,法线方程 $\dfrac{x-\sqrt{2}}{-2\sqrt{2}}=\dfrac{y+1}{-2}=\dfrac{z-1}{1}$,即 $\dfrac{x-\sqrt{2}}{2\sqrt{2}}=\dfrac{y+1}{2}=\dfrac{z-1}{-1}$。

答案:C

9.**解** 直接计算选项A、B、C较复杂,可先从简单选项入手,计算选项D,有:$\int_0^1 10^x\mathrm{d}x=\dfrac{10^x}{\ln10}\Big|_0^1=\dfrac{9}{\ln10}$,选项D错误。

选项A、B、C经计算,均成立。

答案:D

10.**解** 为了观察方便,画出平面区域 D 的图形(见题10解图),区域 D 在直线 $x+y=1$ 的下方,在直线 $x+y=\dfrac{1}{2}$ 上方以及由直线 $x=0,y=0$ 围成。积分区域 D 上的点满足 $\dfrac{1}{2}\leqslant x+y\leqslant1$,故 $\ln(x+y)\leqslant0,[\ln(x+y)]^3\leqslant0$。

由三角函数知识,当 $0<x<\dfrac{\pi}{2}$ 时,$\sin x<x$,而 D 上的点满足 $\dfrac{1}{2}\leqslant x+y\leqslant1$,也即满足条件 $0<(x+y)<\dfrac{\pi}{2}$。故 $0<\sin(x+y)<x+y,0<[\sin(x+y)]^3<(x+y)^3$。

所以平面区域 D 上的点满足:

$$[\ln(x+y)]^3<[\sin(x+y)]^3<(x+y)^3$$

由二重积分性质:

$$\iint_D[\ln(x+y)]^3\mathrm{d}x\mathrm{d}y<\iint_D[\sin(x+y)]^3\mathrm{d}x\mathrm{d}y<\iint_D(x+y)^3\mathrm{d}x\mathrm{d}y$$

答案:B

11.**解** 画出图形,如图所示。求出投影区域 Dxy。

利用方程组 $\begin{cases}z=\sqrt{x^2+y^2}\\z=x^2+y^2\end{cases}$ 消去字母 z,得 $Dxy:x^2+y^2\leqslant1$。

写出在柱面坐标系下计算立体体积的三次积分表示式 $\begin{cases}r^2\leqslant z\leqslant r\\0\leqslant r\leqslant1\\0\leqslant\theta\leqslant2\pi\end{cases}$,$\mathrm{dV}=r\mathrm{d}r\mathrm{d}\theta\mathrm{d}z$。

$$V=\iiint_{\Omega} 1\mathrm{d}V=\int_0^{2\pi}\mathrm{d}\theta\int_0^1 r\mathrm{d}r\int_{r^2}^{r} 1\mathrm{d}z$$

答案:A

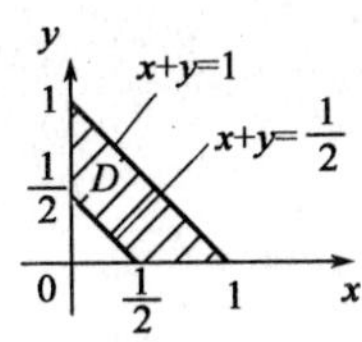

题10解图

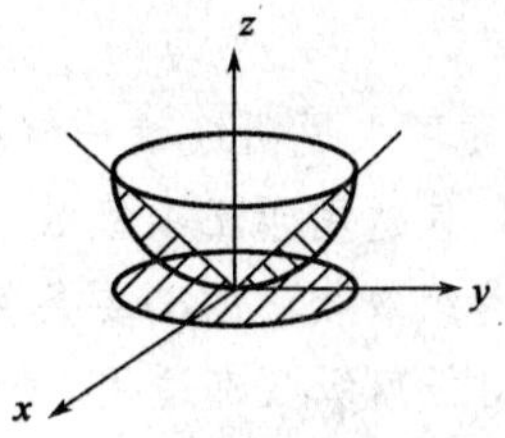

题11解图

12.**解**　弧长 $S=\int_L 1\mathrm{d}S$

曲线 L 的参数方程:$\begin{cases} y=\dfrac{2}{3}x^{\frac{3}{2}} \\ x=x \end{cases}$　　$0\leqslant x\leqslant 1$

$\mathrm{d}S=\sqrt{(x')^2+\left[\left(\dfrac{2}{3}x^{\frac{3}{2}}\right)'\right]^2}\mathrm{d}x=\sqrt{1+x}\mathrm{d}x$,所以 $S=\int_0^1\sqrt{1+x}\,\mathrm{d}x=\dfrac{2}{3}(2\sqrt{2}-1)$。

答案:C

13.**解**　将级数各项取绝对值得$\sum\limits_{n=1}^{\infty}\left|\dfrac{\sin\frac{n\pi}{2}}{\sqrt{n^3}}\right|$,而$\left|\dfrac{\sin\frac{n\pi}{2}}{\sqrt{n^3}}\right|\leqslant\dfrac{1}{n^{\frac{3}{2}}}$。

级数$\sum\limits_{n=1}^{\infty}\dfrac{1}{n^{\frac{3}{2}}}$中,$P=\dfrac{3}{2}>1$,故收敛。

由正项级数比较法,级数$\sum\limits_{n=1}^{\infty}\left|\dfrac{\sin\frac{n}{2}\pi}{\sqrt{n^3}}\right|$收敛。

所以原级数$\sum\limits_{n=1}^{\infty}\dfrac{\sin\frac{n}{2}\pi}{\sqrt{n^3}}$绝对收敛。

答案:A

14.**解**　级数$\sum\limits_{n=1}^{\infty}(-1)^{n-1}x^n=x-x^2+x^3-\cdots+(-1)^{n-1}x^n\cdots$,公比 $q=-x$,当$-1<x<1$ 时,$|q|<1$。

级数的和函数 $S(x)=\dfrac{a_1}{1-q}=\dfrac{x}{1+x}$　　$(-1,1)$

答案:B

15.**解**　将函数奇延拓,并作周期延拓。画出在$(-\pi,\pi]$函数的图形,$x=-\dfrac{\pi}{2}$为函数的间断点。

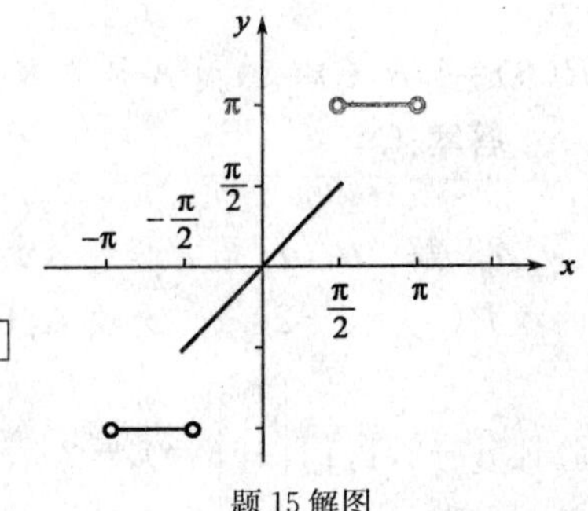

题15解图

由狄利克雷收敛定理:

$$S\left(-\frac{\pi}{2}\right)=\frac{f\left(-\frac{\pi}{2}+0\right)+f\left(-\frac{\pi}{2}-0\right)}{2}=\frac{-\frac{\pi}{2}-\pi}{2}=-\frac{3}{4}\pi$$

答案:C

16. **解** 题中未说明级数是何种级数。

选项B、C仅适用于正项级数,故B、C不一定适用。

选项A为级数收敛的必要条件,不是充分条件。

选项D对任何级数都适用,是级数收敛的充要条件。

答案:D

17. **解** 利用正项级数比值法确定级数收敛,而判定正项级数收敛还有其他的方法,因而选A。

答案:A

18. **解** 设B表示"第一次失败",C表示"第二次成功",则$A=BC$,$\overline{A}=\overline{BC}=\overline{B}\cup\overline{C}$,$\overline{B}$表示"第一次成功",$\overline{C}$表示"第二次失败"。

答案:B

19. **解** $\overline{X}_9\sim N(\mu,\frac{\sigma^2}{9})$,$X_{10}\sim N(\mu,\sigma^2)$,$\overline{X}_9$与$X_{10}$独立,$\overline{X}_9-X_{10}\sim N(\mu-\mu,\frac{\sigma^2}{9}+\sigma^2)$。

答案:A

20. **解** 概率密度的性质。

答案:C

21. **解** 利用矩阵行列式性质$|\boldsymbol{BA}^{-1}|=|\boldsymbol{B}||\boldsymbol{A}^{-1}|$,又因为$\boldsymbol{AA}^{-1}=\boldsymbol{E}$,$|\boldsymbol{A}||\boldsymbol{A}^{-1}|=1$,所以$|\boldsymbol{A}^{-1}|=\frac{1}{|\boldsymbol{A}|}$,故$|\boldsymbol{BA}^{-1}|=|\boldsymbol{B}|\cdot\frac{1}{|\boldsymbol{A}|}=\frac{3}{2}$。

答案:B

22. **解** $\boldsymbol{A}=\boldsymbol{BC}=\begin{bmatrix}a_1\\a_2\\\vdots\\a_n\end{bmatrix}[b_1b_2\cdots b_n]$,由矩阵的性质可知,$R(\boldsymbol{BC})\leqslant\min[R(\boldsymbol{B}),R(\boldsymbol{C})]$,因$R(\boldsymbol{B})=1$,$R(\boldsymbol{C})=1$,而$\boldsymbol{A}$是非零矩阵,故$R(\boldsymbol{A})=R(\boldsymbol{BC})=1$。

答案:C

23. **解** $\boldsymbol{\alpha}_1$,$\boldsymbol{\alpha}_2$是方程组$\boldsymbol{Ax}=0$的两个线性无关的解,方程组含有3个未知量,故矩阵$\boldsymbol{A}$的秩$R(\boldsymbol{A})=3-2=1$。选项A、B、C的秩分别为3、2、2,均不符合要求。将选项D代入方程组验证,$[-2,1,1]\begin{bmatrix}x_1\\x_2\\x_3\end{bmatrix}=0$,$-2x_1+x_2+x_3=0$,$x_3=2x_1-x_2$,$\begin{bmatrix}x_1\\x_2\end{bmatrix}$取值$\begin{bmatrix}1\\0\end{bmatrix}$,$\begin{bmatrix}0\\1\end{bmatrix}$,方程组解为

$\boldsymbol{\alpha}_1=\begin{bmatrix}1\\0\\2\end{bmatrix}$,$\boldsymbol{\alpha}_2=\begin{bmatrix}0\\1\\-1\end{bmatrix}$。

答案:D

24.**解** $\frac{\partial(\varphi A)}{\partial z}=\varphi\frac{\partial A}{\partial z}+\frac{\partial\varphi}{\partial z}A=xy^2z(x,0,2yz)+xy^2(xz,-xy^2,yz^2)$,$\left.\frac{\partial(\varphi A)}{\partial z}\right|_{(-1,-1,1)}=$ $(-1)(-1,0,-2)+(-1)(-1,1,-1)=(2,-1,3)$。

答案:A

25.**解** $\bar{\lambda}=\frac{kT}{\sqrt{2}\pi d^2p}$,$\bar{\lambda}=\frac{\bar{V}}{\bar{Z}}$。注意:温度不变,$\bar{V}$不变。

答案:D

26.**解** $E_{内}=\frac{M}{\mu}\frac{i}{2}RT$。

答案:C

27.**解** $\eta=1-Q_2/Q_1=1-T_2/T_1$。

答案:C

28.**解** 热力学第二定律。

答案:C

29.**解** 注意"真空"、"绝热"含义。

答案:A

30.**解** 比较波动方程 $y=A\cos\left(\omega t-\frac{2\pi\nu x}{u}\right)$,有 $B=\omega=2\pi\nu$,$C=\frac{2\pi\nu}{u}$。

于是 $\nu=\frac{B}{2\pi}$,$u=\frac{2\pi\nu}{C}$,$\lambda=\frac{u}{\nu}=\frac{2\pi}{C}$。

答案:C

31.**解** $\Delta\phi=\frac{2\pi\nu\Delta x}{u}$。

答案:C

32.**解** 选光栅常数小的。

答案:D

33.**解** $a\sin\phi=k\lambda$,$a\sin30^\circ=1\times\lambda$。

答案:C

34.**解** $\Delta x=\frac{D}{d}\lambda$。

答案:D

35.**解** $I=I_0\cos^2\alpha$ 注意:自然光通过偏振片后,光强减半。

出射光强 $I=\frac{I_0}{2}\cos^2 60°=\frac{I_0}{2}\cdot\frac{1}{4},\frac{I}{I_0}=\frac{1}{8}$。

答案:A

36.**解** 由 $pV=\frac{m}{M}RT$,今 $V_1=V_2,T_1=T_2,m_1=m_2$,故 $M\propto\frac{1}{p}$,即$\frac{M_1}{M_2}=\frac{p_2}{p_1}$。

答案:D

37.**解** s轨道是角量子数为0的原子轨道,无论是1s轨道、2s轨道、3s轨道……,其角度分布的形状都为球形;p轨道是角量子数为1的轨道,对应于不同的主量子数,有2p轨道、3p轨道等不同的p轨道。p轨道是有方向的,按照其方向,可分为 p_x、p_y、p_z 三种不同p轨道,无论哪种p轨道,其角度分布的形状都为双球形。

答案:A

38.**解** 原子核外电子排布遵循三个原理:泡利不相容原理;最低能量原理;洪特规则。根据洪特规则:在等价轨道(如3个p轨道、5个d轨道、7个f轨道)上,电子尽可能分占不同的轨道,而且自旋方向相同。同一电子亚层,电子处于全充满、半充满状态时稳定。

答案:B

39.**解** B原子的价电子为 $2s^2 2p^1$,当B原子与F原子形成化学键的过程中,一个2s轨道上的电子跃迁到2p轨道上,采取 sp^2 杂化形成三个 sp^2 杂化轨道,三个 sp^2 杂化轨道采取最大夹角原则在空间伸展,形成平面三角形排布。故 BF_3 为三角形。

答案:B

40.**解** Al_2O_3 为两性氧化物,既可以与酸反应,又可以与碱反应。

答案:A

41.**解** 对于一元弱酸,$K_a^{\ominus}=C_a{}^2$。$K_a^{\ominus}=0.1\times0.000\,1^2=1.0\times10^{-9}$

答案:C

42.**解** NH_3 过量,反应后生成的 $NH_3\cdot H_2O$ 与 NH_4Cl 的浓度均为 0.200mol/dm^3,形成 $NH_3\cdot H_2O$ - NH_4Cl 缓冲溶液。

答案:D

43.**解** 温度升高,分子获得能量,活化分子百分率增加。能够发生化学反应的有效碰撞增加,反应速率明显增加。

答案:C

44.**解** 如果增加反应物浓度,平衡正向移动,生成物的产量增加,但生成物的体积分数和浓度都增加;催化剂能够同时增加正、反向反应速率,不会使平衡移动。

答案:B

45. **解** 氧化还原反应中，失去电子的物质为还原剂，得到电子的物质为氧化剂。此反应中，Cl_2 中氯元素的氧化值既有降低生成 Cl^-，又有升高生成 ClO_3^-。所以 Cl_2 既是氧化剂，又是还原剂。

答案:A

46. **解** 电对的电极电势越大，表示电对中氧化态的氧化能力越强，是强氧化剂；电对的电极电势越小，表示电对中还原态的还原能力越强，是强还原剂。

答案:C

47. **解** 柠檬醛含有三个不饱和基团，可以与高锰酸钾和溴水反应，醛基可以发生银镜反应。催化加氢，最后产物分子式应为 $C_{10}H_{22}O$。

答案:D

48. **解** 乙酸中 H 的质量分数约为$\frac{1}{15}$，C 的质量分数约为$\frac{2}{5}$。乙酸乙酯中 H 的质量分数约为$\frac{1}{11}$，C 的质量分数约为$\frac{6}{11}$。设混合物中乙酸的质量分数为 x，则乙酸乙酯的质量分数为 $1-x$，根据 H 的质量分数列方程 $x\times\frac{1}{15}+(1-x)\times\frac{1}{11}=0.07$ 求出 $x=0.86$，将$x=0.86$ 代入 $x\times\frac{2}{5}+(1-x)\times\frac{6}{11}$，继而求出 C 的质量分数为 42.0%。

答案:A

49. **解** 平面汇交力系几何法合成，各分力首尾相连，力多边形的封闭边是合力。

答案:B

50. **解** 力偶作用在 AC 杆时，BC 杆是二力杆；力偶作用在 BC 杆时，AC 杆是二力杆。

答案:A

51. **解** 根据空间力系的简化结果，当主矢和主矩垂直时，可最后简化为一合力。

答案:A

52. **解** 摩擦角 $\varphi_m=\arctan f_s=30.96^\circ>\alpha$。

答案:C

53. **解** 将力向 z 轴方向投影，再对 x 轴取矩。

答案:D

54. **解** 点的初始位置在坐标 12cm 处，沿 x 轴负方向运动，3s 时到达坐标 −15cm 处。

答案:A

55. **解** 两轮啮合点的速度和切向加速度应相等，而两轮半径不同，故法向加速度不同。

答案:B

56. **解**　对杆 AB 应用速度投影定理，得到 A、B 两点速度的关系；再由 $\omega_1=\frac{v_A}{AC}$，$\omega_2=\frac{v_B}{BD}$，得到 ω_1 和 ω_2 两个角速度之间的关系。

答案：D

57. **解**　作用力与加速度有关，与运动方向无关。

答案：C

58. **解**　动量的大小等于杆 AB 的质量乘以其质心速度的大小。

答案：D

59. **解**　杆 AB 作平面运动，根据动能的定义，其动能等于跟随质心平动的动能与绕质心转动的动能之和。

答案：C

60. **解**　动量矩 $L_O=\frac{1}{3}ml^2\omega+ml^2\omega$。

答案：D

61. **解**　惯性力系向 O 点简化时，其 $\boldsymbol{F}_I=m\boldsymbol{a}_C$，$\boldsymbol{M}_{IO}=J_O\alpha$。

答案：B

62. **解**　由轴力图(N 图)可见，轴力沿轴线是线性渐变的，所以杆上必有沿轴线分布的均布荷载，同时在 C 截面两侧轴力的突变值是 45kN，故在 C 截面上一定对应有集中力 45kN。

答案：D

63. **解**　受轴向拉力杆件的内力 $F_N=\sum F_x$(截面一侧轴向外力代数和)，应力 $\sigma=\frac{F_N}{A}$，轴向变形 $\Delta l=\frac{F_N l}{EA}$，若横截面面积 A 和其他条件不变，则内力、应力、轴向变形均不变。

答案：C

64. **解**　由零件判别法可知 BC 杆为零杆，$N_{BC}=0$。但是 AC 杆受拉伸长后与 BC 杆仍然相连，由杆的小变形的威利沃特法(Williot)可知，变形后 C 点位移到 C' 点，如解图所示。

答案：B

65. **解**　在钢板上冲断的圆孔板，如图所示。设冲力为 F，剪力为 Q，钢板的剪切强度极限为 τ_b，圆孔直径为 d，则有 $\tau=\frac{Q}{\pi dt}=\tau_b$，故冲力 $F=Q=\pi d\tau_b$。

答案：C

66. **解**　$\tau_{2\max}=\frac{T}{\frac{\pi}{16}(2d)^3}=\frac{1}{8}\cdot\frac{T}{\frac{\pi}{16}d^3}=\frac{1}{8}\tau_{1\max}$；$\varphi_2=\frac{Tl}{G\frac{\pi}{32}(2d)^4}=\frac{1}{16}\frac{Tl}{G\frac{\pi}{32}d^4}=\frac{1}{16}\varphi_1$。

答案:C

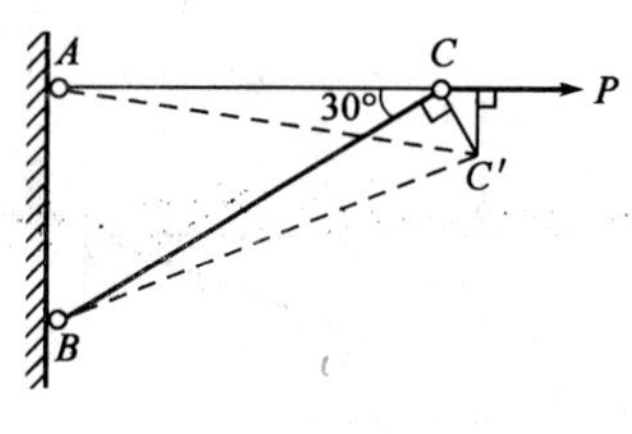

题 64 解图

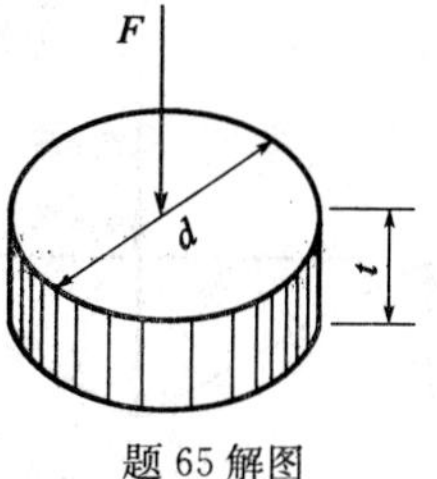

题 65 解图

67. **解** 实心圆轴截面的抗扭截面模量 $W_{P1}=\frac{\pi}{16}D^3$，空心圆轴截面的抗扭截面模量 $W_{P2}=\frac{\pi}{16}D^3\left(1-\frac{d^4}{D^4}\right)$，当外径 D 相同时，显然 $W_{P1}>W_{P2}$。

答案:B

68. **解** 根据定义，$W_z=\frac{I_z}{y_{max}}=\frac{\frac{Bh^3}{12}-\frac{bh^3}{12}}{\frac{H}{2}}=\frac{BH^3-bh^3}{6H}$。

答案:C

69. **解** 由移轴定理 $I_z=I_{zc}+a^2A$ 可知，在所有与形心轴平行的轴中，距离形心轴越远，其惯性矩越大。图示截面为一个正方形与一半圆形的组合截面，其形心轴应在正方形形心和半圆形形心之间。所以 Z_1 轴距离截面形心轴较远，其惯性矩较大。

答案:B

70. **解** 首先求支反力，设 F_A 向上，取整体平衡：$\sum M_B=0$，$F_A\cdot 3a+qa\cdot a=3qa\cdot\frac{3}{2}a$，所以 $F_A=\frac{7}{6}qa$。由 $F_S(x)=F_A-qx=0$，得 $x=\frac{F_A}{q}=\frac{7}{6}a$。

答案:D

71. **解** 题图所示四个梁，其支反力和弯矩图分别如下：

就梁的正应力强度条件而言，$\sigma_{max}=\frac{M_{max}}{W_z}\leqslant[\sigma]$，$M_{max}$ 越小 σ_{max} 越小，梁就越安全。题述四个弯矩图中显然 D 图 M_{max} 最小。

答案:D

72. **解** 根据公式梁的弯曲曲率 $\frac{1}{\rho}=\frac{M}{EI}$ 与弯矩成正比，故曲率的最大值发生在弯矩最大的截面上。

答案:C

73. **解** 图 a)为纯剪切应力状态，经分析可知其主应力为 $\sigma_1=s$，$\sigma_2=0$，$\sigma_3=-s$，方向如

图 c)所示。

答案:C

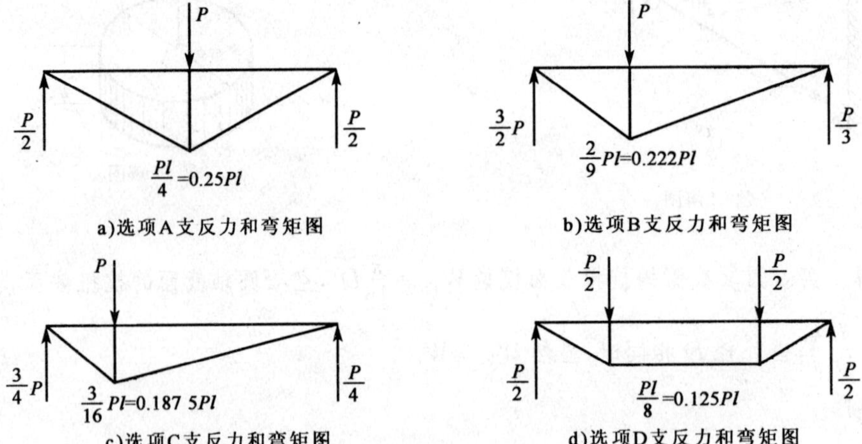

题 71 解图

74. **解** 根据定义,剪应力等于零的平面为主平面,主平面上的正应力为主应力。可以证明,主应力为该点平面中的最大或最小正应力。主应力可以是零。

答案:B

75. **解** 把 P 力平移到圆轴线上,再加一个附加力偶。可见圆轴为弯扭组合变形。其中 A 点的应力状态如解图 a)所示,C 点的应力状态如解图 b)所示。A、C 两点的应力状态与梁中各点相同,而 B、D 两点位于中性轴上,为纯剪应力状态。但由于 A 点的正应力为拉应力,而 C 点的正应力为压应力,所以最大拉力 $\sigma_1=\frac{\sigma}{2}+\sqrt{\left(\frac{\sigma}{2}\right)^2+\tau^2}$,计算中,$\sigma$ 的正负号不同,σ_1 的数值也不相同。

答案:D

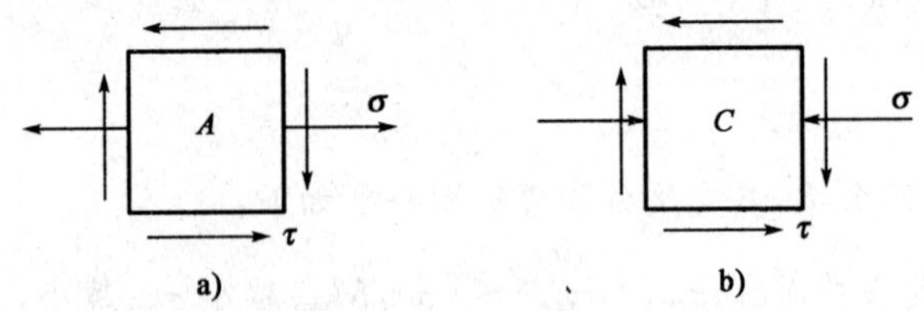

题 75 解图

76. **解** 压杆临界力公式中的惯性矩应取压杆横截面上的最小惯性矩 I_{min},故 $P_{cr}=\frac{\pi EI_{min}}{(\mu l)^2}=\frac{\pi^2 E\frac{1}{12}hb^3}{(0.7L)^2}=1.68\frac{Eb^3h}{L^2}$。

答案:C

77. **解** $\nu=\frac{\mu}{\rho}=\frac{1.83\times10^{-5}}{1.205}=15.2\times10^{-6}\mathrm{m^2/s}$。

答案:D

78. **解** 参看压强的测量相关内容,金属压力表的读数是相对压强。

答案:A

79. **解** $p=\rho gh=0.85\times9.8\times5=41.68\text{kPa}$。

答案:D

80. **解** 平均流速 $v=Q_G/(\gamma A)=\dfrac{1\,177}{1\times9.8\times\frac{\pi}{4}\times(0.2)^2\times3\,600}=1.06\text{m/s}$。

答案:A

81. **解** 用能量方程和连续方程求出平均流速 v,则流量 $Q=vA$。

对断面1-1,2-2写能量方程,有 $\dfrac{p_1}{\rho g}+\dfrac{\alpha_1 v_1^2}{2g}=1.5+\dfrac{p_2}{\rho g}+\dfrac{\alpha_2 v_2^2}{2g}+0$。

又由连续方程得:$v_2=v_1\left(\dfrac{d_1}{d_2}\right)^4$,代入上式中,并代入题设数据。

$v=\sqrt{\dfrac{2\times9.8\times2.378}{15}}=1.762\text{m/s}$,$Q=vA=1.762\times\dfrac{\pi}{4}(0.3)^2=0.125\text{m}^3/\text{s}$。

答案:A

82. **解** 联合运用连续方程、能量方程、动量方程以及流量公式 $Q=vA$。

$v_1=\dfrac{Q}{\frac{\pi}{4}d_1^2}=\dfrac{2.2}{\frac{\pi}{4}\times(1.5)^2}=1.245\text{m/s}$,$v_2=2.801\text{m/s}$,$\dfrac{p_2}{\rho g}=\dfrac{p_1}{\rho g}+\dfrac{v_1^2-v_2^2}{2g}$,所以 $p_2=\rho g\times39.27\text{m}=384.85\text{kPa}$。

列动量方程 $\sum F_x=\rho Q(v_{2x}-v_{1x})$,$p_1A_1-p_2A_2-R=\rho Q(v_2-v_1)$。

反力 $R=p_1A_1-p_2A_2-\rho Q(v_2-v_1)=388\times\dfrac{\pi}{4}\times(1.5)^2-384.85\times\dfrac{\pi}{4}\times(1)^2-1\times2.2\times(2.801-1.245)=380\text{kN}$。

答案:D

83. **解** 参看圆管层流运动流速分布相关内容(流速分布曲线为二次抛物线)。

答案:A

84. **解** 临界雷诺数 $\text{Re}=\dfrac{v\text{d}}{\nu}$,由此求出流速 v,而流量 $Q=v\times\dfrac{\pi}{4}d^2$。$v=\dfrac{\text{Re}\times\nu}{d}=\dfrac{2\,300\times14.7\times10^{-6}}{0.25}$。

$v=0.135\text{m/s}$,$Q=0.135\times\dfrac{\pi}{4}(0.25)^2=6.64\times10^{-3}\text{m}^3/\text{s}=24\text{m}^3/\text{h}$。

答案:C

85. **解** 参看紊流沿程阻力系数相关内容$\left(\text{在阻力平方区,沿程阻力系数与相对粗糙度}\dfrac{k_s}{d}\text{有关}\right)$。

答案:B

86. 解　参看并联管道相关内容,并联管道分流点与汇流间管道水头损失相等。

答案:D

87. 解　参看淹没或短管出流相关内容。

答案:B

88. 解　参看元流能量方程的应用——毕托管测流速相关内容。

点流速 $u=c\sqrt{2gh_u}$,$h_u=\left(\frac{\rho}{\rho_a}-1\right)\Delta h$,$c\approx1$。$u=\sqrt{2g\left(\frac{\rho}{\rho_a-1}\right)\Delta h}=\sqrt{2\times9.8\left(\frac{1\,000}{1.2}\right)\times0.185}=$ 55m/s。

答案:B

89. 解　计算机系统包括硬件和软件部分,而计算机软件系统包括系统软件和应用软件两大类。

答案:B

90. 解　十进制的偶数对应的二进制整数的尾数一定是0。

答案:A

91. 解　在 Windows 中资源管理器的文件栏中,文件夹是按照树型组织的。

答案:C

92. 解　在 Windows 中,有的对话框右上角有"?"按钮,表示单击此按钮可以获取帮助。

答案:B

93. 解　Email 地址由3个部分组成:用户名、分隔符@、域名。

答案:B

94. 解　数据块子程序是非执行程序单位,是专门用来给公共区赋值的子程序。在程序中可调数组可以出现在函数或子例行程序中。

答案:D

95. 解　3.0＊＊2/2=4.5,因为 M 是整形变量,取整后为4,再加上5,等于9。

答案:C

96. 解　MOD 为求余函数。

答案:C

97. 解　在此可以设置 N=10,P=5。

答案:D

98. 解　开始赋值按列主序赋值:X(1,1)=1,2,X(3,1)=3,X(1,2)=4,X(2,2)=5,X(3,

2)=6,X(1,3)=7,X(2,3)=8,X(3,3)=9。

第一次循环:I=1,J=2,A=X(1,2)=4,X(1,2)=X(2,1)=2,X(2,1)=4 以此类推得到结果。

答案:B

99. **解** 电场强度公式 $E=\frac{q}{4\pi\varepsilon_0 r^3}r$,取绝对值 $E=\frac{q}{4\pi\varepsilon_0 r^2}$。

答案:B

100. **解** 设参考点为 b 点,有

$$I=\frac{U-U_S}{R}=\frac{12-10}{400}=0.005\text{A}$$

答案:D

101. **解** 叠加原理只适用于分析线性电路的电压、电流问题(线性电路是指由独立电源和线性元件构成的电路)。

答案:B

102. **解** 首先画出该电路的复数电路图(见解图 a),然后画相量图分析(见解图 b),可见,由于电参数未定,各相量之间的关系不定。

注意此题可以用"排除法"完成,分析会简单些。

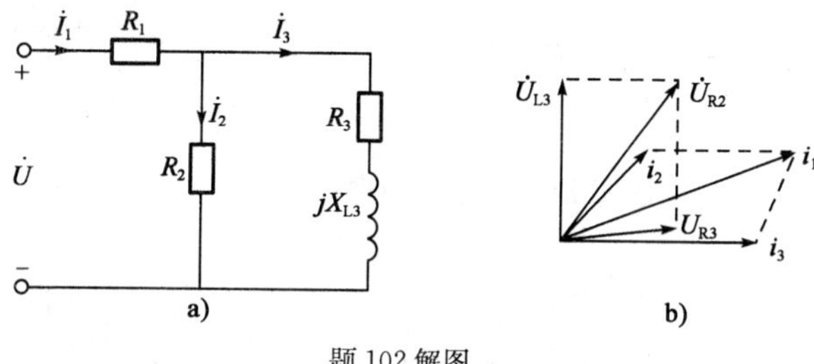

题 102 解图

答案:D

103. **解** 根据交流电路中有功功率的计算公式

$$\begin{aligned}P&=UI\cos\varphi\\&=\frac{141}{\sqrt{2}}\times\frac{14.1}{\sqrt{2}}\cos[-30^\circ-(-60^\circ)]\\&=100\times10\times\cos30^\circ=866\text{W}\end{aligned}$$

答案:B

104. **解** 根据换路定则

$$U_{C(0+)}=U_{C(0-)}=0.2U_i$$
$$U_{R(0+)}=U_i-U_{C(0+)}=0.8U_i$$

答案:C

105. **解** 该题可以按理想变压器分析(即变压器内部的损耗为 0),则

$$I_{1N}U_{1N} = I_{2N}U_{2N}$$

$$I_{2N} = \frac{U_{1N}I_{1N}}{U_{2N}} = \frac{220 \times 11}{600} = 4.03\text{A} = 4\text{A}$$

答案:B

106.**解**　三相交流异步电动机的启动电流与定子电压和转子的电阻和电抗有关,与负载大小无关。

答案:C

107.**解**　二极管是非线性元件,由于半导体性质决定当外加正向电压高于某一数值(死区电压 U_{on})以后,电流随电压按指数规律变化。因此,只有答案 D 正确。

答案:D

108.**解**　根据放大电路的直流通道分析,直流通道如解图所示。

$$U_B = \frac{R_2}{R_1 + R_2} \times 12 = \frac{10}{50 + 10} \times 12 = 2\text{V};$$

$$I_E = \frac{U_B - U_{BE}}{R_E} = \frac{2 - 0.7}{1} = 1.3\text{mA};$$

$$I_B = \frac{I_E}{1 + \beta} = \frac{1.3}{61} = 0.0213\text{mA}。$$

答案:B

题 108 解图

109.**解**　因为

$$U_0 = \left(1 + \frac{R_F}{R_f}\right)u_+$$

$$U_+ = \frac{R}{R+R}u_{i1} + \frac{R}{R+R}u_{i2} = \frac{1}{2}(u_{i1} + u_{i2})$$

所以

$$U_0 = \left(1 + \frac{R_F}{R_f}\right)\frac{u_{i1} + u_{i2}}{2}$$

答案:D

110.**解**　当 U_A 或 U_B 中有高电位时,u_{01} 输出高电位,u_{01} 与 U_A、U_B 符合或门逻辑电路。u_0 与 u_{01} 的电位关系符合非门逻辑,因此,该电路的输出与输入之间有或非逻辑。电位分析如解表 1 和解表 2 所示。

题 110 解表 1

U_A	U_B	U_0
0.3V	0.3V	5V
0.3V	3.5V	0.3V
3.5V	0.3V	0.3V
3.5V	3.5V	0.3V

题 110 解表 2

A	B	Y
0	0	1
0	1	0
1	0	0
1	1	0

答案:D

111. **解** 根据《投资项目可行性研究指南》,工业投资项目的可行性研究报告应包括的附图、附表和附件包括:附图(场址位置图、工艺流程图、总平面布置图)、附表(投资估算表、财务评价报表、国民经济评价报表)、附件[项目建议书(初步可行性研究报告)的批复文件,环保部门对项目环境影响的批复文件,资源开发项目有关资源勘察及开发的审批文件,主要原材料、燃料及水、电、气供应的意向性协议,项目资本金的承诺证明及银行等金融机构对项目贷款的承诺函,中外合资、合作项目各方草签的协议,引进技术考察报告,土地主管部门对场址批复文件,新技术开发的技术鉴定报告,组织股份公司草签的协议]。另初步可行性研究报告附件要求有金融机构对项目贷款的意向性文件。(注:2009 年大纲已无此题内容)

答案:A

112. **解** 总成本费用可分为固定成本和变动成本(可变成本),固定成本是指在一定生产规模限度内不随产量变动而变动的费用。

答案:D

113. **解** 根据所得税法,企业每一纳税年度的收入总额,减除不征税收入、免税收入、各项扣除以及允许弥补的以前年度亏损后的余额,为应纳税所得额。该企业有利润,所以应缴纳所得税。企业有销售收入,就应缴纳销售税金。

答案:D

114. **解** 价值工程中的价值可以表示为 $V=F/C$,其中 C 是指产品的寿命周期成本。

答案:B

115. **解** 无形资产的损耗是由于无形损耗形成的,即由于社会科学技术进步而引起无形资产价值减少。

答案:C

116. **解** 由 NPV 公式或 $P=F/(1+i)^n$,显然在不同基准年,净现值不同。由求 IRR 的公式 $\sum(\mathrm{CI}-\mathrm{CO})_t(1+\mathrm{IRR})^{-t}=0$,方程两边同乘以 $(1+\mathrm{IRR})^{-m}$,公式不变。或者说折算到基准年的 NPV 为零,将其再折算到其他年(基准年),净现值还是零。

答案:A

117. **解** 投资项目 W 的累计净现金流量见解表。

题117解表

年　　份	0	1	2	3	4	5	6
净现金流量(万元)	−3 000	900	1 000	1 100	1 100	1 100	1 100
累计净现金流量(万元)	−3 000	−2 100	−1 100	0	1 100	2 200	3 300

计算累计净现金流量，到第3年累计净现金流量正好为0，故项目投资回收期为3年。

答案：C

118.**解**　内部收益率是指使一个项目在整个计算期内各年净现金流量的现值累计为零时的利率，基准折现率取15%时，项目的净现值等于零，故该项目的内部收益率为15%。

答案：A

119.**解**　采用净现值(NPV)、内部收益率(IRR)进行互斥方案比选，其结论可能不一致；采用净现值(NPV)和差额内部收益率(ΔIRR)进行互斥方案比选的评价结论的总是一致的。根据互斥方案的净现值函数曲线可以判断。

答案：C

120.**解**　自有资金现金流量表中包括借款还本付息。计算自有资金净现金流量时，已经扣除了借款还本付息，因此计算该项目自有资金的净现值时，基准折现率应至少不低于自有资金的筹资成本。

答案：B

2006 年度全国勘察设计注册工程师公共基础考试

试　　题

单项选择题(共 120 题,每题 1 分。每题的备选项中只有一个最符合题意)

1. 已知 $\vec{\alpha}=\vec{i}+a\vec{j}-3\vec{k}$,$\vec{\beta}=a\vec{i}-3\vec{j}+6\vec{k}$,$\vec{\gamma}=-2\vec{i}+2\vec{j}+6\vec{k}$,若 $\vec{\alpha}$,$\vec{\beta}$,$\vec{\gamma}$ 共面,则 $a=$

A. 1 或 2　　B. −1 或 2

C. −1 或 −2　　D. 1 或 −2

2. 设平面 π 的方程为 $3x-4y-5z-2=0$,以下选项中错误的是:

A. 平面 π 过点$(-1,0,-1)$

B. 平面 π 的法向量为$-3\vec{i}+4\vec{j}+5\vec{k}$

C. 平面 π 在 z 轴的截距是$-\frac{2}{5}$

D. 平面 π 与平面$-2x-y-2z+2=0$ 垂直

3. 球面 $x^2+y^2+z^2=9$ 与平面 $x+z=1$ 的交线在 xOy 坐标面上投影的方程是:

A. $x^2+y^2+(1-x)^2=9$　　B. $\begin{cases}x^2+y^2+(1-x)^2=9\\z=0\end{cases}$

C. $(1-z)^2+y^2+z^2=9$　　D. $\begin{cases}(1-z)^2+y^2+z^2=9\\x=0\end{cases}$

4. 若$\lim\limits_{x\to\infty}\left(\frac{ax^2-3}{x^2+1}+bx+2\right)=\infty$,则 a 与 b 的值是:

A. $b\neq 0$,a 为任意实数　　B. $a\neq 0,b=0$

C. $a=1,b=0$　　D. $a=0,b=0$

5. 函数 $y=x\sqrt{a^2-x^2}$在 x 点的导数是:

A. $\frac{a^2-2x^2}{\sqrt{a^2-x^2}}$　　B. $\frac{1}{2\sqrt{a^2-x^2}}$

C. $\frac{-x}{2\sqrt{a^2-x^2}}$　　D. $\sqrt{a^2-x^2}$

6. 已知函数 $f\left(xy,\frac{x}{y}\right)=x^2$,则$\frac{\partial f(x,y)}{\partial x}+\frac{\partial f(x,y)}{\partial y}$等于:

A. $2x+2y$

B. $x+y$

C. $2x-2y$

D. $x-y$

7. 设 $f(x)$在$(-\infty,+\infty)$上是奇函数，在$(0,+\infty)$上 $f'(x)<0, f''(x)>0$，则在$(-\infty,0)$上必有：

A. $f'>0, f''>0$

B. $f'<0, f''<0$

C. $f'<0, f''>0$

D. $f'>0, f''<0$

8. 曲面 $z=1-x^2-y^2$ 在点$\left(\frac{1}{2},\frac{1}{2},\frac{1}{2}\right)$处的切平面方程是：

A. $x+y+z-\frac{3}{2}=0$

B. $x-y-z+\frac{3}{2}=0$

C. $x-y+z-\frac{3}{2}=0$

D. $x-y+z+\frac{3}{2}=0$

9. $\int x\sqrt{3-x^2}\,\mathrm{d}x$ 等于：

A. $\frac{1}{\sqrt{3-x^2}}+C$

B. $-\frac{1}{3}(3-x^2)^{\frac{3}{2}}+C$

C. $3-x^2+C$

D. $(3-x^2)^2+C$

10. 若 $\int_0^k (3x^2+2x)\,\mathrm{d}x=0(k\neq 0)$，则 $k=$

A. 1　　B. -1　　C. $\frac{3}{2}$　　D. $\frac{1}{2}$

11. 设 $\int_0^x f(t)\,\mathrm{d}t=2f(x)-4$，且 $f(0)=2$，则 $f(x)$是：

A. $e^{\frac{x}{2}}$　　B. $e^{\frac{x}{2}+1}$　　C. $2e^{\frac{x}{2}}$　　D. $\frac{1}{2}e^{2x}$

12. 设 $f(x,y)$是连续函数，则 $\int_0^1 \mathrm{d}x\int_0^x f(x,y)\,\mathrm{d}y=$

A. $\int_0^x \mathrm{d}y\int_0^1 f(x,y)\,\mathrm{d}x$

B. $\int_0^1 \mathrm{d}y\int_0^x f(x,y)\,\mathrm{d}x$

C. $\int_0^1 \mathrm{d}y\int_0^1 f(x,y)\,\mathrm{d}x$

D. $\int_0^1 \mathrm{d}y\int_y^1 f(x,y)\,\mathrm{d}x$

13. 设 L 为连接$(0,0)$点与$(1,1)$点的抛物线 $y=x^2$，则对弧长的曲线积分 $\int_L x\,\mathrm{d}s=$

A. $\frac{1}{12}(5\sqrt{5}-1)$　　B. $\frac{5\sqrt{5}}{12}$　　C. $\frac{2}{3}(5\sqrt{5}-1)$　　D. $\frac{10\sqrt{5}}{3}$

14. 已知函数$\sum_{n=1}^{\infty}(u_{2n-1}-u_{2n})$是收敛的，则下列结果成立的是：

A. $\sum_{n=1}^{\infty}u_n$ 必收敛

B. $\sum_{n=1}^{\infty}u_n$ 未必收敛

C. $\lim_{n\to\infty}u_n=0$

D. $\sum_{n=1}^{\infty}u_n$ 发散

15. 级数$\sum_{n=0}^{\infty}(-1)^n x^n$ 在$|x|<1$ 内收敛于函数：

A. $\frac{1}{1-x}$　　B. $\frac{1}{1+x}$　　C. $\frac{x}{1-x}$　　D. $\frac{x}{1+x}$

16. 微分方程$(1+y)\mathrm{d}x-(1-x)\mathrm{d}y=0$ 的通解是：(C 为任意常数)

A. $\frac{1+y}{1-x}=C$

B. $1+y=C(1-x)^2$

C. $(1-x)(1+y)=C$

D. $\frac{1+y}{1+x}=C$

17. 微分方程 $y'+\frac{1}{x}y=2$ 满足初始条件 $y|_{x=1}=0$ 的特解是：

A. $x-\frac{1}{x}$

B. $x+\frac{1}{x}$

C. $x+\frac{C}{x}$，C 为任意常数

D. $x+\frac{2}{x}$

18. 微分方程 $y''+2y=0$ 的通解是：

A. $y=A\sin\sqrt{2}x$

B. $y=A\cos\sqrt{2}x$

C. $y=\sin\sqrt{2}x+B\cos\sqrt{2}x$

D. $y=A\sin\sqrt{2}x+B\cos\sqrt{2}x$

(A,B 为任意常数)

19. 当下列哪项成立时，事件 A 与 B 为对立事件？

A. $AB=\varnothing$

B. $A+B=\Omega$

C. $\overline{A}+\overline{B}=\Omega$

D. $AB=\varnothing$ 且 $A+B=\Omega$

20. 袋中有 5 个大小相同的球，其中 3 个是白球，2 个是红球，一次随机地取出 3 个球，其中恰有 2 个是白球的概率是：

A. $\left(\frac{3}{5}\right)^2\frac{2}{5}$　　B. $C_5^3\left(\frac{3}{5}\right)^2\frac{1}{5}$　　C. $\left(\frac{3}{5}\right)^2$　　D. $\frac{C_3^2C_2^1}{C_5^3}$

21. X 的分布函数 $F(x)$，而 $F(x)=\begin{cases}0 & x<0\\ x^3 & 0\leqslant x<1\\ 1 & x\geqslant 1\end{cases}$，则 $E(X)=$

A. 0.7　　B. 0.75　　C. 0.6　　D. 0.8

22. 设 $\boldsymbol{A}$,$\boldsymbol{B}$ 是 n 阶矩阵,且 $\boldsymbol{B}\neq\boldsymbol{0}$,满足 $\boldsymbol{AB}=\boldsymbol{0}$,则以下选项中错误的是:

A. $r(\boldsymbol{A})+r(\boldsymbol{B})\leqslant n$　　B. $|\boldsymbol{A}|=0$ 或 $|\boldsymbol{B}|=0$

C. $0\leqslant r(\boldsymbol{A})<n$　　D. $\boldsymbol{A}=\boldsymbol{0}$

23. 设 $\boldsymbol{B}$ 是三阶非零矩阵,已知 $\boldsymbol{B}$ 的每一列都是方程组 $\begin{cases}x_1+2x_2-2x_3=0\\2x_1-x_2+tx_3=0\\3x_1+x_2-x_3=0\end{cases}$ 的解,则 $t=$

A. 0　　B. 2　　C. −1　　D. 1

24. 设 $\boldsymbol{A}$ 是三阶矩阵,$\boldsymbol{\alpha}_1=(1,0,1)^{\mathrm{T}}$,$\boldsymbol{\alpha}_2=(1,1,0)^{\mathrm{T}}$ 是 $\boldsymbol{A}$ 的属于特征值 1 的特征向量,$\boldsymbol{\alpha}_3=(0,1,2)^{\mathrm{T}}$ 是 $\boldsymbol{A}$ 的属于特征值−1 的特征向量,则:

A. $\boldsymbol{\alpha}_1-\boldsymbol{\alpha}_2$ 是 $\boldsymbol{A}$ 的属于特征值 1 的特征向量

B. $\boldsymbol{\alpha}_1-\boldsymbol{\alpha}_3$ 是 $\boldsymbol{A}$ 的属于特征值 1 的特征向量

C. $\boldsymbol{\alpha}_1-\boldsymbol{\alpha}_3$ 是 $\boldsymbol{A}$ 的属于特征值 2 的特征向量

D. $\boldsymbol{\alpha}_1+\boldsymbol{\alpha}_2+\boldsymbol{\alpha}_3$ 是 $\boldsymbol{A}$ 的属于特征值 1 的特征向量

25. 两瓶不同种类的理想气体,其分子平均平动动能相等,但它们单位体积内的分子数不相同,则这两种气体的温度和压强关系为:

A. 温度相同,但压强不相同　　B. 温度不相同,但压强相同

C. 温度和压强都相同　　D. 温度和压强都不相同

26. 设某种理想气体的麦克斯韦分子速率分布函数为 $f(v)$,则速率在 $v_1\rightarrow v_2$ 区间内分子的平均速率 $\bar{v}$ 表达式为:

A. $\int_{v_1}^{v_2} vf(v)\mathrm{d}v$　　B. $\int_{v_1}^{v_2} f(v)\mathrm{d}v$

C. $\dfrac{\int_{v_1}^{v_2} vf(v)\mathrm{d}v}{\int_{v_1}^{v_2} f(v)\mathrm{d}v}$　　D. $\dfrac{\int_{v_1}^{v_2} f(v)\mathrm{d}v}{\int_{0}^{\infty} f(v)\mathrm{d}v}$

27. 已知某理想气体的体积为 V,压强为 p,温度为 T,k 为玻耳兹曼常量,R 为摩尔气体常量,则该理想气体单位体积内的分子数为:

A. $pV/(kT)$　　B. $p/(kT)$　　C. $pV/(RT)$　　D. $p/(RT)$

28. 一定量的理想气体,从同一状态开始,分别经历等压、等体和等温过程。若气体在各过程中吸收的热量相同,则气体对外做功为最大的过程是:

A. 等压过程　　B. 等体过程　　C. 等温过程　　D. 三个过程相同

29. 某单原子分子理想气体进行卡诺循环时，高温热源的温度为 227℃，低温热源的温度为 127℃。则该循环的效率为：

A. 56%　　B. 34%　　C. 80%　　D. 20%

30. 如果一定量理想气体的体积 V 和压强 p 依照 $V=\frac{a}{\sqrt{p}}$ 的规律变化，式中 a 为常量，当气体从 V_1 膨胀到 V_2 时，温度 T_1 和 T_2 的关系为：

A. $T_1>T_2$　　B. $T_1=T_2$　　C. $T_1<T_2$　　D. 无法确定

31. 一列火车驶过车站时，站台边上观察者测得火车鸣笛声频率的变化情况（与火车固有的鸣笛声频率相比）为：

A. 始终变高　　B. 始终变低
C. 先升高，后降低　　D. 先降低，后升高

32. 一平面简谐波的表达式为 $y=0.03\cos(8t+3x+\pi/4)$(SI)，则该波的频率 ν(Hz)、波长 λ(m)和波速 u(m/s)依次为：

A. $\frac{4}{\pi},\frac{2\pi}{3},\frac{8}{3}$　　B. $\frac{2\pi}{3},\frac{4}{\pi},\frac{8}{3}$　　C. $\frac{\pi}{4},\frac{2\pi}{3},\frac{8}{3}$　　D. $\frac{\pi}{4},\frac{3}{2\pi},\frac{3}{8}$

33. 在双缝干涉实验中，对于给定的入射单色光，当双缝间距增大时，则屏幕上干涉条纹的变化情况是：

A. 条纹变密并远离屏幕中心　　B. 条纹变密并靠近屏幕中心
C. 条纹变宽并远离屏幕中心　　D. 条纹变宽并靠近屏幕中心

34. 在单缝夫琅禾费衍射实验中，屏上第三级暗纹对应的缝间的波阵面，可划分为半波带的数目为：

A. 3 个　　B. 6 个　　C. 9 个　　D. 2 个

35. 如果两个偏振片堆叠在一起，且偏振化方向之间夹角呈 60°，假设两者对光无吸收，光强为 I_0 的自然光垂直入射在偏振片上，则出射光强为：

A. $\frac{I_0}{2}$　　B. $\frac{I_0}{4}$　　C. $\frac{3I_0}{4}$　　D. $\frac{I_0}{8}$

36. 为了提高光学仪器的分辨本领，通常可以采用的措施有：

A. 减小望远镜的孔径，或者减小光的波长
B. 减小望远镜的孔径，或者加大光的波长

C. 加大望远镜的孔径，或者加大光的波长

D. 加大望远镜的孔径，或者减小光的波长

37. 一平面谐波的表达式为 $y=0.002\cos(400\pi t-20\pi x)$(SI)，取 $k=0,\pm1,\pm2,\cdots$，则 $t=$ 1s 时各波谷所在的位置为：

A. $\frac{400-2k}{20}$(m)　　B. $\frac{400+2k}{20}$(m)

C. $\frac{399-2k}{20}$(m)　　D. $\frac{399+2k}{20}$(m)

38. 为保护轮船不被海水腐蚀，可作阳极牺牲的金属是：

A. Zn　　B. Na　　C. Cu　　D. Pb

39. 用杂化轨道理论推测下列分子的空间构型，其中为平面三角形的是：

A. NF_3　　B. AsH_3　　C. BF_3　　D. SbH_3

40. 下列各种化合物中，分子间有氢键的是：

A. CH_3Br　　B. NH_3　　C. CH_4　　D. CH_3Cl

41. 石墨能够导电的原因，是由于石墨晶体：

A. 层内存在自由电子　　B. 层内有杂化轨道

C. 属金属晶体　　D. 层内存在着离域大 π 键

42. 标准电极电势是：

A. 电极相对于标准氢电极的电极电势

B. 在标准状态下，电极相对于标准氢电极的电极电势

C. 在任何条件下，可以直接使用的电极电势

D. 与物质的性质无关的电极电势

43. 在一定的条件下，已建立化学平衡的某可逆反应，当改变反应条件使化学平衡向正反应方向移动时，下列有关叙述肯定不正确的是：

A. 生成物的体积分数可能增加

B. 生成物的产量一定增加

C. 反应物浓度可能降低

D. 使用了合适催化剂

44. 为了减少汽车尾气中 NO 和 CO 污染大气，拟按下列反应进行催化转化 $NO(g)+CO(g)=\!=\!=\frac{1}{2}N_2(g)+CO_2(g)$，$\Delta_r H_m^\ominus(298.15K)=-374kJ/mol$。为提高转化率，应采取的措施是：

A. 低温高压　　B. 高温高压　　C. 低温低压　　D. 高温低压

45. 25℃时，在$[Cu(NH_3)_4]SO_4$水溶液中，滴加$BaCl_2$时有白色沉淀产生，滴加NaOH时无变化，而滴加Na_2S时则有黑色沉淀生成，以上实验现象说明该溶液中K_S为溶度积常数：

A. 已无SO_4^{2+}离子

B. 已无游离NH_3

C. 已无Cu^{2+}离子

D. $C_{Ba^{2+}} \cdot C_{SO_4^{2-}} \geqslant K_{S(BaSO_4)}$，$C_{Cu^{2+}} \cdot C_{(OH^-)^2} < K_{S[Cu(OH)_2]}$和$C_{Cu^{2+}} \cdot C_{S^{2-}} > K_{S(CuS)}$

46. 下列物质中，分子的空间构型为"V"字形的是：

A. CO_2　　B. BF_3　　C. $BaCl_2$　　D. H_2S

47. 已知柠檬醛的结构式为 $(CH_3)_2C{=}CHCH_2CH_2\overset{\displaystyle CH_3}{\overset{|}{C}}{=}CHCHO$，下列说法不正确的是：

A. 它可使$KMnO_4$溶液褪色　　B. 它可以发生银镜反应

C. 它可使溴水褪色　　D. 它的催化加氢产物为$C_{10}H_{20}O$

48. 下列各组物质中，只用水就能鉴别的一组物质是：

A. 苯　乙酸　四氯化碳

B. 乙醇　乙醛　乙酸

C. 乙醛　乙二醇　硝基苯

D. 甲醇　乙醇　甘油

49. 平面平行力系处于平衡状态时，应有独立的平衡方程个数为：

A. 1　　B. 2　　C. 3　　D. 4

50. 若平面力系不平衡，则其最后简化结果为：

A. 一定是一合力　　B. 一定是一合力偶

C. 或一合力，或一合力偶　　D. 一定是一合力与一合力偶

51. 如图所示，桁架结构中只作用悬挂重块的重力W，此桁架中杆件内力为零的杆数为：

A. 2　　B. 3　　C. 4　　D. 5

52. 已知图示斜面的倾角为θ，若要保持物块A静止，则物块与斜面之间的摩擦因数f所应满足的条件为：

A. $\tan f \leqslant \theta$　　B. $\tan f > \theta$　　C. $\tan\theta \leqslant f$　　D. $\tan\theta > f$

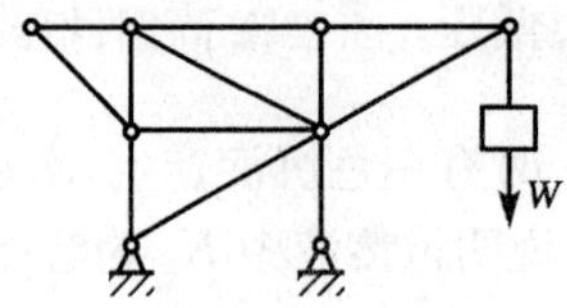

题 51 图

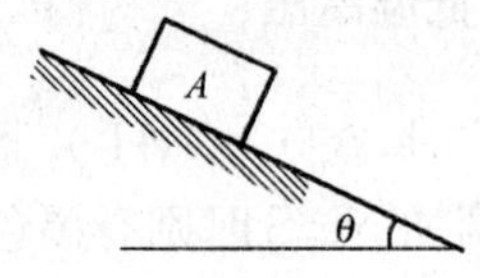

题 52 图

53. 图示结构的载荷与尺寸均已知。B 处约束的全部约束力为：

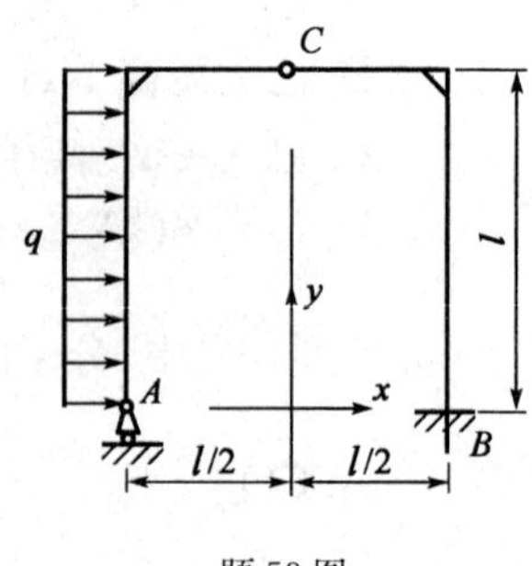

题 53 图

A. 力 $F_{Bx}=ql(\leftarrow)$，$F_{By}=ql(\downarrow)$，力偶 $M_B=\frac{3}{2}ql^2$(↶)

B. 力 $F_{Bx}=ql(\leftarrow)$，$F_{By}=ql(\downarrow)$，力偶 $M_B=0$

C. 力 $F_{Bx}=ql(\leftarrow)$，$F_{By}=0$，力偶 $M_B=\frac{3}{2}ql^2$(↶)

D. 力 $F_{Bx}=ql(\leftarrow)$，$F_{By}=ql(\uparrow)$，力偶 $M_B=\frac{3}{2}ql^2$(↶)

（注：小括号内的箭头指向约束力方向）

54. 已知点 P 在 Oxy 平面内的运动方程 $\begin{cases} x=4\sin\frac{\pi}{3}t \\ y=4\cos\frac{\pi}{3}t \end{cases}$，则点的运动为：

A. 直线运动　　B. 圆周运动　　C. 椭圆运动　　D. 不能确定

55. 半径 r 的圆盘以其圆心 O 为轴转动，角速度 ω，角加速度为 α。盘缘上点 P 的速度 v_P，切向加速度 $a_{P\tau}$ 与法向加速度 a_{Pn} 的方向如图所示，它们的大小分别为：

A. $v_P=r\omega$，$a_{P\tau}=r\alpha$，$a_{Pn}=r\omega^2$　　B. $v_P=r\omega$，$a_{P\tau}=r\alpha^2$，$a_{Pn}=r^2\omega$

C. $v_P=r/\omega$，$a_{P\tau}=r\alpha^2$，$a_{Pn}=r\omega^2$　　D. $v_P=r/\omega$，$a_{P\tau}=r\alpha$，$a_{Pn}=r\omega^2$

56. 细直杆 AB 由另两细杆 O_1A 与 O_2B 铰接悬挂。O_1ABO_2 并组成平等四边形，如图所示。杆 AB 的运动形式为：

A. 平移（或称平动）

B. 绕点 O_1 的定轴转动

C. 绕点 D 的定轴转动（$O_1D=DO_2=BC=\frac{l}{2}$，$AB=l$）

D. 圆周运动

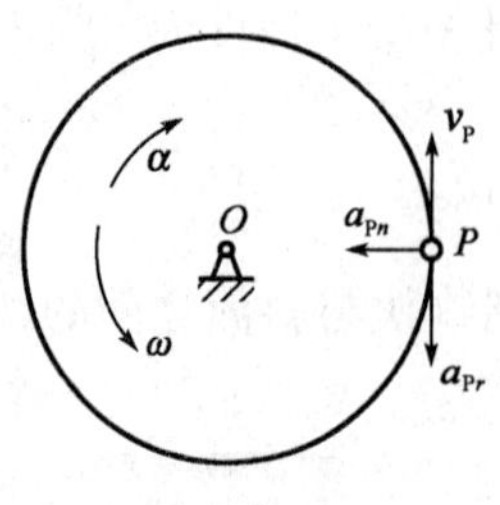

题 55 图

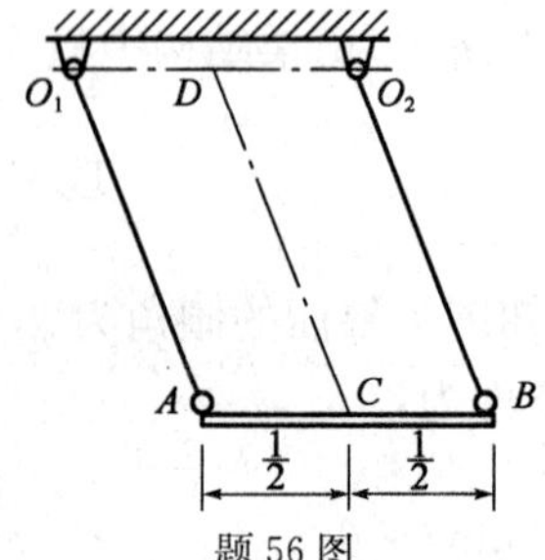

题 56 图

57. 铅垂振动台的运动规律 $y=a\sin\omega t$。图上点 0,1,2 各为台的平衡位置、振动最高点与最低点。台上颗粒重 W。设颗粒与台面永不脱离,则振动台在这三个位置作用于颗粒的约束力 F_N 大小的关系为:

A. $F_{N1}<F_{N0}=W<F_{N2}$　　B. $F_{N1}>F_{N0}=W>F_{N2}$

C. $F_{N1}=F_{N0}=F_{N2}=W$　　D. $F_{N1}=F_{N2}<F_{N0}=W$

58. 匀质杆 OA 质量为 m,长为 l,角速度为 ω,如图所示。则其动量大小为:

A. $\frac{1}{2}ml\omega$　　B. $ml\omega$

C. $\frac{1}{3}ml\omega$　　D. $\frac{1}{4}ml\omega$

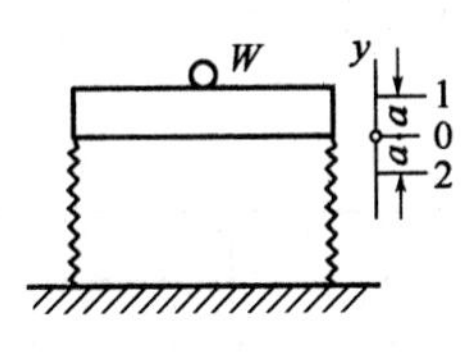

题 57 图

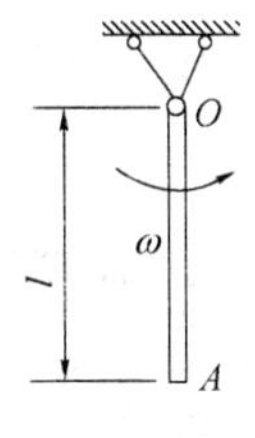

题 58 图

59. 匀质杆质量为 m,长 $OA=l$,在铅垂面内绕定轴 O 转动。杆质心 C 处连接刚度系数 k 较大的弹簧,弹簧另端固定。图示位置为弹簧原长,当杆由此位置逆时针方向转动时,杆上 A 点的速度为 v_A,若杆落至水平位置的角速度为零,则 v_A 的大小应为:

A. $\sqrt{\frac{1}{2}(2-\sqrt{2})^2\ \frac{k}{m}l^2-2gl}$　　B. $\sqrt{\frac{1}{4}(2-\sqrt{2})^2\ \frac{k}{m}l^2-gl}$

C. $\sqrt{\frac{1}{2}(2-\sqrt{2})^2\ \frac{k}{m}l^2-8gl}$　　D. $\sqrt{\frac{3}{4}(2-\sqrt{2})^2\ \frac{k}{m}l^2-3gl}$

60. 质点质量 m,悬挂质点的弹簧刚度系数 k(如图所示),系统作直线自由振动的固有频率 ω_0 与周期 T 的正确表达式为:

A. $\omega_0=\frac{k}{m},T=\frac{1}{\omega_0}$　　B. $\omega_0=\frac{m}{k},T=\frac{2\pi}{\omega_0}$

C. $\omega_0=\sqrt{\frac{m}{k}},T=\frac{1}{\omega_0}$　　D. $\omega_0=\sqrt{\frac{k}{m}},T=\frac{2\pi}{\omega_0}$

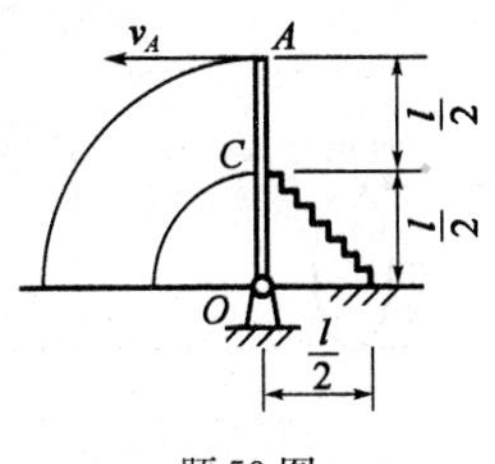

题 59 图

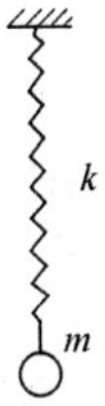

题 60 图

61.《理论力学》讲授虚位移原理的数学表达式$\sum_{i=1}^{n}F_i \cdot \delta r_i=0$中，$F_i(i=1,\cdots,n)$的物理意义是：

A. 所作用的全部外力　　B. 所作用的全部内力

C. 所作用的全部主动力　　D. 所作用的全部约束力

（注：此题考查内容 2009 年大纲已删除）

62. 如图所示变截面杆中，AB段、BC段的轴力为：

A. $N_{AB}=-10\text{kN}, N_{BC}=4\text{kN}$　　B. $N_{AB}=6\text{kN}, N_{BC}=4\text{kN}$

C. $N_{AB}=-6\text{kN}, N_{BC}=4\text{kN}$　　D. $N_{AB}=10\text{kN}, N_{BC}=4\text{kN}$

63. 变形杆如图所示，其中在BC段内：

A. 有位移，无变形　　B. 有变形，无位移

C. 既有位移，又有变形　　D. 既无位移，又无变形

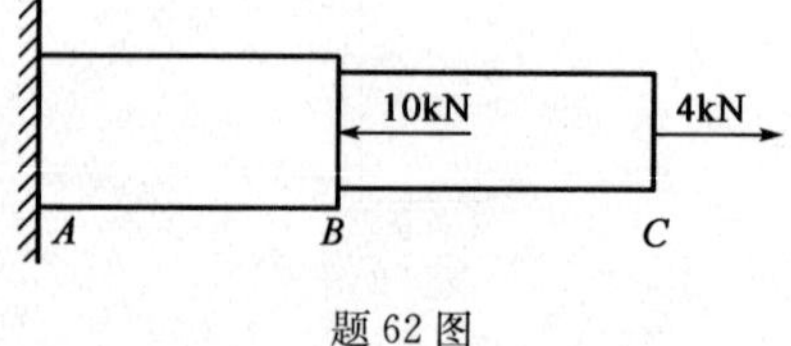

题 62 图

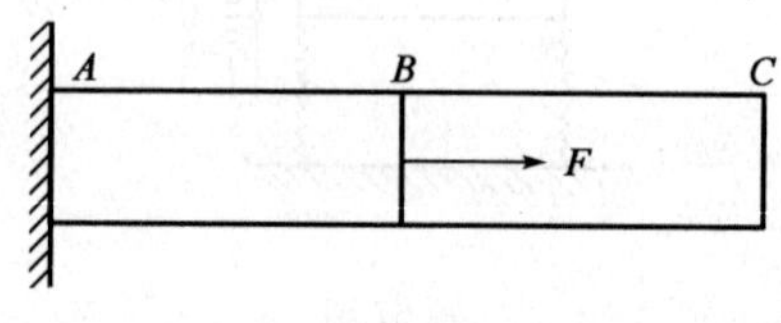

题 63 图

64. 如图所示，插销穿过水平放置平板上的圆孔，在其下端受有一拉力P，该插销的剪切面积和挤压面积分别为：

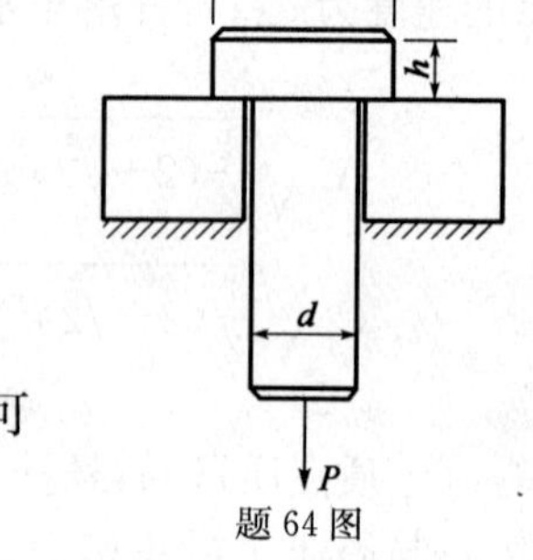

题 64 图

A. πdh、$\frac{1}{4}\pi D^2$　　B. πdh、$\frac{1}{4}\pi(D^2-d^2)$

C. πDh、$\frac{1}{4}\pi D^2$　　D. πDh、$\frac{1}{4}\pi(D^2-d^2)$

65. 两端受扭转力偶矩作用的实心圆轴，不发生屈服的最大许可荷载为M_0，若将其横截面面积增加 1 倍，则最大许可荷载为：

A. $\sqrt{2}M_0$　　B. $2M_0$　　C. $2\sqrt{2}M_0$　　D. $4M_0$

66. 如图所示，直杆受扭转力偶作用，在截面 1-1 和 2-2 处的扭矩为：

A. $5\text{kN}\cdot\text{m}, 5\text{kN}\cdot\text{m}$　　B. $25\text{kN}\cdot\text{m}, -5\text{kN}\cdot\text{m}$

C. $35\text{kN}\cdot\text{m}, -5\text{kN}\cdot\text{m}$　　D. $-25\text{kN}\cdot\text{m}, 25\text{kN}\cdot\text{m}$

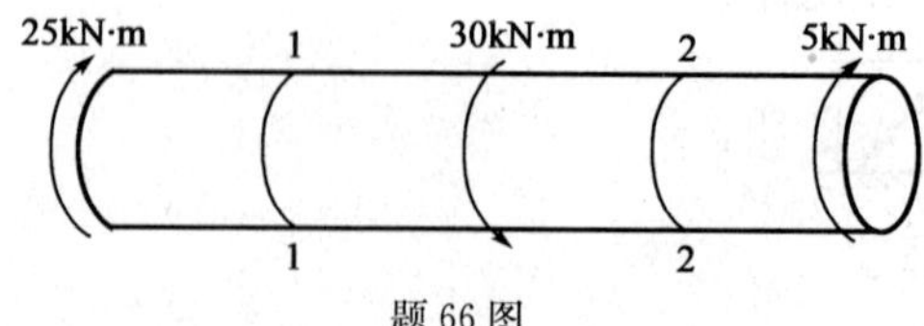

题 66 图

67. 图示的矩形截面和正方形截面具有相同的面积。设它们对对称轴 y 的惯性矩分别为 I_y^a、I_y^b，对对称轴 z 的惯性矩分别为 I_z^a、I_z^b，则：

A. $I_z^a > I_z^b, I_y^a < I_y^b$　　B. $I_z^a > I_z^b, I_y^a > I_y^b$

C. $I_z^a < I_z^b, I_y^a > I_y^b$　　D. $I_z^a < I_z^b, I_y^a < I_y^b$

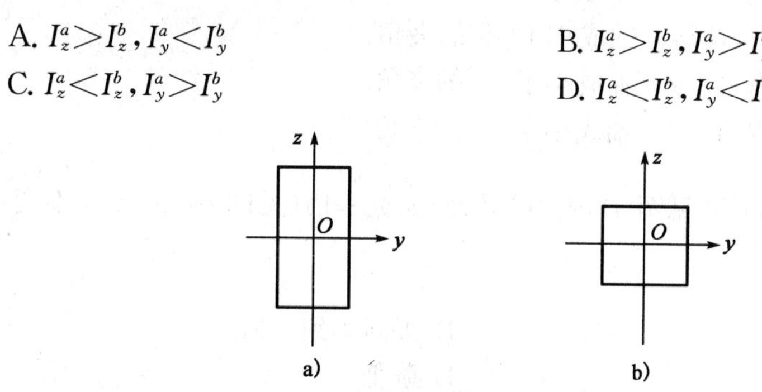

题 67 图

68. 在图形对通过某点的所有轴的惯性矩中，图形对主惯性轴的惯性矩一定：

A. 最大　　B. 最小　　C. 最大或最小　　D. 为零

69. 一跨度为 l 的简支架，若仅承受一个集中力 P，当 P 在梁上任意移动时，梁内产生的最大剪力 Q_{max} 和最大弯矩 M_{max} 分别满足：

A. $Q_{max} \leqslant P, M_{max} = Pl/4$　　B. $Q_{max} \leqslant P/2, M_{max} = Pl/4$

C. $Q_{max} \leqslant P, M_{max} = Pl/4$　　D. $Q_{max} \leqslant P/2, M_{max} = Pl/2$

70. 矩形截面梁横力弯曲时，在横截面的中性轴处：

A. 正应力最大，剪应力为零　　B. 正应力为零，剪应力最大

C. 正应力和剪应力均最大　　D. 正应力和剪应力均为零

（注：剪应力又称为切应力）

71. 题图 a)所示悬臂梁，给出了 1、2、3、4 点处的应力状态，如题图 b)所示，其中应力状态错误的位置点是：

A. 1 点　　B. 2 点　　C. 3 点　　D. 4 点

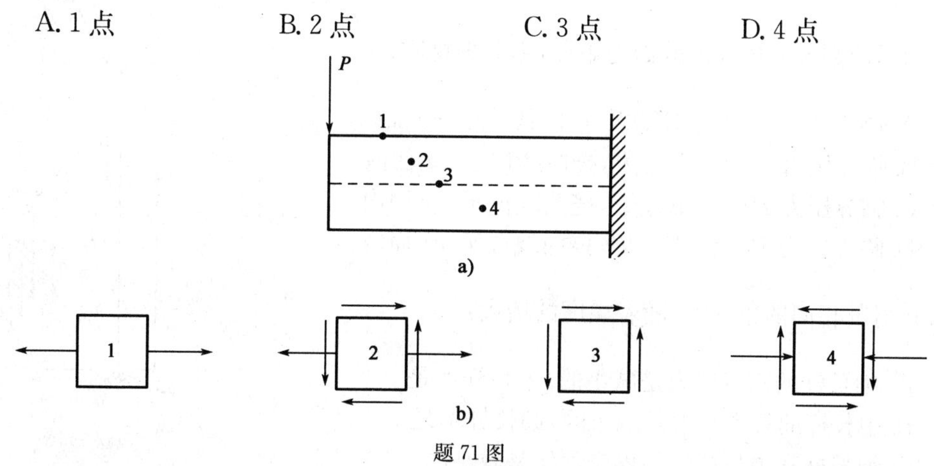

题 71 图

72. 单元体的应力状态如图所示，其 σ_1 的方向：

A. 在第一、三象限内，且与 x 轴成小于 45°的夹角

B. 在第一、三象限内，且与 y 轴成小于 45°的夹角

C. 在第二、四象限内，且与 x 轴成小于 45°的夹角

D. 在第二、四象限内，且与 y 轴成小于 45°的夹角

73. 一正方形截面短粗立柱（见图 a），若将其低面加宽一倍（见图 b），原厚度不变，则该立柱的强度：

A. 提高一倍

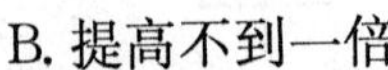

B. 提高不到一倍

C. 不变

D. 降低

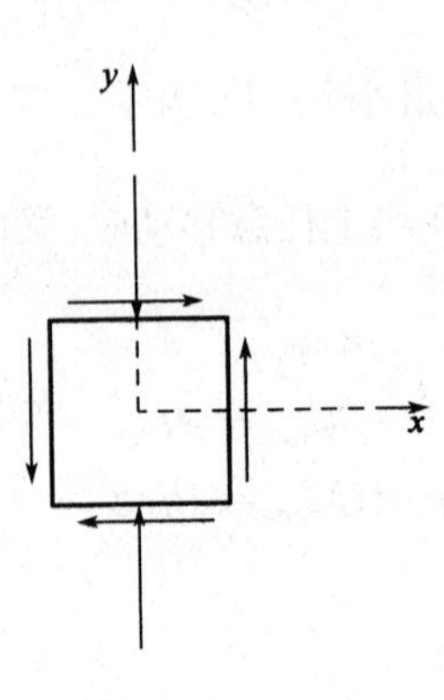

题 72 图

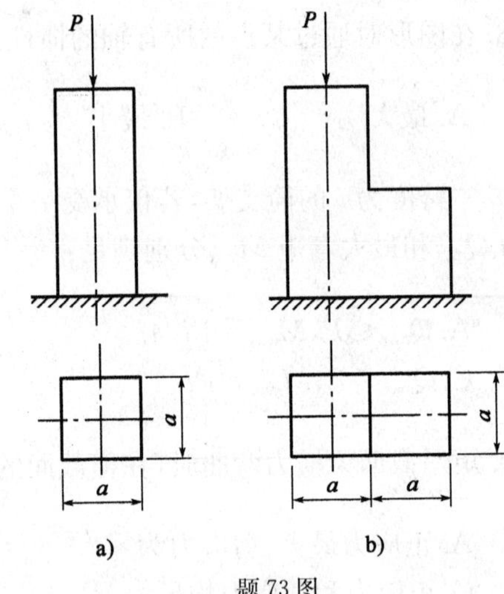

题 73 图

74. 图示应力状态为其危险点的应力状态，则杆件为：

A. 斜弯曲变形　　B. 偏心拉弯变形

C. 拉弯组合变形　　D. 弯扭组合变形

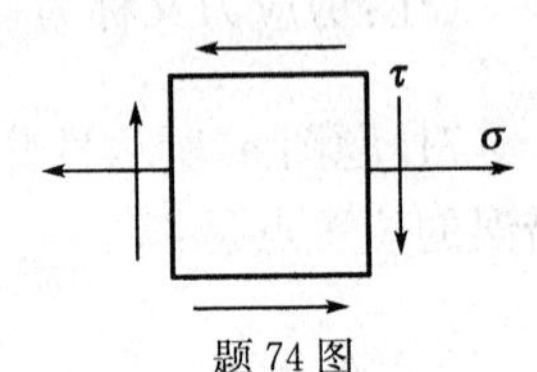

题 74 图

75. 图示两端铰支压杆的截面为矩形，当其失稳时：

A. 临界压力 $P_{cr}=\pi^2 EI_y/l^2$，挠曲线位于 xy 面内

B. 临界压力 $P_{cr}=\pi^2 EI_z/l^2$，挠曲线位于 xz 面内

C. 临界压力 $P_{cr}=\pi^2 EI_z/l^2$，挠曲线位于 xy 面内

D. 临界压力 $P_{cr}=\pi^2 EI_z/l^2$，挠曲线位于 xz 面内

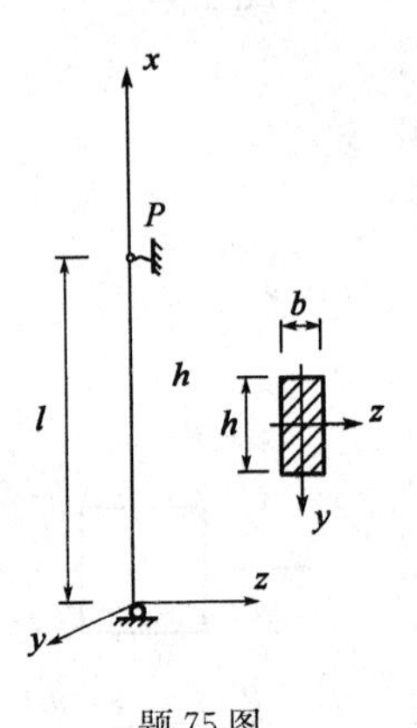

题 75 图

76. 在材料相同的条件下，随着柔度的增大：

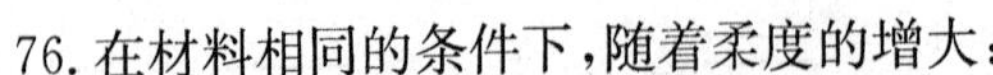

A. 细长杆的临界应力是减小的，中长杆不是

B. 中长杆的临界应力是减小的，细长杆不是

C. 细长杆和中长杆的临界应力均是减小的

D. 细长杆和中长杆的临界应力均不是减小的

77. 理想液体与实际液体的主要差别在于：

A. 密度　　B. 黏性　　C. 压缩性　　D. 表面张力

78. 液体中某点的绝对压强为 100kN/m²，则该点的相对压强为：（注：当地大气压强为 1 个工程大气压）

A. 1kN/m²　　B. 2kN/m²　　C. 5kN/m²　　D. 10kN/m²

79. 图示圆弧形闸门 AB（1/4 圆），闸门宽 4m，圆弧半径 R＝1m，A 点以上的水深 H＝1.4m，水面为大气压强。该闸门 AB 上作用静水总压力的铅垂分力 P_y 为：

A. 54.88kN　　B. 94.08kN

C. 85.65kN　　D. 74.48kN

（注：此题考查内容 2009 年大纲已删除）

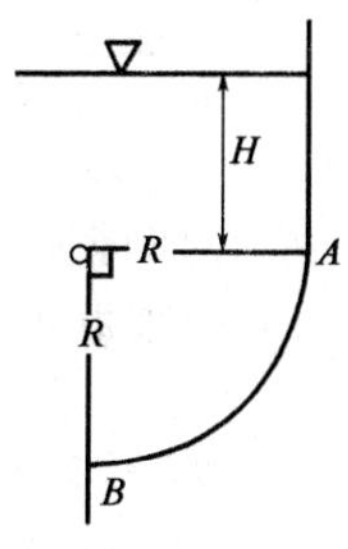

题 79 图

80. 非恒定均匀流是：

A. 当地加速度为零，迁移加速度不为零

B. 当地加速度不为零，迁移加速度为零

C. 当地加速度与迁移加速度均不为零

D. 当地加速度与迁移加速度均不为零，但合加速度为零

81. 有一引水虹吸管，出口通大气（如图所示）。已知 h_1＝1.5m，h_2＝3m，不计水头损失，取动能修正系数 α＝1。则断面 c-c 中心处的压强 p_c 为：

A. 14.7kPa　　B. －14.7kPa

C. 44.1kPa　　D. －44.1kPa

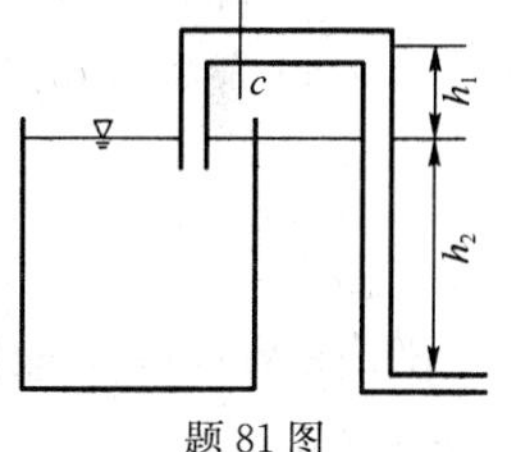

题 81 图

82. 温度为 10℃时水的运动黏性系数为 1.31×10^{-6} m²/s，要保持直径 25mm 的水管管中水流为层流，允许的最大流速为：

A. 1.00m/s　　B. 0.02m/s　　C. 2.00m/s　　D. 0.12m/s

83. 在附壁紊流中，黏性底层厚度 δ 比绝对粗糙高度 Δ 大得多的壁面称为：

A. 水力光滑面　　B. 水力过渡粗糙面

C. 水力粗糙面　　D. 以上答案均不对

84. 图示两水箱水位恒定，水面高差 H＝10m，已知管道沿程水头损失 h_f＝6.8m，局部阻力系数：转弯 0.8、阀门 0.26、进口0.5、出口0.8，则通过管道的平均流速为：

A. 3.98m/s　　B. 5.16m/s

C. 7.04m/s　　D. 5.80m/s

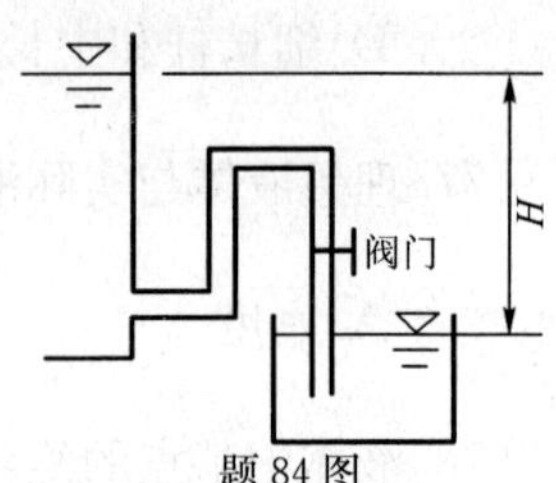

题84图

85. 边界层分离不会：

A. 产生旋涡

B. 减小摩擦阻力

C. 产生压强阻力

D. 增加能量损失

86. 图示长管并联管段1、2，两管段直径相等($d_1=d_2$)，沿程阻力系数相等，长度$l_1=2l_2$。两管段的流量比Q_1/Q_2为：

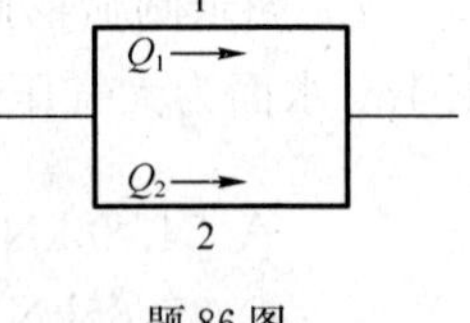

题86图

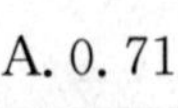

A. 0.71　　B. 0.50

C. 1.41　　D. 2.00

87. 对明渠恒定均匀流，在已知通过流量Q、渠道底坡i、边坡系数m及粗糙系数n的条件下，计算梯形断面渠道尺寸的补充条件及设问不能是：

A. 给定水深h，求底宽b

B. 给定宽深比β，求水深h与底宽b

C. 给定最大允许流速$[v]_{max}$，求水深h与底宽b

D. 给定水力坡度J，求水深h与底宽b

88. 对一维渐变渗流，完全潜水井的含水层厚度H为8m，井的半径r_0为0.2m，抽水时井的涌水量Q为$0.03m^3/s$，井中水深h为5m，若取影响半径$R=400m$，计算渗流系数k为：

A. 0.0025m/s　　B. 0.0018m/s　　C. 0.018m/s　　D. 0.025m/s

89. 在Windows操作下，要获取屏幕上的显示内容，把它复制在剪贴板上可以通过下列哪个按键来实现？

A. Home　　B. Ctrl+C　　C. Shift+C　　D. Print　Screen

90. 与二进制数11110100等值的八进制数是：

A. 364　　B. 750　　C. 3310　　D. 154

91. Windows系统下可执行的文件名是：

A. *. DOC　　B. *. bmp　　C. *. EXP　　D. *. EXE

92. 当个人计算机以拨号方式接入因特网时，使用的专门接入设备是：

A. 网卡　　B. 调制解调器

C. 浏览器软件　　　　D. 传真卡

93. FORTRAN 语句 M=1.5+1/3+1/5+1.2 执行后,M 的值是:

A. 2.7　　　　B. 3.7　　　　C. 2　　　　D. 3.2

94. 阅读以下 FORTRAN 程序:

```
      READ(*,*)M
      IF(M.LT.100.AND.M.GT.999)STOP
      K=M/100
      L=(M-K*100)/10
      N=M-K*100-L*10
      MM=K+N
      WRITE(*,(2X,I3))MM
      END
```

键盘输入 600,则程序的输出结果是:

A. 8　　　　B. 3　　　　C. 7　　　　D. 6

95. 函数子程序 FJ 求一组数的和。

```
      FUNCTION FJ(X,N)
      DIMENSIONX(N)
      S=0.
      DO 10 K=1,N
      S=S+X(K)
10    CONTINUE
      FJ=______
      END
```

为了完整程序,在______处应填入:

A. 0.0　　　　B. S　　　　C. X(N)　　　　D. N

96. 阅读以下 FORTRAN 程序:

```
      INTEGER X(7)
      DATA X/10,20,45,70,80,15,14/
      M/X(1)
      DO 10 I=2,7
      IF(X(I).GIM)THEN
      M=X(I)
      K=1
      END IF
10    CONTINUE
```

```
      N=X(K)
      X(K)=X(I)
      X(I)=N
      WRITE(*,100)(X(I),I=1,7)
100   FORMAT(2X,7I3)
      END
```

程序运行的结果是：

A. 10 20 45 70 80 15 14　　B. 14 20 45 70 80 15 10

C. 80 20 45 70 10 15 14　　D. 20 45 70 80 15 14 10

97. 已知顺序数据文件 FILEI. DAT 的内容如下：

```
1,2,3
4,5,6
7,8,9
```

程序：

```
      OPEN(9,FILE=FILE1.DAT)
      READ(9,*)A,B,C
      READ(9,*)X,Y
      BACKSPACE(9)
      READ(9,*)D,E,F
      WRITE(*,100)D,E,F
100   FOEMAT(2X,3F4.1)
      END
```

程序运行后的输出结果是：

A. 4.0　5.0　6.0　　B. 5.0　6.0　7.0

C. 7.0　8.0　9.0　　D. 1.0　2.0　3.0

98. 阅读 FORTRAN 程序：

```
      READ(*,*)I,J,K
      DO 10 N=1,2
      I=I+J+K
      J=I+K+J
      K=I+J+K
10    CONTINUE
      WRITE(*,20)I,J,K
20    FORMAT(2X,3I5)
      END
```

键盘输入 1,0,0 则程序运行后的输出结果是：

A. 4　7　13　　B. 2　3　4　　C. 1　1　2　　D. 6　9　15

99. 两个电量都是$+q$的点电荷，在真空中相距a，如果在这两个点电荷连线的中点放上另一个点电荷$+q'$，则点电荷$+q'$受力为：

A. 0　　B. $\dfrac{qq'}{4\pi\varepsilon_0 a^2}$　　C. $\dfrac{qq'}{\pi\varepsilon_0 a^2}$　　D. $\dfrac{2qq'}{4\pi\varepsilon_0 a^2}$

100. 观察图示的直流电路可知，在该电路中：

A. I_S 和 R_1 形成一个电流源模型，U_S 和 R_2 形成一个电压源模型
B. 理想电流源 I_S 的端电压为 0
C. 理想电流源 I_S 的端电压由 U_1 和 U_2 共同决定
D. 流过理想电压源的电流与 I_S 无关

101. 图示电路中，电压源 U_{S_2} 单独作用时，电流源端电压分量 U'_{I_S} 为：

A. $U_{S_2}-I_S R_2$　　B. U_{S_2}　　C. 0　　D. $I_S R_2$

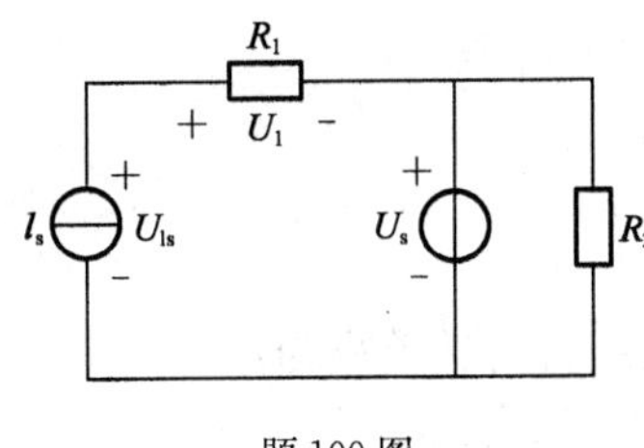

题 100 图

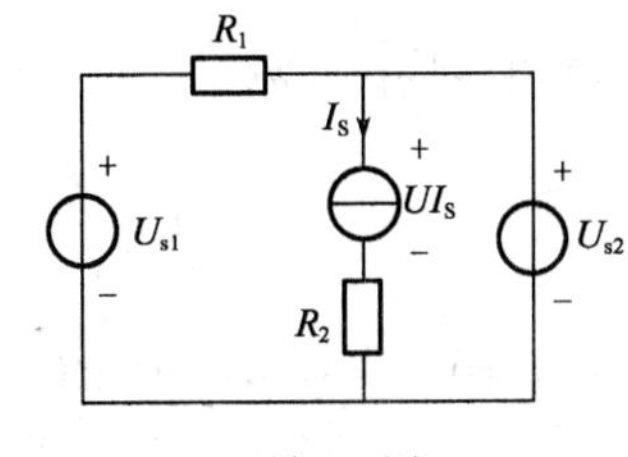

题 101 图

102. 图中给出了某正弦电压的波形图，由图可知，该正弦量的：

A. 有效值为 10V　　B. 角频率为 314rad/s
C. 初相位为 60°　　D. 周期为(20－5)ms

103. 当图示电路的激励电压 $u_i=\sqrt{2}U_1\sin(\omega t+\varphi)$时，电感元件上的响应电压 u_L 为：

A. $\dfrac{L}{R+L}u_i$　　B. $\dfrac{\omega L}{R+\omega L}u_i$

C. $\dfrac{\omega L}{|R+j\omega L|}u_i$　　D. $\dfrac{j\omega L}{R+j\omega L}u_i$

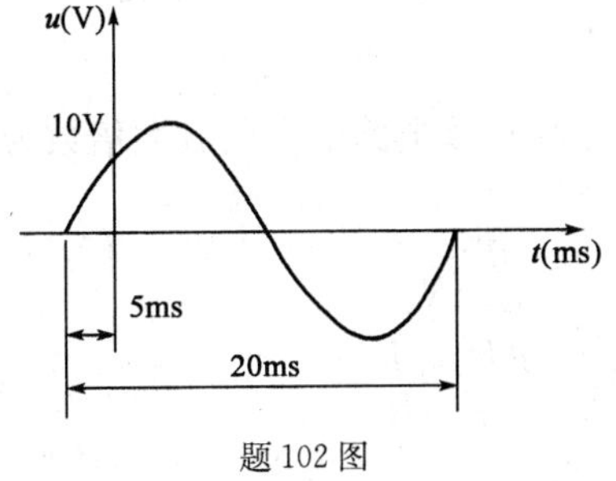

题 102 图

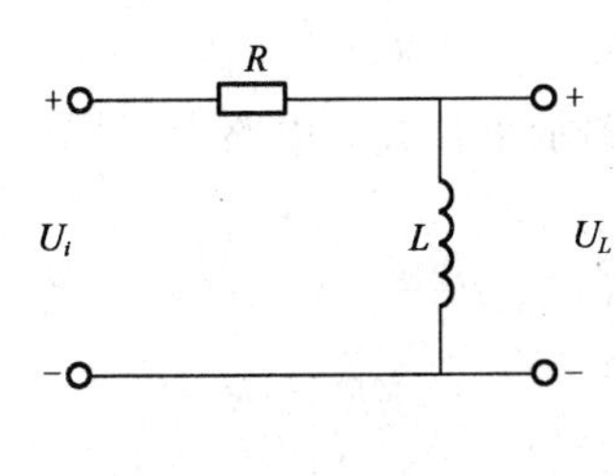

题 103 图

104. 图 a)所示电路中，$R_1=500\Omega$，$R_2=500\Omega$，$L=1\text{H}$，电路激励U_i如图 b)所示，如果用三要素法求解电压U_0，$t\geqslant 0$，则：

A. $U_{0(1+)}=U_{0(1-)}$　　B. $U_{0(1+)}=0.5\text{V}$　　C. $U_{0(1+)}=0\text{V}$　　D. $U_{0(1+)}=I_{L(1-)}R_2$

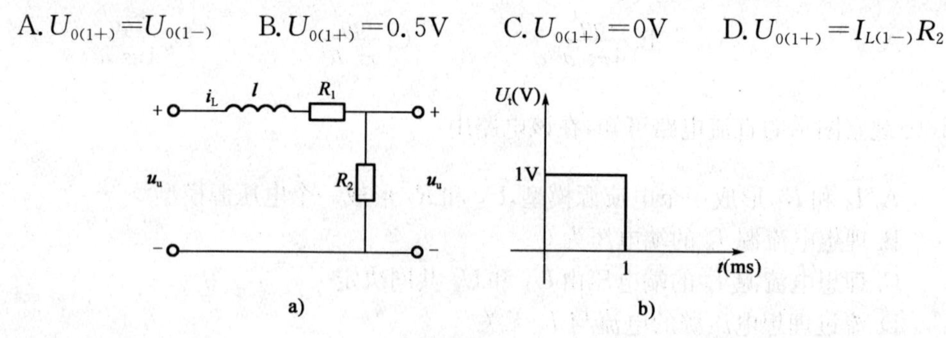

题 104 图

105. 图示电路中，$U_1=220\sqrt{2}\sin ax$，变压器视为理想的，$\frac{N_1}{N_2}=2$，$R_2=R_1$，则输出电压与输入电压的有效值之比$\frac{U_L}{U_1}$为：

A. 1/4　　B. 1　　C. 4　　D. 1/2

106. 额定转速为 1 450r/min 的三相异步电动机，空载运行时转差率为：

A. $s=\frac{1\,500-1\,450}{1\,500}=0.033$　　B. $s=\frac{1\,500-1\,450}{1\,450}=0.035$

C. $0.033<s<0.035$　　D. $s<0.033$

107. 图示电路中，设 VD 为理想二极管，输入电压u_i按正弦规律变化，则在输入电压的负半周，输出电压为：

A. $u_0=u_i$　　B. $u_0=0$　　C. $u_0=-u_i$　　D. $u_0=\frac{1}{2}u_i$

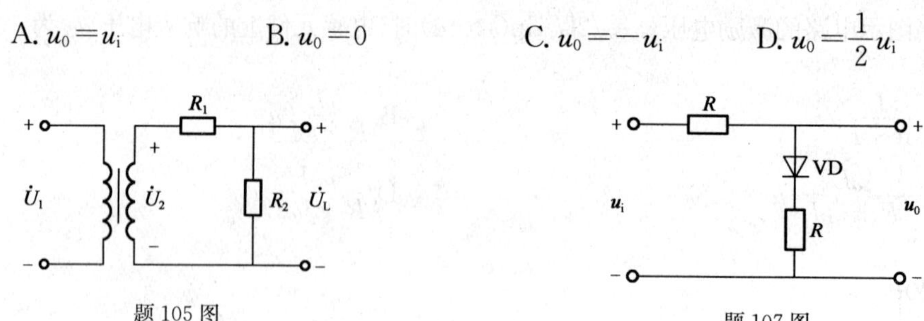

题 105 图　　题 107 图

108. 图示单管放大电路中，设晶体管工作于线性区，此时，该电路的电压放大倍数为：

A. $A_u=\frac{\beta R_C}{r_{be}}$　　B. $A_u=\frac{\beta R_C}{r_{be}//R_B}$

C. $A_u=\frac{-\beta(R_C//R_L)}{r_{be}}$　　D. $A_u=\frac{\beta(R_C//R_L)}{r_{be}//R_B}$

109. 运算放大器应用电路如图所示，在运算放大器线性工作区，输出电压与输入电压之间的运算关系是：

A. $u_0=-10u_i$　　B. $u_0=10u_i$　　C. $u_0=11u_i$　　D. $u_0=5.5u_i$

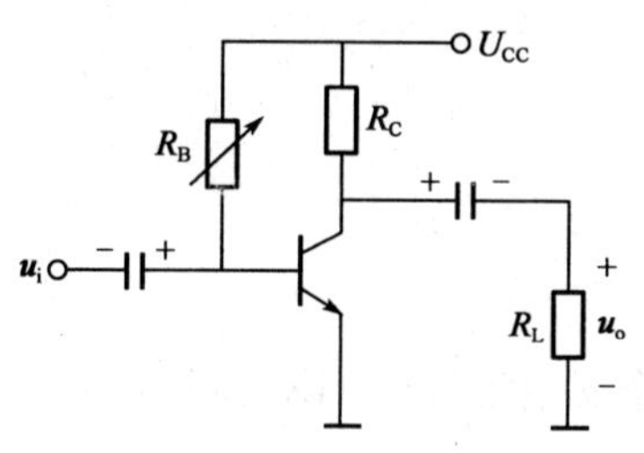

题 108 图

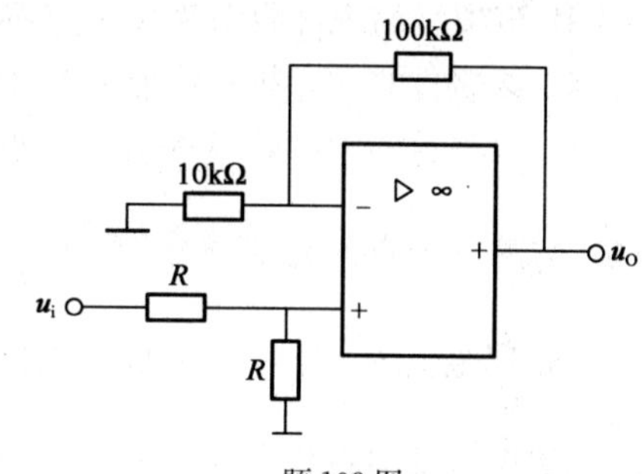

题 109 图

110. 逻辑图和输入 A、B 的波形如图所示，分析当输出 F 为“1”时刻应是：

A. t_1　　B. t_2　　C. t_3　　D. t_4

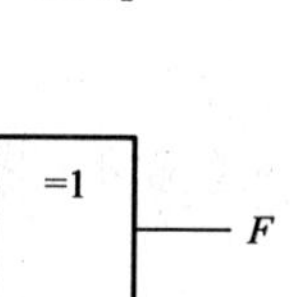

a)

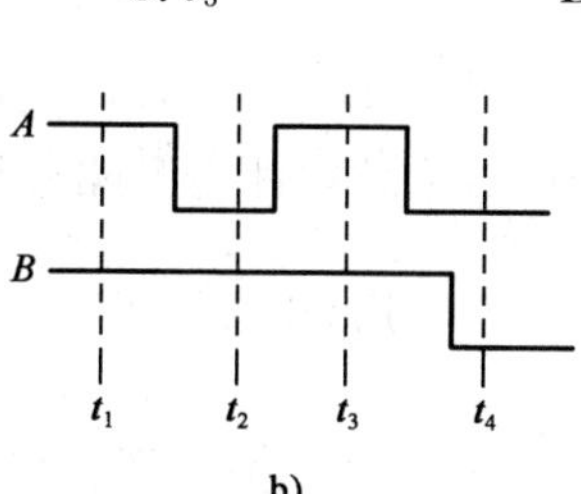

b)

题 110 图

111. 在下面的现金流量图中，若横轴的时间单位为年，则大小为 40 的现金流量的发生时点为：

A. 第 2 年年末　　B. 第 3 年年初　　C. 第 3 年年中　　D. 第 3 年年末

112. 经营成本中包括：

A. 工资及福利费　　B. 固定资产折旧费　　C. 贷款利息支出　　D. 无形资产摊销费

113. 某现金流量如图所示，如果利率为 i，则下面的 4 个表达式中，正确的是：

A. $P(P/F,i,l)=A(P/A,i,n-m)(P/F,i,m)$

B. $P(F/P,i,m-l)=A(P/A,i,n-m)$

C. $P=A(P/A,i,n-m)(P/F,i,m-l)$

D. $P(F/P,i,n-l)=A(F/A,i,n-m+1)$

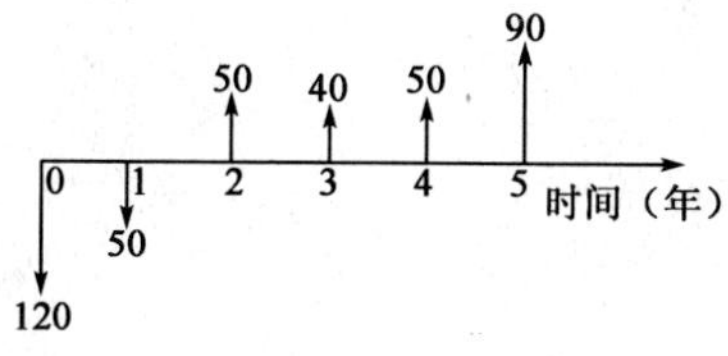

题 111 图

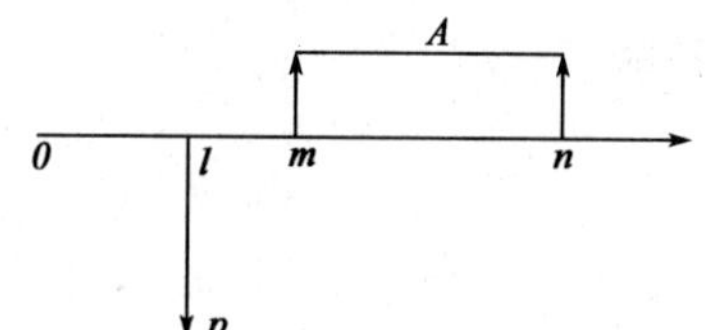

题 113 图

114. 某项目的净年值小于零,则:

A. 该项目是可行的
B. 该项目的内部收益率小于基准折现率
C. 该项目的动态投资回收期小于寿命期
D. 该项目的内部收益率大于基准折现率

115. 与静态投资回收期计算无关的量是:

A. 现金流入　　B. 现金流出　　C. 净现金流量　　D. 基准收益率

116. 某项目从银行贷款 500 万元,期限 5 年,年利率 5%,采取等额还本利息照付方式还本付息,每年末还本付息一次,第 2 年应付利息是:

A. 5 万元　　B. 20 万元　　C. 23 万元　　D. 25 万元

117. 某企业拟投资生产一种产品,设计生产能力为 15 万件/年,单位产品可变成本 120 元,总固定成本 1 500 万元,达到设计生产能力时,保证企业不亏损的单位产品售价最低为:

A. 150 元　　B. 200 元　　C. 220 元　　D. 250 元

118. 在几个产品相同的备选方案比选中,最低价格法是:

A. 按主要原材料推算成本,其中原材料价格较低的方案为优
B. 按净现值为 0 计算方案的产品价格,其中产品价格较低的方案为优
C. 按市场风险最低推算产品价格,其中产品价格较低的方案为优
D. 按市场需求推算产品价格,其中产品价格较低的方案为优

119. 计算经济效益净现值采用的折现率应是:

A. 企业设定的折现率　　B. 国债平均利率
C. 社会折现率　　D. 银行贷款利率

120. 某企业原采用甲工艺生产某种产品,现采用新技术乙工艺生产,不仅达到甲工艺相同的质量,而且成本降低了 15%。根据价值工程原理,该企业提高产品价值的途径是:

A. 功能不变,成本降低　　B. 功能和成本都降低,但成本降幅较大
C. 功能提高,成本降低　　D. 功能提高,成本不变

(注:2006 年试题原资料中第 116~120 题缺失,为方便考生复习,我们另选了 5 道工程经济试题补缺。)

2006 年度全国勘察设计注册工程师公共基础考试

试题解析及参考答案

1. 解　方法 1：因为 $\vec{\alpha},\vec{\beta},\vec{\gamma}$ 共面，则 $\vec{\alpha}\times\vec{\beta}$ 垂直于 $\vec{\gamma}$，即$(\vec{\alpha}\times\vec{\beta})\cdot\vec{\gamma}=0$。

$$\vec{\alpha}\times\vec{\beta}=\begin{vmatrix}\vec{i} & \vec{j} & \vec{k}\\ 1 & a & -3\\ a & -3 & 6\end{vmatrix}=(6a-9)\vec{i}+(-3a-6)\vec{j}+(-a^2-3)\vec{k}$$

$$\begin{aligned}(\vec{\alpha}\times\vec{\beta})\cdot\vec{\gamma}&=\{6a-9,-3a-6,-a^2-3\}\cdot\{-2,2,6\}\\&=-6(a+1)(a+2)=0\end{aligned}$$

所以 $a=-1$ 或 -2。

方法 2：直接利用 $\vec{\alpha},\vec{\beta},\vec{\gamma}$ 共面，混合积$[\vec{\alpha},\vec{\beta},\vec{\gamma}]=0$，即 $\begin{vmatrix}1 & a & -3\\ a & -3 & 6\\ -2 & 2 & 6\end{vmatrix}=0$，求得 a 值。

答案：C

2. 解　法向量 $\vec{n}_1=\{3,-4,-5\}$，$\vec{n}_2=\{-2,-1,-2\}$。

$$\vec{n}_1\cdot\vec{n}_2=\{3,-4,-5\}\cdot\{-2,-1,-2\}=8\neq 0。$$

所以 $\vec{n}_1$，$\vec{n}_2$ 不垂直，选项 D 错误。

答案：D

3. 解　通过方程组 $\begin{cases}x^2+y^2+z^2=9\\ x+z=1\end{cases}$，消去 z，得 $x^2+y^2+(1-x)^2=9$ 为空间曲线在 xOy 平面上的投影柱面。

空间曲线在 xOy 平面上的投影曲线为 $\begin{cases}x^2+y^2+(1-x)^2=9\\ z=0\end{cases}$。

答案：B

4. 解　将式子通分，利用多项式商求极限的方法计算。

$$\lim_{x\to\infty}\left(\frac{ax^2-3}{x^2+1}+bx+2\right)=\lim_{x\to\infty}\frac{bx^3+(a+2)x^2+bx-1}{x^2+1}=\infty$$

只要 $b\neq 0$，a 可为任意实数。

答案：A

5. 解　利用两函数乘积的导数公式计算。

$$y'=x'\cdot\sqrt{a^2-x^2}+x(\sqrt{a^2-x^2})'=\frac{a^2-2x^2}{\sqrt{a^2-x^2}}$$

答案：A

6. **解** 设式中 $xy=u,\frac{x}{y}=v,u\cdot v=xy\cdot\frac{x}{y}=x^2$。

将原式 $f(xy,\frac{x}{y})=x^2$，化为 $f(u,v)=uv$，即 $f(x,y)=xy$，求出 $\frac{\partial f}{\partial x}+\frac{\partial f}{\partial y}=x+y$。

答案:B

7. **解** 已知 $f(x)$ 在 $(-\infty,+\infty)$ 上为奇函数，图形关于原点对称，由已知条件 $f(x)$ 在 $(0,+\infty)$，$f'<0$ 单减，$f''>0$ 凹向，即 $f(x)$ 在 $(0,+\infty)$ 画出的图形为凹减，从而可推出关于原点对称的函数在 $(-\infty,0)$ 应为凸减，因而 $f'<0,f''<0$。

答案:B

8. **解** $F(x,y,z)=x^2+y^2+z-1=0$，曲面切平面的法向量 $\vec{n}=\{F_x,F_y,F_z\}=\{2x,2y,1\}$。

$M_0\left(\frac{1}{2},\frac{1}{2},\frac{1}{2}\right)$，$\vec{n}_{M_0}=\{1,1,1\}$，则切平面方程为

$$1\cdot\left(x-\frac{1}{2}\right)+1\cdot\left(y-\frac{1}{2}\right)+1\cdot\left(z-\frac{1}{2}\right)=0$$

整理得到 $x+y+z-\frac{3}{2}=0$。

答案:A

9. **解** 利用不定积分第一类换元积分法计算。

原式 $=-\frac{1}{2}\int\sqrt{3-x^2}\,\mathrm{d}(3-x^2)=-\frac{1}{3}(3-x^2)^{\frac{3}{2}}+C$。

答案:B

10. **解** 计算定积分。$\int_0^k(3x^2+2x)\,\mathrm{d}x=(x^3+x^2)\big|_0^k=k^3+k^2=0$，又 $k\neq0$，则 $k=-1$。

答案:B

11. **解** 对方程两边求导，化为一阶微分方程，再利用一阶微分方程知识计算。

求导 $f(x)=2f'(x)$，令 $f(x)=y,f'(x)=y'$，得微分方程 $2y'=y$，分离度量 $\frac{2}{y}\mathrm{d}y=\mathrm{d}x$，求通解，$2\ln y=x+C$，$y=C_1e^{\frac{x}{2}}$，代入初始条件 $x=0,y=2,C_1=2$，所以 $y=2e^{\frac{x}{2}}$。

答案:C

12. **解** 本题为交换二重积分的积分顺序题目。将先对 y 积分，后对 x 积分，换成先对 x 后对 y 积分。

由给出的条件 $\begin{cases}0\leqslant y\leqslant x\\0\leqslant x\leqslant1\end{cases}$，把积分区域复原(见解图)，$D$：$\begin{cases}0\leqslant y\leqslant1\\y\leqslant x\leqslant1\end{cases}$，再算出先对 x，后对 y 积分的顺序。

y
y=x
(1, 1)
x=1
O
x

题12解图

原式 $=\int_0^1\mathrm{d}y\int_y^1f(x,y)\mathrm{d}x$。

答案:D

13. **解**　利用对弧长的曲线积分方法计算。

$L:\begin{cases}y=x^2\\x=x\end{cases}$，$0\leqslant x\leqslant 1$；$\mathrm{d}s=\sqrt{1+4x^2}\mathrm{d}x$。

原式$=\int_0^1 x\sqrt{1+4x^2}\mathrm{d}x=\frac{1}{8}\int_0^1\sqrt{1+4x^2}\mathrm{d}(1+4x^2)=\frac{1}{12}(5\sqrt{5}-1)$。

答案:A

14. **解**　举反例说明，符合题目条件的级数有两种不同的情况：收敛，发散。

例：令 $u_n=0$，则 $\sum\limits_{n=1}^{\infty}u_{2n-1}-u_{2n}=\sum\limits_{n=1}^{\infty}0$，而 $\sum\limits_{n=1}^{\infty}u_n$ 收敛，说明选项D错误。

例：令 $u_n=1$，则 $\sum\limits_{n=1}^{\infty}u_{2n-1}-u_{2n}=\sum\limits_{n=1}^{\infty}0$，显然收敛，而 $\sum\limits_{n=1}^{\infty}u_n$ 发散，说明选项A、选项C错误。

综合以上两例，满足条件的级数未必收敛。

答案:B

15. **解**　级数 $\sum\limits_{n=0}^{\infty}(-1)^n x^n=1-x+x^2-x^3+\cdots$ 为 $q=-x$ 的等比级数，$|q|=|x|<1$。

故级数收敛，和函数 $S(x)=\frac{a_1}{1-q}=\frac{1}{1+x}$。

答案:B

16. **解**　此题为一阶可分离变量方程，分离变量后，两边积分。微分方程 $(1+y)\mathrm{d}x-(1-x)\mathrm{d}y=0$，$\frac{1}{1-x}\mathrm{d}x-\frac{1}{1+y}\mathrm{d}y=0$。两边积分：$-\ln(1-x)-\ln(1+y)=-\ln C$，$(1-x)(1+y)=C$。

答案:C

17. **解**　此题为一阶线性微分方程，直接代入公式计算，公式为 $y'+p(x)y=Q(x)$，$y=e^{-\int p(x)\mathrm{d}x}\left[\int Q(x)e^{\int p(x)\mathrm{d}x}\mathrm{d}x+C\right]$，本题 $p(x)=\frac{1}{x}$，$Q(x)=2$，代入公式，有

$$y=e^{-\int\frac{1}{x}\mathrm{d}x}\left[\int 2e^{\int\frac{1}{x}\mathrm{d}x}\mathrm{d}x+C\right]$$

$$=e^{-\ln x}\left[\int 2e^{\ln x}\mathrm{d}x+C\right]=\frac{1}{x}(x^2+C)$$

代入初始条件，当 $x=1$，$y=0$，得 $C=-1$，故 $y=x-\frac{1}{x}$。

答案:A

18. **解**　本题为二阶常系数线性齐次方程求通解，写出方程对应的特征方程 $r^2+2=0$，$r=\pm\sqrt{2}i$。

$\alpha=0$，$\beta=\sqrt{2}$，通解 $y=e^{0x}(C_1\cos\sqrt{2}x+C_2\sin\sqrt{2}x)$，即 $y=C_1\cos\sqrt{2}x+C_2\sin\sqrt{2}x$。

答案:D

19. **解**　对立事件的定义。

答案:D

20. **解**　用公式 $P(A)=\frac{C_M^m C_{N-M}^{n-m}}{C_N^n}$，或用古典概型公式 $P(A)=\frac{m}{n}, n=C_5^3, m=C_3^2 C_2^1$。

答案：D

21. **解**　$E(X)=\int_{-\infty}^{+\infty} x f(x)\mathrm{d}x, f(x)=F'(x), E(X)=\int_0^1 x\cdot 3x^2\mathrm{d}x$。

答案：B

22. **解**　根据矩阵乘积秩的性质，$\boldsymbol{AB}=0$，有 $r(\boldsymbol{A})+r(\boldsymbol{B})\leqslant n$ 成立，选项A正确。$\boldsymbol{AB}=0$，取矩阵的行列式，$|\boldsymbol{A}||\boldsymbol{B}|=0$，$|\boldsymbol{A}|=0$ 或 $|\boldsymbol{B}|=0$，选项B正确。又因为 $\boldsymbol{B}\neq 0$，$\boldsymbol{B}$ 为非零矩阵，$r(\boldsymbol{B})\geqslant 1$，由上式 $r(\boldsymbol{A})+r(\boldsymbol{B})\leqslant n$，推出 $0\leqslant r(\boldsymbol{A})<n$，选项C也正确。所以错误选项为D。

答案：D

23. **解**　已知条件 $\boldsymbol{B}$ 是三阶非零矩阵，而 $\boldsymbol{B}$ 的每一列都是方程组的解，可知齐次方程 $\boldsymbol{A}x=0$ 有非零解。所以齐次方程组的系数行列式为0，即 $\begin{vmatrix} 1 & 2 & -2 \\ 2 & -1 & t \\ 3 & 1 & -1 \end{vmatrix}=0$ 计算此行列式，$t=1$。

答案：D

24. **解**　已知 $\boldsymbol{\alpha}_1,\boldsymbol{\alpha}_2$ 是矩阵 $\boldsymbol{A}$ 属于特征值1的特征向量，即有 $\boldsymbol{A\alpha}_1=1\cdot\boldsymbol{\alpha}_1$，$\boldsymbol{A\alpha}_2=1\cdot\boldsymbol{\alpha}_2$ 成立，则 $\boldsymbol{A}(\boldsymbol{\alpha}_1-\boldsymbol{\alpha}_2)=1\cdot(\boldsymbol{\alpha}_1-\boldsymbol{\alpha}_2)$，$\boldsymbol{\alpha}_1-\boldsymbol{\alpha}_2$ 为非零向量，因此 $\boldsymbol{\alpha}_1-\boldsymbol{\alpha}_2$ 是 $\boldsymbol{A}$ 属于特征值1的特征向量。

答案：A

25. **解**　$\bar{\varepsilon}_{平动}=\frac{3}{2}kT$，$\bar{\varepsilon}_{平动}$ 既相等，则温度相同。又 $p=nkT$，知 n 不同，则 P 不同。

答案：A

26. **解**　设分子速率在 $v_1\sim v_2$ 区间内的分子数为 N，其速率的算术平均值为 $\bar{v}$，

$$\bar{v}=\frac{v_1\Delta N_1+v_2\Delta N_2+\cdots+v_i\Delta N_i+\cdots+v_N\Delta N_N}{N}，即\ \bar{v}=\frac{\int_{v_1}^{v_2} v\mathrm{d}N}{\int_{v_1}^{v_2}\mathrm{d}N} \cdots\cdots ①$$

由 $f(v)=\frac{\mathrm{d}N}{N\mathrm{d}v}$，有

$$\mathrm{d}N=Nf(v)\mathrm{d}u \cdots\cdots ②$$

将②代入①式，得 $\bar{v}=\frac{\int_{v_1}^{v_2} vNf(v)\mathrm{d}v}{\int_{v_1}^{v_2} Nf(v)\mathrm{d}v}=\frac{\int_{v_1}^{v_2} vf(v)\mathrm{d}v}{\int_{v_1}^{v_2} f(v)\mathrm{d}v}$。

答案：C

27. **解**　$p=nkT, n=N/V$。

答案：B

28. **解** 等体过程做功为零，又等压过程 $Q_p = A_p + \Delta E_{内}$，等温过程 $Q_T = A_T$。由题意，$Q_p = Q_T$，即 $Q_p = A_p + \Delta E_{内} = A_T$，$\Delta E_{内} > 0$，故 $A_T > A_p$。

答案:C

29. **解** $\eta_{卡} = 1 - \dfrac{T_2}{T_1}$。

答案:D

30. **解** V_1 膨胀到 V_2，即 $V_1 < V_2$。由 $V = \dfrac{a}{\sqrt{p}}$ 及 $p = nkT$ 知 $T_1 > T_2$。

答案:A

31. **解** 考虑多普勒效应：观察者和波源相互靠近，接收到的频率就高于原来波源的频率；反之，两者相互远离，则接收到的频率就低于原波源频率。

答案:C

32. **解** 比较波动方程 $y = A\cos\left(2\pi\nu t + \dfrac{2\pi x}{\lambda} + \phi_0\right)$，原 $y = 0.03\cos\left(8t + 3x + \dfrac{\pi}{4}\right) = 0.03\cos\left[\left(8t + \dfrac{2\pi x}{\frac{2\pi}{3}}\right) + \dfrac{\pi}{4}\right]$，由此可知，$\nu = \dfrac{4}{\pi}$，$\lambda = \dfrac{2\pi}{3}$。又 $u = \lambda\nu$，可得 u 值。

答案:A

33. **解** 间距 $\Delta x = \dfrac{D\lambda}{nd}$，$x_{明} = \pm\dfrac{kD\lambda}{nd}$。

答案:B

34. **解** $a\sin\phi = 2k\dfrac{\lambda}{2}$，令 $k=3$。

答案:B

35. **解** $I = I_0\cos^2\alpha$，注意：自然光通过偏振片后，光强减半。

出射光强 $I = \dfrac{I_0}{2}\cos^2 60° = \dfrac{I_0}{8}$。

答案:D

36. **解** 最小分辨角 $\theta = 1.22\dfrac{\lambda}{D}$，注意：对于光学仪器，最小分辨角越小，仪器越精密。

答案:D

37. **解** 波谷位置应满足 $y = -0.002$，即 $\cos(400\pi t - 20\pi x) = -1$，也即 $400\pi t - 20\pi x = (2k+1)\pi$。

答案:C

38. **解** 牺牲阳极保护法，应使用比 Fe 活泼的金属作为阳极，Z_n 最合适。

答案:A

39.**解**　B原子的价电子为$2s^22p^1$,当B原子与F原子形成化学键的过程中,一个2s轨道上的电子跃迁到2p轨道上,采取sp^2杂化形成三个sp^2杂化轨道,三个sp^2杂化轨道采取最大夹角原则在空间伸展,形成平面三角形排布。固BF_3为三角形。

答案:B

40.**解**　分子中氢原子与电负性大、半径小、有孤对电子的原子(如F、O、N)形成强极性共价键后,还能吸引另一个电负性较大的原子中的孤对电子而形成氢键。只有B符合形成氢键条件。

答案:B

41.**解**　石墨为层状结构晶体,层内C原子为sp^2杂化,碳碳间存在大π键,电子可以在大π键内自由移动。

答案:D

42.**解**　参见标准电极电势定义。

答案:B

43.**解**　如果在平衡体系中加入反应物,可使平衡右移,但生成物的体积分数不一定增加,反应物浓度也不一定降低,故A、C错。又催化剂能够同时增加正、反向反应速率,但不会使平衡移动,D也错。

答案:B

44.**解**　升高温度,平衡向吸热方向移动;温度降低,平衡向放热方向移动。

答案:A

45.**解**　参见溶度积规则。

答案:D

46.**解**　CO_2直线型,H_2S中S采取不等性sp^3杂化,为“V”字形。

答案:D

47.**解**　不饱和烃可以使$KMnO_4$溶液、溴水褪色,醛可以发生银镜反应。

答案:D

48.**解**　苯不溶水,密度比水小;乙酸溶于水;四氯化碳不溶水,密度比水大。

答案:A

49.**解**　平面平行力系向一点简化后的主矢与原力系方向一致。

答案:B

50.**解**　根据平面任意力系的简化结果分析。

答案:C

51. **解**　应用零杆的判断方法(节点法)。

答案:D

52. **解**　根据斜面自锁的条件:$\tan\theta \leqslant \tan\varphi_m = f$。

答案:C

53. **解**　先取 AC 为研究对象,由 $\sum m_C(F)=0$ 的平衡方程可求出 F_A,再研究整体。

答案:A

54. **解**　将两个运动方程平方相加。

答案:B

55. **解**　根据定轴转动刚体上一点速度、加速度的公式。

答案:A

56. **解**　根据平移刚体的定义。

答案:A

57. **解**　应用牛顿第二定律。

答案:A

58. **解**　动量的大小为 mv_c。

答案:B

59. **解**　应用动能定理 $T_2 - T_1 = W_{12}$,其中:$T_2 = 0$;$T_1 = \frac{1}{2}J_O\omega_0^2$;$\omega_0 = \frac{v_A}{l}$;$W_{12} = mg\frac{l}{2} - \frac{1}{2}k\left(l-\frac{\sqrt{2}l}{2}\right)^2$。

答案:D

60. **解**　参考自由振动固有频率和周期的公式。

答案:D

61. **解**　根据定义。

答案:C

62. **解**　用直接法求轴力,可得 $N_{AB}=-6\text{kN}$,$N_{BC}=4\text{kN}$。

答案:C

63. **解**　用直接法求内力,可得 AB 段轴力为 $\boldsymbol{F}$,既有变形,又有位移;BC 段没有轴力,所以没有变形,但是由于 AB 段的位移带动 BC 段有一个向右的位移。

答案:A

64. **解**　插销中心部分有向下的趋势,插销帽周边部分受平板支撑,有向上的趋势,故插销的剪切面积是一个圆柱面积 πdh，而插销帽与平板的接触面积面积就是挤压面积，为一个圆环面积$\frac{\pi}{4}(D^2-d^2)$。

答案:B

65.**解** 设实心圆轴原来横截面面积为 $A=\frac{\pi}{4}d^2$，增大后面积 $A_1=\frac{\pi}{4}d_1^2$，则有：$A_1=2A$，即$\frac{\pi}{4}d_1^2=2\frac{\pi}{4}d^2$，所以 $d_1=\sqrt{2}d$。原面积不发生屈服时，$\tau_{\max}=\frac{M_0}{W_p}=\frac{M_0}{\frac{\pi}{16}d^3}\leqslant\tau_S$，$M_0\leqslant\frac{\pi}{16}d^3\tau_S$，将面积增大后，$\tau_{\max 1}=\frac{M_1}{W_{p1}}=\frac{M_1}{\frac{\pi}{16}d_1^3}\leqslant\tau_S$，最大许可荷载 $M_1\leqslant\frac{\pi}{16}d_1^3\tau_S=2\sqrt{2}\frac{\pi}{16}d^3\tau_S=2\sqrt{2}M_0$。

答案:C

66.**解** 用截面法(或直接法)可求出截面 1-1 处扭矩为 25kN·m，截面 2-2 处的扭矩为 −5kN·m。

答案:B

67.**解** 根据矩的定义 $I_z=\int_A y^2\mathrm{d}A, I_y=\int_a z^2\mathrm{d}A$，可知惯性矩的大小与面积到轴的距离有关。面积分布离轴越远，其惯性矩越大；面积分布离轴越近，其惯性矩越小。可见 I_y^a 最大，I_z^a 最小。

答案:C

68.**解** 图形对主惯性轴的惯性积为零，对主惯性轴的惯性矩是对通过某点的所有轴的惯性矩中的极值，也就是最大或最小的惯性矩。

答案:C

69.**解** 经分析可知，移动荷载作用在跨中$\frac{l}{2}$处时，有最大弯矩 $M_{\max}=\frac{Pl}{4}$，支反力和弯矩图如解图 a)所示。当移动荷载作用在支座附近、无限接近支座时，有最大剪力 $Q_{\max}$ 趋近于 P 值，如解图 b)所示。

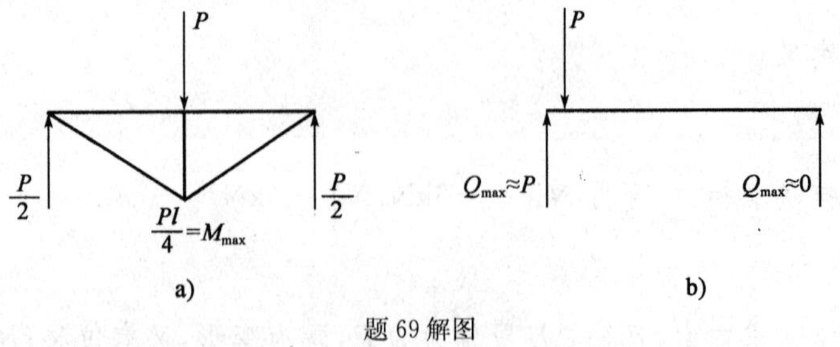

题 69 解图

答案:A

70.**解** 矩形截面梁横力弯曲时，横截面上的正应力 σ 沿截面高度线性分布，如解图 a)所示。在上下边缘 σ 最大，在中性轴上正应力为零。横截面上的剪应力 τ 沿截面高度呈抛物线分布，如解图 b)所示。在上下边缘 τ 为零，在中性轴处剪应力最大。

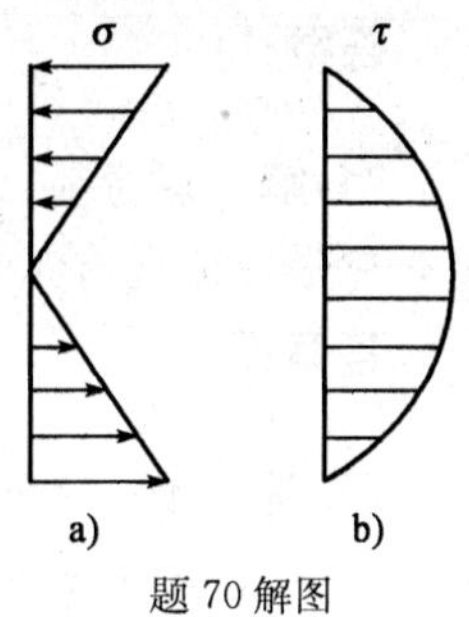

题 70 解图

答案：B

71. **解** 首先分析各横截面上的内力——剪力 Q 和弯矩 M，如解图 a)所示。再分析各横面上的正应力 σ 和剪应力 γ 沿高度的分布，如解图 b)和 c)所示。可见 4 点的剪应力方向不对。

答案：D

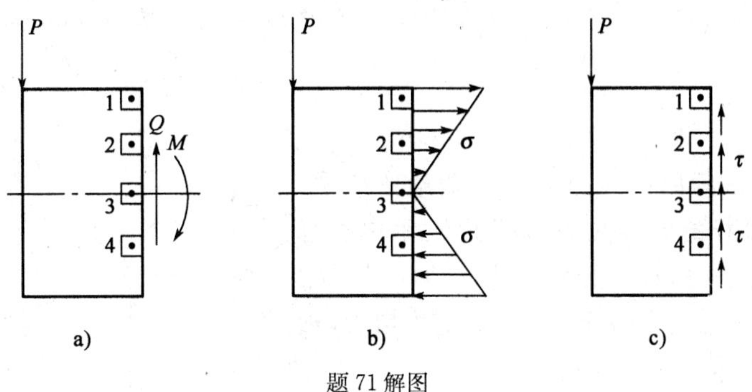

题 71 解图

72. **解** 题图单元体的主方向可用叠加法判断。把图中单元体看成是单向压缩和纯剪切两种应力状态的叠加，如解图 a)和 b)所示。

其中，解图 a)主压应力 σ_3' 的方向即为 σ_y 的方向（沿 y 轴），而解图 b)与解图 c)等价，其主应压力 σ_3'' 的方向沿与 y 轴成 45°的方向。因此题中单元体主力主应力 σ_3 的方向应为 σ_3' 和 σ_3'' 的合力方向。根据求合力的平行四边形法则，σ_3 与 y 轴的夹角 σ 必小于 45°，而 σ_1 与 σ_3 相互垂直，故 σ_1 与 x 轴夹角也是 $\alpha<45°$，如解图 d)所示。

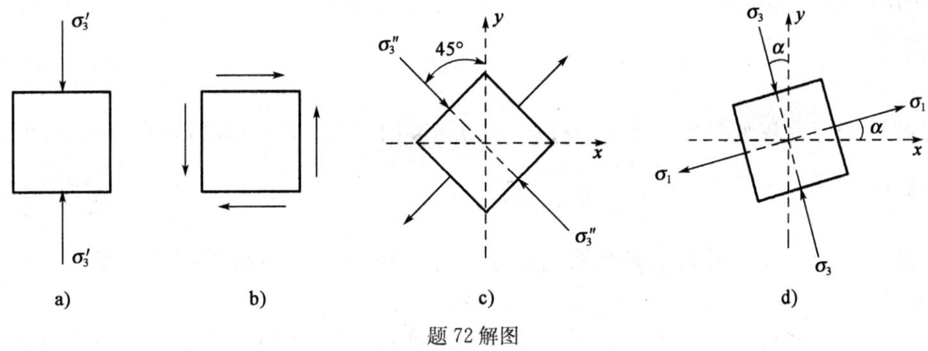

题 72 解图

答案：A

73. **解** 图 a)是轴向受压变形，最大压应力 $\sigma_{max}^{a}=-\dfrac{P}{a^2}$；图 b)底部是偏心受压力变形，偏心矩为 $\dfrac{a}{2}$，最大压应力 $\sigma_{max}^{b}=\dfrac{F_N}{A}-\dfrac{M_z}{W_z}=-\dfrac{P}{2a^2}-\dfrac{P\cdot\dfrac{a}{2}}{\dfrac{a}{6}(2a)^2}=-\dfrac{5P}{4a^2}$。显然图 b)最大压应力数值大于图 a)，该立柱的强度降低了。

答案:D

74.**解** 斜弯曲、偏心拉弯和拉弯组合变形中单元体上只有正应力没有剪应力，只有弯扭组合变形中才既有正应力 σ、又有剪应力 τ。

答案:D

75.**解** 根据临界压力的概念，临界压力是指压杆由稳定开始转化为不稳定的最小轴向压力。由公式 $P_{cr}=\frac{\pi EL}{(\mu l)^2}$ 可知，当压杆截面对某轴惯性矩最小时，则压杆截面绕该轴转动并发生弯曲最省力，即这时的轴向压力最小。显然图示矩形截面中 I_y 是最小惯性矩，并挠曲线应位于 xz 面内。

答案:B

76.**解** 不同压杆的临界应力总是如解图所示。图中 AB 段表示短杆的临界应力，BC 段表示中长杆的临界应力，CD 段表示细长杆的临界应力。从图中可以看出，在材料相同的条件下，随着柔度的增大，细长杆和中长杆的临界应力均是减小的。

答案:C

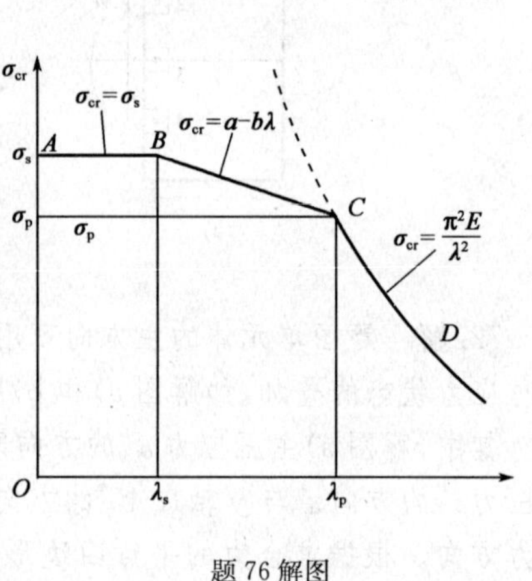

题 76 解图

77.**解** 参看理想流体元流能量方程相关内容(理想流体与实际流体的主要差别在于黏性)。

答案:B

78.**解** 相对压强等于绝对压强减去当地大气压强。$p=100-98=2\text{kN/m}^2$。

答案:B

79.**解** 曲面总压的铅直分力 $p_z=\rho g\nabla=9.8\times\left(1.4\times1+\frac{1}{4}\pi\times(1)^2\right)\times4=85.65\text{kN}$。

答案:C

80.**解** 参看流体运动基本概念及流动分类的内容，由非恒空流与均匀流定义可知。

答案:B

81.**解** 运用能量方程求解。对 C-C 断面与管道出口断面写能量方程：

$$h_1+h_2+\frac{p_c}{\rho g}+\frac{v_c^2}{2g}=0+0+\frac{v_c^2}{2g}$$

$p_c=\rho g(-h_1-h_2)=-9.8\times(1.5\text{m}+3\text{m})=-44.1\text{kPa}$。

答案:D

82.**解** 临界雷诺数 $\text{Re}_k=2\ 300$，而 $\text{Re}_k=\frac{v_k d}{\nu}$。$v_k=\frac{\text{Re}_k\times\nu}{\text{d}}=\frac{2\ 300\times1.31\times10^{-6}}{0.025}=0.12\text{m/s}$。

答案:D

83. **解** 参见紊流沿程阻力系数相关内容。

答案:A

84. **解** 短管淹没出流，$v=\sqrt{\dfrac{2g(H-h_f)}{\sum\zeta}}=\sqrt{\dfrac{2\times9.8\times(10-6.8)}{0.5+3\times0.8+0.26+0.8}}=3.98\text{m/s}$。

答案:A

85. **解** 参见边界层分离相关内容，并注意否定词“不会”。

答案:B

86. **解** 并联管道流量与阻抗平方根成反比，$\dfrac{Q_1}{Q_2}=\sqrt{\dfrac{S_2}{S_1}}=\sqrt{\dfrac{8\lambda L_2}{\pi^2 gd^5}\Big/\dfrac{8\lambda L_1}{\pi^2 gd^5}}=\sqrt{\dfrac{L_2}{L_1}}=\sqrt{0.5}=$ 0.707。

答案:A

87. **解** 参见明渠均匀流水力计算的几类问题，并注意否定词“不能”。

答案:D

88. **解** 由完全潜水井流量公式 $Q=1.366\dfrac{k(H^2-h^2)}{\lg\dfrac{R}{r_0}}$，反求 k。

$$k=\frac{Q\lg\dfrac{R}{r_0}}{1.366(H^2-h^2)}=\frac{0.03\times\lg\dfrac{400}{0.2}}{1.366\times(8^2-5^2)}=0.001\,85\text{m/s}。$$

答案:B

89. **解** 获取屏幕上显示的内容，是指全屏幕拷贝。

答案:D

90. **解** 三位二进制数对应一位八进制数，从最后一位开始向前每三位为一组，100 对应 4，110 对应 6，011 对应 3。

答案:A

91. **解** Windows 系统下可执行的文件名有 *.EXE，*.BAT。

答案:D

92. **解** 一台计算机、一个 Modem 和可通话的电话。将电话线从电话机上拔下来，插在 Modem 的接口就可以拨号上网了。

答案:B

93. **解** 每一位数除完后再取整运算，M 为整形数。

答案:C

94. **解**　K=6,L=(600−6＊100)=0,N=(600−6＊100−L＊10)=0,MM=K+N=6+0=6。

答案:D

95. **解**　在此函数名返回函数值。

答案:B

96. **解**　利用 DATA 语句赋值,X(1)=10,X(2)=20,X(3)=45,X(4)=70,X(5)=80,X(6)=15,X(7)=14。

答案:C

97. **解**　BACKSPACE 为回退语句,是指定文件的文件读写指针从当前记录回退一个记录。

答案:D

98. **解**　当 N=1 时,I=1+0+0=1,J=1+0+0=1,K=1+1+0=2;

当 N=2 时,I=1+1+2=4,J=4+2+1=7,K=4+7+2=13。

答案:A

99. **解**　根据静电场的叠加定理可见,两个正电荷$+q$对于$+q'$的作用力大小相等,方向相反(见解图)。可见$+q'$所受的合力为 0。

答案:A

100. **解**　实际的电压源模型内阻与电压源串联,实际的电流源模型中内阻与电流源并联,且电流源的端电压由外电路U_1和U_2决定,即$U_{I_S}=U_1+U_S$。

答案:C

101. **解**　当电压源U_{S_2}单独作用时需将U_{S_1}短路,电流源I_S断路处理。题图的电路应等效为解图所示电路,即$U'_{I_S}=U_{S_2}$。

答案:B

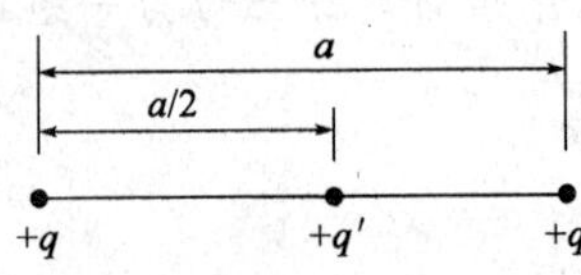

题 99 解图

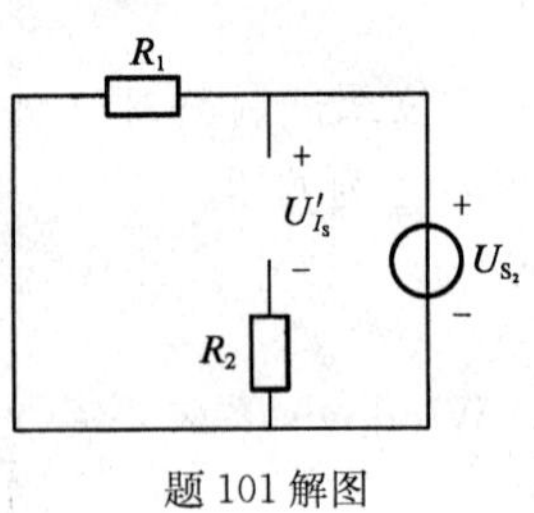

题 101 解图

102. **解**　由图观察交流电的三要素。

最大值:$U_m=10$V。有效值:$U=10\sqrt{2}=20.7$V。

初相位:$\varphi=\dfrac{5}{20}\times 360°=90°$

角频率:$\omega=2\pi f=2\pi\dfrac{1}{T}=\dfrac{2\pi}{20\times 10^{-3}}=314$rad/s

答案:B

103. **解** 该题可以用复数符号法分析，画出电路的复电路模型如解图所示，计算如下。

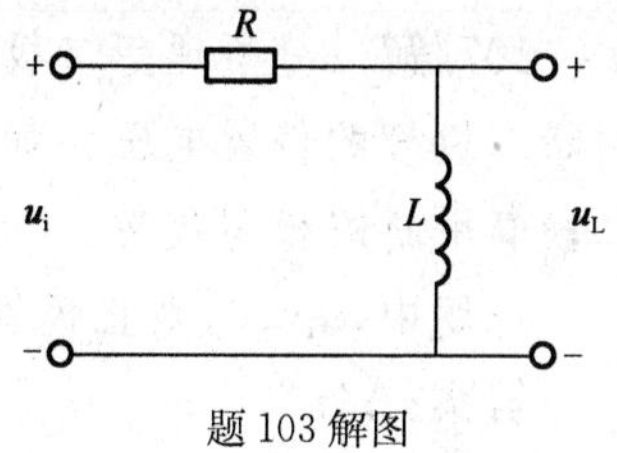

题103解图

$$\dot{u}_L = \frac{jX_L}{R+jX_L}\dot{u}_i = \left|\frac{jX_L}{R+jX_L}\dot{u}_i\right|\angle\varphi_L$$

$$u_L = |\dot{u}_L| = \frac{|jX_L\dot{u}_i|}{|R+jX_L|} = \frac{X_L u_i}{|R+jX_L|} = \frac{\omega L u_i}{|R+j\omega L|}$$

答案:C

104. **解** 根据一阶暂态电路的三要素公式，电感电流的计算公式为

$$i_{L(t)} = I_{L(\infty)} + [I_{L(t_0^+)} - I_{L(\infty)}]e^{-1/\tau}$$

当 $0<t<1\text{ms}$ 时

$$I_{L(0_+)} = I_{L(0_-)} = \frac{0}{R_1+R_2} = 0\text{A}$$

$$I_{L(\infty)} = \frac{1}{2\times 500} = 0.001\text{A}$$

$$\tau = \frac{L}{(R_1+R_2)} = \frac{1}{2\times 500} = 1\text{ms}$$

$$i_{L(\tau)} = 0.001 - 0.001\times e^{-1000t}\ (0\leqslant t<1)$$

$$U_{0(1+)} = I_{L(1+)}\times R_2 = (0.001-0.001e^{-1})\times 500 = 0.316\text{V}$$

所以B、C、D答案错误。

$$U_{0(1+)} = I_{L(1+)}R_2 = I_{L(1-)}R_2 = U_{0(1-)}$$

答案:A

105. **解** 根据变压器的变化关系，得

$$k = \frac{N_1}{N_2} = \frac{U_1}{U_2} = 2$$

$$\frac{U_L}{U_1} = \frac{U_L}{U_2}\cdot\frac{U_2}{U_1} = \frac{1}{2}\times\frac{1}{2} = \frac{1}{4}$$

答案:A

106. **解** 电动机的转差率公式为

$$s = \frac{n_0 - n_N}{n_0}\times 100\%$$

通常 s 为 1%～9%，当电机的额定转速 $n_N = 1\,450\text{r/min}$ 时，可判定空载转速 $n_0 = 1\,500\text{r/min}$。

因此 $s = \frac{1\,500-1\,450}{1\,500}\times 100\% = 0.033\times 100\% = 3.3\%$。

答案:A

107. **解**　分析理想二极管电路的电压电流关系时，通常的做法是首先设二极管截止，然后判断二极管的偏置电压。如二极管是正向偏置，可以按短路分析；如果二极管是反偏的，则将二极管用断路模型代替。

此题中，$u_i<0$，则直极管反向偏置，将其断开，则横向连接的电阻 R 上无压降，$u_0=u_i$。

答案：A

108. **解**　该电路为固定偏置放在电路，放大倍数 $A_u=\dfrac{-\beta(R_C//R_L)}{\gamma_{be}}$。

答案：C

109. **解**　$u_0=\left(1+\dfrac{100}{10}\right)\dfrac{R}{R+R}u_i=11\times\dfrac{1}{2}u_i=5.5u_i$。

答案：D

110. **解**　该电路这异或门电路，逻辑关系为

$$F=A\overline{B}+\overline{A}B$$

当 $t=t_2$ 时，$A=0$，$B=1$，$F=1$，其余时刻 F 均为 0。

答案：B

111. **解**　在现金流量图中，横轴上任意一时点 t 表示第 t 期期末，同时也是第 $t+1$ 期的期初。

答案：D

112. **解**　经营成本中不包括折旧费、摊销费和贷款利息支出。经营成本是指建设项目总成本费用扣除折旧费、摊销费和财务费用以后的全部费用。

答案：A

113. **解**　根据安全等值计算公式，将现金流入和现金流出折算到同一年进行比较判断。根据资金等值计算公式，选项 D 的方程两边是分别将现金流出和现金流入折算到 n 年末，等式成立。

答案：D

114. **解**　从图解的净现值函数曲线中可以看出，当某项目的净现值小于零时，该项目的内部收益率小于基准折现率。

答案：B

题 114 解图

115. **解**　计算静态投资回收期仅考虑各年的现金流入、现金流出和净现金流量，不考虑资金的时间价值，因此基准收益率是与静态投资回收期计算无关的量。

答案：D

116. **解**　等额还本则每年还本 100 万元，次年以未还本金为基数计算利息。

答案:B

117. **解** 用盈亏平衡分析公式计算。

答案:C

118. **解** 最低价格法是在相同产品方案比选中,按净现值为0推算备选方案的产品价格,以最低产品价格较低的方案为优。

答案:B

119. **解** 进行经济费用效益分析采用社会折现率参数。

答案:C

120. **解** 质量相同,功能上没有变化。

答案:A

2007年度全国勘察设计注册工程师公共基础考试

试　题

单项选择题(共120题,每题1分。每题的备选项中只有一个最符合题意)

1. 设直线的方程为$\frac{x-1}{-2}=\frac{y+1}{-1}=\frac{z}{1}$,则直线:

A. 过点(1,−1,0),方向向量为$2\vec{i}+\vec{j}-\vec{k}$
B. 过点(1,−1,0),方向向量为$2\vec{i}-\vec{j}+\vec{k}$
C. 过点(−1,1,0),方向向量为$-2\vec{i}-\vec{j}+\vec{k}$
D. 过点(−1,1,0),方向向量为$2\vec{i}+\vec{j}-\vec{k}$

2. 设平面π的方程为$2x-2y+3=0$,以下选项中错误的是:

A. 平面π的法向量为$\vec{i}-\vec{j}$
B. 平面π垂直于z轴
C. 平面π平行于z轴
D. 平面π与xOy面的交线为$\frac{x}{1}=\frac{y-\frac{3}{2}}{1}=\frac{z}{0}$

3. 下列方程中代表单叶双曲面的是:

A. $\frac{x^2}{2}+\frac{y^2}{3}-z^2=1$　　B. $\frac{x^2}{2}+\frac{y^2}{3}+z^2=1$
C. $\frac{x^2}{2}-\frac{y^2}{3}-z^2=1$　　D. $\frac{x^2}{2}+\frac{y^2}{3}+z^2=0$

4. 若有$\lim\limits_{x\to a}\frac{f(x)}{x-a}=0$,则当$x\to a$时,$f(x)$是:

A. 有极限的函数　　B. 有界函数
C. 无穷小量　　D. 比$(x-a)$高阶的无穷小

5. 函数$y=\frac{x}{\sqrt{1-x^2}}$在x处的微分是:

A. $\frac{1}{(1-x^2)^{\frac{3}{2}}}\mathrm{d}x$　　B. $2\sqrt{1-x^2}\mathrm{d}x$
C. $x\mathrm{d}x$　　D. $\frac{1}{1-x^2}\mathrm{d}x$

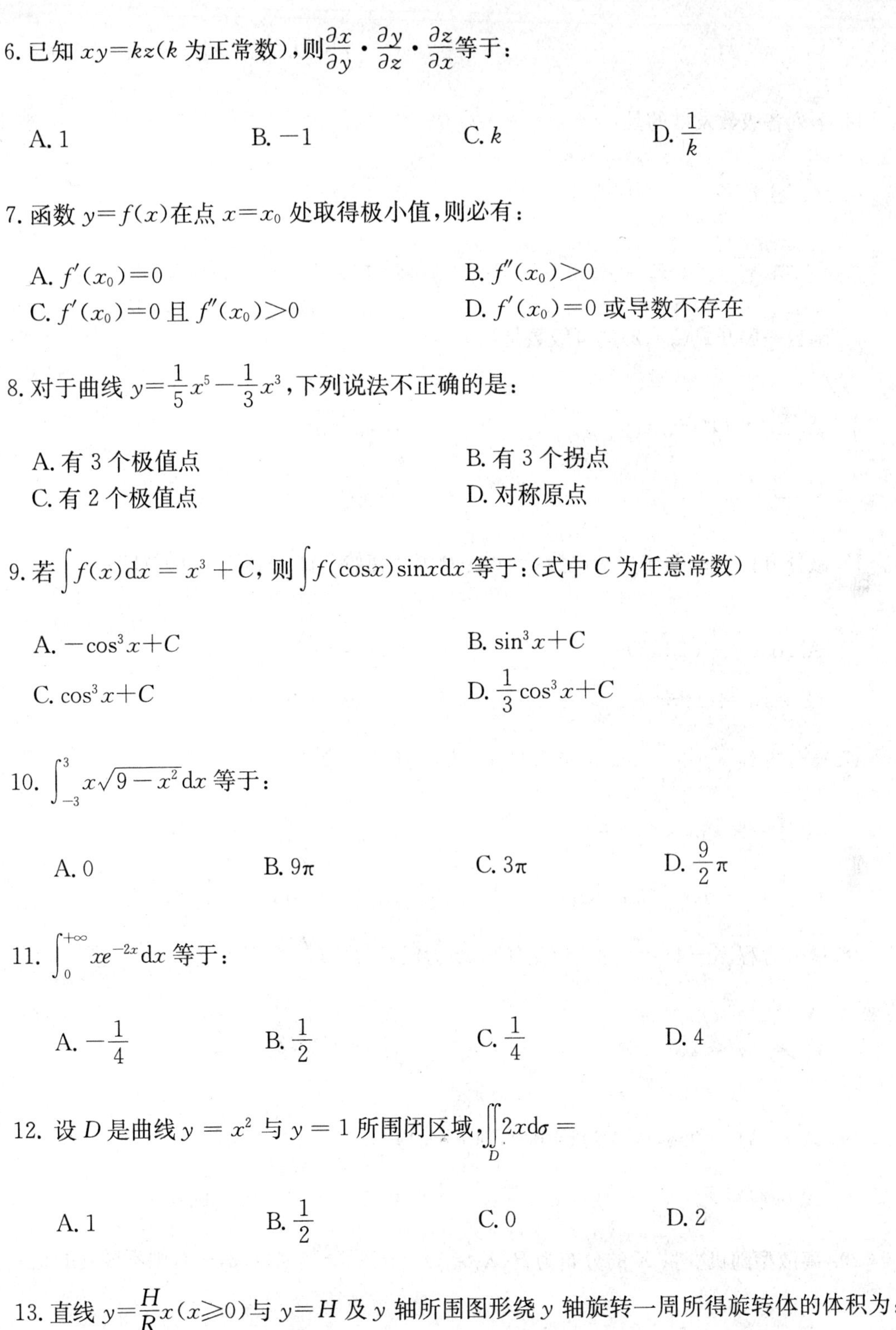

6. 已知 $xy=kz$（k 为正常数），则$\frac{\partial x}{\partial y}\cdot\frac{\partial y}{\partial z}\cdot\frac{\partial z}{\partial x}$等于：

A. 1　　B. -1　　C. k　　D. $\frac{1}{k}$

7. 函数 $y=f(x)$在点 $x=x_0$ 处取得极小值，则必有：

A. $f'(x_0)=0$　　B. $f''(x_0)>0$

C. $f'(x_0)=0$ 且 $f''(x_0)>0$　　D. $f'(x_0)=0$ 或导数不存在

8. 对于曲线 $y=\frac{1}{5}x^5-\frac{1}{3}x^3$，下列说法不正确的是：

A. 有 3 个极值点　　B. 有 3 个拐点

C. 有 2 个极值点　　D. 对称原点

9. 若$\int f(x)\mathrm{d}x = x^3 + C$，则$\int f(\cos x)\sin x\mathrm{d}x$ 等于：（式中 C 为任意常数）

A. $-\cos^3 x+C$　　B. $\sin^3 x+C$

C. $\cos^3 x+C$　　D. $\frac{1}{3}\cos^3 x+C$

10. $\int_{-3}^{3} x\sqrt{9-x^2}\mathrm{d}x$ 等于：

A. 0　　B. 9π　　C. 3π　　D. $\frac{9}{2}\pi$

11. $\int_{0}^{+\infty} xe^{-2x}\mathrm{d}x$ 等于：

A. $-\frac{1}{4}$　　B. $\frac{1}{2}$　　C. $\frac{1}{4}$　　D. 4

12. 设 D 是曲线 $y = x^2$ 与 $y = 1$ 所围闭区域，$\iint\limits_D 2x\mathrm{d}\sigma =$

A. 1　　B. $\frac{1}{2}$　　C. 0　　D. 2

13. 直线 $y=\frac{H}{R}x\,(x\geqslant 0)$与 $y=H$ 及 y 轴所围图形绕 y 轴旋转一周所得旋转体的体积为：（H,R 为任意常数）

A. $\frac{1}{3}\pi R^2 H$　　B. $\pi R^2 H$

C. $\frac{1}{6}\pi R^2 H$　　D. $\frac{1}{4}\pi R^2 H$

14. 下列各级数发散的是：

A. $\sum_{n=1}^{\infty}\sin\frac{1}{n}$　　B. $\sum_{n=1}^{\infty}(-1)^{n-1}\frac{1}{\ln(n+1)}$

C. $\sum_{n=1}^{\infty}\frac{n+1}{3^{\frac{n}{2}}}$　　D. $\sum_{n=1}^{\infty}(-1)^{n-1}\left(\frac{2}{3}\right)^n$

15. 函数$\frac{1}{x}$展开成$(x-2)$的幂级数是：

A. $\sum_{n=0}^{\infty}(-1)^n\frac{(x-2)^n}{2^{n+1}}$　　B. $\sum_{n=0}^{\infty}\frac{(x-2)^n}{2^{n+1}}$

C. $\sum_{n=0}^{\infty}\frac{(x-2)^n}{2^n}$　　D. $\sum_{n=0}^{\infty}(x-2)^n$

16. 微分方程 $\cos y\mathrm{d}x+(1+e^{-x})\sin y\mathrm{d}y=0$ 满足初始条件 $y|_{x=0}=\frac{\pi}{3}$的特解是：

A. $\cos y=\frac{1}{4}(1+e^x)$　　B. $\cos y=1+e^x$

C. $\cos y=4(1+e^x)$　　D. $\cos^2 y=1+e^x$

17. 微分方程 $y''=x+\sin x$ 的通解是(C_1,C_2 为任意常数)：

A. $\frac{1}{3}x^2+\sin x+C_1x+C_2$　　B. $\frac{1}{6}x^3-\sin x+C_1x+C_2$

C. $\frac{1}{2}x^2-\cos x+C_1x-C_2$　　D. $\frac{1}{2}x^2+\sin x-C_1x+C_2$

18. 微分方程 $y''-4y=4$ 的通解是(C_1,C_2 为任意常数)：

A. $C_1e^{2x}-C_2e^{-2x}+1$　　B. $C_1e^{2x}+C_2e^{-2x}-1$

C. $e^{2x}-e^{-2x}+1$　　D. $C_1e^{2x}+C_2e^{-2x}-2$

19. 若 $P(A)=0.8, P(A\bar{B})=0.2$，则 $P(\bar{A}\cup\bar{B})$ 等于：

A. 0.4　　B. 0.6　　C. 0.5　　D. 0.3

20. 离散型随机变量 X 的分布为 $P(X=k)=C\lambda^k(k=0,1,2,\cdots)$，则不成立的是：

A. $C>0$　　B. $0<\lambda<1$　　C. $C=1-\lambda$　　D. $C=\frac{1}{1-\lambda}$

21. 设总体 X 的概率密度为 $f(x)=\begin{cases}(\theta+1)x^{\theta}, & 0<x<1\\ 0, & \text{其他}\end{cases}$，其中 $\theta>-1$ 是未知参数，

$X_1, X_2, \cdots, X_n$ 是来自总体 X 的样本，则 θ 的矩估计量是：

A. $\overline{X}$　　B. $\dfrac{2\overline{X}-1}{1-\overline{X}}$　　C. $2\overline{X}$　　D. $\overline{X}-1$

22. 设行列式 $\begin{vmatrix} 2 & 1 & 3 & 4 \\ 1 & 0 & 2 & 0 \\ 1 & 5 & 2 & 1 \\ -1 & 1 & 5 & 2 \end{vmatrix}$，$A_{ij}$ 表示行列式元素 a_{ij} 的代数余子式，则 $A_{13}+4A_{33}+A_{43}$ 等于：

A. -2　　B. 2　　C. -1　　D. 1

23. 设 $\boldsymbol{A}=\begin{bmatrix} 1 & -1 & 2 \\ 2 & 1 & 1 \\ -1 & 1 & -2 \end{bmatrix}$，$\boldsymbol{B}=\begin{bmatrix} 2 & a & 1 \\ 0 & 3 & a \\ 0 & 0 & -1 \end{bmatrix}$，则秩 $r(\boldsymbol{AB}-\boldsymbol{A})=$

A. 1　　B. 2

C. 3　　D. 与 a 的取值有关

24. 设 $\boldsymbol{\beta}_1, \boldsymbol{\beta}_2$ 是线性方程组 $\boldsymbol{Ax}=\boldsymbol{b}$ 的两个不同的解，$\boldsymbol{\alpha}_1$、$\boldsymbol{\alpha}_2$ 是导出组 $\boldsymbol{Ax}=\boldsymbol{0}$ 的基础解系，k_1、k_2 是任意常数，则 $\boldsymbol{Ax}=\boldsymbol{b}$ 的通解是：

A. $\dfrac{\boldsymbol{\beta}_1-\boldsymbol{\beta}_2}{2}+k_1\boldsymbol{\alpha}_1+k_2(\boldsymbol{\alpha}_1-\boldsymbol{\alpha}_2)$　　B. $\boldsymbol{\alpha}_1+k_1(\boldsymbol{\beta}_1-\boldsymbol{\beta}_2)+k_2(\boldsymbol{\alpha}_1-\boldsymbol{\alpha}_2)$

C. $\dfrac{\boldsymbol{\beta}_1+\boldsymbol{\beta}_2}{2}+k_1\boldsymbol{\alpha}_1+k_2(\boldsymbol{\alpha}_1-\boldsymbol{\alpha}_2)$　　D. $\dfrac{\boldsymbol{\beta}_1+\boldsymbol{\beta}_2}{2}+k_1\boldsymbol{\alpha}_1+k_2(\boldsymbol{\beta}_1-\boldsymbol{\beta}_2)$

25. 一容器内储有某种理想气体，如果容器漏气，则容器内气体分子的平均平动动能和气体内能变化的情况是：

A. 分子的平均平动动能和气体的内能都减少
B. 分子的平均平动动能不变，但气体的内能减少
C. 分子的平均平动动能减少，但气体的内能不变
D. 分子的平均平动动能和气体的内能都不变

26. 容器内储有一定量的理想气体，若保持容积不变，使气体的温度升高，则分子的平均碰撞次数 $\overline{Z}$ 和平均自由程 $\overline{\lambda}$ 的变化情况：

A. $\overline{Z}$ 增大，但 $\overline{\lambda}$ 不变　　B. $\overline{Z}$ 不变，但 $\overline{\lambda}$ 增大

C. $\overline{Z}$ 和 $\overline{\lambda}$ 都增大　　D. $\overline{Z}$ 和 $\overline{\lambda}$ 都不变

27. 已知某理想气体的压强为 p，体积为 V，温度为 T，气体的摩尔质量为 M，k 为玻兹曼常量，R 为摩尔气体常量，则该理想气体的密度为：

A. $\frac{M}{V}$　　B. $\frac{pM}{RT}$　　C. $\frac{pM}{kT}$　　D. $\frac{p}{RT}$

28. 在麦克斯韦速率分布律中，速率分布函数 $f(v)$ 的意义可理解为：

A. 速率大小等于 v 的分子数
B. 速率大小在 v 附近的单位速率区间内的分子数
C. 速率大小等于 v 的分子数占总分子数的百分比
D. 速率大小在 v 附近的单位速率区间内的分子数占总分子数的百分比

29. 某理想气体在进行卡诺循环时，低温热源的温度为 T，高温热源的温度为 nT，则该理想气体在一次卡诺循环中，从高温热源吸取的热量与向低温热源放出的热量之比为：

A. $(n+1)/n$　　B. $(n-1)/n$　　C. n　　D. $n-1$

30. 摩尔数相同的氧气(O_2)和氦气(He)(均视为理想气体)，分别从同一状态开始作等温膨胀，终态体积相同，则此两种气体在这一膨胀过程中：

A. 对外做功和吸热都相同　　B. 对外做功和吸热均不相同
C. 对外做功相同，但吸热不同　　D. 对外做功不同，但吸热相同

31. 频率 4Hz 沿 X 轴正向传播的简谐波，波线上有两点 a 和 b，若它们开始振动的时间差为 0.25s，则它们的相位差为：

A. $\frac{\pi}{2}$　　B. π　　C. $\frac{3\pi}{2}$　　D. 2π

32. 一平面谐波的表达式为 $y=0.002\cos(400\pi t-20\pi x)$(SI)，取 $k=0,\pm1,\pm2,\cdots$，则 $t=$ 1s 时各波谷所在的位置为：(单位：m)

A. $\frac{400-2k}{20}$　　B. $\frac{400+k}{20}$
C. $\frac{399-2k}{20}$　　D. $\frac{399+k}{20}$

33. 在双缝干涉实验中，当入射单色光的波长减小时，屏幕上干涉条纹的变化情况是：

A. 条纹变密并远离屏幕中心　　B. 条纹变密并靠近屏幕中心
C. 条纹变宽并远离屏幕中心　　D. 条纹变宽并靠近屏幕中心

34. 在单缝夫琅禾费衍射实验中，若单缝两端处的光线到达屏幕上某点的光程差为 $\delta=2.5\lambda$(λ 为入射单色光的波长)，则此衍射方向上的波阵面可划分的半波带数目和屏上该点的衍射条纹情况是：

A. 4 个半波带，明纹　　B. 4 个半波带，暗纹
C. 5 个半波带，明纹　　D. 5 个半波带，暗纹

35. 如果两个偏振片堆叠在一起，且偏振化方向之间夹角为 30°，假设两者对光无吸收，光强为 I_0 的自然光垂直入射在偏振片上，则出射光强为：

A. $\frac{I_0}{2}$　　B. $\frac{3I_0}{2}$　　C. $\frac{3I_0}{4}$　　D. $\frac{3I_0}{8}$

36. 波长为 λ 的 X 射线，投射到晶体常数为 d 的晶体上，取 $k=0,2,3,\cdots$，出现 X 射线衍射加强的衍射角 θ（衍射的 X 射线与晶面的夹角）满足的公式为：

A. $2d\sin\theta = k\lambda$　　B. $d\sin\theta = k\lambda$

C. $2d\cos\theta = k\lambda$　　D. $d\cos\theta = k\lambda$

37. 下列物质与 H_2O_2 水溶液相遇时，能使 H_2O_2 显还原性的是：（已知：$\varphi^{\ominus}_{MnO_4^-/Mn^{2+}} = 1.507V$，$\varphi^{\ominus}_{Sn^{4+}/Sn^{2+}} = 0.151V$，$\varphi^{\ominus}_{Fe^{3+}/Fe^{2+}} = 0.771V$，$\varphi^{\ominus}_{O_2/H_2O_2} = 0.695V$，$\varphi^{\ominus}_{H_2O/H_2O_2} = 1.776V$，$\varphi^{0}_{O_2/OH^-} = 0.401V$）

A. $KMnO_4$（酸性）　　B. $SnCl_2$

C. Fe^{2+}　　D. NaOH

38. 难溶电解质 $BaCO_3$ 在下列溶液中溶解度最大的是：

A. 0.1 mol/dm^3 HAc 溶液　　B. 纯水

C. 0.1 mol/dm^3 $BaCl_2$ 溶液　　D. 0.1 mol/dm^3 Na_2CO_3 溶液

39. 下列分子中，键角最大的是：

A. NH_3　　B. H_2S　　C. $BeCl_2$　　D. CCl_4

40. 下列物质中，酸性最强的是：

A. H_3BO_3　　B. HVO_3　　C. HNO_3　　D. H_2SiO_3

41. 已知 $K_b^{\ominus}(NH_3) = 1.77 \times 10^{-5}$，用广泛 pH 试纸测定 0.10mol/dm^3 氨水溶液的 pH 约是：

A. 13　　B. 12　　C. 14　　D. 11

42. 能同时溶解 $Zn(OH)_2$、AgI 和 $Fe(OH)_3$ 三种沉淀的试剂是：

A. 氨水　　B. 草酸

C. KCN 溶液　　D. 盐酸

43. 47 号元素 Ag 的基态价层电子结构为 $4d^{10}5s^1$，它在周期表中的位置是：

A. ds 区　　B. s 区

C. d 区　　D. p 区

44. 下列关于化学反应速率常数 k 的说法正确的是：

A. k 值较大的反应，其反应速率在任何情况下都大
B. 通常一个反应的温度越高，其 k 值越大
C. 一个反应的 k 值大小与反应物的性质无关
D. 通常一个反应的浓度越大，其 k 值越大

45. 3d 轨道的磁量子数 m 的合理值是：

A. 1、2、3　　B. 0、1、2　　C. 3　　D. 0、±1、±2

46. 下列各物质的化学键中，只存在 σ 键的是：

A. PH_3　　B. $H_2C=CH_2$
C. CO_2　　D. C_2H_2

47. 各物质浓度均为 0.10mol/dm^3 的下列水溶液中，其 pH 最小的是：
［已知 $K_b^\ominus(NH_3)=1.77\times10^{-5}$，$K_b^\ominus(CH_3COOH)=1.76\times10^{-5}$］

A. NH_4Cl　　B. NH_3
C. CH_3COOH　　D. $CH_3COOH+CH_3COONa$

48. ABS 树脂是下列哪几种物质的共聚物？

A. 丙烯腈、乙烯　　B. 丙烯腈、1,3-丁二烯、苯乙烯
C. 丙烯腈、1,3-丁二烯　　D. 乙烯腈、苯

49. 图示三力矢 F_1，F_2，F_3 的关系是：

A. $F_1+F_2+F_3=0$　　B. $F_3=F_1+F_2$
C. $F_2=F_1+F_3$　　D. $F_1=F_2+F_3$

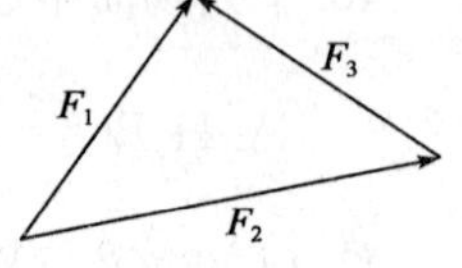

题 49 图

50. 重 W 的圆球置于光滑的斜槽内（如题图所示）。右侧斜面对球的约束力 F_{NB} 的大小为：

A. $F_{NB}=\dfrac{W}{2\cos\theta}$　　B. $F_{NB}=\dfrac{W}{\cos\theta}$

C. $F_{NB}=W\cos\theta$　　D. $F_{NB}=\dfrac{W}{2}\cos\theta$

51. 物块 A 重 $W=10$N，被用水平力 $F_p=50$N 挤压在粗糙的铅垂墙面 B 上，且处于平衡，如图所示。物块与墙间的摩擦系数 $f=0.3$。A 与 B 间的摩擦力大小为：

A. $F=15$N　　B. $F=10$N
C. $F=3$N　　D. 只依据所给条件则无法确定

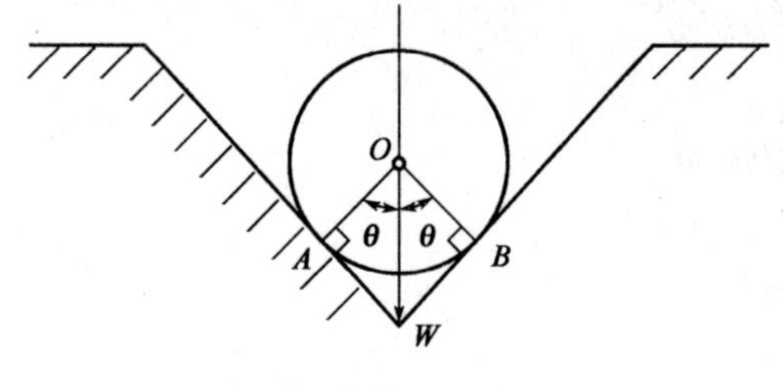

题 50 图

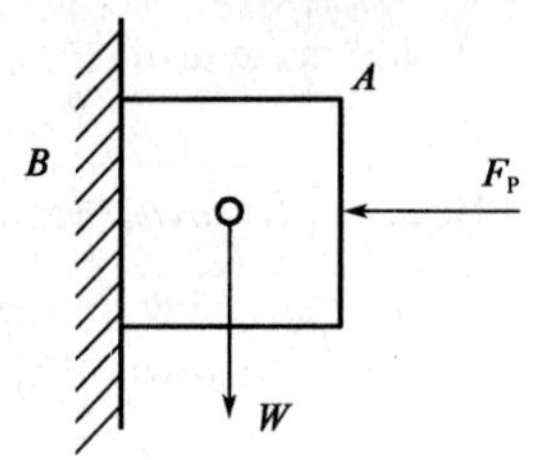

题 51 图

52. 桁架结构形式与荷载 $\boldsymbol{F}_P$ 均已知，如图所示。结构中杆件内力为零的杆件数为：

A. 0 根　　B. 2 根　　C. 4 根　　D. 6 根

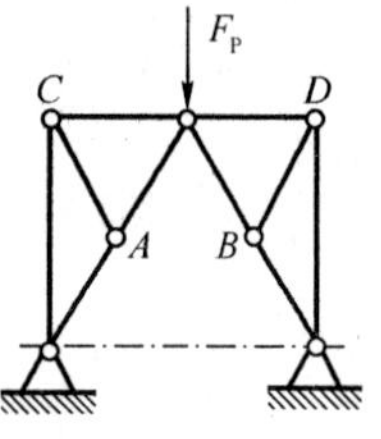

题 52 图

53. 图示水平梁 AB 由铰 A 与杆 BD 支撑。在梁上 O 处用小轴安装滑轮。轮上跨过软绳。绳一端水平地系于墙上，另端悬持重 W 的物块。构件均不计重。铰 A 的约束力大小为：

A. $F_{Ax}=\frac{5}{4}W, F_{Ay}=\frac{3}{4}W$　　B. $F_{Ax}=W, F_{Ay}=\frac{1}{2}W$

C. $F_{Ax}=\frac{3}{4}W, F_{Ay}=\frac{1}{4}W$　　D. $F_{Ax}=\frac{1}{2}W, F_{Ay}=W$

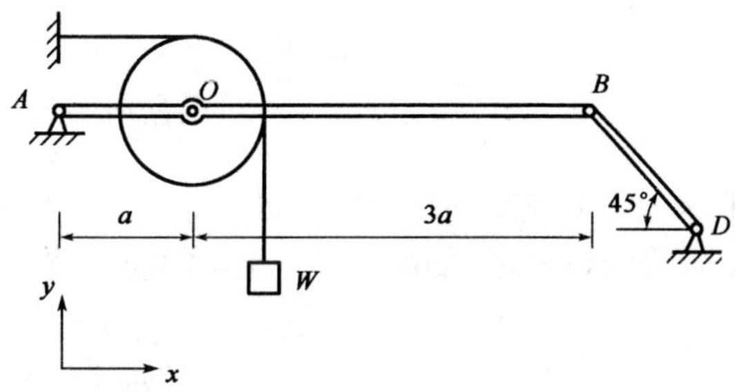

题 53 图

54. 点在铅垂平面 Oxy 内的运动方程 $\begin{cases} x=v_0 t \\ y=\frac{1}{2}gt^2 \end{cases}$，其中 t 为时间，v_0、g 为常数。点的运动轨迹应为：

A. 直线　　B. 圆　　C. 抛物线　　D. 直线与圆连接

55. 图示圆轮上绕一细绳，绳端悬挂物块。物块的速度 v、加速度 a。圆轮与绳的直线段相切之点为 P，该点速度与加速度的大小分别为：

A. $v_P=v, a_P>a$　　B. $v_P>v, a_P<a$　　C. $v_P=v, a_P<a$　　D. $v_P>v, a_P>a$

56. 图示单摆由长 l 的摆杆与摆锤 A 组成，其运动规律 $\varphi=\varphi_0\sin\omega t$。锤 A 在 $t=\frac{\pi}{4\omega}$s 时的速度、切向加速度与法向加速度分别为：

A. $v=\frac{1}{2}l\varphi_0\omega, a_\tau=-\frac{1}{2}l\varphi_0\omega^2, a_n=\frac{\sqrt{2}}{2}l\varphi_0{}^2\omega^2$

B. $v=\frac{1}{2}l\varphi_0\omega, a_\tau=\frac{1}{2}l\varphi_0\omega^2, a_n=-\frac{\sqrt{2}}{2}l\varphi_0{}^2\omega^2$

C. $v=\frac{\sqrt{2}}{2}l\varphi_0\omega, a_\tau=\frac{\sqrt{2}}{2}l\varphi_0\omega^2, a_n=\frac{1}{2}l\varphi_0{}^2\omega^2$

D. $v=\frac{\sqrt{2}}{2}l\varphi_0\omega, a_\tau=\frac{\sqrt{2}}{2}l\varphi_0\omega^2, a_n=-\frac{1}{2}l\varphi_0{}^2\omega^2$

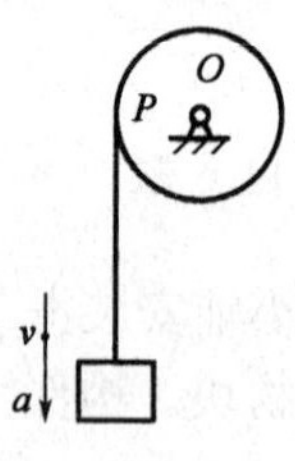

题 55 图

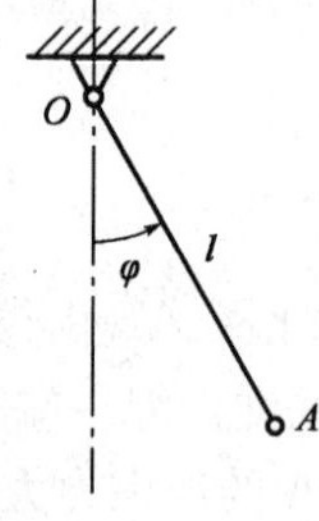

题 56 图

57. 三角形物块沿水平地面运动的加速度为 a，方向如图。物块倾斜角为 α。重 W 的小球在斜面上用细绳拉住，绳另端固定在斜面上。设物块运动中绳不松软，则小球对斜面的压力 F_N 的大小为：

A. $F_N<W\cos\alpha$　　B. $F_N>W\cos\alpha$

C. $F_N=W\cos\alpha$　　D. 只根据所给条件则不能确定

58. 忽略质量的细杆 $OC=l$，其端部固结匀质圆盘。杆上点 C 为圆盘圆心。盘质量为 m，半径为 r。系统以角速度 ω 绕轴 O 转动，如图所示。系统的动能是：

A. $T=\frac{1}{2}m(l\omega)^2$　　B. $T=\frac{1}{2}m[(l+r)\omega]^2$

C. $T=\frac{1}{2}(\frac{1}{2}mr^2)\omega^2$　　D. $T=\frac{1}{2}(\frac{1}{2}mr^2+ml^2)\omega^2$

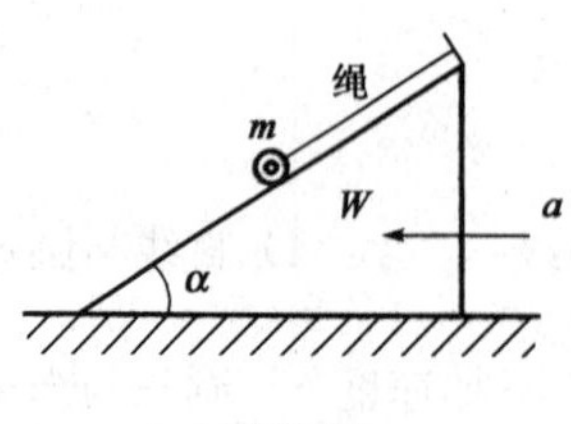

图 57 图

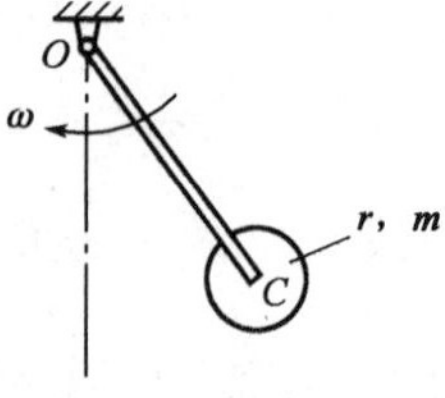

题 58 图

59. 弹簧—物块直线振动系统位于铅垂面内，如图所示。弹簧刚度系数为 k，物块质量为 m。若已知物块的运动微分方程为 $m\ddot{x}+kx=0$，则描述运动的坐标 Ox 的坐标原点应为：

A. 弹簧悬挂处点 O_1

B. 弹簧原长 l_0 处之点 O_2

C. 弹簧由物块重力引起静伸长 δ_{st}之点 O_3

D. 任意点皆可

60. 在图示的固定坐标系 $Oxyz$ 中，长方体作平移(或称平动)。长方体的自由度数为：

A. 1 个　　B. 2 个　　C. 3 个　　D. 4 个

(注：此题考查内容 2009 年大纲已删除)

61. 图示两重物的质量均为 m，分别系在两软绳上。此两绳又分别绕在半径各为 r 与 $2r$，并固结在一起的两圆轮上。两圆轮构成的鼓轮的质量亦为 m，对轴 O 的回转半径为 ρ_O。两重物中一铅垂悬挂，一置于光滑平面上。当系统在左重物重力作用下运动时，鼓轮的角加速度 α 为：

A. $\alpha=\dfrac{2gr}{5r^2+\rho_O{}^2}$　　B. $\alpha=\dfrac{2gr}{3r^2+\rho_O{}^2}$　　C. $\alpha=\dfrac{2gr}{\rho_O{}^2}$　　D. $\alpha=\dfrac{gr}{5r^2+\rho_O{}^2}$

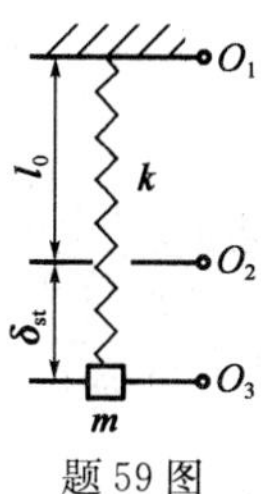

题 59 图

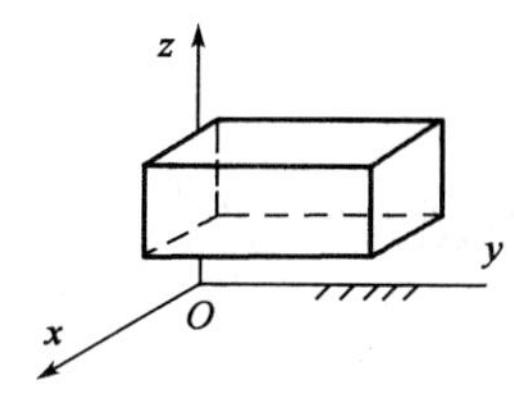

题 60 图

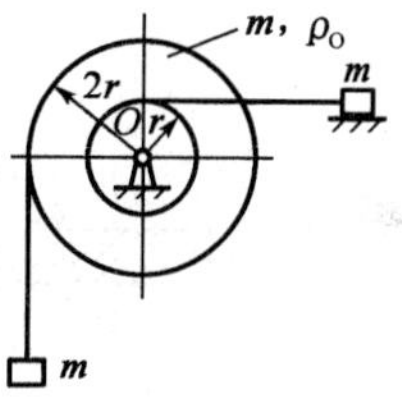

题 61 图

62. 等直杆的受力情况如图所示，则杆内最大轴力 N_{max}和最小轴力 N_{min}分别为：

A. $N_{max}=60\text{kN}$，$N_{min}=15\text{kN}$　　B. $N_{max}=60\text{kN}$，$N_{min}=-15\text{kN}$

C. $N_{max}=30\text{kN}$，$N_{min}=-30\text{kN}$　　D. $N_{max}=90\text{kN}$，$N_{min}=-60\text{kN}$

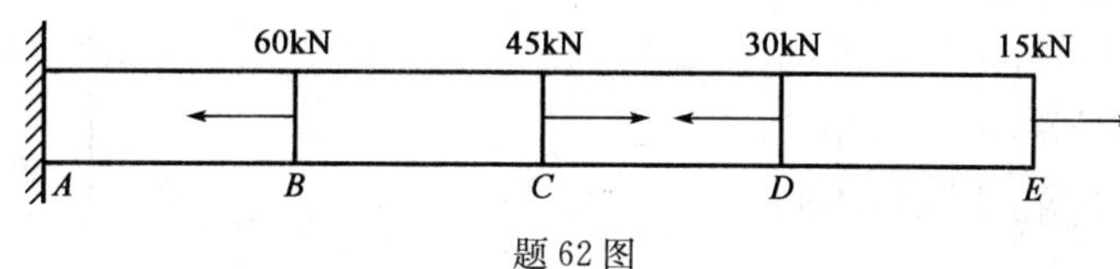

题 62 图

63. 图示刚梁 AB 由杆 1 和杆 2 支撑。已知两杆的材料相同，长度不等，横截面面积分别为 A_1 和 A_2，若荷载 P 使刚梁平行下移，则其横截面面积：

A. $A_1<A_2$　　B. $A_1=A_2$

C. $A_1>A_2$　　D. A_1、A_2 为任意

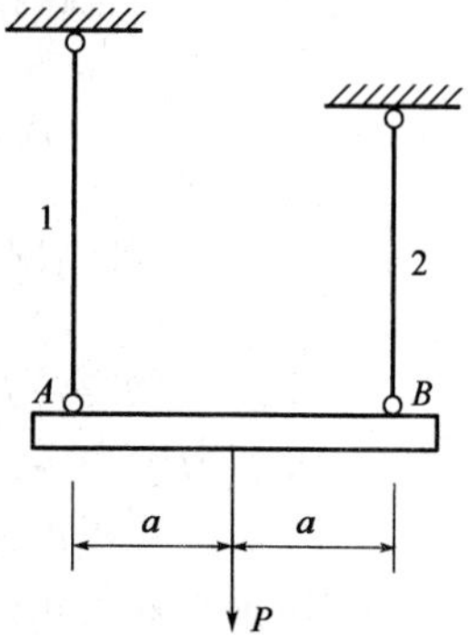

题 63 图

64. 图示铆接件，设钢板和铝铆钉的挤压应力分别为 $\sigma_{jy,1}$、$\sigma_{jy,2}$，则两者的大小关系是：

A. $\sigma_{jy,1}<\sigma_{jy,2}$　　B. $\sigma_{jy,1}=\sigma_{jy,2}$

C. $\sigma_{jy,1}>\sigma_{jy,2}$　　D. 不确定的

65. 直径为 D 的实心圆轴，两端受扭转力矩作用，轴内最大剪应力为 τ。若轴的直径改为

$D/2$,则轴内的最大剪应力应为：

A. 2τ　　B. 4τ　　C. 8τ　　D. 16τ

66. 如图所示,圆轴的扭矩图为：

A.
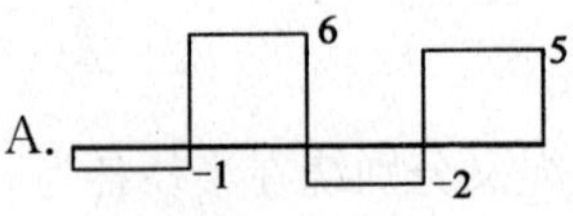

B.
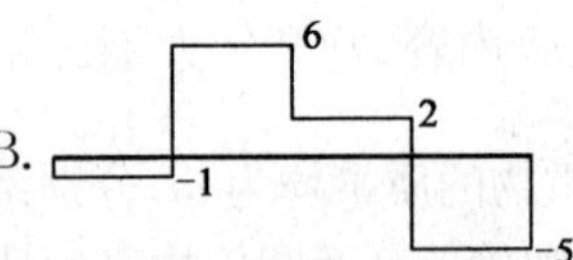

C.
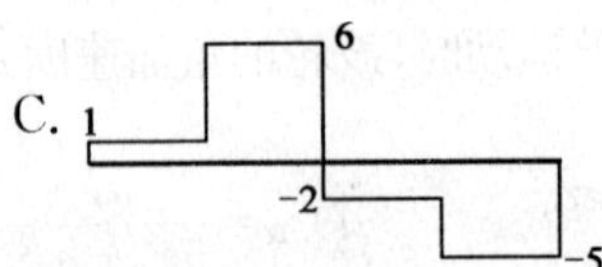

D.
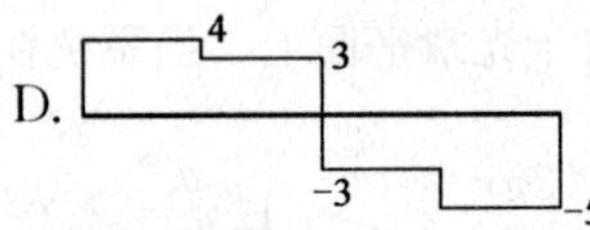

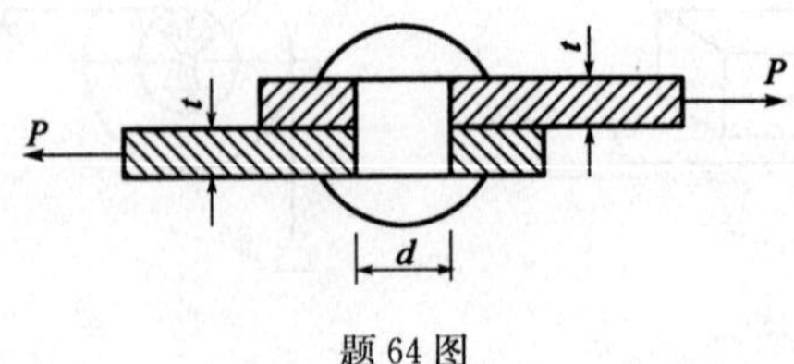

题 64 图

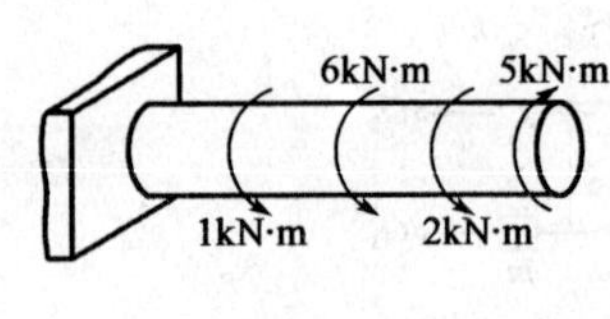

题 66 图

67. 图示矩形截面,m-m 线以上部分和以下部分对形心轴 z 的两个静矩：

A. 绝对值相等,正负号相同
B. 绝对值相等,正负号不同
C. 绝对值不等,正负号相同
D. 绝对值不等,正负号不同

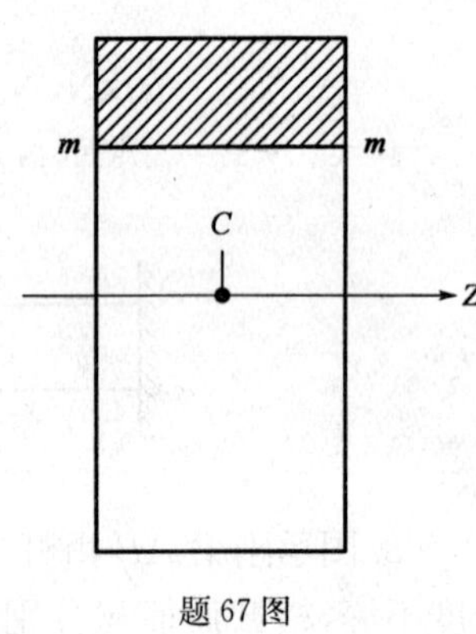

题 67 图

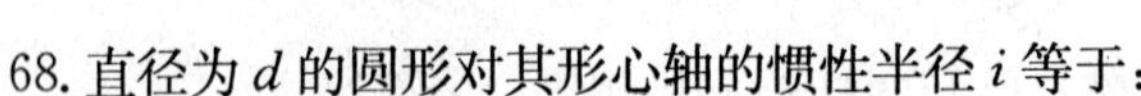

68. 直径为 d 的圆形对其形心轴的惯性半径 i 等于：

A. $d/2$　　B. $d/4$　　C. $d/6$　　D. $d/8$

69. 悬臂梁受载情况如图所示,在截面 C 上：

A. 剪力为零,弯矩不为零
B. 剪力不为零,弯矩为零
C. 剪力和弯矩均为零
D. 剪力和弯矩均不为零

70. 已知图示两梁的抗弯截面刚度 EI 相同,若两者自由端的挠度相等,则 P_1/P_2 为：

A. 2　　B. 4　　C. 8　　D. 16

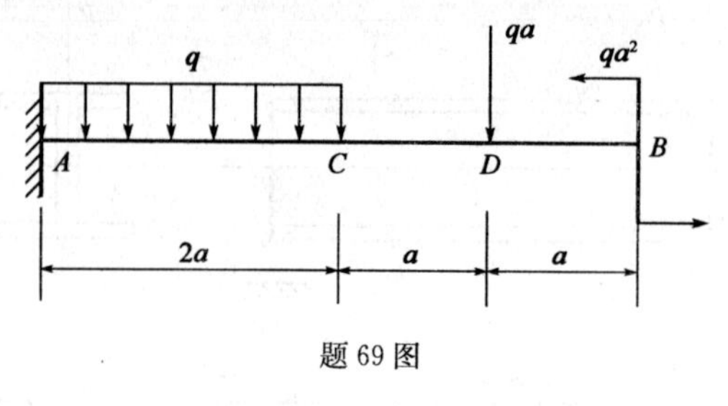

题 69 图

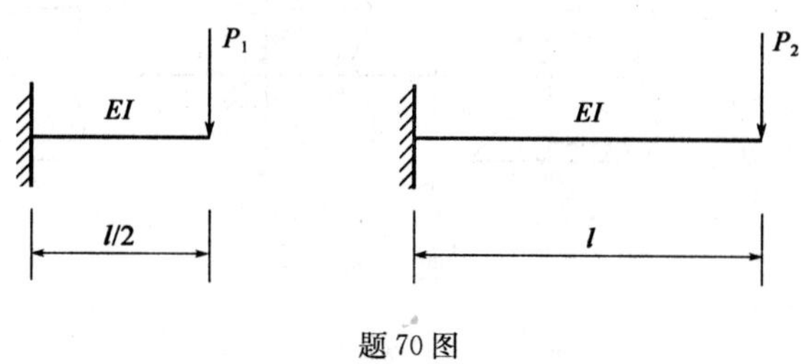

题 70 图

71. 图示等腰直角三角形单元体，已知两直角边表示的截面上只有剪应力，且等于 τ_0，则底边表示的截面上的正应力 σ 和剪应力 τ 分别为：

A. $\sigma=\tau_0$，$\tau=\tau_0$　　B. $\sigma=\tau_0$，$\tau=0$　　C. $\sigma=\sqrt{2}\tau_0$，$\tau=\tau_0$　　D. $\sigma=\sqrt{2}\tau_0$，$\tau=0$

72. 单元体的应力状态如图所示，若已知其中一个主应力为 5MPa，则另一个主应力为：

A. －85MPa　　B. 85MPa　　C. －75MPa　　D. 75MPa

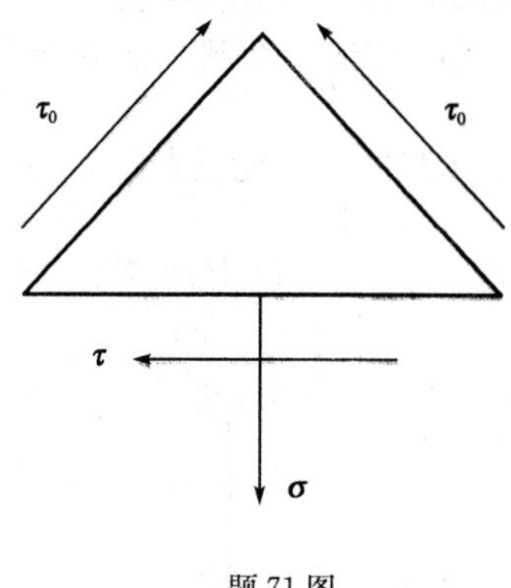

题 71 图

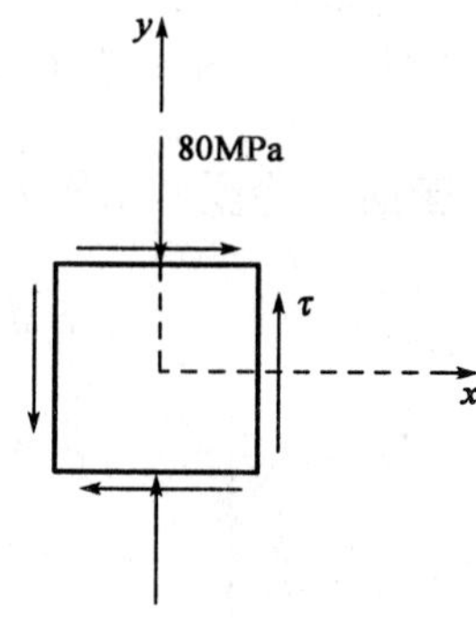

题 72 图

73. 工字形截面梁在图示荷载作用上，截面 m-m 上的正应力分布为：

A. 图(1)　　B. 图(2)　　C. 图(3)　　D. 图(4)

74. 矩形截面杆的截面宽度沿杆长不变，杆的中段高度为 $2a$，左、右段高度为 $3a$，在图示三角形分布荷载作用下，杆的截面 m-m 和截面 n-n 分别发生：

A. 单向拉伸、拉弯组合变形　　B. 单向拉伸、单向拉伸变形

C. 拉弯组合、单向拉伸变形　　D. 拉弯组合、拉弯组合变形

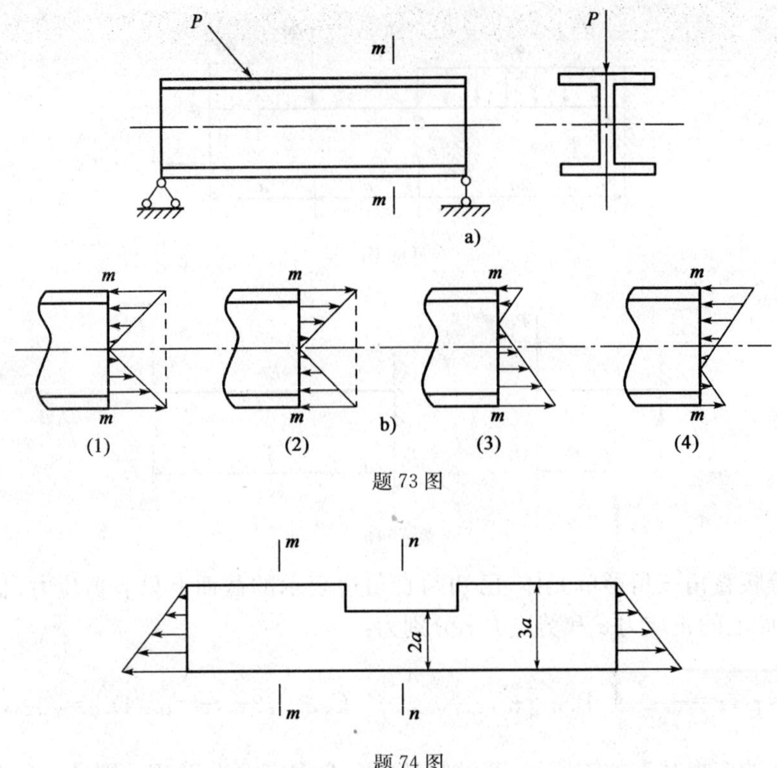

题 73 图

题 74 图

75. 压杆失衡是指压杆在轴向压力的作用下：

A. 局部横截面的面积迅速变化　　B. 危险截面发生屈服或断裂

C. 不能维持平衡状态而突然发生运动　　D. 不能维持直线平衡状态而突然变弯

76. 假设图示三个受压结构失稳时临界压力分别为 P_{cr}^{a}、P_{cr}^{b}、P_{cr}^{c}，比较三者的大小，则：

A. P_{cr}^{a}最小　　B. P_{cr}^{b}最小　　C. P_{cr}^{c}最小　　D. $P_{cr}^{a}=P_{cr}^{b}=P_{cr}^{c}$

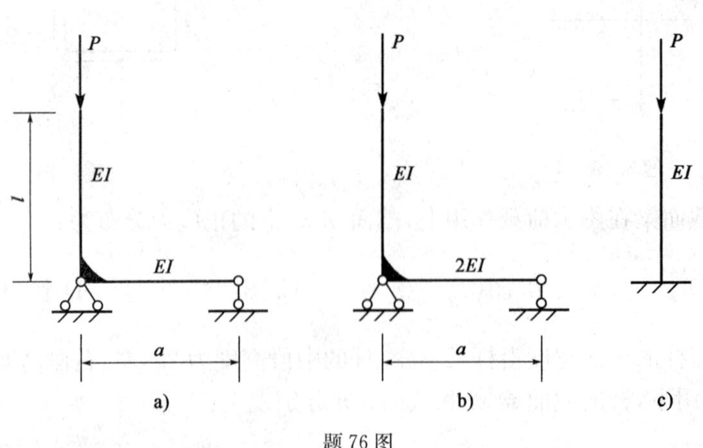

题 76 图

77. 理想流体的基本特征是：

A. 黏性系数是常数　B. 不可压缩　　C. 无黏性　　D. 符合牛顿内摩擦定律

78. 根据静水压强的特性，静止液体中同一点各方向的压强：

A. 数值相等　　　　B. 数值不等

C. 仅水平方向数值相等　　　　D. 铅直方向数值最大

79. 图示弧形闸门 AB(1/4 圆)，闸门宽 4m，圆弧半径 $R=1\text{m}$，A 点以上的水深 $H=1.4\text{m}$，水面为大气压强。该闸门 AB 上静水总压力的水平分力 P_x 为：

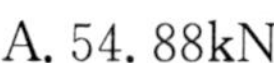

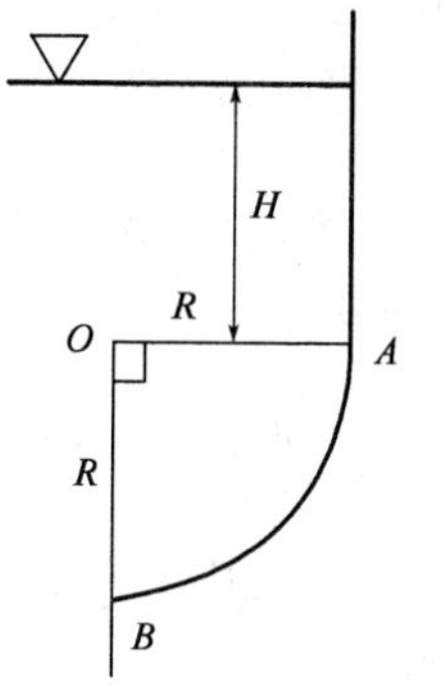

A. 54.88kN　　　　B. 112.9kN

C. 94.08kN　　　　D. 74.48kN

（注：此题考查内容 2009 年大纲已删除）

题 79 图

80. 描述液体运动有迹线和流线的概念：

A. 流线上质点不沿迹线运动

B. 质点运动的轨迹称为流线

C. 流线上质点的流速矢量与流线相切

D. 质点的迹线和流线都重合

81. 黏性流体总水头线沿程的变化是：

A. 沿程下降　　　　B. 沿程上升

C. 保持水平　　　　D. 前三种情况都有可能

82. 变直径圆管流，细断面直径 d_1，粗断面直径 $d_2=2d_1$，粗细断面雷诺数的关系是：

A. $\text{Re}_1=0.5\text{Re}_2$　　B. $\text{Re}_1=\text{Re}_2$　　C. $\text{Re}_1=1.5\text{Re}_2$　　D. $\text{Re}_1=2\text{Re}_2$

83. 层流沿程阻力系数 λ：

A. 只与雷诺数有关

B. 只与相对粗糙度有关

C. 只与流程长度和水力半径有关

D. 既与雷诺数有关，又与相对粗糙度有关

84. 两水箱水位恒定，水面高差 $H=10\text{m}$，管道直径 $d=10\text{cm}$，总长度 $l=20\text{m}$，沿程阻力系数 $\lambda=0.042$，已知所有的转弯、阀门、进、出口局部水头损失合计为 $h_i=3.2\text{m}$，如图所示。则通过管道的平均流速为：

A. 3.98m/s　　B. 4.83m/s　　C. 2.73m/s　　D. 15.8m/s

85. 图示长管并联管段 1、2，两管段长度 l 相等，直径 $d_1=2d_2$，沿程阻力系数相等，则两管段的流量比 Q_1/Q_2 为：

A. 8.00　　B. 5.66　　C. 2.83　　D. 2.00

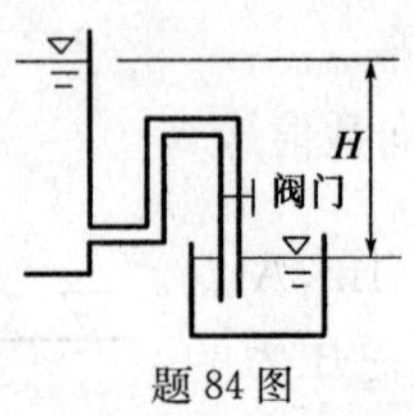

题 84 图

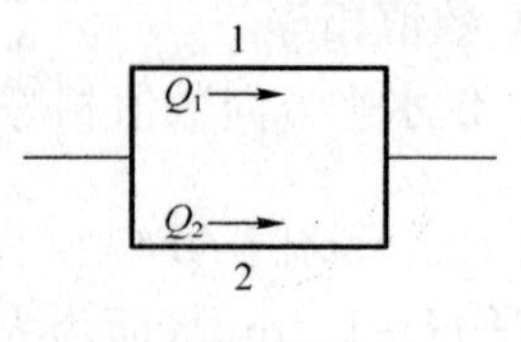

题 85 图

86. 梯形断面水渠按均匀流设计，已知过水断面 $A=5.04\text{m}^2$，湿周 $\chi=6.73\text{m}$，粗糙系数 $n=0.025$，按曼宁公式计算谢才系数 C 为：

A. $30.80\text{m}^{\frac{1}{2}}/\text{s}$　　B. $30.13\text{m}^{\frac{1}{2}}/\text{s}$　　C. $38.80\text{m}^{\frac{1}{2}}/\text{s}$　　D. $38.13\text{m}^{\frac{1}{2}}/\text{s}$

87. 用完全潜水井进行抽水试验计算渗透系数 k，两位工程师各按一种经验公式选取影响半径 R，分别为 $R_1=3\,000r_0$，$R_2=2\,000r_0$，其他条件相同，则计算结果 k_1/k_2 为：

A. 1.50　　B. 0.95　　C. 0.67　　D. 1.05

88. 速度 u、长度 l、运动黏度 ν 的无量纲组合是：

A. $\frac{ul^2}{\nu}$　　B. $\frac{u^2l}{\nu}$　　C. $\frac{u^2l^2}{\nu}$　　D. $\frac{ul}{\nu}$

89. 一个完整的计算机系统应该指的是：

A. 硬件系统和软件系统　　B. 主机与外部设备
C. 运算器、控制器和寄存器　　D. 操作系统与应用程序系统

90. Windows 98 或 Windows 2000 系统中的“剪贴板”是：

A. 硬盘中的一块区域　　B. 光盘中的一块区域
C. 内存中的一块区域　　D. U 盘中的一块区域

91. 在不同进制的数中，下列最小的数是：

A. $(125)_{10}$　　B. $(1101011)_2$　　C. $(347)_8$　　D. $(\text{FF})_{16}$

92. 按照网络分布和覆盖的地理范围，可以将计算机网络划分为：

A. Internet 网　　B. 广域网、互联网和城域网
C. 局域网、互联网和 Internet 网　　D. 广域网、局域网和城域网

93. 在 FORTAN 程序中，正确调用 sin(x)的表达式是：

A. SIN(20)　　B. SIN(π/6)　　C. SIN(0.523)　　D. SIN(π+30°)

94. 阅读以下 FORTAN 程序：

```
      K1=M(5)
      K2=M(K1)
      K3=M(K1)+M(K2)
      K4=M(K1+K2+K3)
      WRITE(*,100)K4
100   FORMAT(2X,K4=I3)
      END
      FUNCTION M(N)
      M=N+1
      RETURN
      END
```

程序的输出结果是：

A. K4=28　　B. K4=27　　C. K4=30　　D. K4=29

95. 阅读下列FORTAN程序：

```
      INTEGER X(7)
      DATA X/4,5,7,8,10,12,11/
      DO 10 K=1,7
      IF(MOD(X(K),2)NE.0)THEN
      S=S+X(K)
      N=N+1
      END IF
10    CONTINUE
      T=S/N
      WRITE(*,20)S,T
20    FORMAT(2X,3F6.1)
      END
```

程序运行后的输出结果是：

A. 23.0　7.7　　B. 47.0　6.7　　C. 34.0　8.5　　D. 57.0　11.4

96. 下面的子程序求一方阵的次对角线上的元素之和。

```
      SUBROUTINE CDJX(M,N,K)
      DIMENSION M(N,50)
      DO 10 J=1,N
      K=______
10    CONTINUE
      RETURN
      END
```

为了使程序完整，应在______处填入的是：

A. K+M(J,J)　　B. K+M(J,N+1−J)

C. K+M(N+J,J)　　D. K+M(N+J,N−J)

97. 阅读 FORTAN 程序：

```
      OPEN(8,FILE=FILE2.DAT,STATUS=NEW)
      DO 10 I=1,3
      WRITE(8,(4I4))(J+I,J=1,4)
10    CONTINUE
      CLOSE(8)
      END
```

程序运行后，数据文件 FIFE2. DAT 的内容是：

A.
```
2  3  4  5
3  4  5  6
4  5  6  7
```
B.
```
1  2  3  4
5  6  7  8
9  10  11  12
```
C.
```
1  2  3  4
2  3  4  5
3  4  5  6
```
D.
```
1  1  1  1
2  2  2  2
3  3  3  3
```

98. 阅读 FORTAN 程序：

```
      READ( * , * )N
      DO 10 K=1,N
      S=S+K * * 2
10    CONTINUE
      WRITE( * ,100)S
100   FORMAT(2X,F8.0)
      END
```

键盘输入 5 则程序运行后的输出结果是：

A. 35　　B. 45　　C. 65　　D. 55

99. 设真空中点电荷 $+q_1$ 和点电荷 $+q_2$ 相距 $2a$，且 $q_2=2q_1$ 以 $+q_1$ 为中心、a 为半径形成封闭球面，则通过该球面的电通量为：

A. $3q_1$　　B. $2q_1$　　C. q_1　　D. 0

100. RLC 串联电路如图所示，其中，$R=1\text{k}\Omega$，$L=1\text{mH}$，$C=1\mu\text{F}$。如果用一个 100V 的直流电压加在该电路的 A—B 端口，则电路电流 I 为：

A. 0A　　B. 0. 1A　　C. −0. 1A　　D. 100A

101. 图 b)所示电源与图 a)所示电路等效，则计算 U_S 和 R_0 的正确算式为：

A. $U'_S=U_S+I_SR_1, R_0=R_1//R_2+R_3$

B. $U'_S=U_S-I_SR_1, R_0=R_1//R_2+R_3$

C. $U'_S=U_S-I_SR_1, R_0=R_1+R_3$

D. $U'_S=U_S+I_SR_1, R_0=R_1+R_3$

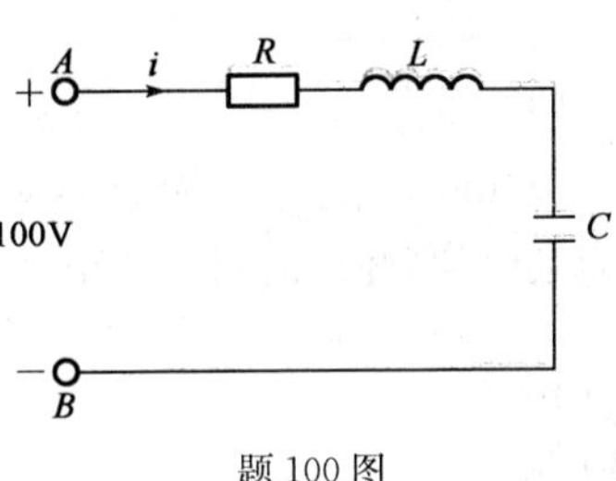

题 100 图

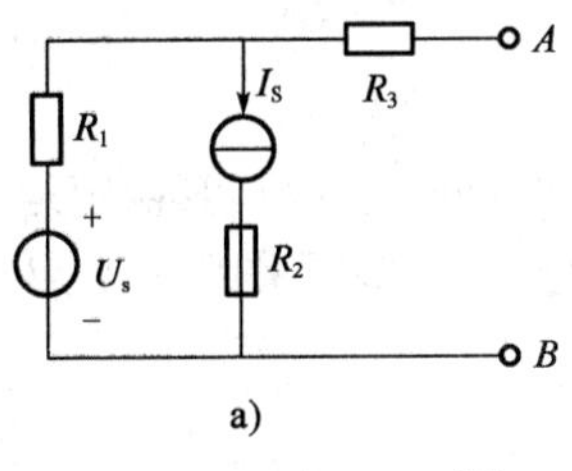

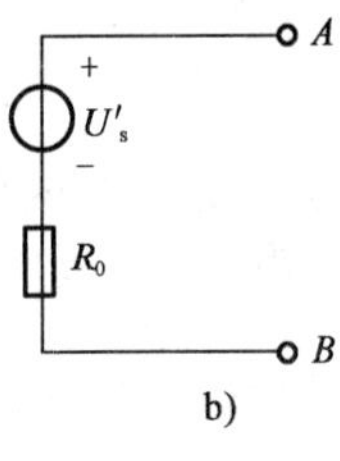

题 101 图

102. 当 RLC 串联电路发生谐振时，一定有：

A. $L=C$

B. $\omega L=\omega C$

C. $\omega L=\frac{1}{\omega C}$

D. $U_L+U_C=0$

103. 当图示电路的激励电压 $u_i=\sqrt{2}U_i\sin(\omega t+\varphi)$ 时，电感元件上的响应电压 u_L 的初相位为：

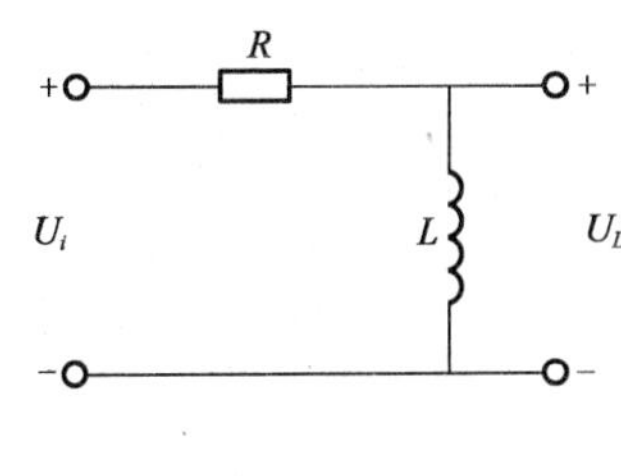

题 103 图

A. $90°-\arctan\frac{\omega L}{R}$

B. $90°-\arctan\frac{\omega L}{R}+\varphi$

C. $\arctan\frac{\omega L}{R}$

D. $\varphi-\arctan\frac{\omega L}{R}$

104. 题图所示电路中，$R=1\text{k}\Omega, C=1\mu F, U_1=1\text{V}$，电容无初始储能，如果开关 S 在 $t=0$ 时刻闭合，则给出输出电压波形的是：

A.

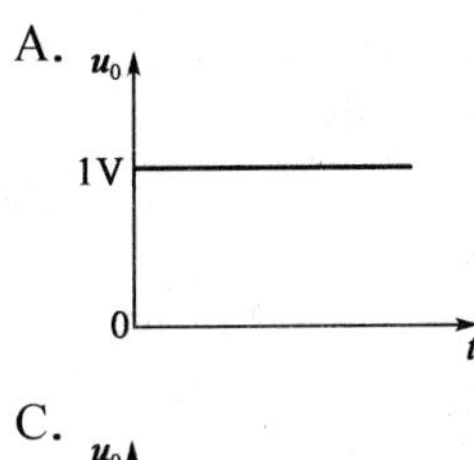

B.

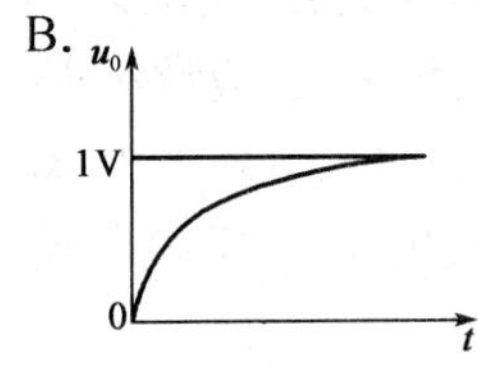

C.

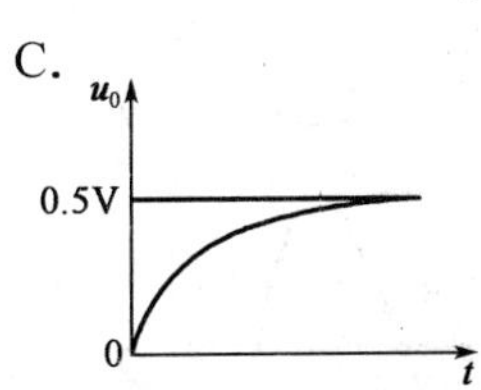

D.

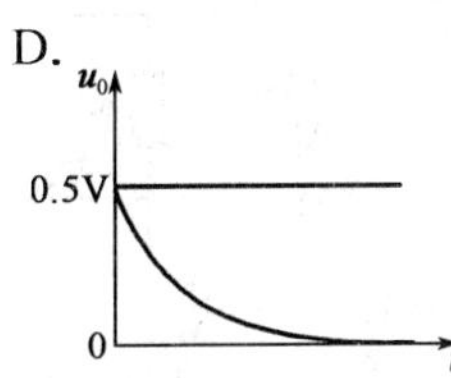

105. 如果把图示电路中的变压器视为理想器件，则当 $U_1=110\sqrt{2}\sin\omega t\text{V}$ 时，有：

A. $U_2=\frac{N_1}{N_2}U_1$

B. $I_2=\frac{N_1}{N_2}I_1$

C. $P_2=\frac{N_1}{N_2}P_1$

D. 以上均不成立

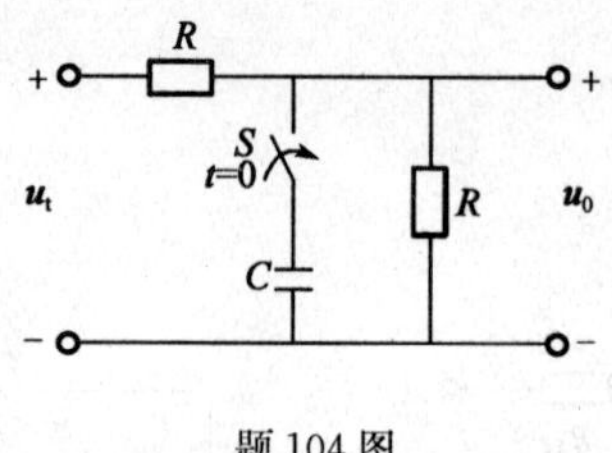

题 104 图

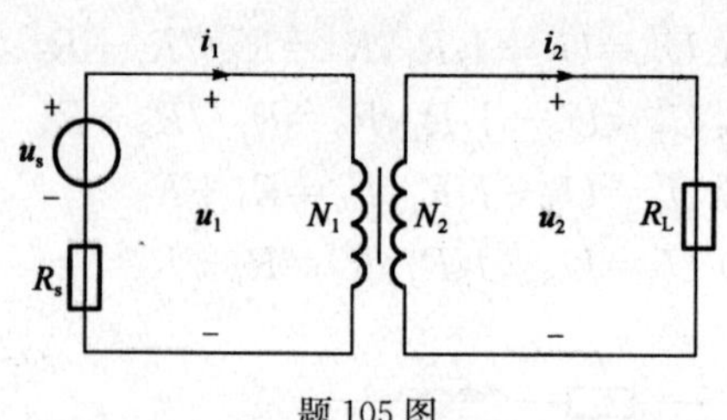

题 105 图

106. 有一台 6kW 的三相异步电动机，其额定运行转速为 1 480r/min，额定电压为 380V，全压启动转矩是额定运行转矩的 1.2 倍，现采用△-Y 启动以降低其启动电流，此时的启动转矩为：

A. 15.49N·m　　B. 26.82N·m

C. 38.7N·m　　D. 46.44N·m

107. 全波整流、滤波电路如图所示，如果输入信号 $u_i=10\sin(\omega t+30°)$V，则开关 S 闭合前，输出电压 u_0 为：

A. 0V　　B. 7.64V　　C. 10V　　D. 12V

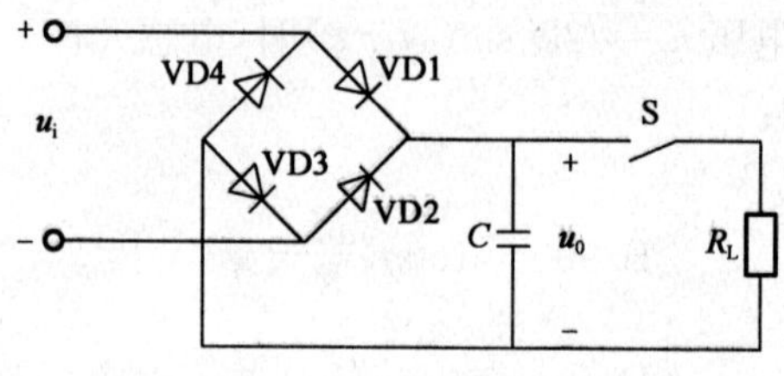

题 107 图

108. 晶体管单管放大电路如图 a)所示，其中电阻 R_B 可调，当输入 u_i、输出 u_0 的波形如图 b)所示，输出波形：

A. 出现了饱和失真，应调大 R_B

B. 出现了饱和失真，应调小 R_B

C. 出现了截止失真，应调大 R_B

D. 出现了截止失真，应调小 R_B

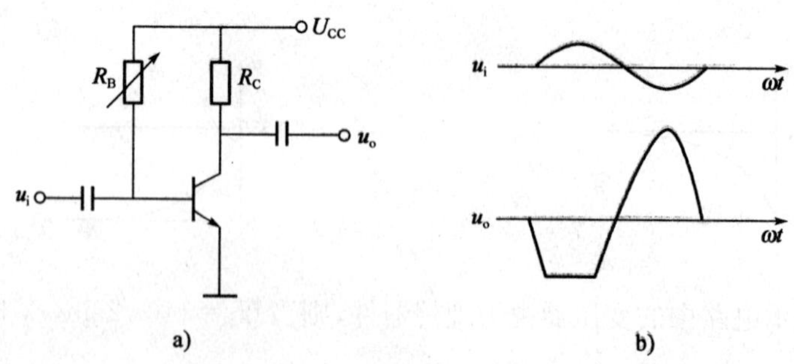

题 108 图

109. 运算放大器应用电路如图所示，在运算放大器线性工作区，输出电压与输入电压之间的运算关系是：

A. $u_o = 10(u_1 - u_2)$　　B. $u_o = 10(u_2 - u_1)$

C. $u_o = -10u_1 + 11u_2$　　D. $u_o = 10u_1 - 11u_2$

110. 图示电路具有：

A. 保持功能　　B. 置“0”功能

C. 置“1”功能　　D. 计数功能

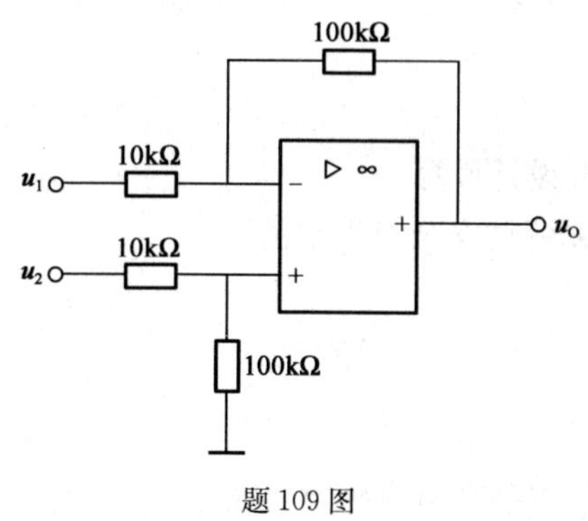

题 109 图

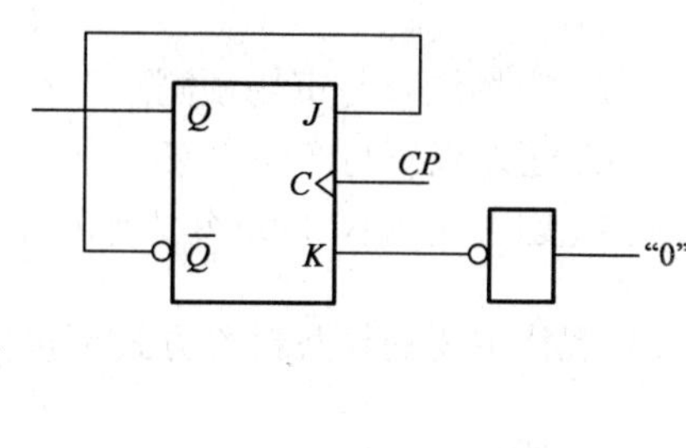

题 110 图

111. 生产性项目总投资包括铺底流动资金和：

A. 设备工器具投资　　B. 建筑安装工程投资

C. 流动资金　　D. 建设投资

112. 销售收入的决定因素不包括：

A. 生产负荷　　B. 销售价格　　C. 销售量　　D. 所得税

113. 某公司准备建立一项为期 10 年的奖励基金，用于奖励有突出贡献的员工，每年计划颁发 100 000 元奖金，从第 1 年开始至第 10 年正好用完账户中的所有款项，若利率为 6%，则第 1 年初存入的奖励基金应为：

A. 1 318 079 元　　B. 1 243 471 元

C. 780 169 元　　D. 736 009 元

114. 在进行互斥方案选优时，若备选方案的收益基本相同，且难于估计时，比选计算应考虑采用：

A. 内部收益率　　B. 净现值

C. 投资回收期　　D. 费用现值

115. 某项目财务现金流量见下表，则该项目的静态投资回收期为：

A. 5.4 年　　B. 5.6 年　　C. 7.4 年　　D. 7.6 年

题 115 表

时　间	1	2	3	4	5	6	7	8	9	10
净现金流量(万元)	−1 200	−1 000	200	300	500	500	500	500	500	500

116. 盈亏平衡分析是一种特殊形式的临界点分析，它适用于财务评价，其计算应按项目投产后以下哪项计算？

A. 正常年份的销售收入和成本费用数据利润总额
B. 计算期内的平均值
C. 年产量
D. 单位产品销售价格

117. 可行性研究的内容不包括：

A. 市场调查与市场预测
B. 设计概算
C. 建设规模与产品方案
D. 劳动安全卫生与消防

（注：此题考查内容 2009 年大纲已删除）

118. 现代主要的权益投资方式不包括：

A. 股权式合资结构
B. 契约式合资结构
C. 合资式结构
D. 合伙制结构

119. 以下有关现金流量表的描述中，说法不正确的是：

A. 财务现金流量表主要用于财务评价
B. 自有资金现金流量表反映投资者各方权益投资的获利能力
C. 通过全投资财务现金流量表可计算项目财务内部收益率、财务净现值和投资回收期等评价指标
D. 全投资财务现金流量表是以项目为一独立系统，从融资前的角度进行设置的

120. 开展价值工程活动的目的是：

A. 思想方法的更新和技术管理
B. 对功能和成本进行系统分析和不断创新
C. 提高功能对成本的比值
D. 多领域协作降低产品成本

2007年度全国勘察设计注册工程师公共基础考试

试题解析及参考答案

1.**解** 由直线方程$\frac{x-x_0}{m}=\frac{y-y_0}{n}=\frac{z-z_0}{p}$可知，直线过$(x_0,y_0,z_0)$点，方向向量$\vec{S}=\{m,n,p\}$。所以直线过点$M(1,-1,0)$，方向向量$\vec{S}=\{-2,-1,1\}$；也可取$\vec{S}=\{2,1,-1\}$。

答案:A

2.**解** 平面π的法向量$\vec{n}=\{2,-2,0\}$，z轴方向向量$\vec{S}_z=\{0,0,1\}$，$\vec{n}$、$\vec{S}_z$坐标不成比例，因而$\vec{S}_z \not\parallel \vec{n}$，所以平面$\pi$不垂直于$z$轴。

答案:B

3.**解** 单叶双曲面的标准方程为$\frac{x^2}{a^2}+\frac{y^2}{b^2}-\frac{z^2}{c^2}=1$，所以$\frac{x^2}{2}+\frac{y^2}{3}-z^2=1$为单叶双曲面。

答案:A

4.**解** 由极限运算法则，答案A、B、C均不成立，利用两个无穷小比较知识，当$x\to a$时，$\alpha\to 0$，$\beta\to 0$。若$\lim\limits_{x\to a}\frac{\alpha}{\beta}=0$，称在$x\to a$时，$\alpha$是$\beta$的高阶无穷小，所以答案D成立。$f(x)$是比$(x-a)$高阶的无穷小。

答案:D

5.**解** $y=f(x)$，$\mathrm{d}y=f'(x)\mathrm{d}x$，计算$y=f(x)$的导数，$y'=\frac{\sqrt{1-x^2}+\frac{x^2}{\sqrt{1-x^2}}}{1-x^2}=\frac{1}{(1-x^2)^{\frac{3}{2}}}$。

答案:A

6.**解** $xy=kz$，$xy-kz=0$。由$F(x,y,z)=0$，分别求出F_x、F_y、F_z。

$$\frac{\partial x}{\partial y}=-\frac{Fy}{Fx},\frac{\partial y}{\partial z}=-\frac{Fz}{Fy},\frac{\partial z}{\partial x}=-\frac{Fx}{Fz}$$

计算

$$F_x=y,F_y=x,F_z=-k$$

故

$$\frac{\partial x}{\partial y}=-\frac{x}{y},\frac{\partial y}{\partial z}=\frac{k}{x},\frac{\partial z}{\partial x}=\frac{y}{k}$$

即

$$\frac{\partial x}{\partial y}\cdot\frac{\partial y}{\partial z}\cdot\frac{\partial z}{\partial x}=-1$$

答案:B

7.**解** 已知$y=f(x)$在$x=x_0$处取得极小值，但在题中$f(x)$是否具有一阶、二阶导数，均未说明，从而答案A、B、C就不一定成立。答案D包含了在$x=x_0$可导或不可导两种情况，如$y=|x|$在$x=0$处导数不存在，但函数$y=|x|$在$x=0$取得极小值。

答案:D

8.**解**　通过计算 $f(x)$ 的极值点确定。

$$y'=x^4-x^2=x^2(x^2-1)=x^2(x+1)(x-1)$$

令 $y'=0$,求驻点 $x_1=0,x_2=1,x_3=-1$。

利用驻点将定义域分割为 $(-\infty,-1)$、$(-1,0)$、$(0,1)$、$(1,+\infty)$。

题 8 解表

x	$(-\infty,-1)$	-1	$(-1,0)$	0	$(0,1)$	1	$(1,+\infty)$
$f'(x)$	+	0	−	0	−	0	+
$f(x)$	↗	极大	↘	无极值	↘	极小	↗

函数只有 2 个极值点,选项 C 成立,选项 A 不正确。

还可判定选项 B、D 成立。

答案:A

9.**解**　已知 $\int f(x)\mathrm{d}x=x^3+C$,利用此式得:

$$\int f(\cos x)\sin x\mathrm{d}x=-\int f(\cos x)\mathrm{d}(\cos x)$$
$$=-\cos^3x+C$$

答案:A

10.**解**　$f(x)=x\sqrt{9-x^2}$ 为奇函数,$f(-x)=-f(x)$,积分区间 x:$[-3,3]$,由定积分的性质可知,奇函数在对称区间积分为零。

答案:A

11.**解**　本题为函数 $f(x)$ 在无穷区间的广义积分。

计算如下:

$$\int_0^{+\infty}xe^{-2x}\mathrm{d}x=-\frac{1}{2}\int_0^{+\infty}xe^{-2x}\mathrm{d}(-2x)$$
$$=-\frac{1}{2}\int_0^{+\infty}x\mathrm{d}e^{-2x}=-\frac{1}{2}\left[xe^{-2x}\Big|_0^{+\infty}-\int_0^{+\infty}e^{-2x}\mathrm{d}x\right]$$
$$=-\frac{1}{2}\left[\lim_{x\to+\infty}xe^{-2x}-0+\frac{1}{2}\int_0^{+\infty}e^{-2x}\mathrm{d}(-2x)\right]$$
$$=-\frac{1}{2}\left(\frac{1}{2}e^{-2x}\Big|_0^{+\infty}\right)=-\frac{1}{2}\left[\frac{1}{2}(\lim_{x\to+\infty}e^{-2x}-1)\right]=\frac{1}{4}$$

答案:C

12.**解**　画出积分区域。求交点 $\begin{cases}y=x^2\\y=1\end{cases}$,交点 $(-1,1)$,$(1,1)$,D:$\begin{cases}-1\leqslant x\leqslant 1\\x^2\leqslant y\leqslant 1\end{cases}$,原式 $=\int_{-1}^{1}\mathrm{d}x\int_{x^2}^{1}2x\mathrm{d}y=0$,或者利用对称性计算,积分区域关于 y 轴对称,$f(-x,y)=-f(x,y)$,函数是关于 x 的奇函数,二重积分为 0。

答案:C

13.**解** 画出平面图形,平面图形绕 y 轴旋转,旋转体的体积可通过下面方法计算。

y:$[0,H]$

$[y,y+\mathrm{d}y]$:$\mathrm{d}V=\pi x^2\mathrm{d}y=\pi\dfrac{R^2}{H^2}y^2\mathrm{d}y$。

$V=\int_0^H\pi\cdot\dfrac{R^2}{H^2}y^2\mathrm{d}y=\dfrac{\pi R^2}{H^2}\int_0^H y^2\mathrm{d}y=\dfrac{1}{3}\pi R^2 H$。

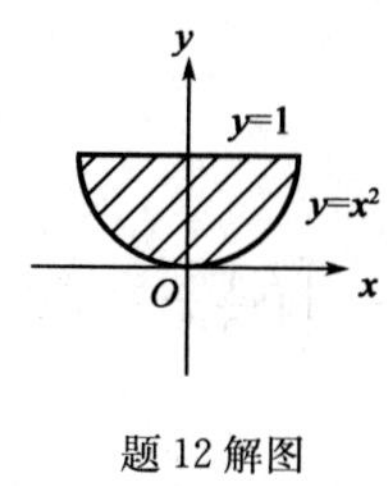

题12解图

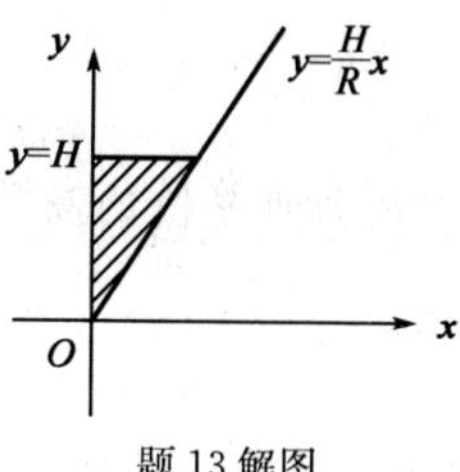

题13解图

答案:A

14.**解** 选项B为交错级数,由莱布尼兹判别法,判定收敛;选项C,由正项级数比值收敛法,判定收敛。

$$\lim_{n\to\infty}\frac{u_{n+1}}{u_n}=\lim_{n\to\infty}\frac{\dfrac{n+2}{3^{\frac{n+1}{2}}}}{\dfrac{n+1}{3^{\frac{n}{2}}}}=\lim_{n\to\infty}\frac{1}{\sqrt{3}}\cdot\frac{n+2}{n+1}=\frac{1}{\sqrt{3}}<1$$

选项D为等比级数,公比 $|q|=\dfrac{2}{3}<1$,收敛。

选项A发散,用正项级数比较法判定。

$$\lim_{n\to\infty}\frac{\sin\dfrac{1}{n}}{\dfrac{1}{n}}=\lim_{t\to0}\frac{\sin t}{t}=1$$

因为调和级数 $\sum\limits_{n=1}^{\infty}\dfrac{1}{n}$ 发散,所以 $\sum\limits_{n=1}^{\infty}\sin\dfrac{1}{n}$ 发散。

答案:A

15.**解** 将函数 $\dfrac{1}{x}$ 变形后,再利用已知函数 $\dfrac{1}{1+x}$ 的展开式写出结果。

$$\frac{1}{x}=\frac{1}{2+(x-2)}=\frac{1}{2}\frac{1}{1+\dfrac{x-2}{2}}$$

已知 $\dfrac{1}{1+x}=1-x+x^2-\cdots=\sum\limits_{n=0}^{\infty}(-1)^n x^n$,

所以 $\dfrac{1}{x}=\dfrac{1}{2}\dfrac{1}{1+\dfrac{x-2}{2}}=\dfrac{1}{2}\sum\limits_{n=0}^{\infty}(-1)^n\left(\dfrac{x-2}{2}\right)^n$

$=\sum\limits_{n=0}^{\infty}(-1)^n\dfrac{1}{2^{n+1}}(x-2)^n$。

答案:A

16. **解** 本题为一阶可分离变量方程,分离变量后两边积分求解。

$\cos y\mathrm{d}x+(1+e^{-x})\sin y\mathrm{d}y=0,\dfrac{1}{1+e^{-x}}\mathrm{d}x+\dfrac{\sin y}{\cos y}\mathrm{d}y=0$

积分得 $\ln(e^x+1)-\ln(\cos y)=\ln C,\dfrac{e^x+1}{\cos y}=C$

代入初始条件 $x=0,y=\dfrac{\pi}{3},C=4$。

答案:A

17. **解** 本题为可降阶的高阶微分方程,连续积分二次,得通解。

$y''=x+\sin x,\ y'=\int(x+\sin x)\mathrm{d}x=\dfrac{1}{2}x^2-\cos x+C_1,y=\int\left(\dfrac{1}{2}x^2-\cos x+C_1\right)\mathrm{d}x=\dfrac{1}{6}x^3-\sin x+C_1x+C_2$。

答案:B

18. **解** 本题为二阶常系数线性非齐次方程。

非齐次通解 y=齐次的通解 y+非齐次一个特解 y^*,$y''-4y=0$,特征方程 $r^2-4=0,r=\pm2$。齐次通解为 $y=C_1e^{2x}+C_2e^{-2x}$。

将 $y^*=-1$ 代入非齐次方程,满足方程,为非齐次特解。

故通解 $y=C_1e^{2x}+C_2e^{-2x}-1$。

答案:B

19. **解** $P(A\bar{B})=P(A-B)=P(A)-P(AB),P(AB)=P(A)-P(A\bar{B}),P(\bar{A}\cup\bar{B})=P(\overline{AB})=1-P(AB)$。

答案:A

20. **解** 由分布律性质 $C\lambda^k\geqslant0(k=0,1,2\cdots)$,且 $\sum\limits_{k=0}^{\infty}C\lambda^k=1,\sum\limits_{k=0}^{\infty}C\lambda^k$ 为等比级数,当 $|\lambda|<1$ 时,$\sum\limits_{k=0}^{\infty}C\lambda^k=\dfrac{C}{1-\lambda}=1$,故 $C>0,0<\lambda<1,C=1-\lambda$。

答案:D

21. **解** $E(X)=\int_0^1x(\theta+1)x^\theta\mathrm{d}x=\dfrac{\theta+1}{\theta+2},\theta=\dfrac{2E(X)-1}{1-E(X)}$,用 $\bar{X}$ 替换 $E(X)$,得 θ 的矩估计量 $\hat{\theta}=\dfrac{2\bar{X}-1}{1-\bar{X}}$。

答案:B

22. **解** 将行列式的第 3 列换成 1,0,4,1,得到新的行列式,然后,再计算新行列式的值。

$\begin{vmatrix}2&1&1&4\\1&0&0&0\\1&5&4&1\\-1&1&1&2\end{vmatrix}$ 把此行列式按第 3 列展开,即为要求的结果。

$$A_{13}+4A_{33}+A_{43}=\begin{vmatrix}2&1&1&4\\1&0&0&0\\1&5&4&1\\-1&1&1&2\end{vmatrix}\xlongequal[\text{按第二行展开计算}]{\text{计算行列式的值}}(-1)\begin{vmatrix}1&1&4\\5&4&1\\1&1&2\end{vmatrix}=-\begin{vmatrix}1&1&4\\5&4&1\\0&0&-2\end{vmatrix}=-2。$$

答案:A

23. **解** 由矩阵秩的性质可知,若 $\boldsymbol{A}$ 可逆,则 $r(\boldsymbol{AB})=r(\boldsymbol{B})$,若 $\boldsymbol{B}$ 可逆,则 $r(\boldsymbol{AB})=r(\boldsymbol{A})$。$\boldsymbol{AB}-\boldsymbol{A}=\boldsymbol{A}(\boldsymbol{B}-\boldsymbol{E})$,$\boldsymbol{B}-\boldsymbol{E}=\begin{vmatrix}1&\alpha&1\\0&2&\alpha\\0&0&-2\end{vmatrix}$,$|\boldsymbol{B}-\boldsymbol{E}|=-4\neq0$,$\boldsymbol{B}-\boldsymbol{E}$ 可逆,$r[\boldsymbol{A}(\boldsymbol{B}-\boldsymbol{E})]=r(\boldsymbol{A})$。

计算矩阵 $\boldsymbol{A}$ 的秩:$\boldsymbol{A}=\begin{bmatrix}1&-1&2\\2&1&1\\-1&1&-2\end{bmatrix}\sim\begin{bmatrix}1&-1&2\\0&3&-3\\0&0&0\end{bmatrix}$,所以 $r(\boldsymbol{A})=2$。

答案:B

24. **解** 非齐次方程组的通解 $\boldsymbol{y}=\boldsymbol{y}$(齐次方程的通解)$+\boldsymbol{y}^*$(非齐次方程的一个特解),可验证$\frac{1}{2}(\boldsymbol{\beta}_1+\boldsymbol{\beta}_2)$是 $\boldsymbol{Ax}=\boldsymbol{b}$ 的一个特解。

因为 $\boldsymbol{\beta}_1,\boldsymbol{\beta}_2$ 是线性方程组 $\boldsymbol{Ax}=\boldsymbol{b}$ 的两个不同的解:

$$\boldsymbol{A}[\frac{1}{2}(\boldsymbol{\beta}_1+\boldsymbol{\beta}_2)]=\frac{1}{2}\boldsymbol{A\beta}_1+\frac{1}{2}\boldsymbol{A\beta}_2=\frac{1}{2}\boldsymbol{b}+\frac{1}{2}\boldsymbol{b}=\boldsymbol{b}$$

又已知 $\boldsymbol{\alpha}_1,\boldsymbol{\alpha}_2$ 为导出组 $\boldsymbol{Ax}=\boldsymbol{0}$ 的基础解系,可知 $\boldsymbol{\alpha}_1,\boldsymbol{\alpha}_2$ 是 $\boldsymbol{Ax}=\boldsymbol{0}$ 的解,同样可验证 $\boldsymbol{\alpha}_1-\boldsymbol{\alpha}_2$ 也是 $\boldsymbol{Ax}=\boldsymbol{0}$ 的解,$\boldsymbol{A}(\boldsymbol{\alpha}_1-\boldsymbol{\alpha}_2)=\boldsymbol{A\alpha}_1-\boldsymbol{A\alpha}_2=\boldsymbol{0}-\boldsymbol{0}=\boldsymbol{0}$。

还可验证 $\boldsymbol{\alpha}_1,\boldsymbol{\alpha}_1-\boldsymbol{\alpha}_2$ 线性无关。

故齐次方程组的通解为 $\boldsymbol{y}=k_1\boldsymbol{\alpha}_1+k_2(\boldsymbol{\alpha}_1-\boldsymbol{\alpha}_2)$,$\boldsymbol{y}^*=\frac{1}{2}(\boldsymbol{\beta}_1+\boldsymbol{\beta}_2)$是 $\boldsymbol{Ax}=\boldsymbol{b}$ 的一特解。

所以 $\boldsymbol{Ax}=\boldsymbol{b}$ 的通解为 $\boldsymbol{y}=\frac{\boldsymbol{\beta}_1+\boldsymbol{\beta}_2}{2}+k_1\boldsymbol{\alpha}_1+k_2(\boldsymbol{\alpha}_1-\boldsymbol{\alpha}_2)$。

答案:C

25. **解** 由 $\varepsilon_{平动}=\frac{3}{2}kT$,温度不变则平均平动动能不变,又 $E_{内}=\frac{m}{M}\frac{i}{2}RT$,漏气即 m 减少。

答案:B

26. **解** 平均碰撞次数 $\overline{Z}=\sqrt{2}\pi d^2n\bar{v}$,平均速率 $\bar{v}=1.6\sqrt{\frac{RT}{M}}$,若温度升高则分子平均速度 $\bar{v}$ 增大,$\overline{Z}$ 增长。而平均自由程 $\bar{\lambda}=\frac{\bar{v}}{\overline{Z}}$ 不变。

答案:A

27. **解** 气体状态方程 $pV=\frac{m}{M}RT$,气体的密度 $=\frac{m}{V}=\frac{pM}{RT}$。

答案:B

28. **解** 麦克斯韦速率分布律。

答案:D

29. **解** 由 $\eta_{卡}=1-\frac{T_{低}}{T_{高}}=1-\frac{Q_{放}}{Q_{吸}},\frac{Q_{吸}}{Q_{放}}=\frac{T_{高}}{T_{低}}=n$。

答案:C

30. **解** 理想气体在等温膨胀中从外界吸收的热量全部转化对外做功。即 $Q_T=\frac{M}{\mu}RT\ln\frac{V_2}{V_1}$,现两种 1mol 气体"分别从同一状态开始做等温膨胀,终态体积相同",所以它们对外做功和吸热都相同。

答案:A

31. **解** 对同一列波,振动频率为 4Hz,周期 $T=\frac{1}{\nu}=\frac{1}{4}=0.25\text{s}$,$a$、$b$ 两点时间差正好是一周期,那么它们的相位差$=2\pi$。

答案:D

32. **解** 波谷位置应满足 $y=-0.002$,即 $\cos(400\pi t-20\pi x)=-1\Rightarrow 400\pi t-20\pi x=(2k+1)\pi\Rightarrow x=\frac{400\pi t-(2k+1)\pi}{20\pi}=\frac{399-2k}{20}$。

答案:C

33. **解** 条纹之间间距 $\Delta x=\frac{D\lambda}{nd}$,明纹位置 $x_{明}=\pm\frac{kD\lambda}{nd}$。

答案:B

34. **解** 光程差为 2.5λ,满足明纹条件,$\delta=2.5\lambda=(2k+1)\frac{\lambda}{2}$,即 $2.5\lambda=5\times\frac{\lambda}{2}$。

答案:C

35. **解** $I=I_0\cos^2\alpha$,注意到自然光通过偏振片后,光强减半。出射光强 $I=\frac{I_0}{2}\cos^2 30°=\frac{3I_0}{8}$。

答案:D

36. **解** 根据布拉格公式:$2d\sin\varphi=k\lambda(k=0,1,2,3,\cdots)$。

答案:A

37. **解** 电极的电极电势越大,表示电对中氧化态的氧化能力越强,是强氧化剂;电对的电极电势越小,表示电对中还原态的还原能力越强,是强还原剂。

答案:A

38. **解** 由于同离子效应，C、D溶液使 $BaCO_3$ 的溶解度减小。A溶液中的氢离子和碳酸根离子结合生成 CO_2，使 $BaCO_3$ 的溶解度增大。

答案：A

39. **解** $BeCl_2$ 中 Be 采取 sp 杂化，为直线型分子，键角 180°。

答案：C

40. **解** 元素周期表中，各族元素最高价态的氧化物及其水合物，从左到右（同周期）酸性增强；碱性减弱；自上而下（同族）酸性减弱，碱性增强。

答案：C

41. **解** NH_3 为一元弱碱，$C_{OH^-}=\sqrt{K_b \cdot C}=\sqrt{1.77\times10^{-5}\times0.1}=1.33\times10^{3}(mol/dm^{-3})$，$C_{H^+}=10^{-14}\div C_{OH^-}=10^{-12}=7.52\times10^{-12}$，$pH=-\lg C_{H^+}\approx11$。

答案：D

42. **解** CN^- 能和 Zn^{2+}、Ag^+ 和 Fe^{3+} 形成非常稳定的配离子。

答案：C

43. **解** Ag 为 IB 元素，为 ds 区。

答案：A

44. **解** 根据阿伦尼乌斯的公式 $k=Ze^{\frac{-Ea}{RT}}$，温度升高，k 增大。

答案：B

45. **解** 3d 轨道的 $n=3$，$l=2$，磁量子数 $m=0,\pm1,\pm2$。

答案：D

46. **解** 单键中只有 σ，双键和三键中存在 π 键。CO_2 和乙烯中存在双键，乙炔中有三键。

答案：A

47. **解** 只将 A 和 C 比较，A 为强酸弱碱盐，C 为一元弱酸，根据一元弱酸和强酸碱盐的氢离子浓度公式 $C_{H^-}=\sqrt{K_a \cdot C}$，$C_{H^-}=\sqrt{C \cdot K_W/K_b}$ 可计算。

答案：C

48. **解** ABS 树脂又称丙丁苯树脂，学名丙烯腈-丁二烯-苯乙烯共聚物。

答案：B

49. **解** 根据力三角形法，分力首尾相连，力三角形的封闭边是合力。

答案：D

50. **解** 采用平面汇交力系的两个平衡方程求解，A、B 处的约束力均垂直于支撑面指向圆心。

答案：A

51. **解** 因为此时 $F_{max}=F_P f>W$，故物体处于平衡状态，可用平衡方程计算摩擦力。

答案：B

52. **解** 先分析 A、B 两节点，可得杆 AC 和 BD 为零杆，再分析 C、D 两节点。

答案：D

53. **解** 取 AB 为研究对象，由 $\sum m_B(F)=0$ 的平衡方程可求出 F_{Ay}，即可选择。

答案：A

54. **解** 将运动方程中的参数 t 消去即可。

答案：C

55. **解** 定轴转动刚体上 P 点与绳直线段的速度和切向加速度相同，而 P 点还有法向加速度。

答案：A

56. **解** 根据定轴转动刚体的转动方程、角速度、角加速度以及刚体上一点的速度、加速度公式。

答案：C

57. **解** 在小球上加一水平向右的惯性力，再沿垂直斜面方向列平衡方程。

答案：B

58. **解** 圆盘绕轴 O 作定轴转动，其动能为 $T=\frac{1}{2}J_O\omega^2$，且 $J_O=\frac{1}{2}mr^2+ml^2$。

答案：D

59. **解** 根据微分方程的推导过程。

答案：C

60. **解** 根据刚体平移的定义，该刚体只有移动的自由度，不能转动。

答案：C

61. **解** 应用动能定理：$T_2-T_1=W_{12}$。若设重物 A 下降 h 时鼓轮的角速度为 ω_O，则系统的动能为 $T_2=\frac{1}{2}mv_A^2+\frac{1}{2}mv_B^2+\frac{1}{2}J_O\omega_O^2$，$T_1=$ 常量。其中 $v_A=2r\omega_O$；$v_B=r\omega_O$；$J_O=m\rho_O^2$。力所做的功为 $W_{12}=mgh$。

答案：A

62. **解** 用直接法求轴力可得 $N_{AB}=-30\text{kN}$，$N_{BC}=30\text{kN}$，$N_{CD}=-15\text{kN}$，$N_{DE}=15\text{kN}$。

答案：C

63. **解** $N_1=N_2=\frac{P}{2}$，若使刚梁平行下移，则应使两杆位移相同：

$\Delta l_2=\dfrac{\frac{P}{2}}{E}\dfrac{l_1}{A_1}=\Delta l_2\dfrac{\frac{P}{2}l_2}{EA_2}$，即$\dfrac{A_1}{A_2}=\dfrac{l_1}{l_2}>1$。

答案：C

64.**解** 挤压应力等于挤压力除以挤压面积。钢板和铝铆钉的挤压力互为作用力和反作用力，大小相等、方向相反；而挤压面积就是相互接触面的正投影面积，也相同。

答案：B

65.**解** 设直径为D的实心圆轴最大剪应力$\tau=\dfrac{T}{\frac{\pi}{16}D^3}$，则直径为$\dfrac{D}{2}$的实心圆轴最大剪应力$\tau_1=\dfrac{T}{\frac{\pi}{16}\left(\frac{D}{2}\right)^3}=8\dfrac{T}{\frac{\pi}{16}D^3}=8\tau$。

答案：C

66.**解** 首先考虑整体平衡，设左端反力偶m在外表面由外向里转，则有$\sum M_X=0$，即$m-1-6-2+5=0$，所以$m=4\text{kN}\cdot\text{m}$。

再由直接法求出各段扭矩，从左至右各段扭矩分别为$4\text{kN}\cdot\text{m}$、$3\text{kN}\cdot\text{m}$、$-3\text{kN}\cdot\text{m}$、$-5\text{kN}\cdot\text{m}$，在各集中力偶两侧截面上扭矩的变化量就等于集中偶矩的大小。显然符合这些规律的扭矩图只有D图。

答案：D

67.**解** 根据静矩定义$S_z=\int_A y\text{d}A$，图示矩形截面的静矩等于m-m线以上部分和以下部分静矩之和，即$S_z=S_z^{上}+S_z^{下}$，又由于z轴是形心轴，$S_z=0$，故$S_z^{上}+S_z^{下}=0$，$S_z^{上}=-S_z^{下}$。

答案：B

68.**解** $i=i_y=i_z=\sqrt{\dfrac{I_z}{A}}=\sqrt{\dfrac{\pi}{64}d^4\Big/\left(\dfrac{\pi}{4}d^2\right)}=\dfrac{d}{4}$。

答案：B

69.**解** 用直接法，取截面C右侧计算比较简单：$F_{\text{CD}}=qa$，$M_{\text{C}}=qa^2-qa\cdot a=0$。

答案：B

70.**解** 设$f_1=\dfrac{P_1\left(\frac{l}{2}\right)^3}{3EI}$，$f_2=\dfrac{P_2l^3}{3EI}$，令$f_1=f_2$，则有$P_1\left(\dfrac{l}{2}\right)^3=P_2l^3$，$\dfrac{P_1}{P_2}=8$。

答案：C

71.**解** 该题有两种解法。

方法一：对比法。

把图示等腰三角形单元体与纯剪切应力状态对比。把两个直角边看作是纯剪切应力状态中单元体的两个边，则σ和τ所在截面就相当于纯剪切单元体的主平面，故$\sigma=\tau_0$，$\tau=0$。

方法二:小块平衡法。

设两个直角边截面面积为 A,则底边截面面积为$\sqrt{2}A$。由平衡方程

$\sum F_y=0$:$\sigma\cdot\sqrt{2}A=2\tau_0A\cdot\sin45°$,所以 $\sigma=\tau_0$;

$\sum F_x=0$:$\tau\cdot\sqrt{2}A+\tau_0A\cos45°=\tau_0A\cdot\cos45°$,所以 $\tau=0$。

答案:B

72.**解** 图示单元体应力状态类同于梁的应力状态:$\sigma_2=0$ 且 $\sigma_x=0$(或 $\sigma_y=0$),故其主应力的特点与梁相同,即有如下规律:

$$\sigma_1=\frac{\sigma}{2}+\sqrt{\left(\frac{\sigma}{2}\right)^2+\tau^2}>0$$

$$\sigma_3=\frac{\sigma}{2}+\sqrt{\left(\frac{\sigma}{2}\right)^2+\tau^2}<0$$

已知其中一个主应力为 5MPa >0,即 $\sigma_1=\frac{-80}{2}+\sqrt{\left(\frac{-80}{2}\right)^2+\tau^2}=5\text{MPa}$,所以 $\sqrt{\left(\frac{-80}{2}\right)^2+\tau^2}=45\text{MPa}$,则另一个主应力必为 $\sigma_3=\frac{-80}{2}-\sqrt{\left(\frac{-80}{2}\right)^2+\tau^2}=-85\text{MPa}$。

答案:A

73.**解** 从截面 m-m 截开后取右侧部分分析可知,右边只有一个铅垂的反力,只能在 m-m 截面上产生图(1)所示的弯曲正应力。

答案:A

74.**解** 图中三角形分布荷载可简化为一个合力,其作用线距杆的截面下边缘的距离为 $\frac{3a}{3}=a$,所以这个合力对 m-m 截面是一个偏心拉力,m-m 截面要发生拉弯组合变形;而这个合力作用线正好通过 n-n 截面的形心,n-n 截面要发生单向拉伸变形。

答案:C

75.**解** 根据压杆稳定的概念,压杆稳定是指压杆直线平衡的状态在微小外力干扰去除后自我恢复的能力。因此只有选项 D 正确。

答案:D

76.**解** 根据压杆临界压力的公式 P_{cr} 可知,当 EI 相同时,杆端约束超强,μ 值越小,压杆的临界压力越大,图 a)中压杆下边杆端约束最弱(刚度为 EI),图 c)中杆端约束最强(刚度为无穷大)。故 P_{cr}^{a} 最小。

答案:A

77.**解** 参见理想流体定义。

答案:C

78.**解** 参见静水压强特性相关内容。

答案:A

79. **解**　水平分力 $p_x=\rho g h_c A_x=9.8\text{kN/m}^3\times(1.4+0.5)\text{m}\times1\text{m}\times4\text{m}=74.48\text{kN}$。

答案:D

80. **解**　参见迹线和流线的定义。

答案:C

81. **解**　参见黏性流体总水头线的图示。

答案:A

82. **解**　$\text{Re}=\frac{vd}{\nu}$,$v_2=v_1\left(\frac{d_1}{d_2}\right)^2$。以 $d_2=2d_1$ 代入式中,$v_2=\frac{v_1}{4}$,$\text{Re}_1=\frac{v_1 d_1}{\nu}=\frac{4v_2\times\frac{d_2}{2}}{\nu}=2\frac{v_2 d_2}{\nu}=2\text{Re}_2$。

答案:D

83. **解**　参见沿程阻力系数相关内容(层流沿程阻力系数只与雷诺数有关)。

答案:A

84. **解**　对水箱自由液面与管道出口水池自由液面写能量方程:

$$H=h_w=h_f+h_j=\lambda\frac{L}{d}\frac{v^2}{2g}+h_j$$

$v=\sqrt{\frac{2gd(H-h_j)}{\lambda L}}=\sqrt{\frac{2\times9.8\times0.1\times(10-3.2)}{0.042\times20}}=3.98\text{m/s}$

答案:A

85. **解**　并联管,$\frac{Q_1}{Q_2}=\sqrt{\frac{S_2}{S_1}}$,$S=\frac{8\lambda L}{\pi^2 g d^5}$。以题设条件代入后有:

$\frac{Q_1}{Q_2}=\sqrt{\frac{\delta\lambda L}{\pi^2 g d_2^5}/\left(\frac{\delta\lambda L}{\pi^2 g d_1^5}\right)}=\sqrt{\left(\frac{d_1}{d_2}\right)^5}=\sqrt{2^5}=5.66$。

答案:B

86. **解**　$C=\frac{1}{n}R^{\frac{1}{6}}$,$R=\frac{A}{x}$,$C=\frac{1}{0.025}\left(\frac{5.04}{6.73}\right)^{1/6}=38.13\sqrt{\text{m}}/\text{s}$。

答案:D

87. **解**　由完全潜水井公式 $Q=1.366\frac{k(H^2-h^2)}{\lg\frac{R}{r_0}}$,反推 k。代入题设条件后有:

$\frac{k_1}{k_2}=\frac{\lg 3\,000}{\lg 2\,000}=1.053$。

答案:D

88. **解**　无量纲组合应是量纲为 1 的量,$\dim=\frac{LT^{-1}\cdot L}{L^2T^{-1}}=1$。

答案:D

89. 解　计算机系统包括硬件系统和软件系统。

答案:A

90. 解　在 Windows 98 或 Windows 2000 系统中,剪贴板是程序和文件之间用来传递信息的临时存储区。

答案:C

91. 解　125 十进制数转换为二进制数为 1111101,347 八进制数转换为二进制数为 011100111,FF 十六进制数转换为二进制数为 11111111。

答案:B

92. 解　按照地理范围划分可以把各种网络类型划分为局域网、城域网、广域网。

答案:D

93. 解　在 FORTRAN 程序中,三角函数是以弧度来表示角度的。

答案:C

94. 解　K1=6,K2=M(K1)=7,K3=7+8=15,K4=M(6+7+15)=M(28)=29。

答案:D

95. 解　此题为将读入的奇数相加,并除以奇数的个数。

答案:A

96. 解　①方阵是行和列数目相等的矩阵,方阵次对角线指从左下角到右上角的直线。

②N 值是由主程序调用子例行子程序时传递过来的。

③子例行子程序定义的两维数组下标上界最大为 50。

④方阵的行和列由传递过来的 N 值决定。

⑤可以设置 N=5,有下列 25 个数组元素:

M(1,1)	M(2,1)	M(3,1)	M(4,1)	M(5,1)
M(1,2)	M(2,2)	M(3,2)	M(4,2)	M(5,2)
M(1,3)	M(2,3)	M(3,3)	M(4,3)	M(5,3)
M(1,4)	M(2,4)	M(3,4)	M(4,4)	M(5,4)
M(1,5)	M(2,5)	M(3,5)	M(4,5)	M(5,5)

从方阵中可以看出次对角线上所有元素之和为 M(1,5)+M(2,4)+M(3,3)+M(4,2)+M(5,1)。

可以看出它们的下标下界正好是循环中 J 的值,而下标上界又是循环中(N+1−J)的值。

答案:B

97. 解　I=1,J 分别为 1,2,3,4,J+I 分别为 2,3,4,5;

I=2,J 分别为 1,2,3,4,J+I 分别为 3,4,5,6;

I=3,J 分别为 1,2,3,4,J+I 分别为 4,5,6,7。

答案:A

98. **解**　当 K=5 时,S 的值为 55。

答案:D

99. **解**　真空中通过任意闭合曲面的电通量所包围的电荷的代数和。

答案:C

100. **解**　直流电源的频率为 0,则感抗 $X_L=0\Omega$,容抗 $X_C\to\infty$(电容开路),因此电路电流 $I=0A$　。

答案:A

101. **解**　根据戴维南定理,图 b)中的电压源 U'_S为图 a)的开路电压,电阻 R_0 的数值为图 a)的除源电阻。

$$U'_S=U_S+R_1(-I_S)$$
$$R_0=R_1+R_3$$

答案:C

102. **解**　根据 RLC 串联电路谐振条件 $X_L=X_C$,且$\begin{cases}X_L=\omega L\\X_C=1/\omega C\end{cases}$,可知 C 答案正确。

答案:C

103. **解**　用复数符号法分析

$$\dot{U}_L=\frac{j\omega L}{R+j\omega L}\dot{U}_i=|U_L|\angle\varphi_L$$

$$\varphi_L=90°-\arctan\frac{\omega L}{R}+\varphi$$

答案:B

104. **解**　电容无初始储能,即 $U_{C(0-)}=0$。由换路定则可知

$$U_{C(0+)}=U_{C(0-)}=0V$$

电路重新进入稳态,电容开路

$$U_{C(\infty)}=U_i\frac{R}{R+R}=\frac{1}{2}U_i=0.5V$$

答案:C

105. **解**　根据变压器基本关系式,得

$$k=\frac{N_1}{N_2}=\frac{U_1}{U_2}=\frac{I_2}{I_1}$$

可以写出

$$I_2=I_1\frac{N_1}{N_2}$$

答案:B

106. **解** 电动机采用△-Y 启动时，电动机的启动转矩是额定力矩的 1/3，则三角形接法时额定转矩和启动转矩分别是

$$T_{N\triangle}=9\,550\times\frac{P_N}{n_N}=9\,550\times\frac{6}{1\,480}=38.72\text{N}\cdot\text{m}$$

$$T_{N\triangle\text{st}}=1.2T_{N\triangle}=46.46\text{N}\cdot\text{m}$$

当采用△-Y 启动时，启动转矩时

$$T_{N\text{Yst}}=1/3T_{N\triangle\text{st}}=\frac{46.46}{3}=15.49\text{N}\cdot\text{m}$$

答案：A

107. **解** 该电路为全波整流电容滤波电路，当开关 S 闭合前输出端有直流电压 u_0 与输入交流电压 u_i 的有效值 u_i 关系为

$$u_0=\sqrt{2}u_i$$

因此

$$u_0=\sqrt{2}\times\frac{10}{\sqrt{2}}=10\text{V}$$

答案：C

108. **解** 根据放大电路的输出特征曲线分析可知，该反相放大电路出现了饱和失真，静态工作点对应的基极电流 I_{BQ}过大，可以加大 R_B 电阻的数值。

答案：A

109. **解**

$$\begin{aligned}u_0&=u_{01}+u_{02}\\&=-\frac{100}{10}u_1+\left(\frac{10+100}{10}\right)\frac{100}{10+100}u_2\\&=-10u_1+\frac{110}{10}\times\frac{100}{110}u_2\\&=-10u_1+10u_2\\&=10(u_2-u_1)\end{aligned}$$

答案：B

110. **解** JK 触发器的功能表分析，该电路 $K=1$，$J=\overline{Q}$。

当 $Q=0$，$\overline{Q}=1=J$ 时，输出端 Q 的下一个状态为 1；当 $Q=1$，$\overline{Q}=0=J$ 时，输出端 Q 的状态为 0，即 $Q_{n+1}=\overline{Q}_n$，所以该电路有计数功能。

答案：D

111. **解** 生产性项目总投资包括建设投资、建设期贷款利息和铺底流动资金（粗略计算时，建设期贷款利息可并入建设投资）。

答案：D

112. **解** 销售收入的多少与生产负荷大小、销售价格高低以及销售量的多少有关，但与所得税无关。

答案:D

113.解　根据等额支付现值公式 $P=100\ 000(P/A,6\%,10)=100\ 000\times7.360\ 09=736\ 009$ 元。

答案:D

114.解　在进行互斥方案选优时,若备选方案的收益率基本相同,可计算方案的费用现值或费用年值进行方案比选。

答案:D

115.解　计算项目的累积净现金流量,见解表。

题 115 解表

时　间	1	2	3	4	5	6	7	8	9	10
净现金流量(万元)	−1 200	−1 000	200	300	500	500	500	500	500	500
累计净现金流量(万元)	−1 200	−2 200	−2 000	−1 700	−1 200	−700	−200	300	800	1 300

静态投资回收期:$T=7+1-|-200|/500=7.4$ 年。

答案:C

116.解　盈亏平衡分析应按项目投产后,正常年份的销售收入和成本费用数据利润总额进行计算。

答案:A

117.解　在可行性研究阶段,需要进行投资估算,不需要编制设计概算。设计概算是在初步设计阶段由设计单位编制的建设项目所需全部费用的文件。

答案:B

118.解　现代主要的权益投资有股权式合资结构、契约式合资式结构和合伙制结构 3 种方式。

答案:C

119.解　自有资金现金流量表(资本金现金流量表)反映自有资金投资的获利能力,投资者各方权益投资的获利能力采用投资各方现金流量表。

答案:B

120.解　开展价值工程活动的目的是提高产品的价值,即提高功能对成本的比值。

答案:C

2008年度全国勘察设计注册工程师公共基础考试

试　题

单项选择题(共120题,每题1分。每题的备选项中只有一个最符合题意)

1.设$\vec{\alpha}=\vec{i}+2\vec{j}+3\vec{k}$,$\vec{\beta}=\vec{i}-3\vec{j}-2\vec{k}$,则与$\vec{\alpha}$、$\vec{\beta}$都垂直的单位向量为:

A. $\pm(\vec{i}+\vec{j}-\vec{k})$　　B. $\pm\frac{1}{\sqrt{3}}(\vec{i}-\vec{j}+\vec{k})$

C. $\pm\frac{1}{\sqrt{3}}(-\vec{i}+\vec{j}+\vec{k})$　　D. $\pm\frac{1}{\sqrt{3}}(\vec{i}+\vec{j}-\vec{k})$

2.已知平面π过点$M_1(1,1,0)$,$M_2(0,0,1)$,$M_3(0,1,1)$,则与平面π垂直且过点$(1,1,1)$的直线的对称方程为:

A. $\frac{x-1}{1}=\frac{y-1}{0}=\frac{z-1}{1}$　　B. $\frac{x-1}{1}=\frac{z-1}{1},y=1$

C. $\frac{x-1}{1}=\frac{z-1}{1}$　　D. $\frac{x-1}{1}=\frac{y-1}{0}=\frac{z-1}{-1}$

3.下列方程中代表锥面的是:

A. $\frac{x^2}{3}+\frac{y^2}{2}-z^2=0$　　B. $\frac{x^2}{3}+\frac{y^2}{2}-z^2=1$

C. $\frac{x^2}{3}-\frac{y^2}{2}-z^2=1$　　D. $\frac{x^2}{3}+\frac{y^2}{2}+z^2=1$

4.函数$f(x)=\begin{cases}2x, & 0\leqslant x<1\\ 4-x, & 1\leqslant x\leqslant 3\end{cases}$,在$x\to1$时,$f(x)$的极限是:

A. 2　　B. 3　　C. 0　　D. 不存在

5.函数$y=\sin^2\frac{1}{x}$在x处的导数$\frac{dy}{dx}$是:

A. $\sin\frac{2}{x}$　　B. $\cos\frac{1}{x}$　　C. $-\frac{1}{x^2}\sin\frac{2}{x}$　　D. $\frac{1}{x^2}$

6.已知$f(x)$是二阶可导的函数,$y=e^{2f(x)}$,则$\frac{d^2y}{dx^2}$为:

A. $e^{2f(x)}$　　B. $e^{2f(x)}f''(x)$

C. $e^{2f(x)}[2f'(x)]$　　D. $2e^{2f(x)}\{2[f'(x)]^2+f''(x)\}$

7. 曲线 $y=x^3-6x$ 上切线平行于 x 轴的点是：

A. $(0,0)$　　B. $(\sqrt{2},1)$

C. $(-\sqrt{2},4\sqrt{2})$和$(\sqrt{2},-4\sqrt{2})$　　D. $(1,2)$和$(-1,2)$

8. 设函数 $f(x)$在$(-\infty,+\infty)$上是偶函数，且在$(0,+\infty)$内有 $f'(x)>0$，$f''(x)>0$，则在$(-\infty,0)$内必有：

A. $f'>0, f''>0$　　B. $f'<0, f''>0$

C. $f'>0, f''<0$　　D. $f'<0, f''<0$

9. 若在区间(a,b)内，$f'(x)=g'(x)$，则下列等式中错误的是：

A. $f(x)=Cg(x)$　　B. $f(x)=g(x)+C$

C. $\int df(x)=\int dg(x)$　　D. $df(x)=dg(x)$

10. 设 $f(x)$函数在$[0,+\infty)$上连续，且满足 $f(x)=xe^{-x}+e^x\int_0^1 f(x)dx$，则$f(x)$是：

A. xe^{-x}　　B. $xe^{-x}-e^{x-1}$

C. e^{x-2}　　D. $(x-1)e^{-x}$

11. 广义积分$\int_0^{+\infty}\frac{C}{2+x^2}dx=1$，则 $C=$

A. π　　B. $\frac{\pi}{\sqrt{2}}$　　C. $\frac{2\sqrt{2}}{\pi}$　　D. $-\frac{2}{\pi}$

12. D 域由 x 轴、$x^2+y^2-2x=0(y\geqslant 0)$及 $x+y=2$ 所围成，$f(x,y)$是连续函数，化$\iint\limits_D f(x,y)dxdy$ 为二次积分是：

A. $\int_0^{\frac{\pi}{4}}d\varphi\int_0^{2\cos\varphi}f(\rho\cos\varphi,\rho\sin\varphi)\rho d\rho$　　B. $\int_0^1 dy\int_{1-\sqrt{1-y^2}}^{2-y}f(x,y)dx$

C. $\int_0^{\frac{\pi}{3}}d\varphi\int_0^1 f(\rho\cos\varphi,\rho\sin\varphi)\rho d\rho$　　D. $\int_0^1 dx\int_0^{\sqrt{2x-x^2}}f(x,y)dy$

13. 在区间$[0,2\pi]$上，曲线 $y=\sin x$ 与 $y=\cos x$ 之间所围图形的面积是：

A. $\int_{\frac{\pi}{4}}^{\pi}(\sin x-\cos x)dx$　　B. $\int_{\frac{\pi}{4}}^{\frac{5}{4}\pi}(\sin x-\cos x)dx$

C. $\int_0^{2\pi}(\sin x-\cos x)dx$　　D. $\int_0^{\frac{5}{4}\pi}(\sin x-\cos x)dx$

14. 级数$\sum_{n=1}^{\infty}\frac{(-1)^{n-1}}{n}$的收敛性是：

A. 绝对收敛　　B. 条件收敛

C. 等比级数收敛　　D. 发散

15. 函数 e^x 展开成为 $x-1$ 的幂函数是：

A. $\sum_{n=0}^{\infty}\frac{(x-1)^n}{n!}$　　B. $e\sum_{n=0}^{\infty}\frac{(x-1)^n}{n!}$

C. $\sum_{n=0}^{\infty}\frac{(x-1)^n}{n}$　　D. $\sum_{n=0}^{\infty}\frac{(x-1)^n}{ne}$

16. 微分方程$(1+2y)x\mathrm{d}x+(1+x^2)\mathrm{d}y$ 的通解为：

A. $\frac{1+x^2}{1+2y}=C$　　B. $(1+x^2)(1+2y)=C$

C. $(1+2y)^2=\frac{C}{1+x^2}$　　D. $(1+x^2)^2(1+2y)=C$

(以上各式中,C 为任意常数)

17. 微分方程 $y''=(y')^2$ 的通解是：

A. $\ln x+C$　　B. $\ln(x+C)$

C. $C_2+\ln|x+C_1|$　　D. $C_2-\ln|x+C_1|$

(以上各式中,C_1、C_2 为任意常数)

18. 下列函数中不是方程 $y''-2y'+y=0$ 的解的函数是：

A. x^2e^x　　B. e^x

C. xe^x　　D. $(x+2)e^x$

19. 若 $P(A)>0,P(B)>0,P(A\mid B)=P(A)$,则下列各式不成立的是：

A. $P(B\mid A)=P(B)$　　B. $P(A\mid \overline{B})=P(A)$

C. $P(AB)=P(A)P(B)$　　D. A,B 互斥

20. 10 张奖券含有 2 张中奖的奖券，每人购买 1 张，则前四个购买者恰有 1 人中奖的概率是：

A. 0.8^4　　B. 0.1　　C. $C_{10}^{6}0.2\ 0.8^3$　　D. $0.8^3 0.2$

21. 总体 X 的概率分布见题表，其中 $\theta\left(0<\theta<\frac{1}{2}\right)$是未知参数，利用样本值 3、1、3、0、3、1、2、3，所得 θ 的矩估计值是：

A. $\frac{1}{4}$ B. $\frac{1}{2}$ C. 2 D. 0

题21表

X	0	1	2	3
P	θ^2	$2\theta(1-\theta)$	θ^2	$1-2\theta$

22. 已知矩阵 $\boldsymbol{A}=\begin{bmatrix}1&0&0\\0&1&2\\0&2&4\end{bmatrix}$，则 $\boldsymbol{A}$ 的秩 $r(\boldsymbol{A})=$

A. 0 B. 1 C. 2 D. 3

23. 设 $\vec{\alpha},\vec{\beta},\vec{\gamma},\vec{\delta}$ 是 n 维向量，已知 $\vec{\alpha},\vec{\beta}$ 线性无关，$\vec{\gamma}$ 可以由 $\vec{\alpha},\vec{\beta}$ 线性表示，$\vec{\delta}$ 不能由 $\vec{\alpha},\vec{\beta}$ 线性表示，则以下选项中正确的是：

A. $\vec{\alpha},\vec{\beta},\vec{\gamma},\vec{\delta}$ 线性无关
B. $\vec{\alpha},\vec{\beta},\vec{\gamma}$ 线性无关
C. $\vec{\alpha},\vec{\beta},\vec{\delta}$ 线性相关
D. $\vec{\alpha},\vec{\beta},\vec{\delta}$ 线性无关

24. 设 λ_1,λ_2 是矩阵 $\boldsymbol{A}$ 的 2 个不同的特征值，$\boldsymbol{\xi},\boldsymbol{\eta}$ 是 $\boldsymbol{A}$ 的分别属于 λ_1,λ_2 的特征向量，则以下选项中正确的是：

A. 对任意的 $k_1\neq0$ 和 $k_2\neq0$，$k_1\boldsymbol{\xi}+k_2\boldsymbol{\eta}$ 都是 $\boldsymbol{A}$ 的特征向量
B. 存在常数 $k_1\neq0$ 和 $k_2\neq0$，使得 $k_1\boldsymbol{\xi}+k_2\boldsymbol{\eta}$ 是 $\boldsymbol{A}$ 的特征向量
C. 存在任意的 $k_1\neq0$ 和 $k_2\neq0$，$k_1\boldsymbol{\xi}+k_2\boldsymbol{\eta}$ 都不是 $\boldsymbol{A}$ 的特征向量
D. 仅当 $k_1=k_2=0$ 时，$k_1\boldsymbol{\xi}+k_2\boldsymbol{\eta}$ 是 $\boldsymbol{A}$ 的特征向量

25. 质量相同的氢气（H_2）和氧气（O_2），处在相同的室温下，则它们的分子平均平动动能和内能的关系是：

A. 分子平均平动动能相同，氢气的内能大于氧气的内能
B. 分子平均平动动能相同，氧气的内能大于氢气的内能
C. 内能相同，氢气的分子平均平动动能大于氧气的分子平均平动动能
D. 内能相同，氧气的分子平均平动动能大于氢气的分子平均平动动能

26. 某种理想气体的总分子数为 N，分子速率分布函数为 $f(v)$，则速率在 $v_1\rightarrow v_2$ 区间内的分子数是：

A. $\int_{v_1}^{v_2} f(v)\mathrm{d}v$
B. $N\int_{v_1}^{v_2} f(v)\mathrm{d}v$
C. $\int_{0}^{\infty} f(v)\mathrm{d}v$
D. $N\int_{0}^{\infty} f(v)\mathrm{d}v$

27. 已知某理想气体的摩尔数为 ν，气体分子的自由度为 i，k 为玻尔兹曼常量，R 为摩尔气

体常量。当该气体从状态 1(p_1,V_1,T_1)到状态 2(p_2,V_2,T_2)的变化过程中,其内能的变化为:

A. $\nu\frac{i}{2}k(T_2-T_1)$　　　　B. $\frac{i}{2}(p_2V_2-p_1V_1)$

C. $\frac{i}{2}R(T_2-T_1)$　　　　D. $\nu\frac{i}{2}(p_2V_2-p_1V_2)$

28. 两种摩尔质量不同的理想气体,它们压强相同,温度相同,体积不同。则它们的:

A. 单位体积内的分子数不同
B. 单位体积内气体的质量相同
C. 单位体积内气体分子的总平均平动动能相同
D. 单位体积内气体的内能相同

29. 一定量的理想气体在进行卡诺循环时,高温热源的温度为 500K,低温热源的温度为 400K,则该循环的效率为:

A. 56%　　B. 34%　　C. 80%　　D. 20%

30. 根据热力学第二定律可知:

A. 功可以完全转换为热量,但热量不能全部转换为功
B. 热量可以从高温物体传到低温物体,但不能从低温物体传到高温物体
C. 不可逆过程就是不能向相反方向进行的过程
D. 一切自发过程都是不可逆的

31. 有两列频率不同的声波在空气中传播,已知频率 $\nu_1=500\text{Hz}$ 的声波在其传播方向相距为 l 的两点的振动相位差为 π,那么频率 $\nu_2=1\,000\text{Hz}$ 的声波在其传播方向相距为$\frac{l}{2}$的两点的相位差为:

A. $\pi/2$　　B. π　　C. $3\pi/4$　　D. $3\pi/2$

32. 一平面谐波的表达式为 $y=0.05\cos(20\pi t+4\pi x)$ (SI),取 $k=0,\pm1,\pm2,\cdots$,则 $t=0.5\text{s}$时各波峰所处的位置为:(单位:m)

A. $\frac{2k-10}{4}$　　　　B. $\frac{k+10}{4}$

C. $\frac{2k-9}{4}$　　　　D. $\frac{k+9}{4}$

33. 在双缝干涉实验中,在给定入射单色光的情况下,用一片能透过光的薄介质片(不吸收光线)遮住下面的一条缝,则屏幕上干涉条纹的变化情况是:

A. 零级明纹仍在中心,其他条纹上移

B. 零级明纹仍在中心，其他条纹下移

C. 零级明纹和其他条纹一起上移

D. 零级明纹和其他条纹一起下移

34. 在单缝夫琅禾费衍射实验中，屏上第三级明纹对应的缝间的波阵面，可划分的半波带的数目为：

A. 5 个　　B. 6 个　　C. 7 个　　D. 8 个

35. 如果两个偏振片堆叠在一起，且偏振化方向之间夹角为 45°，假设两者对光无吸收，光强为 I_0 的自然光垂直射在偏振片上，则出射光强为：

A. $I_0/4$　　B. $3I_0/8$　　C. $I_0/2$　　D. $3I_0/4$

36. 一束波长为 λ 的单色光分别在空气中和在玻璃中传播，则在相同的传播时间内：

A. 传播的路程相等，走过的光程相等

B. 传播的路程相等，走过的光程不相等

C. 传播的路程不相等，走过的光程相等

D. 传播的路程不相等，走过的光程不相等

37. 关于盐桥叙述错误的是：

A. 分子通过盐桥流动

B. 盐桥中的电解质可以中和两个半电池中的过剩电荷

C. 可维持氧化还原反应进行

D. 盐桥中的电解质不参加电池反应

38. 在一定温度下，下列反应 $2CO(g)+O_2(g)=2CO_2(g)$ 的 K_p 与 K_c 之间的关系正确的是：

A. $K_p=K_c$　　B. $K_P=K_c\times(RT)$

C. $K_p=K_c/(RT)$　　D. $K_p=1/K_c$

39. 将 pH=2.00 的 HCl 溶液与 pH=13.00 的 NaOH 溶液等体积混合后，溶液的 pH 是：

A. 7.00　　B. 12.65　　C. 3.00　　D. 11.00

40. 下列各组元素中，其性质的相似是由镧系收缩引起的是：

A. Zr 与 Hf　　B. Fe 与 Co、Ni　　C. Li 与 Mg　　D. 锕系

41. 暴露在常温空气中的碳并不燃烧，这是由于反应 $C(s)+O_2(g)=CO_2(g)$ 的：[已知：$CO_2(g)$ 的 $\Delta_f G_m^\ominus(298.15K)=-394.36kJ/mol$]

A. $\Delta_f G_m^\ominus>0$，不能自发进行　　B. $\Delta_f G_m^\ominus<0$，但反应速率缓慢

C. 逆反应速率大于正反应速率　　D. 上述原因均不正确

42. 下列分子中，属于极性分子的是：

A. O_2　　B. CO_2　　C. BF_3　　D. C_2H_3F

43. 下列各系列中，按电离能增加的顺序排列的是：

A. Li，Na，K　　B. B，Be，Li　　C. O，F，Ne　　D. C，B，As

44. 分别在四杯 $100cm^3$ 水中加入 5g 乙二酸、甘油、季戊四醇、蔗糖形成四种溶液，则这四种溶液的凝固点：

A. 都相同　　B. 加蔗糖的低
C. 加乙二酸的低　　D. 无法判断

45. 一定温度下，某反应的标准平衡常数 $K^{\ominus}$ 的数值：

A. 恒为常数，并与反应方程式的写法有关
B. 由反应方程式的写法而定
C. 由平衡浓度及平衡分压而定
D. 由加入反应物的量而定

46. 按近代量子力学的观点，核外电子运动的特征：

A. 具有波粒二象性
B. 可用 ψ^2 表示电子在核外出现的几率
C. 原子轨道的能量呈连续变化
D. 电子运动的轨道可用 ψ 的图像表示

47. 下列各物质的化学键中，只存在 σ 键的是：

A. C_2H_2　　B. H_2O
C. CO_2　　D. CH_3COOH

48. 在热力学标准条件下，0.100mol 的某不饱和烃在一定条件下能和 0.200gH_2 发生加成反应生成饱和烃，完全燃烧时生成 0.300molCO_2 气体，该不饱和烃是：

A. $CH_2=CH_2$　　B. $CH_3CH_2CH=CH_2$
C. $CH_3CH=CH_2$　　D. $CH_3CH_2C\equiv CH$

49. 作用在平面上的三力 $\boldsymbol{F}_1$、$\boldsymbol{F}_2$、$\boldsymbol{F}_3$，组成图示等边三角形，此力系的最后简化结果为：

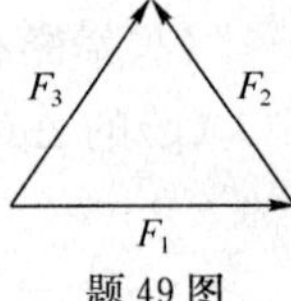

题 49 图

A. 平衡力系　　B. 一合力

C. 一合力偶　　　　D. 一合力与一合力偶

50. 图示水平梁 CD 的支承力与荷载均已知，其中 $F_p=aq, M=a^2q$，支座 A、B 的约束力分别为：

A. $F_{Ax}=0, F_{Ay}=aq(\uparrow), F_{By}=\frac{3}{2}aq(\uparrow)$

B. $F_{Ax}=0, F_{Ay}=\frac{3}{4}aq(\uparrow), F_{By}=\frac{5}{4}aq(\uparrow)$

C. $F_{Ax}=0, F_{Ay}=\frac{1}{2}aq(\uparrow), F_{By}=\frac{5}{2}aq(\uparrow)$

D. $F_{Ax}=0, F_{Ay}=\frac{1}{4}aq(\uparrow), F_{By}=\frac{7}{4}aq(\uparrow)$

51. 重力大小为 W 的物块能在倾斜角为 α 的粗糙斜面上往下滑，为了维持物块在斜面上平衡，在物块上作用向左的水平力 $\boldsymbol{F}_Q$（如图所示）。在求解力 $\boldsymbol{F}_Q$ 的大小时，物块与斜面间的摩擦力 $\boldsymbol{F}$ 的方向为：

A. $\boldsymbol{F}$ 只能沿斜面向上

B. $\boldsymbol{F}$ 只能沿斜面向下

C. $\boldsymbol{F}$ 既可能沿斜面向上，也可能向下

D. $\boldsymbol{F}=0$

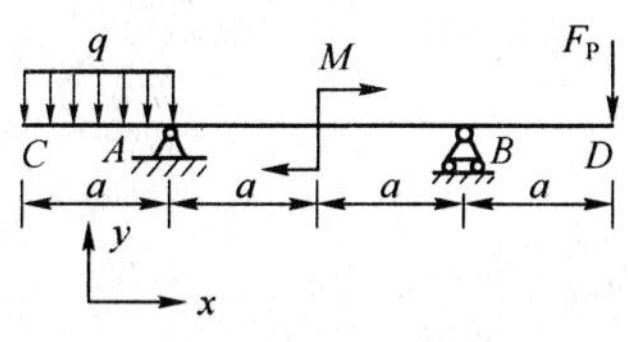

题 50 图

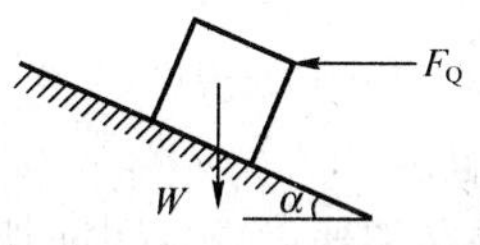

题 51 图

52. 图示平面桁架的尺寸与荷载均已知。其中，杆 1 的内力 F_{S1} 为：

A. $F_{S1}=\frac{5}{3}F_P$（压）　　　　B. $F_{S1}=\frac{5}{3}F_P$（拉）

C. $F_{S1}=\frac{3}{4}F_P$（压）　　　　D. $F_{S1}=\frac{3}{4}F_P$（拉）

53. 图示平面刚性直角曲杆的支撑力、尺寸与荷载均已知，且 $F_Pa>m$，B 处插入端约束的全部约束力各为：

A. $F_{Bx}=0, F_{By}=F_P(\uparrow)$，力偶 $m_B=F_Pa$（↶）

B. $F_{Bx}=0, F_{By}=F_P(\uparrow)$，力偶 $m_B=0$

C. $F_{Bx}=0, F_{By}=F_P(\uparrow)$，力偶 $m_B=F_Pa-m$（↶）

D. $F_{Bx}=0, F_{By}=F_P(\uparrow)$，力偶 $m_B=F_Pb-m$（↶）

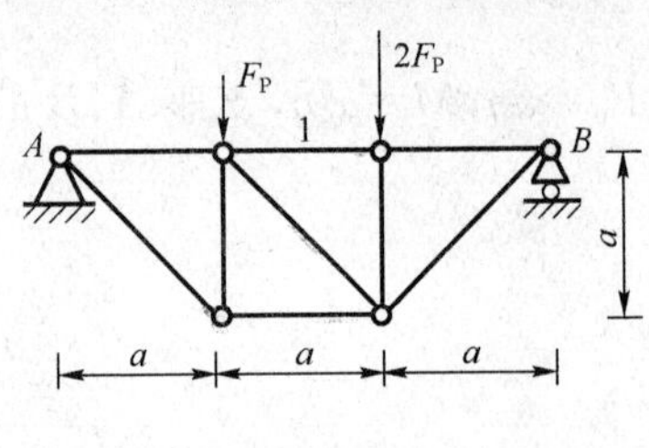

题 52 图

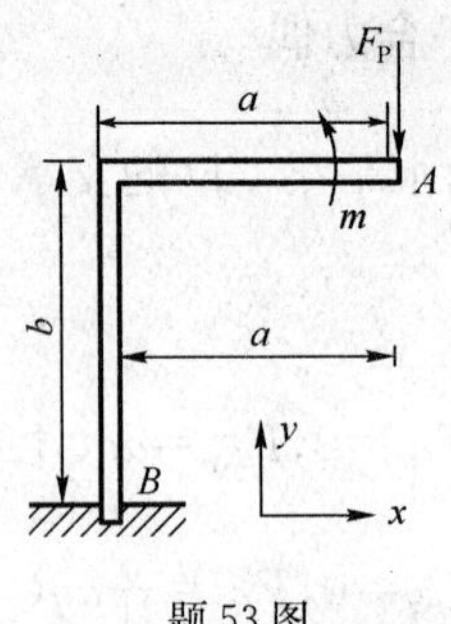

题 53 图

54. 点在平面 xOy 内的运动方程为 $\begin{cases} x=3\cos t \\ y=3-5\sin t \end{cases}$（式中，$t$ 为时间）。点的运动轨迹应为：

A. 直线　　B. 圆　　C. 正弦曲线　　D. 椭圆

55. 图示杆 $OA=l$，绕定轴 O 以角速度 ω 转动，同时通过 A 端推动滑块 B 沿轴 x 运动，设分析运动的时间内杆与滑块并不脱离，则滑块的速度 v_B 的大小用杆的转角 φ 与角速度 ω 表示为：

A. $v_B=l\omega\sin\varphi$　　B. $v_B=l\omega\cos\varphi$

C. $v_B=l\omega\cos^2\varphi$　　D. $v_B=l\omega\sin^2\varphi$

56. 图示点沿轨迹已知的平面曲线运动时，其速度大小不变，加速度 a 应为：

A. $a_n=a\neq 0, a_\tau=0$

B. $a_n=0, a_\tau=a\neq 0$

C. $a_n\neq 0, a_\tau\neq 0, a_n+a_\tau=a$

D. $a=0$

（a_n：法向加速度，a_τ：切向加速度）

57. 图示匀质杆 AB 长 l，质量为 m，质心为 C。点 D 距点 A 为 $\frac{1}{4}l$。杆对通过点 D 且垂直于 AB 的轴 y 的转动惯量为：

A. $J_{Dy}=\frac{1}{12}ml^2+m\left(\frac{1}{4}\right)^2$　　B. $J_{Dy}=\frac{1}{3}ml^2+m\left(\frac{1}{4}\right)^2$

C. $J_{Dy}=\frac{1}{12}ml^2+m\left(\frac{3}{4}l\right)^2$　　D. $J_{Dy}=m\left(\frac{1}{4}l\right)^2$

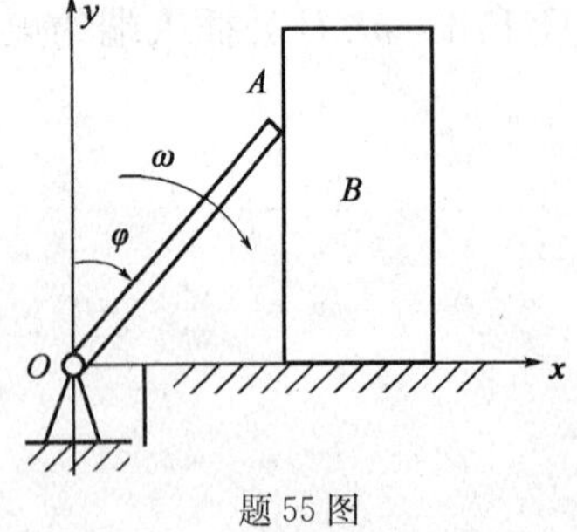

题 55 图

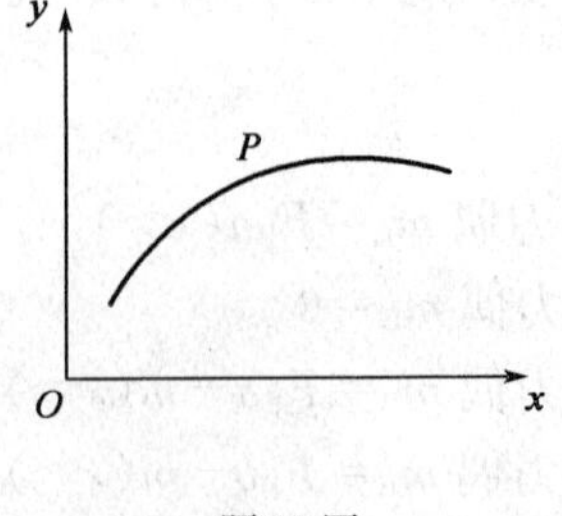

题 56 图

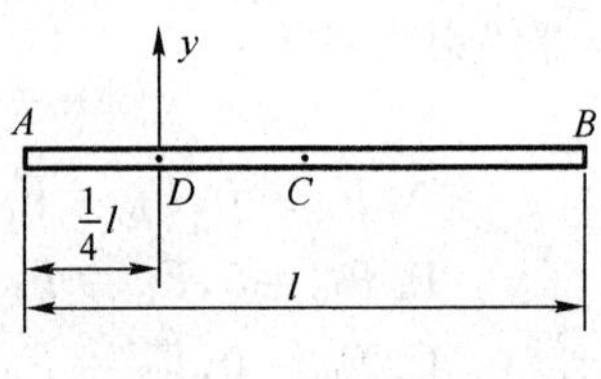

题 57 图

58. 图示质量为 m 的三角形物块，其倾斜角为 θ，可在光滑的水平地面上运动。质量为 m 的矩形物块又沿斜面运动。两块间也是光滑的。该系统的动力学特征（动量、动量矩、机械能）有守恒情形的数量为：

A. 0 个　　　　B. 1 个　　　　C. 2 个　　　　D. 3 个

59. 图示质量为 m，半径为 r 的定滑轮 O 上绕有细绳，依靠摩擦使绳在轮上不打滑，并带动滑轮转动。绳之两端均系质量 m 的物块 A 与 B。块 B 放置的光滑斜面倾角为 α，$0<\alpha<\frac{\pi}{2}$。假设定滑轮 O 的轴承光滑，当系统在两物块的重力作用下运动时，B 与 O 间，A 与 O 间的绳力 $\boldsymbol{F}_{T1}$ 和 $\boldsymbol{F}_{T2}$ 的大小有关系：

A. $F_{T1}=F_{T2}$　　　　B. $F_{T1}<F_{T2}$

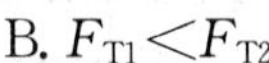

C. $F_{T1}>F_{T2}$　　　　D. 只依据已知条件不能确定

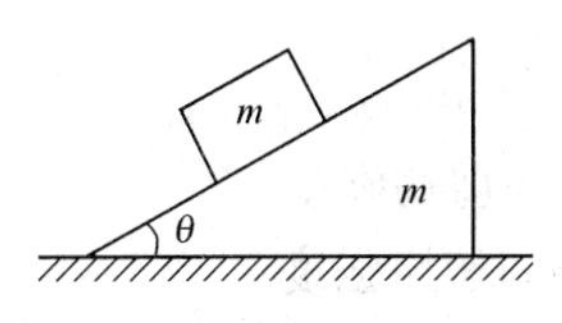

题 58 图

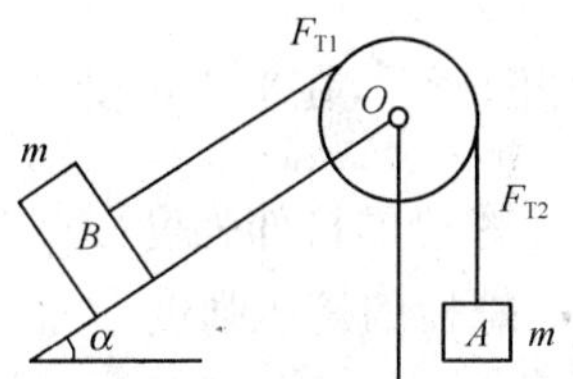

题 59 图

60. 图示弹簧—物块直线振动系统中，物块质量 m，两根弹簧的刚度系数各为 k_1 和 k_2。若用一根等效弹簧代替这两根弹簧，则其刚度系数 k 为：

A. $k=\dfrac{k_1k_2}{k_1+k_2}$　　　　B. $k=\dfrac{2k_1k_2}{k_1+k_2}$　　　　C. $k=\dfrac{k_1+k_2}{2}$　　　　D. $k=k_1+k_2$

61. 在图示定平面 Oxy 内，杆 OA 可绕轴 O 转动，杆 AB 在点 A 与杆 OA 铰接，即杆 AB 可绕点 A 转动。该系统称为双摆，其自由度数为：

A. 1 个　　　　B. 2 个　　　　C. 3 个　　　　D. 4 个

62. 图示拉杆承受轴向拉力 $\boldsymbol{P}$ 的作用，设斜截面 m-m 的面积为 A，则 $\sigma=P/A$ 为：

A. 横截面上的正应力　　　　B. 斜截面上的正应力

C. 斜截面上的应力　　　　D. 斜截面上的剪应力

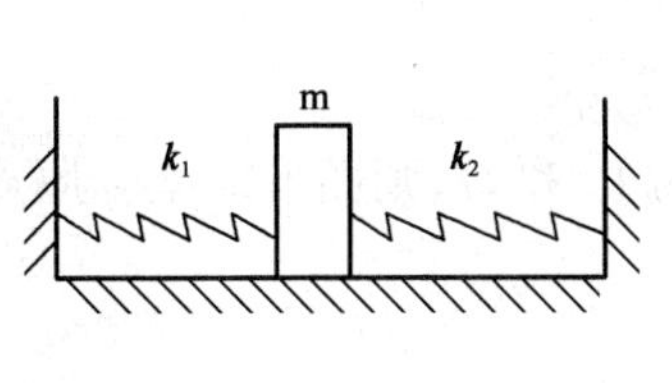

题 60 图

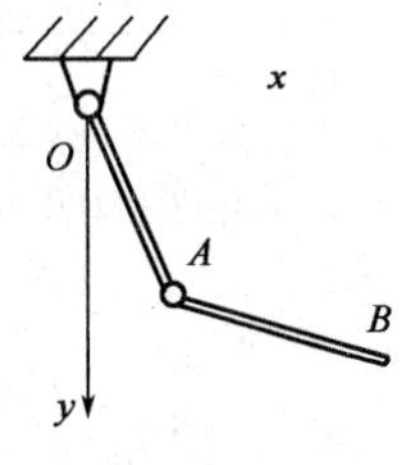

题 61 图

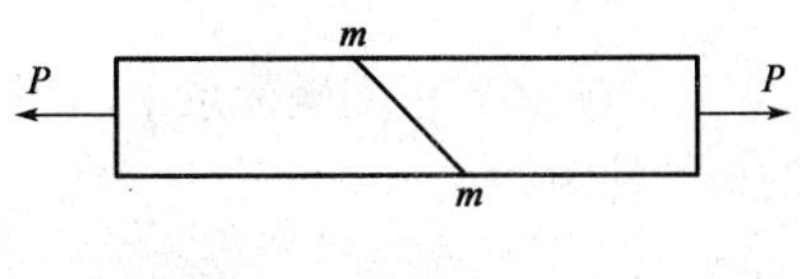

题 62 图

63. 两拉杆的材料和所受拉力都相同，且均处在弹性范围内，若两杆长度相等，横截面面积 $A_1 > A_2$，则：

A. $\Delta l_1 < \Delta l_2, \varepsilon_1 = \varepsilon_2$　　B. $\Delta l_1 = \Delta l_2, \varepsilon_1 < \varepsilon_2$

C. $\Delta l_1 < \Delta l_2, \varepsilon_1 < \varepsilon_2$　　C. $\Delta l_1 = \Delta l_2, \varepsilon_1 = \varepsilon_2$

64. 图示连接件，两端受拉力 **P** 作用，接头的挤压面积为：

A. ab　　B. cb　　C. lb　　D. lc

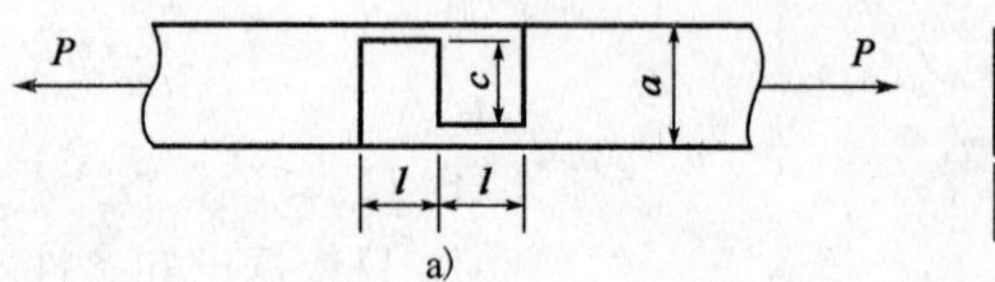

题 64 图

65. 如图所示，在平板和受拉螺栓之间垫上一个垫圈，可以提高：

A. 螺栓的拉伸强度　　B. 螺栓的剪切强度

C. 螺栓的挤压强度　　D. 平板的挤压强度

66. 设受扭圆轴中的最大剪应力为 τ，则最大正应力：

A. 出现在横截面上，其值为 τ　　B. 出现在 45°斜截面上，其值为 2τ

C. 出现在横截面上，其值为 2τ　　D. 出现在 45°斜截面上，其值为 τ

67. 如图所示，左端固定的直杆受扭转力偶作用，在截面 1-1 和 2-2 处的扭矩为：

A. 12kN·m，−3kN·m　　B. −2.5kN·m，−3kN·m

C. −2.5kN·m，3kN·m　　D. 2.5kN·m，−3kN·m

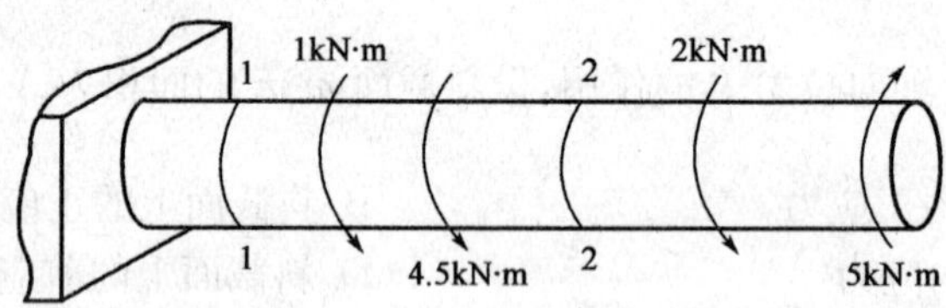

题 67 图

68. 在 yOz 正交坐标系中，设图形对 y、z 轴的惯性矩分别为 I_y 和 I_z，则图形对坐标原点的极惯性矩为：

A. $I_P = 0$　　B. $I_P = I_z + I_y$

C. $I_P = \sqrt{I_z^2 + I_y^2}$　　D. $I_P = I_z^2 + I_y^2$

69. 面积相等的两个图形分别如图 a)和图 b)所示。它们对对称轴 y、z 轴的惯性矩之间的关系为：

A. $I_z^a < I_z^b, I_y^a = I_y^b$　　　　B. $I_z^a > I_z^b, I_y^a = I_y^b$

C. $I_z^a = I_z^b, I_y^a = I_y^b$　　　　D. $I_z^a = I_z^b, I_y^a > I_y^b$

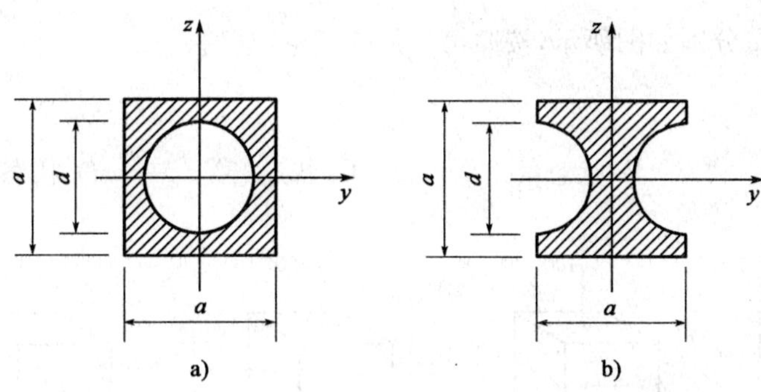

题 69 图

70. 带有中间铰的静定梁受载情况如图所示，则：

A. a 越大，则 M_A 越大　　　　B. l 越大，则 M_A 越大

C. a 越大，则 R_A 越大　　　　D. l 越大，则 R_A 越大

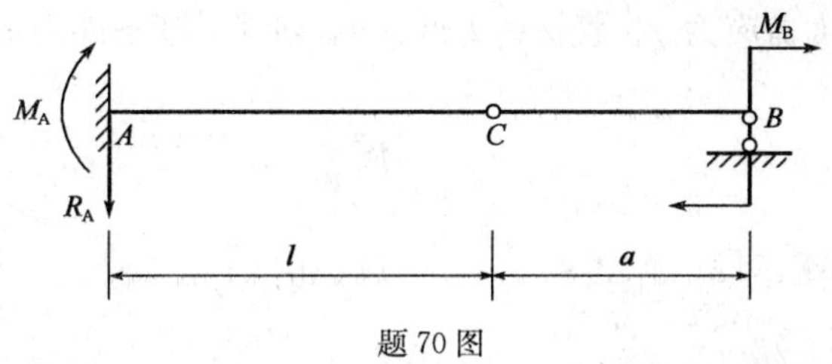

题 70 图

71. 设图示两根圆截面梁的直径分别为 d 和 $2d$，许可荷载分别为$[P]_1$ 和$[P]_2$。若两梁的材料相同，则$[P]_2/[P]_1=$

A. 2　　　B. 4　　　C. 8　　　D. 16

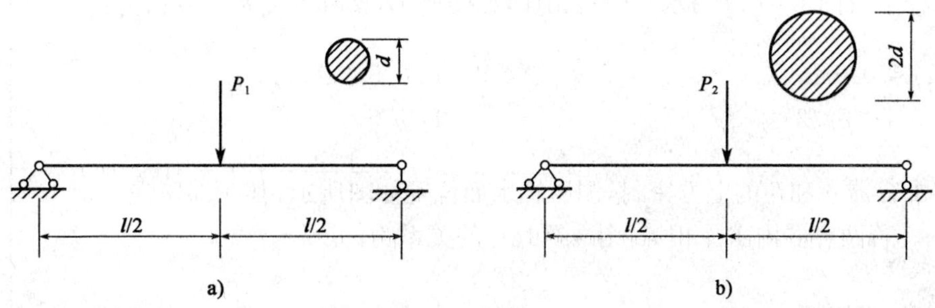

题 71 图

72. 图示为三角形单元体，已知 ab、ca 两斜面上的正应力为 σ，剪应力为零。在竖正面

bc 上有：

A. $\sigma_x=\sigma, \tau_{xy}=0$

B. $\sigma_x=\sigma, \tau_{xy}=\sin60°-\sigma\sin45°$

C. $\sigma_x=\sigma\cos60°+\sigma\cos45°, \tau_{xy}=0$

D. $\sigma_x=\sigma\cos60°+\sigma\cos45°, \tau_{xy}=\sigma\sin60°-\sigma\sin45°$

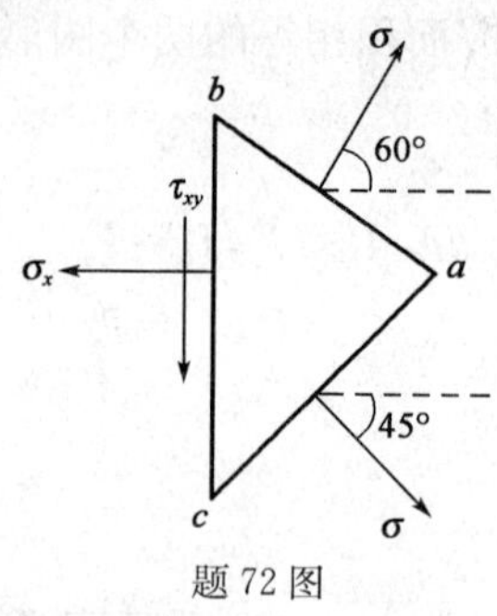

题 72 图

73. 四种应力状态分别如图所示，按照第三强度理论，其相当应力最大的是：

A. 状态(1)　　B. 状态(2)　　C. 状态(3)　　D. 状态(4)

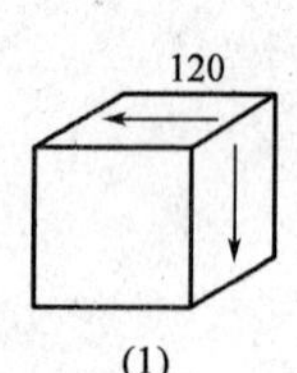

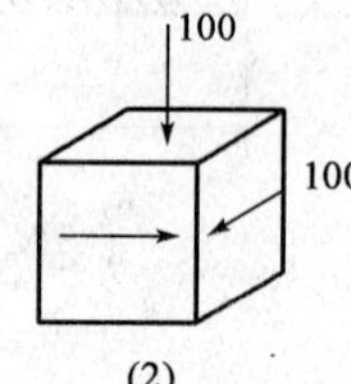

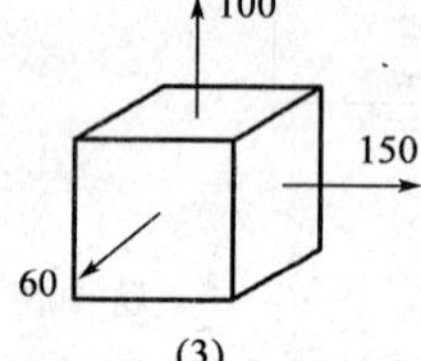

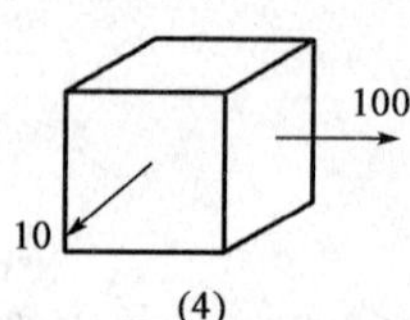

题 73 图

74. 图示为正方形截面等直杆，抗弯截面模量为 W，在危险截面上，弯矩为 M，扭矩为 M_n，A 点处有最大正应力 σ 和最大剪应力 γ。若材料为低碳钢，则其强度条件为：

A. $\sigma\leqslant[\sigma], \tau\leqslant[\tau]$

B. $\frac{1}{W}\sqrt{M^2+M_n^2}\leqslant[\sigma]$

C. $\frac{1}{W}\sqrt{M^2+0.75M_n^2}\leqslant[\sigma]$

D. $\sqrt{\sigma+4\tau^2}\leqslant[\sigma]$

A

题 74 图

75. 圆截面细长压杆的材料和杆端约束保持不变，若将其直径缩小一半，则压杆的临界压力为原压杆的：

A. 1/2　　B. 1/4　　C. 1/8　　D. 1/16

76. 压杆下端固定，上端与水平弹簧相连，如图所示，该杆长度系数 μ 值为：

A. $\mu<0.5$

B. $0.5<\mu<0.7$

C. $0.7<\mu<2$

D. $\mu>2$

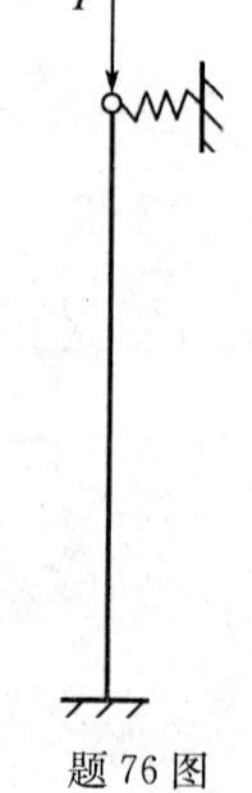

题 76 图

77. 盛水容器 a 和 b 的上方密封，测压管水面位置如图所示，其底部压强分别为 p_a 和 p_b。若两容器内水深相等，则 p_a 和 p_b 的关系为：

A. $p_a>p_b$

B. $p_a<p_b$

C. $p_a=p_b$

D. 无法确定

78. 欧拉法描述液体运动时，表示同一时刻因位置变化而形成的加速度称为：

A. 当地加速度　　B. 迁移加速度

C. 液体质点加速度　　D. 加速度

79. 图中相互之间可以列总流伯努利方程的断面是：

A. 1-1 断面和 2-2 断面　　B. 2-2 断面和 3-3 断面

C. 1-1 断面和 3-3 断面　　D. 3-3 断面和 4-4 断面

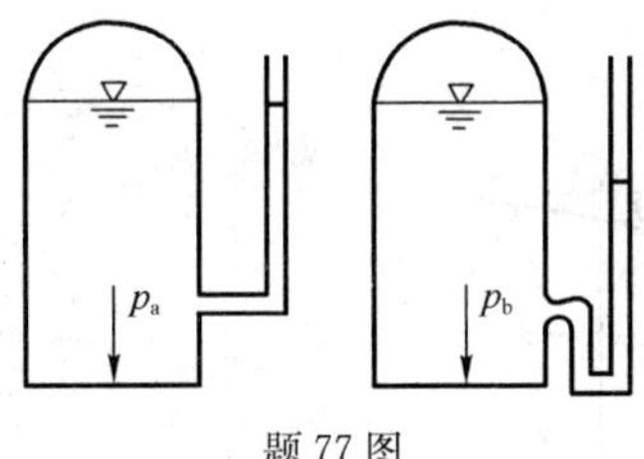

题 77 图

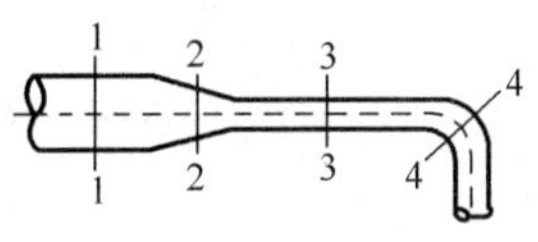

题 79 图

80. A、B 两根圆形输水管，管径相同，雷诺数相同，A 管为热水，B 管为冷水，则两管流量 q_{V_A}、q_{V_B} 的关系为：

A. $q_{V_A} > q_{V_B}$　　B. $q_{V_A} = q_{V_B}$

C. $q_{V_A} < q_{V_B}$　　D. 不能确定大小

81. 紊流附加切应力 $\bar{\tau}_2$ 等于：

A. $\rho \overline{u_x' u_y'}$　　B. $-\rho \overline{u_x' u_y'}$　　C. $\overline{u_x' u_y'}$　　D. $-\overline{u_x' u_y'}$

82. 图示直径为 20mm、长 5m 的管道自水池取水并泄入大气中，出口比水池水面低 2m，已知沿程水头损失系数 $\lambda=0.02$，进口局部水头损失系数 $\zeta=0.5$，则泄流量 Q 为：

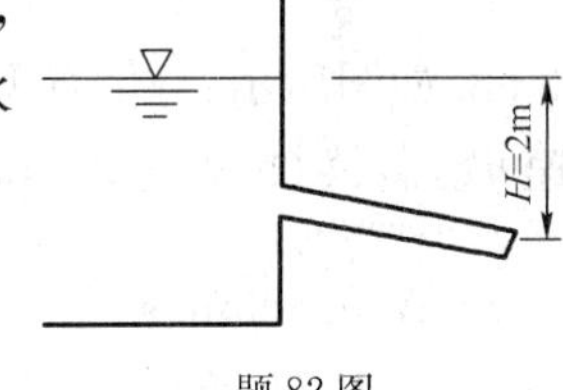

题 82 图

A. 0.88L/s　　B. 1.90L/s

C. 0.77L/s　　D. 0.39L/s

83. 边界层分离的必要条件是：

A. 来流流速分布均匀　　B. 有逆压梯度和物面黏性阻滞作用

C. 物面形状不规则　　D. 物面粗糙

84. 作用水头相同时，孔口的过流量要比相同直径的管嘴过流量：

A. 大　　B. 小　　C. 相同　　D. 无法确定

85. 明渠均匀流的流量一定，当渠道断面形状、尺寸和壁面粗糙程度一定时，正常水深随底坡增大而：

A. 增大　　B. 减小　　C. 不变　　D. 不确定

86. 图示承压含水层的厚度 $t=7.5\text{m}$，用完全井进行抽水试验，在半径 $r_1=6\text{m}$、$r_2=24\text{m}$ 处，测得相应的水头降落 $s_1=0.76\text{m}$、$s_2=0.44\text{m}$，井的出流量 $Q=0.01\text{m}^3/\text{s}$，则承压含水层的渗流系数 k 为：[注：$s=\dfrac{Q}{2\pi kt}(\ln R-\ln r)$，$R$ 为影响半径]

A. $9.2\times10^{-3}\text{m/s}$　　B. $8.2\times10^{-4}\text{m/s}$

C. $9.2\times10^{-4}\text{m/s}$　　D. $8.2\times10^{-3}\text{m/s}$

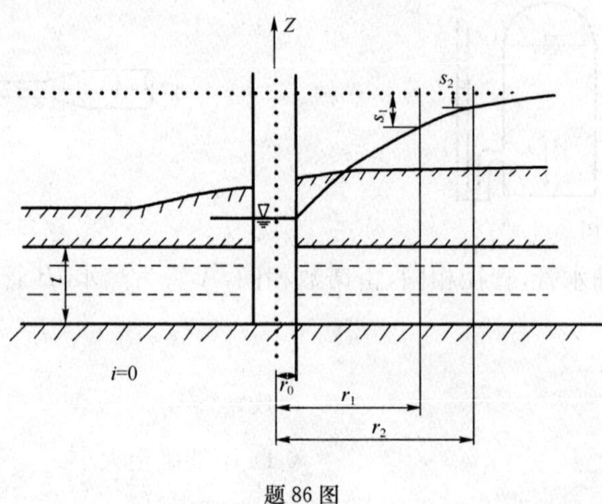

题 86 图

87. 模型与原形采用相同介质，为满足黏性阻力相似，若几何比尺为 10，设计模型应使流速比尺为：

A. 10　　B. 1　　C. 0.1　　D. 5

88. 如图所示，一倒置 U 形管，上部为油，其密度 $\rho_{油}=800\text{kg/m}^3$，用来测定水管中的 A 点流速 u_A，若读数 $\Delta h=200\text{mm}$，则该点流速 u_A 为：

A. 0.885m/s　　B. 1.980m/s

C. 1.770m/s　　D. 2.000m/s

题 88 图

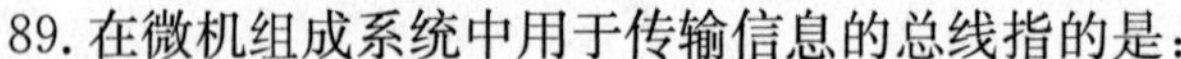

89. 在微机组成系统中用于传输信息的总线指的是：

A. 数据总线，连接硬盘的总线，连接软盘的总线

B. 地址线，与网络连接的总线，与打印机连接的总线

C. 数据总线，地址总线，控制总线

D. 控制总线，光盘的连接总线，U 盘的连接总线

90. Windows 98 操作系统是：

A. 单用户多任务系统　　B. 单用户单任务系统

多用户单任务系统　　D. 多用户多任务系统

91. 与二进制数 11011101.1101 等值的八进制数是：

A. 135.61　　B. 335.64　　C. 235.61　　D. 235.64

92. Internet 网使用的协议是：

A. Token　　B. x.25/x.75

C. CSMA/CD　　D. TCP/IP

93. 判断 A、B 变量不同时为零（至少 1 个为零）的逻辑表达式是：

A. AE.0.AND.B.NE.0　　B. A*B EQ.0.AND.A+B.NE.0

C. A+B.NE.0　　D. A*B EQ.0

94. 以下程序求两个整数 M,N 的最大公约数：

```
      SUBROUTINE ZDGUS(M,N)
      K=______
      DO 10 J=2,K
      IF(MOD(N,J).EQ.0.AND.MOD(M,J).EQ.0)L=J
10    CONTINUE
      WRITE(*,'(2X,15)')L
      RETURN
      END
```

为了使程序完整，在______处应填入的是：

A. M　　B. N　　C. MIN(M,N)　　D. M/N

95. 阅读下列 FORTRAN 程序：

```
      DIMENSION M(6)
      READ(*,*)M
      DO 10 J=1,6
      DO 10 K=J,6
      IF(M(K)LTM(J))THEN
      N=M(K)
      M(K)=M(J)
      M(J)=N
      END IF
10    CONTINUE
      WRITE(*,100)(M(I),I=1,6)
100    FORMAT(2X,614)
      END
```

键盘输入 10,7,9,2,1,3；程序运行后的输出结果是：

A. 1 2 3 7 9 10　　B. 10 9 7 3 2 1　　C. 7 9 2 1 3 10　　D. 3 1 2 9 7 10

96. 阅读下列 FORTRAN 程序：

```
      MOIUH=N(5)+N(10)
      WRITE(*,'(2X,15)')MQIUH
      END
      FUNCTION N(K)
      N=0
      DO 10 J=1,K
      N=N+J
10    CONTINUE
      RETURN
      END
```

程序运行后的结果是：

A. 65　　B. 85　　C. 90　　D. 70

97. 已知顺序数据文件 FILE3. DAT 有如下数据：

```
      50,54,64,65
      65,70,85,90
      46,73,60,72
```

阅读 FORTRAN 程序

```
      DIMENSION M(12)
      OPEN(10,FILE=:FILE3.DAT,)
      READ(10,*)(M(I),I=1,12)
      DO 10J=1,12
      IF (M(J).GE.60)N=N+1
10    CONTINUE
      WRITE(*,20)N
20    FORMAT(2X,'N=',12)
      END
```

程序输出后的结果是：

A. N=7　　B. N=8　　C. N=4　　D. N=9

98. 阅读 FORTRAN 程序：

```
      DIMENSION M(4,3)
      DATE M/-10,12,24,11,20,-15,61,78,93,30,44,-45/
      N(M(1,1)
      DO 10I=1,4
      DO 10J=1,3
      IF (M(I,J)LT.N) THEN
```

```
      N=M(I,J)
      K1=1
      K2=J
      ENDIF
10    CONTINUE
      WRITE(*,'(2X,3I4)')N,K1,K2
```

程序运行后的输出结果是：

A. 93,3,1　　B. −10,1,1　　C. −45,4,3　　D. 78,3,2

99. 图示电路中，磁性材料上绕有两个导电线圈，若上方线圈加的是 100V 的直流电压，则：

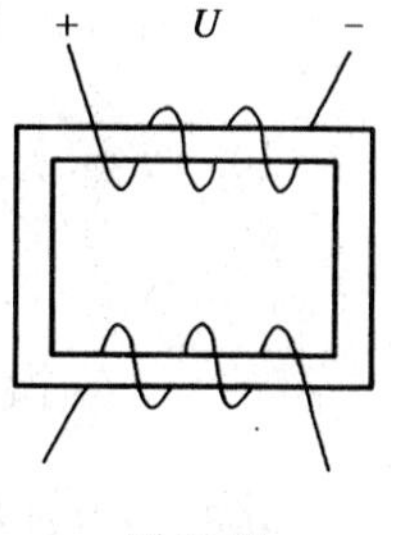

题 99 图

A. 下方线圈两端不会产生磁感应电动势

B. 下方线圈两端产生方向为左"−"右"+"的磁感应电动势

C. 下方线圈两端产生方向为左"+"右"−"的磁感应电动势

D. 磁性材料内部的磁通取逆时针方向

100. 图示电路中，I_{S1}、I_{S2}、U_S 均为已知的恒定直流量，设流过电阻上的电流 I_R 如图所示，则以下说法正确的是：

A. 按照基尔霍夫定律可求得 $I_R = I_{S1} + I_{S2}$

B. $I_R = I_{S1} - I_{S2}$

C. 因为电感元件的直流电路模型是短接线，所以 $I_R = \frac{U_S}{R}$

D. 因为电感元件的直流电路模型是断路，所以 $I_R = I_{S2}$

101. 图 a)电路按戴维南定理等效成图 b)所示电压源时，计算 R_0 的正确算式为：

A. $R_0 = R_1 // R_2$

B. $R_0 = R_1 + R_2$

C. $R_0 = R_1$

D. $R_0 = R_2$

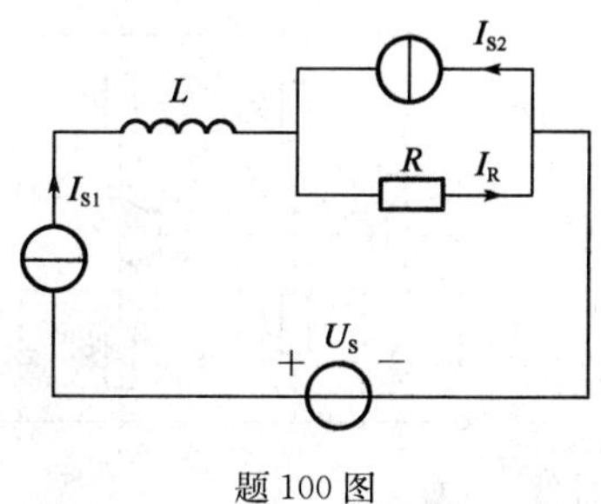

题 100 图

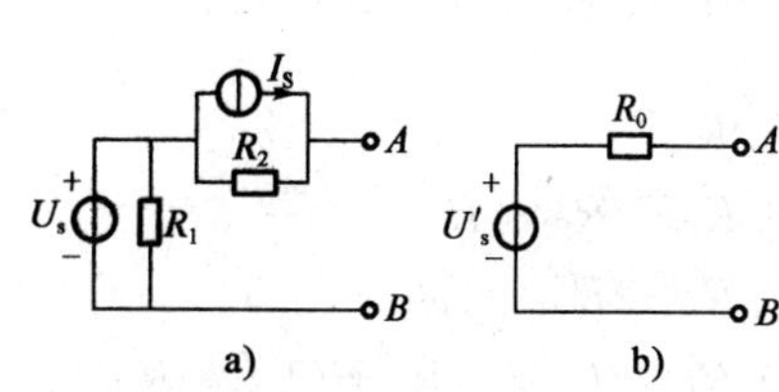

题 101 图

102. 有三个 100Ω 的线性电阻接成△三相对称负载，然后挂接在电压为 220V 的三相对称电源上，这时供电线路上的电流为：

A. 6. 6A　　B. 3. 8A　　C. 2. 2A　　D. 1. 3A

103. 图示电路中，电容的初始能量为 0，设开关 S 在 $t=0$ 时刻闭合，此后电路将发生过渡过程，那么，决定该过渡过程的时间常数 τ 为：

A. $\tau=(R_1+R_2)C$　　B. $\tau=(R_1//R_2)C$
C. $\tau=R_2C$　　D. 与电路的外加激励 U_i 有关

104. 某 $\cos\varphi$ 为 0.4 的感性负载，外加 100V 的直流电压时，消耗功率 100W，则该感性负载的感抗为：

A. 100Ω　　B. 229Ω　　C. 0.73Ω　　D. 329Ω

105. 实际变压器工作时：

A. 存在铁损，不存在铜损　　B. 存在铜损，不存在铁损
C. 铁损、铜损均存在　　D. 铁损、铜损均不存在

106. 在电动机的断电接触控制电路中，实现零压保护的电器是：

A. 停止按钮　　B. 热继电器
C. 时间继电器　　D. 交流接触器

107. 图示电路中，若输入电压 $U_i=10\sin(\omega t+30^\circ)$V，则输出电压的增均值 U_L 为：

A. 3. 18V　　B. 5V　　C. 6. 36V　　D. 10V

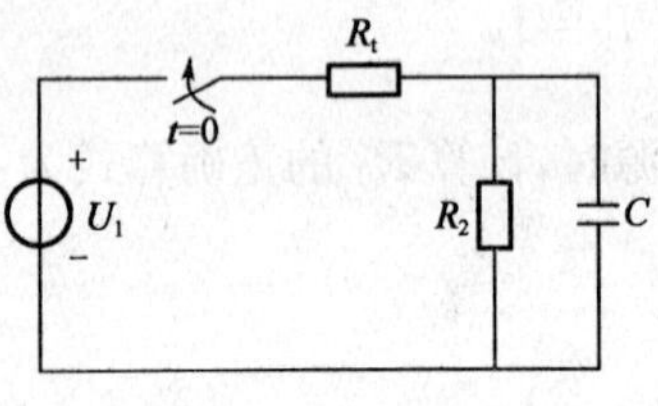

题 103 图

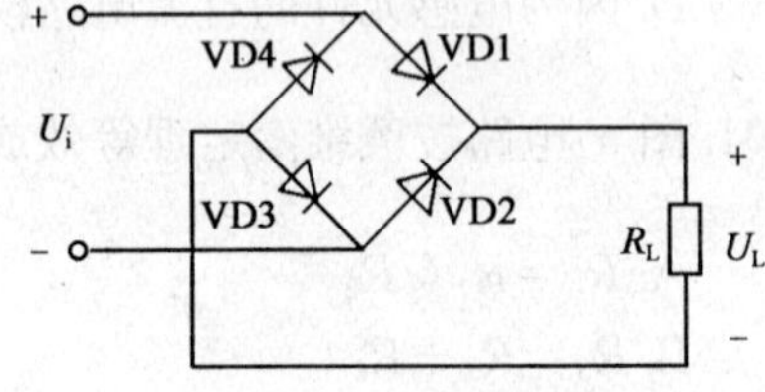

题 107 图

108. 晶体管单管放大电路如图所示，当晶体管工作于线性区时，晶体管的输入电阻为 R_{be}，那么，该放大电路的输入电阻为：

A. R_{be}
B. $R_{B1}//R_{B2}//R_{be}$
C. $R_{B1}//R_{B2}//(R_E+R_{be})$
D. $R_{B1}//R_{B2}//[R_E+(1+\beta)R_{be}]$

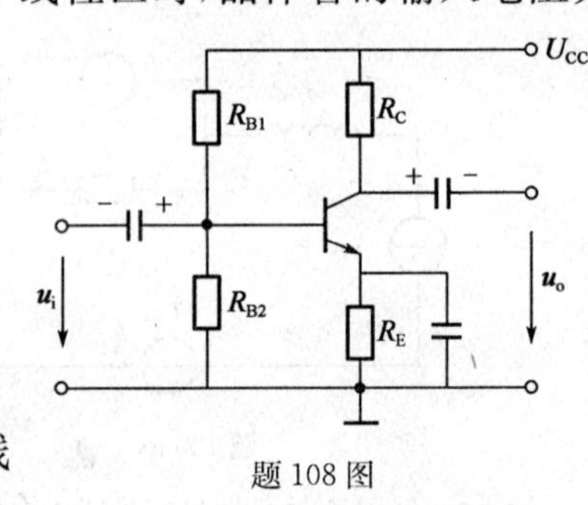

题 108 图

109. 运算放大器应用电路如图所示，在运算放大器线性工作区，输出电压与输入电压之间的运算关系是：

A. $u_0=-\frac{1}{R_1C}\int u_i\mathrm{d}t$ B. $u_0=\frac{1}{R_1C}\int u_i\mathrm{d}t$

C. $u_0=-\frac{1}{(R_1+R_2)C}\int u_i\mathrm{d}t$ D. $u_0=\frac{1}{(R_1+R_2)C}\int u_i\mathrm{d}t$

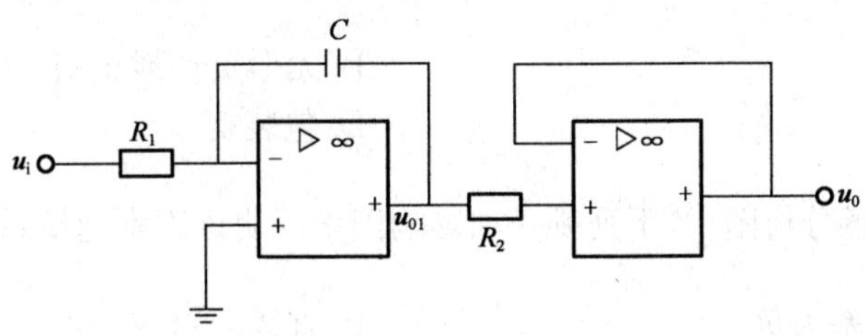

题 109 图

110. 如图所示电路中，Q_1、Q_0 的原始状态为“1 1”，当送入两个脉冲后的新状态为：

A. “0 0” B. “0 1”

C. “1 1” D. “1 0”

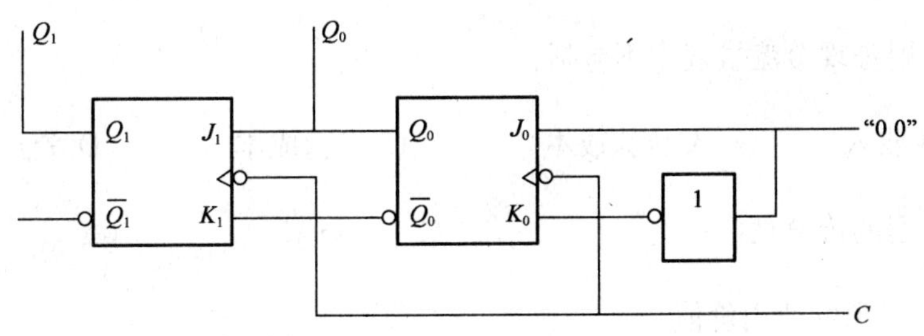

题 110 图

111. 下面不属于工程建设其他投资的是：

A. 土地使用费 B. 与项目建设有关的其他费用

C. 预备费 D. 联合试运转费

112. 下面不属于产品销售收入的是：

A. 材料销售收入 B. 工业性劳务收入

C. 自制半成品销售收入 D. 产成品销售收入

113. 某人第 1 年年初向银行借款 10 万元，第 1 年年末又借款 10 万元，第 3 年年初再次借 10 万元，年利率为 10%，到第 4 年末连本带利一次还清，应付的本利和为：

A. 31.00 万元 B. 76.20 万元 C. 52.00 万元 D. 40.05 万元

114. 某项目初期投资 150 万元，年运营成本 90 万元，寿命期 5 年，寿命期末回收残值 20 万元，企业基准折现率 10%，则该项目的费用现值为：

A. 478.75 万元 B. 503.59 万元 C. 511.63 万元 D. 538.95 万元

115. 当社会通货膨胀率趋于上升，其他因素没有变化时，基准折现率应：

A. 降低　　B. 提高　　C. 保持不变　　D. 无法确定

116. 下面属于变动成本的是：

A. 折旧费　　B. 无形资产摊销费
C. 管理费　　D. 包装费

117. 在单因素敏感分析图中，下列哪一项影响因素说明该因素越敏感？

A. 直线的斜率为负　　B. 直线的斜率为正
C. 直线的斜率绝对值越大　　D. 直线的斜率绝对值越小

118. 财务评价主要财务报表不包括：

A. 现金流量表　　B. 损益表
C. 资金来源与运用表　　D. 债务偿还表

119. 全投资财务现金流量表中不包括：

A. 销售收入　　B. 贷款成本　　C. 经营成本　　D. 资产回收

120. 价值工程的价值是：

A. 研究对象的使用价值
B. 研究对象的交换价值
C. 研究对象的使用和交换价值
D. 研究对象所具有的功能与获得该功能的全部费用的比值

2008年度全国勘察设计注册工程师公共基础考试

试题解析及参考答案

1. **解** 求出与$\vec{\alpha}$、$\vec{\beta}$垂直的向量。

$$\vec{\alpha}\times\vec{\beta}=\begin{vmatrix}\vec{i} & \vec{j} & \vec{k}\\ 1 & 2 & 3\\ 1 & -3 & -2\end{vmatrix}=5\vec{i}+5\vec{j}-5\vec{k}$$

利用式子$\vec{a}^0=\dfrac{\vec{a}}{|\vec{a}|}$求单位向量：

$$\pm\vec{a}^0=\pm\frac{\vec{a}}{|\vec{a}|}=\pm\frac{1}{5\sqrt{3}}(5\vec{i}+5\vec{j}-5\vec{k})$$

$$=\pm\frac{1}{\sqrt{3}}(\vec{i}+\vec{j}-\vec{k})$$

答案:D

2. **解** 求出过M_1,M_2,M_3三点平面的法线向量：$\vec{S}_{M_1M_2}=\{-1,-1,1\}$，$\vec{S}_{M_1M_3}=\{-1,0,1\}$。

平面法向量$\vec{n}=\vec{S}_{M_1M_2}\times\vec{S}_{M_1M_3}=\begin{vmatrix}\vec{i} & \vec{j} & \vec{k}\\ -1 & -1 & 1\\ -1 & 0 & 1\end{vmatrix}=-\vec{i}+0\vec{j}-\vec{k}$。

直线的方向向量取$\vec{S}=\vec{n}=-\vec{i}+0\vec{j}-\vec{k}$。

已知点坐标(1,1,1)，故所求直线的点向式方程$\dfrac{x-1}{-1}=\dfrac{y-1}{0}=\dfrac{z-1}{-1}$。

即$\dfrac{x-1}{1}=\dfrac{y-1}{0}=\dfrac{z-1}{1}$。

答案:A

3. **解** 以原点为顶点，z轴为主轴的圆锥面标准方程$\dfrac{x^2}{a^2}+\dfrac{y^2}{a^2}=z^2$。以原点为顶点，z轴为主轴的椭圆锥面标准方程$\dfrac{x^2}{a^2}+\dfrac{y^2}{b^2}=z^2\quad(a\neq b)$。

答案:A

4. **解** 计算$f(x)$在$x=1$的左、右极限：

$$f(1+0)=\lim_{x\to1^+}(4-x)=3,f(1-0)=\lim_{x\to1^-}2x=2$$

$$f(1+0)\neq f(1-0)$$

答案:D

5.**解** 利用复合函数导数计算公式计算:$y'=2\sin\frac{1}{x}\cdot\cos\frac{1}{x}\cdot\left(-\frac{1}{x^2}\right)=-\frac{1}{x^2}\sin\frac{2}{x}$。

答案:C

6.**解** 计算抽象函数的复合函数的二次导数:$y'=e^{2f(x)}\cdot 2f'(x)=2f'(x)e^{2f(x)}$;$y''=2[f''(x)e2f(x)+f'(x)\cdot e^{2f(x)}\cdot 2f'(x)]=2e^{2f(x)}\{f''(x)+2[f'(x)]^2\}$。

答案:D

7.**解** x 轴的斜率 $K=0$,在曲线 $y=x^3-6x$ 上找出一点在该点切线的斜率也为 $K=0$,求导,$y=x^3-6x$,$y'=3x^2-6$。

令 $3x^2-6=0$,$x=\pm\sqrt{2}$。

当 $x=\pm\sqrt{2}$ 时,$y'=0$;当 $x_1=\sqrt{2}$ 时,$y_1=-4\sqrt{2}$;当 $x_2=-\sqrt{2}$ 时,$y_2=4\sqrt{2}$。

答案:C

8.**解** 已知 $f(x)$ 在 $(-\infty,+\infty)$ 上是偶函数,函数图像关于 y 轴对称,已知函数在 $(0,+\infty)$,$f'(x)>0$,$f''(x)>0$ 表明在 $(0,+\infty)$ 上函数图像为单增且凹向,由对称性可知,$f(x)$ 在 $(-\infty,0)$ 单减且凹向,所以 $f'(x)<0$,$f''(x)>0$。

答案:B

9.**解** 对A求导,得 $f'(x)=Cg'(x)$。

答案:A

10.**解** 已知 $f(x)$ 在 $[0,+\infty)$ 上,则 $\int_0^1 f(x)\mathrm{d}x$ 为一常数,设 $\int_0^1 f(x)\mathrm{d}x=A$,于是原题化为

$$f(x)=xe^{-x}+Ae^{x} \quad ①$$

对①式两边积分:$\int_0^1 f(x)\mathrm{d}x=\int_0^1(xe^{-x}+Ae^{x})\mathrm{d}x$

即

$$A=\int_0^1 xe^{-x}\mathrm{d}x+A\int_0^1 e^{x}\mathrm{d}x \quad ②$$

分别计算出定积分值:

$\int_0^1 xe^{-x}\mathrm{d}x=-\int_0^1 x\mathrm{d}e^{-x}=-[xe^{-x}|_0^1-\int_0^1 e^{-x}\mathrm{d}x]=1-\frac{2}{e}$,$\int_0^1 e^{x}\mathrm{d}x=e^{x}|_0^1=e-1$。

代入②:$A=1-\frac{2}{e}+A(e-1)$,$A(2-e)=\frac{e-2}{e}$,$A=-\frac{1}{e}$。

将A值代入①式:$f(x)=xe^{-x}+e^{x}\left(-\frac{1}{e}\right)$,$f(x)=xe^{-x}-e^{x-1}$。

答案:B

11.**解** 计算出左边广义积分即可。

$\int_0^{+\infty}\frac{C}{2+x^2}\mathrm{d}x=C\int_0^{+\infty}\frac{1}{2+x^2}\mathrm{d}x=C\cdot\frac{1}{\sqrt{2}}\arctan\frac{x}{\sqrt{2}}\Big|_0^{+\infty}=\frac{C}{\sqrt{2}}\left(\lim_{x\to+\infty}\arctan\frac{x}{\sqrt{2}}-0\right)=$

$\dfrac{C}{\sqrt{2}} \cdot \dfrac{\pi}{2} = 1$。

由 $\dfrac{C\pi}{2\sqrt{2}} = 1$，解 $C = \dfrac{2\sqrt{2}}{\pi}$。

答案：C

12. **解** $x^2+y^2-2x=0$，$(x-1)^2+y^2=1$，D 由 $(x-1)^2+y^2=1(y\geqslant0)$，$x+y=2$ 与 x 轴围成，画出平面区域 D。

$$D:\begin{cases}0\leqslant y\leqslant 1\\ 1-\sqrt{1-y^2}\leqslant x\leqslant 2-y\end{cases}$$

由图形确定二重积分，先对 x 积，后对 y 积。

故 $\iint\limits_D f(x,y)\mathrm{d}x\mathrm{d}y = \int_0^1 \mathrm{d}y \int_{1-\sqrt{1-y^2}}^{2-y} f(x,y)\mathrm{d}x$

答案：B

13. **解** 画出 $y=\sin x$，$y=\cos x$ 图形，在 $[0,2\pi]$ 上求出交点 $\left(\dfrac{\pi}{4},\dfrac{\sqrt{2}}{2}\right)$，$\left(\dfrac{5}{4}\pi,-\dfrac{\sqrt{2}}{2}\right)$。

x：$\left[\dfrac{\pi}{4},\dfrac{5}{4}\pi\right]$。

$[x,x+\mathrm{d}x]$：$\mathrm{d}A=(\sin x-\cos x)\mathrm{d}x$。

$A=\int_{\frac{\pi}{4}}^{\frac{5}{4}\pi}(\sin x-\cos x)\mathrm{d}x$。

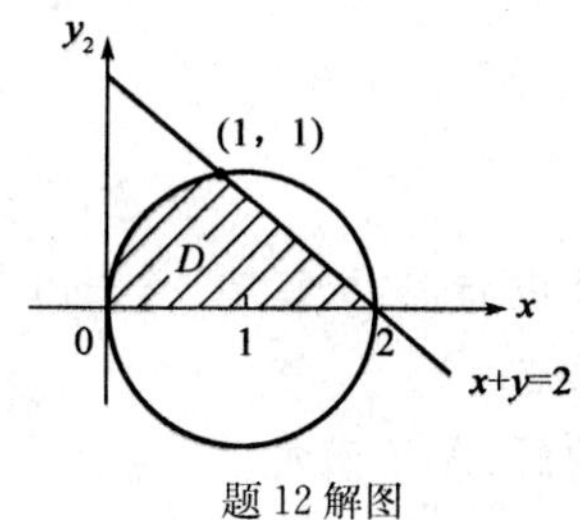

题 12 解图

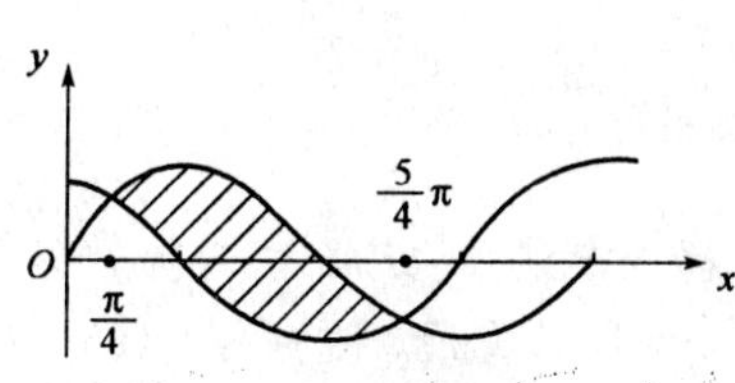

题 13 解图

答案：B

14. **解** 把级数各项取绝对值 $\sum\limits_{n=1}^{\infty}\left|\dfrac{(-1)^{n-1}}{n}\right| = \sum\limits_{n=1}^{\infty}\dfrac{1}{n}$，调和级数 $\sum\limits_{n=1}^{\infty}\dfrac{1}{n}$ 发散，即取绝对值后级数发散。

原级数为交错级数，满足 $u_n \geqslant u_{n+1}$，且 $\lim\limits_{n\to\infty}u_n=0$，级数 $\sum\limits_{n=1}^{\infty}(-1)^{n-1}\dfrac{1}{n}$ 收敛。

故原级数条件收敛。

答案：B

15. **解** 已知 $e^x=e^{x-1+1}=e\cdot e^{x-1}$。

利用已知函数的展开式 $e^x=1+\dfrac{1}{1!}x+\dfrac{1}{2!}x^2+\cdots+\dfrac{1}{n!}x^n+\cdots \quad (-\infty,+\infty)$

函数 e^{x-1} 展开式为：

$$e^{x-1}=1+\frac{1}{1!}(x-1)+\frac{1}{2!}(x-1)^2+\cdots+\frac{1}{n!}(x-1)^n+\cdots=\sum_{n=0}^{\infty}\frac{1}{n!}(x-1)^n \quad (-\infty,+\infty)$$

所以 $e^x=e\cdot e^{x-1}=e\sum_{n=0}^{\infty}\frac{1}{n!}(x-1)^n \quad (-\infty,+\infty)$

答案:B

16. **解**　方程为一阶可分离变量方程,分离变量后求解。

$$(1+2y)x\mathrm{d}x+(1+x^2)\mathrm{d}y=0$$

$$\frac{x}{1+x^2}\mathrm{d}x+\frac{1}{1+2y}\mathrm{d}y=0$$

$$\int\frac{x}{1+x^2}\mathrm{d}x+\int\frac{1}{1+2y}\mathrm{d}y=0$$

$$\frac{1}{2}\ln(1+x^2)+\frac{1}{2}\ln(1+2y)=\ln C$$

$\ln(1+x^2)+\ln(1+2y)=2\ln C=\ln C_1$,其中 $C_1=C^2$。

故 $(1+x^2)(1+2y)=C_1$ 。

答案:B

17. **解**　此题为可降阶的高阶微分方程,按方程不显含变量 y 计算。

设 $y'=p,y''=p'$,则方程为 $p'=p^2,\frac{\mathrm{d}p}{\mathrm{d}x}=p^2,\frac{1}{p^2}\mathrm{d}p=\mathrm{d}x$。

积分 $-\frac{1}{p}=x+C_1$,即 $p=-\frac{1}{x+C_1},\frac{\mathrm{d}y}{\mathrm{d}x}=-\frac{1}{x+C_1},y=-\int\frac{1}{x+C_1}\mathrm{d}x,y=-\ln|x+C_1|+C_2$

答案:D

18. **解**　方法 1:方程为二阶常系数线性齐次方程,对应特征方程为 $r^2-2r+1=0$,$(r-1)^2$,$r=1$,二重根。通解 $y=(C_1+C_2x)e^x$(C_1,C_2 为任意常数)。

令 C_1,C_2 为一些特殊值,可验证选项 B、C、D 均为方程的解,A 不满足。

方法 2:也可直接把 A 代入方程验证,得出结论。

答案:A

19. **解**　$P(AB)=P(B)P(A\mid B)=P(A)P(B)>0$,而 A、B 互斥时 $P(AB)=0$。又 $P(AB)=P(A)P(B)$,A 与 B 相互独立,从而 A 与 $\overline{B}$ 相互独立,选项 A、C 成立。在 $P(\overline{B})>0$ 时,$P(A|\overline{B})=P(A)$,选项 B 也成立。

答案:D

20. **解**　无答案。

第一个人中奖,其余三个均不中奖的概率为:$\frac{2}{10}\times\frac{8}{9}\times\frac{7}{8}\times\frac{6}{7}=\frac{2}{15}$;

第二个人中奖,其余三个均不中奖的概率为:$\frac{8}{10}\times\frac{2}{9}\times\frac{7}{8}\times\frac{6}{7}=\frac{2}{15}$;

第三个人中奖，其余三个均不中奖的概率为：$\frac{8}{10}\times\frac{7}{9}\times\frac{2}{8}\times\frac{6}{7}=\frac{2}{15}$；

第四个人中奖，其余三个均不中奖的概率为：$\frac{8}{10}\times\frac{7}{9}\times\frac{6}{8}\times\frac{2}{7}=\frac{2}{15}$；

因此前四个购买者恰有1人中奖的概率是：$\frac{2}{15}+\frac{2}{15}+\frac{2}{15}+\frac{2}{15}=\frac{8}{15}$。

A、B、C、D选项均不符合，原题可能有错。

21.**解** $E(X)=0\cdot\theta^2+1\cdot 2\theta(1-\theta)+2\cdot\theta^2+3\cdot(1-2\theta)=3-4\theta,\theta=\frac{3-E(X)}{4}$，用 $\overline{X}$ 替换 $E(X)$ 得 θ 的矩估计量 $\hat{\theta}=\frac{3-\overline{X}}{4}$，代入 $\overline{X}=\frac{3+1+3+0+3+1+2+3}{8}=2$，得 θ 的矩估计值 $\hat{\theta}=\frac{3-2}{4}=\frac{1}{4}$。

答案：A

22.**解** 可以利用矩阵秩的定义验证。

三阶行列式 $\begin{vmatrix}1&0&0\\0&1&2\\0&2&4\end{vmatrix}=0$，二阶行列式 $\begin{vmatrix}1&0\\0&1\end{vmatrix}\neq 0$。

故 $r(\boldsymbol{A})=2$。

答案：C

23.**解** 已知 $\vec{\alpha},\vec{\beta}$ 线性无关，$\vec{\gamma}$ 可以由 $\vec{\alpha},\vec{\beta}$ 线性表示。故 $\vec{\alpha},\vec{\beta},\vec{\gamma}$ 线性相关，可推出 $\vec{\alpha},\vec{\beta},\vec{\gamma},\vec{\delta}$ 也相关。所以选项A、B错误。

选项C、D必须有一个错误，用反证法。

设 $\vec{\alpha},\vec{\beta},\vec{\delta}$ 相关，由已知条件 $\vec{\alpha},\vec{\beta}$ 线性无关，而 $\vec{\alpha},\vec{\beta},\vec{\delta}$ 线性相关，则 $\vec{\delta}$ 可由 $\vec{\alpha},\vec{\beta}$ 线性表示，与已知条件 $\vec{\delta}$ 不能由 $\vec{\alpha},\vec{\beta}$ 线性表示矛盾。

所以 $\vec{\alpha},\vec{\beta},\vec{\delta}$ 线性无关。

答案：D

24.**解** 特征向量必须是非零向量，选项 D 错误。

由矩阵的特征值、特征向量关系可知：①当 $\boldsymbol{\xi}$、$\boldsymbol{\eta}$ 是 $\boldsymbol{A}$ 对应特征值 λ 的特征向量，当 $k_1\neq 0$，$k_2\neq 0$ 时，$k_1\boldsymbol{\xi}+k_2\boldsymbol{\eta}$ 仍是 $\boldsymbol{A}$ 对应特征值 λ 的特征向量。②如果 $\boldsymbol{\xi}$、$\boldsymbol{\eta}$ 是 $\boldsymbol{A}$ 对应不同特征值的特征向量，则 $k_1\boldsymbol{\xi}+k_2\boldsymbol{\eta}$ 不是 $\boldsymbol{A}$ 的特征向量。

所以选项A、B均不成立。

答案：C

25.**解** 由 $\varepsilon_{平动}=\frac{3}{2}kT$ 知分子平均平动能相同，又 $E_{内}=\frac{m}{M}\frac{i}{2}RT$，摩尔质量 $M(H_2)<M(O_2)$；H_2 和 O_2 均为双原子分子，$i=5$，故 $E_{内}(H_2)>E_{内}(O_2)$。

答案：A

26. **解**　①$f(v)$表示在速率 v 附近，单位速率区间内的分子数占总分子数的百分率 $f(v)=\frac{dN}{Ndv}$；②$f(v)dv$ 表示速率在 $v\to v+dv$ 区间内的分子数占总分子数的百分率 $f(v)dv=\frac{dN}{N}$；③$Nf(v)dv$ 表示速率在 $v\to v+dv$ 区间内的分子数 dN；④ $N\int_{v_1}^{v_2}f(v)dv$ 表示速率在 $v_1\to v_2$ 区间内的分子数。

答案:B

27. **解**　由 $E_{内}==\frac{i}{2}\frac{m}{M}RT=\frac{i}{2}pV,\Delta E_{内}=\frac{i}{2}\frac{m}{M}R(T_2-T_1)=\frac{i}{2}(p_2V_2-p_1V_1)$。

答案:B

28. **解**　①由 $p=nkT$ 知选项 A 不正确；

②由 $PV=\frac{m}{M}RT$ 知选项 B 不正确；

③由 $\varepsilon_{平动}=\frac{3}{2}KT$ 知选项 C 正确；

④由 $E_{内}=\frac{i}{2}\frac{m}{M}RT=\frac{i}{2}PV$ 知选项 D 不正确。

答案:C

29. **解**　$\eta_{卡}=1-\frac{T_2}{T_1}$。

答案:D

30. **解**　热力学第二定律。

答案:D

31. **解**　由 $\Delta\phi=\frac{2\pi\nu\Delta x}{u}$，即 $\pi=\frac{2\pi l\times500}{u}$，得 $l=\frac{u}{1000}$。现 $\Delta\phi'=\frac{2\pi\frac{l}{2}\times1000}{u}=\pi$。

答案:B

32. **解**　依题意 $t=0.5s$，$y=+0.05m$ 代入波动方程，$\cos(10\pi+4\pi x)=1$，$(10\pi+4\pi x)=2k\pi$，$x=\frac{2k-10}{4}$。

答案:A

33. **解**　考察零级明纹向何方移动，如图所示。

①薄介质片未遮住时，光程差 $\delta=r_1-r_2=0$，O 处为零级明纹；

②薄介质片遮住下缝后，光程差 $\delta'=r_1-(nd+r_2-d)=r_1-[r_2+(n-1)d]$。显然 $(n-1)d>0$，要 $\delta'=0$，只有零级明纹下移至 O' 处才能实现。

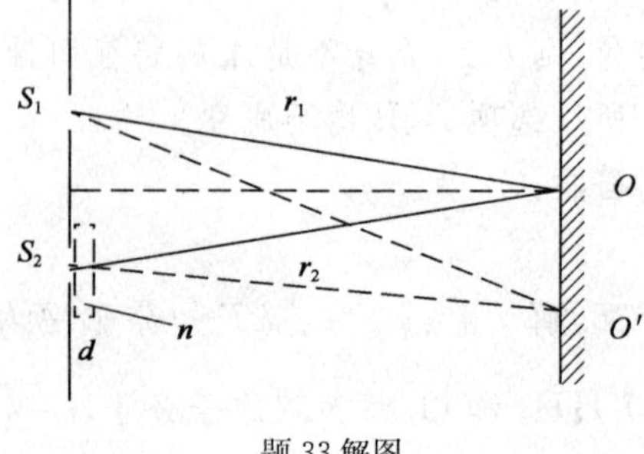

题 33 解图

答案:D

34. **解** $\delta=(2k+1)\dfrac{\lambda}{2}=(2\times3+1)\dfrac{\lambda}{2}$。

答案:C

35. **解** 由 $I=I_0\cos^2\alpha$ 注意到自然光通过偏振片后,光强减半。

出射光强 $I=\dfrac{I_0}{2}\cos^2 45°=\dfrac{I_0}{4}$。

答案:A

36. **解** 设光波在空气中传播速率为 v,则在玻璃中传播速率为 $\dfrac{v}{n_{玻璃}}$,因而在相同传播时间内传播的路程不相等,根据光程的概念,它们走过的光程相等。

答案:C

37. **解** 盐桥的作用为沟通内电路,保持溶液中电中性,使电流持续产生。分子不通过盐桥流动。

答案:A

38. **解** 根据 $pV=nRT$,得 $p=\dfrac{n}{v}RT=cRT$,代入得:

$$K_p=\frac{(p_{CO_2})^2}{(p_{CO_2})^2(p_{O_2})}=\frac{(c_{CO_2}RT)^2}{(c_{CO_2}RT)^2(c_{O_2}RT)}=\frac{K_c}{RT}$$

答案:C

39. **解** pH=2 的 HCl 溶液,$C_{H^+}=0.01M$,pH=13 的 NaOH 溶液,$C_{OH^-}=0.1M$。等体积混合后溶液中 $C_{OH}^-=(0.1-0.01)\div2=0.045M$,则 $C_H^+=10^{-14}\div0.045=2.22\times10^{-13}$,$pH=-\lg C_H^+=12.65$。

答案:B

40. **解** 镧系收缩的结果使 Zr 和 Hf,Nb 和 Ta,Mo 和 W 性质极为相似。

答案:A

41. **解** 根据化学反应的摩尔吉布斯函数变化值的计算公式:

$\Delta_r G_m^{\ominus}(298.15K)=\sum v_r\Delta_f G_m^{\ominus}$(生成物)$-\sum v_r\Delta_f G_m^{\ominus}$(反应物)

求得反应的 $\Delta_r G_m^{\ominus}(298.15K)=-394.36$(kJ/mol);根据反应自发性判据,$\Delta_r G_m^{\ominus}(298.15K)<0$,反应能够正向进行,但常温下反应速率很慢。

答案:B

42. **解** 分子极性不仅看化学键是否有极性,还要看分子的空间构型。当分子的正负电荷中心不重合时为极性分子。CO_2 为直线型分子,BF_3 为平面三角形分子,均为非极性分子。C_2H_3F 可以看作甲烷分子(四面体分子)的一个 H 原子被 F 取代。

答案:D

43.**解**　同一周期主族元素从左到右有效核电荷数依次增加，原子半径依次减小，电离能依次增大。

答案:C

44.**解**　根据分子量和电离综合考虑，C中粒子浓度最大，根据拉乌尔定律，C的凝固点最低。

答案:C

45.**解**　标准平衡常数只是温度的函数。符合多重平衡规则，与方程式的书写有关。

答案:A

46.**解**　核外电子属于微观粒子，微观粒子具有波粒二象性。

答案:A

47.**解**　单键中只有σ，双键和三键中存在π键。CO_2和乙酸中存在双键，乙炔中有三键。

答案:B

48.**解**　根据题意：0.100mol的不饱和烃可以和0.200g(0.100mol)H_2反应，所以一个不饱和烃分子中含有一个不饱和键；0.100mol的不饱和烃完全燃烧生成0.300molCO_2，该不饱和烃的一个分子应该含三个碳原子。C符合条件。

答案:C

49.**解**　根据力系简化理论，若将各力向O点简化，可得一主矢和一主矩，进一步简化(将主矢再作一次平移)后，简化的最后结果为一合力。

答案:B

50.**解**　根据平衡方程$\sum M_B=0, qa\cdot 2.5a-M-F_p 2a-F_{Av}a=0, F_{Av}=\frac{1}{4}aq(\uparrow)$，再用水平和铅垂方向力的投影平衡方程求$F_{Ax}$和$F_{By}$。

答案:D

51.**解**　维持物块平衡的力F_Q可在一个范围内，求F_{Qmax}时摩擦力F向下，求F_{Qmin}时摩擦力F向上。

答案:C

52.**解**　先取整体为研究对象计算出B处约束力F_B，再用m-m截面将桁架截开取右半部分，列平衡方程$\sum M_O=0$，可得杆1受压其内力与F_B大小相等。

答案:A

53.**解**　将B处的约束力，对整体列出平面任意力系的三个平衡方程即可。

答案:C

54.**解**　将运动方程中的参数t消去，即可得到轨迹方程$\frac{x^2}{3^2}+\frac{(3-y)^2}{5^2}=1$。

答案:D

55. **解** 根据图中速度合成图可知:$v_A = \omega l, v_B = v_e = v_A \cos\varphi$。

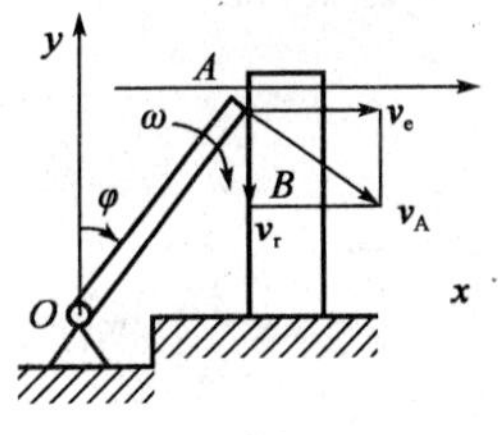

题 55 解图

答案:B

56. **解** 点作匀速曲线运动,其切向加速度为零,法向加速度不为零即为点的全加速度。

答案:A

57. **解** 应用转动惯量的移轴定理:$J_{Dy} = J_{Cy} + md^2$。

答案:A

58. **解** 因为整个系统水平方向所受外力为零,故系统水平方向动量守恒;又因为做功的力为保守力,有系统机械能守恒。

答案:C

59. **解** 在右侧物重力作用下,滑轮顺时针方向转动,故轮上作用的合力矩应有:$(F_{T2} - F_{T1})r > 0$

答案:B

60. **解** 系统为并联弹簧,其等效的弹簧刚度应为两弹簧刚度之和。

答案:D

61. **解** 在平面内自由运动的两杆件应有 6 个自由度,而 O、A 处有 4 个约束。

答案:B

62. **解** 由于 A 是斜截面 m-m 的面积,轴向拉力 $\boldsymbol{P}$ 沿斜截面是均匀分布的,所以 $\sigma = \dfrac{P}{A}$ 应为力斜截面上沿轴线方向的总应力,而不是垂直于斜截面的正应力。

答案:C

63. **解** $\Delta l_1 = \dfrac{F_N l}{EA_1} l, \Delta l_2 = \dfrac{F_N l}{EA_2}$,因为 $A_1 > A_2$,所以 $\Delta l_1 < \Delta l_2$。又 $\varepsilon_1 = \dfrac{\Delta l_1}{l}, \varepsilon_2 = \dfrac{\Delta l_2}{l}$,故 $\varepsilon_1 < \varepsilon_2$。

答案:C

64. **解** 当挤压的接触面为平面时,接触面面积 cb 就是挤压面积。

答案:B

65. **解** 加垫圈后,螺栓的剪切面、挤压面、拉伸面积都无改变,只有平板的挤压面积增加了,平板的挤压强度提高了。

答案:D

66. **解** 受扭圆轴最大剪应力 τ 发生在圆轴表面,是纯剪切应力状态(见解图 a),而其主

应力 $\sigma_1=\tau$ 出现在 45°斜截面上(见解图 b),其值为 τ。

答案:D

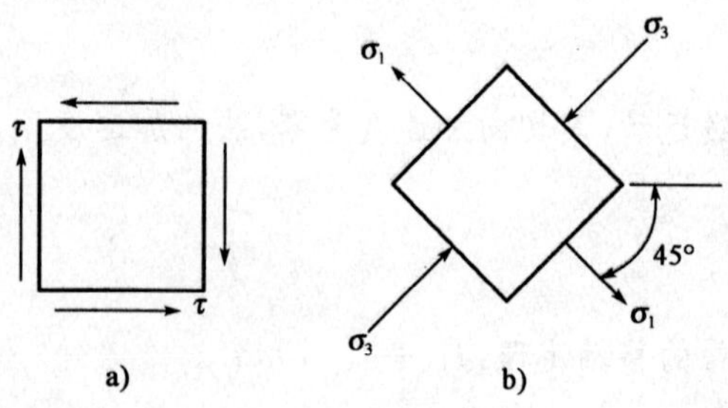

题 66 解图

67. **解** 首先考虑整体平衡,设左端反力偶 m 由外向里转,则有 $\sum M_X=0$,$m-1-4.5-2+5=0$,所以 $m=2.5\text{kN}\cdot\text{m}$。再由截面法平衡求出:$T_b=m=2.5\text{kN}\cdot\text{m}$,$T_2=2-5=-3\text{kN}\cdot\text{m}$。

答案:D

68. **解** 由定义 $I_P=\int_A \rho^2 \mathrm{d}A$,$I_z=\int_A y^2 \mathrm{d}A$,$I_y=\int_A z^2 \mathrm{d}A$,以及勾股定理 $\rho^2=y^2+z^2$,两边积分就可得 $I_P=I_z+I_y$。

答案:B

69. **解** 由定义 $I_z=\int_A y^2 \mathrm{d}A$ 可知,a)、b)两图形面积相同,但图 a)中的面积距离 z 轴较远,因此 $I_z^a>I_z^b$;而两图面积距离 y 轴远近相同,故 $I_y^a=I_y^b$。

答案:B

70. **解** 由中间铰链 C 处断开,分别画出 AC 和 BC 的受力图(见解图)。

先取 BC 杆:$\sum M_B=0$:$F_C\cdot a=M_O\Rightarrow F_C=\dfrac{M_O}{a}$。

再取 AC 杆:$\sum F_y=0$:$R_A=F_C=\dfrac{M_O}{a}$。

$$\sum M_A=0:M_A=F_C l=\frac{M_O}{a}l。$$

可见只有 B 是正确的。

答案:B

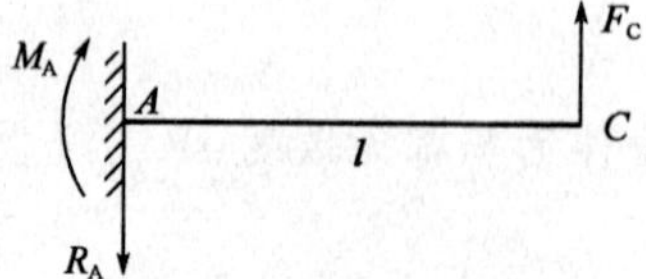

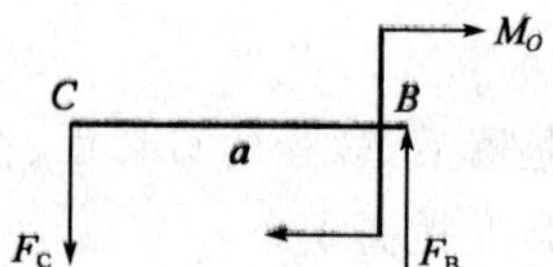

题 70 解图

71. **解**　对图 a)，$M_{\max}=\dfrac{P_1 l}{4}$，$\sigma_{\max}=\dfrac{M_{\max}}{W_z}=\dfrac{\dfrac{P_1 l}{4}}{\dfrac{\pi}{32}d^3}=\dfrac{8P_1 l}{\pi d^3}\leqslant[\sigma]$，所以 $P_1\leqslant\dfrac{\pi d^3[\sigma]}{8l}$。对图 b)，$M_{\max}=\dfrac{P_2 l}{4}$，同理 $P_2\leqslant\dfrac{\pi(2d^3)[\sigma]}{8l}$，可见 $\dfrac{P_2}{P_1}=\dfrac{(2d)^3}{d^3}=8$。

答案：C

72. **解**　设 ab、bc、ac 三个面的面积相等，都等于 A，且水平方向为 x 轴，竖直方向为 y 轴。

$\sum F_x=0$：$\sigma_x A-\sigma A\cos60°-\sigma A\cos45°=0$，所以 $\sigma_x=\sigma\cos60°+\sigma\cos45°$。

$\sum F_y=0$：$\sigma A\sin60°-\sigma A\sin45°-\tau_{xy}A=0$，所以 $\tau_{xy}=\sigma\sin60°-\sigma\sin45°$。

答案：D

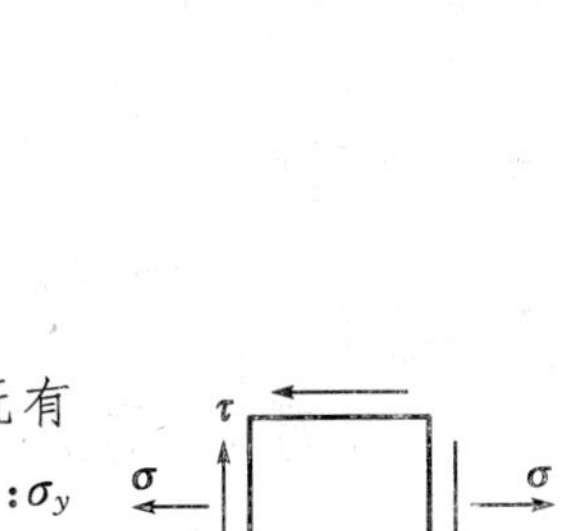

题 72 解图

73. **解**　状态(1)：$\sigma_{r3}=\sigma_1-\sigma_3=120-(-120)=240$。

状态(2)：$\sigma_{r3}=\sigma_1-\sigma_3=100-(-100)=200$。

状态(3)：$\sigma_{r3}=\sigma_1-\sigma_3=150-60=90$。

状态(4)：$\sigma_{r3}=\sigma_1-\sigma_3=100-0=100$。

显然状态(1)相当应力 σ_{r3} 最大。

答案：A

74. **解**　在弯扭组合变形情况下，A 点属于复杂应力状态，既有最大正应力，又有最大剪应力 τ(见解图)。和梁的应力状态相同：$\sigma_y=0$，$\sigma_2=0$，$\sigma_1=\dfrac{\sigma}{2}+\sqrt{\left(\dfrac{\sigma}{2}\right)^2+\tau^2}$，$\sigma_3=\dfrac{\sigma}{2}-\sqrt{\left(\dfrac{\sigma}{2}\right)^2+\tau^2}$，$\sigma_{r3}=\sigma_1-\sigma_3=\sqrt{\sigma^2+4\tau^2}$。

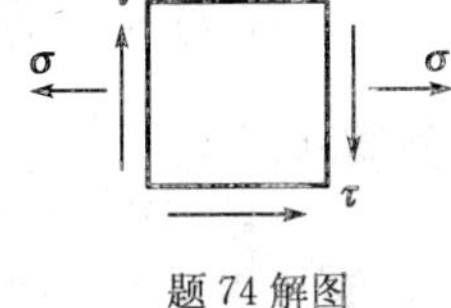

题 74 解图

选项中，A 为单向应力状态，B、C 只适用于圆截面。

答案：D

75. **解**　细长压杆临界力：$P_{cr}=\dfrac{\pi EL}{(\mu l)^2}$，对圆截面：$I=\dfrac{\pi}{64}d^4$，当直径 d 缩小一半，变为 $\dfrac{d}{2}$ 时，压杆的临界压力 P_{cr} 为压杆的 $\left(\dfrac{1}{2}\right)^4=\dfrac{1}{16}$。

答案：D

76. **解**　从常用的四种杆端约束压杆的长度系数 μ 的值变化规律中可看出，杆端约束越强，μ 值越小(压杆的临界力越大)。图示压杆的杆端约束一端固定、一端弹性支承，比一端固定、一端自由时($\mu=2$)强，但又比一端固定、一端支铰支进($\mu=0.7$)弱，故 $0.7<\mu<2$，即为 C 的范围内。

答案：C

77. **解**　静止流体中，仅受重力作用的等压面是水平面(小范围)。

答案:A

78.**解** 参见描述流体运动的欧拉方法中关于加速度的定义。

答案:B

79.**解** 伯努利方程只能用于流线近于平行直线的渐变流。

答案:C

80.**解** 热水的运动黏度小于冷水的运动黏度,即 $\nu_A < \nu_B$,又因 $Re_A = Re_B$,即 $\frac{v_A d}{\nu_A} = \frac{v_B d}{\nu_B} \Rightarrow v_A < v_B \Rightarrow q_{V_A} < q_{V_B}$。

答案:C

81.**解** 紊流附加切应力 $\bar{\tau}_2$ 即为紊流的惯性切应力。$\bar{\tau}_2 = -\rho \overline{u'_x}\ \overline{u'_y}$。

答案:B

82.**解** 可按自由出流短管计算,$H = \frac{\alpha v^2}{2g} + h_w = \frac{\alpha v^2}{2g} + \left(\lambda \frac{L}{d} + \zeta\right)\frac{v^2}{2g}$。代入题设数据后有:

$$2 = \left(1 + 0.02 \times \frac{5}{0.02} + 0.5\right)\frac{v^2}{2g} = 6.5\,\frac{v^2}{2g}$$

$$v = \sqrt{\frac{2 \times 2g}{6.5}} = \sqrt{\frac{2 \times 2 \times 9.8}{6.5}} = 2.456\text{m/s}$$

$$Q = v \times \frac{\pi}{4}d^2 = 2.456 \times \frac{\pi}{4} \times (0.02)^2 = 7.7 \times 10^{-4}\text{m}^3/\text{s} = 0.77\text{L/s}$$

答案:C

83.**解** 参见边界层分离相关内容(由于递压梯度与边界上的黏性阻力而形成)。

答案:B

84.**解** 参见圆柱形管嘴流量增加的原因。

答案:B

85.**解** 可用谢才公式分析,$Q = CA\sqrt{Ri}$。$C = \frac{1}{n}R^{1/6}$,在题设条件下,随底坡 i 增大,流速增大,水深应减小。

答案:B

86.**解** 先由 $s_1/s_2 = \frac{\ln R - \ln r_1}{\ln R - \ln r_2}$,则 $\ln R = \frac{s_1 \ln r_2 - s_2 \ln r_1}{s_1 - s_2}$,求得影响半径 R,再由承压井流量公式 $Q = \frac{2\pi kts}{\ln \frac{R}{r}}$,反求渗流系数 $k = \frac{Q}{2\pi st}(\ln R - \ln r)$,式中的 s 和 r 应该对应代入,例如可用 s_1、r_1 代入。

答案:C

87. **解** 应使用雷诺准则设计该模型，其比尺公式为$\frac{\lambda_v\lambda_L}{\lambda_\nu}=1$。因为用相同介质，故入$_\nu$=1，所以流速比尺$\lambda_v=\frac{1}{\lambda_L}=\frac{1}{10}=0.1$。

答案：C

88. **解** 参见毕托管求流速公式$u_A=C\sqrt{2g\Delta h_u}$，并由压差计公式知，$\Delta h_u=\left(\frac{\rho_水-\rho_油}{\rho_水}\right)\Delta h$。代入题设数据有

$$\Delta h_u=\left(\frac{1\ 000-800}{1\ 000}\right)\times 0.02\text{m}=0.04\text{m}$$

$$u_A=\sqrt{2\times 9.8\times 0.04}=0.885\text{m/s}$$

答案：A

89. **解** 在计算机内部每个有效信息，必须具有3个基本属性：内容、指向和行为，这3个属性要通过3个总线实现：数据总线、地址总线、控制总线。

答案：C

90. **解** 多任务就是能同时运行多个程序，比如在听歌的同时可以聊天，单用户就是操作系统只允许一个用户登陆。Windows 98属于单用户多任务操作系统。

答案：A

91. **解** 三位二进制数对应一位八进制数，小数点向后每三位为一组110对应6，100对应4，小数点向前每三位为一组101对应5，011对应3，011对应3。

答案：B

92. **解** TCP/IP是运行在Internet上的一个网络通信协议。

答案：D

93. **解** 结构化FORTRAN有一些控制的结构，关系控制即是其中之一种，用以比较两变量之间关系，包含有：

.LT.表示小于；

.GT.表示大于；

.EQ.表示等于；

.LE.表示小于或等于；

.GE.表示大于或等于；

.NE.表示不等于。

答案：B

94. **解** 几个数公有的约数，叫做这几个数的公约数；其中最大的一个，叫做这几个数的最大公约数。例如，12的约数有：1，2，3，4，6，12。18的约数有：1，2，3，6，9，18。

12和18的公约数有：1，2，3，6。其中6是12和18的最大公约数，记作(12，18)=6。

答案：C

95. **解** 数组赋值以后，各数组元素的值为：

M(1)=10,M(2)=7,M(3)=9,M(4)=2,M(5)=1,M(6)=3。

当循环一次后M(1)的值就确定下来了，因此不需要再做下去。

答案:A

96. **解** 这是一个函数子程序调用题，第一次5与K对应，第2次10与K对应。

答案:D

97. **解** 数组元素赋值分别为：M(1)=50,M(2)=54,M(3)=64,M(4)=55,M(5)=65,M(6)=70,M(7)=85,M(8)=90,M(9)=46,M(10)=73,M(11)=60,M(12)=72,

循环判断数组元素的值大于等于60的数，而后记录它们的个数，总共有8个。

答案:B

98. **解** 数组元素的值分别为：

M(1,1)=-10,M(2,1)=-12,M(3,1)=-24,M(4,1)=11;

M(1,2)=-20,M(2,2)=-15,M(3,2)=61,M(4,2)=78;

M(1,3)=93,M(2,3)=30,M(3,3)=44,M(4,3)=-45;

最后一次循环：N=M(4,3)=-45,K1=4,K2=3。

答案:C

99. **解** 根据电磁感应定律 $e=-\frac{\mathrm{d}\phi}{\mathrm{d}t}$，当外加压 U 为直流量时，$e=\frac{\mathrm{d}\phi}{\mathrm{d}t}=0$，且 $e=0$，因此下方的线圈中不会产生感应电动势。

答案:A

100. **解** 因为此题中的电源均为直流量，则电感线圈可用作短路处理，原电路图等效图见解图，但该电路仍旧符合节点电流关系。因此在电路的节点 a 有 $I_{S1}+I_{S2}=I_R$。

答案:A

101. **解** 图b)中的 R_0 等效于图a)的端口 AB 间除源电阻（除源指的是将电压源短路，电流源断路），即 $R_0=R_2$。

答案:D

102. **解** 根据题意可画出三相电路图（见解图），它是一个三角形接法的对称电路，各线电线 I_A、I_B、I_C 相同，即

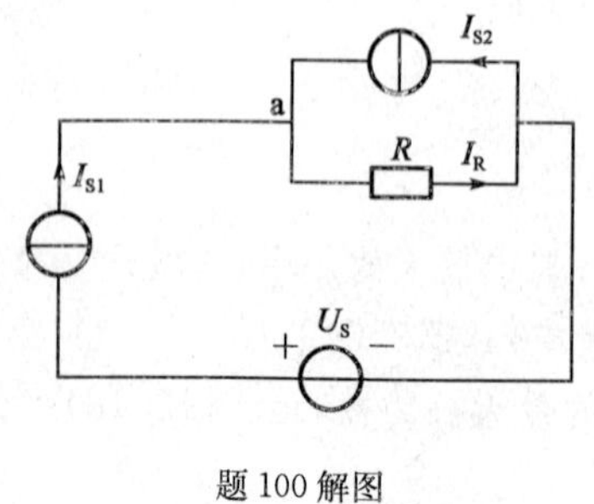

题100解图

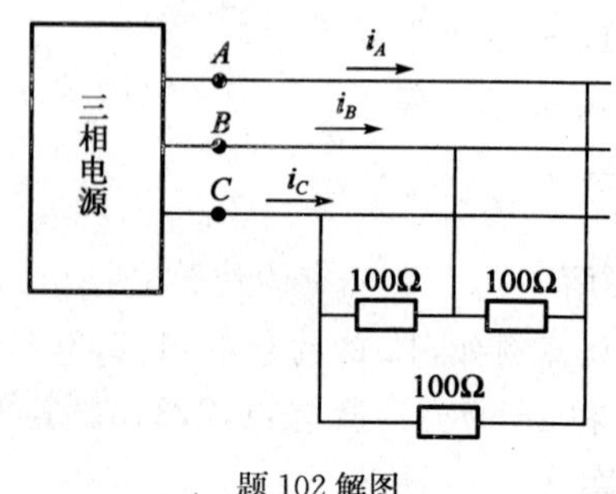

题102解图

$I_A = I_B = I_C = I_{线} = \sqrt{3} I_{相}$

$I_{相} = \frac{U_{相}}{R} = \frac{220}{100} = 2.2\text{A}$

$I_{线} = \sqrt{3} \times 2.2 = 3.8\text{A}$

答案:B

103. **解** R—C 一阶电路的时间常数为:$\tau = R \cdot C, R = R_1 // R_2, \tau = (R_1 // R_2) \cdot C$。

答案:B

104. **解** 该电路等效为 RL 串联电路,外加直流电源时感抗为 0,可以计算电阻 R 值为:$R = \frac{U^2}{P} = \frac{100^2}{100} = 100\Omega$。

由 $\cos\varphi = 0.4$,得:$\varphi = \arccos 0.4 = 66.42°, \tan\varphi = \frac{X_L}{R}$。

则 $X_L = R\tan\varphi \cdot = 100\tan 66.42 = 229\Omega$。

答案:B

105. **解** 变压器铁损(P_{Fe})与铁芯磁通量的大小有关,而铜损(P_{CU})的大小与变压器工作用状态(I_1、I_2)的情况有关,变压器实际工作中(有载工作)两种损耗都存在。

答案:C

106. **解** 在电动机的继电接触控制电路中,交流接触器具有零压保护作用,热继电器具有过载保护功能,停止按钮的作用是切断电源。

答案:D

107. **解** 该电路为桥式全波整流电路:$U_L = 0.9\text{U}_i = 0.9 \times \frac{10}{\sqrt{2}} = 6.36\text{V}$。

答案:C

108. **解** 画出放大电路的微变等效电路如解图所示。可见该电路的输入电阻为:$r_i = R_{be} // R_{B1} // R_{B2}$。

答案:B

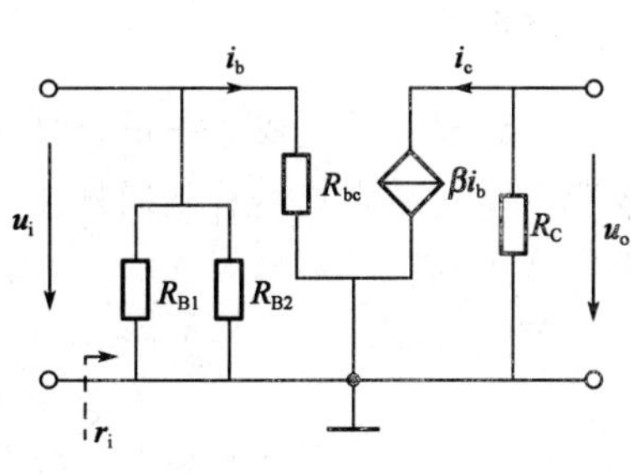

题 108 解图

109. **解** 该题为两线性放大电路,第一级为积分器

$$u_{01} = -\frac{1}{R_1 C}\int u_i \mathrm{d}t$$

第二级是电压跟随电路

$$u_0 = u_{01}$$

因此

$$u_0 = -\frac{1}{R_1 C}\int u_i \mathrm{d}t$$

答案:A

110. **解**　该电路为时序逻辑电路，具有移位、存储功能，两个脉冲过后的新状态为 $Q_1Q_0=00$。

答案：A

111. **解**　建设投资由工程费用（包括建筑工程费、设备购置费、安装工程费），工程建设其他费用和预备费（包括基本预备费和涨价预备费）所组成。工程建设其他费用包括土地使用费、与项目建设有关的其他费用（包括建设单位管理费、研究试验费、勘察设计费、工程监理费、工程保险费、建设单位临时设施费、引进技术和设备进口项目的其他费用、环境影响评价费、劳动安全卫生评价费、特殊设备安全监督检验费、市政公用设施费）和与未来企业生产经营有关的费用（包括联合试运转费、生产准备费、办公和生活家具购置费）。

答案：C

112. **解**　产品销售收入包括企业销售的产成品、自制半成品及工业性劳务所获得的收入。

答案：A

113. **解**　①应用资金等值计算公式计算：$F=A(P/A,10\%,3)(F/P,10\%,5)$。②按 $F=A(F/A,10\%,3)(F/P,10\%,2)$ 计算。③按复利公式计算：$F=10(1+10\%)^4+10(1+10\%)^3+10(1+10\%)^2=40.05$ 万元。

答案：D

114. **解**　根据资金等值公式计算：$90\times(P/A,10\%,5)+150-20/(1+10\%)^5=487.75$ 万元

答案：A

115. **解**　基准收益率的计算公式为：

$$i_c=(1+i_1)(1+i_2)(1+i_3)-1$$

式中，i_c 为基准收益率；i_1 为年资金费用率与机会成本中较高者；i_2 为年风险贴补率；i_3 为年通货膨胀率。在 i_1、i_2、i_3 都为小数的情况下，公式可简化为：$i_c=i_1+i_2+i_3$。因此当通货膨胀率上升，则基准折现率应提高。

答案：B

116. **解**　固定成本一般包括折旧费、摊销费、管理费、工资及福利费（计件工资除外）和其他费用等。通常把运营期间发生的全部利息也作为固定成本。包装费随产量变动而变动，属于变动成本。

答案：D

117. **解**　在单因素敏感性分析图中，直线斜率的绝对值越大，较小的不确定性因素变化幅度会引起敏感性分析评价指标较大的变化，即该因素越敏感。

答案：C

118. **解**　根据《建设项目评价方法与参数》（第二版）建设项目评价的基本报表包括：现金流量表（全部投资）、现金流量表（自有资金）、损益表、资金来源与运用表、资产负债表、财务外汇平衡表，不包括债务偿还表。本题依据《建设项目评价方法与参数》（第二版）命题，故不包括债务偿还表，正确选项为 D。《建设项目评价方法与参数》已改为第三版。根据《建设项目评价

方法与参数》(第三版),财务评价的主要财务报表包括:项目投资现金流量表、项目酱金现金流量表、投资各方现金流量表、利润与利润分配表、财务计划现金流量表、资产负债表、借款还本付息计划表。

答案:D

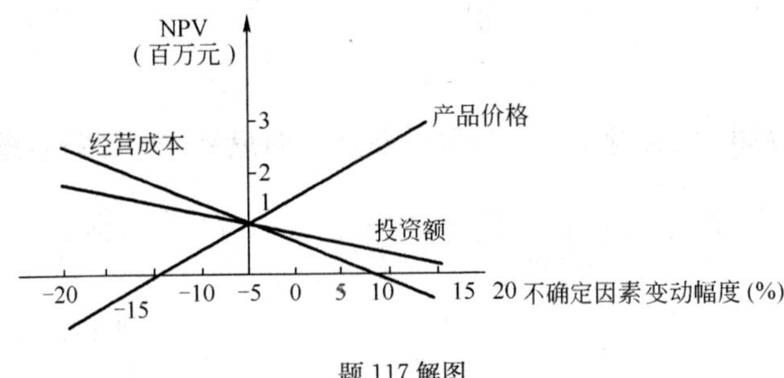

题 117 解图

119. **解** 全投资财务现金流量表(现称为项目投资现金流量表)属于融资前分析,表中不包括贷款成本。

答案:B

120. **解** 价值工程中的"价值",是指产品或作业的功能与实现其功能的总成本(寿命周期成本)的比值。

答案:D

2009年度全国勘察设计注册工程师公共基础考试

试　　题

单项选择题(共120分,每题1分。每题的备选项中只有一个最符合题意)

1. 设$\vec{\alpha}=-\vec{i}+3\vec{j}+\vec{k}$,$\vec{\beta}=\vec{i}+\vec{j}+t\vec{k}$,已知$\vec{\alpha}\times\vec{\beta}=-4\vec{i}-4\vec{k}$,则$t=$

A. -2　　B. 0　　C. -1　　D. 1

2. 设平面方程为$x+y+z+1=0$,直线方程为$1-x=y+1=z$,则直线与平面:

A. 平行　　B. 垂直　　C. 重合　　D. 相交但不垂直

3. 设函数$f(x)=\begin{cases}1+x & x\geqslant 0\\ 1-x^2 & x<0\end{cases}$,在$(-\infty,+\infty)$内:

A. 单调减少　　B. 单调增加　　C. 有界　　D. 偶函数

4. 若函数$f(x)$在点x_0间断,$g(x)$在点x_0连续,则$f(x)g(x)$在点x_0:

A. 间断　　B. 连续　　C. 第一类间断　　D. 可能间断可能连续

5. 函数$y=\cos^2\frac{1}{x}$在x处的导数是:

A. $\frac{1}{x^2}\sin\frac{2}{x}$　　B. $-\sin\frac{2}{x}$　　C. $-\frac{2}{x^2}\cos\frac{1}{x}$　　D. $-\frac{1}{x^2}\sin\frac{2}{x}$

6. 设$y=f(x)$是(a,b)内的可导函数,x,$x+\Delta x$是(a,b)内的任意两点,则:

A. $\Delta y=f'(x)\Delta x$
B. 在x,$x+\Delta x$之间恰好有一点ξ,使$\Delta y=f'(\xi)\Delta x$
C. 在x,$x+\Delta x$之间至少存在一点ξ,使$\Delta y=f'(\xi)\Delta x$
D. 在x,$x+\Delta x$之间的任意一点ξ,使$\Delta y=f'(\xi)\Delta x$

7. 设$z=f(x^2-y^2)$,则$\mathrm{d}z=$

A. $2x-2y$　　B. $2x\mathrm{d}x-2y\mathrm{d}y$
C. $f'(x^2-y^2)\mathrm{d}x$　　D. $2f'(x^2-y^2)(x\mathrm{d}x-y\mathrm{d}y)$

8. 若$\int f(x)\mathrm{d}x=F(x)+C$,则$\int\frac{1}{\sqrt{x}}f(\sqrt{x})\mathrm{d}x=$

A. $\frac{1}{2}F(\sqrt{x})+C$　　B. $2F(\sqrt{x})+C$　　C. $F(x)+C$　　D. $\frac{F(\sqrt{x})}{\sqrt{x}}$

9. $\int \frac{\cos 2x}{\sin^2 x\cos^2 x}\mathrm{d}x=$

A. $\cot x-\tan x+C$　　B. $\cot x+\tan x+C$

C. $-\cot x-\tan x+C$　　D. $-\cot x+\tan x+C$

10. $\frac{\mathrm{d}}{\mathrm{d}x}\int_0^{\cos x}\sqrt{1-t^2}\mathrm{d}t$ 等于：

A. $\sin x$　　B. $|\sin x|$　　C. $-\sin^2 x$　　D. $-\sin x|\sin x|$

11. 下列结论中正确的是：

A. $\int_{-1}^{1}\frac{1}{x^2}\mathrm{d}x$ 收敛　　B. $\frac{\mathrm{d}}{\mathrm{d}x}\int_0^{x^2}f(t)\mathrm{d}t=f(x^2)$

C. $\int_1^{+\infty}\frac{1}{\sqrt{x}}\mathrm{d}x$ 发散　　D. $\int_{-\infty}^{0}e^{-\frac{x^2}{2}}\mathrm{d}x$ 发散

12. 曲面 $x^2+y^2+z^2=2z$ 之内及曲面 $z=x^2+y^2$ 之外所围成的立体的体积 $V=$

A. $\int_0^{2\pi}\mathrm{d}\theta\int_0^1 r\mathrm{d}r\int_r^{\sqrt{1-r^2}}\mathrm{d}z$　　B. $\int_0^{2\pi}\mathrm{d}\theta\int_0^r r\mathrm{d}r\int_{r^2}^{1-\sqrt{1-r^2}}\mathrm{d}z$

C. $\int_0^{2\pi}\mathrm{d}\theta\int_0^r r\mathrm{d}r\int_r^{1-r}\mathrm{d}z$　　D. $\int_0^{2\pi}\mathrm{d}\theta\int_0^1 r\mathrm{d}r\int_{1-\sqrt{1-r^2}}^{r^2}\mathrm{d}z$

13. 已知级数 $\sum\limits_{n=1}^{\infty}(u_{2n}-u_{2n+1})$ 是收敛的，则下列结论成立的是：

A. $\sum\limits_{n=1}^{\infty}u_n$ 必收敛　　B. $\sum\limits_{n=1}^{\infty}u_n$ 未必收敛

C. $\lim\limits_{n\to\infty}u_n=0$　　D. $\sum\limits_{n=1}^{\infty}u_n$ 发散

14. 函数 $\frac{1}{3-x}$ 展开成 $(x-1)$ 的幂级数是：

A. $\sum\limits_{n=0}^{\infty}\frac{x^n}{2^n}$　　B. $\sum\limits_{n=0}^{\infty}\left(\frac{1-x}{2}\right)^n$　　C. $\sum\limits_{n=0}^{\infty}\frac{(x-1)^n}{2^{n+1}}$　　D. $\sum\limits_{n=0}^{\infty}(-1)^n\frac{x^n}{4^{n+1}}$

15. 微分方程 $(3+2y)x\mathrm{d}x+(1+x^2)\mathrm{d}y=0$ 的通解为：

A. $1+x^2=Cy$　　B. $(1+x^2)(3+2y)=C$

C. $(3+2y)^2=\frac{C}{1+x^2}$　　D. $(1+x^2)^2(3+2y)=C$

16. 微分方程 $y''+ay'^2=0$ 满足条件 $y|_{x=0}=0, y'|_{x=0}=-1$ 的特解是：

A. $\frac{1}{a}\ln|1-ax|$　　B. $\frac{1}{a}\ln|ax|+1$　　C. $ax-1$　　D. $\frac{1}{a}x+1$

17. 设 $\alpha_1,\alpha_2,\alpha_3$ 是 3 维列向量，$|A|=|\alpha_1,\alpha_2,\alpha_3|$，则与 $|A|$ 相等的是：

A. $|\alpha_2,\alpha_1,\alpha_3|$　　B. $|-\alpha_2,-\alpha_3,-\alpha_1|$

C. $|\alpha_1+\alpha_2,\alpha_2+\alpha_3,\alpha_3+\alpha_1|$　　D. $|\alpha_1,\alpha_1+\alpha_2,\alpha_1+\alpha_2+\alpha_3|$

18. 设 $\boldsymbol{A}$ 是 $m\times n$ 非零矩阵，$\boldsymbol{B}$ 是 $n\times l$ 非零矩阵，满足 $\boldsymbol{AB}=\boldsymbol{0}$，以下选项中不一定成立的是：

A. $\boldsymbol{A}$ 的行向量组线性相关　　B. $\boldsymbol{A}$ 的列向量组线性相关

C. $\boldsymbol{B}$ 的行向量组线性相关　　D. $r(\boldsymbol{A})+r(\boldsymbol{B})\leqslant n$

19. 设 $\boldsymbol{A}$ 是 3 阶实对称矩阵，$\boldsymbol{P}$ 是 3 阶可逆矩阵，$\boldsymbol{B}=\boldsymbol{P}^{-1}\boldsymbol{AP}$，已知 $\boldsymbol{\alpha}$ 是 $\boldsymbol{A}$ 的属于特征值 λ 的特征向量，则 $\boldsymbol{B}$ 的属于特征值 λ 的特征向量是：

A. $\boldsymbol{P\alpha}$　　B. $\boldsymbol{P}^{-1}\boldsymbol{\alpha}$　　C. $\boldsymbol{P}^{\mathrm{T}}\boldsymbol{\alpha}$　　D. $(\boldsymbol{P}^{-1})^{\mathrm{T}}\boldsymbol{\alpha}$

20. 设 $\boldsymbol{A}=\begin{bmatrix}1 & 1\\ 1 & 2\end{bmatrix}$，与 $\boldsymbol{A}$ 合同的矩阵是：

A. $\begin{bmatrix}1 & -1\\ -1 & 2\end{bmatrix}$　　B. $\begin{bmatrix}-1 & 1\\ 1 & -2\end{bmatrix}$　　C. $\begin{bmatrix}1 & 1\\ -1 & 2\end{bmatrix}$　　D. $\begin{bmatrix}1 & -1\\ 1 & 2\end{bmatrix}$

21. 若 $P(A)=0.5, P(B)=0.4, P(\overline{A}-B)=0.3$，则 $P(A\cup B)=$

A. 0.6　　B. 0.7　　C. 0.8　　D. 0.9

22. 设随机变量 $X\sim N(0,\sigma^2)$，则对任何实数 λ，都有：

A. $P(X\leqslant\lambda)=P(X\geqslant\lambda)$　　B. $P(X\geqslant\lambda)=P(X\leqslant-\lambda)$

C. $X-\lambda\sim N(\lambda,\sigma^2-\lambda^2)$　　D. $\lambda X\sim N(0,\lambda\sigma^2)$

23. 设随机变量 X 的概率密度为 $f(x)=\begin{cases}\frac{3}{8}x^2, & 0<x<0\\ 0, & 其他\end{cases}$，则 $Y=\frac{1}{X}$ 的数学期望是：

A. $\frac{3}{4}$　　B. $\frac{1}{2}$　　C. $\frac{2}{3}$　　D. $\frac{1}{4}$

24. 设总体 X 的概率密度为 $f(x,\theta)=\begin{cases}e^{-(x-\theta)}, & x\geqslant\theta\\ 0, & x<\theta\end{cases}$，而 $X_1,X_2,\cdots,X_n$ 是来自该总体的样本，则未知参数 θ 的最大似然估计值是：

A. $\overline{X}-1$　　B. $n\overline{X}$

C. $\min(X_1,X_2,\cdots,X_n)$　　D. $\max(X_1,X_2,\cdots,X_n)$

25. 1mol 刚性双原子理想气体，当温度为 T 时，每个分子的平均平动动能为：

A. $\frac{3}{2}RT$　　B. $\frac{5}{2}RT$　　C. $\frac{3}{2}kT$　　D. $\frac{5}{2}kT$

26. 在恒定不变的压强下，气体分子的平均碰撞频率 $\overline{Z}$ 与温度 T 的关系为：

A. $\overline{Z}$ 与 T 无关　　B. $\overline{Z}$ 与 $\sqrt{T}$ 成正比

C. $\overline{Z}$ 与 $\sqrt{T}$ 成反比　　D. $\overline{Z}$ 与 T 成正比

27. 汽缸内有一定量的理想气体，先使气体做等压膨胀，直至体积加倍，然后做绝热膨胀，直至降到初始温度，在整个过程中，气体的内能变化 ΔE 和对外做功 W 为：

A. $\Delta E=0, W>0$　　B. $\Delta E=0, W<0$

C. $\Delta E>0, W>0$　　D. $\Delta E<0, W<0$

28. 一个汽缸内储有一定量的单原子分子理想气体，在压缩过程中对外界做功 209J，此过程中气体内能增加 120J，则外界传给气体的热量为：

A. −89J　　B. 89J　　C. 329J　　D. 0

29. 已知平面简谐波的方程为 $y=A\cos(Bt-Cx)$，式中 A、B、C 为正常数，此波的波长和波速分别为：

A. $\frac{B}{C},\frac{2\pi}{C}$　　B. $\frac{2\pi}{C},\frac{B}{C}$　　C. $\frac{\pi}{C},\frac{2B}{C}$　　D. $\frac{2\pi}{C},\frac{C}{B}$

30. 一平面简谐波在弹性媒质中传播，在某一瞬间，某质元正处于其平衡位置，此时它的：

A. 动能为零，势能最大　　B. 动能为零，热能为零

C. 动能最大，势能最大　　D. 动能最大，势能为零

31. 通常声波的频率范围是：

A. 20～200Hz　　B. 20～2 000Hz

C. 20～20 000Hz　　D. 20～200 000Hz

32. 在空气中用波长为 λ 的单色光进行双缝干涉实验，观测到相邻明条纹的间距为 1.33mm，当把实验装置放入水中（水的折射率 $n=1.33$）时，则相邻明条纹的间距变为：

A. 1.33mm　　B. 2.66mm　　C. 1mm　　D. 2mm

33. 波长为 λ 的单色光垂直照射到置于空气中的玻璃劈尖上，玻璃的折射率为 n，则第三

级暗条纹处的玻璃厚度为：

A. $\frac{3\lambda}{2n}$　　B. $\frac{\lambda}{2n}$　　C. $\frac{3\lambda}{2}$　　D. $\frac{2n}{3\lambda}$

34. 若在迈克尔逊干涉仪的可动反射镜 M 移动 0.620mm 过程中，观察到干涉条纹移动了 2300 条，则所用光波的波长为：

A. 269nm　　B. 539nm　　C. 2 690nm　　D. 5 390nm

35. 波长分别为 $\lambda_1=450$nm 和 $\lambda_2=750$nm 的单色平行光，垂直入射到光栅上，在光栅光谱中，这两种波长的谱线有重叠现象，重叠处波长为 λ_2 谱线的级数为：

A. 2,3,4,5,…　　B. 5,10,15,20,…
C. 2,4,6,8,…　　D. 3,6,9,12,…

36. 一束自然光从空气投射到玻璃板表面上，当折射角为 30°时，反射光为完全偏振光，则此玻璃的折射率为：

A. $\frac{\sqrt{3}}{2}$　　B. $\frac{1}{2}$　　C. $\frac{\sqrt{3}}{3}$　　D. $\sqrt{3}$

37. 化学反应低温自发，高温非自发，该反应的：

A. $\Delta H<0,\Delta S<0$　　B. $\Delta H>0,\Delta S<0$
C. $\Delta H<0,\Delta S>0$　　D. $\Delta H>0,\Delta S>0$

38. 已知氯电极的标准电势为 1.358V，当氯离子浓度为 0.1mol·L^{-1}，氯气分压为 0.1×100kPa时，该电极的电极电势为：

A. 1.358V　　B. 1.328V　　C. 1.388V　　D. 1.417V

39. 已知下列电对电极电势的大小顺序为：$E(F_2/F)>E(Fe^{3+}/Fe^{2+})>E(Mg^{2+}/Mg)>E(Na^+/Na)$，则下列离子中最强的还原剂是：

A. F　　B. Fe^{2+}　　C. Na^+　　D. Mg^{2+}

40. 升高温度，反应速率常数最大的主要原因是：

A. 活化分子百分数增加　　B. 混乱度增加
C. 活化能增加　　D. 压力增大

41. 下列各波函数不合理的是：

A. $\psi(1,1,0)$　　B. $\psi(2,1,0)$　　C. $\psi(3,2,0)$　　D. $\psi(5,3,0)$

42. 将反应 $MnO_2+HCl\rightarrow MnCl_2+Cl_2+H_2O$ 配平后，方程式中 $MnCl_2$ 的系数是：

A. 1　　B. 2　　C. 3　　D. 4

43. 某一弱酸 HA 的标准解离常数为 1.0×10^{-5}，则相应弱酸强碱盐 MA 的标准水解常数为：

A. 1.0×10^{-9}　　B. 1.0×10^{-2}　　C. 1.0×10^{-19}　　D. 1.0×10^{-5}

44. 某化合物的结构式为（苯环邻位取代 —CHO、—CH_2OH），该有机化合物不能发生的化学反应类型是：

A. 加成反应　　B. 还原反应　　C. 消除反应　　D. 氧化反应

45. 聚丙烯酸酯的结构式为 $\left[\!-CH_2-\underset{\displaystyle CO_2R}{\underset{|}{CH}}-\!\right]_n$，它属于：

①无机化合物；②有机化合物；③高分子化合物；④离子化合物；⑤共价化合物

A. ①③④　　B. ①③⑤　　C. ②③⑤　　D. ②③④

46. 下列物质中不能使酸性高锰酸钾溶液褪色的是：

A. 苯甲醛　　B. 乙苯　　C. 苯　　D. 苯乙烯

47. 设力 $\boldsymbol{F}$ 在 x 轴上的投影为 F，则该力在与 x 轴共面的任一轴上的投影：

A. 一定不等于零　　B. 不一定不等于零
C. 一定等于零　　D. 等于 F

48. 等边三角形 ABC，边长为 a，沿其边缘作用大小均为 F 的力 $\boldsymbol{F}_1$、$\boldsymbol{F}_2$、$\boldsymbol{F}_3$，方向如图所示，力系向 A 点简化的主矢及主矩的大小分别为：

A. $F_R=2F$，$M_A=\frac{\sqrt{3}}{2}Fa$　　B. $F_R=0$，$M_A=\frac{\sqrt{3}}{2}Fa$
C. $F_R=2F$，$M_A=\sqrt{3}Fa$　　D. $F_R=2F$，$M_A=Fa$

49. 已知杆 AB 和杆 CD 的自重不计，且在 C 处光滑接触，若作用在杆 AB 上力偶矩为 M_1，若欲使系统保持平衡，作用在 CD 杆上力偶矩 M_2 的，转向如图所示，则其矩值为：

A. $M_2=M_1$　　B. $M_2=\frac{4M_1}{3}$　　C. $M_2=2M_1$　　D. $M_2=3M_1$

50. 物块重力的大小 $W=100\text{kN}$，置于 $\alpha=60°$ 的斜面上，与斜面平行力的大小 $F_P=80\text{kN}$（如图所示），若物块与斜面间的静摩擦系数 $f=0.2$，则物块所受的摩擦力 $\boldsymbol{F}$ 为：

A. $F=10$ kN，方向为沿斜面向上　　B. $F=10$ kN，方向为沿斜面向下
C. $F=6.6$ kN，方向为沿斜面向上　　D. $F=6.6$ kN，方向为沿斜面向下

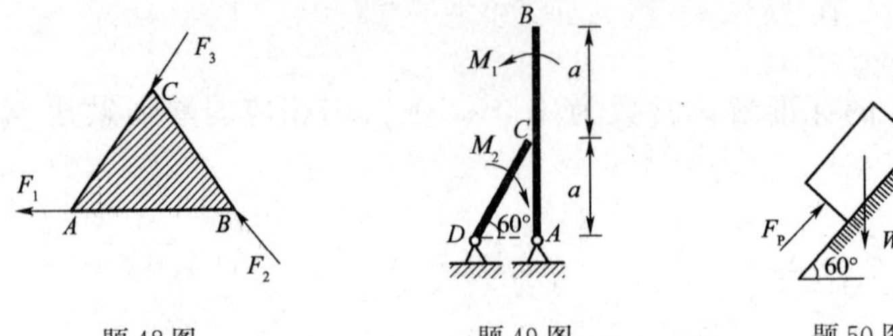

题 48 图　　题 49 图　　题 50 图

51. 若某点按 $s = 8 - 2t^2$（s 以 m 计，t 以 s 计）的规律运动，则 $t = 3\text{s}$ 时点经过的路程为：

A. 10m　　B. 8m

C. 18m　　D. 8m 至 18m 以外的一个数值

52. 杆 $OA = l$，绕固定轴 O 转动，某瞬时杆端 A 点的加速度 a 如图所示，则该瞬时杆 OA 的角速度及角加速度分别为：

A. 0；$\frac{a}{l}$　　B. $\sqrt{\frac{a\cos\alpha}{l}}$；$\frac{a\sin\alpha}{l}$

C. $\sqrt{\frac{a}{l}}$；0　　D. 0；$\sqrt{\frac{a}{l}}$

53. 图示绳子的一端绕在滑轮上，另一端与置于水平面上的物块 B 相连，若物块 B 的运动方程为 $x = kt^2$，其中 k 为常数，轮子半径为 R。则轮缘上 A 点的加速度大小为：

A. $2k$　　B. $\sqrt{\frac{4k^2t^2}{R}}$　　C. $\frac{2k + 4k^2t^2}{R}$　　D. $\sqrt{4k^2 + \frac{16k^4t^4}{R^2}}$

54. 质量为 m 的质点 M，受有两个力 F 和 R 的作用，产生水平向左的加速度 a，如图所示，它在 x 轴方向的动力学方程为：

A. $ma = R - F$　　B. $-ma = F - R$

C. $ma = R + F$　　D. $-ma = R - F$

55. 均质圆盘质量为 m，半径为 R，在铅垂平面内绕 O 轴转动，图示瞬时角速度为 ω，则其对 O 轴的动量矩和动能大小分别为：

A. $mR\omega$，$\frac{1}{4}mR\omega$　　B. $\frac{1}{2}mR\omega$，$\frac{1}{2}mR\omega$

C. $\frac{1}{2}mR^2\omega$，$\frac{1}{2}mR^2\omega^2$　　D. $\frac{3}{2}mR^2\omega$，$\frac{3}{4}mR^2\omega^2$

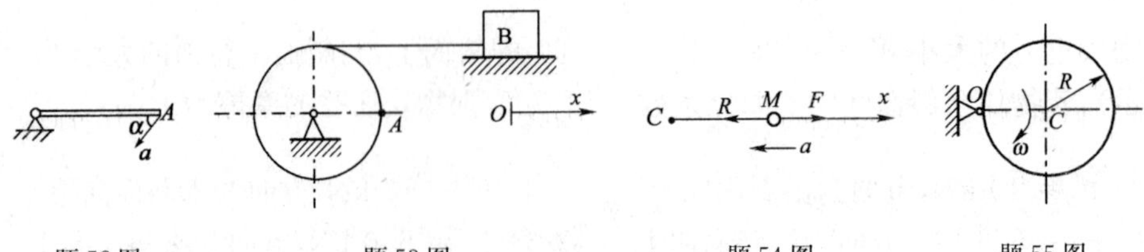

题 52 图　　题 53 图　　题 54 图　　题 55 图

56. 质量为 m，长为 $2l$ 的均质细杆初始位于水平位置，如图所示。A 端脱落后，杆绕轴 B 转动，当杆转到铅垂位置时，AB 杆角加速度的大小为：

A. 0　　B. $\frac{3g}{4l}$　　C. $\frac{3g}{2l}$　　D. $\frac{6g}{l}$

57. 均质细杆 AB 重力为 $\boldsymbol{P}$，长为 $2l$，A 端铰支，B 端用绳系住，处于水平位置，如图所示。当 B 端绳突然剪断瞬时，AB 杆的角加速度大小为 $\frac{3g}{4l}$，则 A 处约束力大小为：

A. $F_{Ax}=0, F_{Ay}=0$　　B. $F_{Ax}=0,\ F_{Ay}=\frac{P}{4}$

C. $F_{Ax}=P,\ F_{Ay}=\frac{P}{2}$　　D. $F_{Ax}=0, F_{Ay}=P$

58. 图示弹簧质量系统，置于光滑的斜面上，斜面的倾角 α 可以在 0°～90°间改变，则随 α 的增大，系统振动的固有频率：

A. 增大　　B. 减小　　C. 不变　　D. 不能确定

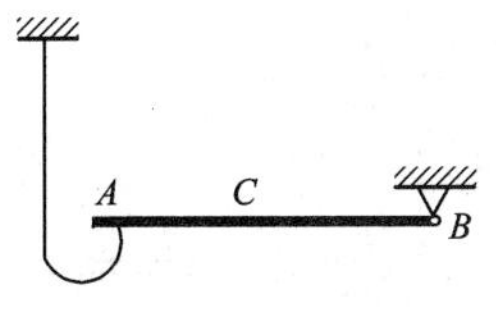
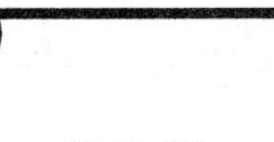

题 56 图

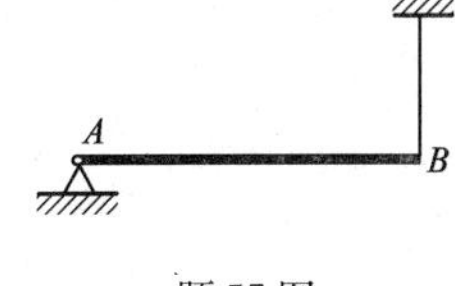

题 57 图

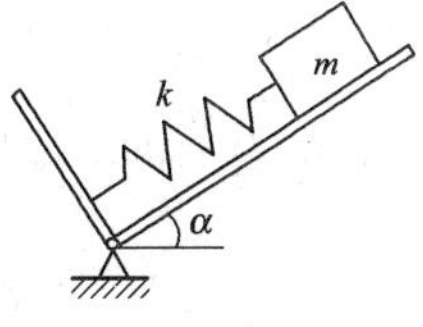

题 58 图

59. 在低碳钢拉伸实验中，冷作硬化现象发生在：

A. 弹性阶段　　B. 屈服阶段　　C. 强化阶段　　D. 局部变形阶段

60. 螺钉受力如图所示，已知螺钉和钢板的材料相同，拉伸许用应力[σ]是剪切许用应力[τ]的 2 倍，即[σ]＝2[τ]，钢板厚度 t 是螺钉头高度 h 的 1.5 倍，则螺钉直径 d 的合理值为：

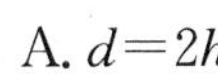

A. $d=2h$　　B. $d=0.5h$

C. $d^2=2Dt$　　D. $d^2=2Dt$

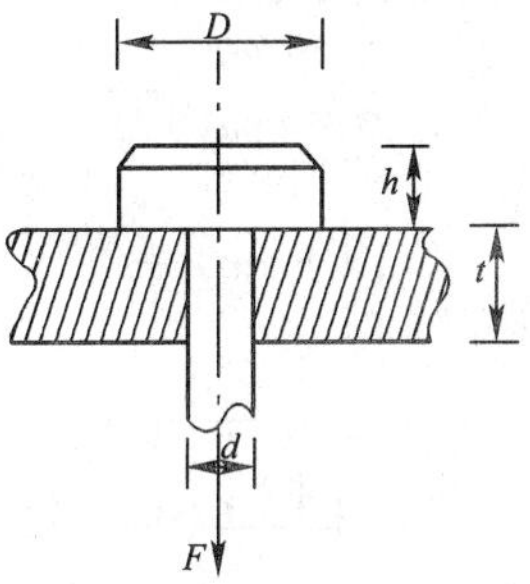

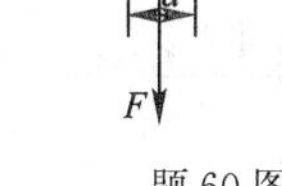

题 60 图

61. 直径为 d 的实心圆轴受扭，若使扭转角减小一半，圆轴的直径需变为：

A. $\sqrt[4]{2}d$　　B. $\sqrt[3]{\sqrt{2}}d$

C. $0.5d$　　D. $2d$

62. 图示圆轴抗扭截面模量为 W_t，剪切模量为 G，扭转变形后，圆轴表面 A 点处截取的单元体互相垂直的相邻边线改变了 γ 角，如图所示。圆轴承受的扭矩 T 为：

A. $T=G\gamma W_t$　　B. $T=\dfrac{G\gamma}{W_t}$　　C. $T=\dfrac{\gamma}{G}W_t$　　D. $T=\dfrac{W_t}{G\gamma}$

63. 矩形截面挖去一个边长为 a 的正方形，如图所示，该截面对 z 轴的惯性矩 I_z 为：

A. $I_z=\dfrac{bh^3}{12}-\dfrac{a^4}{12}$　　B. $I_z=\dfrac{bh^3}{12}-\dfrac{13a^4}{12}$

C. $I_z=\dfrac{bh^3}{12}-\dfrac{a^4}{3}$　　D. $I_z=\dfrac{bh^3}{12}-\dfrac{7a^4}{12}$

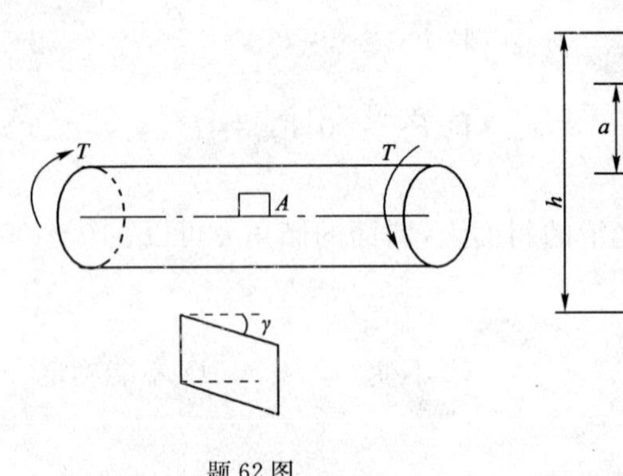

题 62 图　　题 63 图

64. 图示外伸梁，A 截面的剪力为：

A. 0　　B. $\dfrac{3m}{2L}$　　C. $\dfrac{m}{L}$　　D. $-\dfrac{m}{L}$

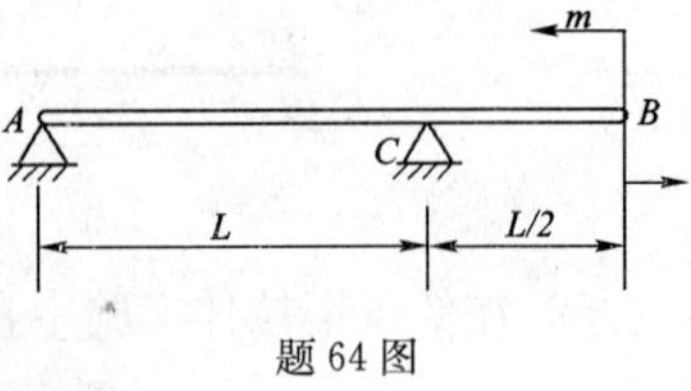

题 64 图

65. 两根梁长度、截面形状和约束条件完全相同，一根材料为钢，另一根材料为铝。在相同的外力作用下发生弯曲变形，两者不同之处为：

A. 弯曲内力　　B. 弯曲正应力　　C. 弯曲切应力　　D. 挠曲线

66. 图示四个悬臂梁中挠曲线是圆弧的为：

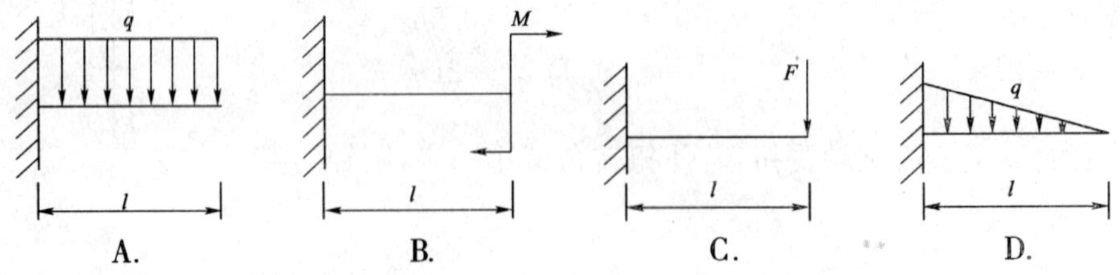

67. 受力体一点处的应力状态如图所示，该点的最大主应力 σ_1 为：

A. 70MPa　　B. 10MPa　　C. 40MPa　　D. 50MPa

68. 图示 T 形截面杆，一端固定一端自由，自由端的集中力 F 作用在截面的左下角点，并与杆件的轴线平行。该杆发生的变形为：

A. 绕 y 和 z 轴的双向弯曲　　B. 轴向拉伸和绕 y、z 轴的双向弯曲

C. 轴向拉伸和绕 z 轴弯曲　　D. 轴向拉伸和绕 y 轴弯曲

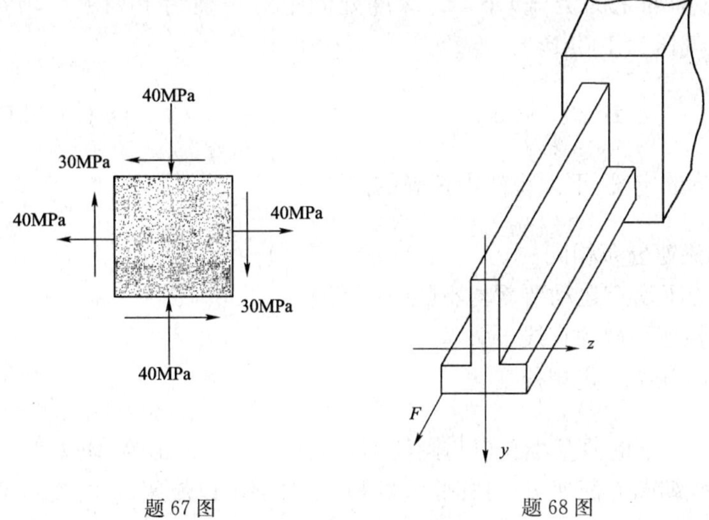

题 67 图　　题 68 图

69. 图示圆轴，在自由端圆周边界承受竖直向下的集中力 F，按第三强度理论，危险截面的相当应力 σ_{eq3} 为：

A. $\sigma_{eq3}=\frac{16}{\pi d^3}\sqrt{(FL)^2+4\left(\frac{Fd}{2}\right)^2}$　　B. $\sigma_{eq3}=\frac{16}{\pi d^3}\sqrt{(FL)^2+\left(\frac{Fd}{2}\right)^2}$

C. $\sigma_{eq3}=\frac{32}{\pi d^3}\sqrt{(FL)^2+4\left(\frac{Fd}{2}\right)^2}$　　D. $\sigma_{eq3}=\frac{32}{\pi d^3}\sqrt{(FL)^2+\left(\frac{Fd}{2}\right)^2}$

70. 两根完全相同的细长（大柔度）压杆 AB 和 CD 如图所示，杆的下端为固定铰链约束，上端与刚性水平杆固结。两杆的弯曲刚度均为 EI，其临界载荷 F_a 为：

A. $2.04\times\frac{\pi^2 EI}{L^2}$　　B. $4.08\times\frac{\pi^2 EI}{L^2}$　　C. $8\times\frac{\pi^2 EI}{L^2}$　　D. $2\times\frac{\pi^2 EI}{L^2}$

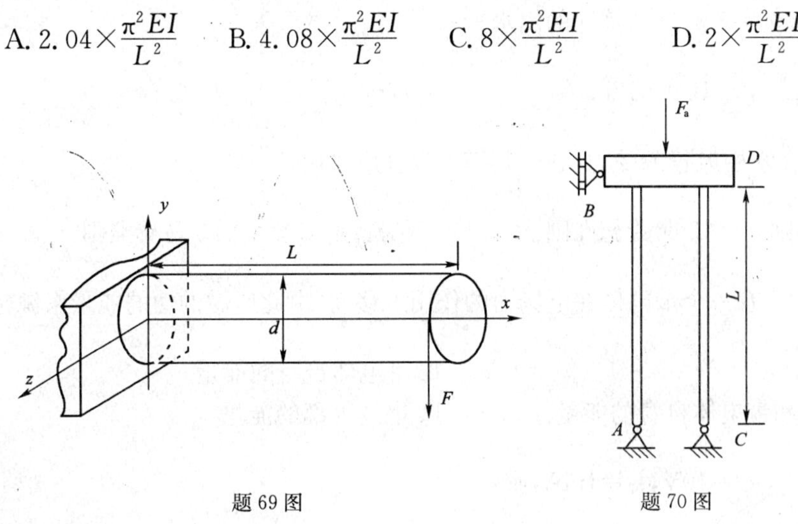

题 69 图　　题 70 图

71. 静止的流体中，任一点的压强的大小与下列哪一项无关？

A. 当地重力加速度　　B. 受压面的方向

C. 该点的位置　　D. 流体的种类

72. 静止油面(油面上为大气)下 3m 深度处的绝对压强为下列哪一项?(油的密度为 $800kg/m^3$,当地大气压为 100kPa)

A. 3kPa　　B. 23.5kPa　　C. 102.4kPa　　D. 123.5kPa

73. 根据恒定流的定义,下列说法中正确的是:

A. 各断面流速分布相同

B. 各空间点上所有运动要素均不随时间变化

C. 流线是相互平行的直线

D. 流动随时间按一定规律变化

74. 正常工作条件下的薄壁小孔口与圆柱形外管嘴,直径 d 相等,作用水头 H 相等,则孔口流量 Q_1 和孔口收缩断面流速 v_1 与管嘴流量 Q_2 和管嘴出口流速 v_2 的关系是:

A. $v_1 < v_2, Q_1 < Q_2$　　B. $v_1 < v_2, Q_1 > Q_2$　　C. $v_1 > v_2, Q_1 < Q_2$　　D. $v_1 > v_2, Q_1 > Q_2$

75. 明渠均匀流只能发生在:

A. 顺坡棱柱形渠道　　B. 平坡棱柱形渠道

C. 逆坡棱柱形渠道　　D. 变坡棱柱形渠道

76. 在流量、渠道断面形状和尺寸、壁面粗糙系数一定时,随底坡的增大,正常水深将会:

A. 减小　　B. 不变　　C. 增大　　D. 随机变化

77. 有一个普通完全井,其直径为 1m,含水层厚度 $H=11m$,土壤渗透系数 $k=2m/h$。抽水稳定后的井中水深 $h_0=8m$,试估算井的出水量:

A. $0.084m^3/s$　　B. $0.017m^3/s$　　C. $0.17m^3/s$　　D. $0.84m^3/s$

78. 研究船体在水中航行的受力试验,其模型设计应采用:

A. 雷诺准则　　B. 弗劳德准则　　C. 韦伯准则　　D. 马赫准则

79. 在静电场中,有一个带电体在电场力的作用下移动,由此所做的功的能量来源是:

A. 电场能　　B. 带电体自身的能量

C. 电场能和带电体自身的能量　　D. 电场外部的能量

80. 图示电路中,$u_C=10V$,$i_1=1mA$,则:

A. 因为 $i_2=0$,使电流 $i_1=1mA$　　B. 因为参数 C 未知,无法求出电流 i

C. 虽然电流 i_2 未知，但是 $i>i_1$ 成立　　D. 电容储存的能量为 0

81. 图示电路中，电流 I_1 和电流 I_2 分别为：

A. 2.5A 和 1.5A　　B. 1A 和 0A　　C. 2.5A 和 0A　　D. 1A 和 1.5A

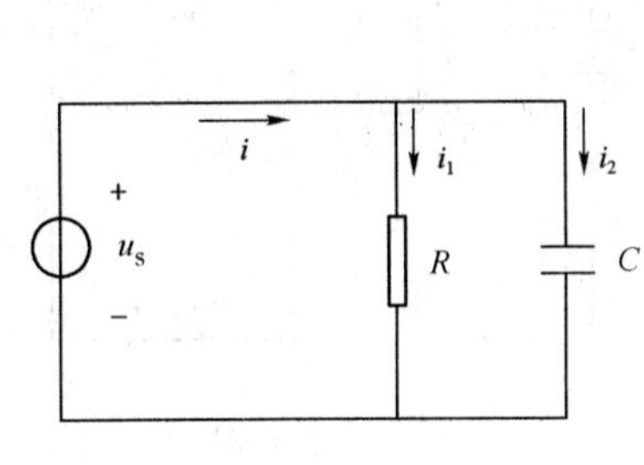

题 80 图

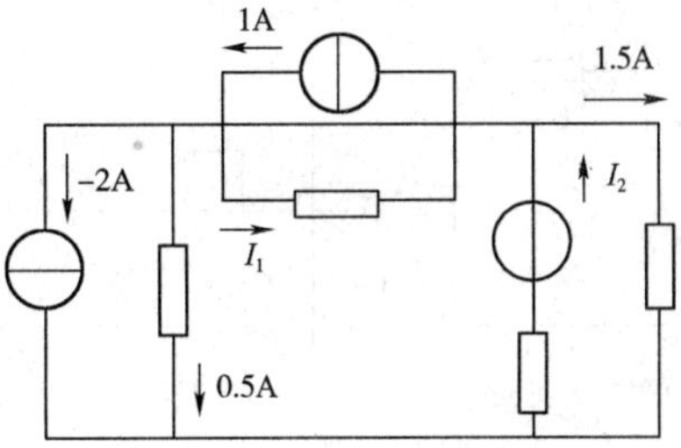

题 81 图

82. 正弦交流电压的波形图如图所示，该电压的时域解析表达式为：

A. $u(t)=155.56\sin(\omega t-5°)$V　　B. $u(t)=110\sqrt{2}\sin(314t-90°)$V

C. $u(t)=110\sqrt{2}\sin(50t+60°)$V　　D. $u(t)=155.56\sin(314t-60°)$V

83. 图示电路中，若 $u=U_M\sin(\omega t+\psi_u)$，则下列表达式中一定成立的是：

式 1：$u=u_R+u_L+u_C$

式 2：$u_X=u_L-u_C$

式 3：$U_X<U_L$ 及 $U_X<U_C$

式 4：$U^2=U_R^2+(U_L+U_C)^2$

A. 式 1 和式 3　　B. 式 2 和式 4

C. 式 1，式 3 和式 4　　D. 式 2 和式 3

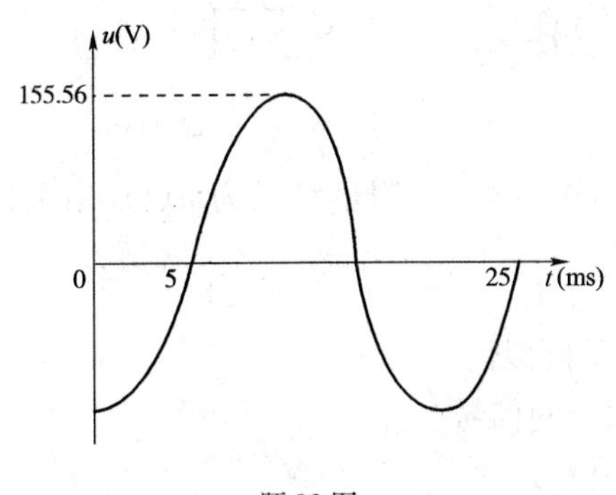

题 82 图

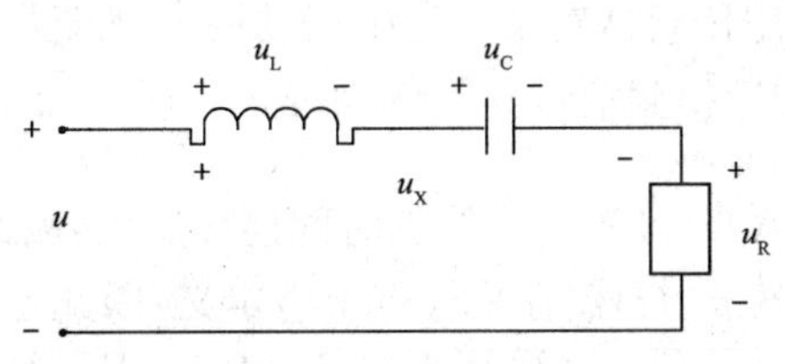

题 83 图

84. 图 a)所示电路的激励电压如图 b)所示，那么，从 $t=0$ 时刻开始，电路出现暂态过程的次数和在换路时刻发生突变的量分别是：

A. 3 次，电感电压　　B. 4 次，电感电压和电容电流

C. 3 次，电容电流　　D. 4 次，电阻电压和电感电压

85. 在信号源(u_S,R_S)和电阻 R_L 之间插入一个理想变压器，如图所示，若电压表和电流表的读数分别为 100V 和 2A，则信号源供出电流的有效值为：

A. 0.4A　　B. 10A　　C. 0.28A　　D. 7.07A

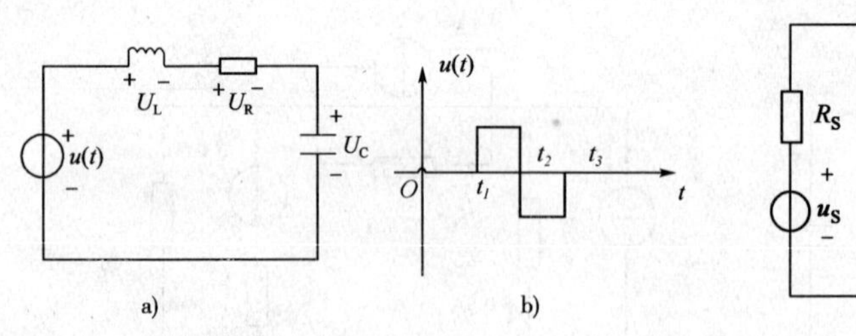

题 84 图

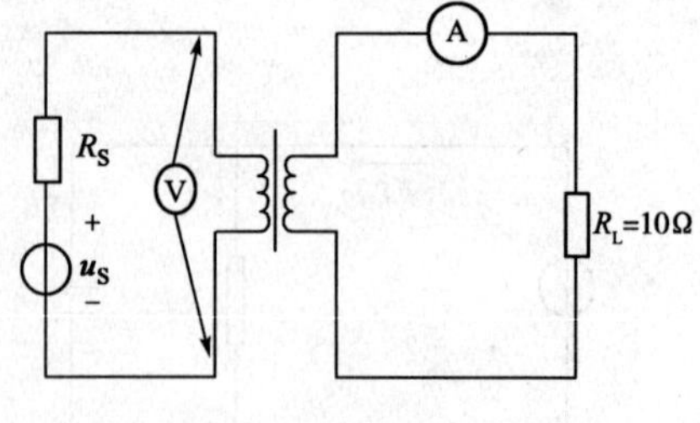

题 85 图

86. 三相异步电动机的工作效率与功率因数随负载的变化规律是：

A. 空载时，工作效率为 0，负载越大功率越高
B. 空载时，功率因数较小，接近满负荷时达到最大值
C. 功率因数与电动机的结构和参数有关，与负载无关
D. 负载越大，功率因数越大

87. 在如下关于信号与信息的说法中，正确的是：

A. 信息含于信号之中
B. 信号含于信息之中
C. 信息是一种特殊的信号
D. 同一信息只能承载于一种信号之中

88. 数字信号如图所示，如果用其表示数值，那么，该数字信号表示的数量是：

A. 3 个 0 和 3 个 1　　B. 一万零一十一
C. 3　　D. 19

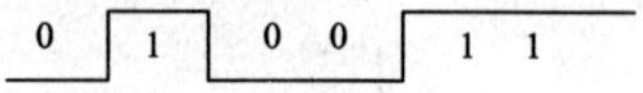

0 1 0 0 1 1

题 88 图

89. 用传感器对某管道中流动的液体流量 $x(t)$ 进行测量，测量结果为 $u(t)$，用采样器对 $u(t)$ 采样后得到信号 $u^*(t)$，那么：

A. $x(t)$ 和 $u(t)$ 均随时间连续变化，因此均是模拟信号
B. $u^*(t)$ 仅在采样点上有定义，因此是离散时间信号
C. $u^*(t)$ 仅在采样点上有定义，因此是数字信号
D. $u^*(t)$ 是 $x(t)$ 的模拟信号

90. 模拟信号 $u(t)$ 的波形图如图所示，它的时间域描述形式是：

A. $u(t)=2(1-e^{-10t})\cdot 1(t)$
B. $u(t)=2(1-e^{-0.1t})\cdot 1(t)$

C. $u(t)=[2(1-e^{-10t})-2]\cdot 1(t)$

D. $u(t)=2(1-e^{-10t})\cdot 1(t)-2\cdot 1(t-2)$

91. 模拟信号放大器是完成对输入模拟量：

A. 幅度的放大　　B. 频率的放大　　C. 幅度和频率的放大　　D. 低频成分的放大

92. 某逻辑问题的真值表如表所示，由此可以得到，该逻辑问题的输入输出之间的关系为：

A. F＝0＋1＝1　　B. $F=\overline{A}\,\overline{B}C+ABC$

C. $F=A\overline{B}C+A\overline{B}C$　　D. $F=\overline{A}\,\overline{B}+AB$

93. 电路如图所示，D 为理想二极管，$u_i=6\sin\omega t$(V)，则输出电压的最大值 U_{oM} 为：

A. 6V　　B. 3V

C. －3V　　D. －6V

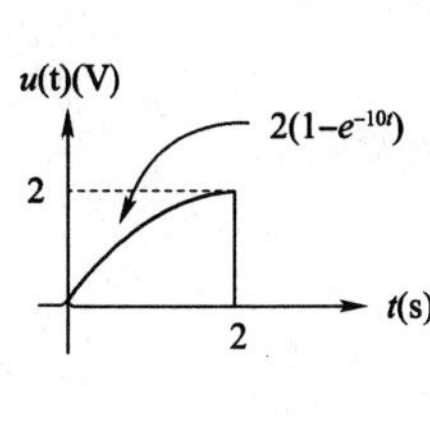

题 90 图

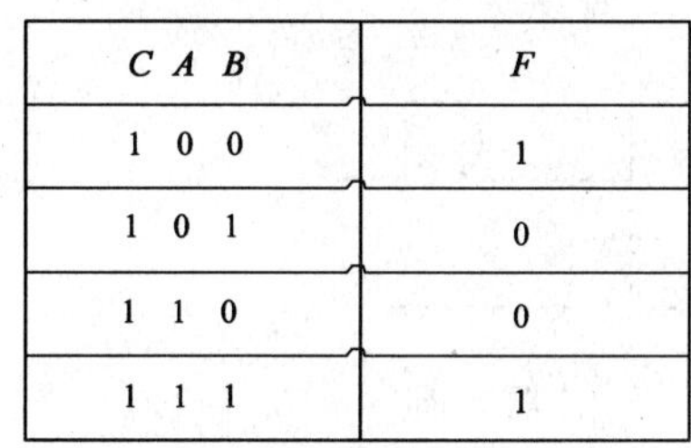

C A B	F
1 0 0	1
1 0 1	0
1 1 0	0
1 1 1	1

题 92 图

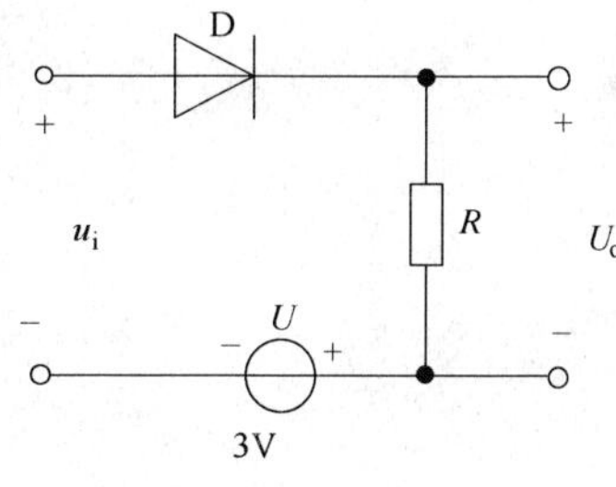

题 93 图

94. 将放大倍数为 1、输入电阻为 100Ω、输出电阻为 50Ω 的射极输出器插接在信号源（u_S，R_S）与负载（R_L）之间，形成图 b）电路，与图 a）电路相比，负载电压的有效值：

A. $U_{L2}>U_{L1}$　　B. $U_{L2}=U_{L1}$

C. $U_{L2}<U_{L1}$　　D. 因为 u_s 未知，不能确定 U_{L1} 和 U_{L2} 之间的关系

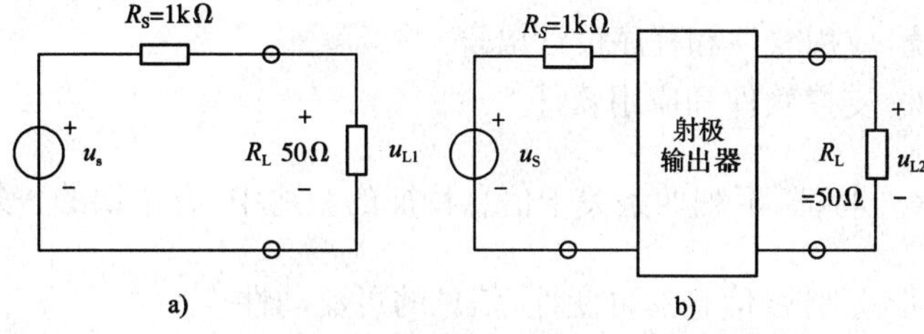

题 94 图

95. 数字信号 B＝1 时，图示两种基本门的输出分别为：

A. $F_1=A$，$F_2=1$

B. $F_1=1$，$F_2=A$

C. $F_1=1$，$F_2=0$

D. $F_1=0$，$F_2=A$

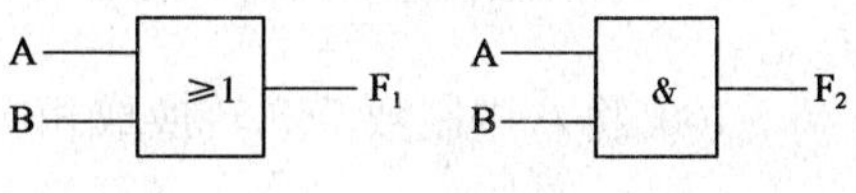

题 95 图

96. JK 触发器及其输入信号波形如图所示，该触发器的初值为 0，则它的输出 Q 为：

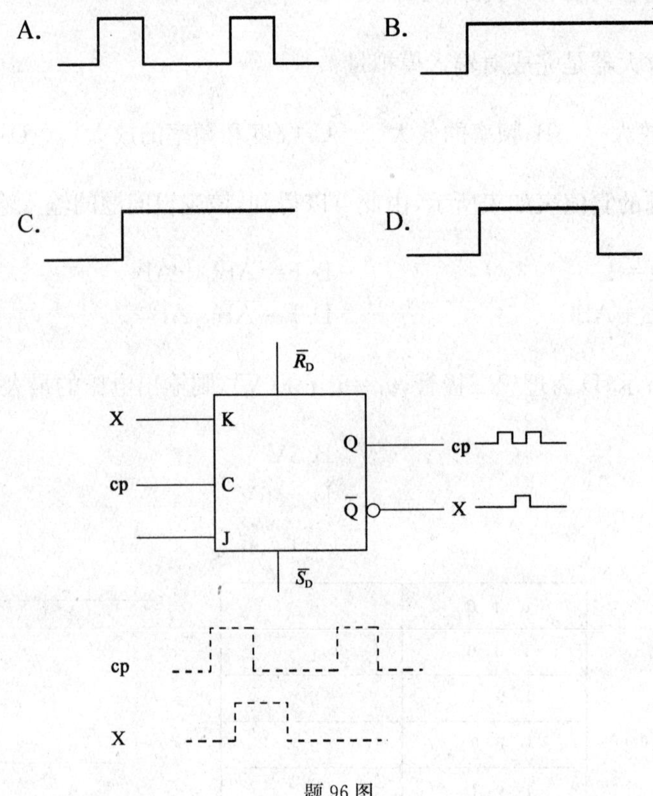

题 96 图

97. 存储器的主要功能是：

A. 自动计算　　B. 进行输入/输出　　C. 存放程序和数据　　D. 进行数值计算

98. 按照应用和虚拟机的观点，软件可分为：

A. 系统软件，多媒体软件，管理软件
B. 操作系统，硬件管理系统和网络系统
C. 网络系统，应用软件和程序设计语言
D. 系统软件，支撑软件和应用软件

99. 信息具有多个特征，下列四条关于信息特征的叙述中，有错误的一条是：

A. 信息的可识别性，信息的可变性，信息的可流动性
B. 信息的可处理性，信息的可存储性，信息的属性
C. 信息的可再生性，信息的有效性和无效性，信息的使用性
D. 信息的可再生性，信息的独立存在性，信息的不可失性

100. 将八进制数 763 转换成相应的二进制数，其正确的结果是：

A. 110101110　　B. 110111100　　C. 100110101　　D. 111110011

101. 计算机的内存储器以及外存储器的容量通常：

A. 以字节即 8 位二进制数为单位来表示
B. 以字即 16 位二进制数为单位来表示
C. 以二进制数为单位来表示
D. 以双字即 32 位二进制数为单位来表示

102. 操作系统是一个庞大的管理控制程序，它由五大管理功能组成，在下面四个选项中，不属于这五大管理功能的是：

A. 作业管理，存储管理　　B. 设备管理，文件管理
C. 进程与处理器调度管理，存储管理　　D. 中断管理，电源管理

103. 在 Windows 中，对存储器采用分页存储管理技术时，规定一个页的大小为：

A. 4G 字节　　B. 4K 字节　　C. 128M 字节　　D. 16K 字节

104. 为解决主机与外围设备操作速度不匹配的问题，Windows 采用了下列哪项技术来解决这个矛盾：

A. 缓冲技术　　B. 流水线技术　　C. 中断技术　　D. 分段、分页技术

105. 计算机网络技术涉及：

A. 通信技术和半导体工艺技术
B. 网络技术和计算机技术
C. 通信技术和计算机技术
D. 航天技术和计算机技术

106. 计算机网络是一个复合系统，共同遵守的规则称为网络协议，网络协议主要由：

A. 语句、语义和同步三个要素构成
B. 语法、语句和同步三个要素构成
C. 语法、语义和同步三个要素构成
D. 语句、语义和异步三个要素构成

107. 关于现金流量的下列说法中，正确的是：

A. 同一时间点上现金流入和现金流出之和，称为净现金流量
B. 现金流量图表示现金流入、现金流出及其与时间的对应关系
C. 现金流量图的零点表示时间序列的起点，同时也是第一个现金流量的时间点
D. 垂直线的箭头表示现金流动的方向，箭头向上表示现金流出，即表示费用

108. 项目前期研究阶段的划分，下列正确的是：

A. 规划,研究机会和项目建议书
B. 机会研究,项目建议书和可行性研究
C. 规划,机会研究,项目建议书和可行性研究
D. 规划,机会研究,项目建议书,可行性研究,后评价

109. 某项目建设期 3 年,共贷款 1 000 万元,第一年贷款 200 万元,第二年贷款 500 万元,第三年贷款 300 万元,贷款在各年内均衡发生,贷款年利率为 7%,建设期内不支付利息,建设期利息为:

A. 98.00 万元　B. 101.22 万元　C. 138.46 万元　D. 62.33 万元

110. 下列不属于股票融资特点的是:

A. 股票融资所筹备的资金是项目的股本资金,可作为其他方式筹资的基础
B. 股票融资所筹资金没有到期偿还问题
C. 普通股票的股利支付,可视融资主体的经营好坏和经营需要而定
D. 股票融资的资金成本较低

111. 融资前分析和融资后分析的关系,下列说法中正确的是:

A. 融资前分析是考虑债务融资条件下进行的财务分析
B. 融资后分析应广泛应用于各阶段的财务分析
C. 在规划和机会研究阶段,可以只进行融资前分析
D. 一个项目财务分析中融资前分析和融资后分析两者必不可少

112. 经济效益计算的原则是:

A. 增量分析的原则
B. 考虑关联效果的原则
C. 以全国居民作为分析对象的原则
D. 支付意愿原则

113. 某建设项目年设计生产能力为 8 万台,年固定成本为 1 200 万元,产品单台售价为 1 000元,单台产品可变成本为 600 元,单台产品销售税金及附加为 150 元,则该项目的盈亏平衡点的产销量为:

A. 48 000 台　B. 12 000 台　C. 30 000 台　D. 21 819 台

114. 下列可以提高产品价值的是:

A. 功能不变,提高成本
B. 成本不变,降低功能
C. 成本增加一些,功能有很大提高
D. 功能很大降低,成本降低一些

115. 按照《中华人民共和国建筑法》规定，建设单位申领施工许可证，应该具备的条件之一是：

A. 拆迁工作已经完成
B. 已经确定监理企业
C. 有保证工程质量和安全的具体措施
D. 建设资金全部到位

116. 根据《中华人民共和国招标投标法》的规定，下列包括在招标公告中的是：

A. 招标项目的性质、数量　　B. 招标项目的技术要求
C. 对投标人员资格的审查标准　　D. 拟签订合同的主要条款

117. 按照《中华人民共和国合同法》的规定，招标人在招标时，招标公告属于合同订立过程中的：

A. 邀约　　B. 承诺　　C. 要约邀请　　D. 以上都不是

118. 根据《中华人民共和国节约能源法》的规定，为了引导用能单位和个人使用先进的节能技术、节能产品，国务院管理节能工作的部门会同国务院有关部门：

A. 发布节能技术政策大纲
B. 公布节能技术、节能产品的推广目录
C. 支持科研单位和企业开展节能技术的应用研究
D. 开展节能共性和关键技术，促进节能技术创新和成果转化

119. 根据《中华人民共和国环境保护法》的规定，有关环境质量标准的下列说法中，正确的是：

A. 对国家污染物排放标准中已经作出规定的项目，不得再制定地方污染物排放标准
B. 地方人民政府对国家环境质量标准中未作出规定的项目，不得制定地方标准
C. 地方污染物排放标准必须经过国务院环境主管部门的审批
D. 向已有地方污染物排放标准的区域排放污染物的，应当执行地方排放标准

120. 根据《建设工程勘察设计管理条例》的规定，编制初步设计文件应当：

A. 满足编制方案设计文件和控制概算的需要
B. 满足编制施工招标文件、主要设备材料订货和编制施工图设计文件的需要
C. 满足非标准设备制作，并注明建筑工程合理使用年限
D. 满足设备材料采购和施工的需要

2009年度全国勘察设计注册工程师公共基础考试

试题解析及参考答案

1. **解** 计算出$\vec{\alpha}\times\vec{\beta}=\begin{vmatrix}\vec{i} & \vec{j} & \vec{k}\\ -3 & 3 & 1\\ 1 & 1 & t\end{vmatrix}=(3t-1)\vec{i}+(t+1)\vec{j}-4\vec{k}$，由已知条件$3t-1=-4$求出$t$值。

答案:C

2. **解** 直线的点向式方程为$\frac{x-1}{-1}=\frac{y+1}{1}=\frac{z-0}{1}$，$\vec{s}=\{-1,1,1\}$。平面$x+y+z+1=0$，法向量$\vec{n}=\{1,1,1\}$。而$\vec{n}\cdot\vec{s}\neq0$，故$\vec{n}$不垂直于$\vec{s}$。且$\frac{1}{-1}\neq\frac{1}{1}$，坐标不成比例，$\vec{n}$不平行于$\vec{s}$。

答案:D

3. **解** 方法一可通过画出的图形判定，方法二求导数$f'(x)=\begin{cases}1 & x\geqslant0\\ -2x & x<0\end{cases}$大于0。

答案:B

4. **解** 通过举例来说明。

连续的例题：设$x_0=0$，$f(x)=\begin{cases}1,x\geqslant0\\ 0,x<0\end{cases}$，在$x_0=0$间断，$g(x)=0$，在$x_0=0$连续，而$f(x)\cdot g(x)=0$，在$x_0=0$连续。

间断的例题：设$x_0=0$，$f(x)=\begin{cases}1,x\geqslant0\\ 0,x<0\end{cases}$，在$x_0=0$间断，$g(x)=1$，在$x_0=0$连续，而$f(x)\cdot g(x)=\begin{cases}1,x\geqslant0\\ 0,x<0\end{cases}$，在$x_0=0$间断。

答案:D

5. **解** 利用复合函数求导公式计算，本题由$y=u^2$，$u=\cos v$，$v=\frac{1}{x}$复合而成。

所以$y'=\left(\cos^2\frac{1}{x}\right)'=2\cos\frac{1}{x}\cdot\left(-\sin\frac{1}{x}\right)\cdot\left(-\frac{1}{x^2}\right)=\frac{1}{x^2}\sin\frac{2}{x}$。

答案:A

6. **解** 利用拉格朗日中值定理计算，$f(x)$在$[x,x+\Delta x]$连续，在$(x,x+\Delta x)$可导，则有$f(x+\Delta x)-f(x)=f'(\xi)\Delta x$（至少存在一点$\xi$，$x<\xi<x+\Delta x$）。

答案:C

7.**解**　本题为二元函数求全微分,计算公式为 $dz=\frac{\partial z}{\partial x}dx+\frac{\partial z}{\partial y}dy,\frac{\partial z}{\partial x}=f'(x^2-y^2)\cdot 2x,\frac{\partial z}{\partial y}=f'(x^2-y^2)\cdot 2y$,代入即可。

答案:D

8.**解**　将题目变形:$\int\frac{1}{\sqrt{x}}f(\sqrt{x})dx=\int f(\sqrt{x})d(2\sqrt{x})=2\int f(\sqrt{x})d\sqrt{x}$,利用已知式子 $\int f(x)dx=F(x)+C$,得出 $\int\frac{1}{\sqrt{x}}f(\sqrt{x})dx=2F(\sqrt{x})+C$。

答案:B

9.**解**　利用公式 $\cos 2x=\cos^2x-\sin^2x$ 将被积函数变形:

$$\text{原式}=\int\frac{\cos^2x-\sin^2x}{\sin^2x\cos^2x}dx=\int\left(\frac{1}{\sin^2x}-\frac{1}{\cos^2x}\right)dx$$

再利用积分公式计算。

答案:C

10.**解**　本题为求复合的积分上限函数的导数,利用公式 $\frac{d}{dx}\int_0^{g(x)}\sqrt{1-t^2}\,dt=\sqrt{1-g^2(x)}\cdot g'(x)$ 计算。

所以 $\frac{d}{dx}\int_0^{\cos x}\sqrt{1-t^2}\,dt=\sqrt{1-\cos^2x}\cdot(-\sin x)=-\sin x|\sin x|$。

答案:D

11.**解**　逐项排除。

选项 A,$x=0$ 为被积函数无穷不连续点,计算方法 $\int_{-1}^{1}\frac{1}{x^2}dx=\int_{-1}^{0}\frac{1}{x^2}dx+\int_{0}^{1}\frac{1}{x^2}dx$,只要判断其中一个发散即发散,可判定选项 A 发散,选项 A 错误。

选项 B,显然错误。

选项 C,$\int_1^{+\infty}\frac{1}{\sqrt{x}}dx=2\sqrt{x}\Big|_1^{+\infty}=+\infty$ 发散,选项 C 成立。

选项 D,方法①:由 $\frac{1}{\sqrt{2\pi}}e^{-\frac{x^2}{2}}$ 为标准正态分布的概率密度函数,可知 $\int_{-\infty}^{0}e^{-\frac{x^2}{2}}dx$ 收敛。

方法②:$\int_{-\infty}^{0}e^{-\frac{x^2}{2}}dx=\int_{-\infty}^{0}e^{-\frac{y^2}{2}}dy$,

$$\int_{-\infty}^{0}e^{-\frac{x^2}{2}}dx\int_{-\infty}^{0}e^{-\frac{y^2}{2}}dy=\int_{-\infty}^{0}\int_{-\infty}^{0}e^{-\frac{x^2+y^2}{2}}dxdy=\int_{\pi}^{\frac{3}{2}\pi}d\theta\int_{-\infty}^{0}re^{-\frac{r^2}{2}}dr=\frac{\pi}{2}[-e^{\frac{r^2}{2}}]_0^{+\infty}=\frac{\pi}{2},$$

$\int_{-\infty}^{0}e^{-\frac{x^2}{2}}dx=\sqrt{\frac{\pi}{2}}$。选项 D 错误。

答案:C

12. **解** 利用柱面坐标计算三重积分，立体体积 $V=\iiint 1\mathrm{d}V$，联立 $\begin{cases}x^2+y^2+z^2=2z\\ z=x^2+y^2\end{cases}$，消 z 得 $D_{xy}: x^2+y^2\leqslant 1$，而 $1-\sqrt{1-x^2-y^2}\leqslant z\leqslant x^2+y^2$，即 $1-\sqrt{1-r^2}\leqslant z\leqslant r^2$，积分区域 Ω 在柱面坐标下的不等式组为 $\begin{cases}1-\sqrt{1-r^2}\leqslant z\leqslant r^2\\ 0\leqslant r\leqslant 1\\ 0\leqslant\theta\leqslant 2\pi\end{cases}$，$\mathrm{d}V=r\mathrm{d}r\mathrm{d}\theta\mathrm{d}z$，写成三次积分即可。

答案:D

13. **解** 通过举例说明。

①取 $u_n=1$，级数 $\sum\limits_{n=1}^{\infty}u_n=\sum\limits_{n=1}^{\infty}1$，级数发散，而 $\sum\limits_{n=1}^{\infty}(u_{2n}-u_{2n+1})=\sum\limits_{n=1}^{\infty}(1-1)=\sum\limits_{n=1}^{\infty}0$，级数收敛。

②取 $u_n=0$，$\sum\limits_{n=1}^{\infty}u_n=\sum\limits_{n=1}^{\infty}0$，级数收敛，而 $\sum\limits_{n=1}^{\infty}(u_{2n}-u_{2n+1})=\sum\limits_{n=1}^{\infty}0$，级数收敛。

答案:B

14. **解** 将函数 $\frac{1}{3-x}$ 变形，利用公式 $\frac{1}{1-x}=1+x+x^2+\cdots+x^n+\cdots\quad(-1,1)$，将函数展开成 $x-1$ 幂级数，即变形 $\frac{1}{3-x}=\frac{1}{2-(x-1)}=\frac{1}{2\left(1-\frac{x-1}{2}\right)}=\frac{1}{2}\cdot\frac{1}{1-\frac{x-1}{2}}$，利用公式写出最后结果。

所以 $\frac{1}{3-x}=\frac{1}{2}\left[1+\frac{x-1}{2}+\left(\frac{x-1}{2}\right)^2+\cdots+\left(\frac{x-1}{2}\right)^n\right]=\frac{1}{2}\sum\limits_{n=0}^{\infty}\left(\frac{x-1}{2}\right)^n=\sum\limits_{n=0}^{\infty}\frac{(x-1)^n}{2^{n+1}}$。

答案:C

15. **解** 方程的类型为可分离变量方程，将方程分离变量得 $-\frac{1}{3+2y}\mathrm{d}y=\frac{x}{1+x^2}\mathrm{d}x$，两边积分计算。

答案:B

16. **解** 本题为可降阶的高阶微分方程，按不显含变量 x 计算。设 $y'=P$，$y''=P'$，方程化为 $P'+aP^2=0$，$\frac{\mathrm{d}P}{\mathrm{d}t}=-aP^2$，分离变量，$\frac{1}{P^2}\mathrm{d}P=-a\mathrm{d}x$，积分得 $-\frac{1}{P}=-ax+C_1$，代入初始条件 $x=0$，$P=y'=-1$，得 $C_1=1$，即 $-\frac{1}{P}=-ax+1$，$P=\frac{1}{ax-1}$，$\frac{\mathrm{d}y}{\mathrm{d}x}=\frac{1}{ax-1}$，求出通解，代入初始条件，求出特解。

答案:A

17. **解** 利用行列式的运算性质分析。

A 项：$|\alpha_2,\alpha_1,\alpha_3|\xlongequal{c_1\leftrightarrow c_2}-|\alpha_1,\alpha_2,\alpha_3|$，错误。

B 项：$|-\alpha_2,-\alpha_3,-\alpha_1|=(-1)^3|\alpha_2,\alpha_3,\alpha_1|\xlongequal{c_1\leftrightarrow c_3}(-1)^3(-1)|\alpha_1,\alpha_3,\alpha_2|\xlongequal{c_2\leftrightarrow c_3}(-1)^3(-1)(-1)|\alpha_1,\alpha_2,\alpha_3|=-|\alpha_1,\alpha_2,\alpha_3|$，错误。

C 项：$|\alpha_1+\alpha_2,\alpha_2+\alpha_3,\alpha_3+\alpha_1|$，通过计算为 $2|\alpha_1,\alpha_2,\alpha_3|$，错误。

D 项：$|\alpha_1,\alpha_2,\alpha_3+\alpha_2+\alpha_1| \xlongequal[(-1)c_2+c_3]{(-1)c_1+c_3} |\alpha_1,\alpha_2,\alpha_3|$，正确。

答案:D

18.**解** $\boldsymbol{A}$、$\boldsymbol{B}$ 为非零矩阵且 $\boldsymbol{AB}=\boldsymbol{0}$，由矩阵秩的性质可知 $r(\boldsymbol{A})+r(\boldsymbol{B})\leqslant n$，而 $\boldsymbol{A}$、$\boldsymbol{B}$ 为非零矩阵，则 $r(\boldsymbol{A})\geqslant 1$，$r(\boldsymbol{B})\geqslant 1$，又因 $r(\boldsymbol{A})<n$，$r(\boldsymbol{B})<n$，则由 $1\leqslant r(\boldsymbol{A})<n$，知 $\boldsymbol{A}_{m\times n}$ 的列向量相关，$1\leqslant r(\boldsymbol{B})<n$，$\boldsymbol{B}_{n\times l}$ 的行向量相关，从而选项 B、C、D 均成立。

答案:A

19.**解** 利用矩阵的特征值、特征向量的定义判定，即问满足式子 $\boldsymbol{Bx}=\lambda\boldsymbol{x}$ 中的 $\boldsymbol{x}$ 是什么向量？已知 $\boldsymbol{\alpha}$ 是 $\boldsymbol{A}$ 属于特征值 λ 的特征向量，故

$$\boldsymbol{A\alpha}=\lambda\boldsymbol{\alpha} \quad ①$$

将已知式子 $\boldsymbol{B}=\boldsymbol{P}^{-1}\boldsymbol{AP}$ 两边，左乘矩阵 $\boldsymbol{P}$，右乘矩阵 $\boldsymbol{P}^{-1}$，得 $\boldsymbol{PBP}^{-1}=\boldsymbol{PP}^{-1}\boldsymbol{APP}^{-1}$，化简为 $\boldsymbol{PBP}^{-1}=\boldsymbol{A}$，即

$$\boldsymbol{A}=\boldsymbol{PBP}^{-1} \quad ②$$

将式②代入式①，得

$$\boldsymbol{PBP}^{-1}\boldsymbol{\alpha}=\lambda\boldsymbol{\alpha} \quad ③$$

将③两边左乘 $\boldsymbol{P}^{-1}$，得 $\boldsymbol{BP}^{-1}\boldsymbol{\alpha}=\lambda\boldsymbol{P}^{-1}\boldsymbol{\alpha}$，即 $\boldsymbol{B}(\boldsymbol{P}^{-1}\boldsymbol{\alpha})=\lambda(\boldsymbol{P}^{-1}\boldsymbol{\alpha})$，成立。

答案:B

20.**解** 由合同矩阵定义，知存在一个可逆矩阵 $\boldsymbol{C}$，使 $\boldsymbol{C}^{\mathrm{T}}\boldsymbol{AC}=\boldsymbol{B}$，则称 $\boldsymbol{A}$ 合同于 $\boldsymbol{B}$。取 $\boldsymbol{C}=\begin{bmatrix}-1 & 0\\ 0 & 1\end{bmatrix}$，$|\boldsymbol{C}|=-1\neq 0$，$\boldsymbol{C}$ 可逆，可验证 $\boldsymbol{C}^{\mathrm{T}}\boldsymbol{AC}=\begin{bmatrix}1 & -1\\ -1 & 2\end{bmatrix}$。
另一方法，矩阵 $\boldsymbol{A}$ 为实对称矩阵，合同矩阵的特征值相同，易得答案为 A。

答案:A

21.**解** $\overline{A}-B=\overline{A}\,\overline{B}=\overline{A\cup B}$，$P(A\cup B)=1-P(\overline{A\cup B})=1-P(\overline{A}-B)$。

答案:B

22.**解** $X\sim N(\mu,\sigma^2)$ 时，$P(a\leqslant X\leqslant b)=\Phi\left(\dfrac{b-\mu}{\sigma}\right)-\Phi\left(\dfrac{a-\mu}{\sigma}\right)$，$\Phi(-x)=1-\Phi(x)$，$Y=aX+b\sim N(a\mu+b,a^2\sigma^2)$，或利用 $\mu=0$ 时，概率密度 $f(x)$ 曲线的对称性，概率（积分值）与曲边梯形面积对应判断。

答案:B

23.**解** $E(Y)=E\left(\dfrac{1}{X}\right)=\int_0^2 \dfrac{1}{x}\,\dfrac{3}{8}x^2\,\mathrm{d}x$。

答案:A

24.**解** $L(\theta)=\prod\limits_{i=1}^{n}e^{-(x_i-\theta)}$，$x_1,x_2,\cdots,x_n\geqslant\theta$，$\ln L(\theta)=\sum\limits_{i=1}^{n}(\theta-x_i)$，$\dfrac{\mathrm{d}\ln L(\theta)}{\mathrm{d}\theta}=n>0$，$L(\theta)$ 单调增加，要使 $L(\theta)$ 最大，应使 θ 最大，注意 $x_1,x_2,\cdots,x_n\geqslant\theta$。

答案:C

25. **解** 分子平均平动动能 $\varepsilon_{平动}=\frac{3}{2}kT$。

答案:C

26. **解** 气体分子的平均碰撞频率 $\overline{Z}=\sqrt{2}\pi d^2 n\overline{v}$，其中 $\overline{v}$ 为分子的平均速率，n 为分子数密度(单位体积内分子数)，$\overline{v}=1.6\sqrt{\frac{RT}{M}}$，$p=nkT$，于是

$\overline{Z}=\sqrt{2}\pi d^2\ \frac{p}{kT}1.6\sqrt{\frac{RT}{M}}=\sqrt{2}\pi d^2\ \frac{p}{k}1.6\sqrt{\frac{R}{MT}}$，所以 p 不变时，$\overline{Z}$ 与 $\sqrt{T}$ 成反比。

答案:C

27. **解** 画 p-V 图分析，注意到"直至降到初始温度"，$\Delta T=0$，故 $\Delta E=0$；另外等压膨胀和绝热膨胀都对外做功，$W>0$。

答案:A

28. **解** 根据热力学第一定律 $Q=\Delta E+W$，注意到"在压缩过程中外界做功 209J"，即系统对外做功 $W=-209\text{J}$。又 $\Delta E=120\text{J}$，故 $Q=120+(-209)=-89\text{J}$，即系统对外放热 89J，也就是说外界传给气体的热量为-89J。

答案:A

29. **解** 比较平面简谐波的波动方程 $y=A\cos\left(\omega t-\omega\frac{x}{u}\right)$，得 $\omega=B=2\pi\nu$，$C=\frac{\omega}{u}=\frac{B}{u}$，注意到 $u=\lambda\nu$。

答案:B

30. **解** 质元经过平衡位置时，速度最大，故动能最大，根据机械波动特征，质元动能最大势能也最大。

答案:C

31. **解** 声学常识。

答案:C

32. **解** 双缝干涉时，条纹间距 $\Delta x=\lambda\frac{D}{d}$，在空气中干涉，有 $1.33\approx\lambda_0\frac{D}{d}$，此光在水中的波长为 $\lambda=\frac{\lambda_0}{n}$，此时条纹间距 $\Delta x(水)=\frac{\lambda_0 D}{nd}=\frac{1.33}{n}=1\text{mm}$。

答案:C

33. **解** 劈尖暗纹出现的条件为 $\delta=2ne+\frac{\lambda}{2}=(2k+1)\frac{\lambda}{2}$，$k=0,1,2,\cdots$。令 $k=3$，有 $2ne+\frac{\lambda}{2}=\frac{7\lambda}{2}$，得出 $e=\frac{3\lambda}{2n}$。

答案:A

34. **解** $\Delta x = \Delta n \dfrac{\lambda}{2}$。

答案:B

35. **解** $(a+b)\sin\phi=k\lambda, k=1,2,3,\cdots$,即 $k_1\lambda_1=k_2\lambda_2$,$\dfrac{k_1}{k_2}=\dfrac{\lambda_2}{\lambda_1}=\dfrac{750}{450}=\dfrac{5}{3}$。

故重叠处波长 λ_2 的级数 k_2 必须是3的整数倍,即3、6、9、12…

答案:D

36. **解** 注意到"当折射角为30°时,反射光为完全偏振光",说明此时入射角即起偏角 i_0。根据 $i_0+\gamma_0=\dfrac{\pi}{2}$,$i_0=60°$,再由 $\tan i_0=\dfrac{n_2}{n_1}$,$n_1\approx 1$,可得 $n_2=\tan 60°=\sqrt{3}$。

答案:D

37. **解** 由公式 $\Delta G=\Delta H-T\Delta S$ 及自发性判断可知,当 ΔH 和 ΔS 均小于零时,ΔG 在低温时小于零,所以低温自发,高温非自发。转换温度 $T=\dfrac{\Delta H}{\Delta S}$。

答案:A

38. **解** 根据电极电势的能斯特方程式 $\varphi(Cl_2/Cl^-)=\varphi^{\ominus}(Cl_2/Cl^-)+\dfrac{0.059\,2}{n}\lg\dfrac{\left[\dfrac{p(Cl_2)}{p^{\ominus}}\right]}{\left[\dfrac{c(Cl)}{c^{\ominus}}\right]^2}=$

$1.358+\dfrac{0.059\,2}{2}\times\lg 10=1.388\text{V}$。

答案:C

39. **解** 某电极电势代数值越小,该电极的还原态物质越容易失去电子,是较强的氧化剂。所以还原剂的还原性依次为 $Na>Mg>Fe^{2+}>F^-$,离子还原性最强的是 Fe^{2+}。

答案:B

40. **解** 升高温度能使更多分子获得能量而成为活化分子,活化分子百分数可显著增加,从而增大反应速率常数。

答案:A

41. **解** 波函数 $\psi(n,l,m)$ 可表示一个原子轨道的运动状态。n,l,m 的取值范围:主量子数 n 可取的数值为 1, 2, 3, 4,…;角量子数 l 可取的数值为 0, 1, 2, …, $(n-1)$;磁量子数 m 可取的数值为 0, ±1,±2,±3,…, $\pm l$。A中 n 取1时,l 最大取 $n-1=0$。

答案:A

42. **解** 可以用氧化还原配平法。配平后的方程式为 $MnO_2+4HCl=MnCl_2+Cl_2+2H_2O$。

答案:A

43. 解　强酸弱碱盐的标准水解常数为：$K_b=\frac{K_w}{K_a}=\frac{1.0\times10^{-14}}{1.0\times10^{-5}}=1.0\times10^{-9}$。

答案：A

44. 解　苯环含有双键，可以发生加成反应；醛基既可以发生氧化反应，也可以发生还原反应。

答案：C

45. 解　参照各种化合物定义。

答案：C

46. 解　苯甲醛和乙苯可以被高锰酸钾氧化为苯甲酸而使高锰酸钾溶液褪色，苯乙烯的乙烯基可以使高锰酸钾溶液褪色。

答案：C

47. 解　根据力的投影公式，$F_x=F\cos\alpha$，当 $\alpha=0$ 时 $F_x=F$，即力 $\boldsymbol{F}$ 与 x 轴平行，故只有当力 $\boldsymbol{F}$ 在与 x 轴垂直的 y 轴（$\alpha=90°$）上投影为 0 外，在其余与 x 轴共面轴上的投影均不为 0。

答案：B

48. 解　将力系向 A 点简化，主矢为三个力的矢量和，主矩为 F_2 对 A 点的矩。

答案：A

49. 解　根据受力分析，A、C、D 处的约束力均为水平方向，分别考虑杆 AB、杆 DC 的平衡，采用力偶的平衡方程即可。

答案：A

50. 解　根据摩擦定律 $F_{max}=W\cos60°\times f=10\text{kN}$，沿斜面的主动力为 $W\sin60°-F_P=6.6\text{kN}$，方向向下。由平衡方程得摩擦力的大小。

答案：C

51. 解　当 $t=0\text{s}$ 时，$s=8\text{m}$，当 $t=3\text{s}$ 时，$s=-10\text{m}$，点的速度 $v=\frac{\mathrm{d}s}{\mathrm{d}t}=-4t$，即沿与 s 正方向相反的方向从 8m 处经过坐标原点运动到了 -10m 处。

答案：C

52. 解　根据定轴转动刚体上一点加速度与转动角速度、角加速度的关系：$a_n=\omega^2 l$，$a_t=\alpha l$，而题中 $a_n=a\cos\alpha$，$a_t=a\sin\alpha$。

答案：B

53. 解　轮缘点 A 的速度与物块 B 的速度相同；轮缘点 A 的切向加速度与物块 B 的加速度相同，即 $a_A=\sqrt{a_{An}^2+a_{At}^2}=\sqrt{\left(\frac{v_B^2}{R}\right)^2+a_B^2}$。

答案：D

54. **解**　将动力学矢量方程 $ma = F + R$，在 x 方向投影。

答案：B

55. **解**　根据定轴转动刚体动量矩和动能的公式 $L_O = J_O\omega$，$T = \frac{1}{2}J_O\omega^2$。

答案：D

56. **解**　根据定轴转动微分方程 $J_B\alpha = M_B(\boldsymbol{F})$，当杆转动到铅垂位置时，杆上所有外力对 B 点的力矩为零。

答案：A

57. **解**　绳剪断瞬时，杆的 $\omega = 0$，$\alpha = \frac{3g}{4l}$。根据质心运动定理 $\frac{P}{g}l\alpha = P - F_{Ay}$，$F_{Ax} = 0$。

答案：B

58. **解**　质点振动的固有频率与倾角无关。

答案：C

59. **解**　由低碳钢拉伸实验的应力-应变曲线图可知，卸载时的直线规律和再加载时的冷作硬化现象都发生在强化阶段。

答案：C

60. **解**　把螺钉杆拉伸强度条件 $\sigma = \frac{F}{\frac{\pi}{4}d^2} = [\sigma]$ 和螺母的剪切强度条件 $\tau = \frac{F}{\pi dh} = [\tau]$ 代入 $[\sigma] = 2[\tau]$，即得 $d = 2h$。

答案：A

61. **解**　使 $\varphi_1 = \frac{\varphi}{2}$，即 $\frac{Tl}{GI_{P1}} = \frac{1}{2}\frac{Tl}{GI_P}$，所以 $I_{P1} = 2I_P$，$\frac{\pi}{64}d_1^4 = 2\frac{\pi}{64}d^4$，得 $d_1 = \sqrt[4]{2}d$。

答案：A

62. **解**　圆轴表面 $\tau = \frac{T}{W_t}$，又 $\tau = G\gamma$，所以 $T = \tau W_t = G\gamma W_t$。

答案：A

63. **解**　图中正方形截面 $I_z^{方} = \frac{a^4}{12} + \left(\frac{a}{2}\right)^2 \cdot a^2 = \frac{a^4}{3}$，整个截面 $I_z = I_z^{矩} - I_z^{方} = \frac{bh^3}{12} - \frac{a^4}{3}$。

答案：C

64. **解**　设 F_A 向上，$\sum M_C = 0$，$m - F_AL = 0$，则 $F_A = \frac{m}{L}$，再用直接法求 A 截面的剪力 $F_s = F_A = \frac{m}{L}$。

答案：C

65. **解** 因为钢和铝的弹性模量不同，而4个选项之中只有挠曲线与弹性模量有关，所以选挠曲线。

答案:D

66. **解** 由集中力偶M产生的挠曲线方程$f=\frac{Mx^2}{2EI}$是x的二次曲线可知，挠曲线是圆弧的为选项B。

答案:B

67. **解** $\sigma_1=\frac{\sigma_x+\sigma_y}{2}+\sqrt{\left(\frac{\sigma_x-\sigma_y}{2}\right)^2+\tau_x^2}=\frac{40+(-40)}{2}+\sqrt{\left[\frac{40-(-40)}{2}\right]^2+30^2}=50\text{MPa}$。

答案:D

68. **解** 这显然是偏心拉伸，而且对y、z轴都有偏心。把力F平移到截面形心，要加两个附加力偶矩，该杆将发生轴向拉伸和绕y、z轴的双向弯曲。

答案:B

69. **解** 把力F沿轴线z平移至圆轴截面中心，并加一个附加力偶，则使圆轴产生弯曲和扭转组合变形。最大弯矩$M=FL$，最大扭矩$T=F\frac{d}{2}$，$\sigma_{eq3}=\frac{\sqrt{M^2+T^2}}{W_z}=\frac{32}{\pi d^3}\sqrt{(FL)^2+\left(\frac{Fd}{2}\right)^2}$。

答案:D

70. **解** 当压杆AB和CD同时达到临界荷载时，结构的临界荷载$F_a=2F_{cr}=2\times\frac{\pi^2EI}{(0.7L)^2}=4.08\frac{\pi^2EI}{L^2}$。

答案:B

71. **解** 静压强特性为流体静压强的大小与受压面的方向无关。

答案:B

72. **解** 绝对压强要计及液面大气压强，$p=p_0+\rho gh$，$p_0=100\text{kPa}$。
代入题设数据后有：
$p'=1\,000\text{kPa}+0.8\times9.8\times3\text{kPa}=123.52\text{kPa}$

答案:D

73. **解** 根据恒定流定义可得。

答案:B

74. **解** 相同直径、相同水头的孔口流速大于圆柱形外管嘴流速，但流量小于后者。

答案:C

75. **解** 根据明渠均匀流发生的条件可得(明渠均匀流只能发生在顺坡渠道中)。

答案:A

76. **解**　根据谢才公式 $v=C\sqrt{Ri}$，当底坡 i 增大时，流速增大，在题设条件下，水深应减小。

答案：A

77. **解**　先用经验公式 $R=3\,000S\sqrt{k}$，求影响半径 R，再用普通完全井公式求 Q，

$$Q=1.366\frac{k(H^2-h^2)}{\lg\frac{R}{r_0}}。$$

代入题设数据后有：$R=3\,000\times(11-8)\times\sqrt{2/3\,600}=212.1\text{m}$

流量 $Q=1.366\frac{2}{3\,600}\times\frac{11^2-8^2}{\lg\frac{212.1}{0.5}}=0.016\,4\text{m}^3/\text{s}$。

答案：B

78. **解**　船在明渠中航行试验，是属于明渠重力流性质，应选用弗劳德准则。

答案：B

79. **解**　带电体是在电场力的作用下做功，其能量来自电场和自身的重力能量。

答案：C

80. **解**　在直流电源的作用下电容相当于断路，电容元件存储的能量与其电压的平方成正比。

答案：A

81. **解**　根据节电的电流关系 KCL 分析即可。

答案：C

82. **解**　对正弦交流电路的三要素在函数式和波形图表达式的关系分析即可。

答案：B

83. **解**　在正弦交流电路中，分电压与总电压的大小符合相量关系，电感电压超前电流 90°，电容电流落后电流 90°。

式 2 应该为：$u_R=u_L+u_C$

式 4 应该为：$U^2=U_R^2+(U_L-U_C)^2$

答案：A

84. **解**　在有储能原件存在的电路中，电感电流和电容电压不能跃变。本电路的输入电压发生了三次跃变。在图示的 RLC 串联电路中电阻的电压和电容的电流不会发生跃变。

答案：A

85. **解**　理想变压器的内部损耗为零，$U_1I_1=U_2I_2$，$U_2=I_2R_L$。

答案：A

86. **解**　三相交流电动机的功率因素和效率均与负载的大小有关，电动机接近空载时，功

率因素和效率都较低，只有当电动机接近满载工作时，电动机的功率因素和效率才达到较大的数值。

答案:B

87. **解** “信息”指的是人们通过感官接收到的关于客观事物的变化情况；“信号”是信息的表示形式，是传递信息的工具，如声、光、电等。信息是存在于信号之中的。

答案:A

88. **解** 图示信号是用电位高低表示的二进制数010011，将其转换为十进制的数值是19。

答案:D

89. **解** $x(t)$是原始信号，$u(t)$是模拟信号，它们都是时间的连续信号；而$u^*(t)$是经过采样器以后的采样信号，是离散信号。

答案:B

90. **解** 此题可以用叠加原理分析，将信号分解为一个指数信号和一个阶跃信号的叠加。

答案:D

91. **解** 模拟信号放大器的基本要求是不能失真，即要求放大信号的幅度，不可以改变信号的频率。

答案:A

92. **解** 此题要求掌握的是如何将逻辑电路的真值表标示为逻辑表达式。输出变量F为在输入变量ABC不同组合情况下为1的或逻辑。

答案:B

93. **解** 分析二极管电路的方法，是先将二极管视为断路，判断二极管的端部电压。如果二极管处于正向偏置状态，可将二极管视为短路；如果二极管处于反向偏置状态，可将二极管视为断路。简化后含有二极管的电路已经成为线性电路，用线性电路理论分析可得结果。

答案:B

94. **解** 理解放大电路输入电阻和输出电阻的概念，利用其等效电路计算可得结果。

答案:C

95. **解** 左边电路是或门，右边电路是与门。根据逻辑电路的基本关系即可得到答案B。

答案:B

96. **解** 图示电路是电位触发的JK触发器。当cp=1时，触发器取输入信号JK。触发器的状态由JK触发器的功能表(表格略)确定。

答案:B

97. **解** 存放正在执行的程序和当前使用的数据，它具有一定的运算能力。

答案:C

98.**解** 按照应用和虚拟机的观点，计算机软件可分为系统软件、支撑软件、应用软件三类。

答案:D

99.**解** 信息有以下主要特征：可识别性、可变性、可流动性、可存储性、可处理性、可再生性、有效性和无效性、属性和可使用性。

答案:D

100.**解** 一位八进制对应三位二进制，7 对应 111，6 对应 110，3 对应 011。

答案:D

101.**解** 内存储器容量是指内存存储容量，即内容储存器能够存储信息的字节数。外储器是可将程序和数据永久保存的存储介质，可以说其容量是无限的。字节是信息存储中常用的基本单位。

答案:A

102.**解** 操作系统通常包括几大功能模块：处理器管理、作业管理、存储器管理、设备管理、文件管理、进程管理。

答案:D

103.**解** Windows 中，对存储器的管理采取分段存储、分页存储管理技术。一个存储段可以小至 1 个字节，大至 4G 字节，而一个页的大小规定为 4K 字节。

答案:B

104.**解** Windows 采用了缓冲技术来解决主机与外设的速度不匹配问题，如使用磁盘高速缓冲存储器，以提高磁盘存储速率，改善系统整体功能。

答案:A

105.**解** 计算机网络是计算机技术和通信技术的结合产物。

答案:C

106.**解** 计算机网络协议的三要素：语法、语义、同步。

答案:C

107.**解** 现金流量图表示的是现金流入、现金流出与时间的对应关系。同一时间点上的现金流入和现金流出之差，称为净现金流量。箭头向上表示现金流入，向下表示现金流出。现金流量图的零点表示时间序列的起点，但第一个现金流量不一定发生在零点。

答案:B

108.**解** 投资项目前期研究可分为机会研究（规划）阶段、项目建议书（初步可行性研究）阶段、可行性研究阶段。

答案:B

109.**解** 根据题意，贷款在各年内均衡发生，建设期内不支付利息，则

第一年利息:$(200/2)\times 7\%=7$ 万元

第二年利息:$(200+500/2+7)\times 7\%=31.99$ 万元

第三年利息:$(200+500+300/2+7+31.99)\times 7\%=62.23$ 万元

建设期贷款利息:$7+31.99+62.23=101.22$ 万元

答案:B

110.**解** 股票融资(权益融资)的资金成本一般要高于债权融资的资金成本。

答案:D

111.**解** 融资前分析不考虑融资方案,在规划和机会研究阶段,一般只进行融资前分析。

答案:C

112.**解** 经济效益的计算应遵循支付意愿原则和接受补偿原则(受偿意愿原则)。

答案:D

113.**解** 按盈亏平衡产量公式计算。

盈亏平衡点产销量$=\dfrac{1\,200\times 10^4}{1\,000-600-150}=48\,000$ 台。

答案:A

114.**解** 根据价值公式进行判断:价值(V)=功能(F)/成本(C)。

答案:C

115.**解** 《中华人民共和国建筑法》第八条规定,申请领取施工许可证,应当具备下列条件。

(一)已经办理该建筑工程用地批准手续;

(二)在城市规划区的建筑工程,已经取得规划许可证;

(三)需要拆迁的,其拆迁进度符合施工要求;

(四)已经确定建筑施工企业;

(五)有满足施工需要的施工图纸及技术资料;

(六)有保证工程质量和安全的具体措施;

(七)建设资金已经落实;

(八)法律、行政法规规定的其他条件。

拆迁进度符合施工要求即可,不是拆迁全部完成,所以A错;并非所有工程都需要监理,所以B错;建设资金落实不是资金全部到位,所以D错。

答案:C

116.**解** 《中华人民共和国招标投标法》第十六条规定,招标人采用公开招标方式的,应当发布招标公告。依法必须进行招标的项目的招标公告,应当通过国家指定的报刊、信息网络或者其他媒介发布。招标公告应当载明招标人的名称和地址,招标项目的性质、数量、实施地点和时间以及获取招标文件的办法等事项,所以A对。其他几项内容应在招标文件中载明,而不是招标公告中。

答案:A

117.**解**　参见《中华人民共和国合同法》的下列条款。

第十三条　当事人订立合同,采取要约、承诺方式。

第十四条　要约是希望和他人订立合同的意思表示,该意思表示应当符合下列规定:

(一)内容具体确定;

(二)表明经受要约人承诺,要约人即受该意思表示约束。

第十五条　要约邀请是希望他人向自己发出要约的意思表示。寄送的价目表、拍卖公告、招标公告、招股说明书、商业广告等为要约邀请。

答案:C

118.**解**　根据《中华人民共和国节约能源法》第五十八条规定,国务院管理节能工作的部门会同国务院有关部门制定并公布节能技术、节能产品的推广目录,引导用能单位和个人使用先进的节能技术、节能产品。

答案:B

119.**解**　《中华人民共和国环境保护法》第十条规定,国务院环境保护行政主管部门根据国家环境质量标准和国家经济、技术条件,制定国家污染物排放标准。省、自治区、直辖市人民政府对国家污染物排放标准中未作规定的项目,可以制定地方污染物排放标准;对国家污染物排放标准中已作规定的项目,可以制定严于国家污染物排放标准。地方污染物排放标准必须报国务院环境保护行政主管部门备案。凡是向已有地方污染物排放标准的区域排放污染物的,应当执行地方污染物排放标准。选项C错在“审批”二字,是备案不是审批。

答案:D

120.**解**　《建设工程勘察设计管理条例》第二十六条规定,编制建设工程勘察文件,应当真实、准确,满足建设工程规划、选址、设计、岩土治理和施工的需要。编制方案设计文件,应当满足编制初步设计文件和控制概算的需要。编制初步设计文件,应当满足编制施工招标文件、主要设备材料订货和编制施工图设计文件的需要。编制施工图设计文件,应当满足设备材料采购、非标准设备制作和施工的需要,并注明建设工程合理使用年限。

答案:B

2010年度全国勘察设计注册工程师公共基础考试

试　题

单项选择题(共120题,每题1分。每题的备选项中只有一个最符合题意)

1. 设直线方程为$\begin{cases}x=t+1\\y=2t-2\\z=-3t+3\end{cases}$,则直线:

A. 过点$(-1,2,-3)$,方向向量为$\vec{i}+2\vec{j}-3\vec{k}$

B. 过点$(-1,2,-3)$,方向向量为$-\vec{i}-2\vec{j}+3\vec{k}$

C. 过点$(1,2,-3)$,方向向量为$\vec{i}-2\vec{j}+3\vec{k}$

D. 过点$(1,-2,3)$,方向向量为$-\vec{i}-2\vec{j}+3\vec{k}$

2. 设$\vec{\alpha},\vec{\beta},\vec{\gamma}$都是非零向量,若$\vec{\alpha}\times\vec{\beta}=\vec{\alpha}\times\vec{\gamma}$,则:

A. $\vec{\beta}=\vec{\gamma}$

B. $\vec{\alpha}//\vec{\beta}$且$\vec{\alpha}//\vec{\gamma}$

C. $\vec{\alpha}//(\vec{\beta}-\vec{\gamma})$

D. $\vec{\alpha}\perp(\vec{\beta}-\vec{\gamma})$

3. 设$f(x)=\dfrac{e^{3x}-1}{e^{3x}+1}$,则:

A. $f(x)$为偶函数,值域为$(-1,1)$

B. $f(x)$为奇函数,值域为$(-\infty,0)$

C. $f(x)$为奇函数,值域为$(-1,1)$

D. $f(x)$为奇函数,值域为$(0,+\infty)$

4. 下列命题正确的是:

A. 分段函数必存在间断点

B. 单调有界函数无第二类间断点

C. 在开区间内连续,则在该区间必取得最大值和最小值

D. 在闭区间上有间断点的函数一定有界

5. 设函数$f(x)=\begin{cases}\dfrac{2}{x^2+1},x\leqslant 1\\ax+b,x>1\end{cases}$可导,则必有:

A. $a=1,b=2$　　B. $a=-1,b=2$

C. $a=1,b=0$　　D. $a=-1,b=0$

6. 求极限 $\lim\limits_{x\to 0}\dfrac{x^2\sin\dfrac{1}{x}}{\sin x}$时，下列各种解法中正确的是：

A. 用洛必达法则后，求得极限为 0

B. 因为 $\lim\limits_{x\to 0}\sin\dfrac{1}{x}$不存在，所以上述极限不存在

C. 原式$=\lim\limits_{x\to 0}\dfrac{x}{\sin x}x\sin\dfrac{1}{x}=0$

D. 因为不能用洛必达法则，故极限不存

7. 下列各点中为二元函数 $z=x^3-y^3-3x^2+3y-9x$ 的极值点的是：

A. $(3,-1)$　　B. $(3,1)$　　C. $(1,1)$　　D. $(-1,-1)$

8. 若函数 $f(x)$ 的一个原函数是 e^{-2x}，则 $\int f''(x)\mathrm{d}x$ 等于：

A. $e^{-2x}+C$　　B. $-2e^{-2x}$　　C. $-2e^{-2x}+C$　　D. $4e^{-2x}+C$

9. $\int xe^{-2x}\mathrm{d}x$ 等于：

A. $-\dfrac{1}{4}e^{-2x}(2x+1)+C$　　B. $\dfrac{1}{4}e^{-2x}(2x-1)+C$

C. $-\dfrac{1}{4}e^{-2x}(2x-1)+C$　　D. $-\dfrac{1}{2}e^{-2x}(x+1)+C$

10. 下列广义积分中收敛的是：

A. $\int_0^1\dfrac{1}{x^2}\mathrm{d}x$　　B. $\int_0^2\dfrac{1}{\sqrt{2-x}}\mathrm{d}x$

C. $\int_{-\infty}^0 e^{-x}\mathrm{d}x$　　D. $\int_1^{+\infty}\ln x\mathrm{d}x$

11. 圆周 $\rho=\cos\theta$，$\rho=2\cos\theta$ 及射线 $\theta=0$，$\theta=\dfrac{\pi}{4}$所围的图形的面积 $S=$

A. $\dfrac{3}{8}(\pi+2)$　　B. $\dfrac{1}{16}(\pi+2)$

C. $\dfrac{3}{16}(\pi+2)$　　D. $\dfrac{7}{8}\pi$

12. 计算 $I=\iiint\limits_{\Omega}z\mathrm{d}v$，其中 Ω 为 $z^2=x^2+y^2$，$z=1$ 围成的立体，则正确的解法是：

A. $I=\int_0^{2\pi}d\theta\int_0^1 rdr\int_0^1 zdz$

B. $I=\int_0^{2\pi}d\theta\int_0^1 rdr\int_r^1 zdz$

C. $I=\int_0^{2\pi}d\theta\int_0^1 dz\int_r^1 rdr$

D. $I=\int_0^1 dz\int_0^{\pi}d\theta\int_0^z zrdr$

13. 下列各级数中发散的是：

A. $\sum_{n=1}^{\infty}\frac{1}{\sqrt{n+1}}$

B. $\sum_{n=1}^{\infty}(-1)^{n-1}\frac{1}{\ln(n+1)}$

C. $\sum_{n=1}^{\infty}\frac{n+1}{3^n}$

D. $\sum_{n=1}^{\infty}(-1)^{n-1}\left(\frac{2}{3}\right)^n$

14. 幂级数$\sum_{n=1}^{\infty}\frac{(x-1)^n}{3^n n}$的收敛域是：

A. $[-2,4)$　　B. $(-2,4)$　　C. $(-1,1)$　　D. $\left[-\frac{1}{3},\frac{4}{3}\right)$

15. 微分方程 $y''+2y=0$ 的通解是：

A. $y=A\sin 2x$

B. $y=A\cos x$

C. $y=\sin\sqrt{2}x+B\cos\sqrt{2}x$

D. $y=A\sin\sqrt{2}x+B\cos\sqrt{2}x$

16. 微分方程 $y\mathrm{d}x+(x-y)\mathrm{d}y=0$ 的通解是：

A. $\left(x-\frac{y}{2}\right)y=C$

B. $xy=C\left(x-\frac{y}{2}\right)$

C. $xy=C$

D. $y=\frac{C}{\ln\left(x-\frac{y}{2}\right)}$

17. 设 $\boldsymbol{A}$ 是 m 阶矩阵，$\boldsymbol{B}$ 是 n 阶矩阵，行列式$\begin{vmatrix}0 & A\\ B & 0\end{vmatrix}=$

A. $-|A||B|$

B. $|A||B|$

C. $(-1)^{m+n}|A||B|$

D. $(-1)^{mn}|A||B|$

18. 设 $\boldsymbol{A}$ 是 3 阶矩阵，矩阵 $\boldsymbol{A}$ 的第 1 行的 2 倍加到第 2 行，得矩阵 $\boldsymbol{B}$，则下列选项中成立的是：

A. $\boldsymbol{B}$ 的第 1 行的 -2 倍加到第 2 行得 $\boldsymbol{A}$

B. $\boldsymbol{B}$ 的第 1 列的 -2 倍加到第 2 列得 $\boldsymbol{A}$

C. $\boldsymbol{B}$ 的第 2 行的 -2 倍加到第 1 行得 $\boldsymbol{A}$

D. $\boldsymbol{B}$ 的第 2 列的 -2 倍加到第 1 列得 $\boldsymbol{A}$

19. 已知三维列向量 $\boldsymbol{\alpha},\boldsymbol{\beta}$ 满足 $\boldsymbol{\alpha}^{\mathrm{T}}\boldsymbol{\beta}=3$，设 3 阶矩阵 $\boldsymbol{A}=\boldsymbol{\beta}\boldsymbol{\alpha}^{\mathrm{T}}$，则：

A. $\boldsymbol{\beta}$ 是 $\boldsymbol{A}$ 的属于特征值 0 的特征向量
B. $\boldsymbol{\alpha}$ 是 $\boldsymbol{A}$ 的属于特征值 0 的特征向量
C. $\boldsymbol{\beta}$ 是 $\boldsymbol{A}$ 的属于特征值 3 的特征向量
D. $\boldsymbol{\alpha}$ 是 $\boldsymbol{A}$ 的属于特征值 3 的特征向量

20. 设齐次线性方程组 $\begin{cases} x_1-kx_2=0 \\ kx_1-5x_2+x_3=0 \\ x_1+x_2+x_3=0 \end{cases}$，当方程组有非零解时，$k$ 值为：

A. -2 或 3　　B. 2 或 3　　C. 2 或 -3　　D. -2 或 -3

21. 设事件 A,B 相互独立，且 $P(A)=\frac{1}{2}$，$P(B)=\frac{1}{3}$，则 $P(B|A\cup\overline{B})$ 等于：

A. $\frac{5}{6}$　　B. $\frac{1}{6}$　　C. $\frac{1}{3}$　　D. $\frac{1}{5}$

22. 将 3 个球随机地放入 4 个杯子中，则杯中球的最大个数为 2 的概率为：

A. $\frac{1}{16}$　　B. $\frac{3}{16}$　　C. $\frac{9}{16}$　　D. $\frac{4}{27}$

23. 设随机变量 X 的概率密度为 $f(x)=\begin{cases} \frac{1}{x^2} & x\geqslant 1 \\ 0 & 其他 \end{cases}$，则 $P(0\leqslant X\leqslant 3)=$

A. $\frac{1}{3}$　　B. $\frac{2}{3}$　　C. $\frac{1}{2}$　　D. $\frac{1}{4}$

24. 设随机变量 (X,Y) 服从二维正态分布，其概率密度为 $f(x,y)=\frac{1}{2\pi}e^{-\frac{1}{2}(x^2+y^2)}$，则 $E(X^2+Y^2)=$

A. 2　　B. 1　　C. $\frac{1}{2}$　　D. $\frac{1}{4}$

25. 一定量的刚性双原子分子理想气体储于一容器中，容器的容积为 V，气体压强为 p，则气体的内能为：

A. $\frac{3}{2}pV$　　B. $\frac{5}{2}pV$　　C. $\frac{1}{2}pV$　　D. pV

26. 理想气体的压强公式是：

A. $p=\frac{1}{3}nmv^2$

B. $p=\frac{1}{3}nm\overline{v}$

C. $p=\frac{1}{3}nm\overline{v^2}$

D. $p=\frac{1}{3}n\overline{v^2}$

27. “理想气体和单一热源接触做等温膨胀时，吸收的热量全部用来对外做功。”对此说法，有如下几种讨论，哪种是正确的：

A. 不违反热力学第一定律，但违反热力学第二定律
B. 不违反热力学第二定律，但违反热力学第一定律
C. 不违反热力学第一定律，也不违反热力学第二定律
D. 违反热力学第一定律，也违反热力学第二定律

28. 一定量的理想气体，由一平衡态 p_1, V_1, T_1 变化到另一平衡态 p_2, V_2, T_2，若 $V_2>V_1$，但 $T_2=T_1$，无论气体经历什么样的过程：

A. 气体对外做的功一定为正值
B. 气体对外做的功一定为负值
C. 气体的内能一定增加
C. 气体的内能保持不变

29. 在波长为 λ 的驻波中，两个相邻的波腹之间的距离为：

A. $\frac{\lambda}{2}$　　B. $\frac{\lambda}{4}$　　C. $\frac{3\lambda}{4}$　　D. λ

30. 一平面简谐波在弹性媒质中传播时，某一时刻在传播方向上一质元恰好处在负的最大位移处，则它的：

A. 动能为零，势能最大
B. 动能为零，势能为零
C. 动能最大，势能最大
D. 动能最大，势能为零

31. 一声波波源相对媒质不动，发出的声波频率是 ν_0。设一观察者的运动速度为波速的 $\frac{1}{2}$，当观察者迎着波源运动时，他接收到的声波频率是：

A. $2\nu_0$　　B. $\frac{1}{2}\nu_0$　　C. ν_0　　D. $\frac{3}{2}\nu_0$

32. 在双缝干涉实验中，光的波长 600nm，双缝间距 2mm，双缝与屏的间距为 300cm，则屏上形成的干涉图样的相邻明条纹间距为：

A. 0.45mm

B. 0.9mm

C. 9mm

D. 4.5mm

33. 在双缝干涉实验中，若在两缝后(靠近屏一侧)各覆盖一块厚度均为 d，但折射率分别为 n_1 和 $n_2(n_2>n_1)$ 的透明薄片，从两缝发出的光在原来中央明纹处相遇时，光程差为：

A. $d(n_2-n_1)$　　B. $2d(n_2-n_1)$　　C. $d(n_2-1)$　　D. $d(n_1-1)$

34. 在空气中做牛顿环实验，如图所示，当平凸透镜垂直向上缓慢平移而远离平面玻璃时，可以观察到这些环状干涉条纹：

A. 向右平移　　B. 静止不动

C. 向外扩张　　D. 向中心收缩

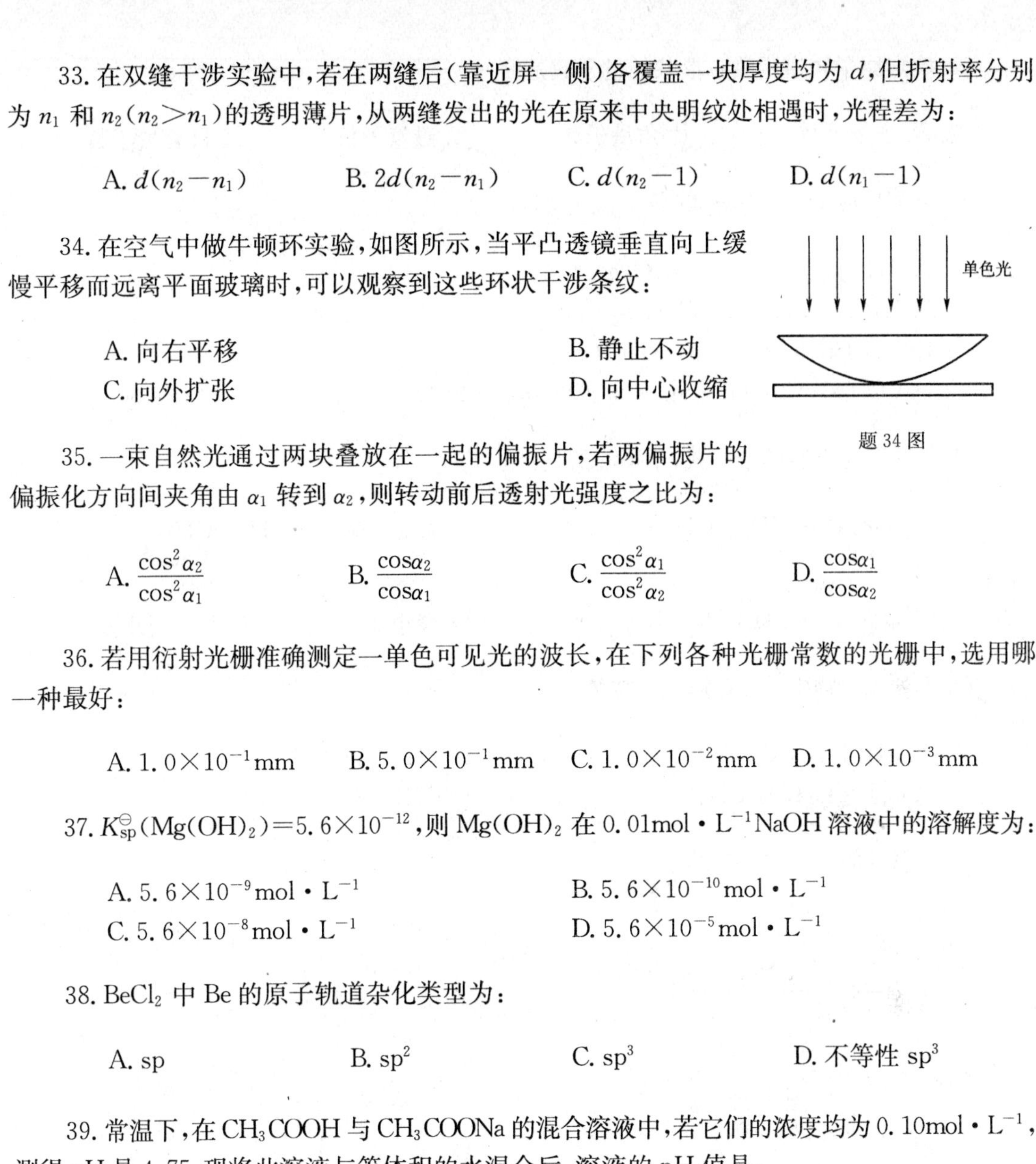

题 34 图

35. 一束自然光通过两块叠放在一起的偏振片，若两偏振片的偏振化方向间夹角由 α_1 转到 α_2，则转动前后透射光强度之比为：

A. $\frac{\cos^2\alpha_2}{\cos^2\alpha_1}$　　B. $\frac{\cos\alpha_2}{\cos\alpha_1}$　　C. $\frac{\cos^2\alpha_1}{\cos^2\alpha_2}$　　D. $\frac{\cos\alpha_1}{\cos\alpha_2}$

36. 若用衍射光栅准确测定一单色可见光的波长，在下列各种光栅常数的光栅中，选用哪一种最好：

A. 1.0×10^{-1}mm　　B. 5.0×10^{-1}mm　　C. 1.0×10^{-2}mm　　D. 1.0×10^{-3}mm

37. $K_{sp}^{\ominus}(Mg(OH)_2)=5.6\times10^{-12}$，则 $Mg(OH)_2$ 在 $0.01mol\cdot L^{-1}$ NaOH 溶液中的溶解度为：

A. $5.6\times10^{-9}mol\cdot L^{-1}$　　B. $5.6\times10^{-10}mol\cdot L^{-1}$

C. $5.6\times10^{-8}mol\cdot L^{-1}$　　D. $5.6\times10^{-5}mol\cdot L^{-1}$

38. $BeCl_2$ 中 Be 的原子轨道杂化类型为：

A. sp　　B. sp^2　　C. sp^3　　D. 不等性 sp^3

39. 常温下，在 CH_3COOH 与 CH_3COONa 的混合溶液中，若它们的浓度均为 $0.10mol\cdot L^{-1}$，测得 pH 是 4.75，现将此溶液与等体积的水混合后，溶液的 pH 值是：

A. 2.38　　B. 5.06　　C. 4.75　　D. 5.25

40. 对一个化学反应来说，下列叙述正确的是：

A. $\Delta_r G_m^{\ominus}$ 越小，反应速率越快

B. $\Delta_r H_m^{\ominus}$ 越小，反应速率越快

C. 活化能越小，反应速率越快

D. 活化能越大，反应速率越快

41. 26 号元素原子的价层电子构型为：

A. $3d^5 4s^2$　　B. $3d^6 4s^2$　　C. $3d^6$　　D. $4s^2$

42. 确定原子轨道函数 ψ 形状的量子数是：

A. 主量子数　　B. 角量子数　　C. 磁量子数　　D. 自旋量子数

43. 下列反应中 $\Delta_r S_m^{\ominus} > 0$ 的是：

A. $2H_2(g)+O_2(g)\rightarrow 2H_2O(g)$

B. $H_2(g)+3H_2(g)\rightarrow 2NH_3(g)$

C. $NH_4Cl(s)\rightarrow NH_3(g)+HCl(g)$

D. $CO_2(g)+2NaOH(aq)\rightarrow Na_2CO_3(aq)+H_2O(l)$

44. 下称各化合物的结构式，不正确的是：

A. 聚乙烯：$\mathrm{\{CH_2-CH_2\}_n}$

B. 聚氯乙烯：$\mathrm{\{CH_2-\underset{\displaystyle Cl}{\underset{|}{C}}H\}_n}$

C. 聚丙烯：$\mathrm{\{CH_2CH_2CH_2\}_n}$

D. 聚 1-丁烯：$\mathrm{\{CH_2CH(C_2H_5)\}_n}$

45. 下列化合物中，没有顺、反异构体的是：

A. $CHCl=CHCl$

B. $CH_3CH=CHCH_2Cl$

C. $CH_2=CHCH_2CH_3$

D. $CHF=CClBr$

46. 六氯苯的结构式正确的是：

A.

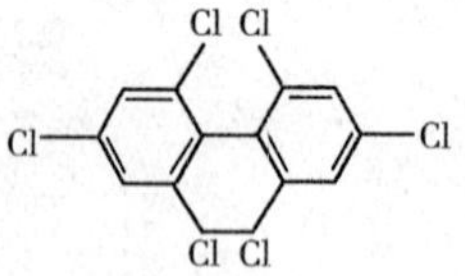

B.

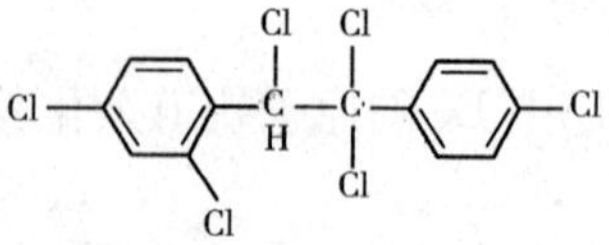

C.

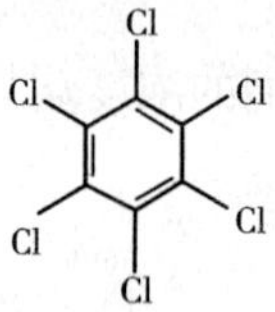

D.

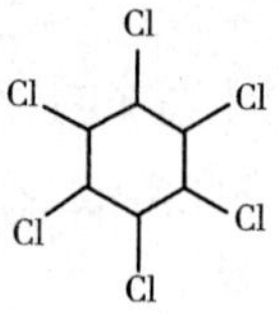

47. 将大小为 100N 的力 $\boldsymbol{F}$ 沿 x、y 方向分解，如图所示，若 $\boldsymbol{F}$ 在 x 轴上的投影为 50N，而沿 x 方向的分力的大小为 200N，则 $\boldsymbol{F}$ 在 y 轴上的投影为：

A. 0　　B. 50N　　C. 200N　　D. 100N

48. 图示等边三角形 ABC，边长 a，沿其边缘作用大小均为 F 的力，方向如图所示。则此力系简化为：

A. $F_R=0; M_A=\dfrac{\sqrt{3}}{2}Fa$

B. $F_R=0; M_A=Fa$

C. $F_R=2F; M_A=\frac{\sqrt{3}}{2}Fa$　　D. $F_R=2F; M_A=\sqrt{3}Fa$

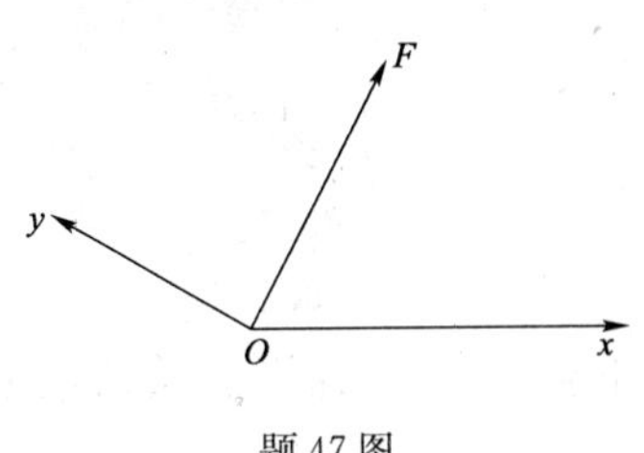

题 47 图

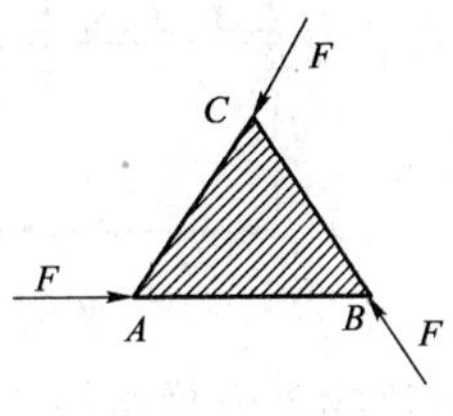

题 48 图

49. 三铰拱上作用有大小相等，转向相反的二力偶，其力偶矩大小为 M，如图所示。略去自重，则支座 A 的约束力大小为：

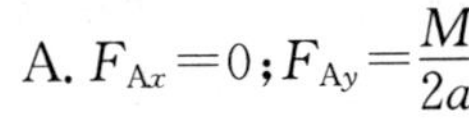
A. $F_{Ax}=0; F_{Ay}=\frac{M}{2a}$

B. $F_{Ax}=\frac{M}{2a}; F_{Ay}=0$

C. $F_{Ax}=\frac{M}{a}; F_{Ay}=0$

D. $F_{Ax}=\frac{M}{2a}; F_{Ay}=M$

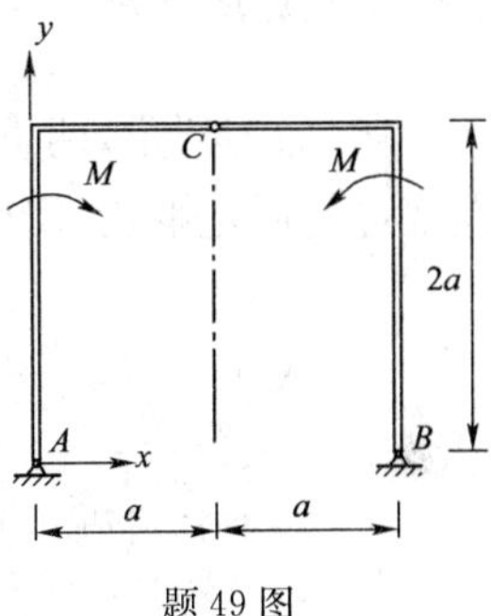

题 49 图

50. 简支梁受分布荷载作用如图所示。支座 A、B 的约束力为：

A. $F_A=0, F_B=0$　　B. $F_A=\frac{1}{2}qa\uparrow, F_B=\frac{1}{2}qa\uparrow$

C. $F_A=\frac{1}{2}qa\uparrow, F_B=\frac{1}{2}qa\downarrow$　　D. $F_A=\frac{1}{2}qa\downarrow, F_B=\frac{1}{2}qa\uparrow$

51. 已知质点沿半径为 40cm 的圆周运动，其运动规律为 $s=20t$（s 以 cm 计，t 以 s 计）。若 $t=1$s，则点的速度与加速度的大小为：

A. 20cm/s；$10\sqrt{2}$cm/s^2　　B. 20cm/s；10cm/s^2

C. 40cm/s；20cm/s^2　　D. 40cm/s；10cm/s^2

52. 已知点的运动方程为 $x=2t$，$y=t^2-t$，则其轨迹方程为：

A. $y=t^2-t$　　B. $x=2t$

C. $x^2-2x-4y=0$　　D. $x^2+2x+4y=0$

53. 直角刚杆 OAB 在图示瞬间角速度 $\omega=2$rad/s，角加速度 $\varepsilon=5$rad/s^2，若 $OA=40$cm，$AB=30$cm，则 B 点的速度大小、法向加速度的大小和切向加速度的大小为：

A. 100cm/s；200cm/s^2；250cm/s^2　　B. 80cm/s^2；160cm/s^2；200cm/s^2

C. 60cm/s^2；120cm/s^2；150cm/s^2　　D. 100cm/s^2；200cm/s^2；200cm/s^2

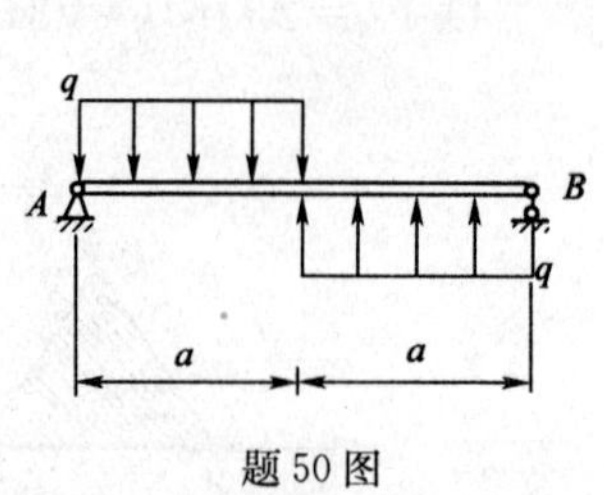

题 50 图

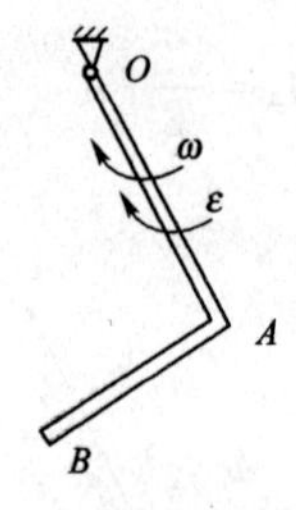

题 53 图

54. 重为 W 的货物由电梯载运下降，当电梯加速下降、匀速下降及减速下降时，货物对地板的压力分别为 R_1、R_2、R_3，它们之间的关系为：

A. $R_1=R_2=R_3$　　B. $R_1>R_2>R_3$　　C. $R_1<R_2<R_3$　　D. $R_1<R_2>R_3$

55. 如图所示，两重物 M_1 和 M_2 的质量分别为 m_1 和 m_2，两重物系在不计质量的软绳上，绳绕过匀质定滑轮，滑轮半径为 r，质量为 m，则此滑轮系统对转轴 O 之动量矩为：

A. $L_O=\left(m_1+m_2-\frac{1}{2}m\right)rv$ ↓　　B. $L_O=\left(m_1-m_2-\frac{1}{2}m\right)rv$ ↓

C. $L_O=\left(m_1+m_2+\frac{1}{2}m\right)rv$ ↓　　D. $L_O=\left(m_1+m_2+\frac{1}{2}m\right)rv$ ↑

56. 质量为 m，长为 $2l$ 的均质杆初始位于水平位置，如图所示。A 端脱落后，杆绕轴 B 转动，当杆转到铅垂位置时，AB 杆 B 处的约束力大小为：

A. $F_{Bx}=0, F_{By}=0$　　B. $F_{Bx}=0, F_{By}=\frac{mg}{4}$

C. $F_{Bx}=l, F_{By}=mg$　　D. $F_{Bx}=0, F_{By}=\frac{5mg}{2}$

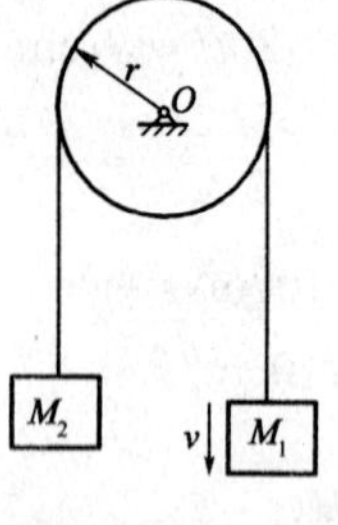

题 55 图

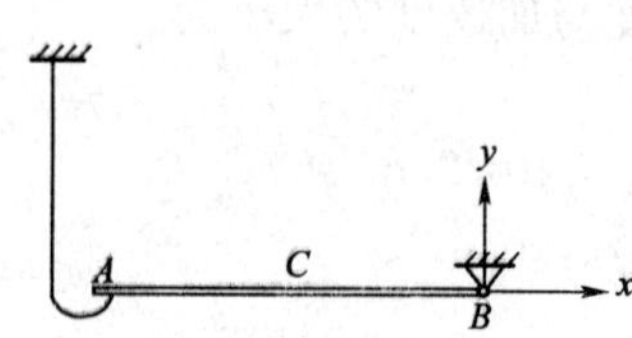

题 56 图

57. 图示均质圆轮，质量为 m，半径为 r，在铅垂图面内绕通过圆盘中心 O 的水平轴转动，角速度为 ω，角加速度为 ε，此时将圆轮的惯性力系向 O 点简化，其惯性力主矢和惯性力主矩的大小分别为：

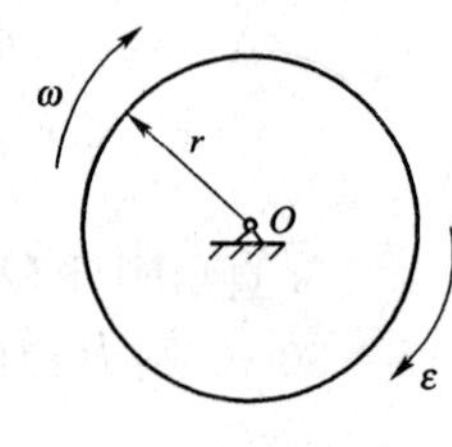

题 57 图

A. 0；0　　B. $mr\varepsilon$；$\frac{1}{2}mr^2\varepsilon$

C. 0；$\frac{1}{2}mr^2\varepsilon$　　D. 0；$\frac{1}{4}mr^2\omega^2$

58. 5 根弹簧系数均为 k 的弹簧，串联与并联时的等效弹簧刚度系数分别为：

A. $5k;\frac{k}{5}$　　B. $\frac{5}{k};5k$　　C. $\frac{k}{5};5k$　　D. $\frac{1}{5k};5k$

59. 等截面杆，轴向受力如图所示。杆的最大轴力是：

A. 8kN　　B. 5kN　　C. 3kN　　D. 13kN

60. 钢板用两个铆钉固定在支座上，铆钉直径为 d，在图示荷载下，铆钉的最大切应力是：

A. $\tau_{max}=\frac{4F}{\pi d^2}$　　B. $\tau_{max}=\frac{8F}{\pi d^2}$

C. $\tau_{max}=\frac{12F}{\pi d^2}$　　D. $\tau_{max}=\frac{2F}{\pi d^2}$

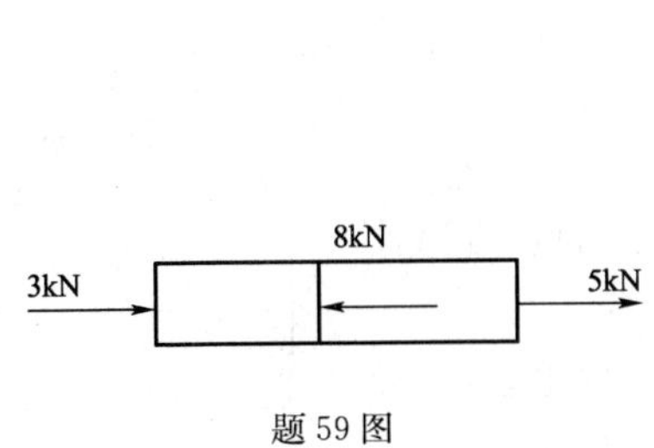

题 59 图

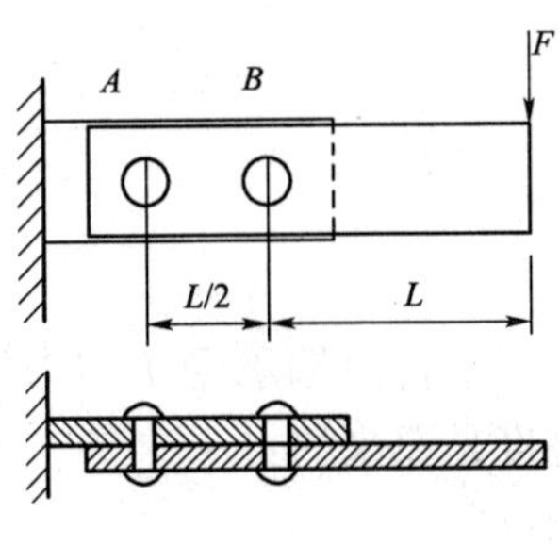

题 60 图

61. 圆轴直径为 d，剪切弹性模量为 G，在外力作用下发生扭转变形，现测得单位长度扭转角为 θ，圆轴的最大切应力是：

A. $\tau=\frac{16\theta G}{\pi d^3}$　　B. $\tau=\theta G\frac{\pi d^3}{16}$

C. $\tau=\theta Gd$　　D. $\tau=\frac{\theta Gd}{2}$

62. 直径为 d 的实心圆轴受扭，为使扭转最大切应力减小一半，圆轴的直径应改为：

A. $2d$　　B. $0.5d$　　C. $\sqrt{2}d$　　D. $\sqrt[3]{2}d$

63. 图示矩形截面对 z_1 轴的惯性矩 I_{z1} 为：

A. $I_{z1}=\frac{bh^3}{12}$　　B. $I_{z1}=\frac{bh^3}{3}$　　C. $I_{z1}=\frac{7bh^3}{6}$　　D. $I_{z1}=\frac{13bh^3}{12}$

64. 图示外伸梁，在 C、D 处作用相同的集中力 F，截面 A 的剪力和截面 C 的弯矩分别是：

A. $F_{SA}=0, M_C=0$　　B. $F_{SA}=F, M_C=FL$

C. $F_{SA}=F/2, M_C=FL/2$　　D. $F_{SA}=0, M_C=2FL$

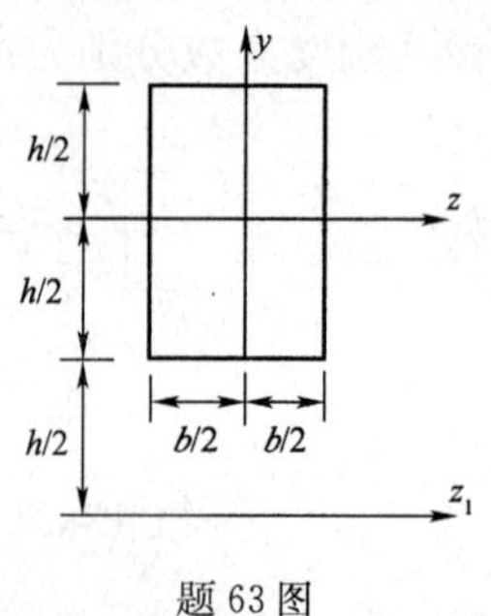

题 63 图

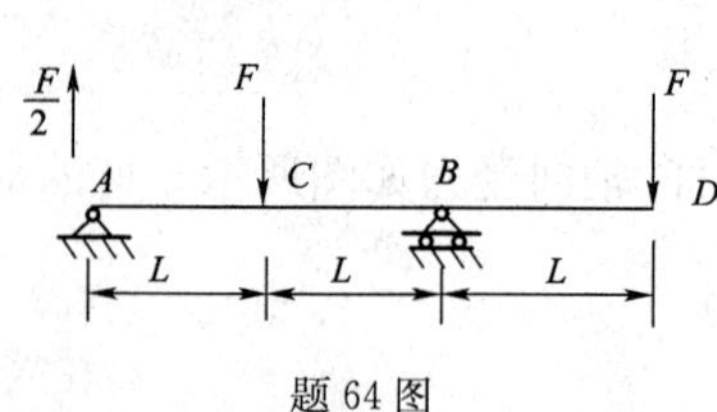

题 64 图

65. 悬臂梁 AB 由两根相同的矩形截面梁胶合而成。若胶合面全部开裂，假设开裂后两杆的弯曲变形相同，接触面之间无摩擦力，则开裂后梁的最大挠度是原来的：

A. 两者相同　　B. 2 倍　　C. 4 倍　　D. 8 倍

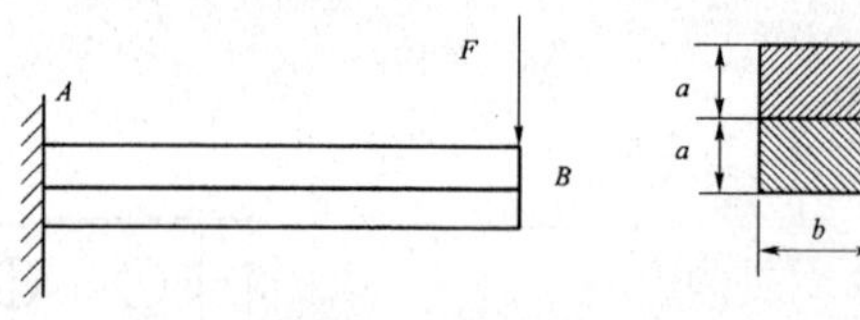

题 65 图

66. 图示悬臂梁自由端承受集中力偶 M。若梁的长度减小一半，梁的最大挠度是原来的：

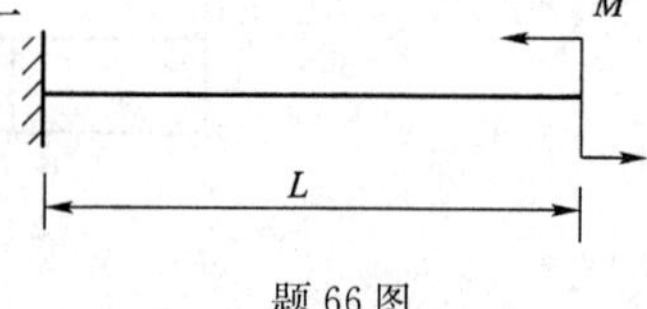

题 66 图

A. 1/2　　B. 1/4

C. 1/8　　D. 1/16

67. 在图示 4 种应力状态中，切应力值最大的应力状态是：

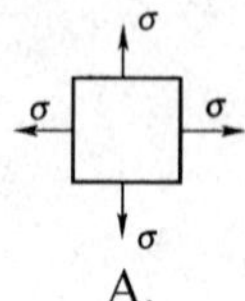

A.

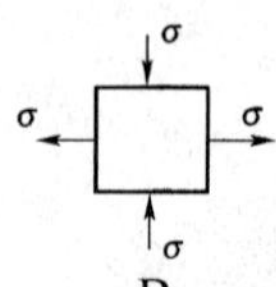

B.

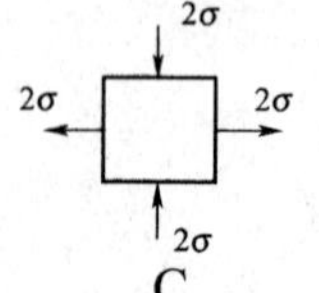

C.

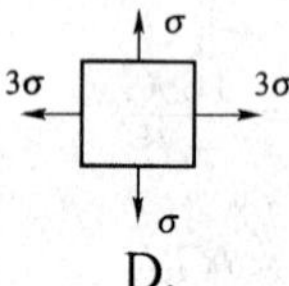

D.

题 67 图

68. 图示矩形截面杆 AB，A 端固定，B 端自由。B 端右下角处承受与轴线平行的集中力 F，杆的最大正应力是：

A. $\sigma=\dfrac{3F}{bh}$　　B. $\sigma=\dfrac{4F}{bh}$　　C. $\sigma=\dfrac{7F}{bh}$　　D. $\sigma=\dfrac{13F}{bh}$

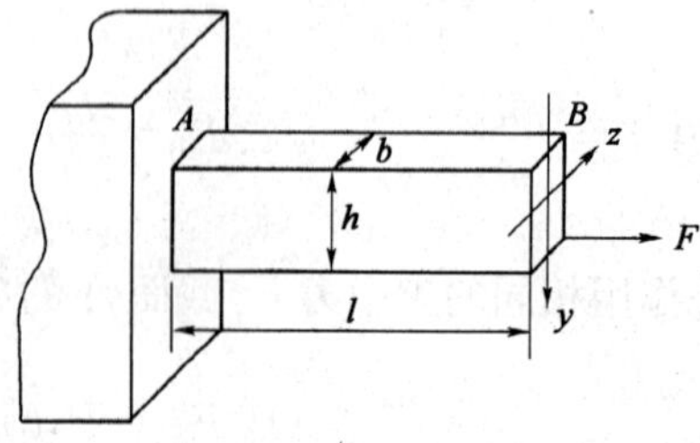

题 68 图

69. 图示圆轴固定端最上缘 A 点的单元体的应力状态是：

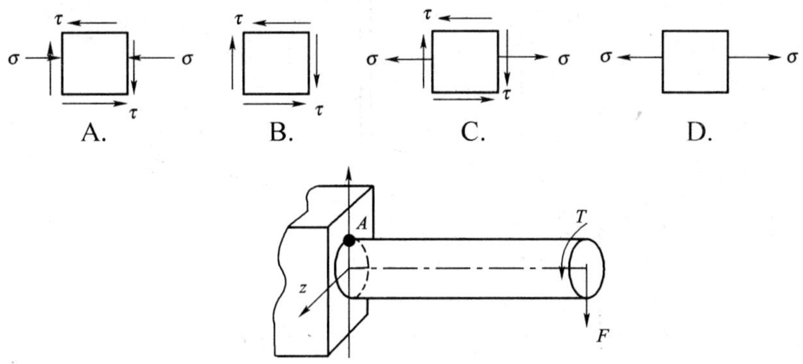

题 69 图

70. 图示三根压杆均为细长(大柔度)压杆，且弯曲刚度均为 EI。三根压杆的临界荷载 F_{cr} 的关系为：

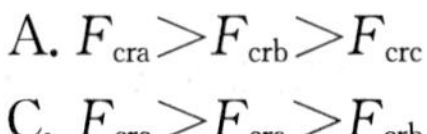

A. $F_{cra}>F_{crb}>F_{crc}$　　B. $F_{crb}>F_{cra}>F_{crc}$

C. $F_{crc}>F_{cra}>F_{crb}$　　D. $F_{crb}>F_{crc}>F_{cra}$

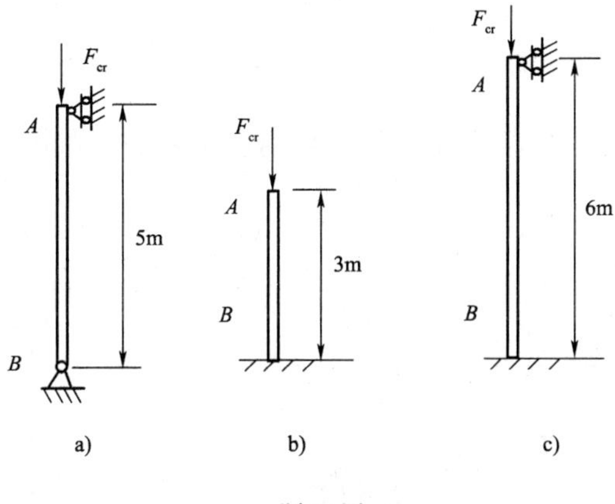

题 70 图

71. 如图，上部为气体下部为水的封闭容器装有 U 形水银测压计，其中 1、2、3 点位于同一平面上，其压强的关系为：

A. $p_1<p_2<p_3$　　B. $p_1>p_2>p_3$

C. $p_2<p_1<p_3$　　D. $p_2=p_1=p_3$

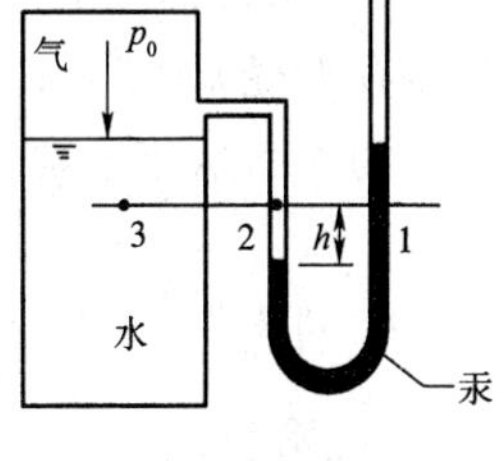

题 71 图

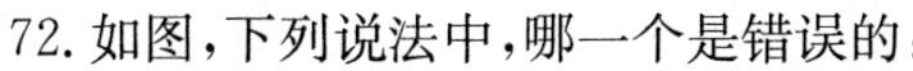

72. 如图，下列说法中，哪一个是错误的：

A. 对理想流体，该测压管水头线(H_p 线)应该沿程无变化

B. 该图是理想流体流动的水头线

C. 对理想流体，该总水头线(H_0 线)沿程无变化

D. 该图不适用于描述实际流体的水头线

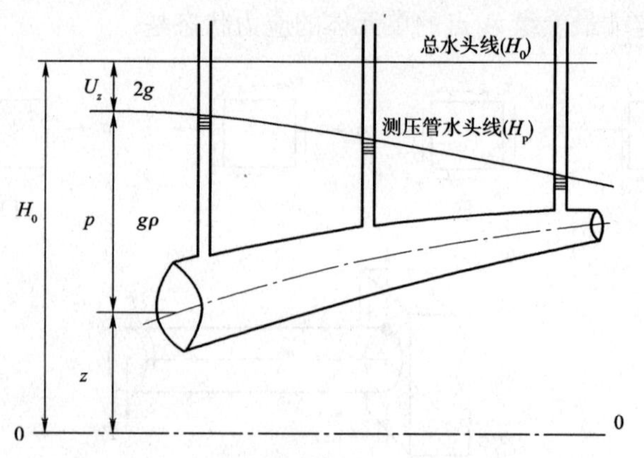

题 72 图

73. 一管径 $d=50\text{mm}$ 的水管，在水温 $t=10^\circ\text{C}$ 时，管内要保持层流的最大流速是：(10℃时水的运动黏滞系数 $\nu=1.31\times10^{-6}\text{m}^2/\text{s}$)

A. 0.21m/s　　B. 0.115m/s　　C. 0.105m/s　　D. 0.052 4m/s

74. 管道长度不变，管中流动为层流，允许的水头损失不变，当直径变为原来 2 倍时，若不计局部损失，流量将变为原来的多少倍？

A. 2　　B. 4　　C. 8　　D. 16

75. 圆柱形管嘴的长度为 l，直径为 d，管嘴作用水头为 H_0，则其正常工作条件为：

A. $l=(3\sim4)d, H_0>9\text{m}$　　B. $l=(3\sim4)d, H_0<6\text{m}$
C. $l>(7\sim8)d, H_0>9\text{m}$　　D. $l>(7\sim8)d, H_0<6\text{m}$

76. 如图所示，当阀门的开度变小时，流量将：

A. 增大　　B. 减小
C. 不变　　D. 条件不足，无法确定

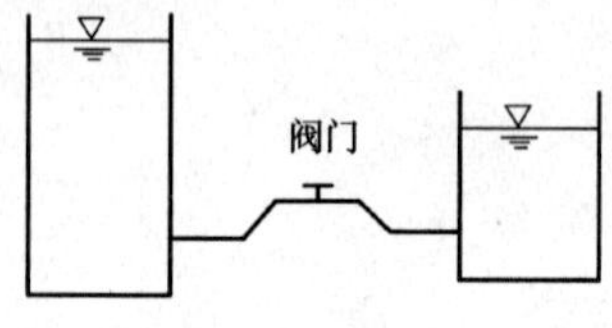

题 76 图

77. 在实验室中，根据达西定律测定某种土壤的渗透系数，将土样装在直径 $d=30\text{cm}$ 的圆筒中，在 90cm 水头差作用下，8h 的渗透水量为 100L，两测压管的距离为 40cm，该土壤的渗透系数为：

A. 0.9m/d　　B. 1.9m/d　　C. 2.9m/d　　D. 3.9m/d

78. 流体的压强 p、速度 v、密度 ρ，正确的无量纲数组合是：

A. $\frac{p}{\rho v^2}$　　B. $\frac{\rho p}{v^2}$　　C. $\frac{\rho}{p v^2}$　　D. $\frac{p}{\rho v}$

79. 在图中，线圈 a 的电阻为 R_a，线圈 b 的电阻为 R_b，两者彼此靠近如图所示，若外加激励 $u=U_M\sin\omega t$，则：

A. $i_a=\frac{u}{R_a}, i_b=0$

B. $i_a\neq\frac{u}{R_a}, i_b\neq0$

C. $i_a=\frac{u}{R_a}, i_b\neq0$

D. $i_a\neq\frac{u}{R_a}, i_b=0$

80. 图示电路中，电流源的端电压 U 等于：

A. 20V　　B. 10V　　C. 5V　　D. 0V

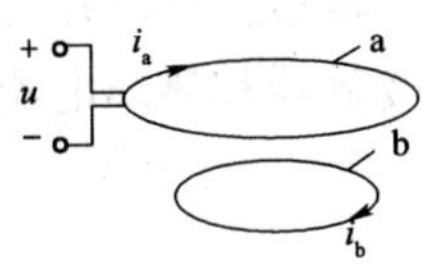

题 79 图

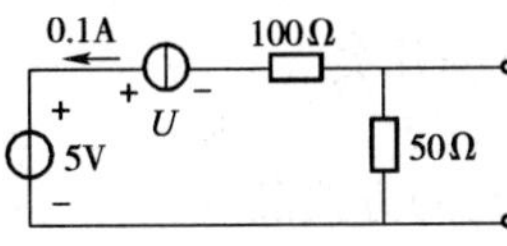

题 80 图

81. 已知电路如图所示，若使用叠加原理求解图中电流源的端电压 U，正确的方法是：

A. $U'=(R_2/\!/R_3+R_1)I_S, U''=0, U=U'$

B. $U'=(R_1+R_2)I_S, U''=0, U=U'$

C. $U'=(R_2/\!/R_3+R_1)I_S, U''=\frac{R_2}{R_2+R_3}U_S, U=U'-U''$

D. $U'=(R_2/\!/R_3+R_1)I_S, U''=\frac{R_2}{R_2+R_3}U_S, U=U'+U''$

82. 图示电路中，A_1、A_2、V_1、V_2 均为交流表，用于测量电压或电流的有效值 I_1、I_2、U_1、U_2，若 $I_1=4A$，$I_2=2A$，$U_1=10V$，则电压表 V_2 的读数应为：

A. 40V　　B. 14.14V　　C. 31.62V　　D. 20V

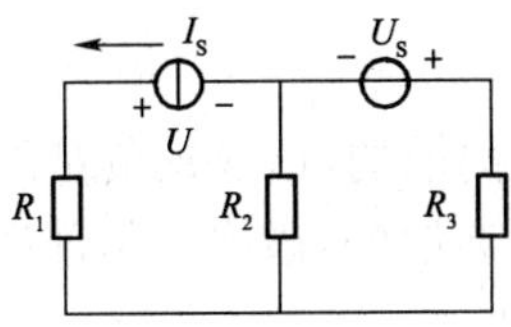

题 81 图

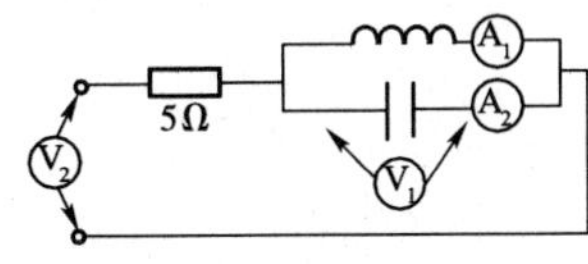

题 82 图

83. 三相五线供电机制下，单相负载 A 的外壳引出线应：

A. 保护接地　　B. 保护接种

C. 悬空　　D. 保护接 PE 线

84. 某滤波器的幅频特性波特图如图所示，该电路的传递函数为：

A. $\frac{j\omega/10}{1+j\omega/10}$

B. $\frac{j\omega/20\pi}{1+j\omega/20\pi}$

C. $\frac{j\omega/2\pi}{1+j\omega/2\pi}$

D. $\frac{1}{1+j\omega/20\pi}$

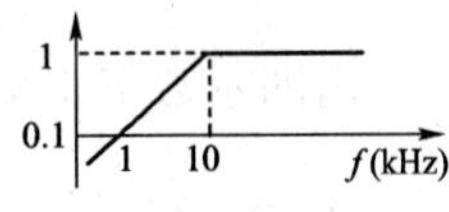

题 84 图

85. 若希望实现三相异步电动机的向上向下平滑调速，则应采用：

A. 串转子电阻调速方案　　B. 串定子电阻调速方案
C. 调频调速方案　　D. 变磁极对数调速方案

86. 在电动机的继电接触控制电路中，具有短路保护、过载保护、欠压保护和行程保护，其中，需要同时接在主电路和控制电路中的保护电器是：

A. 热继电器和行程开关　　B. 熔断器和行程开关
C. 接触器和行程开关　　D. 接触器和热继电器

87. 信息可以以编码的方式载入：

A. 数字信号之中　　B. 模拟信号之中　　C. 离散信号之中　　D. 采样保持信号之中

88. 七段显示器的各段符号如图所示，那么，字母"E"的共阴极七段显示器的显示码 abcdefg 应该是：

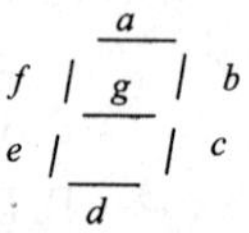

a
f g b
e c
d

题 88 图

A. 1001111　　B. 0110000
C. 10110111　　D. 10001001

89. 某电压信号随时间变化的波形图如图所示，该信号应归类于：

A. 周期信号　　B. 数字信号　　C. 离散信号　　D. 连续时间信号

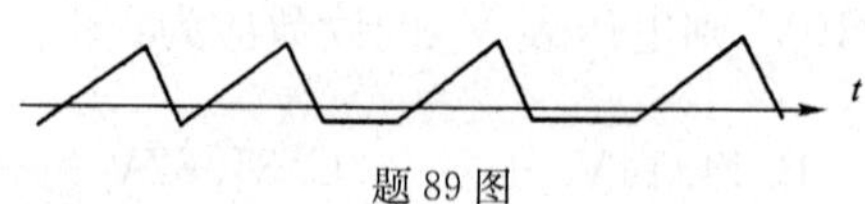

题 89 图

90. 非周期信号的幅度频谱是：

A. 连续的　　B. 离散的，谱线正负对称排列
C. 跳变的　　D. 离散的，谱线均匀排列

91. 图 a)所示电压信号波形经电路 A 变换成图 b)波形，再经电路 B 变换成图 c)波形，那么，电路 A 和电路 B 应依次选用：

A. 低通滤波器和高通滤波器
B. 高通滤波器和低通滤波器
C. 低通滤波器和带通滤波器
D. 高通滤波器和带通滤波器

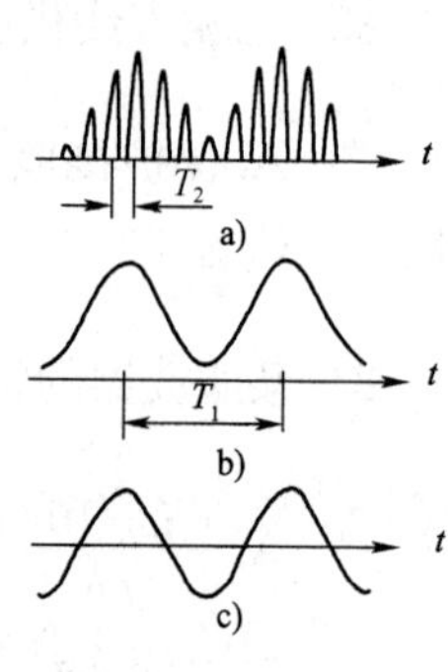

题 91 图

92. 由图示数字逻辑信号的波形可知，三者的函数关系是：

A. $F=\overline{AB}$　　B. $F=\overline{A+B}$
C. $F=AB+\overline{A}\,\overline{B}$　　D. $F=\overline{AB}+A\overline{B}$

93. 某晶体管放大电路的空载放大倍数 $A_k=-80$、输入电阻 $r_i=1k\Omega$ 和输出电阻 $r_o=3k\Omega$，将信号源（$u_S=10\sin\omega t$ mV，$R_S=1k\Omega$）和负载（$R_L=5k\Omega$）接于该放大电路之后（见图），负载电压 u_o 将为：

A. $-0.8\sin\omega t$ V　　B. $-0.5\sin\omega t$ V　　C. $-0.4\sin\omega t$ V　　D. $-0.25\sin\omega t$ V

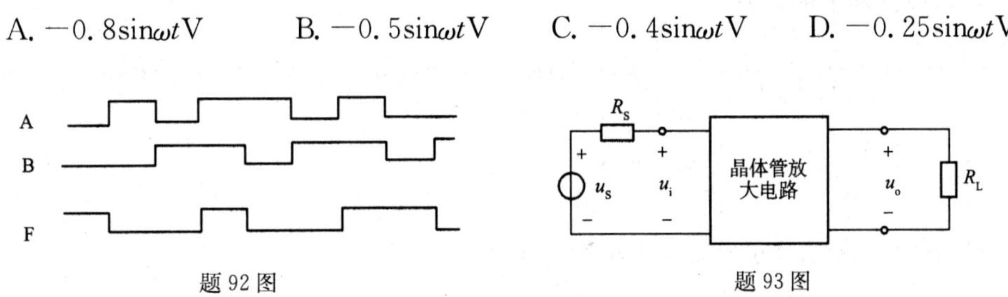

题 92 图　　题 93 图

94. 将运算放大器直接用于两信号的比较，如图 a）所示，其中，$u_a=-1$V，u_a 的波形由图 b）给出，则输出电压 u_o 等于：

A. u_a　　B. $-u_a$　　C. 正的饱和值　　D. 负的饱和值

95. D 触发器的应用电路如图所示，设输出 Q 的初值为 0，那么，在时钟脉冲 cp 的作用下，输出 Q 为：

A. 1　　B. cp

C. 脉冲信号，频率为时钟脉冲频率的 1/2　　D. 0

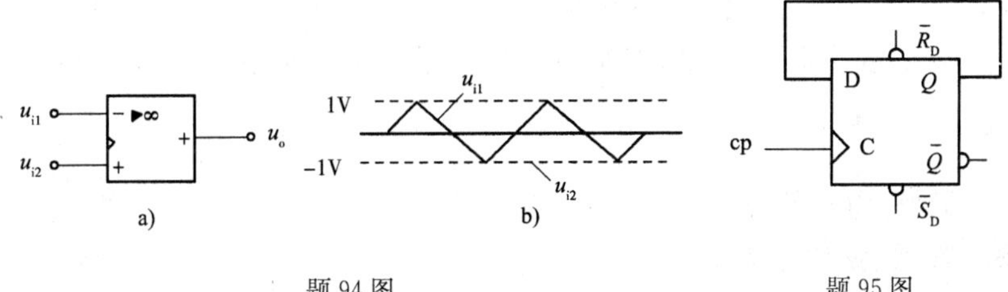

题 94 图　　题 95 图

96. 由 JK 触发器组成的应用电器如图所示，设触发器的初值都为 0，经分析可知是一个：

A. 同步二进制加法计算器　　B. 同步四进制加法计算器

C. 同步三进制加法计算器　　D. 同步三进制减法计算器

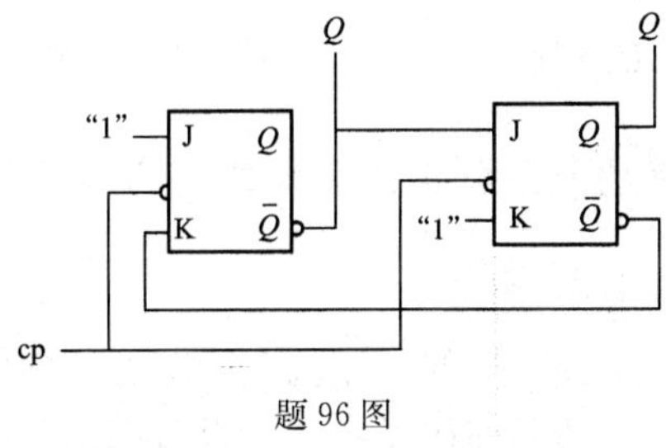

题 96 图

97. 总线能为多个部件服务，它可分时地发送与接收各部件的信息。所以，可以把总线看成是：

A. 一组公共信息传输线路
B. 微机系统的控制信息传输线路
C. 操作系统和计算机硬件之间的控制线
D. 输入/输出的控制线

98. 计算机内的数字信息、文字信息、图像信息、视频信息、音频信息等所有信息，都是用：

A. 不同位数的八进制数来表示的
B. 不同位数的十进制数来表示的
C. 不同位数的二进制数来表示的
D. 不同位数的十六进制数来表示的

99. 将二进制小数 0.101 010 1111 转换成相应的八进制数，其正确结果是：

A. 0.253 6　　B. 0.527 4　　C. 0.523 6　　D. 0.528 1

100. 影响计算机图像质量的主要参数有：

A. 颜色深度、显示器质量、存储器大小
B. 分辨率、颜色深度、存储空间大小
C. 分辨率、存储器大小、图像加工处理工艺
D. 分辨率、颜色深度、图像文件的尺寸

101. 数字签名是最普遍、技术最成熟、可操作性最强的一种电子签名技术，当前已得到实际应用的是在：

A. 电子商务、电子政务中
B. 票务管理、股票交易中
C. 股票交易、电子政务中
D. 电子商务、票务管理中

102. 在 Windows 中，对存储器采用分段存储管理时，每一个存储器段可以小至 1 个字节，大至：

A. 4K 字节　　B. 16K 字节　　C. 4G 字节　　D. 128M 字节

103. Windows 的设备管理功能部分支持即插即用功能，下面四条后续说明中有错误的一条是：

A. 这意味着当将某个设备连接到计算机上后即可立刻使用
B. Windows 自动安装有即插即用设备及其设备驱动程序
C. 无需在系统中重新配置该设备或安装相应软件
D. 无需在系统中重新配置该设备但需安装相应软件才可立刻使用

104. 信息化社会是信息革命的产物，它包含多种信息技术的综合应用。构成信息化社会的三个主要技术支柱是：

A. 计算机技术、信息技术、网络技术
B. 计算机技术、通信技术、网络技术
C. 存储器技术、航空航天技术、网络技术
D. 半导体工艺技术、网络技术、信息加工处理技术

105. 网络软件是实现网络功能不可缺少的软件环境。网络软件主要包括：

A. 网络协议和网络操作系统
B. 网络互联设备和网络协议
C. 网络协议和计算机系统
D. 网络操作系统和传输介质

106. 因特网是一个联结了无数个小网而形成的大网，也就是说：

A. 因特网是一个城域网
B. 因特网是一个网际网
C. 因特网是一个局域网
D. 因特网是一个广域网

107. 某公司拟向银行贷款 100 万元，贷款期为 3 年，甲银行的贷款利率为 6%（按季计息），乙银行的贷款利率为 7%，该公司向哪家银行贷款付出的利息较少：

A. 甲银行　　B. 乙银行　　C. 两家银行的利息相等　　D. 不能确定

108. 关于总成本费用的计算公式，下列正确的是：

A. 总成本费用＝生产成本＋期间费用
B. 总成本费用＝外购原材料、燃料和动力费＋工资及福利费＋折旧费
C. 总成本费用＝外购原材料、燃料和动力费＋工资及福利费＋折旧费＋摊销费
D. 总成本费用＝外购原材料、燃料和动力费＋工资及福利费＋折旧费＋摊销费＋修理费

109. 关于准股本资金的下列说法中，正确的是：

A. 准股本资金具有资本金性质，不具有债务资金性质
B. 准股本资金主要包括优先股股票和可转换债券
C. 优先股股票在项目评价中应视为项目债务资金
D. 可转换债券在项目评价中应视为项目资本金

110. 某项目建设工期为两年，第一年投资 200 万元，第二年投资 300 万元，投产后每年净现金流量为 150 万元，项目计算期为 10 年，基准收益率 10%，则此项目的财务净现值为：

A. 331.97 万元　　B. 188.63 万元　　C. 171.18 万元　　D. 231.60 万元

111. 可外贸货物的投入或产出的影子价格应根据口岸价格计算，下列公式正确的是：

A. 出口产出的影子价格（出厂价）＝离岸价（FOB）×影子汇率＋出口费用
B. 出口产出的影子价格（出厂价）＝到岸价（CIF）×影子汇率－出口费用
C. 进口投入的影子价格（到厂价）＝到岸价（CIF）×影子汇率＋进口费用
D. 进口投入的影子价格（到厂价）＝离岸价（FOB）×影子汇率－进口费用

112. 关于盈亏平衡点的下列说法中，错误的是：

A. 盈亏平衡点是项目的盈利与亏损的转折点
B. 盈亏平衡点上，销售（营业、服务）收入等于总成本费用
C. 盈亏平衡点越低，表明项目抗风险能力越弱
D. 盈亏平衡分析只用于财务分析

113. 属于改扩建项目经济评价中使用的五种数据之一的是：

A. 资产　　B. 资源　　C. 效益　　D. 增量

114. ABC 分类法中，部件数量占 60%～80%、成本占 5%～10%的为：

A. A 类　　B. B 类　　C. C 类　　D. 以上都不对

115. 根据《安全生产法》的规定，生产经营单位使用的涉及生命安全、危险性较大的特种设备，以及危险物品的容器、运输工具，必须按照国家有关规定，由专业生产单位生产，并经取得专业资质的检测，检验机构检测、检验合格，取得：

A. 安全使用证和安全标志，方可投入使用
B. 安全使用证或安全标志，方可投入使用
C. 生产许可证和安全使用证，方可投入使用
D. 生产许可证或安全使用证，方可投入使用

116. 根据《招标投标法》的规定，招标人和中标人按照招标文件和中标人的投标文件，订立书面合同的时间要求是：

A. 自中标通知书发出之日起 15 日内
B. 自中标通知书发出之日起 30 日内
C. 自中标单位收到中标通知书之日起 15 日内
D. 自中标单位收到中标通知书之日起 30 日内

117. 根据《行政许可法》的规定，下列可以不设行政许可事项的是：

A. 有限自然资源开发利用等需要赋予特定权利的事项
B. 提供公众服务等需要确定资质的事项

C. 企业或者其他组织的设立等，需要确定主体资格的事项

D. 行政机关采用事后监督等其他行政管理方式能够解决的事项

118. 根据《节约能源法》的规定，对固定资产投资项目国家实行：

A. 节能目标责任制和节能考核评价制度

B. 节能审查和监管制度

C. 节能评估和审查制度

D. 能源统计制度

119. 按照《建设工程质量管理条例》规定，施工人员对涉及结构安全的试块、试件以及有关材料进行现场取样时应当：

A. 在设计单位监督现场取样

B. 在监督单位或监理单位监督下现场取样

C. 在施工单位质量管理人员监督下现场取样

D. 在建设单位或监理单位监督下现场取样

120. 按照《建设工程安全生产管理条例》规定，工程监理单位在实施监理过程中，发现存在安全事故隐患的，应当要求施工单位整改；情况严重的，应当要求施工单位暂时停止施工，并及时报告：

A. 施工单位　　B. 监理单位　　C. 有关主管部门　　D. 建设单位

2010年度全国勘察设计注册工程师公共基础考试

试题解析及参考答案

1. **解**　把直线的参数方程化成点向式方程，得到$\frac{x-1}{1}=\frac{y+2}{2}=\frac{z-3}{-3}$

则直线L的方向向量取$\vec{s}=\{1,2,-3\}$或$\vec{s}=\{-1,-2,3\}$均可。

答案:D

2. **解**　将右边式子移到左边，$\alpha\times\beta-\alpha\times\gamma=0$，变形得$\alpha\times(\beta-\gamma)=0$，则$\alpha /\!/ (\beta-\gamma)$。

答案:C

3. **解**　用奇偶函数定义判定。有$f(-x)=-f(x)$成立，$f(-x)=\frac{e^{-3x}-1}{e^{-3x}+1}=\frac{1-e^{3x}}{1+e^{3x}}$ $=-\frac{e^{3x}-1}{e^{3x}+1}=-f(x)$确定为奇函数。另外，通过函数的定义域$(-\infty,+\infty)$，确定值域为$(-1,1)$。

答案:C

4. **解**　可依据题目给定的条件“单调、有界”来确定。

答案:B

5. **解**　根据给出的条件可知，函数在$x=1$可导，其在$x=1$必连续。则$\lim\limits_{x\to1^+}f(x)=\lim\limits_{x\to1^-}f(x)=f(1)$成立，得到$a+b=1$。

再通过在$x=1$可导，有$f'_+(1)=f'_-(1)$成立。利用$f(x)$在$x=1$左右导定义，计算出$f'_-(1)=1,f'_+(1)=a$，最后得到$a=-1,b=2$。

答案:B

6. **解**　分析题目给出的解法A、B、D均不正确。

正确的解法为C选项，原式$=\lim\limits_{x\to0}\frac{x}{\sin x}x\sin\frac{1}{x}=1\times0=0$。

答案:C

7. **解**　利用多元函数极值存在的充分条件确定。

①由$\begin{cases}\frac{\partial z}{\partial x}=0\\ \frac{\partial z}{\partial y}=0\end{cases}$求出驻点$(3,1),(3,-1),(-1,1),(-1,-1)$。

②求出$\frac{\partial^2 z}{\partial x^2},\frac{\partial^2 z}{\partial x\partial y},\frac{\partial^2 z}{\partial y^2}$分别代入每一驻点，得到$A,B,C$的值。

当$AC-B^2>0$取得极点，再由$A>0$取得极小值，$A<0$取得极大值。

答案:A

8.**解**　利用原函数的定义求出 $f(x)=-2e^{-2x}$,$f'(x)=4e^{-2x}$,$f''(x)=-8e^{-2x}$,将 $f''(x)$ 代入积分即可。

答案:D

9.**解**　对于此不定积分,可采用分部积分方法计算 $\int u\mathrm{d}v=uv-\int v\mathrm{d}u$,即 $\int xe^{-2x}\mathrm{d}x=-\frac{1}{2}\int x\mathrm{d}e^{-2x}$ $=-\frac{1}{2}\left(xe^{-2x}-\int e^{-2x}\mathrm{d}x\right)=-\frac{1}{2}\left[xe^{-2x}+\frac{1}{2}\int_{e}^{-2x}\mathrm{d}(-2x)\right]=-\frac{1}{2}\left(xe^{-2x}+\frac{1}{2}e^{-2x}\right)+C=-\frac{1}{4}(2x+1)e^{-2x}+C$。

答案:A

10.**解**　利用广义积分的方法计算。选项 B 的计算如下:

因 $\lim\limits_{x\to 2^-}\frac{1}{\sqrt{2-x}}=+\infty$,知 $x=2$ 为无穷不连续点,$\int_0^2\frac{1}{\sqrt{2-x}}\mathrm{d}x=-\int_0^2(2-x)^{-\frac{1}{2}}\mathrm{d}(2-x)$ $=-2(2-x)^{\frac{1}{2}}\Big|_0^2=2\sqrt{2}$。

答案:B

11.**解**　由题目给出的条件知,围成的图形为 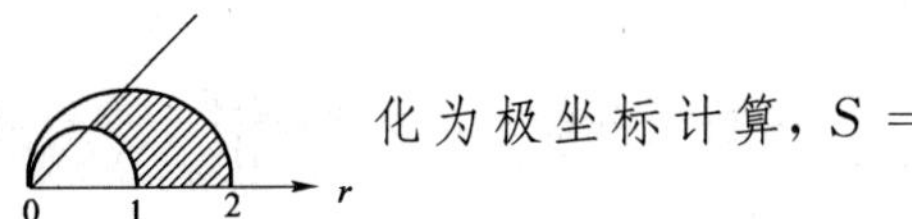

化为极坐标计算,$S=\iint\limits_D 1\mathrm{d}x\mathrm{d}y$,面积元素 $\mathrm{d}x\mathrm{d}y=r\mathrm{d}r\mathrm{d}\theta$。具体计算如下。

$D:\begin{cases}0\leqslant\theta\leqslant\frac{\pi}{4}\\ \cos\theta\leqslant r\leqslant 2\cos\theta\end{cases}$,$S=\int_0^{\frac{\pi}{4}}\mathrm{d}\theta\int_{\cos\theta}^{2\cos\theta}r\,\mathrm{d}r=\int_0^{\frac{\pi}{4}}\left(\frac{1}{2}r^2\right)\Big|_{\cos\theta}^{2\cos\theta}\mathrm{d}\theta=\frac{1}{2}\int_0^{\frac{\pi}{4}}(4\cos^2\theta-\cos^2\theta)\mathrm{d}\theta=$ $\frac{3}{2}\int_0^{\frac{\pi}{4}}\cos^2\theta\mathrm{d}\theta=\frac{3}{2}\int_0^{\frac{\pi}{4}}\frac{1+\cos 2\theta}{2}\mathrm{d}\theta=\frac{3}{16}(\pi+2)$。

答案:C

12.**解**　图形为 ,利用柱面坐标计算,已知条件如下。

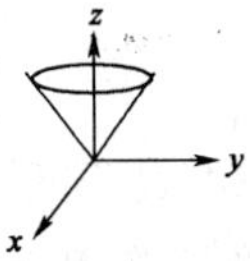

$D_{xy}:x^2+y^2\leqslant 1$,$\Omega:\begin{cases}r\leqslant z\leqslant 1\\ 0\leqslant r\leqslant 1\\ 0\leqslant\theta\leqslant 2\pi\end{cases}$,$\mathrm{d}V=r\mathrm{d}r\mathrm{d}\theta\mathrm{d}z$

则 $V=\iiint\limits_{\Omega}z\mathrm{d}V=\iiint\limits_{\Omega}zr\mathrm{d}r\mathrm{d}\theta\mathrm{d}z$,再化为柱面坐标系下的三次积分。先对 z 积,再对 r 积,最后对 θ 积分。

答案:B

13. **解** 利用交错级数收敛法可判定选项B的级数收敛，利用正项级数比值法可判定选项C的级数收敛，利用等比级数收敛性的结论知选项级数D的级数收敛，故发散的是选项A的级数。或直接通过正项级数比较法的极限形式判定，$\lim\limits_{n\to\infty}\frac{U_n}{V_n}=\lim\limits_{n\to\infty}\frac{\frac{1}{\sqrt{n+1}}}{\frac{1}{n}}=\lim\limits_{n\to\infty}\frac{n}{\sqrt{n+1}}=\infty$，因级数$\sum\limits_{n=\infty}^{\infty}\frac{1}{n}$发散，故$\sum\limits_{n=1}^{\infty}\frac{1}{\sqrt{n+1}}$发散。

答案：A

14. **解** 设$x-1=t$，级数化为$\sum\limits_{n=1}^{\infty}\frac{t^n}{3^n n}$，求级数的收敛半径。因$\lim\limits_{n\to\infty}\left|\frac{a_{n+1}}{a_n}\right|=\frac{1}{3}$，则$R=\frac{1}{\rho}=3$，即$|t|<3$收敛。再判定$t=3$，$t=-3$时的敛散性，知$t=3$时发散，$t=-3$时收敛，代回，最后得$-2\leqslant x<4$。

答案：A

15. **解** 写出微分方程对应的特征方程$r^2+2=0$，$r^2=-2$，$r=\pm\sqrt{2}i$，即$\alpha=0$，$\beta=\sqrt{2}$，写出通解。

答案：D

16. **解** 将微分方程化成$\frac{\mathrm{d}x}{\mathrm{d}y}+\frac{1}{y}x=1$，方程为一阶线性方程。其中$P(y)=\frac{1}{y}$，$Q(y)=1$，代入求通解公式$x=e^{-\int f(y)\mathrm{d}y}\left[\int\theta(y)e^{\int f(y)\mathrm{d}y}\mathrm{d}y+C\right]$计算，或将方程化为齐次方程$\frac{\mathrm{d}y}{\mathrm{d}x}=-\frac{\frac{y}{x}}{1-\frac{y}{x}}$计算。

答案：A

17. **解** ①将分块矩阵变形为$\begin{vmatrix}A & 0\\ & \cdots & \\0 & B\end{vmatrix}$的形式。

②利用分块矩阵计算公式$\begin{vmatrix}A & 0\\0 & B\end{vmatrix}=|A|\cdot|B|$。

将矩阵$\boldsymbol{B}$的第一行与矩阵$\boldsymbol{A}$的行互换，换的方法是从矩阵$\boldsymbol{A}$最下面一行开始换，逐行往上换，换到第一行一共换了m次，行列式更换符号$(-1)^m$。再将矩阵$\boldsymbol{B}$的第二行与矩阵$\boldsymbol{A}$的各行互换，换到第二行，又更换符号为$(-1)^m$，……，最后再将矩阵$\boldsymbol{B}$的最后一行与矩阵$\boldsymbol{A}$的各行互换到矩阵的第n行位置，这样原矩阵$\begin{vmatrix}0 & A\\B & 0\end{vmatrix}=\underbrace{(-1)^m\cdot(-1)^m\cdots(-1)^m}_{n\text{个}}\begin{vmatrix}B & 0\\0 & A\end{vmatrix}=(-1)^{m\cdot n}\begin{vmatrix}B & 0\\0 & A\end{vmatrix}=(-1)^{mn}|B||A|=(-1)^{mn}|A||B|$。

答案：D

18. **解** 由题目给出的运算写出行列式，验证还原到原行列式时应用哪一种运算方法。

答案：A

19. **解** 通过矩阵的特征值、特征向量的定义判定。只要满足式子 $\boldsymbol{A}\boldsymbol{x}=\lambda\boldsymbol{x}$，向量 $\boldsymbol{x}$ 即为矩阵 $\boldsymbol{A}$ 对应特征值 λ 的特征向量。

再利用题目给出的条件：

$$\boldsymbol{\alpha}^{\mathrm{T}}\boldsymbol{\beta}=3 \quad ①$$

$$\boldsymbol{A}=\boldsymbol{\beta}\boldsymbol{\alpha}^{\mathrm{T}} \quad ②$$

将等式②两边均乘 $\boldsymbol{\beta}$，得 $\boldsymbol{A}\cdot\boldsymbol{\beta}=\boldsymbol{\beta}\boldsymbol{\alpha}^{\mathrm{T}}\cdot\boldsymbol{\beta}$，变形 $\boldsymbol{A}\boldsymbol{\beta}=\boldsymbol{\beta}(\boldsymbol{\alpha}^{\mathrm{T}}\boldsymbol{\beta})$，代入式①得 $\boldsymbol{A}\boldsymbol{\beta}=\boldsymbol{\beta}\cdot 3$，故 $\boldsymbol{A}\boldsymbol{\beta}=3\cdot\boldsymbol{\beta}$ 成立。

答案：C

20. **解** 齐次线性方程组，当变量的个数与方程的个数相同时，方程组有非零解的充要条件是系数行列式为零。即

$$\begin{vmatrix}1 & -k & 0\\ k & -5 & 1\\ 1 & 1 & 1\end{vmatrix}=0\text{，变形}\begin{vmatrix}1 & -k & 0\\ k & -5 & 1\\ 1 & 1 & 1\end{vmatrix}\xlongequal{(-1)r_2+r_3}\begin{vmatrix}1 & -k & 0\\ k & -5 & 1\\ 1-k & 6 & 0\end{vmatrix}=-[6-(-k)(1-k)]$$

$$=-(6+k-k^2)=0,\ k^2-k-6=0$$

解得 $k_1=3$，$k_2=-2$。

答案：A

21. **解** $B(A\cup\overline{B})=AB$，若 A，B 相互独立，则 A，$\overline{B}$ 相互独立。$P(B|A\cup\overline{B})=\dfrac{P(AB)}{P(A\cup\overline{B})}=\dfrac{P(A)P(B)}{P(A)+P(\overline{B})-P(A)P(\overline{B})}$。

答案：D

22. **解** 每次把一个球放入杯中，放入的方法总数 $n=4\times4\times4$；“最大个数为 2”的放入方法总数 $m=4\times(1\times3+3\times2)$。注意第 2 个球可放在已有 1 个球的杯中，还有 3 个空杯子，或放在 3 个空杯中(有 2 个杯子各有 1 个球)。

答案：C

23. **解** $P(0\leqslant x\leqslant 3)=\int_0^3 f(x)\mathrm{d}x=\int_1^3\dfrac{1}{x^2}\mathrm{d}x$。

答案：B

24. **解** $(X,Y)\sim N(0,0,1,1,0)$，$X\sim N(0,1)$，$Y\sim N(0,1)$，$E(X^2+Y^2)=E(X^2)+E(Y^2)$，$E(X^2)=D(X)+(E(X))^2$。

答案：A

25. **解** 由 $E_{内}=\dfrac{m}{M}\dfrac{i}{2}RT$，又 $pV=\dfrac{m}{M}RT$，$E_{内}=\dfrac{i}{2}pV$，对双原子分子 $i=5$。

答案:B

26.解　$p=\frac{2}{3}n\bar{\varepsilon}_{平动}=\frac{2}{3}n\left(\frac{1}{2}m\overline{v^2}\right)=\frac{1}{3}nm\overline{v^2}$。

答案:C

27.解　单一等温膨胀过程并非循环过程,可以做到从外界吸收的热量全部用来对外做功,既不违反热力学第一定律也不违反热力学第二定律。

答案:C

28.解　对于给定的理想气体,内能的增量只与系统的起始和终了状态有关,与系统所经历的过程无关。

内能增量 $\Delta E=\frac{M}{\mu}\frac{i}{2}R(T_2-T_1)=\frac{M}{\mu}\frac{i}{2}R\Delta T$,若 $T_2=T_1$,则 $\Delta E=0$,气体内能保持不变。

答案:D

29.解　波腹的位置由公式 $x_{腹}=k\frac{\lambda}{2}$(k 为整数)决定。相邻两波腹之间距离即 $\Delta x=x_{k+1}-x_k=(k+1)\frac{\lambda}{2}-k\frac{\lambda}{2}=\frac{\lambda}{2}$。

答案:A

30.解　质元在最大位移处,速度为零,"形变"为零,故质元的动能为零,势能也为零。

答案:B

31.解　按多普勒效应公式 $\nu=\frac{u+v_0}{u}\nu_0$,今 $v_0=\frac{u}{2}$,故 $\nu=\frac{u+\frac{u}{2}}{u}\nu_0=\frac{3}{2}\nu_0$。

答案:D

32.解　条纹间距 $\Delta x=\frac{D}{d}\lambda$,$1\text{nm}=10^{-9}\text{m}$。

答案:B

33.解　如图所示光程差 $\delta=n_2d+r_2-d-(n_1d+r_1-d)$,注意到 $r_1=r_2$,$\delta=(n_2-n_1)d$。

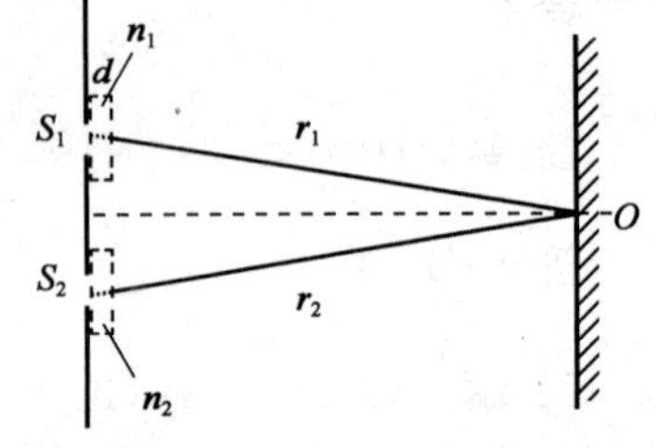

题33解图

答案:A

34.解　牛顿环属超纲题(超出大纲范围)。

答案:D

35.解　转动前 $I_1=I_0\cos^2\alpha_1$,转动后 $I_2=I_0\cos^2\alpha_2$,$\frac{I_1}{I_2}=\frac{\cos^2\alpha_1}{\cos^2\alpha_2}$。

答案:C

36. **解** 光栅常数越小,分辨率越高。

答案:D

37. **解** $Mg(OH)_2$ 的溶解度为 s,则 $K_{SP}=s(0.01+2s^2)$,因 s 很小,$0.01+2s\approx0.01$,则 $5.6\times10^{-12}=s\times0.01^2$,$s=5.6\times10^{-8}$。

答案:C

38. **解** 根据价电子对互斥理论:$BeCl_2$ 的价电子对数 $x=\frac{1}{2}$(Be 的价电子数+两个 Cl 提供的价电子数)$=\frac{1}{2}\times(2+2)=2$。$BeCl_2$ 分子中,Be 原子形成了两 Be-Clσ 键,价电子对数等于 σ 键数,所以两个 Be-Cl 夹角为 180°,$BeCl_2$ 为直线型分子。所以 Be 为 sp 杂化。

答案:A

39. **解** 醋酸和醋酸钠组成缓冲溶液,醋酸和醋酸钠的浓度相等,与等体积水稀释后,醋酸和醋酸钠的浓度仍然相等。缓冲溶液的 $pH=pK_a-\lg\frac{C_{酸}}{C_{盐}}$,溶液稀释 pH 不变。

答案:C

40. **解** 由阿仑尼乌斯公式 $k=Ze^{\frac{-\varepsilon}{RT}}$ 可知:温度一定时,活化能越小,速率常数就越大,反应速率也越大。

答案:C

41. **解** 26 号元素为 Fe 元素,为副族元素。根据原子核外电子排布规律,其价电子构型为 $3d^64s^2$。

答案:B

42. **解** 主量子数确定原子轨道离原子核的远近,角量子数确定原子轨道的形状,磁量子数确定原子轨道的空间伸展方向。

答案:B

43. **解** 气体分子数增加的反应熵变大于零。

答案:C

44. **解** 聚丙烯的结构式为 $\left[CH_2-\underset{\displaystyle CH_3}{\underset{|}{CH}}\right]_n$ 。

答案:C

45. **解** 烯烃双键两边均具有不同基团时,才有顺反异构体。

答案:C

46. **解**　苯环上六个氢被氯取代为六氯苯。

答案:C

47. **解**　如解图,根据力的投影公式,$F_x = F\cos\alpha$,故 $\alpha = 60°$。而分力 $\boldsymbol{F}_x$ 的大小是力 $\boldsymbol{F}$ 大小的 2 倍,故力 $\boldsymbol{F}$ 与 y 轴垂直。

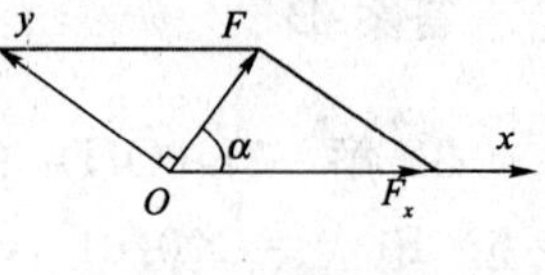

题 47 解图

答案:A

48. **解**　将力系向 A 点简化。

答案:A

49. **解**　根据受力分析,A、B、C 处的约束力均为水平方向,分别考虑 AC、BC 的平衡,采用力偶的平衡方程即可。

答案:B

50. **解**　均布力组成了力偶矩为 qa^2 的逆时针转向力偶。A、B 处的约束力沿铅垂方向组成顺时针转向力偶。

答案:C

51. **解**　点的速度、切向加速度和法向加速度分别为:$v = \dfrac{\mathrm{d}s}{\mathrm{d}t}$,$a_\mathrm{t} = \dfrac{\mathrm{d}v}{\mathrm{d}t}$,$a_\mathrm{n} = \dfrac{\mathrm{d}v^2}{R}$。

答案:B

52. **解**　将运动方程中的参数 t 消去即可。

答案:C

53. **解**　根据定轴转动刚体上一点速度、加速度与转动角速度、角加速度的关系,$v_\mathrm{B} = OB \cdot \omega$,$a_\mathrm{B}^\mathrm{t} = OB \cdot \alpha$,$a_\mathrm{B}^\mathrm{n} = OB \cdot \omega^2$。

答案:B

54. **解**　根据质点运动微分方程 $m\boldsymbol{a} = \sum \boldsymbol{F}$。

答案:C

55. **解**　根据动量矩定义和公式:$L_\mathrm{O} = M_\mathrm{O}(m_1 v) + M_\mathrm{O}(m_2 v) + J_{\mathrm{O轮}}\omega$。

答案:C

56. **解**　根据动能定理,当杆转动到铅垂位置时,杆的 $\omega^2 = \dfrac{3g}{2l}$,$\alpha = 0$,根据质心运动定理 $ml\omega^2 = F_{\mathrm{By}} - mg$,$F_{\mathrm{Bx}} = 0$。

答案:D

57. **解**　根据定轴转动刚体惯性力系的简化结果,惯性力主矢和主矩的大小分别为 $F_\mathrm{I} = ma_\mathrm{C}$,$M_{\mathrm{IO}} = J_\mathrm{O}\alpha$。

答案:C

58. **解** 根据串、并联弹簧等效弹簧刚度的计算公式。

答案:C

59. **解** 轴向受力杆左段轴力是-3kN,右段轴力是5kN。

答案:B

60. **解** 把F力平移到铆钉群中心O,并附加一个力偶$m=F\cdot\frac{5}{4}L$,在铆钉上将产生剪力Q_1和Q_2,其中$Q_1=\frac{F}{2}$,而Q_2计算方法如下。

$$\sum M_O=0:Q_2\cdot\frac{L}{2}=F\cdot\frac{5}{4}L\Rightarrow Q_2=\frac{5}{2}F$$

所以

$$Q=Q_1+Q_2=3F,\tau_{\max}=\frac{Q}{\frac{\pi}{4}d^2}=\frac{12F}{\pi d^2}$$

答案:C

61. **解** 由$\theta=\frac{T}{GI_P}$,得$\frac{T}{I_P}=\theta G$,故$\tau_{\max}=\frac{T}{I_P}\cdot\frac{d}{2}=\frac{\theta Gd}{2}$。

答案:D

62. **解** 为使$\tau_1=\frac{1}{2}\tau$,应使$\frac{T}{\frac{\pi}{16}d_1^3}=\frac{1}{2}\frac{T}{\frac{\pi}{16}d^3}$,即$d_1^3=2d^3$,故$d_1=\sqrt[3]{2}d$。

答案:D

63. **解** $I_{z1}=I_z+a^2A=\frac{bh^3}{12}+h^2\cdot bh=\frac{13}{12}bh^3$。

答案:D

64. **解** 考虑梁的整体平衡:$\sum M_B=0,F_A=0$,应用直接法求剪力和弯矩,得$F_{SA}=0,M_C=0$。

答案:A

65. **解** 开裂前,$f=\frac{Fl^3}{3EI}$,其中$I=\frac{b(2a)^3}{12}=8\frac{ba^3}{12}=8I_1$,开裂后,$f_1=\frac{\frac{F}{2}l^3}{3EI_1}=\frac{\frac{1}{2}Fl^3}{3E\frac{I}{8}}=4\cdot\frac{Fl^3}{3EI}=4f$。

答案:C

66. **解** 原来,$f=\frac{Ml^2}{2EI}$;梁长减半后,$f_1=\frac{M\left(\frac{l}{2}\right)^2}{2EI}=\frac{1}{4}f$。

答案:B

67. **解** 图 c)中σ_1和σ_3的差值最大。

$$\tau_{\max}=\frac{\sigma_1-\sigma_3}{2}=\frac{2\sigma-(-2\sigma)}{2}=2\sigma$$

答案:C

68.**解** 图示杆是偏心拉伸,等价于轴向拉伸和两个方向弯曲的组合变形。

$$\sigma_{\max}^{+}=\frac{F_N}{bh}+\frac{M_g}{W_g}+\frac{M_y}{W_y}=\frac{F}{bh}+\frac{F\frac{h}{2}}{\frac{bh^2}{6}}+\frac{F\frac{b}{2}}{\frac{hb^2}{6}}=7\frac{F}{bh}$$

答案:C

69.**解** 力 F 产生的弯矩引起 A 点的拉应力,力偶 T 产生的扭矩引起 A 点的切应力 τ,故 A 点应为既有拉应力 σ 又有 τ 的复杂应力状态。

答案:C

70.**解** 图 a)$\mu l=1\times5=5\text{m}$,图 b)$\mu l=2\times3=6\text{m}$,图 c)$\mu l=0.7\times6=4.2\text{m}$。由公式$F_{cr}=\frac{\pi^2EI}{(\mu l)^2}$,可知图 b)$F_{crb}$最小,图 c)$F_{crc}$最大。

答案:C

71.**解** 静止流体等压面应是一水平面,且应绘出于连通、连续同一种流体中,据此可绘出两个等压面以判断压强 p_1、p_2、p_3 的大小。

答案:A

72.**解** 测压管水头线的变化是由于过流断面面积的变化引起流速水头的变化,进而引起压强水头的变化,而与是否理想流体无关,故说法 A 是错误的。

答案:A

73.**解** 由判别流态的下临界雷诺数 $\text{Re}_k=\frac{v_k d}{\nu}$解出下临界流速 v_k 即可,$v_k=\frac{\text{Re}_k\nu}{d}$,而 $\text{Re}_k=2\,000$。代入题设数据后有:$v_k=\frac{2\,000\times1.31\times10^{-6}}{0.05}=0.052\,4\text{m/s}$。

答案:D

74.**解** 根据沿程损失计算公式 $h_f=\lambda\frac{L}{d}\frac{v^2}{2g}$及层流阻力系数计算公式 $\lambda=\frac{64}{\text{Re}}$联立求解可得。

代入题设条件后有:$\frac{v_1}{d_1^2}=\frac{v_2}{d_2^2}$,而 $v_2=v_1\left(\frac{d_2}{d_1}\right)^2=v_1(2)^2=4v_1$,

$\frac{Q_2}{Q_1}=\frac{v_2}{v_1}\left(\frac{d_2}{d_1}\right)^2=4\times(2)^2=16$。

答案:D

75.**解** 根据圆柱形外管嘴正常工作的条件可得。

答案:B

76. **解** 根据有压管基本公式 $H=SQ^2$，可解出流量 $Q=\sqrt{\frac{H}{S}}$。阀门关小，阻抗 S 增加，流量应减小。

答案：B

77. **解** 按达西公式 $Q=KAJ$，可解出渗流系数 $K=\frac{Q}{AJ}=\frac{0.1}{\frac{\pi}{4}(0.3)^2\times\frac{90}{40}\times 8\times 3\,600}=2.183\times 10^{-5}\text{m/s}=1.886\text{m/d}$。

答案：B

78. **解** 无量纲量即量纲为 1 的量，$\dim\frac{\rho}{pv^2}=\frac{ML^{-1}T^{-2}}{ML^{-3}(LT^{-1})^2}=1$。

答案：A

79. **解** 线圈 a 中是变化的电源，将产生变化的电流，由此产生的变化磁通将与线圈 b 交链，由此产生变化的电流。

答案：B

80. **解** 电流源的端电压由外电路决定。

答案：A

81. **解** 用叠加原理分析，将电路分解为各个电源单独作用的电路。不作用的电压源短路，不作用的电流源断路。

答案：D

82. **解** 交流电路中电压电流符合相量关系，此题用画相量图的方法会简捷一些。

答案：B

83. **解** 三相五线制供电系统中单相负载的外壳引出线应该与“PE 线”(保护零线)连接。

答案：D

84. **解** 从图形判断这是一个高通滤波器的频率特性图。它反映了电路的输出电压和输入电压对于不同频率信号的响应关系，利用传递函数或者直接代入频率计算即可得到结果。

答案：B

85. **解** 三相交流异步电动机的转速关系公式为 $n\approx n_0=\frac{60f}{p}$，可以看到电动机的转速 n 取决于电源的频率 f 和电机的极对数 p，要想实现平滑调速应该使用改变频率 f 的方法。

答案：C

86. **解** 在电动机的继电接触控制电路中，熔断器对电路实现短路保护，热继电器对电路实现过载保护，接触器起欠压保护和行程保护的作用。

答案：D

87. **解** 信息通常是以编码的方式载入数字信号中的。

答案:A

88. **解** 七段显示器的各段符号是用发光二极管制作的,各段符号如图所示,在共阴极七段显示器电路中,高电平"1"字段发光,"0"熄灭。显示字母"E"的共阴极七段显示器的显示码abcdefg应该是1001111。

答案:A

89. **解** 图示电压信号是连续的时间信号,对其他的周期信号、数字信号、离散信号的定义均不符合。

答案:D

90. **解** 根据对模拟信号的频谱分析可知:周期信号的频谱是离散的,非周期信号的频谱是连续的。

答案:A

91. **解** 该电路是利用滤波技术进行信号处理,从图a)到图b)经过了低通滤波,从图b)到图c)利用了高通滤波技术(消去了直流分量)。

答案:A

92. **解** 此题的分析方法是先根据给定的波形图写输出和输入之间的真值表,然后观察输出与输入的逻辑关系,写出逻辑表达式即可。

答案:D

93. **解** 首先应清楚放大电路中输入电阻和输出电阻的概念,然后将放大电路的输入端等效成一个输入电阻,输出端等效成一个最简单的电路(等效电压源),最后用电路理论计算可得结果。

答案:D

94. **解** 该电路是电压比较电路。当反向输入信号 u_{i1} 大于基准信号 u_{i2} 时,输出为负的饱和值,当 u_{i1} 小于基准信号 u_{i2} 时,输出为正的饱和值。

答案:D

95. **解** 该电路是D触发器,这种连接方法构成保持状态。

答案:D

96. **解** 状态转换图为 01 → 10 → 11(11 返回 01)

可见该电路是同步三进制加法计数器。

答案:C

97. **解** 微型计算机是以总线结构来连接各个功能部件的。

答案:C

98.**解**　信息可采用某种度量单位进行度量，并进行信息编码。现代计算机使用的是二进制。

答案：C

99.**解**　三位二进制对应一位八进制，将小数点后每三位二进制分成一组，101 对应 5，010 对应 2，111 对应 7，100 对应 4。

答案：B

100.**解**　图像的主要参数有分辨率（包括屏幕分辨率、图像分辨率、像素分辨率）、颜色深度、图像文件的大小。

答案：B

101.**解**　电子签名应用领域包括电子商务，企业信息系统，网上政府采购，金融、财会、保险行业，食品、医药，教育、科学研究以及文件管理等方面。

答案：D

102.**解**　一个存储器段可以小至一个字节，可大至 4G 字节。而一个页的大小则规定为 4K 字节。

答案：C

103.**解**　即插即用就是在加上新的硬件以后不用为此硬件再安装驱动程序了。

答案：A

104.**解**　构成信息化社会的三个主要技术支柱是计算机技术、通信技术和网络技术。

答案：B

105.**解**　网络软件是实现网络功能不可缺少的软件环境，主要包括网络传输协议和网络操作系统。

答案：A

106.**解**　广域网实际上是一种可以跨越长距离，还可以将两个或多个局域网和主机连接在一起的网络，因特网就是一个广域网。

答案：D

107.**解**　比较两家银行的年实际利率，其中较低者利息较少。

甲银行的年实际利率：$i_{甲}=\left(1+\frac{r}{m}\right)^m-1=\left(1+\frac{6\%}{4}\right)^4-1=6.14\%$；乙银行的年实际利率为 7%，故向甲银行贷款付出的利息较少。

答案：A

108.**解**　总成本费用有生产成本加期间费用和按生产要素两种估算方法。生产成本加期间费用计算公式为：总成本费用＝生产成本＋期间费用。

答案：A

109.**解** 准股本资金是一种既具有资本金性质、又具有债务资金性质的资金，主要包括优先股股票和可转换债券。

答案:B

110.**解** 按计算财务净现值的公式计算。$FNPV=-200-300(P/F,10\%,1)+150(P/A,10\%,8)(P/F,10\%,2)=-200-300\times0.90909+150\times5.33493\times0.82645=188.63$万元。

答案:B

111.**解** 可外贸货物影子价格:直接进口投入物的影子价格(到厂价)=到岸价(CIF)×影子汇率+进口费用。

答案:C

112.**解** 盈亏平衡点越低，说明项目盈利的可能性越大，项目抵抗风险的能力越强。

答案:C

113.**解** 改扩建项目盈利能力分析可能涉及的五套数据:①“现状”数据;②“无项目”数据;③“有项目”数据;④新增数据;⑤增量数据。

答案:D

114.**解** 在ABC分类法中，A类部件占部件总数的比重较少，但占总成本的比重较大;C类部件占部件总数的比重较大，约占总数的60%～80%，但占总成本的比重较小，约占5%～10%。

答案:C

115.**解** 《中华人民共和国安全生产法》第三十条规定，生产经营单位使用的涉及生命安全、危险性较大的特种设备，以及危险物品的容器、运输工具，必须按照国家有关规定，由专业生产单位生产，并经取得专业资质的检测、检验机构检测、检验合格，取得安全使用证或者安全标志，方可投入使用。检测、检验机构对检测、检验结果负责。

答案:B

116.**解** 《中华人民共和国招标投标法》第四十六条规定，招标人和中标人应当自中标通知书发出之日起三十日内，按照招标文件和中标人的投标文件订立书面合同。招标人和中标人不得再行订立背离合同实质性内容的其他协议。

答案:B

117.**解** 《中华人民共和国行政许可法》第十三条规定，本法第十二条所列事项，通过下列方式能够予以规范的，可以不设行政许可:

(一)公民、法人或者其他组织能够自主决定的;

(二)市场竞争机制能够有效调节的;

(三)行业组织或者中介机构能够自律管理的;

(四)行政机关采用事后监督等其他行政管理方式能够解决的。

答案:D

118. **解** 《中华人民共和国节约能源法》第十五条规定，国家实行固定资产投资项目节能评估和审查制度。不符合强制性节能标准的项目，依法负责项目审批或者核准的机关不得批准或者核准建设；建设单位不得开工建设；已经建成的，不得投入生产、使用。具体办法由国务院管理节能工作的部门会同国务院有关部门制定。

答案：C

119. **解** 《建设工程质量管理条例》第三十一条规定，施工人员对涉及结构安全的试块、试件以及有关材料，应当在建设单位或者工程监理单位监督下现场取样，并送具有相应资质等级的质量检测单位进行检测。

答案：D

120. **解** 《建设工程安全生产管理条例》第十四条规定，工程监理单位在实施监理过程中，发现存在安全事故隐患的，应当要求施工单位整改；情况严重的，应当要求施工单位暂时停止施工，并及时报告建设单位。施工单位拒不整改或者不停止施工的，工程监理单位应当及时向有关主管部门报告。

答案：D

2011 年度全国勘察设计注册工程师公共基础考试

试　　题

单项选择题(共 120 题,每题 1 分。每题的备选项中只有一个最符合题意)

1. 设直线方程为 $x=y-1=z$,平面方程为 $x-2y+z=0$,则直线与平面:

A. 重合　　B. 平行不重合　　C. 垂直相交　　D. 相交不垂直

2. 在三维空间中,方程 $y^2-z^2=1$ 所代表的图形是:

A. 母线平行 x 轴的双曲柱面　　B. 母线平行 y 轴的双曲柱面
C. 母线平行 z 轴的双曲柱面　　D. 双曲线

3. 当 $x\to0$ 时,3^x-1 是 x 的:

A. 高阶无穷小　　B. 低阶无穷小
C. 等价无穷小　　D. 同阶但非等价无穷小

4. 函数 $f(x)=\dfrac{x-x^2}{\sin\pi x}$ 的可去间断点的个数为:

A. 1 个　　B. 2 个　　C. 3 个　　D. 无穷多个

5. 如果 $f(x)$ 在 x_0 点可导,$g(x)$ 在 x_0 点不可导,则 $f(x)g(x)$ 在 x_0 点:

A. 可能可导也可能不可导　　B. 不可导
C. 可导　　D. 连续

6. 当 $x>0$ 时,下列不等式中正确的是:

A. $e^x<1+x$　　B. $\ln(1+x)>x$　　C. $e^x<ex$　　D. $x>\sin x$

7. 若函数 $f(x,y)$ 在闭区域 D 上连续,下列关于极值点的陈述中正确的是:

A. $f(x,y)$ 的极值点一定是 $f(x,y)$ 的驻点

B. 如果 P_0 是 $f(x,y)$ 的极值点,则 P_0 点处 $B^2-AC<0$ $\left(其中,A=\dfrac{\partial^2 f}{\partial x^2},B=\dfrac{\partial^2 f}{\partial x\partial y},C=\dfrac{\partial^2 f}{\partial y^2}\right)$

C. 如果 P_0 是可微函数 $f(x,y)$ 的极值点,则在 P_0 点处 $\mathrm{d}f=0$

D. $f(x,y)$ 的最大值点一定是 $f(x,y)$ 的极大值点

8. $\int \frac{dx}{\sqrt{x}(1+x)}=$

A. $\arctan\sqrt{x}+C$

B. $2\arctan\sqrt{x}+C$

C. $\tan(1+x)$

D. $\frac{1}{2}\arctan x+C$

9. 设 $f(x)$是连续函数，且 $f(x)=x^2+2\int_0^2 f(t)dt$，则 $f(x)=$

A. x^2　　B. x^2-2　　C. $2x$　　D. $x^2-\frac{16}{9}$

10. $\int_{-2}^{2}\sqrt{4-x^2}dx=$

A. π　　B. 2π　　C. 3π　　D. $\frac{\pi}{2}$

11. 设 L 为连接(0,2) 和(1,0) 的直线段，则对弧长的曲线积分$\int_L(x^2+y^2)dS=$

A. $\frac{\sqrt{5}}{2}$　　B. 2　　C. $\frac{3\sqrt{5}}{2}$　　D. $\frac{5\sqrt{5}}{3}$

12. 曲线 $y=e^{-x}(x\geqslant 0)$ 与直线 $x=0,y=0$ 所围图形，绕 ox 轴旋转所得旋转体的体积为：

A. $\frac{\pi}{2}$　　B. π　　C. $\frac{\pi}{3}$　　D. $\frac{\pi}{4}$

13. 若级数$\sum_{n=1}^{\infty}u_n$ 收敛，则下列级数中不收敛的是：

A. $\sum_{n=1}^{\infty}ku_n(k\neq 0)$　　B. $\sum_{n=1}^{\infty}u_{n+100}$　　C. $\sum_{n=1}^{\infty}\left(u_{2n}+\frac{1}{2^n}\right)$　　D. $\sum_{n=1}^{\infty}\frac{50}{u_n}$

14. 设幂级数$\sum_{n=0}^{\infty}a_nx^n$ 的收敛半径为 2，则幂级数$\sum_{n=1}^{\infty}na_n(x-2)^{n+1}$的收敛区间是：

A. (−2,2)　　B. (−2,4)　　C. (0,4)　　D. (−4,0)

15. 微分方程 $xydx=\sqrt{2-x^2}dy$ 的通解是：

A. $y=e^{-C\sqrt{2-x^2}}$

B. $y=e^{-\sqrt{2-x^2}}+C$

C. $y=Ce^{-\sqrt{2-x^2}}$

D. $y=C-\sqrt{2-x^2}$

16. 微分方程$\frac{dy}{dx}-\frac{y}{x}=\tan\frac{y}{x}$的通解是：

A. $\sin\frac{y}{x}=Cx$

B. $\cos\frac{y}{x}=Cx$

C. $\sin\frac{y}{x}=x+C$

D. $Cx\sin\frac{y}{x}=1$

17. 设$\boldsymbol{A}=\begin{bmatrix}1 & 0 & 1\\ 0 & 1 & 2\\ -2 & 0 & -3\end{bmatrix}$,则$\boldsymbol{A}^{-1}=$

A. $\begin{bmatrix}3 & 0 & 1\\ 4 & 1 & 2\\ 2 & 0 & 1\end{bmatrix}$

B. $\begin{bmatrix}3 & 0 & 1\\ 4 & 1 & 2\\ -2 & 0 & -1\end{bmatrix}$

C. $\begin{bmatrix}-3 & 0 & -1\\ 4 & 1 & 2\\ -2 & 0 & -1\end{bmatrix}$

D. $\begin{bmatrix}3 & 0 & 1\\ -4 & -1 & -2\\ 2 & 0 & 1\end{bmatrix}$

18. 设3阶矩阵$\boldsymbol{A}=\begin{bmatrix}1 & 1 & a\\ 1 & a & 1\\ a & 1 & 1\end{bmatrix}$,已知$\boldsymbol{A}$的伴随矩阵的秩为1,则$a=$

A. -2　　B. -1　　C. 1　　D. 2

19. 设$\boldsymbol{A}$是3阶矩阵,$\boldsymbol{P}=(\alpha_1,\alpha_2,\alpha_3)$是3阶可逆矩阵,且$\boldsymbol{P}^{-1}\boldsymbol{A}\boldsymbol{P}=\begin{bmatrix}1 & 0 & 0\\ 0 & 2 & 0\\ 0 & 0 & 0\end{bmatrix}$。若矩阵$\boldsymbol{Q}=(\alpha_2,\alpha_1,\alpha_3)$,则$\boldsymbol{Q}^{-1}\boldsymbol{A}\boldsymbol{Q}=$

A. $\begin{bmatrix}1 & 0 & 0\\ 0 & 2 & 0\\ 0 & 0 & 0\end{bmatrix}$

B. $\begin{bmatrix}2 & 0 & 0\\ 0 & 1 & 0\\ 0 & 0 & 0\end{bmatrix}$

C. $\begin{bmatrix}0 & 1 & 0\\ 2 & 0 & 0\\ 0 & 0 & 0\end{bmatrix}$

D. $\begin{bmatrix}0 & 2 & 0\\ 1 & 0 & 0\\ 0 & 0 & 0\end{bmatrix}$

20. 齐次线性方程组$\begin{cases}x_1-x_2+x_4=0\\ x_1-x_3+x_4=0\end{cases}$的基础解系为:

A. $\alpha_1=(1,1,1,0)^{\mathrm{T}},\alpha_2=(-1,-1,1,0)^{\mathrm{T}}$

B. $\alpha_1=(2,1,0,1)^{\mathrm{T}},\alpha_2=(-1,-1,1,0)^{\mathrm{T}}$

C. $\alpha_1=(1,1,1,0)^{\mathrm{T}},\alpha_2=(-1,0,0,1)^{\mathrm{T}}$

D. $\alpha_1=(2,1,0,1)^{\mathrm{T}},\alpha_2=(-2,-1,0,1)^{\mathrm{T}}$

21. 设A,B是两个事件,$P(A)=0.3$,$P(B)=0.8$,则当$P(A\cup B)$为最小值时,$P(AB)=$

A. 0.1　　B. 0.2　　C. 0.3　　D. 0.4

22. 三个人独立地破译一份密码，每人能独立译出这份密码的概率分别为$\frac{1}{5}$、$\frac{1}{3}$、$\frac{1}{4}$，则这份密码被译出的概率为：

A. $\frac{1}{3}$　　B. $\frac{1}{2}$　　C. $\frac{2}{5}$　　D. $\frac{3}{5}$

23. 设随机变量 X 的概率密度为 $f(x)=\begin{cases}2x & 0<x<1\\0 & 其他\end{cases}$，则 Y 表示对 X 的 3 次独立重复观察中事件$\{X\leqslant\frac{1}{2}\}$出现的次数，则 $P\{Y=2\}$等于：

A. $\frac{3}{64}$　　B. $\frac{9}{64}$　　C. $\frac{3}{16}$　　D. $\frac{9}{16}$

24. 设随机变量 X 和 Y 都服从 $N(0,1)$分布，则下列叙述中正确的是：

A. $X+Y\sim$正态分布　　B. $X^2+Y^2\sim\chi^2$ 分布

C. X^2 和 Y^2 都$\sim\chi^2$ 分布　　D. $\frac{X^2}{Y^2}\sim F$ 分布

25. 一瓶氦气和一瓶氮气，它们每个分子的平均平动动能相同，而且都处于平衡态，则它们：

A. 温度相同，氦分子和氮分子的平均动能相同

B. 温度相同，氦分子和氮分子的平均动能不同

C. 温度不同，氦分子和氮分子的平均动能相同

D. 温度不同，氦分子和氮分子的平均动能不同

26. 最概然速率 v_p 的物理意义是：

A. v_p 是速率分布中的最大速率

B. v_p 是大多数分子的速率

C. 在一定的温度下，速率与 v_p 相近的气体分子所占的百分率最大

D. v_p 是所有分子速率的平均值

27. 1mol 理想气体从平衡态 $2p_1$、V_1 沿直线变化到另一平衡态 p_1、$2V_1$，则此过程中系统的功和内能的变化是：

A. $W>0,\Delta E>0$　　B. $W<0,\Delta E<0$

C. $W>0,\Delta E=0$　　D. $W<0,\Delta E>0$

28. 在保持高温热源温度 T_1 和低温热源温度 T_2 不变的情况下，使卡诺热机的循环曲线所包围的面积增大，则会：

A. 净功增大，效率提高　　B. 净功增大，效率降低
C. 净功和功率都不变　　D. 净功增大，效率不变

29. 一平面简谐波的波动方程为 $y=0.01\cos 10\pi(25t-x)$(SI)，则在 $t=0.1$s 时刻，$x=2$m 处质元的振动位移是：

A. 0.01cm　　B. 0.01m　　C. −0.01m　　D. 0.01mm

30. 对于机械横波而言，下面说法正确的是：

A. 质元处于平衡位置时，其动能最大，势能为零
B. 质元处于平衡位置时，其动能为零，势能最大
C. 质元处于波谷处时，动能为零，势能最大
D. 质元处于波峰处时，动能与势能均为零

31. 在波的传播方向上，有相距为 3m 的两质元，两者的相位差为 $\frac{\pi}{6}$，若波的周期为 4s，则此波的波长和波速分别为：

A. 36m 和 6m/s　　B. 36m 和 9m/s　　C. 12m 和 6m/s　　D. 12m 和 9m/s

32. 在双缝干涉实验中，入射光的波长为 λ，用透明玻璃纸遮住双缝中的一条缝（靠近屏一侧），若玻璃纸中光程比相同厚度的空气的光程大 2.5λ，则屏上原来的明纹处：

A. 仍为明条纹　　B. 变为暗条纹
C. 既非明纹也非暗纹　　D. 无法确定是明纹还是暗纹

33. 在真空中，可见光的波长范围为：

A. 400～760nm　　B. 400～760mm　　C. 400～760cm　　D. 400～760m

34. 有一玻璃劈尖，置于空气中，劈尖角为 θ，用波长为 λ 的单色光垂直照射时，测得相邻明纹间距为 l，若玻璃的折射率为 n，则 θ、λ、l 与 n 之间的关系为：

A. $\theta=\frac{\lambda n}{2l}$　　B. $\theta=\frac{l}{2n\lambda}$　　C. $\theta=\frac{l\lambda}{2n}$　　D. $\theta=\frac{\lambda}{2nl}$

35. 一束自然光垂直穿过两个偏振片，两个偏振片的偏振化方向成 45°角。已知通过此两偏振片后的光强为 I，则入射至第二个偏振片的线偏振光强度为：

A. I　　B. $2I$　　C. $3I$　　D. $\frac{I}{2}$

36. 一单缝宽度 $a=1\times10^{-4}$m，透镜焦距 $f=0.5$m，若用 $\lambda=400$nm 的单色平行光垂直入射，中央明纹的宽度为：

A. 2×10^{-3}m　　B. 2×10^{-4}m　　C. 4×10^{-4}m　　D. 4×10^{-3}m

37. 29 号元素的核外电子分布式为：

A. $1s^2 2s^2 2p^6 3s^2 3p^6 3d^9 4s^2$　　B. $1s^2 2s^2 2p^6 3s^2 3p^6 3d^{10} 4s^1$

C. $1s^2 2s^2 2p^6 3s^2 3p^6 4s^1 3d^{10}$　　D. $1s^2 2s^2 2p^6 3s^2 3p^6 4s^2 3d^9$

38. 下列各组元素的原子半径从小到大排序错误的是：

A. Li＜Na＜K　　B. Al＜Mg＜Na

C. C＜Si＜Al　　D. P＜As＜Se

39. 下列溶液混合，属于缓冲溶液的是：

A. 50mL0.2mol・$L^{-1}CH_3COOH$ 与 50mL0.1mol・L^{-1}NaOH

B. 50mL0.1mol・$L^{-1}CH_3COOH$ 与 50mL0.1mol・L^{-1}NaOH

C. 50mL0.1mol・$L^{-1}CH_3COOH$ 与 50mL0.2mol・L^{-1}NaOH

D. 50mL0.2mol・L^{-1}HCl 与 50mL0.1mol・$L^{-1}NH_3H_2O$

40. 在一容器中，反应 $2NO_2(g)\rightleftharpoons 2NO(g)+O_2(g)$，恒温条件下达到平衡后，加一定量 Ar 气体保持总压力不变，平衡将会：

A. 向正方向移动　　B. 向逆方向移动

C. 没有变化　　D. 不能判断

41. 某第 4 周期的元素，当该元素原子失去一个电子成为正 1 价离子时，该离子的价层电子排布式为 $3d^{10}$，则该元素的原子序数是：

A. 19　　B. 24　　C. 29　　D. 36

42. 对于一个化学反应，下列各组中关系正确的是：

A. $\Delta_r G_m^\ominus>0, K^\ominus<1$　　B. $\Delta_r G_m^\ominus>0, K^\ominus>1$

C. $\Delta_r G_m^\ominus<0, K^\ominus=1$　　D. $\Delta_r G_m^\ominus<0, K^\ominus<1$

43. 价层电子构型为 $4d^{10}5s^1$ 的元素在周期表中属于：

A. 第四周期ⅦB族　　B. 第五周期ⅠB族

C. 第六周期ⅦB族　　D. 镧系元素

44. 下列物质中，属于酚类的是：

A. C_3H_7OH　　B. $C_6H_5CH_2OH$

C. C_6H_5OH　　D. $CH_2(OH)-CH(OH)-CH_2(OH)$

45. 有机化合物 $H_3C—\underset{\displaystyle CH_3}{\underset{|}{CH}}—\underset{\displaystyle CH_3}{\underset{|}{CH}}—CH_2—CH_3$ 的名称是：

A. 2-甲基-3-乙基丁烷　　B. 3,4-二甲基戊烷

C. 2-乙基-3-甲基丁烷　　D. 2,3-二甲基戊烷

46. 下列物质中，两个氢原子的化学性质不同的是：

A. 乙炔　　B. 甲酸

C. 甲醛　　D. 乙二酸

47. 两直角刚杆 AC、CB 支承如图所示，在铰 C 处受力 F 作用，则 A、B 两处约束力的作用线与 x 轴正向所成的夹角分别为：

A. 0°；90°　　B. 90°；0°

C. 45°；60°　　D. 45°；135°

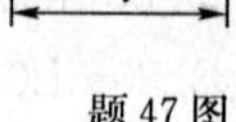

题 47 图

48. 在图示四个力三角形中，表示 $\boldsymbol{F}_R = \boldsymbol{F}_1 + \boldsymbol{F}_2$ 的图是：

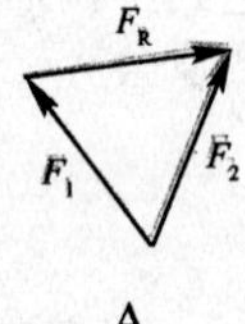

A.

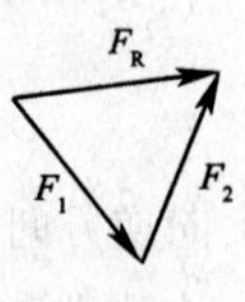

B.

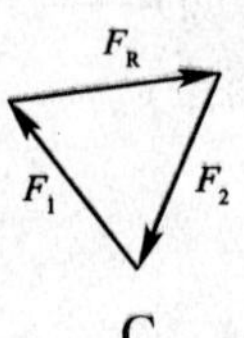

C.

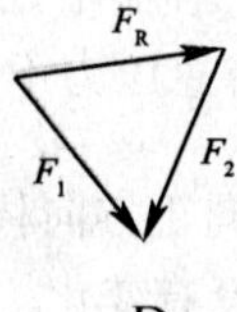

D.

49. 均质杆 AB 长为 l，重为 $\boldsymbol{W}$，受到如图所示的约束，绳索 ED 处于铅垂位置，A、B 两处为光滑接触，杆的倾角为 α，又 $CD = l/4$，则 A、B 两处对杆作用的约束力大小关系为：

A. $F_{NA} = F_{NB} = 0$　　B. $F_{NA} = F_{NB} \neq 0$

C. $F_{NA} \leqslant F_{NB}$　　D. $F_{NA} \geqslant F_{NB}$

50. 一重力大小为 $W = 60\text{kN}$ 的物块自由放置在倾角为 $\alpha = 30°$ 的斜面上，如图所示，若物块与斜面间的静摩擦系数为 $f = 0.4$，则该物块的状态为：

A. 静止状态　　B. 临界平衡状态

C. 滑动状态　　D. 条件不足，不能确定

51. 当点运动时，若位置矢大小保持不变，方向可变，则其运动轨迹为：

A. 直线　　B. 圆周　　C. 任意曲线　　D. 不能确定

52. 刚体做平动时，某瞬时体内各点的速度和加速度为：

A. 体内各点速度不相同，加速度相同

B. 体内各点速度相同，加速度不相同

C. 体内各点速度相同，加速度也相同

D. 体内各点速度不相同，加速度也不相同

53. 在图示机构中，杆 $O_1A = O_2B$，$O_1A \parallel O_2B$，杆 O_2C = 杆 O_3D，$O_2C \parallel O_3D$，且 O_1A = 20cm，O_2C = 40cm，若杆 O_1A 以角速度 ω = 3 rad/s 匀速转动，则杆 CD 上任意点 M 速度及加速度的大小分别为：

A. 60 cm/s；180 cm/s²　　B. 120 cm/s；360 cm/s²

C. 90 cm/s；270 cm/s²　　D. 120 cm/s；150 cm/s²

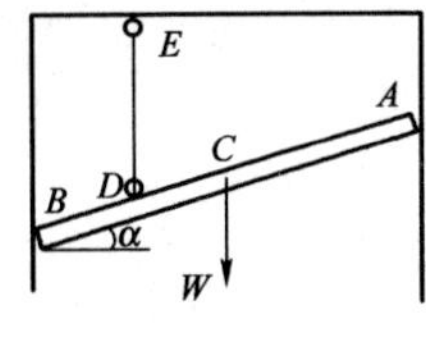

题 49 图

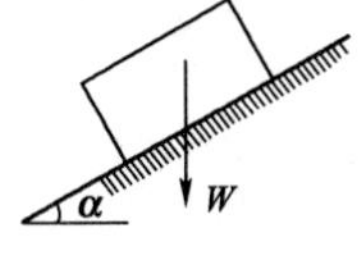

题 50 图

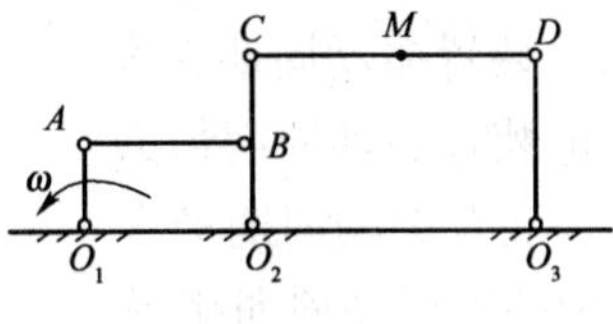

题 53 图

54. 图示均质圆轮，质量为 m，半径为 r，在铅垂图面内绕通过圆轮中心 O 的水平轴以匀角速度 ω 转动。则系统动量、对中心 O 的动量矩、动能的大小分别为：

A. 0；$\frac{1}{2}mr^2\omega$；$\frac{1}{4}mr^2\omega^2$　　B. $mr\omega$；$\frac{1}{2}mr^2\omega$；$\frac{1}{4}mr^2\omega^2$

C. 0；$\frac{1}{2}mr^2\omega$；$\frac{1}{2}mr^2\omega^2$　　D. 0；$\frac{1}{4}mr^2\omega$；$\frac{1}{4}mr^2\omega^2$

55. 如图所示，两重物 M_1 和 M_2 的质量分别为 m_1 和 m_2，两重物系在不计质量的软绳上，绳绕过均质定滑轮，滑轮半径 r，质量为 m，则此滑轮系统的动量为：

A. $(m_1 - m_2 + \frac{1}{2}m)rv\downarrow$　　B. $(m_1 - m_2)rv\downarrow$

C. $(m_1 + m_2 + \frac{1}{2}m)rv\uparrow$　　D. $(m_1 - m_2)rv\uparrow$

56. 均质细杆 AB 重力为 $\boldsymbol{P}$、长 $2L$，A 端铰支，B 端用绳系住，处于水平位置，如图所示，当 B 端绳突然剪断瞬时，AB 杆的角加速度大小为：

A. 0　　B. $\frac{3g}{4L}$　　C. $\frac{3g}{2L}$　　D. $\frac{6g}{L}$

57. 质量为 m，半径为 R 的均质圆盘，绕垂直于图面的水平轴 O 转动，其角速度为 ω。在图示瞬间，角加速度为 0，盘心 C 在其最低位置，此时将圆盘的惯性力系向 O 点简化，其惯性力主矢和惯性力主矩的大小分别为：

A. $m\frac{R}{2}\omega^2$；0　　B. $mR\omega^2$；0　　C. 0；0　　D. 0；$\frac{1}{2}m\frac{R}{2}\omega^2$

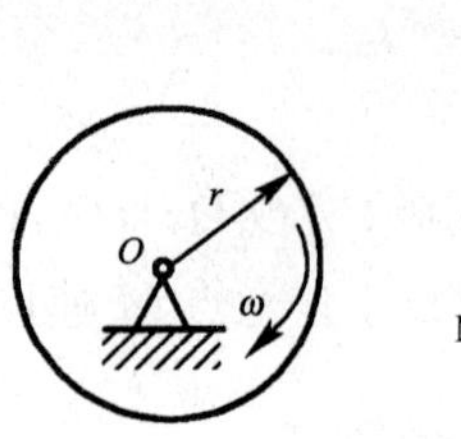

题 54 图

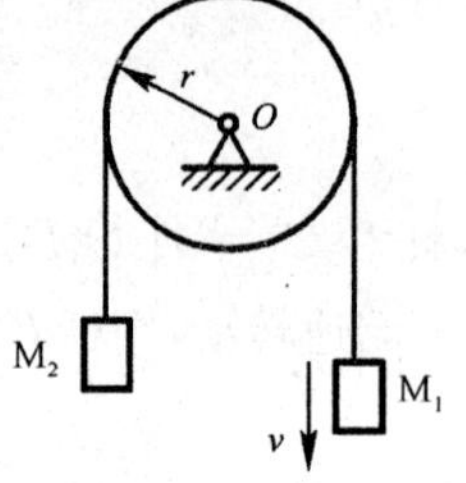

题 55 图

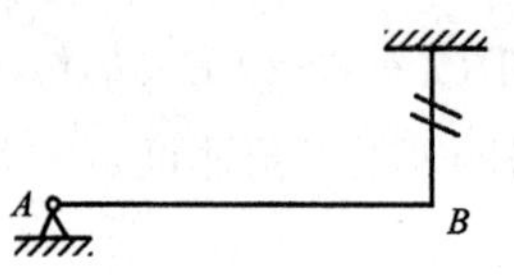

题 56 图

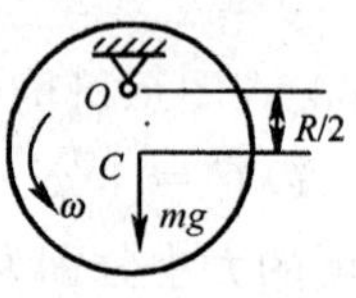

题 57 图

58. 图示装置中，已知质量 $m = 200\text{kg}$，弹簧刚度 $k = 100\text{N/cm}$，则图中各装置的振动周期为：

A. 图 a）装置振动周期最大

B. 图 b）装置振动周期最大

C. 图 c）装置振动周期最大

D. 三种装置振动周期相等

59. 圆截面杆 ABC 轴向受力如图，已知 BC 杆的直径 $d=100\text{mm}$，AB 杆的直径为 $2d$。杆的最大的拉应力为：

A. 40MPa　　B. 30MPa　　C. 80MPa　　D. 120MPa

60. 已知铆钉的许可切应力为$[\tau]$，许可挤压应力为$[\sigma_{bs}]$，钢板的厚度为 t，则图示铆钉直径 d 与钢板厚度 t 的关系是：

A. $d=\dfrac{8t[\sigma_{bs}]}{\pi[\tau]}$　　B. $d=\dfrac{4t[\sigma_{bs}]}{\pi[\tau]}$

C. $d=\dfrac{\pi[\tau]}{8t[\sigma_{bs}]}$　　D. $d=\dfrac{\pi[\tau]}{4t[\sigma_{bs}]}$

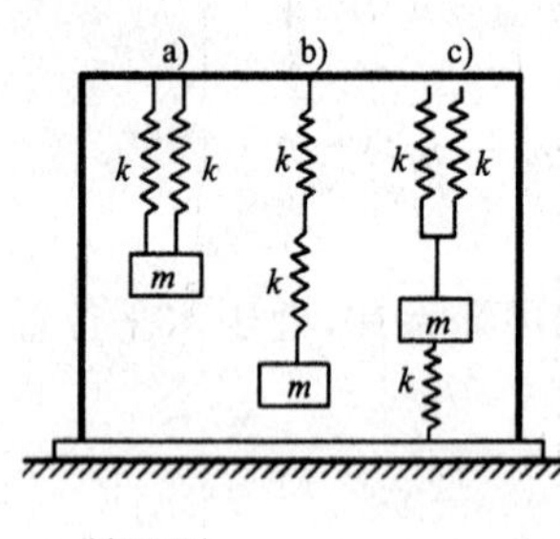

题 58 图

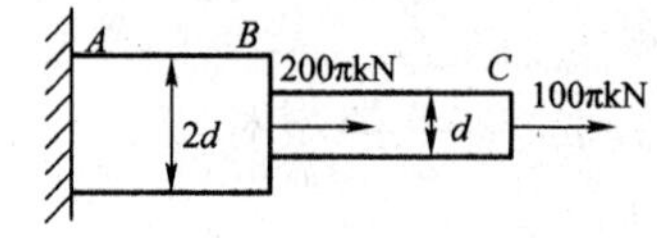

题 59 图

t
F
F
t

题 60 图

61. 图示受扭空心圆轴横截面上的切应力分布图中，正确的是：

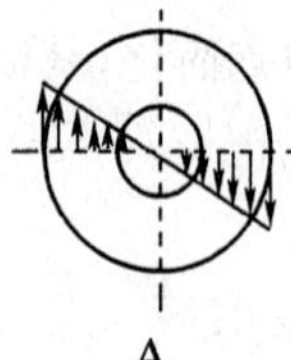

A.

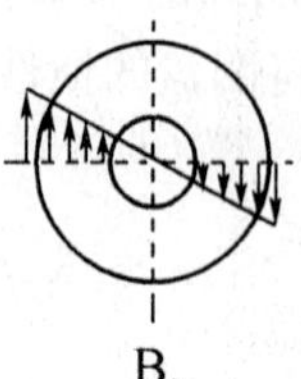

B.

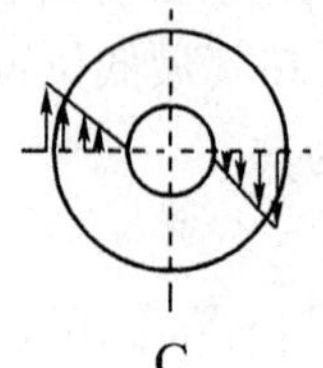

C.

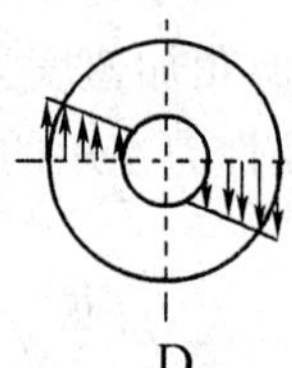

D.

62. 图示截面的抗弯截面模量 W_z 为：

A. $W_z=\frac{\pi d^3}{32}-\frac{a^3}{6}$　　　　B. $W_z=\frac{\pi d^3}{32}-\frac{a^4}{6d}$

C. $W_z=\frac{\pi d^3}{32}-\frac{a^3}{6d}$　　　　D. $W_z=\frac{\pi d^4}{64}-\frac{a^4}{12}$

63. 梁的弯矩图如图所示，最大值在 B 截面。在梁的 A、B、C、D 四个截面中，剪力为 0 的截面是：

A. A 截面　　B. B 截面　　C. C 截面　　D. D 截面

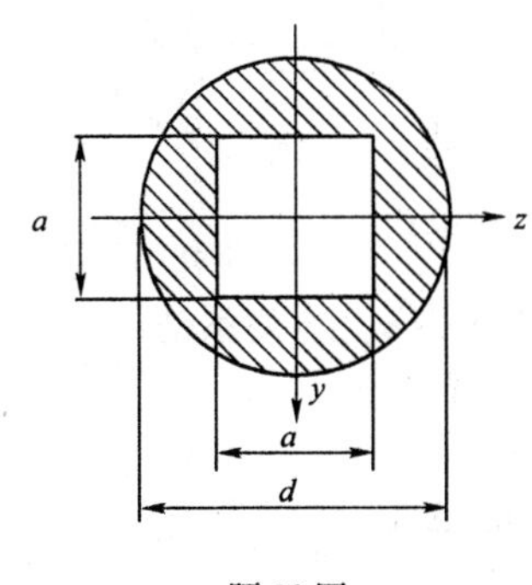

题 62 图

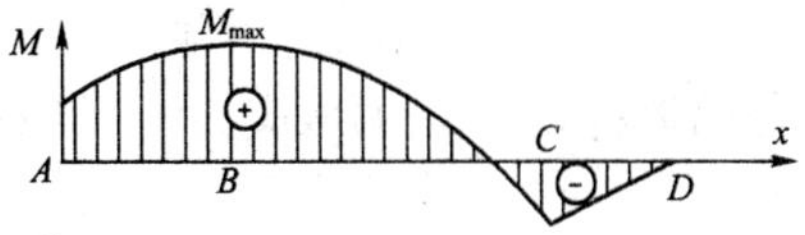

题 63 图

64. 图示悬臂梁 AB 由三根相同的矩形截面直杆胶合而成，材料的许可应力为[σ]。若胶合面开裂，假设开裂后三根杆的挠曲线相同，接触面之间无摩擦力，则开裂后的梁承载能力是原来的：

A. 1/9　　B. 1/3　　C. 两者相同　　D. 3 倍

65. 梁的横截面是由狭长矩形构成的工字形截面，如图所示，z 轴为中性轴，截面上的剪力竖直向下，该截面上的最大切应力在：

A. 腹板中性轴处

B. 腹板上下缘延长线与两侧翼缘相交处

C. 截面上下缘

D. 腹板上下缘

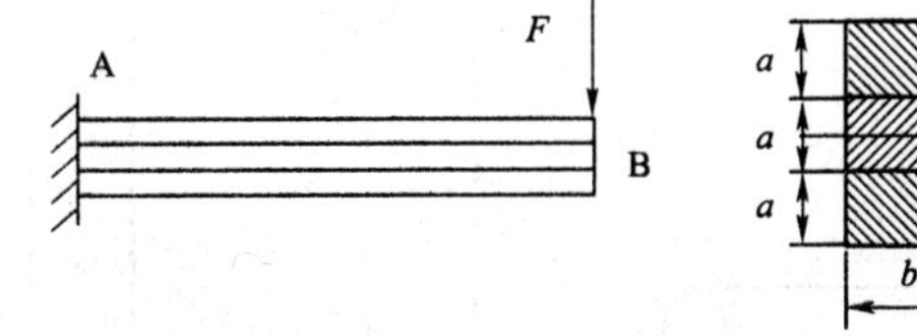

题 64 图

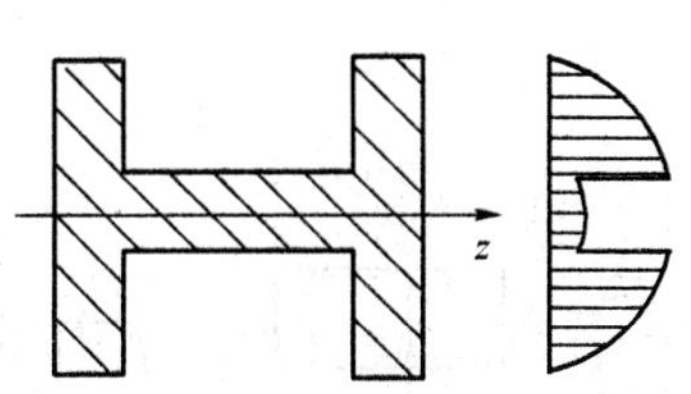

题 65 图

66. 矩形截面简支梁中点承受集中力 F。若 $h=2b$，分别采用图 a)、图 b)两种方式放置，图 a)梁的最大挠度是图 b)梁的：

A. 1/2　　B. 2 倍　　C. 4 倍　　D. 8 倍

67. 在图示 xy 坐标系下，单元体的最大主应力 σ_1 大致指向：

A. 第一象限，靠近 x 轴　　B. 第一象限，靠近 y 轴

C. 第二象限，靠近 x 轴　　D. 第二象限，靠近 y 轴

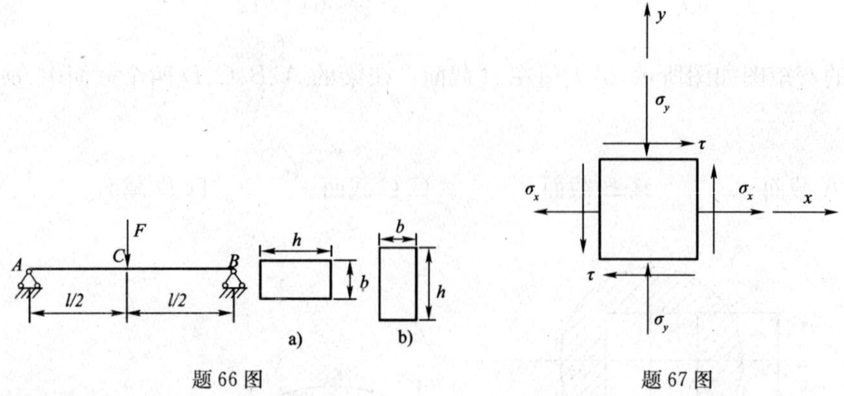

题 66 图　　题 67 图

68. 图示变截面短杆，AB 段的压应力 σ_{AB} 与 BC 段压应力 σ_{BC} 的关系是：

A. σ_{AB} 比 σ_{BC} 大 1/4　　B. σ_{AB} 比 σ_{BC} 小 1/4

C. σ_{AB} 是 σ_{BC} 的 2 倍　　D. σ_{AB} 是 σ_{BC} 的 1/2

69. 图示圆轴，固定端外圆上 $y=0$ 点（图中 A 点）的单元体的应力状态是：

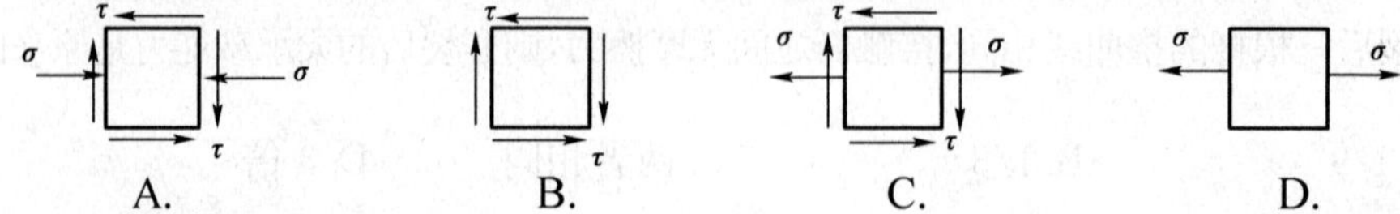

70. 一端固定一端自由的细长（大柔度）压杆，长为 L（图 a），当杆的长度减小一半时（图 b），其临界荷载 F_{cr} 比原来增加：

A. 4 倍　　B. 3 倍　　C. 2 倍　　D. 1 倍

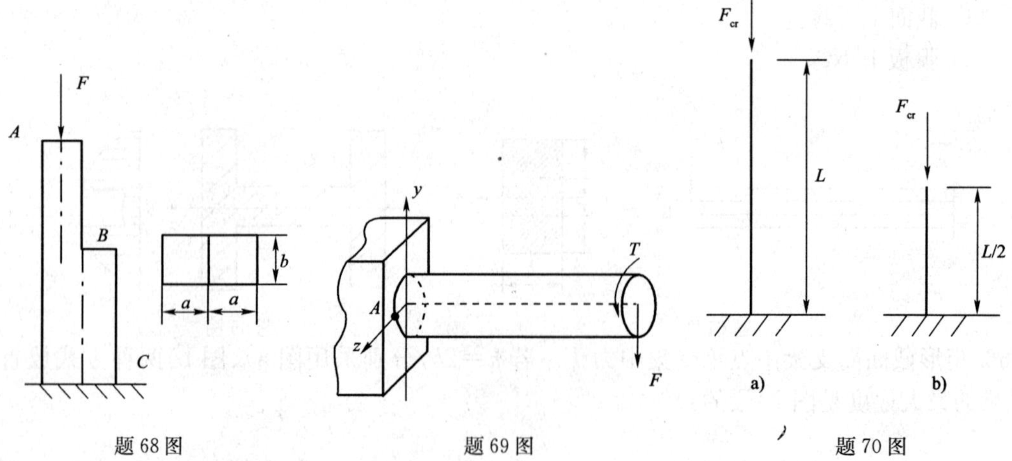

题 68 图　　题 69 图　　题 70 图

71. 空气的黏滞系数与水的黏滞系数 μ 分别随温度的降低而：

A. 降低，升高　B. 降低，降低　C. 升高，降低　D. 升高，升高

72. 重力和黏滞力分别属于：

A. 表面力、质量力　B. 表面力、表面力
C. 质量力、表面力　D. 质量力、质量力

73. 对某一非恒定流，以下对于流线和迹线的正确说法是：

A. 流线和迹线重合　B. 流线越密集，流速越小
C. 流线曲线上任意一点的速度矢量都与曲线相切
D. 流线可能存在折弯

74. 对某一流段，设其上、下游两断面 1-1、2-2 的断面面积分别为 A_1、A_2，断面流速分别为 v_1、v_2，两断面上任一点相对于选定基准面的高程分别为 Z_1、Z_2，相应断面同一选定点的压强分别为 p_1、p_2，两断面处的流体密度分别为 ρ_1、ρ_2，流体为不可压缩流体，两断面间的水头损失为 $h_{l1\text{-}2}$。下列方程表述一定错误的是：

A. 连续性方程：$v_1A_1=v_2A_2$　B. 连续性方程：$\rho_1v_1A_1=\rho_2v_2A_2$

C. 恒定总流能量方程：$\dfrac{p_1}{\rho_1 g}+Z_1+\dfrac{v_1^2}{2g}=\dfrac{p_2}{\rho_2 g}+Z_2+\dfrac{v_2^2}{2g}$

D. 恒定总流能量方程：$\dfrac{p_1}{\rho_1 g}+Z_1+\dfrac{v_1^2}{2g}=\dfrac{p_2}{\rho_2 g}+Z_2+\dfrac{v_2^2}{2g}+h_{l1\text{-}2}$

75. 水流经过变直径圆管，管中流量不变，已知前段直径 $d_1=30\text{mm}$，雷诺数为 5 000，后段直径变为 $d_2=60\text{mm}$，则后段圆管中的雷诺数为：

A. 5 000　B. 4 000　C. 2 500　D. 1 250

76. 两孔口形状、尺寸相同，一个是自由出流，出流流量为 Q_1；另一个是淹没出流，出流流量为 Q_2。若自由出流和淹没出流的作用水头相等，则 Q_1 与 Q_2 的关系是：

A. $Q_1>Q_2$　B. $Q_1=Q_2$　C. $Q_1<Q_2$　D. 不确定

77. 水力最优断面是指当渠道的过流断面面积 A、粗糙系数 n 和渠道底坡 i 一定时，其：

A. 水力半径最小的断面形状　B. 过流能力最大的断面形状
C. 湿周最大的断面形状　D. 造价最低的断面形状

78. 图示溢水堰模型试验，实际流量为 $Q_n=537\text{m}^3/\text{s}$，若在模型上测得流量 $Q_n=300\text{L/s}$，则该模型长度比尺为：

A. 4.5　B. 6　C. 10　D. 20

79. 点电荷$+q$和点电荷$-q$相距30cm，那么，在由它们构成的静电场中：

A. 电场强度处处相等

B. 在两个点电荷连线的中点位置，电场力为0

C. 电场方向总是从$+q$指向$-q$

D. 位于两个点电荷连线的中点位置上，带负电的可移动体将向$-q$处移动

80. 设流经图示电感元件的电流$i=2\sin1000t$ A，若L=1mH，则电感电压：

A. $u_L=2\sin 1\,000t$V　　B. $u_L=-2\cos 1\,000t$V

C. u_L的有效值$U_L=2$V　　D. u_L的有效值$U_L=1.414$V

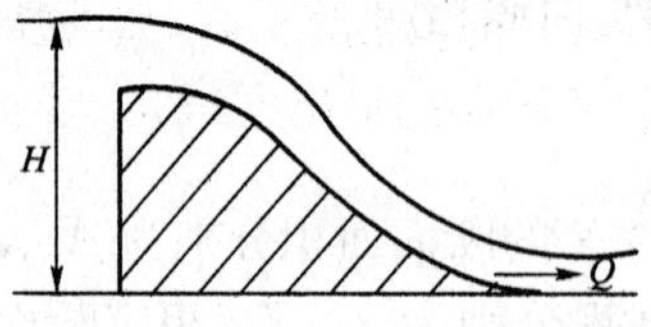

题78图

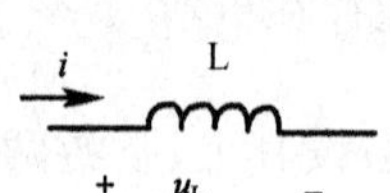

题80图

81. 图示两电路相互等效，由图b)可知，流经10Ω电阻的电流$I_R=1$A，由此可求得流经图a)电路中10Ω电阻的电流I等于：

A. 1A　　B. -1A　　C. -3A　　D. 3A

82. RLC串联电路如图所示，在工频电压$u(t)$的激励下，电路的阻抗等于：

A. $R+314L+314C$　　B. $R+314L+1/314C$

C. $\sqrt{R^2+(314L-1/314C)^2}$　　D. $\sqrt{R^2+(314L+1/314C)^2}$

83. 图示电路中，$u=10\sin(1000t+30°)$V，如果使用相量法求解图示电路中的电流i，那么，如下步骤中存在错误的是：

步骤1：$\dot{I}_1=\frac{10}{R+j1\,000L}$；

步骤2：$\dot{I}_2=10\cdot j1\,000C$；

步骤3：$\dot{I}=\dot{I}_1+\dot{I}_2=I\angle\psi_i$；

步骤4：$i=I\sqrt{2}\sin\psi_i$。

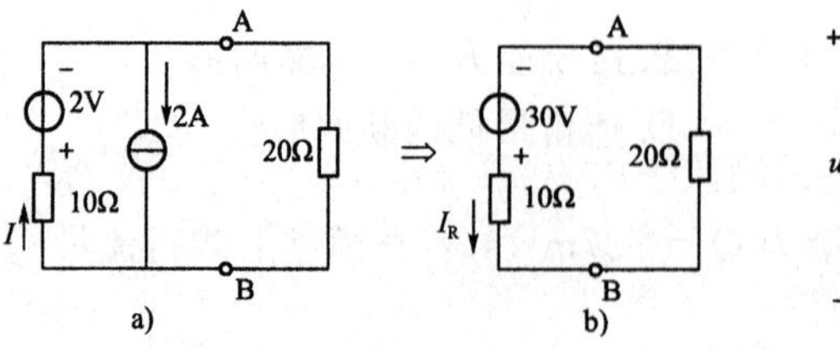

题81图

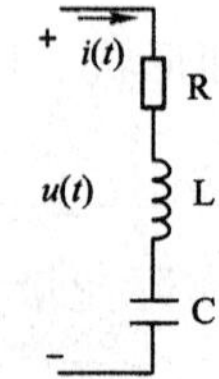

题82图

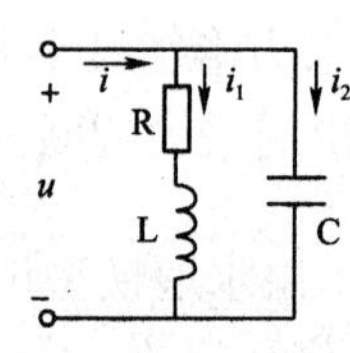

题83图

A. 仅步骤 1 和步骤 2 错

B. 仅步骤 2 错

C. 步骤 1、步骤 2 和步骤 4 错

D. 仅步骤 4 错

84. 图示电路中，开关 k 在 $t=0$ 时刻打开，此后，电流 i 的初始值和稳态值分别为：

A. $\frac{U_s}{R_2}$和 0　　B. $\frac{U_s}{R_1+R_2}$和 0

C. $\frac{U_s}{R_1}$和$\frac{U_s}{R_1+R_2}$　　D. $\frac{U_s}{R_1+R_2}$和$\frac{U_s}{R_1+R_2}$

85. 在信号源(u_S,R_S)和电阻 R_L 之间接入一个理想变压器，如图所示，若 $u_S=80\sin\omega t$V，$R_L=10\Omega$，且此时信号源输出功率最大，那么，变压器的输出电压 u_2 等于：

A. $40\sin\omega t$V　　B. $20\sin\omega t$V　　C. $80\sin\omega t$V　　D. 20V

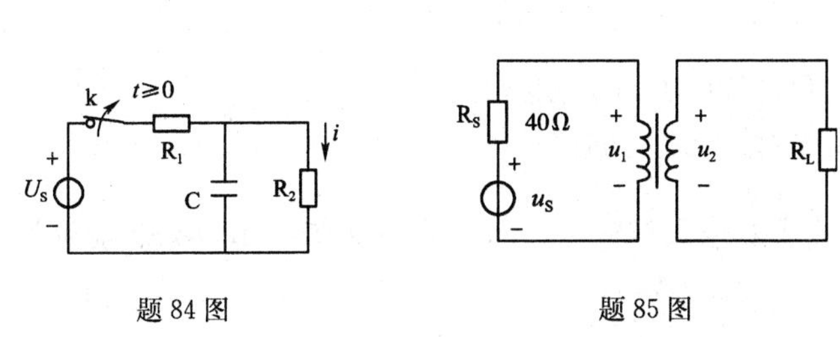

题 84 图　　题 85 图

86. 接触器的控制线圈如图 a)所示，动合触点如图 b)所示，动断触点如图 c)所示，当有额定电压接入线圈后：

A. 触点 KM1 和 KM2 因未接入电路均处于断开状态

B. KM1 闭合，KM2 不变

C. KM1 闭合，KM2 断开

D. KM1 不变，KM2 断开

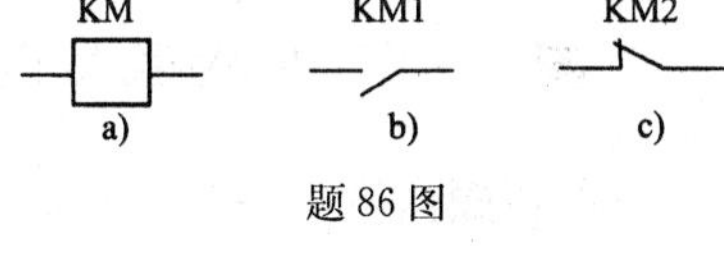

题 86 图

87. 某空调器的温度设置为 25℃，当室温超过 25℃后，它便开始制冷，此时红色指示灯亮，并在显示屏上显示“正在制冷”字样，那么：

A. “红色指示灯亮”和“正在制冷”均是信息

B. “红色指示灯亮”和“正在制冷”均是信号

C. “红色指示灯亮”是信号，“正在制冷”是信息

D. “红色指示灯亮”是信息，“正在制冷”是信号

88. 如果一个 16 进制数和一个 8 进制数的数字信号相同，那么：

A. 这个 16 进制数和 8 进制数实际反映的数量相等

B. 这个 16 进制数 2 倍于 8 进制数

C. 这个 16 进制数比 8 进制数少 8

D. 这个 16 进制数与 8 进制数的大小关系不定

89. 在以下关于信号的说法中，正确的是：

A. 代码信号是一串电压信号，故代码信号是一种模拟信号
B. 采样信号是时间上离散、数值上连续的信号
C. 采样保持信号是时间上连续、数值上离散的信号
D. 数字信号是直接反映数值大小的信号

90. 设周期信号 $u(t)=\sqrt{2}U_1\sin(\omega t+\psi_1)+\sqrt{2}U_3\sin(3\omega t+\psi_3)+\cdots$

$$u_1(t)=\sqrt{2}U_1\sin(\omega t+\psi_1)+\sqrt{2}U_3\sin(3\omega t+\psi_3)$$

$$u_2(t)=\sqrt{2}U_1\sin(\omega t+\psi_1)+\sqrt{2}U_5\sin(5\omega t+\psi_5)$$

则：

A. $u_1(t)$较 $u_2(t)$更接近 $u(t)$
B. $u_2(t)$较 $u_1(t)$更接近 $u(t)$
C. $u_1(t)$与 $u_2(t)$接近 $u(t)$的程度相同
D. 无法做出三个电压之间的比较

91. 某模拟信号放大器输入与输出之间的关系如图所示，那么，能够经该放大器得到 5 倍放大的输入信号 $u_i(t)$最大值一定：

A. 小于 2V
B. 小于 10V 或大于－10V
C. 等于 2V 或等于－2V
D. 小于等于 2V 且大于等于－2V

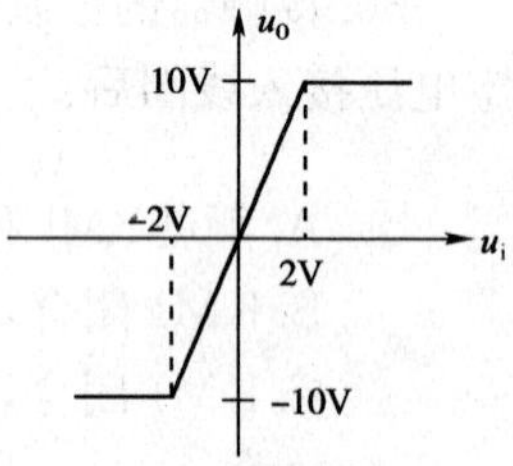

题 91 图

92. 逻辑函数 $F=\overline{\overline{AB}+\overline{BC}}$的化简结果是：

A. F＝AB＋BC　　B. $F=\overline{A}+\overline{B}+\overline{C}$
C. F＝A＋B＋C　　D. F＝ABC

93. 图示电路中，$u_i=10\sin\omega t$，二极管 D_2 因损坏而断开，这时输出电压的波形和输出电压的平均值为：

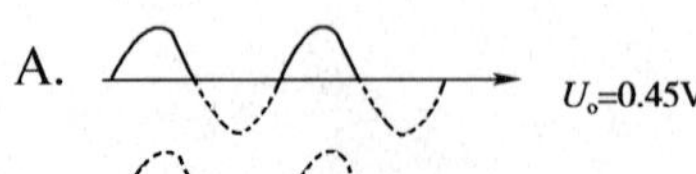

A. U_o=0.45V
B. 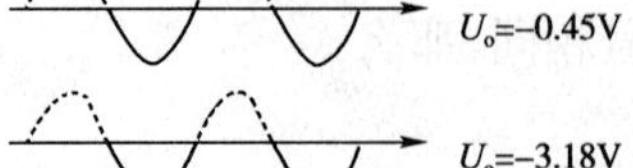 U_o=-0.45V
C. 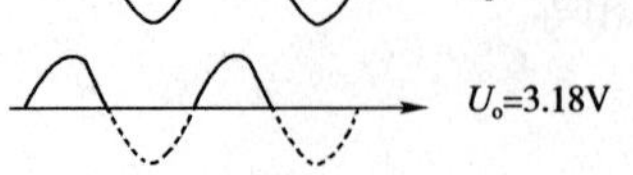 U_o=-3.18V
D. 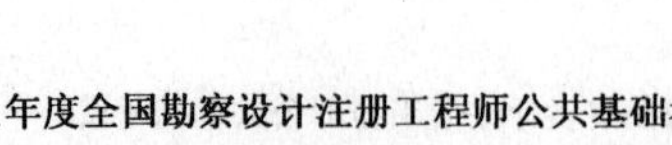 U_o=3.18V

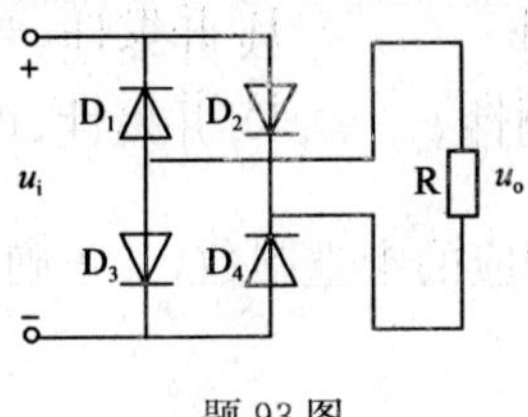

题 93 图

94. 图 a)所示运算放大器的输出与输入之间的关系如图 b)所示，若 $u_i = 2\sin\omega t$ mV，则 u_o 为：

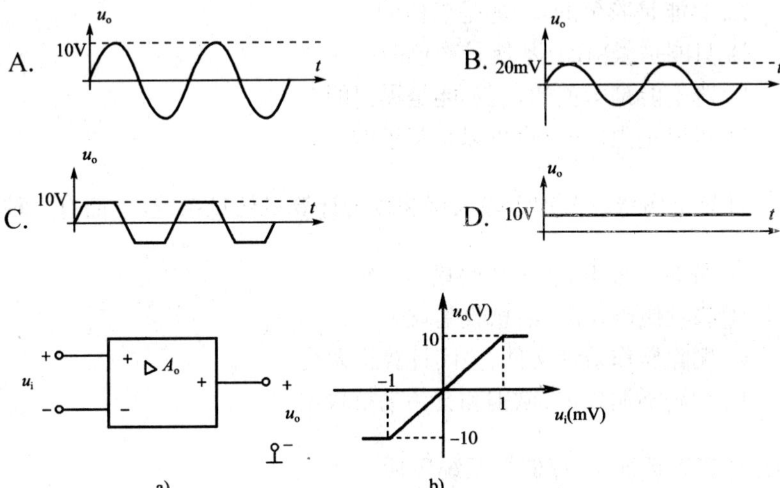

题 94 图

95. 基本门如图 a)所示，其中，数字信号 A 由图 b)给出，那么，输出 F 为：

A. 1

B. 0

C.

D.

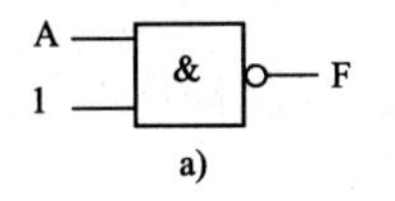

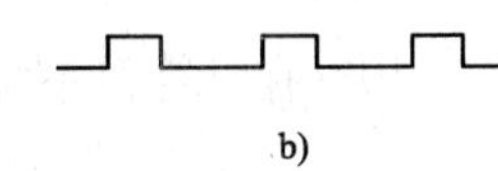

题 95 图

96. JK 触发器及其输入信号波形如图所示，那么，在 $t=t_0$ 和 $t=t_1$ 时刻，输出 Q 分别为：

A. $Q(t_0)=1, Q(t_1)=0$

B. $Q(t_0)=0, Q(t_1)=1$

C. $Q(t_0)=0, Q(t_1)=0$

D. $Q(t_0)=1, Q(t_1)=1$

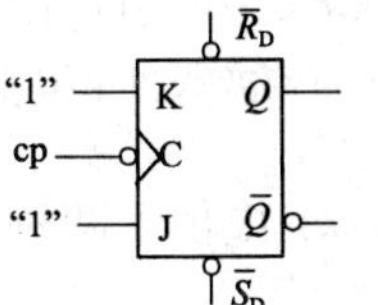

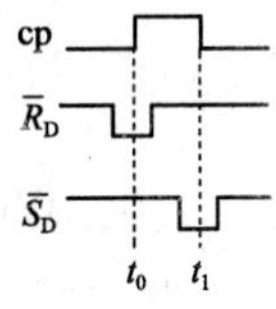

题 96 图

97. 计算机存储器中的每一个存储单元都配置一个唯一的编号，这个编号就是：

A. 一种寄存标志　　B. 寄存器地址

C. 存储器的地址　　D. 输入/输出地址

98. 操作系统作为一种系统软件，存在着与其他软件明显不同的三个特征是：

A. 可操作性、可视性、公用性　　B. 并发性、共享性、随机性
C. 随机性、公用性、不可预测性　　D. 并发性、可操作性、脆弱性

99. 将二进制数 11001 转换成相应的十进制数，其正确结果是：

A. 25　　B. 32　　C. 24　　D. 22

100. 图像中的像素实际上就是图像中的一个个光点，这光点：

A. 只能是彩色的，不能是黑白的
B. 只能是黑白的，不能是彩色的
C. 既不能是彩色的，也不能是黑白的
D. 可以是黑白的，也可以是彩色的

101. 计算机病毒以多种手段入侵和攻击计算机信息系统，下面有一种不被使用的手段是：

A. 分布式攻击、恶意代码攻击
B. 恶意代码攻击、消息收集攻击
C. 删除操作系统文件、关闭计算机系统
D. 代码漏洞攻击、欺骗和会话劫持攻击

102. 计算机系统中，存储器系统包括：

A. 寄存器组、外存储器和主存储器
B. 寄存器组、高速缓冲存储器(Cache)和外存储器
C. 主存储器、高速缓冲存储器(Cache)和外存储器
D. 主存储器、寄存器组和光盘存储器

103. 在计算机系统中，设备管理是指对：

A. 除 CPU 和内存储器以外的所有输入/输出设备的管理
B. 包括 CPU 和内存储器及所有输入/输出设备的管理
C. 除 CPU 外，包括内存储器及所有输入/输出设备的管理
D. 除内存储器外，包括 CPU 及所有输入/输出设备的管理

104. Windows 提供了两种十分有效的文件管理工具，它们是：

A. 集合和记录　　B. 批处理文件和目标文件
C. 我的电脑和资源管理器　　D. 我的文档、文件夹

105. 一个典型的计算机网络主要由两大部分组成，即：

A. 网络硬件系统和网络软件系统
B. 资源子网和网络硬件系统
C. 网络协议和网络软件系统

D. 网络硬件系统和通信子网

106. 局域网是指将各种计算机网络设备互联在一起的通信网络，但其覆盖的地理范围有限，通常在：

A. 几十米之内　　B. 几百公里之内
C. 几公里之内　　D. 几十公里之内

107. 某企业年初投资 5 000 万元，拟 10 年内等额回收本利，若基准收益率为 8%，则每年年末应回收的资金是：

A. 540.00 万元　B. 1 079.46 万元　C. 745.15 万元　D. 345.15 万元

108. 建设项目评价中的总投资包括：

A. 建设投资和流动资金
B. 建设投资和建设期利息
C. 建设投资、建设期利息和流动资金
D. 固定资产投资和流动资产投资

109. 新设法人融资方式，建设项目所需资金来源于：

A. 资本金和权益资金
B. 资本金和注册资本
C. 资本金和债务资金
D. 建设资金和债务资金

110. 财务生存能力分析中，财务生存的必要条件是：

A. 拥有足够的经营净现金流量
B. 各年累计盈余资金不出现负值
C. 适度的资产负债率
D. 项目资本金净利润率高于同行业的净利润率参考值

111. 交通运输部门拟修建一条公路，预计建设期为一年，建设期初投资为 100 万元，建成后即投入使用，预计使用寿命为 10 年，每年将产生的效益为 20 万元，每年需投入保养费 8000 元。若社会折现率为 10%，则该项目的效益费用比为：

A. 1.07　B. 1.17　C. 1.85　D. 1.92

112. 建设项目经济评价有一整套指标体系，敏感性分析可选定其中一个或几个主要指标进行分析，最基本的分析指标是：

A. 财务净现值　　B. 内部收益率
C. 投资回收期　　D. 偿债备付率

113. 在项目无资金约束、寿命不同、产出不同的条件下，方案经济比选只能采用：

A. 净现值比较法
B. 差额投资内部收益率法
C. 净年值法
D. 费用年值法

114. 在对象选择中，通过对每个部件与其他各部件的功能重要程度进行逐一对比打分，相对重要的得 1 分，不重要的得 0 分，此方法称为：

A. 经验分析法　　B. 百分比法
C. ABC 分析法　　D. 强制确定法

115. 按照《中华人民共和国建筑法》的规定，下列叙述中正确的是：

A. 设计文件选用的建筑材料、建筑构配件和设备，不得注明其规格、型号
B. 设计文件选用的建筑材料、建筑构配件和设备，不得指定生产厂、供应商
C. 设计单位应按照建设单位提出的质量要求进行设计
D. 设计单位对施工过程中发现的质量问题应当按照监理单位的要求进行改正

116. 根据《中华人民共和国招标投标法》的规定，招标人对已发出的招标文件进行必要的澄清或修改的，应该以书面形式通知所有招标文件收受人，通知的时间应当在招标文件要求提交投标文件截止时间至少：

A. 20 日前　　B. 15 日前　　C. 7 日前　　D. 5 日前

117. 按照《中华人民共和国合同法》的规定，下列情形中，要约不失效的是：

A. 拒绝要约的通知到达要约人
B. 要约人依法撤销要约
C. 承诺期限届满，受要约人未作出承诺
D. 受要约人对要约的内容作出非实质性变更

118. 根据《中华人民共和国节约能源法》的规定，国家实施的能源发展战略是：

A. 限制发展高耗能、高污染行业，发展节能环保型产业
B. 节约与开发并举，把节约放在首位
C. 合理调整产业结构、企业结构、产品结构和能源消费结构
D. 开发和利用新能源、可再生能源

119. 根据《中华人民共和国环境保护法》的规定，下列关于企业事业单位排放污染物的规定中，正确的是：

A. 排放污染物的企业事业单位，必须申报登记

B. 排放污染物超过标准的企业事业单位，或者缴纳超标准排污费，或者负责治理

C. 征收的超标准排污费必须用于该单位污染的治理，不得挪作他用

D. 对造成环境严重污染的企业事业单位，限期关闭

120. 根据《建设工程勘察设计管理条例》的规定，建设工程勘察、设计方案的评标一般不考虑：

A. 投标人资质

B. 勘察、设计方案的优劣

C. 设计人员的能力

D. 投标人的业绩

2011 年度全国勘察设计注册工程师公共基础考试

试题解析及参考答案

1.解 直线方向向量 $\vec{s}=\{1,1,1\}$，平面法线向量 $\vec{n}=\{1,-2,1\}$，计算 $\vec{s}\cdot\vec{n}=0$，得 $\vec{s}\perp\vec{n}$，从而知直线∥平面，或直线与平面重合；再在直线上取一点(0,1,0)，验证该点是否满足平面方程。

答案:B

2.解 方程中缺少一个字母，空间解析几何中这样的曲面表示为柱面。方程中缺少字母 x，柱面的母线平行 x 轴。

答案:A

3.解 可通过求 $\lim\limits_{x\to0}\dfrac{3^x-1}{x}$ 的极限判断。计算如下 $\lim\limits_{x\to0}\dfrac{3^x-1}{x}\overset{\frac{0}{0}}{=\!=}\lim\limits_{x\to0}\dfrac{3^x\ln3}{1}=\ln3\neq1$。

答案:D

4.解 使分母为 0 的点为间断点，可知 $\sin\pi x=0$，$x=0,\pm1,\pm2,\cdots$ 为间断点，再利用可去间断点定义，找出可去间断点。计算当 $x=0$ 时，$\lim\limits_{x\to0}\dfrac{x-x^2}{\sin\pi x}\overset{\frac{0}{0}}{=\!=}\lim\limits_{x\to0}\dfrac{1-2x}{x\cos\pi x}=\dfrac{1}{\pi}$，极限存在，可知 $x=0$ 为函数的一个可去间断点。

同样可计算当 $x=1$ 时，极限为 $\dfrac{1}{\pi}$，因而 $x=1$ 也是一个可去间断点。其余点求极限均不满足可去间断点定义。

答案:B

5.解 举例说明。

如 $f(x)=x$ 在 $x=0$ 可导，$g(x)=|x|=\begin{cases}x,x\geqslant0\\-x,x<0\end{cases}$ 在 $x=0$ 不可导，$f(x)g(x)=x|x|=\begin{cases}x^2,x\geqslant0\\-x^2,x<0\end{cases}$，通过计算 $f'_+(0)=f'_-(0)=0$，知 $f(x)g(x)$ 在 $x=0$ 可导。

如 $f(x)=2$ 在 $x=0$ 可导，$g(x)=|x|$ 在 $x=0$ 不可导，$f(x)g(x)=2|x|=\begin{cases}2x,x\geqslant0\\-2x,x<0\end{cases}$，通过计算函数 $f(x)g(x)$ 的右导为 2，左导为 -2，可知 $f(x)g(x)$ 在 $x=0$ 不可导。

答案:A

6.解 利用逐项排除判定。当 $x>0$，幂函数比对数函数趋向无穷大的速度快，指数函数又比幂函数趋向无穷大的速度快，故 A、B、C 均不成立，从而可知 D 成立。

还可利用函数的单调性证明。设 $f(x)=x-\sin x$，$x\subset(0,+\infty)$，得 $f'(x)=1-\cos x\geqslant0$，

所以 $f(x)$ 单增，当 $x=0$ 时，$f(0)=0$，从而当 $x>0$ 时，$f(x)>0$，即 $x-\sin x>0$。

答案：D

7. **解**　在题目中只给出 $f(x,y)$ 在闭区域 D 上连续这一条件，并未讲函数 $f(x,y)$ 在 P_0 点是否具有一阶、二阶连续偏导，而选项 A、B 判定中均利用了这个未给的条件，因而选项 A、B 不成立。选项 D 中，$f(x,y)$ 的最大值点可以在 D 的边界曲线上取得，因而不一定是 $f(x,y)$ 的极大值点，故选项 D 不成立。

在选项 C 中，给出 P_0 是可微函数的极值点这个条件，因而 $f(x,y)$ 在 P_0 偏导存在，且 $\left.\frac{\partial f}{\partial x}\right|_{P_0}=0$，$\left.\frac{\partial f}{\partial y}\right|_{P_0}=0$。

故 $\mathrm{d}f=\left.\frac{\partial f}{\partial x}\right|_{P_0}\mathrm{d}x+\left.\frac{\partial f}{\partial y}\right|_{P_0}\mathrm{d}y=0$

答案：C

8. **解**　方法 1：凑微分再利用积分公式计算，原式 $=2\int\frac{1}{1+x}\mathrm{d}\sqrt{x}=2\int\frac{1}{1+(\sqrt{x})^2}\mathrm{d}\sqrt{x}$，再利用公式计算。原式 $=2\arctan\sqrt{x}+C$。

方法 2：换元，设 $\sqrt{x}=t$，$x=t^2$，$\mathrm{d}x=2t\mathrm{d}t$，原式 $=\int\frac{2t}{t(1+t^2)}\mathrm{d}t$，再利用公式计算，求出结果并回代 $t=\sqrt{x}$。

答案：B

9. **解**　$f(x)$ 是连续函数，$\int_0^2 f(t)\mathrm{d}t$ 的结果为一常数，设为 A，那么已知表达式化为 $f(x)=x^2+2A$，两边作定积分，$\int_0^2 f(x)\mathrm{d}x=\int_0^2(x^2+2A)\mathrm{d}x$，化为 $A=\int_0^2 x^2\mathrm{d}x+2A\int_0^2\mathrm{d}x$，通过计算得到 $A=-\frac{8}{9}$。所以 $f(x)=x^2+2\times\left(-\frac{8}{9}\right)=x^2-\frac{16}{9}$。

答案：D

10. **解**　利用偶函数在对称区间的积分公式得原式 $=2\int_0^2\sqrt{4-x^2}\mathrm{d}x$，而积分 $\int_0^2\sqrt{4-x^2}\mathrm{d}x$ 为圆 $x^2+y^2=4$ 面积的 $\frac{1}{4}$，即为 $\frac{1}{4}\cdot\pi\cdot2^2=\pi$，从而原式 $=2\cdot\pi=2\pi$。

另一方法：可设 $x=2\sin t$，$\mathrm{d}x=2\cos t\mathrm{d}t$，则 $\int_0^2\sqrt{4-x^2}\mathrm{d}x=\int_0^{\frac{\pi}{2}}4\cos^2 t\mathrm{d}t$，计算解为 π。

答案：B

11. **解**　利用已知两点求出直线方程 $L:y=-2x+2$，L 的参数方程 $\begin{cases}y=-2x+2\\x=x\end{cases}(0\leqslant x\leqslant1)$

$\mathrm{d}S=\sqrt{5}\mathrm{d}x$，$\int_L(x^2+y^2)\mathrm{d}S=\int_0^1[x^2+(-2x+2)^2]\sqrt{5}\mathrm{d}x$，计算出结果。

答案：D

12. **解**　$y=e^{-x}$，即 $y=\left(\frac{1}{e}\right)^{x}$，画出平面图形（见解图）。根据 $V=\int_{0}^{+\infty}\pi(e^{-x})^{2}\mathrm{d}x$，可计算结果。

$$V=\int_{0}^{+\infty}\pi e^{-2x}\mathrm{d}x=-\frac{\pi}{2}\int_{0}^{+\infty}e^{-2x}\mathrm{d}(-2x)=-\frac{\pi}{2}e^{-2x}\Big|_{0}^{+\infty}=\frac{\pi}{2}。$$

题 12 解图

答案:A

13. **解**　利用级数性质易判定选项 A、B、C 均收敛。对于选项 D，因 $\sum\limits_{n=1}^{\infty}u_n$ 收敛，则有 $\lim\limits_{x\to\infty}u_n=0$，而级数 $\sum\limits_{n=1}^{\infty}\frac{50}{u_n}$ 的一般项为 $\frac{50}{u_n}$，计算 $\lim\limits_{x\to\infty}\frac{50}{u_n}\to\infty$，故级数 D 发散。

答案:D

14. **解**　由已知条件可知 $\lim\limits_{n\to\infty}\left|\frac{a_{n+1}}{a_n}\right|=\frac{1}{2}$，设 $x-2=t$，幂级数 $\sum\limits_{n=1}^{\infty}na_n(x-2)^{n+1}$ 化为 $\sum\limits_{n=1}^{\infty}na_nt^{n+1}$，求系数比的极限确定收敛半径，$\lim\limits_{n\to\infty}\left|\frac{(n+1)a_{n+1}}{na_n}\right|=\lim\limits_{n\to\infty}\left|\frac{n+1}{n}\cdot\frac{a_{n+1}}{a_n}\right|=\frac{1}{2}$，$R=2$，即 $|t|\leqslant 2$ 收敛，代得 $-2<x-2<2$，收敛。

答案:C

15. **解**　分离变量，化为可分离变量方程 $\frac{x}{\sqrt{2-x^2}}\mathrm{d}x=\frac{1}{y}\mathrm{d}y$，两边进行不定积分，得到最后结果。注意左边式子的积分 $\int\frac{x}{\sqrt{2-x^2}}\mathrm{d}x=-\frac{1}{2}\int\frac{\mathrm{d}(2-x^2)}{\sqrt{2-x^2}}=-\sqrt{2-x^2}$，右边式子积分 $\int\frac{1}{y}\mathrm{d}y=\ln y+C_1$，所以 $-\sqrt{2-x^2}=\ln y+C_1$，$\ln y=-\sqrt{2-x^2}-C_1$，$y=e^{-C_1-\sqrt{2-x^2}}=Ce^{-\sqrt{2-x^2}}$ 其中 $C=e^{-C_1}$。

答案:C

16. **解**　微分方程为一阶齐次方程，设 $u=\frac{y}{x}$，$y=xu$，$\frac{\mathrm{d}y}{\mathrm{d}x}=u+x\frac{\mathrm{d}u}{\mathrm{d}x}$，代入化简得 $\cot u\mathrm{d}u=\frac{1}{x}\mathrm{d}x$，两边积分 $\int\cot u\mathrm{d}u=\int\frac{1}{x}\mathrm{d}x$，$\ln|\sin u|=\ln 1\times 1+C$，$\sin u=Cx$，代入 u，$\sin\frac{y}{x}=Cx$。

答案:A

17. **解**　方法 1：用一般方法求 $\boldsymbol{A}^{-1}=\frac{1}{|\boldsymbol{A}|}\boldsymbol{A}^{*}$，但较麻烦。

方法 2：简便方法，试探一下哪一个给出的矩阵满足 $\boldsymbol{AB}=\boldsymbol{E}$，如：

$$\begin{bmatrix}1&0&1\\0&1&2\\-2&0&-3\end{bmatrix}\begin{bmatrix}3&0&1\\4&1&2\\-2&0&-1\end{bmatrix}=\begin{bmatrix}1&0&0\\0&1&0\\0&0&1\end{bmatrix}$$

方法 3：用矩阵初等变换，求逆阵。

答案:B

18. **解** 求出 $\boldsymbol{A}^*=\begin{bmatrix} a-1 & a-1 & -(a-1)(a+1) \\ a-1 & -(a+1)(a-1) & a-1 \\ -(a-1)(a+1) & a-1 & a-1 \end{bmatrix}$，将选项 A、B、C、D 值分别代入，当 $a=-2$ 代入时，$R(\boldsymbol{A}^*)=1$。

答案:A

19. **解** 当 $\boldsymbol{P}^{-1}\boldsymbol{AP}=\boldsymbol{\Lambda}$ 时，$\boldsymbol{P}=(\alpha_1,\alpha_2,\alpha_3)$ 中 α_1、α_2、α_3 的排列满足对应关系，α_1 对应 λ_1，α_2 对应 λ_2，α_3 对应 λ_3，可知 α_1 对应特征值 $\lambda_1=1$，α_2 对应特征值 $\lambda_2=2$，α_3 对应特征值 $\lambda_3=0$，由此可知当 $\boldsymbol{Q}=(\alpha_2,\alpha_1,\alpha_3)$ 时，对应 $\boldsymbol{\Lambda}=\begin{bmatrix} 2 & 0 & 0 \\ 0 & 1 & 0 \\ 0 & 0 & 0 \end{bmatrix}$。

答案:B

20. **解** 对方程组的系数矩阵进行初等行变换，得到方程组的同解方程组 $\begin{cases} x_1=x_3-x_4 \\ x_2=x_3+0x_4 \end{cases}$。当 $x_3=1,x_4=0$ 时，得 $x_1=1,x_2=1$；当 $x_3=0,x_4=1$ 时，得 $x_1=-1,x_2=0$，写成基础解系 ξ_1,ξ_2。

答案:C

21. **解** $P(A\cup B)=P(A)+P(B)-P(AB)$，$P(A\cup B)$ 取最小值时，$P(AB)$ 取最大值，因 $P(A)<P(B)$，所以 $P(AB)=P(A)$。

答案:C

22. **解** 设每个人独立译出密码分别记为 A、B、C，则这份密码被译出表示为 $\mathrm{A}\cup\mathrm{B}\cup\mathrm{C}$，$\overline{\mathrm{A}\cup\mathrm{B}\cup\mathrm{C}}=\overline{\mathrm{A}}\,\overline{\mathrm{B}}\,\overline{\mathrm{C}}$，$P(\mathrm{A}\cup\mathrm{B}\cup\mathrm{C})=1-P(\overline{\mathrm{A}}\,\overline{\mathrm{B}}\,\overline{\mathrm{C}})=1-P(\overline{\mathrm{A}})P(\overline{\mathrm{B}})P(\overline{\mathrm{C}})$。

答案:D

23. **解** $P\{x\leqslant\frac{1}{2}\}=\int_0^{\frac{1}{2}}2x\mathrm{d}x=\frac{1}{4}$，$Y\sim B(3,P)$，$P(Y=2)=C_3^2\left(\frac{1}{4}\right)^2\frac{3}{4}$。

答案:B

24. **解** 由 χ^2 分布定义，$X^2\sim\chi^2(1)$，$Y^2\sim\chi^2(1)$，X 与 Y 独立时，A、B、D 才正确。

答案:C

25. **解** 分子的平均平动动能 $\varepsilon_{平动}=\frac{3}{2}kT$，分子的平均动能 $\overline{w}=\frac{i}{2}kT$。

答案:B

26. **答案**:C

27. **解** 理想气体从平衡态 $\mathrm{A}(2p_1,V_1)$ 变化到平衡态 $\mathrm{B}(p_1,2V_1)$，体积膨胀，做功 $W>0$。判断内能变化情况：方法 1，画 p-V 图，注意到平衡态 $\mathrm{A}(2p_1,V_1)$ 和平衡态 $\mathrm{B}(p_1,2V_1)$ 都在同一等温线上，$\Delta T=0$，故 $\Delta E=0$。方法 2，气体处于平衡态 A 时，其温度为 $T_{\mathrm{A}}=\frac{2p_1\times V_1}{R}$；

处于平衡态 B 时，温度 $T_B=\frac{2p_1\times V_1}{R}$，显然 $T_A=T_B$，温度不变，内能不变，$\Delta E=0$。

答案:C

28. **解**　循环过程的净功数值上等于闭合循环曲线所围的面积。若循环曲线所包围的面积增大，则净功增大。而卡诺循环的循环效率由下式决定：$\eta_{卡诺}=1-\frac{T_2}{T_1}$。若 T_1，T_2 不变，则循环效率不变。

答案:D

29. **解**　按题意，$y=0.01\cos10\pi(25\times0.1-2)=0.01\cos5\pi=-0.01\text{m}$。

答案:C

30. **解**　质元在机械波动中，动能和势能是同相位的，同时达到最大值，又同时达到最小值，质元在最大位移处（波峰或波谷），速度为零，"形变"为零，此时质元的动能为零，势能为零。

答案:D

31. **解**　由 $\Delta\phi=\frac{2\pi V\Delta x}{u}$，今 $\nu=\frac{1}{T}=\frac{1}{4}=0.25$，$\Delta x=3\text{m}$，$\Delta\phi=\frac{\pi}{6}$，故 $u=9\text{m/s}$，$\lambda=\frac{u}{\nu}=36\text{m}$。

答案:B

32. **解**　如图所示，考虑 O 处的明纹怎样变化。

①玻璃纸未遮住时：光程差 $\delta=r_1-r_2=0$，O 处为零级明纹。

②玻璃纸遮住后：光程差 $\delta'=\frac{5}{2}\lambda$，根据干涉条件知 $\delta'=\frac{5}{2}\lambda=(2\times2+1)\frac{\lambda}{2}$，满足暗纹条件。

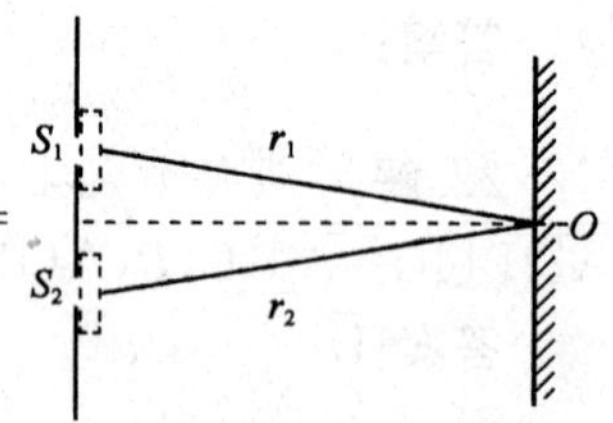

题 32 解图

答案:B

33. **解**　光学常识，注意 $1\text{nm}=10^{-9}\text{m}$。

答案:A

34. **解**　玻璃劈尖的干涉条件为 $\delta=2ne+\frac{\lambda}{2}=k\lambda$（$k=1,2,\cdots$）（明纹），相邻两明（暗）纹对应的空气层厚度为 $e_{k+1}-e_k=\frac{\lambda}{2n}$（见解图）。若劈尖的夹角为 θ，则相邻两明（暗）纹的间距 l 应满足关系式：

题 34 解图

$$l\sin\theta=e_{k+1}-e_k=\frac{\lambda}{2n} \text{ 或 } l\theta=\frac{\lambda}{2n},$$

$$l=\frac{\lambda}{2n\sin\theta}\approx\frac{\lambda}{2n\theta}。$$

答案:D

35. **解**　$I = I_0\cos^2\alpha$ 。

答案:B

36. **解**　中央明纹宽度$=\dfrac{2\lambda f}{a}$ 。$1\text{nm}=10^{-9}\text{m}$。

答案:D

37. **解**　根据原子核外电子排布三大原则排布核外电子。

答案:B

38. **解**　元素周期表中,同一主族元素从上往下随着原子序数增加,原子半径增大;同一周期主族元素随着原子序数增加,原子半径减小。

答案:D

39. **解**　CH_3COOH 过量,和 NaOH 反应生成 CH_3COONa,形成 CH_3COOH/CH_3COONa 缓冲溶液。

答案:A

40. **解**　总压力不变,加入惰性气体 Ar,反应方程式中各气体的分压减小,平衡向气体分子数增加的方向移动。

答案:A

41. **解**　原子首先失去最外层电子,使电子层数减小而使离子稳定。所以失去的为 4s 上的一个电子,该原子价电子构型为 $3d^{10}4s^1$,为 29 号 Cu 原子的电子构型。

答案:C

42. **解**　根据关系式 $\Delta_r G_m^{\ominus}=-RT\ln K^{\ominus}$ 推断, $K^{\ominus}<1,\Delta_r G_m^{\ominus}>0$。

答案:A

43. **解**　元素的周期数为价电子构型中的最大主量子数,最大主量子数为 5,元素为第五周期;元素价电子构型特点为$(n-1)d^{10}ns^1$,为 IB 族元素特征价电子构型。

答案:B

44. **解**　酚类化合物为苯环直接和羟基相连。

答案:C

45. **解**　根据有机化合物命名原则命名。

答案:D

46. **解**　甲酸结构式为 $\mathrm{H{-}\overset{\overset{\large O}{\|}}{C}{-}O{-}H}$,两个氢处于不同化学环境。

答案:B

47. **解**　AC 与 BC 均为二力杆件,分析铰链 C 的受力即可。

答案:D

48. 解　根据力多边形法则，分力首尾相连，合力为力三角形的封闭边。

答案:B

49. 解　A、B 处为光滑约束，其约束力均为水平并组成一力偶，与力 $\boldsymbol{W}$ 和 DE 杆约束力组成的力偶平衡。

答案:B

50. 解　根据摩擦定律 $F_{max} = W\cos 30° \times f = 20.8\text{kN}$，沿斜面向下的主动力为 $W\sin 30° = 30\text{kN} > F_{max}$。

答案:C

51. 解　点的运动轨迹为位置矢端曲线。

答案:B

52. 解　可根据平行移动刚体的定义判断。

答案:C

53. 解　杆 AB 和杆 CD 均为平行移动刚体。

答案:B

54. 解　根据动量、动量矩、动能的定义，刚体做定轴转动时：$\boldsymbol{p} = m\boldsymbol{v}_C$、$L_O = J_O\omega$，$T = \frac{1}{2}J_O\omega^2$。

答案:A

55. 解　根据动量的定义 $\boldsymbol{p} = \sum m_i\boldsymbol{v}_i$。

答案:B

56. 解　可用动静法将惯性力向 A 点简化，主矢大小 $F_I = mL$（铅垂向上），主矩大小 $M_{IO} = J_O$（顺时针转向），再列对 B 点力矩的平衡方程即可。

答案:B

57. 解　根据定轴转动刚体惯性力系简化的主矢和主矩结果，其大小为 $F_I = ma_C$；$M_{IO} = J_O\alpha$。

答案:A

58. 解　装置a)、b)、c)的自由振动频率分别为 $\omega_{0a} = \sqrt{\frac{2k}{m}}$；$\omega_{0b} = \sqrt{\frac{k}{2m}}$；$\omega_{0c} = \sqrt{\frac{3k}{m}}$，且周期为 $T = \frac{2\pi}{\omega_0}$。

答案:B

59. **解**

$$\sigma_{AB}=\frac{F_{NAB}}{A_{AB}}=\frac{300\pi\times10^3\text{N}}{\frac{\pi}{4}\times(200)^2\text{mm}^2}=30\text{MPa}$$

$$\sigma_{BC}=\frac{F_{NBC}}{A_{BC}}=\frac{100\pi\times10^3\text{N}}{\frac{\pi}{4}\times(100)^2\text{mm}^2}=40\text{MPa}=\sigma_{max}$$

答案:A

60. **解**

$$\tau=\frac{Q}{A_Q}=\frac{F}{\frac{\pi}{4}d^2}=\frac{4F}{\pi d^2}=[\tau]\cdots\cdots\cdots\cdots ①$$

$$\sigma_{bs}=\frac{P_{bs}}{A_{bs}}=\frac{F}{dt}=[\sigma_{bs}]\cdots\cdots\cdots\cdots ②$$

再用式②除式①,可得$\frac{\pi d}{4t}=\frac{[\sigma_{bs}]}{[\tau]}$。

答案:B

61. **解** 受扭空心圆轴横截面上的切应力分布与半径成正比,而且在空心圆内径中无应力,只有B图是正确的。

答案:B

62. **解**

$$W_z=\frac{I_z}{y_{max}}=\frac{\frac{\pi}{64}d^4-\frac{a^4}{12}}{\frac{d}{2}}=\frac{\pi d^3}{32}-\frac{a^4}{6d}$$

答案:B

63. **解** 根据$\frac{\mathrm{d}M}{\mathrm{d}x}=Q$可知,剪力为零的截面弯矩的导数为零,也即是弯矩有极值。

答案:B

64. **解** 开裂前

$$\sigma_{max}=\frac{M}{W_z}=\frac{M}{\frac{b}{6}(3a)^2}=\frac{2M}{3ba^2}$$

开裂后

$$\sigma_{1max}=\frac{\frac{M}{3}}{W_{z1}}=\frac{\frac{M}{3}}{\frac{ba^2}{6}}=\frac{2M}{ba^2}$$

开裂后最大正应力是原来的3倍,故梁承载能力是原来的1/3。

答案:B

65. **解** 由矩形和工字形截面的切应力计算公式可知$\tau=\frac{QS_z}{bI_z}$,切应力沿截面高度呈抛物线分布。由于腹板上截面宽度b突然加大,故z轴附近切应力突然减小。

答案:B

66. **解**　承受集中力的简支梁的最大挠度 $f_c=\frac{Fl^3}{48EI}$，与惯性矩 I 成反比。$I_a=\frac{hb^3}{12}=\frac{b^4}{6}$，而 $I_b=\frac{bh^3}{12}=\frac{4}{6}b^4$，因图 a)梁 I_a 是图 b)梁 I_b 的$\frac{1}{4}$，故图 a)梁的最大挠度是图 b)梁的 4 倍。

答案:C

67. **解**　图示单元体的最大主应力 σ_1 的方向，可以看作是 σ_x 的方向(沿 x 轴)和纯剪切单元体的最大拉应力的主方向(在第一象限沿 45°向上)，叠加后的合应力的指向。

答案:A

68. **解**　AB 段是轴向受压，$\sigma_{AB}=\frac{F}{ab}$；

BC 段是偏心受压，$\sigma_{BC}=\frac{F}{2ab}+\frac{F\cdot\frac{a}{2}}{\frac{b}{6}(2a)^2}=\frac{5F}{4ab}$。

答案:B

69. **解**　图示圆轴是弯扭组合变形，在固定端处既有弯曲正应力，又有扭转切应力。但是图中 A 点位于中性轴上，故没有弯曲正应力，只有切应力，属于纯剪切应力状态。

答案:B

70. **解**　由压杆临界荷载公式 $F_{cr}=\frac{\pi^2 EI}{(\mu l)^2}$可知，$F_{cr}$与杆长 l^2 成反比，故杆长度为$\frac{l}{2}$时，F_{cr}是原来的 4 倍。

答案:A

71. **解**　空气的黏滞系数随温度降低而降低，而水的黏滞系数相反，随温度降低而升高。

答案:A

72. **解**　质量力是作用在每个流体质点上，大小与质量成正比的力；表面力是作用在所设流体的外表，大小与面积成正比的力。

答案:C

73. **解**　根据流线定义及性质以及非恒定流定义可得。

答案:C

74. **解**　题中已给出两断面间有水头损失 $h_{l1\text{-}2}$，而选项 C 中未计及 $h_{l1\text{-}2}$，所以是错误的。

答案:C

75. **解**　根据雷诺数公式 $\mathrm{Re}=\frac{vd}{\nu}$及连续方程 $v_1A_1=v_2A_2$ 联立求解可得。

$v_2=v_1\left(\frac{d_1}{d_2}\right)^2=\left(\frac{30}{60}\right)^2 v_1=\frac{v_1}{4}$

$$Re_2=\frac{v_2d_2}{\nu}=\frac{\frac{v_1}{4}\times 2d_1}{\nu}=\frac{1}{2}\mathrm{Re}_1=\frac{1}{2}\times 5\,000=2\,500。$$

答案:C

76.**解**　当自由出流孔口与淹没出流孔口的形状、尺寸相同,且作用水头相等时,则出流量应相等。

答案:B

77.**解**　根据水力最优断面定义可得。

答案:B

78.**解**　依据弗劳德准则,流量比尺 $\lambda_Q=\lambda_L^{2.5}$,所以长度比尺 $\lambda_L=\lambda_Q^{1/2.5}$,代入题设数据后有:$\lambda_L=\left(\frac{537}{0.3}\right)^{1/2.5}=(1\,790)^{0.4}=20$。

答案:D

79.**解**　此题可以用电场强度的叠加定理分析,两个点电荷连线的中心位置电场强度为零。

答案:B

80.**解**　电感电压与电流之间的关系是微分关系,即 $u=L\frac{\mathrm{d}i}{\mathrm{d}t}$。

答案:D

81.**解**　根据线性电路的戴维南定理,图a)和图b)电路等效指的是对外电路电压和电流相同,即电路中20Ω电阻中的电流均为1A;然后利用节电电流关系可知,流过图a)电路10Ω电阻中的电流是1A。

答案:A

82.**解**　RLC串联的交流电路中,阻抗的计算公式是 $Z=R+jX_L-X_C=R+j\omega L-j-\frac{1}{\omega C}$,阻抗的模 $|Z|=\sqrt{R^2+\left(\omega L-\frac{1}{\omega C}\right)^2}$。

答案:C

83.**解**　该电路是RLC混联的正弦交流电路,根据给定电压,将其写成复数为 $\dot{U}=U\angle 30°=\frac{10}{\sqrt{2}}\angle 30°\mathrm{V}$;电流 $\dot{I}=\dot{I}_1+\dot{I}_2=\frac{\dot{U}}{R+j\omega L}+\frac{\dot{U}}{-j\left(\frac{1}{\omega C}\right)}=I\angle\psi_i$。

答案:C

84.**解**　在暂态电路中电容电压符合换路定则 $U_C(t_{o+})=U_C(t_{o-})$,开关闭合以前 $U_C(t_{o-})=\frac{R_2}{R_1+R_2}U_s$,$I(0_+)=U_C(0_+)/R_2$。电路达到稳定以后电容能量放光,电路中稳态电流 $I(\infty)=0$。

答案:B

85. **解**　信号源输出最大功率的条件是电源内阻与负载电阻相等,电路中的实际负载电阻折合到变压器的原边数值为 $R'_L = \left(\frac{U_1}{U_2}\right)^2 R_L = R_S = 40\Omega$。

答案:B

86. **解**　在继电接触控制电路中,电器符号均表示电器没有动作的状态,当接触器线圈 KM 通电以后常开触点 KM1 闭合,常闭触点 KM2 断开。

答案:C

87. **解**　信息一般的是通过感官接收的关于客观事物的存在形式或变化情况。信号是消息的表现形式,是可以直接观测到的物理现象(如电、光、声、电磁波等)。通常认为"信号是信息的表现形式"。

答案:C

88. **解**　八进制和十六进制都是数字电路中采用的数制,本质上都是二进制,在应用中是根据数字信号的不同要求所选取的不同的书写格式。

答案:A

89. **解**　模拟信号是幅值随时间连续变化的时间信号,采样信号是时间离散、数值连续的信号,离散信号是指在某些不连续时间定义函数值的信号,数字信号是将幅值量化后并以二进制代码表示的离散信号。

答案:B

90. **解**　题中给出非正弦周期信号的傅里叶级数展开式。虽然信号中各次谐波的幅值通常是随着频率的增加而减少的,但是 $u(t)$ 较 $u_1(t)$ 和 $u_2(t)$ 所包含的谐波次数更多,包含的信息就更加完整。

答案:A

91. **解**　由图可以分析,当信号 $|u_i(t)| \leqslant 2V$ 时,放大电路工作在线性工作区,$u_o(t) = 5u_i(t)$;当信号 $|u_i(t)| \geqslant 2V$ 时,放大电路工作在非线性工作区,$u_o(t) = \pm 10V$。

答案:D

92. **解**　由逻辑电路的基本关系变换可得结果,变换中用到了逻辑电路的摩根定理。

答案:D

93. **解**　该电路为二极管的桥式整流电路,当 D_2 二极管断开时,电路变为半波整流电路,输入电压的交流有效值和输出直流电压的关系为 $U_o = 0.45U_i$,同时根据二极管的导通电流方向可得 $U_o = -3.18V$。

答案:C

94. **解**　由图可以分析,当信号 $|u_i(t)| \leqslant 1V$ 时,放大电路工作在线性工作区,$u_o(t) =$

$10u_i(t)$；当信号$|u_i(t)|\geqslant 1V$时，放大电路工作在非线性工作区，$u_o(t)=\pm 10V$。

答案：C

95.**解**　图 a)示电路是与非门逻辑电路，$F=\overline{A}$(注：$A\cdot 1=A$)。

答案：D

96.**解**　图示电路是下降沿触发的 JK 触发器，$\overline{R}_D$ 是触发器的异步清零端，由触发器的逻辑功能分析即可得答案。

答案：B

97.**解**　计算机存储单元是按一定顺序编号，这个编号被称为存储地址。

答案：C

98.**解**　操作系统的特征有并发性、共享性和随机性。

答案：B

99.**解**　二进制最后一位是 1，转换后则一定是十进制数的奇数。

答案：A

100.**解**　像素实际上就是图像中的一个个光点，光点可以是黑白的，也可以是彩色的。

答案：D

101.**解**　删除操作系统文件，计算机将无法正常运行。

答案：C

102.**解**　存储器系统包括主存储器、高速缓冲存储器和外存储器。

答案：C

103.**解**　设备管理是对除 CPU 和内存储器之外的所有输入/输出设备的管理。

答案：A

104.**解**　两种十分有效的文件管理工具是“我的电脑”和“资源管理器”。

答案：C

105.**解**　计算机网络主要是由网络硬件系统和网络软件系统两大部分组成。

答案：A

106.**解**　局域网覆盖的地理范围通常在几公里之内。

答案：C

107.**解**　按等额支付资金回收公式计算(已知 P 求 A)。

$A=P(A/P,i,n)=5\,000\times(A/P,8\%,10)=5\,000\times 0.149\,03=745.15$ 万元。

答案：C

108.**解**　建设项目经济评价中的总投资由建设投资、建设期利息和流动资金组成。

答案:C

109.解　新设法人项目融资的资金来源于项目资本金和债务资金,权益融资形成项目的资本金,债务融资形成项目的债务资金。

答案:C

110.解　在财务生存能力分析中,各年累计盈余资金不出现负值是财务生存的必要条件。

答案:B

111.解　分别计算效益流量的现值和费用流量的现值,二者的比值即为该项目的效益费用比。建设期一年,使用寿命10年,计算期共11年。

$B=20\times(P/A,10\%,10)\times(P/F,10\%,1)=20\times6.144\,567\,106\times0.909\,1=111.72$ 万元

费用流量的现值为:$0.8\times(P/A,10\%,10)\times(P/F,10\%,1)=0.8\times6.144\,567\,106\times0.909\,1+100=104.47$ 万元

该项目的效益费用比为:$R_{BC}=B/C=111.72/104.47=1.07$。

答案:A

112.解　投资项目敏感性分析最基本的分析指标是内部收益率。

答案:B

113.解　净年值法既可用于寿命期相同,也可用于寿命期不同的方案比选。

答案:C

114.解　强制确定法是以功能重要程度作为选择价值工程对象的一种分析方法,包括01评分法、04评分法等,其中01评分法通过对每个部件与其他各部件的功能重要程度进行逐一对比打分,相对重要的得1分,不重要的得0分,最后计算各部件的功能重要性系数。

答案:D

115.解　参见2008年216号文件《建筑工程设计文件编制深度的规定》。

答案:B

116.解　《中华人民共和国招标投标法》第二十三条规定,招标人对已发出的招标文件进行必要的澄清或者修改的,应当在招标文件要求提交投标文件截止时间至少十五日前,以书面形式通知所有招标文件收受人。该澄清或者修改的内容为招标文件的组成部分。

答案:B

117.解　《中华人民共和国合同法》第二十条规定有下列情形之一的,要约失效:

(一)拒绝要约的通知到达要约人;

(二)要约人依法撤销要约;

(三)承诺期限届满,受要约人未作出承诺;

(四)受要约人对要约的内容作出实质性变更。

答案:D

118. **解** 《中华人民共和国节约能源法》第四条规定，节约资源是我国的基本国策。国家实施节约与开发并举，把节约放在首位的能源发展战略。

答案：B

119. **解** 《中华人民共和国环境保护法》第二十七条规定，排放污染物的企业事业单位，必须依照国务院环境保护行政主管部门的规定申报登记。

答案：A

120. **解** 根据《中华人民共和国建设工程勘察设计管理条例》第十四条的规定，建设工程勘察、设计方案评标，应当以投标人的业绩、信誉和勘察、设计人员的能力以及勘察、设计方案的优劣为依据，进行综合评定。

答案：A

2012年度全国勘察设计注册工程师公共基础考试

试　题

单项选择题(共120题,每题1分。每题的备选项中只有一个最符合题意)

1. 设 $f(x)=\begin{cases}\cos x+x\sin\dfrac{1}{x}, & x<0,\\ x^2+1, & x\geqslant 0\end{cases}$ 则 $x=0$ 是 $f(x)$ 的下面哪一种情况:

A. 跳跃间断点　　B. 可去间断点　　C. 第二类间断点　　D. 连续点

2. 设 $\alpha(x)=1-\cos x,\beta(x)=2x^2$,则当 $x\to 0$ 时,下列结论中正确的是:

A. $\alpha(x)$与$\beta(x)$是等价无穷小
B. $\alpha(x)$是$\beta(x)$的高阶无穷小
C. $\alpha(x)$是$\beta(x)$的低阶无穷小
D. $\alpha(x)$与$\beta(x)$是同阶无穷小但不是等价无穷小

3. 设 $y=\ln(\cos x)$,则微分 $\mathrm{d}y$ 等于:

A. $\dfrac{1}{\cos x}\mathrm{d}x$　　B. $\cot x\mathrm{d}x$

C. $-\tan x\mathrm{d}x$　　D. $-\dfrac{1}{\cos x\sin x}\mathrm{d}x$

4. $f(x)$的一个原函数为 e^{-x^2},则 $f'(x)=$

A. $2(-1+2x^2)e^{-x^2}$　　B. $-2xe^{-x^2}$
C. $2(1+2x^2)e^{-x^2}$　　D. $(1-2x)e^{-x^2}$

5. $f'(x)$连续,则 $\int f'(2x+1)\mathrm{d}x$ 等于C为任意常数:

A. $f(2x+1)+C$　　B. $\dfrac{1}{2}f(2x+1)+C$

C. $2f(2x+1)+C$　　D. $f(x)+C$

6. 定积分 $\int_0^{\frac{1}{2}}\dfrac{1+x}{\sqrt{1-x^2}}\mathrm{d}x=$

A. $\dfrac{\pi}{3}+\dfrac{\sqrt{3}}{2}$　　B. $\dfrac{\pi}{6}-\dfrac{\sqrt{3}}{2}$

C. $\frac{\pi}{6}-\frac{\sqrt{3}}{2}+1$

D. $\frac{\pi}{6}+\frac{\sqrt{3}}{2}+1$

7. 若 D 是由 $y=x,x=1,y=0$ 所围成的三角形区域，则二重积分 $\iint\limits_D f(x,y)\mathrm{d}x\mathrm{d}y$ 在极坐标系下的二次积分是：

A. $\int_0^{\frac{\pi}{4}}\mathrm{d}\theta\int_0^{\cos\theta}f(r\cos\theta,r\sin\theta)r\mathrm{d}r$

B. $\int_0^{\frac{\pi}{4}}\mathrm{d}\theta\int_0^{\frac{1}{\cos\theta}}f(r\cos\theta,r\sin\theta)r\mathrm{d}r$

C. $\int_0^{\frac{\pi}{4}}\mathrm{d}\theta\int_0^{\frac{1}{\cos\theta}}r\mathrm{d}r$

D. $\int_0^{\frac{\pi}{4}}\mathrm{d}\theta\int_0^{\frac{1}{\cos\theta}}f(x,y)\mathrm{d}r$

8. 当 $a<x<b$ 时，有 $f'(x)>0,f''(x)<0$，则在区间 (a,b) 内，函数 $y=f(x)$ 图形沿 x 轴正向是：

A. 单调减且凸的

B. 单调减且凹的

C. 单调增且凸的

D. 单调增且凹的

9. 函数在给定区间上不满足拉格朗日定理条件的是：

A. $f(x)=\frac{x}{1+x^2},[-1,2]$

B. $f(x)=x^{\frac{2}{3}},[-1,1]$

C. $f(x)=e^{\frac{1}{x}},[1,2]$

D. $f(x)=\frac{x+1}{x},[1,2]$

10. 下列级数中，条件收敛的是：

A. $\sum\limits_{n=1}^{\infty}\frac{(-1)^n}{n}$

B. $\sum\limits_{n=1}^{\infty}\frac{(-1)^n}{n^3}$

C. $\sum\limits_{n=1}^{\infty}\frac{(-1)^n}{n(n+1)}$

D. $\sum\limits_{n=1}^{\infty}(-1)^n\frac{n+1}{n+2}$

11. 当 $|x|<\frac{1}{2}$ 时，函数 $f(x)=\frac{1}{1+2x}$ 的麦克劳林展开式正确的是：

A. $\sum\limits_{n=0}^{\infty}(-1)^{n+1}(2x)^n$

B. $\sum\limits_{n=0}^{\infty}(-2)^n x^n$

C. $\sum\limits_{n=1}^{\infty}(-1)^n 2^n x^n$

D. $\sum\limits_{n=1}^{\infty}2^n x^n$

12. 已知微分方程 $y'+p(x)y=q(x)[q(x)\neq0]$ 有两个不同的特解 $y_1(x),y_2(x)$，C 为任意常数，则该微分方程的通解是：

A. $y=C(y_1-y_2)$

B. $y=C(y_1+y_2)$

C. $y=y_1+C(y_1+y_2)$

D. $y=y_1+C(y_1-y_2)$

13. 以 $y_1=e^x,y_2=e^{-3x}$ 为特解的二阶线性常系数齐次微分方程是：

A. $y''-2y'-3y=0$

B. $y''+2y'-3y=0$

C. $y''-3y'+2y=0$

D. $y''+2y'+y=0$

14. 微分方程$\frac{\mathrm{d}y}{\mathrm{d}x}+\frac{x}{y}=0$的通解是：

A. $x^2+y^2=C(C\in R)$

B. $x^2-y^2=C(C\in R)$

C. $x^2+y^2=C^2(C\in R)$

D. $x^2-y^2=C^2(C\in R)$

15. 曲线 $y=(\sin x)^{\frac{3}{2}}(0\leqslant x\leqslant\pi)$ 与 x 轴围成的平面图形绕 x 轴旋转一周而成的旋转体体积等于：

A. $\frac{4}{3}$

B. $\frac{4}{3}\pi$

C. $\frac{2}{3}\pi$

D. $\frac{2}{3}\pi^2$

16. 曲线 $x^2+4y^2+z^2=4$ 与平面 $x+z=a$ 的交线在 yoz 平面上的投影方程是：

A. $\begin{cases}(a-z)^2+4y^2+z^2=4\\x=0\end{cases}$

B. $\begin{cases}x^2+4y^2+(a-x)^2=4\\z=0\end{cases}$

C. $\begin{cases}x^2+4y^2+(a-x)^2=4\\x=0\end{cases}$

D. $(a-z)^2+4y^2+z^2=4$

17. 方程 $x^2-\frac{y^2}{4}+z^2=1$，表示：

A. 旋转双曲面

B. 双叶双曲面

C. 双曲柱面

D. 锥面

18. 设直线 L 为 $\begin{cases}x+3y+2z+1=0\\2x-y-10z+3=0\end{cases}$，平面 π 为 $4x-2y+z-2=0$，则直线和平面的关系是：

A. L 平行于 π

B. L 在 π 上

C. L 垂直于 π

D. L 与 π 斜交

19. 已知 n 阶可逆矩阵 $\mathbf{A}$ 的特征值为 λ_0，则矩阵 $(2\mathbf{A})^{-1}$ 的特征值是：

A. $\frac{2}{\lambda_0}$

B. $\frac{\lambda_0}{2}$

C. $\frac{1}{2\lambda_0}$

D. $2\lambda_0$

20. 设 $\vec{\alpha}_1,\vec{\alpha}_2,\vec{\alpha}_3,\vec{\beta}$ 为 n 维向量组，已知 $\vec{\alpha}_1,\vec{\alpha}_2,\vec{\beta}$ 线性相关，$\vec{\alpha}_2,\vec{\alpha}_3,\vec{\beta}$ 线性无关，则下列结论中正确的是：

A. $\vec{\beta}$ 必可用 $\vec{\alpha}_1,\vec{\alpha}_2$ 线性表示

B. $\vec{\alpha}_1$ 必可用 $\vec{\alpha}_2,\vec{\alpha}_3,\vec{\beta}$ 线性表示

C. $\vec{\alpha}_1,\vec{\alpha}_2,\vec{\alpha}_3$ 必线性无关

D. $\vec{\alpha}_1,\vec{\alpha}_2,\vec{\alpha}_3$ 必线性相关

21. 要使得二次型 $f(x_1,x_2,x_3)=x_1^2+2tx_1x_2+x_2^2-2x_1x_3+2x_2x_3+2x_3^2$ 为正定的，则 t 的取值条件是：

A. $-1<t<1$　　B. $-1<t<0$

C. $t>0$　　D. $t<-1$

22. 若事件 A、B 互不相容，且 $P(A)=p$，$P(B)=q$，则 $P(\overline{A}\ \overline{B})$ 等于：

A. $1-p$　　B. $1-q$　　C. $1-(p+q)$　　D. $1+p+q$

23. 若随机变量 X 与 Y 相互独立，且 X 在区间 $[0,2]$ 上服从均匀分布，Y 服从参数为 3 的指数分布，则数学期望 $E(XY)=$

A. $\frac{4}{3}$　　B. 1　　C. $\frac{2}{3}$　　D. $\frac{1}{3}$

24. 设 $x_1,x_2,\cdots,x_n$ 是来自总体 $N(\mu,\sigma^2)$ 的样本，μ、σ^2 未知，$\overline{x}=\frac{1}{n}\sum_{i=1}^{n}x_i$，$Q^2=\sum_{i=1}^{n}(x_i-\overline{x})^2$，$Q>0$。则检验假设 $H_0:\mu=0$ 时应选取的统计量是：

A. $\sqrt{n(n-1)}\frac{\overline{x}}{Q}$　　B. $\sqrt{n}\frac{\overline{x}}{Q}$　　C. $\sqrt{n-1}\frac{\overline{x}}{Q}$　　D. $\sqrt{n}\frac{\overline{x}}{Q^2}$

25. 一瓶氦气和一瓶氮气，它们每个分子的平均平动动能相同，而且都处于平衡态。则它们：

A. 温度相同，氦分子和氮分子平均动能相同

B. 温度相同，氦分子和氮分子平均动能不同

C. 温度不同，氦分子和氮分子平均动能相同

D. 温度不同，氦分子和氮分子平均动能不同

26. 最概然速率 v_{p} 的物理意义是：

A. v_{p} 是速率分布中的最大速率

B. v_{p} 是最大多数分子的速率

C. 在一定的温度下，速率与 v_{p} 相近的气体分子所占的百分率最大

D. v_{p} 是所有分子速率的平均值

27. 一定量的理想气体由 a 状态经过一过程到达 b 状态，吸热为 335J，系统对外做功 126J；若系统经过另一过程由 a 状态到达 b 状态，系统对外做功 42J，则过程中传入系统的热量为：

A. 530J　　B. 167J　　C. 251J　　D. 335J

28. 一定量的理想气体，经过等体过程，温度增量 ΔT，内能变化 ΔE_1，吸收热量 Q_1；若经过

等压过程，温度增量也为ΔT，内能变化ΔE_2，吸收热量Q_2，则一定是：

A. $\Delta E_2=\Delta E_1, Q_2>Q_1$　　B. $\Delta E_2=\Delta E_1, Q_2<Q_1$

C. $\Delta E_2>\Delta E_1, Q_2>Q_1$　　D. $\Delta E_2<\Delta E_1, Q_2<Q_1$

29. 一平面简谐波的波动方程为$y=2\times10^{-2}\cos2\pi\left(10t-\frac{x}{5}\right)$(SI)。$t=0.25$s时，处于平衡位置，且与坐标原点$x=0$最近的质元的位置是：

A. ±5m　　B. 5m

C. ±1.25m　　D. 1.25m

30. 一平面简谐波沿x轴正方向传播，振幅$A=0.02$m，周期$T=0.5$s，波长$\lambda=100$m，原点处质元的初相位$\phi=0$，则波动方程的表达式为：

A. $y=0.02\cos2\pi\left(\frac{t}{2}-0.01x\right)$(SI)　　B. $y=0.02\cos2\pi(2t-0.01x)$(SI)

C. $y=0.02\cos2\pi\left(\frac{t}{2}-100x\right)$(SI)　　D. $y=0.02\cos2\pi(2t-100x)$(SI)

31. 两人轻声谈话的声强级为40dB，热闹市场上噪声的声强级为80dB。市场上噪声的声强与轻声谈话的声强之比为：

A. 2　　B. 20　　C. 10^2　　D. 10^4

32. P_1和P_2为偏振化方向相互垂直的两个平行放置的偏振片，光强为I_0的自然光垂直入射在第一个偏振片P_1上，则透过P_1和P_2的光强分别为：

A. $\frac{I_0}{2}$和0　　B. 0和$\frac{I_0}{2}$　　C. I_0和I_0　　D. $\frac{I_0}{2}$和$\frac{I_0}{2}$

33. 一束自然光自空气射向一块平板玻璃，设入射角等于布儒斯特角，则反射光为：

A. 自然光　　B. 部分偏振光

C. 完全偏振光　　D. 圆偏振光

34. 波长$\lambda=550$nm(1nm$=10^{-9}$m)的单色光垂直入射于光栅常数为2×10^{-4}cm的平面衍射光栅上，可能观察到光谱线的最大级次为：

A. 2　　B. 3　　C. 4　　D. 5

35. 在单缝夫琅禾费衍射实验中，波长为λ的单色光垂直入射到单缝上，对应于衍射角为30°的方向上，若单缝处波阵面可分成3个半波带。则缝宽$a=$

A. λ　　B. 1.5λ　　C. 2λ　　D. 3λ

36. 以双缝干涉实验中，波长为λ的单色平行光垂直入射到缝间距为a的双缝上，屏到双

缝的距离为 D,则某一条明纹与其相邻的一条暗纹的间距为：

A. $\frac{D\lambda}{a}$　　B. $\frac{D\lambda}{2a}$　　C. $\frac{2D\lambda}{a}$　　D. $\frac{D\lambda}{4a}$

37. 钴的价层电子构型是 $3d^7 4s^2$,钴原子外层轨道中未成对电子数为：

A. 1　　B. 2　　C. 3　　D. 4

38. 在 HF、HCl、HBr、HI 中,按熔、沸点由高到低顺序排列正确的是：

A. HF、HCl、HBr、HI　　B. HI、HBr、HCl、HF

C. HCl、HBr、HI、HF　　D. HF、HI、HBr、HCl

39. 对于 HCl 气体溶解于水的过程,下列说法正确的是：

A. 这仅是一个物理变化过程

B. 这仅是一个化学变化过程

C. 此过程既有物理变化又有化学变化

D. 此过程中溶质的性质发生了变化,而溶剂的性质未变

40. 体系与环境之间只有能量交换而没有物质交换,这种体系在热力学上称为：

A. 绝热体系　　B. 循环体系　　C. 孤立体系　　D. 封闭体系

41. 反应 $PCl_3(g)+Cl_2(g)\rightleftharpoons PCl_5(g)$,298K 时 $K^\ominus=0.767$,此温度下平衡时,如 $p(PCl_5)=p(PCl_3)$,则 $p(Cl_2)=$

A. 130.38kPa　　B. 0.767kPa

C. 7607kPa　　D. 7.67×10^{-3}kPa

42. 在铜锌原电池中,将铜电极的 $c(H^+)$ 由 1mol/L 增加到 2mol/L,则铜电极的电极电势：

A. 变大　　B. 变小　　C. 无变化　　D. 无法确定

43. 元素的标准电极电势图如下：

$Cu^{2+}\xrightarrow{0.159}Cu^{+}\xrightarrow{0.52}Cu$

$Au^{3+}\xrightarrow{1.36}Au^{+}\xrightarrow{1.83}Au$

$Fe^{3+}\xrightarrow{0.771}Fe^{2+}\xrightarrow{-0.44}Fe$

$MnO_4^{-}\xrightarrow{1.51}Mn^{2+}\xrightarrow{-1.18}Mn$

在空气存在的条件下,下列离子在水溶液中最稳定的是：

A. Cu^{2+}　　B. Au^{+}　　C. Fe^{2+}　　D. Mn^{2+}

44. 按系统命名法，下列有机化合物命名正确的是：

A. 2-乙基丁烷　　B. 2，2-二甲基丁烷

C. 3，3-二甲基丁烷　　D. 2，3，3-三甲基丁烷

45. 下列物质使溴水褪色的是：

A. 乙醇　　B. 硬脂酸甘油酯　　C. 溴乙烷　　D. 乙烯

46. 昆虫能分泌信息素。下列是一种信息素的结构简式：

$$CH_3(CH_2)_5CH=CH(CH_2)_9CHO$$

下列说法正确的是：

A. 这种信息素不可以与溴发生加成反应

B. 它可以发生银镜反应

C. 它只能与 1mol H_2 发生加成反应

D. 它是乙烯的同系物

47. 图示刚架中，若将作用于 B 处的水平力 P 沿其作用线移至 C 处，则 A、D 处的约束力：

A. 都不变　　B. 都改变

C. 只有 A 处改变　　D. 只有 D 处改变

48. 图示绞盘有三个等长为 l 的柄，三个柄均在水平面内，其间夹角都是 120°。如在水平面内，每个柄端分别作用一垂直于柄的力 F_1、F_2、F_3，且有 $F_1=F_2=F_3=F$，该力系向 O 点简化后的主矢及主矩应为：

A. $F_R=0, M_O=3Fl$(↷)

B. $F_R=0, M_O=3Fl$(↶)

C. $F_R=2F$，(水平向右)，$M_O=3Fl$(↷)

D. $F_R=2F$，(水平向左)$M_O=3Fl$(↶)

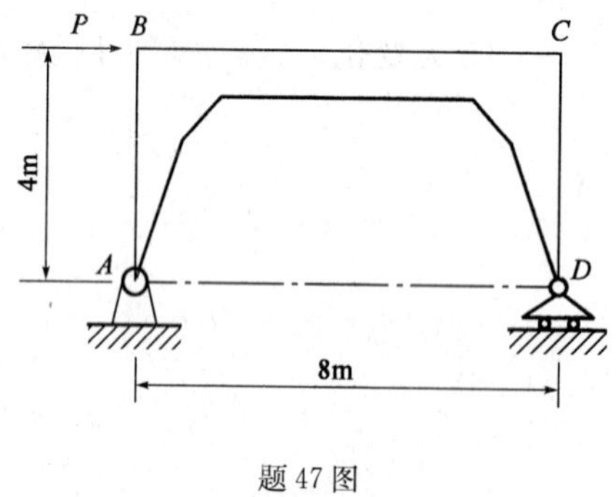

题 47 图

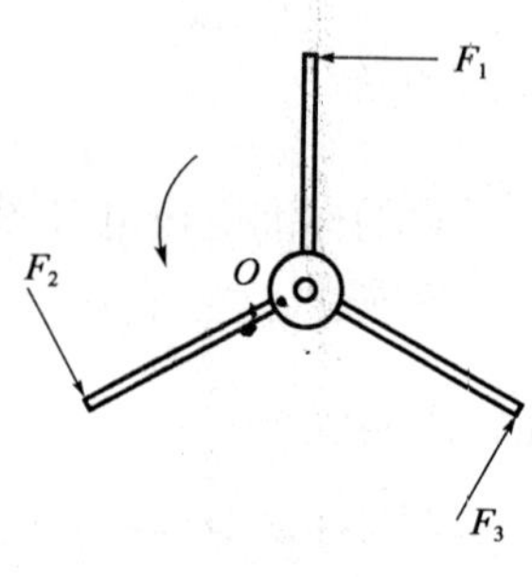

题 48 图

49. 图示起重机的平面构架，自重不计，且不计滑轮质量，已知：$F=100\text{kN}$，$L=70\text{cm}$，B、D、E 为铰链连接。则支座 A 的约束力为：

A. $F_{Ax}=100\text{kN}(\leftarrow)$ $F_{Ay}=150\text{kN}(\downarrow)$

B. $F_{Ax}=100\text{kN}(\rightarrow)$ $F_{Ay}=50\text{kN}(\uparrow)$

C. $F_{Ax}=100\text{kN}(\leftarrow)$ $F_{Ay}=50\text{kN}(\downarrow)$

D. $F_{Ax}=100\text{kN}(\leftarrow)$ $F_{Ay}=100\text{kN}(\downarrow)$

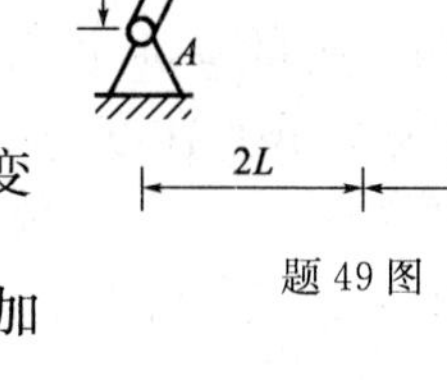

题 49 图

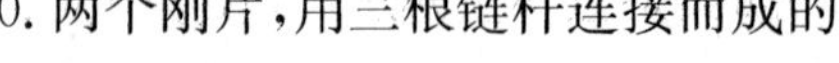
50. 两个刚片，用三根链杆连接而成的体系是：

A. 几何常变　　B. 几何不变

C. 几何瞬变　　D. 几何不变或几何常变或几何瞬变

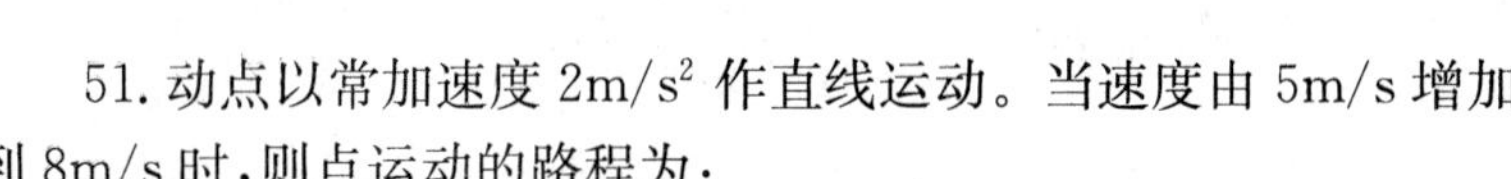
51. 动点以常加速度 2m/s^2 作直线运动。当速度由 5m/s 增加到 8m/s 时，则点运动的路程为：

A. 7.5m　　B. 12m　　C. 2.25m　　D. 9.75m

52. 物体作定轴转动的运动方程为 $\varphi=4t-3t^2$（φ 以 rad 计，t 以 s 计）。此物体内，转动半径 $r=0.5\text{m}$ 的一点，在 $t_0=0$ 时的速度和法向加速度的大小分别为：

A. $2\text{m/s}, 8\text{m/s}^2$　　B. $3\text{m/s}, 3\text{m/s}^2$

C. $2\text{m/s}, 8.54\text{m/s}^2$　　D. $0, 8\text{m/s}^2$

53. 一木板放在两个半径 $r=0.25\text{m}$ 的传输鼓轮上面。在图示瞬时，木板具有不变的加速度 $a=0.5\text{m/s}^2$，方向向右；同时，鼓动边缘上的点具有一大小为 3m/s^2 的全加速度。如果木板在鼓轮上无滑动，则此木板的速度为：

A. 0.86m/s　　B. 3m/s　　C. 0.5m/s　　D. 1.67m/s

54. 重为 W 的人乘电梯铅垂上升，当电梯加速上升、匀速上升及减速上升时，人对地板的压力分别为 p_1、p_2、p_3，它们之间的关系为：

A. $p_1=p_2=p_3$　　B. $p_1>p_2>p_3$

C. $p_1<p_2<p_3$　　D. $p_1<p_2>p_3$

55. 均质细杆 AB 重力为 W，A 端置于光滑水平面上，B 端用绳悬挂，如图所示。当绳断后，杆在倒地的过程中，质心 C 的运动轨迹为：

A. 圆弧线　　B. 曲线

C. 铅垂直线　　D. 抛物线

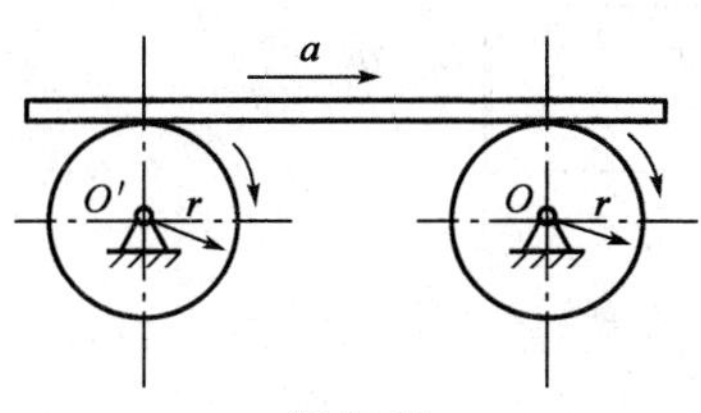

题 53 图

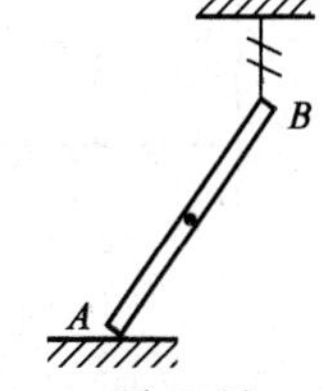

题 55 图

56. 杆 OA 与均质圆轮的质心用光滑铰链 A 连接，如图所示，初始时它们静止于铅垂面内，现将其释放，则圆轮 A 所作的运动为：

A. 平面运动　　B. 绕轴 O 的定轴转动

C. 平行移动　　D. 无法判断

57. 图示质量为 m、长为 l 的均质杆 OA 绕 O 轴在铅垂平面内作定轴转动。已知某瞬时杆的角速度为 ω，角加速度为 α，则杆惯性力系合力的大小为：

A. $\frac{l}{2}m\sqrt{\alpha^2+\omega^2}$　　B. $\frac{l}{2}m\sqrt{\alpha^2+\omega^4}$

C. $\frac{l}{2}m\alpha$　　D. $\frac{l}{2}m\omega^2$

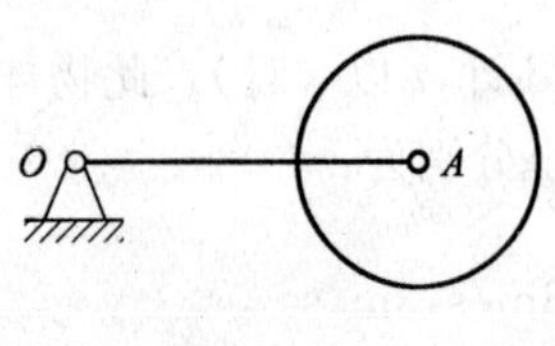

题 56 图

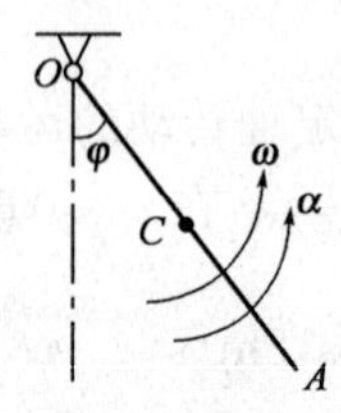

题 57 图

58. 已知单自由度系统的振动固有频率 $\omega_n=2\text{rad/s}$，若在其上分别作用幅值相同而频率为 $\omega_1=1\text{rad/s}$；$\omega_2=2\text{rad/s}$，$\omega_3=3\text{rad/s}$ 的简谐干扰力，则此系统强迫振动的振幅为：

A. $\omega_1=1\text{rad/s}$ 时振幅最大　　B. $\omega_2=2\text{rad/s}$ 时振幅最大

C. $\omega_3=3\text{rad/s}$ 时振幅最大　　D. 不能确定

59. 截面面积为 A 的等截面直杆，受轴向拉力作用。杆件的原始材料为低碳钢，若将材料改为木材，其他条件不变，下列结论中正确的是：

A. 正应力增大，轴向变形增大　　B. 正应力减小，轴向变形减小

C. 正应力不变，轴向变形增大　　D. 正应力减小，轴向变形不变

60. 图示等截面直杆，材料的拉压刚度为 EA，杆中距离 A 端 1.5L 处横截面的轴向位移是：

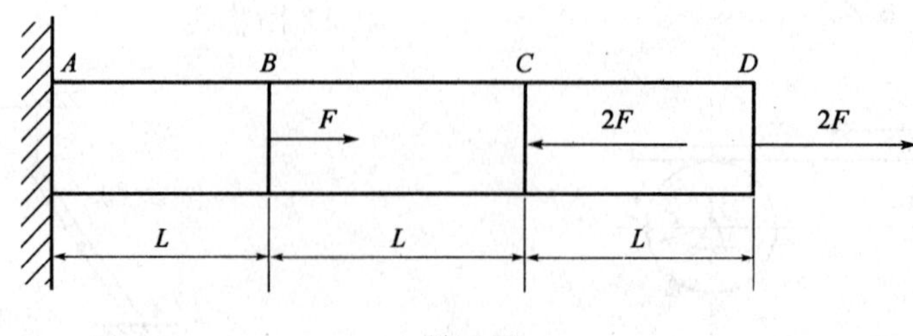

题 60 图

A. $\dfrac{4FL}{EA}$　　B. $\dfrac{3FL}{EA}$　　C. $\dfrac{2FL}{EA}$　　D. $\dfrac{FL}{EA}$

61. 图示冲床的冲压力 $F=300\pi \text{kN}$，钢板的厚度 $t=10\text{mm}$，钢板的剪切强度极限 $\tau_b=300\text{MPa}$。冲床在钢板上可冲圆孔的最大直径 d 是：

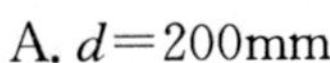

A. $d=200\text{mm}$　　B. $d=100\text{mm}$

C. $d=4\ 000\text{mm}$　　D. $d=1\ 000\text{mm}$

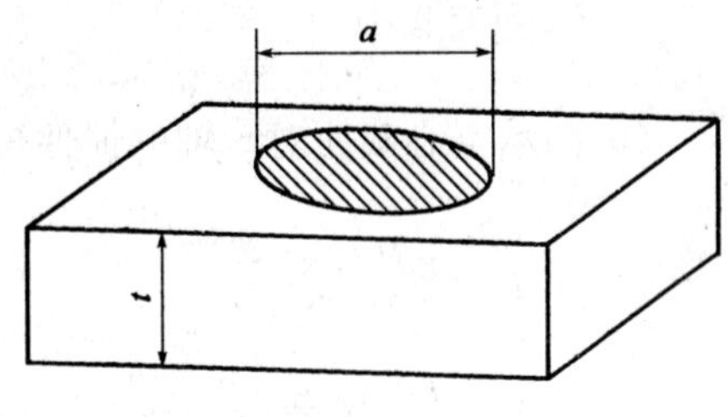

题 61 图

62. 图示两根木杆连接结构，已知木材的许用切应力为 $[\tau]$，许用挤压应力为 $[\sigma_{bs}]$，则 a 与 h 的合理比值是：

A. $\dfrac{h}{a}=\dfrac{[\tau]}{[\sigma_{bs}]}$　　B. $\dfrac{h}{a}=\dfrac{[\sigma_{bs}]}{[\tau]}$

C. $\dfrac{h}{a}=\dfrac{[\tau]a}{[\sigma_{bs}]}$　　D. $\dfrac{h}{a}=\dfrac{[\sigma_{bs}]a}{[\tau]}$

63. 圆轴受力如图，下面 4 个扭矩图中正确的是：

A.
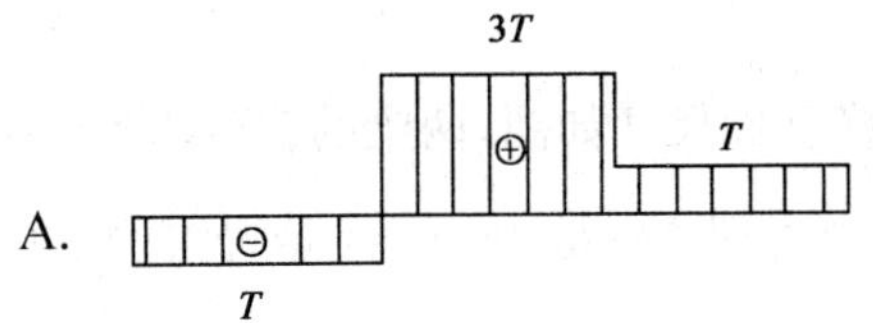

B.
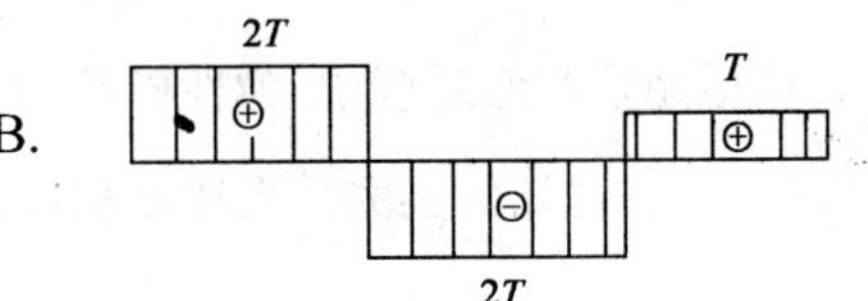

C.
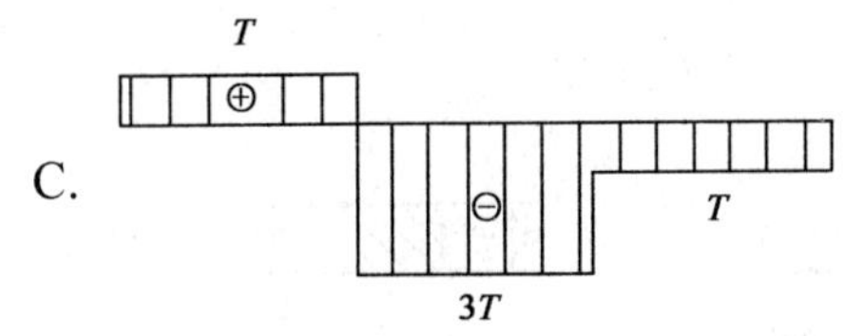

D.
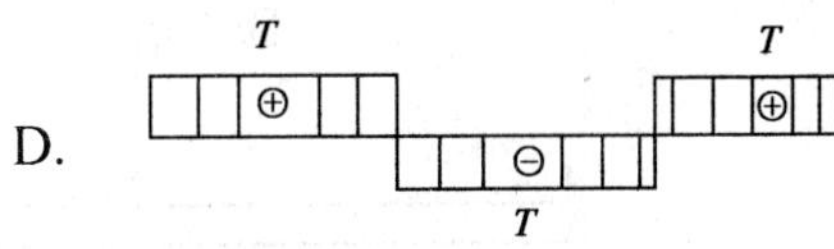

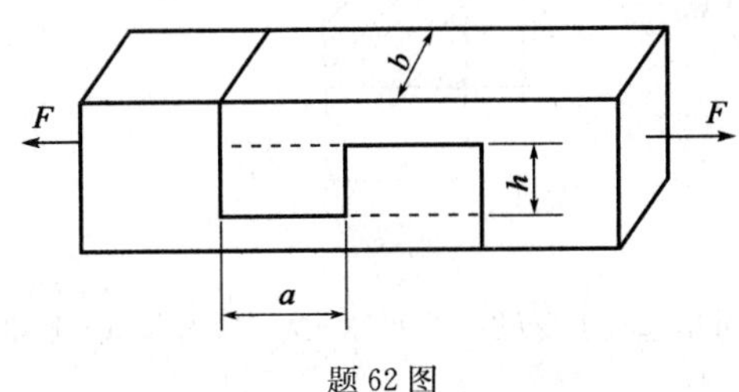

题 62 图

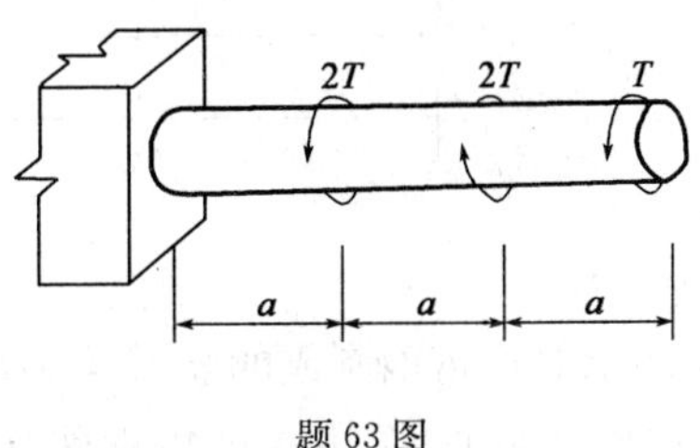

题 63 图

64. 直径为 d 的实心圆轴受扭，若使扭转角减小一半，圆轴的直径需变为：

A. $\sqrt[4]{2}d$　　B. $\sqrt[3]{2}d$

C. $0.5d$　　D. $\dfrac{8}{3}d$

65. 梁 ABC 的弯矩如图所示，根据梁的弯矩图，可以断定该梁 B 点处：

A. 无外载荷　　　　B. 只有集中力偶

C. 只有集中力　　　　D. 有集中力和集中力偶

66. 图示空心截面对 z 轴的惯性矩 I_z 为：

A. $I_z=\frac{\pi d^4}{32}-\frac{a^4}{12}$　　　　B. $I_z=\frac{\pi d^4}{64}-\frac{a^4}{12}$

C. $I_z=\frac{\pi d^4}{32}+\frac{a^4}{12}$　　　　D. $I_z=\frac{\pi d^4}{64}+\frac{a^4}{12}$

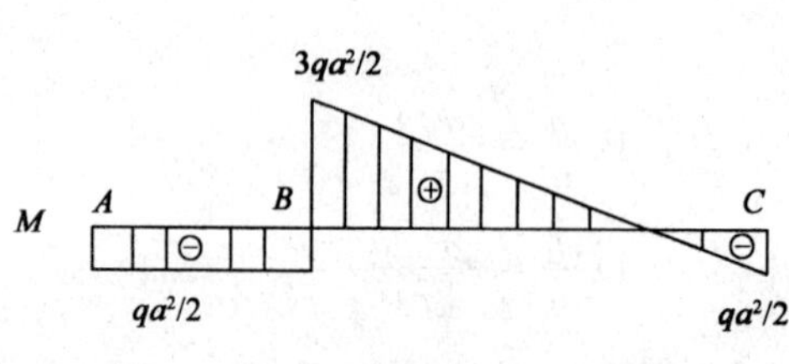

题 65 图

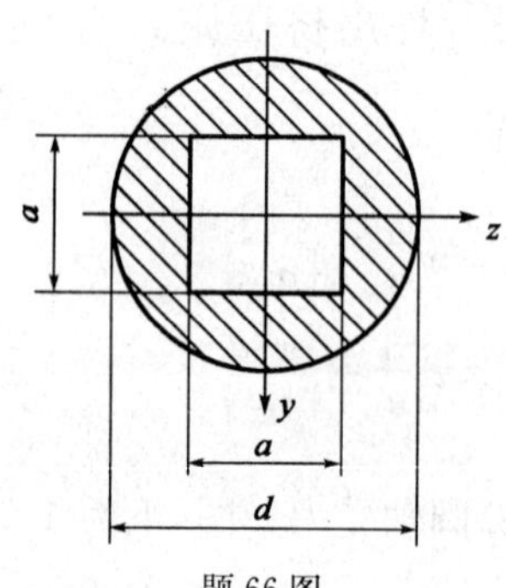

题 66 图

67. 两根矩形截面悬臂梁，弹性模量均为 E，横截面尺寸如图，两梁的载荷均为作用在自由端的集中力偶。已知两梁的最大挠度相同，则集中力偶 M_{e2} 是 M_{e1} 的：$\left(\text{悬臂梁受自由端集中力偶 } M \text{ 作用，自由端挠度为 } \frac{ML^2}{2EI}\right)$

A. 8 倍　　B. 4 倍　　C. 2 倍　　D. 1 倍

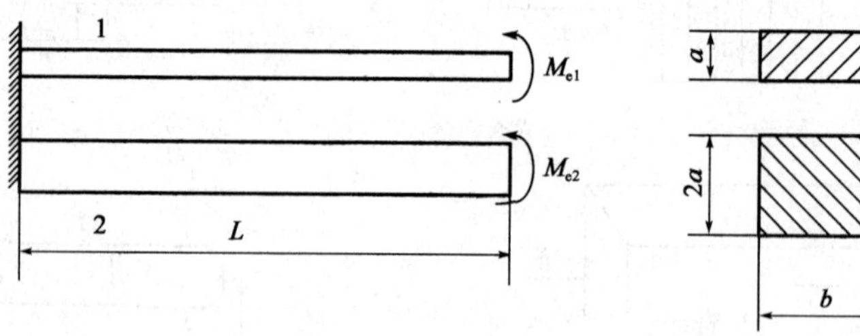

题 67 图

68. 图示等边角钢制成的悬臂梁 AB，c 点为截面形心，x' 为该梁轴线，y'、z' 为形心主轴。集中力 F 竖直向下，作用线过角钢两个狭长矩形边中线的交点，梁将发生以下变形：

A. $x'z'$ 平面内的平面弯曲

B. 扭转和 $x'z'$ 平面内的平面弯曲

C. $x'y'$ 平面和 $x'z'$ 平面内的双向弯曲

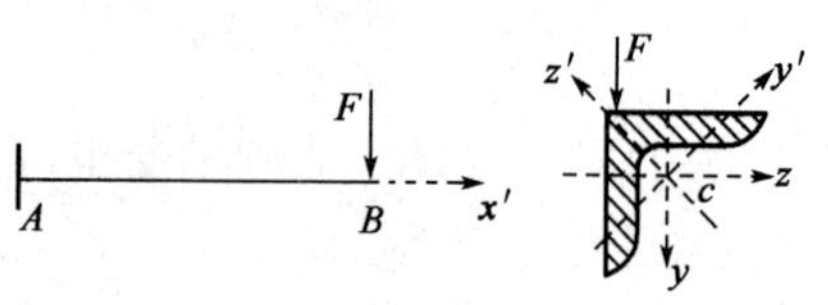

题 68 图

D. 扭转和 $x'y'$ 平面、$x'z'$ 平面内的双向弯曲

69. 图示单元体，法线与 x 轴夹角 $\alpha=45°$ 的斜截面上切应力 τ_α 是：

A. $\tau_\alpha=10\sqrt{2}\text{MPa}$ B. $\tau_\alpha=50\text{MPa}$

C. $\tau_\alpha=60\text{MPa}$ D. $\tau_\alpha=0$

70. 图示矩形截面细长（大柔度）压杆，弹性模量为 E。该压杆的临界荷载 F_{cr} 为：

A. $F_{cr}=\dfrac{\pi^2 E}{(L)^2}\left(\dfrac{bh^3}{12}\right)$ B. $F_{cr}=\dfrac{\pi^2 E}{(L)^2}\left(\dfrac{hb^3}{12}\right)$

C. $F_{cr}=\dfrac{\pi^2 E}{(2L)^2}\left(\dfrac{bh^3}{12}\right)$ D. $F_{cr}=\dfrac{\pi^2 E}{(2L)^2}\left(\dfrac{hb^3}{12}\right)$

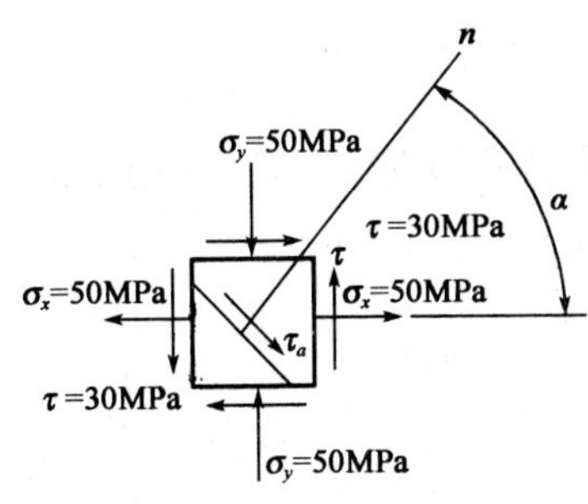

题 69 图

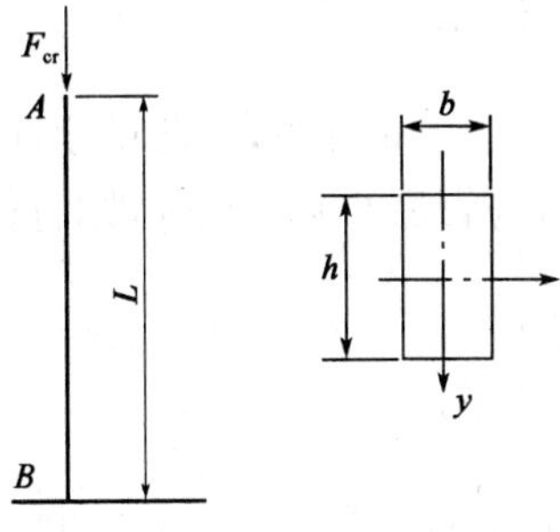

题 70 图

71. 按连续介质概念，流体质点是：

A. 几何的点

B. 流体的分子

C. 流体内的固体颗粒

D. 几何尺寸在宏观上同流动特征尺度相比是微小量，又含有大量分子的微元体

72. 设 A、B 两处液体的密度分别为 ρ_A 与 ρ_B，由 U 形管连接，如图所示，已知水银密度为 ρ_m，1、2 面的高度差为 Δh，它们与 A、B 中心点的高度差分别是 h_1 与 h_2，则 AB 两中心点的压强差 P_A-P_B 为：

A. $(-h_1\rho_A+h_2\rho_B+\Delta h\rho_m)g$

B. $(h_1\rho_A-h_2\rho_B-\Delta h\rho_m)g$

C. $[-h_1\rho_A+h_2\rho_B+\Delta h(\rho_m-\rho_A)]g$

D. $[h_1\rho_A-h_2\rho_B-\Delta h(\rho_m-\rho_A)]g$

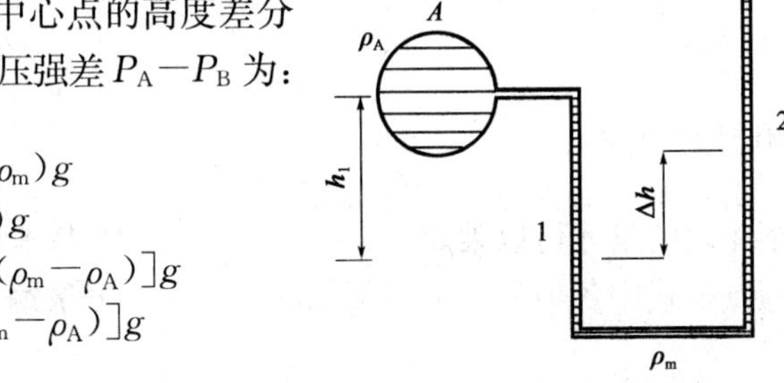

题 72 图

73. 汇流水管如图所示，已知三部分水管的横截面积分别为 $A_1=0.01\text{m}^2$，$A_2=0.005\text{m}^2$，$A_3=0.01\text{m}^2$，入流速度 $v_1=4\text{m/s}$，$v_2=6\text{m/s}$，求出流的流速 v_3 为：

A. 8m/s　　B. 6m/s　　C. 7m/s　　D. 5m/s

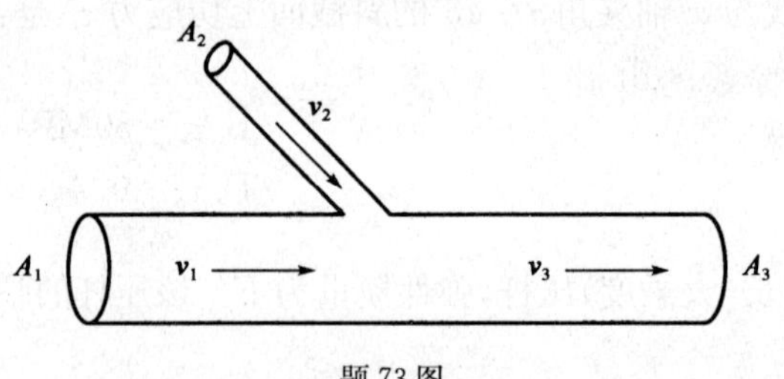

题 73 图

74. 尼古拉斯实验的曲线图中，在以下哪个区域里，不同相对粗糙度的试验点，分别落在一些与横轴平行的直线上，阻力系数 λ 与雷诺数无关：

A. 层流区　　B. 临界过渡区

C. 紊流光滑区　　D. 紊流粗糙区

75. 正常工作条件下，若薄壁小孔口直径为 d，圆柱形管嘴的直径为 d_2，作用水头 H 相等，要使得孔口与管嘴的流量相等，则直径 d_1 与 d_2 的关系是：

A. $d_1 > d_2$　　B. $d_1 < d_2$

C. $d_1 = d_2$　　D. 条件不足无法确定

76. 下面对明渠均匀流的描述哪项是正确的：

A. 明渠均匀流必须是非恒定流

B. 明渠均匀流的粗糙系数可以沿程变化

C. 明渠均匀流可以有支流汇入或流出

D. 明渠均匀流必须是顺坡

77. 有一完全井，半径 $r_0 = 0.3$m，含水层厚度 $H = 15$m，土壤渗透系数 $k = 0.000\ 5$m/s，抽水稳定后，井水深 $h = 10$m，影响半径 $R = 375$m，则由达西定律得出的井的抽水量 Q 为：（其中计算系数为 1.366）

A. $0.027\ 6\text{m}^3/\text{s}$　　B. $0.013\ 8\text{m}^3/\text{s}$

C. $0.041\ 4\text{m}^3/\text{s}$　　D. $0.020\ 7\text{m}^3/\text{s}$

78. 量纲和谐原理是指：

A. 量纲相同的量才可以乘除　　B. 基本量纲不能与导出量纲相运算

C. 物理方程式中各项的量纲必须相同　　D. 量纲不同的量才可以加减

79. 关于电场和磁场，下述说法中正确的是：

A. 静止的电荷周围有电场，运动的电荷周围有磁场

B. 静止的电荷周围有磁场，运动的电荷周围有电场

C. 静止的电荷和运动的电荷周围都只有电场

D. 静止的电荷和运动的电荷周围都只有磁场

80. 如图所示，两长直导线的电流 $I_1 = I_2$，L 是包围 I_1、I_2 的闭合曲线，以下说法中正确的是：

A. L 上各点的磁场强度 H 的量值相等，不等于 0

B. L 上各点的 H 等于 0

C. L 上任一点的 H 等于 I_1、I_2 在该点的磁场强度的叠加

D. L 上各点的 H 无法确定

81. 电路如图所示，U_S 为独立电压源，若外电路不变，仅电阻 R 变化时，将会引起下述哪种变化？

A. 端电压 U 的变化　　B. 输出电流 I 的变化

C. 电阻 R 支路电流的变化　　D. 上述三者同时变化

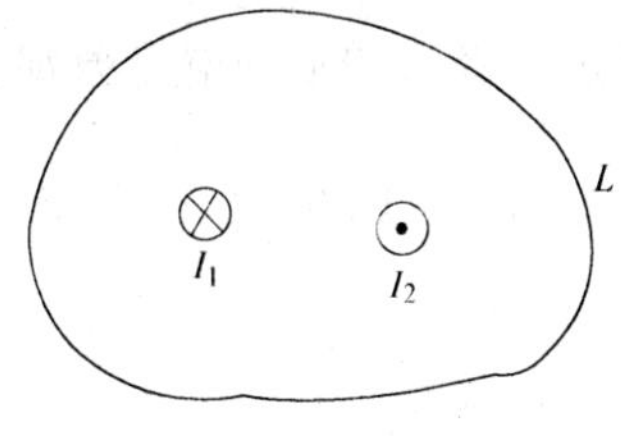

题 80 图

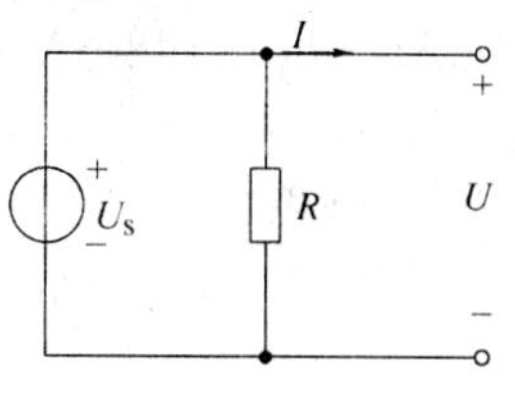

题 81 图

82. 在图 a）电路中有电流 I 时，可将图 a）等效为图 b），其中等效电压源电动势 E_S 和等效电源内阻 R_0 分别为：

A. −1V，5.143Ω　　B. 1V，5Ω　　C. −1V，5Ω　　D. 1V，5.143Ω

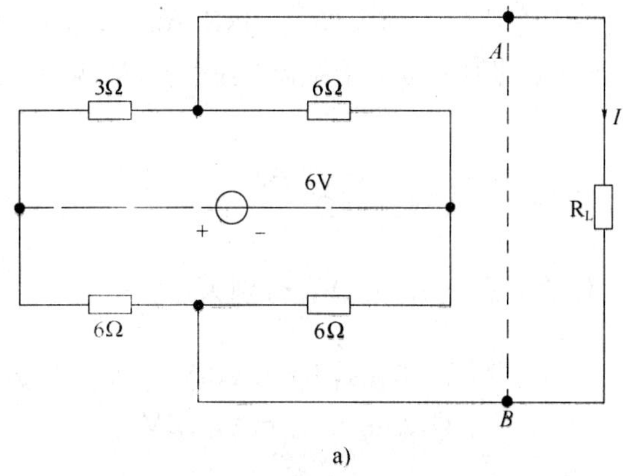

a)

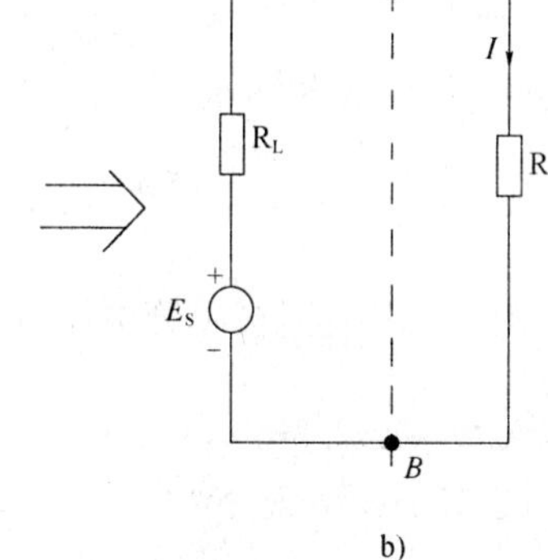

b)

题 82 图

83. 某三相电路中，三个线电流分别为：

$$i_A = 18\sin(314t + 23°)(A)$$

$$i_B = 18\sin(314t - 97°)(A)$$

$$i_C = 18\sin(314t + 143°)(\text{A})$$

当 t=10s 时，三个电流之和为：

A. 18A　　B. 0A　　C. $18\sqrt{2}$A　　D. $18\sqrt{3}$A

84. 电路如图所示，电容初始电压为零，开关在 t=0 时闭合，则 $t \geqslant 0$ 时 $u(t)$为：

A. $(1-e^{-0.5t})$V　　B. $(1+e^{-0.5t})$V

C. $(1-e^{-2t})$V　　D. $(1+e^{-2t})$V

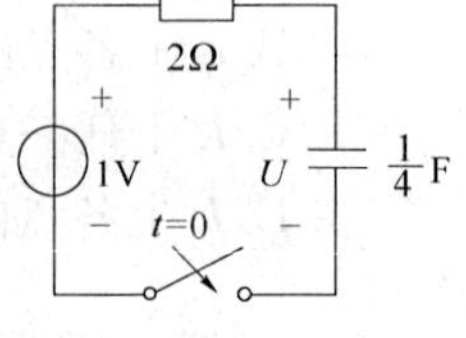

题 84 图

85. 有一容量为10kVA 的单相变压器，电压为 3300/220V，变压器在额定状态下运行。在理想的情况下副边可接 40W、220V、功率因数 $\cos\phi$=0.44 的日光灯多少盏？

A. 110　　B. 200　　C. 250　　D. 125

86. 整流滤波电路如图所示，已知 U_1=30V，U_o=12V，R=2kΩ，R_L=4kΩ，稳压管的稳定电流 I_{Zmin}=5mA 与 I_{Zmax}=18mA。通过稳压管的电流和通过二极管的平均电流分别是：

A. 5mA，2.5mA　　B. 8mA，8mA　　C. 6mA，2.5mA　　D. 6mA，4.5mA

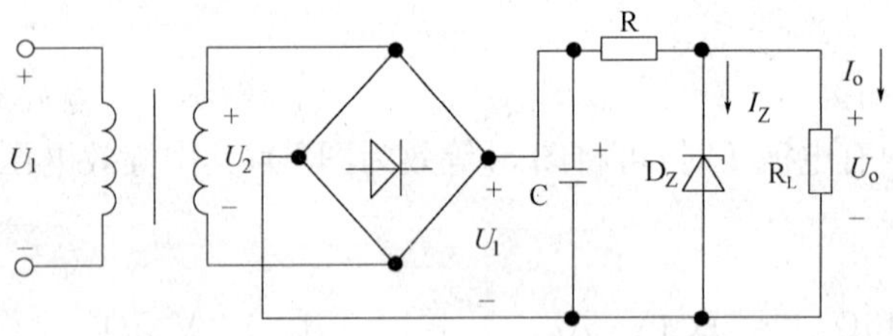

题 86 图

87. 晶体管非门电路如图所示，已知 U_{CC}=15V，U_B=−9V，R_C=3kΩ，R_B=20kΩ，β=40，当输入电压 U_1=5V 时，要使晶体管饱和导通，R_X 的值不得大于：（设 U_{BE}=0.7V，集电极和发射极之间的饱和电压 U_{CES}=0.3V）

A. 7.1kΩ　　B. 35kΩ　　C. 3.55kΩ　　D. 17.5kΩ

88. 图示为共发射极单管电压放大电路，估算静态点 I_B、I_C、V_{CE}分别为：

A. 57μA，2.8mA，3.5V　　B. 57μA，2.8mA，8V

C. 57μA，4mA，0V　　D. 30μA，2.8mA，3.5V

89. 图为三个二极管和电阻 R 组成的一个基本逻辑门电路，输入二极管的高电平和低电平分别是 3V 和 0V，电路的逻辑关系式是：

A. Y=ABC　　B. Y=A+B+C

C. Y＝AB＋C　　　　　　　　　D. Y＝(A＋B)C

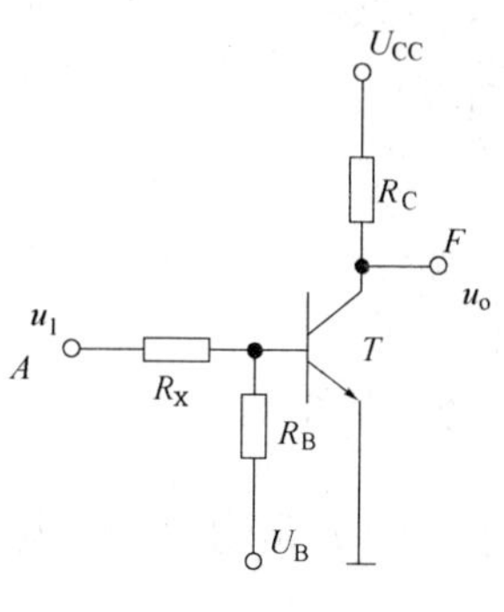

题 87 图

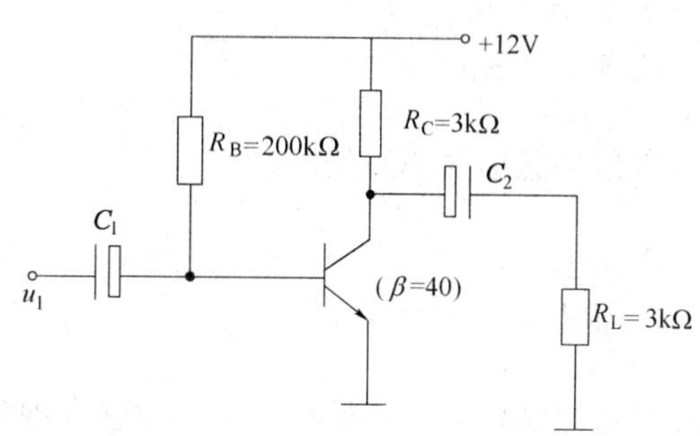

题 88 图

90. 由两个主从型 JK 触发器组成的逻辑电路如图 a)所示，设 Q_1、Q_2的初始态是 0、0，已知输入信号 A 和脉冲信号 cp 的波形，如图 b)所示，当第二个 cp 脉冲作用后，Q_1、Q_2将变为：

A. 1、1　　　　　　　　B. 1、0

C. 0、1　　　　　　　　D. 保持 0、0 不变

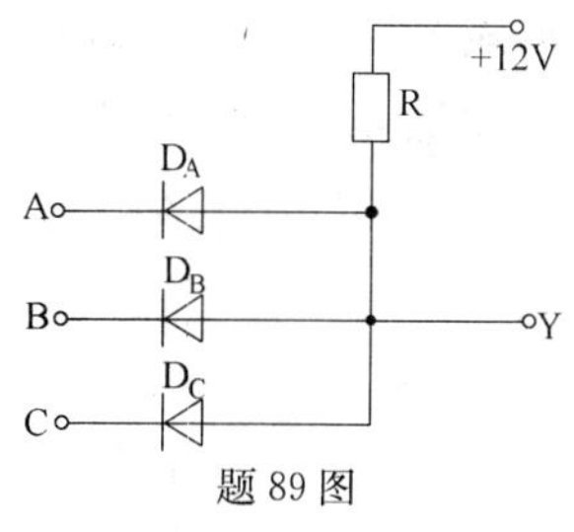

题 89 图

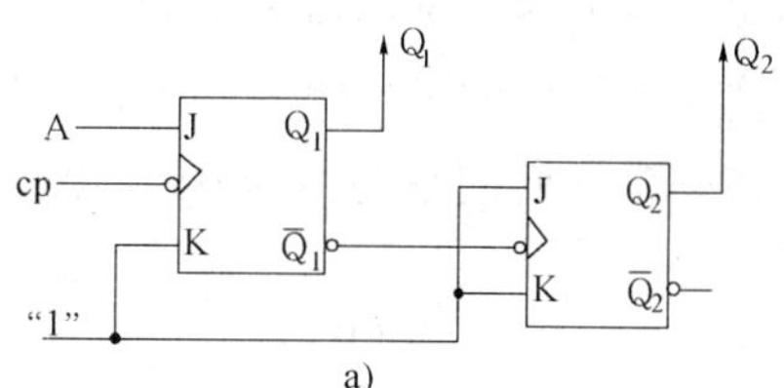

a)

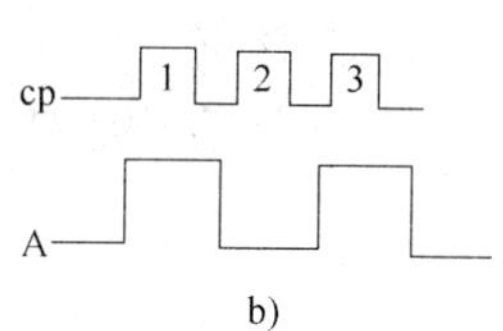

b)

题 90 图

91. 图示为电报信号、温度信号、触发脉冲信号和高频脉冲信号的波形，其中是连续信号的是：

A. a)、c)、d)　　　　B. b)、c)、d)　　　　C. a)、b)、c)　　　　D. a)、b)、d)

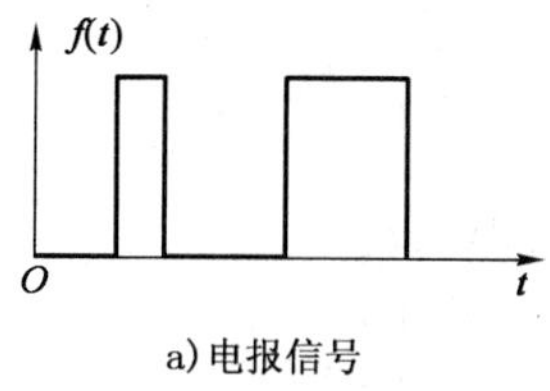

a) 电报信号

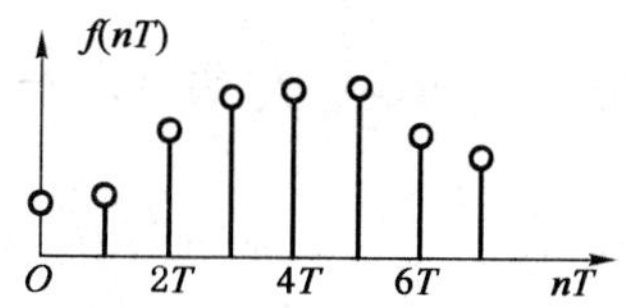

b) 温度信号

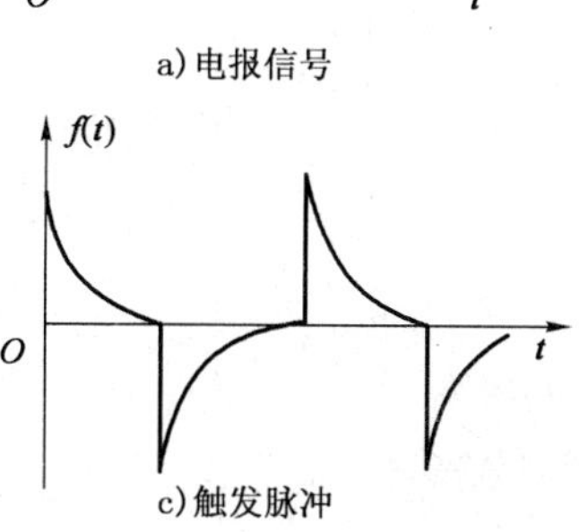

c) 触发脉冲

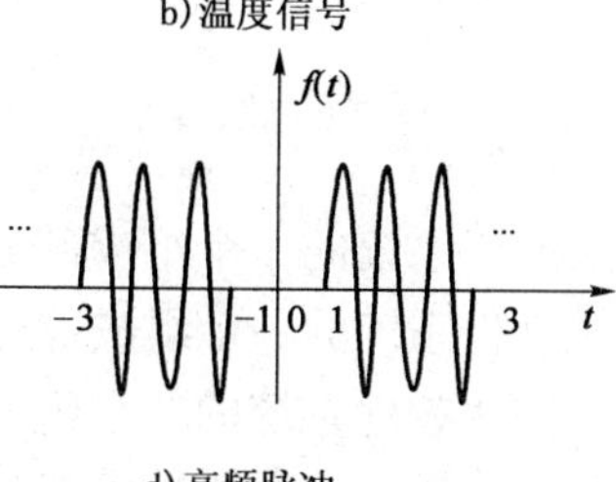

d) 高频脉冲

题 91 图

92. 连续时间信号与通常所说的模拟信号的关系是：

A. 完全不同　　　　B. 是同一个概念

C. 不完全相同　　　　D. 无法回答

93. 单位冲激信号 $\delta(t)$ 是：

A. 奇函数　　　　B. 偶函数

C. 非奇非偶函数　　　　D. 奇异函数，无奇偶性

94. 单位阶跃信号 $\varepsilon(t)$ 是物理量单位跃变现象，而单位冲激信号 $\delta(t)$ 是物理量产生单位跃变什么的现象？

A. 速度　　B. 幅度　　C. 加速度　　D. 高度

95. 如图所示的周期为 T 的三角波信号，在用傅氏级数分析周期信号时，系数 a_0、a_n 和 b_n 判断正确的是：

A. 该信号是奇函数且在一个周期的平均值为零，所以傅立叶系数 a_0 和 b_n 是零

B. 该信号是偶函数且在一个周期的平均值不为零，所以傅立叶系数 a_0 和 a_n 不是零

C. 该信号是奇函数且在一个周期的平均值不为零，所以傅立叶系数 a_0 和 b_n 不是零

D. 该信号是偶函数且在一个周期的平均值为零，所以傅立叶系数 a_0 和 b_n 是零

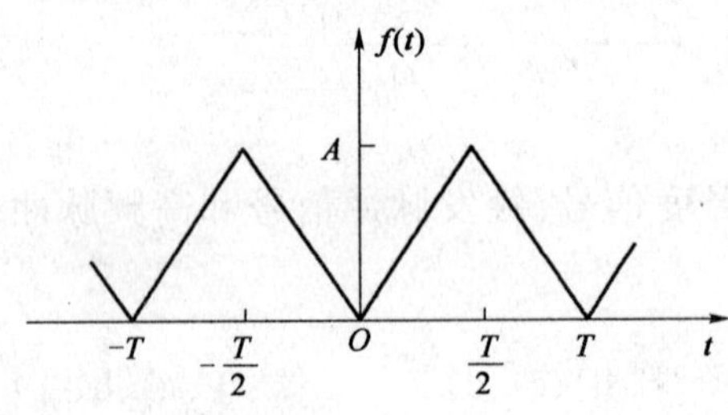

题 95 图

96. 将 $(11010010.01010100)_2$ 表示成十六进制数是：

A. $(D2.54)_H$　　　　B. D2.54

C. $(D2.A8)_H$　　　　D. $(D2.54)_B$

97. 计算机系统内的系统总线是：

A. 计算机硬件系统的一个组成部分

B. 计算机软件系统的一个组成部分

C. 计算机应用软件系统的一个组成部分

D. 计算机系统软件的一个组成部分

98. 目前，人们常用的文字处理软件有：

A. Microsoft Word 和国产字处理软件 WPS
B. Microsoft Excel 和 Auto CAD
C. Microsoft Access 和 Visual Foxpro
D. Visual BASIC 和 Visual C++

99. 下面所列各种软件中，最靠近硬件一层的是：

A. 高级语言程序　　B. 操作系统
C. 用户低级语言程序　　D. 服务性程序

100. 操作系统中采用虚拟存储技术，实际上是为实现：

A. 在一个较小内存储空间上，运行一个较小的程序
B. 在一个较小内存储空间上，运行一个较大的程序
C. 在一个较大内存储空间上，运行一个较小的程序
D. 在一个较大内存储空间上，运行一个较大的程序

101. 用二进制数表示的计算机语言称为：

A. 高级语言　　B. 汇编语言　　C. 机器语言　　D. 程序语言

102. 下面四个二进制数中，与十六进制数 AE 等值的一个是：

A. 10100111　　B. 10101110　　C. 10010111　　D. 11101010

103. 常用的信息加密技术有多种，下面所述四条不正确的一条是：

A. 传统加密技术、数字签名技术　　B. 对称加密技术
C. 密钥加密技术　　D. 专用 ASCII 码加密技术

104. 广域网，又称为远程网，它所覆盖的地理范围一般：

A. 从几十米到几百米　　B. 从几百米到几公里
C. 从几公里到几百公里　　D. 从几十公里到几千公里

105. 我国专家把计算机网络定义为：

A. 通过计算机将一个用户的信息传送给另一个用户的系统
B. 由多台计算机、数据传输设备以及若干终端连接起来的多计算机系统
C. 将经过计算机储存、再生，加工处理的信息传输和发送的系统
D. 利用各种通信手段，把地理上分散的计算机连在一起，达到相互通信、共享软/硬件和数据等资源的系统

106. 在计算机网络中，常将实现通信功能的设备和软件称为：

A. 资源子网　　B. 通信子网　　C. 广域网　　D. 局域网

107. 某项目拟发行1年期债券。在年名义利率相同的情况下，使年实际利率较高的复利计息期是：

A. 1年　　B. 半年　　C. 1季度　　D. 1个月

108. 某建设工程建设期为2年。其中第一年向银行贷款总额为1000万元，第二年无贷款，贷款年利率为6%，则该项目建设期利息为：

A. 30万元　　B. 60万元　　C. 61.8万元　　D. 91.8万元

109. 某公司向银行借款5 000万元，期限为5年，年利率为10%，每年年末付息一次，到期一次还本，企业所得税率为25%。若不考虑筹资费用，该项借款的资金成本率是：

A. 7.5%　　B. 10%　　C. 12.5%　　D. 37.5%

110. 对于某常规项目(IRR唯一)，当设定折现率为12%时，求得的净现值为130万元；当设定折现率为14%时，求得的净现值为−50万元，则该项目的内部收益率应是：

A. 11.56%　　B. 12.77%　　C. 13%　　D. 13.44%

111. 下列财务评价指标中，反映项目偿债能力的指标是：

A. 投资回收期　　B. 利息备付率
C. 财务净现值　　D. 总投资收益率

112. 某企业生产一种产品，年固定成本为1 000万元，单位产品的可变成本为300元、售价为500元，则其盈亏平衡点的销售收入为：

A. 5万元　　B. 600万元　　C. 1 500万元　　D. 2 500万元

113. 下列项目方案类型中，适于采用净现值法直接进行方案选优的是：

A. 寿命期相同的独立方案　　B. 寿命期不同的独立方案
C. 寿命期相同的互斥方案　　D. 寿命期不同的互斥方案

114. 某项目由A、B、C、D四个部分组成，当采用强制确定法进行价值工程对象选择时，它们的价值指数分别如下所示。其中不应作为价值工程分析对象的是：

A. 0.755 9　　B. 1.000 0　　C. 1.224 5　　D. 1.507 1

115. 建筑工程开工前，建设单位应当按照国家有关规定申请领取施工许可证，颁发施工许可证的单位应该是：

A. 县级以上人民政府建设行政主管部门

B. 工程所在地县级以上人民政府建设工程监督部门
C. 工程所在地省级以上人民政府建设行政主管部门
D. 工程所在地县级以上人民政府建设行政主管部门

116. 根据《安全生产法》的规定，生产经营单位主要负责人对本单位的安全生产负总责，某生产经营单位的主要负责人对本单位安全生间工作的职责是：

A. 建立、健全本单位安全生产责任制
B. 保证本单位安全生产投入的有效使用
C. 及时报告生产安全事故
D. 组织落实本单位安全生产规章制度和操作规程

117. 根据《招标投标法》的规定，某建设工程依法必须进行招标，招标人委托了招标代理机构办理招标事宜，招标代理机构的行为合法的是：

A. 编制投标文件和组织评标
B. 在招标人委托的范围内办理招标事宜
C. 遵守《招标投标法》关于投标人的规定
D. 可以作为评标委员会成员参与评标

118.《合同法》规定的合同形式中不包括：

A. 书面形式　　B. 口头形式　　C. 特定形式　　D. 其他形式

119. 根据《行政许可法》规定，下列可以设定行政许可的事项是：

A. 企业或者其他组织的设立等，需要确定主体资格的事项
B. 市场竞争机制能够有效调节的事项
C. 行业组织或者中介机构能够自律管理的事项
D. 公民、法人或者其他组织能够自主决定的事项

120. 根据《建设工程质量管理条例》的规定，施工图必须经过审查批准，否则不得使用，某建设单位投资的大型工程项目施工图设计已经完成，该施工图应该报审的管理部门是：

A. 县级以上人民政府建设行政主管部门
B. 县级以上人民政府工程设计主管部门
C. 县级以上政府规划部门
D. 工程监理单位

2012 年度全国勘察设计注册工程师公共基础考试

试题解析及参考答案

1. **解** $\lim\limits_{x\to0^+}(x^2+1)=1$，$\lim\limits_{x\to0^-}\left(\cos x+x\sin\dfrac{1}{x}\right)=1+0=1$，$f(0)=(x^2+1)_{|x=0}=1$

所以 $\lim\limits_{x\to0^+}f(x)=\lim\limits_{x\to0^-}f(x)=f(0)$。

答案:D

2. **解** $\lim\limits_{x\to0}\dfrac{1-\cos x}{2x^2}=\lim\limits_{x\to0}\dfrac{\frac{1}{2}x^2}{2x^2}=\dfrac{1}{4}\neq1$，当 $x\to0$，$1-\cos x\sim\dfrac{1}{2}\times2$。

答案:D

3. **解** $y=\ln\cos x$，$y'=\dfrac{-\sin x}{\cos x}=-\tan x$，$\mathrm{d}y=-\tan x\mathrm{d}x$。

答案:C

4. **解** $f(x)=(e^{-x^2})'=-2xe^{-x^2}$，

$f'(x)=-2[e^{-x^2}+xe^{-x^2}(-2x)]=2e^{-x^2}(2x^2-1)$。

答案:A

5. **解** $\int f'(2x+1)\mathrm{d}x=\dfrac{1}{2}\int f'(2x+1)\mathrm{d}(2x+1)=\dfrac{1}{2}f(2x+1)+C$。

答案:B

6. **解**
$$\int_0^{\frac{1}{2}}\frac{1+x}{\sqrt{1-x^2}}\mathrm{d}x=\int_0^{\frac{1}{2}}\frac{1}{\sqrt{1-x^2}}\mathrm{d}x+\int_0^{\frac{1}{2}}\frac{x}{\sqrt{1-x^2}}\mathrm{d}x$$
$$=\arcsin x\,\Big|_0^{\frac{1}{2}}+\int_0^{\frac{1}{2}}\frac{1}{\sqrt{1-x^2}}\mathrm{d}\left(\frac{1}{2}x^2\right)$$
$$=\arcsin\frac{1}{2}+\left(-\frac{1}{2}\right)\times\int_0^{\frac{1}{2}}\frac{1}{\sqrt{1-x^2}}\mathrm{d}(1-x^2)$$
$$=\frac{\pi}{6}+\left(-\frac{1}{2}\right)\times2(1-x^2)^{\frac{1}{2}}\,\Big|_0^{\frac{1}{2}}$$
$$=\frac{\pi}{6}-\left(\frac{\sqrt{3}}{2}-1\right)=\frac{\pi}{6}+1-\frac{\sqrt{3}}{2}$$

答案:C

7. **解** $D:\begin{cases}0\leqslant\theta<\dfrac{\pi}{4}\\0\leqslant r\leqslant\dfrac{1}{\cos\theta}\end{cases}$，因为 $x=1$，$r\cos\theta=1\left(r=\dfrac{1}{\cos\theta}\right)$，

等式$=\int_0^{\frac{\pi}{4}}\mathrm{d}\theta\int_0^{\frac{1}{\cos\theta}}+(r\cos\theta,r\sin\theta)r\mathrm{d}r$。

答案:B

题7解图

8.**解** $f'(x)>0$ 单增;$f''(x)<0$,凸。所以函数沿 x 轴正向是单增且凸的。

答案:C

9.**解** $f(x)=x^{\frac{2}{3}}$在$[-1\quad 1]$连续。$f'(x)=\frac{2}{3}x^{-\frac{1}{3}}=\frac{2}{3}\cdot\frac{1}{\sqrt[3]{x}}$在$(-1\quad 1)$不可导[因为$f'(x)$在$x=0$导数不存在],所以不满足拉格郎日定理的条件。

答案:B

10.**解** $\sum\limits_{n=1}^{\infty}\left|\frac{(-1)^n}{n}\right|=\sum\limits_{n=1}^{\infty}\cdot\frac{1}{n}$,发散;

而$\sum\limits_{n=1}^{\infty}\frac{(-1)^n}{n}$满足:①$u_n\geqslant u_{n+1}$②$\lim\limits_{n\to\infty}u_n=0$,收敛。

所以级数条件收敛。

答案:A

11.**解** $|x|<\frac{1}{2}$,即$-\frac{1}{2}<x<\frac{1}{2}$。

$f(x)=\frac{1}{1+2n}$

已知:$\frac{1}{1+x}=1-x+x^2-x^3+\cdots+(-1)^nx^n+\cdots=\sum\limits_{n=0}^{\infty}(-1)^nx^n\quad(-1<x<1)$

$$\frac{1}{1+2x}=1-(2x)+(2x)^2-(2x)^3+\cdots+(-1)^n(2x)^n+\cdots$$

$$=\sum_{n=0}^{\infty}(-1)^n(2x)^n=\sum_{n=0}^{\infty}(-2)^nx^n\quad\left(-\frac{1}{2}<x<\frac{1}{2}\right)$$

答案:B

12.**解** $y'+p(x)y=q(x)$,$y_1(x)-y_2(x)$为对应齐次方程的解。

微分方程$y'+p(x)y=q(x)$的通解为$y=y_1+C(y_1-y_2)$。

答案:D

13.**解** $y''+2y'-3y=0\Rightarrow r^2+2r-3=0\Rightarrow r_1=-3,r_2=1$。所以$y_1=e^x,y_2=e^{-3x}$ B 的特解,满足条件。

答案:B

14.**解** $\frac{\mathrm{d}y}{\mathrm{d}x}=-\frac{x}{y}$,$y\mathrm{d}y=-x\mathrm{d}x$

两边积分:$\frac{1}{2}y^2=-\frac{1}{2}x^2+C$,$y^2=-x^2+2C$

$y^2+x^2=C_1$,这里常数C_1必须满足$C_1\geqslant 0$。

故方程的通解为$x^2+y^2=C^2(C\in R)$

答案:C

15. 解 旋转体体积 $V=\int_0^{\pi}\pi[(\sin x)^{\frac{3}{2}}]^2\mathrm{d}x$

$$=\pi\int_0^{\pi}\sin^3 x\mathrm{d}x=\pi\int_0^{\pi}\sin_x^2\mathrm{d}(-\cos x)$$

$$=-\pi\int_0^{\pi}(1-\cos^2 x)\mathrm{d}\cos x$$

$$=\frac{4}{3}\pi$$

答案:B

16. 解 方程组 $\begin{cases}x^2+4y^2+z^2=4 & ①\\ x+z=a & ②\end{cases}$

消去字母 x

由式②得:

$$x=a-z \qquad ③$$

式③代入式①得:$(a-z)^2+4y^2+z^2=4$

则曲线在 yoz 平面上投影方程为 $\begin{cases}(a-z)^2+4y^2+z^2=4\\ x=0\end{cases}$

答案:A

17. 解 方程 $x^2-\frac{y^2}{4}+z^2=1$,即 $x^2+z^2-\frac{y^2}{4}=1$,可由 xOy 平面上双曲线 $\begin{cases}x^2-\frac{y^2}{4}=1\\ z=0\end{cases}$ 绕 y 轴旋转得到,可由 yOz 平面上双曲线 $\begin{cases}z^2-\frac{y^2}{4}=1\\ x=0\end{cases}$ 绕 y 轴旋转得到。

所以 $x^2+z^2-\frac{y^2}{4}=1$ 为旋转双曲面。

答案:A

18. 解 直线 L 的方向向量 $\vec{s}=\begin{vmatrix}\vec{i} & \vec{j} & \vec{k}\\ 1 & 3 & 2\\ 2 & -1 & -10\end{vmatrix}=-28\vec{i}+14\vec{j}-7\vec{k}$, $\vec{s}=\{-28,14,-7\}$

平面 π:$4x-2y+z-2=0$

法线向量:$\vec{n}=\{4,-2,1\}$

$\vec{s}$,$\vec{n}$ 坐标成比例,$\frac{-28}{4}=\frac{14}{-2}=\frac{-7}{1}$。

则 $\vec{s}/\!/\vec{n}$,直线 L 垂直于平面 π。

答案:C

19. **解** $\boldsymbol{A}$ 的特征值为 λ_0。$2\boldsymbol{A}$ 的特征值为 $2\lambda_0$。$(2\boldsymbol{A})^{-1}$ 的特征值为 $\frac{1}{2\lambda_0}$。

答案:C

20. **解** $\vec{\alpha_1},\vec{\alpha_2},\vec{\beta}$ 线性相关(已知),$\vec{\alpha_2},\vec{\alpha_3},\vec{\beta}$ 线性无关。由性质可知:$\vec{\alpha_1},\vec{\alpha_2},\vec{\alpha_3},\vec{\beta}$ 线性相关(部分相关,全体相关),$\vec{\alpha_2},\vec{\alpha_3},\vec{\beta}$ 线性无关。

故 $\vec{\alpha_1}$ 可用 $\vec{\alpha_2},\vec{\alpha_3},\vec{\beta}$ 线性表示。

答案:B

21. **解** $\boldsymbol{A}=\begin{bmatrix}1 & t & -1\\ t & 1 & 1\\ -1 & 1 & 2\end{bmatrix}$ $|1|>0$

$$\begin{vmatrix}1 & t\\ t & 1\end{vmatrix}=1-t^2>0,\begin{vmatrix}1 & t & -1\\ t & 1 & 1\\ -1 & 1 & 2\end{vmatrix}=\begin{vmatrix}1 & t+1 & 1\\ t & t+1 & 1+2t\\ -1 & 0 & 0\end{vmatrix}$$

$$=(-1)[(t+1)(1+2t)-(t+1)]=-2t(t+1)$$

解出 $t^2<1,-1<t<1$

$-2t<(t+1)>0,t(t+1)<0$ 解得 $-1<t<0$

公共解:$-1<t<0$。

答案:B

22. **解** A、B 互不相容时 $P(AB)=0,\overline{AB}=\overline{A\cup B}$

$P(\overline{AB})=P(\overline{A\cup B})=1-P(A\cup B)=1-[P(A)+P(B)-P(AB)]=1-(p+q)$。

答案:C

23. **解** X 与 Y 独立时,$E(XY)=E(X)E(Y)$,X 在 $[a,b]$ 上服从均匀分布时,$E(X)=\frac{a+b}{2}$,Y 服从参数为 λ 的指数分布时,$E(Y)=\frac{1}{\lambda}$。

答案:D

24. **解** 当 σ^2 未知时检验假设 $H_0:\mu=\mu_0$,应选取统计量 $T=\frac{\overline{x}-\mu_0}{s}\sqrt{n}$,$s^2=\frac{1}{n-1}\sum_{i=1}^{n}(x_i-\overline{x})^2=\frac{1}{n-1}Q^2$,$s=\frac{Q}{\sqrt{n-1}}$。

答案:A

25. **解** ①分子平均平动动能 $\varepsilon_{平动}=\frac{3}{2}kT$,若平均平动动能相同,则温度相同;

②分子平均动能=(平均平动动能+平均转动动能)$=\frac{i}{2}kT$。而氦分子为单原子分子,没有转动动能,$i=3$;氮分子为双原子分子,$i=5$,故氦分子和氮分子的平均动能不同。

答案:B

26. **解**　麦克斯韦速率分布律。

答案：C

27. **解**　注意内能的增量 ΔE 只与系统的起始和终了状态有关，与系统所经历的过程无关，$Q_{ab}=335=\Delta E_{ab}+126$，$\Delta E_{ab}=209\text{J}$，$Q'_{ab}=\Delta E_{ab}+42=251\text{J}$。

答案：C

28. **解**　等体过程：　$Q_1=Q_v=\Delta E_1=\dfrac{M}{\mu}\dfrac{i}{2}R\Delta T$ ………………………………… ①

等压过程：　$Q_2=Q_p=\Delta E_2+A=\dfrac{M}{\mu}\dfrac{i}{2}R\Delta T+A$ ………………………………… ②

对于给定的理想气体，内能的增量只与系统的起始和终了状态有关，与系统所经历的过程无关，$\Delta E_1=\Delta E_2$。

比较式①和式②，注意到 $A>0$，显然 $Q_2>Q_1$。

答案：A

29. **解**　处于平衡位置，即 $y=0=2\times10^{-2}\cos2\pi(10t-\dfrac{x}{5})$

即 $\cos(20\pi\times0.25-2\pi x/5)=\cos(5\pi-2\pi x/5)=\cos(\pi-2\pi x/5)=0$

$\pi-\dfrac{2\pi x}{5}=(2k+1)\dfrac{\pi}{2}$，取 $k=0$，$x=1.25\text{m}$。

答案：D

30. **解**　当初相位 $\phi=0$ 时，波动方程的表达式为 $y=A\cos\omega\left(t-\dfrac{x}{u}\right)$，利用 $\omega=2\pi v$，$\nu=\dfrac{1}{T}$，$u=\lambda\nu$，波动方程的表达式也可写为 $y=A\cos2\pi\left(\dfrac{t}{T}-\dfrac{x}{\lambda}\right)$。

答案：B

31. **解**　声强级 $L=10\lg\dfrac{I}{I_0}\text{dB}$，由题意 $40=10\lg\dfrac{I}{I_0}$，即 $\dfrac{I}{I_0}=10^4$；同理 $\dfrac{I'}{I_0}=10^8$，$\dfrac{I'}{I}=10^4$。

答案：D

32. **解**　自然光 I_0 通过 P_1 偏振片后光强减半为 $\dfrac{I_0}{2}$，通过 P_2 偏振后光强为 $I=\dfrac{I_0}{2}\cos^2 90°=0$。

答案：A

33. **解**　布儒斯特定律。

答案：C

34. **解**　$(a+b)\sin\phi=\pm k\lambda$　$(k=0,1,2,\cdots)$

令 $\phi=90°$，$k=\dfrac{2000}{550}\approx3$（取整数）。

答案：B

35. **解** $a\sin\phi=(2k+1)\dfrac{\lambda}{2}$,即 $a\sin30°=3\times\dfrac{\lambda}{2}$。

答案:D

36. **解** $x_{明}=\pm k\dfrac{D\lambda}{a}$,$x_{暗}=(2k+1)\dfrac{D\lambda}{2a}$,间距$=x_{暗}-x_{明}=\dfrac{D\lambda}{2a}$。

答案:B

37. **解** 7个电子填充到d轨道的5个简并轨道中,按照洪特规则有3个未成对电子。

答案:C

38. **解** HF有分子间氢键,沸点最大。其他三个没有分子间氢键,HCl、HBr、HI分子量逐渐增大,极化率逐渐增大,分子间力逐渐增大,沸点逐渐增大。

答案:D

39. **解** HCl溶于水既有物理变化也有化学变化。HCl的微粒向水中扩散的过程是物理变化,HCl的微粒解离生成氢离子和氯离子的过程是化学变化。

答案:C

40. **解** 系统与环境间只有能量交换,没有物质交换是封闭系统;既有物质交换,又有能量交换是敞开系统;没有物质交换,也没有能量交换是孤立系统。

答案:D

41. **解** $K^{\ominus}=\dfrac{\dfrac{p_{PCl_5}}{P^{\ominus}}}{\dfrac{p_{PCl_3}}{p^{\ominus}}\,\dfrac{p_{Cl_2}}{p^{\ominus}}}=\dfrac{p_{PCl_5}}{p_{PCl_3}\cdot p_{Cl_2}}p^{\ominus}=\dfrac{p^{\ominus}}{p_{Cl_2}}$,$p_{Cl_2}=\dfrac{p^{\ominus}}{k^{\ominus}}=\dfrac{100\text{kPa}}{0.767}=130.38\text{kPa}$。

答案:A

42. **解** 铜电极的电极反应为:$Cu^{2+}+2e^{-}=Cu$,氢离子没有参与反应,所以铜电极的电极电势不受氢离子影响。

答案:C

43. **解** Au^{+}可以发生歧化反应。由于Cu^{2+}达到最高氧化数,最不易失去电子,所以最稳定。

答案:A

44. **解** 参见系统命名原则。

答案:B

45. **解** 含有不饱和键的有机物、含有醛基的有机物可使溴水褪色。

答案:D

46. **解** 信息素为醛,醛可以发生银镜反应。

答案:B

47.解　根据力的可传性判断。

答案:A

48.解　主矢为三力的矢量和,对O点的主矩为三力分别对O点力矩的代数和。

答案:B

49.解　列两个平衡方程:$\sum F_x=0$;$\sum M_C(F)=0$。

答案:C

50.解　需视三链杆是否共点(含无穷远点)。

答案:D

51.解　根据公式:$2as=v_t^2-v_0^2$。

答案:D

52.解　根据转动刚体内一点的速度和加速度公式:$v=r\omega$;$a_n=r\omega^2$,且$\omega=\dot{\varphi}$。

答案:A

53.解　木板的加速度与轮缘一点的切向加速度相等,而$a_n=r\omega^2=\frac{v^2}{r}=\sqrt{a^2-a_t^2}$。

答案:A

54.解　根据牛顿第二定律。

答案:B

55.解　因为杆在水平方向受力为零,故水平方向质心运动守恒。

答案:C

56.解　因为$\sum M_A(F)=0$,则对轮应用相对质心的动量矩定理:$J_A\alpha=0$。

答案:C

57.解　惯性力系的合力大小为$F_I=ma_C$,而质心C有切向和法向加速度。

答案:B

58.解　干扰力的频率与系统固有频率相等时将发生共振。

答案:B

59.解　若将材料由低碳钢改为木材,则改变的只是弹性模量E,而正应力计算公式$\sigma=\frac{F_N}{A}$中没有E,故正应力不变。但是轴向变形计算公式$\Delta l=\frac{F_N l}{EA}$中,$\Delta l$与$E$成反比,当木材的弹性模量减小时,轴向变形$\Delta l$增大。

答案:C

60. **解**　由杆的受力分析可知 A 截面受到一个约束反力为 F，方向向左，杆的轴力图如图所示：由于 BC 段杆轴力为零，没有变形，故杆中距离 A 端 $1.5L$ 处横截面的轴向位移就等于 AB 段杆的伸长，$\Delta l=\dfrac{FL}{EA}$。

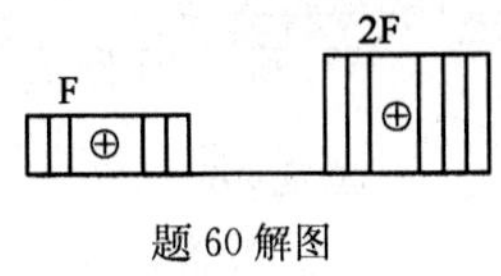

题 60 解图

答案：D

61. **解**　圆孔钢板冲断时的剪切面是一个圆柱面，其面积为 πdt，冲断条件是 $\tau_{max}=\dfrac{F}{\pi dt}=\tau_b$，故 $d=\dfrac{F}{\pi t\tau_b}=\dfrac{300\pi\times10^3\text{N}}{\pi\times10\text{mm}\times300\text{MPa}}=100\text{mm}$。

答案：B

62. **解**　图示结构剪切面面积是 ab，挤压面面积是 hb。

剪切强度条件：　$\tau=\dfrac{F}{ab}=[\tau]$　①

挤压强度条件：　$\sigma_{bs}=\dfrac{F}{hb}=[\sigma_{bs}]$　②

由 $\dfrac{①}{②}=\dfrac{h}{a}=\dfrac{[\tau]}{[\sigma_{bs}]}$。

答案：A

63. **解**　由外力平衡可知左端的反力偶为 T，方向是由外向内转。再由各段扭矩计算可知：左段扭矩为 $+T$，中段扭矩为 $-T$，右段扭矩为 $+T$。

答案：D

64. **解**　由 $\phi_1=\dfrac{\phi}{2}$，即 $\dfrac{T_1}{GI_{p1}}=\dfrac{1}{2}\dfrac{T_1}{GI\text{p}}$，得 $I_{p1}=2I_p$ 所以 $\dfrac{\pi d_1^4}{32}=2\dfrac{\pi}{32}d^4$，故 $d_1=\sqrt[4]{2}d$。

答案：A

65. **解**　此题有两种可能（见解图），B 点处均是力矩。

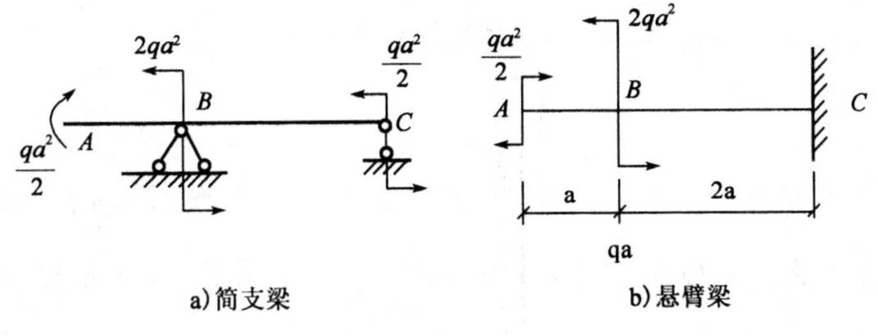

a) 简支梁　　b) 悬臂梁

题 65 解图

答案：B

66. **解**　$I_z=\dfrac{\pi}{64}d^4-\dfrac{a^4}{12}$。

答案：B

67. **解**　因为 $I_2=\frac{b(2a)^3}{12}=8\frac{ba^3}{12}=8I_1$，又 $f_1=f_2$，即$\frac{M_1L^2}{2EI_1}=\frac{M_2L^2}{2EI_2}$，故$\frac{M_2}{M_1}=\frac{I_2}{I_1}=8$。

答案:A

68. **解**　图示截面的弯曲中心是两个狭长矩形边的中线交点，形心主轴是 y'和 z'，故无扭转，而有沿两个形心主轴 y'、z'方向的双向弯曲。

答案:C

69. **解**　图示单元体 $\sigma_x=50\text{MPa}$，$\sigma_y=-50\text{MPa}$，$\tau_x=-30\text{MPa}$，$\alpha=45°$。

故 $\tau_\alpha=\frac{\sigma_x-\sigma_y}{2}\sin2\alpha+\tau_x\cos2\alpha=\frac{50-(-50)}{2}\sin90°-30\times\cos90°=50\text{MPa}$。

答案:B

70. **解**　图示细长压杆，$\mu=2$，$I_{\min}=I_y=\frac{hb^3}{12}$，$F_{cr}=\frac{\pi^2EI_{\min}}{(\mu L)^2}=\frac{\pi^2E}{(2L)^2}\frac{hb^3}{12}$。

答案:D

71. **解**　由连续介质假设可知。

答案:D

72. **解**　仅受重力作用的静止流体的等压面是水平面。

$$p_A+\rho_Agh_1=p_B+\rho_Bgh_2+\rho_mg\Delta h$$

$$p_A-p_B=(-\rho_Ah_1+\rho_Bh_2+\rho_m\Delta h)g$$

答案:A

73. **解**　用连续方程求解。

$$v_3=\frac{v_1A_1+v_2A_2}{A_3}=\frac{4\times0.01+6\times0.005}{0.01}=7\text{m/s}$$

答案:C

74. **解**　由尼古拉兹阻力曲线图可知，在紊流粗糙区。

答案:D

75. **解**　薄壁小孔口与圆柱形外管嘴流量公式均可用，流量 $Q=\mu\cdot A\sqrt{2gH_0}$，根据面积 $A=\frac{\pi d^2}{4}$和题设两者的 H_0 及 Q 均相等，则有 $\mu_1d_1^2=\mu_2d_2^2$，而 $\mu_2>\mu_1$(0.82>0.62)，所以$d_1>d_2$。

答案:A

76. **解**　明渠均匀流必须发生在顺坡渠道上。

答案:D

77. **解**　完全普通井流量公式：

$$Q=1.366\frac{k(H^2-h^2)}{\lg\frac{R}{r_0}}=1.366\times\frac{0.0005\times(15^2-10^2)}{\lg\frac{375}{0.3}}=0.0276\text{m}^3/\text{s}$$

答案:A

78.**解** 一个正确反映客观规律的物理方程中,各项的量纲是和谐的、相同的。

答案:C

79.**解** 静止的电荷产生静电场,运动电荷周围不仅存在电场,也存在磁场。

答案:A

80.**解** 用安培环路定律$\oint H\text{d}L=\sum I$,这里电流是代数和,注意它们的方向。

答案:C

81.**解** 注意理想电压源和实际电压源的区别,该题是理想电压源$U_\text{S}=U$。

答案:C

82.**解** 利用等效电压源定理判断。在求等效电压源电动势时,将A、B两点开路后,电压源的两上方电阻和两下方电阻均为串联连接方式。

答案:B

83.**解** 对称三相交流电路中,任何时刻三相电流之和均为零。

答案:B

84.**解** 该电路为线性一阶电路,暂态过程依据公式$f(t)=f(\infty)+[f(t_{0+})-f(\infty)]e^{-t/\tau}$分析,这是三要素分析法。$f(t)$表示电路中任意电压和电流,其中$f(\infty)$是电量的稳态值,$f(t_{0+})$表示初始值,$\tau$表示电路的时间常数。在阻容耦合电路中$\tau=RC$。

答案:C

85.**解** 变压器的额定功率用视在功率表示,它等于变压器初级绕组或次级绕组中电压额定值与电流额定值的乘积,$S_\text{N}=U_{1\text{N}}I_{1\text{N}}=U_{2\text{N}}I_{2\text{N}}$。值得注意的是,次级绕阻电压是变压器空载时的电压,$U_{2\text{N}}=U_{20}$。可以认为变压器初级端的功率因数与次级端的功率因数相同。

答案:A

86.**解** 该电路为直流稳压电源电路。对于输出的直流信号,电容在电路中可视为断路。桥式整流电路中的二极管通过的电流平均值是电阻R中通过电流的一半。

答案:D

87.**解** 根据晶体三极管工作状态的判断条件,当晶体管处于饱和状态时,基极电流与集电极电流的关系是:$I_\text{B}>I_\text{BS}=\frac{1}{\beta}I_\text{CS}=\frac{1}{\beta}\left(\frac{U_\text{CC}-U_\text{CES}}{R_\text{C}}\right)$。

答案:A

88.**解** 根据等效的直流通道计算,在直流等效电路中电容断路。

答案:A

89. **解** 首先确定在不同输入电压下三个二极管的工作状态,依此确定输出端的电位 U_Y;然后判断各电位之间的逻辑关系,当点电位高于 2.4V 时视为逻辑状态“1”,电位低于 0.4V 时视为逻辑“0”状态。

答案:A

90. **解** 该触发器为负边沿触发方式,即当时钟信号由高电平下降为低电平时刻输出端的状态可能发生改变。

答案:C

91. **解** 参看信号的分类,连续信号和离散信号部分。

答案:A

92. **解** 参看信号的分类,连续信号与模拟信号的区别。

答案:C

93. **解** 常用模拟信号的描述,单位冲激信号 $\delta(t)$ 的定义。

答案:B

94. **解** 常用模拟信号的描述,单位阶跃函数信号 $\varepsilon(t)$ 与单位冲激信号 $\delta(t)$ 的关系。

答案:A

95. **解** 周期信号的傅氏级数分析。

答案:B

96. **解** 根据二进制与十六进制的关系转换。

答案:A

97. **解** 系统总线又称内总线。因为该总线是用来连接微机各功能部件而构成一个完整微机系统的,所以称之为系统总线。计算机系统内的系统总线是计算机硬件系统的一个组成部分。

答案:A

98. **解** Microsoft Word 和国产字处理软件 WPS 都是目前广泛使用的文字处理软件。

答案:A

99. **解** 操作系统是用户与硬件交互的第一层系统软件,一切其他软件都要运行于操作系统之上(包括 A、C、D 选项)。

答案:B

100. **解** 操作系统中采用虚拟存储技术是为了给用户提供更大的随机存取空间而采用的一种存储技术。它将内存与外存结合使用,好像有一个容量极大的内存储器,工作速度接近于主存,在整机形成多层次存储系统。

答案:B

101. **解** 二进制数是计算机所能识别的,由 0 和 1 两个数码组成,称为机器语言。

答案:C

102. **解** 四位二进制对应一位十六进制,A 表示 10,对应的二进制为 1010,E 表示 14,对应的二进制为 1110。

答案:B

103. **解** 传统加密技术、数字签名技术、对称加密技术和密钥加密技术都是常用的信息加密技术,而专用 ASCⅡ码加密技术是不常用的信息加密技术。

答案:D

104. **解** 广域网又称为远程网,它一般是在不同城市之间的 LAN(局域网)或者 MAN(城域网)网络互联,它所覆盖的地理范围一般从几十公里到几千公里。

答案:D

105. **解** 我国专家把计算机网络定义为:利用各种通信手段,把地理上分散的计算机连在一起,达到相互通信、共享软/硬件和数据等资源的系统。

答案:D

106. **解** 人们把计算机网络中实现网络通信功能的设备及其软件的集合称为网络的通信子网,而把网络中实现资源共享功能的设备及其软件的集合称为资源。

答案:B

107. **解** 年名义利率相同的情况下,一年内计息次数较多的,年实际利率较高。

答案:D

108. **解** 按建设期利息公式 $Q=\sum\left[P_{t-1}+\frac{A_t}{2}\cdot i\right]$ 计算。

第一年贷款总额 1000 万元,计算利息时按贷款在年内均衡发生考虑。

$$Q_1=(1\,000/2)\times6\%=30\text{ 万元}$$

$$Q_2=(1\,000+30)\times6\%=61.8\text{ 万元}$$

$$Q=Q_1+Q_2=30+61.8=91.8\text{ 万元}$$

答案:D

109. **解** 按不考虑筹资费用的银行借款资金成本公式 $K_e=R_e(1-T)$ 计算。

$K_e=R_e(1-T)=10\%\times(1-25\%)=7.5\%$。

答案:A

110. **解** 利用计算 IRR 的插值公式计算。

$\text{IRR}=12\%+(14\%-12\%)\times(130)/(130+|-50|)=13.44\%$。

答案:D

111. **解**　利用备付率属于反映项目偿债能力的指标。

答案:B

112. **解**　可先求出盈亏平衡产量,然后乘以单位产品售价,即为盈亏平衡点销售收入。盈亏平衡点销售收入$=500\times[10\times10^4/(500-200)]=2\ 500$万元。

答案:D

113. **解**　寿命期相同的互斥方案可直接采用净现值法选优。

答案:C

114. **解**　价值指数等于1说明该部分的功能与其成本相适应。

答案:B

115. **解**　见《中华人民共和国建筑法》第七条规定:建筑工程开工前,建设单位应当按照国家有关规定向工程所在地县级以上人民政府建设行政主管部门申请领取施工许可证;但是,国务院建设行政主管部门确定的限额以下的小型工程除外。

答案:D

116. **解**　见《中华人民共和国安全生产法》第十七条第(一)款,B、C、D各条均和法律条文有出入,不是正确答案。

答案:A

117. **解**　见《中华人民共和国招标投标法》第十三条。

答案:B

118. **解**　见《中华人民共和国合同法》第十条:当事人订立合同有书面形式、口头形式和其他形式。

答案:C

119. **解**　见《中华人民共和国行政许可法》第十二条第五款规定A属于可以设定行政许可的内容。B、C、D均属于第十三条规定的可以不设行政许可的内容。

答案:A

120. **解**　见《建设工程质量管理条例》第十一条。

答案:A

2013 年度全国勘察设计注册工程师公共基础考试

试　　题

单项选择题(共 120 题,每题 1 分。每题的备选项中只有一个最符合题意)

1. 已知向量 $\boldsymbol{\alpha}=(-3,-2,1)$,$\boldsymbol{\beta}=(1,-4,-5)$,则$|\boldsymbol{\alpha}\times\boldsymbol{\beta}|$等于:

A. 0　　B. 6　　C. $14\sqrt{3}$　　D. $14\boldsymbol{i}+16\boldsymbol{j}-10\boldsymbol{k}$

2. 若 $\lim\limits_{x\to 1}\dfrac{2x^2+ax+b}{x^2+x-2}=1$. 则必有:

A. $a=-1,b=2$　　B. $a=-1,b=-2$

C. $a=-1,b=-1$　　D. $a=1,b=1$

3. 若 $\begin{cases}x=\sin t\\ y=\cos t\end{cases}$,则$\dfrac{\mathrm{d}y}{\mathrm{d}x}$等于:

A. $-\tan t$　　B. $\tan t$　　C. $-\sin t$　　D. $\cot t$

4. 设 $f(x)$有连续导数,则下列关系式中正确的是:

A. $\int f(x)\mathrm{d}x=f(x)$　　B. $[\int f(x)\mathrm{d}x]'=f(x)$

C. $\int f'(x)\mathrm{d}x=f(x)\mathrm{d}x$　　D. $[\int f(x)\mathrm{d}x]'=f(x)+c$

5. 已知 $f(x)$为连续的偶函数,则 $f(x)$的原函数中:

A. 有奇函数　　B. 都是奇函数

C. 都是偶函数　　D. 没有奇函数也没有偶函数

6. 设 $f(x)=\begin{cases}3x^2, & x\leqslant 1\\ 4x-1, & x>1\end{cases}$,则 $f(x)$在点 $x=1$ 处:

A. 不连续　　B. 连续但左、右导数不存在

C. 连续但不可导　　D. 可导

7. 函数 $y=(5-x)x^{\frac{2}{3}}$的极值可疑点的个数是:

A. 0　　B. 1　　C. 2　　D. 3

8. 下列广义积分中发散的是：

A. $\int_0^{+\infty} e^{-x}\mathrm{d}x$　　B. $\int_0^{+\infty}\frac{1}{1+x^2}\mathrm{d}x$　　C. $\int_0^{+\infty}\frac{\ln x}{x}\mathrm{d}x$　　D. $\int_0^1\frac{1}{\sqrt{1-x^2}}\mathrm{d}x$

9. 二次积分 $\int_0^1\mathrm{d}x\int_{x^2}^{x} f(x,y)\mathrm{d}y$ 交换积分次序后的二次积分是：

A. $\int_{x^2}^{x}\mathrm{d}y\int_0^1 f(x,y)\mathrm{d}x$　　B. $\int_0^1\mathrm{d}y\int_{y^2}^{y} f(x,y)\mathrm{d}x$

C. $\int_{y}^{\sqrt{y}}\mathrm{d}y\int_0^1 f(x,y)\mathrm{d}x$　　D. $\int_0^1\mathrm{d}y\int_{y}^{\sqrt{y}} f(x,y)\mathrm{d}x$

10. 微分方程 $xy'-y\ln y=0$ 满足 $y(1)=e$ 的特解是：

A. $y=ex$　　B. $y=e^x$　　C. $y=e^{2x}$　　D. $y=\ln x$

11. 设 $z=z(x、y)$ 是由方程 $xz-xy+\ln(xyz)=0$ 所确定的可微函数，则 $\frac{\partial z}{\partial y}=$

A. $\frac{-xz}{xz+1}$　　B. $-x+\frac{1}{2}$　　C. $\frac{z(-xz+y)}{x(xz+1)}$　　D. $\frac{z(xy-1)}{y(xz+1)}$

12. 正项级数 $\sum_{n=1}^{\infty}a_n$ 的部分和数列 $\{S_n\}$($S_n=\sum_{i=1}^{n}a_i$)有上界是该级数收敛的：

A. 充分必要条件　　B. 充分条件而非必要条件

C. 必要条件而非充分条件　　D. 既非充分又非必要条件

13. 若 $f(-x)=-f(x)(-\infty<x<+\infty)$，且在 $(-\infty,0)$ 内 $f'(x)>0$，$f''(x)<0$，则 $f(x)$ 在 $(0,+\infty)$ 内是：

A. $f'(x)>0, f''(x)<0$　　B. $f'(x)<0, f''(x)>0$

C. $f'(x)>0, f''(x)>0$　　D. $f'(x)<0, f''(x)<0$

14. 微分方程 $y''-3y'+2y=xe^x$ 的待定特解的形式是：

A. $y=(Ax^2+Bx)e^x$　　B. $y=(Ax+B)e^x$

C. $y=Ax^2e^x$　　D. $y=Axe^x$

15. 已知直线 L：$\frac{x}{3}=\frac{y+1}{-1}=\frac{z-3}{2}$，平面 π：$-2x+2y+z-1=0$，则：

A. L 与 π 垂直相关　　B. L 平行于 π，但 L 不在 π 上

C. L 与 π 非垂直相关　　D. L 在 π 上

16. 设 L 是连接点 $A(1,0)$ 及点 $B(0,-1)$ 的直线段，则对弧长的曲线积分 $\int_L(y-x)\mathrm{d}s=$

A. -1　　B. 1　　C. $\sqrt{2}$　　D. $-\sqrt{2}$

17. 下列幂级数中，收敛半径 $R=3$ 的幂级数是：

A. $\sum\limits_{n=0}^{\infty}3x^n$　　B. $\sum\limits_{n=0}^{\infty}3^n x^n$　　C. $\sum\limits_{n=0}^{\infty}\frac{1}{3^{\frac{n}{2}}}x^n$　　D. $\sum\limits_{n=0}^{\infty}\frac{1}{3^{n+1}}x^n$

18. 若 $z=f(x,y)$ 和 $y=\varphi(x)$ 均可微，则 $\frac{\mathrm{d}z}{\mathrm{d}x}=$

A. $\frac{\partial f}{\partial x}+\frac{\partial f}{\partial y}$　　B. $\frac{\partial f}{\partial x}+\frac{\partial f}{\partial y}\frac{\mathrm{d}\varphi}{\mathrm{d}x}$　　C. $\frac{\partial f}{\partial y}\frac{\mathrm{d}\varphi}{\mathrm{d}x}$　　D. $\frac{\partial f}{\partial x}-\frac{\partial f}{\partial y}\frac{\mathrm{d}\varphi}{\mathrm{d}x}$

19. 已知向量组 $\boldsymbol{\alpha}_1=(3,2,-5)^{\mathrm{T}}$，$\boldsymbol{\alpha}_2=(3,-1,3)^{\mathrm{T}}$，$\boldsymbol{\alpha}_3=\left(1,-\frac{1}{3},1\right)^{\mathrm{T}}$，$\boldsymbol{\alpha}_4=(6,-2,6)^{\mathrm{T}}$ 则该向量组的一个极大线性无关组是：

A. $\boldsymbol{\alpha}_2,\boldsymbol{\alpha}_4$　　B. $\boldsymbol{\alpha}_3,\boldsymbol{\alpha}_4$　　C. $\boldsymbol{\alpha}_1,\boldsymbol{\alpha}_2$　　D. $\boldsymbol{\alpha}_2,\boldsymbol{\alpha}_3$

20. 若非齐次线性方程组 $\boldsymbol{AX}=\boldsymbol{b}$ 中，方程的个数少于未知量的个数，则下列结论中正确的是：

A. $\boldsymbol{AX}=\boldsymbol{0}$ 仅有零解　　B. $\boldsymbol{AX}=\boldsymbol{0}$ 必有非零解
C. $\boldsymbol{AX}=\boldsymbol{0}$ 一定无解　　D. $\boldsymbol{AX}=\boldsymbol{b}$ 必有无穷多解

21. 已知矩阵 $\boldsymbol{A}=\begin{bmatrix}1 & -1 & 1\\ 2 & 4 & -2\\ -3 & -3 & 5\end{bmatrix}$ 与 $\boldsymbol{B}=\begin{bmatrix}\lambda & 0 & 0\\ 0 & 2 & 0\\ 0 & 0 & 2\end{bmatrix}$ 相似，则 $\lambda=$

A. 6　　B. 5　　C. 4　　D. 14

22. 设 A 和 B 为两个相互独立的事件，且 $P(A)=0.4$，$P(B)=0.5$，则 $P(A\cup B)$ 等于：

A. 0.9　　B. 0.8　　C. 0.7　　D. 0.6

23. 下列函数中，可以作为连续型随机变量的分布函数的是：

A. $\Phi(x)=\begin{cases}0, & x<0\\ 1-e^x, & x\geqslant 0\end{cases}$　　B. $F(x)=\begin{cases}e^x, & x<0\\ 1, & x\geqslant 0\end{cases}$

C. $G(x)=\begin{cases}e^{-x}, & x<0\\ 1, & x\geqslant 0\end{cases}$　　D. $H(x)=\begin{cases}0, & x<0\\ 1+e^{-x}, & x\geqslant 0\end{cases}$

24. 设总体 $X\sim N(0,\sigma^2)$，$X_1,X_2,\cdots X_n$ 是来自总体的样本，则 σ^2 的矩估计是：

A. $\frac{1}{n}\sum\limits_{i=1}^{n}X_i$　　B. $n\sum\limits_{i=1}^{n}X_i$　　C. $\frac{1}{n^2}\sum\limits_{i=1}^{n}X_i^2$　　D. $\frac{1}{n}\sum\limits_{i=1}^{n}X_i^2$

25. 一瓶氦气和一瓶氮气，它们每个分子的平均平动动能相同，而且都处于平衡态。

则它们：

A. 温度相同，氦分子和氮分子的平均动能相同
B. 温度相同，氦分子和氮分子的平均动能不同
C. 温度不同，氦分子和氮分子的平均动能相同
D. 温度不同，氦分子和氮分子的平均动能不同

26. 最概然速率 v_P 的物理意义是：

A. v_P 是速率分布中的最大速率
B. v_P 是大多数分子的速率
C. 在一定的温度下，速率与 v_P 相近的气体分子所占的百分率最大
D. v_P 是所有分子速率的平均值

27. 气体做等压膨胀，则：

A. 温度升高，气体对外做正功　　B. 温度升高，气体对外做负功
C. 温度降低，气体对外做正功　　D. 温度降低，气体对外做负功

28. 一定量理想气体由初态（P_1, V_1, T_1）经等温膨胀到达终态（P_2, V_2, T_1），则气体吸收的热量 Q 为：

A. $Q=P_1V_1\ln\frac{V_2}{V_1}$　　B. $Q=P_1V_2\ln\frac{V_2}{V_1}$
C. $Q=P_1V_1\ln\frac{V_1}{V_2}$　　D. $Q=P_2V_1\ln\frac{P_2}{P_1}$

29. 一横波沿一根弦线传播，其方程为 $y=-0.02\cos\pi(4x-50t)(SI)$，该波的振幅与波长分别为：

A. 0.02cm，0.5cm　　B. －0.02m，－0.5m
C. －0.02m，0.5m　　D. 0.02m，0.5m

30. 一列机械横波在 t 时刻的波形曲线如图所示，则该时刻能量处于最大值的媒质质元的位置是：

A. a　　B. b
C. c　　D. d

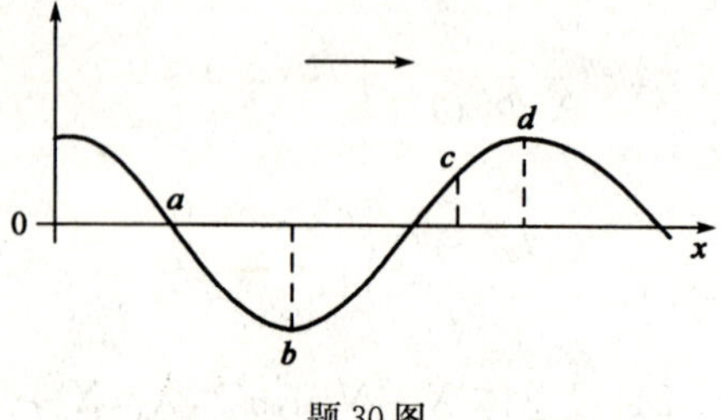

题 30 图

31. 在波长为 λ 的驻波中，两个相邻波腹之间的距离为：

A. $\lambda/2$　　B. $\lambda/4$
C. $3\lambda/4$　　D. λ

32. 两偏振片叠放在一起，欲使一束垂直入射的线偏振光经过两个偏振片后振动方向转过 90°，且使出射光强尽可能大，则入射光的振动方向与前后两偏振片的偏振化方向夹角分别为：

A. 45°和 90°　　B. 0°和 90°　　C. 30°和 90°　　D. 60°和 90°

33. 光的干涉和衍射现象反映了光的：

A. 偏振性质　　B. 波动性质　　C. 横波性质　　D. 纵波性质

34. 若在迈克耳逊干涉仪的可动反射镜 M 移动了 0.620mm 的过程中，观察到干涉条纹移动了 2 300 条，则所用光波的波长为：

A. 269nm　　B. 539nm　　C. 2 690nm　　D. 5 390nm

35. 在单缝夫琅禾费衍射实验中，屏上第三级暗纹对应的单缝处波面可分成的半波带的数目为：

A. 3　　B. 4　　C. 5　　D. 6

36. 波长为 λ 的单色光垂直照射在折射率为 n 的劈尖薄膜上，在由反射光形成的干涉条纹中，第五级明条纹与第三级明条纹所对应的薄膜厚度差为：

A. $\frac{\lambda}{2n}$　　B. $\frac{\lambda}{n}$

C. $\frac{\lambda}{5n}$　　D. $\frac{\lambda}{3n}$

37. 量子数 $n=4, l=2, m=0$ 的原子轨道数目是：

A. 1　　B. 2　　C. 3　　D. 4

38. PCl_3 分子空间几何构型及中心原子杂化类型分别为：

A. 正四面体，sp^3 杂化　　B. 三角锥型，不等性 sp^3 杂化

C. 正方形，dsp^2 杂化　　D. 正三角形，sp^2 杂化

39. 已知 $Fe^{3+} \xrightarrow{0.771} Fe^{2+} \xrightarrow{-0.44} Fe$，则 $E^{\ominus}(Fe^{3+}/Fe)$ 等于：

A. 0.331V　　B. 1.211V　　C. −0.036V　　D. 0.110V

40. 在 $BaSO_4$ 饱和溶液中，加入 $BaCl_2$，利用同离子效应使 $BaSO_4$ 的溶解度降低，体系中 $c(SO_4^{2-})$ 的变化是：

A. 增大　　B. 减小　　C. 不变　　D. 不能确定

41. 催化剂可加快反应速率的原因。下列叙述正确的是：

A. 降低了反应的$\Delta_r H_m^{\ominus}$

B. 降低了反应的$\Delta_r G_m^{\ominus}$

C. 降低了反应的活化能

D. 使反应的平衡常数$K^{\ominus}$减小

42. 已知反应$C_2H_2(g)+2H_2(g) \rightleftharpoons C_2H_6(g)$的$\Delta_r H_m<0$，当反应达平衡后，欲使反应向右进行，可采取的方法是：

A. 升温，升压　　B. 升温，减压

C. 降温，升压　　D. 降温，减压

43. 向原电池$(-)Ag, AgCl|Cl^- \| Ag^+|Ag(+)$的负极中加入NaCl，则原电池电动势的变化是：

A. 变大　　B. 变小　　C. 不变　　D. 不能确定

44. 下列各组物质在一定条件下反应，可以制得比较纯净的1,2-二氯乙烷的是：

A. 乙烯通入浓盐酸中　　B. 乙烷与氯气混合

C. 乙烯与氯气混合　　D. 乙烯与卤化氢气体混合

45. 下列物质中，不属于醇类的是：

A. C_4H_9OH　　B. 甘油　　C. $C_6H_5CH_2OH$　　D. C_6H_5OH

46. 人造象牙的主要成分是$\text{-}[CH_2-O]\text{-}_n$，它是经加聚反应制得的。合成此高聚物的单体是：

A. $(CH_3)_2O$　　B. CH_3CHO　　C. HCHO　　D. HCOOH

47. 图示构架由AC、BD、CE三杆组成，A、B、C、D处为铰接，E处光滑接触。已知：$F_P=2kN$，$\theta=45°$，杆及轮重均不计，则E处约束力的方向与x轴正向所成的夹角为：

A. 0°　　B. 45°

C. 90°　　D. 225°

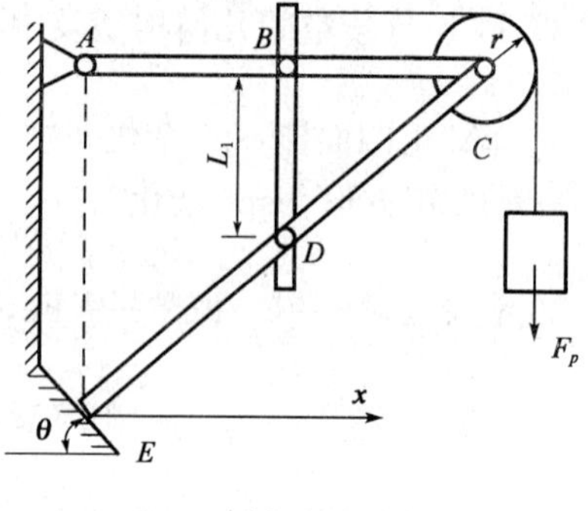

题47图

48. 图示结构直杆BC，受载荷F，q作用，$BC=L$，$F=qL$，其中q为载荷集度，单位为N/m，集中力以N计，长度以m计。则该主动力系数对O点的合力矩为：

A. $M_O=0$　　B. $M_O=\frac{qL^2}{2}$Nm(↶)

C. $M_O=\frac{3qL^2}{2}$Nm(↶)　　　　D. $M_O=qL^2$kNm(↷)

49. 图示平面构架，不计各杆自重。已知：物块 M 重 F_P，悬挂如图示，不计小滑轮 D 的尺寸与质量，A、E、C 均为光滑铰链，$L_1=1.5\text{m}$，$L_2=2\text{m}$。则支座 B 的约束力为：

A. $F_B=3F_P/4(\rightarrow)$　　　　B. $F_B=3F_P/4(\leftarrow)$

C. $F_B=F_P(\leftarrow)$　　　　D. $F_B=0$

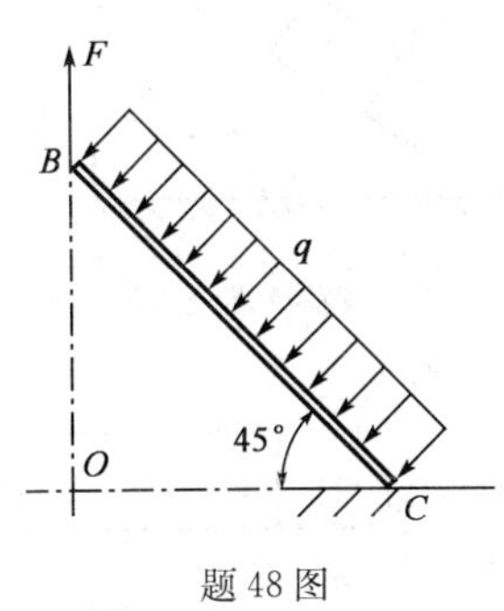

题 48 图

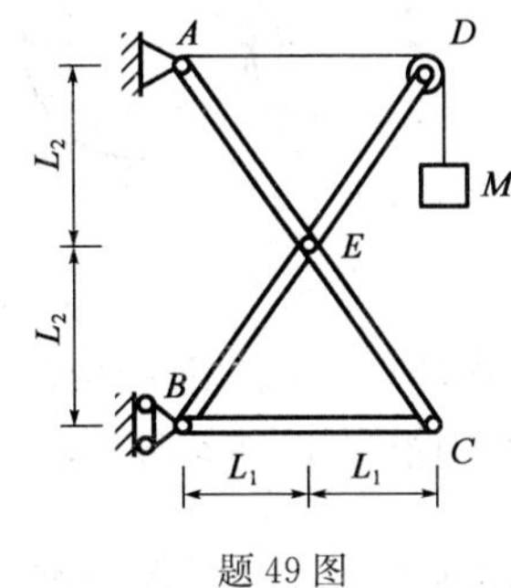

题 49 图

50. 物体重为 W，置于倾角为 α 的斜面上，如图所示。已知摩擦角 $\varphi_m>\alpha$，则物块处于的状态为：

A. 静止状态　　B. 临界平衡状态　　C. 滑动状态　　D. 条件不足，不能确定

51. 已知动点的运动方程为 $x=t$，$y=2t^2$。则其轨迹方程为：

A. $x=t^2-t$　　B. $y=2t$　　C. $y-2x^2=0$　　D. $y+2x^2=0$

52. 一炮弹以初速度和仰角 α 射出。对于图所示直角坐标的运动方程为 $x=v_0\cos\alpha t$，$y=v_0\sin\alpha t-\frac{1}{2}gt^2$，则当 $t=0$ 时，炮弹的速度和加速度的大小分别为：

A. $v=v_0\cos\alpha, a=g$　　　　B. $v=v_0, a=g$

C. $v=v_0\sin\alpha, a=-g$　　　　D. $v=v_0, a=-g$

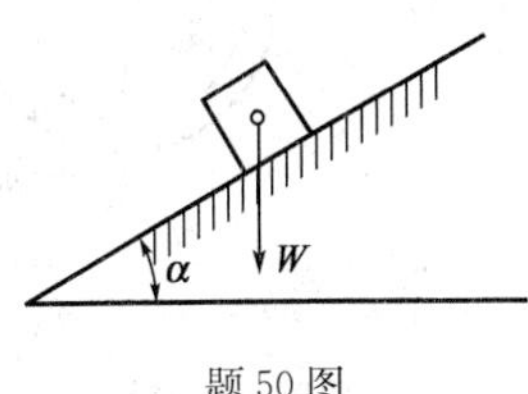

题 50 图

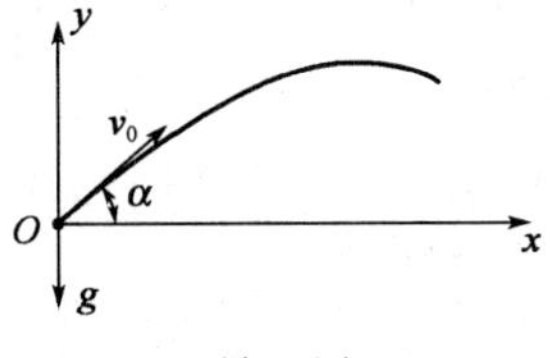

题 52 图

53. 两摩擦轮如图所示。则两轮的角速度与半径关系的表达式为：

A. $\frac{\omega_1}{\omega_2}=\frac{R_1}{R_2}$　　B. $\frac{\omega_1}{\omega_2}=\frac{R_2}{R_1^2}$　　C. $\frac{\omega_1}{\omega_2}=\frac{R_1}{R_2^2}$　　D. $\frac{\omega_1}{\omega_2}=\frac{R_2}{R_1}$

54. 质量为 m 的物块 A，置于与水平面成 θ 角的斜面 B 上，如图所示。A 与 B 间的摩擦系数为 f，为保持 A 与 B 一起以加速度 a 水平向右运动，则所需的加速度 a 至少是：

A. $a=\dfrac{g(f\cos\theta+\sin\theta)}{\cos\theta+f\sin\theta}$　　B. $a=\dfrac{gf\cos\theta}{\cos\theta+f\sin\theta}$

C. $a=\dfrac{g(f\cos\theta-\sin\theta)}{\cos\theta+f\sin\theta}$　　D. $a=\dfrac{gf\sin\theta)}{\cos\theta+f\sin\theta}$

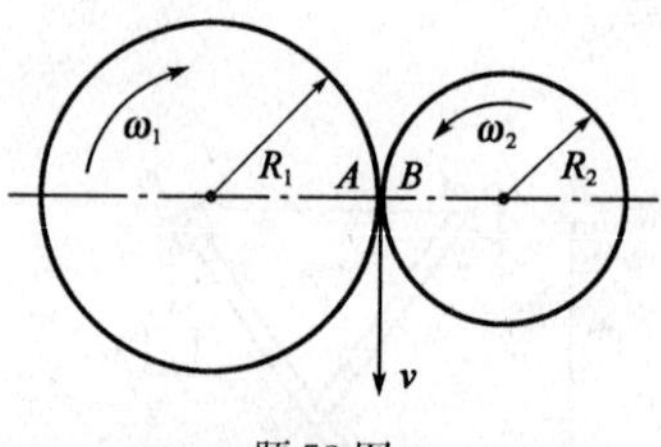

题 53 图

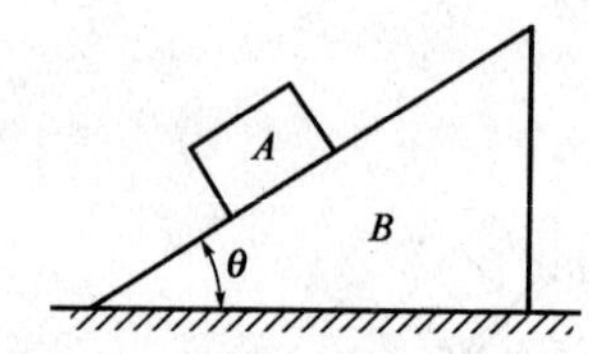

题 54 图

55. A 块与 B 块叠放如图所示，各接触面处均考虑摩擦。当 B 块受力 F 作用沿水平面运动时，A 块仍静止于 B 块上，于是：

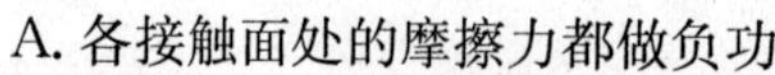

A. 各接触面处的摩擦力都做负功

B. 各接触面处的摩擦力都做正功

C. A 块上的摩擦力做正功

D. B 块上的摩擦力做正功

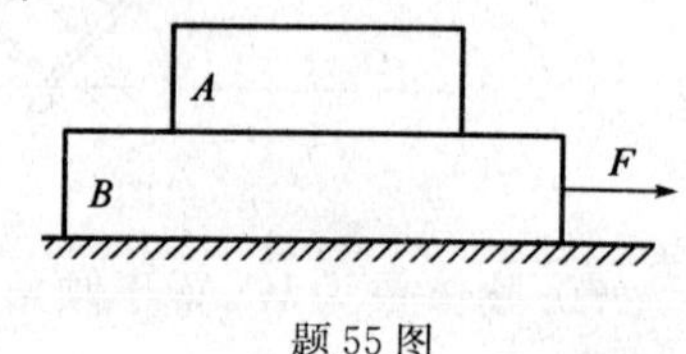

题 55 图

56. 质量为 m，长为 $2l$ 的均质杆初始位于水平位置，如图所示。A 端脱落后，杆绕轴 B 转动，当杆转到铅垂位置时，AB 杆 B 处的约束力大小为：

题 56 图

A. $F_{Bx}=0, F_{By}=0$　　B. $F_{Bx}=0, F_{By}=\dfrac{mg}{4}$

C. $F_{Bx}=l, F_{By}=mg$　　D. $F_{Bx}=0, F_{By}=\dfrac{5mg}{2}$

57. 质量为 m，半径为 R 的均质圆轮，绕垂直于图面的水平轴 O 转动，其角速度为 ω。在图示瞬时，角加速度为 0，轮心 C 在其最低位置，此时将圆轮的惯性力系向 O 点简化，其惯性力主矢和惯性力主矩的大小分别为：

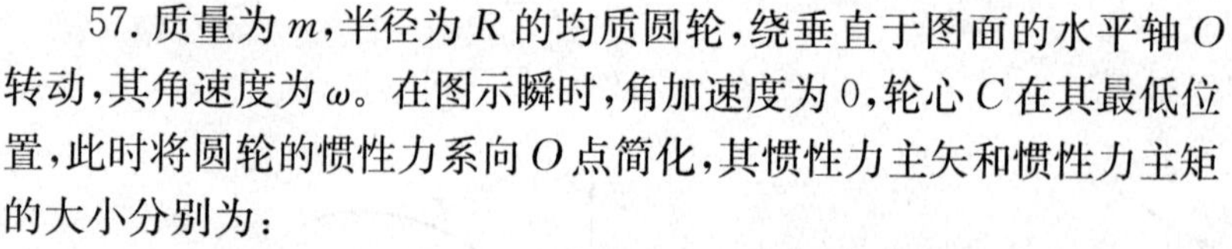

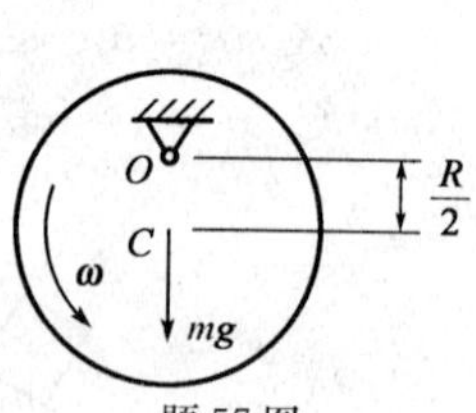

题 57 图

A. $m\dfrac{R}{2}\omega^2, 0$　　B. $mR\omega^2, 0$

C. $0, 0$　　D. $0, \dfrac{1}{2}mR^2\omega^2$

58. 质量为 110kg 的机器固定在刚度为 2×10^6 N/m 的弹性基础上，当系统发生共振时，机器的工作频率为：

A. 66.7rad/s　　B. 95.3rad/s

C. 42.6rad/s　　　　D. 134.8rad/s

59. 图示结构的两杆面积和材料相同，在铅直力 F 作用下，拉伸正应力最先达到许用应力的杆是：

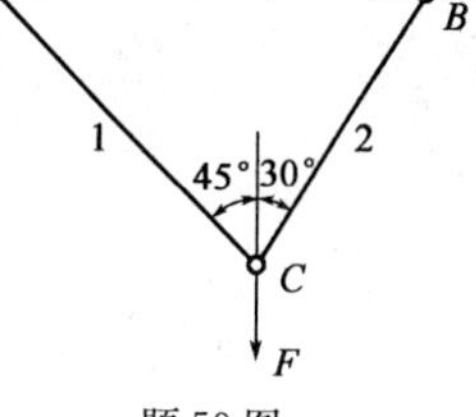

题 59 图

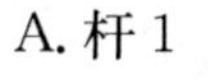

A. 杆 1　　　　B. 杆 2

C. 同时达到　　　　D. 不能确定

60. 图示结构的两杆许用应力均为 $[\sigma]$，杆 1 的面积为 A，杆 2 的面积为 $2A$，则该结构的许用载荷是：

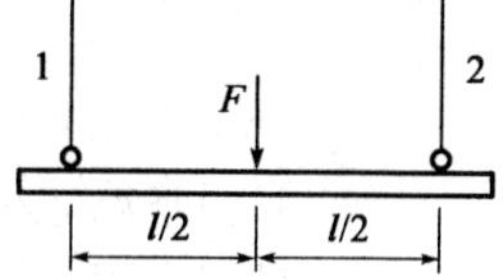

题 60 图

A. $[F]=A[\sigma]$　　　　B. $[F]=2A[\sigma]$

C. $[F]=3A[\sigma]$　　　　D. $[F]=4A[\sigma]$

61. 钢板用两个铆钉固定在支座上，铆钉直径为 d，在图示载荷作用下，铆钉的最大切应力是：

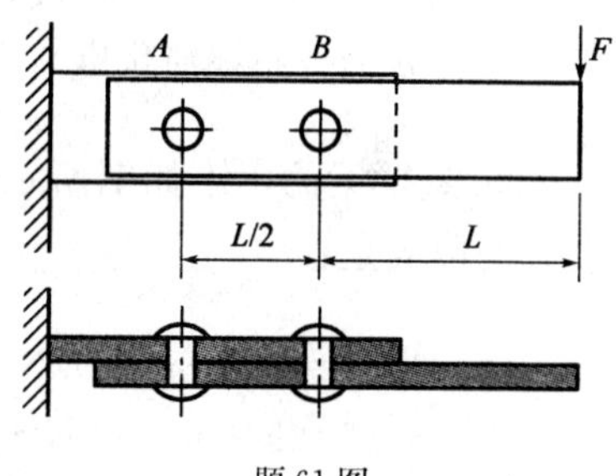

题 61 图

A. $\tau_{\max}=\dfrac{4F}{\pi d^2}$

B. $\tau_{\max}=\dfrac{8F}{\pi d^2}$

C. $\tau_{\max}=\dfrac{12F}{\pi d^2}$

D. $\tau_{\max}=\dfrac{2F}{\pi d^2}$

62. 螺钉承受轴向拉力 F，螺钉头与钢板之间的挤压应力是：

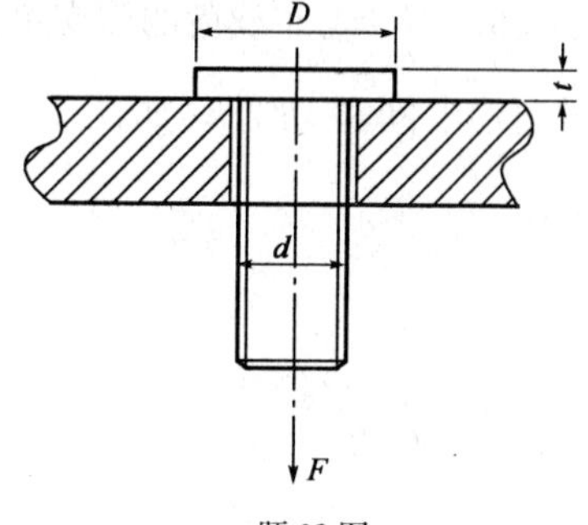

题 62 图

A. $\sigma_{\mathrm{bs}}=\dfrac{4F}{\pi(D^2-d^2)}$

B. $\sigma_{\mathrm{bs}}=\dfrac{F}{\pi dt}$

C. $\sigma_{\mathrm{bs}}=\dfrac{4F}{\pi d^2}$

D. $\sigma_{\mathrm{bs}}=\dfrac{4F}{\pi D^2}$

63. 圆轴直径为 d，切变模量为 G，在外力作用下发生扭转变形，现测得单位长度扭转角为 θ，圆轴的最大切应力是：

A. $\tau_{\max}=\dfrac{16\theta G}{\pi d^3}$　　　　B. $\tau_{\max}=\theta G\dfrac{\pi d^3}{16}$

C. $\tau_{\max}=\theta Gd$　　　　D. $\tau_{\max}=\dfrac{\theta Gd}{2}$

64. 图示两根圆轴，横截面面积相同，但分别为实心圆和空心圆。在相同的扭矩 T 作用下，两轴最大切应力的关系是：

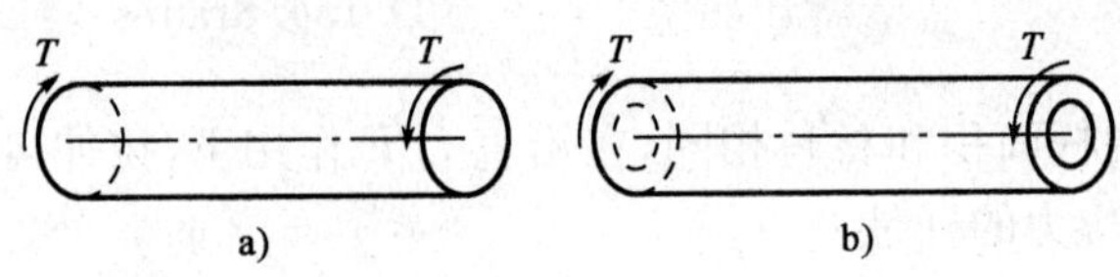

题 64 图

A. $\tau_a < \tau_b$　　B. $\tau_a = \tau_b$　　C. $\tau_a > \tau_b$　　D. 不能确定

65. 简支梁 AC 的 A、C 截面为铰支端。已知的弯矩图如图所示，其中 AB 段为斜直线，BC 段为抛物线。以下关于梁上载荷的正确判断是：

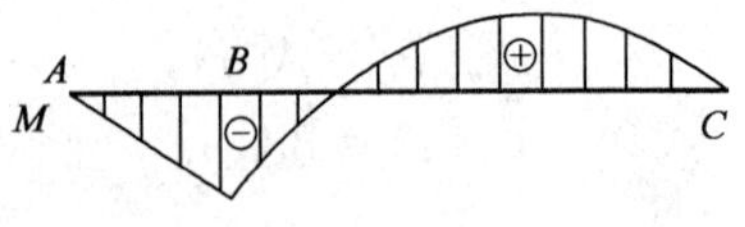

题 65 图

A. AB 段 $q=0$，BC 段 $q\neq0$，B 截面处有集中力
B. AB 段 $q\neq0$，BC 段 $q=0$，B 截面处有集中力
C. AB 段 $q=0$，BC 段 $q\neq0$，B 截面处有集中力偶
D. AB 段 $q\neq0$，BC 段 $q=0$，B 截面处有集中力偶
（q 为分布载荷集度）

66. 悬臂梁的弯矩如图所示，根据梁的弯矩图，梁上的载荷 F、m 的值应是：

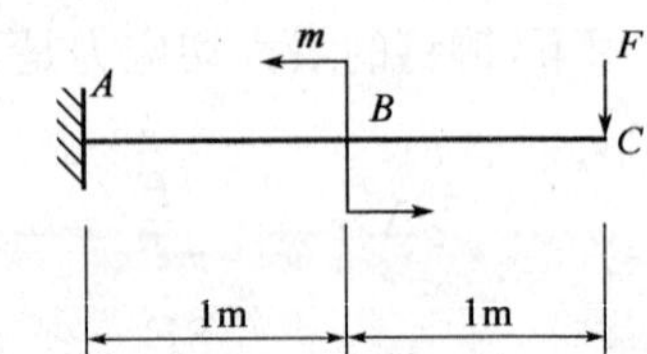

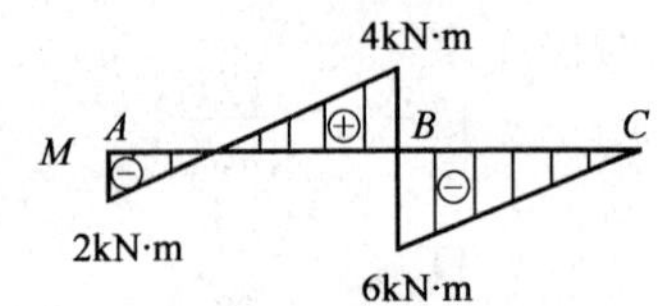

题 66 图

A. $F=6\text{kN}, m=10\text{kN}\cdot\text{m}$
B. $F=6\text{kN}, m=6\text{kN}\cdot\text{m}$
C. $F=4\text{kN}, m=4\text{kN}\cdot\text{m}$
D. $F=4\text{kN}, m=6\text{kN}\cdot\text{m}$

67. 承受均布载荷的简支梁如图 a）所示，现将两端的支座同时向梁中间移动 $l/8$，如图 b）所示，两根梁的中点 $\left(\frac{l}{2}处\right)$ 弯矩之比 $\frac{M_a}{M_b}$ 为：

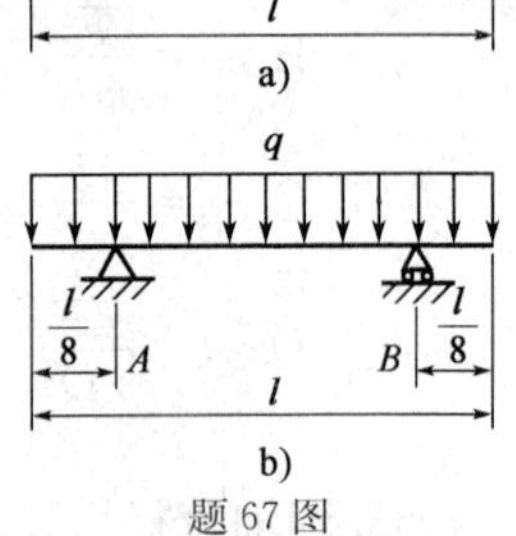

题 67 图

A. 16　　B. 4
C. 2　　D. 1

68. 按照第三强度理论，图示两种应力状态的危险程度是：

A. a）更危险　　B. b）更危险　　C. 两者相同　　D. 无法判断

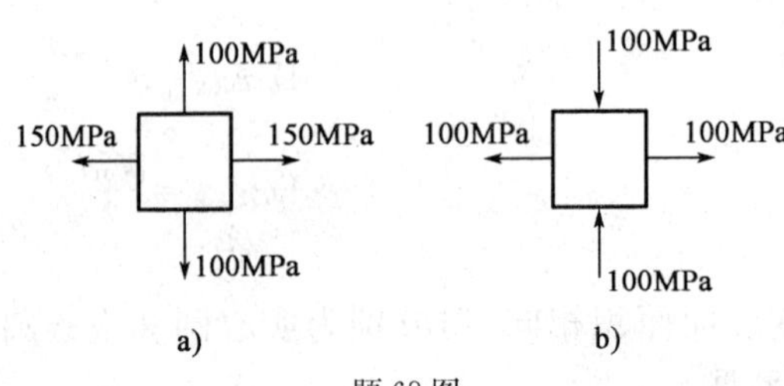

题 68 图

69. 两根杆粘合在一起，截面尺寸如图。杆 1 的弹性模量为 E_1，杆 2 的弹性模量为 E_2，且 $E_1=2E_2$。若轴向力 F 作用在截面形心，则杆件发生的变形是：

A. 拉伸和向上弯曲变形　　B. 拉伸和向下弯曲变形

C. 弯曲变形　　D. 拉伸变形

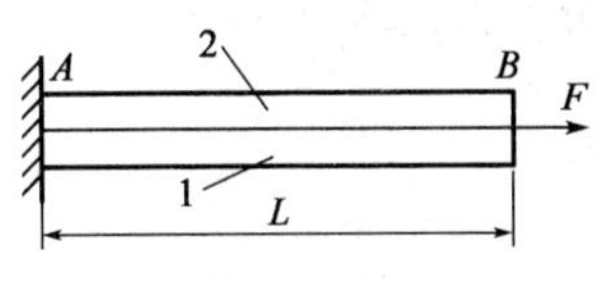

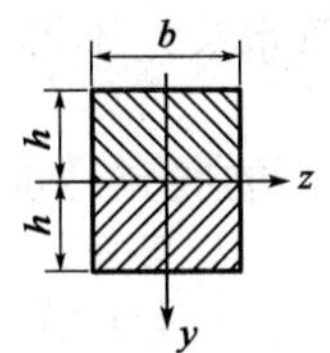

题 69 图

70. 图示细长压杆 AB 的 A 端自由，B 端固定在简支梁上。该压杆的长度系数 μ 是：

A. $\mu>2$　　B. $2>\mu>1$

C. $1>\mu>0.7$　　D. $0.7>\mu>0.5$

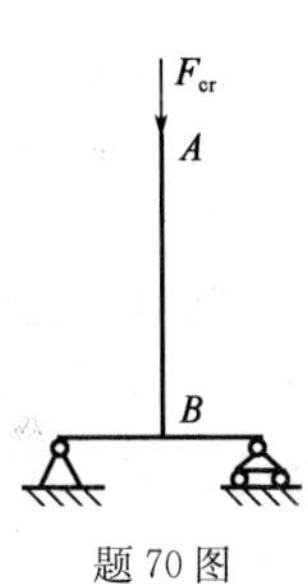

题 70 图

71. 半径为 R 的圆管中，横截面上流速分布为 $u=2\left(1-\dfrac{r^2}{R^2}\right)$，其中 r 表示到圆管轴线的距离，则在 $r_1=0.2R$ 处的黏性切应力与 $r_2=R$ 处的黏性切应力大小之比为：

A. 5　　B. 25　　C. 1/5　　D. 1/25

72. 一水平放置的恒定变直径圆管流，不计水头损失，取两个截面标记为 1 和 2，当 $d_1>d_2$ 时，则两截面形心压强关系是：

A. $p_1<p_2$　　B. $p_1>p_2$

C. $p_1=p_2$　　D. 不能确定

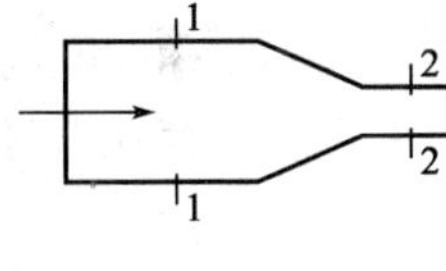

题 72 图

73. 水由喷嘴水平喷出，冲击在光滑平板上，如图所示，已知出口流速为 50m/s，喷射流量为 $0.2\text{m}^3/\text{s}$，不计阻力，则平板受到的冲击力为：

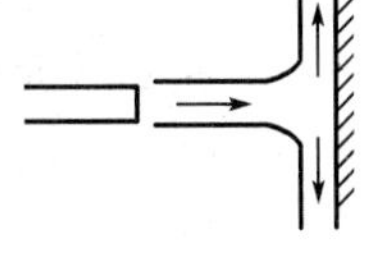

题 73 图

A. 5kN　　B. 10kN

C. 20kN　　D. 40kN

74. 沿程水头损失 h_f：

A. 与流程长度成正比，与壁面切应力和水力半径成反比

B. 与流程长度和壁面切应力成正比，与水力半径成反比

C. 与水力半径成正比，与流程长度和壁面切应力成反比

D. 与壁面切应力成正比，与流程长度和水力半径成反比

75. 并联比管的流动特征是：

A. 各分管流量相等
B. 总流量等于各分管的流量和，且各分管水头损失相等
C. 总流量等于各分管的流量和，且各分管水头损失不等
D. 各分管测压管水头差不等于各分管的总能头差

76. 矩形水力最优断面的底宽是水深的：

A. 0.5 倍　　B. 1 倍　　C. 1.5 倍　　D. 2 倍

77. 渗流流速 v 与水力坡度 J 的关系是：

A. v 正比于 J　　B. v 反比于 J
C. v 正比于 J 的平方　　D. v 反比于 J 的平方

78. 烟气在加热炉回热装置中流动，拟用空气介质进行实验。已知空气黏度 $\nu_{空气}=15\times10^{-6}\text{m}^2/\text{s}$，烟气运动黏度 $\nu_{烟气}=60\times10^{-6}\text{m}^2/\text{s}$，烟气流速 $v_{烟气}=3\text{m/s}$，如若实际与模型长度的比尺 $\lambda_L=5$，则模型空气的流速应为：

A. 3.75m/s　　B. 0.15m/s　　C. 2.4m/s　　D. 60m/s

79. 在一个孤立静止的点电荷周围：

A. 存在磁场，它围绕电荷呈球面状分布
B. 存在磁场，它分布在从电荷所在处到无穷远处的整个空间中
C. 存在电场，它围绕电荷呈球面状分布
D. 存在电场，它分布在从电荷所在处到无穷远处的整个空间中

80. 图示电路消耗电功率 2W，则下列表达式中正确的是：

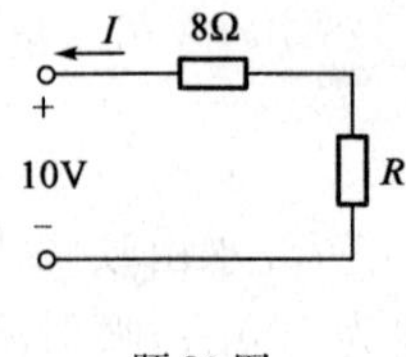

题 80 图

A. $(8+R)I^2=2,(8+R)I=10$
B. $(8+R)I^2=2,-(8+R)I=10$
C. $-(8+R)I^2=2,-(8+R)I=10$
D. $-(8+R)I=10,(8+R)I=10$

81. 图示电路中，a-b 端的开路电压 U_{abk} 为：

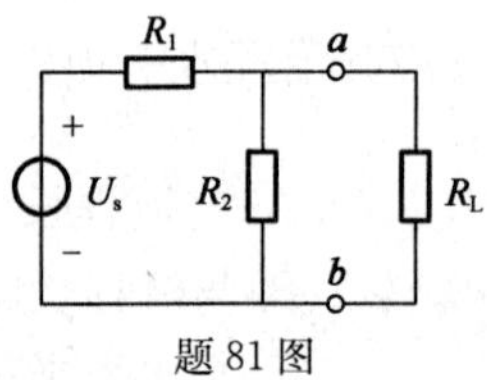

题 81 图

A. 0
B. $\dfrac{R_1}{R_1+R_2}U_s$
C. $\dfrac{R_2}{R_1+R_2}U_s$
D. $\dfrac{R_2/\!/R_L}{R_1+R_2/\!/R_L}U_s$

(注：$R_2 // R_L = \frac{R_2 \cdot R_L}{R_2 + R_L}$)

82. 在直流稳态电路中，电阻、电感、电容元件上的电压与电流大小的比值分别为：

A. R，0，0　　B. 0，0，∞　　C. R，∞，0　　D. R，0，∞

83. 图示电路中，若 $u(t)=\sqrt{2}U\sin(\omega t+\varphi_u)$ 时，电阻元件上的电压为 0，则：

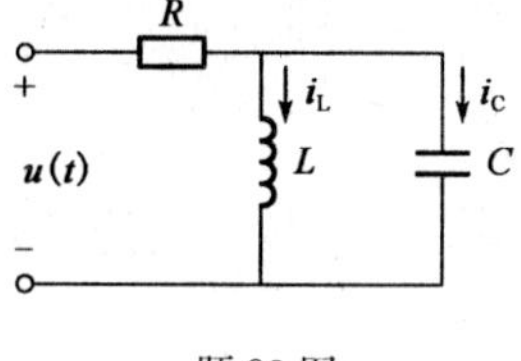

题 83 图

A. 电感元件断开了

B. 一定有 $I_L = I_C$

C. 一定有 $i_L = i_C$

D. 电感元件被短路了

84. 已知图示三相电路中三相电源对称，$Z_1 = z_1\angle\varphi_1$，$Z_2 = z_2\angle\varphi_2$，$Z3 = z_3\angle\varphi_3$，若 $U_{NN'}=0$，则 $z_1 = z_2 = z_3$，且：

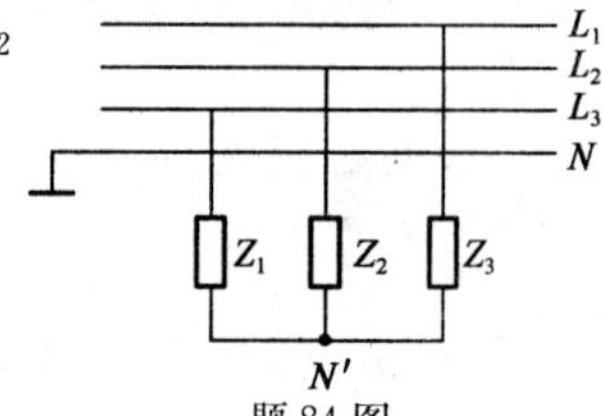

题 84 图

A. $\varphi_1 = \varphi_2 = \varphi_3$

B. $\varphi_1 - \varphi_2 = \varphi_2 - \varphi_3 = \varphi_3 - \varphi_1 = 120°$

C. $\varphi_1 - \varphi_2 = \varphi_2 - \varphi_3 = \varphi_3 - \varphi_1 = -120°$

D. N'必须被接地

85. 图示电路中，设变压器为理想器件，若 $u = 10\sqrt{2}\sin\omega t$ V，则：

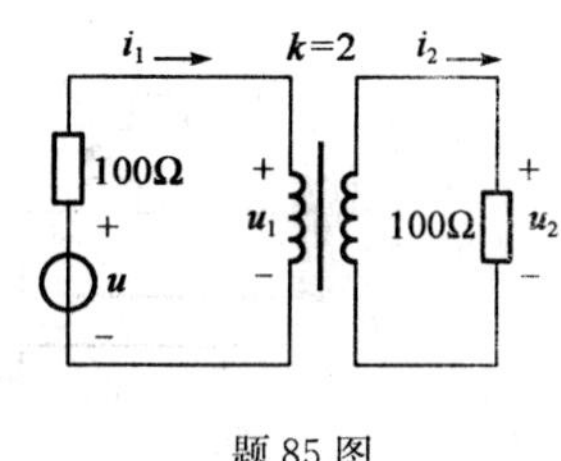

题 85 图

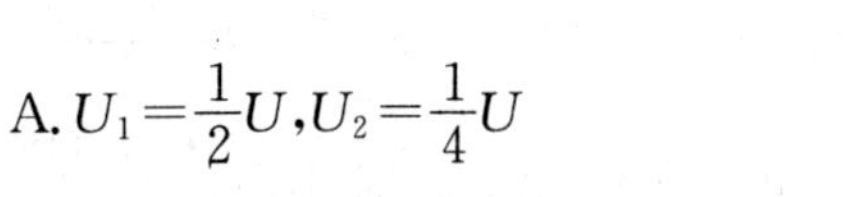
A. $U_1 = \frac{1}{2}U$，$U_2 = \frac{1}{4}U$

B. $I_1 = 0.01U$，$I_1 = 0$

C. $I_1 = 0.002U$，$I_2 = 0.004U$

D. $U_1 = 0$，$U_2 = 0$

86. 对于三相异步电动机而言，在满载起动情况下的最佳起动方案是：

A. Y-Δ 起动方案，起动后，电动机以 Y 接方式运行

B. Y-Δ 起动方案，起动后，电动机以 Δ 接方式运行

C. 自耦调压器降压起动

D. 绕线式电动机串转子电阻起动

87. 关于信号与信息，如下几种说法中正确的是：

A. 电路处理并传输电信号

B. 信号和信息是同一概念的两种表述形式

C. 用“1”和“0”组成的信息代码“1001”只能表示数量“5”

D. 信息是看得到的，信号是看不到的

88. 图示非周期信号 $u(t)$ 的时域描述形式是：[注：$l(t)$ 是单位阶跃函数]

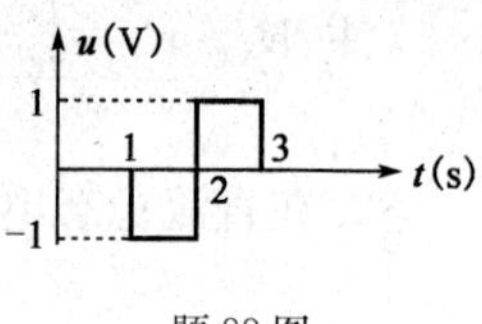

题 88 图

A. $u(t)=\begin{cases}1\text{V}, & t\leqslant 2\\ -1\text{V}, & t>2\end{cases}$

B. $u(t)=-l(t-1)+2\cdot l(t-2)-l(t-3)\text{V}$

C. $u(t)=l(t-1)-l(t-2)\text{V}$

D. $u(t)=-l(t+1)+l(t+2)-l(t+3)\text{V}$

89. 某放大器的输入信号 $u_1(t)$ 和输出信号 $u_2(t)$ 如图所示，则：

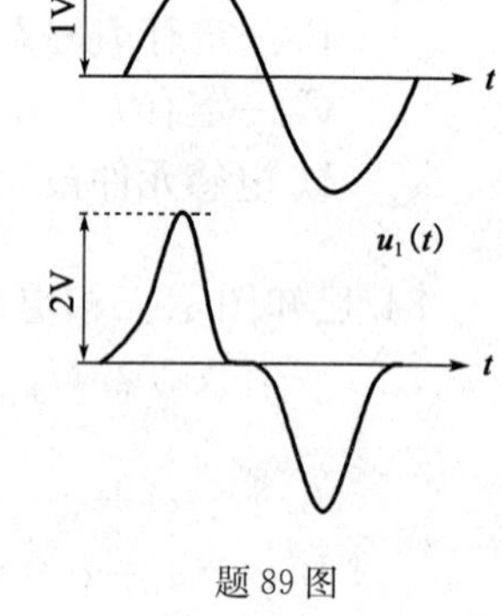

题 89 图

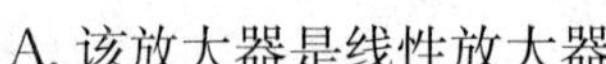
A. 该放大器是线性放大器

B. 该放大器放大倍数为 2

C. 该放大器出现了非线性失直

D. 该放大器出现了频率失直

90. 对逻辑表达式 $ABC+A\overline{BC}+B$ 的化简结果是：

A. AB　　B. $A+B$

C. ABC　　D. $A\overline{BC}$

91. 已知数字信号 X 和数字信号 Y 的波形如图所示，则数字信号 $\text{F}=\overline{\text{XY}}$ 的波形为：

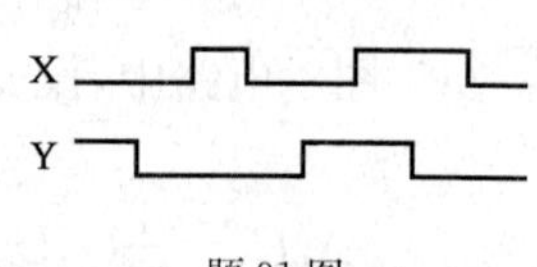

题 91 图

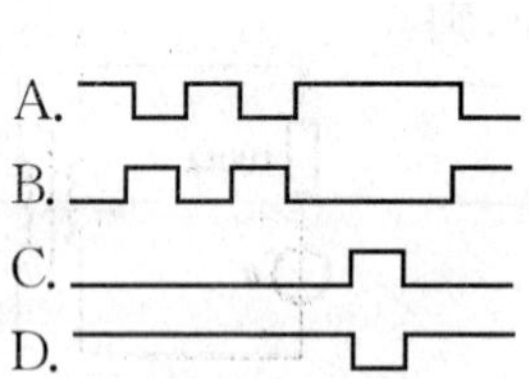

92. 十进制数字 32 的 BCD 码为：

A. 00110010　　B. 00100000　　C. 100000　　D. 00100011

93. 二级管应用电路如图所示，设二极管 D 为理想器件，$u_i=10\sin\omega t\text{V}$，则输出电压 u_o 的波形为：

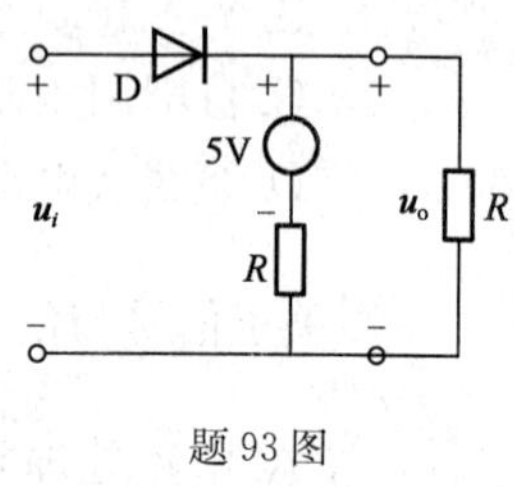

题 93 图

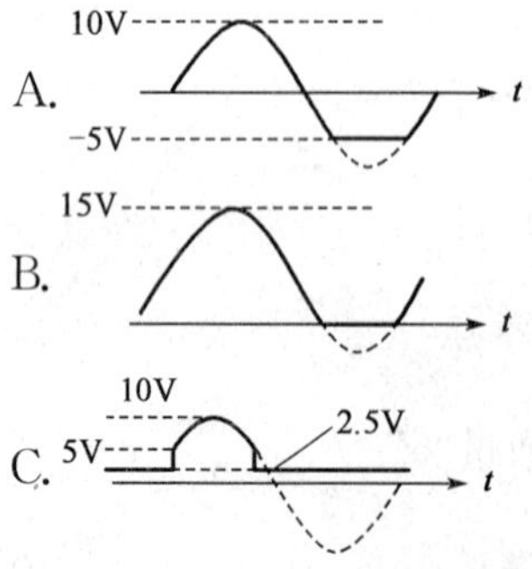

D. 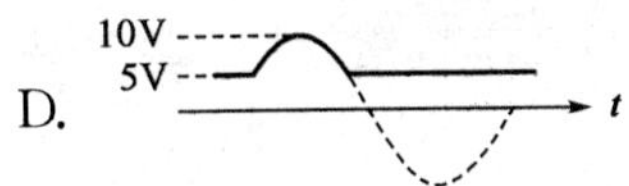

94. 晶体三极管放大电路如图所示，在进入电容 C_E 之后：

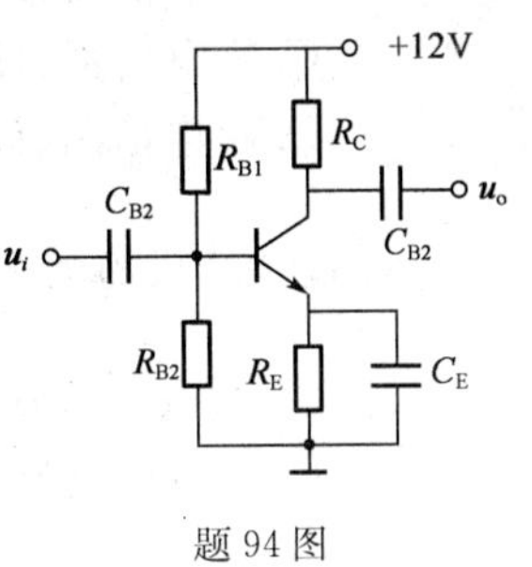

题 94 图

A. 放大倍数变小

B. 输入电阻变大

C. 输入电阻变小，放大倍数变大

D. 输入电阻变大，输出电阻变小，放大倍数变大

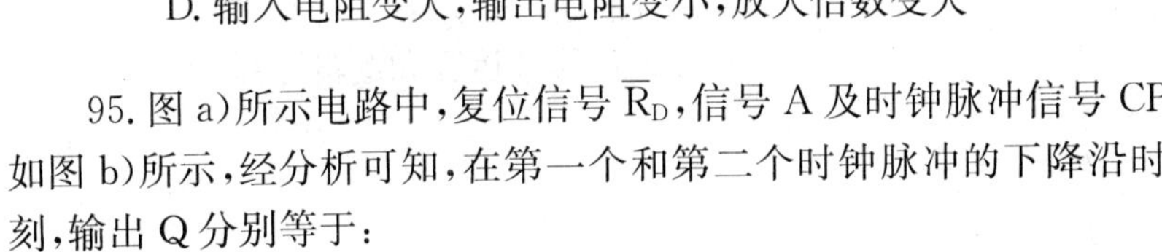

95. 图 a)所示电路中，复位信号 $\overline{R}_D$，信号 A 及时钟脉冲信号 CP 如图 b)所示，经分析可知，在第一个和第二个时钟脉冲的下降沿时刻，输出 Q 分别等于：

A. 0　0　　B. 0　1　　C. 1　0　　D. 1　1

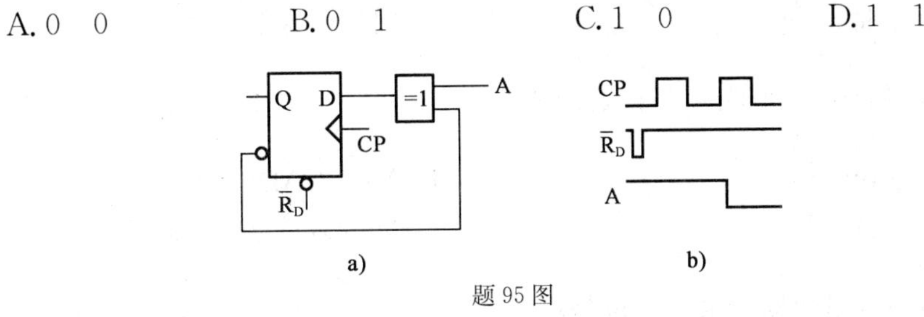

题 95 图

附：触发器的逻辑状态表为：

D	Q_{n+1}
0	0
1	1

96. 图 a)所示电路中，复位信号、数据输入及时时钟脉冲信号如图 b)所示，经分析可知，在第一下和第二个时钟脉冲的下降沿过后，输出 Q 分别等于：

A. 0　0　　B. 0　1　　C. 1　0　　D. 1　1

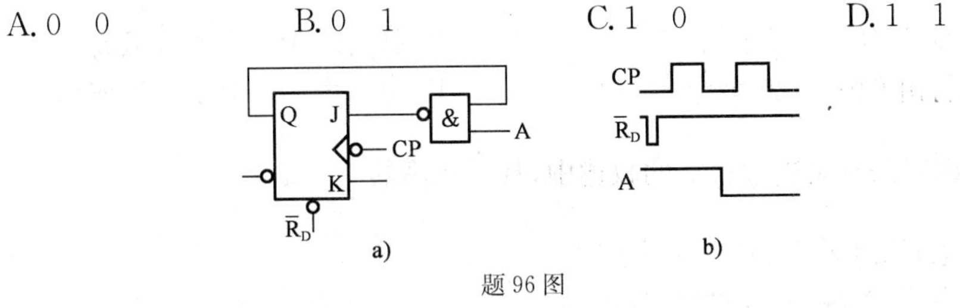

题 96 图

附：触发器的逻辑状态表为：

J	K	Q_{n-1}
0	0	Q_n
0	1	0
1	0	1
1	1	$\overline{Q}_n$

97. 现在全国都在开发三网合一的系统工程，即：

A. 将电信网、计算机网、通信网合为一体
B. 将电信网、计算机网、无线电视网合为一体
C. 将电信网、计算机网、有线电视网合为一体
D. 将电信网、计算机网、电话网合为一体

98. 在计算机的运算器上可以：

A. 直接解微分方程　　B. 直接进行微分运算
C. 直接进行积分运算　　D. 进行算数运算和逻辑运算

99. 总线中的控制总线传输的是：

A. 程序和数据　　B. 主存储器的地址码
C. 控制信息　　D. 用户输入的数据

100. 目前常用的计算机辅助设计软件是：

A. Microsoft Word　　B. Auto CAD
C. Visual BASIC　　D. Microsoft Access

101. 计算机中度量数据的最小单位是：

A. 数 0　　B. 位　　C. 字节　　D. 字

102. 在下面列出的四种码中，不能用于表示机器数的一种是：

A. 原码　　B. ASCII 码　　C. 反码　　D. 补码

103. 一幅图像的分辨率为 640×480 像素，这表示该图像中：

A. 至少由 480 个像素组成　　B. 总共由 480 个像素组成
C. 每行由 640×480 个像素组成　　D. 每列由 480 个像素组成

104. 在下面四条有关进程特征的叙述中，其中正确的一条是：

A. 静态性、并发性、共享性、同步性
B. 动态性、并发性、共享性、异步性
C. 静态性、并发性、独立性、同步性
D. 动态性、并发性、独立性、异步性

105. 操作系统的设备管理功能是对系统中的外围设备：

A. 提供相应的设备驱动程序，初始化程序和设备控制程序等
B. 直接进行操作

C. 通过人和计算机的操作系统对外围设备直接进行操作
D. 既可以由用户干预,也可以直接执行操作

106. 联网中的每台计算机:

A. 在联网之前有自己独立的操作系统,联网以后是网络中的某一个结点
B. 在联网之前有自己独立的操作系统,联网以后它自己的操作系统屏蔽
C. 在联网之前没有自己独立的操作系统,联网以后使用网络操作系统
D. 联网中的每台计算机有可以同时使用的多套操作系统

107. 某企业向银行借款,按季度计息,年名义利率为 8%,则年实际利率为:

A. 8%　　B. 8.16%
C. 8.24%　　D. 8.3%

108. 在下列选项中,应列入项目投资现金流量分析中的经营成本的是:

A. 外购原材料、燃料和动力费　　B. 设备折旧
C. 流动资金投资　　D. 利息支出

109. 某项目第 6 年累计净现金流量开始出现正值,第五年末累计净现金流量为 −60 万元,第 6 年当年净现金流量为 240 万元,则该项目的静态投资回收期为:

A. 4.25 年　　B. 4.75 年
C. 5.25 年　　D. 6.25 年

110. 某项目初期(第 0 年年初)投资额为 5 000 万元,此后从第二年年末开始每年有相同的净收益,收益期为 10 年。寿命期结束时的净残值为零,若基准收益率为 15%,则要使该投资方案的净现值为零,其年净收益应为:[已知:$(P/A,15\%,10)=5.018\,8$,$(P/F,15\%,1)=0.869\,6$]

A. 574.98 万元　　B. 866.31 万元
C. 996.25 万元　　D. 1 145.65 万元

111. 以下关于项目经济费用效益分析的说法中正确的是:

A. 经济费用效益分析应考虑沉没成本
B. 经济费用和效益的识别不适用"有无对比"原则
C. 识别经济费用效益时应剔出项目的转移支付
D. 为了反映投入物和产出物真实经济价值,经济费用效益分析不能使用市场价格

112. 已知甲、乙为两个寿命期相同的互斥项目,其中乙项目投资大于甲项目。通过测算得出甲、乙两项目的内部收益率分别为 17%和 14%,增量内部收益△IRR(乙−甲)=13%,基准收益率为 14%,以下说法中正确的是:

A. 应选择甲项目　　　　B. 应选择乙项目
C. 应同时选择甲、乙两个项目　　　　D. 甲、乙两项目均不应选择

113. 以下关于改扩建项目财务分析的说法中正确的是：

A. 应以财务生存能力分析为主
B. 应以项目清偿能力分析为主
C. 应以企业层次为主进行财务分析
D. 应遵循“有无对比”原刚

114. 下面关于价值工程的论述中正确的是：

A. 价值工程中的价值是指成本与功能的比值
B. 价值工程中的价值是指产品消耗的必要劳动时间
C. 价值工程中的成本是指寿命周期成本，包括产品在寿命期内发生的全部费用
D. 价值工程中的成本就是产品的生产成本，它随着产品功能的增加而提高

115. 根据《建筑法》规定，某建设单位领取了施工许可证，下列情节中，可能不导致施工许可证废止的是：

A. 领取施工许可证之日起三个月内因故不能按期开工，也未申请延期
B. 领取施工许可证之日起按期开工后又中止施工
C. 向发证机关申请延期开工一次，延期之日起三个月内，因故仍不能按期开工，也未申请延期
D. 向发证机关申请延期开工两次，超过 6 个月因故不能按期开工，继续申请延期

116. 某施工单位一个有职工 185 人的三级施工资质的企业，根据《安全生产法》规定，该企业下列行为中合法的是：

A. 只配备兼职的安全生产管理人员
B. 委托具有国家规定相关专业技术资格的工程技术人员提供安全生产管理服务，由其负责承担保证安全生产的责任
C. 安全生产管理人员经企业考核后即任职
D. 设置安全生产管理机构

117. 下列属于《招标投标法》规定的招标方式是：

A. 公开招标和直接招标　　　　B. 公开招标和邀请招标
C. 公开招标和协议招标　　　　D. 公开招标和公开招标

118. 根据《合同法》规定，下列行为不属于要约邀请的是：

A. 某建设单位发布招标公告　　　　B. 某招标单位发出中标通知书
C. 某上市公司以出招股说明书　　　　D. 某商场寄送的价目表

119. 根据《行政许可法》的规定，除可以当场作出行政许可决定的外，行政机关应当自受理行政可之日起作出行政许可决定的时限是：

A. 5 日之内　　B. 7 日之内　　C. 15 日之内　　D. 20 日之内

120. 某建设项目甲建设单位与乙施工单位签订施工总承包合同后，乙施工单位经甲建设单位认可，将打桩工程分包给丙专业承包单位，丙专业承包单位又将劳务作业分包给丁劳务单位，由于丙专业承包单位从业人员责任心不强，导致该打桩工程部分出现了质量缺陷，对于该质量缺陷的责任承担，以下说明正确的是：

A. 乙单位和丙单位承担连带责任　　B. 丙单位和丁单位承担连带责任

C. 丙单位向甲单位承担全部责任　　D. 乙、丙、丁三单位共同承担责任

2013年度全国勘察设计注册工程师公共基础考试

试题解析及参考答案

1.**解** $\boldsymbol{\alpha}\times\boldsymbol{\beta}=\begin{vmatrix} \boldsymbol{i} & \boldsymbol{j} & \boldsymbol{k} \\ -3 & -2 & 1 \\ 1 & -4 & -5 \end{vmatrix}=14\boldsymbol{i}-14\boldsymbol{j}+14\boldsymbol{k}$

$|\boldsymbol{\alpha}\times\boldsymbol{\beta}|=\sqrt{14^2+14^2+14^2}=\sqrt{3\times14^2}=14\sqrt{3}$。

答案:C

2.**解** 因为$\lim\limits_{x\to1}(x^2+x-2)=0$

故$\lim\limits_{x\to1}(2x^2+ax+b)=0$,即$2+a+b=0$,得到$b=-2-a$,代入原式

$$\lim_{x\to1}\frac{2x^2+ax-2-a}{x^2+x-2}=\lim_{x\to1}\frac{2(x+1)(x-1)+a(x-1)}{(x+2)(x-1)}=\lim_{x\to1}\frac{2\times2+a}{3}=1$$

故$4+a=3\Rightarrow a=-1,b=-1$。

答案:C

3.**解** $\dfrac{\mathrm{d}y}{\mathrm{d}x}=\dfrac{\frac{\mathrm{d}y}{\mathrm{d}t}}{\frac{\mathrm{d}x}{\mathrm{d}t}}=\dfrac{-\sin t}{\cos t}=-\tan t$。

答案:A

4.**解** $[\int f(x)\mathrm{d}x]'=f(x)$。

答案:B

5.**解** 举例$f(x)=x^2$,$\int x^2\mathrm{d}x=\dfrac{1}{3}x^3+c$,

当$c=0$时,为奇函数;

当$c=1$时,$\int x^2\mathrm{d}x=\dfrac{1}{3}x^3+1$为非奇非偶函数。

答案:A

6.**解** $\lim\limits_{x\to1}f(x)=\lim\limits_{x\to1^-}3x^2=3$,$\lim\limits_{x\to1^+}(4x-1)=3$,$f(1)=3$,∴在$x=1$处连续。

$$f'_+(1)=\lim_{x\to1^+}\frac{4x-1-3\times1}{x-1}=\lim_{x\to1^+}\frac{4(x-1)}{x-1}=4,$$

$$f'_-(1)=\lim_{x\to1^-}\frac{3x^2-3}{x-1}=\lim_{x\to1^-}\frac{3(x+1)(x-1)}{x-1}=6,$$

$f'_+(1)\neq f'_-(1)$,在$x=1$处不可导,

故$f(x)$在$x=1$处连续不可导。

答案：C

7. 解　$y'=-1\cdot x^{\frac{2}{3}}+(5-x)\frac{2}{3}x^{-\frac{1}{3}}=-x^{\frac{2}{3}}+\frac{2}{3}\cdot\frac{5-x}{x^{\frac{1}{3}}}=\frac{-3x+2(5-x)}{3x^{\frac{1}{3}}}$

$=\frac{-3x+10-2x}{3\cdot x^{\frac{1}{3}}}=\frac{5(2-x)}{3x^{\frac{1}{3}}}$，可知 $x=0,x=2$ 为极值可疑点。

∴极值可疑点的个数为 2。

答案：C

8. 解　A 项：$\int_0^{+\infty}e^{-x}\mathrm{d}x=-\int_0^{+\infty}e^{-x}\mathrm{d}(-x)=-e^{-x}\big|_0^{+\infty}=-(\lim\limits_{x\to+\infty}e^{-x}-1)=1$

B 项：$\int_0^{+\infty}\frac{1}{1+x^2}\mathrm{d}x=\arctan x\big|_0^{+\infty}=\frac{\pi}{2}$

C 项：$\int_0^{+\infty}\frac{\ln x}{x}\mathrm{d}x=\int_0^1\frac{\ln x}{x}\mathrm{d}x+\int_1^{+\infty}\frac{\ln x}{x}\mathrm{d}x=\int_0^1\ln x\mathrm{d}\ln x+\int_1^{+\infty}\ln x\mathrm{d}\ln x$

$$=\frac{1}{2}(\ln x)^2\big|_0^1+\frac{1}{2}(\ln x)^2\big|_1^{+\infty}=+\infty$$

（注：$\lim\limits_{x\to0^+}\frac{\ln x}{x}=\infty$，$x=0$ 为无穷间断点）

D 项：$\int_0^1\frac{1}{\sqrt{1-x^2}}\mathrm{d}x=\arcsin x\big|_0^1=\frac{\pi}{2}$。

答案：C

9. 解　D：$0\leqslant y\leqslant1\quad y\leqslant x\leqslant\sqrt{y}$

$y=x\Rightarrow x=y$；$y=x^2\Rightarrow x=\sqrt{y}$

∴二次积分交换后为 $\int_0^1\mathrm{d}y\int_y^{\sqrt{y}}f(x,y)\mathrm{d}x$。

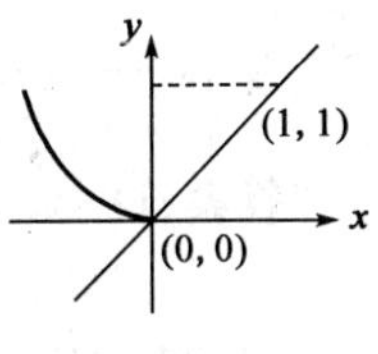

题 9 解图

答案：D

10. 解　$x\frac{\mathrm{d}y}{\mathrm{d}x}=y\ln y$，$\frac{1}{y\ln y}\mathrm{d}y=\frac{1}{x}\mathrm{d}x$，$\ln\ln y=\ln x+\ln c$

$\ln y=cx$，$y=e^{cx}$，代入 $x=1,y=e$，有 $e=e^{1c}\Rightarrow c=1$

∴$y=e^x$

答案：B

11. 解　$F(x,y,z)=xz-xy+\ln(xyz)$

$F_x=z-y+\frac{yz}{xyz}=z-y+\frac{1}{x}$，$F_y=-x+\frac{xz}{xyz}=-x+\frac{1}{y}$

$F_z=x+\frac{xy}{xyz}=x+\frac{1}{z}\quad\frac{\partial z}{\partial y}=-\frac{F_y}{F_z}=-\frac{\frac{-xy+1}{y}}{\frac{xz+1}{z}}=-\frac{(1-xy)z}{y(xz+1)}=\frac{z(xy-1)}{y(xz+1)}$。

答案：D

12. 解　书中有一定理：正项级数 $\sum\limits_{n=1}^{\infty}u_n$ 收敛的充分必要条件是，它的部分和数列$\{S_n\}$有界。

书中都作了证明(略)。

答案:A

13. 解 已知 $f(-x)=-f(x)$,函数在$(-\infty,+\infty)$为奇函数,可配合图形说明在$(-\infty,0)$ $f'(x)>0,f''(x)<0$,凸增。

故在$(0,+\infty)$为凹增,即在$(0,+\infty)$,$f'(x)>0,f''>0$

答案:C

题13解图

14. 解 特征方程:$r^2-3r+2=0,r_1=1,r_2=2$

$f(x)=xe^x,\lambda=1$,为对应齐次方程的特征方程的单根,

故特解形式 $y^*=x(Ax+B)\cdot e^x$

答案:A

15. 解 $\vec{S}=\{3,-1,2\}$ $\vec{n}=\{-2,2,1\}$,$\vec{S}\cdot\vec{n}\neq 0$,$\vec{S}$与$\vec{n}$不垂直。

故 L 不平行于 π,从而 B、D 不成立;又因为 $\vec{S} \not\parallel \vec{n}$,所以不垂直,$A$ 不成立;即 L 与 π 非垂直相交。

答案:C

16. 解 $L:y=x-1$ 所以 L 的参数方程 $\begin{cases}x=x\\y=x-1\end{cases}$ $0\leqslant x\leqslant 1$

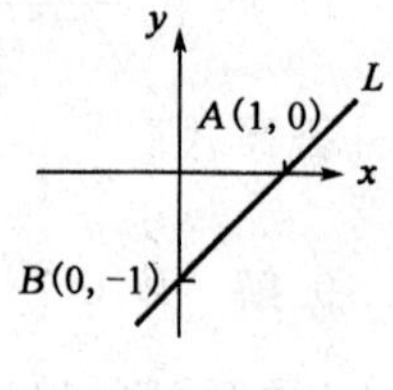

题16解图

$\mathrm{d}s=\sqrt{1^2+1^2}\,\mathrm{d}x=\sqrt{2}\,\mathrm{d}x$

故 $\int_L(y-x)\mathrm{d}s=\int_0^1(x-1-x)\sqrt{2}\,\mathrm{d}x=-\sqrt{2}\cdot 1=-\sqrt{2}$。

答案:D

17. 解 $R=3$,则 $\rho=\frac{1}{3}$

A 项:$\sum\limits_{n=0}^{\infty}3x^n,\lim\limits_{n\to\infty}\left|\frac{a_{n+1}}{a_n}\right|=1$

B 项:$\sum\limits_{n=1}^{\infty}3^nx^n,\lim\limits_{n\to x}\frac{3^{n+1}}{3^n}=3$

C 项:$\sum\limits_{n=0}^{\infty}\frac{1}{3^{\frac{n}{2}}}x^n,\lim\limits_{n\to\infty}\frac{\frac{1}{3^{\frac{n+1}{2}}}}{\frac{1}{3^{\frac{n}{2}}}}=\lim\limits_{n\to\infty}\frac{1}{3^{\frac{n+1}{2}}}\cdot 3^{\frac{n}{2}}=\lim\limits_{n\to\infty}3^{\frac{n}{2}-\frac{n+1}{2}}=3^{-\frac{1}{2}}$

D 项:$\sum\limits_{n=0}^{\infty}\frac{1}{3^{n+1}}x^n,\lim\limits_{n\to\infty}\frac{\frac{1}{3^{n+2}}}{\frac{1}{3^{n+1}}}=\lim\limits_{n\to\infty}\frac{3^{n+1}}{3^{n+2}}=\frac{1}{3}$。

答案:D

18. 解 $z=f(x,y),\begin{cases}x=x\\y=\varphi(x)\end{cases}$,则 $\frac{\mathrm{d}z}{\mathrm{d}x}=\frac{\partial f}{\partial x}\cdot 1+\frac{\partial f}{\partial y}\cdot\frac{\mathrm{d}\varphi}{\mathrm{d}x}$。

答案:B

19.**解** 以$\boldsymbol{\alpha}_1$、$\boldsymbol{\alpha}_2$、$\boldsymbol{\alpha}_3$、$\boldsymbol{\alpha}_4$为列向量作矩阵A

$$A=\begin{pmatrix}3&3&1&6\\2&-1&-\frac{1}{3}&-2\\-5&3&1&6\end{pmatrix}\xrightarrow{-r_1+r_3}\begin{pmatrix}3&3&1&6\\2&-1&-\frac{1}{3}&-2\\-8&0&0&0\end{pmatrix}\xrightarrow{-\frac{1}{8}r_3}$$

$$\begin{pmatrix}3&3&1&6\\2&-1&-\frac{1}{3}&-2\\1&0&0&0\end{pmatrix}\xrightarrow[(-2)r_3+r_2]{(-3)r_3+r_1}\begin{pmatrix}0&3&1&6\\0&-1&-\frac{1}{3}&-2\\1&0&0&0\end{pmatrix}\xrightarrow{3r_2+r_1}\begin{pmatrix}0&0&0&0\\0&-1&-\frac{1}{3}&-2\\1&0&0&0\end{pmatrix}$$

极大无关组为$\boldsymbol{\alpha}_1$、$\boldsymbol{\alpha}_2$。

答案:C

20.**解** $\boldsymbol{Ax}=\boldsymbol{0}$必有非零解。

∵在解方程$\boldsymbol{Ax}=\boldsymbol{0}$时,对系数矩阵进行行的初等变换,必有一非零的$r$阶子式,而未知数的个数$n$,$n>r$,基础解系的向量个数为$n-r$,∴必有非零解。

答案:B

21.**解** 矩阵相似有相同的特征多项式,有相同的特征值。

$$|\lambda\boldsymbol{E}-\boldsymbol{A}|=\begin{vmatrix}\lambda-1&1&-1\\-2&\lambda-4&2\\3&3&\lambda-5\end{vmatrix}\xlongequal{(-3)r_1+r_3}\begin{vmatrix}\lambda-1&1&-1\\-2&\lambda-4&2\\-3\lambda+6&0&\lambda-2\end{vmatrix}\xlongequal{-(\lambda-4)r_1+r_2}$$

$$\begin{vmatrix}\lambda-1&1&-1\\-\lambda^2+5\lambda-6&0&\lambda-2\\-3\lambda+6&0&\lambda-2\end{vmatrix}=(-1)^{1+2}\begin{vmatrix}-(\lambda-2)(\lambda-3)&\lambda-2\\-3(\lambda-2)&\lambda-2\end{vmatrix}$$

$$=(\lambda-2)(\lambda-2)\begin{vmatrix}+(\lambda-3)&1\\+3&1\end{vmatrix}=(\lambda-2)(\lambda-2)[+(\lambda-3)-3]$$

$$=(\lambda-2)(\lambda-2)(\lambda-3-3)=(\lambda-2)(\lambda-2)(\lambda-6)。$$

特征值为2,2,6。矩阵$\boldsymbol{B}$中$\lambda=6$。

答案:A

22.**解** A、B相互独立,则$P(AB)=P(A)P(B)$,$P(A\cup B)=P(A)+P(B)-P(AB)$。

答案:C

23.**解** 分布函数[记为$Q(x)$]性质为:(1)$0\leqslant Q(x)\leqslant 1$,$Q(-\infty)=0$,$Q(+\infty)=1$;(2)$Q(x)$是非减函数;(3)$Q(x)$是右连续的。

$\Phi(+\infty)=-\infty$;$F(x)$满足分布函数的性质(1)、(2)、(3);

$G(-\infty)=+\infty$,$x\geqslant 0$时$H(x)>1$。

答案:B

24.**解** 注意$E(x)=0$,$\sigma^2=D(x)=E(x^2)-[E(x)]^2=E(x^2)$,$\sigma^2$也是$x$的二阶原点矩,

σ^2 的矩估计量是样本的二阶原点矩。

答案:D

25. **解** ①由 $\bar{\varepsilon}_{平动} = \frac{3}{2}kT$,若平动动能相同,则温度相同。

②分子的平均动能=平均(平动动能+转动动能)$= \frac{i}{2}kT$ 。

$i(\text{He}) = 3, i(\text{N}_2) = 5$ 。

答案:B

26. **答案**:C

27. **解** 画等压膨胀 P-V 图,由图知 $V_2 > V_1$,故气体对外做正功。

由等温线知 $T_2 > T_1$,温度升高。

答案:A

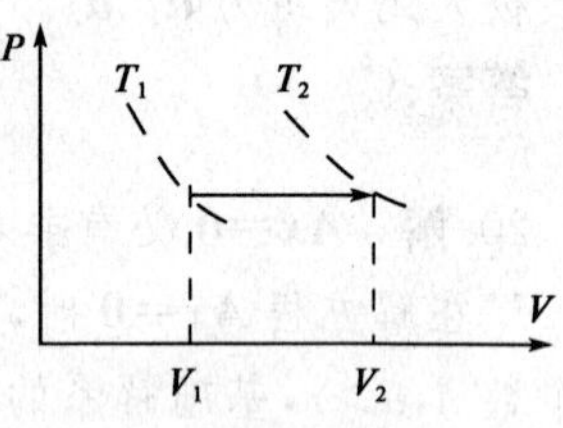

题 27 解图

28. **答案**:A

29. **解** ①波动方程标准式:$y = A\cos\left[\omega\left(t - \frac{x - x_0}{u}\right) + \varphi_0\right]$

②本题方程:$y = -0.02\cos\pi(4x - 50t) = 0.02\cos[\pi(4x - 50t) + \pi]$

$$= 0.02\cos[\pi(50t - 4x) + \pi] = 0.02\cos\left[50\pi\left(t - \frac{4x}{50}\right) + \pi\right]$$

$$= 0.02\cos\left[50\pi\left(t - \frac{x}{\frac{50}{4}}\right) + \pi\right]$$

故 $\omega = 50\pi = 2\pi\nu, \nu = 25\text{Hz}$, $u = \frac{50}{4}$

波长 $\lambda = \frac{u}{\nu} = 0.5\text{m}$,振幅 $A = 0.02\text{m}$。

答案:D

30. **解** a、b、c、d 处质元都垂直于 x 轴上下振动。由图知,t 时刻 a 处质元位于振动的平衡位置,此时速率最大,动能最大,势能也最大。

答案:A

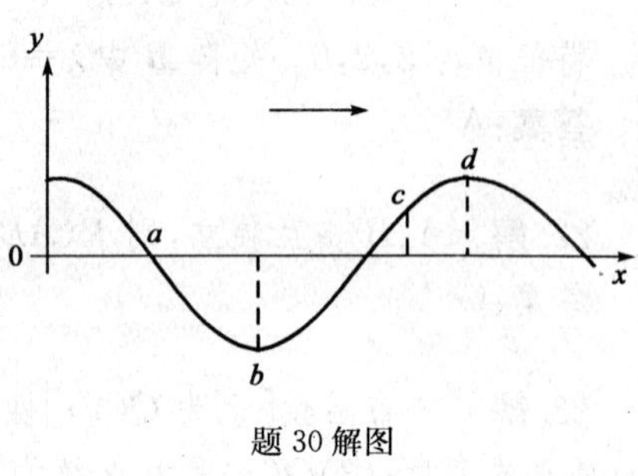

题 30 解图

31. **解** $x_{腹} = \pm k\frac{\lambda}{2}, k = 0,1,2,\cdots$ 。相邻两波腹之间的距离为:$x_{k+1} - x_k = (k+1)\frac{\lambda}{2} - k\frac{\lambda}{2} = \frac{\lambda}{2}$ 。

答案:A

32. **解** 设线偏振光的光强为 I,线偏振光与第一个偏振片的夹角为 φ。因为最终线偏振光的振动方向要转过 90°，所以第一个偏振片与第二个偏振片的夹角为$\frac{\pi}{2}-\varphi$。

根据马吕斯定律

线偏振光通过第一块偏振片后的光强为

$$I_1=I\cos^2\varphi$$

线偏振光通过第二块偏振片后的光强为

$$I_2=I_1\cos^2(\frac{\pi}{2}-\varphi)=I\cos^2\varphi\cos^2(\frac{\pi}{2}-\varphi)=I\cos^2\varphi\sin^2\varphi=\frac{I}{4}\sin^2 2\varphi$$

要使透射光强达到最强，令 $\sin 2\varphi=1$，得 $\varphi=\frac{\pi}{4}$，透射光强的最大值为 $\frac{I}{4}$。

入射光的振动方向与前后两偏振片的偏振化方向夹角分别为 45° 和 90°

答案：A

33. **答案**：B

34. **解** 注意到 $1\text{nm}=10^{-9}\text{m}=10^{-6}\text{mm}$

由 $\Delta x=\Delta n\frac{\lambda}{2}$ 有 $0.62=2\,300\frac{\lambda}{2}$，$\lambda=5.39\times10^{-4}\text{mm}=539\times10^{-6}\text{mm}=539\text{nm}$。

答案：B

35. **解** 对暗纹 $a\sin\varphi=k\lambda=2k\frac{\lambda}{2}$，令 $k=3$，故半波带数目为 6。

答案：D

36. **解** 劈尖干涉明纹公式：$2ne+\frac{\lambda}{2}=k\lambda, k=1,2,\cdots$

对应的薄膜厚度差 $2ne_5-2ne_3=2\lambda$，故 $e_5-e_3=\frac{\lambda}{n}$。

答案：B

37. **解** 一组允许的量子数 n、l、m 取值对应一个合理的波函数，即可以确定一个原子轨道。

答案：A

38. **解** P 和 N 为同主族元素，PCl_3 中 P 的杂化类型与 NH_3 中的 N 原子杂化类型相同，为不等性 sp^3 杂化，四个杂化轨道呈四面体型，有一个杂化轨道被孤对电子占据，其余三个杂化轨道与三个 Cl 原子形成三个共价单键，分子为三角锥形。

答案：B

39. **解** 由已知条件可知 $Fe^{3+}\xrightarrow[z_1=1]{0.771}Fe^{2+}\xrightarrow[z_2=2]{-0.44}Fe$

$z=3$

即 $Fe^{3+}+z_1e=Fe^{2+}$

+) $Fe^{2+}+z_2e=Fe$

$Fe^{3+}+ze=Fe$

$$E^{\ominus}(Fe^{3+}/Fe)=\frac{z_1E^{\ominus}(Fe^{3+}/Fe^{2+})+z_2E^{\ominus}(Fe^{2+}/Fe)}{z}$$

$$=\frac{0.771+2\times(-0.44)}{3}\approx-0.036$$

答案:C

40.**解** 在 $BaSO_4$ 饱和溶液中,存在 $BaSO_4=Ba^{2+}+SO_4^{2-}$ 平衡,加入 $BaCl_2$,溶液中 Ba^{2+} 增加,平衡向左移动,SO_4^{2+} 的浓度减小。

答案:B

41.**解** 催化剂之所以加快反应的速率,是因为它改变了反应的历程,降低了反应的活化能,增加 化分子百分数。

答案:C

42.**解** 此反应为气体分子数减小的反应,升压,反应向右进行;反应的 $\Delta_rH_m<0$,为放热反应,降温,反应向右进行。

答案:C

43.**解** 负极 氧化反应:$Ag+Cl^-=AgCl+e$

正极 还原反应:$Ag^++e=Ag$

电池反应为:$Ag^++Cl^-=AgCl$

原电池负极能斯特方程式为:$\varphi AgCl/Ag=\varphi^{\ominus}AgCl/Ag+0.059\lg\frac{1}{c(Cl^-)}$

由于负极中加入 NaCl,Cl^- 浓度增加,则负极电极电势减小,正极电极电势不变,

则电池的电动势增大。

答案:A

44.**解** 乙烯与氯气混合,可以发生加成反应 $C_2H_4+Cl_2=CH_2Cl-CH_2Cl$。

答案:C

45.**解** 羟基与烷基直接相连为醇,通式为 R—OH(R 为烷基);羟基与芳香基直接相连为酚,通式为 Ar—OH(Ar 为芳香基)。

答案:D

46.**解** 由低分子化合物(单体)通过加成反应,相互结合成为高聚物的反应叫加聚反应。在此反应过程中,没有产生其他副产物,因此高聚物具有与单体相同的成分。HCHO 为甲醛,加聚反应为:$nH_2C=O\rightarrow[CH_2-O]_n$

答案:C

47.**解** E 处为光滑接触面约束,根据约束的性质,约束力应垂直于支撑面,指向被约束物体。

答案:B

48. 解　F 力和均布力 q 的合力作用线均通过 O 点，故合力矩为零。

答案:A

49. 解　取构架整体为研究对象，列平衡方程：$\sum M_A(F)=0, F_B \cdot 2L_2 - F_P \cdot 2L_1 = 0$。

答案:A

50. 解　根据斜面的自锁条件，斜面倾角小于摩擦角时，物体静止。

答案:A

51. 解　将 $t=x$ 代入 y 的表达式。

答案:C

52. 解　分别对运动方程 x 和 y 求时间 t 的一阶、二阶导数，再令 $t=0$，且有 $v=\sqrt{\dot{x}^2+\dot{y}^2}$；$a=\sqrt{\ddot{x}^2+\ddot{y}^2}$。

答案:D

53. 解　两轮啮合点 A、B 的速度相同，且 $v_A=R_1\omega_1$；$v_B=R_2\omega_2$。

答案:D

54. 解　可在 A 上加一水平向左的惯性力，根据达朗贝尔原理，物块 A 上作用的重力 mg、法向约束力 F_N、摩擦力 F 以及大小为 ma 的惯性力组成平衡力系，沿斜面列平衡方程，当摩擦力 $F=ma\cos\theta+mg\sin\theta \leqslant F_N f(F_N=mg\cos\theta-ma\sin\theta)$ 时可保证 A 与 B 一起以加速度 a 水平向右运动。

答案:C

55. 解　物块 A 上的摩擦力水平向右，使其向右运动，故做正功。

答案:C

56. 解　杆位于铅垂位置时有 $J_B\alpha=M_B=0$；故角加速度 $\alpha=0$；而角速度可由动能定理：$\frac{1}{2}J_B\omega^2=mgl$，得 $\omega^2=\frac{3g}{2l}$。则质心的加速度为：$a_{Cx}=0, a_{Cy}=l\omega^2$。根据质心运动定理，有 $ma_{Cx}=F_{Bx}, ma_{Cy}=F_{By}-mg$，便可得最后结果。

答案:D

57. 解　根据定义，惯性力系主矢的大小为：$ma_C=m\frac{R}{2}\omega^2$；主矩的大小为：$J_O\alpha=0$。

答案:A

58. 解　发生共振时，系统的工作频率与其固有频率相等，为 $\sqrt{\frac{k}{m}}=\sqrt{\frac{2\times10^6}{110}}=134.8\text{rad/s}$。

答案:D

59. **解** 取节点 C,画 C 点的受力图,如图所示。

$$\sum F_x = 0: F_1 \sin 45° = F_2 \sin 30°$$

$$\sum F_y = 0: F_1 \cos 45° + F_2 \cos 30° = F$$

可得 $F_1 = \frac{\sqrt{2}}{1+\sqrt{3}}F, F_2 = \frac{2}{1+\sqrt{3}}F$

题 59 解图

故 $F_2 > F_1$,而 $\sigma_2 = \frac{F_2}{A} > \sigma_1 = \frac{F_1}{A}$

所以杆 2 最先达到许用应力。

答案:B

60. **解** 此题受力是对称的,故 $F_1 = F_2 = \frac{F}{2}$

由杆 1 得 $\sigma_1 = \frac{F_1}{A_1} = \frac{\frac{F}{2}}{A} = \frac{F}{2A} \leqslant [\sigma]$,故 $F \leqslant 2A[\sigma]$

由杆 2 得 $\sigma_2 = \frac{F_2}{A_2} = \frac{\frac{F}{2}}{2A} = \frac{F}{4A} \leqslant [\sigma]$,故 $F \leqslant 4A[\sigma]$

从两者取最小的,所以 $[F] = 2A[\sigma]$。

答案:B

61. **解** 把 F 力平移到铆钉群中心 O,并附加一个力偶 $m = F \cdot \frac{5}{4}L$,在铆钉上将产生剪力 Q_1 和 Q_2,其中 $Q_1 = \frac{F}{2}$,而 Q_2 计算方法如下。

$$\sum M_O = 0: \quad Q_2 \cdot \frac{L}{2} = F \cdot \frac{5}{4}L \Rightarrow Q_2 = \frac{5}{2}F$$

$\therefore Q = Q_1 + Q_2 = 3F, \tau_{\max} = \frac{Q}{\frac{\pi}{4}d^2} = \frac{12F}{\pi d^2}$。

答案:C

62. **解** 螺钉头与钢板之间的接触面是一个圆环面,故挤压面 $A_{bs} = \frac{\pi}{4}(D^2 - d^2)$

而 $\sigma_{bs} = \frac{F_{bs}}{A_{bs}} = \frac{F}{\frac{\pi}{4}(D^2 - d^2)}$。

答案:A

63. **解** 圆轴的最大切应力 $\tau_{\max} = \frac{T}{I_p} \cdot \frac{d}{2}$

圆轴的单位长度扭转角 $\theta = \frac{T}{GI_p}$

故 $\frac{T}{I_p} = \theta G$,代入 $\tau_{\max} = \theta G \frac{d}{2}$。

答案:D

64.**解**　设实心圆直径为 d,空心圆外径为 D,空心圆内外径之比为 α,因两者横截面积相同,故有

$$\frac{\pi}{4}d^2=\frac{\pi}{4}D^2(1-\alpha^2),\text{即 } d=D(1-\alpha^2)^{\frac{1}{2}}$$

$$\therefore \frac{\tau_a}{\tau_b}=\frac{\dfrac{T}{\dfrac{\pi}{16}d^3}}{\dfrac{T}{\dfrac{\pi}{16}D^3(1-\alpha^4)}}=\frac{D^3(1-\alpha^4)}{d^3}=\frac{D^3(1-\alpha^2)(1+\alpha^2)}{D^3(1-\alpha^2)(1-\alpha^2)^{\frac{1}{2}}}=\frac{1+\alpha^2}{\sqrt{1-\alpha^2}}>1$$

答案:C

65.**解**　根据“零、平、斜”,“平、斜、抛”的规律,AB 段的斜直线,对应 AB 段 $q=0$;BC 段的抛物线,对应 BC 段 $q\neq0$,即应有 q。而 B 截面处有一个转折点,应对应于一个集中力。

答案:A

66.**解**　弯矩图中 B 截面的突变值为 10kN · m,故 $m=10\text{kN}\cdot\text{m}$。

答案:A

67.**解**　$M_a=\dfrac{1}{8}ql^2$

M_b 的计算可用叠加法,如图所示。

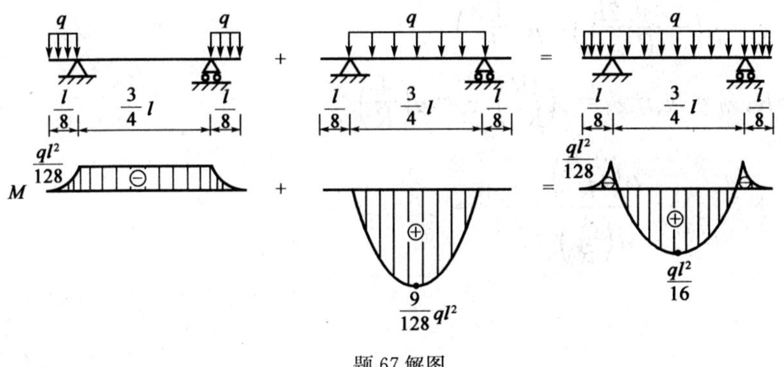

题 67 解图

$$\frac{M_a}{M_b}=\frac{\dfrac{ql^2}{8}}{\dfrac{ql^2}{16}}=2$$

答案:C

68.**解**　a)图中 $\sigma_{r3}=\sigma_1-\sigma_3=150-0=150\text{MPa}$

b)图中 $\sigma_{r3}=\sigma_1-\sigma_3=100-(-100)=200\text{MPa}$

显然 b)图 σ_{r3} 更大,更危险。

答案:B

69. **解**　设杆1受力为F_1，杆2受力为F_2，可见：

$$F_1 + F_2 = F \quad ①$$

$\Delta l_1 = \Delta l_2$，即$\dfrac{F_1 l}{E_1 A} = \dfrac{F_2 l}{E_2 A}$

故$\dfrac{F_1}{F_2} = \dfrac{E_1}{E_2} = 2 \quad ②$

联立①②两式，得到$F_1 = \dfrac{2}{3}F$，$F_2 = \dfrac{1}{3}F$。

这结果相当于偏心受拉，如图所示，$M = \dfrac{F}{3} \cdot \dfrac{h}{2} = \dfrac{Fh}{6}$。

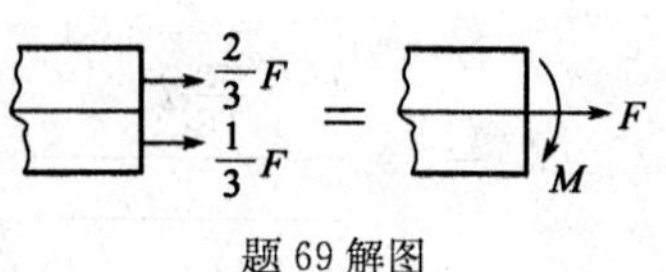

题69解图

答案：B

70. **解**　杆端约束越弱，μ越大，在两端固定($\mu=0.5$)，一端固定、一端铰支($\mu=0.7$)，两端铰支($\mu=1$)和一端固定、一端自由($\mu=2$)这四种杆端约束中，一端固定、一端自由的约束最弱，μ最大。而图示细长压杆AB一端自由、一端固定在简支梁上，其杆端约束比一端固定、一端自由($\mu=2$)时更弱，故μ比2更大。

答案：A

71. **解**　切应力$\tau=\mu\dfrac{\mathrm{d}u}{\mathrm{d}y}$，而$y=R-r$，$\mathrm{d}y=-\mathrm{d}r$，故$\dfrac{\mathrm{d}u}{\mathrm{d}y}=-\dfrac{\mathrm{d}u}{\mathrm{d}r}$

题设流速$u=2\left(1-\dfrac{r^2}{R^2}\right)$，故$\dfrac{\mathrm{d}u}{\mathrm{d}y}=-\dfrac{\mathrm{d}u}{\mathrm{d}r}=\dfrac{2\times 2r}{R^2}=\dfrac{4r}{R^2}$

题设$r_1=0.2R$

故切应力$\tau_1=\mu\left(\dfrac{4\times 0.2R}{R^2}\right)=\mu\left(\dfrac{0.8}{R}\right)$

题设$r_2=R$，则切应力$\tau_2=\mu\left(\dfrac{4R}{R^2}\right)$，$\tau_2=\mu\left(\dfrac{4}{R}\right)$

切应力大小之比$\dfrac{\tau_1}{\tau_2}=\dfrac{\mu\left(\dfrac{0.8}{R}\right)}{\mu\left(\dfrac{4}{R}\right)}=\dfrac{0.8}{4}=0.2=\dfrac{1}{5}$。

答案：C

72. **解**　对断面1-1及2-2中点写能量方程：$Z_1+\dfrac{p_1}{\rho g}+\dfrac{\alpha_1 v_1^2}{2g}=Z_2+\dfrac{p_2}{\rho g}+\dfrac{\alpha_2 v_2^2}{2g}$

题设管道水平，故$Z_1=Z_2$。又设$d_1>d_2$，由连续方程知$v_1<v_2$

代入上式后知：$p_1>p_2$。

答案：B

73. **解**　由动量方程可得$\sum F_x=\rho Q v=1\,000\mathrm{kg/m^3}\times 0.2\mathrm{m^3/s}\times 50\mathrm{m/s}=10\mathrm{kN}$。

答案：B

74. **解**　由均匀流基本方程知沿程损失$h_f=\dfrac{\tau L}{\rho g R}$。

答案：B

75. **解**　由并联长管水头损失相等知：$h_{f1}=h_{f2}=h_{f3}=\cdots=h_f$，总流量 $Q=\sum_{i=1}^{n}Q_i$。

答案：B

76. **解**　矩形断面水力最佳宽深比 $\beta=2$，即 $b=2h$。

答案：D

77. **解**　由渗流达西公式知 $v=kJ$。

答案：A

78. **解**　按雷诺模型律，$\frac{\lambda_v \lambda_L}{\lambda_\nu}=1$，∴流速比尺 $\lambda_v=\frac{\lambda_\nu}{\lambda_L}$

按题设 $\lambda_\nu=\frac{60\times10^{-6}}{15\times10^{-6}}=4$，长度比尺 $\lambda_L=5$，∴流速比尺 $\lambda_v=\frac{4}{5}=0.8$

$\lambda_v=\frac{v_{烟气}}{v_{空气}}$，∴$v_{空气}=\frac{v_{烟气}}{\lambda_v}=\frac{3\text{m/s}}{0.8}=3.75\text{m/s}$。

答案：A

79. **解**　静止的电荷产生电场，不会产生磁场，并且电场是有源场，其方向从正电荷指向负电荷。

答案：D

80. **解**　电路的功率关系以及欧姆定律是在电路的电压电流的正方向一致时有效。

答案：B

81. **解**　考察电路的基本概念：开路与短路，电阻串联分压关系。当电路中 a-b 开路时，电阻 R_1、R_2 相当于串联。

答案：C

82. **解**　在直流电源作用下电感等效于短路，电容等效于开路。

答案：D

83. **解**　根据已知条件（电阻元件的电压为 0）可知，电感支路与电容支路的电流大小相等，方向相反，可以写成 $I_L=I_C$，或 $\boldsymbol{i}_L=-\boldsymbol{i}_C$，因此答案 B 正确。

答案：B

84. **解**　三相电路中，电源中性点与负载中点等电位，说明电路中负载也是对称负载，三相电路负载的阻抗相等条件成立。

答案：A

85. **解**　理解变压器的三个变比关系的正确应用，在变压器的初级回路中电源内阻与变压器的折合阻抗串联。

答案：C

86. **解**　绕线式的三相异步电动机转子串电阻的方法适应于不同接法的电动机，并且可以起到限制启动电流、增加启动转矩以及调速的作用。

答案:D

87.**解** 信号是一种特定的物理形式(声、光、电等),信息是受信者所要获得的有价值的消息。

答案:B

88.**解** 信号可以用函数来描述,此信号波形是伴有延时阶跃信号的叠加构成。

答案:B

89.**解** 该放大器的输出信号 $u_2(t)$ 中包含有基波和三次谐波信号,而输入信号中只包含有基波信号,该失真属于频率失真。

答案:D

90.**解** 根据逻辑函数的相关公式计算或者利用卡诺图即可证明。

答案:B

91.**解** 根据给定的 X、Y 波形,其与非门的图形,即答案 C 一致。

答案:D

92.**解** BCD 码是用二进制数表示的十进制数,属于无权码,此题的 BCD 码是用四位二进制数表示的。

答案:A

93.**解** 此题为二极管限幅电路,分析二极管电路首先要将电路模型线性化,即:将二极管断开后分析极性(对于理想二极管,如果是正向偏置将二极管短路,否则将二极管断路),最后按照线性电路理论确定输入和输出信号关系。

答案:D

94.**解** 根据三极管的微变等效电路分析可见,增加电容 C_E 以后发射极电阻被短路。放大倍数提高,输入电阻减小。

答案:C

95.**解** 此电路是组合逻辑电路(异或门)与时序逻辑电路(D 触发器)的组合应用,电路的初始状态由复位信号 R_D 确定,输出状态在时钟脉冲信号 CP 的上升沿触发。

答案:A

96.**解** 此题与上题类似。是组合逻辑电路(与非门)与时序逻辑电路(JK 触发器)的组合应用,输出状态在时钟脉冲信号 CP 的下降沿触发。

答案:C

97.**解** "三网合一"是指在未来的数字信息时代,当前的数据通信网(俗称数据网、计算机网)将与电视网(含有线电视网)以及电信网合三为一,并且合并的方向是传输、接收和处理全部实现数字化。

答案:C

98.**解** 计算机运算器的功能是完成算术运算和逻辑运算,算数运算是完成加、减、乘、除的运算,逻辑运算主要包括与、或、非、异或等,从而完成低电平与高电平之间的切换,送出控制信号,协调计算机工作。

答案:D

99.**解** 计算机的总线可以划分为数据总线、地址总线和控制总线,数据总线用来传输数据、地址总线用来传输数据地址、控制总线用来传输控制信息。

答案:C

100.**解** Microsoft Word 是文字处理软件。Visual BASIC 简称 VB,是 Microsoft 公司推出的一种 Windows 应用程序开发工具。Microsoft Access 是小型数据库管理软件。Auto CAD 是专业绘图软件,主要用于工业设计中,被广泛用于民用、军事等各个领域。CAD 是 Computer Aided Design 的缩写,意思为计算机辅助设计。加上 Auto,指它可以应用于几乎所有跟绘图有关的行业,比如建筑、机械、电子、天文、物理、化工等。

答案:B

101.**解** 位也称为比特,记为 bit,是计算机最小的存储单位,是用 0 或 1 来表示的一个二进制位数。字节是数据存储中常用的基本单位,8 位二进制构成一个字节。字是由若干字节组成一个存储单元,一个存储单元中存放一条指令或一个数据。

答案:B

102.**解** 原码是机器数的一种简单的表示法。其符号位用 0 表示正号,用 1 表示负号,数值一般用二进制形式表示。机器数的反码可由原码得到。如果机器数是正数,则该机器数的反码与原码一样;如果机器数是负数,则该机器数的反码是对它的原码(符号位除外)各位取反而得到的。机器数的补码可由原码得到。如果机器数是正数,则该机器数的补码与原码一样;如果机器数是负数,则该机器数的补码是对它的原码(除符号位外)各位取反,并在末位加 1 而得到的。ASCII 码是将人在键盘上敲入的字符(数字、字母、特殊符号等)转换成机器能够识别的二进制数,并且每个字符唯一确定一个 ASCII 码,形象地说,它就是人与计算机交流时使用的键盘语言通过"翻译"转换成的计算机能够识别的语言。

答案:B

103.**解** 点阵中行数和列数的乘积称为图像的分辨率,若一个图像的点阵总共有 480 行,每行 640 个点,则该图像的分辨率为 640×480=307 200 个像素。每一条水平线上包含 640 个像素点,共有 480 条线,即扫描列数为 640 列,行数为 480 行。

答案:D

104.**解** 进程与程序的的概念是不同的,进程有以下 4 个特征。

动态性:进程是动态的,它由系统创建而产生,并由调度而执行。

并发性:用户程序和操作系统的管理程序等,在它们的运行过程中,产生的进程在时间上是重叠的,它们同存在于内存储器中,并共同在系统中运行。

独立性·进程是一个能独立运行的基本单位，同时也是系统中独立获得资源和独立调度的基本单位，进程根据其获得的资源情况可独立地执行或暂停。

异步性：由于进程之间的相互制约，使进程具有执行的间断性。各进程按各自独立的、不可预知的速度向前推进。

答案：D

105. **解** 操作系统的设备管理功能是负责分配、回收外部设备，并控制设备的运行，是人与外部设备之间的接口。

答案：C

106. **解** 联网中的计算机都具有“独立功能”，即网络中的每台主机在没联网之前就有自己独立的操作系统，并且能够独立运行。联网以后，它本身是网络中的一个结点，可以平等地访问其他网络中的主机。

答案：A

107. **解** 利用由年名义利率求年实际利率的公式计算：

$$i=\left(1+\frac{r}{m}\right)^{m}-1=\left(1+\frac{8\%}{4}\right)^{4}-1=8.24\%$$ 。

答案：C

108. **解** 经营成本包括外购原材料、燃料和动力费、工资及福利费、修理费等，不包括折旧、摊销费和财务费用。流动资金投资不属于经营成本。

答案：A

109. **解** 根据静态投资回收期的计算公式：$P_t=6-1+|-60|/240=5.25$ 年。

答案：C

110. **解** 根据题意，有 $\mathrm{NPV}=-5\,000+A(P/A,15\%,10)(P/F,15\%,1)=0$

解得 $A=5\,000\div(5.018\,8\times0.869\,6)=1\,145.65$ 万元。

答案：D

111. **解** 项目经济效益和费用的识别应遵循剔除转移支付原则。

答案：C

112. **解** 两个寿命期相同的互斥项目的选优应采用增量内部收益率指标，ΔIRR(乙－甲)为 13%，小于基准收益率 14%，应选择投资较小的方案。

答案：A

113. **解** “有无对比”是财务分析应遵循的基本原则。

答案：D

114. **解** 根据价值工程中价值公式中成本的概念。

答案:C

115. **解** 《建筑法》第九条:建设单位应当自领取施工许可证之日起三个月内开工。因故不能按期开工的,应当向发证机关申请延期;延期以两次为限,每次不超过三个月。既不开工又不申请延期或者超过延期时限的,施工许可证自行废止。

答案:B

116. **解** 《安全生产法》第十九条 矿山、建筑施工单位和危险物品的生产、经营、储存单位,应当设置安全生产管理机构或者配备专职安全生产管理人员。所以D为正确答案。A是不正确的,因为安全生产管理人员必须专职,不能兼职。B也是错误的,因为十九条还规定:生产经营单位依照前款规定委托工程技术人员提供安全生产管理服务的,保证安全生产的责任仍由本单位负责。C也是错误的,第二十条规定:危险物品的生产、经营、储存单位以及矿山、建筑施工单位的主要负责人和安全生产管理人员,应当由有关主管部门对其安全生产知识和管理能力考核合格后方可任职。

答案:D

117. **解** 《招标投标法》第十条 招标分为公开招标和邀请招标。

答案:B

118. **解** 《合同法》第十五条 要约邀请是希望他人向自己发出要约的意思表示。寄送的价目表、拍卖公告、招标公告、招股说明书、商业广告等为要约邀请。商业广告的内容符合要约规定的,视为要约。

答案:B

119. **解** 《行政许可法》第四十二条 除可以当场作出行政许可决定的外,行政机关应当自受理行政许可申请之日起二十日内做出行政许可决定。二十日内不能做出决定的,经本行政机关负责人批准,可以延长十日,并应当将延长期限的理由告知申请人。但是,法律、法规另有规定的,依照其规定。

答案:D

120. **解** 《建筑法》第二十九条 建筑工程总承包单位按照总承包合同的约定对建设单位负责;分包单位按照分包合同的约定对总承包单位负责。总承包单位和分包单位就分包工程对建设单位承担连带责任。

答案:A